中国石油石化
节能提效绿色低碳技术
交流大会论文集

徐凤银 康剑 宋宁 张舒 黄凌 等 编著

中国石化出版社
·北京·

图书在版编目(CIP)数据

中国石油石化节能提效绿色低碳技术交流大会论文集 / 徐凤银等编著. — 北京 ：中国石化出版社，2023.10

ISBN 978-7-5114-7336-3

Ⅰ.①中… Ⅱ.①徐… Ⅲ.①石油化学工业-节能减排-学术会议-文集 Ⅳ.①TE65-53

中国国家版本馆 CIP 数据核字(2023)第 187449 号

中国石化出版社出版发行

地址：北京市东城区安定门外大街 58 号

邮编：100011 电话：(010)57512500

发行部电话：(010)57512575

http://www.sinopec-press.com

E-mail:press@sinopec.com

北京科信印刷有限公司印刷

全国各地新华书店经销

*

880 毫米×1230 毫米 16 开本 44.5 印张 1005 千字

2023 年 10 月第 1 版　2023 年 10 月第 1 次印刷

定价：220.00 元

《中国石油石化节能提效绿色低碳技术交流大会论文集》

编　委　会

《中国石油石化节能减排及低碳技术交流大会论文集》

编 委 会

主 任：[illegible]

副主任：[illegible]

[illegible]

委 员：[illegible]

[illegible]

序

为全面贯彻落实党的二十大精神和习近平生态文明思想及绿色低碳高质量发展等系列讲话精神，特别是7月17日至18日在全国生态环境保护大会上的重要讲话精神，石油石化产业需要全面加快绿色低碳发展，推动实现精准降碳、科技降碳、数智降碳、安全降碳，率先走出生态优先、绿色低碳的高质量发展之路，充分发挥科技创新在推动绿色低碳发展中的关键决定作用。

实现高质量发展和“双碳”目标，是党中央、国务院作出的重大战略部署，是实现第二个百年奋斗目标必须完成的重大政治任务。石油石化产业作为国民经济的基础和支柱产业，是推动经济高质量发展的关键和重点行业之一。当前，我国正处于由石油石化大国向石油石化强国迈进的关键时期，必须深刻认识和把握新形势新任务新要求，统筹推进产业优化布局和调整结构，推动石油石化产业一体化、基地化、集聚化发展；持续提升创新能力，加快构建创新体系，增强我国高端化工产品的自主供给能力；坚持绿色低碳方向，提升安全发展水平，推动石油石化产业在发展中促进绿色转型，在绿色转型中实现高质量发展。

中国石油、中国石化、中国海油、国家管网、国家能源、中国中化、延长石油坚持以习近平生态文明思想为指引，坚定不移走生态优先、绿色低碳的高质量发展之路，加快推动发展方式绿色低碳转型，加快形成绿色生产方式，大力推进能效提升和用能结构调整，最大程度减少碳排放和污染物排放，开发生物质、风电、光伏等可再生能源，推动绿氢炼化发展，促进石化产业与新能源产业的融合；必须增强科技创新能力，加快分子炼油、绿色低碳化工、高端材料、节能新技术、循环化工、CO_2利用技术等重点领域关键核心技术攻关，发展人工智能，推动产业高端化、绿色化、智能化发展。

中国石油学会认真贯彻中国科协“科创中国”行动计划，充分发挥全国一级学会的纽带桥梁和平台优势，为聚焦石油石化企业能源提效，推动构建绿色低碳循环产业链条、共谋中国绿色低碳创新之路、共商全球可持续发展未来、共享创新成果、推广新技术应用，组织召开了本次“中国石油石化节能提效绿色低碳技术交流大会”。本次大会论文集系统地梳理了近年来我国石油石化行业油气生产与油气加工绿色低碳节能减排推广应用等领域的重大创新成果与关键技术，提出了一系列具有广阔应用前景的前沿先进技术，解读了国家绿色低碳相关政策法规标准，分享了节能提效绿色低碳领域新认识、新技术、新突破及新经验，对持续推动我国石油石化行业绿色低碳转型和高质量发展都具有十分重要的意义。

中国石油学会会议组委会在认真审核筛选大会论文的基础上，优选部分论文汇编出版本论文集，意义重大。特向参与论文撰写和编写出版做出积极贡献的同志表示祝贺。

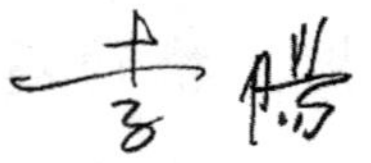

中国工程院院士

前　言

应对气候变化是全人类的共同挑战，事关中华民族永续发展，关乎人类前途命运。党的十八大以来，我国深入贯彻新发展理念，将应对气候变化摆在国家治理更加突出的位置，统筹产业结构调整、污染治理、生态保护，坚定不移走生态优先、绿色低碳发展道路，协同推进降碳、减污、扩绿、增长，持续实施积极应对气候变化国家战略，推进生态优先、节约集约、绿色低碳发展，推动经济社会全面绿色低碳转型，积极稳妥推进碳达峰碳中和。

石油石化产业是我国能源工业的重要组成部分，也是国家经济发展的重要支柱。加强节能提效绿色低碳技术创新，实现工业可持续发展，已成为石油石化企业共同的责任和使命。近年来，随着科技创新、技术创新能力不断提升，我国石油石化行业能效水平持续提高，为行业高质量发展做出了积极贡献。“十四五”期间，石油石化行业节能降碳形势依然严峻。在“双碳”背景下，石油石化企业要持续重点抓好技术创新，加快推进碳减排与资源化利用技术的科技创新和推广应用，切实解决我国石油石化企业节能提效绿色低碳的关键与瓶颈问题。

党的二十大报告指出“积极稳妥推进碳达峰碳中和，立足我国能源资源禀赋，坚持先立后破，有计划分步骤实施碳达峰行动，深入推进能源革命，加快规划建设新型能源体系，积极参与应对气候变化全球治理”，为全面加快提高石油石化企业绿色低碳高质量发展指明了前进方向。为全面贯彻落实党的二十大精神和习近平生态文明思想及绿色低碳高质量发展等系列讲话精神，聚焦石油石化行业节能提效绿色低碳领域新技术创新、新理论发展和新领域探索的最新成果，更好地服务于石油石化行业绿色低碳发展，中国石油学会、中国石油、中国石化、中国海油、国家管网、国家能源、中国中化、延长石油以“节能提效高水平引领，绿色低碳高质量发展”为主题，于 2023 年 10 月 18 日—20 日举办“中国石油石化节能提效绿色低碳技术交流大会”。通过聚焦国内外石油石化节能提效绿色低碳领域前沿理论和技术，探讨节能低碳理论与技术发展方向，共享最新技术成果和典型范例，籍以推动我国能源与化工领域绿色低碳理论和技术全面提升，为石油石化企业在“双碳”目标下实现高质量发展提供科技创新支撑。

本次大会得到了国家有关部委、中国石油、中国石化、中国海油、国家管网、国家能源、中国中化、延长石油、高等院校和科研院所等各单位广大节能提效绿色低碳领域专家和科技工作者的大力支持。大会共征集论文260余篇，中国石油学会学术交流部组织专家认真审核，择优收入140篇辑册成集并公开出版发行。全集共分两篇，分别为节能提效篇和绿色低碳篇，由徐凤银整体策划，康剑、宋宁、张舒、黄凌等负责审稿排版，徐凤银最终审定，内容涵盖油气生产(上游业务)绿色低碳节能减排技术、油气加工(下游业务)绿色低碳节能减排技术、石油石化绿色低碳、节能减排新技术与装备应用等领域，具有较高的理论创新和现实参考价值，必将为我国石油石化行业高质量发展发挥积极作用，助推实现国家双碳目标具有重要意义。

由于时间仓促书中定有疏漏和不足之处，敬请读者批评指正。

本书编委会

2023年10月

目　　录

第一篇　节能提效篇

第二篇　绿色低碳篇

第一篇　节能提效篇

节能提效是最直接、最有效、最经济的降碳举措。石油石化企业坚持节能优先方针，牢固树立“节能是第一能源”、节约就是增加资源的用能理念，落实能源消耗总量和强度调控总要求，把节能优先的思想贯穿于生产经营全过程，以科技创新提升能效水平，完善能源消耗总量和强度调控，逐步转向碳排放总量和强度双控，更高水平、更高质量地做好节能提效工作。本篇从近年来我国石油石化行业节能提效领域创新成果与关键技术入手，重点介绍了新能源综合利用、烟气余热再利用、高压井余压发电、炼油节能等新技术、新方法和新应用。

催化裂化油浆的分离技术进展

穆亦欣　聂春梅　李开红

（中石油克拉玛依石化有限责任公司）

摘　要　催化裂化油浆中含有固体催化剂颗粒，主要成分为硅酸铝。固体催化剂颗粒的存在影响油浆的深加工和综合利用，同时对下游设备造成不利影响。本文就当前国内炼厂催化裂化装置的副产品催化油浆中催化剂粉末脱除的几种分离技术进行综述，并对催化油浆的脱固分离技术的发展进行了展望。

关键词　催化裂化；油浆；分离技术；进展；催化剂

1　催化油浆的性质及应用

催化油浆是催化裂化反应过程的副产品，因原料、工艺条件的差异，各炼厂所产催化油浆的组成和性质也各不相同，但其化学组成具有密度大，稠环芳烃含量高，氢碳原子比低等特点，是一种低附加值的副产品。根据催化油浆的性质，利用其所含优质碳资源的特性，可将其作为原料生产不同需求的新型碳材料和多种化工产品。但催化油浆中包裹的催化剂和焦粉粉末等机械杂质严重影响深加工产品的质量，因此，进一步开发利用催化油浆就必须采取科学合理的方法有效地脱除油浆的催化剂粉末，以满足后续加工单元的需求。

2　催化裂化油浆的分离技术

2.1 自然沉降法

自然沉降法是依靠重力沉降达到净化油浆的目的，其方法具有设备简单、投入成本低、操作简便等特点。但因催化剂粉末的成分为硅酸铝晶体（$Al_2O_3-SiO_2$），其在催化裂化装置中磨损或受热破裂，形成粒径多为20μm 以下的细小粉末，高度分散在油浆中，仅靠重力沉降难度大、耗时、脱除率低，因此该法已被淘汰。

2.2　过滤分离法

过滤分离法是采用一种微孔过滤介质拦截油浆中的催化剂粉末实现分离净化的，其技术关键是过滤介质的选用和适当的反冲洗方式。此法具有操作简单、性能稳定、分离效率高等特点。20世纪80年代美国Paul公司和MOTT公司率先实现过滤技术在催化油浆净化技术上的工业应用。国内四川石化有限责任公司采用多孔金属粉末烧结滤芯为过滤组件，在2.5Mt·a^{-1}重油催化裂化装置上实现了全自动过滤系统的净化技术，油浆灰分的平均脱除率达到了92.4%。安泰科技和燕山石化合作开发的非对称复合结构的过滤滤芯已被证明达到了国外进口滤芯水平。虽然过滤技术发展较成熟，已有工业研究，但因过滤滤芯维护、清洗、更换等条件因素，限制了其应用。

2.3　化学沉降法

化学沉降法是在油浆中加入微量的沉降助剂，混合过程中与油浆中的催化剂形成较强的界面亲和力，形成催化剂粉末聚集或凝聚，从而加速粉末的沉降达到分离的目的。该法具有化学助剂用量小、投入成本低、操作简便、脱除效果好的特点。董艳丽分别以稀释前后的催化油浆为研究对象，采用LAL-2和聚丙烯酰胺水溶液分别为沉降助剂，实验证明催化剂粉末的脱除率达85%以上。杨杰以聚丙烯酰胺和硫酸铵为絮凝剂，DRC-168为破乳剂，采用破

乳絮凝沉降法脱除催化裂化油浆中催化剂粉末，催化剂粉末含量降至500×10^{-6}以下。兰州石化分公司炼油厂进行了沉降剂的工业研究实验，在其重油催化裂化装置系统中引入了深圳拉达精细化工有限公司研发的新型沉降剂，经72h的沉降后，脱除率达到89%左右。由此可见，化学沉降法简便、高效且已有工业研究，但沉降剂种类较少，一般采用化学沉降法与其他方法联用，随着化学助剂研究的深入，该法应用前景广阔。

2.4　静电分离法

静电分离法是70年代兴起的液固分离技术，

原理是当油浆流经填料床层时，催化油浆中的固体微粒在高压电场作用下被极化带上电荷，从而被填料吸附，达到净化油浆的目的。最早的静电分离器是由美国的海湾石油公司设计研发制造，美国的阿瑟港石油公司用于工业应用。之后国内很多研究机构做了大量的研究和技术改进，赵娜等人在 Cao qing，Abidin 等人的研究基础上自制静电分离装置，通过三级静电分离对重油催化油浆的固体颗粒物脱除率高达 99%。虽然静电分离法脱除率高，但该法对 10μm 以下的颗粒物分离效果显著，且所需设备复杂，分离效果受油浆性质、操作条件影响，因此在我国还未实现工业应用。

2.5 离心分离法

离心分离法是基于油浆中的催化剂粉末的离心力大于重力，提高沉降速度，实现油浆的净化。目前，离心分离法分为离心沉淀分离法、旋流分离法 2 种。离心沉淀分离是在高温试管式离心机进行分离。但受高温、高速条件限制，处理量小，暂无工业应用。旋流离心法是利用油浆在旋流器内做高速螺旋运动，受离心力作用实现液固分离。该法设备构造简单、能耗小、易于操作，研究较多。白志山等人将微旋流技术用于 1.8Mt·a^{-1} 重油催化裂化装置上，脱固率可达 55%~82%。中国石化九江分公司采用的旋流分离和过滤组合技术实现固体颗粒物脱除率达 95%以上，其中旋流器是作为预处理单元。虽然旋流器操作方便、脱除效果较好，但受旋流器本身结构设计、工艺条件等诸多因素影响，目前主要将其用于预处理单元。

2.6 油浆的澄清技术的比较

沉降助剂法克服了自然沉降分离效果不好的缺点，通过对油浆-催化剂颗粒体系添加化学助剂，加速催化剂颗粒沉降，降低油浆灰份，使油浆改质。静电分离法的优点是分离效率高、处理量大、压降小，容易冲洗再生等；缺点是设备投资大、操作费用高，静电分离技术脱油浆灰分的效果受油浆理化性质的影响较大。机械分离法包括过滤法、离心分离法和重力沉淀法以及这些方法的联合。其中以重力沉淀法的工艺最为简单，它投资省，易于建设，但要求在较高的温度下澄清才能获得明显的效果。过滤分离法优点是设备与操作简单，分离效率稳定，缺点是过滤器费用高，油浆高温易结焦，冲洗时间长，过滤阻力大。

3 结论

随着重油深加工技术的不断进步，催化油浆作为催化裂化过程中富含优质碳源且廉价易得的副产品，可应用于炼化、冶金、建材、合成橡胶及新型碳材料等领域，生产炭黑、针状焦、重交沥青、介孔碳和碳纤维制品，具有广阔的市场应用前景。为了深入挖掘催化油浆深加工利用潜力，更好地发挥催化油浆所含优质碳源的经济价值，应从以下几个方面开展相关技术的研究和开发：

（1）对炼厂现有的油浆回炼和掺炼工艺进行改良和创新，在保证产品质量的前提下，以提高催化裂化单元的回炼量和延迟焦化单元的掺炼量，进而降低操作成本，提高装置能效水平。

（2）从提高油浆的净化效率的入手，开发高效催化油浆分离技术，并应用于实际生产，从源头提升催化油浆的品质，为下游企业开展深加工利用提供原料保障。

（3）鉴于化工新材料和专用化学品成为未来我国化工产业发展的投资热点领域，重点研制利用催化油浆作为碳材料前驱体，生产新型碳纳微球中间体，并应用于电子电器、通讯信息、生命科学、贮能材料等领域，通过新工艺和新产品进一步拓宽催化油浆综合利用空间。

参 考 文 献

[1] 浅析重油加工技术发展趋势[J]. 樊瑞. 石化技术. 2016(10).
[2] 对催化裂化技术发展和竞争趋势的分析[J]. 程薇. 石油炼制与化工. 2016(01).
[3] 催化裂化工艺及催化剂的技术进展[J]. 张建祥. 石化技术. 2016(06).
[4] 催化裂化油浆的净化分离技术研究进展[J]. 丁会敏. 陈松。王晓栋。杨光。周扬。化学工程师. 2018, 32(11).
[5] 催化裂化油浆液固体系分离技术探讨. [J]. 邱洪卫. 任万忠. 曾涛. 2015(44).

绿色数据中心液冷系统接触式冷却液的研制和应用

张美琼 张 静 何 军 马蕊燕 白生军

（中石油克拉玛依石化有限责任公司）

摘 要 随着计算机网络技术的大力发展和“双碳”目标要求，传统的风冷散热技术已达到其能力上限，液冷技术因散热效率高成为了主流方向。克石化公司研制的数据中心矿物油型直接接触式冷却液具有良好的防火安全性能、与服务器材料的兼容性能、导热性能、电性能和环保友好性，而且比合成油或硅油的性价比高，可用于喷淋式、浸没式数据中心服务器的直接接触式液冷，助力数据中心践行“绿色革命”，实现节能减排新突破。

关键词 数据中心；液冷；矿物油冷却液；节能减排；绿色

1 冷却液研制背景

受新基建、数字化转型等国家政策促进及企业降本增效需求的驱动，人工智能、云计算、大数据和区块链等技术的创新发展，以及5G通信时代的到来，各地区、各行业数字化转型的深入推进，特别是2022年2月，“东数西算”工程规划的8个算力枢纽节点和10个国家数据中心集群全面启动，数据中心建设进入了快车道。

数据中心是典型的耗能大户，目前，全球数据中心的能耗约占全球用电总量的1.5-2%，2022年国内数据中心用电量为2332亿千瓦时，占国内用电量的2.7%，而这一数据随着数据中心发展在不断提高。对于快速发展的数据中心而言，绿色集约是其重要前提和要求，关乎可持续发展。国家出台多项数据中心绿色发展政策。衡量数据中心绿色化的标准是PUE（电能利用效率）、CUE（碳排放环保效率）、WUE（水利用效率），其中，PUE是目前行业首要的限制前提。

2021年10月，国家发改委印发《关于严格能效约束推动重点领域节能降碳的若干意见》鼓励重点行业利用绿色数据中心等新型基础设施实现节能降耗，新建大型、超大型数据中心PUE值不超过1.3，到2025年，数据中心PUE普遍不超过1.5。2021年12月，国家发改委等四部门印发的《贯彻落实碳达峰碳中和目标要求推动数据中心和5G等新型基础设施绿色高质量发展实施方案》要求：到2025年，数据中心和5G基本形成绿色集约的一体化运行格局，国家枢纽节点的PUE要进一步降到1.25以下，绿色低碳等级达到4A级以上，逐步对PUE超过1.5的数据中心进行节能降碳改造。2023年4月，财政部、生态环境部、工业和信息化部联合制定《绿色数据中心政府采购需求标准（试行）》明确要求2023年6月起数据中心PUE不高于1.4，2025年起PUE不高于1.3（目前一般数据中心的PUE在1.6左右）。

PUE（电能利用效率=数据中心总能耗/IT设备能耗）。数据中心要求服务器的正常运行温度为40-60℃，通常用于散热冷却的能耗就高达35%以上，PUE在1.6以上。随着算力的不断增长和PUE要求的日渐严格，传统的风冷散热技术已达到其能力上限，如何降低散热冷却的能耗成为了关键所在。数据中心的冷却技术也在不断地升级迭代，液冷技术成为了主流方向。与风冷相比，浸没式和喷淋式等服务器与冷却液直接接触型液冷的PUE≤1.1，碳排放量降低60%，机房建设投入运营成本可降低30-40%，还具有静音安全等优点。在建设绿色数据中心势在必行的背景下，液冷技术为数据中心节能降耗提供了全新的解决思路。据赛迪顾问估算，2025年中国液冷数据中心市场规模将超千亿元，液冷技术应用前景广阔。

冷却液生产厂家都紧盯液冷紧俏的市场，加紧研制冷却液。氟化液是目前浸没式应用最广泛的直接接触型冷却液，但价格昂贵、易挥发、使用成本高、密度大、对建筑物承重要求高、传热能力差（有用户因为CPU功耗不断提升而拒绝试用氟化液），而且氟化液有毒、不可降解、可在生物体内蓄积和生态系统中累积，诱发疾病。硅油比氟化液成本低，但其生产规模小，价格仍然较贵，而且硅油难降解。与其它类型冷却液相比，矿物油具有如下优点：(1)密度小，单位体积对数据中心楼板施加的重力比氟化液减轻一半；(2)导热系数和比热容是氟化液的2倍，传热效率更高；(3)界面张力是硅油和氟化液的2.5-3.5倍，因此渗透性泄漏损耗非常小；(4)沸点更高，液态温度范围更宽，挥发性损耗更小。沸点是氟化液的2倍以上，从倾点到290℃范围内都处于液体的单一相态(沸程≥290~450℃)，不汽化、不冻凝，工况条件下几乎无挥发损耗，勿需严格的设备密封或定时补加冷却液，不会在密闭空间形成难闻气味，有利于维护人员安全放心地操作；(5)臭氧破坏潜能值(ODP)、全球暖化潜值(GWP)均为零(氟化液的ODP为零，但GWP较高、超过5000)；(6)可生物降解，绿色环保性优良；(7)原料易得来源广，生产规模大，价格低廉。矿物油适用于单相浸没式和喷淋式液体冷却系统，是寻求低成本、高能效冷却解决方案的用户优选。因此矿物油作为IT设备冷却液使用有很好的应用前景。

近两年氟化液的毒性和环保性问题引起世界越来越多的关注，占据全球一半以上电子氟化液产能的3M公司，宣布2025年底前将停止所有PFAS(氟化液)生产和停止在其产品组合中使用PFAS，为油基冷却液的发展提供了契机。

2 数据中心接触式冷却液的研制

克石化公司在变压器油、冷冻机油的研究生产上具有丰富的经验，给数据中心接触式冷却液的研制提供了深厚的积淀。克石化科研团队精选新疆克拉玛依油田优质原油，选择适宜的石油馏分，采用特殊炼制技术得到合适的碳氢化合物理想组分，并添加功能添加剂研制出数据中心直接接触式介电冷却液系列产品。

3 冷却液的性质性能评价

3.1 部分性质测试

克石化研制的数据中心冷却液产品的40℃运动粘度为6~25mm²/s，闪点为155~240℃，倾点为-25℃~-70℃之间灵活调节，其它部分性质如表1所示。

表1 克石化研制的介电冷却液产品部分性质

分析项目	产品1	产品2	产品3	试验方法
外观	无色透明	无色透明	无色透明	肉眼观察
赛波特颜色，号	+30	+30	+30	GB/T 3555
腐蚀性硫	非腐蚀性	非腐蚀性	非腐蚀性	SH/T 0804
硫含量，mg/kg	0	2	3	ASTM D5453
氮含量，mg/kg	0	0	0	ASTM D4629
酸值，mgKOH/g	0.0	0.0	0.0	GB/T 7304
倾点,℃	-60	-62	-59	GB/T 3535
击穿电压，kV	78	80	75	GB/T 507
旋转氧弹，min	>600	>600	>600	SH/T 0193
生物降解性,%	67	65	68	OECD 301B
毒理性测试	无毒	无毒	无毒	OECD 423
饱和水含量，μg/g	43	45	46	SH/T 0207

从表1可以看出：克石化公司研制的数据中心介电冷却液系列产品外观无色透明，不含腐蚀性硫、酸性物质、氮，不含硫或硫含量极低，低温流动性能、绝缘性能、氧化安定性能、生物降解性好，饱和水含量较低、疏水性能较好，不含有毒有害物质，人体皮肤接触无不良影响，健康安全特性优良。

3.2 与液冷系统材料的兼容性测试

将冷却液产品与数据中心液冷系统中常见的金属和非金属材料进行兼容性试验，结果如表2所示。

表 2　介电冷却液产品与液冷系统常见材料的兼容性情况

材料类型	材料品名	材料功能	相容性
金属	银	导体	相容/建议
	铜	导体	相容/建议
	铝	连接件	相容/建议
	铁	型材	相容/建议
	锌	导体、涂层	相容/建议
弹性体	FKM/FFKM/FEPM/Viton（氟碳/氟弹性体）	冷却软管/油管/密封件	相容/建议
	PTFE/Teflon（聚四氟乙烯）	密封件/密封填料/软管/油管	相容/建议
	EPDM(三元乙丙胶)	电容器密封	相容/建议
	CR(氯丁二烯)	密封件	相容/建议
	FVMQ/FSI(氟硅橡胶)	密封件	相容/建议
	PU(聚氨酯)	连接件	相容/建议
塑料	PP 聚丙烯(不含塑化剂)	油罐	相容/建议
	HDPE(高密度聚乙烯)	电缆/电线绝缘	相容/建议
	POM(聚甲醛)	管道/连接件	相容/建议
	PPS(聚苯硫醚)	管道/连接件	相容/建议
	CPVC 氯化聚氯乙烯	软管/油管/电线绝缘	相容/建议
	硬 PVC(不含塑化剂)	电缆/电线绝缘	相容/建议
	Nylon(氟碳聚酰胺)	软管/管道	相容/建议
	PC(聚碳酸酯)	连接件	相容/建议
	PETG(改性聚对苯二甲酸二乙酯	软管/管道	相容/建议
	POM(聚甲醛)	管道/连接件	相容/建议

从表 2 可以看出：克石化研制的介电冷却液产品不会在电子元件表面形成油垢、漆膜，不会对有色金属、镀层等产生腐蚀现象，与服务器上使用的橡胶密封件、软管、塑料、电线电缆等非金属材料组件的兼容性好，这些材料不会发生过度的溶胀或收缩现象，能确保服务器零部件的性能稳定及安全运行。

3.3　防火安全性能测试

模拟矿机服务器出现故障短路后，考察冷却液的阻燃性，结果为：冷却液可使故障发热元件瞬间冷却，不会引起燃烧。由于冷却液具有较高的闪点和燃点，遇明火不会在空气中点燃着火。

4　用户评价和应用

经过近 3 年的市场拓荒，多次走访系统集成商、服务器制造商、终端用户，参加行业会议，寻找合作机会进行冷却液联合测试及产品推广，目前已与部分系统集成商或服务器制造商达成合作意向。

4.1　用户评价测试

H 用户试验评价：H 用户对克石化冷却液进行了基础性质性能测试、材料兼容性测试(部分材料如图 1 所示)和服务器整体浸泡试验(图 2)。

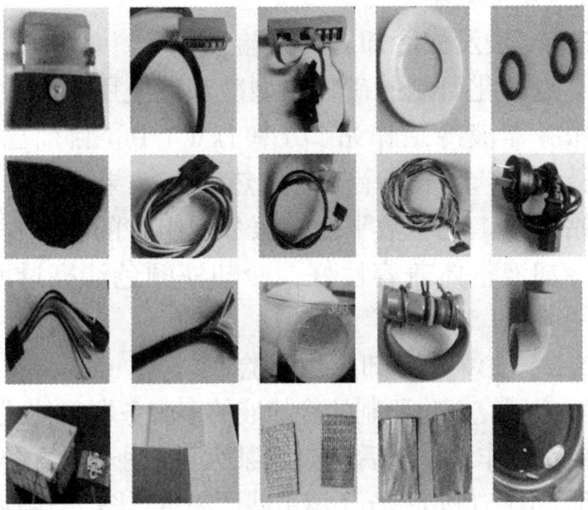

图 1　用户兼容性试验评价的部分材料

图 2　用户将服务器浸泡在冷却液中进行整体性能测试

图 2 为克石化研制的冷却液在 H 用户的单台服务器中装机运行 34 个月(还在继续运行)，CPU 负载 100%，服务器运行状况良好，各项参数显示正常，表明冷却液导热性好、散热效率高，与服务器内的各种金属和非金属材料兼容性良好。

H 用户对冷却液的试验评价结论为：冷却液的基础性质满足使用需求；冷却液挥发性小，不影响液冷系统运维；冷却液不易吸水，使用安全；冷却液与液冷系统的单个材料兼容，满足设备长期使用需求；冷却液对服务器整体性能无明显影响，设备性能安全。

Y 用户对克石化研制冷却液的 PUE 测试(加热负载 10kW)结果为 1.1 左右(图 3)，远低于传统风冷的 PUE(2.0~3.0)，满足国家绿色数据中心的 PUE 要求。

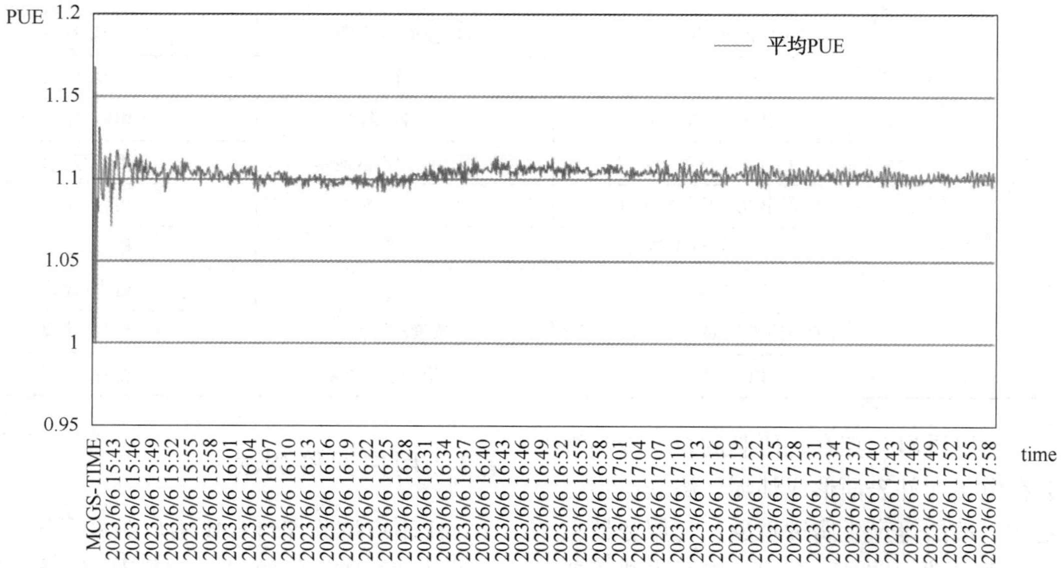

图 3　Y 用户对克石化研制冷却液的 PUE 测试

4.2　应用试验

4.2.1　浸没式冷却应用试验

克石化研制的矿物油型冷却液应用在浸没式多服务器液冷工作站(功率 1kW)中，目前已经运行了 16 个月，冷却液散热冷却效果良好，工作站各项工况参数平稳，服务器组件的各种材料与冷却液整体兼容性好，冷却液颜色清亮透明，如图 4-图 5 所示。

4.2.2　喷淋式冷却应用试验

应用克石化研制的冷却液的多服务器一体式喷淋液冷工作站，先后在广州某大学(用于仿真分析教学，图 6)和某公司(用于展厅展示，图 7)等地投入使用，截至目前，其中最长投用时间 30 个月，各项运行参数平稳，使用效果良好。

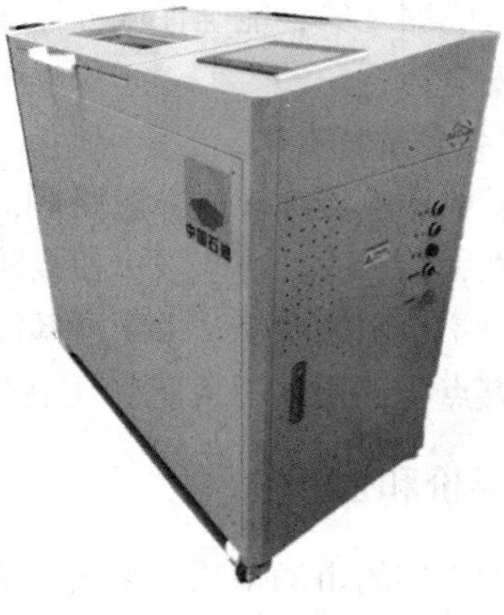

图 4　浸没式液冷机柜，内置浸泡在冷却液中的服务器

图 5　浸没式液冷机柜内浸泡在冷却液中的服务器

图 6　在广州某大学应用克石化冷却液的喷淋液冷工作站

图 7　在某公司应用克石化冷却液的喷淋液冷工作站

4.3　数据中心工业示范性应用

某工业数据中心示范性项目部署有 8 个标准机柜共约 200 台服务器，2022 年 9 月，克石化研制的冷却液开始在其中投入使用至今(图 8)，反馈良好。

图 8　克石化冷却液在某工业数据中心示范性项目中应用(喷淋液冷)

H 用户向克石化采购 15 吨 HY-G06 用于国家算力某枢纽节点的液冷数据中心，目前已试运行，反馈较好。

5　结论

克石化研制的矿物油型冷却液无色透明，环保性好，具有良好的流动性能、防火安全性能、导热性能、绝缘性能和氧化安定性能，无腐蚀性，使用过程中吸水较少、稳定性好，与 IT 设备材料、电源线、网线的兼容性能优异。用户对克石化研制的矿物油型冷却液的评价测试和应用试验反馈良好，进一步将这些冷却液应用于工业数据中心项目中，反馈良好。克石化研制的矿物油型冷却液比合成油型或硅油型冷却液更易制取、经济价值更高，易实现工业化规模生产。

预计 2025 年中国数据中心机架规模为 1472 万架左右，液冷数据中心的市场渗透率将达到 20%以上，冷却液市场需求量可达到 20 万吨以上，克石化研制的矿物油型冷却液可用于喷淋式、浸没式数据中心服务器的直接接触式液冷，可促进数据中心散热效率的有效提升，助力数据中心减少碳排放、践行“绿色革命”，实现节能减排新突破。

延迟焦化加热炉环保清焦节能技术的应用

蔡国晏　和晓飞　李岳灿

（中石油云南石化有限公司）

摘　要　延迟焦化装置主要加工减压渣油等重质原料，在原料劣质化及高负荷条件下，延迟焦化加热炉结焦趋势加大，炉管清焦周期缩短。由于机械清焦需要停炉及不环保等缺点，故探索加热炉在线清焦技术。本文介绍了延迟焦化装置加热炉在线清焦技术原理、操作要点及清焦效果等情况。采用加热炉在线清焦技术，每一路炉管需要单独清焦，且炉管材质应为Cr9Mo及以上级别。清焦时3.8MPa蒸汽流量控制2~3.5t/h，炉管管壁最高温度673℃。清焦结束后，管壁温度由最高点647℃降至556℃，降幅达到91℃；炉管入口压力由1.01MPa降至0.95MPa，降幅为0.06MPa，清焦取得显著效果。产生经济效益120万元/年。

关键词　延迟焦化；加热炉；恒温清焦；在线清焦

延迟焦化装置在炼油厂充当的角色主要是解决其他生产装置产生的重油及污油出路问题。随着原油性质越来越差，延迟焦化原料中能诱导加热炉结焦的组分含量增大。加热炉炉管结焦是制约延迟焦化装置能否长周期运行的关键。云南石化1.2Mt/a延迟焦化加热炉采用双面辐射立式炉，设计管程为4管程，负荷为40MW，实际运行负荷为设计负荷的110%，炉出口温度492~503℃。根据以往的运行经验，每年需要停工对炉管进行机械清焦，对装置连续运行不利，结合中国石化镇海炼化[1]等公司延迟焦化加热炉在线清焦技术，对云南石化延迟焦化加热炉进行了在线恒温变温相结合清焦，清焦结束后炉加热炉参数与开工时接近，运行效果好。与机械清焦比较，产生经济效益120万元/年。

1　在线清焦原理

1.1　在线恒温清焦

在高温下，炉管内流通的高速蒸汽不断冲刷炉管，从而将管壁上焦炭剥落下来，而剥离的焦粒随清焦蒸汽共同进入生焦塔内，剥落的焦粒对后续炉管内的焦垢层的冲击作用，加快焦垢层剥离，实现焦粒和热量的密闭回收[2]。

在炉管恒温时，水蒸汽在高温下与焦炭发生化学反应生成一氧化碳和氢气。

$$H_O+C \xrightarrow{Ni} H_2+CO$$

1.2　在线变温清焦

在炉管内通入汽轮机用中压蒸汽，利用炉管材质与与炉管内壁焦炭的热膨胀系数不同[3]，对炉管进行梯度变温操作。当炉管温度下降时，炉管收缩，挤压管壁内的焦炭层，使焦炭层出现裂纹，当炉管温度再次上升时，炉管与管壁内的焦炭层分离，炉管内蒸汽将焦块及焦粒带走。经过多次变温，炉管与焦炭分离，达到清焦目的。

2　在线清焦操作

2.1　执行过程

在线清焦的主要操作步骤为：待清焦分支炉管降温降量→渣油进料切至蒸汽吹扫→升温恒温→快速降温→升温恒温→快速降温→蒸汽吹扫切至渣油进料→加热炉调整正常。整个清焦周期为6天左右。清焦操作过程见表1。

表1　加热炉在线清焦操作步骤

时间		操作要点	操作过程及关键指标
第一日	9：00~13：00	加热炉清焦分支降量、降温	清焦分支流量以≯5t/h的速度，缓慢降至19t/h，每降低1t/h辐射量增加第一点注汽量25~50kg/h，其他三路加工总量提高辐射量2t/h左右，注汽按照注汽对照表进行调整；清焦分支炉出口温度以≦60℃/h的速度降低至414℃，其他三路炉出口温度以1℃/h的速度，由493℃提高到496℃。

续表

时间		操作要点	操作过程及关键指标
第一日	13：00	油改汽	加热炉清焦分支第1点注汽量为300kg/h，第2、3点各500kg/h，切断渣油进料，改通蒸汽，开始炉管吹扫。中压蒸汽流量2~3t/h。
	13：00~17：00	炉管降温	加热炉清焦分支炉管通蒸汽后继续降温，加热炉管壁温度最低点降至385℃，炉出口温度降至365℃。
	17：30~20：00	点火升温	以<60℃/h提高炉管出口温度至482±5℃，并恒温1小时。
	21：00	点火升温	以15~20℃/h提高炉管出口温度至570±5℃，并恒温。
第二日	9：00~11：00	点火升温	炉出口温度570℃升温至610℃，管壁温度最高至670℃，21：00温度控制650~660℃保持恒温。
第三日	10：30~14：00	炉管降温	出口温度619℃降至354℃，管壁最高温度673℃，降至最低361℃。
	14：00	点火升温	以30~40℃/h提高炉管出口温度至管壁温度最高点650℃。
第四、五日		炉管恒温	炉管管壁温度最高点650℃恒温。
第六日	9：40~14：00	炉管降温	加热炉第一路出口温度降至340℃，管壁温度降至359℃。
	14：00~14：30	汽切油	中压蒸汽切渣油。
	14：00	点火升温	加热炉点火升温，恢复正常生产，管壁最高点温度556℃。

2.2 炉管热电偶位置

云南石化延迟焦化加热炉炉管配备9个热电偶，对生产影响较大的几个点为H、I、J、K点，所以在以下的分析中，主要关注这几个点，，在画图分析时用8、9、10、11分别代替H、I、J、K点。加热炉热电偶位置见图1。

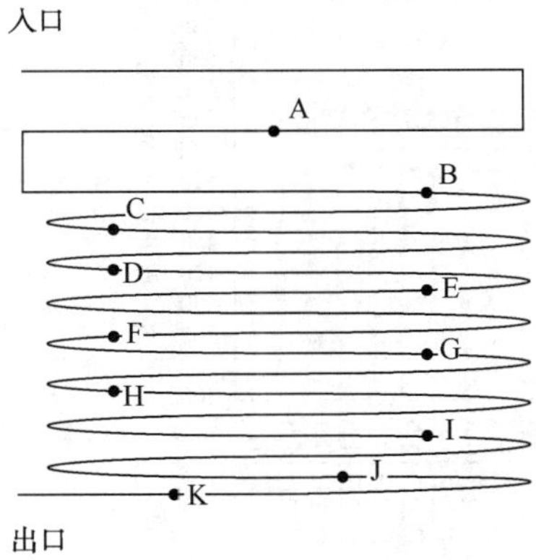

图1 加热炉炉管热电偶位置图

2.3 在线清焦温度曲线

2.3.1 第一阶段降温升温

加热炉清焦分支辐射流量降至19t/h，炉出口温度降至414℃，切断渣油进料，改通蒸汽；17：00加热炉管壁温度降至385℃，加热炉第一路出口温度降至365℃，加热炉点火升温。见图2。

2.3.2 第二阶段降温升温

第三日，10：30加热炉第一路出口温度619℃，管壁最高温度673℃，加热炉开始熄火降温；14：00加热炉第一路出口温度降至354℃，管壁温度降至361℃，加热炉点火升温。第四、五日，炉管管壁温度最高点650℃恒温。见图3。

2.3.3 第三阶段降温恢复生产

第六日，9：40加热炉出口温度升至619℃，管壁最高温度650℃，加热炉开始降温；14：00加热炉出口温度降至340℃，管壁温度降至359℃，加热炉点火升温；14：00~14：30中压蒸汽切渣油；14：30加热炉炉膛点火升温，恢复正常生产，管壁最高点温度556℃。见图4。

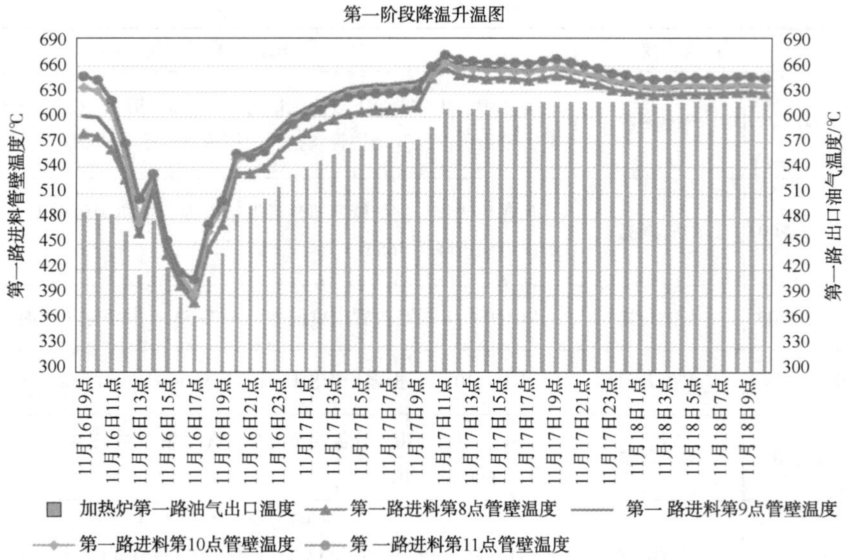

图 2　第一阶段降温升温图

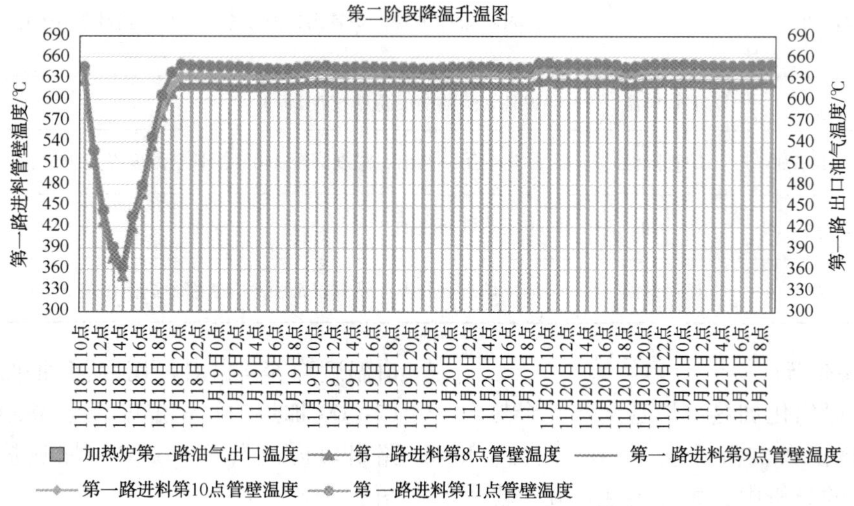

图 3　第二阶段降温升温图

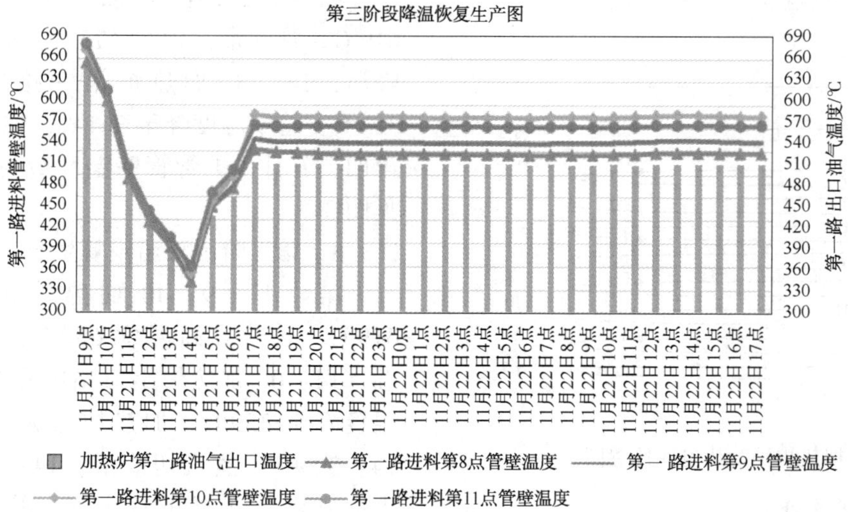

图 4　第三阶段降温恢复生产图

3 在线清焦数据分析

3.1 在线清焦前后效果分析

在线清焦前，加热炉待清焦炉管正常生产，由于管壁温度较高，炉出口油气温度设定487℃，8、9、10、11点管壁温度均较高，最高达到647℃。在线清焦恢复正常生产后，油气出口温度设定493℃，8、9、10、11点管壁最高点温度降至554℃，降幅均达到80℃以上，清焦效果显著，达到预期目标。

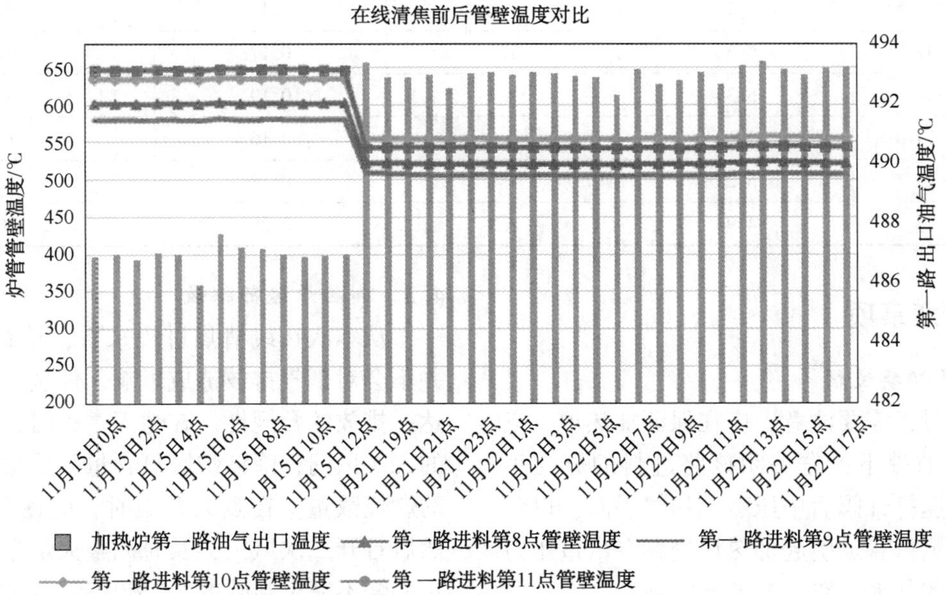

图5 在线清焦前后管壁温度对比图

3.2 与机械清焦效果对比分析

机械清焦前，加热炉正常生产，炉出口油气温度设定492℃，管壁最高点温度达到615℃。停炉机械清焦恢复正常生产后，油气出口温度设定493℃，管壁最高点温度降至570℃，降幅均达到40℃以上。机械清焦结束后加热炉分支进料流量33t/h，在线清焦结束后加热炉分支进料流量29t/h，考虑到辐射量对炉管温度的影响，在线清焦效果与机械清焦相当。

3.3 对石油焦产品质量的影响分析

在线清焦期间，加热炉清焦炉管通入2.5~3t/h中压蒸汽，其余三路油气出口温度由493℃提高至496℃。11月17日至22日是在线清焦期间生产石油焦，尽管在焦炭塔内的蒸汽对油气有汽提作用，石油焦挥发分无明显变化，在炉管降温及升温期间，石油焦未出现软焦情况。

表2 在线清焦前后石油焦质量

采样时间	硫含量%（质量分数）	挥发分%（质量分数）	灰分%（质量分数）	总水分%（质量分数）
2022-11-01	5.45	6.7	0.13	21.2
2022-11-03	5.66	6.9	0.18	18.6
2022-11-04	5.7	7.2	0.19	17.7
2022-11-05	5.64	7.1	0.17	22.8
2022-11-06	5.48	7	0.18	19.7
2022-11-08	5.13	7.3	0.18	15.3
2022-11-09	5.39	7.8	0.14	19.2
2022-11-10	5.23	7.4	0.14	18.4
2022-11-12	4.93	7.2	0.1	15.6
2022-11-13	4.97	6.9	0.26	20

续表

采样时间	硫含量%（质量分数）	挥发分%（质量分数）	灰分%（质量分数）	总水分%（质量分数）
2022-11-14	5.26	7.3	0.17	21.7
2022-11-15	5.23	6.4	0.14	20.5
2022-11-17	5.18	7.9	0.12	19.2
2022-11-18	5.34	7.2	0.17	16.8
2022-11-20	5.33	7.7	0.19	23.7
2022-11-21	5.17	7.3	0.16	18.8
2022-11-22	5.23	8.1	0.18	18
2022-11-24	4.94	8.5	0.28	16

4　操作注意事项

4.1　油与汽切换过程

油切汽时，需要注意，应在保证加热炉三点注汽到位的前提下，先关闭该路进料的分支手阀，然后快速打开阀后中压蒸汽扫线手阀，以免油窜入中压蒸汽管道引起加热炉进料泵出口压力波动，而导致其他三路进料流量联锁。

汽切油过程中，应在保证加热炉三点注汽到位的前提下，先关闭中压蒸汽扫线手阀，再快速打开该路进料分支手阀，同时，要密切关注加热炉进料泵出口压力及其他三路进料流量变化，进行缓慢调整，在流量稳定在20t/h以上后，逐渐点火升温，切忌不要太快，以免油品尚未充满炉管而快速升温导致炉管再次结焦。

需要注意的是，不论是油切汽，还是汽切油，都应在焦炭塔正常生产至少4小时后进行[4]，以免焦炭塔热量不足，导致生产波动，或出软焦。

4.2　降温和升温

第一次降温时，应注意先降量，再降温，降量过程须同步调整注气量，降温须严格遵守降温速度要求，以免加剧炉管结焦。第二、三次降温时，应快速熄灭主火，降温速度越快，清焦效果越好。此时，应注意观察炉管入口压力变化情况，防止炉管堵塞。

第一、二次升温时，均应严格控制升温速度，避免炉管超过规定温度导致炉管损坏。第三次升温时，应注意油品应充满炉管后再点火，调整该路瓦斯量时，应同步调整氧含量和负压，保证升温速度，防止炉管出口温度过低而影响生焦。

4.3　加热炉达标排放

从本次在线清焦过程来看，单路清焦操作，并不会对烟气排放造成影响，但也不可忽视烟气达标排放的合规性。在熄灭主火时，应关闭相应的二次风门，降低炉膛氧含量，尽量减少长明灯的燃烧数量。在点火升温时，应逐个点燃主火，然后打开二次风门，及时调整火焰燃烧状态，防止燃烧不完全导致的“二氧化硫”假超标。

4.4　加热炉全面检查

由于加热炉在线清焦期间，加热炉各部件温差较大，每小时对加热炉各法兰及管线进行检查，未发现变形及泄漏，炉管未产生较明显氧化爆皮现象。

5　结论

（1）云南石化延迟焦化加热炉利用恒温变温交替的在线清焦方法，使管壁温度最高点降为556℃，降低了91℃；炉管出入口压差由1.01MPa降低至0.95MPa，降低了0.06MPa，达到了预期目标。

（2）延迟焦化加热炉成功实现在线清焦，延长了延迟焦化装置运行周期，降低了停工频率，降低了机械清焦期间的环保风险，达到了经济效益及环保效益双赢局面。

（3）由于加热炉在线清焦对炉管的危害短期显现不出来，在停工检修时应加强对加热炉的检测。

（4）延迟焦化环保节能清焦技术与机械清焦比较，减少了停开工产生的污油处理费用及停工期间的损失，且降低了环保风险，产生经济效益120万元/年，达到了节能提效的目的。

参考文献

[1] 师彦俊．延迟焦化装置加热炉在线蒸汽清焦技术工业应用总结[J]．炼油技术与工程，2023，53(01)：17-21.

[2] 孙宇．延迟焦化加热炉环保在线恒温清焦技术的应用[J]．辽宁化工，2022，51(08)：1107-1110. DOI：10. 14029/j. cnki. issn1004-C935. 2022. 08. 015.

[3] 龚朝兵．焦化加热炉炉管在线清焦的实践与思考[J]．化工机械，2010，37(04)：514-517+522.

[4] 魏学军，李出和，胡刚．焦化加热炉在线清焦的设计与实践[J]．石油化工设备技术，2008(02)：33-35+23.

[5] 徐先财．焦化加热炉在线清焦的应用及影响[J]．炼油技术与工程，2016，46(11)：36-39.

[6] 郑志斌，蔡海军，魏文等．在线清焦技术的应用对焦化加热炉的影响[J]．石油炼制与化工，2015，46(02)：76-78.

[7] 陈文生，陈琪玮，王大寿等．焦化加热炉在线清焦技术应用与优化[J]．中外能源，2019，24(03)：88-92.

[8] 曹凤凤，孟新博，吴昊飞．120 万吨焦化加热炉在线清焦实践和分析[J]．云南化工，2018，45(08)：227-228.

[9] 郑志斌，魏文．在线清焦技术在 1. 20Mt/a 焦化加热炉上的应用[J]．石油炼制与化工，2014，45(07)：62-67.

[10] 王春花，陈梓剑．延迟焦化装置在线清焦操作难点及对策分析[J]．石油炼制与化工，2010，41(09)：39-43.

电驱压缩机组循环水系统流量优化分析

武建伟

（国家管网集团西部管道有限责任公司）

摘　要　天然气站场电驱压缩机组在运行过程中，由于电机绕组通过电流值很大，主要使用冷却水进行降温，确保电机绕组不超温损坏，从而保证站场平稳运行。循环水系统主要由循环水泵及相关管路组成。循环水泵对冷却水进行循环，保证冷却水的流量及压力正常。通过对不同流量下的工况进行分析，确定循环水泵流量的优化运行方式，从而减少循环水系统的冷却水用量。

关键词　天然气站场；电驱机组；冷却水；循环水系统；流量

1　电驱机组循环水系统组成

电驱压缩机组通常由大功率电机（十几兆瓦以上）+变频调速系统+压缩机组成。大功率电机内有强制通风进行吹扫，在运行过程中绕组温度会很快上升，对绕组绝缘造成损坏，通常还需增加水冷单元进行降温；变频调速系统由整流单元、逆变器等大功率电子元件组成，变频间装有空调系统，但相关控制单元板块等在运行时温度会很快上升，对控制板卡造成影响，也需要增加水冷单元进行降温。

电驱机组冷却水系统主要由三部分组成，主要有循环水泵、冷却水塔、及相应进出电机管道组成。循环水在对电机绕组降温和变频器降温后[1-2]，循环水温度升高，流入冷却水塔。对冷却塔束管内循环水进行喷淋或通风强制降温，进入循环水泵对冷水水提供压力和流量，从循环水泵出口管线对电机绕组和变频器进行降温。所形成的密闭输送管道系统如下图1所示：

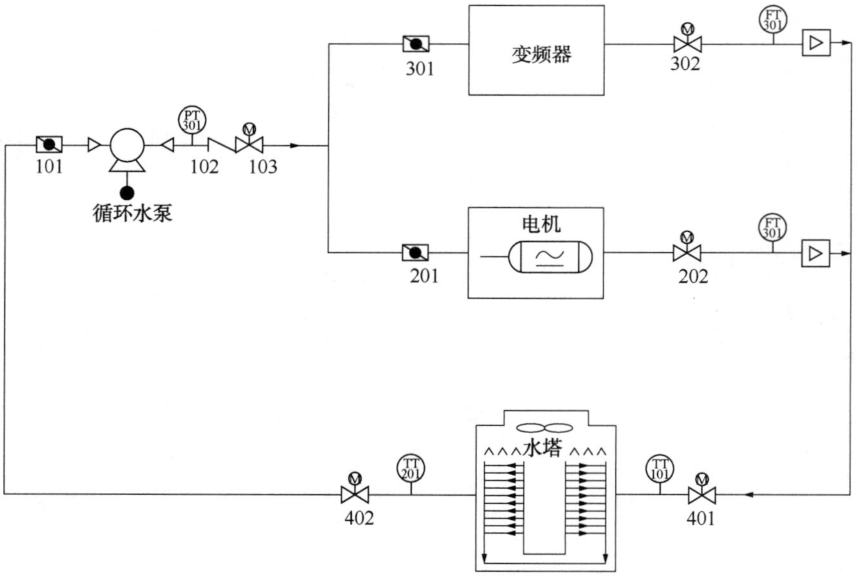

图1　循环水系统流程图

系统中的截流设备主要有循环水泵进出口阀门、电机进出口阀门、变频器进出口阀门、冷却水塔进出口阀门。所用的压力监测仪表为循环水泵出口压力变送器，所用的温度监测仪表为冷却水塔进出口温度变送器，所用的流量监测仪表为电机出口流量变送器、变频器出口流量变送器。

2　循环水流量的影响因素

从循环水系统的组成可知，影响循环水系统的流量主要有循环水泵的结构、进出口阀门的开度、循环水的组成等。

2.1　管路阻力计算

冷却水在循环过程中，所受阻力主要有泵机组阻力、摩擦阻力、局部阻力、末端装置阻力及调节阀的阻力。

泵机组对循环水阻力为循环水冲击叶片的阻力，取50kPa。

摩擦阻力和局部阻力为管路直管段、弯头、三通等摩阻，取输配侧管路长度200m与比摩阻200Pa/m，则磨擦阻力为200＊200＝40000Pa＝40kPa，局部阻力为摩擦阻力的50%，即40＊50%＝20kPa。

末端装置阻力为电机内盘管、变频器盘管、冷却水塔盘管阻力，此项阻力在20-50kPa，考虑到水塔盘管较多，取50kPa。

调节阀阻力为变频器间进口阀，受变频间环境与冷却水温度比较，对变频间进口阀进行调节，取40kPa。

则系统各部分的阻力之和为：

$$50+40+20+50=40=200\ kPa(20mH_2O) \quad (1)$$

则所需最大扬程为 $H=20m*1.1=22m$，水泵所需的最小扬程为22m。

2.2　循环水泵结构

所用的循环水泵为立式离心泵+地面水箱的结构，地面水箱比离心泵高2m，水箱容积为 $5m^3$，能够满足离心泵的自灌启动要求，额定流量为250m/h，扬程为45m，满足系统阻力要求，大泵的额定转速为1480r/min。

所用电机为三相异步电机，额定转速为1485r/min，无变频调速装置。根据泵的综合特性参数计算公式：

$$ns=365nQ/H^4=32.9 \quad (2)$$

因此，该循环水泵在额定转速附近性能曲线较稳定，流量主要受泵出口压力影响。

2.3　阀门开度变化对流量影响

为防止汽蚀，循环水泵入口阀保持全开，根据压缩机管理要求，循环水泵出口阀、电机循环水出口阀、变频器循环水出口阀全开，为了对循环水充分降温，冷水水塔进出口阀门全开，处于中间状态的通常只有电机循环水入口阀。阀门状态统计表如下表一所示：

表1　阀门状态统计表

阀门位置	阀门状态
循环水泵进口阀	全开
循环水泵出口阀	全开
冷却水塔进口阀	全开
冷却水塔出口阀	全开
电机循环水进口阀	中间状态
电机循环水出口阀	全开
变频器循环水进口阀	中间状态
变频器循环水出口阀	全开

在保持电机转速稳定的情况下，对电机循环水进口阀门状态进行调整，变频器进口阀为自动控制阀门，测试不同开度下循环水系统流量、压力、温度变化情况如下表2所示：

表2　电机循环水进口阀开度调整流量测试表

电机进口阀开度	电机循环水流量（m^3/h）	变频器进口阀开度	变频器循环水流量（m^3/h）	循环水压力（kPa）	循环水温度（℃）
20%	75	45%	56	537	25.1
30%	94	40%	50	508	24.5
40%	116	30%	42	463	22.6
50%	131	23%	30	436	21.5
60%	136	20%	26	421	21.1
70%	139	20%	25	415	20.7

阀门开度对循环水流量有直接影响，当阀门开度达到50%以后，循环水流量基本达到稳定。

2.4　阀门开度不变时流量影响因素

在循环水泵阀门开度40%情况下，把变频器进口阀门手动控制在开度30%，对电机转速进行调整，测试不同转速下循环水系统流量、压力、温度变化情况如表3所示。

表 3　电机转速调整流量测试表

电机转速(r/min)	电机循环水流量(m^3/h)	变频器循环水流量(m^3/h)	循环水压力(kPa)	循环水温度(℃)
3649	116	43	626	19.7
3847	111	42	597	20.5
4049	106	42	556	21.6
4252	102	43	497	22.7
4448	97	42	456	24.5
4650	93	41	429	25.7

3　循环水流量的优化分析

循环水的温度根据工艺要求保持在 20－24℃，对比两种工况下的系统总流量如表 4 所示：

表 4　两种工况循环水流量比较

阀门开度变化流量			阀门开度不变流量			
电机循环水流量(m^3/h)	变频器循环水流量(m^3/h))	系统总流量	电机循环水流量(m^3/h)	变频器循环水流量(m^3/h))	系统总流量	系统流量之差
139	25	164	111	42	153	11
131	30	161	106	42	148	13
116	42	158	102	43	145	13

通过对变频器循环水泵进口阀运行方式进行调节，能过够在提高系统压力的情况下，减少系统流量在 10m^3/h[4-7]。

4　结论

通过对循环水系统不同工况下的流量分析，确定了对变频器循环水进口阀开度进行定值控制的方式，减少系统循环水流量：

参　考　文　献

[1] 孙希波．石油化工循环水场循环水泵的设计选型[J]．化工设计通讯，2018，12：112.

[2] 张继范．循环水泵设计选择节能分析的探讨[J]．科技创新与应用，2012，8：150.

[3] 从君．循环水泵的水力和结构特点研究[J]．设备管理与维修，2022，2：205.

[4] 杨云元．循环水泵运行方式优化[J]．智能城市，2018，21：95-96.

[5] 于金龙．循环水泵维修经验[J]．设备管理与维修，2019，21：52-53.

[6] 叶东乐．9E 循环水泵改造设计[J]．机电信息，2016，24：55-57.

[7] 黄柱，唐支霞，张宪．循环水泵运行方式的经济性分析[J]．仪器仪表用户，2008，08：129-127.

索拉机组运行稳定性优化分析

王建新

（国家管网集团西部管道有限责任公司）

摘 要 天然气长输管道需要在沿途建立增压站，通过压缩机组多级压缩，实现天然气长距离输送。索拉机组是涩宁兰天然气管道输送的“心脏”，其中润滑油系统担负着重要的功能，是保证机组正常运行的重要组成系统，其运行可靠性关系到机组能否长周期稳定工作。本篇论文主要研究润滑油系统中油冷器与温控阀对润滑油系统的稳定性的影响，补齐机组管理上的短板，降低机组非计划故障停机率，同比减少非必要启停机放空量。

关键词 润滑油系统；温控阀；可靠性；停机；放空量

1 润滑油系统组成

天然气长输管道的核心设备—燃气轮机，它的稳定性对管网的安全运行起着至关重要的作用。设备的可靠运行有前提条件，设备自身的缺陷、自然因素、日常注意不到位的细节等、往往都会使的设备出现各种各样的问题，一方面会影响设备自身的工作效率，另一方面会影响整个管网的安全生产。为了尽可能提高机组的稳定性，就需要我们对影响设备运行效率的因素进行全面分析。

1.1 滑油油箱

滑油油箱是供给、储存、回收润滑油的设备。内部设有加热器，在启机前对油箱内的润滑油进行加热、升温，确保在机组启动时油箱温度能达到启机温度20℃（68℉），降低寒冷天气润滑油粘度以满足启机要求。

1.2 润滑油油泵

离心式压缩机一般设有三台油泵，主油泵、交流泵、直流泵。主油泵是在机组运行时供给润滑油，交流油泵即超前-滞后润滑油泵的作用是在机组启动和停止的过程中，为燃气轮机及压缩机轴承提供润滑油。

1.3 润滑油油冷器

油冷却器的作用是冷却高温的润滑油。

1.4 压力开关

超前-滞后润滑油泵下游和后备润滑油泵下游的压力开关是为了检测油泵使用，润滑油滤芯下游的压力开关检测润滑油汇管压力过低时启动后备润滑油泵，保证各轴承冷却润滑油供应。

1.5 主润滑油压力控制阀

主润滑油压力控制阀在主油泵的下游，压力控制阀通过感应润滑油过滤器下游点的润滑油压力来维持润滑油系统的压力。

1.6 温度控制阀

温度控制阀保证了润滑油汇管温度在设定范围内（低于71℃），从而保证进入各个轴承及组件的润滑油温度。

2 温控阀对润滑油系统运行工况影响及故障处理

2.1 温控阀对润滑油系统运行工况影响

离散系数用于表示两组数据的离散程度，通过对随机变量取值之间离散程度的测定，可以反映各个观测个体之间的差异大小，计算出的离散系数越小表明这组数据中大部分数值和平均值相差较小，则表明此处润滑油的温度和压力波动较稳定。

计算离散系数c_v公式为：

$$c_v = \frac{\sigma}{\mu}$$

式中，σ 为该组数据的标准差；μ 为该组数据的平均值。

其中标准差 σ 的计算公式为：

$$\sigma = \sqrt{\frac{\sum (X-\mu)^2}{N}}$$

式中，X 为变量；N 为变量的总数。

2.2 温控阀常见故障分析

2.2.1 感温包胀坏

为使感温包能在温度变化的情况下快速、准

确的产生体积变化来控制调节筒作出正确的动作。

感温包通常使用导热系数高的金属作为壳体，内部的感温介质为石蜡同时增加一些金属粉末增加导热性，当温控阀流经的流体温度快速升高，感温包中感温介质的体积急剧膨胀使感温包内压力过大而胀坏，最终失去控制作用，只有少量或者没有润滑油流经润滑油冷却器，影响机组润滑效果。可以对感温包进行测试，确定感温包胀坏可以更换感温包。也可采用过温保护技术，当润滑油系统过热时强制关闭温控阀。

2.2.2　感温介质不灵敏

温控阀在高温情况下工作时感温介质会保持膨胀状态、长时间的高温使用情况下会导致感温介质感温不灵敏情况，当温度降低时由液态相变释放热量转换为固态体积缩小的速度会降低，控制精度大大减弱，当温控阀无法快速控制阀门端口开度可能是感温包内感温介质不灵敏导致，此时可以对感温包进行测试，确定温度变化情况下无法快速进行体积变化，可以更换感温包。

2.2.3　弹簧失去弹性

弹簧主要作用是提供当润滑油温度升高感温包膨胀产生的膨胀力反方向的作用力，这样可以使调节筒处于一个平衡位置，当润滑油温度发生变化时，这个反向作用力与膨胀力配合同时进行阀门端口开度的调节，当润滑油温升高，感温包膨胀挤压弹簧压缩，阀门调节筒位置改变。

当润滑油长时间处于高温状态，弹簧一直被拉伸弹性与刚性减弱，不能快速、及时回弹调整调节筒位置，在温度稍低于临界温度时阀门不能完全打开，润滑油进入汇管的油压有所降低，当查看机组参数趋势时发现润滑油汇管压力降低明显，可能是弹簧弹性减弱，检查弹簧回弹力与速度已经变差时，可以更换弹簧。

2.2.4　阀门产生漆膜

温控阀长期在润滑油之中工作，润滑油的粘度、机械杂质、漆膜倾向指数等关键参数都会影响温控阀工作状态。

3　优化分析提高索拉机组稳定性

影响索拉机组润滑油系统的影响因素很多，本文主要研究了两个因素，并从中找出规律，对影响因素做出针对性的预防措施，以满足管网输气安全平稳运行的需求。

一是当调整润滑油冷却器控制系统 PID 参数后的运行情况，自动模式时油冷器风扇转速有明显下降，不再出现当润滑油温度很低时仍然保持全速运转的现象。增强润滑油系统稳定性，降低油冷器电机不必要的能源消耗与磨损，延长设备使用寿命。接下来可以进一步进行测试，在更小步长与更长时间情况下进行测试比较油冷器电机速度变化与润滑油系统稳定性情况。

二是在更换温控阀后，机组润滑油汇管的温度、压力变化有了明显改善，波动现象减少，运行情况更加平稳。通常温控阀性能下降或发生故障，主要由核心部件感温包引起，在了解不同温度下感温包的热胀冷缩变化程度，可以尝试不同感温介质制作感温包。对温度变化较为敏感的形状记忆合金、可以固液相变的感温石蜡、常见的双金属片等达到和原感温包相同的形变效果，最终达到稳定控制润滑油系统润滑油温度、压力的目的。

三是人才培养，全面提升，党的二十大报告强调“人才是第一资源”。企业要始终贯彻落实新时代人才强国战略，坚持人才立企强企方略，注重青年员工培养工作，以实践操作教学为主，以专业理论学习为辅的原则，结合管辖设备日常维检修、压缩机组体检大修及疑难问题处理等作业，以干代练、以干带训、以干促学，着力提升青年员工综合素质，努力打造一支作风优良，本领过硬的队伍。

4　总结提升

涩宁兰天然气管道是我国确定的 2000 年西部大开发的十大重点工程之一，于 2001 年 9 月建成投产。西起青海柴达木盆地青海油田涩北一号气田，东至甘肃省定西市，北端与西气东输相连接，干线管径 660 毫米，最高工作压力 6.3 兆帕，总里程 2609 公里，全线共设增压站 5 座，管辖 13 台索拉压缩机组，年输气能力 68 亿标准立方米，分别为青海、甘肃两省 1600 万老百姓输送天然气。

科技强则企业强，国家管网人始终坚持以创新求发展，不迷信“洋货”，不仰仗“成品”，依托工匠人才开展科技创新和管理创新，加大科技成果和优秀管理成果的转化力度，有力保障天然气管道的安全平稳运行。

截至 9 月，涩宁兰天然气管道已安全平稳运行22年，自投产以来总输气量突破700亿立方米，替代标煤0.9亿吨，减少二氧化碳排放2.7亿吨、粉尘0.5亿吨。在青海、甘肃两省能源绿色低碳转型中为保障国家能源战略安全，实现“双碳”目标发挥了积极作用。

参 考 文 献

[1] 范宗良．离心式压缩机润滑油系统温控阀的静/动态特性研究[D]．兰州理工大学，2005.

[2] 何冬辉，叶振起，赵奕州．配AMOT温控阀的润滑油系统润滑油压低原因分析及预防措施[J]．黑龙江电力，2019，41(04)：347-350.

[3] 王继文，庞喜．离心式空气压缩机润滑油冷却器改造[J]．设备管理与维修，2018(22)：124-125.

新能源在油气田的应用展望

徐红军

（中国石油大港油田公司）

摘 要 习近平总书记于2020年9月22日向世界发表了“中国争取2030年达到碳峰，2060年实现碳中和”的庄严承诺，并提出了在今后的40年里，我国将对能源结构进行调整，增加新能源与清洁能源的开发与供应，并逐渐降低“化石燃料(石油、天然气、煤炭)”的使用比例。开发新能源，既是新发展理念的贯彻，又是国家应对气候变化的政治号召，是“双碳”目标的一项重要举措，更是我国石油天然气公司高质量发展的必由之路。Q油田的新能源开发与石油和天然气的产业链高度结合，石油和天然气的生产规模大，带动效应强，风力和太阳能资源丰富，为其可持续发展打下了坚实的基础，并具备了广泛的应用。

关键词 新能源；油气田；“双碳”

《能源生产和消费革命战略》中指出，到2030年，以清洁能源为主体的新能源需求将成为中国新能源需求的主体。国家将非矿物能源作为能源发展的重点，积极推动以低碳能源为代表的高碳能源和以可再生能源为代表的新能源；要坚持以绿色为目标，积极推动矿物能源的清洁、高效使用，把可再生能源作为第一选择，同时要安全、有序地发展核能，并加速提高非矿物能源在能源供给中的比例。电能是一种洁净、高效、方便的二次能源，在工业化过程中起到了“助推器”的作用，新一轮的电力革命将以“能产电，产电洁净”为主要特点。

1 油气田基础优势是新能源发展的前提

为贯彻“双碳”目标，抓住发展契机，以新能源技术为切入点，对新能源产业进行布局，对新能源工作进行统筹规划，向综合性能源服务转变，促进了油田的高质量发展。风景秀丽。促进新能源和石油天然气两大领域的协调发展。新能源业务的发展与油气生产产业链之间存在着高度的融合，在油气田企业的勘探开发过程中，会产生巨大的、持续的压缩机烟气余热资源和产出水的热水资源，为地热、废热等利用提供了良好的资源基础[4-6]。石油企业积极参与到全国的生态文明建设中来，并与当地的经济、社会发展相结合。利用好国家的政策，加强与当地政府的沟通和互动，在项目的布局上统筹谋划，互相支持，达到企业和地方的共同发展，共同分享发展成果，实现合作共赢。

2 应用场景分析

分布式发电电站是以油田现有的空闲土地为基础，以110kV变电所为依托而建的。电厂采用“自用、就地消纳”的方式，根据国家标准GB/T 33593—2017《分布式电源并网技术要求》，其发电能力不得超过所接入的变电站(110 kV)的最低负载。以某作业区为例，对其上级变电所2019年的最低运行负荷为8.3MW，初步确定分布式光伏电站装机规模为2.3MW，分布式风电场装机规模为6MW。

2.1 分布式光伏电站

光伏电站系统的设计电压是1500V，选择了某组件厂的540Wp单晶光伏组件，以及某逆变器厂的225kW组串式逆变器，根据太阳辐射的最佳倾角42°、方位角0°来安排组件。运用PVsyst软件对能源流动图进行了仿真，并结合当地的太阳能资源特性、气候特性以及以往的工作经验，计算出了电厂运行后的整体效率为82%。年发电功率大约为356.1x104千瓦小时，不计电池模块的衰减。由于太阳能电池模块的光电转化效率是一年比一年低，所以实际发电功率会随著时间的流逝而逐渐降低。根据《国家能源局、工信部、国家认监委关于提升光伏主要产品技术指标和强化监督管理的通知》，从2018年1月1日开始，新建光伏电站的光伏设备供应商必须达到《光伏制造行业规范条件》中的单晶模块一年衰减速率不超过3%，以后一年衰减速率不超过0.7%的要求，可以推算出该电站未来20年的年均年发电量为 321.7×104 kWh（表 1）。

表 1 20 年发电量计算结果

年份	衰减率/%	发电量/10^4kWh
第 1 年	3	345.4
第 2 年	3.7	342.9
第 3 年	4.4	340.4
第 4 年	5.1	337.9
第 5 年	5.8	335.4
第 6 年	6.5	332.9
第 7 年	7.2	330.4
第 8 年	7.9	327.9
第 9 年	8.6	325.4
第 10 年	9.3	322.9
第 11 年	10	320.4
第 12 年	10.7	317.9
第 13 年	11.4	315.5
第 14 年	12.1	313.0
第 15 年	12.8	310.5
第 16 年	13.5	308.0
第 17 年	14.2	3055.5
第 18 年	14.9	303.0
第 19 年	15.6	300.5
第 20 年	16.3	298.0
平均		321.7

2.2 分散式风电场

风电场中使用了当前主要的风机，其中两台风电机组为 3MW，合计 6MW。以风电场测风数据、风机厂家提供的功率曲线为依据，并结合所选择的型号和地点，运用 WASP 软件，对理论发电量进行了计算，得出了 2963×104kWh/a 的理论发电量。在考虑了尾流损失，空气密度，紊流强度，叶片污染，风电机组利用率折减，功率曲线，线路损耗，气候等因素的影响后，得到了 74%的折减系数。机组 2 台，计划年出力 2195×10^4 千瓦时。

2.3 消纳分析

通过对一次变电所 2019 年供电一次变电所用电资料的分析，发现一次变电所最小月均负荷为 8.3MW。按照自然自用的原则，选择了不超过其月均最小负荷 8.3MW 的装机容量。根据消纳该变电站的最低负载的原则，此次风电接入 35kV 侧能够在当地实现 35kV 侧的负载均衡，不会将 35kV 侧的负载返回到 110kV 侧，从而增加变压器损耗；在此变电站中，6 V 侧的光伏发电系统可实现 6KV 侧的就地平衡。

本次新能源发电站所发电量能够全部在该变电站供电区域内进行消纳，不会有多余电力向外送，符合电力就地平衡的经济性要求，降低了电力远距离输送的线路损耗；而且，这座变电站是一座终端变电站，这次新能源发电项目的加入，为它提供了一个可靠的电源支持，当线路出现故障或变压器出现故障时，可以使用新能源电站进行倒闸，确保部分重要负荷的安全可靠供电，提高了供电的可靠性。

2.4 替代效果

项目竣工后，发电能力达到 2516.7×10^4 千瓦小时，相当于该区用电总量的 29%。风电厂每年可发电 2195×104 度，可节省标准煤 2697.6 吨，减少二氧化碳 5707 吨。太阳能光伏发电每年可产生 321.7 × 104kWh，可节省标准煤 395.4t，二氧化碳减少 836.4t。

3 结束语

在油田中推广应用分布式新能源电厂，能够有效地减少生产过程中的化石能源消耗，降低操作成本，提高净化能源产量，从而产生了良好的经济效益，这对提高油田开发盈利能力，提质增效、高质量发展具有十分重要的意义。降低二氧化碳排放，实现能源产业绿色转型、低碳发展，提高本企业的清洁能源比重，完成国家下达的可再生能源电力消纳责任权重；建立清洁、低碳、安全、高效的新能源系统，对我国经济发展和社会发展意义重大。分布式发电站的建设与油田“十四五”规划中的新能源开发相一致，它将充分利用风电、太阳能等优势，大力开展新能源业务，并依托油田电网，形成分层、分布式的模式，从而使油田得到更大的发展。

参 考 文 献

[1] 侯磊，张欣，周伟．太阳能在油气田地面工程中的应用[J]．应用能源技术，2011(1)：22-25.

[2] 侯松伟．太阳能光伏发电在 Q 油田的有效应用[J]．化工管理，2020(36)：53-54.

[3] 李建鹏，王亭沂，孙伟，等．油田节能降耗领域技术发展对策之太阳能篇[J]．石油和化工设备，2017(12)：63-65.

[4] 秦海岩．加快发展新能源，支撑落实“双碳”目标[J]．可持续发展经济导刊，2021(6)：23-25.

[5] 王向宏，叶朝曦．太阳能光热技术在油气田中的节能应用[J]．石油石化节能，2013(7)：22-25.

联合站发电机余热回收技术研究与应用

王文进　张文栋　刘丙海　耿庆嘉

（中国石油大港油田公司）

摘　要　联合站发电机排烟温度为600℃以上，冷却循环水出口温度在60℃以上，均自然散热，造成了大量的热源浪费，产生热污染。为提高发电机余热能源利用率，减少环境污染，结合联合站的用热情况，提出了有针对性的余热回收解决方案。

关键词　发电机；烟气余热回收；节能降耗

大港油田采油二厂建有联合站四座，其中南一联有9台发电机，庄一联有6台发电机，友谊站有2台发电机，共计17台发电机，年消耗天然气在937万立方米以上。相关研究表明，天然气的燃烧热只有约35%转变为有效功，约30%随烟气排出，25%被发动机冷却介质带走，通过机身散发等其他损失约占10%左右。回收和利用发电机的烟气余热是企业实现绿色、环保、可持续发展的有效手段。

1　联合站工艺现状

1.1　南一联合站

南一联建有分离缓冲罐2具，储罐7具，过滤器4具，加热炉6台(其中1#炉、2#炉为外输加热炉，3#炉为孔店来油加热炉、4#、5#炉为脱水加热炉，6#炉为采暖加热炉)，各类型机泵54台。

站内主要工艺流程为：系统来液通过总机关进入2具一体化油气分离装置进行气液分离，分离出的伴生气经干燥器、天然气净化器处理后供站内发电机发电、加热炉加热、轻烃回收、矿区采暖用气；分离出的含水原油与卸油台来液一起进入5#多功能沉降罐进行沉降脱水，沉降罐脱出的低含水原油经过加热炉加温后进入4#、6#好油罐进行二次沉降，合格后一部分外输至南三联合站，另外一部分原油经过原油稳定系统处理后进入8#好油罐(孔店来油4000t/d)，加热外输至南三联合站；沉降罐脱出的污水依靠连通管道压进10#多功能储罐进行二次沉降，然后再压进9#污水沉降罐三级沉降，三级沉降后经提升泵供水去污水站处理后回注。

该站处理液量约4800m^3/d，处理气量约2.2×10m^4/d；平均外输原油约4500t/d，外供水量约5700m^3/d。

冬季加热炉用气量9000m^3/d(3台)，发电机用气量4400m^3/d(2台)；夏季加热炉用气量4000m^3/d(2台)，发电机用气量13200m^3/d(6台)。

外输加热炉：目前运行1#炉，日耗气3000m^3/d，进口58℃，出口64℃。

孔店来油加热炉：目前运行3#炉，日耗气3000m^3/d，进口50℃，出口58℃。

表1　南一联加热炉统计表

站点	规格及功率	自编号	功能	备注
南一联	WNS3.57-0.7-Y、Q，2500kW	1#	外输加热	在用
	WNS3.57-0.7-Y、Q，2500kW	2#	外输加热	在用
	JM-ZKX2500-H/4.0-Q，2500kW	3#	孔店来油加热	在用
	JM-ZKX2500-H/4.0-Q，2500kW	4#	收油加温	在用
	ZWJ2500-6.4/H2/0-Q，2500kW	5#	收油加温	在用
	WNS3.57-0.7-Y、Q，2500kW	6#	采暖炉	在用

表 2　南一联发电机生产运行情况

站点	设备编号	设备型号	类型	烟筒温度℃	日耗气 m^3	日发电 Kw·h	运行功率 kw
南一联	1#	400GF-TK1	发电机	600	2200	6500	260~280
	2#	400GF-TK1	发电机	600	2200	6500	260~280
	3#	400GF-TK1	发电机	600	2200	6500	260~280
	4#	400GF-TK1	发电机	600	2200	6500	260~280
	5#	400GF-TK1	发电机	600	2200	6500	260~280
	6#	400GF-TK1	发电机	600	2200	6500	260~280
	7#	400GF-TK1	发电机	600	2200	6500	260~280
	8#	400GF-TK1	发电机	600	2200	6500	260~280
	9#	400GF-TK1	发电机	600	2200	6500	260~280

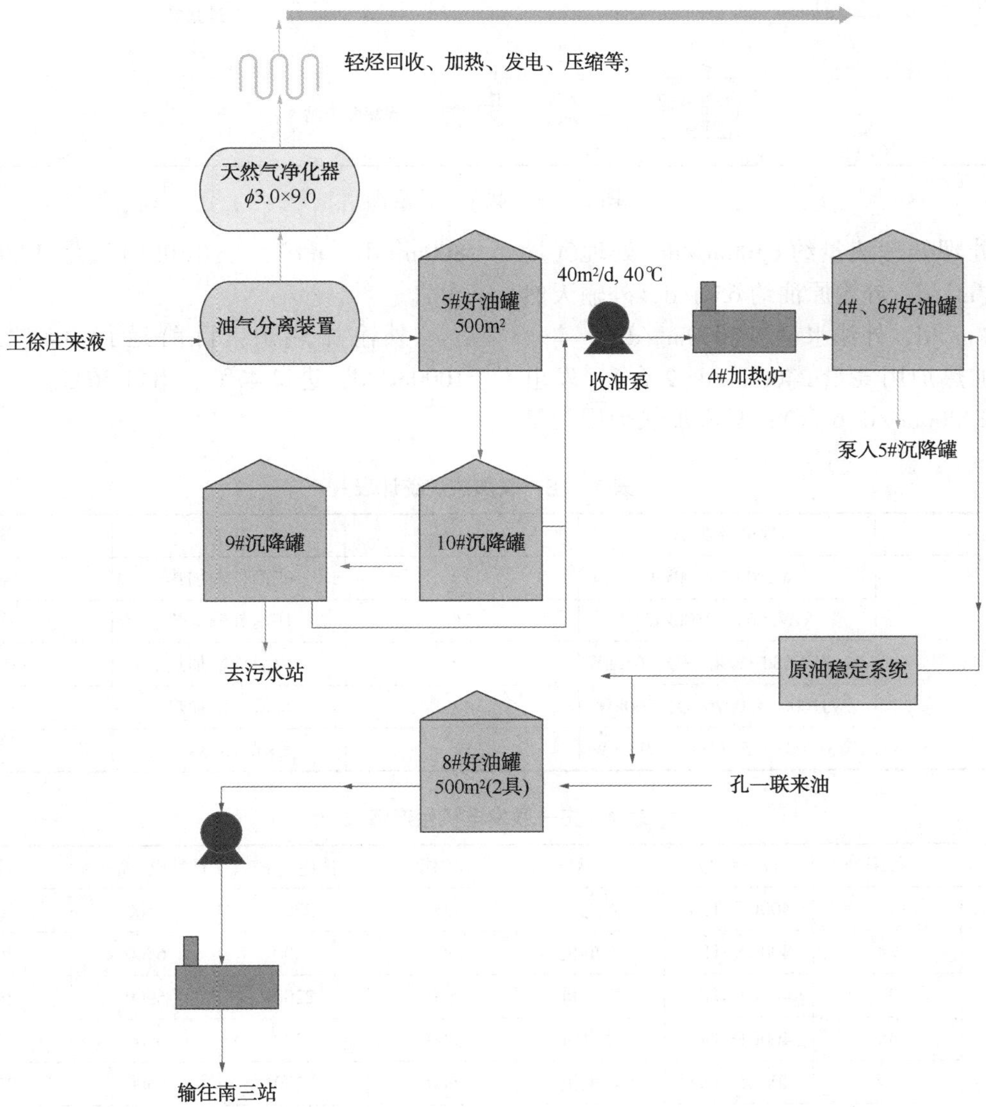

图 1　南一联工艺流程图

1.2　庄一联合站

庄一联建有分离缓冲罐 2 具、天然气压缩机 4 台；储罐 6 具、加热炉 5 台（其中 1#炉、2#炉为庄南外输加热，3#、4#炉为埕海外输加热、5#炉为采暖加热炉），各类型机泵 53 台。

站内主要工艺流程为：系统来液进入 2 具分离缓冲罐进行气液分离，分离出的伴生气经站内处理后供站内压缩机压缩外输、发电机发电、加热炉加热、矿区生活用气；分离出的含水原油与卸油台来液一起进入5#多功能沉降罐进行沉降脱水，沉降罐脱出的低含水原油进入3#、4#好油罐，二次沉降合格后加热外输至埕海联合站；沉降罐脱出的污水依靠连通管道压进6#多功能储罐进行二次沉降，然后再压进1#污水沉降罐三级沉降，最后进2#污水沉降罐四级沉降后经提升泵供水去污水站处理后回注。

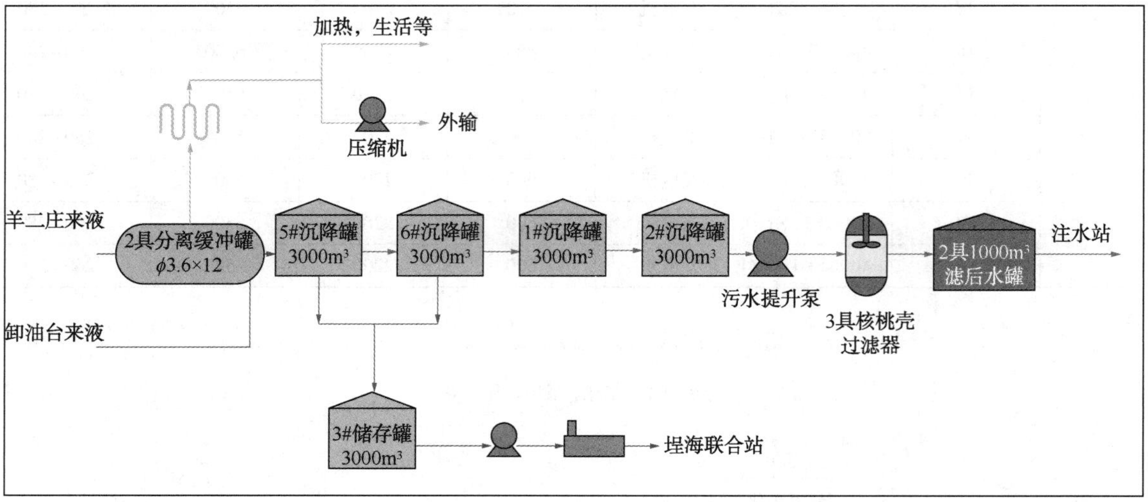

图2　庄一联工艺流程图

该站处理处理液量约6500m³/d，处理气量约7.0×10⁴m³/d；外输原油约650t/d，外输天然气约7×10⁴m³/d，外注水量约5000m³/d。

冬季加热炉用气量2400m³/d（2台），发电机用气量13200m³/d（6台）；夏季加热炉用气量800m³/d（1台），发电机用气量13200m³/d（6台）。

外输加热炉：目前运行3#炉，日耗气1000m³/d，进口47℃，出口56℃。

表3　庄一联加热炉统计表

站点	规格及功率	自编号	功能	备注
庄一联	GW2500，2500kW	1#	庄南外输加热	停用
	GW2500，2500kW	2#	庄南外输加热	停用
	JM-ZKX630-Y/4.0-Q，630kW	3#	埕海外输加热	在用
	ZWJ1000-4.0/75-Q，700kW	4#	埕海外输加热	在用
	ZWJ1000-2.5/70-Q，1000kW	5#	采暖加热炉	在用

表4　庄一联发电机生产情况

站点	设备编号	设备型号	类型	烟筒温度℃	日耗气 m³	日发电 kW·h	运行功率 kW
庄一联	1#	400GF-TK1	发电机	600	2200	6500	260～280
	2#	400GF-TK1	发电机	600	2200	6500	260～280
	3#	400GF-TK1	发电机	600	2200	6500	260～280
	4#	400GF-TK1	发电机	600	2200	6500	260～280
	5#	400GF-TK1	发电机	600	2200	6500	260～280
	6#	400GF-TK1	发电机	600	2200	6500	260～280

2　发电机余热回收利用可行性分析

发电机的动力源为燃气式发动机。目前国内外发动机余热回收技术主要包括换热技术、余热锅炉、余热制冷、温差发电和有机朗肯循环等方式，本方案主要针对余热回收方式中的换热技术进行计算。

2.1 南一联合站

2.1.1 回收利用热量计算

南一联合站夏季(4-10 月份)运行 6 台发电机，冬季(11-3 月份)运行 2 台，在发电机缸套上或排烟管上安装余热回收装置，回收缸套水或烟气余热再利用，可回收利用的热量计算如下：

(1) 冬季(11 月 15 日-3 月 15 日)2 台发电机回收的热量：

$$Q烟=CM(T2-T1)=0.257x1676x(600-180)x2 =361814.88(kcal/h) \quad (1)$$

板式换热器换热效率能达到 95% 以上，因此

$$Q实=0.95xQ烟=0.95x361814.88 =343724.14(kcal/h) \quad (2)$$

1Kw = 857 kcal/h，则 2 台发电机发出热量 401.08Kw。

经过换热器可发出的热量为

$$Q换=0.98xQ实=0.98x343724.14 =336849.66(kcal/h)=393.06Kw \quad (3)$$

计算结果：2 台发电机发出热量 401.08Kw，可回收的热量为 393.06Kw。

(2) 夏季(3 月 16 日-11 月 14 日)6 台发电机回收的热量

$$Q烟=CM(T2-T1)=0.257x1676x(600-180)x6 =1085444.64(kcal/h) \quad (4)$$

板式换热器换热效率能达到 95% 以上，因此

$$Q实=0.95xQ烟=0.95x1085444.64 =1031172.41(kcal/h) \quad (5)$$

1Kw = 857 kcal/h，则 6 台发电机发出热量 1203.23Kw。

经过换热器可发出的热量为

$$Q换=0.98xQ实=0.98x1031172.41 =1010548.96(kcal/h)=1179.17Kw \quad (6)$$

计算结果：6 台发电机发出热量 1203.23Kw，可回收的热量为 1179.17Kw。

2.1.2 换热技术所需热量计算

(1) 外输原油加热所需热量计算

外输原油加热炉日耗气量约 3000m^3，入口温度 58℃，出口温度 64℃，日加热液量 4500m^3，其中油 4455t，水 45m^3，折算流量为油 185.63m^3/h，水 1.88m^3/h。

外输油水混合液升高 6℃所需要的热量：

$$Q油=CM(T2-T1)=0.5x185.63x890x6 =495632.10(kcal/h) \quad (7)$$

$$Q水=CM(T2-T1)=1x1.88x1000x6 =11280(kcal/h) \quad (8)$$

$$Q液=Q油+Q水=495632+11280 =506912.1(kcal/h)=591.50Kw \quad (9)$$

(2) 孔店来油加热所需热量计算

孔店来油加热炉日耗气量约 3000m^3，入口温度 50℃，出口温度 58℃，日加热液量为 4000m^3，含水 1%，其中油 3960t，水 40m^3，折算流量油 165m^3/h，水 1.67m^3/h。

孔店油水混合液升高 8℃所需要的热量：

$$Q油=CM(T2-T1)=0.5x165x890x8= 587400(kcal/h) \quad (10)$$

$$Q水=CM(T2-T1)=1x1.67x1000x8= 13360(kcal/h) \quad (11)$$

$$Q液=Q油+Q水=587400+13360 =600760(kcal/h)=701Kw \quad (12)$$

(3) 采暖加热所需热量计算

采暖加热炉日耗气量约 3000m^3，入口温度 70℃，出口温度 80℃，流量为 66m^3/h。

采暖水升高 10℃所需要的热量

$$Q水=CM(T2-T1)=1x66x1000x10 =332000(kcal/h)=774.8Kw \quad (13)$$

2.1.3 余热利用可行性

表 5 可利用余热及不同加热用途所需热量

加热用途	加热炉	加热炉用气量(m^3/d)	入口温度(℃)	出口温度(℃)	液量(m^3)		加热功率(Kw)
					水量	油量	
外输加热	1#加热炉	3000	58	64	45	4455	591.5
采暖加热	6#加热炉	3000	70	80	792		774.8
孔店来油加热	3#加热炉	3000	50	58	40	3960	701
发电机余热	冬季	可利用余热功率 393.06Kw					
	夏季	可利用余热功率 1179.17Kw					

2.2 庄一联合站

2.1.1　余热回收能力计算

庄一联合站常年运行6台发电机，在发电机缸套或排烟管上安装余热回收装置，回收缸套或烟气余热再利用，可利用的热量计算如下：

6台发电机回收的热量：

Q烟=CM(T2-T1)=0.257x1676x(600-180)x6
=1085444.64(kcal/h)　　(14)

板式换热器换热效率能达到95%以上，因此

Q实=0.95xQ烟=0.95x1085444.64
=1031172.41(kcal/h)　　(15)

1Kw=857 kcal/h，则6台发电机发出热量1203.23Kw.

经过换热器可发出的热量为

Q换=0.98xQ实=0.98x1031172.41=
1010548.96(kcal/h)=1179.17kw　　(16)

计算结果：6台发电机发热量1203.23Kw，可利用余热功率1179.17kw。

2.1.2　换热技术所需热量计算

(1) 外输加热所需热量计算

外输加热炉日耗气量约1000m^3，入口温度47℃，出口温度56℃，外输流量29m^3/h，其中油28.71t/h，水0.29m^3/h。

外输油水混合液升高9℃所需要的热量：

Q油=CM(T2-T1)=0.5x28.71x890x9
=114983.5 (kcal/h)　　(17)

Q水=CM(T2-T1)=1x0.29x1000x6
=1740(kcal/h)　　(18)

Q液=Q油+Q水=114983.5+1740
=116723.5(kcal/h)=136.2Kw　　(19)

(2) 采暖加热所需热量计算

采暖加热炉日耗气量约1400m^3，入口温度49℃，出口温度65℃，流量为30m^3/h。

采暖水升高16℃所需要的热量：

Q水=CM(T2-T1)=1x30x1000x16
=480000(kcal/h)=560Kw　　(20)

2.1.3　余热利用可行性

表6　可利用余热及不同加热用途所需热量

加热用途	加热炉用气量(m^3/d)	入口温度(℃)	出口温度(℃)	液量(m^3)		加热功率(Kw)
				水	油	
外输加热	1000	47	56	0.29	28.71	136.2
采暖加热	1400	49	65	30		560
发电机余热	可利用余热功率1179.17kw					

2.1.4　经济效益分析

回收发电机高温热量用于外输加热(全年)和采暖加热炉(冬季)，可减少外输加热炉用气量和采暖加热炉用气量，按照外输加热炉(节省1000m^3/d，365天)和采暖炉(节省1800m^3/d，150天)节省气量计算，预计年节约天然气63.5万方，将节约下来的天然气用于发电，按照1方天然气可以发2.5度电计算，年发电148万度，按照0.8元/度计算，年创效127万元。

3　发电机余热回收利用推荐方案

王徐庄油田产气量少并且冬季南一联主要气量用于采油二厂住宅楼采暖，用于发电的气量为2000m^3，仅可供一台发电机运行，可利用发电机余热量少，投资回报率较低，因此不建议开展余热回收。

羊二庄油田产气量高，常年运行6台发电机，可利用发电机余热量充足，投资回报率较高，建议开展余热回收。

综合对比南一联和庄一联余热情况和现场实际，建议在庄一联开展余热回收。

按照余热利用效益最大化，少投资的原则，在加热炉前端建设1套换热系统：发电机余热与外输管线换热系统。

为有效利用庄一联合站站内发电机的余热，在六台发电机的缸套和排烟管分别安装余热回收装置和板式换热器，回收余热做为庄一联合站外输原油的加热热源和矿区采暖的加热热源。

4　发电机余热回收的应用

2019年11月27日，在庄一联合站开展余热回收的应用，在六台发电机的缸套上安装余热回收装置，利用发电机高温缸套水进行热量回收，回收的热量用作庄一联外输原油加热和矿区

采暖加热。替代了外输和采暖加热炉，日节约天然气 2800m^3，累计节气 $1.96\times10^4m^3$。

5 经济效益评价

回收发电机高温热量用于采暖加热(冬季)或外输加热(全年)，可减少外输加热炉用气量和采暖加热炉用气量，按照外输加热炉(节省800m^3/d，365天)和采暖加热炉(节省2000m^3/d，150天)节省气量计算，预计年节约天然气59.2万方，将节约下来的天然气用于发电，按照1方天然气可以发2.5度电计算，年发电148万度，按照0.8元/度计算，年创效118万元。

6 结束语

从现场调研的基础上，从南一联和庄一联发电机高温缸套水温度计烟气排放温度、余热回收的可利用性等方面，计算了南一联和庄一联能有效利用的烟气余热量，提出了烟气余热回收利用方案，并对其进行可行性分析，形成余热回收利用的推荐方案，对方案的投资估算和经济效益进行评价，并最终在庄一联合站进行应用最后。

参 考 文 献

[1] 张华，倪继华，马宁，彭兆军．压缩机烟气余热回收技术在集气站伴热系统中的应用[J]．石化技术，2018，25(12)：204+240.

[2] 陈耿．TC天然气增压机余热发电可行性研究[D]．西南石油大学，2015.

光伏发电在油田的应用前景

徐红军

（中国石油大港油田公司）

摘　要　伴随着光伏新能源的快速发展，其应用范围日益扩大，在不同领域的应用，也呈现出各自的特点与特点，在中石油集团公司各大油气开采井场空地上的创新应用，体现出了其双向特征和资源整合的效益与效率，在油田发电中，表现出了伴生能源-共生能源的特点，体现出了其不凡的价值。

关键词　光伏；新能源；共生能源；能源开发

1　特性分析

太阳能、风能是当前最重要的清洁能源。分布式光伏的特性如下：

（1）将太阳光直接转换成电力，这是一种洁净的、能量品质较高的能源。

（2）获得能量所需的时间很短，不受地理位置的影响，不需要使用燃料，也不需要安装传输线，就地发电，提供电力。

（3）DV 发电无噪音，无污染，对环境有显著的好处。

（4）太阳能电池系统具有结构简单、安装方便等优点。又能和其他建筑组合在一起，不需要再单独占据一块地方，节约了宝贵的土地；同时，该系统的建造时间较短，易于组装和扩大容量。

（5）发电量比较低，一座 DV 电站的发电量通常只有几千度电；同时，光伏发电项目的投资回报率对光伏发电项目的投资回报率没有影响。

（6）太阳能电池没有机械驱动元件，操作简单，维护方便，工作平稳，可靠性高；由于使用了自动控制技术，所以基本可以做到无人值班，而且维修费用也很低。

（7）发电和用电可以同时进行，对当地的电力供应有一定的缓解作用。以分布式光伏发电为主，并以尽量就地消化为原则；过剩或短缺的电能是由连接到电网进行调节的。

2　适应性分析

油田的基本财务核算单位是采油矿，以一个用能单位为例，其电力消费占总能源消费的 32.6%，所以可以按照实际需求建立相应的光伏电站。2.1 自然条件从大庆的地理位置来看，该区域适合于太阳能发电。理由有二：

（1）周围有很好的环境。在矿区周边有空旷的地方，可以进行分布式光伏发电系统的安装，这样就可以达到在安装区域周围没有建筑物、植物等遮挡，而且还具有良好的防雨通风条件，这样就可以利用现有的道路和输电线路来满足光伏发电系统的需求，从而节省了站外道路和输电线路的成本。此外，还可在矿区独立设置发电站，可在地表或屋顶上设置发电站，无需额外的土地征用成本。

（2）日照条件良好；根据日照时间和太阳能辐射量的大小，我国的太阳能资源大致可以划分为五种类型，如表 1 所示。

表 1　全国各地日照时间及太阳能年辐射量分类

分类	日期时间/h	辐射量/MJ·$(m^2 \cdot a)^{-1}$	地区分布
一类地区	3200~3300	6680~8400	宁夏北部、甘肃北部、新疆东部、青海西部和西藏西部等
二类地区	3000~3200	5850~6680	河北西北部、山西北部、内蒙古南部、宁夏南部、甘肃中部、青海东部、西藏东南部和新疆南部等
三类地区	2200~3000	5000~5850	山东、河南、河北东南部、山西南部、新疆北部、吉林、辽宁、云南、陕北、广东南部、福建南部、苏北安徽北部、黑龙江、台湾西南部

续表

分类	日期时间/h	辐射量/MJ·$(m^2 \cdot a)^{-1}$	地区分布
四类地区	1400~2200	4200~5000	湖南、湖北、广西、江西、浙江、福建北部、广东北部、陕南、台湾东北部等
五类地区	1000~1400	3350~4200	四川、贵州

3 光伏系统对采油的积极影响

3.1 提高线路末端电压，改善电压质量

油田生产线路长度大、供电半径大、终端负载大、压降大，是油田生产中亟待解决的问题。比如双五站线，双七站线长度大，终端电压低，对生产有一定的影响。

3.2 提高电机田效率，的电源是一台等线路损耗

型采动油厂该机动所具有很好用动力统能转对率载速电机和这种有很大电机的特可以使荷动、电压、性能得到很大的提高的从而降低了较路大耗，因此能够提高电机的机械效率，减少线损。

3.3 减少电力系线田提高要备历二用效率、远油厂传所电经之大两次压大和长等因素离造成了，网的负大问题大对路损线路损耗、减小耗严重。利、减少线损降低绝具有重要意义缘老化速率，提高设备的利用率。

3.4 提高抽油机的转动速率，提高采油速度

通过理论计算，当线路端电压质量得到改善后，电机的机械效率也会得到提高，当电动机输入电压降低时，电动机转速会下降，电动机的转矩会大幅度下降(转矩与电压平方成正比)。在同样的电力消耗下，使电动机的输出功率增加，电动机的转速增加5%左右，从而加快了生产速度。

4 光伏发电项目在油田电力生产的综合线损与综合效益分析

油田有大量的井场空地，临近电力需求侧，油田电网供电半径较大，负荷较重8 这些客观条3 7件成就了油田光伏新能源开发的特殊性质：

(1) 光伏电能一度电在使用价格上等效于远距离传输来的电能的两度电8 全国工网电价约为0.38元，商业用电约为0.76元，考虑容量费等因素，总线损超过50%。因此，光伏发电能大幅降低开采成本。

(2) 光伏电能获得国家补贴额度达到发一度电获得一度电的价格补贴8 4 3 1 9 5 3 7

(3) 光伏电力可改善电力使用品质，使马达工作效率增加，使马达扭矩增加，使油量增加。在生产端负载不变的情况下，在电网两端电压质量较好的情况下，电动机的电磁转矩值与电压的平方成线性关系。从而，增加了旋转速度，提高了生产速度，并提高了马达的机械效率；减小了电流，减小了铜和铁的损失。

(4) 太阳能电池发电可以节约煤炭，降低CO_2的排放，对环境保护有重要作用。太阳能电池的电能相当于燃煤2.5千瓦，也就是燃煤0.3公斤。火电的使用越少，二氧化碳的排放也就越少。

(5) 在油田开发过程中，如果存在井场空闲，则可使该空闲的空间、设施和附近的用电单位得到有效的利用，从而达到“三位一体”的综合效益创造模式。综合上述五个方面，我们可以把井场的光伏电站看成是一种伴生能源-共生能源的开发，在油田矿区井场建立光伏电站，并通过标准化设计和添加技术措施来帮助采油，光伏电能与增油效益的综合效益投资回报率，初步估算应该超过50%。即真实的回款时间是三年，而综合效益的回款时间是两年。该项目具有如此高的资金回报率，除了与持续的技术革新、成本的不断下降和能源需求的不断上升有关之外，还与国家不断出台的大力扶持鼓励政策密不可分。

5 结论

(1) 光伏发电系统具有节能、环保、回收期短的优势，尽管其初期投资费用较高。随着光伏发电技术的日益成熟，以及国家的补贴政策的加强，光伏发电系统的成本将继续降低，收入水平也将快速提高。(2)在矿区内，在空地上，如广场和屋顶上，建立小于1 MW的太阳能发电厂，无需进行土地征收等工作，能有效地减少建造费用；同时，在保证矿区生活用电的条件下，还能向电网收费，从而带来巨大的经济效益。(3)太阳能电池站无需额外的管理员，即可实现无人值

班。(4)在取得了较好的建设与运营经验后，可在其它具备建设条件的矿区进行推广。

参 考 文 献

[1] 欧惠，查国君，李黎明，等．光伏电站的投资前景分析[J]．可再生能源，2012，30(10)：19-21，25.

[2] 马胜红，李斌，陈东兵，等．中国光伏发电成本、价格及技术进步作用的分析[J]．太阳能，2010(4)：6-13.

[3] 邱关源．电路[M]．北京：高等教育出版社，2006.

分布式光伏发电技术在油田中的应用

佟志强　王金华　郝　峰　王金彪　吴聪睿

（中国石油大港油田公司）

摘　要　在当今社会，绿色低碳、节能减排已成为全球关注的热点话题。为了实现可持续发展和环境保护，各个行业都在积极探索各种新能源技术。光伏发电技术作为一种高效、清洁的能源来源，正逐渐在油田领域得到广泛应用。本论文以绿色低碳节能减排为主题，探讨了光伏发电技术在油田中应用的重要性。论文从光伏发电技术的原理、现状和发展趋势谈起，分析了光伏发电技术对环境保护的积极影响。

关键词　绿色低碳；节能减排；光伏发电技术；分布式光伏；可持续发展；环境保护

研究背景

传统石油开采和生产过程中，大量的化石能源消耗和碳排放对自然环境造成了损害。

光伏发电技术以可再生能源的太阳能作为源头，通过将太阳光能转化为电能，实现了清洁能源的生产和利用。在油田中应用光伏发电技术可以实现以下目标：

（1）节约能源消耗：传统的油田开采过程中，需要大量的电力供应，配置多级变电设施，总配电距离过长，而分布式光伏发电技术可以就地提供可再生的清洁能源，降低油田对化石能源依赖的同时，可以减少电能输配中的损耗，从而减少能源消耗。

（2）减少环境污染：传统化石能源发电的过程中会产生大量的废气、废水和固体废弃物，对环境造成严重污染。而光伏发电技术是无污染的能源生产方式，可以减少环境污染的排放。

（3）提高能源可持续性：随着全球对能源可持续性的要求不断增强，油田开采和生产也需要朝着更可持续的方向发展。光伏发电技术的应用可以提供一种清洁、可再生的能源供应方式，提高能源的可持续性。

因此，研究人员开始关注在油田中应用光伏发电技术的可行性和效果，探索如何将光伏发电技术与传统石油开采技术相结合，以实现能源的节约、环境的保护和能源的可持续发展。

1.2　研究目的和意义

研究分布式光伏发电技术在油田中的应用的目的和意义在于推动能源转型，提高能源效率，减少输配电损失，降低环境污染，同时提升能源可持续性和油田的社会形象。这对于实现能源可持续发展目标和环境保护具有重要的现实意义和长远影响。

2　光伏发电技术的原理和现状

2.1　光伏效应及其原理

光伏效应是指光照射到半导体材料上时，产生光生电子-空穴对的现象。光伏效应是实现光伏发电的基础。

光伏效应的原理可以简述如下：

（1）光吸收：光子具有能量，当光照射到半导体材料上时，光子会被材料吸收。吸收的光子能量取决于光子的频率，与光的波长成反比。

（2）电子激发：被吸收的光子能量会导致半导体材料中的原子或分子中的电子获得能量，从基态跃迁到激发态。

（3）电子-空穴对的产生：激发态的电子从价带跃迁到导带，留下一个空穴在价带中。这种电子-空穴对的产生是光伏效应的关键。

（4）电流产生：由于电子和空穴的分离，光生电子和空穴会在半导体中形成电荷分布，导致电势差和电场的产生。这导致自由电子和空穴在半导体中移动，形成电流。

（5）电流采集：通过连接电极，将光生电子和空穴的电流导出，从而实现对光伏电能的收集和利用。

总结起来，光伏效应的原理是通过光照射到太阳能电池板的半导体材料上，激发电子跃迁到导带，形成电流。这样就实现了光能到电能的转换。光伏效应的关键是半导体材料对光的吸收和光生电子-空穴对的产生，同时需要通过电极将产生的电流导出。

2.2 光伏发电技术的分类

光伏发电技术可以根据不同的特点和应用方式进行分类。以下是几种常见的分类方式：

（1）基于材料的分类：

-单晶硅光伏：利用单晶硅制造的太阳能电池，具有高效率和较高的成本。

-多晶硅光伏：利用多晶硅制造的太阳能电池，成本较低，效率略低于单晶硅。

-薄膜光伏：使用新材料如硒化铟镓、铜铟镓硒等制成薄膜电池，成本相对较低，但效率一般较低。

（2）基于应用场景的分类：

-屋顶光伏：将光伏电池板安装在房屋屋顶上，常用于居民和商业建筑的电力供应。

-地面光伏：将光伏电池板安装在地面上，常用于大型光伏电站的建设。

-一体化光伏：将光伏电池板集成到建筑物的外墙、窗户、立面等部位，实现建筑一体化光伏发电。

（3）基于功能的分类：

-独立光伏发电系统：将光伏电池板与储能设备结合，用于无电网接入地区或独立供电需求的场所。

-并网光伏发电系统：将光伏电池板与电网相连接，将多余的电能注入电网，实现发电与用电的互补。

（4）基于规模的分类：

-分布式光伏：较小规模的光伏系统，通常安装在建筑物上，用于自给自足的电力供应。

-大型光伏电站：规模较大的光伏系统，通常布置在适合光照条件的区域，用于集中式的电力供应。

需要注意的是，以上分类方式并不是互相排斥的，可以结合应用需求和具体情况进行综合选择和组合。

2.3 光伏发电技术的应用现状

光伏发电技术在过去几十年中取得了显著的进展。全球光伏发电容量不断增加，成本逐渐下降，效率不断提高。目前，光伏发电已成为全球最主要的可再生能源之一；光伏发电被广泛应用于电力供应领域。大型光伏电站的规模不断扩大，能够为城市、乡村和工业区提供大规模的清洁电力。同时，分布式光伏系统也在屋顶、建筑立面等地方广泛应用，为个人住宅和商业建筑供电。

我国2021年新增光伏发电并网装机容量约5300万千瓦。根据国家能源局数据，2022年我国光伏发电新增并网容量达到了87.408GW，其中集中式光伏电站新增36.294GW、分布式光伏电站51.114GW，分布式呈现高速增长的趋势。

2022年全年光伏产业链同比增长均超过55%。2022年，国内光伏大基地建设及分布式光伏应用稳步提升，国内光伏新增装机达到了87.408GW；

光伏发电技术的应用现状表明它已成为全球能源转型的重要组成部分。随着技术的不断进步，光伏发电在未来有望继续发挥更重要的作用。

3 光伏发电技术对环境保护的积极影响

3.1 减少有害气体排放

光伏发电利用太阳能作为能源，不需要燃烧煤炭等化石燃料，因此不产生大气污染物和温室气体的排放，不对大气环境造成污染，减少了酸雨和雾霾等问题的发生。

光伏发电系统从生产、运输、安装到废弃处理等全生命周期来看，光伏发电系统的有害物质排放相对较低。随着技术进步和工艺改进，光伏发电的整体环境性能会不断提高。

3.2 降低能源消耗

光伏发电技术是将太阳能直接转换为电能，无需经过传统“燃烧-热量-动力-电力”的复杂转换过程，能源转换损失较低。

光伏发电系统可以分布在需要用电的地方，减少了能源在输配送过程中的损耗。相比于集中式发电方式，分布式光伏可以更有效地利用能源，就地消纳，减少能源输配送过程中的损耗和浪费。

3.3 保护生态环境

光伏发电是一种太阳能转换为电能的清洁能源。与传统的火电和核电相比，光伏发电过程中不需要大量使用水资源。这对于一些水资源紧缺的地区尤为重要，可以有效减轻水资源供应压力；光伏电站可以安装在屋顶、建筑立面、农田或废弃地区等较少被利用的空间。相比于传统燃煤发电厂、核电站等需要大面积土地，光伏电站的建设对土地破坏较小。

综上所述，光伏发电技术在保护生态环境方面具有较大的潜力，通过减少大气污染、节约水资源、降低土地破坏，为保护生态环境做出了积极贡献。推广和应用光伏发电技术是实现低碳经济转型、应对气候变化的重要措施之一，有助于减缓全球暖化效应、改善环境质量并保护生态系统。

4　光伏发电技术的发展趋势

4.1　技术进步与成本降低

随着科学研究和工艺改进，光伏电池的能源转换效率不断提高。高效的光伏电池能够将更多的太阳能转化为电能，提高发电效率，目前普通的太阳能电池转化效率已经提升到 18%-24%，据媒体报告，最新的透辉石-硅串联电池技术已经突破了 30%太阳能转化效率。

目前光伏电池的主要材料包括硅、铟、硒等，随着技术进步和规模效应的体现，这些材料的生产成本不断降低。据统计，近年来，硅材料价格持续向下，连续四年降幅超过 10%，过去十年间，太阳能光伏组件的价格已经下降了 80%左右。

4.2　光伏发电与储能技术的结合

光伏发电与储能技术的结合可以提高光伏系统的可靠性、灵活性和效益，解决光伏发电的间断性和波动性问题。储能技术可以在太阳能发电量充足时存储多余的电能，并在需要时释放，可实现能源的调度和负荷平衡。当光伏系统产生的电力超过负荷需求时，多余的电能可以储存起来，以供在太阳能不可用时使用，确保电力供应的稳定性和持续性。

4.3　光伏发电的政策支持

2022 年 1 月 5 日，国家能源局、农业农村部、国家乡村振兴局联合印发《加快农村能源转型发展助力乡村振兴的实施意见》，文件明确到 2025 年，建成一批农村能源绿色低碳试点。

2022 年 4 月 2 日，国家能源局、科学技术部联合印发《“十四五”能源领域科技创新规划》，提出了 2025 年前能源科技创新的总体目标．在太阳能发电及利用技术方面，研究新型光伏系统及关键部件技术、高效钙钛矿电池制备与产业化生产技术、高效低成本光伏电池技术、光伏组件回收处理与再利用技术、太阳能热发电与综合利用技术 5 项光伏技术。

2022 年 6 月 1 日，国家发改委、国家能源局、财政部等九部门联合印发《“十四五”可再生能源发展规划》，规划锚定碳达峰、碳中和与 2035 年远景目标，按照 2025 年非化石能源消费占比 20%左右任务要求，大力推动可再生能源发电开发利用，

2022 年 6 月 24 日，财政部官网正式下发了《财政部关于下达 2022 年可再生能源电价附加补助地方资金预算的通知》，根据通知，本次下达总计新能源补贴资金 27.5496 亿元。其中，光伏 12.545 亿元。

2022 年 10 月 28 日，国家发展改革委办公厅、国家能源局综合司发布《关于促进光伏产业链健康发展有关事项》的通知，通知要求，多措并举保障多晶硅合理产量，创造条件支持多晶硅先进产能按期达产，鼓励多晶硅企业合理控制产品价格水平，充分保障多晶硅生产企业电力需求，鼓励光伏产业制造环节加大绿电消纳，完善产业链综合支持措施，加强行业监管，合理引导行业预期。

2023 年全国能源工作会议上，国家能源局设立 2023 年目标，太阳能发电装机规模达 4.9 亿千瓦左右。

政策支持为光伏发电技术的应用和发展提供了有力的推动。它们可以提高光伏发电的竞争力，推动光伏发电的市场化和普及化，促进光伏产业高速发展，

5　光伏发电技术在实现绿色低碳节能减排中的应用

5.1　我厂光伏发电项目分析

为深入贯彻公司“清洁替代、战略接替、绿色转型”三步走总体战略，进一步加强油田公司新能源与油气业务融合发展，2023 年我厂计划新建光伏项目，项目建设地点位于采油厂已建的各转接站内，总装机容量 2048.7kWp。

新建分布式光伏发电站消纳原则为“自发自用、余电不上网”。共新建分布式发电站 5 座，光伏矩阵正南布置，光伏组件面以 34°~35°倾角安装，辐射量为 1503kwh/m 813085各站35均就近接入已建架空配电线路，日均发电 9000KWh，同时实现就地消纳，折合成同等发电量的火力发电厂，每年可节约标准煤 1000 吨，减少烟尘排放量约 9.2 吨、二氧化硫约 14.66 吨、氮氧化物约

7吨。

5.2 分布式光伏在油田中应用的优点

分布式光伏在油田中应用具有以下优点：

（1）分布式光伏发电系统可以根据不同井区和配电线路进行灵活布局，它可以利用闲置井场及在用井场空地、闲置转接站及在用转接站空地、屋顶、建筑立面、井场围栏等空闲场地进行安装，最大限度地利用现有资源，减少土地占用和生态环境破坏。

（2）分布式光伏发电系统可以增加配电线路电力供应的可靠性，分布式光伏发电系统可作为独立供电设施，在部分线路故障断开后，可独立对一片区域进行可靠供电，提高电力供应的可靠性。

（3）分布式光伏发电系统可以减少能源输配电损耗同时提高供电质量，因油井分布分散，油田输配电线路过长，传统电力输配电存在不可避免的电压损耗和输电损耗，而分布式光伏系统发电点和用电点更加接近，减少了长距离输电过程中的能源损耗，补偿配电线路的电压损耗，提高线路供电质量。

（4）分布式光伏发电系统可以降低电网压力，分布式光伏将电力产生点分散在不同地点，可以有效分散电网负荷，减轻电网运行压力。这对于解决电网负荷过重或增加新负荷的需求有积极作用。

6 总结与展望

6.1 研究总结

分布式光伏研究涉及技术、经济、环境、政策与管理等多个方面，技术方面分布式光伏系统的技术发展迅速，包括高效的光伏电池、智能逆变器等组件的研发和改进，光伏系统的稳定性、可靠性和安全性都已经达到了一定的高度，可以很好地集成到现有的各级电力系统中。得益于光伏技术的高速发展，光伏系统的组件价格越来越低，目前，光伏系统可以在经济上带来显著效益。它们可以减少能源输配电损耗、降低电网压力，并为用户提供更低廉的能源来源。我们也同时关注光伏系统对环境的影响，相比于传统的发电方式，分布式光伏系统能够减少碳排放、降低空气污染、水源使用和减少土地占用。光伏系统的发展有国家各项政策支持，经济补贴。分布式光伏具有诸多优势，但也面临一些挑战。进一步的研究和实践将有助于推动分布式光伏系统的发展和应用，并提高其在能源领域的行业地位。

6.2 存在问题与展望

光伏系统在快速发展的同时，仍然面临一些问题和挑战。以下是光伏系统存在的问题以及未来的展望：

（1）成本：目前，光伏系统的成本仍然较高，然而，随着技术的进步和规模经济效应的实现，预计光伏系统的成本将继续下降，更具竞争力。

（2）储能和可持续性：光伏发电系统受天气和太阳辐射变化的影响，存在间断性和波动性。因此，储能技术的发展是关键，以平衡光伏系统的产能和需求，保证持续供电。

（3）市场和政策：光伏行业仍然面临技术及市场方面的挑战。政府的支持和政策鼓励对于推动光伏发电的普及和发展至关重要。建立良好的政策和法规框架，包括激励措施和购电政策等，可以促进光伏市场的繁荣和发展。

（4）并网管理：更多的光伏系统并网的需求需要对电网进行升级和管理的调整。这包括更好地管理电力的输送和分配，以及解决电力波动性和稳定性的问题。智能电网和先进的电网管理技术的发展将有助于解决这些挑战。

展望未来，光伏系统有望成为主导能源供应的重要组成部分。通过技术创新、成本降低、储能技术的应用、政策支持和电网管理的改进，光伏系统将能够提供可持续、经济高效和环境友好的能源供应。

参 考 文 献

[1] 候松伟.《太阳能光伏发电在大庆油田的有效应用》.
[2] 刘立伟，张登峰.《浅谈分布式光伏发电站在北方油田的应用》.

光伏发电技术与主流材料选用综述

张　栋　江军毅

（中国石油大港油田公司）

摘　要　更高的转换效率、更低的制造成本和更好的环保性能，有望成为未来光伏发电技术的主流发展方向。

关键词　光伏发电技术；主流材料；发展趋势；能源问题；环境问题

1　引言

1.1　研究背景

在当前全球温室气体排放和环境污染不断加剧的背景下，可再生能源的开发与利用成为解决能源问题和环境问题的重要途径之一。光伏发电技术作为一种具有广阔发展前景的可再生能源技术，受到了广泛关注。通过将太阳能转化为电能，光伏发电技术不仅能够为全球提供清洁和可持续的能源，而且可以减少对非可再生能源的依赖。

然而，光伏发电技术面临着一些挑战，其中之一就是主流材料的选用。光伏发电系统的性能和效率很大程度上依赖于所使用的材料。因此，选择适用于光伏发电的合适材料至关重要。当前主流的光伏发电材料包括单晶硅、多晶硅、薄膜太阳能电池等，每种材料都有其独特的特性和应用领域。研究和综述主流材料的选用情况，有助于揭示光伏发电技术的发展趋势和材料选择的优劣势，促进光伏发电技术的发展和应用。

1.2　研究目的与意义

本论文旨在对光伏发电技术与主流材料的选用进行综述并分析其发展趋势。具体研究目的包括：

1）总结和概述当前光伏发电技术的研究进展和应用现状，包括单晶硅、多晶硅和薄膜太阳能电池等主流光伏发电材料的特点和性能。

2）分析主流光伏发电材料在发电效率、成本、可靠性等方面的优劣势。

3）探讨光伏发电技术的发展趋势和未来可能的发展方向。

本研究对于光伏发电技术的推广和应用具有重要意义。通过对主流材料的综述和分析，可以为研究者和决策者提供全面的背景知识和技术指导，促进光伏发电技术的发展和应用，进一步推动可再生能源的利用和环境保护。

2　光伏发电技术的发展历程

2.1　第一代光伏技术

第一代光伏技术是指利用单晶硅或多晶硅制成的光伏电池，具有较高的效率和长寿命。在20世纪50年代，光伏电池开始得到商业化应用。然而，第一代光伏技术存在一些问题，包括生产成本高、能效较低和对资源的依赖度高。

2.2　第二代光伏技术

第二代光伏技术是指采用光伏薄膜材料制成的光伏电池，如铜铟镓硒（CIGS）、铜铟镓硫（CIS）、非晶硅等。这些材料相较于第一代光伏技术具有较低的生产成本、更高的制造灵活性和适应性，并且对可再生能源的利用更加高效。

2.3　第三代光伏技术

第三代光伏技术是指利用新型光伏材料和结构来提高光电转换效率的技术。目前，一些具有潜力的第三代光伏技术已经涌现，例如钙钛矿太阳能电池、有机太阳能电池和多重量子阱太阳能电池等。这些新型技术具有更高的光电转换效率和更低的成本，为光伏发电领域的发展提供了新的可能。

通过对光伏发电技术的发展历程的综述，我们可以了解到不同代光伏技术的特点和优势。随着技术的进步，光伏发电成本的逐渐下降和效率的逐步提高，光伏发电技术将在可再生能源领域发挥越来越重要的作用，并为实现清洁能源和可持续发展做出积极贡献。

3 光伏材料的特性与选用

3.1 硅基光伏材料

硅是目前光伏发电中最常用的材料之一，因其丰富的资源、稳定的电性能和较高的光电转换效率而备受关注。

3.1.1 单晶硅

单晶硅具有高纯度和良好的光电特性，是最常用的硅基光伏材料之一，因其晶格完整、电性能稳定以及较高的光电转换效率而成为光伏发电的主流材料之一。在单晶硅的制备过程中，通过Czochralski法或浮区法等技术，可以获得具有单一晶体结构的硅片。这些硅片在太阳能电池制备中被广泛采用。

单晶硅的优点包括：

-高电导率：单晶硅具有优良的电导率，有助于电子在材料内部的迁移。

-高稳定性：由于晶格完整，单晶硅在长期使用中稳定性较高。

-高效率：单晶硅太阳能电池的光电转换效率通常较高，可达到20%以上。

3.1.2 多晶硅

多晶硅是一种由多个晶粒组成的硅材料，相比于单晶硅，多晶硅的制备成本较低。多晶硅通常通过铸锭法或硅粉法制备，其晶粒尺寸较小，晶格存在一定程度的缺陷。虽然多晶硅的光电转换效率稍低于单晶硅，但在实际应用中仍具有广泛的用途。

多晶硅的特点包括：

-低制备成本：多晶硅的制备成本相对较低。

-适用于大面积制备：多晶硅可用于制备大面积的太阳能电池板。

-适应光谱范围广泛：多晶硅对光谱范围的适应性较好。

3.2 锗基光伏材料

锗基光伏材料是在太阳能电池领域备受关注的材料之一。锗具有较高的吸收系数，这意味着它能够更有效地吸收太阳光，将光能转化为电能。此外，锗的透射系数相对较低，使其在太阳能电池中成为一种有潜力的候选材料。

3.3 掺杂过渡金属化合物

掺杂过渡金属化合物是一类备受关注的太阳能电池材料，其特点是具有较高的光伏效率和相对较低的制备成本。这些材料通常包括过渡金属元素，如铁、钴、镍等，与半导体材料的结合，以增强其光电性能。

掺杂过渡金属化合物的优点包括：

-高效率：这些材料能够在较低成本下实现高光伏效率，因此备受太阳能电池制造商的青睐。

-可持续性：使用廉价的金属元素，有助于减少太阳能电池的生产成本。

-多样性：掺杂过渡金属化合物的种类丰富，适应不同光谱范围的太阳辐射。

3.4 有机光伏材料

有机光伏材料是太阳能电池领域的新兴材料，由有机分子构成。与传统的硅基材料相比，有机光伏材料具有制备成本低、柔性好等特点，因此备受研究和开发的关注。

有机光伏材料的特点包括：

-低制备成本：有机材料通常可以通过印刷或涂覆等简单的工艺制备，降低了生产成本。

-柔性性质：由于有机材料的柔性，可以制备出柔性太阳能电池，适用于特殊形状或曲面的应用。

-多样性：有机材料的种类多样，可以根据不同需求进行设计和合成，以实现特定性能。

3.5 纳米材料在光伏中的应用

纳米材料在太阳能电池领域的应用具有巨大的潜力。纳米材料具有较大的比表面积和优越的光学性能，这使它们在提高光伏效率和降低材料用量方面具有独特的优势。

纳米材料在光伏中的应用包括：

-光散射增强：纳米结构可以增强太阳能电池中的光散射效应，提高光的吸收率。

-电子传输改善：纳米材料可以改善电子在太阳能电池中的传输效率，减少能量损失。

-光谱调控：通过纳米材料的设计，可以调控光谱响应范围，使太阳能电池适应不同的太阳辐射条件。

总结来说，光伏发电技术与主流材料的选用是一个充满活力和不断发展的领域。硅基材料、锗基材料、掺杂过渡金属化合物、有机材料和纳米材料都在太阳能电池的研究和应用中发挥着重要作用。随着科学技术的不断进步，我们可以期待未来光伏材料的进一步创新和提高，以更有效地利用太阳能资源。

4 光伏发电技术的分类与工作原理

4.1 光伏发电技术分类

光伏发电技术是通过光电效应将光能转化为电能的技术，根据不同的光电转换原理和材料特性，可将光伏发电技术分为以下几类：

4.1.1 单结光伏电池

单结光伏电池又称为pn结光伏电池，是最早被广泛应用的光伏电池技术之一。它由n型半导体和p型半导体组成，形成一个p-n结，当光照射到p-n结时，光能被吸收，激发电子从价带跃迁到导带，产生电流。单结光伏电池主要材料为硅(Si)和镓砷化镓(GaAs)，具有高稳定性和较高的转化效率。

4.1.2 多结光伏电池

多结光伏电池由多层不同能带的材料组成，通过光能的级联转换来提高光电转换效率。其中，最常见的是三结光伏电池，由三个不同材料组成，每个材料吸收不同波长的光。通过级联连接，可实现更高的光电转换效率，目前在太阳能高效转换方面具有重要应用价值。

4.1.3 染料敏化太阳能电池

染料敏化太阳能电池(DSSC)是一种基于染料敏化半导体材料的光伏发电技术。它使用染料吸收太阳光，将光能转化为电能。染料敏化太阳能电池具有低成本、制备简单等优点，并且在低光照条件下仍能高效工作，因此在室内光伏应用方面具有潜在的前景。

4.1.4 有机太阳能电池

有机太阳能电池是利用有机分子作为光电转换材料的光伏技术，具有可弯曲、可印刷等灵活性和低成本的特点。有机太阳能电池的研究重点在于提高转换效率和稳定性，尽管目前其效率相对较低，但其潜力巨大，逐渐受到广泛关注。

4.2 光伏发电技术工作原理

4.2.1 硅基光伏电池工作原理

硅基光伏电池是目前应用最广泛的光伏技术之一。它利用硅(Si)作为半导体材料，当光照射到硅晶体时，光子能量被电子吸收，电子被激发，并通过材料内部的p-n结电场产生电流。硅基光伏电池的工作原理基于pn结和光电效应，具有较高的稳定性和可靠性。

4.2.2 掺杂过渡金属化合物光伏电池工作原理

掺杂过渡金属化合物光伏电池是一种新兴的光伏技术，基于过渡金属化合物的特殊性质，如高光吸收系数和长寿命载流子等。它利用掺杂过渡金属化合物材料的特性，通过光子吸收和电子传输来实现光电能量的转换。掺杂过渡金属化合物光伏电池的工作原理相对复杂，但其在高效能量转换和可调控性方面具有潜在优势。

第五章 光伏发电技术的挑战与发展方向

5.1 光伏发电技术面临的挑战

光伏发电技术作为清洁能源的重要组成部分，虽然在过去几十年取得了显著的进展，但仍然面临着一些重要的挑战。这些挑战不仅影响着光伏发电技术的性能和效率，还影响着其在能源产业中的广泛应用。

首先，光伏发电技术面临的一个主要挑战是能源存储问题。光伏系统产生的电能是间歇性的，取决于太阳辐射的变化。因此，需要有效的能量存储技术来平衡能源供需。当前的电池技术在能量密度、循环寿命和成本等方面仍然存在限制，需要不断的改进和创新。

其次，光伏电池的材料选择也是一个重要的挑战。虽然硅是目前最常用的光伏材料之一，但其制备成本相对较高，且存在资源限制。因此，寻找新的材料替代品，如钙钛矿材料和有机光伏材料，成为了一个热点研究领域。然而，这些新材料也面临稳定性、制备工艺和环境友好性等方面的挑战。

此外，光伏发电技术的可持续性和环境影响也是需要考虑的因素。光伏电池的生产和废弃物处理可能会对环境造成负面影响，因此需要采取可持续的制造和回收方法，以减少对环境的不利影响。

5.2 光伏发电技术的未来发展方向

尽管光伏发电技术面临挑战，但仍然有许多潜在的发展方向，可以进一步提高其性能和应用范围。

首先，在光伏电池材料方面，钙钛矿材料和有机光伏材料的研究将继续发展。这些新材料具有更高的光吸收效率和更低的制备成本，有望在未来取代传统的硅材料，目前钙钛矿电池拓宽了吸收光谱，理论转换效率可突破30%，钙钛矿单层电池的极限效率为31%，目前NREL实验室公布的光伏组件最高转换效率为47.1%，所使用的就是钙钛矿叠层电池。

其次，光伏技术的集成和优化将是一个关键

的发展方向。通过将光伏系统与能量存储技术、智能控制系统和电网集成，可以实现更高效的能源利用和供应稳定性。此外，提高光伏电池的转换效率和降低制造成本也将是重要的目标。

另外，光伏技术在建筑一体化和移动设备应用中的潜力将会进一步开发。将光伏电池集成到建筑材料中，如窗户和墙壁，可以为建筑提供自给自足的电力供应。同时，太阳能充电设备也将继续普及，为移动设备和电动车辆提供绿色能源。

6 结论

本文对光伏发电技术与主流材料选用进行了综述，主要内容包括光伏发电技术的发展历程、主要材料的特性与选用、发电技术的分类与工作原理等方面。通过对相关文献和研究进行梳理和分析，得出以下结论：

首先，光伏发电技术经过多年的发展已经取得了显著的成果。从早期的硅晶体太阳能电池到如今的薄膜太阳能电池，技术不断创新和突破，效率和稳定性得到了大幅提升。光伏发电技术已经成为可再生能源领域的重要组成部分。

其次，主流的光伏材料有硅晶体、硒化铜铟镉、碲化锌等，每种材料都具有自身的特性和应用优势。硅晶体太阳能电池具有稳定性好、成本低的特点，是目前最为成熟和广泛应用的材料。而新型材料如硒化铜铟镉和碲化锌则在提高光电转换效率和降低成本方面有着巨大的潜力。

此外，光伏发电技术按照材料分：单晶硅、多晶硅、非晶硅等分类，各具特点和适用范围。在工作原理上，光伏发电技术主要通过光子-电子相互作用来转换太阳能为电能，其中包括光吸收、电子-空穴对的生成与分离、电子的输运和集电等过程。

最后，本文的综述为未来的光伏发电技术研究提供了参考和指导。在未来的研究中，可以进一步提升光伏电池的光电转换效率、提高材料的稳定性和耐久性，探索新型材料并提出新的工作原理，以应对能源危机和环境问题。

总的来说，光伏发电技术与主流材料选用的综述为读者提供了对光伏发电技术的整体了解，并且为相关研究者提供了研究方向和思路。通过持续的技术创新和进一步的研究，光伏发电技术将在未来的可再生能源领域发挥更加重要的作用。

大港油田研究院浅层地热开发研究与应用

赵　阳　马　超　宋　爽　胡石锋　胡　南

（中国石油大港油田公司）

摘　要　大港油田研究院中央空调系统于2006年投入使用，制冷/供暖总面积$4.65\times10^4m^2$，由于系统老化同时也是顺应国家碳达峰、碳中和“双碳”目标，需将原中央空调系统改造成为浅层地热空调系统。通过开展勘察工作，获取岩土层岩性结构、物理及热物性特征、不同深度换热孔单位延米换热量，为项目的可行性研究和设计换热孔深的选取、换热孔数量的确定等提供基础依据。项目实施后年减排$CO_2$1300t，社会经济效益显著。

关键词　浅层地热；岩性结构热物性换热量；换热孔

1　引言

浅层地温能是一种可再生的新型环保能源。浅层地热作为一种绿色清洁的可再生能源，有着储量丰富、可就近利用、价格低廉的优势，对其进行全面高效的开发对于解决当前能源短缺、温室气体排放等问题具有巨大帮助。大港油田研究院位于天津市滨海新区，从地理位置上看，该地区隶属于暖温带半湿润大陆性季风气候，冬季寒冷干燥，夏季湿热多雨，四季分明，冬夏两季长，春秋两季短，年平均气温为11.0～13.3℃；由于濒临渤海，受季风环境影响很大，冬夏季风更替明显，夏季主导风向为南西向，冬季主导风向为北西向，秋季以东向为主导风向；从地质角度看，第四系地层埋深在400m左右，地层岩性以粘土、粉质粘土、淤泥质粘土为主，恒温层土壤温度13.5～15℃之间，无论土质和温度都非常适合利用浅层地热建设地埋管地源热泵系统。

2　地热资源

2.1　地质概况

该地区浅层地热能资源主要的储集在新生界第四系松散的岩土体和地下水中，依据大港区浅层地热能资源储存条件，第四系地质条件制约着浅层地热能的储集与分布。由于中生代以来断陷活动强烈，使该区沉积了巨厚的新生界。第四系地质特征继承了新生界构造特点，地层在本区内沉积厚度较大，普遍分布且连续，但受沉积条件即受湖泊、河流、海进、海退等条件的影响，使该区第四系地层沉积厚度差别较大。第四系厚度280m～400m，自西向东逐渐增大。

2.2　水文地质条件

目的埋深为100～120m，层岩性以细砂、粉细砂为主。富水性差，多属于极弱富水区，涌水量多小于$100m^3/d$，导水系数小于$50m^2/d$；矿化度多为5～10g/L，水化学类型为Cl-Na型。水力特性为潜水、微承压水和浅层承压水，主要接受大气降水和河渠渗漏补给。水分析结果表明，场地地下水属$CL^--K^++Na^+$型弱碱性水，PH值为7.62～7.93。

2.3　岩土体物性特征

在浅层地热能的开发利用过程中，岩土体的热物性特征对浅层地热能的开发利用有着至关重要的影响，尤其对地埋管换热器换热量影响非常大。因此，地层岩土体热物性参数决定着地埋管地源热泵系统的适宜性和经济性，也是浅层地热能资源潜力评价的重要参数。

岩土体热物性特征主要包括岩土体的热导率、比热容等特征，它们反映了岩土体的导热和蓄热能力，是影响浅层地热能资源赋存的重要影响因素。在收集资料数据的基础上，大港区浅层岩土体综合热导率在1.46～1.60W/（m·℃）之间，变化规律为东部低，西部高；大港区浅层岩土体比热容在2030～2090 kJ/（m3·℃）之间，变化规律为东部高，西部低。

为了进一步研究勘探研究院120m以浅岩土体的热物性特征，开展了对大港油田勘探研究院HRS-1U勘探孔取岩芯样进行了热导率、比热容、热扩散系数等热物性分析，并对试验结果进行了分析。根据勘探孔资料，把勘查区岩土体主要概化为粉质粘土、粉土、粉砂层(包括粉砂、粉细砂、细砂)三种，HRS-1U 勘探孔岩性热物性参数统计如表 2-1 所示。

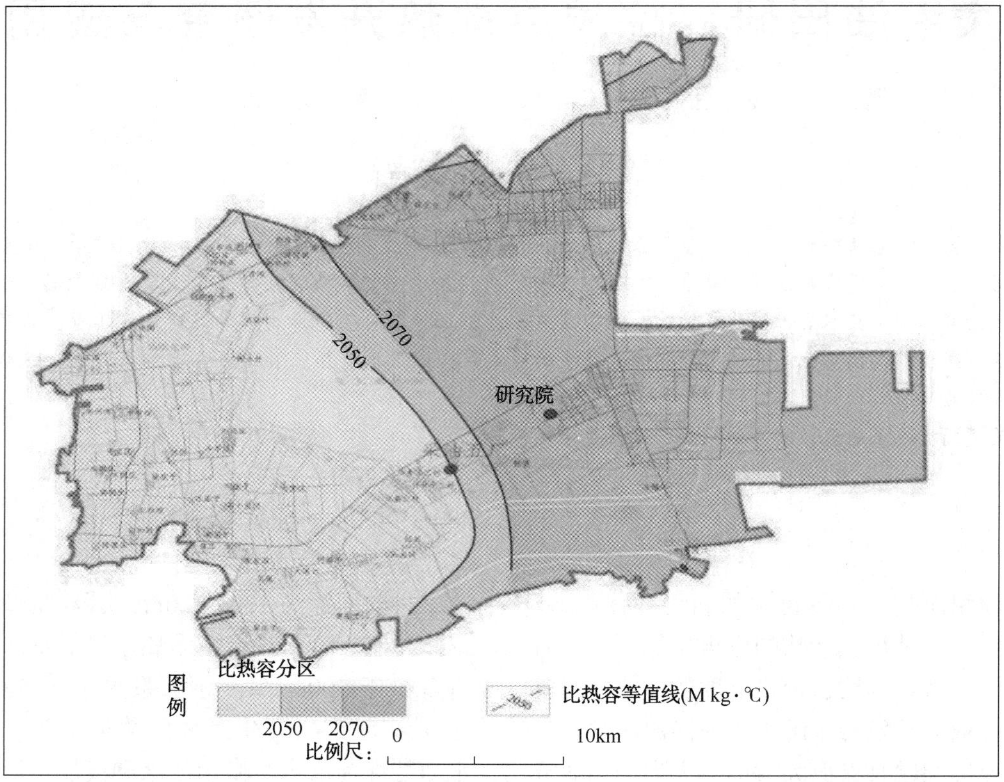

图 1 研究院周边 120m 以浅岩土体比热容平面分布图

表 1 勘探孔 120m 以浅不同岩性热物性特性汇总表

孔位/岩性 \ 热物性参数		自然密度 (kg/m^3)	含水率 (%)	孔隙率(%)	热导率 (W/m℃)	比热 (J/kg · ℃)	热扩散率 (mm^2/s)
HRS-1U	粉质粘土	2036.86	23.00	39.26	1.43	1.44	0.49
	粉土	2051.51	22.84	38.26	1.56	1.40	0.54
	砂层	2041.34	21.40	36.99	1.88	1.36	0.68

(1) 不同岩性岩土样热导率值和热扩散率砂层最高，粉土层次之，粉质粘土层最小，变化与深度没有直接的相关性，说明岩土体的热导率和热扩散率随岩土颗粒粒径增大而增加，从侧面反映了第四系松散岩土体的热导率和热扩散率变化受岩性及物理性质影响大。

(2) 不同岩性岩土样含水率和孔隙率的变化具有一致性，两者与热导率、热扩散率呈反相关关系，与比热呈正相关关系。

(3) 初步得出该场地范围变温层、恒温层和增温层的大致位置。变温层：地面至地下 14m 左右，温度随季节波动；恒温层，根据测温结果显示在 14~28m，全年温度基本稳定；增温层，在恒温层以下，计算得平均温度梯度约 3.4℃/100m。

3 方案设计

用高效、节能、环保的地源热泵系统，在地下土壤层中埋入多组 U 型管换热器，冬季收集土壤中低品位的能量，通过热泵机组将低品位能量转化为高品位能量，供给空调末端采暖使用；夏季通过热泵机组将室内热量转移至地下土壤中，达到空调制冷的目的，同时在土壤中蓄存能量供冬季使用。由于滨海新区地下 120~150m 土壤温度常年保持在 15~17℃左右，冬季比室外空气温度高，夏季比外空气室温度低，因此地源热泵系统具有比空气源热泵及其它空调系统更高的效率，且运行费用低廉，而且符合国家节能环保的基本国策。其工作原理如图 3。

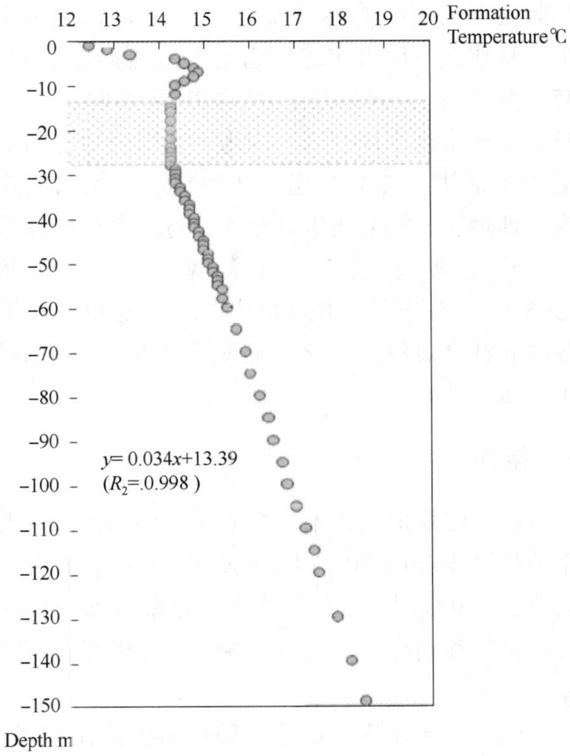

图 2　地温场垂向温度分布

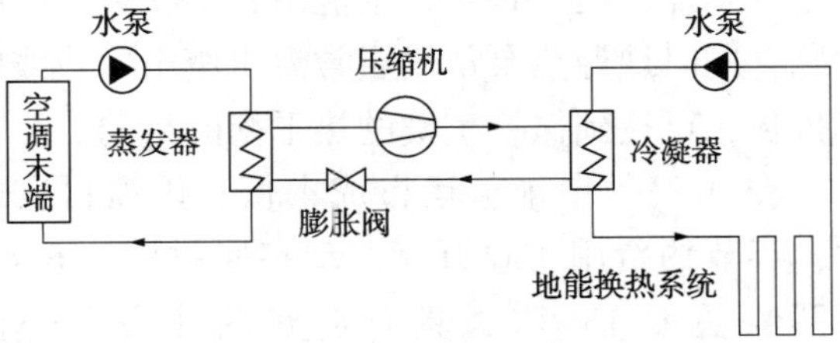

图 3　地源热泵工作原理图

地源热泵利用地下常温土壤或地下水温度相对稳定的特性，通过深埋于建筑物周围的管路系统或地下水与建筑物内部完成热交换。它完全不需要任何的人工热源，可以彻底取代锅炉等传统的供暖方式和中央空调系统。冬季从土壤中取热向建筑物供暖；夏季向土壤排热给建筑物制冷。

3.1　冷/热负荷计算

依据《民用建筑供暖通风与空气调节设计规范》和办公楼所处位置和环境温度，本项目采用采暖指标值为 70W/m²、制冷指标值为 80W/m²，食堂因高度及开放式空间的原因取供暖负荷 140w/m²、制冷负荷 160w/m²。

根据采暖/制冷指标计算结果制冷总负荷为 4120KW，供暖总负荷为 3605KW。

3.2　地下热平衡计算

土壤热平衡是关系到系统是否能够长期安全稳定运行的一个关键性因素。本项目集中地源热泵系统的总冷负荷大于总热负荷，造成向地下放热量远远大于从地下取热量，如不采取措施，长期运行后地下岩土体温度将逐渐上升（即热堆积），导致夏季制冷工况放热功率的衰减，从而影响热泵机组制冷工况的功率衰减，增加运行电耗。当地下温度上升到一定程度时，系统便无法运行。因此需有其他辅助方式进行调节，才能保证系统的长期稳定运行。

表 3-1　负荷计算表

建筑名称	供暖面积	制冷负荷	供暖负荷	机房占
研究院主楼	18000 (m²)	1350 (KW)	1260 (m²)	地面积
实验楼	12000	960	840	
档案楼	8500	680	595	550m²
食堂	5000	800	700	
岩心库	3000	240	210	
—	46500	4120	3605	—

夏、冬季地下换热功率分别是指夏季向土壤排放的换热功率和冬季从土壤吸收的换热功率。研究院制冷/供暖负荷分别为 4120/3605kW，可分别由下述公式计算夏、冬季地下换热功率：

$$Q_1'=Q_1\times\left(1+\frac{1}{COP_1}\right) \tag{1}$$

$$Q_2'=Q_2\times\left(1+\frac{1}{COP_2}\right) \tag{2}$$

式中，Q_1'为夏季向土壤排放的换热功率，kW；Q_1 为夏季空调末端总冷负荷，4120kW；Q_2'为冬季从土壤吸收的换热功率，kW；

Q_2 为冬季空调末端总热负荷，3605kW；

COP_1 为设计工况下水源热泵机组的制冷系数，5.8；

COP_2 为设计工况下水源热泵机组的供热系数，4.3。

则夏、冬季地下换热功率计算如下：

夏季地下排热换热功率：

$$Q'_1=Q_1\times\left(1+\frac{1}{COP_1}\right)=4120\times\left(1+\frac{1}{5.8}\right)=4830\text{kW}$$

冬季地下取热换热功率：

$$Q'_2=Q_2\times\left(1-\frac{1}{COP_2}\right)=3650\times\left(1-\frac{1}{4.3}\right)=2766.6\text{kW}$$

夏季夏季供冷的小时数为1464小时，夏季累计向地下释放的热量为7071120kW·h，冬季供暖的小时数为1812小时，冬季累计从地下吸取的热量为5013079kW·h。计算冬夏两季冷、热不平衡率为29%，由此看出，冬夏季地源热泵系统的取热量和散热量差距较小，供冷季和供暖季中间还有92天的自然恢复期，不存在严重的热平衡问题。

3.3 地下换热孔优化

为满足建筑负荷需求，双U型式换热孔数量为1002眼，单U型式换热孔数量为1252眼，比双U型式换热孔数量多250眼，虽然双U型式换热器钻孔施工和管材费用比单U型式高42.75万元，但是相应的水平管道材料及连接、分集水器、水平主管、阀门井等的施工费、材料费会降低，即采用双U换热器型式的地源热泵系统工程初投资不高于单U型式，且可节省占地面积，适当增加能源井之间井间距，有利于长期换热，且研究院现场热响应试验结果得出的双U型换热器比单U换热效果更好，建议该项目采用双U换热器型式。

3.4 监测要求

由于地埋管钻孔区为一狭长地块，建议在场地长边三分之一中心位置布置1个参与换热地温监测孔和4个热影响半径地温监测孔，三分之二中心位置布置1个参与换热地温监测孔，孔群边界布置1个参与换热地温监测孔，并在距离其大于换热孔孔距的位置布置1个地温背景值监测孔。

监测孔垂向上每间隔10m应至少设计一个测温点，恒温层和地层岩性变化处应加密测温点设计。测量精度为0.1℃，热泵运行期间，监测周期为1h，制热、制冷期后，监测周期为(2~6)d。

4 实施效果

本项目运行后，冬季地埋管进口水温7℃，吸收地下土壤中的热量升至12℃后进入热泵机组，释放热量后再次进入地埋管，热泵机组输出45℃热水至空调系统，实现冬季供暖；夏季33℃循环水进入地埋管，向地下土壤释放热量降至28℃后进入热泵机组，从中提取热量后再次进入地埋管，热泵机组输出7℃的冷水至空调系统，实现夏季制冷。每年减排二氧化碳1303.61t，年节约费用130万元，具有良好经济效益和社会效益，为该区域浅层地热开发利用提供了示范效果。

5 结论

（1）浅层地热技术具有明显的环保优势。由于地热泵供暖时70%以上的能源来源于土壤中的能量，30%以下的能源来源于电能，所以用它替代供暖和制冷，可有效减少二氧化碳等温室气体的排放。

（2）浅层地热技术是一种可再生能源技术。不同于石油、煤炭等化石能源，浅层土壤热能来源于太阳能，是一种可再生能源，不存在枯竭的问题，同时地源热泵从浅层常温土壤中取热或向其排热，可达到保持土壤的热平衡的目的。

（3）高效节能，运行成本低。该项目实施后，年节约费用130万元，动态回收期6.6年，内部收益率15.6%，具有良好的社会和经济效益。

参考文献

[1] 唐永香，李嫄嫄．滨海新区浅层地热能利用方式适宜性分区评价[J]．煤气与热力，2014，34(1)：21-25.

[2] 阮传侠，于彦，田信民，等．天津市滨海新区浅层地热能资源调查与评价[R]．2011.

[3] 罗佐县．夏热冬冷地区浅层地热能开发利用路径初探[J]．当代石油石化，2020，28(09).

[4] 张乐．浅谈浅层地热资源[J]．西部资源，2019(01).

[5] 徐伟，刘志坚．中国地源热泵技术发展与展望[J]．建筑科学，2013，29(10)：26-33.

[6] 冯彦胜，韦春瑞．浅层地热交换系统在近零能耗建筑中的研究与应用[J]．中国建筑装饰装修，2021(10).

上下游一体统筹，推动集输节能增效

陈思一

（中国石油塔里木油田公司）

摘　要　本文针对轮南地面集输系统综合能耗高、管网不匹配等问题进行分析，通过以“井筒、井场、管网”的上下游一体统筹优化为抓手，针对性的采用井下节流器、仿真模拟试算降低加药量以及管网实现高低压分输等措施，推动集输系统节能增效。通过计算分析经济效益及能耗指标，可以看出措施前后效果显著，有效的解决了轮南油田集输系统综合能耗高、管网不匹配的难题，对其他老油田集输系统节能实践具有一定的借鉴意义。

关键词　油田集输；能耗；节能增效

习近平总书记曾多次强调：“中国将坚持走生态优先、绿色低碳的发展道路，二氧化碳排放力争于2030年前达到峰值，努力争取2060年前实现碳中和”。作为塔里木开发最早的油田，轮南正处于开发后期的综合治理阶段。而随着开发的不断深入，轮南地面集输系统正面临着综合能耗高、管网不匹配等难题，需要迫切开展地面系统工艺优化，实现集输系统的节能增效，助力碳达峰碳中和。

1　背景介绍

1.1　集输能耗高

2021年，轮南集输系统能耗为11.87kgce/t，天然气是最主要的消耗能源种类，占比80.21%。其中，用于加热炉等工业生产的天然气占天然气总用量的90.48%，优化空间挖掘潜力最大。

表1　轮南采油气管理区集输系统能耗使用情况

序号	类别	单位	数值
1	天然气自用量	万立方米	146.67
2	天然气损耗量	万立方米	15.44
3	耗电量	万千瓦时	432.99

1.2　管网不匹配

轮南现有油井353口，伴随着油田的不断开发，集输管网错综复杂，管网不匹配、临时搭接等情况尤为突出，部分高压气井受制于集输管网，只能低压生产，地层能量未得到充分利用。

2　主要内容

通过以“井筒、井场、管网”的上下游一体统筹优化为抓手，以“节能、增效”为

落脚点，实现集输系统优化改造。

2.1　井筒优化，改善集输初始条件

从井筒优化入手。轮南采油管理区现有高压气井15口，部分单井关井油压高达40MPa以上。考虑到地面管线安全，通常采用油嘴进行节流，但由于温降大，极易在油嘴处形成水合物，发生冻堵。为保证气井的正常生产，井口使用加热炉等设备，天然气耗能高。针对这一现象，轮南采油气管理区创新应用井下节流器，充分利用地热对节流后的天然气加热，通过软件模拟，根据底层压力、需求控制产气量、地面安全生产回压等数据，计算井下油嘴大小以及下入深度，使高压气井天然气达到井口前即满足“双20条件”，避免天然气水合物的生成。

通过成功应用井下节流器，有效防止生产过程中形成水合物，减少地面配套加热炉等设备使用，降低因水合物冻堵进行化学药剂解堵工作量及药剂费用。

表2　投井下油嘴前后生产情况对比

序号	井号	投井下油嘴前生产情况				投井下油嘴后生产情况			
		油嘴 mm	油压 MPa	回压 MPa	冻堵频次	油嘴 mm	油压 MPa	回压 MPa	冻堵频次
1	LG35	3	35.5	3	2次/月	3	8	2	无

续表

序号	井号	投井下油嘴前生产情况				投井下油嘴后生产情况			
		油嘴 mm	油压 MPa	回压 MPa	冻堵频次	油嘴 mm	油压 MPa	回压 MPa	冻堵频次
2	LG352	7	30	9.4	开井冻堵	10	13	8	无
3	LG352-1	2.5	44	3.3	开井冻堵	8	7	3.5	无

2.2　井场改善，减少药剂消耗量

从井场改善入手。之前提到过，高压气井在冬季生产过程中极易出现水合物冻堵，为了保证高压气井的正常生产，部分单井还会加注甲醇，以往采用经验公式计算加注，甲醇加注量大，整体运行成本偏高。针对这一现象，轮南采油气管理区通过自主建立仿真工艺模型，结合单井实际产量，开展模拟试算优化药剂消耗量。最终，在满足冬季保供的前提下，优化 LG39-H1 井等井口甲醇加注量，减少甲醇加注约 30%。

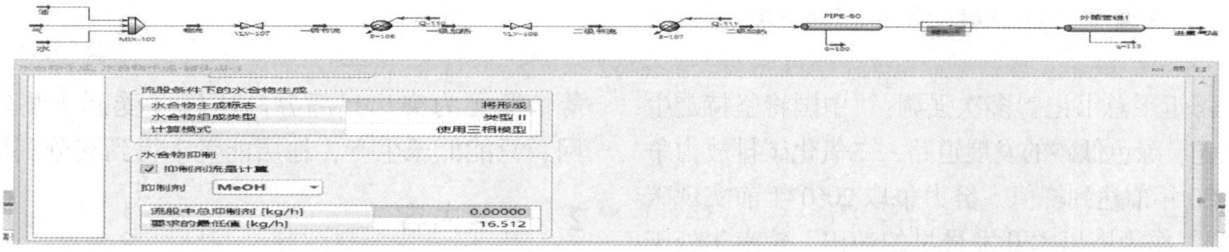

图 1　甲醇加注量优化参数模拟图

表 3　优化前后各高压气井甲醇加注情况统计表

序号	井号	优化前加注量 L/d	优化后加注量 L/d	降低量 L/d
1	LG39-H1	87	60	27
2	LG39-H5	60	40	20
3	LG34-2	60	40	20

2.3　管网调整，实现高低压分输

从管网调整入手。轮南地面系统管网不匹配等现象尤为突出，部分高压气井受制于集输管网进行低压生产，地层能量未得到充分。针对这一现象，轮南采油气管理区通过单井复核、摸清管网，自主建立仿真工艺模型，开展模拟试算实现高低压分输。

例如轮古东井区共有生产井 23 口，由于轮古东井区仅有 LG34 井至 LN631-1 井一条集输干线，LG341-1、LG352-1 井等 5 口平均油压 10MPa 以上的单井只能低压生产，导致桑南处理站压缩机满负荷运行，能耗较高，同时轮古东井区末端低压井受集输管网限制，回压较高，不利于单井生产。通过摸排已建管线，建立仿真模型，最终确定“一高一低”集输管网，即 LG34 至 LN631-1 高压干线及利旧吉牙线低压干线。管线改造实施后，模拟结果与运行参数高度拟合(见表 4)。通过利用已建管线进行高低压分输改造，实现用最少的改造完成资源整合，高低压分输后减少增压自耗气 60 万方/年。

表 4　轮古东井区节点模拟参数与实际参数对比表

序号	节点位置	模拟参数	实际参数	误差率
1	LG341-1	8.0MPa	7.9MPa	1.2%
2	LG352-1	9.0MPa	8.5MPa	5.9%
3	LN631-3X	7.6MPa	7.3MPa	4.1%
4	LN39-H1	8.1MPa	7.7MPa	5.1%

3　效果评价

3.1　社会(管理)效益

3.1.1　形成“四库一书”典型做法。通过 2022 年集输上下游一体统筹优化的实践经验，总结出物性数据库、仿真模型库、方案库、问题库、冬季运行操作手册等“四库一书”典型做法，用于指导集输系统运行与后续改造。

(1) 物性数据库：收集单井气量、油量、压力、凝点等数据；

(2) 仿真模型库：采用 PIPEPHASE 软件自主建模，完成轮南、桑吉及轮西等区块集输系统仿真模型建模；

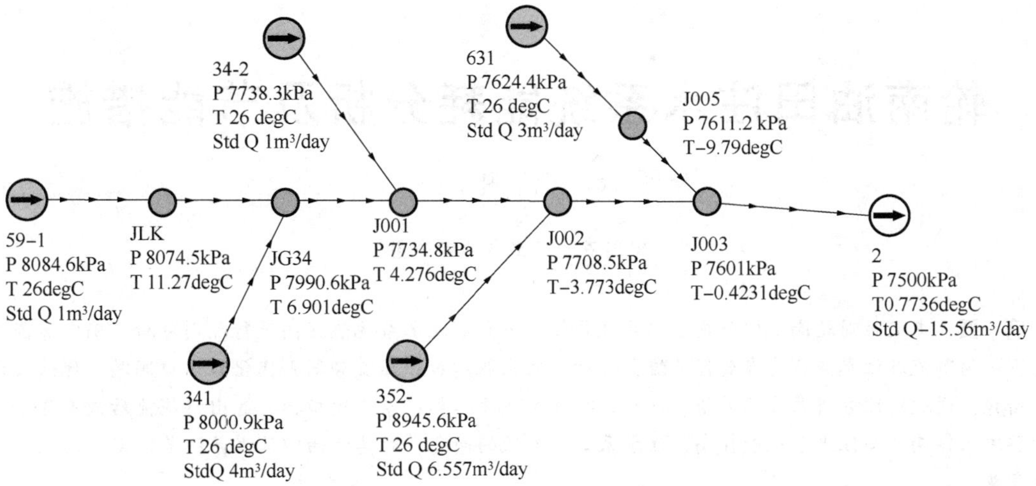

图 2　轮古东井区高压干线参数模拟图

（3）方案库：收集集输优化实施方案、图纸等系列资料；

（4）问题库：整理集输系统发现问题及应对措施；

（5）冬季运行操作手册：制定“1+2+N”方案，即完善一个手册《轮南采油气管理区冬季运行操作手册》、制定两个大表《冬季生产运行表》及《冬防物资设备跟踪表》、编制 N 个措施包括高压气井巡检制度、甲醇加注管理制度以及冻堵事故应急预案等。

3.1.2　培养一支自主性技术队伍。通过组织工艺技术人员开展 HYSYS、PIPEPHASE 等模拟软件培训以及自主建立各类仿真模型，员工从了解到掌握，思路得到了拓展、能力获得了提升，打破受制于人的格局。

3.2　节能增效分析

通过上下游一体统筹，有效指导集输系统优化，实现动态优化参数、理顺工艺流向、整合区域资源，实现年节能 1675.8 吨标煤，降低年运行成本 477.3 万元。

表 5　节能增效明细表

序号	项目	明细说明		
1	应用井下节流器	类型	材料	费用/万元
		加热炉	3 台	48×3=144
		燃料气	66 万方	66×0.945=62.4
		甲醇	20 吨	20×0.4292=8.6
		解堵作业费	12 次	12×8.3=99.6
		投捞施工	3 次	3×8.8=26.4
		年节约费用 144+62.4+8.6+99.6-26.4=288.3 万元年节能 66×13.3=877.8 吨标煤		
2	单井甲醇加注量优化	降低甲醇加注量 67L/d，年节约费用 136÷1000×0.7918×100×0.4292=2.3 万元		
3	轮古东井区集输优化	减少增压自耗气 60 万方/年，年节约费用 60×0.945=56.7 万元，年节能 60×13.3=798 吨标煤减少压缩机运行 1 台，年节约运行维护成本 130 万元		

4　结束语

针对轮南地面集输系统综合能耗高、管网不匹配等问题进行分析，通过以“井筒、井场、管网”的上下游一体统筹优化为抓手，针对性的采用井下节流器、仿真模拟试算降低加药量以及管网实现高低压分输等措施，有效的解决了轮南油田集输系统综合能耗高、管网不匹配的难题，对其他老油田集输系统节能实践具有一定的借鉴意义。

参考文献

[1] 苏杰．轮南油田气举井工况与地面系统适用性分析．化工设计通讯．2019，45(08).

[2] 李佳欣．天然气井井下节流器研究现状及应用前景．石油矿场机械．2022，51(05).

[3] 屈文涛．苏中气田天然气集输干线合理注醇量计算．石油化工应用．2021，40(01).

轮南油田注水系统能耗分析及节能措施

刘小龙　殷　稳

（中国石油塔里木油田公司）

摘　要　本文针对轮南油田站内注水系统泵管压差大、注水系统能耗高进行原因分析，确定原因工频运行下人为节流及注水流程存在变径节流，针对性的采取增加高压变频器、优化泵出口阀芯、优选注水机组等措施，通过对比分析泵管压差值、注水系统效率、注水单耗等3项指标，看出措施前后效果显著，有效的解决了轮南油田注水系统能耗高、注水系统效率低的问题，对其他油田注水系统节能实践具有一定的借鉴意义。

关键词　油田注水；能耗；节能措施

注水系统是油田地面生产系统的主要组成部分，它担任着实现油田高产稳产，保持地层能量等重要任务。同时，注水本身也是能耗大户，据统计，注水耗电一般占整个油田总耗电量的33%—56%，因此对于处于开发中后期的油田来说，实现注水系统的节能降耗具有十分重要的经济效益。

1　背景介绍

轮南油田于1989年发现，1992年正式投产，2002年轮南油田实现了年产百万吨稳产10年，是塔里木石油会战发现的第一个年产百万吨级的油田，现轮南油田已步入开发中后期，地层压力逐渐下降，注水二次采油开发模式成为轮南油田开发的重要途径。

轮一联现有三台高压离心注水泵负责轮南油田的地质注水任务，注水流程简图如图1，注水压力要求：13.5～14.5MPa，流量120m^3/h左右，在运行中发现高压离心注水泵泵出口压力17.2MPa，注水干线压力13.0MPa，存在泵管压差4.2MPa、节流损失率24.4%、注水系统效率33%，不满足中国石油天然气股份有限公司《注水开发油田水处理和注水系统地面生产管理规定》中第三十条“注水站泵管压差控制在0.5MPa以内”、GB/T 31453—2015《油田生产系统节能监测规范》中“要求注水系统效率≥35%要求。

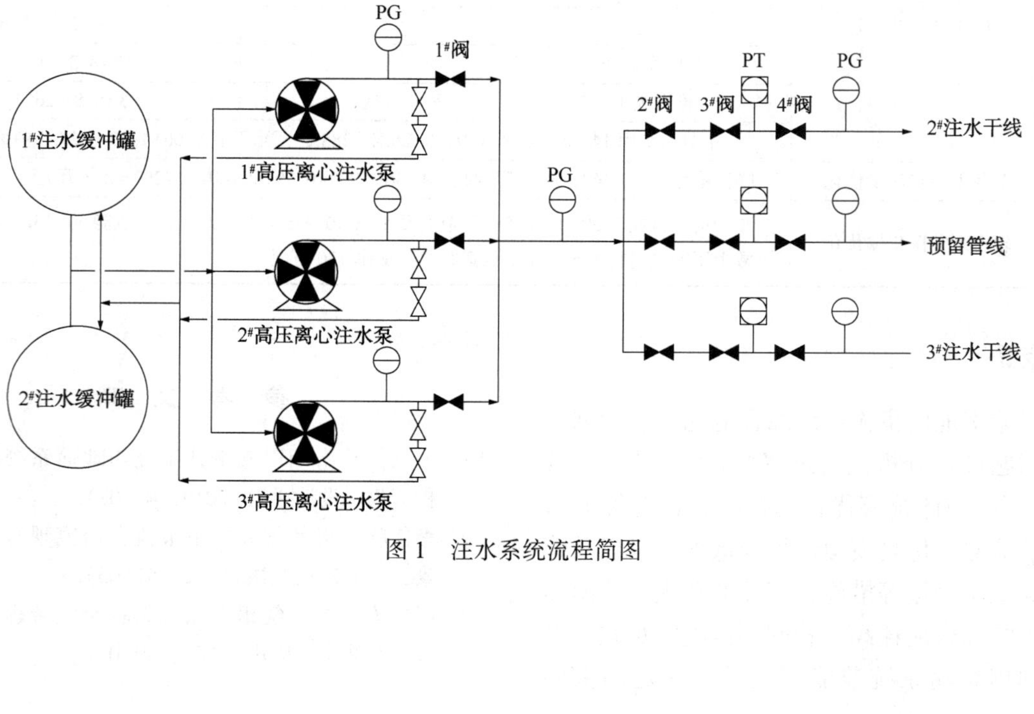

图1　注水系统流程简图

2　原因分析

由于高压离心注水泵出口泵管压差过大，为保证正常注水，需一台高压离心注水泵和一台柱塞注水泵配合使用，单位注水能耗达 9.75kw·h/m³，比股份公司年平均单位注水能耗高 1.46kw·h/m³。

针对泵管压差大、注水系统效率低的现象，联合站成立专项小组。专项小组对比高压离心注水泵运行工艺参数(详见表1)进行现场工艺流程排查。

表1　注水系统工艺运行参数

	泵压	汇管压力	压变	注水干线压力	泵管压差
工频	17.5MPa	16.5MPa	13.3MPa	13.3MPa	4.2MPa

经现场流程、参数核实，确认存在以下两方面原因：

2.1　流程存在人为节流

通过对比图一、表一可以看出，工频运行下通过控制泵出口 1#阀开度实现高压离心注水泵流量及压力调节，造成 1#阀前后存在节流，产生 1MPa 左右的压差。

2.2　注水管网变径节流

排查现场工艺流程，发现注水管网中 3#阀前后(如图2)存在 DN150×100 的变径，变径前后存在 3MPa 的压差，此变径是造成泵管压差的主要原因。

图2　注水管网中 3#阀现场照片

3　解决对策

油田注水系统节能主要表现为注水管网的优化运行、注水泵的高效运行和流量的高效调节。对照站内可采取措施为增加高压变频器、降低泵管压差、优选注水机组运行方式。

3.1　增加高压变频器

为降低注水系统泵管压差、提高注水系统效率、降低单位注水能耗，轮一联合站为 1#、3#高压离心注水泵增设高压变频器，实现泵出口 1#阀运行中全开，运行后泵管压差由 4.2MPa 降至平均 3.0MPa，节流损失率由 24% 降至平均 18.36%左右，但仍不能达到国标要求。相关数据详见表2：

3.2　优化阀芯

根据现场运行参数及前后压差要求，参照 fluent 软件建模结果，与阀芯厂家联系，最终确定对变径处 3#阀采取优化阀芯，新阀芯相对原阀芯有以下优化：①减少过流套层数：由“三级过流套”优化为“二级过流套”；②增大过流孔径：外孔径由 φ2.5cm 增大至 3＊5cm；内孔径由 φ0.3cm 增大至 2＊4cm，并相应减少孔径数量，如图3。

表2　1#/3#高压离心注水泵变频运行相关参数

序号	变频器频率	泵入口压力	泵出口压力	出站水压力	泵管压差	节流损失率
现场实测	100%	0.08MPa	16.8MPa	13.6MPa	3.2MPa	19.04%
	99%	0.08MPa	16.6MPa	13.5MPa	3.1MPa	18.67%
	98%	0.08MPa	16.3MPa	13.3MPa	3.0MPa	18.40%
	97%	0.08MPa	16.1MPa	13.2MPa	2.9MPa	18.01%
	96%	0.08MPa	15.8MPa	13.0MPa	2.8MPa	17.72%
国标	—				<0.5MPa	<6%

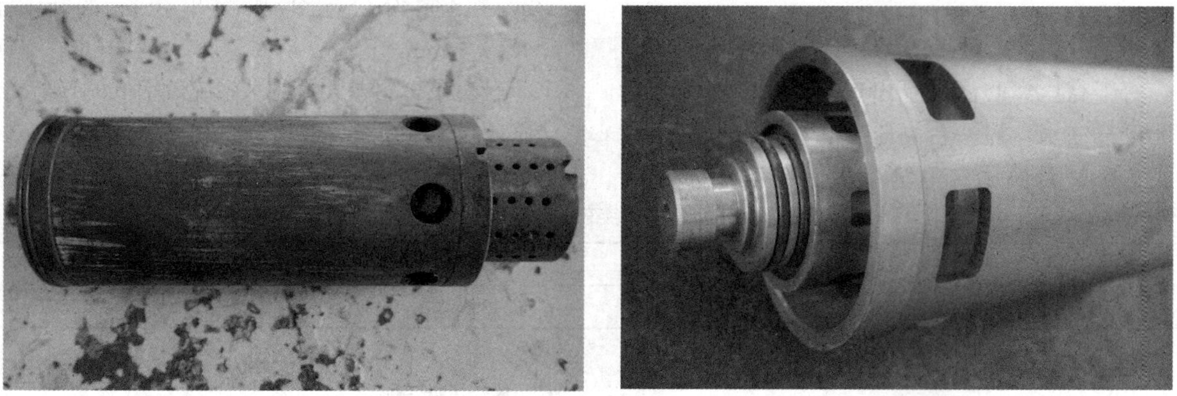

图 3　阀芯优化前后对比图(左为原阀芯、右为优化后阀芯)

3.3　优选机组运行方式

在增加高压变频器、优化阀芯的前提下，对比高压离心注水泵工频、变频运行下注水系统泵管压差、注水系统效率参数，确定注水机组的运行方式。阀芯优化后，工频、变频泵管压差、注水系统效率对比，如图 4 所示。

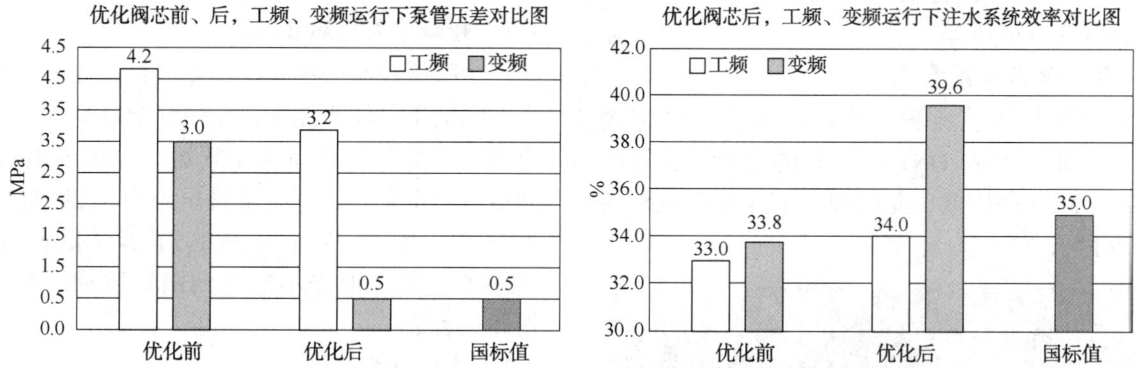

图 4　阀芯优化前后，泵管压差、注水系统效率对比图

通过以上对比图可以看出，在变频运行叠加优化阀芯措施，管压差降至 0.5MPa，注水系统效率提高至 39.6%，达到了国标的要求。

4　应用效果

对比优化阀芯前、后，工、变频四种注水机组运行工况，主要对比其泵管压差值、注水系统效率、注水机组日耗电量等 3 项指标。泵管压差由 4.2MPa 降至 0.5MPa、注水系统效率由 33% 提高到 39.6% 以上，泵管压差值有效降低，注水系统效率有效提高；单位注水能耗由 9.75kW·h/m^3 降至 6.65kW·h/m^3，比股分公司年平均单位注水能耗低 1.64kw·h/m^3。详见表 3：

表 3　四种运行工况下各项参数对比表

工况	说明	泵管压差(MPa)	节流损失率	注水系统效率	注水泵日耗电量(万度)	注水单耗(kw·h/m^3)
工况一(工频，未更换 3# 阀阀芯)	一台高压离心注水泵(工频)一台柱塞注水泵(工频)	4.2	24.4%	33.0%	2.81	9.75
工况二(变频，未更换 3# 阀阀芯)	一台高压离心注水泵(变频，99%/50HZ)、一台柱塞注水泵(工频)	3.1	18.6%	33.8%	2.65	9.40
工况三(工频，已更换 3# 阀阀芯)	一台高压离心注水泵(工频)、一台柱塞注水泵(变频，60%/30HZ)	2.8	16.4%	34.0%	2.54	8. 8[illegible]
工况四(变频，已更换 3# 阀阀芯)	一台高压离心注水泵(变频，93%/46.21HZ)	0.5	3.6%	39.6%	1.92	6.66

5 效益分析

(1) 采用单项因素直接测定法，年减少电量消耗297万度，按现电价0.62元/度计算，年减少电费消耗184.14万元。

计算依据如下：在措施实施前后，注水机组日耗电量由2.73万度(优化阀芯前工频日耗电量为2.81万度，优化阀芯前变频日耗电量为2.65万度，取其平均值2.73万度)降至1.92万度。

则年减少耗电量：(2.73-1.92)×365=296万度

年减少电费消耗：296万度×0.62=183.52万元

(2) 减少柱塞泵年维护费用30.6万元；

柱塞泵为1992年投用机泵，在运行中故障率较高造成年运行维护费用较高，通过降低泵管压差、提高注水系统效率措施实施后，柱塞泵由运行状态优化为备用状态，年减少维护费用30.6万元。

采取措施后可减少年成本消耗：183.52+30.6=214.12万元。

6 结束语

针对轮南油田注水系统泵管压差大、注水系统能耗高的问题，轮一联合站先后采取增加高压变频器、优化泵出口阀芯、优选注水机组等措施，显著降低单位注水能耗，提高注水系统效率，降低注水系统运行成本，为轮南油田二次注水开发提供有力保障。另外对高压离心注水泵出口阀阀芯进行优化设计，系阀芯优化后首次在塔里木油田公司现场优化应用，排查油田公司相关注水站(哈一联合站、哈四联合站、桑南处理站等)，发现泵出口阀前后变径导致泵管压差大的问题普遍存在，但由于出口阀与管线之间普遍采用焊接方式，更换阀门及管线难度较大，故对高压离心注水泵出口阀阀芯优化，实现泵管压差有效降低在现场具有较强实践意义，具有较好得推广应用价值。

参 考 文 献

[1] 丰国斌．油田注水系统节能[J]．石油规划设计，1996，(2)：7-9.

[2] 中国石油天然气股份有限公司 注水开发油田水处理和注水系统地面生产管理规定[s]：10.

[3] 中华人民共和国国家质量监督检验检疫总局，中国国家标准化管理委员会 GB/T 31453—2015《油田生产系统节能监测规范》(S)：6.

[4] 贾光政，常玉连，邹龙庆，何平，高胜．油田大型注水系统调速节能技术[J] 大庆石油学院学报 2000(24)：58-62.

离网式光伏发电在沙漠偏远无人值守单井上的应用研究

张　丽　安　璐　张欣欣

（中国石油塔里木油田公司）

摘　要　沙漠偏远单井存在公共电网距离远、用电负荷小、太阳能资源丰富等特点，哈得引进离网式光伏发电技术用于沙漠偏远无人值守单井，从气象资源分析、光伏方阵设计、最佳倾角设计、离网逆变器设计、蓄电池容量选择等角度开展设计，建立孤岛式光伏发电系统，提高绿电消纳比，实现降低企业能耗，促进节能减排的目的，为“清洁替代、战略接替、绿色转型”部署提供建设经验，具有推广应用价值。

关键词　离网式；光伏发电；沙漠油田；无人值守；孤岛式发电

离网式光伏发电是目前光伏发电产业中非常重要的一种方式，在偏远山区等无公共电网的地方发挥着重要作用，沙漠偏远单井同样存在距离用电负荷中心远的问题，同时具有用电负荷小，太阳能资源丰富等特点。哈得引进离网式光伏发电技术用于沙漠偏远无人值守单井，建立孤岛式光伏发电系统，提高绿电消纳比，实现降低企业能耗，促进节能减排的目的。

1　背景

塔里木油田分公司哈得采油气管理区地处沙漠腹地，所辖油气田矿权面积广阔，以沙漠、戈壁、荒漠地貌为主，单井分布零散偏远，无公共电网，建设公共电力系统投资巨大，与清洁绿色转型目标相悖，中国石油天然气股份有限公司制定了“清洁替代、战略接替、绿色转型”三步走总体部署，明确提出力争2025年左右实现“碳达峰”、2050年左右实现“近零”排放。哈得矿区范围内太阳能资源均在B级以上，优质的光资源适合发展以光伏发电为主的新能源项目。

2　太阳能资源分析

新疆太阳能资源十分丰富，全年日照时数为2550-3500小时，日照百分率为60%-80%，全年日照大于6小时天数为250-325天。全疆辐射量分布情况见图1。

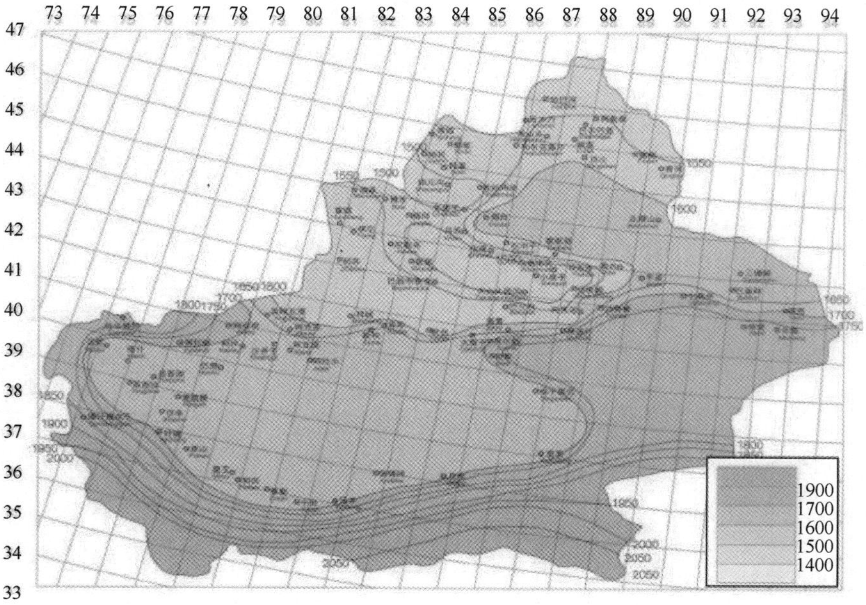

图1　全疆辐射量分布情况图

本工程建设地点位于新疆阿克苏地区沙雅县境内。20 年间的水平面平均太阳能辐射量为 1556.55kWh/m²，年辐射照度的平均变化率为 5.5%。

表 1　标准月散射辐射量数据

周期	开始	气温-最低（摄氏度）	气温-最高（摄氏度）	日平均水平面辐射（度/平方米/日）	日平均太阳辐射（倾角 35.0°）	风速（米/秒）
1	2021/1/1	-15.56	4.65	2.46	4.60	2.54
2	2021/2/1	-8.6	11.98	3.12	4.71	2.36
3	2021/3/1	-4.17	21.79	3.74	4.51	2.78
4	2021/4/1	-2.58	30.75	5.00	5.23	2.75
5	2021/5/1	5.07	34.94	5.96	5.68	3.16
6	2021/6/1	12.15	35.61	6.50	5.94	3.04
7	2021/7/1	16.98	39.68	5.82	5.43	3.04
8	2021/8/1	11.99	35.31	5.42	5.49	2.78
9	2021/9/1	10.83	32.21	5.07	6.01	2.45
10	2021/10/1	0.47	30.76	3.14	4.31	2.35
11	2021/11/1	-7.72	14.28	2.63	4.60	2.64
12	2021/12/1	-11.49	5.64	2.14	4.23	2.33

据地区的太阳年总辐射量多少，可以把地区的太阳能资源划分为四个等级，如下表所示：

表 2　太阳能资源丰富程度等级表

等级	等级符号	年总辐射量（MJ/m²）	年总辐射量（kW·h/m²）	平均日辐射量（kW·h/m²）
最丰富	A	≥6300	≥1750	≥4.8
很丰富	B	5040~6300	1400~1750	3.8~4.8
丰富	C	3780~5040	1050~1400	2.9~3.8
一般	D	<3780	<1050	<2.9

根据《太阳能资源等级总辐射》（GB/T 31155—2014）进行太阳能资源评估指标体系及等级划分，项目站址均属于 B 级光资源很丰富地区，适合于光伏发电系统的应用。

3　沙漠偏远无人值守单井应用设计

3.1　现状及需求

本次选择 34 口无人值守单井，均位于塔里木沙漠腹地，单个井场平均用电负荷为 1.5KW，用于井口快速切断阀、UPS、监控、井口伴热供电，为 24 小时持续用电负荷类型，每天用电量为 36KWh，考虑到沙漠地区沙尘暴影响，该项目储能设备需考虑 36 小时持续不间断用电需求。

3.2　光伏方阵设计

光伏方阵通过组件串、并联得到，光伏组件的串联必须满足逆变控制器的直流输入电压要求，光伏组件并联必须满足并网逆变器输入功率的要求。

3.2.1　光伏方阵的串联设计

光伏组件方阵中，光伏组件串的串联数计算公式引用《光伏发电站设计规范》GB50797，光伏组件串联数计算如下：

$$N \leq \frac{V_{dc\max}}{V_{oc} \times [1+(t-25) \times K_V]}$$

$$\frac{V_{\mathrm{mpptimin}}}{V_{pm} \times [1+(t'-25) \times K'_V]} \leq N \leq \frac{V_{\mathrm{mpptimin}}}{V_{\mathrm{pm}} \times [1+(t-25) \times K'_V]}$$

式中，K_V 为光伏组件的开路电压温度系数；K'_V 为光伏组件的工作电压温度系数；

N 为光伏组件的串联数（N 取整）；t 为光伏组件工作条件下的极限低温（℃）；t' 为光伏组件工作条件下的极限高温（℃）；$V_{dc\max}$ 为逆变器允许的最大直流输入电压（V）；V_{mpptmax} 为逆变器 MPPT 电压最大值（V）；V_{mpptmin} 为逆变器 MPPT 电压最小值（V）；V_{oc} 为光伏组件的开路电压（V）；

V_{pm} 为光伏组件的工作电压（V）。

根据目前市场的单晶硅电池主要产品系列，暂按 540Wp 的产品进行计算。根据组件参数和运行环境，计算得串联数，为增大组串的输出电压减少线路损耗，组件串联数量宜选用最大值，同时考虑直流侧绝缘耐压及固定支架的优化设计、方阵的布置，综合以上各种因素，每个光伏区的串联数量设定为 15 一串，其他功率逆变器组件串的串联数量确定亦是如此。

3.2.2　光伏方阵的并联设计

项目所在地日利用小时数为 3.21h，经计算，每个井场的离网光伏发电系统拟安装 30 块 540Wp 高效单晶硅组件，规划装机容量 16.2kWp，则光伏组件组成 15 串两并的架构。光照良好情况下日发电量约为 70kWh，除去日常负荷用电后，每日富余电量约为 34kWh，选择使用离网逆变器功率为 8kW×2，组件峰值功率为 540Wp，储能容量为 96kWh。

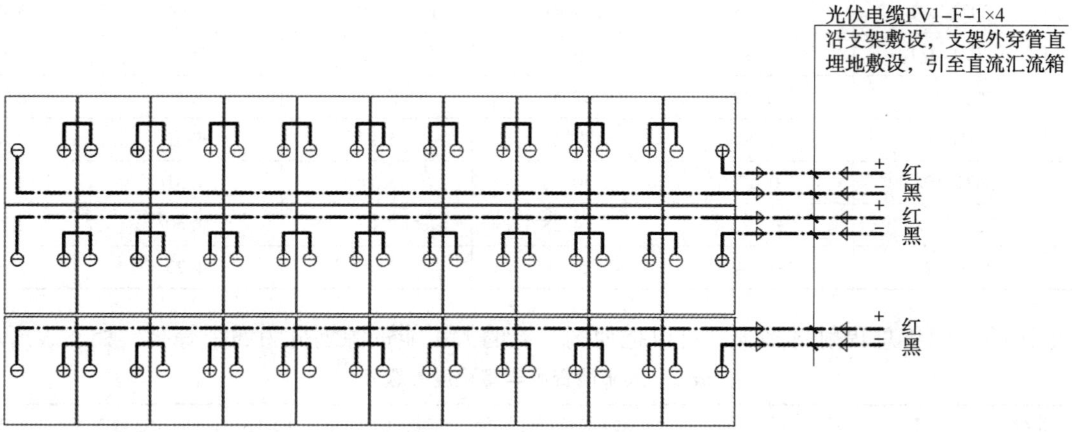

图 2　光伏板组件串联接线示意图(10 串 3 并)

3.3　最佳倾角的设计

离网储能光伏发电系统方阵的最佳安装倾角是全年最小辐照月发电量最大时的倾角，根据本项目所在地纬度和当地太阳辐射资料，采用目前光伏工艺常用的方法确定固定支架的最佳安装倾角为 35°。

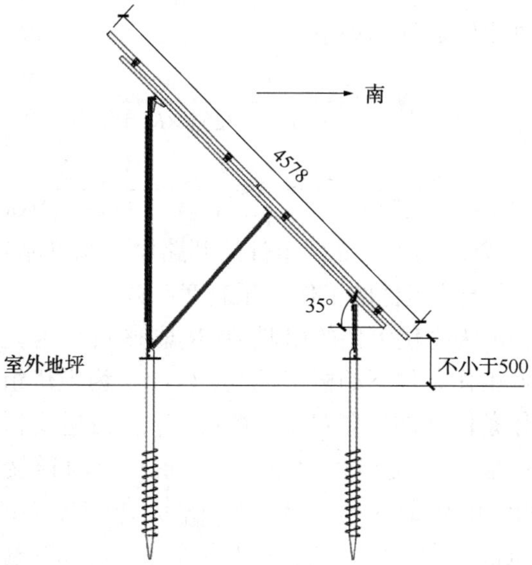

图 3　竖放光伏板支架安装示意图

3.4　离网逆变器

光伏并网逆变器是光伏发电系统中的核心设备。逆变器将光伏方阵产生的直流电逆变为正弦交流电，输出符合电力负载要求的电能。本工程所选择的逆变器满足以下要求：

（1）逆变器采用光伏组件最大功率跟踪技术；

（2）逆变器能够自动化运行，运行状态可视化程度高，显示屏可清晰显示实时各项运行数据，实时故障数据，历史故障数据，总发电量数据，历史发电量数据，具备故障数据自动记录存储功能；

（3）逆变器本体要求具有直流输入分断开关，交流输出分断开关，紧急停机操作开关，每台逆变器直流侧及交流输出侧应带有隔离开关与变压器低压侧形成安全隔离；

（4）逆变器具有极性反接保护、短路保护、过温保护、交流过流及直流过流保护、直流母线过电压保护、光伏阵列及逆变器本身的接地检测及保护功能、低电压穿越等，并相应给出各保护功能动作的条件和工况。

3.5 蓄电池容量选择

目前，应用最广是磷酸铁锂电池、铅酸蓄电池。根据环境、使用成本等因素综合考虑选用铅酸蓄电池。

考虑电池的 DOD 放电系数和自放电率、电池规格等各方面的因素，胶体蓄电池的容量设定为 96kWh。在实施时采用 48V1000Ah 为一组，两组并联使用。

4 发电量预测

首年理论年发电量如下：

$$EP=HA\times PAZ\times\eta$$

式中，*EP* 为首年上网发电量理论值；*PHZ* 为极板安装容量，每口井 30 个光伏组件；*HA* 为极板倾斜面太阳能年辐射总量，阿克苏地区为 1865kWh/m^2；η 为综合效率系数。

本工程光伏组件安装总容量为 534.6kWp，分布在 34 口单井区域，本工程采光区系统总效率为 87.26%，结合 Meteonorm 软件进行模拟可得单井首年发电量为 2.56 万度/年，年总发电量为 83 万度/年。

5 应用效果与效益预测

目前该项目已完成 3 口无人值守单井建设，使用情况良好稳定，具有推广价值。

实施光伏发电后每月减少用电成本 2909 元，34 口井每年减少用电成本 118.69 万元，每年减少能耗 136.485 吨标煤，减少碳排放量 297.989 吨。

6 结论

通过在无人值守单井上建设离网式光伏发电系统，进一步降低了单位用电成本，提高了新能源的利用水平，降低了单位的能耗和碳排放量，为油气田打造零碳园区打下坚实基础。

参考文献

[1] 孙勇锋．偏远通信基站离网型光伏发电系统能量管理控制策略[J]．通信电源技术，2018，35(05)：208-210+212. DOI：10.19399/j.cnki.tpt.2018.05.088.

[2] 罗刚，吴桂良．离网光伏发电系统在截流井中的应用[J]．电气开关，2020，58(03)：78-80.

光电一体化真空加热炉在油田的实践与应用

胡启良　刘绍东　侯永宾

（中国石油塔里木油田公司）

摘　要　加热炉是油田生产的关键设备之一，对加热功率要求相对较小的油田单井和小型站场，近年来广泛采用燃气真空加热炉作为加热设备实现对油气水介质的加热。在“碳达峰，碳中和”的背景下，研制并成功运行了太阳能与电能相结合的光电一体化真空加热炉，采用光电互补，在太阳能满足所需的热量要求时，优先采用太阳能，不能满足时由市电补充的能源利用方式，使该加热炉可以全年全天候在油田单井生产现场正常运行，实现节能减排，提质增效。

关键词　太阳能光伏板；电真空相变加热炉；直流母线；微电网

加热炉是确保油田地面工程正常运行的关键设备之一，现在油田使用的加热炉主要是通过燃烧天然气来实现加热，是油田的能源消耗大户。塔里木油田 2021 年主要设备能耗为 52 万吨标煤，其中锅炉、加热炉类设备能耗为 20.27 万吨标煤，仅轮南的炉类设备能耗就达 2.4 万吨标煤，占设备能耗的 38.7%。轮南长期在用单井加热炉 55 台套，额定功率在 150-650KW，年耗天然气 700 万方(相当于 0.931 万吨标煤)，不仅消耗天然气多，且燃气设备安全风险大、环保责任重。在“碳达峰，碳中和”的背景下，为贯彻落实集团公司“清洁替代、战略接替、绿色转型”三步走的总体部署，充分利用南疆地区太阳辐照一、二类地区的自然条件，使用光能的新能源加热炉替代传统的燃气加热炉，是实施“清洁替代”的重要举措。本文总结和阐述了塔里木油田组织研制的中石油首台套光电一体化真空加热炉，分析了节能减排和提质增效的效果，为使用光能的加热炉在油田的应用提供借鉴。

1　光电一体化真空加热炉的研制与试运

1.1　试运单井选择

基于有市电、产量稳定、井口占地较大和井口采用燃气加热炉加热的原则，选取 LN39-2 井作为新能源加热炉的试运单井。该井于 2012 年 6 月 28 日投产，自喷生产，日产液 60 吨，日产油 30 吨，日产气 150 方，油压 11MPa，井口温度 31℃，需加热至 51℃后输送。经核算实际加热功率只需 40KW，井口有 500KW 燃气加热炉 1 台、井场占地面积约 1600 平方米，市电已供至井口，电力设施满足要求。

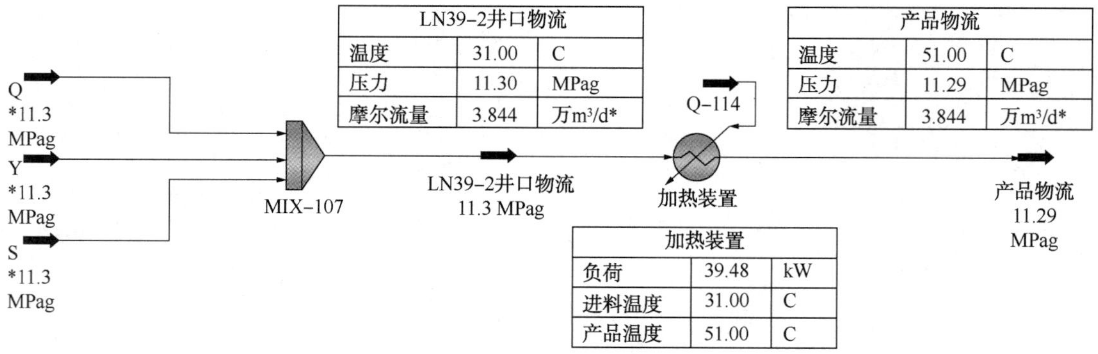

LN39-2井口物流		
温度	31.00	C
压力	11.30	MPag
摩尔流量	3.844	万m³/d*

产品物流		
温度	51.00	C
压力	11.29	MPag
摩尔流量	3.844	万m³/d*

加热装置		
负荷	39.48	kW
进料温度	31.00	C
产品温度	51.00	C

1.2　技术措施

1.2.1　总体思路

利用太阳能进行加热，主要有两种技术选择：一种是光能转换成电能，用电进行加热，可采用方式有“光电+市电”、“光电+蓄电”方式；另一种是光能转换成热能，可采用方式有“光热+蓄热+市电”、“光热+蓄热+光电+蓄电”等。从控制简单、技术成熟、投入少方面考虑，确定率先采用“光伏+市电，日光夜电”的方式在油田单井开展光电一体化真空加热炉的实践与应用。

1.2.2 基本构成

光电一体化真空加热炉设计功率 100KW，包含太阳能光伏板、电真空加热炉本体和智能控制柜三部分，未配备储能装置。

太阳能光伏板装机容量为 51.26KWP，共包含 96 块功率为 540WP 的单晶硅太阳能光伏板；电真空加热炉本体安装两组防爆电加热器，每组 50KW；智能控制柜包括 PLC 控制系统、DC-DC 控制模块、多源互补能源控制器等。

1.2.3 电源控制

采用直流母线的微电网技术，光伏电与市电通过多源互补能源控制器实现光伏电为主，市电补充的供电模式。

（1）市电分成两路：一路经整流稳定输出直流电，然后根据实际负载大小，逆变为交流电，无极调节输出加热功率；另一路直接输出 380V 的工频交流电，在负载超 50kW 时补充加热。

（2）光伏直流电调压后并联到直流母线，并行给逆变供电。在光源充足时，所有负载都由光伏电承担；当光照不足，光伏电不能支撑负载时，市电补充，光伏电和市电并行工作，光伏电为主，市电补充。当彻底无光照时，全部由市电承担。

1.3 光电一体化加热炉运行

经“四新”技术安全风险评估合格后，中石油公司首台光电一体化真空加热炉于 2022 年 7 月 29 日在塔里木油田轮南采油气管理区 LN39-2 井一次试运成功。

光电一体化真空加热炉自投运以来，单日光电最大发电量 256kW · h，平均值日光伏发电量 230KW · h；日均使用市电 540KW · h，在没有储能的情况下光伏电用量占总用电量的 30%。炉筒温度设定为 70℃，井口产液温度在 30℃左右，炉后温度 50℃左右，一直安全平稳运行。

2 光电一体化加热炉的节能减排与提质增效

2.1 绿色低碳、节能减排

2.1.1 原燃气真空加热炉：设计功率 500KW，按照燃烧器运行时的最低运行功率为设计功率的 30% 即 150KW 计算，消耗天然气为 $360m^3/d$，每方天然气产生 1.9 公斤二氧化碳，则年排放：$360m^3/d \times 365d \times 1.9Kg/m^3 = 249.66$ 吨/年

2.1.2 光电一体化真空加热炉：按照实际需求重新核算单井的加热功率，减少功率过多冗余，新炉设计功率 100KW，其中光电功率 50KW，根据运行情况每天平均使用的市电为 540KW.h，按照市电的 65%为非绿电，每产生 1 度电会产生 0.785 公斤二氧化碳，则：

$540kW.h \times 0.65 \times 365d \times 0.785kg/kW.h = 100.57$ 吨/年

相当于每年减少碳排放：249.66－100.57 = 149 吨/年

2.2 控投降本，提质增效

原燃气真空加热炉消耗天然气 $360m^3$/天；光电一体化真空加热炉单日市电用量平均为 540KW · h，单日光伏发电平均为 230KW · h，天然气价格 0.945 元/m^3，市电每 kW · h 价格 0.5 元。

年费用对比（万元）

对比项目	光电加热炉	燃气加热炉	说明
设备折旧费	86÷15=5.73	(40+40)÷15=5.34	燃气炉需要反输管线费用，设备折旧年限 15 年
能源消耗费	540×365×0.5=9.86	360×365×0.945=12.42 3×24×365×0.5=1.314	燃气炉运行需要 3KW 的市电
联锁检测费	0	0.3	燃气炉开展检测
炉体检测费	0.2	0.6	每 5 年开展一次
设备维修费	0.5	2	
日常维护费	0.5	1.5	
合计	16.79	23.474	

年节约费用：23.474-16.79=6.684 万元

15 年节约费用：6.684×15=100.26 万元

2.3 提升运行安全稳定性，操作维护更简单

光电一体化真空加热炉减少了燃料气系统，

消灭了井场明火，消除了燃气泄露着火的风险。取消了燃气加热炉复杂的燃烧控制系统，系统运行更稳定；光电一体化真空加热炉智能化程度高，操作简单，巡检点少，利于真正实现无人值守；无旋转部件，维护修理工作量小。

2.4 示范性意义大，推广价值高

光电一体化真空加热炉为中石油首台创新设备，该技术光电结合市电给油气水介质加热，扩展了新能源利用领域，具有里程碑意义。塔里木油田在用井口燃气加热炉613台套，加热炉设计功率为200kw、315kw、400kw、500kw等，随着单井产能的下降，需要低功率运行；现有井口电加热器309台，常用功率为40kw、60kw。如果全部以光电加热炉替代预估经济效益将可达到约4000万元/年，减少碳排放10.4万吨/年。

3 结束语

相比于传统的燃气真空加热炉，光电一体化真空加热炉具有绿色低碳和安全可靠的特性，其经济效益更佳。结合油田太阳能电站的建设，在自有绿色电站附近的加热设施逐步更换为电加热设施，提高电气化率水平，同时提升自备电站消纳能力。新建项目加热设施以电能、光能为主，存量燃气设备逐步更新淘汰。针对光热设备效率高、储能成本低的特点，开展“光热+储能+电网”、“光热+储热+光电+储电”等加热设备的实践与应用，完全可以实现井口、偏远场站24小时太阳能加热。

参考文献

[1] 中石油塔里木油田份公司《光电一体化真空加热炉现场应用“四新”技术安全风险评估报告》.

[2] 唐山冀东石油机械有限责任公司《塔里木油田光伏电加热炉方案设计》.

分布式光伏在油田单井的应用

张　平　杨　萌　李丽娜　杨俊锋　赵庆文

（中国石油塔里木油田公司）

摘　要　塔里木油田公司拥有广阔的以沙漠、戈壁、荒漠地貌为主的矿权区域，矿区范围内太阳能资源均在"很丰富(B)"级以上，优质的光资源适合发展以光发电为主的新能源项目。经过现场调研和实际情况核算，在单井推动分布式光伏电站的建设，即有效提升油田新能源发电占比，减少碳排放量，低压搭接光伏发电自发自用，能最大限度保证光伏发电利用效率，减少传输损耗，同时保障电网稳定和安全。充分利用单井区域内空地进行布置，大大减少征地费用。

关键词　分布式；单井；减碳

1　前言

分布式光伏电站特指采用光伏组件，将太阳能直接转换为电能的分布式光伏电站系统。塔里木油田公司拥有广阔的以沙漠、戈壁、荒漠地貌为主的矿权区域，矿区范围内太阳能资源均在"很丰富(B)"级以上，优质的光资源适合发展以光发电为主的新能源项目。单井均有不太大的用电负荷，同时有空地可以满足光伏建设，分布式光伏建设后能有效提升绿电占比，大大降低了碳排放，提高了生产效率，降低了供电成本。

2　油田各区域的光照条件分析

油田目前各个单井主要分布在轮台县、且末县、库车县、新和县、拜城县、沙雅县六个县境内。根据《太阳能资源等级总辐射》(GB/T 31155—2014)进行太阳能资源评估指标体系及等级划分，项目站址均属于B级光资源很丰富地区及以上，适合于光伏发电系统的应用，同时通过Pvsyst软件，以Meteonorm数据为基础进行场址区域日照资源分析各区域日照年利用小时数，均大于1400小时。

3　分布式光伏发电系统配置原则及要求

3.1　为保证用电设备的安全平稳运行，分布式光伏发电系统的并网运行及脱网停运对电网的冲击应在可接受范围，即配电线路所在的母线电压质量合格。

3.2　依据电网潮流软件模拟计算结果，按照油田各变电所现有负荷的30-40%配置所在区域的分布式光伏发电系统容量，不会对电网产生大的影响。

3.3　油田各区块除位于电网供电末端的富满、跃满、富源、玉科区块外，其他区块均可以布置分布式光伏发电系统。具体的配置容量见附表1。

3.4　分布式光伏发电系统按照就地消纳，余电上网，不做远距离传输的原则，单条生产线路所配置的分布式光伏发电系统容量不宜超过该线路平均负荷的85%。

3.5　分布式光伏发电系统布置宜在线路负荷集中区域进行布置。若负荷比较分散，则优先考虑线路中间至末端区域。

3.6　结合油田变压器容量、单井负荷、井场面积实际，合理布置光伏容量。建议单井配置的分布式光伏容量不大于200kW。为便于今后分布式光伏设备的施工、运行、维护和检修，在光伏并网逆变器的规格选择上不宜太多，建议采用25kW、50kW两种规格的光伏逆变器，逆变器谐波注入量不超过标准要求且具备防孤岛功能。

3.7　为保证配网电压的三相平衡，分布式光伏发电系统宜采用380V接入低压系统。

4 实施情况

4.1 建设场地因素分析

对塔里木油田在11个区块内单井开展踏勘，共发现适合布置光伏的单井为196口，充分利用单井矿区区域内的空地进行光伏布置，井场多数位于平原及农田区域，地形平坦，地表附着物少。各公寓周围无高大山体或建筑物遮挡，屋顶局部有少量突出屋面设备或构筑物。可用土地面积可以满足光伏需要，屋顶及单井空地无需再次征地，可以大幅减少征地手续及投入费用

4.2 周边电网分析

目前六个区域均有10kV或35kV电力线路，均装有35(10)kV/0.4kV配电变压器，可以满足网电供应，保证不影响油井生产。

4.3 主要建设规模

通过对轮台县、且末县、库车县、新和县、拜城县、沙雅县等6个区域内进行分布式光伏电站建设，不仅能降低用电成本，也将带动塔里木油田整体能耗水平逐渐走低，促进节能减排，进一步推动“绿色企业行动计划”的实施；项目总装机容量为16.06MW，各光伏电站均采用“自发自用，余电上网”的接入形式，并入各井场或公寓低压母线侧。各光伏阵列采用分块发电、就近并网方案。光伏区中光伏组件通过串、并连接入组串式逆变器，组串式逆变器将光伏组件所发直流电逆变为与市电同期的交流电，经汇流箱、箱变接入接至厂区380V低压侧实现并网。光伏逆变器自动跟踪电网电压、频率、相位，将光伏系统的直流电变成适合负载使用的交流电，其输出电能的质量受控，光伏并网系统保证电能质量参数可测量，在电压偏差、频率、谐波和功率因数等方面符合国家电网公司的相关规定。

5 效益分析

5.1 发电量测算

工程光伏组件安装总容量为16.067MW，其中173口单井区域光伏组件安装容量为13.912MW，9个公寓屋顶装机容量为2.154MW；本工程采光区系统总效率为82%，结合各地区太阳辐射数图及查询得出的日照数据，使用PVsyst软件进行模拟可以计算出，每月的发电量和年发电量。首年理论年发电量如下：

$$E_P = H_A \times P_{AZ} \times \eta$$

式中，E_P为首年上网发电量理论值；P_{AZ}为极板安装容量；H_A为极板倾斜面太阳能年辐射总量；η为综合效率系数。

通过计算塔里木油田分布式光伏项目首年理论发电量为2273.62万度，各县首年理论发电量如下表1所示

表1 各县首年理论发电量

区块名称	发电量 kW·h	区块名称	发电量 kW·h
新疆巴州地区轮台县	1999217	阿克苏地区新和县	4934772
新疆巴州地区且末县	7779580	阿克苏地区拜城县	1848411
阿克苏地区库车县	1268180	阿克苏地区沙雅县	4906005

结合主流光伏组件年衰减情况，第一年衰减按2%计，以后逐年衰减0.45%计。分布式光伏25年发电量52634.22万度，相当于节约能源16.8万吨标煤，减排二氧化碳52.47万吨、二氧化硫0.15万吨。

6 总结语

充分利用油田区域内的空地，建设单井分布式光伏发电系统，即可以为油田降低电力费用的建设成本，同时在满足生产用电需求的前提下，可以有效提升有天新能源发电占比，减少碳排放量，具有良好的环保效益。太阳能光伏发电属于新能源，在油田发展过程中，将会被大力推广，应用情况及发展前景非常可观。

参考文献

[1] 侯松伟. 太阳能光伏发电在大庆油田的有效应用.化工管理，2020.12：53-54

高压气田空压机系统节能降碳改造

王　辉　张予杰　胡北平　郭　旭　吴佳昊　潘佳佳

（中国石油塔里木油田公司）

摘　要　空压机是利用压缩气体提高气体压力的机械，是气动系统的核心设备，产生的压缩空气可为现场气动阀门提供动力、为制氮装置提供原料，空压机是厂区的用能大户，作为撬装设备未考虑整体系统的最优化，因此具有极大的节能潜力。本文针对塔里木油田某处理站空压机在运行过程中频繁加卸载的问题进行分析，通过多方案对比，最终采用更改空压机加卸载取压位置经济地解决了该问题，取得了良好的节能降碳效果，保障了生产运行的高效和稳定。

关键词　空压机；节能；螺杆式；加卸载

1　引言

空压机是气动系统的核心设备，据权威资料显示，在企业电力总消耗中压缩空气系统电能耗费占到10%~35%，空压机所消耗电能占到整个压缩空气系统总能耗的90%以上，是重要耗能环节。本文针对某处理站空气压机频繁加卸载这问题入手，分析了空压机频繁加卸载的原因，并有针对性地提出对于频繁加卸载的优化策略，进行节能改造，取得了很好的降碳的成效，保障了气田高效稳定生产。

2　现状及存在的问题

塔里木油田某处理站设有空气氮气站一座，空气氮气站由空气压缩系统、空气净化系统、变压吸附制氮系统、压缩空气及氮气储存四部分组成，为全厂各装置提供正常生产用的净化空气、非净化风、氮气，设置3台阿特拉斯GA90-8.5单级喷油螺杆空气压缩机压缩机，功率为90kW。空压机系统流程见图1。

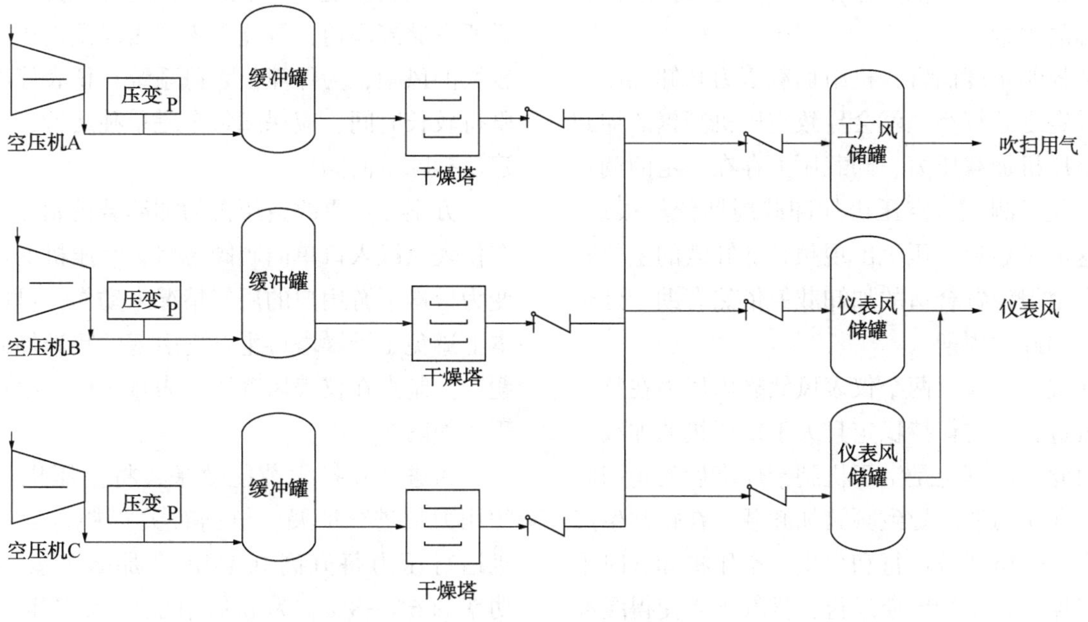

图1　仪表风流程简图

在日常运行中，空压机采用加、卸载运行方式，使压缩气体的压力在加载压力与卸载压力之间来回变化。某处理站空压机出现频繁加卸载现象，每次停机仅20秒后又再次启动，每天空压机运行时间高达23.7小时，频繁加卸载存在以下不利影响：

（1）经过现场测试停运空压机后，储罐压力的变化时间远长于空压机加卸载时间，空压机长时间无意义地加载造成巨大能量浪费。

（2）主电机起动时的电流很大，空压机频繁加载造成对电网冲击次数增加，会影响电网的稳定及其它用电设备的运行安全。

（3）空压机加卸载时间较短，加卸载电磁阀和进气蝶阀频繁动作，会导致空压机系统零配件使用寿命降低，运行成本增加。

3　原因分析

针对空压机出现频繁加卸载现象，管理区组织相关技术人员成立了专项小组，查阅技术资料和现场排查进行可能性分析。

根据有关资料显示，空压机出口到储罐之间管道不畅、仪表过滤器堵塞都可能导致频繁加卸载，调查表明该现象自安装使用起一直存在，且过滤器的压差在允许范围内，因此可以排除堵塞的可能性。

根据空压机的原理，空压机的加卸载依据空压机出口压力传感器的检测值确定，因为压力变送器在出厂前都经过校验，并且三台空压机运行过程均出现此种现象，更换新压力传感器也空压机加载频繁的线下依然存在，所以可以排除仪表不准确的因素。

从控制角度而言，机组加载压力与卸载压力两者设定之差较小，就会导致空压机频繁的加卸载。空压机加载压力、卸载压力存在一定的调整区间，经过测试，空压机加卸载周期依然很短，说明这不是导致空压机出现频繁加卸载的主要影响因素，但设置合适的加卸载值依然有助于延长空压机加卸载周期。

从现象来看，两个仪表风储罐内压力在整个加卸载过程中均保持稳定且大于空压机的加载压力，由此可以判定是空压机到干燥塔后的止回阀之间存在压力波动导致频繁加卸载。在正常生产时两个干燥塔交替运行和再生，空压机卸载时干燥塔仍保持其运行周期运行，排气再生使得缓冲罐压力快速下降从而引起压力波动。为验证这一猜测，现场停运了干燥塔，手动关闭两个再生排气阀，空压机运行后压力稳定甚至有存在稳定停机的情况，因此确认干燥塔的再生用气是造成空压机频繁加卸载的主要原因。

进一步分析可知，在干燥塔工作过程中，运转塔的部分干燥空气随着放空阀的消音器排放到空气中，而空压机到干燥塔中间只有 2.5m^3 的储气罐，可提供再生的气量很少，由于有单向阀的缘故，储气罐的干燥空气无法回流到干燥塔，因此空压机出口的压力降至加载压力导致空压机加载，空压机启动后出口的压力迅速达到卸载值导致空压机卸载，造成了空压机的频繁加卸载，空压机频繁加载的方式只是为干燥塔提供动能，因此会产生而空压机频繁加载储罐压力依然稳定的现象。

4　改造措施

经过讨论，提出了以下几种方案。

方案一：考虑增加缓冲罐的体积，按照现场参数计算得知至少需要增加 4m^3 体积的缓冲罐才保证解决空压机频繁加卸载问题。但多方面考虑不采用此种方式。

方案二：拆除干燥塔出口和仪表风储罐入口的单向阀阀芯，将仪表风储气罐内的压缩空气经过干燥塔回流到空压机出口，避免因干燥剂再生排气造成的系统气压下降，但是考虑拆除单向阀后所有储罐联通，可能引入仪表风系统压力下降较快的风险，为保障仪表风系统在仪表停电后能坚持较长时间，应保障每个罐单独运行，因此不建议拆除单向阀。

方案三：更改空压机的加卸载控制点位置到在仪表风罐入口单向阀阀芯后，空压机的加卸载变为根据下游用户的用气情况来动作，可以从根本上避免了干燥塔再生排气引起的频繁加卸载问题，控制点在仪表风罐压力表排污口，改造后流程图如图 2。

为进一步扩大节能效果，将空压机加卸载的压力带进行扩展，根据有关资料显示，空压机运行压力每升高 0.1MPa，那么就要多消耗功率的 6%-8%，为确保节能效果空压机加卸载压力差值不应该超过 0.1MPa，经过统筹考虑将加载压力设置为 0.70MPa，卸载压力设定为 0.78MPa。

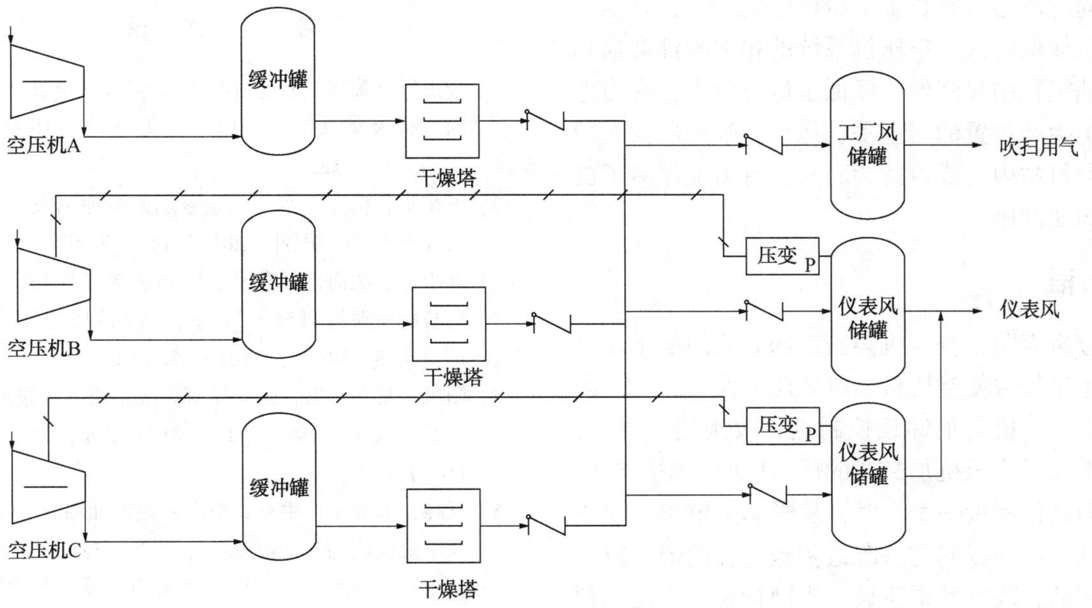

图 2　改造后的仪表风流程

5　效果评价

改造后的对比数据见图 3、图 4，空压机的加卸载根据全厂气动阀门的实际需求气量来动作，改造取得明显节能效果。

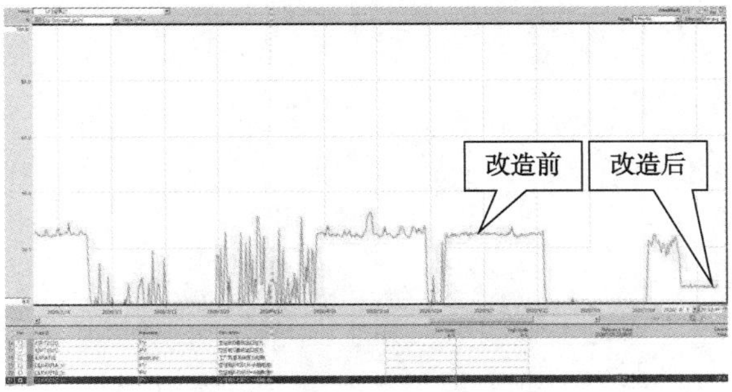

图 3　改造前与改造后空压机运行对比

根据设备运行记录显示，改造前一台空压机每日运行 23.7 小时，改造后空压机每日仅需运行 4.5 小时，由于空压机只有运行电流记录，已知空压机电机为 380V 电机，改造前 24 小时平均运行电流为 123.57A，改造后 24 小时平均运行电流为 27.94A，则全年节能量为

(123.57×380/1000×23.7−27.94×380/1000×4.5)×365/10000=38.88 万度

依据提质增效效益计算指南，电费取 0.62 元/度，因此全年可节约电费

38.88 万度×0.62 元/度=24.056 万元。

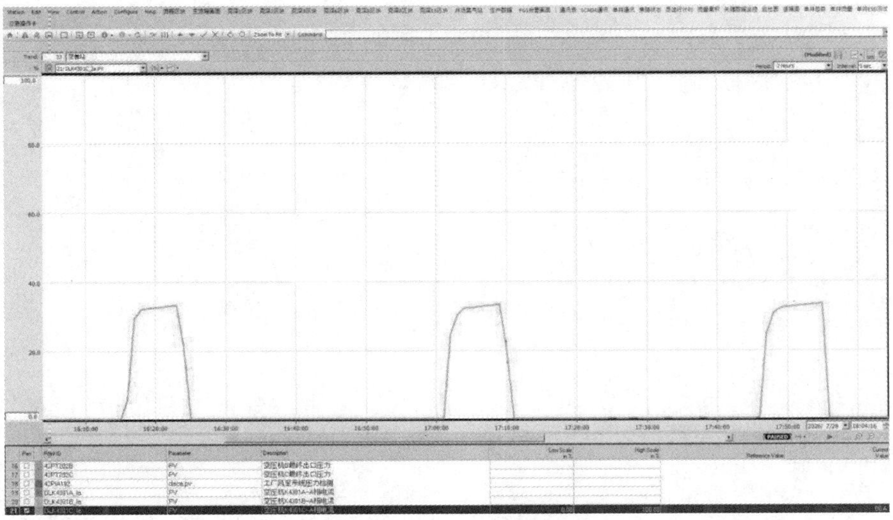

图 4　改造后的空压机运行情况

同时改造后延长了空压机停机时间，降低了空压机修保频次，空压机系统的相关配件磨损和润滑油损耗明显降低，降低了运行成本，有力地保障了生产装置的安全平稳运行；改造后大大减少了空氮站内的噪声持续时间，有力地保障了员工的职业健康。

6　结语

分析表明，空压机频繁加卸载原因是干燥塔的再生排气致使空压机出口处压力波动较大。因此，将空压机的加卸载控制点更改到储气罐上，同时扩大了空压机加卸载的压力区间，空压机停机时间延长到近一个小时，从根本上解决了空压机的频繁加卸载问题。改造实施过程简便，成本相对较低，改善效果明显，为同行解决空压机频繁加卸载问题提供了有益的技术储备。

参 考 文 献

[1] 金玉臣，瓮飞，宫忠才．制氮空压机频繁加卸载原因分析及解决方案[J]．资源节约与环保，2020(05)：121-122.

[2] 王小军，杨奎．空压机频繁加卸载原因及优化策略[J]．内燃机与配件，2018(11)：45-46.

[3] 刘小龙，栾海停，陈浩．空压机频繁加卸载原因分析与解决对策研究[J]．中国石油和化工标准与质量，2018，38(03)：107-108+110.

[4] 杨帆，赵奇．组合式干燥塔导致空压机频繁加/卸载问题的分析与解决[J]．电气技术，2015(02)：118-121.

[5] 石峰，刘静宇，牛卓．空压机频繁加/卸载故障分析及解决措施[J]．热力发电，2009，38(06)：85-87.

[6] 王小军，杨奎．空压机频繁加卸载原因及优化策略[J]．内燃机与配件，2018(11)：45-46.

优化加热炉运行参数 助力降低天然气耗量

田一波　左江伟

（中国石油塔里木油田公司）

摘　要　本文以英买原油和英牙原油管线为研究对象，通过仿真软件模拟了原油在不同地温和进站温度在析蜡点的出站温度，并对加热炉的天然气消耗结果进行了分析。在结合软件模拟的基础上，综合采取了多种节气手段，取得了良好的节能效果，提质增效作用显著，践行了油田绿色发展理念，同时保证了管线的安全平稳运行，对于热油管线的优化运行具有一定借鉴意义。

关键词　原油；管道；加热炉；天然气；SPS 软件；析蜡点；能耗

含蜡原油在管道长距离输送过程中蜡晶分子的析出及蜡沉积层的逐步形成，会造成管道输送能力下降和运行成本增加，严重时将在清管作业过程中引发凝管现象，造成管道清管器卡阻及蜡堵事故，而采用沿线加热输送的方式能有效缓解这一情况。但另一方面，当中间加热站油品出站温度设置过高时，势必将造成大量天然气浪费。

因此，合理设置原油在加热站的出站温度和制定合理的管线清管周期是含蜡原油管道输送过程中必须面对的问题。目前应对高含蜡原油蜡沉积问题的解决方法主要有管线设置保温层、添加化学防蜡剂、提高含蜡原油输送温度、定期清管等。而对于原油出站温度设置问题，一般采用稳态热力计算苏霍夫公式进行调整。

1　英牙原油管道和油品物性概况

1.1　管道概况

英牙原油管线是塔里木油田英买油气开发部原油外输的主要管线，起点为塔里木油田油气运销部英买外输首站，终点为油气运销部阿克苏油气储运中心牙哈装车站，管线全长 149.67 千米。管道规格 ∅219.1×5.2mm，设计压力 6.3MPa，原年设计输量 51×10^4t，2020 年英买外输首站建成后，年设计输量提高至 81×10^4t，管道净容积 34.208m^3/km，保温层采用聚氨酯泡沫，厚度为 50mm。管道全线共设有 4 座加热站（见图 1）。

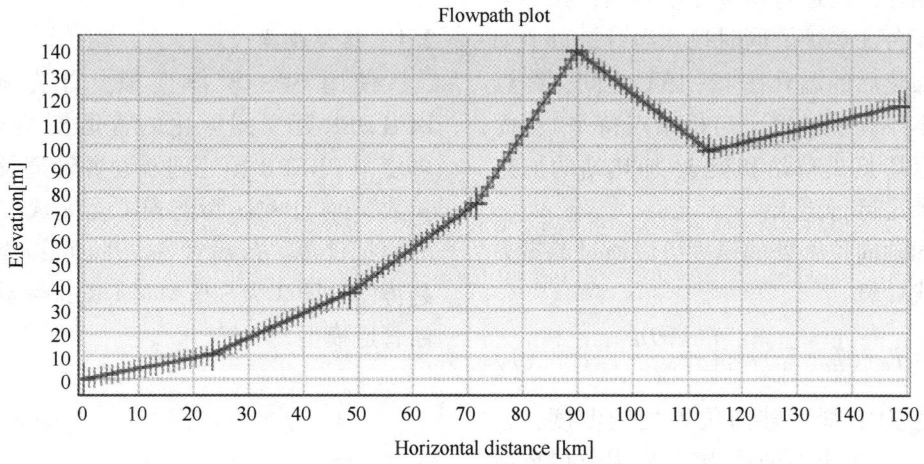

图 1　英牙原油管线加热站情况

1.2　英买原油基础物性

根据塔里木油田实验检测研究院提供的 2021 年英买原油油品化验分析数据，英买原油蜡含量和析蜡点高于油田其他作业区的油品（英买原油基础物性见表 1）。平均含蜡量在 20~27%之间，析蜡点达到了 40℃，属于高含蜡原油。

表 1　英买原油基础物性参数

取样位置：英买出站管线取样口					
取样时间：2021-3-24		送样时间：2021-3-26			
20℃密度，g/cm3	0.79	开口闪点,℃	〈19	水含量,%	0.450
50℃密度，g/cm^3	0.77	胶质,%	0.7	凝点	18.0
50℃运动粘度，mm^2/s	2.37	沥青质,%	1.6	析蜡点	40
50℃动力粘度，mPa·s	1.84	残炭,%	1.7	蜡含量,%	26.9

1.3　英牙管道运行基本情况

通过油田远程数据采集监控系统(SCADE)，采集 2021 年英牙原油管线运行关键参数，计算出 1 年内英牙原油管线各阀室-加热站在冬季/夏季运行时的平均运行参数(进出站油温)，并做成柱状图，详见图 2(左图为冬季运行，右图为夏季运行)。

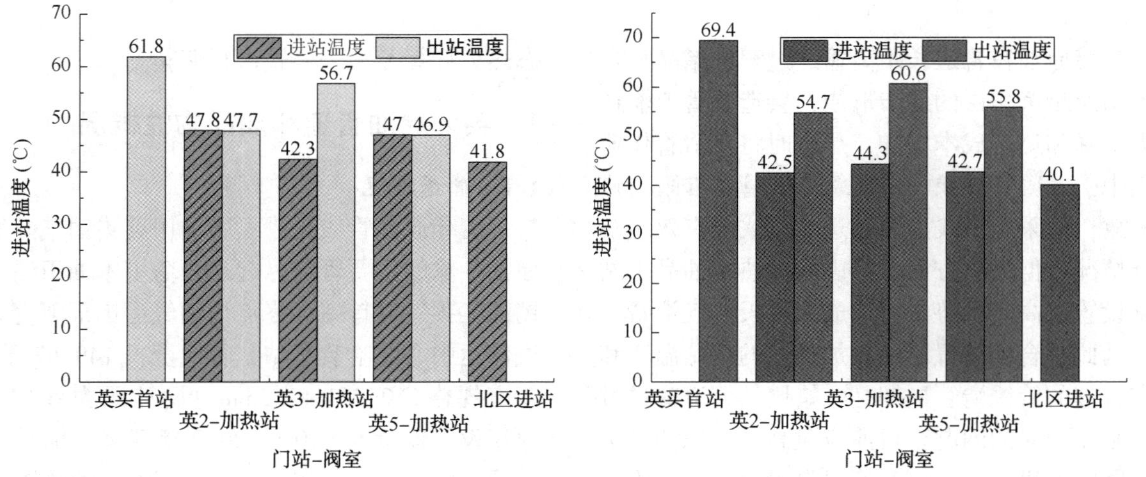

图 2　英牙原油管线平均运行参数(2021 年)

由图 2 可以看出，英牙原油管线在冬季和夏季运行时，加热炉的运行情况并不相同，在冬季时管道全线 4 台加热炉要同时投入运行，每个加热站对油品加热后的温升在 12-15℃之间，终点进站温度基本维持在 40℃(与析蜡点持平)；而夏季时基本保持英买首站和英 3-加热站的加热炉运行即可满足运行要求。

管道不同轴向位置处的温度可以通过苏霍夫轴向温降公式计算：

$$T_m = T_0 + (T_R - T_0)\exp\left(-\frac{k\pi DL}{GC_p}\right) \tag{1}$$

式中，T_m为沿管道轴向位置处的温度,℃；T_0为地温,℃；T_R为出站油温,℃；K 为总传热系数，W/(m^2·h·K)；D 为管道外径，m；G 为质量流量，kg/h；C_p 为原油比热容，KJ/(kg·K)；L 为出站口与管道轴向位置间的距离，m。

2　使用仿真软件对出站油温模拟

2.1　模拟步骤

使用 SPS 软件模拟，首先通过 MODEL BUILDER 建立图形化的管道模型并输入数据，再使用 PREPR 预处理器设置管道及流体的相关参数，经 TRANS 瞬态模拟器完成以时间为变量的模拟计算，最后经 SimPlot 可以查看变量变化趋势图。图 3 为 SPS Model Builder 建立的英牙原油管道模型。

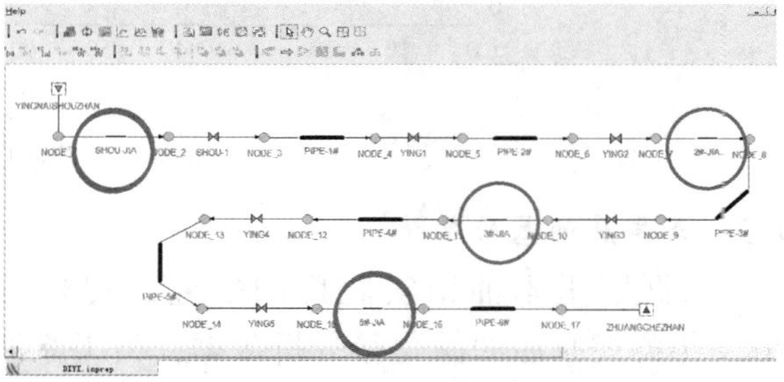

图 3　SPS Model Builder 建立的英牙原油管道模型

2.2 各管段之间的模拟值

以各段管线进站温度为40℃(析蜡点)进行模拟，得到不同管段间(以高风险段英5-终点段为例)及环境温度下的出站温度，并与理论计算值进行了对比，如图4。

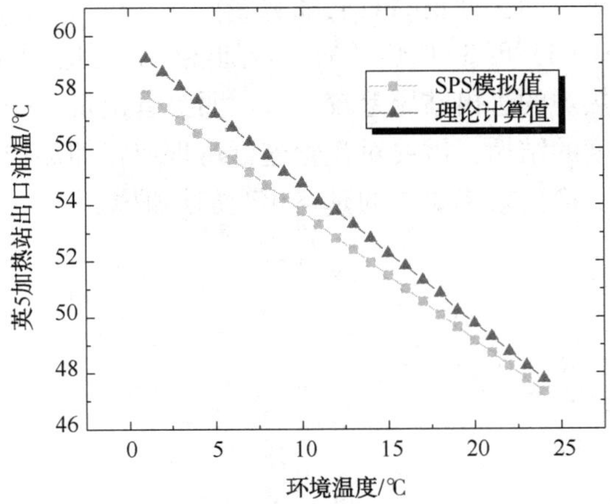

图4 英牙原油管线英5加热站-终点段出站油温计算值与模拟值对比

由图4可以直观地看出，由苏霍夫轴降公式计算所得到的加热炉出口油温总是高于由SPS软件模拟得到的出口油温，而且随着环境地温的升高，两种方式下得到的出口油温越来越接近。

出现这种情况的主要原因是由于SPS软件在模拟加热炉出口温度时，需要设置管线平均蜡沉积厚度，而根据理论研究，蜡沉积的形成虽然会导致管道输送能力有所下降，严重时导致清管器卡阻现象，但另一方面，蜡沉积的存在相当于油品在传热过程中增加了一层热阻，使得管道温降略有减小。

因此，考虑软件模拟值作为加热炉出口温度调节标准，可以节约大量天然气，降低管道全线的运行成本。

3 能耗分析

3.1 模拟节气量及验证

结合英牙原油管线不同管段地温下的模拟情况对比，采用SPS模拟值进行设置出站油温，即夏季运行时(启运首站和英3-加热站共两台加热炉，日平均输量按1800吨、地温按20℃，模拟值与当前设定值相差最小0.56℃、最大2.12℃计算，进站温度为40℃)，两台加热炉每日可节约天然气201m^3~460m^3。

冬季运行时(启运英买首站、英2-加热站、英3-加热站、英5-加热站共四台加热炉，日平均输量按1800吨、地温按8℃计，模拟值与当前设定值相差最小1.05℃、最大4.24℃计算、进站温度为40℃)，可每日节约加热炉燃料用气460m^3~1850m^3。

为了验证基于软件模拟的节气量与实际运行情况是否吻合，在夏季运行时对英牙原油管线起点(英买外输首站)加热炉实测的外输出站油温与日用气量进行了统计，见表2。

表2 英买首站出站油温与日用气量情况

输量/t	出站温度/℃	日用气量/m^3
1861.318	66.3	3291
1862.682	65.3	3224
1874.304	62.8	2881
1835.41	60.4	2467
1879.78	59.8	2602
1854.78	59.5	2565
1865.204	59.2	2690

由表2可知，当平均外输量在1860吨左右时，出站油温每降低1℃，加热炉每日能节约天然气用量约110m^3。通过对比可以看出，模拟的节气量与实际情况基本一致。因此，在2021年、2022年的英牙线运行方案中，均采用SPS软件模拟，以此来设定各加热炉的出口温度。

3.2 实际耗气量统计对比

经过模拟与实际验证，英牙输油管线的节气潜能较大，为了进一步切实降低天然气耗量，中心综合采取了多种节气手段，包括：

(1)经常性地采用SPS软件模拟，以此作为设定各加热炉出口温度的一个重要依据，通过不断调整、优化加热炉运行来实现节气。

(2)2021年开始在英买首站试验加注降凝剂，通过降低原油凝点在提高油品输送安全的同时，进一步降低了加热炉的进出站温度设置，并固化在标准运行条件中。2020年英3-加热站的出站温度设置为50-80℃，牙哈装车站的进站温度要求不低于40℃，2021年将英牙原油沿线各加热炉的进站温度设置为35-55℃、出站温度设置为40-60℃，牙哈装车站的进站温度要求不低于40℃。2022年将沿线各加热炉的进站温度进一步降低(沿线各加热站的进站温度设置为30-55℃、牙哈装车站的进站温度要求不低于35℃)。随着加热炉运行参数的不断优化调整，加热炉的耗气量有了明显降低。

（3）2021年英买首站外输加热炉、英2-加热站、英3-加热站、英5-加热站共消耗天然气约142万方，2022年共消耗天然气约125万方，节气量达到了17万方，节能降耗效果显著。

4 结论及建议

（1）当前英牙原油全线进站油温均高于油品析蜡点，充分考虑输量及地温变化、加注降凝剂，结合SPS软件模拟，对加热炉的进出站温度不断优化调整，可以明显降低天然气用量。

（2）随着上游作业区来油的油品性质变化，需要通过化验油品的析蜡点、含蜡量，并结合管道清管手段，可以整体提升管道的输送能力和安全性。

（3）节能降耗离不开计量器具的精准计量和传输，因此需要经常性地做好加热炉运行参数的比对，确保计量器具的准确性。

（4）英3-加热站的2台加热炉投运时间长，加热炉的进出站压差较大，说明盘管出现了一定程度的结垢，需要对盘管进行清理或将加热炉整体更换为效率更高的真空相变加热炉。

石化行业中锅炉的节能减排的措施及方案

刘元利

（中国石油抚顺石化公司）

摘　要　石油企业认真贯彻国家关于能源工作的方针、政策，从能源管理的基础工作抓起，逐步建立健全了全员、全面、全过程的节能管理体系，使节能工作向制度化、标准化、定量化、科学化继续推进。他们不断强化管理，优化操作，促进锅炉节能降耗。

关键词　石油企业；锅炉；节能降耗

石油企业节能降耗工作关系经济社会可持续发展，是全面贯彻落实科学发展观，转变经济增长方式，进一步增强企业综合竞争力的重大举措。为了实现“十一五”规划的节能减排目标，国家出台了一系列的法律法规。为认真贯彻落实《能源法》在节能降耗方面对石油化工企业的新要求，规范管理水处理工作，增强节能降耗效果，确保石油企业锅炉安全、经济运行，完成节能降耗目标任务。本文分析了目前导致石油企业锅炉能耗较高的主要因素，并介绍几种对石油企业锅炉节能降耗的较可行措施。

1　石油企业有的单位工业锅炉目前存在问题

1. 有的单位不注重对管理人员及锅炉操作人员进行节能技术培训，锅炉操作人员素质不高，节能技术水平低长期以来，锅炉操作人员被看作简单的体力劳动者，锅炉使用单位配备技术人员从事工业锅炉运行管理工作的不多，而运行操作人员的文化技术水平普遍偏低，在这种情况下根本谈不上经济运行和节能降耗。

锅炉操作人员本来是一个知识面较广的技术工种，但由于多年来的陈旧思想意识和社会偏见，使许多年轻的锅炉操作人员事业心不强，加之缺乏合理的考核奖惩制度，使节能意识淡薄，经济运行能力较差，直接影响到锅炉的能耗指标。据测试，在炉型、用汽等条件相同情况下，由于操作水平的差异可使工业锅炉运行效率相差3-10个百分点，这种情况目前特别是在有的小单位在用锅炉上表现得尤为突出。

2. 控制系统自动化程度低，有的单位锅炉在节能燃烧方面自动化水平低，仅有一些为保证锅炉安全运行的功能，如高低水位报警及联锁保护、超压报警装置等，而多数中小单位锅炉甚至没有这些功能。对于燃煤锅炉燃烧工况基本没有自动调节，主要依靠锅炉操作人员凭经验观察调节，片面侧重安全燃烧忽视了节能经济燃烧，以致锅炉运行效率普遍偏低。缺乏基本的自动控制，控制仪表不合适，运行调整不佳，在这些因素相互作用下导致过高的机械不完全燃烧损失和排烟热损失，燃煤锅炉热效率往往只有65%左右。

3. 蒸汽使用后，冷凝水直接排放，既浪费燃料，又浪费了高品质的锅炉给水。

4. 实际运行中所选用燃料与设计所选用燃料不符，造成燃烧状况不佳。锅炉的炉拱是按设计煤(气)种配置的，有不少锅炉不能燃用设计煤(气)种，导致燃烧状况不佳，直接影响锅炉的热效率，甚至影响锅炉出力。

5. 锅炉排烟温度过高，浪费燃料。由于设计、运行管理不善等原因，锅炉普遍存在排烟温度过高的问题，从烟囱中排入大气的废气温度平均高达250度以上，造成大量热量散发损失空中，不仅浪费燃料而且容易造成温室效应。

6. 锅炉炉体、蒸汽管道和耗能设备的无保温或保温差，锅炉炉体、蒸汽管道及耗热设备隔热保温差，导致大量热量在传输过程中散发。各种管道、阀门漏汽漏水，浪费严重。

7. 给水质量普遍不高，远远达不到GB/T 1576《工业锅炉水质》标准要求，锅炉水质处理工作有的形同虚设、有的小单位根本无设备和人员，不注重水质处理。导致锅炉普遍严重结垢，直接影响锅炉传热及热效率。

8. 目前的链条锅炉采用分段送风、设炉拱或二次风，改善了沿炉排度度方向燃烧区域的空气需要与供给之匹配，加强了炉内气体的混合，但在运行中还存在进入炉中的煤(气)层比较密实、煤层都是由颗粒大小不等的煤粒混合在一起的、炉排上的煤层密度分布不均匀等问题，造成煤层透气性差，通风阻力大，鼓、引风机电耗增加，炉排上通风分布不均匀易形成“火口”，使炉内风量加大或漏煤量较多；炉排两侧块煤多通风阻力小，易漏入冷空气使炉温降低，最终煤不易烧透，煤渣含碳量高，锅炉效率和出力都下降。

2　石油企业在用工业锅炉的节能降耗措施

1. 加强管理、注重考核锅炉房的管理人员和锅炉操作人员的技术水平对锅炉运行效率起了重要的作用，通过对锅炉房的管理人员和操作人员的强化培训，提高锅炉操作人员和管理人员专业知识。

实行合理的考核奖惩，开展运行班组间的节能竞赛，提高锅炉操作人员的节能意识和责任心。熟悉掌握系统和设备功能，定期对设备进行维护保养。加强水质管理，定期清理水垢；在水质符合GB/T 1576《工业锅炉水质》标准要求基础上减少排污量，排污量应控制在5%以下，最佳为2%；应防止各种管道、阀门漏汽漏水，总泄漏量不超过2%、3%。使系统和设备在最佳状态下工作。

2. 采用冷凝水回收技术节能。无论煤炉或油(气)炉，它们所产生的蒸汽经过生产用热设备后生成的冷凝水，在用工业锅炉中95%以上用户未对冷凝水进行回收，大部分是当废水排掉了，其实这部分冷凝水温度可高达60-100℃且水质好，如果进行回收利用回收后可节省水处理费用，也可降低油(气)耗和煤耗，从已有的冷凝水回收案例来看，节能可达10-15%，不失为一种高效率、低投入的节能方法。

3. 隔热保温节能。不少在用工业锅炉炉体、蒸汽管道及耗热设备裸露空中或只采取简易保温，大量热能在传输过程中散发。如对锅炉炉体、蒸汽管道及耗热设备实施隔热，保温节能效果明显。

4. 控制系统节能改造。工业锅炉控制系统节能改造有两类，一是燃煤锅炉的主要辅机鼓风机和引风机的运行参数与锅炉的热效率和耗能量直接相关，用适当的调速技术，按照锅炉的负荷需要调节鼓、引风量，维持锅炉运行在最佳状况，一方面可以节约锅炉燃煤，又可以节约风机的耗电，节能效果是很好的。二是将原来的手工控制或半自动控制改造成全自动控制。这类改造，对于负荷变化幅度较大，而且变化频繁的锅炉节能效果很好，一般可达10%左右。

5. 炉拱改造。按照实际使用的煤(油、气)种，适当改变炉拱的形状与位置，可以改善燃烧状况，提高燃烧效率，减少燃煤消耗，现在已有适用多种煤种的炉拱配置技术。这项改造可获得10%左右的节能效果，技改投资半年左右可收回。

6. 锅炉加装省煤(油、气)器节能降耗措施。烟道上加装省煤器、空气预热器等省煤装置，可使排烟温度降到150以下，大大提高热效率，降低煤耗。

7. 给煤(油、气)装置技术改造分层燃烧装置主要是改进炉子的给煤装置，一般是在落煤口的出口装给煤器，使落煤疏松和控制加煤量，通过分层部件将煤按粒度分离分档，使炉排上的煤层按不同粒径范围有序地分成二层或三层，即使用筛选装置将原煤中块、末自下而上松散地分布在炉排上，有利于配风均匀、合理，提高燃烧效率，减少灰渣含碳量，可获得5%-20%的节煤率，降低成本，投资少、回收快。

8. 锅炉加装省煤(油、气)器节能降耗措施。烟道上加装省煤器、空气预热器等省煤装置，既不影响锅炉的正常使用，可使排烟温度降到150以下，又可大幅度提高热效率、降低能耗。

3　建议

节能减排是我国经济和社会发展的一项长远战略方针。在工业锅炉节能技术改造过程中，石油相关部门对于不同的使用单位应鼓励、引导其因地制宜制订节能方案。

1. 调查研究，摸清本单位工作锅炉能耗现状，了解不同使用单位影响锅炉运行效率的具体因素，并根据调查，拟订节能降耗方案。

2. 宣传动员，推动节能技术应用。由于各部门小容量锅炉较多，对锅炉进行节能改造时以冷凝水回收技术、加装省煤(油、气)器和隔热保温为节能主线，结合其他技术改造(空气预热器，分层燃烧装置改造，控制系统改造，炉拱改造，锅炉辅机节能改造)实施节能降耗。

3. 注重培训，开展对基层一线人员的宣传。着力开展对工业锅炉相关作业人员节能知识与技能的培训，切实提高其安全经济运行和节能降耗的综合能力。可以结合两年一度的锅炉操作工复审工作，增设锅炉节能宣传培训内容，把锅炉节能培训的内容融合其中，做到一事多效。

4. 先行试点、树立典型，与经济效率吸引使用单位主动改造。为顺利开展锅炉节能工作，组织使用单位先行试点，汲取经验，获取第一手的测试数据。树立典型，用第一手的数据和直接的经济效率吸取使用单位，使使用单位对锅炉节能降耗改造工程的作用和意义有更直接的认识，吸引其主动开展改造工程，为以后大规模的节能工作打下坚实的基础。

5. 石油质监部门应强化对工业锅炉节能降耗工作的监管和技术指导与服务。切实加强锅炉给水水质监管，做好水处理设备投入和水处理人员的培训，保障锅炉给水水质指示达到 GB 1576《工业锅炉水质》标准要求，防止锅炉结垢。

LNG 接收站 DCS 监控系统的国产化实现

陈　军　武玉宪　柳　超

（国家管网集团大连液化天然气有限公司）

摘　要　DCS 监控系统是 LNG 接收站生产的神经中枢，对于生产安全至关重要，但目前我国已建成的 LNG 接收站 DCS 监控系统均采用国外产品。为了保证 LNG 接收站的安全、可靠、高效运行，通过分析生产监控需求，研发核心技术，制定了 DCS 监控系统的国产化实现方案，并在大连液化天然气有限公司实施。本文从系统架构、系统功能、系统主要特点等方面阐述了 DCS 监控系统的国产化实现。

关键词　LNG 接收站；DCS 监控系统；国产化

1　前言

DCS 监控系统是 LNG 接收站生产的神经中枢，是实现 LNG 接收站生产实时监测、精准控制、异常处理的重要技术手段，对于保障 LNG 接收站安全、可靠、高效运行至关重要。目前我国已建成的 LNG 接收站 DCS 监控系统均采用国外产品，存在着技术受制于人，信息安全隐患突出，升级和维护费用居高不下，问题响应不及时等问题。经过不断的关键技术攻关、技术积累和工程实践，目前，已经能够进行 LNG 接收站 DCS 监控系统的国产化，实现系统的自主可控。

2　系统架构

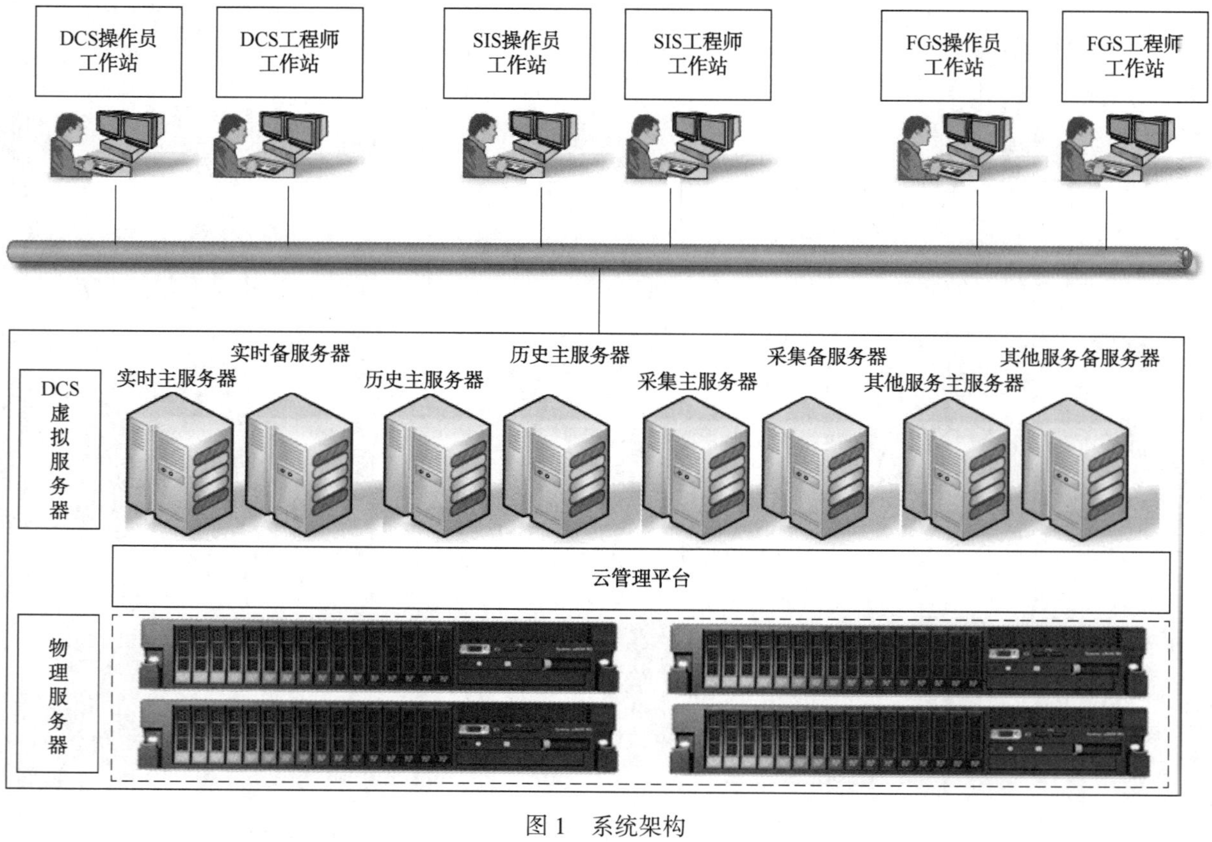

图 1　系统架构

硬件平台采用虚拟化技术，以 4 台国产物理服务器为基础，使用超融合技术，搭建控制网私有云平台，通过虚拟化软件实现 CPU、内存、硬盘存储、网络等资源虚拟化，提高了系统的资源利用率和系统稳定性。

在控制网私有云平台上，构建多台虚拟服务器。虚拟服务器包括：2 台冗余实时服务器、2 台冗余历史服务器、2 台冗余数据采集服务器、2 台冗余其他服务服务器等。虚拟服务器上安装国产 Linux 操作系统，部署国产 DCS 监控软件服务器端。

监控软件的数据采集服务采集工艺控制器、安全系统、第三方配套系统 PLC 的数据，将数据发送给实时数据服务，数据经处理后发送给历史数据服务进行存储。

工程师和操作员工作站部署国产 DCS 监控软件客户端。通过画面组态，完成对生产过程的监视和控制。

国产监控系统软件是整个 DCS 监控系统国产化实现的核心。

3 系统功能

根据 LNG 接收站生产监控需求，自主研发国产 DCS 监控系统软件。基于国产 DCS 监控系统软件提供的丰富功能，通过定制化的组态开发，实现接收站生产过程监视、生产过程控制、关键生产数据实时历史趋势监视、实时历史报警管理、日志管理等功能。

3.1 生产过程监视

生产过程监视采用总览和工艺区细分相结合的监视方式，系统提供不同监视画面间的快捷跳转，便于调度人员根据生产实际情况在不同的工艺区之间跳转，实时跟踪生产实际状况。为了提高调控效率，1 台操作员工作站配置 4 面显示器，操作人员可以同时监视 4 个画面。

系统实现了装/卸船、储罐、低压泵、BOG 压缩、再冷凝、高压泵、ORV 汽化、SCV 汽化、外输等全生产流程的监视。

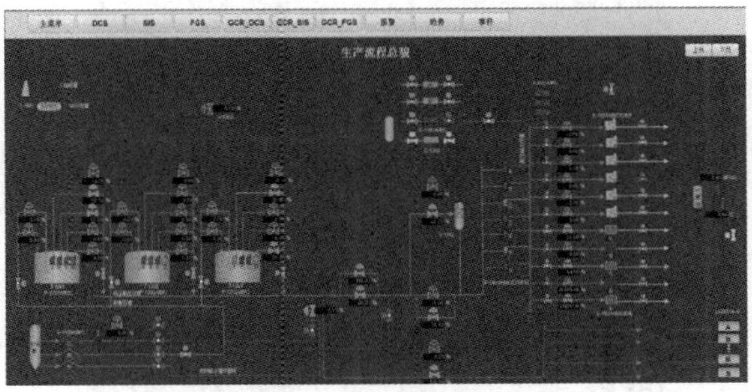

图 2　生产流程总貌图

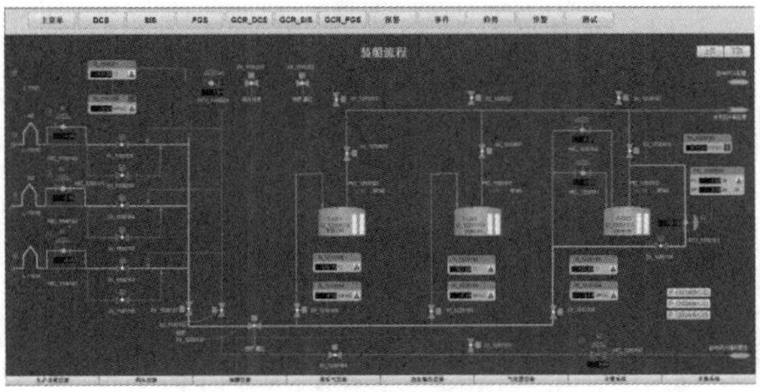

图 3　装/卸船流程

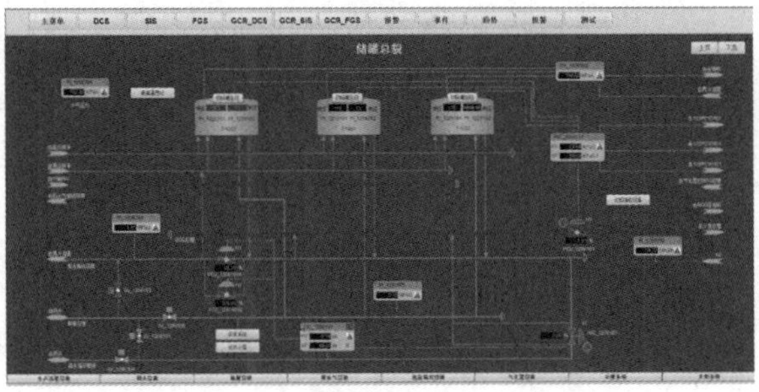

图 4　储罐

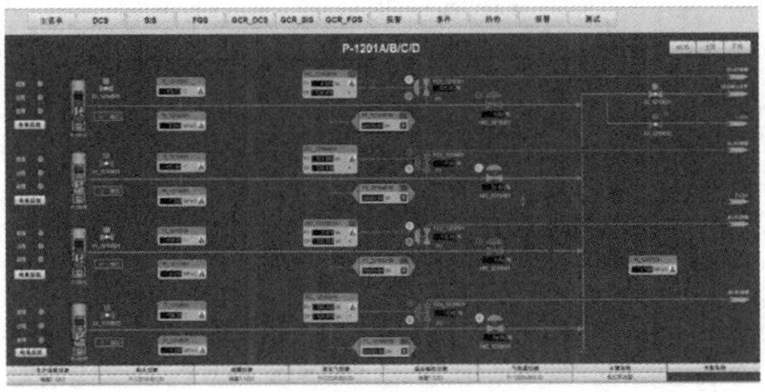

图 5　低压泵

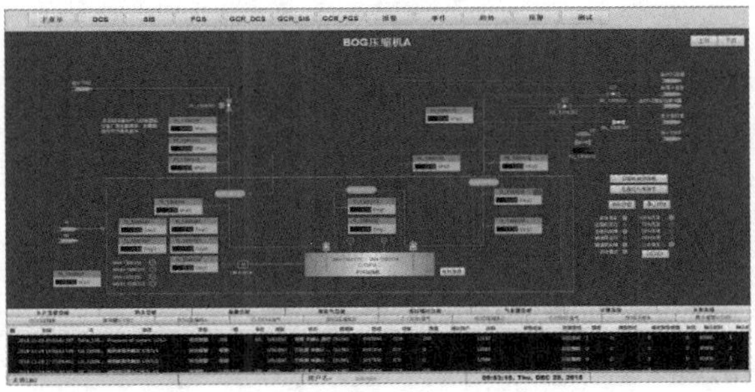

图 6　BOG 压缩机

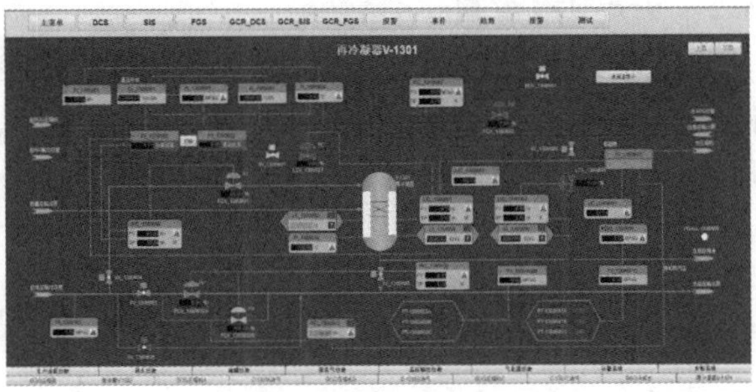

图 7　再冷凝器

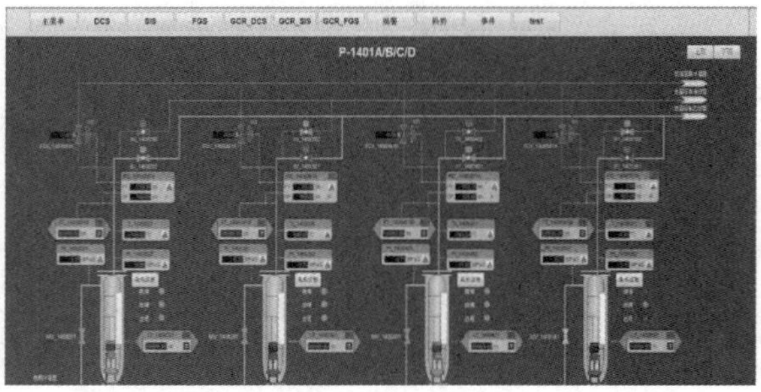

图 8　高压泵

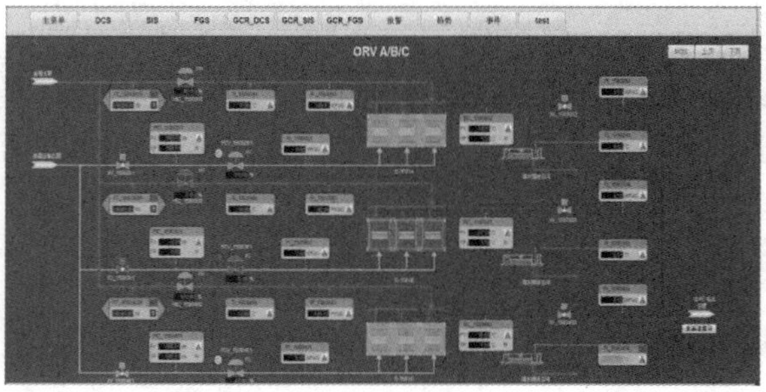

图 9　ORV 汽化

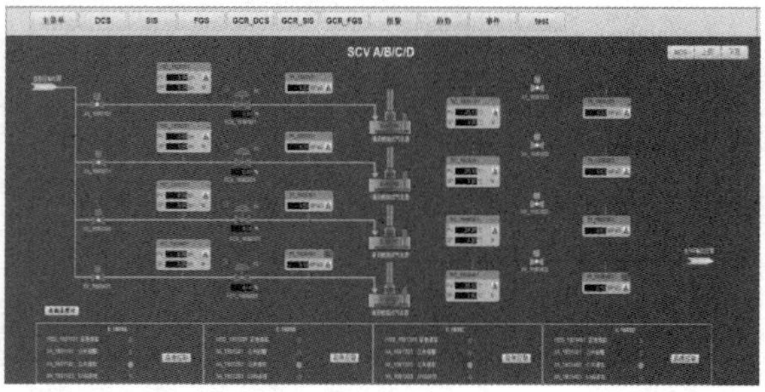

图 10　SCV 汽化

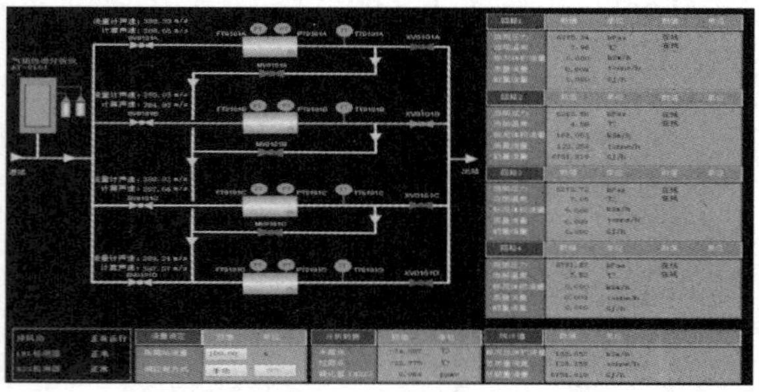

图 11　外输计量

3.2　生产过程控制

系统实现了 LNG 接收站关键设备的远程控制，包括泵、电动阀、调节阀、压缩机、温度、压力、流量、累计量、液位等开关和调节设备。

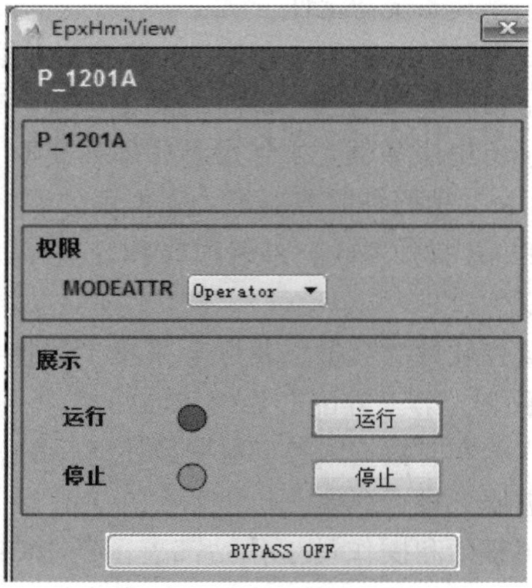

图 12　泵控制面板

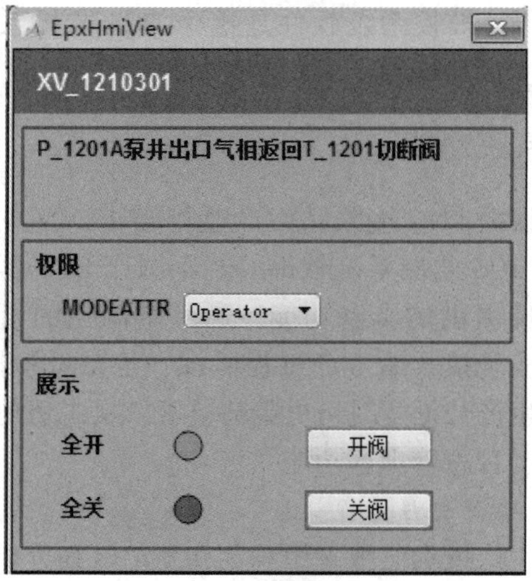

图 13　电动阀控制面板

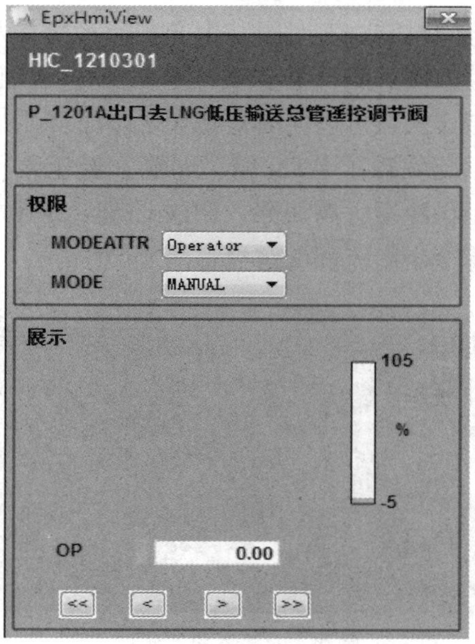

图 14　调节阀控制面板

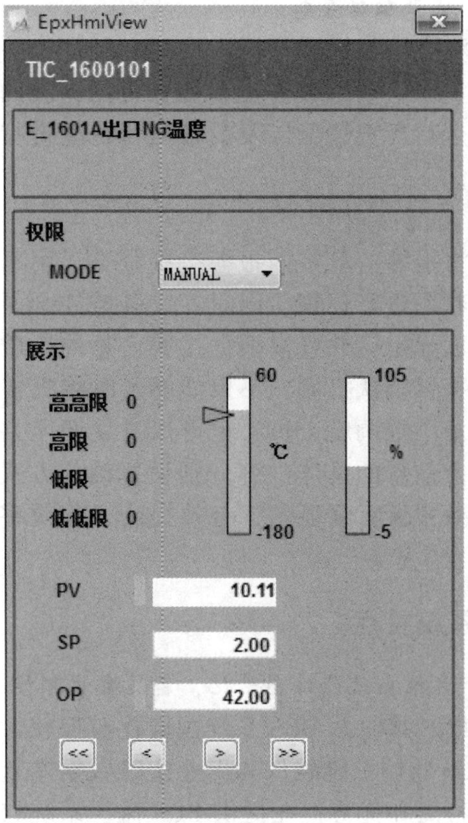

图 15　温度控制面板

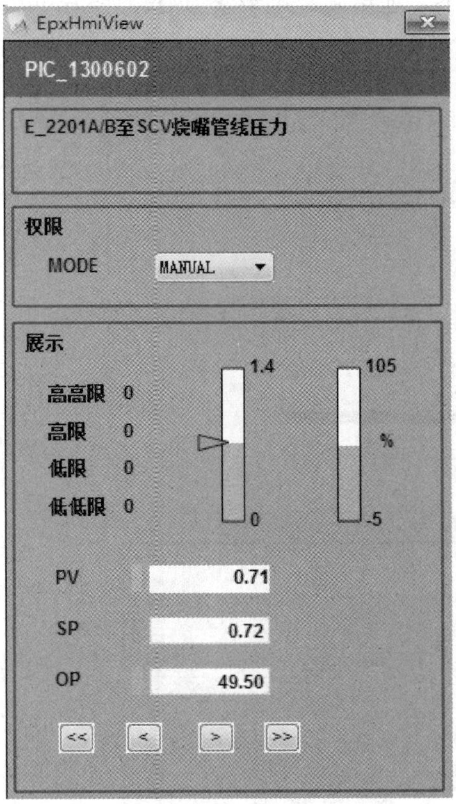

图 16　压力控制面板

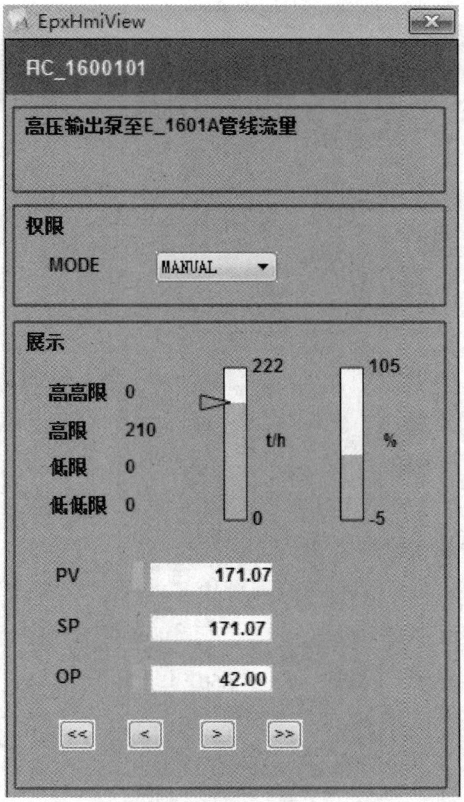

图 17　流量控制面板

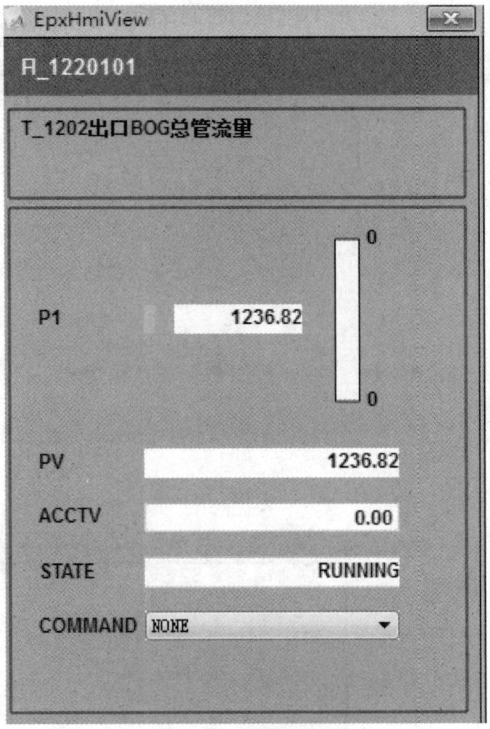

图 18　累计量控制面板

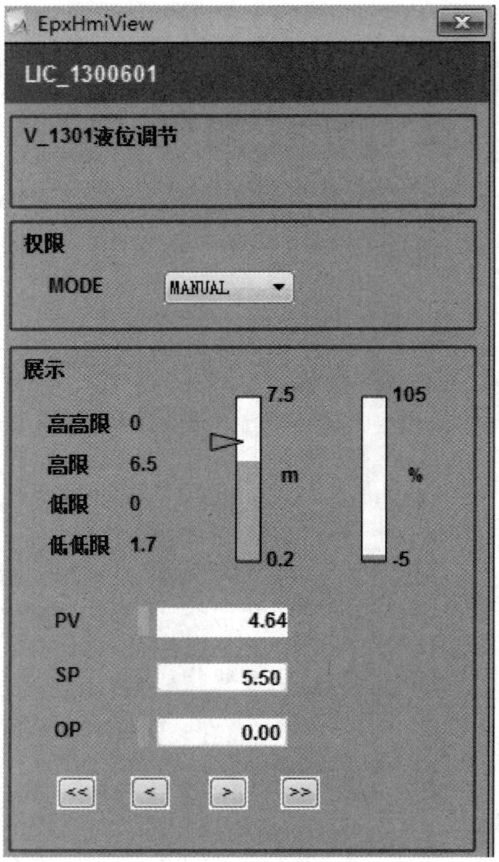

图 19　液位控制面板

3.3　生产数据分析

将生产数据进行深入挖掘和处理，并根据生产需求自动生成各类趋势分析图，有助于对生产运行历史情况以及设备运行情况进行分析总结。

3.4　报警管理

将报警信息按照报警级别分类，用不同颜色的状态进行标识，同时在设备监控画面和报警画面显示，并可以根据报警信息的性质分别设置报警确认机制，不仅能够及时将报警信息展示给中控调度人员，也可以方便调度人员根据报警信息的具体内容分别设置确认方式，避免无效报警重复显示，有效提高工作效率，辅助安全生产。

4　系统特点

4.1　监控系统软件国产化，实现自主可控

LNG 接收站 DCS 系统国产化监控软件融合了 DCS 监控系统软件和工业实时数据库软件的技术特点和优势，在提供 DCS 监控系统软件通用功能的同时，采用了先进的数据压缩和数据存储技术，提供高效的数据存储、展示和分析功

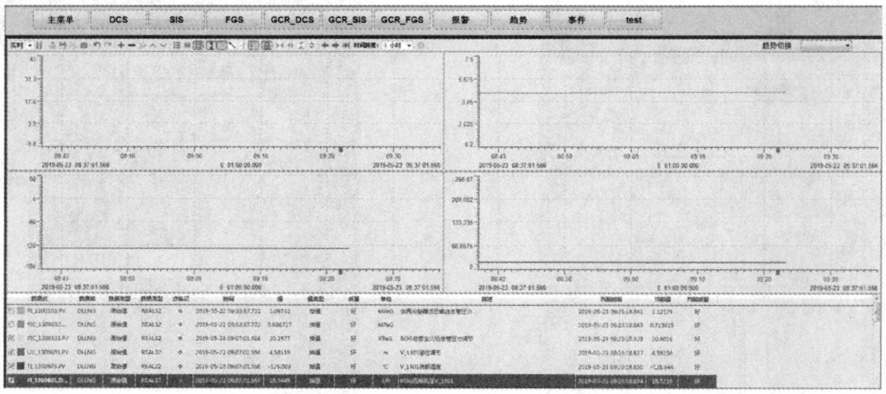

图 20　实时趋势

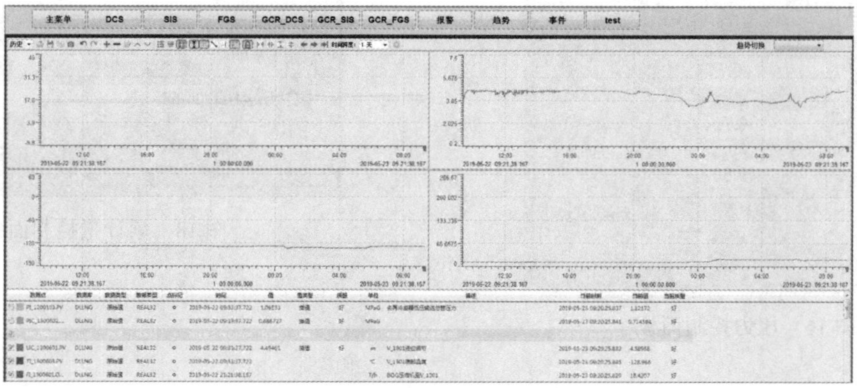

图 21　历史趋势

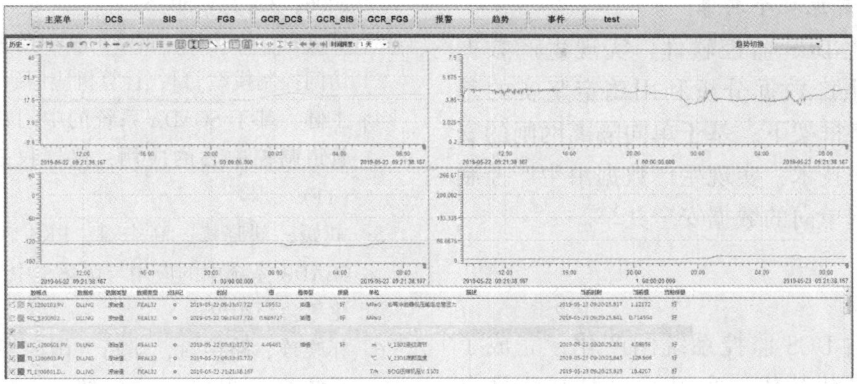

图 2-21　实时报警

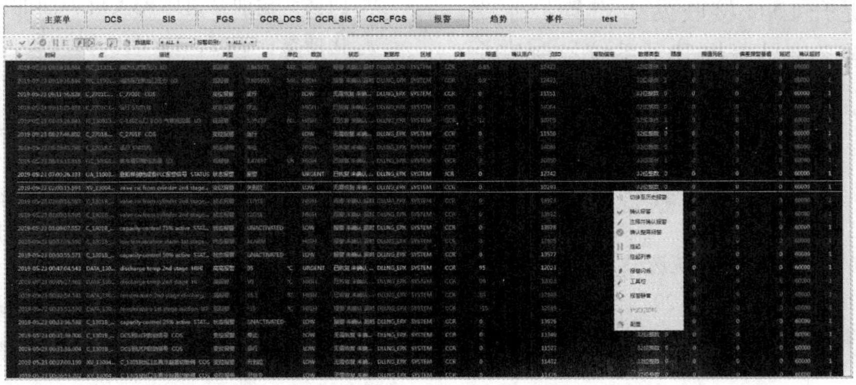

图 2-22　历史报警

能。软件支持系统容量大，数据吞吐效率高，同时支持 Unix、Linux、Windows 跨平台及混合平台应用，支持多种硬件架构，支持虚拟化部署，可满足大型 LNG 接收站 DCS 系统的监控需求。

软件的主要特点如下：

多操作系统支持：支持 Unix、Linux、Windows 操作系统，同时支持在 32 位和 64 位操作系统下运行。对多操作系统的支持，使得软件可以适应不同的应用需求。

支持 C/S 和 B/S 混合架构：Rtdb、Historian、Collector、HMI 等监控模块间，为了保证实时性，采用 C/S 架构；WEB 服务和浏览器间，为了保证开放性，采用 B/S 架构。

支持在线开发：在系统开发阶段，为工程开发人员提供了方便快捷的在线开发方式，支持所见即所得，提高了开发效率。在系统投入运行后，在线开发功能，可以实现免停机的系统维护，提高了系统的可用性。适用于对运行连续性和稳定性要求高的工业控制领域。

提供面向服务的集成服务平台：系统功能完全实现即插即用；灵活的注册和定位机制，HMI 访问数据不需要获悉任何部署的细节；任何服务可以部署在不同机器和不同平台上；基于服务的冗余管理，实现一主多备的冗余管理；多服务器多客户端(通用客户端可监控多个服务器数据)。

多种数据采集方式和协议支持：支持周期扫描、变化上传等多种数据采集方式；支持双网冗余、设备冗余；支持 Modbus TCP \ \ RTU \ \ ASCII、OPC、IEC 60870 - 5 - 104、CIP 等通讯协议。

多种历史数据存储方式支持：支持条件保存；支持周期保存；支持基于偏差的自适应历史数据压缩存储；支持历史数据质量戳存储。

全面的国际化支持：用户界面可以根据语言自动布局；时间显示、数据格式、声音、视频等国际化支持；工程开发国际化支持。

4.2　软硬件平台虚拟化，实现高可用性

采用国产超融合私有云平台技术，建立网络隔离的控制云平台，实现 CPU、内存、硬盘、网络等资源共享，系统支持多个副本，提供系统高可用性。国产化 DCS 监控软件支持虚拟化部署，支持一主多备的冗余模式。硬件和软件均实现了高可用性，实现了整个系统的高可用性。

4.3 生产数据实现安全共享

基于国产化DCS监控软件，实现生产数据安全共享，为生产数据分析利用奠定坚实的基础。在控制网络框架下，基于单向隔离网闸的安全可控数据共享技术，实现生产数据由生产控制网向生产管理网单向的数据安全共享。

5 结论

通过接收站DCS监控系统国产化，完成了国外产品的国产化替代，实现了LNG接收站自控系统的自主可控，将带动LNG接收站自控系统产业升级，提升LNG接收站生产管控水平。DCS监控系统国产化显著提升了系统控制安全，确保生产安全，为国家能源战略安全提供技术保障。

参 考 文 献

[1] 陈秀丽．长输管道SCADA系统选型及应用．石油化工自动化，2012，48(3)：26-29.

[2] 刘欣，沈昌祥．强制访问控制的实现．计算机工程，2006，32(2)：50-52.

[3] 邢汉发，许礼林，雷莹，基于角色和用户组的扩展访问控制模型[J]，计算机应用研究，2009.26(3)：

[4] 王健，基于SCADA系统的中间数据库系统在油气管道调控中心的应用，仪器仪表用户，2016，23(11).

[5] 刘媛，刘晓峰，高志斌，PKS软件在西二线管道SCADA系统中的应用与优化，中国石油和化工自动化年会，2012.

[6] 郭晓瑛，路艳斌，郑娟．国内外长输管道SCADA系统标准现状．油气储运，2011，30(2)：156-159.

[7] 白洁．输油管道站控人机界面的设计与组态．自动化博览，2002，19(6)：62-62.

[8] 胡景军，陈云．成品油管道SCADA系统的跨平台时间同步技术．计算机系统应用，2012，21(9)：137-140.

[9] 董列武，钟家勇，国产SCADA系统在华东成品油管道调控中心的应用，石油库与加油站，2009，18(5)：34-38.

[10] 邱昌胜．燃料气调压撬数据监控在SCADA系统中的实现．石油化工建设，2015，37(1)：77-80.

LNG 接收站电解制氯监控系统的国产化实现

朱　虹[1]　章　妍[1]　武玉宪[2]

（1. 国家管网集团大连液化天然气有限公司；2. 中油龙慧自动化工程有限公司）

摘　要　LNG 接收站电解制氯系统实现海水电解生成次氯酸钠溶液，杀死汽化用海水中的生物，防止生物堵塞管道及对设备的损坏。目前我国已建成的 LNG 接收站的电解制氯监控系统多采用国外产品。为了保证系统的安全、可靠、高效运行，通过分析生产监控需求，研发核心技术，制定了电解制氯监控系统的国产化实现方案，并在大连液化天然气有限公司实施。本文从上位机监控系统、PLC 系统两方面阐述了系统的国产化实现。

关键词　LNG 接收站；电解制氯监控系统；国产化

1　前言

电解制氯监控系统是实现 LNG 接收站电解制氯系统生产实时监测、精准控制、异常处理的重要技术手段。目前我国已建成的 LNG 接收站的电解制氯监控系统多采用国外产品，存在着技术受制于人，信息安全隐患突出，升级和维护费用居高不下，问题响应不及时等问题。经过不断的关键技术攻关、技术积累和工程实践，目前，已经能够进行 LNG 接收站电解制氯监控系统及 PLC 的国产化改造，实现该系统控制技术的自主可控。

2　工艺描述

电解制氯系统通过电解槽电解海水产生次氯酸钠溶液，次氯酸钠溶液自动加到用于汽化 LNG 的海水中，杀死其中的生物，防止生物堵塞管道及对设备的损坏。系统主要生产流程如下：

2.1　电解流程：

海水经海水增压泵升压，然后通过自动清洗过滤器除去海水中大颗粒物质，进入电解槽。整流装置将 380V 交流电转化为直流电供给电解槽。经过电解槽的海水被电解后产生次氯酸钠溶液及氢气进入次氯酸钠储罐。氢气在次氯酸钠储罐顶部被自然稀释至 1%以下，安全地排到大气中。电解过程产生的钙、镁沉淀物在次氯酸钠储罐底部，经过排污阀定期排出。次氯酸钠储罐的液位通过液位控制系统维持在一定的高度，次氯酸钠溶液通过加药泵送至加药点。

2.2　加药流程：

次氯酸钠溶液通过连续加药泵实现连续加药。

连续加药过程中，余下的次氯酸钠溶液将被存储在储罐内，以备冲击加药。

2.3　酸洗流程：

电解海水时，除产生次氯酸钠溶液和氢气外，还不可避免地产生钙、镁沉淀物，并在电解槽阴极上积累，导致电解槽电压升高，电流效率下降，电耗增大。因此须定期地对电解槽进行酸洗，以除去阴极表面的沉淀物。电解槽酸洗周期一般为 30 天。酸洗时，首先将清水注入酸洗罐内，然后通过卸酸泵将储酸罐内的盐酸抽至酸洗罐，再次注入清水，调整盐酸溶液浓度为 10%。而后使稀盐酸在酸洗罐和电解槽之间进行循环。酸洗结束后，酸洗泵再把积存在电解槽内的废酸抽回酸洗罐，最后中和排出。

3　上位机监控系统实现

经过对工艺流程、控制原理和原系统的详细比对分析，借助国产自动控制软件平台进行二次开发，完成次氯酸钠控制系统的研发及部署，实现生产过程监视及控制等功能，符合原有生产要求。

监控软件服务端的数据采集服务采集国产 PLC 系统的数据，将数据发送给实时数据服务，数据经处理后发送给历史数据服务进行存储。

监控软件的客户端提供工程组态和运行状态监控的基本功能。通过工程开发，实现生产过程的监视和控制、报警处理、趋势查询、报表管理等生产应用功能。

3.1　生产过程监视

生产过程监视实现了海水增压泵、电动阀、整流装置、储罐、投加泵、风机、流量计等设备的状态和运行参数监视。

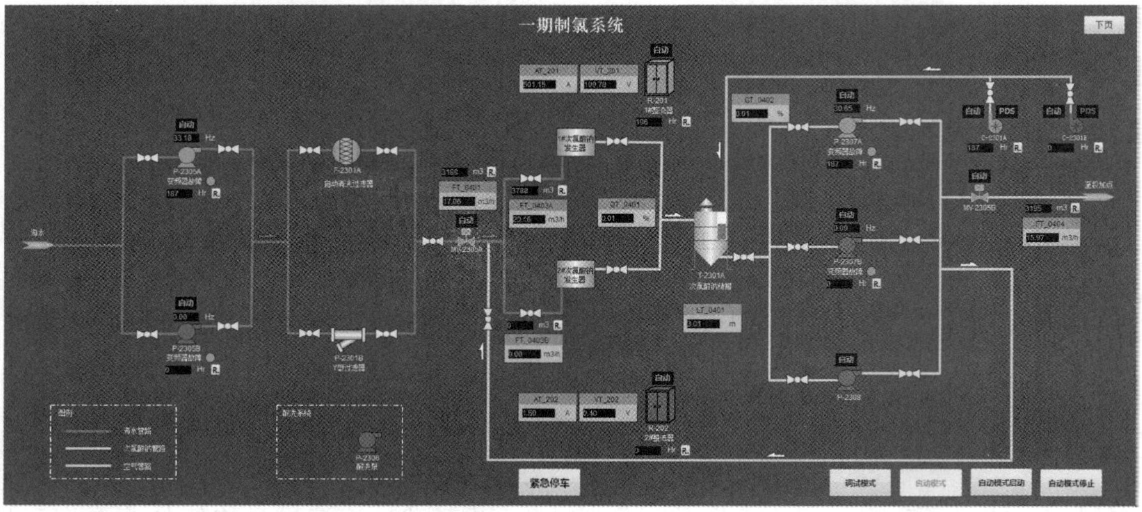

图 1　监控流程图

3.2　生产过程控制

生产过程控制实现了海水增压泵、电动阀、整流装置、储罐、投加泵、风机等设备的控制。

控制模式分为调试模式和自动模式。在调试模式下，操作员可以通过控制画面直接进行设备开关和运行参数设定。在自动模式下，操作员可以设定控制选项，由 PLC 根据设定的控制选项自动控制设备的运行。

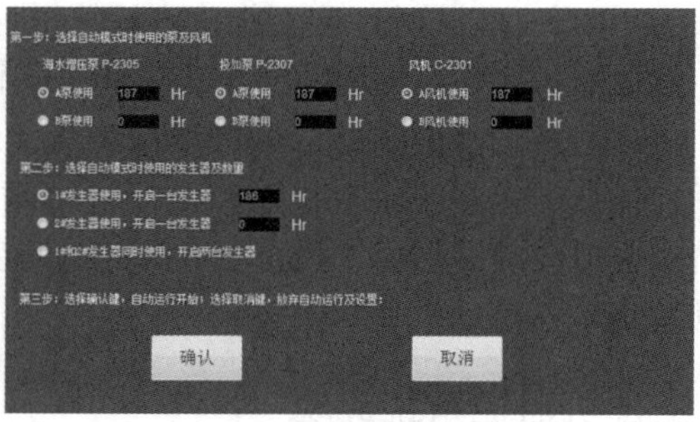

图 2　自动控制面板

4　PLC 系统实现

在 PLC 机柜中安装国产 PLC 系统。PLC 系统由电源模块、CPU 模块、通讯模块、DI 模块、DO 模块、AI 模块、AO 模块组成。PLC 系统采集设备运行状态和参数并将数据发送给上位机系统。上位机系统通过与 PLC 系统通讯，下发控制命令和设置值，PLC 系统将相应的控制信号传送给控制设备。

4.1　生产过程监视

通过 DI 模块采集海水增压泵、电动阀、整流装置、投加泵、风机等设备的状态信号并发送给上位机监控系统，实现设备状态监视。

通过 AI 模块采集海水增压泵、整流装置、储罐、投加泵、流量计等设备的运行参数发送给上位机监控系统，实现设备运行参数监视。

4.2　生产过程控制

在调试模式下，操作员可以通过控制画面直接进行单个设备的开关和运行参数设定。PLC 系统接收到设备开关命令后，通过 DO 模块将控制信号发送给相应的控制设备。PLC 系统接收到设备运行参数设定命令后，通过 AO 模块将控制信号发送给相应的控制设备。

在自动模式下，可以进行自动模式启动和自动模式停止。操作员在上位机控制画面中设定运行参数和控制选项，PLC 根据设定的运行参数和控制选项，按照程序预定的启动或停止顺序自动控制设备的运行。在自动模式下，海水增压泵、投加泵、风机只能选择其中一台，发生器可以选择其中一台或两台同时运行。

操作员在上位机控制画面中按下自动启动按钮，PLC 系统接收到自动启动命令后，首先判断自动启动条件是否满足，若满足，则执行自动启动逻辑：先启动风机、海水增压泵、投加泵，开启相应阀门，并根据上位机参数设定的海水进水流量对海水增压泵的频率进行 PID 调节。当海水增压泵运行 1 分钟后，根据启动发生器的数量判断发生器的进水流量是否正常。在发生器进水流量、储罐液位、风机运行正常的情况下启动相应整流器。当达到冲击投加时间设定值或储罐液位达到高预警设定值时，启动冲击投加泵 P-2308。若自动启动条件不满足，则不执行自动启动逻辑，并在上位机报警窗口中显示相关报警信息。

操作员在上位机控制画面中按下自动停止按钮，PLC 系统接收到自动停止命令后，执行自动停止逻辑，先停整流器，2 分钟后停海水增压泵、投加泵及冲击投加泵，关闭相应阀门，4 分钟后停风机。

另外，在上位机画面上按下紧急停车按钮后，海水进水泵立即停车，相应阀门关闭，延时 4 分钟后风机停车。

该系统具有设备故障报警，风机前后风压、氢气浓度、整流器电压、储罐液位、海水进水流量、出水流量、回流量等参数报警和连锁的功能

5 结论

通过 LNG 接收站电解制氯监控系统的国产化，完成了国外产品的国产化替代，实现了电解制氯监控系统的自主可控，将带动 LNG 接收站自控系统产业升级，提升 LNG 接收站生产管控水平。电解制氯监控系统国产化显著提升了系统控制安全，确保生产安全，为国家能源战略安全提供技术保障。

参 考 文 献

[1] 王树忠．电解海水制取次氯酸钠过程的气体安全探讨．冶金动力，2018，5：51-52.

[2] 张双泉，周萌．史明亘，电解海水制氯回流工艺在 LNG 接收站中的应用．化工管理，2015，3：167-169.

[3] 李超平，李雷，蔡奇，福建 LNG 接收站电解氯系统优化改造可行性探讨，天然气技术与经济，2011，1：45-47.

[4] 白洁．输油管道站控人机界面的设计与组态．自动化博览，2002，19(6)：62-62.

[5] 邱昌胜．燃料气调压撬数据监控在 SCADA 系统中的实现．石油化工建设，2015，37(1)：77-80.

[6] 刘欣，沈昌祥．强制访问控制的实现．计算机工程，2006，32(2)：50-52.

[7] 邢汉发，许礼林，雷莹，基于角色和用户组的扩展访问控制模型[J]，计算机应用研究，2009. 26(3)：1098-1100.

[8] 白洁．输油管道站控人机界面的设计与组态．自动化博览，2002，19(6)：62-62.

[9] 邱昌胜．燃料气调压撬数据监控在 SCADA 系统中的实现．石油化工建设，2015，37(1)：77-80.

LNG接收站接卸船速度优化

张　震

（国家管网集团大连液化天然气有限公司）

摘　要　随着LNG接收站在国内的发展越来越成熟，以及国家加大对环境污染的整治力度，对清洁能源的需求不断增加，国内LNG产业进入了飞速发展的黄金阶段。对于LNG接收站来说高频率的接船作业也日趋频繁。特别是在冬季，为满足供暖需求作为调峰型的LNG接收站起到不可小视的保供作用。LNG船舶在锚地是要收取一定的停泊费用，LNG船停靠一次码头也是需要支付拖轮费的，LNG从系缆开始到卸料结束也是有时间要求的，超出规定时间是要收取一定的滞纳费。为了节省以上开支，优化LNG接收站卸船速度是十分必要的。截至2019年10月，大连LNG接收站已经安全顺利的接卸180余艘LNG船，在提高接船速率方面积攒了一定的经验。本文从接船过程中存在可以优化接船速度方面给出一定的建议。

关键词　LNG；卸船；卸料臂；冷却速度；优化

如何快速、安全地完成LNG接卸工作，依然成为LNG接收站日常工作的焦点。LNG卸船有严格的操作程序，其本身也是一项海上作业，必然会受到海况和天气的影响，为了生产安全必须严格按照作业程序操作。如何在严格的操作程序内，提高卸船速度，已是目前LNG接收站的共同问题。在卸船过程中卸料臂的预冷速度控制至关重。预冷速度过快会引起卸料臂快速耦合器法兰泄漏，进而导致此条卸料臂不能使用，降低卸船速度，工况严重时，可能需要中断卸船，大大的延长卸料时间。因此本文对卸料臂预冷工艺进行了详细的分析。

1　LNG卸船作业工艺

1.1　卸船操作程序

引水登船→系缆（原则：先倒缆、后横缆、再首尾缆）→连接登船梯→卫检/边检/商检上下船→首次计量→卸船前会议→连接光/电/气通讯电缆→停止码头循环→连接卸料臂（动作前对带压臂泄压）→对卸料臂进行充N_2气密（液相臂控制在0.5MPa，气相臂控制在0.2MPa）→N_2置换（反复充压2-3次，进行O_2含量测试小于1%为合格）→热态测试（岸方触发）→卸料臂预冷（船方开启喷淋泵，卸料臂底部温度点-140℃为合格）→冷态测试（船方触发）→岸方调整储罐进料阀门（顶进料/低进料由密度决定）→卸料（船方依次启动卸货泵，直至全速）→卸料降速（船方依次停卸货泵）→卸料结束（扫仓）→吹扫卸料臂（先向岸方吹扫排液，再向船方吹扫排液，由导零检查有无残液）→N_2置换（进行CH_4含量检测）→断开卸料臂（收回固定卸料臂）→开卸货后会议→断开光/电/气通讯电缆→恢复码头循环→边检/商检上下船→末次计量→收回登船梯→解揽→船舶离岗

在以上操作步骤中，卸料臂对接、卸料臂预冷是整个卸船过程中难度最大，技术比较复杂的部分，也是容易引发问题的地方，所以在作业过程中必须引起注意。

1.2　卸料臂预冷工艺

大连LNG接收站配备有三条液相臂和一条气相臂，单条液相臂卸料能力为6000m^3/h．气相臂返气能力为18000m^3/h。结构如图（1）所示，每条臂均配备液压驱动的快速耦合器（QCDC）

液相臂连接采用液压驱动式进行紧固连接，连接完后需要进行气密测试，气密测试压力为0.5MPa，经测试合格方可进行液相臂预冷。

卸料臂未卸料时处于常温状态而LNG为超低温（-162℃）介质，所以必须在正式卸料之前对卸料臂进行预冷，使得卸料臂以及船上卸料管线温度缓慢降至卸料温度（-150℃左右）。既可以防止直接卸料导致卸料臂热胀冷缩过大，引起各法兰接口处（特别是船岸连接法兰接口处）和焊接部位脆裂的泄漏，同时还可以防止瞬间产生大量的BOG，引起罐压瞬间增长而无法处理带来工艺上的波动。

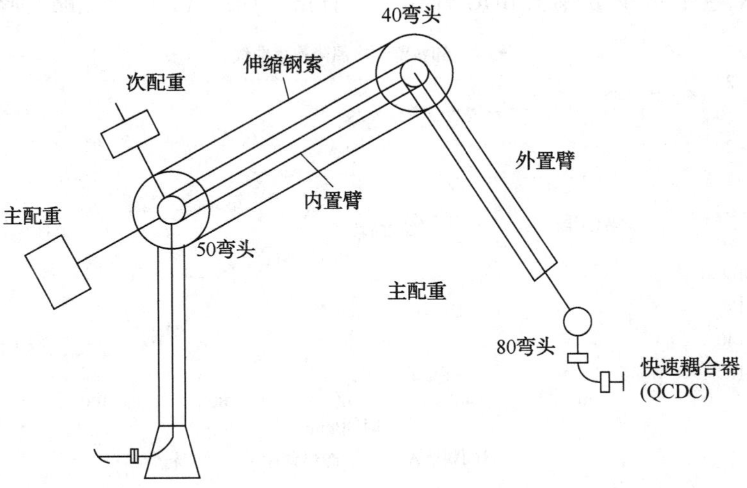

图 1 卸料臂结构图

如图 2 所示的卸船工艺流程图，整个预冷过程可分为三个阶段完成，调节过程以现场卸料臂结霜情况及卸料臂压力和温度为依据。整个冷却时间控制在 1.5-2.0h 内完成。

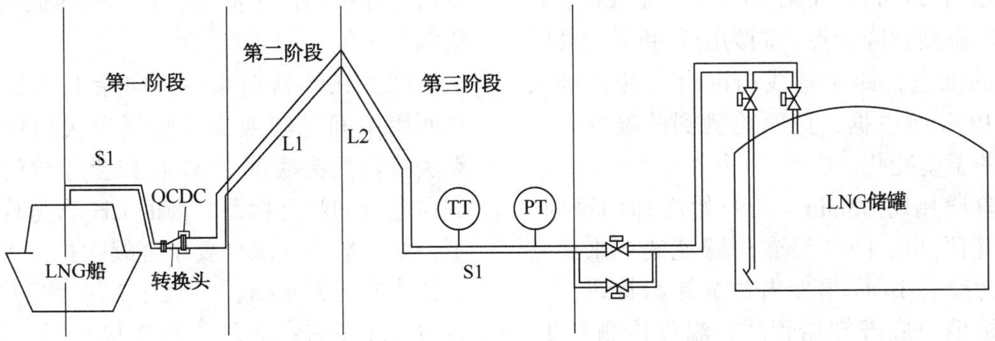

图 2 LNG 卸船工艺流程图

第一阶段为卸料臂耦合器及水平管段。压力一开始船方给定甲板压力为 0.1MPa 这一期间观察现场有无结霜(结霜从管道底部开始一直蔓延至整个管壁)，如无结霜可让船方匀速调节压力，压力控制点为 0.15MPa，0.18MPa，0.20MPa。耦合器水平段结霜预冷时间为 40~50min。现场与港务总监及时沟通，通报水平管结霜情况。

第二阶段预冷为卸料臂外壁的冷却，控制时间在 30~40min，现场观察结霜情况，船方甲板压力不得超过 0.2MPa，当结霜至顶点处时，岸方卸料臂温度监测点温度开始加速下降时，第二阶段预冷完成。

第三阶段为卸料臂立管及水平管道冷却，LNG 通过卸料臂顶点后，卸料臂温度 TT 会逐步下降至-145℃。卸料臂温度 TT 达到-140℃以后，稳定 10min，确认冷却完成。第三阶段总体时间控制在 30-40min。卸料臂温度达到-140℃以后，可适当提高甲板压力到 0.2~0.23MPa。

1.3 卸料臂预冷案例分析

图 3 为本接受站最近一次卸船参数时间记录所绘制的温度曲线图。根据图 3 分析如下：

第一阶段主要是现场操作人员进行观察快速耦合器及水平管段结霜速度来判断预冷快慢，据以往卸船经验此处最易出现泄漏，主要原因为此处为液压耦合器连接没有螺栓连接效果好。预冷速度过快极易导致接头连接面变形不均匀，而引起泄漏。此次第一阶段预冷用时 39min，效果非常好。由图 3 温度曲线可见，此段温度 TT 基本不变。由于预冷之前用 N_2进行了置换和气密性试验，卸料臂和船方卸料管线内为常温的 N_2。当开始预冷时，由船方喷淋泵提供的少量 LNG 进入船方卸料管线后产生大量 BOG，这部分 BOG 将和管道中的 N_2混合，通过码头卸料管线输送至储罐中，此时 TT 测得温度为初期卸船管线中 N_2温度，由于此阶段 N_2占主要成分，因此温度基本维持在 10℃的 N_2温度，在第 30min 温度略有下降由 5℃降至-3℃，原因是随着预冷的进行，卸船管线内 N_2 逐渐被少量冷态 BOG 开始置换，所以 TT 检测点略有降低。

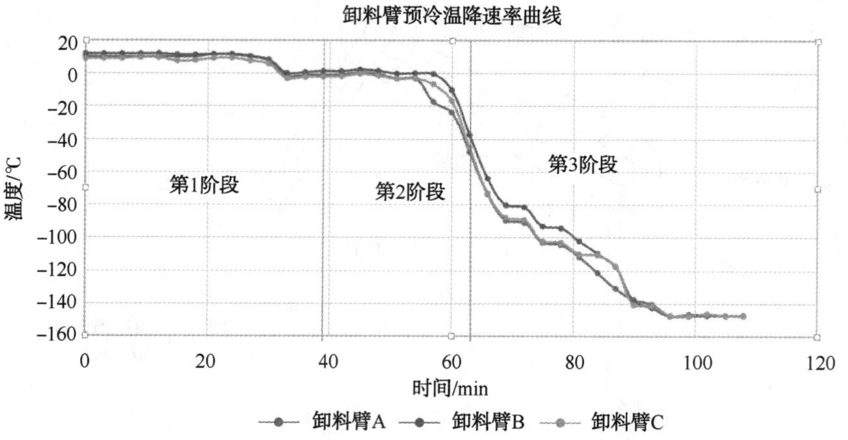

图 3　LNG 卸料臂预冷温降速率曲线

第二阶段为预冷卸料臂外壁，也是由现场操作人员根据外臂结霜情况来控制预冷速度，此次外壁预冷用时 24min，在第 57min 开始 TT 检测点明显出现温度骤降拐点，因为随着卸料臂外壁 LNG 液面的推进，卸船管线内混合气开始被大量低温的 BOG 所占据，此时检测到的温度为实时混合气的温度变化。

第三阶段用时 33min，当开始冷却内臂时，越过卸料臂顶部的 LNG 沿着内臂流淌下来，一部分汽化为冷态 BOG 预冷内臂及卸船管线，一部分则开始填充底部卸船管线，温度检测点 TT 逐渐由检测 BOG 的温度过度到检测 LNG 的温度，因此温降速度在此时段特别大。直至温度检测点显示 -140℃，卸料管线基本被 LNG 填充，预冷结束。此次预冷共用时 96min，温降速度为 1.56℃/min，整个预冷过程比较合理。

基于大连 LNG 接收站已接卸的 LNG 船的预冷数据，对 LNG 接卸时预冷速度的控制、影响与卸料过程中存在的安全操作等问题进行分析。根据卸船安全性要求和接卸经验，目前该站预冷速度控制在 2℃/min 左右，对整个卸船过程影响较小，能有效避免或减少事故。

2　LNG 卸船速度优化工艺

目前 LNG 接收站为 24″卸料臂，小船一般为 16″的接口，这样在接卸小船之前就得在船上连接转换头，而转换头有底平齐、顶平起、中间对齐，三种。目前我站所用为中间齐，这种转换接头在 LNG 卸料方面使用不合理。原因分析如下：

（1）在预冷快速连接头时，由于船方流量控制不均，可能造成转换接头处存在气液两相，在转换头底部最先聚集 LNG 液体，造成上下温差较大，伸缩不均，进而产生较大的弯曲应力，使得法兰连接面产生曲张，在卸船时此处极易产生泄漏。

（2）在卸料结束后，向船上吹扫 LNG，由于所用中间齐转换头，底部为吹扫死角，N_2 是无法将转换头底部 LNG 吹扫会船舱的，导致船方在进行卸料臂拆臂之前的 CH_4 含量检测时始终不合格，船方要求会要求继续吹扫。正常不使用转换头向船方吹扫，一般耗 N_2 量约为 0.55t，耗时 50min 左右；而装了转换接头后，消耗 N_2 约为 1.5t，耗时 2.5h。

（3）在拆卸料臂的时候，此处积存的 LNG 残液随着快速耦合器（QCDC）的断开，会宣泄出来，产生 BOG 浓气。一是存在静电引燃的风险不安全，二是此时耦合器处的 BOG 对操作人员造成视野上的遮挡，引起操作不便。

（4）在船方拆卸螺栓紧固的转换头处时，转换头处积存的 LNG 残液体，会造成船方拆卸不便，一是拆卸过程中易引起 LNG 冻伤船员，二是可能由静电引起着火风险。

基于以上原因，建议接船所使用的转换接头改为地平形式，这样既避免了吹扫用 N_2 量，在减少吹扫时间提高卸船速度的同时，保障了卸船安全。

在接卸小船时，船方需要连接转换接头。连接转换接头的的船员有的技术娴熟，四个接头 1h 不到就可连接完毕，而有的船员技术生疏连接较慢，耗时长的有的近 2 个多小时。为了避免此种情况的发生，可要求船方自己提供转换接头，在船靠岸之前，直接安装好。这样不仅省去了靠船后连接大小头的时间，同时省去了船离岗之前必须拆卸掉大小头的时间，节约了大量的卸船时间。当然这涉及到合同问题，就目前国内接卸 LNG 船，一般都是接收站提供转换接头。如果说很长一段时间接卸的长贸船都为小船的话，可以考虑对接收站卸料臂进行改造，可在卸料臂前段安装地平的变径管，在变径管前段再安装快速耦合器(QCDC)系统，同时适当的调节卸料臂的配重。此种做法也存在弊端，就是要和卸料臂厂商商量改造问题，产生费用。鉴于以上说法，在签订合同时要求船方自己提供转换接头的做法，还是比较合理的。

3　卸料臂故障应急处置措施

LNG 卸船出现故障时，紧急的应急处理措施可以有效的保障卸船速度，确保卸船不受到影响。

（1）卸料前发现故障，如对接卸料臂时发现快速耦合器(QCDC)对接面密封垫圈有划痕，又没有备件；或是在冬天卸料臂油压系统油温较低，快速耦合器(QCDC)油压异常无法提供较大的紧固力，不能及时维修好，仅连接未发生故障的卸料臂进行低速卸料即可。以上卸料前故障基本上都是可以避免的，接收站已经制定了严格的检查程序，在来船前会对卸料臂各个系统进行严格的检查，密封垫圈若是有划痕，也会即可更换进而避免影响卸船。

（2）若在卸料过程中发现较大故障，如转换接头处螺栓连接面处、快速耦合器(QCDC)法兰面处泄漏，视其泄漏情况而定，如果是少量的泄漏，可用湿毛巾包裹，待湿毛巾被冻住后能对卸料处起到很好的堵漏效果。如果是大量的泄漏，不能及时维修好，则需隔离故障卸料臂，使用剩余的卸料臂，降低卸船速率继续卸料。一条卸料臂故障，就会是卸船速率降低 1/3，进而卸料时间也就延长。影响十分严重。为避免以上故障可采取以下预防措施：在对接卸料臂时，必须再次对密封垫圈进行检查，若发现划痕立即更换。同时对接面进行擦拭，以免小杂物影响对接效果。在对接成功后，操作员对快速耦合器(QCDC)多紧固一次，持续给油压 3s 以上。

4　结论

（1）卸船速度的快慢，很大程度上取决于船岸连接处预冷效果。此处预冷速度过快极易引起快速连接头(QCDC)以及大小转接头处的泄漏，根据以上卸船速度分析，控制此处预冷时间，以及整个卸料臂预冷速度在 2℃/min 左右为宜。

（2）为降低大小转接头对预冷以及吹扫的影响，建议接收站使用底平转接头，以避免中间平或顶平转接头底部残留 LNG 液体带来操作工艺上的不便以及避免潜在的安全隐患。

（3）做好卸料臂日常维护和定期检查，确保接船前所有卸料臂都能完好投用。同时在对接卸料臂时，一定要检查擦拭船岸对接口，无论是船方还是岸方，以确保没有杂质影响对接效果。

（4）做好卸船各项应急预案，同时平时进行应急预案演练。确保卸料臂出现故障时，能够根据不同的工况，在第一时间启动预案及时进行抢修。使得卸料臂故障能够尽快得到处理。避免因为卸料臂故障而降低卸船速度，造成不必要的损失。

参　考　文　献

[1] 顾安忠．液化天然气技术[M]．北京：机械工业出版社，2003.

[2] 张立希，陈慧芳．LNG 接收终端的工艺系统及设备[J]．石油与天然气工业，1999，28(3)：163-166.

[3] 中国石油经济技术研究院．IEA 中长期展望报告预计全球天然气市场将呈现三大新趋势[J]．石油情报，2018(64)：3-4.

[4] 王同吉，陈文杰，赵金睿，等．LNG 接收终端气化器冬季运行模式优化[J]．油气储运，2018，37(11)：1272.

[5] 刘文夫，薛鸿祥，唐文勇，等．独立 B 型 LNG 棱形液舱晃荡载荷数值分析[J]．船舶工程，2015，37(7)：22-25，72.

[6] 何晓聪，何荣．船用 LNG 储罐的液体晃荡数值分析[J]．船海工程，2016，45(3)：12-17.

[7] 曹学文，彭文山，王萍，等．大型 LNG 储罐罐壁隔热层保冷性能及其优化[J]．油气储运，2016，35(4)：369-375.

[8] 张震，佟奕凡，章妍，等．大型全包容式 LNG 储罐冷却投用技术[J]．油气储运，2016，35(2)：183-188.

[9] 王忠平，俞建国，吴军贵．LNG 常压储罐预冷热力分析[J]．煤气与热力，2014，34(9)：1-3.

[10] 余红梅，李兆慈，孙恒．水平管道预冷过程研究[J]．低温与特气，2009，27(6)：16-21.

[11] 贾士栋，吕俊，邓青．浙江 LNG 接收站卸料管线

BOG 预冷模拟 研究[J]. 天然气工业, 2013, 33(3): 83-88.
[12] 匡以武, 耑锐, 王文, 等. 液化天然气储罐预冷过程温度场数值模拟[J]. 化工学报, 2015, 66(增刊2): 138-142.
[13] 蔡汶学, 张俊, 戚广超, 等. 液化天然气(LNG)接收站管线预冷 技术进展[J]. 化工管理, 2014(11): 107.
[14] 庄芳. LNG 接收站卸料管路冷却方案[J]. 油气储运, 2012, 31(增刊1): 108-111.
[15] 李雪. 液化天然气泄漏扩散过程数值模拟[D]. 大连: 大连理工大学, 2015: 46-55.
[16] 翁浩铭, 李自力, 边江, 等. LNG 接收站泄漏事故及火灾爆炸后果分析[J]. 天然气与石油, 2016, 34(6): 40-45.
[17] 曲顺利, 贾保印, 赵彩云. LNG 接收站的安全分析与措施[J]. 煤气与热力, 2011, 31(10): 24-28.
[18] 唐建峰, 蔡娜, 郭清, 等. 液化天然气水平连续泄漏重气的扩散过程[J]. 化工进展, 2012, 31(9): 1908-1913.
[19] 唐建峰, 蔡娜, 郭清, 等. LNG 垂直喷射源连续泄漏扩散的模拟[J]. 化工学报, 2013, 64(3): 1124-1131.
[20] 庄学强, 廖海峰. 液化天然气泄漏扩散数值模型分析[J]. 集美 大学学报(自然科学版), 2011, 16(4): 292-296.

关于 LNG 接收站实现能量计量的探讨

张舒宁　赵雪利

（国家管网集团大连液化天然气有限公司）

摘　要　随着天然气油气管网分离，我国将逐渐推行天然气能量计量。天然气能量计量从能源利用效率和经济价值上都比体积计量更科学、更公平、更公正，世界上大多数国家和国际天然气贸易均采用天然气交接计量方式，管输费和天然气终端消费也同样采用能量计价。本文主要介绍 LNG 接收站目前的计量现状和如何实现能量计量。

关键词　LNG 接收站；能量计量；天然气；发热量

我国目前仍以天然气体积计量为主，国家发展和改革委员会在《油气管网设施公平开放监管办法》征求意见稿中，明确提出了天然气能量计量要求，并规定了 24 个月的过渡期。国家能源清洁化发展方针和优惠政策的支持下，我国天然气市场进入新一轮快速发展期，天然气体制和天然气的市场化改革也在积极推进中，天然气计量作为天然气与计算的重要依据体现了交易双方的公平公正。国家推行天然气能量计量与计价已是目前国际上天然气贸易和消费计量与结算的方式。为了符合市场、政策发展趋势，方便将来与下游供气用户进行对接，考虑采用热值计量。

1　LNG 接收站计量现状

天然气计量方式主要有体积计量、质量计量和能量计量三种。国际天然气贸易和欧美发达国家都是采用能量计量为主，体积（或质量）计量为辅的方式。船运 LNG 计量用于贸易计量交接采用能量计量已于国际接轨。管道天然气外输计量是 LNG 接收站作为外输的首站，与下游的管道分输站进行天然气体积计量交接。槽车装车计量是按照质量与销售公司进行结算交接。

1.1　船运 LNG 计量

船运计量是通过 LNG 运输船上的 CTMS（贸易交接计量系统）与实验室色谱组成分析，最终以热值贸易计量交接（MMBTU 百万英热）。计算方法如下（见图 1）：

LNG 贸易交接总能量 $E = V_{LNG} \times D_{LNG} \times GCV_{LNG} - E_{gas} - E_{gas\ to\ engine}$

卸载的 LNG 体积 $V_{LNG} = V_{1卸货前体积} - V_{2卸货后体积}$；

根据卸货样品取样和色谱组成分析可得 LNG 密度 D_{LNG} 和单位发热值 GCV_{LNG}；

根据返仓天然气的组成确定返仓天然气的能量 E_{gas}；

卸船期间需记录船上对天然气消耗量 $E_{gas\ to\ engine}$。

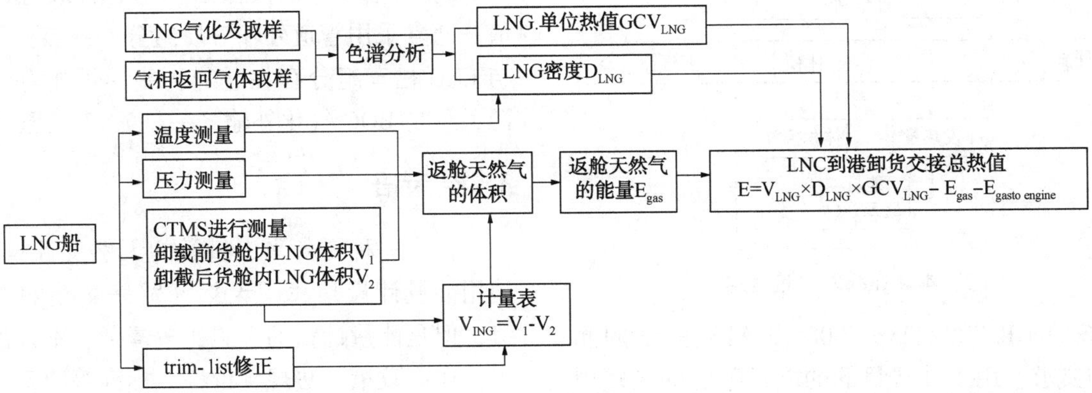

图 1　船运 LNG 贸易交接计量流程

1.2 管道天然气外输计量

管道外输计量是通过计量撬的超声波流量计和在线分析仪表，对外输天然气量进行体积计量（计量参比条件：101.325KPa，20℃－－标况）。所有数据通过流量计算机控制系统，实时计算，数据储存，获得计量所需数据。

1.3 LNG 槽车外输计量

槽车装车计量是通过 80t 电子汽车衡测得质量 A，经过装载后再经电子汽车衡测得质量 B，装车量＝B－A。通过每日统计每台车的装车量，得到当日装车总量，作为 LNG 质量计量交接结算量(t)。

2 如何实现能量计量

2.1 船运 LNG 的能量计量

目前，船运计量以能量交接（MMBTU 百万英热），计量方式无需任何改变。

LNG 接收站卸港 LNG 组成的分析决定了买卖双方交易额，是极其重要的参数。对该参数的确定是非常严格的，影响卸港 LNG 组成的因素主要有装港 LNG 的组成、航行的距离、运输船设施、接收站气相色谱仪及分析方法以及取样系统等。

1）接收站气相色谱仪等硬件配置和分析方法的不同，会使组成分析结果不同。

2）取样系统的配置和参数设置决定是否能取到代表性的样品，因此也影响组成分析结果。

2.2 管道天然气外输计量

通过管道天然气外输系统一般都配备的在线色谱系统实现在线天然气组分分析，计算单位体积天然气发热量 H，与外输气体积 Q 相乘即可得到能量 E。

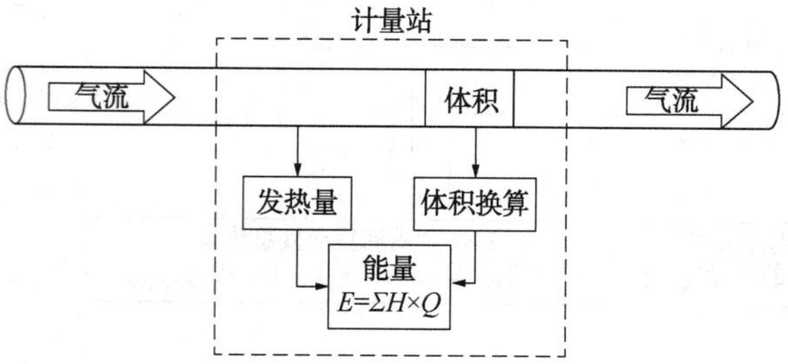

图 2　本地在线发热量测定

按照 GB/T 22723—2008《天然气能量的测定》的要求，用于计费目的的能量测定的最短周期是 1 h 或其倍数(即数天、数周、月、年)，在一个计费周期之内的能量值可采用相同参比条件下的体积乘以同一计费周期内的平均发热量得到。当气质较为稳定时，同一计费周期内的发热量不需要进行特殊计算，如果气质和发热量发生改变，则需要计算平均发热量。标准中给出的平均发热量计算方式有两种：算术平均值和气量加权平均值。

算术平均值法相对较为简单，通过 n 次单独测定的发热量值直接求平均值得到，适用于输气量较为稳定的情况。当一个计费周期内的发热量和体积均有波动的情况下，应采用气量加权平均值法计算平均发热量。以流量和体积发生变化的点为分界将整个计费周期划分为 n 个时间段，整个计费周期内的平均发热量计算公式如下：

$$\overline{H} = \sum_{i=1}^{n} H_{c,\,i} \times \frac{Q_i}{Q_s} \quad (1)$$

式中，$\overline{H}$ 为一个计费周期内的平均发热量，MJ/m^3；$H_{c,i}$ 为 i 时间段内的发热量，MJ/m^3；Q_i 为 i 时间段内的体积流量，m^3；Q_s 为整个计费周期内的总体积流量，m^3。

以最小的时间间隔为周期进行计算得到的结果应是最为准确的能量值。作为结算基础的能量值是最为重要的计量数据，标准中规定的不同能量计算方式，对能量值的计算结果有直接影响。

2.3 LNG 槽车外输计量

依据按照 GB/T 22723—2008《天然气能量的测定》的要求间接能量测定要求有两种方法：

1）在 LNG 槽车总管加装取样分析装置。依据 GB/T 11062—2014《天然气－发热量、密度和相对密度的计算》计算出在标况下的单位重量热值，最终可以得到交付热值来进行贸易结算。缺点是费用极其昂贵。

2）为槽车外输液体赋一个有代表性的发热值。通常采用管道外输气质组分。缺点：管道气与 LNG 槽车组分存在差异，差异可能有两种来源，一是 BOG 气化外输，一是 LNG 低压外输。

3 结束语

作为一种更公平、科学的天然气计量方式，使用能量计量是我国天然气贸易交接的发展趋势，但是能量计量的实施比较复杂，不仅涉及技术，还有政策、法规、价格、标准等因素。在能量计量方式实施前，应对天然气贸易交接界面的计量数据进行详细分析，按照标准规定，选择最为科学、公平、合理的能量值计算方案。

参 考 文 献

[1] 周志斌，何润民，何春蕾，等．国外天然气能量计量与计价综述[J]．天然气技术与经济，2011，5(5)：3-7.

[2] 佚名．国家能源局关于印发《油气管网设施公平开放监管办法(试行)》的通知[J]．城市燃气，2014(3)：4-6.

[3] 三富平，周娟，段小浪等．我国如何实现能量计量和计价[J]，天然气工业，2018，38(10)：128-134.

[4] 佚名．天然气能量计量离我们多远．环球表计．2019. 1.

[5] 张奕，艾绍平，安娜，等．船运 LNG 贸易交接计量及存在问题分析[J]，天然气技术与经济，2015，9(1)；53.

[6] 全国天然气标准化技术委员会．天然气能量的测定：GB/T 22723—2008 [S]．北京：中国标准出版社，2009.

[7] 李克，罗勤等．天然气能量计算方式探讨[J]．石油工业技术监督，2019，35(8)：26-28.

[8] 全国天然气标准化技术委员会．天然气能量的测定：GB/T 11062—2014 [S]．北京：中国标准出版社，2014.

[9] 马应奎，蒲振东．天然气计量影响因素定量分析[J]．石油工业技术监督，2017，33(2)：35-38.

[10] 马晓飞，包玉敏．浅谈国内外能量计量发展情．内蒙古科技与经济，2015. 2.

探索LNG接收站卸料臂自动对接技术

徐振和

（国家管网集团大连液化天然气有限公司）

摘　要　本次探究红外光电传感器对黑色目标轨迹进行检测，激光测距传感器辅助测距，利用西门子S7-300/400PLC(可编程控制器)数据处理，最终实现卸料臂的自动对接。

关键词　红外线光传感器；激光测距传感器；卸料臂

1　功能简述

总体设计功能是实现卸料臂的自动对接。使卸料臂检测到黑色的目标轨迹，自动将卸料臂与船方歧管保持水平，再利用激光测距传感器与比较器配合，将卸料臂水平推进，使整个法兰面受力均匀，确保对接完好。方案框图如图1所示。

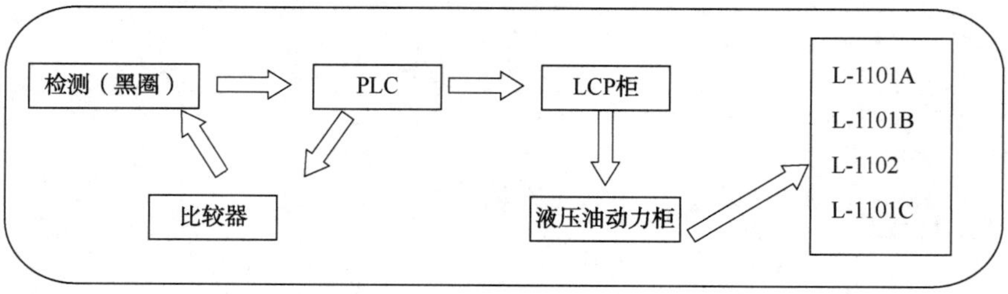

图1

2　卸料臂寻轨原理

卸料臂寻轨是指在船方歧管上套加一个带有黑圈的白方板如图二所示，利用黑线和白板的反光系数不同，可以根据反射接收的反射光强弱判断“轨迹”，采取方法是红外线探测。

红外探测法，即利用红外线在不同颜色的物体表面具有不同的反射性质的特点，在卸料臂运动过程中不断地向目标白板发射红外光，当红外光遇到白色时发生漫反射，反射光被装在卸料臂上的接收管接收；如果遇到黑线则红外光被吸收，卸料臂上的接收管接收不到红外光。单片机就是否收到反射回来的红外光为依据来确定黑线的位置，确保卸料臂和船方歧管水平。

红外线探头最好4个为一组，探头之间的间距由黑圈的宽度决定，每个卸料臂有5组，这样更能保证位置的准确性如图2所示。

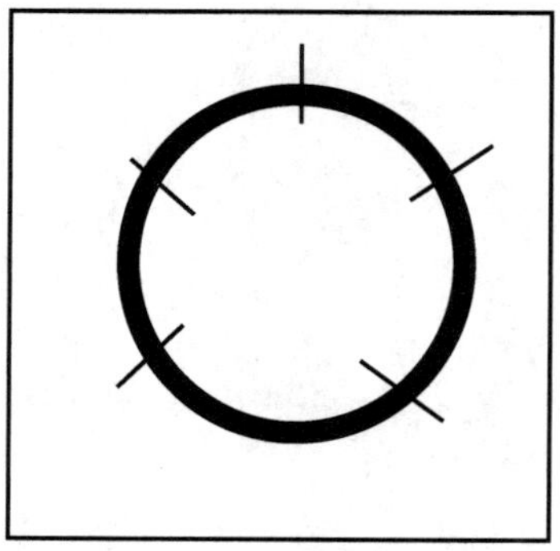

图2

3　激光测距传感器原理

激光测距传感器采用脉冲法。脉冲法测距的过程是这样的：发射器发射出的激光经被带黑圈的白板反射后又被接收器接收，同时记录激光往返所用时间。光速和往返时间的乘积的一半，就是传感器和目标轨迹之间的距离。脉冲法测量距离的精度是一般是在+/-10mm左。

激光测距是光波测距中的一种测距方式，如果光以速度U在空气中传播在传感器、白玻两点间往返一次所需时间为t，则传感器、白玻两点间距离 S 可用下列表示。

$$S = Ut/2$$

式中，S 为传感器、白板两点间距离；U 为速度；t 为光往返传感器、白板一次所需的时间。

当距离 $S = 0$ 时，说明卸料臂已经完全对接成功，接下来 PLC 控制快速耦合器关闭，整个卸料臂的自动对接完成。

LNG 接收站卸料臂自动对接技术将会是热门研究方向，当成功完成自动化对接技术，将会大大延长设备使用寿命，节约成本，同时减少了人员的操作，确保了人员的安全。

参 考 文 献

[1] LNG 卸料臂与船对接法兰面泄漏分析[J]. 焦月明，杨力，魏念鹰，陈帅，尹海，敬兴龙．管道技术与设备．2015(03).

[2] 闫赫．激光测距传感器的原理分析及应用[J]. 湘潭大学自然科学学报．2013(04).

[3] 王晓东．机器人测距传感器原理与应用综述[J]. 传感器世界．1996(02).

[4] 赵勇．传感器敏感材料及器件[M]. 机械工业出版社，2012.

[5] 曾一江主编．单片微机原理与接口技术[M]. 科学出版社，2006.

基于双碳目标下新能源分布式光伏项目全过程开发建设的研究与实践

曹　刚

（中石油渭南煤层气管输有限责任公司）

摘　要　随着国家“双碳”目标的提出，新能源分布式光伏行业发展迅速，特别是屋顶光伏因具有“因地制宜、清洁高效、分散布局、就近利用”的优势以及国家出台各项有利政策的支持，其成为各大企业进军光伏行业的重要吸引点和关注点。本文重点围绕屋顶分布式光伏特有的开发优势和成本，从项目开发方向、资源对接、现场踏勘等九个方面详细论述全过程开发建设与管理，且从七个方面分析分布式光伏存在的问题和解决措施，具有实际指导意义。

关键词　分布式光伏；新型电力；项目建设；过程开发；安全分析

1　分布式光伏的现状及发展趋势

我国分布式光伏发展主要经历三个阶段，第一阶段是理念形成和示范工程探索阶段（2009年—2012年），以光伏政策、光伏组件、光伏示范为主要内容的探索进行开展；第二阶段为全面推广阶段（2012年—2014年），随着市场机制体制不断完善，分布式光伏进入快速发展阶段，从政策、技术、运行模式等达到较为成熟的行业规范和效益；第三阶段为市场多元化推动阶段（2014年至今），随着分布式光伏发电商业模式的成熟，分布式光伏发电呈现爆发式增长，国家能源局发布2022年光伏发电建设运行情况，2022年新增并网容量8740.8万千瓦，同比增长59%。分布式光伏装机5111.4万千瓦，同比增长75%，占比58%；而分布式光伏中户用（屋）光伏装机达到2524.6万千瓦，在全部新增装机中占比近30%。

2　分布式光伏全过程开发与建设

分布式光伏建设分为项目策划与决策、项目准备、项目实施、项目竣工与验收四个阶段。整个过程简单分为前期和建设两阶段。“前期”以项目完成备案和取得并网批复为标志；“建设”以项目竣工为标志。分布式光伏开发与建设与传统的地面工程有相似之处，但又有所区别，如在项目开发模式、商业运行、并网投产、资料验收等，需要单独研究。整个项目开发与建设，如下图所示：

2.1　开发方向

2021年6月20日，国家能源局综合司下发《关于报送整县（市、区）屋顶分布式光伏开发试点方案的通知》，文件明确要求：试点县（市、区）党政机关建筑屋顶总面积可安装光伏发电的比例不低于50%；学校、医院、村委会等公共建筑屋顶总面积可安装光伏发电比例不低于40%”工商业厂房屋顶总面积可安装光伏发电比例不低于30%；农村居民屋顶总面积可安装光伏发电比例不低于20%。此后多个省、自治区、直辖市迅速响应，纷纷下发文件鼓励当地市县申报整县区域屋顶分布式光伏开发试点。

分布式光伏相比集中式光伏无论在项目审批备案、合规手续办理、并网批复等方面均有优点，流程相对简易，建设周期短、投资少等特点，为当前市场光伏开发的热点行业，本文重点论述屋顶分布式光伏项目全过程开发建设与实践。

2.2　资源对接

分布式光伏项目开发，针对招标项目：项目开发人员或投资者需及时关注当地政府招标公告，深入了解业主需求，结合自身资质、业绩等，编制投标文件，初步分析项目的可行性。

非招标项目：项目开发人员需拜访当地发改、住建部门和国家电网了解当地新能源光伏政策，重点对光伏指标、补贴优惠等详细了解，对项目备案、并网审批等程序清楚，从而更好的在项目决策和可行性研究阶段，对项目进行总体把控。

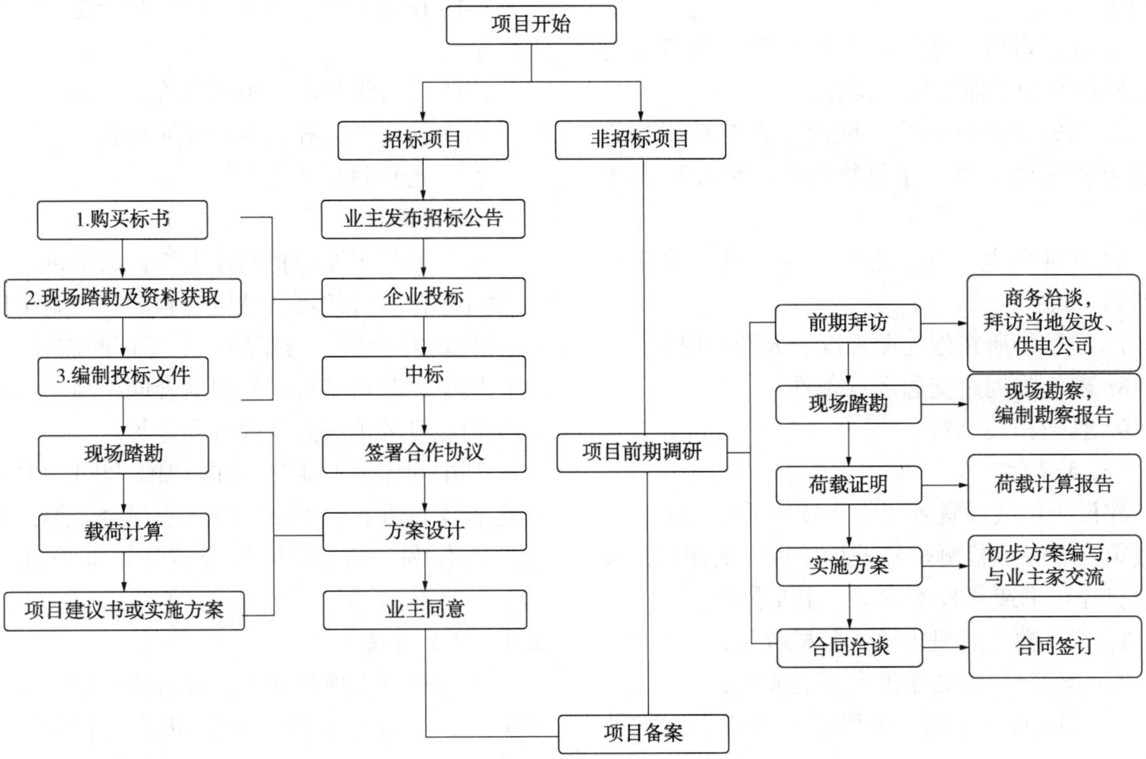

根据《国家能源局关于2019年风电、光伏发电项目建设有关事项的通知》，工商业分布式光伏项目是就地开发、就近利用且单点并网装机容量小于6兆瓦的户用光伏以外的各类分布式光伏发电项目，采用自发自用、余电上网模式的屋顶分布式光伏项目应满足上述要求，即装机容量应小于6兆瓦的项目由当地设区的市级政府审批。因此，较集中式光伏而言，分布式光伏在流程审批、资金投资、项目管理等方面具有更快捷、灵活的优点。

2.3 现场踏勘

详细深入现场实际，对光伏组件安装的建筑物屋顶的结构、朝向、周边遮挡、所有权等进行了解摸排，具体包括：

1. 企业或自然人基本情况：了解企业或自然人身份信息、生产经营等内容；

2. 房屋产权信息：核实屋顶产权归属及年限，该项内容对于后期项目建设、运维非常关键；

3. 屋顶(屋面)基本情况：查看屋面类型、新旧程度、平整度、安装角度、防水、风机、烟囱等；

4. 结构情况：查看建筑物内部结构、墙体、施工图纸，初步了解承载力情况，必要时需找第三方检测机构进行承载力试验的核算；

5. 用电负荷情况：了解实际用电负荷情况，分布式光伏一般采用自发自用，余电上网或全额消纳方式；

6. 变压器情况：严格按照变压器位置、容量和配比进行设置；

7. 周边建筑情况：观察拟安装光伏建筑的周边有无高达建筑物或其他可能遮挡光伏的情况；

8. 周边污染情况：建筑物周边有无产生粉尘或污染气体等企业，避免影响光伏组件清洁度，导致发电率降低或造成光伏面板的损坏；

9. 周边其他情况：是否为人群密集区或中大型小区，避免影响市区整体规划、市容市貌及造成部分光污染等情况。

通过详细了解，形成记录或调研报告，作为项目决策或可研设计重要的参考内容。

2.4 资料收集

在现场勘察的基础上，完成以下资料的收集，主要包括：

1. 国家及地方政府相关部门对分布式光伏的政策、文件，特别明确是否有补贴优惠；

2. 拟安装光伏建筑物的产权证明、建设年限、使用用途等；

3. 建筑物建筑设计图纸、施工图纸及整个平面图；

4. 现场电气图纸、电气接线图及高低压电缆走向图及变压器容量、位置；

5. 建筑物的承载力、屋面是否存在影响组件安装的其他实物、建筑物高度、屋面倾斜度等等；

6. 日常用电负荷、电费清单，确定采用电费消纳方式；

7. 建筑物所在地光照强度、光照小时数；

8. 建筑物周边交通运输条件；

9. 其他相关资料。

2.5 项目评估

建设单位或投资者组织有资质的设计单位人员或第三方专业检测机构进行项目前期评估，编制项目建议书或者技术方案，主要包括：

1. 项目拟定装机规模或装机容量；

2. 光伏组件安装角度和安装面积；

3. 项目消纳比例、电网接入条件、方式及位置；

4. 光伏组件和逆变器等主要设备的选型、技术标准；

5. 项目投资概算、平准化度电成本、收益率、回收年限等关键数据；

6. 自用比例及日常用电价格、方式等；

7. 项目所在地光照小时数、光照强度；

8. 建筑物屋面承载力以及雪荷载、风荷载等关键数据或者报告；

9. 评估需明确双方或三方合作模式，通常采用能源合管理模式。

2.6 项目启动

1. 公司注册

分布式光伏项目的开发，通常当地政府要求投资企业在当地注册成立新公司。投资者也可通过协商谈判，其他方式进行项目开发，如采用BOT、BOO模式。

2. 项目备案及并网批复

根据国家能源局下发的文件要求，鼓励企业开展分布式光伏建设，各地发改、电网公司积极配合项目备案、并网。分布式光伏备案所需资料：

（1）《项目备案表》；

（2）企业基本情况介绍；

（3）项目名称、装机规模、建设地点、建设内容；

（4）施工期限、竣工时间、投资总额、现场照片；

（5）委托设计单位资质及许可材料；

（6）法人及委托人身份证明材料；

（7）与项目相关的政策。

2.7 合同签订

合同签订主要包括与业主签订的EMC合司、与设计单位签订的可行性研究合同、与施工单位签订的EPC合同、与监理单位签订的监理合司、与国网电力公司签订的发用电合同、与第三方检测机构签订的承载力试验合同等等。

其中与屋顶业主签订的EMC合同，主要明确电费支付方式、价格、时间、租金等等，明确双方责任和义务(包括配合清洗、维护维修等等)。

2.8 项目建设

为尽快开展项目施工，分布式光伏通常采用EPC模式，EPC工程总承包包括三个阶段的工作内容，即设计(Engineering)、采购(Procurement)、施工(Construction)。

2.8.1 设计工作

（1）设计阶段：设计不仅包括方案设计，还包括设备主材的选型、施工图及综合布置详图设计，以及施工与采购规划在内的所有与工程的设计、计划相关的工作。

（2）方案设计主要研究工程方案，确定技术原则。包括编制工艺流程图、总布置图、工艺设计及系统技术规定等。

（3）详细设计主要是施工图及综合布置详图的设计、设备技术规定和施工技术规定。在设备订货、工程分包和施工验收工作中涉及的工程设计方面的问题以及施工过程中的设计修改也属于详细设计的范畴。

施工与采购规划主要包括确定施工方案、进行工程费用估算、编制进度计划和采购计划，建立施工管理组织系统以及取得建设许可证等工作。

2.8.2 采购工作

采购阶段，采购工作包括设备采购、设计分包以及施工分包等工作内容。其中有大量的对分包合同的评标、签订合同以及执行合同的工作。与我国建筑企业的采购部门相比，工作内容广泛，工作步骤也较复杂。

2.8.3 施工工作

施工管理阶段，除了工程总承包商必须负责的工程总体进度控制、品质保证、安全控制外，还要负责组织整个工程的服务体系(如现场的水平、垂直运输、临时电、水、场地管理、环保措施、保安等)的建立和维护。

2.8.4 EPC 工程总承包的特点

(1) 在 EPC 模式下，业主只要大致说明一下投资意图和要求，其余工作均由 EPC 承包单位来完成；

(2) 承包商承担设计风险、自然力风险、不可预见的困难等大部分风险；

(3) 在 EPC 模式下，一般采用总价合同；

(4) 通常所有材料与工程设备均由 EPC 承包单位来采购；

(5) 在 EPC 标准合同条件中规定由承包商负责全部设计，并承担工程全部责任，故业主无需过多地干预承包商的工作；

(6) EPC 合同条件的基本出发点是业主参与工程管理工作很少，因承包商已承担了工程建设的大部分风险，业主只需对里程碑节点进行验收。

2.9 项目投产验收

分布式光伏项目施工完成之后，有投资者提前准备并网验收相关资料，向国家电网公司申请并网验收。国家电网公司验收一般分为资料审核、现场勘察、计量设备安装调试、合同签订、合闸并网发电五个步骤。

2.9.1 资料审核

投资者按照国家电网要求，需提供以下资料：

(1) 并网验收申请表；

(2) 项目备案确认书；

(3) 项目电网接入方案；

(4) 企业营业执照、法人委托书、经办人身份证复印件；

(5) 项目设计单位资质、施工图纸、光伏组件等主要设备的合格证、现场照片；

(6) 光伏安装具体位置、装机规模及消纳方式。

2.9.2 现场勘查

国家电网公司营业销售部门联合计量、生产运行等部门前往现场进行实地勘察，勘察内容主要包括：

(1) 核实装机规模、装机位置、接入方式等是否与上报内容一致；

(2) 查看光伏组件、逆变器等关键设备规格型号，断路器、手动刀闸等符合方案要求；

(3) 与设备连接的电缆、高低压配电系统连接是否可靠，满足电气安装规范；

(4) 测试光伏阵列、逆变器等关键设备的接地是否满足规范要求，一般要求接地 4Ω 以下；

(5) 发现现场不满足验收规范的，要求及时整改。

2.9.3 计量设备安装调试

国家电网公司人员现场勘察合格之后，安装计量表、互感器等设备，经调试合格，满足并网要求。

2.9.4 合同签订

现场验收、调试全部合格后，组织合同签订工作。分布式光伏合同注意事项，主要包括电价、签订期限、结算周期等，一般为制式合同。

2.9.5 合闸并网

双方合同签订之后，国家电网公司安排人员进行现场启动逆变器、合闸并网，正式发电。

3 分布式光伏存在问题及分析

分布式光伏发电项目属于新能源范畴，依据《关于印发分布式光伏发电项目管理暂行办法的通知》(国能新能〔2013〕433 号)文件，要求分布式光伏项目：免除发电业务许可、规划选址、土地预审、水土保持、环境影响评价、节能评估及社会风险评估等支持性文件。但在分布式光伏项目实施过程中，还存在以下风险，进行分析：

3.1 安全间距的安全分析

电站设计充分考虑周边建筑物、高压电线、防火防爆场所等安全距离，如天然气集输场站屋顶光伏，工艺装置区离 10KV 以下户外变压器、配电间安全间距为 10m。

3.2 结构设计的安全分析

利用在已建好的混凝土屋面上布置太阳能电池组件支架，根据《建筑抗震设计规范》(GB50011-2010(2016 年版))的规定，原各类厂房抗震设防类别、建筑结构安全等级、框架抗震等级根据各类厂房的现状进行确定。

3.3 设计条件的分析

1. 结构设计使用年限：50 年(分布式光伏寿命为 25 年)。

2. 抗震设防：抗震设防烈度为7度，设计基本地震加速度值为0.15g，第二组。

3. 荷载取值有关参数：风荷载：基本风压0.35kN/m²(50年一遇)；雪荷载：基本雪压0.25kN/m²(50年一遇)。根据《建筑结构荷载规范》(GB50009-2012)的相关规定进行确定，太阳能光伏板荷载为0.15kN/m²，因此满足要求。

4. 屋面光伏结构设计：光伏阵列支架一般采用钢结构，每个支架单元由4榀框架和2根次梁组成，前立柱、后立柱、主梁组成一榀框架。支柱与屋顶预埋件采用焊接，主梁、次梁之间均采用螺栓连接。

5. 地面光伏支架设计：地面光伏支架为偏心支撑框架和抗弯框架体系的钢结构，并呈东西对称布局，高度为一般为2.5m。结构主要构件拟采用H型钢和矩形钢管，材质Q235B。钢柱与钢梁、钢梁与钢梁通过垫板、螺栓及焊缝等方式连接。

3.4 设备设施相关安全分析

3.4.1 总体布置危险性分析

若光伏板布置不合理将造成太阳能资源利用不合理、线路损耗及结构工程量增加；光伏板间距优化程度不合理，也可能会产生因阴影遮挡导致发电量减少或过大间距造成土地资源浪费，导致电站经济效益降低。

3.4.2 施工过程安全分析

施工总平面布置中，场内道路，当光伏板布置不合理时，会影响施工、运行、检修的道路通畅，同时可能会增加电缆穿路的工程量，也会由于车辆通行碾压，影响电站运行管理和机电线路的安全。

3. 光伏电站选择场地地形较平坦，地表水排泄通畅，原则上不会存在泥石流、滑坡等不良地质现象。

4. 主要建(构)筑物及生产设备分析

支架及地基基础缺陷，场区地基土对混凝土结构、钢筋混凝土中的钢筋、钢结构均具有微腐蚀性，采取相应的防腐措施。地面支架基础，拟采用C30混凝土(配筋)浇筑，地下为70cm，地面以上为30cm混凝土支柱，满足地基要求。

3.5 电气系统分析

互感器：若在制造过程中绝缘体(环氧树脂)存在气泡或绝缘材料不纯，经过一定时间的运行，绝缘不断下降，可能存在电缆破裂的风险。一般采用符合规范要求的产品，且提供合格证书等证明类文件。

继电保护系统：若继电保护装置存在设计、制造、调试等环节存在问题，可能存在设备损坏、停电等风险。一般采用经过符合规范要求的继电设备，且提供合格证书等证明类文件。

电缆：若电缆制造时存在隐患，将会引起电缆相间或相对地击穿短路；过电压使电缆击穿短路。安装不当、电缆敷设时曲率半径过小，可能导致绝缘损坏引发电站停电的风险。

3.6 生产过程中主要危险因素

3.6.1 火灾危险性分析

建(构)筑物火灾：严格按照消防安全管理要求，光伏项目现场需配备符合规范要求的干粉灭火器和二氧化碳灭火器。

电气设备火灾：除设备缺陷、安装不当等设计和施工方面的原因外，电气设备过热和火花或电弧是引发火灾事故的直接原因，可能导致火灾风险。严格按照消防安全管理规定，设立符合要求的灭火器材，同时编制施工方案、应急预案及所有施工人员的安全入厂培训，重点对现场专职安全员进行灭火器、应急程序等进行培训，经考核合格，方可入厂。

3.6.2 物体打击危险性分析

在生产作业中，使用手动工具操作或手工装配工件时，由于工具有缺陷、用力不当打偏、脱手坠落等原因引发的物体打击。严格按照施工方案和培训要求，针对物体打击进行危害因素辨识，并制定相应的管控措施。

3.6.3 机械伤害危险性分析

电站在运行期间设备检修、维护时，使用各种机械设备，有发生机械伤害的可能，造成机械伤害的原因有：设备运行时部件飞出；设备安装、维修、维护不当，导致设备的安全性能不佳；设备检修期间设备误动作；工作场所环境不良；违反操作规程；设备自身存在故障。针对机械伤害风险，进行作业过程中的风险辨识，制定对应的管控措施，并进行现场专职监护。

3.6.4 电伤害危险性分析

触电事故：作业人员在电站运行过程中因安全防护装置缺陷、作业工具不良、违章作业或设备绝缘状况不好、故障、作业环境不良、维护管理不善等，可能发生触电与电气火灾的风险，严格按照应急预案和施工方案进行处置。

3.6.5 其他安全分析

分布式光伏发电项目还需考虑是否涉及自然保护区、风景名胜区、饮用水源地保护区等重要环境敏感区。工程建设不会损毁地表植被，破坏陆生动物生境，导致地表裸露，产生水土流失；施工期将产生施工设备噪声影响，施工扬尘和少量生产生活污水，运行期产生清洗废水影响。这些影响均可采取相应的环境保护措施将其降低到较小程度。

3.7 设备安全设计防范措施

1. 开关遮断容量要依据电力中心调度提供的短路阻抗值计算短路电流选择。

2. 对电站土壤电阻率进行测量，根据测量结果，确定接地体，考虑是否采用降阻剂等措施，再敷设人工接地网。

3. 加强真空断路器的管理维护工作，当断路器达到一定的操作和动作次数后，可能引起传动机构的疲劳、变形、断裂等问题。因此，应及时对真空断路器进行维护，定期进行真空度的检验。

4. 严格按有关规定对新购光伏设备进行验收，确保改进措施落实在设备制造、安装、试验阶段，投产时不遗留同类型问题。

5. 控制器、交流配电柜的设备的金属框架必须接地；交流配电柜送电出口处须安装避雷装置。

6. 配电线路在低压架空配电线路的电源端应安装剩余电流动作保护装置。

参 考 文 献

[1]《国家发改委 财政部 国家能源局关于 2018 年光伏发电有关事项的通知》(发改能源〔2018〕823 号).

[2]《屋顶分布式光伏项目开发指导手册》.

[3]《村级光伏帮扶电站专业运维手册》(农业农村部、国家能源局国家乡村振兴局).

[4]《分布式光伏项目国企开发模式及风险研究》(董霞威、马长啸、黄海等).

[5] 国家能源局综合司下发《关于报送整县(市、区)屋顶分布式光伏开发试点方案的通知》.

天然气净化厂低碳运行评价指标体系研究

黄薪宇　刘　毅　周　微　王红娟　唐红英

（中国石油西南油气田分公司）

摘　要　现国家大力提倡环保低碳，企业绿色转型势不可挡。天然气净化厂在天然气上游版块中能耗占比较大，其生产生产过程中会产生大量的温室气体排放。其低碳运行水平直接关系到公司企业整体的绿色发展。在大力发展天然气的同时，亟需在原经济运行的基础上，考虑碳排放和新能源运用的相关因素，建立一套低碳运行评价指标对天然气净化厂进行低碳运行方面的约束。

关键词　低碳；节能；评价；净化厂；指标体系

1　引言

2020年9月22日，习近平主席在第七十五届联合国大会上提出“中国力争2030年实现碳达峰，努力争取2060年实现碳中和”。能源生产和消费相关活动是最主要的二氧化碳排放源，大力推动能源领域碳减排是做好碳达峰碳中和工作、加快构建现代能源体系的重要举措。石油、天然气作为中国重要的能源消费类型，其在能源需求方面的贡献不可磨灭，因此，油气企业必须进一步加快向绿色低碳能源转型的步伐。“双碳”目标下，天然气与石油的发展前景不同，天然气的碳强度更低，是更为环保的能源，也是低碳转型发展最现实的选择。然而，天然气处理过程中的碳排放量较大，需要采取相应措施进行碳排放的控制。此外，借鉴其他行业碳减排与评价的做法，也需要建立天然气净化厂低碳运行评价指标体系，有效促进天然气净化厂节能降碳。

2　天然气净化厂碳源分析

天然气净化厂低碳运行受多个环节影响，因此需要考虑多种影响因素，首先我们需要摸清典型天然气净化厂的碳排放源。

（1）直接碳排放

直接排放源是指由油气行业所拥有或控制的温室气体排放源。天然气净化厂中的直接碳排放主要来源于燃料燃烧排放、火炬放空排放、工艺尾气排放以及逸散排放。

其中燃料燃烧排放是指天然气净化各个环节化石燃料用于动力或者热力供应的燃烧过程产生的二氧化碳排放。

火炬放空排放可分为热放空和冷放空。热放空即是火炬气体燃烧后排放，是指出于安全等目的，将产生的可燃废气集中到一至数只火炬系统中进行排放前的燃烧处理，该过程也会产生二氧化碳排放。冷放空是指将直接将可燃废气进行放空，该过程会产生甲烷的排放。

工艺尾气排放是指在天然气净化环节中，含硫天然气经过尾气处理工艺过程后的达标尾气的二氧化碳排放。

逸散排放是指那些未经组织的排放来源，主要是在处理过程中产生的逸散排放，排放的温室气体以甲烷为主。

（2）间接碳排放

该部分碳排放主要是指净购入电力间接的二氧化碳排放，该部分排放实际上发生在生产这些电力的企业，但由天然气净化相关过程引起，依照约定也计入天然气净化厂名下。

3　碳排放测算

关于碳排放量的准确计算尚处于探索阶段，因此确定碳排放量的时候需要根据相关公式进行计算、确定，以得出较为准确的结果。论文主要是利用排放系数法进行相关的碳排放模拟测算。

国际温室气体核算体系普遍采用政府间气候变化专门委员会（IPCC）编制的《2006 IPCC 国家温室气体清单指南》（2019年改进版）。它是当前适用性比较广泛的标准，世界各国在制定本国的温室气体核算体系大多都以《IPCC 指南》为准。2011年3月，国家发改委办公厅发布了《省级温室气体清单编制指南（试行）》（发改办气候〔2011〕1041号），省级能源活动温室气体清单编制总体上遵循《IPCC 国家温室气体清单指南》的基本方法。

2014 年 12 月，国家发改委办公厅发布了《国家发展改革委办公厅关于印发第二批 4 个行业企业温室气体排放核算方法与报告指南(试行)的通知》(发改办气候〔2014〕2920 号)，通知中规定了中国石泊和天然气生产企业温室气体核算的参考指南——《中国石油天然气生产企业温室气体排放核算方法与报告指南(试行)》。该指南中的排放量计算方法整体参考《2006 年 IPCC 国家温室气体清单指南》和《省级温室气体清单编制指南(试行)》。

本文中所有碳排放的计算均对照《中国石油天然气生产企业温室气体排放核算方法与报告指南(试行)》进行。

天然气净化厂的主要能源是天然气和电力，核算前首先需要摸清这两部分能源消耗的走向。天然气和电力的流向如下图所示。

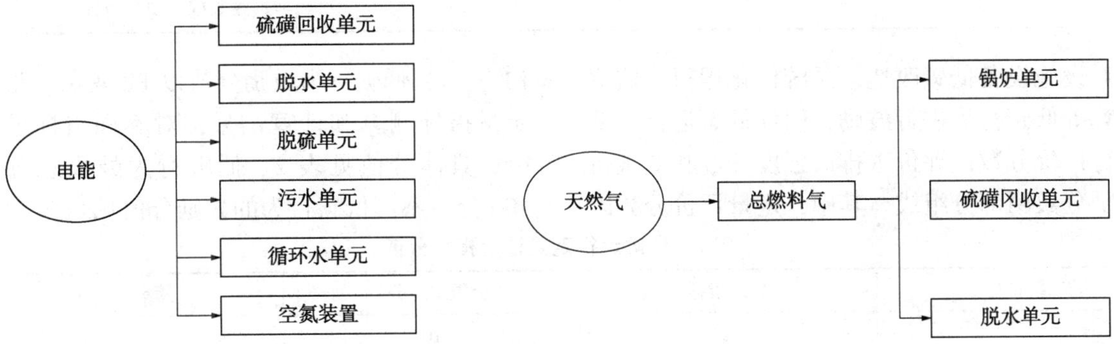

(a) 电能走向　　(b) 天然气能源走向

图 1

4 天然气净化厂低碳运行指标体系建立

综合考虑碳排放源、碳核算方法以及减排途径三个角度，并结合现有的一些文献和规范标准，构建天然气净化厂低碳运行评价指标体系。

低碳运行评价指标体系包括定量评价和定性评价两类。定量评价是结合净化厂经济运行和碳排放相关指标为基础的评价，定性评价是对设施设备低碳改造、优化运行、低碳建设、监测与核算等低碳行为的评价。低碳运行评价指标体系详见表 1。

表 1　低碳运行评价指标体系

分类	一级指标	二级指标	三级指标
定量评价	重点耗能设备	锅炉	锅炉热效率
		燃气加热炉	燃气加热炉热效率
		风机	风机机组效率与额定效率之比
		天然气压缩机	天然气压缩机机组效率
		泵	泵机组效率
		尾气焚烧炉	装置处理万方原料天然气时尾气焚烧炉耗气量(标况)
	碳排放	碳排放强度	直接碳排放强度 Ed
			间接碳排放强度 Ei
	碳减排	碳减排量	二氧化碳减排量
			甲烷减排量
			二氧化碳捕集量
	新能源	新能源利用率	清洁能源利用率
			电气化率
	区域绿化	区域可绿化面积的绿化覆盖率	区域可绿化面积的绿化覆盖率

续表

分类	一级指标	二级指标	三级指标
定性评价	低碳行为	设备设施低碳改造	提升设备电气化率
			能效提升
			常规火炬改造
		系统优化运行	“关停并转”相关改造
			运行参数优化
			运行流程优化
		监测与核算	温室气体现场监测并形成监测报告
			碳排放核算与低碳运行自评价

对设施设备低碳改造、系统优化运行、监测与核算等低碳行为进行鼓励，引导低碳运行。低碳运行评价分数由评价碳排放强度分数和低碳行为鼓励分数两部分组成。其中，定量评价分数以F1表示，低碳行为鼓励分数以F2表示。根据碳定量指标测算和计算结果，对不同指标进行赋分，具体分值见表2。低碳行为鼓励总分数为100分，不同低碳行为的鼓励分值见表3。

表2　低碳运行定量评价指标分值

二级指标	具体指标	分数F1(分)	备注(依据)
锅炉	运行经济	10	GB/T 10180、SY/T 6836—2021
	运行合理	8	
	运行不经济	6	
燃气加热炉	运行经济	10	SY/T 6381、SY/T 6836—2021
	运行合理	8	
	运行不经济	6	
风机	效率之比大于0.85	10	GB/T 15913、SY/T 6836—2021
	效率之比0.7~0.85	8	
	效率之比小于0.7	6	
天然气压缩机	运行经济	10	GB/T 33754、SY/T 6836—2021
	运行合理	8	
	运行不经济	6	
泵	运行经济	10	GB/T 13468、SY/T 6836—2021
	运行合理	8	
	运行不经济	6	
尾气焚烧炉	耗气量小于设计值的95%	10	SY/T 6836—2021
	耗气量在设计值的95%~105%	8	
	耗气量大于设计值的105%	6	
碳排放强度	$90 \leq E_d < 100$	10	—
	$75 \leq E_d < 90$	8	
	$E_d < 75$	6	
碳减排量	大于1万吨/年	10	—
新能源利用率	20%	10	—
区域可绿化面积的绿化覆盖率	区域可绿化面积的绿化覆盖率达100%	10	若不符合，此项为0分

表 3 低碳行为鼓励分数

二级指标	三级指标	分数 F2(分)
设备设施低碳改造	提升设备电气化率	10
	能效提升	10
	常规火炬改造	10
系统优化运行	“关停并转”相关改造	10
	运行参数优化	5
	运行流程优化	5
监测与核算	温室气体现场监测并形成监测报告	25
	碳排放核算与低碳运行自评价	25

低碳运行评价定量指标的分数权重占比为0.8，低碳行为鼓励分为权重为0.2。根据低碳运行评价总分数，评价等级分为一级、二级、三级、四级，具体见表5。

表 4 低碳运行等级划分

得分区间	评价等级
<60	四级
60~75	三级
75~85	二级
>85	一级

5 结论

在我国大力倡导低碳发展的背景下，许多学者针对不同低碳领域均开展了指标体系研究。如何评价天然气净化厂低碳运行水平，本文提出了一套低碳运行评价指标体系，主要包括定量评价和定性评价，涵盖净化厂重点耗能设备，新能源利用以及碳监测和核算等方面。该评价指标体系对促进各天然气净化厂节能减排工作具有十分现实的意义。

参 考 文 献

[1] 李子旭，牛黎明，安宝晶．“双碳”目标下油气行业的机遇与挑战[J]．能源与节能，2022(10)：158-161.
[2] 马永生，蔡勋育，罗大清，徐旭辉，赵培荣，蒋珊，郗凤云．“双碳”目标下我国油气产业发展的思考[J]．地球科学，2022，47(10)：3501-3510.
[3] 邬高翔．天然气净化厂高含CO2尾气捕集工艺技术研究[D]．西安石油大学，2020.
[4] 雷英，刘蕾，唐伟，青胜兰，张杰．天然气处理厂节能减排对低碳经济的推动作用[J]．石油与天然气化工，2011，40(04)：358-361+324-325.
[5] 魏倩倩，薛晔．中国能源技术经济高质量发展的指标体系研究[J]．煤炭经济研究，2020，40(08)：64-72.
[6] 殷建平，张孝童．绿色发展背景下国内外石油公司的低碳策略探究[J]．对外经贸实务，2022(05)：21-24.
[7] 黄海．“双碳”目标下石化行业关键低碳技术综合评估分析与减排贡献研究[J]．当代石油石化，2022，30(02)：11-17.
[8] 杜小武，刘一臣．石油天然气产业低碳经济竞争力评价指标体系的构建[J]．科技和产业，2017，17(04)：1-4.

在用燃气工业锅炉能效测试分析与研究

董栖君[1,2]　赵　靓[1,2]　尹晓云[1,2]　曾鹏升[1,2]　苏　明[1,2]

（1. 中国石油西南油气田分公司；2. 国家能源高含硫气藏开采研发中心）

摘　要　为进一步了解天然气净化行业在用锅炉整体运行及能源使用情况，做好节能潜力挖掘及降本增效技术储备，本文选取净化厂在用的9台锅炉进行节能监测。采用锅炉运行工况热效率详细测试方法，对锅炉热效率、排烟温度、排烟处过量空气系数等参数进行测试。对照标准，找出存在的问题并分析原因，提出相应的整改对策。测试结果表明：排烟温度均达到标准要求；排烟处过量空气系数在1.11~1.34之间，达标率为66.67%；锅炉平均热效率为91.78%，达标率为88.89%。测试结果可为天然气净化行业节能降耗工作提供依据。

关键词　工业锅炉；节能监测；热效率；过量空气系数；排烟温度

在生产制造业中，工业锅炉负责提供生产所需蒸汽介质和热量。作为主要耗能设备，其运行效率对天然气净化行业能源使用情况影响较大，应作为节能降耗的重点对象。锅炉节能监测是反映锅炉实际运行状况的重要措施。通过监测，发现日常运行中存在的问题并及时组织整改，提高锅炉运行效率，减少能源使用量。

1　节能监测对象和监测方法

1.1　监测对象

本次进行能效测试的各锅炉基本情况见表1。

表1　各锅炉基本情况

编号	型号	地点	生产日期	额定发热量(t)	额定蒸汽压力(MPa)	额定蒸汽温度(℃)
锅炉1	SZS35-4.2/360-Q	四川宣汉	2020.7	35	4.20	360.0
锅炉2	SZS35-1.25-Q	四川资阳	2019.6	35	1.25	194.0
锅炉3	SZS35-1.25-Q	四川资阳	2019.3	35	1.25	194.0
锅炉4	SZS35-1.25-Q	四川资阳	2019.4	35	1.25	194.0
锅炉5	SZS35-1.25-Q	四川资阳	2019.3	35	1.25	194.0
锅炉6	WNS15-1.25-Q	重庆忠县	2004.9	10	1.25	193.0
锅炉7	WNS15-1.25-Q	重庆忠县	2004.9	10	1.25	193.0
锅炉8	WNS15-1.25-Q	四川广元	2019.7	15	1.25	193.4
锅炉9	WNS15-1.25-Q	四川广元	2019.7	15	1.25	193.4

1.2　监测依据

本次测试采用GB/T 10180—2017《工业锅炉热工性能测试规程》（下文简称10180）中锅炉运行工况热效率详细测试方法及计算公式，评价依据GB/T 17954—2007《工业锅炉经济运行》（下文简称17954）。

1.3　监测仪器

依据10180，测试仪器仪表及要求见表2。

1.4　计算方法

锅炉运行工况热效率详细测试是在评价工业锅炉在实际运行参数下能效状况或进行节能诊断时使用的测试方法。本次测试选用该方法以确保结果准确。采用反平衡法计算锅炉热效率，主要的能效指标为热效率、排烟温度、排烟处过量空气系数。

表 2　工业锅炉测试仪器仪表

序号	测试项目	测试仪器	准确度等级(分度值)	
1	大气压力	空盒气压表	(1 hPa)	
2	烟气组分	多功能烟气分析仪	O_2	(±0.01%)
			CO	($\pm1\times10^{-6}$)
			SO_2	($\pm1\times10^{-6}$)
			H_2	($\pm1\times10^{-6}$)
	排烟温度		H_2S	($\pm1\times10^{-6}$)
			CO_2	(±0.01%)
			C_mH_n	($\pm1\times10^{-6}$)
			排烟温度	(±0.1℃)
3	环境温度	数字温度计	B 级	
4	燃料气流量	在线仪表	1.0 级	
5	燃料气压力	在线仪表	1.6 级	
6	燃料气温度	在线仪表	0.5 级	
7	给水流量	在线仪表	1.0 级	
8	给水压力	在线仪表	1.6 级	
9	给水温度	在线仪表	0.5 级	
10	蒸汽流量	在线仪表	1.0 级	
11	蒸汽压力	在线仪表	1.6 级	

依据 10180，燃气锅炉反平衡热效率计算公式为：

$$\eta_2=100-(q_2+q_3+q_4+q_5+q_6+q_7) \quad (1)$$

式中，η_2为锅炉反平衡热效率，%；q_7为石灰石脱硫热损失，%；q_6为灰渣物理热损失，%；q_5为散热损失，%；q_4为固体不完全燃烧损失，%；q_3为气体不完全燃烧损失，%；q_2为排烟热损失，%。

燃气锅炉不涉及固体不完全燃烧损失、灰渣物理热损失以及石灰石脱硫热损失，燃气锅炉的q_4、q_6、q_7为 0。因此针对燃气锅炉，其反平衡热效率公式为：

$$\eta_2=100-(q_2+q_3+q_5) \quad (2)$$

q_2为锅炉热损失的主要部分，一般装有省煤器情况下，q_2在 6%～12%之间，未装省煤器时，q_2往往高达 20%以上。依据 10180，燃气锅炉q_2按照以下公式计算：

$$q_2=\frac{K_{q4}}{Q_{in}}(h_{ds}-h_{ca})\times100 \quad (3)$$

式中，h_{ca}代表入炉冷空气焓，kJ/kg；h_{ds}代表排烟处烟气焓，kJ/kg；Kq_4代表修正系数，%；Q_{in}代表输入热量，kJ/kg。

由公式(3)可知，影响锅炉排烟热损失的参数有输入热量、排烟处烟气焓以及入炉冷空气焓。输入热量及入炉冷空气焓无法调整，燃气锅炉无q_4，得出Kq_4为 1。因此对排烟温度影响最大的是排烟处烟气焓。其计算公式为[2]：

$$h_{ds}=V_{d,fg}c_{d,fg}t_{ds}+V_{H_2O}c_{H_2O}t_{ds} \quad (4)$$

式中，$V_{d,fg}$代表排烟处干烟气体积，m^3/kg；V_{H_2O}代表排烟处水蒸气体积，m^3/kg；t_{ds}代表排烟温度，℃；$c_{d,fg}$代表排烟处干烟气平均比定压热熔，kJ/(m^3·℃)；c_{H_2O}代表排烟处水蒸气平均比定压热熔，kJ/(m^3·℃)。

排烟处干烟气体积的计算公式为：

$$V_{d,fg}=V_{RO_2}+V0_{N_2}+(\alpha_{ds}-1)V0 \quad (5)$$

式中，V_{RO_2}代表RO_2容积，m^3/kg；$V0_{N_2}$代表理论氮气体积，m^3/kg；$V0$代表理论空气量，m^3/kg；α_{ds}代表排烟处过量空气系数。

排烟处水蒸气体积的计算公式为：

$$V_{H_2O}=V0_{H_2O}+0.0161(\alpha_{ds}-1)V0 \quad (6)$$

式中，$V0_{H_2O}$代表理论水蒸气体积，m^3/kg。

理论氮气体积、理论空气量、理论水蒸气体积以及RO_2容积仅与燃料气组分相关。因此从计算公式(4)-(6)可以看出，对排烟热损失影响较大的参数是t_{ds}和α_{ds}[4]。t_{ds}、α_{ds}数值越大，排烟

热损失 q_2越大，锅炉热效率就越低。

2　在用工业锅炉节能监测数据统计分析

本次共对9台锅炉进行了测试，根据10180要求进行了计算，并对照评价标准17954对锅炉经济运行情况进行了评价。计算及评价结果见表3。

表3　工业锅炉节能监测数据表

编号	型号	额定发热量(t)	负荷率(%)	排烟热损失(%)	气体不完全燃烧损失(%)	散热损失(%)	热效率(%)	过量空气系数	排烟温度(℃)	运行级别
锅炉1	SZS35-4.2/360-Q	35	93.71	7.67	0.0900	1.10	91.14	1.22	156.90	二级运行
锅炉2	SZS35-1.25-Q	35	95.69	6.04	0.0003	1.10	92.86	1.15	127.57	一级运行
锅炉3	SZS35-1.25-Q	35	89.69	6.18	0.0000	1.10	92.72	1.19	125.83	一级运行
锅炉4	SZS35-1.25-Q	35	94.66	6.12	0.0005	1.10	92.78	1.17	125.43	一级运行
锅炉5	SZS35-1.25-Q	35	94.14	6.25	0.0004	1.10	92.65	1.21	125.77	二级运行
锅炉6	WNS15-1.25-Q	10	29.7	5.86	0.0001	5.73	88.41	1.34	119.40	不合格
锅炉7	WNS15-1.25-Q	10	42.30	5.53	0.0004	4.02	90.45	1.19	122.83	二级运行
锅炉8	WNS15-1.25-Q	15	85.07	6.16	0.0004	1.50	92.34	1.12	130.47	一级运行
锅炉9	WNS15-1.25-Q	15	84.87	5.83	0.0004	1.50	92.67	1.11	125.17	一级运行

从表3可以看出，本次测试的9台锅炉中，5台“一级运行”、3台“二级运行”、0台“三级运行”、1台“不合格”。占比情况见图1：

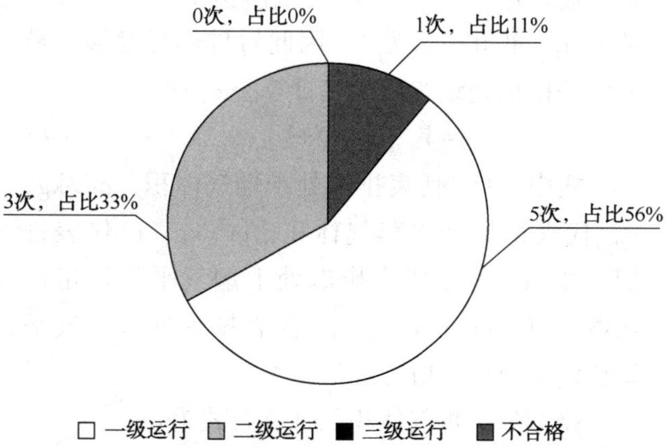

图1　锅炉监测结果占比图

通过本次抽查结果，可以看出净化厂锅炉运行情况总体较好，不合格数量仅为1，占比11%。该台不合格锅炉为锅炉6，生产日期为2004年9月，使用年限长且测试时锅炉负荷率低，仅有29.7%。

从表3可以看出气体不完全燃烧损失很少甚至没有，q_2对锅炉热效率影响最大，其范围在7.67%~5.53%之间，平均值为6.18%占总热损失的75.18%。

2.1　测试工业锅炉能效指标情况

2.1.1　排烟温度

根据17954的要求，有尾部受热面的燃气蒸汽锅炉排烟温度应小于160℃[5]。本次测试的所有燃气锅炉排烟温度在156.9~119.4℃之间，全部达到标准要求，总体达标率为100%。

2.1.2　排烟处过量空气系数

根据17954的要求，燃气工业锅炉排烟处过量空气系数应小于1.20[5]。本次测试的排烟处过量空气系数在1.34~1.11之间，有3组的过量空气系数不合格，分别是锅炉1、5、6，总体达标率为66.67%

2.1.3　锅炉热效率

锅炉热效率是反映锅炉运行经济性的一项非常重要的技术经济指标[6]。根据17954的要求，工业锅炉运行热效率指标分为三个等级，热效率指标不小于标准规定[3]。本次测试的锅炉热效率在92.86%~88.41%之间，平均热效率为91.78%。其中达一等热效率指标6次、达二等热效率指标2次、达三等热效率指标0次、低于三等热效率指标1次。低于三等运行的锅炉为6号锅炉。

2.2　工业锅炉能效存在的主要问题

2.2.1　过量空气系数超标

本次监测过量空气系数达标率为66.67%，

其余均不满足不超过 1.20 的标准要求，证明进入炉内的大量冷空气并未完全参加燃烧反应，未参与燃烧的部分随烟气排入大气并带走热量，使热损失增大，热效率降低[6]。主要是因为锅炉配风不合理，空燃比未达到最佳状态，导致空气系数超标。

2.2.2 部分老旧锅炉热效率低下

本次抽测的锅炉中锅炉 6 不合格运行。主要原因有(1)在测试该组数据时，净化厂负荷率低，因此该锅炉的负荷率也相对较低，仅有 29%。(2)该台锅炉为 2004 年 9 月生产使用的锅炉，而 17954 是 2007 年 11 月 8 日发布，2008 年 6 月 1 日实施的国家标准。因此，该锅炉在生产制造时并未参考 17954 对效率指标进行控制。

2.2.3 未能实现能源使用效率实时监控调整

现有的在线控制系统主要针对的是生产参数的监控和自动化调整。以锅炉为例，在线系统仅对能够直接测量得到的排烟处温度进行了实时监控，未对排烟处过量空气系数及锅炉热效率进行实施监控，现场管理人员无法及时作出相应调整。

3 燃气工业锅炉能效提升的建议

3.1 提升锅炉热效率

锅炉热效率直观的体现了锅炉能源利用情况，提升锅炉热效率是提高能源利用率最有效的方式

3.1.1 降低排烟温度

从本次抽测的情况来看，9 台锅炉的排烟温度均满足标准要求，但仍然有很大的节能空间。排烟温度每降低 15℃，热效率约提高 1 个百分点。目前净化厂使用的蒸汽锅炉排烟温度在 120℃左右，烟气中的水以气体形式存在。若在尾部增加烟气冷凝回收装置，将烟气温度降至烟气露点以下，烟气中的水蒸汽发生相变并释放热量，不但能够回收利用显热，还能够回收利用其中的潜热。锅炉理论热效率将超过 100%，大幅提高能源利用率。

3.1.2 合理配置空燃比

排烟处过量空气系数在很大程度上影响着锅炉热效率，一般过量空气系数每降低 0.3，锅炉热效率会提高约 1%。以监测得出的烟气组分与过量空气系数作为依据，对空燃比进行调整，在不产生不完全燃烧产物的情况下降低排烟处过量空气系数，使锅炉热效率有效提高。

3.1.3 避免低负荷运行

燃气工业锅炉处于低负荷状态下运行时，锅炉燃烧器的运行状态较差，出现燃料气燃烧不完全的情况。锅炉散热损失会相应增加，热效率下降。若因生产原因锅炉长期在低负荷状态下运行，建议对锅炉燃烧器进行改造，降低锅炉额定蒸发量，或进行更换处理。

3.2 加快推广建设能源管控系统

目前天然气净化行业正在开展能源管控系统试点工作，但绝大部分用能单位及重点用能设备没有使用能源管控系统。能源管控系统分为五个级别，计量级、监测级、分析级、优化级及智能级。以监测级为目标加快推广使用能源管控系，提升重点用能设备能效管理，达到自动采集能源计量数据以及在线计算能源绩效参数和异常报警的功能，为节能节水精细化管理提供基础。

3.3 引进锅炉节能新技术

开展新兴锅炉节能技术调研推广工作，如目前尚未大规模推广应用的烟气余热冷凝回收利用技术、余热发电技术等。结合锅炉余热资源情况，规划余热利用节能减排项目建设。

4 结束语

工业锅炉节能监测是锅炉能源利用情况诊断的基础手段，定期开展该项工作有利于工业锅炉节能潜力挖掘和节能技措的制定实施。从本次监测可以看出净化厂的工业锅炉运行状态良好，但仍然存在少量运行不合格现象。本文对照标准，分析不合格原因，有针对性的提出了烟气冷凝回收、合理控制空燃比等提效措施，为净化厂工业锅炉高效、经济运行提供了有力支撑。

参 考 文 献

[1] 李茂东，黎华，钟志强．工业锅炉能耗现状分析与节能措施[J]．石油和化工设备，2009，12(7)：67-69.

[2] GB/T 10181—2017 工业锅炉热工性能试验规程[S].

[3] 艾利兵．艾利兵．提高锅炉供热效率的途径[J]．天然气技术，2009，3(2)：58.

[4] 郑祖芳，曾华，沈和平，等．提高注汽锅炉系统热效率研究[J]．石油机械，2003，31(6)：12-14.

[5] GB/T 17954—2007 工业锅炉经济运行[S].
[6] 沈芳平．锅炉热效率计算方法研究与软件开发[D]．东南大学，2004.
[7] 卢黎明，黄晖，曹勇等．在用工业锅炉能效状况分析与对策[J]．工业锅炉，2016(1) 44-46.
[8] Qu M，Abdelaziz O，Yin H．New configurations of a heat recovery absorption heat pump integrated with a natural gas boiler for boiler efficiency improvement[J]．Energy Conversion & Management，2014，87：175-184.
[9] 欧凤林．在役燃气工业锅炉定期能效测试分析与研究[J]．工业计量，2021，31(2)：．70-73.
[10] Yaverbaum L．Energy savings by increasing boiler efficiency[J]．noyes data，1979.

分布式光伏电站在储油库加油站中的应用

郭　杰　李宗宁　苟明跃　段庆峰　许春国

（中国石油天然气第一建设有限公司）

摘　要　为全面贯彻落实生态文明建设重要思想及绿色高质量发展等系列精神，实现全面加快石油石化企业绿色低碳发展目标。分布式光伏发电遵循因地制宜、清洁高效、分散布局、就近利用的原则，充分利用当地太阳能资源，将太阳能直接转换为电能的分布式发电系统，对于替代和减少化石能源消费起到了一定的作用，成为一种新兴的清洁能源利用方式。本文以某石油销售公司储油库和加油站建筑物屋面分布式光伏发电站的设计、安装为例，介绍其在石化行业中的应用。

关键词　光伏发电；新能源；原理；系统组成；特点；设计；安装

1　工程实例

本次分布式光伏发电项目共涉及储油库3座，总装机容量505kW，平均每座装机容量168kW，采用屋面与地面结合布设；加油站39座，总装机容量836kW，平均每座装机容量21kW，均为屋面布设。布设方式均选用最佳倾角型式，发电为自发自用，余电上网。

图1　屋面分布式光伏发电站实景图

2　分布式光伏发电系统原理及组成

2.1　光伏发电原理

光伏发电是利用半导体界面的光生伏特效应而将光能直接转变为电能的一种技术。这种技术的关键元件是太阳能电池。太阳能电池是一种具有光、电转换特性的半导体器件，它直接将太阳辐射能转换成直流电，是光伏发电的最基本单元。太阳能电池经过串联后进行封装保护可形成大面积的光伏电池组件，转换的电能贮存在蓄电池组中，转换出的电能属于直流电，无法并网与直接使用，通过逆变器可以将直流电转换成交流电，然后再通过并网柜将光伏发电站的电能并入电网，并提供安全稳定的电力输出，详见图2。

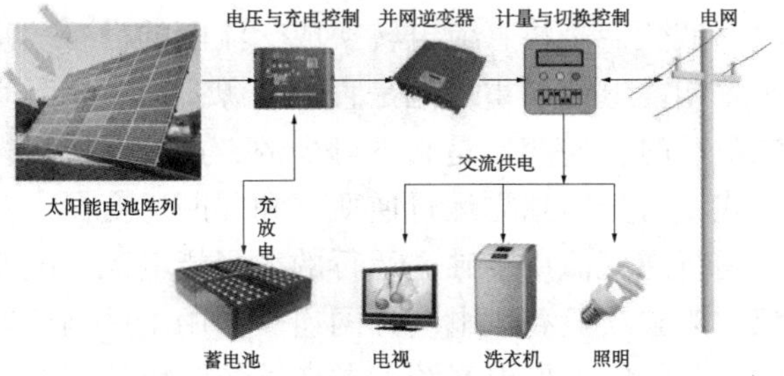

图2　光伏发电系统工作原理

2.2　分布式光伏发电系统组成

分布式光伏发电系统主要由光伏电池组件、蓄电池组、控制器、逆变器、并网柜五部分组成。

光伏发电系统运行模式是在有太阳辐射的条件下，光伏电池组件将太阳辐射能转换成直流电，经过直流汇流箱集中送入直流配电柜，由并网逆变器逆变成交流电供给建筑自身负载，多余或不足的电力通过连接电网来调节。

2.2.1　光伏组件

在有光照(无论是太阳光，还是其它发光体产生的光照)情况下，电池吸收光能，电池两端出现异号电荷的积累，即产生“光生电压”，这就是“光生伏特效应”。在光生伏特效应的作用下，太阳能电池的两端产生电动势，将光能转换成电能，是能量转换的器件。太阳能电池一般为硅电池，分为单晶硅太阳能电池，多晶硅太阳能电池和非晶硅太阳能电池三种。

2.2.2　蓄电池组

蓄电池组作用是贮存太阳能电池方阵受光照时发出的电能并可随时向负载供电。太阳能电池发电对所用蓄电池组需要具备以下基本要求：

（1）自放电率低；

（2）使用寿命长；

（3）深放电能力强；

（4）充电效率高；

（5）少维护或免维护；

（6）工作温度范围宽；

（7）价格低廉。

2.2.3　控制器

控制器能自动防止蓄电池过充电和过放电的设备。由于蓄电池的循环充放电次数及放电深度是决定蓄电池使用寿命的重要因素，因此能控制蓄电池组过充电或过放电的充放电控制器是必不可少的设备。

2.2.4　逆变器

逆变器是将直流电转换成交流电的设备。由于太阳能电池和蓄电池是直流电源，而负载是交流负载时，逆变器是必不可少的。逆变器按运行方式，可分为独立运行逆变器和并网逆变器。独立运行逆变器用于独立运行的太阳能电池发电系统，为独立负载供电；并网逆变器用于并网运行的太阳能电池发电系统。逆变器按输出波型可分为方波逆变器和正弦波逆变器。方波逆变器电路简单，造价低，但谐波分量大，一般用于几百瓦以下和对谐波要求不高的系统；正弦波逆变器成本高，但可以适用于各种负载。

2.2.5　并网柜

光伏并网柜是一种用于太阳能光伏电站的电力接口设备。该设备具有电源分配、电能计量、保护控制等功能，可以将太阳能光伏发电系统产生的电能并入电网，并提供安全稳定的电力输出。光伏并网柜通常由组件包括光伏逆变器、电源保护开关、电流互感器、电能计量仪、PLC控制器、温度传感器、通信模块等。

3　分布式光伏的特点

分布式光伏发电特指采用光伏组件，将太阳能直接转换为电能的分布式发电系统。它是一种新型的、具有广阔发展前景的发电和能源综合利用方式。应用最为广泛的分布式光伏发电系统，是建在城市建筑物屋顶的光伏发电项目，它倡导就近发电，就近并网，就近转换，就近使用的原则，不仅能够有效提高同等规模光伏电站的发电量，同时还有效解决了电力在升压及长途运输中的损耗问题。

建筑屋面分布式光伏发电具有以下特点：

（1）输出功率相对较小。

一般而言，一个分布式光伏发电项目的容量在数千瓦致数十千瓦间。与集中式电站不同，光伏电站的大小对发电效率的影响很小，因此对其经济性的影响也很小，小型光伏系统的投资收益率并不会比大型的低。

（2）污染小，环保效益突出。

分布式光伏发电项目在发电过程中，没有噪声，也不会对空气和水产生污染。

（3）能够在一定程度上缓解局地的用电紧张状况。

分布式光伏发电的能量密度相对较低，每平方米分布式光伏发电系统的功率仅约100瓦，再加上适合安装光伏组件的建筑屋顶面积有限，不能从根本上解决用电紧张问题。

（4）可以发电用电并存。

大型地面电站发电是升压接入输电网，仅作为发电电站而运行；而分布式光伏发电是接入配电网，发电用电并存，且要求尽可能地就地消纳。

4　屋面分布式光伏发电站的设计

本项目光伏发电项目共涉及储油库3座，加油站39座，几乎均为屋面布设。布设方式均选用最佳倾角型式。

4.1　设计流程及选型

发电站的电能通过380V并网点接入用户低压侧实现光伏并网供电，利旧改造原有供配电系统设置逆变器和并网箱。光伏电站按“无人值班”（少人值守）的原则进行设计。

太阳能光优组件选用550Wp单晶硅组件，尺寸为2278×1134×35（mm）；逆变器选用组式逆变器具备防孤岛保护、各种电流电压保护、漏电保护以及绝缘阻抗检测等保护功能。

光伏电缆采用PV1-F 1×4mm^{2}电缆，交流低系统采用ZR-YJV-06/1kV-5芯电缆。

4.2　设计难点

受到屋面结构型式和平面布置差异的影响，

不同屋面的设计型式都有一定的区别，因此屋面分布式光伏发电站的设计难点在于实地踏勘。

首先需要勘察屋面的结构型式，通过原有设计图纸了解屋面承载力，选择对应的光伏组件基础，如配重基础或桩基础。若为钢筋混凝土屋面可以采用配重基础或直接钢结构生根在屋面，若为预制板型式屋面，则引起承载力不足无法采用配重基础或钢结构生根。

其次，还需要考虑原有屋面的防水结构型式，光伏组件基础的生根型式不能破坏原有屋面的防水结构，例如，若屋面采用卷材作为防水层，则不能使用钢结构直接生根于屋面。

然后，光伏板安装高度还需考虑风载荷，如高空、沿海、山顶等位置，对支架和基础结构要求较高。

最后，根据光伏布设面积，优先考虑最大装机容量布置，布置位置根据人员行动需要考虑人行通道(如无天井的屋面人员不需要上去作业，可考虑取消人行通道，增加光伏布设面积)。若布设位置需要人行经过，可考虑设置人行通道或加高光伏板安装高度。

光伏板倾斜角度和间距还应结合日照角度、遮挡物等信息综合计算考虑。

图 3　分布式光伏发电站屋面布置实例

5　屋面分布式光伏发电站的安装

5.1　光伏组件装卸注意事项

光伏板本身结构脆弱，包装型式为硬质纸箱，装卸过程容易导致损坏。装卸优先选用叉车，若受位置所限采用吊车，应选用吊带配合支撑模板进行保护性吊装。

5.1.1　叉车装卸注意事项

(1) 叉车货叉长大于货物尺寸的 3/4，若长度不足应在货叉上套上加长套再叉运组件，以避免在移动叉车时包装箱倾倒；

(2) 叉车叉载组件时，应按需调整两货叉间距，使两叉负荷均衡，不得偏斜，组件箱的一面应贴靠挡物架；

(3) 避免尖锐物(如叉车货叉)接触或碰撞组件箱体部分；

(4) 在所有的运送过程中，请确保运输工具的平稳，组件不会受到大的震动，否则可能会损坏组件或者导致组件内电池片的隐裂。

5.1.2　吊装装卸注意事项

吊装组件时要使用尼龙带进行吊装。同时为尽量减少吊装过程中，吊带对货物安全的影响，无边框组件在装卸过程中应做必要支撑，如在箱体上方使用和组件外包装箱同宽度的木棍、木板或其他工装支撑吊带，以此来减少接触位置对组件箱体的压力，如图 4。

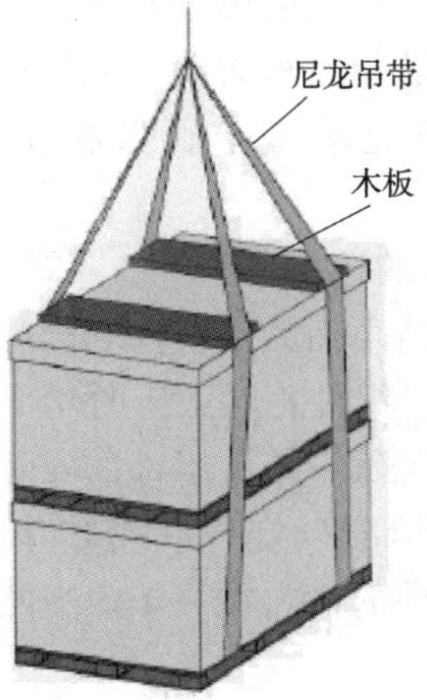

图 4　光伏组件吊装示意图

5.2　光伏组件存储注意事项

(1) 当组件暴露在太阳光或者其他光源下，组件内有直流电流产生，与组件的带电部分接触

(如端子)接触不当会导致灼伤、火花和电击的危险；

(2) 组件的正面玻璃具有保护组件的作用，破损的组件会导致电气安全隐患(电击或火灾)，这样的组件无法修复，应该立即拆除和更换；

(3) 组件的背面玻璃破损(双面光伏组件)也会导致电气安全问题，且与单面组件一样，破损玻璃无法修复，必须立即断开连接并更换组件；

5.3　光伏组件安装注意事项

5.3.1　安装条件选择

1) 组件安装的推荐天气条件：

(1) 相对湿度：< 85% RH；

(2) 环境温度范围：-40℃ ~ + 40℃。

2) 安装地点选择。

一般情况下，组件应安装在全年能接受到光照最多的位置。在北半球，建议组件朝南放置；要避开会对组件产生阴影的树木、建筑或其他障碍物；组件安装位置远离明火或易燃材料；组件安装位置要避免暴露于洒水器或喷泉等下方位置。

3) 倾斜角的选择

组件的倾斜角指的是组件表面与地平面之间的夹角(图5)，组件正对太阳时功率输出最大。

对于独立光伏系统，组件的安装角度应根据季节和光照的情况确定以获得功率输出的最大化。通常若组件的输出在一年内光照强度最低的情况下也可以满足，则组件选择这个角度的输出就能满足全年的需求；对于并网光伏系统，组件的安装角度应该基于全年输出最大化的基础原则来选择。任何光伏系统都有维持特定系统防火等级所需的倾斜度限制。

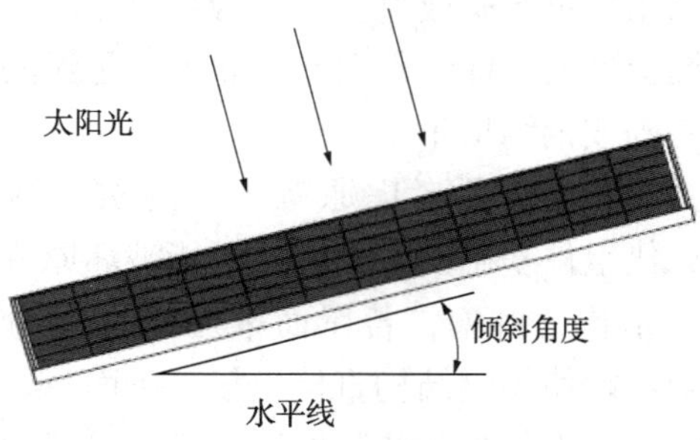

图5　组件安装的角度

5.3.2　安装方法

组件的安装可以采取螺栓安装或压块安装。

1) 螺栓安装

组件的支架于螺栓均使用防腐蚀材料(镀锌、不锈钢)。螺栓、弹性垫圈和平垫圈将组件安装在支架导轨上，所用的扭矩应足够大以使组件被安全固定。通常使用M6或者M8的螺栓，M8螺栓的扭矩参考值为16~20N·M，M6螺栓的扭矩参考值为9~12N·M。螺栓安装见图6所示。

表1　不同尺寸螺栓对应安装孔尺寸

安装孔(mm)	螺栓尺寸
14×9	M8
10×7	M6

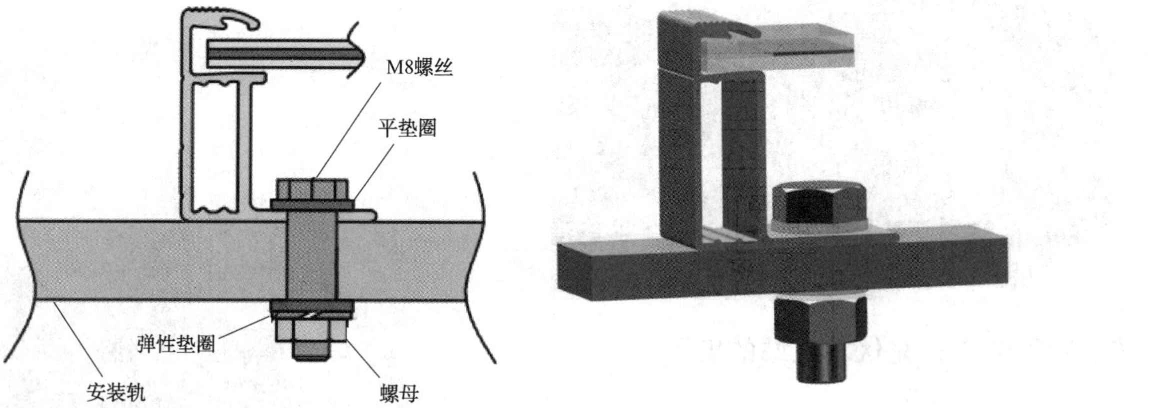

图6　螺栓安装示意图

2) 压块安装

压块的安装不得与组件正面玻璃接触，不得使组件边框变形。确保压块不会在组件上造成阴影。在任何情况下都不得改变边框。选择压块安装方式时，确保在每个组件上至少有四个压块。压块的不同安装位置决定了组件的最大载荷能力。压块的安装方式可以分为长边压块安装、短边压块安装、四角压块安装、长短边压块安装等。

根据当地的风载和雪载，若会有过大载荷组

合的可能，则需要额外的压块以确保组件具有足够的载荷承受能力。压块安装时所施加的扭矩值应足够大以牢固固定组件(按照安装商或支架供应商提供的扭矩值进行紧固)。

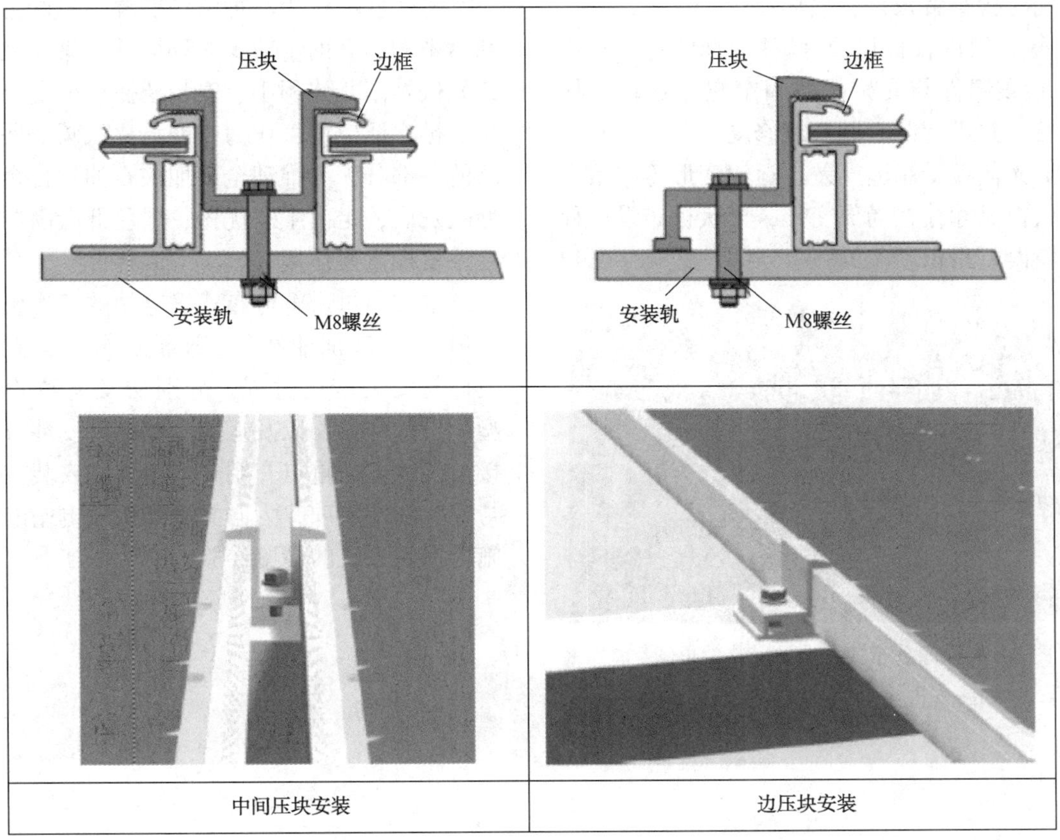

图 7　压块安装示意图

5.3.3　接线和连接

(1) 组件在安装和连接时，必须先拆除发泡管。连接所使用的连接头和工具必须是厂家指定的，连接方式必须满足规范要求。

(2) 串联时，须选择同档位电流的太阳能组件进行连接，且串联在一起的组件所产生的总电压不能高于系统允许的最高电压，串联组件的最大数量取决于系统设计和逆变器的额定值。

(3) 组件阵列的最大额定电流值标识在产品铭牌或者产品规格书上，额定电流值也与单块组件所能承受最大反向电流相关。例如：当某块组件存在阴影遮挡时，其它与之连接的组件会形成负载导致电流回路。依据组件的最大额定熔断电流以及当地电气安装标准，出于电路保护原则对组件并联串的连接需要配有合适的熔断保护。

(4) 打开控制系统的连接器，按照设计和当地规范和标准将光伏阵列的线缆连接到汇流箱。导线的横截面积和容量必须满足于光伏阵列的最大短路电流(对于单个组件，导线的横截面积为 $4mm^2$，额定电流应大于 10A)，否则线缆和连接器会因电流过大而过热。请注意电缆线的工作温度上限为 90℃。

(5) 所有组件都需按照国际或当地的电气法规规定接地。使用预留的接地孔将组件通过接地线连接到支架，注意在接地线与组件边框之间需使用不锈钢星形垫片，此垫片用于避免不同金属接触而导致的腐蚀现象。拧紧螺丝，拧紧力矩要足够大，确保接地线不能用手拔出。用户可根据现场条件自行选择接地方案。

5.3.4　其他注意事项

(1) 屋面或地面的平整度受环境所限，无法完全达到安装要求，需要通过光伏支架调整，支架在订做过程中，螺栓开孔宜采用长圆孔，预留调整空间。

(2) 安装前应仔细检查组件是否存在外观缺陷，主要注意以下几点：

① 组件玻璃是否有破损；

② 组件表面不得接触尖锐物体；

③ 组件表面不得被障碍物、异物遮挡；

④ 电池片栅线附近是否有腐蚀情况。这种

腐蚀情况是由于组件表面封装材料在安装或运输过程中遭到破损，导致水汽渗透到组件内部所造成，并同时检查背板是否损坏；

⑤ 检查组件背板是否有烧穿的痕迹；

⑥ 检查组件与支架间的固定螺丝是否有松动或损坏，并进行及时调整或修复。

（3）光伏板受制造误差、运输变形等因素影响，光伏板尺寸存在局部变形，光伏板布设过程中应避免误差累积。

图 8　储油库分布式发电站安装效果图

6　结论

光伏发电作为一种清洁能源，不产生碳排放和污染物，有助于减少对环境的污染，屋面分布式光伏站因其体积小、安装便捷、发电效率高等特点被广泛应用，作为石油石化低碳发展创新之路的一部分，为推动全面加快石油石化企业绿色低碳发展，走出生态优先、绿色低碳高质量发展之路发挥重要作用。

本文通过讲解分布式发电站的工作原理，总结项目 39 座加油站和 3 座油库分布式光伏电站设计与安装应用过程，分别从发电站的设计选型、设计难点，以及运输、储存、安装方式、连接与接线方面重点介绍光伏组件的安装技术要求与安装注意事项，为同类型光伏发电站的设计与施工提供一定的借鉴经验。

加热炉烟气余热回收利用技术

韩廷檀　彭新凯　彭振亚　刘振兴　闫鹏飞

（中国石油天然气第一建设有限公司）

摘　要　本文以某石化厂 330 万吨/年柴油加氢装置 I 加热炉余热回收系统设计及施工为例，从加热炉设计、余热回收系统安装施工等方面进行阐述，详细阐述了加热炉烟气回收利用技术要点。对加热炉余热回收利用的设计和施工有着一定的指导意义。

关键词　加热炉；余热回收；设计选型；施工 维护

0　前言

加热炉是将燃料的化学能转化成热能的主要设备。由于其排烟温度一般较高，使得热损失偏大，直接影响加热炉的热效率。为了节约燃料消耗，提高加热炉的热效率，一般会对烟气余热进行回收利用。随着能源和环境问题的日益严峻及国家在节能减排方面的政策要求，烟气余热回收已显得日趋重要。加热炉作为工业生产中不可或缺的设备之一，其能源消耗和烟气排放对环境造成了极大的影响。加热炉的余热回收最普遍的方式是利用烟气余热预热助燃空气，研究加热炉烟气余热回收利用技术对于提高能源利用率、减少环境污染以及降低生产成本具有重要意义。

1　烟气余热回收利用工作原理

烟气余热回收利用系统由空气预热器、引风机、鼓风机、进风口、烟风道及烟囱组成。烟气余热回收利用的主要设备为空气预热器，期工作原理是利用烟气和空气之间的热量传递，将烟气中的热量传递给空气，使空气升温。具体来说，空气预热器通常由两个热交换器组成，一个是烟气侧热交换器，另一个是空气侧热交换器。烟气从燃烧设备中排出，经过烟气侧热交换器，将热量传递给空气侧热交换器中的空气，使空气升温，然后进入燃烧设备进行燃烧。同时，烟气中的热量被回收利用，降低了能源消耗。

2　空气预热器的作用

加热炉空气预热器主要作用包括以下几个方面：

（1）提高燃料的燃烧效率：通过将助燃空气加热到高温，可以使得燃料在燃烧时更加充分，从而提高燃烧效率。

（2）提高加热炉的热效率：将助燃空气加热到高温后，可以减少热量散失，从而提高加热炉的热效率。

（3）减少污染排放：通过提高燃料的燃烧效率和加热炉的热效率，可以减少废气和烟尘的排放，从而降低对环境的污染。

3　空气预热器的分类和选型

3.1　空气预热器分类

（1）板式空气预热器，由多个薄的钢板制成，通过焊接形成长方形的板束，一个空气预热器由多个板束组成，预热时烟气由上向下通过，经过外侧，换热的空气则横向通过板束进入内部，在下部转弯向上，两次与烟气交互传递热量，此时的烟气和空气处在逆向流动状态，能够更好的进行换热。

（2）管式空气预热器，主要部件由薄壁钢管组成，钢管之间垂直错落排列，两端焊接在上下管板上，烟气顺着钢管上下通过预热器，空气则横向通过预热器，由此完换热。

（3）回转式空气预热器，利用烟气和空气交替通过金属受热面来加热空气，回转式的空气预热器由外壳、转子、传动装置、密封装置组成，外壳由多边形筒体、上下端板和上下扇形板组成，上下端板上都留有烟风道开孔，和烟道、风道相连接。

3.2　空气预热器选型

某石化厂 330 万吨/年柴油加氢装置 I 加热

炉余热回收系统两台加热炉共用一套空气预热系统，共用一座独立落地钢烟囱。自反应进料加热炉和分馏塔底重沸炉对 流室顶部来的热烟气混合后进入空气预热器与空气换热，烟气温度降至120~130℃后由引风机送入60米高钢烟囱排放。为避免烟气酸露点腐蚀发生，采取热风回流，预热后的部分热空气返回进风口和冷空气混合至30℃左右后，由鼓风机送入空气预热器与烟气换热，经热风道进入炉底燃烧器供燃烧用。

设置一台鼓风机，在空气预热器的空气进、出口设置旁通风道。在鼓风机或预热器出现故障时，打开快开风门，加热炉自然通风运行。

设置一台引风机，设烟气旁路烟道挡板和空气预热器入口烟道挡板。当引风机或预热器出现故障时，打开烟气旁路烟道挡板，关闭空气预热器入口烟道挡板，烟气直接排入钢烟囱。

空气预热器选用一种新型钢板 & 铸铁板组合式空气预热器，换热板用冷轧薄板制作，烟气和空气交叉通过各自的板间通道，错流换热。板式空气预热器按照模块化的方式设计，每个模块都由板组和边框组成。具有结构紧凑、金属重量小、传热性能高、安全可靠、抗露点腐蚀性能好等特点。

该空气预热器的换热板双面均为带翅片结构。单片组件可在任意方向上(指空气预热器的长、宽和高三个方向)与其它组件均采用螺栓连接，因此可以灵活布置，不需要菜篮式辅助钢框(吊装用的临时设施在设备就位后便立即拆除，用螺栓将各组件连接成一个整体)，既减轻重量又避免出现许多潜在的漏风点，可以达到最佳效果。铸铁双面翅片空气预热器采用球磨铸铁材料，其强度和韧性相对较好，在使用时损坏的可能性比较小。

4　空气预热器现场安装

4.1　设备到货验收

330万吨/年柴油加氢装置I加热炉空气预热器主要模块如表1。

表1　空气预热器主要模块表

序号	板块名称	数量	规格	重量(约kg)
1	烟气出口箱模块	1件	3890×4660×3100	9000
2	铸铁预热器模块Ⅰ	1件	4090×4660×2565	30000
3	铸铁预热器模块Ⅱ	1件	4090×4660×1480	28000
4	管程连箱Ⅰ	1件	3850×1400×6385	5000
5	管程连箱Ⅱ	2件	3850×1500×5080	4000
6	板式预热器模块Ⅰ	1件	4090×4660×2740	24000
7	板式预热器模块Ⅱ	2件	4090×4660×2740	26000
8	烟气入口箱	1件	3750×4250×2500	7000
9	空气入口箱	1件	3850×1550×2650	3000
10	空气出口箱	1件	3850×1250×2400	3000

设备模块到货后由采购单位按照图纸和技术协议组织现场验收，主要进尺寸、外观防腐质量、衬里质量等进行检查，确保质量合格。

4.2　基础验收

基础施工完毕后，由业主会同监理单位、安装单位及土建单位共同进行基础的交接验收，基础上明显地标出标高基准线和纵横中心线。

混凝土基础的外形尺寸、坐标位置符合设计图纸的要求。

基础外观不得有裂纹、蜂窝、空洞、露筋等缺陷。基础各部分尺寸及位置的偏差不得超出规范规定。基础混凝土强度达到设计要求，周围土方回填、夯实、整平。基础表面在设备安装前进行修整，基础表面不得有油垢或疏松层。

预埋的地脚螺栓的螺纹，无损坏、锈蚀、且有保护措施。

4.3　垫铁安装

根据计算，确定垫铁的规格型号，按照相应规范要求放置安装垫铁。安装前基础表面进行处理，铲成麻面，放置垫铁处的混凝土的基础表面铲平。垫铁与基础结合面均匀接触，接触面积不小于50%。垫铁组的块数一般不超过5块，斜垫铁之间搭接长度不小于全长的3/4。

模块柱脚板安装前后如图4-1。

图 1　垫铁安装

4.4　模块安装

空气预热器以模块形式制造完成后，运到现场进行安装。安装原则为先下后上，逐个模块进行安装。共分为 12 个部分，空气入口部分，中间部分和空气出口部分，预热器各模块吊装完毕后模块之间四周一圈需现场密封焊，各模块衬里接触面需垫陶纤毯。此外预热器空气入口箱外保温，保温厚度与热风道一致。

吊装时应根据模块的重量及场地情况选用合适的吊车和工况，本装置根据现场条件选用了 100 吨履带吊进行模板吊装。

安装过程用经纬仪进行垂直度找正，保证安装精度。

空气预热器烟气出入口及空气出入口的法兰与相应管道栓接，应加以垫片保证其密封性。安装时必须避免紧固件、纸带等异物掉入空气预热器中，以免影响其换热效果。

图 2　空气预热系统实景图

为了避免换热元件超温损坏，应在鼓风机和引风机之间装设连锁装置，保证空气预热器内有空气流通时才能有烟气流通。

为了监测空气预热器的运行状况，在烟气与空气的出口管道上应装设温度计、压差计的接口和取样口，系统安装时配置相应的仪表。

带衬里组件之间衬里的接缝，应采用压缩陶纤毡密封，或用与衬里相同的耐火隔热材料补缝。吊装带衬里的组件时，应防止衬里开裂或脱落。

4.5　平台梯子及附件的安装

模块主体安装后进行平台梯子等的安装，安装前时应按图纸位置核对件号，避免安装错误。

4.6　附属烟风道安装

空气预热器安装完毕后，需要进行附属烟风道安装，附属热烟道安装前需完成内部衬里，吊装是注意保护内部衬里，吊装完毕后对内部衬里进行检查，有破损处及时进行处理。风道安装完毕后需要进行外部保温，保温时重点检查，绑扎间距、保温厚度、错缝宽度和搭接长度。

4.7　系统气密

所有附属设备及管道安装完毕后，烘炉前，需进行系统气密试验，实验压力参照相关设计文件，系统升压时应缓慢升压，气密检查时用肥皂水检查法兰连接处，焊缝拼接处等部位，确保无泄漏。

5　使用和维护

空气预热器投运时先通空气再通烟气，停止运行时先断烟气再断空气。

低温区铸铁板部分，烟气侧因受露点影响容易积灰和腐蚀。设计了水冲洗口，在停炉期，用水温约 50～60 ℃的碱水冲洗铸铁板元件。也可使用碳酸钠或约 2%的磷酸三钠溶液来冲洗，其浓度按积灰特性和数量，根据试验结果确定。一般开始水冲洗时，水的 PH 值为 10～12，当冲洗水的 PH 值与冲洗排出水的 PH 值之差小于 1 时，水冲洗工作基本结束。水冲时注意事项：

（1）在冲洗水进入空预热器之前要确认疏水管打开及喷咀无阻塞。

（2）水冲洗时间由沉积物的形式和多少来确定，空气预热器一旦冲洗就要冲洗干净，否则残留下的沉积物硬化，下一次冲洗很难除去。

（3）冲洗完成后，要确保进水门关闭，无泄漏，全部疏水门关闭，然后进行空气预热器的干燥。

6　结论

该石化厂 330 万吨/年柴油加氢装置 I 两台加热炉设计热效率为 93%，装置运行后热效率等各项指标达到设计要求，无泄漏现象发生。该加热炉余热回收系统设计方案先进、设备选型合理、施工过程满足相关要求，维护方法简单，对类似加热炉烟气余热回收的设计、施工和维护有一定的指导意义。

大型催化裂化装置“两器”模块化建造技术

刘清涛　彭新凯　芦建伟　李培雄　马存厚

（中国石油天然气第一建设有限公司）

摘　要　随着国家工业建设的发展，炼油装置的规模不断增大，其设备都在向大型化发展。依广东石化 360 万吨/年催化裂化装置的核心设备“两器”模块化施工实例，梳理总结了催化装置“两器”模块化预制技术、模块化安装技术，并且在施工过程中不断总结和积累经验，优化了“两器”模块化施工工艺和技术质量控制要点，对模块化安装过程进行总结提炼，提高大型组焊设备安装技术能力和施工质量、效率。

关键词　催化；模块化；两器；运输；安装

1　前言

催化裂化装置是炼油系统的“核心”，采用常规催化裂化技术，以生产高辛烷值汽油为主，包括反应-再生部分、主风机及烟气能量回收部分、分馏部分、吸收稳定部分、产汽及余热回收部分以及烟气脱硝部分。其中反应沉降器、再生器属于催化装置核心设备，称之为“两器”。

“两器”作为催化装置的核心设备，具有重量重，规格尺寸大，内部构件多，壳体焊接量大等特点。传统的“两器”施工方法壳体分片组焊、内件散装法，施工成本高，施工质量不易保证，安全管控难度大、施工工期长。“两器”模块化施工能大幅减少现场预制及组焊工作量，显著减少现场人力、机械等资源投入，缩短现场安装工期，且受施工现场场地条件的影响较小，有利于现场施工组织，对保证进度、安全、质量和降低成本十分有益。

2　关键技术研究

2.1　“两器”模块制造规划技术

“两器”壳体、内件制造涉及多家制造商，模块制造深度直接影响到“两器”的设计、制造、运输和安装。本技术基于运输能力、现场条件、制造周期和顺序为限制条件，以成本、安全和工效为目标函数，采用 3Dmax 和 Solidworks 软件进行建模分析，确定了“两器”建造模块划分技术规则。

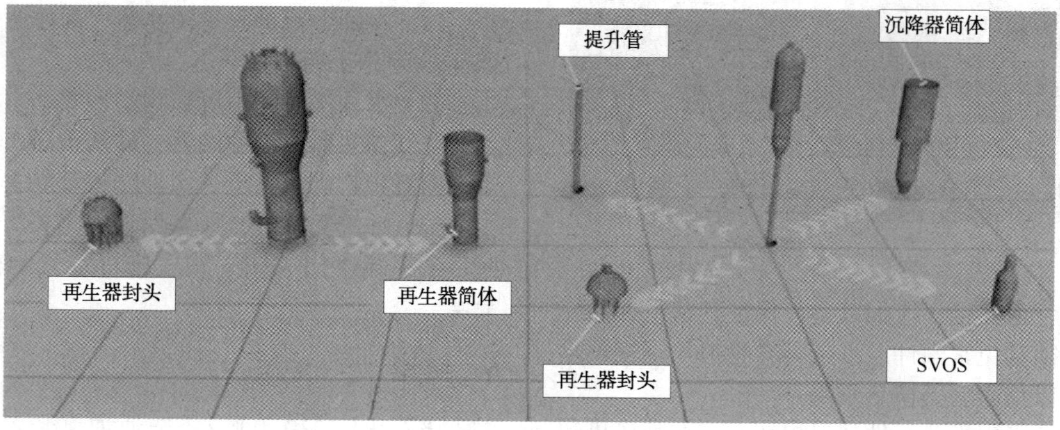

图 1　“两器”三维模块划分图

2.2　“两器”筒体模块运输和加固工装设计及校核技术

从运输和加固的工装型式、选材、承载能力、失稳极限等方面进行深入研究，“两器”模块运输多采用海运线路，为保证“两器”模块的运输安全性，针对筒体模块运输，设计一套安全、经济的“两器”模块运输和加固工装。

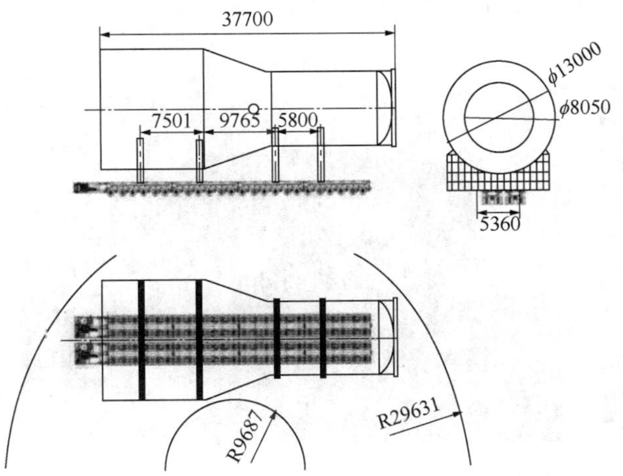

情况	F=由驳船移动引起的力，N W=运物重量，N T=驳船的振动周期，S.				
	状态	Fx	Fy	Fz	图例
1	重力	—	-1.0W	—	—
2a	滚动（图1.2）	±0.45W	-0.4W	—	—
2b		±0.45W	+0.4W	—	—
3a	颠簸（图3.4）	—	-1.5W	1.0W	—
3b		—	+1.5W	1.0W	—
4	起伏	—	1.2W	—	—
5	碰撞	—	—	±1.5W	—
6a	滚动+重力	+0.95W +0.05W	-1.266W	—	30° 0.866W 0.5W W
6b		+0.95W +0.05W	-0.466W	—	30° 0.5W 0.866W
7a	颠簸+重力	—	-2.5W	+0.05W	0.087W 30° 0.866W W
7b		—	+0.5W	+0.05W	30° 0.087W W 0.866W

图2　“两器”筒体防变形失稳加固设计

2.3　“两器”壳体组装合拢技术

“两器”属于大型压力容器，筒体直径大，设备厂分段重量重，分段组装的难度大大增加。采用“一种超大型压力容器合拢技术”，通过鞍座、胎架、组合使用，对设备进行有效支撑确保稳定性保证了组对精度，组对过程中使用全站仪动态控制测量直线度，运用该技术安全、高效、大幅度减少手段用料的使用。

图3　大型压力容器合拢胎具

2.4　再生器大孔分布板整体模块安装技术

大孔分布板是再生器关键内件，安装作业受筒体空间制约大，安装精度要求较高，耐磨管与开孔同轴度公差 ϕ1mm，整体水平度偏差 5mm 内，且焊接易变性、焊接过程中陶瓷环易出现裂纹、异种钢焊接量大等重难点，传统安装技术均采用分片吊装，设备内部组装焊接。通过 CAD 与实际尺寸测量计算（考虑测量筒体制造偏差、打孔分布板制造偏差、焊接变形偏差等数据），焊接采用小电流、对称分段焊接，控制焊接变形，规避焊接中陶瓷环易出现裂纹等问题，实现了大孔分布板整体预制，模块整体安装的技术，减少了受限空间作业，同时保证大孔分布板的安装质量。

2.5　两器”模块现场防失稳技术

“两器”筒体、封头模块到货验收合格后，卧置在基础附近预先设置好的支墩上，完成平台劳动保护安装后，吊装到设备基础上，并利用垫铁进行找正找平。找正与找平应在同一平面内互成直角的两个或两个以上的方向进行。支墩承重校核过程中，安全系数考虑取 1.5。将地基处理后，现场铺垫两个 12m×16m×20mm 的钢板。旋风组对及设备临时摆放时均在钢板平台上进行，对地基压力：

$$G = 485t$$

G 为最大设备重量

地基承载吊车压力面积：

$$A = 12 \times 16 = 12m2$$

设备对地基压强：

$P=KG/A=1.5\times485t\div192\ m2=4.57t/m^2$

K为不均匀系数，取1.5

要求地基经过处理后的承载力远大于4.57t/m^2，以保证施工时的作业安全。

图4　再生器筒体、封头模块防失稳支撑

2.6　“两器”封头现场翻转技术

沉降器、再生器顶封头内有烟气集气室、升气管和隔热耐磨衬里，外有旋分吊座、烟气出口短节、人孔、平台等，有直径大、重量重、结构复杂的特点，课题组通过借鉴一建公司“催化装置重型再生器顶封头现场翻转预制工法”实际制造尺寸进行三维建模相结合的方法，封头模块运抵现场后，采用“双向偏心法翻转技术”的进行封头第一次翻转，然后进行封头壳体焊缝内部的焊接、内集气室安装和衬里施工，完成后进行第二次封头翻转，最后完善劳动保护，封头预制完成。

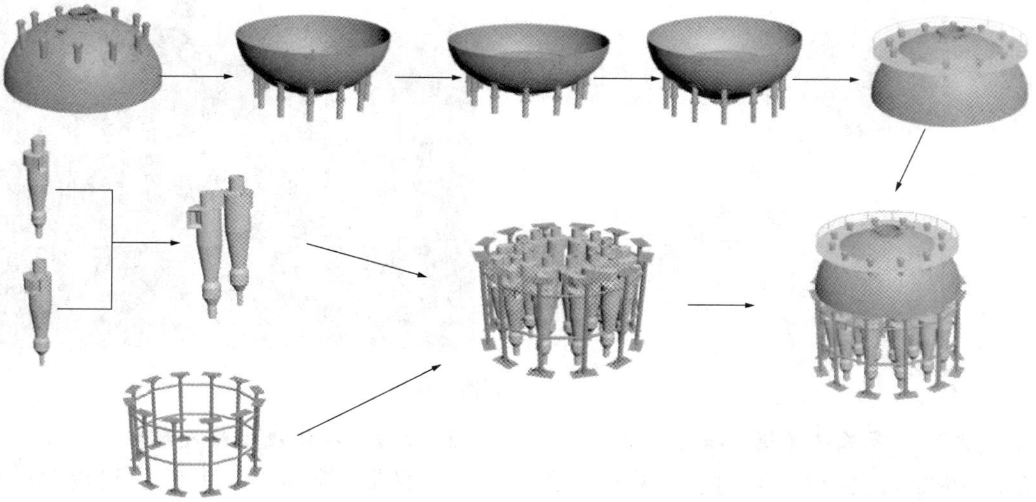

图5　“两器”封头翻转技术

3　“两器”模块化建造工艺

3.1　模块化制造

基于运输能力、经济成本、制造周期、制造顺序、安装要求、作业环境、设计条件等方面为限制条件，对“两器”的范围规划、采购优先顺序、制造深度等全面深入研究，以成本、安全和工效为目标函数，采用3Dmax和Solidworks软件进行建模分析，建立“两器”建造模块划分技术规则。将“两器”划分为 再生器封头(带旋风分离器)、再生器筒体、沉降器外部提升管、沉降器筒体、SVQS 、沉降器封头(带旋风分离器)等6个模块，分别进行异地工厂化预制和现场组装。

充分发挥沿海制造优势，根据模块划分的特性，对材料验收、排版、号料、下料、拼接、预组装、焊接、无损检测、热处理等进行全过程管控，做好“两器”模块的制造工作。SVQS系统、旋风分离器、主风分布管、大孔分布板等内件选择专利厂商和优质制造商，聘请第三方监造单位，进行全过程监督制造，确保“两器”制造质量。

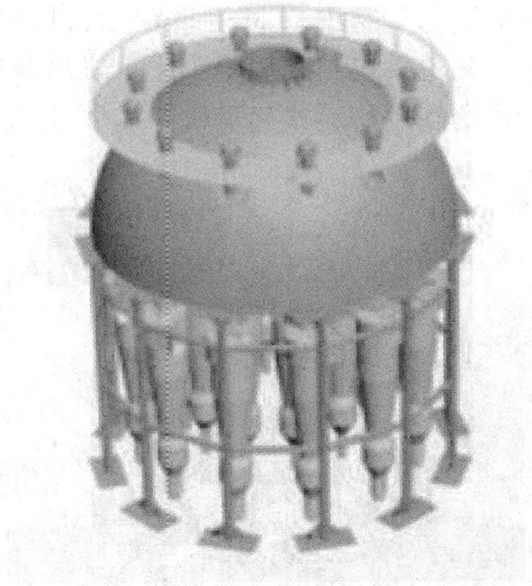

图 6　再生器封头带旋风分离器

图 7　再生器筒体模块

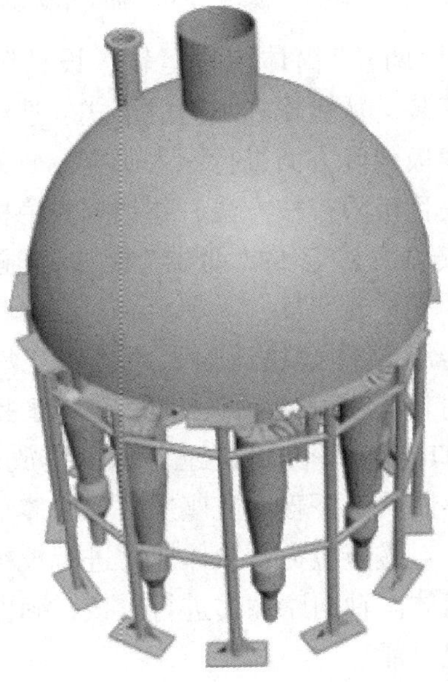

图 8　沉降器封头带旋风分离器模块

图 9　沉降器筒体模块

图 10　SVQS 系统模块

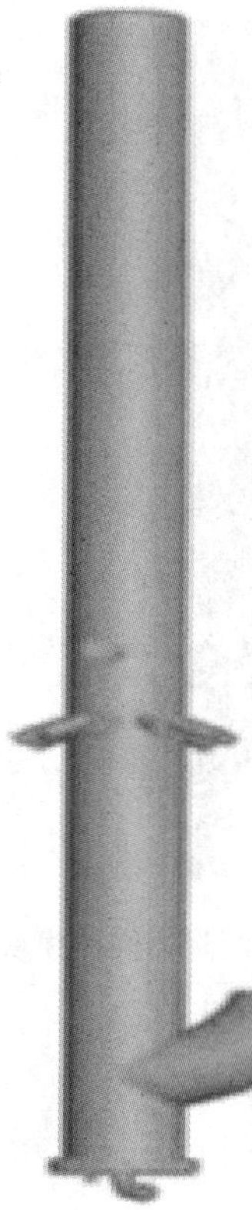

图 11　外部提升管模块

通过研发采用““两器”设备开孔技术”、““两器”壳体组装技术”、““两器”筒体组焊防变形技术”、““两器”壳体自动焊接技术”、““两器”部件热处理防变形技术”、“反应沉降器汽提段组装关键技术”、“再生器过渡段及封头组对技术”、“再生器大孔分布板整体模块安装技术”、“再生器主风分布管整体模块安装技术”等多项核心技术，在设备制造厂完成“两器”模块化制造。

3.2　模块化运输

模块运输要根据路况条件制定，分为海运、汽运、铁路运输、海运+汽运、海运+铁路运输、汽运+铁路运输等运输方案，对各运输方案的可行性、经济成本、安全性等进行综合分析，确定采取最合适的运输方式。

本案例采取海运+汽运的运输方式，旋风分离器、SVQS 系统模块等由采用汽车运输的方式直接运抵施工现场，现场使用移动式起重机吊装卸车。沉降器外部提升管、沉降器筒体、再生器筒体、沉降器封头、再生器封头等模块则采用 SPMT 轴线车运输到码头装船，海运到码头，再采用 SPMT 轴线车运抵安装现场的运输方案，其中“两器”筒体采用 SPMT 轴线车滚装上船和卸船，运抵现场后利用 SPMT 轴线车的自卸功能进行卸车，其他模块则利用码头起重机吊装装传和卸船，现场利用移动式起重机卸车。

图 12　再生器筒体模块滚装卸船

图 13　再生器筒体模块 SPMT 轴线车运输照片

针对“两器”筒体模块运输，设计制作了运输加固工装。从运输和加固的形式、选材、承载力、失稳极限等方面进行深入研究，研究出一套变形及失稳极限校核方法，并根据失稳极限设计出一套安全、经济的“两器”模块运输和加固工装。

“两器”筒体模块运输采用鞍座支承，支承鞍座同时满足 SPMT 轴线车运输、海上船舶运输、SPMT 轴线车自卸和施工现场摆放的需求。通过对不同状态下鞍座支座反力、筒体轴向弯矩的计算，对鞍座应力、筒体应力进行校核，并对鞍座与筒体间轴向摩擦力进行校核，确保支承鞍座的稳定可靠。

对于船舶运输状态，主要考虑的载荷包括设

备质量载荷产生的支座反力和风载荷。海浪力作用下的载荷组合包括两种模式："自重+摆动+起伏+风载"和"自重+波动+起伏+风载"。

针对"两器"筒体模块运输，设计制作了运输加固工装。从运输和加固的形式、选材、承载力、失稳极限等方面进行深入研究，研究出一套变形及失稳极限校核方法，并根据失稳极限设计出一套安全、经济的"两器"模块运输和加固工装。

"两器"筒体模块运输采用鞍座支承，支承鞍座同时满足 SPMT 轴线车运输、海上船舶运输、SPMT 轴线车自卸和施工现场摆放的需求。通过对不同状态下鞍座支座反力、筒体轴向弯矩的计算，对鞍座应力、筒体应力进行校核，并对鞍座与筒体间轴向摩擦力进行校核，确保支承鞍座的稳定可靠。

对于船舶运输状态，主要考虑的载荷包括设备质量载荷产生的支座反力和风载荷。海浪力作用下的载荷组合包括两种模式："自重+摆动+起伏+风载"和"自重+波动+起伏+风载"。

表 1　驳船装运力在不同情况下得受力情况分析

情况	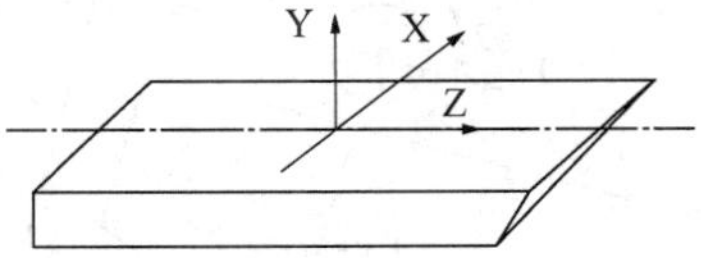 F=由驳船移动引起的力，N W=运输重量，N T=驳船的振动周期，S。				
	状态	Fx	Fy	Fz	图例
1	重力	—	-1.0W	—	—
2a	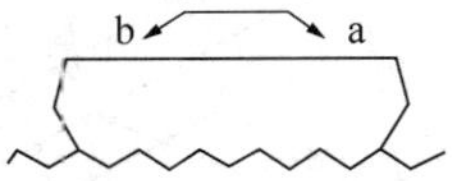	±0.45W	-0.4W	—	—
2b		±0.45W	+0.4W	—	—
3a	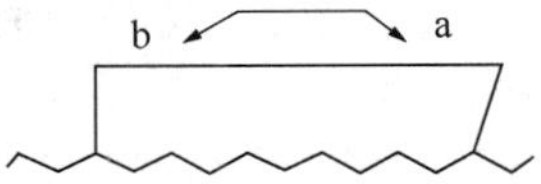	—	-1.5W	1.0W	—
3b		—	+1.5W	1.0W	—
4	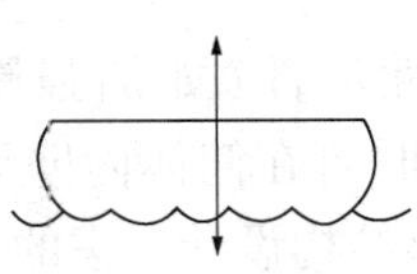	—	1.2W	—	—
5	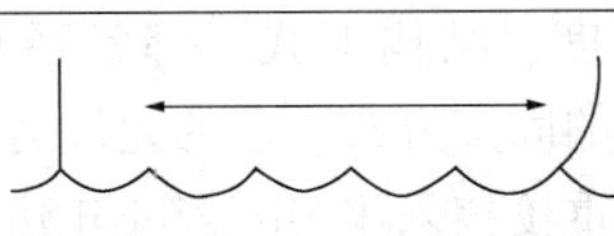	—	—	±1.5W	—
6a	滚动+重力	+0.9W +0.05W	-1.266W	—	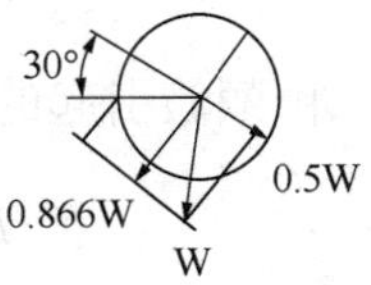
6b		-0.9W -0.05W	-0.466W	—	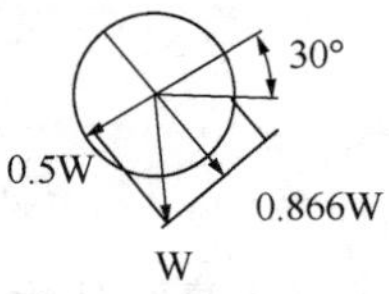

续表

7a	颠簸+重力	—	-2.5W	±0.5W	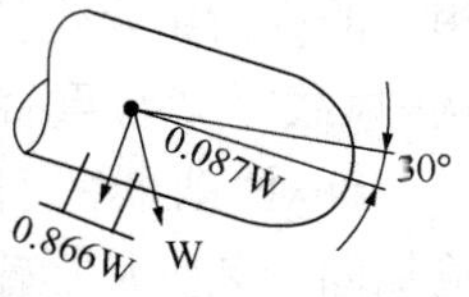
7b		—	+0.5W	±0.5W	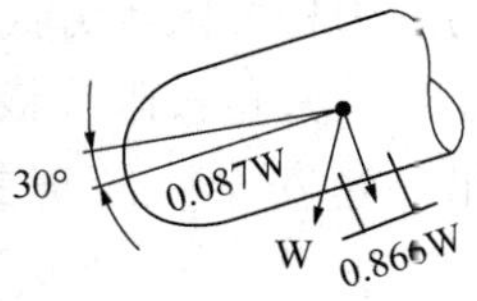

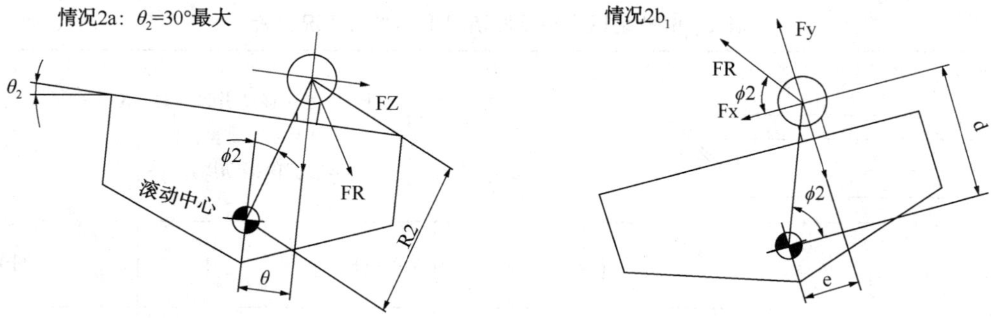

图 14　由颠簸起的容器上的力

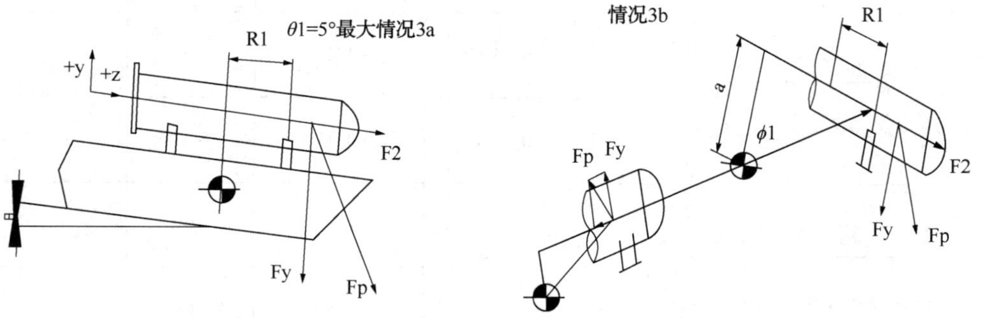

图 15　由滚动引起的容器上的力

滚动引起的容器上的力计算公式为：

$$\Phi_2=\tan^{-1}\frac{e}{d} \tag{1}$$

$$R_2=\frac{e}{\sin\Phi_2} \tag{2}$$

$$F_R=\frac{0.0214WR_2\theta_2}{T_2^2} \tag{3}$$

由颠簸引起的容器上的力计算公式为：

$$F=\frac{0.214WR\theta}{T^2} \tag{4}$$

$$\Phi_1=\tan^{-1}\frac{}{R_1} \tag{5}$$

$$F_P=\frac{0.214WR_1\theta_1}{T_2^2} \tag{6}$$

对于高径比大于 15 的壁厚相对较薄的容器，为避免鞍座跨距过大导致圆筒体产生严重变形及应力过大，通常设置多个支承鞍座。运输鞍座应放置于紧邻刚性部件（如加强圈、封头、或锥体）附近，必要时可在筒体内壁设置临时十字架加固。运输鞍座结构设计考虑的关键因素有：包角、鞍座宽度、结构形式、绑索系耳、千斤顶窝、与容器的固定方式、总的允许运输高度等。

鞍座承重校核采用 Midas/civil 建立有限元模型，在模型中用板单元来进行鞍座应力及位移分析。

表 2　推荐的鞍座包角和鞍座的宽度

容器直径（mm）	鞍座包角（°）	鞍座最小宽度（mm）
D<3900	120	275
3900≤D≤7200	140	425
D>7200	160	575

设备卧置运输时，容器壳体的应力由 ZICK

在1951年提出的半经验分析理论确定。具体计　　算方式如下表所示：

表3　筒体应力校核计算

应力	状态	最大应力出现在	公式	最大许用应力
纵向弯曲	壳体由封头或圈加强或壳体未加强	鞍座处（顶部受拉，底部受压）	$S_1=\pm\dfrac{QA\left[1-\dfrac{1-\dfrac{A}{L}+\dfrac{R^2-H^2}{2AL}}{1+\dfrac{4H}{3L}}\right]}{KR^3\delta_2}$	拉伸：S_1 加上内压引起的应力 $\left(\dfrac{PR}{2\delta_2}\right)$ 不应超过壳体材料的许用应力值乘焊缝系数 压缩：内压引起的应力减去 S_1 不应超过材料压缩屈服限的一半减下式得出的值 $S_1\leqslant\left[\dfrac{E}{29}\right]\left[\dfrac{\delta}{R}\right]\left[2-\dfrac{2}{3}\times100\times\dfrac{\delta}{R}\right]$
		跨距中点处（底部受拉，顶部受压）	$S_1=\pm\dfrac{\dfrac{OL}{4}\left[\dfrac{1+\dfrac{R^2-H^2}{L^2}}{1+\dfrac{4H}{3L}}-\dfrac{4A}{L}\right]}{\pi R^3\delta_2}$	
切向剪应力	鞍座离开封头 $A>\dfrac{R}{2}$（见注）	壳体中	$S_2=\dfrac{K_2O}{R\delta_2}\left[\dfrac{L-2A}{1+\dfrac{4}{3}H}\right]$	S_2 应不超过0.8×容器材料的许用应力值 S_2 加上内压导致的应力应不超过1.25×封头的拉应力值 注：如未采用加强圈或者圈是靠近鞍座的，用带系数的K2的公式。如采用的加强圈在鞍座平面中。则采用带系数K3的公式。
		壳体中	$S_2=\dfrac{K_2O}{R\delta_2}\left[\dfrac{L-2A}{L+\dfrac{4}{3}H}\right]$	
	鞍座靠近封头 $A>\dfrac{R}{2}$	壳体中	$S_2=\dfrac{K_2O}{R\delta_2}$	
		封头中	$S_2=\dfrac{K_4O}{R\delta_2}$	
		封头中额外应力	$S_2=\dfrac{K_5O}{R\delta_2}$	
周向	L>8R　A≤R/2	未加强　鞍座包角处	$S_4=\dfrac{-Q}{4\delta_2(b+1.56\sqrt{R\delta_2})}-\dfrac{3K_2O}{2\delta_2{}^2}$	S_4 应力不超过1.50×壳体材料的许用拉应力值 S_2 应不超过0.5×壳体材料的压缩屈服限
	L>8R　A>R	未加强　鞍座包角处	$S_4=\dfrac{-Q}{4\delta_5(b+1.56\sqrt{R\delta_5})}-\dfrac{3K_2O}{2\delta_2{}^2}$	
	L<8R　A≤R/2	未加强　鞍座包角处	$S_4=\dfrac{-Q}{4\delta_5(b+1.56\sqrt{R\delta_2})}-\dfrac{12K_2OR}{L\delta_2{}^2}$	
	L<8R　A>R	未加强　鞍座包角处	$S_4=\dfrac{-Q}{4\delta_5(b+1.56\sqrt{R\delta_2})}-\dfrac{12K_2OR}{L\delta_2{}^2}$	
	加强或未加强	壳体底部	$S_4=\dfrac{-K7Q}{\delta_5(b+1.56\sqrt{R\delta_2})}$	
应力	注：正值表示拉应力，负值表示压应力。 E-壳体或加强圈材料的弹性模量，Mpa			
纵向弯曲	最大弯曲应力可以受拉也可以是受压。 计算S1公式中的拉应力，K值应为K1。 计算S1公式中的应力应力，K值应为K8。 当壳体加强了的，S1公式中的K系数值=3.14。在≥0.005时，压应力不是钢制容器的因素，容器可完全按内压来设计，如S1超过最大许用应力。则采用加强圈。			

续表

应力	状态	最大应力出现在	公式	最大许用应力
切向剪应力	如采用了垫板，倘若垫板超过鞍座包角以上靠近封头延伸了 R/10 寸，并在鞍座和相邻的加强圈之间延伸了，则在 S2 的公式中，厚度 δ_5 可以取拿东西壳体和垫板厚度之和。 在未强的壳体中，最大剪力发生在鞍座角上，当将鞍座配置靠近封头，利用了封头的限制时，切向剪应力可在封头中引致另外一个应力(S3)。这个应力应与内压在封头中引起的应力相加。 当采用了加强圈是，最大剪应力发生在赤道处。			
周向	如采用了垫板。倘基垫板超过鞍座包角以上靠近圭封头延伸了 R/10 寸。在 S4 的公式中，厚度 δ_5 可以取代壳体和垫板的厚度之和，δ_2^2 可以取壳体百度的平方加上垫板厚度的平方。亦应校核垫板顶边外的周向合应力。在校验该点时；δ_5 = 壳体厚度 b = 垫板厚度 θ = 垫板的中心角，但不大于鞍座的包角加 12 如壳体未加强，最大应力发生在鞍座包角上，该应力则不与内压的应力相加。 在一个加强的壳体中，圈的最大压缩是在壳体底部。 如周向弯曲应力超过最大许用应力是，采用加强圈。			

3.3 模块化安装

3.3.1 外提升管模块安装

到货后直接将外提升管反应器吊至设备基础框架内。利用框架结构梁，制作“井”字形加固，外提升管下部采用钢管进行加固，在加固的过程中对外提升管进行初步找正。待筒体模块就位找正后再将提升管提升与筒体模块进行对接。

3.3.2 再生器、沉降器筒体模块安装

筒体模块到货验收合格后，卧置在基础附近预先设置好的支墩上，完成平台劳动保护安装后，吊装到设备基础上，并利用垫铁进行找正找平。找正与找平应在同一平面内互成直角的两个或两个以上的方向进行。垂直度的调整和测量工作避免在一侧阳光照射及风力大于 4 级的条件下进行。

图 14　再生器筒体模块吊装就位

图 15　反应器沉降器筒体模块吊装就位

3.3.3 沉降器 SVQS 模块安装

SVQS 快分系统到货后在预制平台上进行整体验收。在安装前对需要安装的分离室上的支架进行确认。待沉降器筒体模块安装完成后，再将 SVQS 快分系统整体吊入筒体内进行安装。

3.3.4 沉降器、再生器封头模块安装

封头、内集气室整体预制到货，一二级旋分成组预制到货(沉降器单级旋风分离器单个预制到货)。封头组件到货后，在两器基础附近设置临时支架，在地面完成内集气室、旋分及劳动保护平台安装，并与筒体模块组对焊接。

图 16　反应器沉降器筒体模块吊装就位

图 17　再生器封头与旋风分离器模块安装

4　模块化施工技术优势

4.1　保证工程质量

“两器”壳体采用厂家模块化制造技术，将传统的散片到货现场组装工艺，优化成异地工厂化模块制造，能更好的从人员、机具、材料、技术、环境、检测等方面进行控制，壳体的施工质量更容易得到保证。

将大部分作业从施工环境恶略的地区转移到施工环境较好的异地工厂化制造，有利于保证施工质量。

采用模块化施工方法，将大部分现场作业转移到异地工厂制造、高处作业转移至地面作业，有限空间内作业转移到有限空间外作业，减少了现场、高空及有限空间内施工的工作量，改善施工人员的作业条件，有利于提高作业人员的施工质量。

4.2　降低安全隐患

采用模块化安装施工时，减少了高空作业及脚手架的搭设，利于保证施工安全，降低安全隐患。

采用模块化安装施工时，将大部分有限空间内作业转移到有限空间外及异地工厂化作业，利于保证施工安全，降低安全隐患。

4.3　提高生产效率

采用模块化施工方法优化了施工顺序、减少

施工交叉作业，提高时间利用率，加快了施工进度。

施工作业由流水化变为平行化，加快了施工进度，保证作业人员安全。

4.4 降低施工成本

采用模块化预制，现场装配施工，机械化程度高，提高了施工机具的使用效率，减少施工及管理人员数量，降低了施工成本，提高了经济效益。

本工法施工效率高，能够显著缩短工期，施工质量可靠，施工风险低，具有良好的综合经济效益。

传统的“两器”施工均采取分片到场，再组装成段、分段吊装，内件散件安装的模式，需要花费大量机械台班。而“两器”模块化施工技术，将很大一部分工作转移到制造厂完成，充分利用制造厂配备的固定行车，降低机械投入费用。

4.5 利于施工组织

传统的“两器”施工方法导致现场射线检测工作量大，影响周边区域施工，制约了整体施工进度，而采用两器模块化施工后，现场射线检测工作量极少，显著减少射线检测对周边施工的制约。

采用传统的催化“两器”施工技术，须腾出很大面积的施工场地用于组装，且场地占用时间长，而炼化装置平面设计愈发紧凑，难以满足施工场地方面的需求。催化“两器”模块化施工技术，能够很好的解决这个问题。

传统的“两器”施工技术，再生器壳体普遍需要现场整体热处理，耗费大量的人力、物力，增加施工难度和施工安全风险，对周边其他作业也造成了一定的影响；而模块化施工，现场不再进行整体热处理。

4.6 提高环保效益

催化装置“两器”模块化施工技术，采用“两器”模块规划制造技术，避免了现场分片、分段组焊，减少了机械使用对能源的消耗和尾气的排放。旋风分离器倒装技术，提高了机械效率，避免了高处作业，减少了材料在运输过程中对环境的污染。

5 总结

催化裂化装置“两器”模块化施工，将大部分作业从施工环境恶略的地区转移到施工环境较好的异地工厂化制造，减少了现场、高空及有限空间内施工的工作量，有利于保证施工质量。采用模块安装施工时减少了高空作业及脚手架的搭设，利于保证施工安全，降低安全隐患。同时，随着炼油化工投资主要集中在沿海地区，便于大型模块运输，模块化施工技术也可以应用于塔、容、反应器、加热炉等大型非标设备的施工，避免现场长周期、大面积、低效率、高成本的作业方式。

催化裂化同轴式沉降-再生器内件快速更换技术

刘锋勋　刘清涛　彭新凯　杨亚楠　任锋锋

（中国石油天然气第一建设有限公司）

摘　要　催化裂化装置反应-再生系统炼油装置的核心，同轴式沉降-再生器的内件更换是一种常见的检修内容，其内件结构复杂、施工精度要求高。本文介绍一种采用沉降器顶部“掀大盖”模块化拆除、安装技术，实现快速更换内件的施工技术，较传统“两器”内件散拆装的施工法有工序简单、效率高、成本低等优点，供行业内同类施工参考、借鉴。

关键词　同轴式；沉降-再生器；模块化；拆除；安装

0　前言

催化裂化装置反应-再生系统同轴式沉降-再生器长周期运行后，会出现沉降器结焦严重、待生立管与套筒常发生卡塞、开裂等现象。为保证装置设备平稳运行，需对旋风分离器、待生立管、待生套筒、催化剂返回分布器等内件进行周期性更换、改造。维修改造过程中需要更换大量的内件（内件多为散件到货后现场组装），现场施工作业量大。此外，设备内部作业空间狭小、施工工期短、内件安装精度高（同轴度要求≤1mm）等都是工程的重难点。

同轴式沉降-再生器维修更换传统施工方法多采用设备内部散件拆除、安装，工序复杂、效率较低。我们通过技术方案优化和可行性论证，通过沉降器顶部“掀大盖”的方式，将内件模块化快速拆除、安装，用空间换时间，提高了施工效率，节约了施工成本，保证了环保节能。

1　关键技术研究

1.1　拆除、安装模块划分技术

同轴式沉降-再生器内件拆除、安装的模块化划分技术，内件制造、安装涉及多家制造商，模块的拆除、预制深度直接影响到设备内件的安装精度、同轴度以及成本工效，利用三维建模模拟拆装，避免因模块化划分不合理，造成安装精度偏差，且保证成本工效最优。

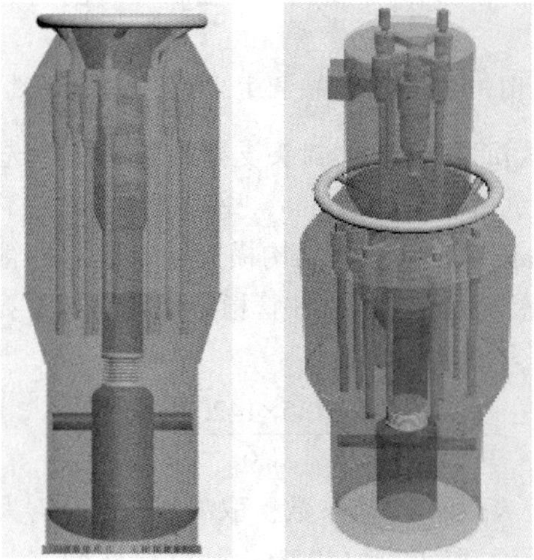

图1　同轴式沉降-再生器内件三维建模

1.2　沉降-再生器封头带旋分模块预制支撑胎架设计

为确保同轴式沉降-再生器封头带旋分模块的预制质量，需要设计支撑胎架用于其在地面制作时的临时支撑，如图2所示。将封头带旋分模块拆除后摆放在支撑胎架上，拆除其内部旧旋分后进行新旋分模块化安装施工。

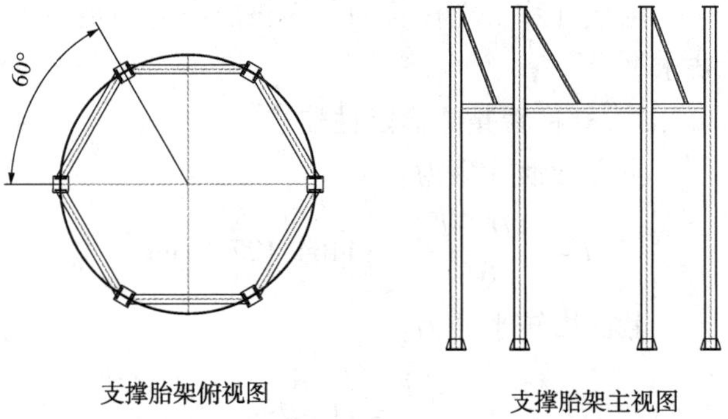

支撑胎架俯视图　　支撑胎架主视图

图2　同轴式沉降-再生器预制模块支撑胎架示意图

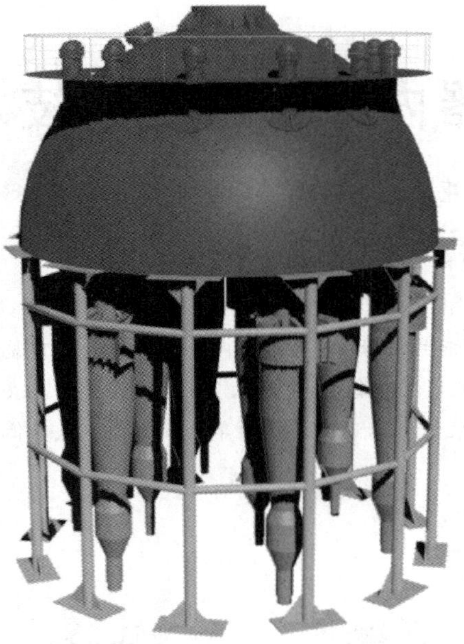

图 3　同轴式沉降-再生器模块支撑效果图

同轴式沉降-再生器封头支撑胎架立柱管选用 20#材质，外径 D=325mm，壁厚 δ=12mm，内径 d=301mm。以下忽略结构横梁，仅以立柱管为对象核算其稳定性，立柱管稳定性计算如下：

1.2.1　每根立柱受力

$$F=\frac{K_1G_3}{n}=\frac{1.5\times142.3t}{6}=35.6t$$

式中，K_1为不均衡系数，取 $K_1=1.5$；G_3为设备净重量，取 $G_3=142.3t$；n 为立柱数量，取 n=6。

1.2.2　立柱管截面挤压应力

立柱管截面积为：

$$A=\frac{\pi(D2-d2)}{4}=\frac{\pi(3252-3012)}{4}=11793.8\text{mm}^2$$

截面挤压应力为：

$$\sigma=\frac{F}{A}=\frac{35.6\times9800\text{N}}{11793.8\text{mm}^2}=29.6\text{MPa}\leqslant[\sigma]=136\text{MPa}$$

由上计算，立柱管的截面挤压应力满足使用要求。

1.2.3　立柱管整体稳定性校核

主立管惯性矩为：

$$I=\frac{\pi(D^4-d^4)}{64}=144641127.9\text{mm}^4$$

截面回转半径为：

$$i=\sqrt{\frac{I}{A}}=110.7\text{mm}$$

细长比为：

$$\lambda=\frac{L}{i}=81.2<150$$

$\varphi=0.776$ 由上计算，立柱管的细长比满足使用要求。

根据 λ 的计算值，查阅 GB50017-2017 钢结构设计标准可得稳定系数。

1.2.4　整体稳定性校核：

$$\sigma_w=\frac{F}{\varphi A}=38.1MPa\leq[\sigma]=136MPa$$

由上计算，立柱管的整体稳定性满足使用要求，由于增加横梁后整个结构的稳定性增加，整个胎架的稳定性满足使用要求。

1.3　保证待生塞阀密封性技术

待生塞阀密封性对设备正常运行至关重要，首先要保证待生立管垂直度，待生立管模块预制利用水准仪确保水平度，待生塞阀确定机械零点后，待生立管模块吊装就位，利用四根线坠，初步垂直定位。过渡段焊接采用分段对称同步焊接防变形技术，4 名以上偶数焊工对称焊接，过渡段焊接完毕后，待生塞阀向上行程，与塞阀阀座保持接触密封，塞阀阀座找平，点焊固定，待生塞阀回到机械零点，将激光水平仪固定阀座底部，监测阀座焊接过程变形，以便及时通过焊接顺序调整，矫正阀座水平度，焊接采用分段对称焊方法。

1.4　再生器一二级旋风分离器模块组对技术

一二级旋风分离器组对是旋风系统施工最初也是最关键的一道施工工序，组对质量直接影响整个旋风系统的安装质量，为保证施工质量一二级旋风分离器到货后根据厂家指导书找出相对应的一二级旋风组合，每组在地面预制平台模块组对，通过拉设粉线的方式进行初步找正并加以固定，用水准仪进行精找正，用高精度激光水准仪通过二级旋风分离器升气筒口进行水平度复测并焊接过程监测变化，通过三种检验方式保证组对精度，避免后续安装过程中出现返工情况。

1.5　主风分布管模块组对技术

主风分布管作为沉降-再生器内件的核心，施工质量要求非常高，尤其模块化地面组对没有筒体作为参照，施工难度较高。存在风险：支管水平度，影响两器运行效果；支管外伸长度，若安装不好，运行时，热膨胀，可能会与设备筒体或其他支管产生碰撞，造成质量事故；喷嘴防护，若安装时保护不好，进入硬性杂质，运行时可能对支管造成磨损，从而发生质量事故。主风分布管模块组对技术采取：组对地面找平，支管安装过程，实时监测；组对前，先对筒体内部实际尺寸进行测量，根据实际尺寸结合设计允许间距进行组对，同时组对过程进行详细测量；安装前将内部杂物清理干净，并对喷嘴采用塑料胶带进行保护，待投运前再进行拆除。

图 4　待生塞阀及塞阀阀座

图 5　一级、二级旋风分离器组对水平检查

图 6　主风分布管模块组对检查

2　模块化拆除施工工艺要点

2.1　模块化划分规划

结合同轴式沉降--再生器的设备结构特点，通过沉降-再生器顶封头空间位置，内件进行模块化拆除、安装的方式。综合考虑场地、工期、成本、环境、安装等条件因素，确定拆除模块依次包括沉降器封头带旋分模块、汽提段及待生立管模块、再生器一二级旋分模块、待生套筒及膨胀节模块、主风分布管模块等 5 大模块。拆除模块和新模块预制工作同步进行，确保内件拆除后，安装工作的有序衔接。在内件拆除的同时，进行安装模块的预制焊接。

主风分布管模块、一二旋风分离器模块、汽提段及待生立管模块、密相床格栅、待生套筒模块，提前与制造厂家深度对接，减少现场组装工作量，设备材料到货后，按照图纸规范要求验收，合格后，按照模块划分的要求，在地面进行预组装，焊接组焊，确保各项内件模块的水平度、同轴度满足图纸规范要求。

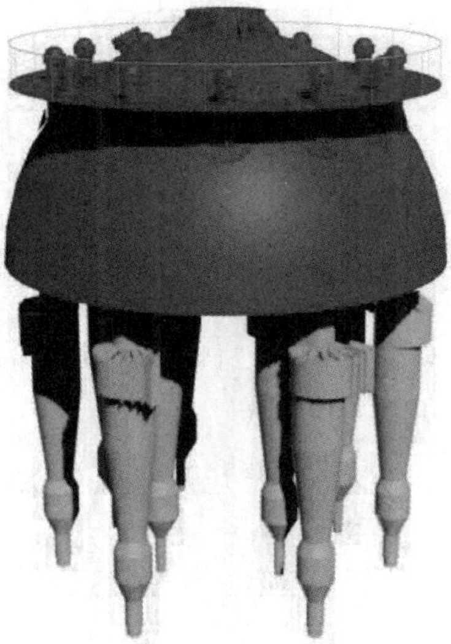

图 7　沉降器封头带旋分模块

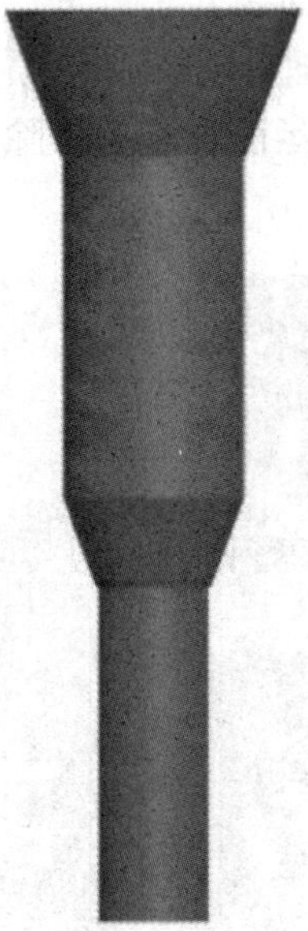

图 8　气体段及待生立管模块

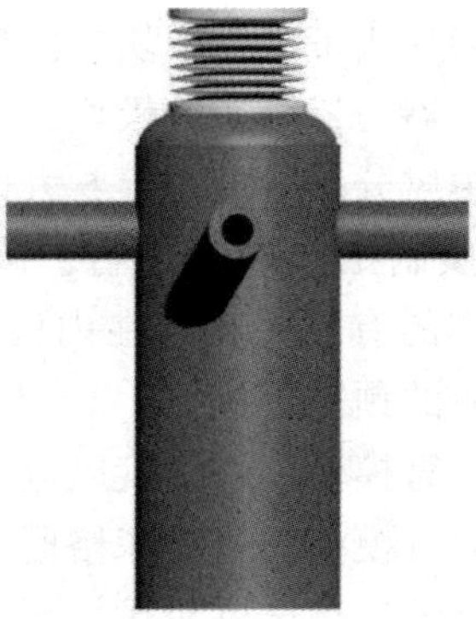

图 9　待生套筒及膨胀节模块

图 10　主风分布管模块

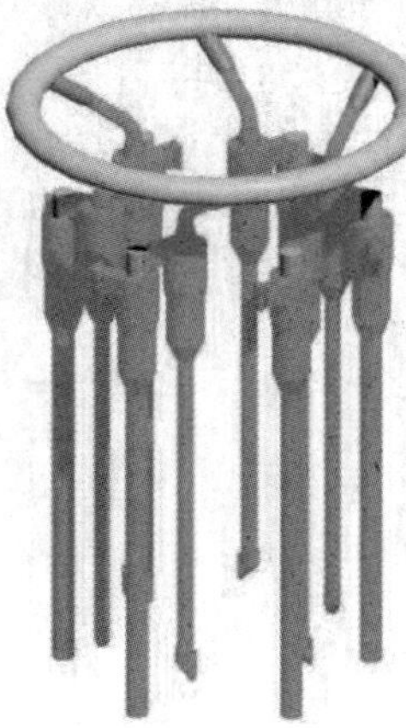

图 11　一二级旋风分离器模块

2.2　沉降器封头带旋分模块拆除

首先，提前将沉降器内部清焦完毕并清理，沉降器封头与筒体连接焊缝处砸除衬里，从原焊道处进行切割。将单旋分料腿进行临时固定，将沉降器单旋分与料腿连接焊道处断开。粗旋采用槽钢临时加固，断开后将外集气室、沉降器封头及单旋分整体拆除，放置在地面支撑胎架一上，将单旋分拆除，将封头二次吊装到支撑胎架二上，将单旋分从支撑胎架一内分别吊出，外运废料场。另外，将沉降器封头焊道进行修口打磨，待模块回装。

然后，将粗旋分、料退、拉杆拆除，在粗旋分与提升管水平段在靠近沉降器器壁焊道处砸除衬里，切割断开。将粗旋风分离器料腿进行临时固定，粗旋风分离器与料腿衬里挡板处衬里破除，进行切割，将左右粗旋风分离器整体吊出沉降器。

最后，将沉降器粗旋、单旋风分离器料腿、拉杆及翼阀等散件吊至地面，将沉降器粗旋风分离器料腿整体吊至地面，拆除沉降器防焦格栅，吊装至地面，并清焦。

图 12　沉降器封头顶部附件拆除图

2.3　汽提段及待生立管模块拆除

为保证汽提段及待生立管模块顺利吊装，将汽提蒸汽、松动风管线从靠近汽提段处及靠近再生器器壁处进行拆除。在汽提段上过渡段位置，分片抽条环切，保护性拆除，放置地面，编号标记，妥善保管。破除待生立管与待生套筒膨胀节连接处衬里，将待生立管与待生套筒断开。汽提段及待生立管模块完全断开后，在汽提段上过渡段位置焊接吊耳，将汽提段整体吊出沉降器后，在地面拆除防焦格栅、汽提蒸汽管、环形挡板、四方锥等内件，并将利旧部分内件，清理干净安装到新汽提段筒体上。

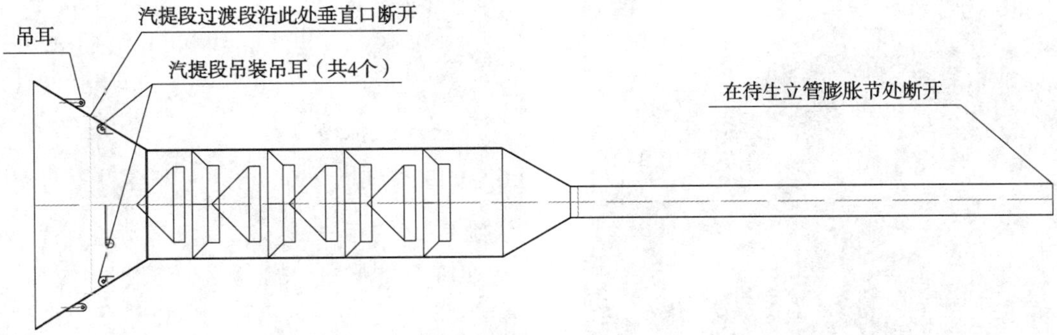

图 13　汽提段及待生立管模块图

图 14　汽提段立管模块吊装

图 15　待生立管模块吊装

2.4　再生器一、二级旋分模块拆除

将一级、二级旋风分离器与旋分料腿断开，旋分料腿拆除前焊接辅助吊耳，将料腿系挂于器壁处。汽提段上过渡段位置焊接吊耳，利用倒链将二级旋风分离器悬挂固定在过渡段焊好的吊耳上，然后，将二级旋风分离器在与烟气集合管短节衬里挡板处断开。拆除一级旋风分离器吊挂，将一、二级旋分模块依次吊装至地面，最后将旋风分离器料腿、拉杆、翼阀等吊至地面。

2.5　待生套筒模块拆除

将待生套筒的催化剂分配器拆除，在待生套筒底座位置破除衬里，从待生套筒底座整体环缝切割，进行待生套筒整体拆除，吊装至地面。

图 16　再生器一二级旋分模块拆除

2.6　主风分布管模块拆除

拆除主风分布管模块，在主风分布管与主风入口管连接处，进行衬里破除，在适合回装焊接的位置进行切割，按模块进行整体拆除。

2.7　主风分布管模块安装

将流化风环管吊装到套筒内部，并将法兰把紧，套筒内清理干净。主风分布管模块提前在地面预组装完成，确认调整好陶瓷喷嘴方向，将主风分布管模块吊装就位，焊接完毕后，将待生套筒分配管提前放至在主风分布管上面，等待生套筒安装焊接完毕后，将分配管与待生套筒焊接。

图 18　主风分布管、套筒分配管安装

2.8　待生套筒模块安装

将待生立管膨胀节提前与待生套筒进行组对焊接，注意膨胀节吊装过程加固保护，待生套筒及膨胀节模块整体吊装就位，焊接完毕后，将放置在主风分布管上的待生套筒分配管与套筒进行组对焊接，注意待生分配管方位不要与旋分料退、翼阀、放倒锥碰撞。

2.9　再生器一、二级旋分模块安装

提前在再生器内搭设好一、二级旋分安装用的脚手架，将一、二级旋分料腿提前悬挂在再生器器壁上。再生器一、二级旋风分离器到货验收合格后，在地面平台上进行模块预组装，控制水平度和同轴度，做好加固，按照模块依次吊装至再生器内时，将一级旋分悬挂在拉杆套筒吊耳上，二级旋分悬挂在过渡段吊耳上，安装一级旋风吊杆，焊接二级旋风与集合管短接。最后，旋分料腿、拉杆回装，翼阀按照厂家调试角度安装。

图 19　再生器一二旋分模块组装吊装

2.10　汽提段及待生立管模块安装

待生立管与汽提段整体模块化预制安装，在地面安装环形挡板、四方锥，将汽提段上过渡段组对焊接、热处理、无损检测合格后，将汽提段及待生立管模块吊入两器内，将汽提段上过渡段抽割的环板提升组对，打磨坡口，随后组对汽提段，利用线坠，找垂直，焊接过程中确保与同轴度偏差在 1mm 以内。

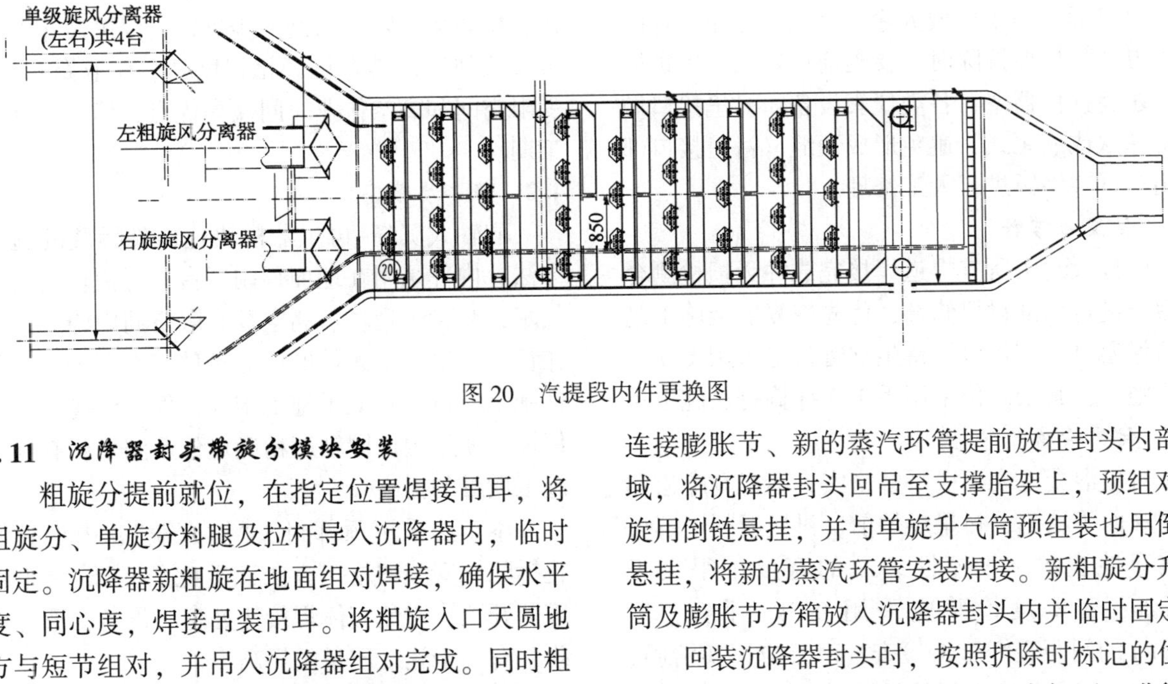

图 20　汽提段内件更换图

2.11　沉降器封头带旋分模块安装

粗旋分提前就位，在指定位置焊接吊耳，将粗旋分、单旋分料腿及拉杆导入沉降器内，临时固定。沉降器新粗旋在地面组对焊接，确保水平度、同心度，焊接吊装吊耳。将粗旋入口天圆地方与短节组对，并吊入沉降器组对完成。同时粗旋升气筒和膨胀节组对，按照图纸找准角度。吊装粗旋完成组对，随后吊入导气管在沉降器内临时固定。

沉降器封头回装，将预制好的单旋升气筒和连接膨胀节、新的蒸汽环管提前放在封头内部区域，将沉降器封头回吊至支撑胎架上，预组对单旋用倒链悬挂，并与单旋升气筒预组装也用倒链悬挂，将新的蒸汽环管安装焊接。新粗旋分升气筒及膨胀节方箱放入沉降器封头内并临时固定。

回装沉降器封头时，按照拆除时标记的位置就位，封头组对、焊接，拆除所有加固，进行内部旋分找垂直度，并焊接，完成拉杆安装，翼阀安装按照厂家调试角度，恢复检修平台，恢复仪表管线等。

图 21　沉降器封头及旋分模块吊装

3　衬里施工

3.1　旧衬里的拆除

衬里拆除采用机械拆除与手工拆除相结合的施工方法。机械拆除时，要提前作好成品保护措施，避免损伤器壁、各类仪表设备。衬里接口做成阶梯状或燕尾式，避免形成通缝，衬里接口部位用钢钎、手锤进行人工修理。

3.2　衬里的修补

内件及封头所有焊道焊接完成并无损检测合格后，进行局部衬里修补，优先恢复安装施工割掉的保温钉，汽提段及待生立管衬里采用支模浇筑法施工，其余部位采用手工涂抹捣打法施工。

3.3　衬里验收

衬里混凝土表面应平整密实，不得有疏松和蜂窝麻面等缺陷；衬里烘炉前，衬里混凝土不得有贯穿性裂纹，收缩性裂纹的宽度不得大于0.5mm；密实度检验应采用0.5kg手锤，以350mm的间距轻轻敲击检查，声音应铿实清脆、无松动、无空鼓声；衬里烘炉后，衬里混凝土裂纹的表面宽度不得大于3mm，且不得有贯穿性裂纹。

4　模块化内件更换技术特点

4.1　施工工期短

同轴式沉降-再生器模块化内件更换技术相比传统装卸孔、侧壁开孔技术，优化了施工顺序、减少了施工交叉作业，提高了施工效率；内件模块化拆除过程，同时完成地面模块预制工作，模块化拆除与预制同步进行，仅吊装作业即可安装到位，具有机械化程度高、作业路径短、受限空间和高空作业时间短等优点，缩短了施工工期。

4.2　施工质量高

同轴式沉降-再生器模块化内件拆装的施工方法，内件采用在地面预制平台进行模块化组焊技术，减少了现场、高空及有限空间内施工的工作量，改善施工人员的作业条件，有利于提高内件施工质量。降低了施工难度，作业环境得到了保证，便于内件同轴度精确定位及测量，有利于施工质量的提高。

本工法采用顶部封头“掀大盖”，内件模块化拆除、安装的施工方法，避免了沉降-再生器腹部开孔，避免筒体焊接热处理、设备变形等风险，有利于施工质量的提高。

4.3　施工风险低

同轴式沉降-再生器模块化拆装的施工方法，采用内件模块化拆除，地面模块化预制组焊技术，将大部分受限空间作业转移到地面，减少了受限空间作业和高空作业，降低了施工风险。

同轴式沉降-再生器顶部“掀大盖”模块化拆装的施工方法，模块化拆除、安装都是按顺序依次进行，避免了交叉作业，降低了施工风险。

4.4 施工成本低

同轴式沉降-再生器模块化拆装的施工方法，内件采用地面模块化技术，实现内件深度模块预制，减少安装阶段设备内部施工人员投入，减少高空作业，减少脚手架搭拆工作，提高了工作效率，降低了施工成本。

同轴式沉降-再生器模块化拆装的施工方法，采用从上至下连续的模块化拆除、从下至上连续的模块化安装，模块的拆除与预制同步进行，工序衔接紧密，避免吊车机械闲置，提高了机械使用效率。

4.6 节能环保效高

催化裂化装置同轴式沉降-再生器内件快速更换施工技术，采用内件拆除、安装模块划分技术，避免了散件拆装，降低了机械使用时间，减少了机械能源的消耗；模块化施工技术，减少了高处及受限空间作业，减少了材料在运输过程中对环境的污染；基于模拟吊装规划布置技术，提高了机械效率，减少了机械使用对能源的消耗和尾气的排放。

5 结束语

同轴式沉降-再生器内件模块更换技术，充分利用现场外部空间和机械优势，克服了受限空间作业和高处作业的低效率。此技术的应用，在施工进度、成本、安全、质量、环保等方面效果显著，本文将此施工技术进行总结，整理成文，分享学习，希望对行业同类型施工有借鉴意义。

加热炉燃烧节能控制技术

王 健 杨晓宇 欧建魁 任永锋 于成涛

（中国石油大连石化公司）

摘 要 加热炉是炼油化工生产产品的主要设施之一，同时也是主要的耗能设施之一，加热炉耗能约占整个炼油厂装置总耗能的65%左右，因此，炼油厂的主要节能工作之一就是降低加热炉的能量消耗，而降低加热炉能量消耗的核心工作就是降低加热炉的空气过剩系数，本文便介绍了一种以CO为基础的加热炉燃烧控制技术，很好的降低了加热炉的空气过剩系数。

关键词 加热炉；空气过剩系数；CO O_2

加热炉是炼油化工生产产品的主要设施之一，同时也是主要的耗能设施之一，加热炉耗能约占整个炼油厂装置总耗能的65%左右，因此，炼油厂的主要节能工作之一就是降低加热炉的能量消耗，且降低加热炉能量消耗的核心工作就是降低加热炉的空气过剩系数。炼油厂一般靠控制氧含量来控制加热炉的燃烧过剩空气系数，且通常使用氧化锆分析仪来进行分析控制，近似实现燃料的充分燃烧。但这种方法并不够精确，存在明显的不足：①由于氧化锆测量分析仪器一般都在加热炉上部，这使得测量的氧含量并不能够代表燃烧器周围的氧含量。②氧化锆测量分析仪的反应速度慢，灵敏度低；③氧化锆的温度适应性差仅限于炉膛高于600℃的加热炉④氧化锆检测容易受到空气泄漏的影响。因此，有必要在加热炉燃烧控制中引用一个新的控制参数——CO含量，通过监测CO的含量来控制加热炉的燃烧状况，其优势在于：①可直接测量CO的含量，通过检测CO含量的变化，可以迅速地掌握加热炉的燃烧波动情况；②可以将烟气中的CO控制在微量水平；③由于空气中没有CO，所以漏进加热炉的空气对测量CO含量没有影响；④CO测量仪反应灵敏、精度高且测量快速。

1 基于CO的烟气控制原理

1.1 CO和过量空气的关系

由图1可看出当过量空气加大并超过所需的合理配比后，CO较低，几乎不变，但烟气散热损失增加。而当供风量减少到没有足够的O_2供完全燃烧时，CO浓度迅速上升，烟气散热损失也同步增加。通过调整供风量，使CO含量保持在略高于最低值，此时加热炉的热效率最佳。即使过剩空气量在合理配比点附近的一定范围内变化，对CO含量的影响几乎不变，而且与负荷参数无关。

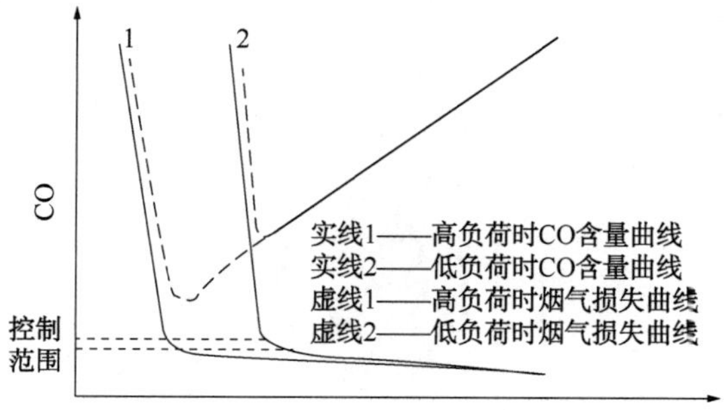

图1 CO和过量空气系数关系曲线

图2是一个燃烧空气量、燃料耗量、烟气中O_2，CO含量之间的燃烧关系图，同样可以表明含氧量与CO含量的关系。假定A代表有大量过剩空气进入加热炉时的工况点，当关小挡板使过剩空气减少，达到B点，燃料耗量随之也减少至最低(点B′)，B点是最佳热效率点。当过剩空气量较大时，CO质量分数很低(一般低于25μg/g)；过剩空气量减少后，CO含量并不增加很多；只有当燃烧接近最高效率时，CO含量才开始显著增加。从CO含量的急剧增加可以非常灵敏地反映出炉子是否已经接近最高效率，最高效率点B处的CO质量分数一般认为在100—150μg/g。如果空气量继续减少，烟气中的CO含量则迅速上升，不完全燃烧损失迅速增大，燃料耗量将大幅度增加。

1.2 技术原理

按理论配比燃烧的方法，将CO含量作为

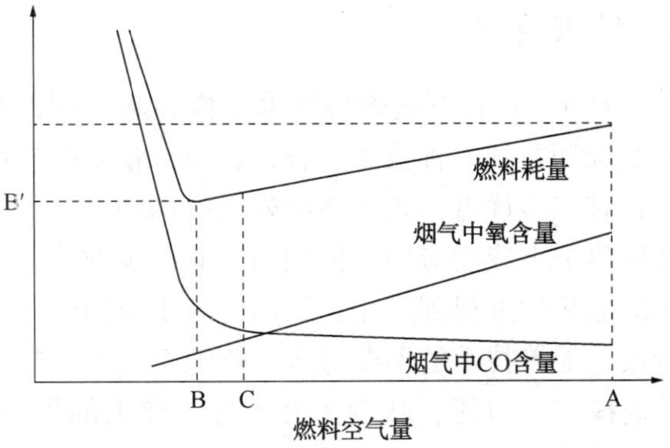

图2　燃烧关系图

烟、风道挡板、风机等的控制变量。

以甲烷为例，实际甲烷完全燃烧方程式：

$$CH_4+2O_2=CO_2+2H_2O$$

当 O_2 不足，不能完全燃烧时则为：

$$3CH_4+5O_2=CO_2+6H_2O+2CO$$

通常在加热炉的操作中，当燃烧空气减少时，氧气量不足时就会不完全燃烧产生 CO，将 CO 作为鼓风机变频或者风门挡板的控制变量，通过控制 CO 含量，使实际燃烧接近理论配比，当 CO 含量偏离较大时，系统可以马上做出反应，进行必要的调整。

1.3　基于 CO 的烟气控制原理

从图 1 和图 2 可知，在过量空气系数较小时，CO 变化较快，有利于作为控制信号，但 CO 和过量空气的关系系数较大时，CO 变化太慢，这时不太适合用 CO 作为控制信号，因此将 CO 控制在一个相对区域则有利于加热炉燃烧的控制。则 CO 合理的控制区域见图 3。

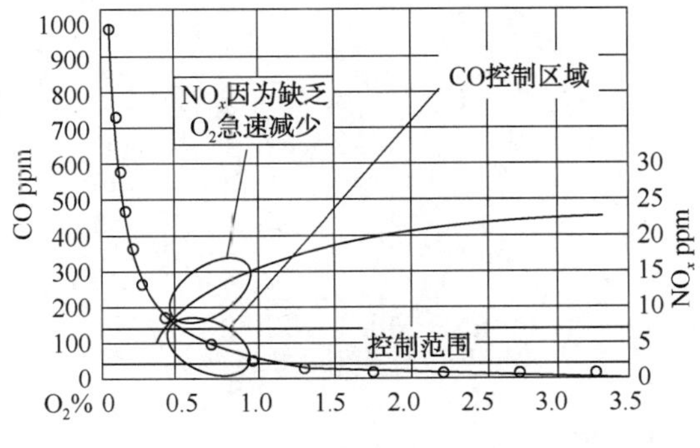

图3　CO，O_2，NO_x 关系图及建议的 CO 控制区域

2　基于 CO 的控制工艺过程

基于 CO 的控制工艺简图如图 4 所示。工艺设备主要由烟气采样探头、系统控制柜、现场设备等部分组成。

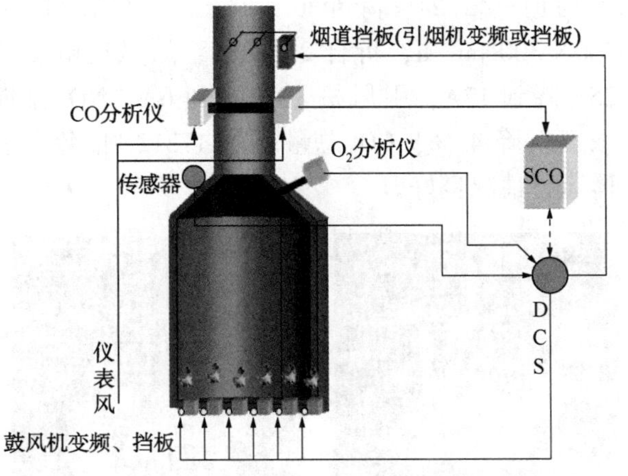

图4　基于 CO 的控制工艺简图

该控制系统通过通过 CO 自动控制加热炉供风，且通过设定信号的前馈或延迟来消除干扰因素，使控制系统保持平稳。同时该系统还引入燃烧率负载曲线以及安全控制策略，实现加热炉燃料流量与风机转速或挡板开度的关联，始终保持加热炉在安全状态。

如图 5 该控制系统采用的 CO 在线分析仪设在烟道处，使用中红外光源，可在烟道上直接测量，实现了实时在线分析，且分析仪反应灵敏、精度高、测量快速，最高测量次数可达到每秒 7 次，仪器正常使用寿命可达到 5 至 7 年，很好的减少了运维的工作量。

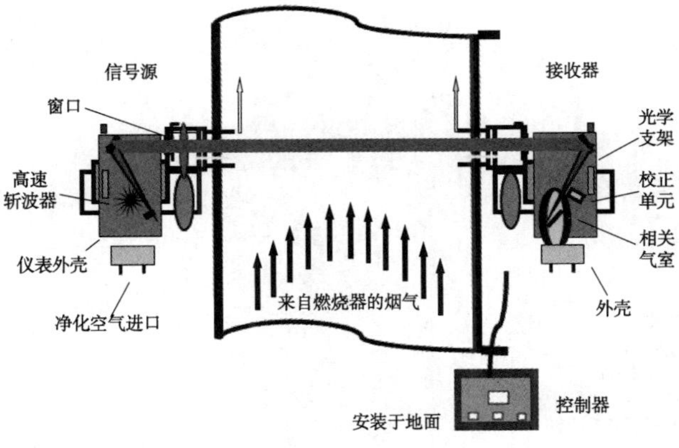

图5　CO 在线分析仪

3　应用实例

如图 7 图 8 中国石油化工股份有限公司镇海炼化分公司于 2014 年在 PX 装置加热炉上引进了相同的控制技术，其加热炉热负荷为 143MW，风道共有 5 个，燃烧器 10 个/风道，燃料为管网瓦斯，其加热炉系统有余热回收系统，且鼓引风机均为变频。在引进该控制技术后加热炉氧含量

平均值从 2.21% 降至 0.37%，平均燃料降低 300N 300Nm^3/h，折合 270kg/h，鼓风机电流从 25A 降到 17A，引风机 10A 降到 6A，NO_X 排放浓度下降 43%，CO_2 总量下降 17312 吨/年，总体运行情况良好。

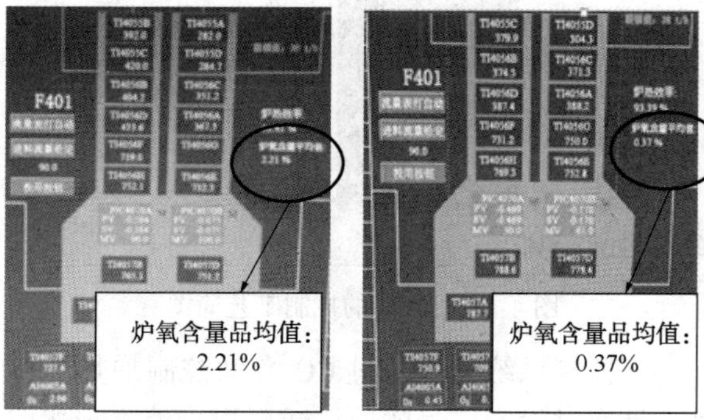

图 6　加热炉投用前后氧含量平均值对比图

名称	单位	投用前	投用后	效果对比
烟气氧含量	%	2.60	0.37	↓
鼓风机变频	%	84.0	71.0	↓
引风机变频	%	52.5	40.0	↓
排烟温度	℃	128.8	120.8	↓
加热炉效率	%	92.41	93.39	↑
各风道氧含量		不均衡	较为均衡	

图 7　加热炉投用前后各项数据对比图

4　结束语

基于 CO 控制的燃烧技术是作为基于理论配比燃烧理念的一种技术。较根据氧含量来控制燃烧具有许多优点，现已在国外多家炼油企业的多台加热炉上成功应用，但国内只有极少数炼油企业的加热炉上得到应用，目前还处于应用的初期阶段，随着技术的不断进步，炼油企业对加热炉精确操作、节能、减少污染物排放要求的提高，这项技术将得到广泛应用，并且给炼油企业带来经济和社会效益。

参　考　文　献

[1] 钱家麟．管式加热炉[M].2 版．北京：中国石化出版社，2003.633-638.

利用 HYSYS 软件对酮苯油回收系统进行能量分析与优化

范容譞　孔德骏　杨晓宇　屈清洲

（中国石油大连石化分公司）

摘　要　用流程模拟软件对油回收系统建立可靠热力学分析模型，计算各状态点及过程㶲指标，计算能量品位指标，分析用能质量褪变过程，换热过程占局部㶲损失 92.4%，T102 塔底加热㶲损最大。提高分液罐液位 30%等措施可减少塔前供热蒸汽量，减少系统㶲损失；将进料滤液与 T102、T103 塔顶溶剂换热，可显著提升㶲效率。模拟 2 台换热器代替空冷，求解低温热利用率最高条件下的各换热器流量分率，实现利用低温热 766.2kW，系统节㶲 514.6kW，总能级差降低 0.22 个单位，显著改善能级匹配度，预计节约蒸汽 212.7kg/h，年降本 42.8 万元。

关键词　流程模拟；㶲分析；能级分析；油回收

0　前言

随着“双碳”目标的实现需要与能源短缺问题的日渐突出，节能减排、降本增效是炼化生产统筹的重点工作。本文基于 ASPEN HYSYS 软件对溶剂油回收系统进行流程模拟，从㶲平衡、能级平衡理论出发，找出系统能量利用优化点，提出用能改进方向，以可行措施实现节能降耗增效目标。

1　用能分析法发展

用能过程分析方法较多，如三环节分析法、三箱分析法、基准能耗法、夹点分析法、能级分析法等。夹点分析法通过 T-H 图的冷热流股复合由线，确定最小温度差 ΔT_{min}，根据应用原则划分热源热阱，指出系统用能瓶颈。三环节、三箱分析法是以㶲分析为核心，结合热力学第一、第二定律，计算能量的㶲损失，通过减少可避免㶲损失，提高用能效率。杨东华结合夹点分析法、㶲分析法各自优势，提出能级平衡分析法，以输入系统能量的能级与用户所需能量能级间的差值和能级平衡系数作为能量利用合理性的质量指标，评价分析大系统的用能过程合理性。本文以 30 万吨/年酮苯脱蜡脱油装置三套（三酮苯）溶剂油回收系统为研究对象，分析系统用能过程，确定能量利用瓶颈点，提出优化措施。由于多组分混合物在不同状态下的热力学参数较难直接获取，故采用 ASPEN HYSYS 软件建立流程模型，便于计算物流参数，为进一步分析作奠基。

2　过程建模计算

2.1　脱蜡油溶剂回收系统工艺流程及模拟方法

酮苯脱蜡脱油联合装置是润滑油生产的重要环节，装置以蒸馏装置的减一线、减二线、减三线、减四线馏分油为原料，以甲乙酮（丁酮）和甲苯为混合溶剂，经过原料的冷却、结晶、过滤、回收等工艺过程，生产具有较好低温流动性的脱蜡油和含油量极低的脱油蜡，副产品是介于油和蜡之间的蜡下油。整个生产过程中物料经物理变化进行分离，没有化学变化。溶剂回收系统是根据油品和混合溶剂的沸点差较大，将混合物加热至适宜的温度，溶剂可基本上蒸发干净，而油品则基本不蒸发，使油品和溶剂发生分离。装置采用三效蒸发，通过二次蒸气的再利用，使外供能量直接和间接地得到多次利用，降低能耗。

关于物性方法、热力学方法的选取，据文献报道，采用虚拟组分表征（API 关联式）模拟结果与实际误差较小；油回收系统是多组分分离过程，需对其闪蒸、相变换热准确计算，本文选择适用于高度非理想混合物体系的 NTRL 方程。油回收系统 T101～T104 蒸发塔无冷凝器、再沸器，没有外部供热，T105 塔底加入蒸汽，但目的是降低分压，无再沸作用，经各种模型分析对比发现，按绝热闪蒸过程分离器单元模拟较合理。为简化流程，在满足热负荷相当条件下，将管壳式换热器分解为冷凝、加热侧单个换热器，合并表示同类换热器。三酮苯脱蜡油溶剂回收系统模拟流程如图1。

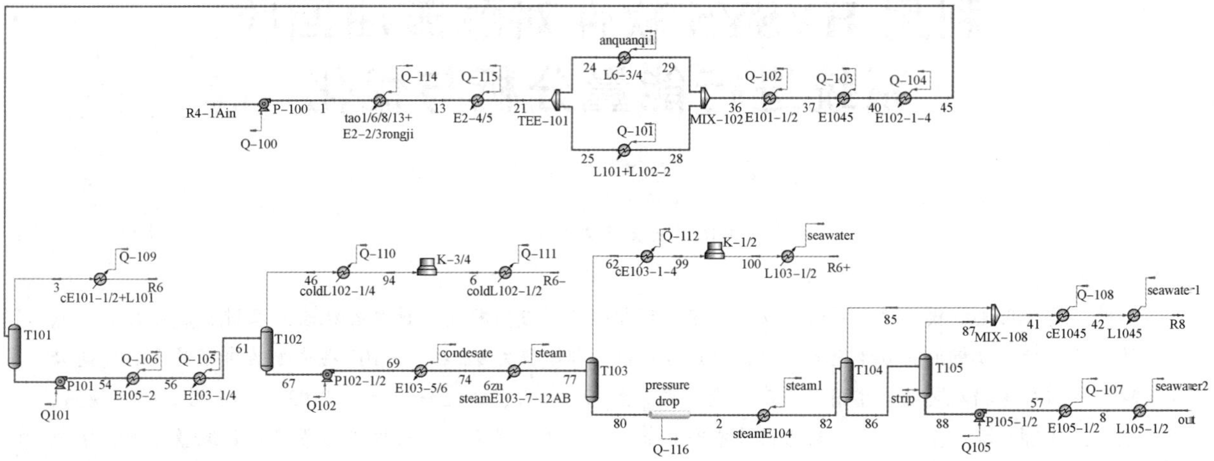

图1　三酮苯脱蜡油溶剂回收系统模拟流程

2.2　标定工况基础数据及模拟结果

环境状态：$P_0=1\text{atm}$，$T_0=25℃$。加工原料400SNA，装置满负荷运转(900吨/天)。

控制方案：脱蜡油(400SNB)凝点：≤-12℃。脱油蜡(400B2蜡)含油量：≤0.78%(质量分数)。

数据来源为三酮苯装置2020年9月标定报告，基本参数详见详见表1、表2。软件环境基准同标定工况，压力为绝对压力，模型关键参数及与误差见表3。

表1　原料及产品化验成绩

分析项目		原料	脱蜡油
罐号		150#	147#
密度/kg·m3-1		882.9	909.5
粘度(100℃)/$mm^2 \cdot s^{-1}$		7.727	11.27
凝固点/℃		48	-15
残炭/%(质量分数)		0.04	0.12
水分/%(质量分数)		痕迹	痕迹
比色		4.5	<6.0
含蜡量/%(质量分数)		26.2	—
溶剂含量/%(质量分数)		—	0.10
馏程/℃	2%	426	434
	5%	432	442
	10%	444	452
	30%	455	462
	50%	469	475
	70%	476	484
	90%	486	496
	97%	496	504
	2%-97%温度范围	70	70

表2　各物料溶剂含量及组成化验成绩

名称	分析项目			
	溶剂含量/%(质量分数)	溶剂组成/%(质量分数)		
		水	甲乙酮	甲苯
R6溶剂	—	0.61	59.46	39.53
R4-1A	76.6	2.32	57.64	40.04
T101塔底	74.0	0.92	57.54	41.54
T101塔顶	—	2.79	75.15	22.06
T102塔底	70.3	0.61	49.24	50.15
T102塔顶	—	1.12	71.37	27.51
T103塔底	11.7	0.34	14.94	84.72
T103塔顶	—	0.55	55.14	44.31
T104/T105塔顶	—	0.49	23.88	75.53

由表3知，模拟结果总体与实际吻合较好，相对误差均在3%内，在此模型基础上分析可信度较高。误差原因是石油虚拟组分的切割有一定馏程宽度，原料油与溶剂组成高度非理想混合物体系，适用方程对油品化验数据(ASTM D86法)兼容度有限。

表 3　标定工况主要操作参数模拟结果

项目		单位	标定	模拟	相对误差,%
T101	进料量	kg/h	75980	75980	0.0
	塔顶量	kg/h	7600	7660	0.8
	塔底量	kg/h	68380	68320	-0.1
	塔顶压力	kPa	121.3	121.4	0.1
	塔顶温度	℃	87.14	87.31	0.2
	塔顶冷却器出口温度	℃	24.84	24.84	0.0
T102	塔顶量	kg/h	8520	8339	-2.1
	塔底量	kg/h	59860	59980	0.2
	塔顶压力	kPa	181.3	178	-1.8
	塔顶温度	℃	105.97	108.15	2.1
	塔顶冷却器出口温度	℃	25.54	25.54	0.0
T103	塔顶量	kg/h	39730	39794	0.2
	塔底量	kg/h	20140	20187	0.2
	塔顶压力	kPa	281.3	281	-0.1
	塔顶温度	℃	176.39	175	-0.8
	塔顶冷却器出口温度	℃	30.76	30.76	0.0
T104/T105	塔顶压力	kPa	81.3	81.3	0.0
T105	汽提量	kg/h	694	694	0.0
	塔底量	kg/h	17780	17923	0.8
	塔底温度	℃	164.93	167.36	1.5

3　㶲和能级计算分析

3.1　系统㶲分析

㶲(有效能 E_x)的定义：系统从该状态变化到基态(环境状态 P_0，T_0)的过程中所做的理想功。理想功是在一定环境条件下，系统发生完全可逆过程时，理论上可能产生的(或消耗的)有用功。因生产过程只涉及分离混合、相变等物理过程，故只需考虑物理㶲，计算公式如 1.1 所示：

$$E_x(\text{稳流}) = m \cdot [\ h - h_o - t_o \cdot (s - s_o)\ ] \quad (1)$$

式中，m 为物流的摩尔流率，kmol · h^{-1}；h 为物流当前状态摩尔焓，kJ · kmol^{-1}；h_o 为物流在基准状态下摩尔焓，kJ · kmol^{-1}；s 为物流当前状态摩尔熵，kJ · kmol^{-1} · ℃$^{-1}$；s_o 为物流在基准状态下摩尔熵，kJ · kmol^{-1} · ℃$^{-1}$；t_o 为基准状态温度，25℃。

基于模拟结果，油回收系统各状态点热力学参数及㶲计算见表 4。

表 4　状态点物性参数

状态点（物流）	m /kmol · h^{-1}	h /kJ · kmol^{-1}	s /kJ · kmol^{-1} · ℃$^{-1}$	h_o /kJ · kmol^{-1}	s_o /kJ · kmol^{-1} · ℃$^{-1}$	E_x /kW
R4-1A 滤液	800.6	-183540.0	-78.1	-176374.4	61.0	-820.3
P100 后	800.6	-183206.0	-52.2	-176374.4	61.0	-889.9
进 T101 前	800.6	-158108.3	137.7	-176374.4	61.0	3635.4
T101 塔顶	143.2	-178720.2	173.6	-222498.4	34.2	1602.3
T101 塔底	657.4	-153620.0	130.3	-166330.9	66.7	2031.0
去 R6	143.2	-222518.1	31.5	-222498.4	34.2	1.9
P101 后	657.4	-153516.7	143.8	-166330.9	66.7	1987.9
进 T102 前	657.4	-143342.5	161.9	-166330.9	66.7	3763.2

续表

状态点（物流）	m /kmol·h^{-1}	h /kJ·kmol^{-1}	s /kJ·kmol^{-1}·℃$^{-1}$	h_o /kJ·kmol^{-1}	s_o /kJ·kmol^{-1}·℃$^{-1}$	E_x /kW
T102 塔顶	116.3	-137850.2	184.6	-182961.3	41.0	1341.9
T102 塔底	541.1	-144523.5	157.1	-162755.1	70.4	2414.4
去 R6-	116.3	-182883.9	42.7	-182961.3	41.0	1.1
P102 后	541.1	-144210.0	177.7	-162755.1	70.4	2384.1
进 T103 前	541.1	-102781.9	250.6	-162755.1	70.4	8336.6
T103 塔顶	475.2	-50887.4	160.8	-105758.2	-2.2	6704.4
T103 塔底	65.9	-476809.1	945.2	-573557.5	592.8	1610.4
去 R6+	475.2	-104874.7	5.1	-105758.2	-2.2	92.6
进 T104 前	65.9	-471110.8	936.0	-573557.5	592.8	1718.9
T104 塔顶	25.9	-1510.3	132.7	-56038.8	-40.5	361.2
T104 塔底/进 T105 前	40.0	-774982.9	1455.8	-908436.8	994.9	1355.7
T105 塔顶	0.0	-1015.0	132.5	-55604.2	-40.8	0.2
T105 塔底	40.0	-774820.3	1457.3	-908689.5	995.2	1359.6
去 R8	25.9	-55426.6	-42.7	-56038.6	-40.5	4.8
P105 后	40.0	-774213.3	1478.9	-908685.6	995.2	1360.2
出装置	40.0	-879237.5	1125.9	-908689.5	995.2	291.0

按过程焩计算规定如下：

E_0(做功)= W (2)

$$E_0(\text{传热}) = Q_{in} - T_0 \cdot \Delta s \cdot m \quad (3)$$

$$E_{in}(\text{过程}) = E_0 + E_x \quad (4)$$

过程供入能量与外输入焩见表 5。

表 5　过程供入能量和外输入焩或输出焩

过程	Q_{in} /kW	E_0 /kW
P100	74.3	-
进 T101 前加热	5649.5	5016.7
T101 塔顶冷却	-1741.6	-2234.7
P101	18.9	-
T101 塔底加热	1858.0	1940.7
P102	47.1	-
T102 塔顶冷却	-869.4	-984.0
T102 塔底加热	6226.6	6500.8
T103 塔底加热	166.8	162.6
T103 塔顶冷却	-5614.4	-6128.2
T105 塔底汽提	4.4	-
T104、T105 塔顶冷却	-346.7	-354.4
P105	6.7	-
T105 底冷却	-1103.6	-1201.7

对系统建立焩平衡方程可知：输入系统的焩为机泵供能、汽提蒸汽及加热热流的焩，输出系统的焩为产品的收益焩、冷却的冷量焩及排放到系统外的耗散焩。相关计算公式如 1.5 ~ 1.8 所示[6]：

$$I_{int}(\text{稳流}) = E_{in} - E_{out} \quad (5)$$

$$I_{int}(\text{设备}) = E_p - E_g \quad (6)$$

$$\eta_{gen}(\text{普遍}) = E_{out}/E_{in} \quad (7)$$

$$\eta_{obj}(\text{目的}) = E_g/E_p \quad (8)$$

式中，I_{int}为系统焩损失，kW；E_{in}，E_{out}为分别为穿过系统边界的输入焩与输出焩，kW；E_p，E_g为分别为系统在能量转变过程（设备）中的支付焩与收益焩，kW；η_{gen}，η_{obj}为分别为系统普遍焩效率与各类基本过程（设备）的焩效率。

经计算可得，系统总焩损为 2274.2kW，其中加热部分焩损为 1259.2kW，冷却部分焩损为 842.4kW，泵焩损为 139.3kW，塔焩损为 33.3kW。各部分焩损及局部焩损失率见图 2。

由图知，泵、塔类局部焩损失率仅为 7.6%，可忽略不计；换热过程焩损失率为 92.4%，是系统焩损最主要部分，其中进料和各塔前加热部分的焩损失率为 55.4%，塔顶溶剂冷却部分为 37.0%，显然换热过程的热力学不完善性显著，能量利用有较大优化空间。主要组件焩损量、局部焩损失率及焩效率见表 6。

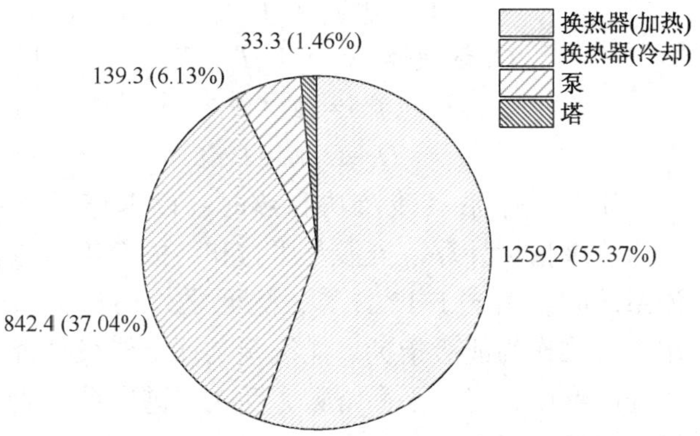

图 2　油回收各部分的局部烟损失率

烟效率不仅表明组件获得的烟占总输入的比例，还表明了系统不可逆损失的大小。由图表知，过程烟损量由高到低依次是 T102 塔底加热、进 T101 塔前加热及 T103、T102 塔顶冷却，T102、T103 塔顶冷却及进 T101 塔前加热的烟效率很低，是造成系统不可逆性的关键点。局部流程模型见图 3，温度、绝对压力已标识。

表 6　主要组件烟损及烟效率

主要过程(组件)	烟损失/kW	局部烟损失率/%	烟效率/%
进 T101 塔前加热	491.4	21.6	76.4
T101	2.2	0.1	99.9
P101	61.9	2.7	97.0
T101 塔底加热	165.4	7.3	97.8
T102	6.9	0.3	99.8
T102 塔顶冷却	356.7	15.7	64.9
P102	77.4	3.4	96.9
T102 塔底加热	548.4	24.1	96.5
T103	21.8	1.0	99.7
T103 塔顶冷却	483.6	21.3	85.1
T103 塔底加热	54.1	2.4	96.7
T104	2.1	0.1	99.9
T105	0.3	0.0	100.0
T104、T105 塔顶冷却	2.1	0.1	97.3

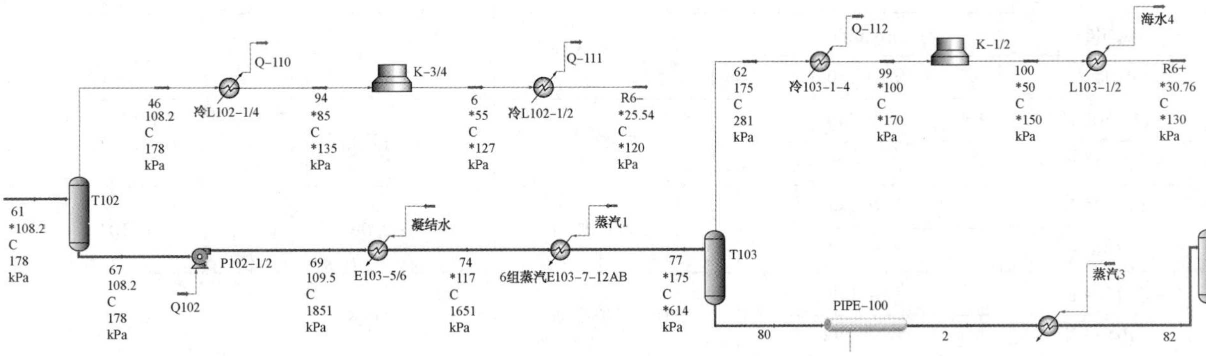

图 3　T102、T103 相关流程模型

经换热网络分析知，E102-1~4 的溶剂与脱蜡滤液换热至 85℃、135kPa 左右，经空气、海水冷却至室温进入干溶剂罐 R6；E103-1~4 的溶剂与 T101 塔底液体换热至 100℃、170kPa 左右，经空气、海水冷却至室温进入 R6，大量低温热未经利用就排放。而滤液进 T101 塔前需从-17℃升温至 87℃左右，除套管结晶器外，T101 塔前有 14 台换热器，流程长，加热侧物流温度低，其中 6 台换热前后温差仅 5~10℃，导致大量热烟耗散到系统外。据此，考虑将空冷 K-3/4、K-1/2 改为与进料的换热，一方面合理利用低温热源，减少散失到环境中的烟，提高滤

液加热、塔顶冷却的㶲效率；另一方面减小与其他系统换热关联性，便于调节系统内参数，提升装置运行鲁棒性。

对于6组蒸汽加热器E104-7~12AB，供热蒸汽(1.0MPa)为230~270℃，T103进塔温度只需175℃左右。因过热蒸汽显热较小，按排汽压力接近1atm计，约90.4%热负荷由蒸汽冷凝潜热提供。装置经炉改汽改造后，原设计操作参数有富余量，应减少蒸汽用量至刚好满足升温要求，提高蒸汽潜热利用率，从而在维持进塔温度、分离条件下，减少外输入㶲、热㶲损失，提升系统㶲效率。

3.2 系统能级品位分析

能级Ω作为能量的品位分析指标，反映能的质量，定义式见式1.9，相关公式如下：

$$\Omega = 㶲 / 能量 \quad (9)$$

$$\Omega(功流) = 1 \quad (10)$$

$$\Omega(热流) = \eta_c = 1 - T_0 / T \quad (11)$$

$$\Omega(稳流) = E / H \quad (12)$$

$$\zeta = (\Omega_1 - \Omega_2) / \Omega_1 \quad (13)$$

说明：体系只涉及功和热时，以卡诺因子η_c为能级指标计算，当涉及压力和组成变化的稳流系统时，用式1.12计算，除此之外的过程采用定义式作为能级指标。能级差是评定能级是否匹配的准则，能级平衡常数ζ反映了进出系统能量能级的相对变化。

对系统设备分类可知：无压力、组分变化的换热器用式1.12计算，其余换热和回收塔、汽提塔分离过程以及节流控制阀、混合器所涉及的物流应采用式1.9；机泵属于做功过程，能级为1。各物流能级、各组件能级差和能级平衡常数计算结果见表7。

表7　各物流能级、各组件能级差和能级平衡常数

状态点(物流)	Ω /kW	主要过程(组件)	ΔΩ /kW	|ζ|
R4-1A滤液	0.020	P100	-1.939	1.901
P100后	0.022			
进T101前	-0.103	进T101塔前加热	-0.088	0.086
T101塔顶	-0.225			
T101塔底	-0.072			
P101后	-0.071	P101	-3.286	3.542
进T102前	-0.144			
T102塔顶	-0.301	T101塔底加热	-0.089	0.096
T102塔底	-0.111			
去R6-	0.000	T102塔顶冷却	0.245	0.814
P102后	-0.110			
进T103前	-0.540	P102	-1.643	1.848
T103塔顶	-0.998			
T103塔底	-0.184	T102塔底加热	-0.092	0.104
去R6+	-0.007			
进T104前	-0.199	T103塔顶冷却	0.068	0.068
T104塔顶	-33.238			
T104塔底/进T105前	-0.157	T103塔底加热	-0.518	0.636
T105塔顶	-49.511			
T105塔底	-0.158	T104、T105塔顶冷却	0.005	0.000
去R8	-0.012			
P105后	-0.158	T105塔底冷却	-0.114	0.718
出装置	-0.030			

据能级平衡分析理论知，能级差是过程的推动力，要使供能和用能尽量匹配，理想用能应使

△Ω、ζ 趋于 0。△Ω>0 则设备热效率大于㶲效率，㶲损量大，表明输入能级高于使用能级，能量高质低用；△Ω<0 则表明大量低能级能量被排放到环境，这也违背了能级平衡思想，需要在输出端优化能量梯级利用。在热力学层面，能级平衡分析法“△Ω 趋于 0”思想与夹点技术的“最佳换热”目标是一致的。

由上表知，机泵能级差较大，说明泵效率低于㶲效率，除做有效功外，部分能量以热和无用功的形式成为8 2 从设备角度改善，应选用轴功率低的泵并选用匹配轴功率的电机，或通过变频泵提升泵效率，减少8 的产生F 换热过程中，进 T101 塔前加热、T103 塔顶冷却的能级差小、能级平衡常数小，说明尽管过程㶲损失大、㶲效率低，但能质退化程度小，能级匹配合理。

T103 塔底加热的能级差为-0. 518kW，能级平衡常数为 0. 636，即低能级热量散失较多，供入能级越高，则能级差越大，需“浓缩”换热前的能级。由流程知，T103 塔底出口 175℃，管线长、压降大、热量损失大，经蒸汽加热器 E104 升温至 167℃，需控制蒸汽量，加强管线保温管理，减少能量散失。

T102 塔顶冷却的能级差为 0. 245kW，能级平衡常数为 0. 814，㶲损较大，应降低冷却前能级或提高使用能级，可将空冷 K-3/4 换为与进料滤液的换热，充分利用 85～95℃ 高能级余热，减少可避免的㶲损失，提高冷却过程使用能级；还可考虑利用热泵技术[7]，结合循环制冷需求，将环境中内能（能级为 0）引入系统，达到“冲淡”供入能级作用，通过调整8 的比例控制过程速率，达到按质用能目标。

4　优化对比

4.1　*蒸汽加热器优化*

㶲分析、能级分析从不同角度反映出能量利用不合理之处，节能的实质是节㶲。1. 0MPa 蒸汽先经 E103-7～12AB 后进入水汽分液罐 R24-1，再给 E103-5、6 供热；油回收系统中，滤液先经 E103-5、6 预热，再经 E103-7～12AB 加热至入塔前温度。在不改变现有流程设备前提下，一是控制冷流流量稳定，保持取热量恒定，避免因过热和频繁调节造成蒸汽浪费，减少耗散㶲、㶲损失，提高㶲效率；二是蒸汽加热量设计值有约 40%过剩裕量，经 2 年运行摸索，通过调整加热器（E103-7～12AB）蒸汽阀门开度，降低供入能量的能级，匹配能质，达到节汽目的。同时 2022 年加工负荷 87. 2%，同比 2021 年降低 3. 97%，加工负荷降低，将汽液分离罐 R24-1 液位由原 30%提高至 60%，确保蒸汽潜热完全利用，达到节能目的。对蜡下油回收系统 R24-2 罐做类似调整，装置 2021 年、2022 年各月蒸汽单耗及总能耗对比见图 4。

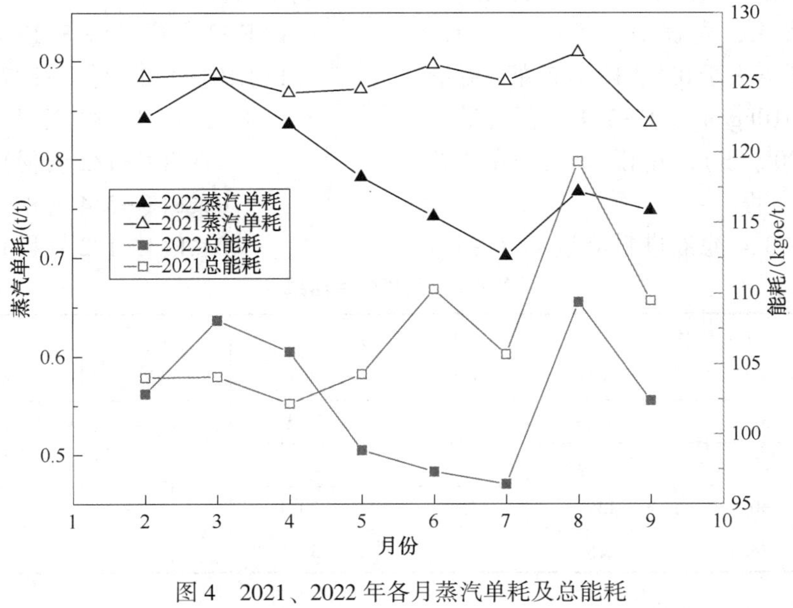

图 4　2021、2022 年各月蒸汽单耗及总能耗

一季度外温较低，蒸汽调整对降低总能耗效果不明显，2022 年 3 月受异常事件影响，蒸汽管网波动，结晶、回收系统转循环，导致装置整体能耗偏高。二季度以来，外温升高，换热器表

面㶲损减少，蒸汽单耗同比显著降低，实现系统有效节㶲，改善能级匹配度。

4.2　换热模拟优化

为提高 T102、T103 塔顶冷却使用能级、利用低温热，模拟新增管壳式换热器 E-3/4、E-1/2 代替空冷 K-3/4、K-1/2，与进料滤液换热，管程为滤液，壳程为塔顶溶剂，采用简易端点模型。该部分流程如图 5 所示。

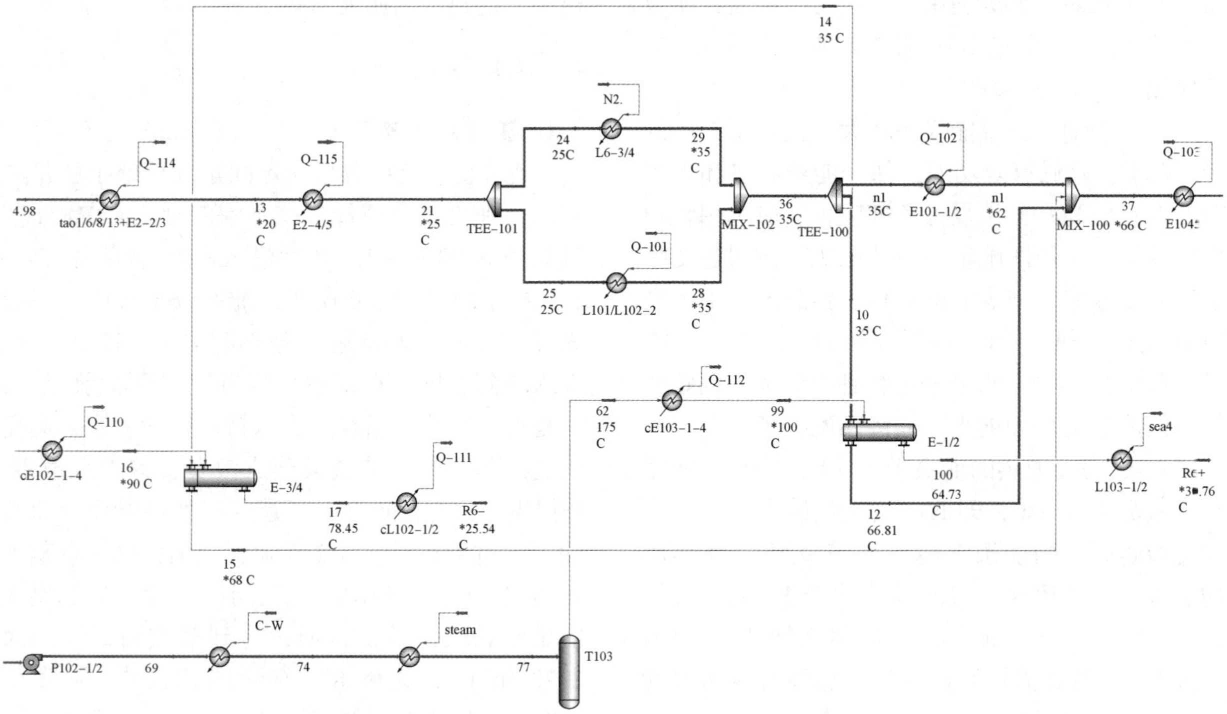

图 5　优化后 E-3/4、E-1/2 流程

为保证低温热利用率最大、换热器㶲损最小，需优化三组换热器流量分率。用优化器模块进行线性规划求解，模式为 Original，方法为混合法，罚值、允许误差、步长等其他参数按默认值。为避免温度交叉，壳程出口不低于 35℃，换热器 Ft 校正因子需大于 0.8，E-1/2 壳程流量上限为 475kmol(4510kg/h)，E-3/4 壳程流量上限为 800kmol(7600kg/h)，建模如下，结果见表 8：

决策变量：E-3/4 滤液进料流量 F(E-3/4 管程)、E-1/2 滤液进料流量 F(E-1/2 管程)

目标函数：Max(△T(E-3/4 壳程)+△T(E-1/2 壳程))

约束条件：

F(E-3/4 管程)+F(E-1/2 管程)+F(E101-1/2 管程)-F37 = 0

△T(E-3/4 壳程)≥35

△T(E-1/2 壳程)≥35

0≤F(E-3/4 管程)≤475

0≤F(E-1/2 管程)≤800

表 8　模型优化后结果

状态点（物流）	T /℃	P /kPa	F /kmol·h^{-1}	E /kW	I_{int} /kW	△T /℃	UA /kW·℃$^{-1}$
E-3/4 管程入口	35.2	851.3	183.3	58.8	12.9	32.1	10.2
E-3/4 管程出口	67.3	751.3		328.8			
E-3/4 壳程入口	90.1	135	120.2	820.4		11.7	
E-3/4 壳程出口	78.4	115		537.6			

续表

状态点（物流）	T /℃	P /kPa	F /kmol·h^{-1}	E /kW	I_{int} /kW	ΔT /℃	UA /kW·℃$^{-1}$
E-1/2 管程入口	35.2	851.3	475.0	152.5	3.5	31.6	32.6
E-1/2 管程出口	66.8	568.4		847.8			
E-1/2 壳程入口	99.9	200	470.3	1397.1		35.2	
E-1/2 壳程出口	64.7	180		698.4			
E101-1/2 入口	35.2	851.3	142.3	45.7	23.5	26.9	—
E101-1/2 出口	62.1	751.3		221.5			

由结果知，E-3/4 溶剂侧最大温差 11.7℃，E-1/2 溶剂侧最大温差 35.2℃，此时 E-3/4、E-1/2、E101-1/2 流量分率分别为 0.18、0.59、0.23，即控制 E-3/4、E-1/2 流量在 183.3kmol、475kmol 左右时，可最大限度利用 T102、T103 塔顶低温热，E101-1/2 需供热 199.2kW，该处换热器组总㶲损较小为 39.9kW。优化前后部分热力学状态参数及评价指标见表 9、表 10。

表 9　优化部分状态参数

状态点（物流）	Q_{in} /kW	E_0 /kW	E_x /kW	Ω /kW	H /kW
P100 后	4078.0	5133.0	-889.9	0.022	-40741.6
进 T101 前	-	-	3622.7	-0.103	-35174.0
T102 塔顶	-	-	1386.3	-0.302	-4597.8
去 R6-	-1201.0	-1305.5	1.7	0.000	-6101.4
T103 塔顶	-	-	6636.4	-0.998	-6648.1
去 R6+	-6050.0	-6430.9	88.0	-0.006	-13701.5

表 10　优化前后组件㶲损及能级差

优化过程（组件）	㶲损失/kW		ΔΩ/kW		|ζ|	
	前	后	前	后	前	后
进 T101 塔前加热	491.4	620.4	-0.088	-0.111	0.086	0.109
T102 塔顶冷却	356.7	79.1	0.245	0.053	0.814	0.175
T103 塔顶冷却	483.6	117.5	0.068	0.017	0.068	0.017
合计	1331.6	817	0.401	0.181	—	—

对比调整前，T102、T103 塔顶冷却㶲损大幅降低，因增加 T101 塔前换热面积，㶲损增加，但系统总㶲损失减少 514.6kW，节㶲 22.6%。T102、T103 塔顶冷却能级差显著减小，总能级差降低 0.22 个单位，能级平衡常数更趋于 0，能级匹配度提高。比优化前多利用 T102 塔顶低温热 330.6kW、T103 塔顶低温热 435.6kW。按 1.0MPa 蒸汽计，系统可节约 212.7kg/h，年降本 42.8 万元，以 30 万元/台换热器计，预计 1.4 年可收回成本。

5　结论

（1）基于流程模拟软件，对油回收系统选取适用物性方法、热力学方程，建立可靠分析模型，解决了非理想混合物体系热力学参数难获得、系统能量使用难分析问题。采取目前较先进全面的㶲分析、能级分析方法，计算各状态点、各组件及过程的㶲、能级相关评价指标，揭示能量质量褪变过程，找到系统能损瓶颈点。

（2）进料和各塔前加热部分的㶲损失率为 55.4%，塔顶溶剂冷却部分㶲损失率为 37.0%。㶲损量由高到低依次是 T102 塔底加热、进 T101

塔前加热及T103、T102塔顶冷却，T102、T103塔顶冷却及进T101塔前加热的㶲效率很低，是造成系统不可逆性的关键点。

（3）T103塔底加热能级差为-0.518kW，低能级热量散失多，需“浓缩”换热前的能级。通过控制冷流流量，保持取热量恒定，减少耗散㶲、㶲损失，提高㶲效率；将R24-1液位提高至60%，减少E103-5、6进汽量，降低供入能量的能级，匹配能质，对其他系统做同类调整，有效降低装置蒸汽单耗。

（4）T102塔顶冷却能级差为0.245kW，能级平衡常数为0.814，能级匹配度低，将T102、T103塔顶溶剂改与进料滤液换热。在低温热利用率最高条件下，可达最大温差分别为11.7℃、35.2℃，应控制E-3/4、E-1/2流量在183.3kmol、475kmol，并流换热器组总㶲损较小，利用低温热766.2kW。优化后系统总㶲损减少514.6kW，节㶲22.6%，总能级差降低0.22个单位，显著改善能级匹配度，预计节约蒸汽212.7kg/h，年降本42.8万元。

参 考 文 献

[1] 王敏，赵东风．炼化企业装置能耗分析方法研究进展[J]．当代化工，2014，43(2)：8-10.

[2] 项新耀，成庆林．熵与㶲及㶲分析与㶲传递[J]．热科学与技术，2004，3(3)：275-278.

[3] 杨东华．㶲分析与能级分析[M]．北京：科学出版杜，1986.

[4] 潘永生．酮苯脱蜡装置溶剂回收系统流程模拟与优化[D]．华东理工大学，2012.

[5] 王晨升．采用过程余热提供冷量的匹配研究[D]．中国石油大学(北京)，2016.

[6] GB/T 14909-201X，能量系统㶲分析技术导则[S].

[7] 吴盱生，韦铁．能级平衡理论及其应用[J]．能源技术，1995(04)：8-12.

压差发电技术在天然气站场中的应用

赵东辉　孟　红　窦维敏　张　欢　王旭锋

（中国石油工程建设有限公司华北分公司）

摘　要　本文阐述了天然气输送管网及储气库注、采气期天然气能量利用情况，论述了天然气压差发电的工艺原理，对比分析了常用膨胀发电机的性能，以典型集气站的运行参数为例，提出了集气站压差发电工艺方案，估算了项目的经济效益。研究认为：①在集气站实施压差发电后，每年净收益增加5万余元，同时，年节约标准煤231.6吨，减少CO_2排放量620.5吨。压差发电是天然气行业实现节能降耗、提质增效、绿色发展的重要技术手段。②储气库注、采气期存在压力能浪费，未来可在储气库开展压差发电方面的研究及工程实践。

关键词　天然气；压力能；压差发电；膨胀机

天然气压差发电技术充分利用天然气的压力能进行发电，该技术可有效解决天然气调压过程中产生的管道振动、噪音和急速降温产生冰堵等问题，充分利用天然气内能且不产生污染，满足零排放标准。

国内外关于天然气管网压力能利用技术的理论研究较多，主要包括将电能及冷能用于发电、调峰、制冷和天然气管网调压等。天然气开采和输送过程中大多采用高压管输方式，从气藏→井口→集气站→天然气处理(净化)厂→调压站→用户诸多环节都需要采用调压阀进行降压处理，且管内温度降低可能会发生冰堵等事故，造成压力能和冷能损失。近些年，我国天然气消费量快速增长，天然气消费的季节性、区域性差异显著，采用地下储气库进行应急调峰和战略储备。储气库注气期管网来气压力高于压缩机入口压力时，通常采用调压阀降压以满足压缩机进气压力；采气期井口压力高，需要节流降压。储气库注采气期均存在压力能浪费，若回收这部分能量，将会提高能量利用率和管网运行的经济性，符合国家节能减排的基本政策，具有良好的经济效益和社会效益。

目前天然气压力能回收后能量利用的方式主要有冷量利用和机械能利用。其中冷量利用主要包括制冷和储气调峰两种方式；机械能利用主要是通过膨胀机发电机组进行压差发电。

1　天然气压差发电技术

1.1　压差发电工艺原理

压差发电的基本原理就是利用高压天然气降压时体积膨胀产生的机械能来驱动发电机发电。高压天然气经过膨胀机膨胀，膨胀机通过转轴输出机械能，拖动发电机进行发电，将天然气压力能转换为电能。膨胀做功后的天然气温度降低，需采用前加热、后复热或两级膨胀中间加热的工艺使天然气温度满足管输要求。

1.2　膨胀机性能对比

膨胀机和发电机组是天然气压差发电的关键设备。膨胀机将天然气的内能转化为机械能，其性能直接影响发电效率。膨胀机分为容积式和透平式两大类，透平式膨胀机适用于流量大、负荷稳定的场合，容积式膨胀机适用于小流量、负荷波动大场合。常用膨胀机的性能对比分析如表1所示，需按照膨胀机进出口压力等级、流量和气质组成进行设备选型。

表1　膨胀机性能对比

序号	对比项目	螺杆膨胀机	双转子膨胀机	透平膨胀机
1	实物图			

续表

序号	对比项目	螺杆膨胀机	双转子膨胀机	透平膨胀机
2	结构形式及原理	主要部件是阴阳螺杆转子，转子为非接触式的容积式动力机，气体在槽道内边膨胀边做功	主要部件是一对双转子，通过转子上的凹凸齿槽啮合形成密封腔的容积式动力机，气体在槽道内边膨胀边做功	主要部件是叶轮及轴承，结构和汽轮机类似，蒸汽在喷嘴内膨胀产生超音速的气流推动叶轮高速旋转的速度型的动力机
3	对做功介质的污染	机内无需喷油，排气无需油气分离装置，不会污染做功介质	机内需要喷油润滑，排气需要加装油气分离装置，长时间运行会存在分离效果下降，污染做功介质的可能性	机内无需喷油，排气无需油气分离装置，不会污染做功介质
4	设备转速	转速为 1500-3000rpm，转速较低，没有飞车风险	转速为 1500-3000rpm，转速较低，没有飞车风险	透平转子的转速为 15000-30000rpm/min，转速超高，飞车风险很大
5	机内流速	35-60m/s，机内流速低	机内流速较低	400-600m/s，机内流超过音速 340m/s，如气体中带有水珠，将直接将叶片击穿
6	技术成熟度稳定性	自主研发，至今已 20 多年，国内外 300 多台套成功运行案例，技术成熟性高，安全稳定	2018 年开发出的样机，案例较少，应用于压差发电领域技术成熟度、稳定性及耐久性尚待考察	最早为国外产品技术，国内近几年才开始发展，案例较少，应用于压差发电领域技术成熟度、稳定性及耐久性尚待考察
7	机组效率	根据不同压力等级，等熵效率 65~82%(容积式)	等熵效率 65~82%(容积式)	等熵效率 65~86%(速度式)
8	机组功率	最大可至 1MW 左右，一般在 300kW~500kW	最大可到 MW 级别；最小可至 10kW 以下	应用时至少为 500kW，最高可达几十 MW；500kW 以下成本高，经济性较差
9	适用范围	对气源品质没有要求，适用各种流态均可使用，包含：气、液、气液两相混合物，最高可成承受 4MPa，400℃流体直接进入	适用于气、液、气液两相混合物进入做功	对气源品质有严格要求，过热蒸汽，干饱和蒸汽，严禁带水运行，且做功末级排气湿度不能超过 7%
10	除垢自洁	适用于低品质不清洁的热源作为做功介质，具有除垢自洁的能力	不能适用低品质，不清洁的热源作为做功介质，没有除垢自洁的能力，怕结垢	不能适用低清洁的热源作为做功介质，没有除垢自洁的能力，怕结垢
11	维护	操作简单，维护方便	操作简单，维护方便	转速超高，设备维护精度高，高级钳工才可胜任

2 集气站压差发电方案

以某集气站为例，分析压差发电技术在天然气站场中的应用情况。

2.1 已建系统工艺流程

目前集气站内设置有 1 台 $25\times10^4Sm^3/d$ 和 1 台 $15\times10^4Sm^3/d$ 膨胀-增压一体机组，膨胀机流量随着下游天然气销售量而变化，当年 11 月份至次年 4 月份天然气流量 $11900Nm^3/h$、当年 5~6 月天然气流量 $9200Nm^3/h$、7~10 月天然气流量 $5100Nm^3/h$。接收的天然气经分子筛脱水处理后，经冷箱降温至约-30℃，后通过膨胀机，天然气从 1.6MPag 膨胀至 0.4MPag，温度从-30℃降至约-70℃，进入低温分离单元，分离出轻烃后的贫天然气经复热后进入增压端，出口压力从 0.4MPag 增压 0.6MPag 外输，轻烃产量约为 $0.612t/10^4Nm^3$ 天然气，已建系统工艺流程见图 1。增压端天然气增压消耗的能量远小于膨胀端天然气膨胀产生的能量，膨胀过程中有大量的压力能浪费，考虑对这部分压力能进行回收和利用。

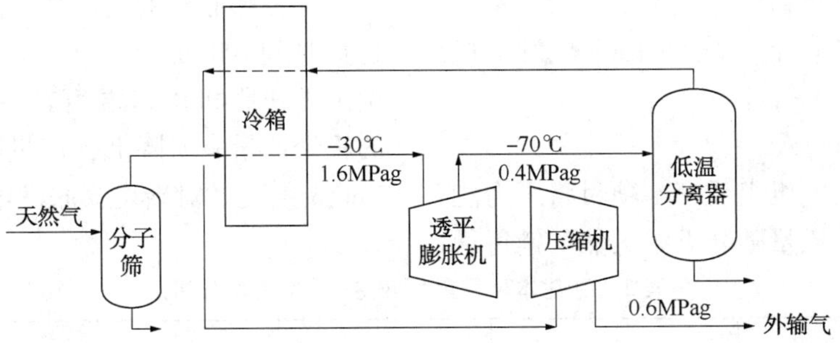

图1　集气站已建系统流程框图

2.2　压差发电工艺流程

在现有膨胀机入出口管路上增设取气点和回气点，新建膨胀发电机组和入出口管路系统及旁路调节系统。

在现有膨胀机入口总管上开口取气，在新建膨胀发电机入口管路上设置气动切断阀、过滤器、流量计、气动调节阀和温压变送器，气体经入口管路进入膨胀发电机回收压力能后，出口天然气经出口管路回气点汇入已建膨胀机出口汇管，压差发电流程见图2。

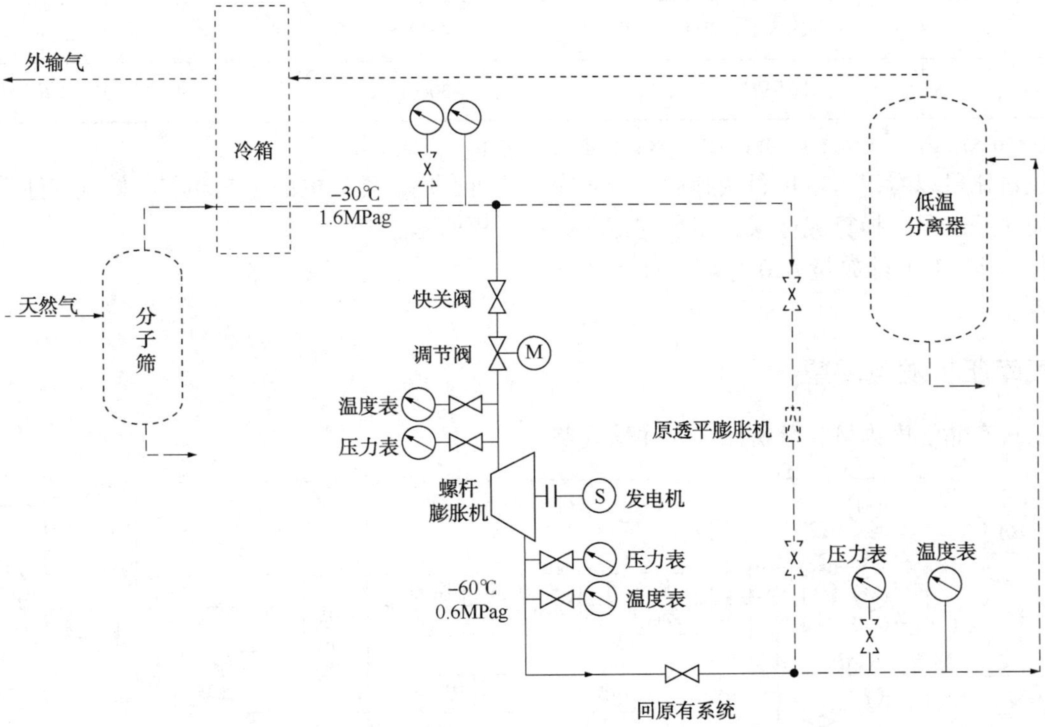

图2　集气站压差发电工艺流程

新建膨胀发电机组的天然气设计处理能力为9200Nm³/h，处理范围为5100~11900Nm³/h，接收的天然气经分子筛脱水处理后，经冷箱降温至约－30℃，后通过膨胀发电机，天然气从1.6MPag膨胀至0.6MPag，温度从－30℃降至约-60℃，进入低温分离单元，分离出轻烃后的贫天然气经复热后进入下游管网，轻烃产量为0.539t/10⁴Nm³天然气。

正常情况下，天然气通过膨胀发电机组回收能量，当膨胀发电机组异常或需要检修时，天然气通过旁路调节阀或已建膨胀机组输送至下游。

2.3　膨胀机设备选型

透平膨胀机适用于大流量及大功率场所，对气源品质有严格要求，严禁带水运行。双转子膨胀机是近年来新研制的机型，工程应用案例较少，技术成熟度、稳定性及耐久性尚待考察。螺杆膨胀机对压力、流量波动的适应性更好，在处理带液工况时具有明显优势，除垢自洁能力强，而且产品的制造成本和运维成本较低，技术成熟度高，稳定性好，具备在天然气压力能回收领域推广的价值。螺杆膨胀机已经在多个天然气调压站进行了示范运行，实现了调压站发电自用，余电上网，能够保证安全稳定连续发电运行。本工程选用螺杆膨胀机组 1 台，安装 150kW 发电机组 1 台。

2.4　压差发电经济效益

通过新增膨胀发电机组后，本项目将压力能转化为电能。膨胀机流量随着下游天然气销售量而变化，膨胀机的发电功率为 30~120kW，按年运行时间 8500h 计，年发电量 71.56×10^4 度电，但由于膨胀机出口温度较原方案高 10℃，回收的轻烃产量有所降低，产量降低量为 0.073t/10^4 Nm^3 天然气。对新增膨胀发电机前后对比分析见表 2。

表 2　新建本项目前后收益–成本费用分析

序号	名称	新建本项目前	新建本项目后
1	建设内容	—	压差发电机组及管路系统
2	投入成本，万元	—	360
3	年产出	天然气 7576.78×10^4 Nm^3，轻烃 4748.92t	发电 71.56×10^4 度，天然气 7650.93×10^4 Nm^3，轻烃 4182.47 t
4	年净收益，万元	4627.53	4632.54
5	20 年费用现值	30861.7	30573.6

注：电费 0.65 元/度，天然气净收益 0.522 元/Nm^3，轻烃净收益 1416 元/吨。

通过对比可以看出，本项目实施后，每年净收益增加 5 万余元，换算成标煤，年节约标准煤 231.6 吨，减少 CO_2 排放量 620.5 吨，具有较好的社会效益。

3　储气库压差发电展望

以某盐穴储气库为例，分析储气库注采气期可利用压差发电的工艺环节，储气库注采工艺流程如图 3。

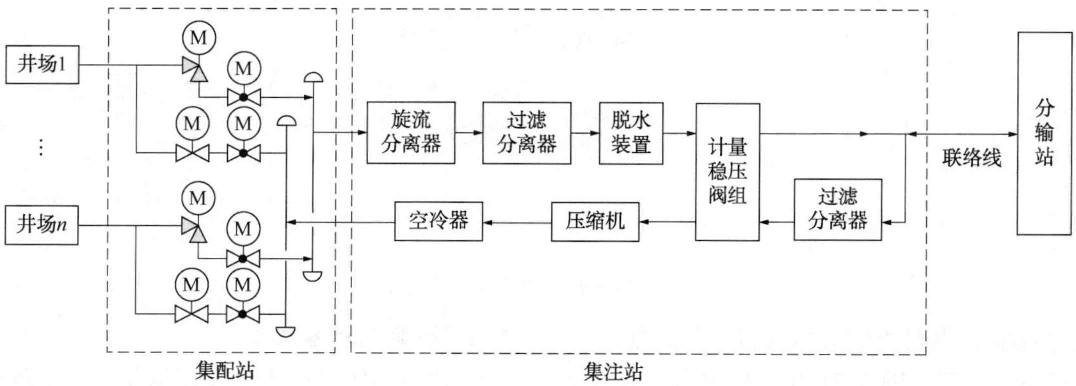

图 3　某储气库注采工艺流程框图

采气期工艺流程：各井场来气在集配站内汇集节流后输送至集注站，经站内旋流分离器、过滤分离器除去原料气中夹带的机械杂质及游离水后，再进入脱水装置，水露点满足外输要求后，经计量稳压后通过联络线输送至分输站。井口具有充足的压力能，可采用的脱水工艺有：J–T 阀+乙二醇防冻的脱水工艺、三甘醇装置脱水。

当采用 J–T 阀+乙二醇防冻的脱水工艺时，集配站节流阀和 J–T 阀处存在压力能可利用，当采用三甘醇装置脱水时，脱水后天然气的压力若高于分输站节点压力，也存在利用压差发电的可能性。某盐穴储气库拟采用三甘醇装置脱水，脱水后利用压差发电，储气库压差发电情况如下表 3：

表 3　某盐穴储气库采气期压力能利用情况

月份	运行天数/天	入口压力 MPa	气量 $10^4Nm^3/d$	出口压力 Mpa	发电功率 KW
11 月	30	11.34	387.1	7.9	1135
12 月	31	11.17	1133	8.08	3000
1 月	31	10.6	918.4	8.02	1485
2 月	28	9.37	473.3	7.91	375

注气期工艺流程：天然气从分输站经联络线输送到集注站，经过滤分离器除去粉尘和杂质，然后经流量计计量，稳压阀稳压后进入压缩机组。天然气增压后经过压缩机空冷器将天然气冷却至 50℃以下，通过注气管道分别输送至各集配站，计量后通过单井管道注入井口。

针对已建储气库，联络线来气压力可能高于压缩机入口运行压力，需要在稳压阀进行降压，此时可考虑压差发电。注气期集注站有压缩机余热可利用，通过前加热或后复热方式优化工艺流程，能使膨胀机发电量最大化。

综上所述，与常规天然气管网调压相比，储气库具有注采气量大、压差大的优点，且注采运行周期存在压力能浪费，未来可在储气库领域开展压差发电方面的研究和工程实践。

4　结论

（1）集气站压差发电项目具有投资少、经济效益较好的特点，是天然气行业实现节能降耗、绿色发展、提质增效的重要技术手段，该项目具有较好的示范效应和较好的推广价值。

（2）针对已建储气库注气期压缩机入口调节阀处存在压力能浪费，可进行压差发电。采气期压力能回收范围较大，但采气期储气库自身用电量少，需解决储气库发电富余电力的销售问题。

（3）储气库注采气期存在压力能浪费，如果能将这部分能量回收，将极大地提高天然气能量利用率和天然气管网运行的安全性，未来可开展储气库压差发电方面的研究和工程实践。

参　考　文　献

[1] 李京文，杨镜非．燃机电厂天然气差压余能利用项目[J]．科技展望，2017，27(18)：106.

[2] 梁东，徐天宇，张荣伟等．天然气压差发电技术应用[J]．广东化工，2017，44(7)：97-98.

[3] 高顺利，颜丹平，张海梁等．天然气管网压力能回收利用技术研究进展[J]．煤气与热力，2014，34(10)：43-47.

[4] 俞光灿，李琦芬，宋丽斐等．LNG 冷能利用方式分类及其工艺流程[J]．油气储运，2019，38(7)：728-737.

[5] 魏江东，李治东，朱英如等．天然气膨胀压差发电回收余能技术研究进展[J]．化工机械，2021，48(5)：644-647.

[6] 朱力洋，熊波，王志军等．天然气压差发电技术在地下储气库的应用[J]．天然气工业，2021，41(3)：142-146.

[7] 王尧，杨海红，何力等．天然气压差发电技术在调压门站的应用[J]．石油石化节能，2018，8(5)：9-11.

[8] 荣少杰，陈浦，王怀波等．压差发电技术在天然气浅冷处理中的应用探讨[J]．新疆石油天然气，2023，19(2)：88-94.

[9] 王金燕．气田天然气压差发电技术研究及适用性分析[D]．东北石油大学，2018.

[10] 刘泽坤，焦文玲．多级膨胀天然气压差发电模拟及发电能力分析[J]．煤气与热力，2022，42(7)：37-42.

恒压压缩空气储能系统的性能研究

吕浩男

（中国石油工程建设有限公司华北分公司）

摘　要　为了进一步提高压缩空气储能系统的效率以适应大规模储能的要求，本文提出了一种恒压压缩空气储能系统，压缩、膨胀过程通过一套设备来实现，且储气装置内气体可保持恒压的状态。分析了压缩机级间等压比与等出口温度两种运行模式下，气体存储压力对不同压缩级数储能系统的储能效率、储能密度、系统输出功、耗功的影响规律。还探究了压缩机级间等出口温度运行模式下，环境温度及导热油最低温度对系统热力性能的影响。结果显示，在所研究的存储压力及级数范围内，存储压力在6 MPa以下时，2级压缩系统效率最高；6-8.5 MPa，3级压缩系统效率最高；8.5 MPa以上，4级压缩系统效率最高。储能效率随环境温度、导热油最低温度的升高而显著降低。

关键词　压缩空气储能系统；多级压缩；储能效率；储能密度

1　引言

储能技术是提高清洁能源利用率、改善“弃光”、“弃风”不良现状及稳定电网运行的重要途径。压缩空气储能系统（CAES）作为一种储能方案，具有储能规模大、启动时间快，使用寿命长，储能成本低等诸多优势，其应用前景的广阔对其效率进一步的提高提出了要求。

CAES系统储气装置内，气体压力的波动会影响系统的安全性及能量转换效率。CAES系统的高压空气通常存储于高压储罐或地下洞穴，考虑到成本及大规模储能的需要，盐穴是最理想的空气储存容器之一，储气容积通常是固定的，随着充气或排气过程的进行，气体储存装置内部压力会相应变化。Zhuang等研究了岩洞存储高压空气的方案可行性，结果表明储气洞穴压力波动引起的应力变化对洞穴的安全稳定性影响较大。压缩机和膨胀机是决定CAES系统能量转换效率的关键部件。压力波动使得压缩机和膨胀机在非设计工况下运行，导致运行效率恶化。为了保证膨胀机以设计工况运行，设置减压阀将释放的高压空气节流至较低压力，但节流减压过程造成大量的能量损失，导致系统效率不高，通常在50%至55%之间，远低于抽水蓄能电站的效率。Zhao等对比了非绝热CAES系统基于膨胀过程使用减压阀来固定入口压力和变入口压力这两种不同模式的效率。结果表明，两种模式下的效率相近。He等分析了CAES系统在压缩储能过程压缩效率恶化的问题，指出调节压缩机进口导叶角可有效提高系统效率。Gu等针对压缩机内部摩擦损失，提出了一种带旋转气缸的新型滑片压缩机，其等熵效率、容积效率都得以提高，从而可以更好地适应CAES系统的要求。

另一方面，国内外研究者针对恒容储气导致的压力波动问题带来的不利影响，发展出了恒压储气的技术路线，利用蓄水池和储气设备之间的高度差形成水压头，来保证储气装置内气体压力恒定。Yao等结合抽水蓄能和CAES的特点，提出了一种恒压抽水压缩空气储能技术（PH-CAES），该技术在水气共容舱内实现等压过程，用水轮机代替了膨胀机，水泵代替了压缩机。侯付彬等在PH-CAES的基础上对其进行改进，使其可适用于大规模储能。基于恒压储气，水下压缩空气储能近几年来兴起，即用水下一定深度的密封容器来储存高压气体。Patil等对基于液体活塞的海洋压缩空气储能系统进行了能量分析与㶲分析，得出在液体活塞中采用强化传热技术可将系统的效率提高至62%的结论。Wang等提出了可有效应对存储负荷波动的基于水下CAES系统的多级存储概念，即将高压空气存储在水下不同压力级的容器装置中。虽然水下储气室本身不需要承受高压，相对其他基于液压原理和压力容器的恒压储气方案可以显著降低储能成本，但受地域限制较大。

提高储能过程压缩热的利用率是提高CAES系统效率的另一着眼点。传统CAES系统压缩热耗散，膨胀机入口空气又需燃料燃烧来提供热量，储能效率相对较低。带有储热装置的 CAES 系统，摆脱了对化石燃料的依赖，使储能效率提高到了 60%－70%。在蓄热技术上，Sciacovelli 等研究了基于填充床蓄热的 CAES 系统。而传统的蓄热利用冷、热双储罐来存储冷、热流体，增加了占地面积和设备投资。研究结果表明，采用单罐斜温层储热比双罐储热可减少 35%的初始投资。

本文基于现有 CAES 系统的储能效率有待进一步提高以实现大规模储能的需求，提出一种能够恒压运行且通过温差储罐充分利用压缩热的高效、低成本压缩空气储能系统，基于双级压缩、三级压缩及四级压缩系统，建立其主要设备的热力学模型，分析压缩机级间等压比运行与压缩机级间等出口温度两种运行模式下储能压力对系统性能参数的影响，并以压缩机级间等出口温度运行模式为例，分析环境温度、冷却介质温度对系统热力学性能的影响。

2 利用温差储罐蓄热的压缩空气储能系统

2.1 双级压缩系统

双级压缩空气储能系统如图 1 所示，包括压缩膨胀机组、温差蓄能箱、换热器、地下洞穴、地面水箱、导热油泵、散热器、四通阀及膨胀箱。蓄热介质选取导热油。系统分为压缩储能阶段与膨胀释能阶段。如图 1(a)所示，压缩过程中，环境空气被压缩机压缩成高温高压气体，此时，两个温差储罐底部的低温导热油，通过四通阀，在泵的驱动下，以并联的形式进入换热器，对高温高压空气进行冷却。吸收了压缩热的导热油由储罐的顶部进入储罐。经过冷却的高压空气进入地下洞穴进行存储。地下洞穴内设置一根液柱管，其与地面水箱相连以实现恒压储气，从而提高膨胀机和压缩机的功率和效率，充分利用地下洞穴的容积。膨胀释能阶段如图 1(b)所示，高压空气在膨胀机入口依次进入两个换热器，被来自温差储罐顶部的高温导热油加热，而后进行膨胀过程，被冷却的导热油则从温差储罐底部流入，完成一次循环。

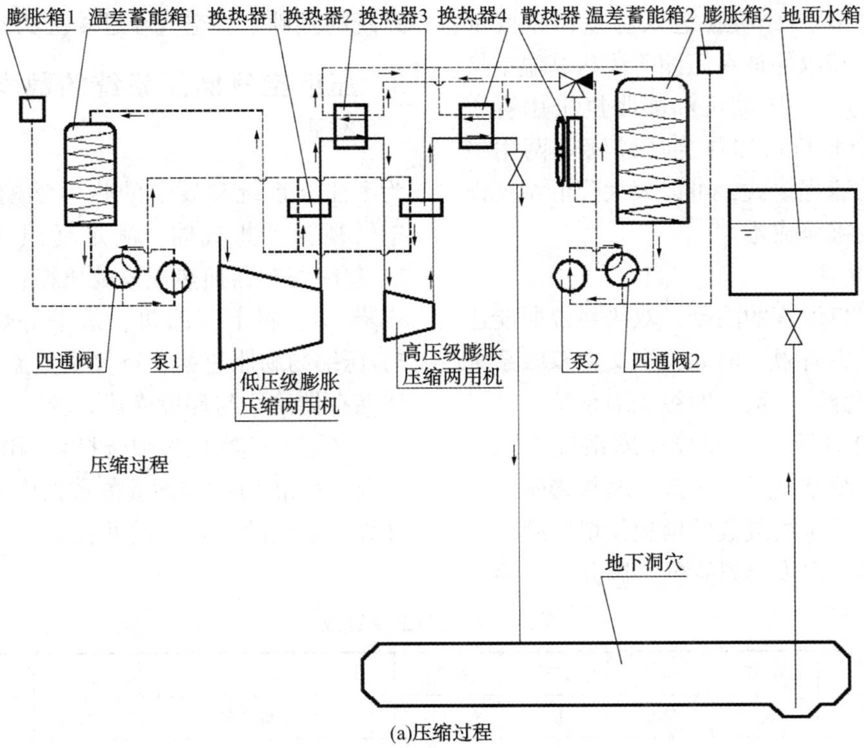

(a)压缩过程

图 1　双级压缩空气储能系统流程示意图

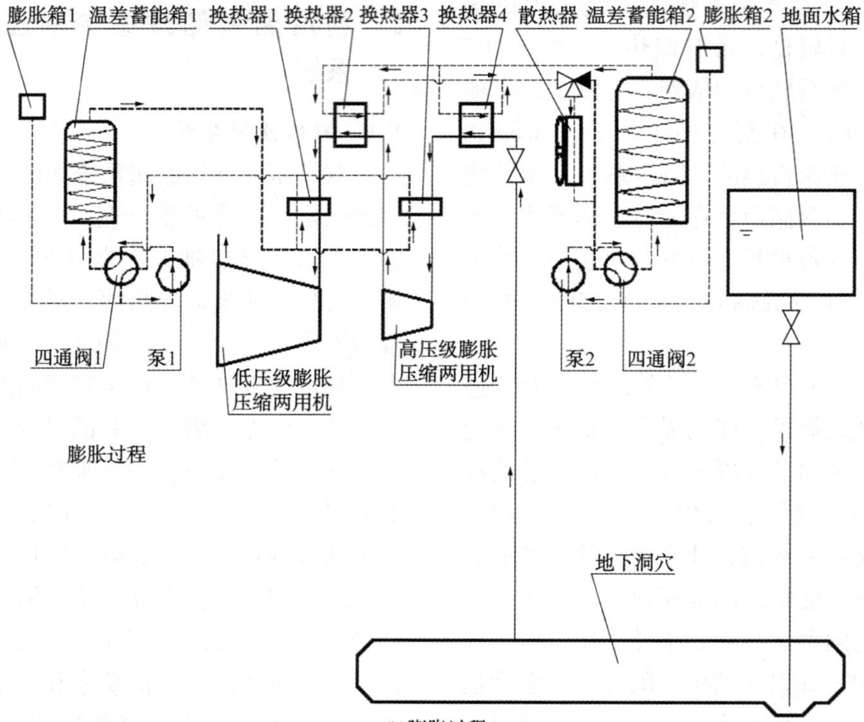

(b)膨胀过程

图1　双级压缩空气储能系统流程示意图(续图)

双级压缩系统设置两个温差储罐以适应不同温区的蓄热介质选择及减小温差混合损失。膨胀箱用来吸收温度变化引起的体积变化。空气膨胀阶段，被冷却的蓄热介质在进入温差储罐底部前，被散热器冷却以保证在压缩阶段将高温空气冷却至较低的温度。压缩机和膨胀机采用容积式。而容积式膨胀机可以作为压缩膨胀两用机组。原路返回的流程模式，可以大大降低系统设备投资、运行及维修成本。

2.2　多级压缩系统

受压缩机出口温度的限制，双级系统所能达到的最大储能压力有限，因此，本文在双级系统的基础上，还研究了三级、四级压缩系统。三级压缩系统如图2所示，与双极压缩系统不同的是，三级压缩系统空气经过3次压缩与膨胀，同样的储能压力下，压缩级数的增加使得压缩机出口温度降低，蓄热温度得以降低，因此，使用一个温差储罐即可。此外，较低的蓄热温度使系统的停机启动时间得以缩短，从而对系统的负荷变化可以快速响应。四级压缩系统则是在三级压缩系统的基础上，空气经过4次压缩与膨胀过程。

3　压缩空气储能系统的数学模型及评价准则

为了建立系统和设备的热力学模型，假设：1）空气视为理想气体，满足理想气体状态方程；2）忽略换热器换热损失及压损；3）忽略阀门的压降；4）假定压缩机、透平等熵效率为定值；5）压缩与膨胀过程，空气质量流量相等；6）气体在存储阶段与环境换热充分。

各点的热物性参数选择美国国家标准与技术研究院(NIST)的物性参数数据库REFPROP进行计算。系统的主要参数见表1。

表1　系统的主要参数

编号	项目	符号	单位	数值	编号	项目	符号	单位	数值
1	空气压力	p_0	MPa	0.1	9	压缩机效率	η_c		0.85
2	空气温度	t_0	℃	25	10	机械效率	η_J		0.985
3	储能压力	p_{max}	MPa	4-17	11	空气质量流量	G	kg/s	25
4	换热端差	Δt	℃	10	12	洞穴体积	V	m^3	3000
5	透平等熵效率	η_T		0.85	13	压缩机进口温度	t_c	℃	60

续表

编号	项目	符号	单位	数值	编号	项目	符号	单位	数值
6	压缩机等熵效率	η_c		0.85	14	双极系统膨胀机入口温度	t_{T2}	℃	270
7	泵等熵效率	η_P		0.85	15	三级系统膨胀机入口温度	t_{T3}	℃	180
8	发电机效率	η_g		0.985	16	四级系统膨胀机入口温度	t_{T4}	℃	140

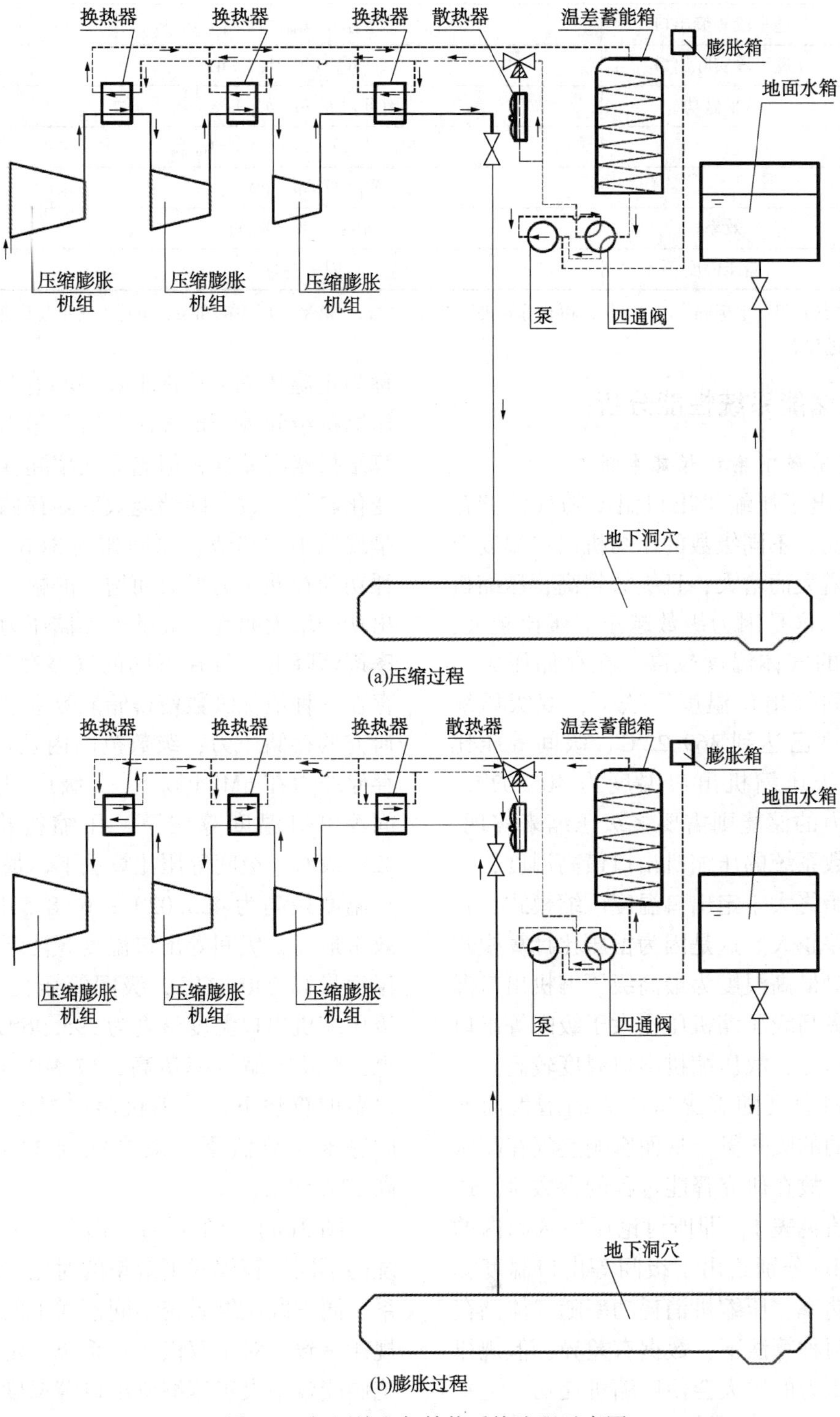

图 2　三级压缩空气储能系统流程示意图

本文以压缩过程级间等压比、级间等出口温度(即低压级、高压级压缩机出口温度相同)两种算法对系统进行了计算分析。双级、三级、四级系统相应设备的数学模型一致，见表2。

表2 压缩空气储能系统部分设备的数学模型

设备	项目	计算公式	No.
压缩机	压缩段等熵出口	$p_{out}=f_{air}(t_{out})$；$h_{outs}=f(p_{out},\ S_{in})$；	(1)
	压缩段实际出口	$h_{out}=h_{in}+(h_{outs}-h_{in})/\eta_c$；	(2)
	压缩机耗功	$W_c=G(h_{out}-h_{in})$；	(3)
透平	透平段等熵出口	$t_{out}=f_{air}(p_{out})$；$h_{outs}=f(p_{out},\ S_{in})$；	(4)
	透平段实际出口	$h_{out}=h_{in}-(h_{in}-h_{outs})\eta_T$；	(5)
	透平做功	$W_T=G(h_{in}-h_{out})$；	(6)
HX		$G(h_{in}-h_{out})=G_1c_{1p}(t_{lout}-t_{1in})$；	(7)
泵		$W_p=G_1\Delta p/(\rho\eta_p)$；	(8)
性能参数	效率	$\eta W_T=(W_c+W_p)$；	(9)
	储能密度	$D=W_T/V$	(10)

注：f( )表示状态方程；下标 in、out、T、C 和 P 分别表示进口、出口、透平、压缩机和泵；下标 1 表示蓄热介质；下标 s 表示透平或压缩机的等熵过程点。

4 压缩空气储能系统性能分析

4.1 两种不同算法下系统性能分析

图3(a)示出了压缩机出口温度随气体储存压力的变化情况。不同级数的压缩机出口温度都随储存压力的增大而增大，且级数越高，压缩机出口温度越低，这是因为级数越小，压比越大，从而压缩终了的气体温度较高。在存储压力为10MPa时，级间等出口温度算法下，双级压缩压缩机出口温度已达到369.22℃，级间等压比算法下，最高级压缩机出口温度为405.02℃。因此，更高压力的储能则需要多级压缩来实现。且相同压缩级数系统的压缩机出口最高温度，定压比压缩模式始终大于定出口温度压缩模式，且级数越低，相差越大。这是因为恒压比计算模式下，压缩机出口最高温度为最高级压缩机出口温度，此模式下最高级压缩机压比大于级间等出口温度算法下的压比，故压缩机出口温度较高。

压缩机出口温度随着出口压力的增大而升高，影响导热油的吸热量，从而影响空气在膨胀过程的吸热量，故在研究释能过程的参数时，透平入口温度取值见表1，即所讨论压力区间内的最低值。图3(b)分别给出了级间等出口温度算法下透平输出功率、压缩机消耗功率随气体储存压力的变化，两种算法下，数据有差异，但规律一致，即储存压力的增大会使压缩机耗功、透平输出功都增大，且级数越低，压缩机耗功、透平输出功越大。

图3(c)揭示了级间等出口温度算法(图中简称为定温压缩)下储能效率与存储压力的关系。压缩机级间等压比算法与级间等出口温度算法计算结果略有差异，但储能效率随存储压力增大的变化趋势一致。即储能效率随存储压力的增大而呈现减小的趋势，原因如图3(b)所示，压缩机耗功随存储压力增大而增大的幅度要大于透平输出功的增大幅度，故随着存储压力增大，储能效率逐渐降低。且在不同的气体存储压力范围内，存在一种最优级数使得储能效率达到最佳。在所研究的存储压力，级数范围内及设定的条件下，存储压力在6MPa以下，2级压缩效率最高，级间等出口温度算法下，压缩机出口温度最高325.22℃，级间等压比算法下，最高级压缩机出口温度最高为405.02℃；6-8.5MPa，3级压缩效率最高，级间等出口温度算法下，压缩机出口温度最高240.16℃，级间等压比算法下，最高级压缩机出口温度最高为295.96℃；8.5 MPa以上，4级压缩效率最高，17 MPa时，级间等出口温度算法下，压缩机出口温度212.46℃，级间等压比算法下，最高级压缩机出口温度最高227.53℃。

图3(d)、图3(e)示出了双级、三级压缩系统的不同计算模式下效率的对比情况。四级压缩系统同三级压缩系统不同模式下的效率对比图像规律一致。对于双极压缩系统，定压比模式下系统储能效率大于压缩机出口等温度模式下的储能效率，三级、四级压缩系统则相反。原因在于，双级压缩系统定压比模式下透平输出功率较大，而两种模式下压缩机耗功相近。而对于多级系

统，两种计算模式下，透平输出功相近，而等压比模式下，压缩机耗功较大，故等压比模式下储能效率较低。

级间等出口温度算法下，储能密度与存储压力的关系分别见图 3(f)，两种算法下，数据略有差异，但规律一致，即储能密度随存储压力的增大而增大，这是因为，在洞穴体积一定的条件下，存储压力增大时，透平输出功也增大。图 3(d)还示出压缩级数越高，储能密度越低，原因如图 3(b)所示，级数越高，透平输出功越小，储气容积一定，故储能密度越低。

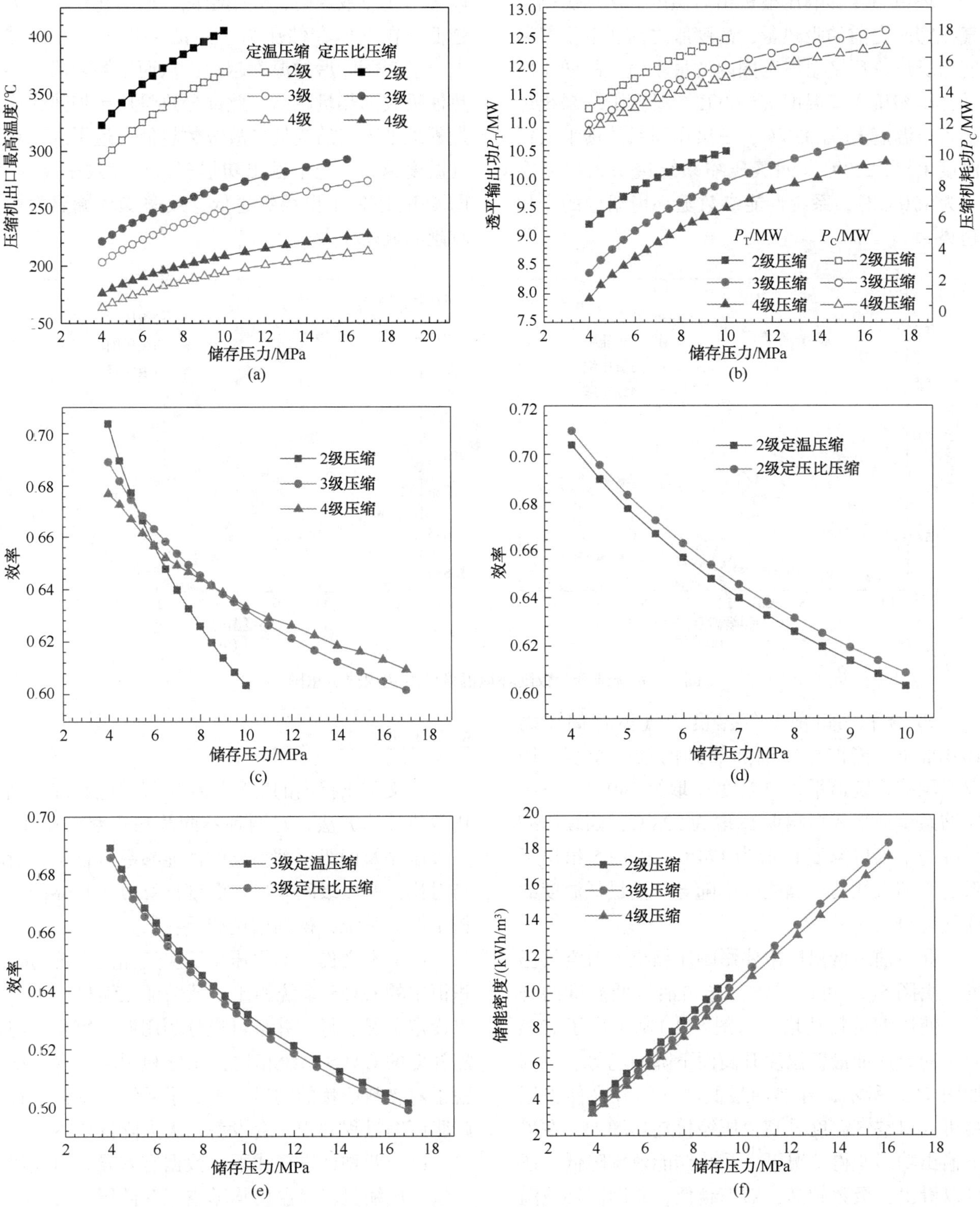

图 3 两种计算模式下系统部分参数随气体存储压力的变化规律对比

4.2 系统性能研究

为了进一步探究系统性能受不同参数诸如环境温度、导热油最低温度的影响规律，本小节以级间等出口温度算法为例，取气体存储压力10MPa，对系统性能受上述参数的作用规律进行了探究分析。

环境温度影响压缩机出口温度，从而影响空气在膨胀之前的吸热量，故膨胀之前所取空气温度为所讨论环境温度范围内的最小值，故图4所示为压缩机入口温度 $t_c=60℃$，双级压缩系统透平入口温度 t_{T2} 为338℃，三级压缩系统透平入口温度 t_{T3} 为222℃，四级压缩系统透平入口温度 t_{T4} 为170℃时，系统性能参数随环境温度的变化趋势。

由图4(a)可以看出，环境温度的升高会使压缩机耗功增大，且压缩级数越高，压缩机耗功越多。图4(b)所示为储能效率与环境温度之间的关系。储能效率随环境温度的升高而减小。这是因为，环境温度主要影响压缩过程，环境温度升高使压缩机耗功增大，故储能效率降低。还可以看出，级数越高，效率越低，原因在于，级数越低，在气体存储压力一定的条件下，压比越大，空气压缩后的温度越高，从而压缩阶段，寻热油吸收的热量越高，此部分热量用于加热膨胀过程透平入口的空气，故级数越低，透平入口空气温度越高，透平输出功越多，从而效率越大。图4(b)还显示出级数越低，效率受环境温度影响越明显。

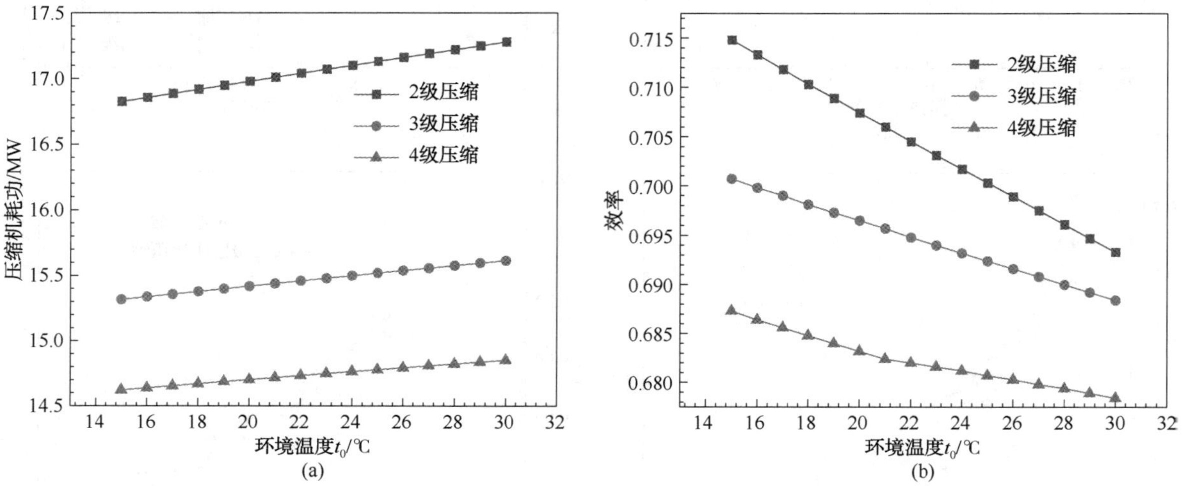

图4　系统部分参数随环境温度的变化规律示意图

取透平入口前空气温度为气体存储压力10MPa下，能被导热油加热到的最高温度，即双级压缩系统透平入口温度 t_{T2} 取为349℃，三级压缩系统透平入口温度 t_{T3} 取为228℃，四级压缩系统透平入口温度 t_{T4} 取为174℃时，图5给出了系统压缩机耗功、储能效率随导热油最低温度的变化趋势。

导热油最低温度主要影响压缩机入口空气温度。由图5(a)可以看出，导热油最低温度的升高会使压缩机耗功增大。图5(b)则示出了储能效率随导热油最低温度升高而下降的趋势。原因如图5(a)所示，导热油最低温度的升高使得压缩机入口空气温度升高，压缩机耗功增大，在透平输出功不变得情况下，系统储能效率降低。还可以看出，级数越高，效率越低，原因同环境温度对不同压缩级数系统的效率作用机理。

5 结论

本文基于提出的恒压压缩空气储能系统，利用数值计算方法，对两种不同算法下双极压缩、三级压缩及四级压缩系统的性能参数进行了分析与对比，并以级间等出口温度计算方法具体的分析了储能系统，得到结论如下：

（1）本文提出的恒压压缩空气储能系统与容积恒定的CAES系统相比，可保证压缩机、透平以设定工况运行，并且可充分利用储气容积；与需补燃的CAES系统相比，充分利用压缩热，摆脱了对燃料依赖的同时，提高了系统效率；并且膨胀压缩过程共用一套设备，大大降低成本。

（2）两种计算模式下，数据有差异，但规律一致。压缩机出口温度均随空气存储压力的增大而增大，受其限制，更高压力的储能系统需要多级压缩系统来实现。相同压缩级数系统的压缩机出口最高温度，定压比压缩模式始终大于定出口温度压缩模式，且级数越低，相差越大。储存压力的增大会使压缩机耗功、透平输出功都增大，且级数越低，压缩机耗功、透平输出功越大。

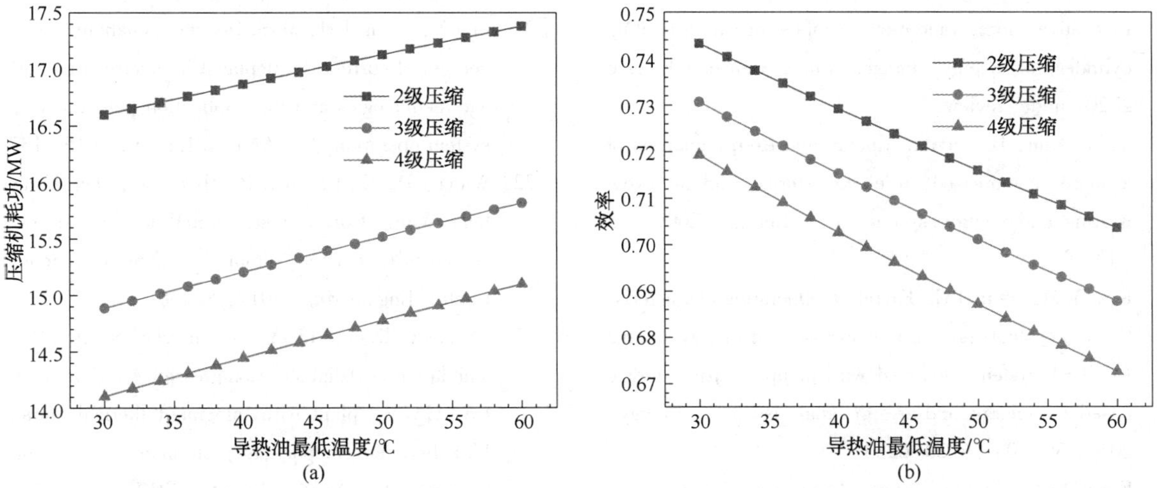

图5　系统部分参数随环境温度的变化规律示意图

（3）储能效率随存储压力的增大而降低，存储压力在 6MPa 以下，2 级压缩效率最高；6-8.5MPa，3 级压缩效率最高；8.5MPa 以上，4 级压缩效率最高。

（4）储能密度随存储压力的增大而增大。

（5）对于双极压缩系统，定压比模式下系统储能效率大于压缩机出口等温度模式下的储能效率，三级、四级压缩系统则相反。

（6）压缩机耗功随环境温度、导热油最低温度的升高而显著增大。储能效率随环境温度、导热油最低温度的升高而显著降低。

参 考 文 献

[1] Heidar Jafarizadeh, M. Soltani, Jatin Nathwani. Assessment of the Huntorf compressed air energy storage plant performance under enhanced modifications[J]. Energy Conversion and Management, 2020, 209.

[2] 何子伟，罗马吉，涂正凯．等温压缩空气储能系统喷水量研究[J]．西安交通大学学报，2018.

[3] Amirante R , Cassone E , Distaso E , et al. Overview on recent developments in energy storage: Mechanical, electrochemical and hydrogen technologies[J]. Energy Conversion and Management, 2017, 132 (jan.): 372-387.

[4] Tong Z, Cheng Z, Tong S. A review on the development of compressed air energy storage in China: Technical and economic challenges to commercialization[J]. Renewable and Sustainable Energy Reviews, 2021, 135: 110178.

[5] 梁银林，刘庆，钱勇，张文祥．压缩空气储能系统研究概述[J]．东方电气评论，2020，34(03)：82-88.

[6] Budt M, Wolf D, Span R, et al. A review on compressed air energy storage: Basic principles, past milestones and recent developments [J]. Applied Energy, 2016, 170(may 15): 250-268.

[7] Zhuang X Y, Huang R Q, Liang c, Timon Rabczuk, Goangseup Zi. A Coupled Thermo-Hydro-Mechanical Model of Jointed Hard Rock for Compressed Air Energy Storage[J]. Mathematical Problems in Engineering, 2014, 2014.

[8] Jiang R, Yang X, Xu Y, et al. Design/off-design performance analysis and comparison of two different storage modes for trigenerative compressed air energy storage system [J]. Applied Thermal Engineering, 2020, 175: 115335.

[9] 王志文，熊伟，王海涛，王祖温．水下压缩空气储能研究进展[J]．储能科学与技术，2015，4(06)：585-598.

[10] Zhao P, Gao L, Wang J F, Dai Y P. Energy efficiency analysis and off-design analysis of two different discharge modes for compressed air energy storage system using axial turbines [J]. Renewable Energy, 2016, 85.

[11] He Y, Chen H S, Xu Y J, Deng J Q. Compression performance optimization considering variable charge pressure in an adiabatic compressed air energy storage system[J]. Energy, 2018, 165.

[12] Gu HD, Chen YP, Wu JF, Jiang YH, Bengt Sundén, et al. Impact of discharge port configurations on per-

formance of sliding vane compressor with rotating cylinder. ATE2021, Accepted.

[13] Gu HD, Zhou XY, Chen YP, Wu JF, Wu Z, Jiang YH, et al. Analysis, modeling and simulations of an innovative sliding vane rotary compressor with a rotating cylinder for energy storage. Energ Convers Manage 2020; under review.

[14] Y. M. Kim, D. Favrat. Energy and exergy analysis of a micro-compressed air energy storage and air cycle heating and cooling system[J]. Energy, 2009, 35(1).

[15] Kirn Y M, Shin D G, Favrat D. Operating characteristics of constant-pressure compressed air energy storage (CAES) system combined with pumped hydro storage based on energy and exergy analysis[J]. Energy, 2011, 36(10): 6220-6233.

[16] Erren Yao, Huanran Wang, Long Liu, Guang Xi. A Novel Constant-Pressure Pumped Hydro Combined with Compressed Air Energy Storage System[J]. Energies, 2014, 8(1).

[17] 侯付彬，王焕然，贲岳，等．新型大规模抽水压缩空气储能技术[J]．流体机械，2019(7).

[18] Lim S D, Mazzoleni A P, Park J K, et al. Conceptual Design of Ocean Compressed Air Energy Storage System[C]// Oceans, 2012. IEEE, 2012.

[19] Patil V C, Ro P I. Energy and Exergy Analysis of Ocean Compressed Air Energy Storage Concepts[J]. Journal of Engineering, 2018, 2018: 1-14.

[20] Wang Z, Ting S K, Carriveau R, et al. Design and thermodynamic analysis of a multi-level underwater compressed air energy storage system[J]. Journal of Energy Storage, 2016: 203-211.

[21] Luo X, Wang J H, Mark Dooner, Jonathan Clarke. Overview of current development in electrical energy storage technologies and the application potential in power system operation[J]. Applied Energy, 2015, 137.

[22] Wang J D, Ma L, Lu K P, Miao S H, Dan Wang, Jihong Wang. Current research and development trend of compressed air energy storage[J]. Systems Science & Control Engineering, 2017, 5(1).

[23] Sciacovelli A, Li Y, Chen H, et al. Dynamic simulation of Adiabatic Compressed Air Energy Storage (A-CAES) plant with integrated thermal storage - Link between components performance and plant performance[J]. Applied Energy, 2017.

[24] Christian Odenthal, Freerk Klasing, Thomas Bauer. Parametric study of the thermocline filler concept based on exergy[J]. Journal of Energy Storage, 2018, 17.

[25] Wolf D, Budt M. LTA-CAES - A low-temperature approach to Adiabatic Compressed Air Energy Storage [C]// Elsevier Ltd, 2014: 158-164.

[26] Cheayb M, Marin Gallego, Mylène, Tazerout M, et al. Modelling and experimental validation of a small-scale trigenerative compressed air energy storage system[J]. Applied Energy, 2019, 239.

油田采出水热泵应用技术研究

樊梦芳 刘亮德 李 云

（中国石油工程建设有限公司华北分公司）

摘 要 油田站场采出水中存在大量40~60℃的低温余热，为响应国家“节能减排”的总体目标，考虑对油田采出水余热进行回收利用，但油田采出水余热不能利用直接换热方式将原油加热到65 ℃以上，需要采用热泵提升温度。结合油田站场具体的工程技术条件，通过对压缩式热泵和吸收式热泵进行技术和经济分析，得出两种热泵技术及经济方案比选的研究结果。研究结果表明，可以通过热泵提取油田采出水余热对原油进行加热，取代加热炉，但需要根据具体边界条件，确定工程应用的热泵类型。

关键词 油田采出水余热；热泵应用；技术路线；经济效益

1 前言

根据国务院印发《“十三五”节能减排综合工作方案》要求，实施工业能效赶超行动，在重点耗能行业全面推行能效对标；工业能源利用效率和清洁化水平显著提高，大型工业企业单位增加值能耗比2015年降低18%以上，特别指出石油石化、化工等重点耗能行业能源利用效率达到或接近世界先进水平。

根据国家政策的要求，要实现能源消费总量和强度“双控”目标，应力争从源头上减少污染物排放、倒逼经济发展方式转变。2018年，某油田作为大型国有企业，率先响应国家号召，根据自身站场的资源和用热状况及热泵高效节能特性，结合其在清洁能源利用、高效温度转换、工业余热回收、油田余热回收等领域的研究成果。尝试进行热泵技术的工程应用研究，采用热泵替代加热炉，实现节能降耗。本文结合具体的工程技术条件，对某站场吸收式热泵和压缩式热泵的技术经济方案进行了研究和现场实验，取得良好的社会和经济效益。

2 热泵机组

2.1 热泵的制热性能系数及影响因素分析

热泵的经济性以消耗单位功得到的供热量即制热性能系数[7]来衡量[8]，是热泵所实现的制热量和输入功率的比值。在相同的工况下，其比值越大说明热泵的效率越高越节能。

2.1.1 压缩式热泵

压缩式热泵的蒸发器从低品位余热吸收热量，冷凝器向用户供应高温位热量。根据能量守恒定律和热力学第二定律，不考虑压缩机的散热，热泵制热功率等于从低品位余热吸收的热量与输入功率之和，可见制热性能系数值恒大于1。热泵制热性能系数计算公式见式(1)[10]：

$$COP=(P+Q_C)/P=1+Q_C/P \tag{1}$$

式中，COP 为热泵的制热性能系数；P 为输入功率，kW；Q_C 为从低品位余热吸收的热量，kW。

影响热泵制热性能系数的因素包括：冷凝器的出水温度（制取热水供水温度）T_1、进水温度（制取热水回水温度）T_2；蒸发器出水温度（余热热源回水温度）T_3、进水温度（余热热源供水温度）T_4。冷凝器出水温度与蒸发器进水温度的温差尽可能小，这样，有利于提高热泵制热性能系数，但起到决定0作用的是冷凝器出水温度和蒸发器出水温度，计算公式见式(2)。

$$COP=12.50341-0.23785T_1-0.33136T_3+0.005759T_1T_3+0.001502T_{12}+0.001825T_{32} \tag{2}$$

式中，T_1 为制取热水供水温度，℃；T_3 为余热热源回水温度，℃。

1.1.2 吸收式热泵

吸收式热泵分为增热型吸收式热泵（即第一类吸收式热泵）和升温型吸收式热泵（即第二类吸收式热泵），考虑到油田站场的安全间距，一般采用第一类吸收式热泵。按照供热循环又可分为单效型吸收式热泵和双效型吸收式热泵。第一类吸收式热泵性能系数大于1，单效型吸收式热泵一般为1.5~1.8。计算公式见式(3)：

$$COP = Q/Q_{入} \quad (3)$$

式中，Q 为制热热量，kW；$Q_{入}$ 为输入的驱动热量，kW。

影响吸收式热泵性能系数的主要因素是发生器温度、冷凝器温度、蒸发器温度以及吸收器温度，它们与余热热源供、回水温度和制取热水的供、回水温度相互影响。在制取热水条件和驱动热源条件相同时，余热热源回水温度越低，则热泵制热性能系数越低。同理，利用相同的余热热源条件和驱动热源条件，要制取热水供水温度越高，则热泵制热性能系数越低。且制取热水供水温度对热泵的影响大于余热热源回水温度对热泵的影响。

2.2　系统组成

油田采出水余热利用热泵系统包括热泵、中间换热系统、循环供热系统、补水定压系统、软化水处理系统。

（1）热泵：热泵分为压缩式热泵和吸收式热泵。压缩式热泵包括压缩机、蒸发器、冷凝器、阀组、仪表及管路。吸收式热泵包括吸收器、发生器、蒸发器、冷凝器、阀组、仪表及管路组成等组成，两种热泵均可实现热负荷自动调节等功能。

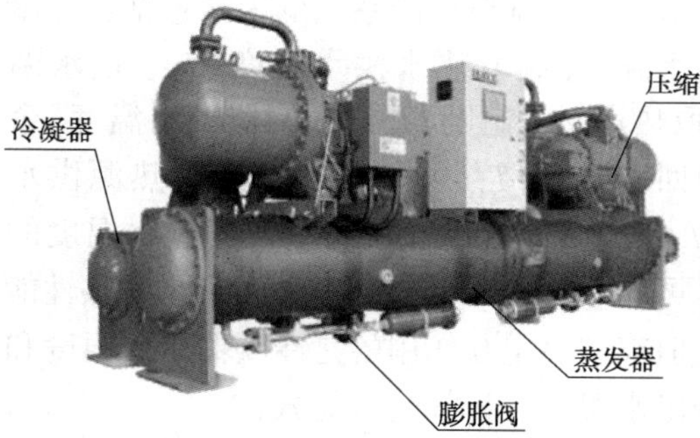

图 1　压缩式热泵图

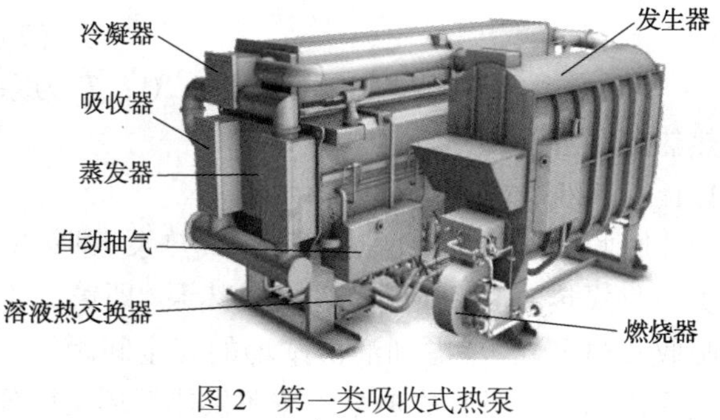

图 2　第一类吸收式热泵

（2）中间换热系统包括由换热器、中介水循环泵、过滤器、阀组、仪表及管路，换热器宜采用结构简单、维修清洗方便的板式换热器。

（3）循环供热系统包括循环水泵、除污器、用热单元、仪表及管路。循环水泵选用普通清水离心泵。

（4）补水定压系统包括补水泵（高架水箱）、阀组、仪表及管路，补水泵电机宜采用变频调速电机。

（5）软化水处理系统包括软化水箱和软化水装置。清水经钠离子交换器去除 Ca^{2+}、Mg^{2+}，防止大面积产生水垢。

3　技术经济研究

3.1　工程技术条件

3.1.1　供热负荷

某转油站经过站场优化简化，由原输送合格原油改为输送低含水油，停用站内电脱水器，站外单井实现单管集输，工艺供热负荷减少。冬季工艺用热负荷为 1294kW，采暖用热负荷为 120kW，共计 1414kW；夏季工艺用热负荷为 1035kW；制取热水的供回水温度为 75/60℃。

3.1.2　低温采出水水量及温度

表 1 为某转油站 2018 年采出水参数统计，平均采出水量为 1517m^3/d，2019 年前 4 个月日平均采出水量为 1455m^3/d，考虑即将老井恢复及生产井含水上升情况，预计 2019 年 4 月以后，日采出水可达到平均值 1517m^3/d，水温为 48℃。

表 1　2018 年采出水参数统计表

月份	采出水量/m^3/d	采出水温度/℃
1	1384	47.6
2	1403	47.6
3	1445	47.7
4	1502	48.1
5	1532	48.1
6	1514	48.2
7	1520	48.3
8	1662	48.4
9	1640	48.3
10	1551	48.2
11	1532	48
12	1520	47.9

3.1.3　低温采出水组份

油田采出水一般含有 Mg^{2+}、Ca^{2+}、Cl^-、HCO_{3-}、CO_{32-}等离子，表 2 为某转油站采出水的

组份和含量。

表 2　采出水组份表

组份	数值
Mg^{2+}/mg/L	45.1
Ca^{2+}/mg/L	327.0
Cl^{-}/mg/L	1.290×10^4
SO_{42-}/mg/L	<2.0
HCO_{3-}/mg/L	1144
CO_{32-}/mg/L	<0.6
矿化度/mg/L	2.275×10^4
总硬度(以 $CaCO_3$ 计)/mg/L	1001
总碱度(以 $CaCO_3$ 计)/mg/L	937.9
游离 CO_2/mg/L	98.5
硫化物(以 S^{2-} 计)/mg/L	8.2
Fe^{2+}/mg/L	5.42
Ba^{2+}/mg/L	36.5

3.1.4　加热炉及其燃料

该转油站内无伴生气，原设有 3 台 2330kW 燃气加热炉，站场通过工艺优化简化后，目前仅运行 1 台加热炉，气源来自当地燃气公司市政管网。

3.2　技术方案

（1）压缩式热泵：48℃采出水热源供水自注水罐后经提升泵送至换热器换热，温度降至 31℃后，输回过滤装置。中介水经采出水换热器换热后，温度由 27℃升至 45℃，再进入 1 台 1500kW 压缩式热泵机组蒸发器。热泵机组冷凝器将制取热水回水由 60℃提升至 75℃，成为制取热水供水输送至工艺换热器和建筑单体散热器，将原油加热到 65℃以上和为建筑单体供暖。压缩式热泵系统工艺简要流程见图 3。

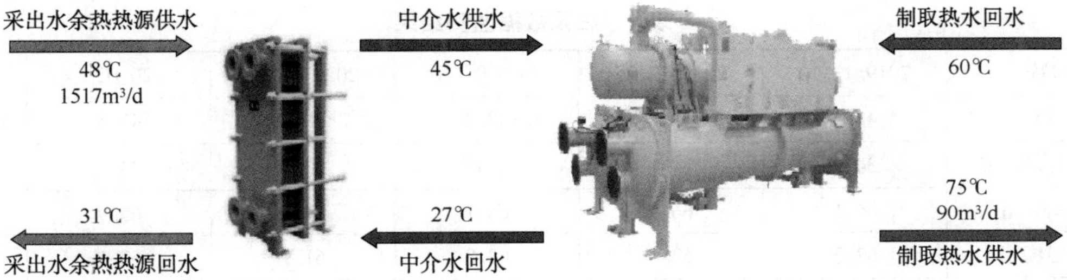

图 3　压缩式热泵工艺简要流程图

（2）吸收式热泵：以天然气燃烧产生的热能为驱动源时，热量在发生器内加热溴化锂稀溶液产生水蒸气，水蒸气进入冷凝器放出热量，冷凝成液体后进入蒸发器，在蒸发器低温低压环境下吸收 45℃中介水的热量蒸发，这部分低温低压蒸汽进入吸收器被浓溴化锂溶液吸收，放出热量将制取热水回水由 60℃提升至 75℃，成为制取热水供水输送至工艺换热器和建筑单体散热器，将原油加热到 65℃以上和为建筑单体供暖。稀释后的溴化锂溶液再进入发生器开始下一个循环。吸收式热泵系统工艺简要流程见图 4。

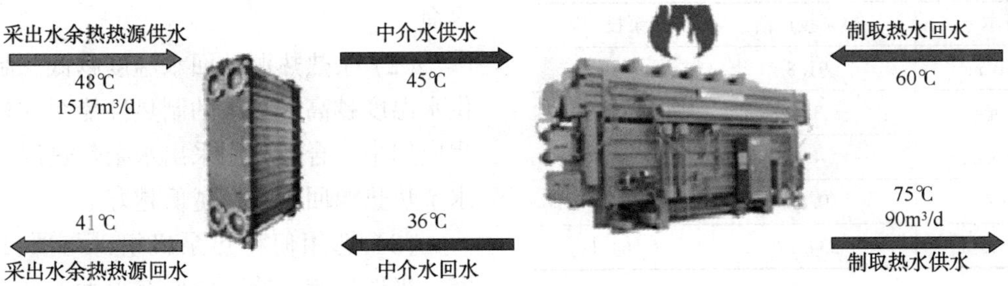

图 4　吸收式热泵工艺简要流程图

3.3　方案比选

根据 2 种技术方案的工程量和工程投资，同时结合运行费用，对 2 种方案进行比选，具体内容见表 3。

表3　方案比选表

比选内容	建设投资/万元	工程费用/万元	运行费用/万元	费用现值(10年)/万元	优点	缺点
方案一：压缩式热泵(1500kW)	485.26	406.36	186.14	1638.9	投资低，费用现值低，运行费用较低、制热性能系数高，节能明显	用电量大
方案二：第一类吸收式热泵(1500kW)	595.69	500.83	302.49	2525.69	用电量少	投资高、运行费用高，受气源限制，制热性能系数低，余热利用较少，节能不明显

综合比较，考虑初投资及运行情况，推荐方案一，即采用1台1500kW压缩式热泵方案。

4　实施效果分析

某转油站压缩式热泵及其配套工艺于2019年10月开始建设，12月2日正式投运，根据2019年12月10日-2020年02月30日监测数据，运行时制热性能系数在4.55~5.08之间。监测数据见表4。

表4　热泵数据监测结果

监测参数	2019.12.10	2019.12.25	2020.01.10	2020.01.22	2020.02.14	2020.02.30
采出水进口温度/℃	48.5	48.2	48.2	48.1	48.5	48.2
采出水出口温度/℃	34.2	34.1	34	33.7	34.3	34.4
采出水量/$m^3 \cdot h^{-1}$	66.1	66.5	65.1	65.5	65.9	66.2
热水进口温度/℃	62.3	62.5	62.8	61.9	62.1	62.4
热水出口温度/℃	74.8	75.5	75.4	74.9	75.1	74.5
热水量/$m^3 \cdot h^{-1}$	95	92	94	93	92	94
供热量/kW	1385.42	1395.33	1381.80	1410.50	1395.33	1326.97
用电功率/kW	282.65	301.41	303.31	310.10	303.59	261.15
制热性能系数	4.90	4.63	4.56	4.55	4.60	5.08

热泵投产前、后运行成本对比见表5。

表5　热泵投产前后运行成本对比表

运行成本	热泵投产前	热泵投产后
燃气量/10^4m^3	91.8	3.9
燃气价格/元/m^3	3.6	3.6
耗电量/10^4kW.h	4.5	183
电价/元/kW.h	0.82	0.82
运行成本/万元	334.17	164.1

从表3和表5中可知，某转油站压缩式热泵及其配套工艺建设投资为485.26万元，每年经济效益为170.07万元，投资回收期约4.3a。

5　结论

（1）油田采出水一般含有Mg^{2+}、Ca^{2+}、Cl^-、HCO_3^-、CO^2-_3等离子，考虑腐蚀和结垢，建议增加中间换热系统，以保证热泵机组的使用寿命。

（2）余热热源的回水温度越低，制备的热水供水温度越高，热泵的制热性能系数越低。在工程应用中，合理利用采出水余热热源，并非采出水余热热源回水温度越低越好。

（3）选用何种热泵机组，与项目的工程投资、当地的燃气费、电费有很大关系，应根据具体情况具体分析。

参考文献

[1] 国务院"十三五"节能减排综合工作方案[EB/OL]. http://www.gov.cn/zhengce/content/2017 - 01/05/content_ 5156789.htm，2017-01-05/2020-08-26.

[2]田智宇, 把节能减排作为供给侧改革重要抓手[N]. 中国能源报, 2017-02-13(019).
[3] XUE Y F, TIAN H Z, . YAN J, et al. Temporal trends and spatial variation characteristics of primary air pollutants emissions from coal-fired industrial boiler in Beijing, China[J] . Environmental Pollution, 2016, 213: 717-726.
[4] 付林, 李岩, 张世钢, 等 . 吸收式换热的概念与应用[J], 建筑科学, 2010, 26(10): 136-140.
[5] XU Z Y, MAO H C, LIU D S. Waste heat recovery of power plant with large scale serial absorption heat pumps[J]. Energy, 2018, 165: 1097-1105.
[6] 李永利, 张志文, 油田采出污水低温热能的有效利用途径[J], 石油规划设计, 2011, 22(6): 44-46.
[7] 亚太建设科技信息研究院有限公司, 中国建筑设计院有限公司 . 供暖通风与空气调节术语标准: GB/T 50155—2015[S]. 北京: 中国建筑工业出版社, 2015.
[8] 廉乐明, 李力能, 吴家正, 等 . 工程热力学[M]. 北京: 中国建筑工业出版社, 2000. 208-209.
[9] 张永贵, 李东明, 项新耀, 压缩式热泵循环热力学分析与评价方法[J]. 油田地面工程, 1995, 14(5), 2-4.
[10] 张永贵, 热泵定义的拓展及其效率表达式的改进[J]. 暖通空调, 2002, 32(1): 99-100.
[11] Cube H L, Steimle F, 热泵的理论与实践[M]. 王子介 . 北京: 中国建筑工业出版社, 1986. 36-39.
[12] 李震, 海水源热泵区域供热供冷系统 3E 评价[D]. 大连: 大连理工大学, 2008.
[13] 王汝金, 张秀平, 贾磊, 等 . 第一、第二类溴化锂吸收式热泵机组标准解析[J]. 暖通空调, 2018, 18(11): 64-68.
[14] 中国石油天然气股份有限公司规划总院, 石油天然气工程设计防火规范: GB 50183-2004[S]. 北京: 中国计划出版社, 2004.
[15] 陈东, 谢继红 . 热泵技术及其应用[M]. 北京: 化学工业出版社, 2012.
[16] 黄国华, 林乐晖, 于忠森 . 第一类溴化锂吸收式热泵机组的现场应用研究[J]. 机电信息, 2017, (16): 70-74.
[17] 孔唯一 . 基于生物质燃烧的烟气型吸收式热泵供热技术研究[D]. 沈阳: 沈阳工业大学, 2020.
[18] 刘清源, 祖贺川, 王嫱, 等 . 吸收式水源热泵技术在油田联合站的应用[J]. 石油石化节能, 2018, 8(7): 24-26.
[19] 谢继红 . 热泵技术手册[M]. 北京: 化学工业出版社, 2012.
[20] 周彦勇, 李文婷, 董静 . 应用热泵技术回收联合站污水余热研究[J]. 石油石化节能, 2017, 7(11): 10-12.

60 万连续重整装置节能策略

胡庆龙

（中国石油大连石化公司）

摘　要　催化重整工艺是石油炼制与化工的支柱技术之一，催化重整是提高汽油质量和生产石油化工原料的重要手段。近年来，清洁燃料对硫和烯烃含量有严格限制，催化重整生成油是理想的汽油调和组分，随着市场对重整产品需求的增加，催化重整的重要性和经济性日益显现出来，节能降耗提高重整装置综合效益变得尤为重要。近年来装置通过增设四合一加热炉落地省煤器、重整进料换热器更换为缠绕管换热器、汽轮机定期对复水器反冲洗发现管束内漏及时堵漏及抽提抽空器停用等一系列节能降耗措施，节能降耗效果突出。

关键词　重整节能；落地省煤器；缠绕管换热器；抽空器；汽轮机；复水器

1　概述

60 万吨/年连续重整装置是大连石化公司“十五”期间建设的第一个项目，该装置重整反应、催化剂再生采用的是 UOP(环球油品公司)开发的超低压连续重整工艺，是目前世界上最高水平的催化重整工艺，由北京设计院承担工程设计，中油第一建设公司 2000 年 11 月 6 日开始施工，2001 年 9 月 30 日中交，建设期历时 11 个月。2001 年 10 月 29 日装置一次开车成功。

2　用能分析

表 1　2020 年重整单元单位能耗

名称	2020 年重整单元单位能耗千克标油/吨	占比/%
电	10.65	14.89
1.0MPa 蒸汽	4.4	6.15
燃料气	48.73	68.14
淡水	0	0.00
循环水	0.62	0.87
海水	7.72	10.80
除盐水	0.39	0.55
含盐凝结水	-0.79	-1.10
含油凝结水	-3.21	-4.49
除氧水	3	4.20
能耗合计	71.51	100.00

表 2　2014 年重整单元单位能耗

名称	2014 年重整单元单位能耗千克标油/吨	占比/%
电	7.18	7.98
1.0MPa 蒸汽	7.35	8.17
燃料气	72.53	80.64
淡水	0.0046	0.01
循环水	0.6	0.67
海水	1.86	2.07
除盐水	0.34	0.38
含盐凝结水	-0.46	-0.51
含油凝结水	-2.48	-2.76
除氧水	3.02	3.36
能耗合计	89.94	100.00

由上述数据分析可得，装置重整单元燃料气能耗占比 60%以上，可见，对于连续重整装置，降低装置能耗的主要途径是降低加热炉的能耗。下面就加热炉的节能改造和其他方面的节能措施进行讨论。

3　节能措施的实施

3.1　加热炉及重整进料换热器改造

3.1.1　改造内容

60 万重整四合一炉排放烟气氮氧化物含量较高，装置分别于 2017 年停检期更换了一反加热炉 F-201 的 8 个火嘴为低氮火嘴，2018 年装置检修期更换了二、三、四反加热炉的剩余 26 个火嘴为低氮火嘴。2018 年装置检修期间发现四合一炉部分衬里脱落且壁板减薄，经讨论决定，在2020年停检期间实施四合一炉改造项目，更换四合一炉衬里和增上落地式省煤器降低排烟温度，将加热炉效率提高至92%以上。2020年停检期间四合一炉改造项目已实施完毕，目前投用正常。

装置自2001年9月份开工以来，重整进料换热器E-201采用立式换热器，受历史上预加氢原料氯含量超标影响，E-201换热效率逐年下降，2020年停工检修前较2005年比下降了约35%，因E-201清洗难度较大一直无法清洗，受其影响F-201加热炉达不到反应温度，燃料气耗量增大，供风不足，燃料气调节阀无法满足操作需要，反应温度将无法满足高负荷运行状态。2020年停检期间将该换热器更换为缠绕管式换热器。

3.1.2 改造效果分析

如表3所示，2020年四合一炉标定期间后，反应温度较2017年增加6℃，但燃料气消耗减少337.15Nm^3/h，本次停检期间，重整进料换热器E-201由立式更换为缠绕管式换热器，提高了换热效率，F-201燃料气消耗较2017年减少311.39Nm^3/h，则更换衬里后，四合一炉燃料气消耗减少25.76Nm^3/h，若以年运行8400小时计，每年可减少燃料气消耗216.38kNm^3。

表3 改造前后数据对比

时间	2017年8月1日至3日	2020年8月24日至26日
重整进料量/(t/h)	74.29	75.03
反应温度/℃	510	516
总温降/℃	274.70	276.00
氢油分子比/mol%	1.88	1.97
氧含量/%	1.76	2.32
燃料气消耗量/(Nm^3/h)	2164.31	1827.16

3.1.3 热效率核算

加热炉热效率表示向加热炉提供的热能被有效利用的程度，即有效热越高或燃料用量越少，加热炉热效率就越高。下面进行加热炉各部分热负荷提供的热效率及总效率的核算。

① 烟气热损失 q_1 计算

过剩空气系数：氧含量按1.5计算

$$\alpha=\frac{21+0.116O_2}{21-O_2}=1.086$$

烟气热损失：$q_1=(0.0083+0.031\alpha)(t_{排烟}+0.000135t_{排烟}^2)-1.1=4.28\%$

② 不完全燃烧损失 q_2 和表面散热损失 q_3

由于烟气分析中CO含量为0%，因此不完全燃烧损失 $q_2=0\%$；取表面散热损失占燃料放热的3.0%。

③ 热效率

$\eta=1-q_1-q_2-q_3=1-4.28\%-3.00\%=92.7\%$

经过如上计算，2017年开工满负荷后，加热炉热效率仅为89.75%，改造后加热炉热效率提高了2.95%。

3.1.4 蒸汽产量

四合一炉改造项目实施后，加热炉效率提高至92.7%，从烟气中回收的余热约为5.7GJ/h。

经过数据查询：

104℃、2.1MPa的中压除氧水焓值Q除氧水=-15704.9kJ/kg；

266℃、1.0MPa蒸汽焓值Q蒸汽=-12990.62kJ/kg；

发汽消耗的热量为2714.3MJ/t。

则转化为1.0MPa蒸汽，可增加发汽约2.1t/h，以年运行8400小时、蒸汽200元/吨计，每年可降本增效317.98万元。

综上所述，四合一炉改造项目实施后，有效提高了加热炉热效率，增加了蒸汽发汽量。

3.2 汽轮机节能措施

催化重整装置是一个产汽和用汽的大户。产汽是利用重整反应加热炉对流室中烟气的余热发生1.0MPa蒸汽。用汽的地方最主要的是重整循环氢压缩机，占比58.28%。

表4 1.0MPa蒸汽用汽表(满负荷数据)

用汽设备	用汽量/(t/h)	占比/%
拔头油汽提塔重沸器	0.85	3.54
脱C6塔底重沸器	8	33.31
苯蒸发塔加热器	0.87	3.62
增压气加热器	0.1	0.42
重整循环氢压缩机	14	58.28
抽提抽空器	0.2	0.83

60万吨/年连续重整装置重整循环氢压缩机为离心式压缩机，通过1.0MPa蒸汽驱动，配有复水器保证汽轮机后路的负压。由于装置复水器采用海水冷却，海水线处于海水供应管网的上游，夏天海水中携带大量海虹壳，造成复水器冷

却效果不佳、管束腐蚀泄漏等情况。装置通过定期对复水器的南组、北组反冲洗，管束堵漏。提升复水器冷却效果，从而提高复水器的真空度来达到节能降耗的目的。

2021 年 8 月 8 日装置复水器出现内漏，海水串入含盐凝结水系统，含盐凝结水电导率超标，氯离子为 132mg/L。8 月 10 日对复水器北室进行隔离检修，南室单独运行。北室龙门打开后使用高压水枪进行了清洗，管束使用蜡烛火焰试漏，发现 1 根管子内漏(清洗时发现该管束存在堵塞)，以及 8 根管子堵塞，全部使用瞎头封堵。北室检修完毕后，复水器投用正常。

通过复水器管束内漏处理前后的操作参数可见，在汽轮机转速相同的情况下，真空度提高了 3.57%，汽轮机的耗汽量下降 0.7t/h，年节约 1.0MPa 蒸汽量 6132 吨。

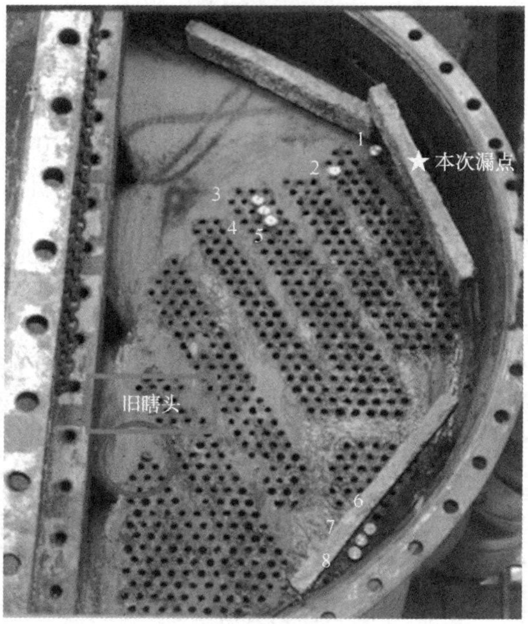

图 1　复水器北侧后水室管板打瞎头情况

表 5　汽轮机操作参数

日　　期	汽轮机用汽量/(t/h)	复水器真空度/kPa	汽轮机转数/(r/min)
2021 年 8 月 7 日	7.6	−86.8	6347
2021 年 8 月 16 日	6.9	−89.9	6344

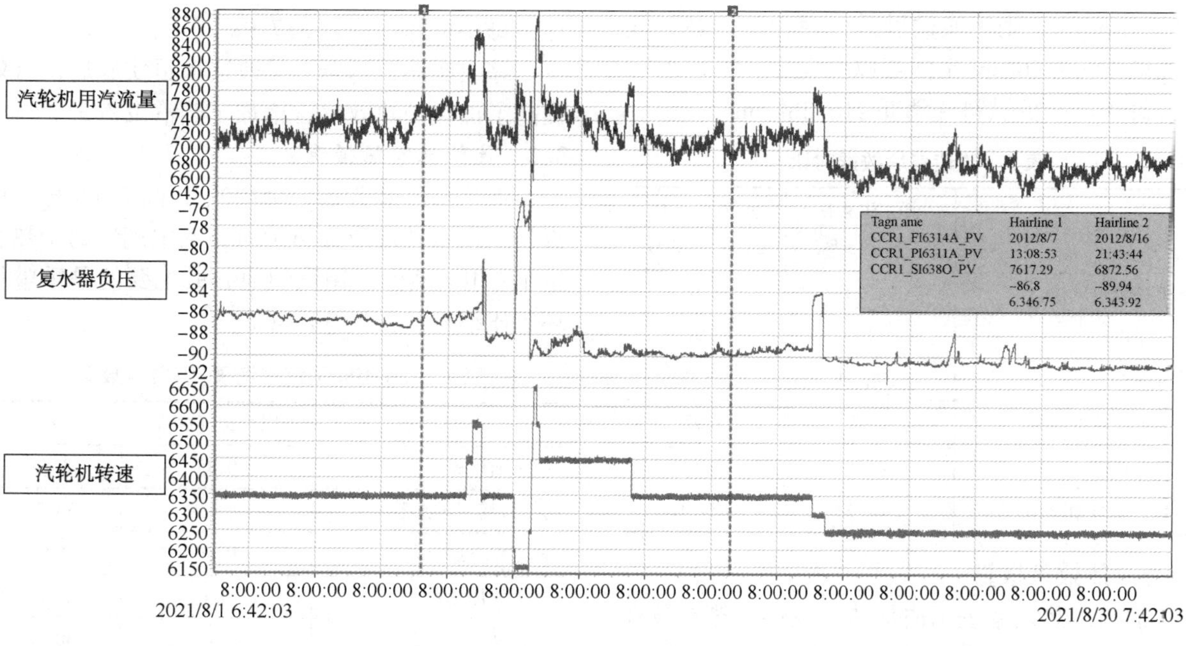

图 2　汽轮机相关趋势

3.3　抽提单元节能措施

60 万吨/年连续重整装置抽提单元采用石科院开发的苯抽提蒸馏技术，使用环丁砜加专有助溶剂的复合体系，根据环丁砜溶剂很好的选择性和对芳烃有较高的溶解能力的特点，在抽提蒸馏塔中将重整脱 C6 馏份中苯和非芳烃分开，然后在溶剂回收塔中根据苯和溶剂的沸点差将苯从溶剂中分离出来，生产高纯度的苯。与常规的液液抽提工艺相比，省去了水循环系统，流程简单，投资省占地少，能耗低。

本工艺采用环丁砜-助溶剂的复合溶剂，增强了溶剂体系对 C6 馏分的溶解能力，避免抽提蒸馏塔出现两个液相，使抽提蒸馏塔操作稳定，易于控制；同时加入助溶剂后，使得溶剂回收塔在相同的操作苛刻度下，贫溶剂中苯含量显著降低，从而提高芳烃收率。

溶剂回收塔（C-502）为减压塔，溶剂回收塔回流罐设有抽空器维持减压塔日常操作的负压。

抽提单元溶剂再生罐实际上是一个减压蒸发器，罐内设有溶剂再生罐加热器（E-509），采用 2.0MPa 蒸汽作为加热介质。罐顶蒸出的气相经冷凝冷却后进入再生溶剂罐（D-506）。再生溶剂罐设有抽空器，维持溶剂再生系统-90kPa 的负压操作。

装置在 2018 年停工检修、2020 年停工检修期间通过对抽提系统静密封点检查、处理，相继停掉溶剂回收塔抽空器及溶剂再生系统抽空器，年节约蒸汽量 1752 吨。由表 6、表 7 对比可见，抽提单元 1.0MPa 蒸汽单位能耗由 2014 年 14.62kgEo/t 下降至 2020 年的 8.05kgEo/t，节能效果明显。

表 6　2020 年抽提单元单位能耗

名称	2020 年抽提单元单位能耗千克标油/吨	占比/%
电	23.97	31.35
1.0MPa 蒸汽	8.05	10.53
淡水	0	0.00
循环水	0.37	0.48
海水	2.88	3.77
含油凝结水	-0.21	-0.27
3.5MPa 蒸汽	38.94	50.93
除氧水	2.46	3.22
能耗合计	76.46	100.00

表 7　2014 年抽提单元单位能耗

名称	2014 年抽提单元单位能耗千克标油/吨	占比/%
电	21.35	24.97
1.0MPa 蒸汽	14.62	17.10
淡水	0.0008	0.00
循环水	1.05	1.23
海水	5.99	7.01
含油凝结水	-0.72	-0.84
3.5MPa 蒸汽	41	47.95
除氧水	2.19	2.56
能耗合计	85.5	100.00

3.4　装置日常节能措施

（1）根据加工负荷，湿式空冷尽可能多开风扇，少用除盐水，减少除盐水的消耗。

（2）保证生产平稳的前提下，尽量减少空冷的使用，多投用海冷器以达到冷却效果，以达到节电目的。

（3）加强海水的使用管理，增加海水沉降罐的切换、冷却器的反冲洗频率，提高海冷器的冷却效率。

（4）调节四合一炉过热段温度，增加 1.0MPa 蒸汽发汽量。

（5）根据氢气外送温度，及时调节氨压机负荷。

（6）加强加热炉“三门一板”调节。

4　结论

（1）装置近年来通过节能改造，能耗下降明显。重整能耗由 2014 年 89.94kgEo/t 下降至 2020 年的 71.51kgEo/t，抽提能耗由 2014 年 85.5kgEo/t 下降至 2020 年的 76.46kgEo/t，节能效果突出。

（2）重整四合一加热炉增设落地省煤器和重整进料换热器更换为缠绕管换热器能有效提高加热炉效率，增加 1.0MPa 蒸汽发汽量。

（3）汽轮机定期对复水器反冲洗、发现管束内漏及时堵漏及抽提抽空器停用节气效果明显。

参　考　文　献

[1] 60 万吨/年连续重整装置操作规程 .
[2] 一重整四合一炉改造项目标定报告 .

光伏发电在辽河油田智能分注领域的研究与实践

寇　微　张晓文　李　楠　安　岩　马文天

（中国石油辽河油田分公司）

摘　要　光伏发电技术是全球正在大规模推广的绿色新能源技术，也是当前国内大力鼓励应用的技术，近年在油田多个领域得到应用，取得较好效果。本文旨在探讨光伏发电技术在油田智能注水领域中的应用，文中介绍了光伏发电原理、系统构成，通过对智能注水系统负载计算，光伏供电系统选型及优化设计，研发了适用于智能分注技术用光伏供电系统，2023 年现场应用 2 井次，解决边缘地区水井无供电条件问题，为技术推广提供技术保障。

关键词　太阳能；光伏发电；智能注水；新能源；无供电；油田

1　引言

第四代智能分注技术主要包括缆控智能分注和波码智能分注两种，目前已经在国内大庆、长庆、新疆、吉林、华北、辽河等油田得到应用和推广，截止 2022 年 3 月，已累计实施 3000 余井次。技术较之以往传统分注工艺具有明显优势，一是分注井后期验封测调不再需要测调车辆，基本不产生费用；二是可实现井下单层流量、压力的实时监测及连续调节，为油藏注采关系调整提供数据支持。目前该技术主要采用井场外接电源给地面控制器及井下智能配水器供电方式，规模推广后耗电量大，部分边缘地区水井无法接电，影响技术推广。为解决上述问题，国内××油田近年开展了新能源太阳能光伏供电的试验，但技术存在两方面问题：一是冬季气温低，光伏发电不足或供电不稳定；二是光伏发电系统丢失，无供电支持，造成地面控制器和井下管柱智能分注管柱无法正常工作。

2　光伏发电技术原理

随着传统能源的逐渐枯竭和环境问题的日益严重，新型清洁能源的开发利用已成为全球关注的焦点。其中，光伏发电技术是全球正在大规模推广的绿色新能源技术，也是当前国内大力鼓励应用的技术。其是利用半导体界面的光生伏特效应而将光能直接转变为电能的一种技术。其主要原理是当光照射到半导体材料上时，半导体材料会吸收光能，并释放电子，产生电流，这个过程被称为光生伏特效应。当太阳光照射到太阳能电池上时，太阳能电池吸收光能，产生电子和空穴对，这些电子和空穴对进一步形成电流，通过串联和并联的方式连接在一起，最终输出电能。因此，光伏发电技术原理的核心在于利用光生伏特效应将光能转化为电能，并通过合理的系统设计实现对光能的充分利用和高效发电。

3　光伏发电在油田应用现状及优势

近年光伏发电技术在国内其他油田作业区供电、油气设施阴极保护、输送管道电加热、海上平台照明、边缘油井供电系统等领域得到应用。辽河油田充分利用井场空地开展光伏发电，已经建成了 360 余个光伏发电设施，年发电能力超过 2000 万千瓦时，实现了用光伏“绿电”替代“灰电”为抽油机提供动力，光伏发电取得了显著的成果，但在其他领域特别是智能注水领域尚未开展研究。

加快发展光伏发电技术在油田中的应用具有以下优势：(1)充分利用油田的闲置土地资源，提高土地利用率；(2)有效缓解油田用电负荷，降低化石能源消耗；(3)减少温室气体排放，降低环境污染。

4　光伏发电+智能分注系统

4.1　系统构成

光伏发电+智能分注系统也称光伏发电辅助智能分注技术，具体构成见图 1，主要由光伏发电系统和缆控智能分注系统(以有缆为例)两部分组成。其中，光伏发电系统主要由太阳电池板(组件)、蓄电池、控制器三大分组成，主要部件由电子元器件构成。太阳能电池经过串联后进行封装保护可形成大面积的太阳电池组件，再配合上功率控制器等部件就形成了光伏发电装置；缆控智能分注系统属于用电负载，主要由预置电缆智能分注工艺管柱和地面无线控制系统组成。预置电缆智能分注工艺管柱的主要组成部分包括电缆、过电缆锚定器、过电缆封隔器、有缆智能配水器等组成。地面无线控制系统包括远程控制系统和地面控制器。

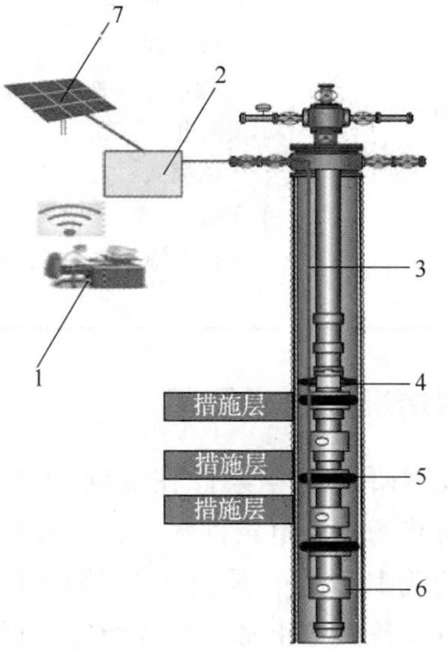

图 1　光伏发电+智能分注系统示意图

1—远程控制系统；2—地面控制器；3—电缆；

4—过电缆锚定器；5—过电缆封隔器；

6—有缆智能配水器；7—光伏供电系统

其原理是利用智能分注系统实现井下各层水量注入，远程通过电缆控制实现流量调整及流量、压力实时监测，地面控制器和井下管柱用电通过光伏发电系统供电。

4.2　光伏系统优化设计

该技术的关键是计算智能分注系统负载，根据负载情况匹配光伏系统。

4.2.1　智能分注系统负载计算(以缆控智能分注为例)

辽河油田缆控智能分注技术现场一般 2～4 层，目前正在向 5～7 层发展，技术每天消耗电量由地面控制器控制柜每天消耗电量和配水器每天消耗电量组成。以 4000 米井深，极限 7 层计算：

(1) 地面控制器控制柜每天消耗电量

1) 间歇供电消耗：667.2W

每小时井下空载，电量消耗：220V * 0.06A=13.2W

控制柜+7 层仪器+4000 米电缆，正常工作电流为 200mA。

① 每 3 分钟供电读取一次数据电量消耗：

220V * 0.2A/60 * 20 = 14.6W

② 按照每 3 分钟读取一次数据折算每小时消耗功率：

13.2+14.6 = 27.8W

③ 折算成每天消耗电量：1056W

27.8W * 24h = 667.2W(每天≈0.7 度电)

2) 连续供电消耗：

控制柜+7 层仪器+4000 米电缆，每天消耗的电量为

220V * 0.2A * 24 = 1056W(每天≈1 度电)

(2) 配水器每天消耗电量

1) 电路板电池组(总电量 13Ah)

低功耗模式：总电流不超过 100uA，1 天耗电量：100 * 10-6A * 24h = 0.0024Ah；

数据存储：每隔 1h 保存一次采集数据并存储；总电流：18mA，采集时间：0.8s，1 天耗电量：18 * 10-3A * 0.8s/3600s * 24 = 0.000096Ah；

压控模式：进一次压控模式，采集判断压力时(不保存数据)，总电流为 18mA，采集时间 0.8s。单次采集耗电量：18 * 10-3A * 0.8s/3600s = 0.000004Ah；按照间隔 3min 唤醒一次，1 小时唤醒 20 次；1 天耗电量：0.000004Ah * 20 * 24 = 0.00192Ah；

开度(流量调配)模式：压力波解析：当配水器唤醒后，采样间隔变为 12s(不保存数据)，总电流为 18mA，假设压控采样间隔 36s，一个压控采样时间唤醒 5 次(T/12)，一个压控功能总共需要 15 个压控采样间隔(15 * 5 = 75 次唤醒)。调配一次耗电量 = 18 * 10-3A * 75 次 * 0.8s/3600s = 0.0003Ah。

电机转动(流量调节)耗电量：实现一次水嘴开度值调整，电路只是在电机转动时耗电，按调整一次电机转动 150s 计算。调配一次耗电量 = 18 * 10-3A * 150 秒/3600 秒 = 0.00075Ah。实施监测井下流量，压力，主控板一天 24 小时耗电：0.0024Ah + 0.000096Ah + 0.00192Ah = 0.004416Ah，调流量一层每次主控板耗电：0.0003Ah+0.00075Ah = 0.00105Ah

2) 电机电池组(总电量 5.5Ah)

流量调配(开度值改变)：实现流量调配(改变水嘴开度值)，每次电机执行动作 150s，总电

流不超过60mA。每次耗电量=60＊10-3A＊150秒/3600秒=0.0025Ah，调流量一层每次电机板耗电：0.0025Ah。

4.2.2　光伏系统设计

光伏系统设计主要包括太阳能光伏板尺寸和功率设计、蓄电池和控制器优选见表1。

（1）太阳能光伏板选择：单晶硅材质，功率150W，尺寸1150＊670＊30mm；峰值电压：21V，工作温度范围：-45℃~+85℃；设计使用寿命：15年~25年。

（2）蓄电池优选：蓄电池容量的选择一般要遵循以下原则：首先在能够满足负载用电的前提下，把白天太阳能电池组件产生的电能尽量存储下来，同时还要能够存储预定连续阴雨天时负载需要的电能。借鉴大庆油田经验基础上，为保证电池冬季供电连续性和稳定性，蓄电池由胶体埋地设计优化为三元锂电池且外置设计，减少基建作业工序便于技术推广。电池工作电压9.3v-12.6v，最大允许温度范围：-20℃~+60℃，标准循环寿命≧2500次，使用寿命：5~7年。

（3）控制器：智能数显，支持铅酸、胶体、锂电三种模式，充电电流：40A(±5%)，工作电压：12V-24V，功能：防过冲，防过放；模式：涓流充电。

（4）防盗设计：为保证光伏系统不丢失，立杆高度增加，由传统的2m优化为3m；同时整个系统增加远程摄像监控装置，该装置可通过插接或USB与控制柜连接，实时监测设备和现场情况。

表1　光伏系统设计主要部件选择及参数

名称	规格	数量	参数
太阳能光伏板	150W18v	1	太阳能硅晶体：单晶硅 功率：150W 尺寸：1150＊670＊30mm； 峰值电压：21v 工作温度范围：-45℃~+85℃； 设计使用寿命：15年~25年 玻璃：低铁钢化绒面玻璃，透光率大于90% 密封剂连接剂：抗紫外线，抗氧化耐腐蚀

续表

名称	规格	数量	参数
三元锂电池	200AH12v	1	尺寸：380＊190＊130mm 重量：11.55kg 工作电压9.3v-12.6v 最大允许温度范围：-20℃~+60℃ 标准循环寿命≥2500次 使用寿命：5~7年
控制器	pmw40a	1	智能数显(支持铅酸、胶体、锂电模式) 充电电流：40A(±5%)；工作电压：12V-24V 功能：防过冲，防过放；模式：涓流充电 供电模式：支持5V供电；接线端子数：6个 是否支持并联：是；是否含散热片：是

5　应用情况及技术展望

该技术研发至今累计在辽河现场试验2井次，均为井场无供电条件水井，与缆控智能分注技术配合为其供电，经过5次测调1次验封测试，目前设备供电正常，系统稳定。辽河油田截止2022年底在井智能分注技术近100井次，2023年预计实施100井次以上，并且每年以50~70口递增，集团公司也在大力推广智能分注技术，光伏发电技术的研发为该类井供电提供强有力技术保障，节约能源同时保证了边缘地区水井推广并实施智能分注技术可能性，下步技术人员将及时跟踪效果，进一步优化光伏系统的设计和性能，降低成本和提高能量密度。

参　考　文　献

[1] 徐德奎，刘军利，刘崇江．大庆油田智能分层注水技术研究与应用[J]．采油工程，2019(1)：1-6.

[2] 王浮，韩翠莲，刘佳．大庆油田采油作业区光伏发电技术应用分析[J]．技术·应用，2014(3)：29-31.

[3] 朱益飞，周亮，耿雷，史红芳．光伏发电系统在油田的应用分析[J]．石油石化节能，2014(4)：49-51.

[4] 何道清，何涛，丁洪林．太阳能光伏发电系统原理与应用技术[M]．北京：化学工业出版社，2012：7.

基于物联网技术的计量设备技术改造研究

李　超　王玉琪

（铜川市天然气有限公司）

摘　要　目前，中国城镇燃气基础设施经长期运营，计量设备老化、检维修难度大、设备基础信息与历史数据缺失、安全隐患问题日益突出。用户侧设备的运行管理大多停留在人工抄表，无法实时掌握用气情况，对能耗和碳排放无法实施有效地控制与管理。城燃企业随着人力成本不断上升和经营发展需求提升，燃气智能化建设势在必行。但考虑更换智能化设备的成本和经济效益，在原有设备的基础上进行升级改造是目前大多数燃气企业能够接受的方案。本文从一个实际技术改造的案例入手，详细分析了计量设备升级改造的步骤及注意事项，对类似案例提供了一个很好的参考。

关键词　城镇燃气；智能化；技术改造；NB 技术运用

1　城镇燃气企运营及计量设备使用现状

我国城镇燃气的运用最早要追溯到 1865 年上海建成第一个煤气厂。改革开放后随着国民经济进入高速增长阶段、基础设施逐步完善、经济发展对能源需求，燃气使用范围已从城市向城镇延伸。2004 年西气东输管道投产，燃气用气人口和消费总量呈现指数型增长，用气规模显著提升，城镇燃气行业也迎来发展黄金期。2022 年中国燃气生产及供应企业数量逾 2000 家。

目前，城镇燃气企基础设施经过长期的运营，其所使用计量设备，尤其是在非居民计量、贸易结算计中绝大部分运营处于人工手抄核算阶段，已经不符合城镇燃气智能化要求。随着新一代信息技术的快速发展，“物联网+流量计”在提升燃气生产安全、提高运营效率、生产全程监控调度等方面有了新的作用。在经济、实用、安全的前提下，对运营中老旧设备的技术改造成为了行业发展趋势。

2　计量设备升级改造的必要性

2.1　企业智能化的需求

《城镇燃气智能化评价规范》(征求意见稿）将城镇燃气智能化分为 L0-L5 六个等级，其中智能设备、智能化平台、数据所占权重比分别为：25%、25%、20%。计量设备的智能化切实关乎企业的智能化。

2.2　设备运行带来的风险

大多数城燃企业起于 90 年代、兴于 00 年代，基础设施经过 20-30 年的运营，企业存在：设备老化、检维修难度大；设备基础信息与历史数据缺失；智慧化程度不够，企业运营效率有待提高；安全问题日益突出，安全体系尚未完善。从燃气计量的角度来说，计量设备是城燃企业和用户计量、结算标准，是供气的重要环节；从安全管控角度来说，计量设备是实现对用户供气管理的重要手段，保障供气安全；从计量设备的情况来说，老旧计量设备存在一些安全隐患，如果不及时进行升级改造，将对的运营安全造成不利影响。

2.3　新信息技术的发展

近年以来物联网技术得到了极大的发展于运用，在计量设备方面物联网技术的使用降低了企业抢维修、巡查、巡检、客服等环节运营成本。同时，随着物联网计量设备海量基础运营数据的上传、分析，极大的增强了对燃气企业生产运行、全生命周期管理、智能调度、燃气信息决策等的智能化。助力企业智慧化发展。

2.4　经济效益与技术的平衡

城燃企业在常年的运营过程中，服役了大批量的老旧计量设备。虽燃气罗茨流量计、涡轮流量计无固定的使用期限，但设备不做升级达不到生产和信息化需求，购买更换新型设备每台费用在三万至五万元人民币，大批量的更换对城燃企业和用气用户都是一笔沉甸甸的经济负担，其所产生的费用将是城燃企业几年的利润。计量设备技术改造是在原有计量设备的基础上来提高设备的技术先进性和生产适用性，因此具有投资少，时间短，见效快等优点，极大的降低城燃企业的经济负担。

3　技术改造思路与实现方式

3.1　改造原则

城燃企业在对计量设备技术改造时，必须充分考虑改造的必要性、技术上的可能性和经济上的合理性。经过分析，计量设备的技术改造完全符合要求。具体应注意以下几点：

（1）设备改造必须适应生产技术发展的需要，针对设备对产品质量、数量、成本、生产安全、能源消耗和环境保护等方面的影响程度，在能够取得实际效益的前提下，有计划、有重点、有步骤地进行。

（2）必须充分考虑技术上的可能性，即设备值得改造和利用，有改善功率、提高效率的可能。

（3）必须充分考虑经济上的合理性。改造方案要由专业技术人员进行技术经济分析，并进行可行性研究和论证。设备改造工作一般应与大修理结合进行。

3.2　改造的目的

设备改造是指为了改善现有设备的性能和提高生产效率，对设备进行技术革新或结构改进。设备的技术改造。将科学技术的新成果应用于企业的现有设备，改变其落后的技术面貌。技术改造可提高产品质量和生产效率，降低消耗，提高经济效益。采用“物联网+流量计”能够很好的达到城燃企业所需求的技术要求。

3.3　计量设备技术改造方式

计量设备改造方式采用 NB-IOT 物联网技术，是为计量设备加装 NB-IOT 智能远传模块组合而成，根据 NB-IOT 窄带物联网通讯技术，计量设备记录的用气数据信息根据 NB-IOT 无线网络连接采集平台，后台系统根据上报信息对流量计运行状态进行分析，开展无线抄表、网络充值、远程控制、故障监测等功能。这样一来可以提高效率，降低成本和人力。

根据不同的远传模块组合方式分为：

（1）更换控制电路板

技术改造将特殊定制的控制电路板、NB-IOT 物联网天线、交直流转换防爆电源，采取现场更换物联网主控电路板控制盒及布线加装外接电源对原有计量设备进行置换升级。

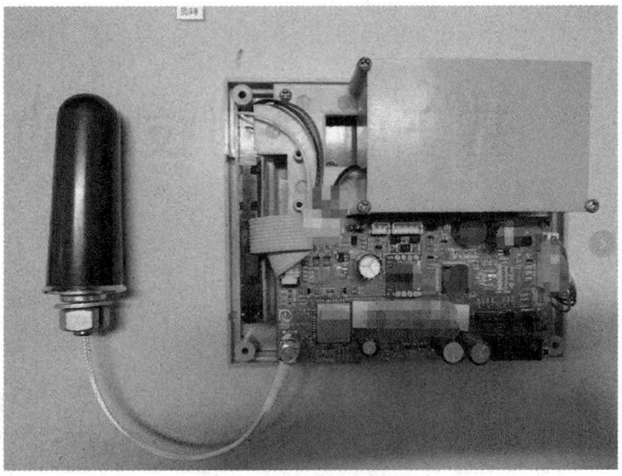

图 1

每台设备改造费用在 2000 元，优势在于：方便、易行，能够满足大多数表具的改造，对于表具控制方便；不足在于：不能覆盖所有老旧设备。

推荐使用场景：工业用户；采暖用户

（2）加装信息采集设备

在原有计量设备的基础上加装 NB 信息采集设备并跟换阀门，通过新设备将现场采集到的数据传输至采集平台。仪表更换：将仪表更换数据采集及开关量采集一体的多功能采集器通过集中监控屏系统完成所有该低压开关的采集工作和变压器运行参数的采集工作，同时对主进开关实现远程控制。

图 2

每台设备改造费用在 8000 元，优势在于：信息采集全面、不受原有表具类型所限、采集设备独立不受空间、信号限制；不足在于：成本高，改造时需停气作业，需要独立供电。

推荐使用场景：工业集中用户；非居民大用户

（3）加装监控设备

加装监控设备，将监控到的数据进行数字化处理，然后将数字信息通过 NB 设备传输至采集平台。

图 3

每台设备改造费用在 800 元，优势在于：结构简单，使用方便，可较快的完成改造，完全不受限制，能改造所有的设备；不足在于：欠缺对设备的控制，受现场环境干预较大，易被认为破坏。

推荐使用场景：非居民用户；学校、政府等公立机构用户。

3.4　与智能化管理系统的对接

目前，城燃企业已逐步完成信息化、数字化、智慧化建设，基本实现：将燃气相关生产端的关键指标进行量化处理；建设专业化基础信息系统，实现了数据的集成共享；通过大数据、云计算等技术，构建智能决策、响应底层模型，实现对燃气生产运行、全生命周期管网设施管理、智能调度、生产可视化监控预警、运输全程监控调度、燃气信息决策门户等的智能化。

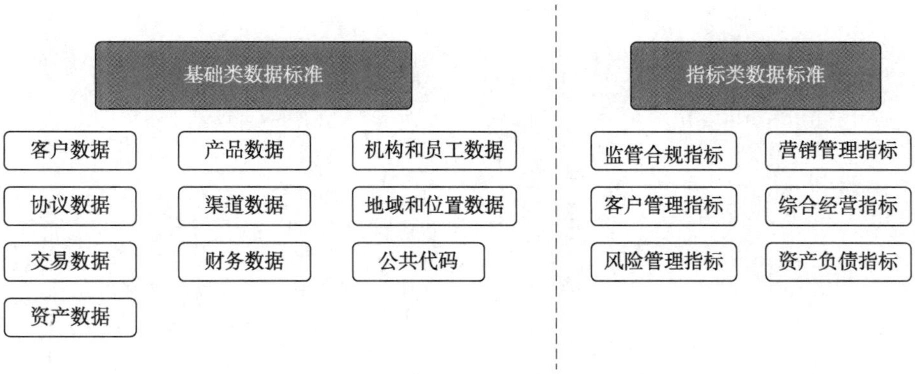

图 4

改造后计量设备通过 NB-IOT 无线网络将数据上传到远程中转服务器中，中转服务器将数据进行归类整理后存储，通过程序分析数据后形成各种形式的数据报表和统计结果。在对接完成后，改造流量计与物联网流量计拥有相同功能，且丰富城燃企业的基础数据。

其功能如：

（1）管道和用气情况监控：通过使用智能化管理系统的标准图形图像，实时显示现场计量设备的运行状态和各种测量值，监控测量流量计部分：工况累计流量、标况累计流量、工况瞬时流量、标况瞬时流量、压力、温度、电池电压、故障代码等；监控测量控制器部分：余量、余额、累计用量、累计金额、阀门状态、电池电量、执行价格(单价)、故障代码、操作信息等。

（2）供气管理及报表功能：提供精准的数据，统计各计量设备每小时、每日、每月、每年的计量值；提供运行数据参数的记录，实现自动记录功能，节省了人力，并可以随时调用，提高了管理水平；提供丰富报表功能，根据企业的需求生成各种类型报文报表，如：计量设备运行状态，重点用户用气情况及往期对比，各性质用户用气情况分析，各区域用气情况及热辐射图，各区域压力情况及热辐射图等。

（3）遥控操作：通过智能化管理系统可实现对计量设备的远程操控，增加诚然企业对不同用户的管理措施。

3.5　辅助工作

另外还涉及到的工作包括数据采集线缆的铺设、仪表通讯线的连接以及后期的数据联调、通讯测试等。

数据联调：计量设备采集的数据需要与企业的营收系统、控制系统、智慧化系统对接。

通讯测试：改造完成后，设备的应进行点对点的数据通讯、阀门控制、遥信量的核对、报警的配置等，确保企业智慧化系统能够接受数据和下发指令。

3.6　升级改造后的对比

从效果来看，改造后计量设备与新型计量设备虽还存在表具采集数据不够丰富，但是设备的主要运行数据均可采集，能够达到城燃企业智慧化需要。针对于不同的需求，可选用的改造方式也不尽相同。

从成本上来说，新型设备每台费用在三万至五万元人民币，而因技术改造其沿用设备的基础部分，改造方式不同价格分别为 2000 元、8000 元、800 元，经济实惠且能很好的满足燃气企业对于信息化建设的需求。新设备从招标到采购所经历的时间至少需要 40 个工作日以上，而技术改造因其项目总价低，采购也更加节省时间成本。在施工建设上，因其是在原有设备的基础上进行的，不需要改变管道、管径等复杂操作，大大降低施工难度、降低安全风险、节省施工时间。

4 结束语

陕西某燃气公司计量设备改造项目在本文的指导下，采用更换控制电路板和加装信息采集设备两种方式，在三十个工作日内完成了一百台计量设备的改造。计量设备更新换代后，不仅满足了企业运营管理的要求，同时完全掌握了计量设备的实时数据，完全实现计量设备智慧化，延长设备使用寿命。也为节能减排和降低碳排放提供了可靠的数据。

气体分馏装置常规流程工艺技术

李培雄 刘清涛 彭新凯 芦建伟 高贯动

（中国石油天然气第一建设有限公司）

摘 要 气体分馏装置的工艺路线有常规流程和热泵流程两种，这两种工艺路线目前都已经成功地应用于工业生产中。本文通过对某炼化一体化装置110万吨/年气体分馏装置采用的常规三塔流程的介绍，分析气体分馏装置如何节能提效、低碳减排，为气体分馏装置提供全新思路。

关键词 气体分馏；常规三塔流程；热泵流程；节能提效；低碳减排

1 前言

石油加工的过程中会产生大量的炼厂气，炼厂气的组成复杂，主要是烷烃和烯烃，以及少量的重烃。随着我国石油化工的发展，炼厂气逐步变成了宝贵的化工原料资源。本文介绍的是广东石化气体分馏装置以催化裂化装置及焦化装置所产的液化石油气的炼化气为原料，通过多组分精密分馏，产出精丙烯等产品。

2 装置概述

110万吨/年气体分馏装置采用常规三塔流程，包括脱丙烷部分、脱乙烷部分、丙烯精馏部分及公用工程部分。其流程的主要特点如下：

（1）优化各塔的回流比，使装置的投资及能耗在合理的经济范围内；

（2）丙烯精馏塔设240层塔盘，采用两塔串联；

（3）脱乙烷塔和丙烯精馏塔塔底重沸器采用低温热水供热。

主要产品为精丙烯。产品组成如下：

表1 精丙烯产品组成

产品组成	mol/%	wt/%
乙烷	0.03	0.03
丙烯	99.62	99.61
丙烷	0.35	0.36

原料采用催化装置经过脱硫的液化石油气及焦化装置的液化石油气。原料组成及性质如下：

表2 液化石油气组成

催化装置液化石油气组成		焦化液化石油气组成	
组分	mol/%	组分	mol/%
水	0.16	H_2O	9ppm
乙烷	0.45	乙烯	30ppm
丙烷	9.06	乙烷	0.29
乙烯	0.01	丙烯	11.70
丙烯	39.88	丙烷	37.00
异丁烷	20.73	异丁烷	8.32
异丁烯	6.34	异丁烯	5.04
丁烯-1	7.31	丁烯-1	7.45
正丁烷	5.52	反丁烯-2	2.67
反丁烯-2	3.77	顺丁烯-2	1.65
顺丁烯-2	5.92	1,3-丁二烯	0.29
C_{5+}	0.85	正丁烷	24.51
—	—	异戊烷	0.29
—	—	1-戊烯	0.51
—	—	正戊烷	0.25
—	—	环戊烷	25ppm
—	—	笨	0.1ppm
—	—	C_{6+}	22ppm

装置主要工艺操作条件如下：

表3 塔器工艺操作条件

项目		脱丙烷塔	脱乙烷塔	丙烯精馏塔A	丙烯精馏塔B
温度/℃	塔顶	50.4	51.9	—	48.1
	塔底	108	57.0	58.8	—
	回流罐	48.4	43	—	46.9
	进料	75.7	50.2	52.3	—

续表

项目		脱丙烷塔	脱乙烷塔	丙烯精馏塔 A	丙烯精馏塔 B
压力/MPa (abs)	塔顶	2.00	2.75	—	2.0
	塔底	2.05	2.80	2.1	—
	回流罐	1.95	2.70	—	1.95

3　节能提效、低碳减排的措施

综合气体分馏的原料、产品组成及塔器的工艺操作条件，本装置采用多种节能提效、低碳减排的措施。

3.1　优化操作条件

优化装置的主要操作条件，选择适宜的回流比，减少过程能耗。

3.2　采用低温热水

原料预热器、脱乙烷塔重沸器和丙烯精馏塔塔底重沸器采用低温热水供热，减少蒸汽消耗。

3.3　采用高效塔盘

脱丙烷塔、脱乙烷塔和丙烯精馏塔采用高效浮阀塔盘，提高分馏效率。

3.4　采用机械表面多孔管重沸器

脱丙烷塔和丙烯精馏塔塔底重沸器采用高通量管重沸器，提高换热效率。

3.5　采用高效冷凝器

脱丙烷塔顶后冷器、脱乙烷塔顶后冷器和丙烯精馏塔顶后冷器采用高效冷凝管换热器，提高换热效率。

3.6　采用复合式空冷器

脱丙烷塔、脱乙烷塔和丙烯精馏塔顶采用复合式空冷器，减少循环水消耗。

3.7　采用催化顶循油

脱丙烷塔底重沸器采用催化顶循油供热，减少蒸汽消耗。

3.8　采用高效机泵

采用高效机泵，减少机泵用电消耗。

3.9　设备、管道紧凑

设备及管道布置尽量紧凑合理，从而减少散热损失和压力损失。

3.10　加强保温

加强设备及管道保温，从而减少散热损失。

3.11　使用催化顶循油为热源

使用催化顶循油作为脱丙烷塔重沸器热源，减少蒸汽消耗。

4　装置工艺流程

4.1　工艺流程简述

4.1.1　脱丙烷部分

自催化装置和焦化装置来的液化气进入原料聚结脱水器(PK-1001A/B)脱水，随后进入本装置的脱丙烷塔进料罐(D-1001)，液化气由脱丙烷塔进料泵(P-1001A/B)抽出，先与碳四馏分产品换热，再经原料加热器(E-1004)加热，以泡点状态进入脱丙烷塔(C-1001)第27层塔板。原料加热器热源为系统所提供的热水。

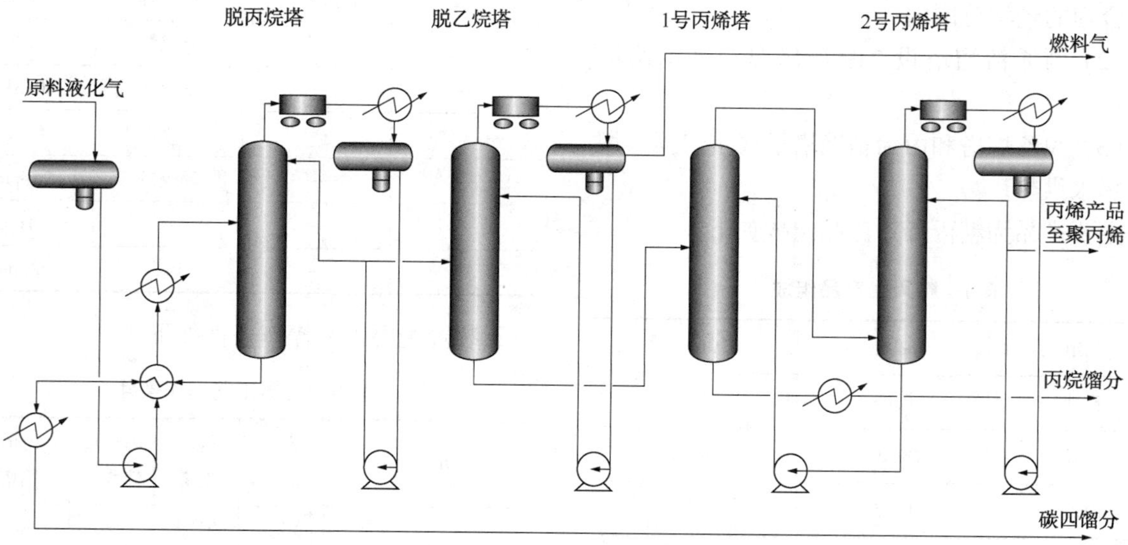

图1　气体分馏装置总体原则流程图

脱丙烷塔(C-1001)塔顶蒸出的碳二、碳三馏分经脱丙烷塔顶空冷器(A-1001)、脱丙烷塔顶后冷器(E-1002)冷凝冷却后，进入脱丙烷塔回流罐(D-1002)，冷凝液自脱丙烷塔顶回流罐抽出，一部分用脱丙烷塔顶回流泵（P－1002 A/B）送入塔顶作为回流，另一部分用脱乙烷塔进料泵（P－2001 A/B）抽出，作为进料送入脱乙烷塔（C－2001）。脱丙烷塔底用塔底重沸器（E－2001）加热，热源为催化顶循油以及系统所提供的低压蒸汽，塔底碳四馏分与原料换热后自压送至下游烷基化装置或罐区。

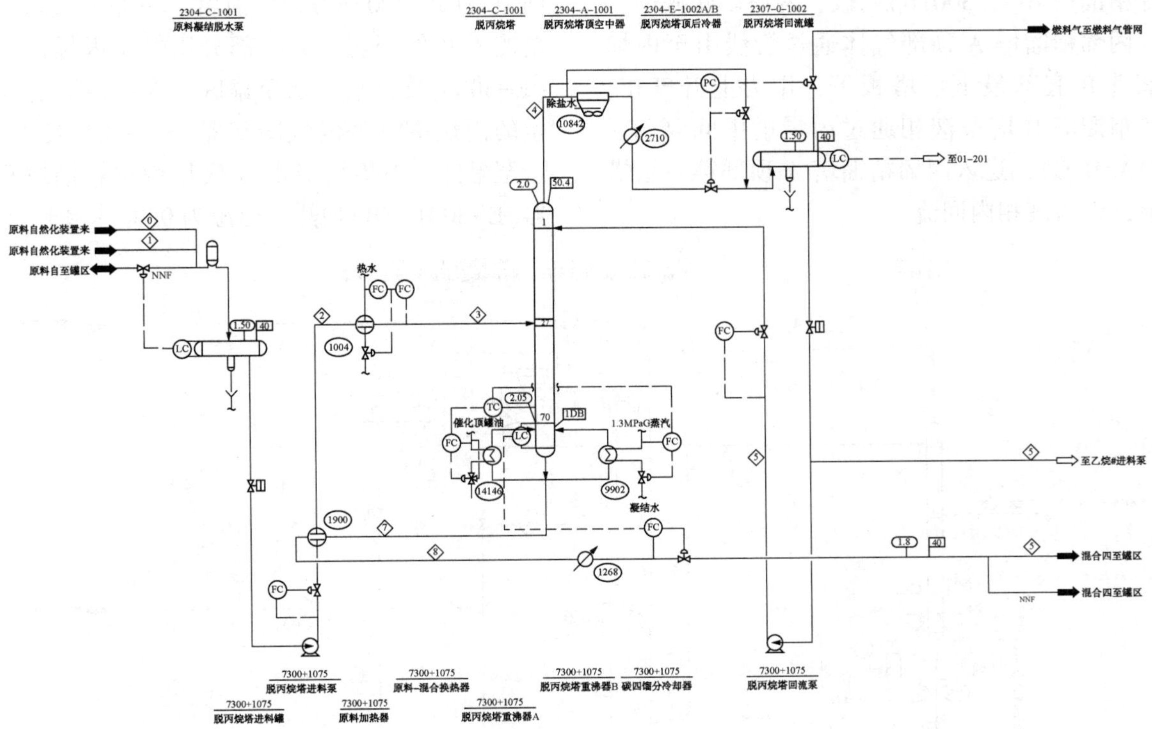

图 2　脱丙烷工艺原则流程图

4.1.2　脱乙烷部分

脱乙烷塔（C－2001）顶蒸出的碳二，碳三馏分经脱乙烷塔顶空冷器（A－2001）、脱乙烷塔顶后冷器（E－2002）部分冷凝冷却后，进入脱乙烷塔回流罐（D－2001），未冷凝的气体主要是乙烷和部分丙烯、丙烷，由回流罐上部经压控阀放至装置外。冷凝液从脱乙烷塔回流罐（D－2001）用脱乙烷塔回流泵（P－2002 A/B）抽出，送入塔顶作回流。脱乙烷塔底用塔底重沸器（E－2001）加热，热源为95℃热水。

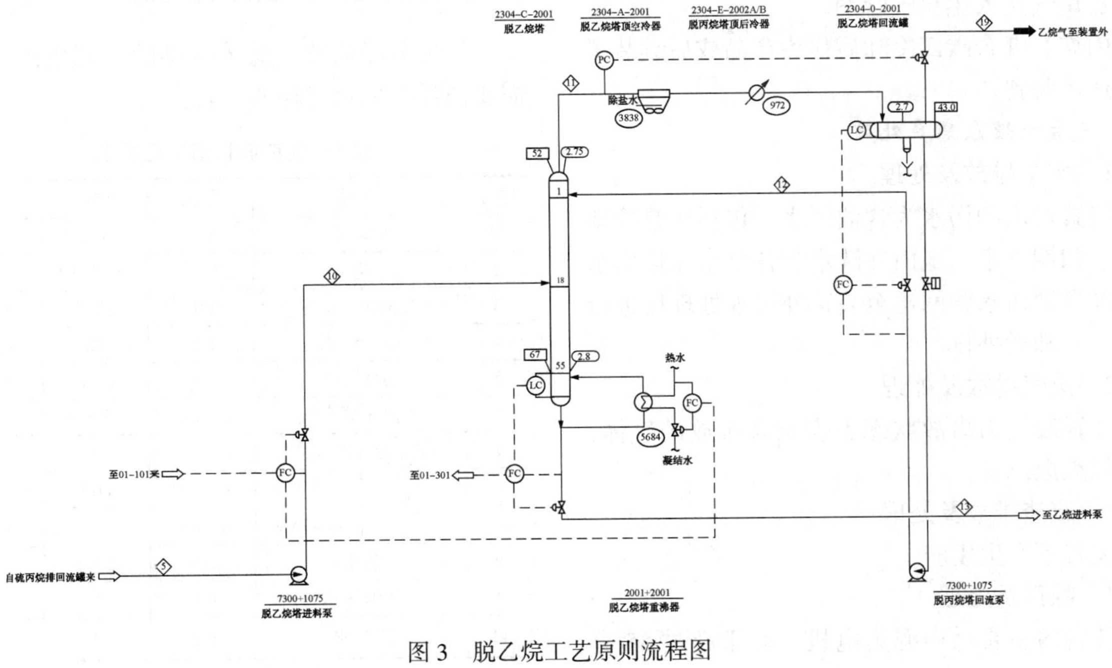

图 3　脱乙烷工艺原则流程图

4.1.3　丙烯精馏部分

脱乙烷塔底的丙烯-丙烷馏分自压进入丙烯精馏塔 A(C-3001A)作为进料。由于丙烯塔的总塔板数较多，故分为丙烯精馏塔 A(C-3001A)和丙烯精馏塔 B(C-3001B)两段，两塔串联操作。

丙烯精馏塔 A 顶部气体通过管线引至丙烯精馏塔 B 底部最下层塔板下，作为上升气相，丙烯精馏塔 B 塔釜液相通过丙烯塔中间泵(P-3001A/B/C)，送入丙烯精馏塔 A 顶部第一层塔板上，作为液相内回流。

丙烯精馏塔 B 塔顶蒸出的丙烯，经精丙烯塔空冷器(A-3001)、精丙烯塔后冷器(E-3002A/B)冷凝后进入丙烯塔顶回流罐(D-3001)，凝液为精丙烯产品，冷凝液用丙烯塔顶回流泵(P-3002A/B/C)抽出，一部分送入丙烯精馏塔 B 作回流，另一部分用经精丙烯冷却器(E-3003)冷却后，送至罐区。丙烯精馏塔 A 塔釜的丙烷馏分经丙烷冷却器(E-3004)冷却后，送至罐区。丙烯精馏塔 A 底用丙烯精馏塔重沸器(E-3001A/B)加热，热源为 95℃热水。

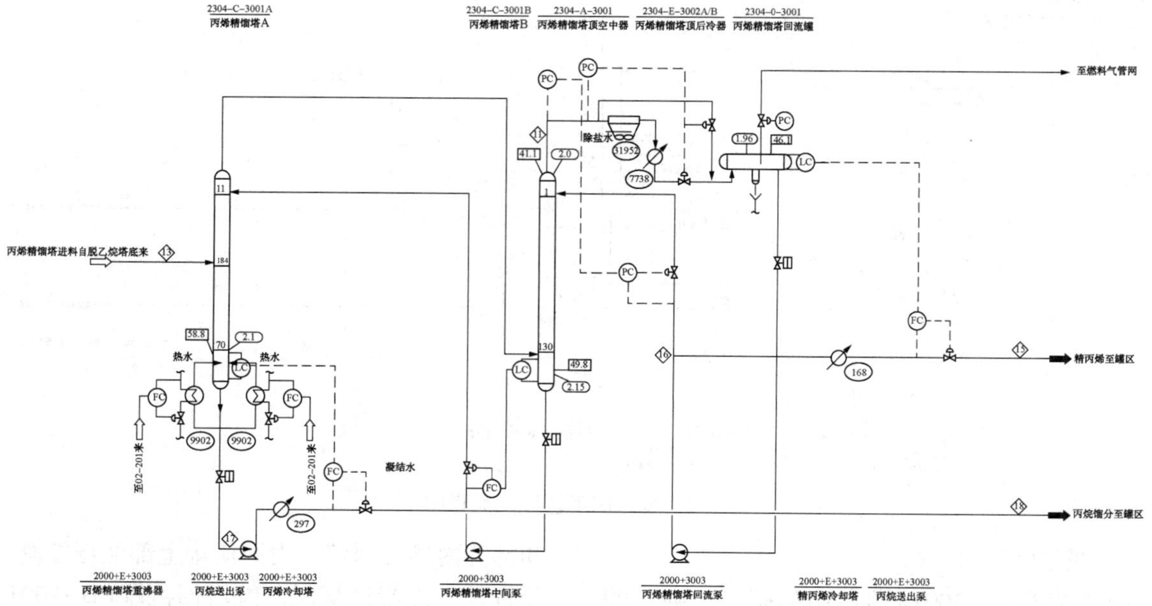

图 4　丙烯精馏工艺原则流程图

4.2　副产品的回收、利用

装置副产品有：乙烷气、丙烷、混合碳四。

乙烷气送入燃料气管网。

丙烷、混合碳四冷却后作为产品或后续装置原料送出装置。

4.3　三废处理及噪声处理

4.3.1　废水排放及处理

装置排出的污水为含油污水，包括机泵冷却用水、初期雨水、地面冲洗水和各分水斗排出水等，经含油污水管网送至装置外污水处理场进行处理，处理后外排。

4.3.2　废气排放及处理

装置废气为事故状态下安全阀排放的气体，排入放火炬总管。

4.3.3　废渣排放及处理

装置不产生废渣。

4.3.4　噪声及处理

装置内主要噪声源为电机，对于超过 85 分贝电机均安装隔声罩。

5　装置消耗指标及能耗汇总

经过节能提效、低碳减排的工艺生产流程，需要消耗指标及能耗如下表：

表 4　装置消耗指标汇总表

序号	项目		单位	数量	备注
1	循环水		t/h	1540.8	
2	电		kW.h/h	2611.19	
3	1.3MPa 蒸汽		t/h	22.8	间断
4	生产给水		t/h	20	间断
5	凝结水		t/h	22.8	间断
6	净化压缩空气		m^3n/h	300	
7	非净化压缩空气		m^3n/h	600	间断
8	氮气	4.2MPa	m^3n/h	600	间断
		0.8MPa	m^3n/h	300	间断
9	热水		t/h	2024	
10	含油污水		t/h	5	
11	除盐水		t/h	38	

表 5　装置能耗汇总表

序号	项目	单位耗量		小时耗量		燃料低热值或能耗指标		单位能耗
		单位	数量	单位	数量	单位	数量	kgoe/t
1	循环水	t/t	15.05	t/h	1540.8	kgoe/t	0.06	0.90
2	电	kW·h/t	25.50	kW·h/h	2611.19	kgoe/kW·h	0.22	5.61
3	净化风	m^3n/t	2.93	m^3n/h	300	kgoe/m^3n	0.0338	0.11
4	热水	t/t	19.77	t/h	2024	kgoe/t		19.15
5	含油污水	t/t	0.05	t/h	5	kgoe/t	1.1	0.05
6	除盐水	t/t	0.37	t/h	38	kgoe/t	1	0.37
7	催化顶循油	t/t	6.83	t/h	699.9			11.86
合计								38.07

注：装置能耗计算按照《石油化工设计能耗计算标准》GB/T 50441—2016 执行。

5.1　能耗分析

(1) 从表 4、表 5 中得出，装置能耗主要是热水，占总能耗的 50.3%。

(2) 本装置单位能耗为 38.07kgoe/t 液化气，与国内同类装置相比，本装置能耗处于先进水平。

图 5　建成投产状态的气分装置

6　结语

通过对气分装置常规流程的消耗指标和能耗值的介绍、分析，充分肯定了常规流程在节能提效、低碳减排的先进性、可行性，为炼化企业气体分馏装置的节能设计提供了参数。

参 考 文 献

[1] 罗应君等. 气体分馏装置常规流程及热泵流程探讨，[J]，工业技术；2008：67-68.

[2]《广东石化炼化一体化项目 110 万吨/年气分装置管道设计说明书》.

黏稠油介质管道集肤效应伴热技术

张万勇　彭新凯　韩廷檀　董　博　董利波

（中国石油天然气第一建设有限公司）

摘　要　通过介绍国内近年来沿海地区几套新建千万吨炼化项目原油码头输送黏稠油介质管道集肤效应伴热系统工作原理、安装方法、优缺点等可知，集肤效应电伴热系统相较传统伴热形式具有控温效果好、伴热距离长、运行安全可靠、操作简单、加热效率高、节能显著等优势，具有很大的推广意义。

关键词　黏稠油管道；集肤效应；伴热系统；节能显著

随着我国经济飞速发展及国家能源战略调整，我国原油进口力度不断增加，近年来已达到需求量的70%左右。而我国原油进口主要来自沙特阿拉伯、伊朗、俄罗斯、委瑞瑞拉等国家。除俄罗斯外其余国家进口原油均需通过大型油轮海运至我国，通过原油码头专用管道输送至原油罐区储存。

上述国家进口的原油黏稠度大部分较大，在采用长距离管道输送时需维持操作温度需控制在45℃~70℃内，海边的空气潮湿，保温棉会吸收水分，保温效果也会降低。所以，需要一个能够稳定持续伴热的系统，炼化企业目前采用的管道伴热系统主要采用蒸汽伴热、涡流电伴热带伴热、MG电缆伴热及集肤效应伴热等方式，近年来由于集肤效应伴热系统有控温效果好、伴热距离长、安装维护简单、运行安全可靠、操作简单、加热效率高等优点，越来越多的在长距离输送黏稠油介质管道上广泛采用。

本文结合广东某沿海大型炼化企业原油管道伴热工程实例，对集肤效应伴热系统的工作原理组成、安装法及与其他伴热方式的优缺点等方面进行详细阐述，希望能为此类系统的推广应用及安装提供一定的参考意义。

1　工程简述

中石油于2022年建成的位于广东揭阳的原油码头，属开放式水域蝶形码头，输送原油管道为两条DN1000原油管道，伴热采用4套集肤效应伴热系统，双管敷设成180°分布。具体设计参数如下：

（1）环境温度：最高38℃，最低3℃；

（2）工作温度：45℃-55℃；

（3）气象条件：高温、湿度高、降水丰富、台风多发；

（4）设备防爆要求：温度组别T3，防爆2区，室外防护等级IP65；

（5）电源电压：5kV-10kV/480V、50Hz；

（6）管道保温材料：高温玻璃棉，绝热厚度140mm；

（7）集肤效应变压器选用SCOTT变压器，安装于原油码头变电所内；

（8）本系统控制系统安装于原油码头机柜间内，采用数字温控，同时具有温度超限报警，声光报警，配电箱具备短路、过流过热保护和漏电保护功能。

2　集肤效应伴热系统工作原理及组成

2.1　工作原理

集肤效应（skin effect）又叫趋肤效应，表皮效应，这种现象是由通电铁磁性材料，靠近未通电的铁磁性材料，在未通电的铁磁性材料表面产生方向相反的磁场，有了磁场就会产生切割磁力线的电流，这个电流就是所谓的涡旋电流，这个现象就是集肤效应。

集肤效应电伴热系统是由安装于铁磁伴热管内能产生额定热量的绝缘电缆构成。绝缘电缆与伴热管在尾端相连接，在电源接线盒内的绝缘电缆与伴热管之间通上交流电源。电流通过绝缘电缆和伴热管内表面形成一个回路。STS系统具备电气安全性，并通过两种众所周知的电学效应在铁磁伴热管内产生热量：集肤效应与邻近效应。这些效应使得在伴热管流通的电流被完全集中在伴热管的内表面；而在伴热管外壁则不会测量到任何有效电压。伴热管与 STS 电缆的电阻发热，伴热管中的涡流与磁滞现象，也都会产生热量。由于伴热管固定在工艺管道上，完全位于保温系统内，从而使得热量可以有效地传递到工艺管道内，见图 1。

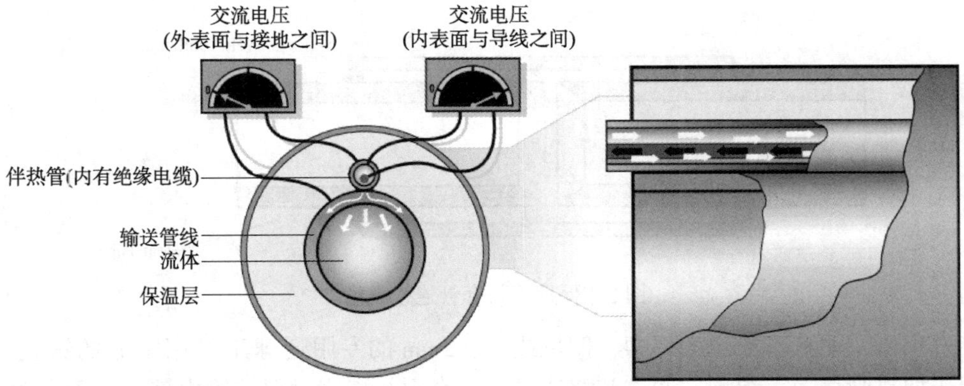

图 1　集肤效应工作原理示意图

2.2　集肤效应伴热系统组成

集肤效应伴热系统主要由电加热系统、首末端接线盒、中间穿接线盒、绝缘电缆及保护管组成。其工作原理是通过保护管内部绝缘电缆受电与外部保护管形成集肤效应产生热能，再通过保护管传达热量到主管，起到伴热及控温效果，见图 2。

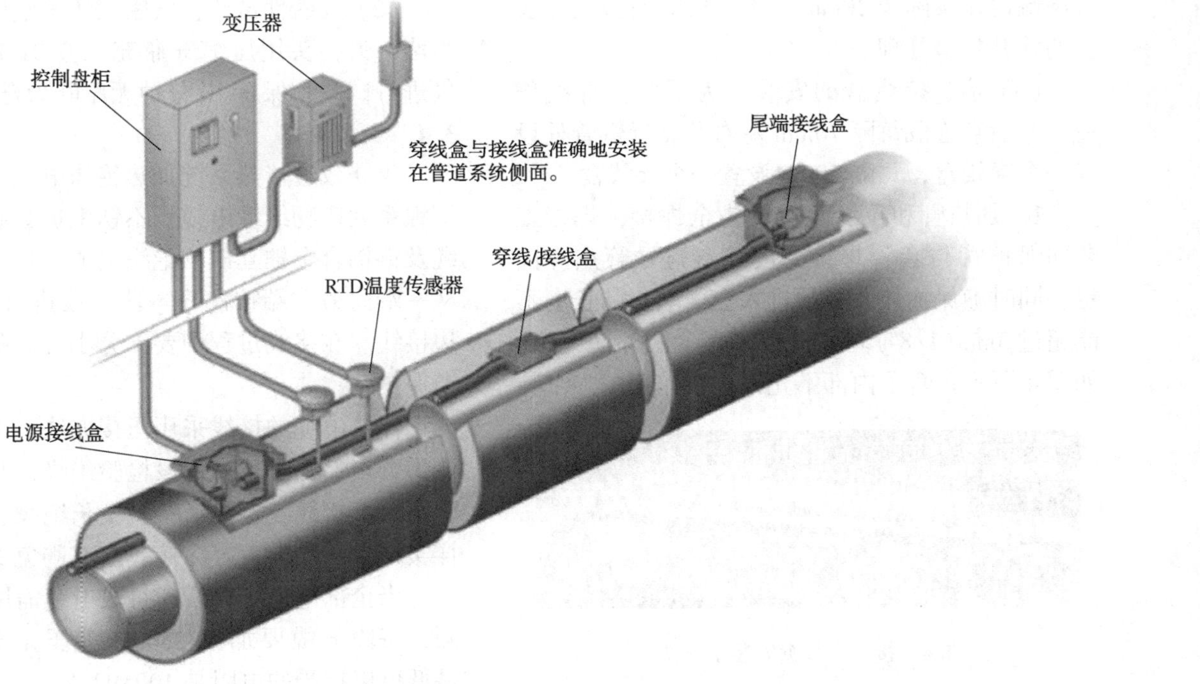

图 2　集肤效应伴热系统组成示意图

3　集肤效应伴热系统安装

3.1　集肤效应伴热系统安装流程

集肤效应伴热系统安装流程如下：

施工准备、材料验收→保护管、接拉线盒安装→空气吹扫→刮管、通球试验→气密性试验→安装电缆→变压器、温控设备、配电箱安装→接线、测试→通电试运行

3.2　保护管、接线盒安装

（1）保护管采用具有良好磁导性且与母管材质相近的碳钢无缝钢管（规格 ϕ33.4mm×3.91mm 20#）组成，安装前端面内倒角打磨圆滑，在安装之前，每根加热管都要执行此步骤。

（2）加热管连接：加热管连接采用套管进行连接，安装前需检查套管内部及变口无毛刺，防止拉伤电缆，保护管与套管组对时需留有 1mm-

2mm 间隙，见图 3。

（3）保护管与主管连接：保护管与主管需采用间断连续焊，即间隔 50mm 焊接 50mm，焊接方式一般采用手工电弧焊，焊接工艺同母管工艺，焊条采用 2.5mm 或 3mm 小直径焊条采用小电流焊接。

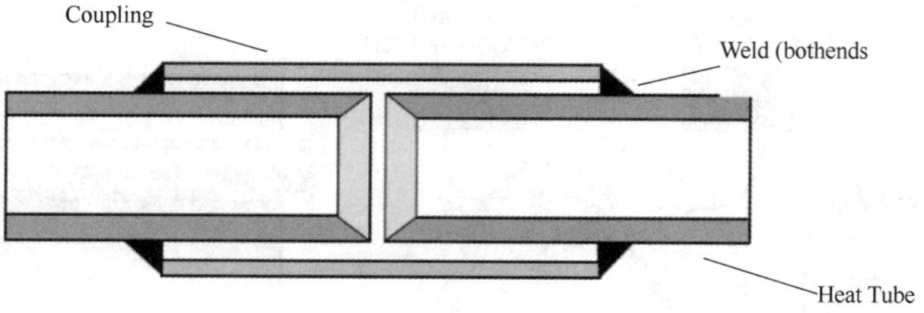

图 3　保护管与套管连接示意图

在焊接过程中，注意不能产生焊瘤，凹坑或者把载体管或加热管烧通。焊瘤，凹坑和烧通是绝对禁止的，可能引起管线的缺陷或者集肤效应伴热系统的失效。

（4）弯管的制作安装：弯管依据母管弯管的角度及曲率半径现场采用弯管机现场弯制，自制弯管需控制椭圆度，不得有皱纹、凹陷等缺陷，且两端需比实际长 20mm 以上，安装时按实际长度切除并打磨处理。

（5）接、拉线盒的安装：为了便于穿线作业，一般直管段每隔 70mm 左右及靠近弯管处设置一个穿线盒，每隔 500m 设置一个接线盒。

1、加热管和拉线盒焊接为全焊接，焊接工艺同保护管与套管焊接，接线盒与母管点焊固定，同时确保加热管尾端进入盒子端板的长度不能超过 3mm(1/8″)。焊接必须在盒子外面完成，如图 4 所示。盒子内部不允许焊接作业。

图 4　接、穿线盒安装示意图

3.3　空气吹扫、通球试验、严密性试验

集肤效应伴热系统在穿入加热绝缘电缆前需进行干燥空气吹扫、通球试验和气密试验，试验合格后方允许穿入加热绝缘电缆。保护管验收应随保护管安装同时分段进行，即每安装完成两个中间穿、接线盒之间的保护管后应立即进行通球试验和气密试验，发现缺陷后立即处理，避免造成大量返工。

（1）通球试验：通球试验采小于保护管内径 2mm 的专用通球工具用牢靠的铁丝或绳索人工牵引缓慢穿过保护管内部，以无卡顿、顺利通过为合格。

通球试验如遇卡顿时不能大力拽拉，应立即标注卡顿处后反方向退出，对该段保护管进行处理后再进行通球试验，避免通球工具卡死在保护管内部。

（2）气密性试验：气密试压末端用专用堵头封堵，另一头用压缩气瓶充入 0.01MPa 压缩空气进行试验，保压 10 分钟无压降为合格。

3.4　安装电缆

集肤效应伴热系统加热绝缘电缆一般可选用铜镍系列矿物绝缘电缆、不锈钢护套矿物绝缘电缆及铜铝合金护套矿物绝缘电缆三种。穿接线应从一端向另一端按次序一段一段进行，边穿线，边接线。在接线过程中要十分小心，避免破坏电缆保护套。

伴热电缆的接线采用压接方法，不脱不断则认为合格。穿管后，逐段检验绝缘，并作相关检验记录，接线。接线后检验全长绝缘和电阻，作详实记录，立即盖好穿接线盒，避免受潮进水。

当全部电缆穿完后，每段电缆需用欧姆表检测，每段电缆要加以 2500V 电压 1 分钟以上，最低可以接受的电阻是 100MΩ/km。

3.5　变压器、配电柜、温控器安装

变压器及配电柜均设置原油码头配套的机柜间内，变压器每个次级输出负载（T1、T2）各设置 5 个抽头，按±5%、±10%档便于现场调整电压和功率输出。配电柜电源电压来自变压器次级，根据负载回路设置控制柜，各自通过多根 0.6/1kV 电压等级的电力电缆给负载回路送电。配电柜具有过流/短路/漏电保护功能，安装工作指示和故障指示灯，并设置超温报警和手动复

位，数显温控表预留通讯接口。

3.6 通电试运行

整个集肤效应伴热系统在施工完成后，需按照要求进行绝缘电阻测试、交流耐压及泄漏电流测试，测试合格后在施工方、监理、供货厂家及使用方等见证下进行受电试运行及调试。

4 集肤效应伴热系统优劣势分析

4.1 系统运行安全可靠

集肤加热电缆采用特制电缆，自身绝缘，系统完全接地，管道表面电压为零，且日常操作监护均在室内实现，安全性能高。

4.2 自动化程度高

集肤效应伴热系统由单一电源支持的回路长度可达25公里，全段加热均匀，日常运行操作均在变电所及机柜室内进行，通过闭环温控系统准确调节和控制温度，易于实现无人管理的全自动化远程控制。且可提供热损耗、动态静态升温/冷却的计算数据，自动绘制温度曲线图等。

4.3 控温效果好

燃料重油、蜡油等粘稠油管线的被输送介质在低于特定输送温度时粘度很高，流动困难，加热到一定温度后又易于流动，要求管道维持管道输送温度必须一直维持在特定温度下，采用集肤效应伴热可防止管线降温和管道停输再启动，全线伴热均匀，控温效果特别好。

4.4 节能效果明显

肤效应伴热结构合理管内加热绝缘电缆即是输电线路又是加热体，可自动调节加热，热能损失极少，效率接近100%，而蒸汽加热效率和电加热带伴热系统则需一直加热，热能损失大，效率低，集肤效应伴热系统在长距离输送粘稠油管线上的能耗是传统蒸汽伴热的20%，是加热带伴热的60%，能耗低，节能效果明显。

4.5 采购、施工成本高

集肤效应伴热系统由于其电缆采用特制电缆，采购成本相对较高，且由于安装工艺相对复杂，焊接工作量大，工程安装费用较高。

4.6 使用寿命长，维护容易

整个回路全部封装于坚固的伴热管与钢质接线盒内，选用特制保护电缆使用寿命可长达25年，几乎不用维修，且沿线设置多个穿线/接线盒，维护电缆时不需破坏外保温层，维护简单容易。

5 结束语

虽然集肤效应伴热系统在建设期采购、施工成本较大，但其系统运行安全可靠、自动化程度高、控温效果好、节能效果明显、使用寿命长、维护容易等优势更加明显，符合国家节能减排，积极推行双碳目标要求，在长距离输送黏稠油介质及其他长距离大管径输送液态介质管道上具有广泛的推广意义。

液硫管道全夹套管伴热施工技术

程　旭　彭新凯　董　博　张平化　张万勇

（中国石油天然气第一建设有限公司）

摘　要　液体工业硫磺(液硫)产品被广泛应用于轻工、医药等多种行业。伴热是保证液硫生产连续性和稳定性的必备手段和措施，对产品收率、产品质量以及成品交付速度都有直接影响。在液硫的生产中，常采用全夹套管伴热的方式，避免产品在低温时产生成分的分离、防止产品固化、防止腐蚀性冷凝液的形成，避免液硫输送管道由于低温时产生堵塞，确保液硫生产过程的连续性和能源利用的合理性，达到既充分利用资源，又促进节能减排的最佳状态。

关键词　伴热；全夹套管；液硫；资源；节能减排

液硫凝固点为119℃，当硫磺被加热时，分子结构发生变化，当加热到160℃时，S8的环状开始破裂为开链，随之粘度升高，加热到190℃时粘度最大，继续加热时，长链开始发生断裂，粘度又重新下降。考虑到节能降耗和流动性以及后续输送等环节，需要对液硫进行温度控制，石化装置中一般应用伴热将温度控制在130~160℃之间，这时液硫的流动性好且可节能，最常用的两种伴热方式是蒸汽伴热和电伴热，电伴热材料成本较高，运行成本也相对较高，全夹套管伴热操作方便，加热范围大，不受管线长度影响，运行成本较低，目前液硫管线大多使用全夹套管伴热。

1　伴热系统的分析与应用

1.1　蒸汽伴热

1.1.1　全夹套管伴热

全夹套管伴热是化工装置中伴热系统的一种，是一种具有双层套管结构的特殊管道，在小直径管道外面套上同心的大直径套管，内管用于输送工艺介质，套管内流动着起保温或加热作用的热载体来补充内管在输送或停输期间的热损失，靠对流完成热交换，来保持恒定的工艺温度。夹套管施工工艺条件复杂，夹套管安装质量的好坏将直接影响工艺的正常运行。全夹套管伴热适用于工艺要求的保温温度较高、保温比较均匀的场合。

1.1.2　伴管伴热

伴热管放出的热量，一部分补充主管内介质的热损失，另一部分通过管外保温层散失到四周环境。采用硬质保温预制外壳要使主管与伴热管间有一空间，这样使伴热小管放出的热量可几乎全部补偿主管的热损失。蒸汽伴热系统为管道提供大量的热。金属伴管和金属管道之间有非常高的导热率，即使在保温损坏的情况下对伴热系统温度影响也不会很大，伴热管伴热简单实用，但是传热面积太小，浪费资源。

1.2　电伴热

电伴热是指用电能补充被伴热物体在工艺过程中的热损失，使其温度维持在一定的范围内的伴热技术。

电伴热系统将电能转换为热量，并将其传递到管道及其所含流体中。目前使用的大多数商用电伴热系统都是电阻式，并采用放置在管道上的电缆形式。当电流流过电阻元件时，产生的热量与电流的平方和元件对电流流动的电阻成比例。其他专用的电伴热系统利用阻抗、感应和皮肤传导效应来产生和传递热量。

1.3　液硫管道伴热选型

液硫温度低于119℃时开始由液态变成固态，在130℃时粘度最小，利于液硫的输送，根据液硫的特性，为了使之保持较好的流动性，液硫管道通常采用蒸汽全夹套管伴热的方式，此外也可采用电伴热的形式，但是电伴热一次性投资较高，为了利用石化工厂内过量低压蒸汽，达到节能减排的目的，在设计时均采用蒸汽全夹套管伴热。

表 1　液硫的主要特性

物料名称	相态	密度	粘度	沸点	凝点	闪点	自燃点	火灾危险类别
		kg/m³(130℃)	MPa·s(130℃)	℃	℃	℃	℃	
硫磺	液	1797	7	445	119	207	232	丙 B

2　全夹套管施工方法

2.1　内管管段预制

全夹套管主要由内管、外管、夹套阀门、夹套法兰、刨切型管件、外管调整段、跨接管、定位板等部件构成，如图 1 所示。

① 内管预制前，应对图纸进行认真审查，合理地确定内外管分段切割计划和安排组对程序。

② 内管组对重点是控制管子的平直度，可采用卡具等方式，组对后在组对焊口 200mm 处测量偏差不大于 1mm。

图 1　全夹套管的构成

2.2　定位板定位焊接

2.2.1　定位板定位

避免内外管碰到一起，影响介质的流动和管子的热位移，在内管上加设导向板，每块挡板之间夹角是 120°，定位板沿管子轴向距离 1mm~1.5mm，定位板在内管横截面上的布置如图 2 所示。定位板安装在内管上，均匀分布，定位板长度为 40mm，在施工前估算定位板的块数，合理布置定位板位置，定位板间距过大可能导致内管和夹套之间的间隙不均匀偏心，阻碍介质流动，内管受热不均匀，达不到使用要求，若定位板间距过小，增加焊接量。

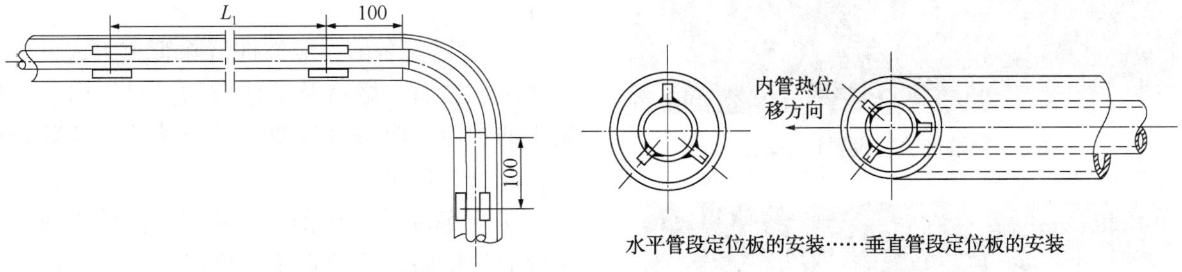

图 2　定位板安装示意图

定位板安装最大安装间距参照表 2 中选取。避免因定位板宜用机械方法切割，定位板下料可使用同材质同厚度扁钢切割，节省时间。

表 2　直管段定位板最大间距

内管管径 DN	定位板最大间距 L_1/mm	定位板厚度/mm
20	2000	3
40	2500	3
50-80	3000	6
100-200	4000	8-10
250-350	5000	12-14

2.2.2　定位板焊接

在内管上套夹套管前，画线在加设导向板的

位置做好标识，在内管的外壁上焊接好导向板，需注意以下几点：

① 定位板与内管材质应一致。

② 严禁在母材表面引弧和试验电流，防止电弧擦伤。

③ 定位板的焊接，应使用相同的焊接工艺评定和合格的焊工进行，所用焊条应选用与正式焊接时牌号相同的焊丝和焊条。

④ 定位板角焊缝的最小厚度应不低于定位板厚度和内管母材厚度二者比较的最小厚度。

2.3 外管调整段的设置

将已制作好的内管管段按轴测图要求预组对、点焊，并预安装。并视预安装的情况再次调整各管段的尺寸，使其满足设计要求和现场实际情况，在未封闭的内管管段上，焊接完导向板后检查内管每一段的导向板安装的位置及尺寸后套上夹套管。确定出调整段的具体位置，其操作原则为在X、Y、Z轴三个方向各预留一个调整段，用来调整尺寸，如有法兰，尽量留在法兰口处，对半直管一般留在支管三通处，若无支管三通，可留在弯头或法兰处，来调整外管尺寸。

图3　管端带法兰设置调整段

图4　管段带三通设置调整段

2.4 内管系统管子与管件、法兰组焊

内管与管件、法兰预组对点焊后，其角度偏差应不大于1.5mm/m，且沿全长不超过5mm；各方向的结构长度应符合表3的规定，法兰面垂直度偏差应符合表4的规定。

表3　结构长度的允许偏差值

结构长度/mm	允许偏差值/mm	结构长度/mm	允许偏差值/mm
≤100	1.0	>1600~2500	3.5
>100~250	1.5	>2500~4000	4.0
>250~650	2.0	>4000~6500	5.0
>650~1000	2.5	>6500~10000	6.0
>1000~1600	3.0	>10000	7.0

表4　法兰面垂直度允许偏差值

公称直径	垂直度允许偏差/mm
$DN\leq100$	0.4
$100<DN\leq200$	0.6
$DN>200$	0.8

夹套管内管在预制和安装过程中，由于属于隐蔽工程，所有对接焊口采用射线检测、角焊缝(包括定位板焊缝)采用渗透检测进行100%探伤，隐蔽焊缝前需确认无损检测是否合格。

2.5 夹套外管装配

2.5.1 夹套外管安装前检查点

① 夹套管安装前仔细检查外管的套装正确性，端板安装的位置。

② 检查内管每一段的导向板安装的位置及尺寸。

③ 管道安装前，应逐件清除管道组成件内部的砂土、铁屑、熔渣及其他杂物。对管内有特殊要求的管道，应按设计要求进行清除。清除合格后，应及时封闭。

④ 外管系统组焊前，必须保证内管上所有隐蔽焊缝的检验、热处理工作已经完毕，管段经压力试验合格，并进行隐蔽前的检查确认。

2.5.2 夹套外管安装

预制好的管段进行现场组装，组装前提前把外管套上，外管的长度下料是比实际尺寸短至少200mm，便于内管固定口的焊接、无损检测和水压试验焊口的检查。内管压力试验完毕检查合格后，安装外管的分片弯头、分片三通等外管管件。分片管子的焊接时外管的两端或一端留有至少200mm长的短节，安装这段管子时，将管子分成平均两半，将分成两半的管子套在内管上，将两半组对起来，按照焊接的要求开坡口进行焊接，焊接成环后与长外管进行组对焊接。分片弯头、分片三通的焊接过程中先将分片的弯头、三通在内管上组对成形，然后再与外管直管段进行组对焊接。

2.6 跨接线开孔连接

夹套管的连接管安装在外管安装结束后进行，液硫管道夹套管输送蒸汽介质，介质应高进低出，如图5所示。跨接管设计常常选用开口焊的连接方式，采用氧炔焰切割难以保证管道内部清洁度，需要根据跨接线的规格选择相匹配磁力钻头，通过采用磁力钻开孔，达到控制夹套管道内部清洁度的目的。

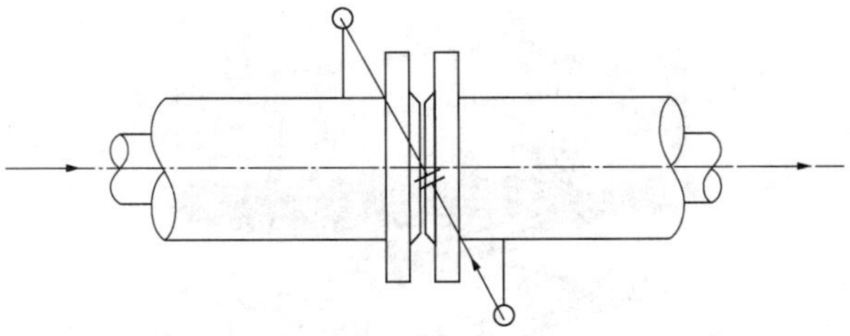

图5　水平管道夹套管间跨接线安装

2.7 支吊架的安装

在夹套管内管安装过程中，管道系统应由临时支架进行支撑固定，待内管试压合格后，方可安装正式支架。临时支架的支撑点位置应合适，临时支架的安装不得损伤内管和影响外管的安装组对。

当内管为不锈钢材料时，焊接于内管上的临时支架垫板应与内管材质相同，在安装外管正式支架后进行临时支架去除时，可将临时垫板保留在内管上。

3 全夹套管的施工要点

3.1 外管套在内管上的套装

① 外管套于内管前，应先清除内管外表面铁锈、尘土和污物，同时用压缩空气吹扫或破布拖拉的办法清理外管内腔。

② 外管接管的开孔必须在外管装配前施工完毕，以免使切割氧化物进入壳程。支管的加强管接头、管座等宜事先在主管上焊接完毕。

3.2 跨越管口及放空导淋位置确定

由于内管的工艺介质具有很强的热敏感性的特点，因此夹套管安装施工中应尽可能地避免潜在的冻结点和死端，故对导淋长度有最小距离要求，在施工中应特别注意。

① 对于蒸汽全夹套管系统在两加热管段之间需要跨越管连接时，应有两个跨越管，一个在上面作气相跨越，一个在下面作液相跨越。

② 对于热水全夹套系统两个加热管段间需跨越管连接时，跨越管应在上面以防止气相积存在于套管内。

③ 在夹套管道的最高点及最低点，必须设置放空点和导淋点。

④ 跨接管其连接应采用焊接标准法兰连接，其优点为便于组对、检查折卸。

如管道距离过长，部分管段温度达不到要求，有两种解决方案：一个是中间从法兰断开，前面的回伴热站，后面重新引热源进行伴热，另一个是在管道中段再增加引入一个热源。

3.3 焊接质量

夹套法兰与内管以承插焊形式连接，与外管是对焊角焊缝形式连接，要求焊工在施焊时必须严格执行焊接工艺，施焊后立即进行PT检测检验焊缝质量。并且夹套法兰的焊接，要求内管与密封面衬板直接焊接，否则极易造成内管与法兰连接处提前腐蚀。

3.4 内管隐蔽前注意事项

① 内管是否按施工图施工完毕，并符合设计要点。

② 内管的焊缝是否全部完成，并按设计规范要求作无损检验。

③ 内管试压是否已按设计要求、规范标准进行试压。

④ 认真对内管、外管进行清理检查，经质量检验部门确认后，方能整体封闭。

4 结论

由于能源成本不断上升，液硫管道采用全夹套管伴热施工技术，流体成本、补偿成本、维护成本低，升温速度快，蒸汽主要由水组成，因此在泄漏到大气中时对环境的影响很小，由于这些原因，在液硫管道伴热施工应用中，使用全夹套管伴热仍然是温度维持的首选。液硫管道采取全夹套管伴热技术上可行、经济上合理，提高了液硫管道的的热效率，达到节能降耗的目的，

参 考 文 献

[1]《石油化工夹套管施工及验收规范》SH/T 3546—2011.

[2]《石油化工管道伴管和夹套管设计规范》SH/T 3040—2012.

浅析各类型高空作业车在炼化装置建设期间的应用

郭　杰　肖广红　苟明跃　任锋锋　李　普

（中国石油天然气第一建设有限公司）

摘　要　近年来，高空作业车在炼化装置建设中崭露头角。高空作业车具有机动行驶、操作简单快捷等优点，相比于传统的脚手架作业，其在节能增效方面具备明显的优势。本文依据某炼厂装置建设期间工程实例，简单介绍高空作业车的类型以及其在工程建设期间的应用，并分析优缺点。

关键词　高空作业车；应用；安全风险；预防措施；脚手架对比

1　引言

工程建设中发生事故频次较高的高空作业一直都是管控重点，随着国家对施工安全的愈发重视，对高空风险控制措施的要求也相应的提高。传统高空作业是借助各种形式的脚手架，但其安全性差、搭设材料用量大、耗费时间长、成本负荷大。高空作业车其出色的安全保障和卓越的施工效率成为脚手架的理想替代品，逐步出现在工程施工现场。目前国内新建的石油化工装置结构紧凑，高层、超高层钢结构框架鳞次栉比，工艺管道错综复杂。平面布局的紧缩造成了空间立体高度上的增加。

2　高空作业车的分类及构造特点

高空作业车的分类方法有很多，按照国标GB/T 9465—2018高空作业车中规定，主要分类为：剪叉式、曲臂式、直臂式。

2.1　剪叉式高空作业车

剪叉式高空作业车（图1），分为柴油发动机驱动和电池驱动两种。柴油发动机驱动剪叉式高空作业车具备越野能力强劲的特点，工作高度从12m-22m，适合室外复杂路面的高空作业环境。电池驱动剪叉式从行走驱动方式上又分为直流电机驱动和液压马达驱动，工作高度4m-22m，适合室内地面平整，对排放和噪音有要求的高空作业环境。

剪叉式高空作业车的升降结构在连杆框架间装有液压缸，通过液压缸的伸缩改变连杆交叉高度，从而达到改变升降高度。该型高空作业车结构简单、工作平稳、负载能力强、操作灵活方便，适合较低高度的作业，但其升降机构只能做垂直运动，这导致其作业应用范围较窄。

图1　剪叉式高空作业车

2.2　曲臂式高空作业车

曲臂式高空作业车（图2），分为柴油发动机驱动和电池驱动两种。柴油发动机驱动曲臂式高空作业车具备越野能力，工作高度从16m-47m，适合室外复杂路面的高空作业环境。电池驱动曲

图2　曲臂式高空作业车

臂式工作高度12m-20m，18m以下设备尺寸小巧，标准配置为两轮驱动，适合室内平整地面，对排放和噪音有要求的高空作业环境。20m设备为四驱驱动，整机尺寸较大，具有较强越野能力，适合室内室外各种作业环境。本项目使用此类车辆较多，主要用于钢结构横梁多层安装，可以穿越多层进行作业。

曲臂式高空作业车的升降结构由多节箱型臂铰接而成，通常为2-3节曲臂，各节臂的展开运动由各节臂内液压缸完成。改型高空作业车适合较低高处作业，升降机构灵活多样，适应性好，越障能力强，因此被广泛运用。目前国内主要已曲臂式高空作业车为主。

2.3 直臂式高空作业车

直臂式高空作业车(图3)，分为柴油发动机驱动和电池驱动两种，两种动力源型式均具备复杂地面越野能力，工作高度从14m-58m，作业范围广，适合室内室外各种高空作业环境。电池驱动直臂式高空作业车其续航能力、充电及越野能力差于柴油驱动车，因此现场作业选用的是柴油驱动车，施工时主要用于管廊钢结构初期安装，停于管廊外侧或者在管廊内后退式安装，避免结构横梁把车辆卡在里面。

图3 直臂式高空作业车

直臂式高空作业车的升降结构由多节套叠、可伸缩的箱型臂组成，行驶时，作业臂伸缩套叠，工作时，各节臂采用或独立、或顺序、或同步的方式伸缩，以此改变臂架的的伸缩长度来满足不同施工环境。该型高空作业车主要特点是操作简单、动作平稳，同时可以获得更大的作业高度和作业范围。

2.4 桅柱式高空作业车

桅柱式高空作业车(图4)，又称为桅杆式高空作业车，此类型设备多用于航空航天、物业维护等行业，本项目在建设期间未进行使用，在此不做过多介绍。

图4 桅柱式高空作业

2.5 高空作业车参数对比与应用范围

因各型高空作业车结构、性能参数的差异，应用范围也有区别，各类型高空作业车主要规格参数见表1。

表1 各类型高空作业车参数对比

	剪叉式	曲臂式	直臂式
选用型号	ZS 1414HD	HA20 RTJ PRO	吉尼 S-85XC
最大工作高度/m	15.7	21.3	27.74
最大水平延伸	0.9	12.2	22.71
宽度/m	1.4	2.42	2.49
额定承载力/kg	260	230	227
动力源	电动	电动	柴油
爬坡力	25%	45%	45%
升降速度	极慢	慢	快
机动性	差	强	强
最小转弯半径/m	2.6	3.75	—

当在管廊或设备底部施工时，作业高度一般在2-6m，高度较低，且大部分作业条件为垂直起降，因此主要用垂直升降式高空作业车；在前期钢结构或设备吊装过程中，因场地较为空旷，作业高度一般在10-30m之间，主要采用直臂式

高空作业车；在装置建设中后期进行管道、仪表安装施工时，作业高度10－20m，受到钢结构、设备影响，直臂式高空车作业空间被限制，主要采用曲臂式高空作业车。

3　高空作业车的应用实例

3.1　剪叉式高空作业车的应用

剪叉式高空作业车由于其底盘距地面低且竖直升降的特点，在装置施工中应用范围较其余2种高空作业车的使用范围窄，主要用于中后期的场地平整硬化后的管廊及框架下部及两侧的管道油漆修补、钢结构防火、防腐、仪表安装等框架下部与外侧的施工，如下图5。

图5　剪叉式高空作业车应用于防火

3.2　曲臂式高空作业车的应用

曲臂高空作业车在工程实际运用范围非常广泛，其具备可跨越障碍进行高空作业，平台可以升降到任何位置，且因其结构紧凑、转向灵活以及底盘的高度保障了可以进入狭窄的通道及拥挤的工作区域的特点，因此在本项目中使用较多。

采取栓焊连接的钢结构，在钢结构安装过程中会反复出现穿钩摘钩的现象，严重造成项目的人力与机械浪费。基于上述情况的存在，利用了曲臂式高空作业车曲臂可以弯曲，且灵活可达任意位置的特点，实现了框架内部钢结构栓接的安装，减少脚手架的反复搭拆，这不仅提升了效率的同时增加了作业人员的安全因素。其次，曲臂高空作业车在管道安装过程中也存在无可比拟的优势。因管廊及框架钢结构存在多层，导致其他类型的高空作业车难以伸展到框架内部，所以曲臂高空作业车在运送材料，辅助管线探伤等方面优势明显。同时，曲臂高空作业车也普遍运用于设备保温(见图6)、防火、防腐等过程。

图6　曲臂高空作业车应用于设备保温

3.3　直臂式高空作业车的应用

直臂式高空作业车拥有最高的作业高度，反应速度较快，可以运用在钢结构或设备安装摘钩的作业中，也可用于开阔地带或者中间有障碍物的环境，可以同时使用多台高空车完成钢结构横梁的安装以及管道对口施工中。

图7　直臂式高空作业车应用在摘钩作业中

4　高空作业车安全风险及预防措施

高空作业车自身结构稳定性较差，作业环境又多为高处作业，在作业过程中存在倾覆和高处坠落等风险，主要体现在以下几个方面。

4.1 车辆倾覆

作业场地非硬化地面，行驶或者站立在沙土地上，此时车辆轮胎受力不均时易导致车辆倾覆，可以从以下方面做好预防措施。

（1）要求设备自身配备有“液压差速锁”，在设备自身出现倾斜时，可以通过倾斜角度进行预警；

（2）使用高空作业车作业时，需要先完成地面的硬化，或者地面平整后铺设木板或钢板供使用，使用前进行试运行检查地面承载情况。

4.2 车辆行驶超速

设备在行驶过程中超速或者经过坡度较大的路面时速度过快，存在车辆倾覆的风险，可以从以下方面做好预防措施。

（1）对车辆驾驶人员进行培训，实操合格后，方可持证上岗进行操作；

（2）要求车辆驾驶人员在行驶过程中控制速度不得超过 10km/h，或者对车辆行驶速度进行设置，超速进行报警。

4.3 超出车辆安全载荷作业

在作业过程中，作业人员有时将材料放置到操作平台内，导致设备在作业时超载，运行至作业位置时引发车辆倾覆，可以从以下方面做好预防措施。

（1）禁止利用作业车运输超过 20Kg 以上的施工材料；

（2）加强对操作人员的培训，熟知设备允许荷载重量及作业人员数量，禁止超载运行。

4.4 作业时违规固定操作平台

在平台内作业时，作业人员为避免平台发生晃动，违规使用绳索把平台规定在作业点周边结构或管线上，在车辆位置移动或者平台移动过程中，平台受到外部作用力导致倾覆，可以从以下方面做好预防措施。

（1）对作业人员进行培训，要强调高处作业的安全规定，在移动平台内必须穿戴和系挂好安全带，并在平台达到作业高度时，把安全带系挂在牢固的作业点附近；

（2）除非经设备厂家特别批准，否则切勿在工作平台安装任何附属装置，切勿把工作平台固定捆绑在结构或者设备管线上，设备突发倾倒时会造成二次伤害。

5 高空作业车与脚手架比较的优势

高空作业车作为可移动的登高平台，虽然在实际使用过程中总会存在一些条件限制，但其相比脚手架具有较大的优势，主要体现在灵活性、安全性、经济性等方面。

表 2 高空作业车与脚手架的比较

	高空作业车	脚手架
安全性	人员无需攀爬、高处坠落风险较小	人员需要攀爬，坠落风险较大；搭设过程存在倒塌风险
经济性	只需出租赁费和油费、电费	数量巨大、使用时间长造成租赁费用大，耗费大量人工进行搭拆、倒运
便利性	验收通过可直接使用； 人员不用上下攀爬，节省体力； 自动行走，无需人工搬运	节点多，需要耗费大量时间验收才能使用； 人员上下攀爬耗费体力； 需要耗费大量人力倒运材料
空间占用	不需要大面积的场地保管	需要规划专用场地用于储存、倒运、保管材料
灵活性	移动方便，可以适应绝大部分位置	使用位置固定，必须一处一搭
人工	2-3 人即可操作使用	4 人以上，根据工作量所需人员不等

6 结论

通过对 3 种高空作业车的使用情况进行阐述及与脚手架使用对比，实现了利用高空作业车来缩减施工周期，降低人工成本，确保工程安全管理要求。尽管目前高空作业车在实际使用过程中仍存在较多的局限性，如受高度限制，超过 20m 高空作业车使用过程稳定性较差，高空作业车使用时对地面平整度和硬化要求较高，使用前最好优先实现地面或局部实现地面硬化，多层钢结构受空间位置影响，钢结构上层和内部无法使用。但其使用方便，效率高，作业范围广，操作简便灵活、具备自行移动等优点，仍然值得在实际工程中进行推广。

随着我国国力的发展，高空间、大跨度、高层次的施工越来越多，其安全风险高、效率低、成本高制约着整个工程进程，高空作业车作为载人高空作业的机械，具有“高安全性”“高效率性”“高适应性”“低成本性”，在后续各行各业的施工中，采用高空作业车将是大趋势，高空作业车是大国建筑业发展的必备机械。

参考文献

[1] 张建，王亮．自行走剪刀型高空作业车在工业厂房建筑施工中的应用．工程技术．

[2] 张华，霍玉兰．我国高空作业车行业发展与展望[J]．建筑机械．2009，23：38-43

[3] 刘娇．曲臂高空作业车的管理与维护[J]．消防技术与产品信息．2012，11：91.

[4] 孙传峰．剪叉式高空作业车在石油化工施工中的立用[J]．化工管理．2018，85：86.

节能减排视角下燃气企业节能减排绿色发展路径研究

胡项飞 高甲艳 扃新鹏 孙秀卿 陈欣菲

（陕西省天然气股份有限公司）

摘 要 陕西省天然气资源丰富，但整体能源利用率较低。随着经济的快速发展，我省节能减排形势十分严峻，探索节能减排、低碳运行已成为必然趋势。本文首先对我国节能减排的现状及背景进行了述评；其次，立足陕西省天然气股份有限公司，在节能减排视角下客观分析燃气企业绿色发展取得的成效；最后，从设计创新、安全生产、新能源利用、低碳绿色等方面提出切实可行的对策建议，为我省以节能减排促绿色发展奠定基础。

关键词 节能减排；绿色；发展；燃气企业；路径

党的十八大以来，党中央分别将生态文明建设、绿色发展纳入了“五位一体”总体布局和“五大发展理念”之中；党的十九大谋划了“建成富强民主文明和谐美丽的社会主义现代化强国”的宏伟目标；党的二十大指出：“推动经济社会发展绿色化、低碳化是实现高质量发展的关键环节。绿色发展是建设“美丽中国”的必由之路，节能减排则是推进生态文明建设、绿色发展的关键环节、重要抓手，不仅可以有效地协调我国能源消耗、二氧化碳排放和经济增长质量之间的关系，还可以转变经济增长方式、提高中国在国际上的竞争力。

1 节能减排发展背景简述

目前，全球气候变暖和生态环境恶化已经成为世界各国面临的十分棘手的问题，由此引发寒流、暴风雨、强降水、干旱等极端天气频繁发生，节能减排成为世界各国面对的共同问题。2020 年，习近平总书记提出争取在 2030 年之前达到碳达峰，在 2060 年之前实现碳中和的发展目标。

作为一个人口大国，能源消耗较多，但是能耗强度与世界上的先进水平相比较还有很大的进步空间。为了尽快实现“双碳”发展目标，社会各行各业在能源节能减排中的意见达成一致，能源领域是实现碳达峰、碳中和目标的关键领域，对于国家实现“双碳”目标有着重要的意义。天然气是实现“双碳”目标的重要能源储备，燃气企业需要从不同的角度进行升级转型，以适应当下时代发展的需求，在发展中将节能减排落到实际工作中，同时结合不同的消费主体，提高人们在生活、工作等活动中节能减排的意识，从而促使在能源领域实现全面而有效的节能减排计划。

陕西省天然气股份有限公司是由陕西燃气集团控股，以天然气长输管网建设运营为核心，集下游分销业务于一体的国有上市企业，主要负责陕西全省天然气管网的规划、建设、运营管理和下游燃气输配、销售。公司坚持以气惠民生为己任，依托陕西丰富的天然气资源，经过三十余年的不懈努力和长足发展，已取得上游资源单位供气点 12 个，形成了分布陕北、关中、陕南多资源供给格局。建成投运天然气输气管道总里程约 3833 公里，管网设施覆盖全省 11 个市（区），具备 165 亿立方米的年输气能力，形成了纵贯陕西南北、延伸关中东西两翼、全省“一张网”的绿色资源输配网络，是国内优质的省属大型综合天然气供应商。拥有清洁能源专业化众创空间是经陕西省科技厅、国资委认定的省级专业化众创空间，聚焦新能源、新材料、现代服务业等领域，依托燃气行业现有产业链，针对燃气行业、新能源、新材料、现代服务业等科技项目或企业进行孵化，培育科技型企业，助力公司科技创新和绿色转型发展。本文立足陕天然气，从不同的角度具体分析能源领域如何更好地实现节能减排路径。

2　节能减排视角下燃气企业绿色发展取得的成效

陕天然气通过绿色低碳技术的探索与实践，明确燃气管输行业碳减排路径和技术措施，实施取得良好效果，为促进企业节能减排、绿色增效、转型升级具有重大意义。

2.1　设计创新推动绿色转型

铜川-白水-潼关输气管道工程首次引用“无人站+区域化管理”模式，践行绿色低碳、优化运行、以人为本的核心理念，在白水分输站、大荔分输站设置作业区，敷设14个场站及阀室的管理，实现“集中监控、集中巡检、集中维修、统一应急指挥”，提高管道运行效率，实现绿色低碳安全转型，取得良好效果。

2.2　技术指标支撑低碳运行

在陕天然气志丹压气站利用安全与生产低碳创新技术处理现场生产安全实际难题，达到了预期的技术指标，产生了良好的经济效益和社会效益，为管道风险评估和检测提供技术支撑。

2.3　管道掺氢减少能源利用

将氢气掺入现有天然气管网实现储运和利用，可利用可再生能源制得的氢气替代部分天然气，具有较大的碳减排效益和经济效益。对于设计年输气量30亿方的靖西二线而言，掺氢3%每年能够减少天然气使用量约9000万标方，减少二氧化碳排放量约18万吨，每年可减少碳税约718万元。

2.4　多能互补促进高效利用

可实现综合能源的高效利用，提高能源利用率30%以上。不仅能产生可观的经济效益，同时具有较好的环境效益，应用到陕北场站年可节约标准煤3000吨左右，减少二氧化碳排放约2000吨以上。

3　实现节能减排的路径探索

紧紧围绕“双碳”目标，立足企业主营业务现状，以适应政策调整及产业升级条件下的发展需要，推动燃气管道的持续运行，将服役末期管道的综合效益发挥到最大，加快推进绿色低碳创新布局。为探索“绿色低碳发展”的路径，陕天然气将绿色低碳融入企业发展整个流程，从管道建设设计源头开始绿色转型升级，为公司绿色低碳转型可持续发展做好技术储备，推动企业绿色低碳转型升级。

3.1　推动设计与绿色创新“协调”升级

强化工程设计科技创新引领，推行工程设计数字化、智能化，从勘测技术、质量检测等方面开展施工技术升级，赋能项目建设，有效管控工程建设质量，夯实生产本质安全基础。应用数字化设计手段，通过设计数字化移交平台将设计期文件、模型等“源头”数据进行标准统一规范，为工程物资采办、施工建设提供数据支撑，并利用移交平台的数据接口，与运营期业务系统集成，贯通规划设计、工程建设、运行维护的生命周期业务链条，为投产后的运行维护管理、完整性管理、全生命周期管理奠定基础。

结合燃气产业运营特点，以压气站设计为切入点，通过分析各专业的设计方式、设计内容，确定设计数据采集流程、采集内容、模型编码与移交方式，针对性开展数字化移交平台的数据接口与系统功能开发，完成平台搭建，并形成一套完整的工程设计成果数字化移交规范，并选取试点项目实现数字化移交平台推广应用，探索性开展项目BIM设计，将BIM设计推广应用至公司新建项目的设计中，实现工程设计规范化、数字化转型。

3.2　推动安全与生产低碳创新

（1）管道风险系统研究

围绕工业物联网产业链，落地天然气长输管道安全运行体系构建，基于物联网、大数据、数字孪生技术，研究管道泄漏机理、边界计算条件、逆向溯源计算模型，最终形成一套多参数监检测技术与智能分析管道风险系统，并引入完整性与风险控制思想，建立管道完整性管理策略和低碳高效利用综合体系，减少甲烷泄漏排放；以多相流腐蚀机理研究为基础、管道力-流-固-电-声多场耦合监测与仿真技术相融合，构建基于物联网技术天然气智能安全管理体系，以解决天然气绿色安全储运与综合利用产业问题，降低天然气泄漏率与碳排放，最终形成基于物联网关键技术的天然气管网智能安全管理体系。

（2）服役状态智能监控、识别研究

通过工业应力传感器与智能采集系统应用组合，互联网及物联网技术及泄漏逆向人工智能预测体系，实现输气管道服役状态实时智能感知、识别技术与普适计算达到智能监控，促进天然气管道运行数字化、信息化、智能化，为建立能源化工管道完整性管理及风险预测体系提供科学依据。

（3）应力监测系统研究

将根据输气管道工况条件确定监检测方式，在实验管段进行专用传感器开发和布点研究，实时/定期进行包含应力在内的多参数数据智能化采集。搭建基于物联网的数据采集、传输、存储、分析系统和基于管道状态实时监测的预测性运维及应急管理平台，即输气管道应力监测系统。

（4）区域化管理创新研究

输气管道工程的设计不断探索管理及项目管理机制创新，实现“智能化设计”的应用，对油气管输行业项目“设计+创新”双融合、智能化管理提供参考借鉴价值。如铜川-白水-潼关输气管道工程首次引用“无人站+区域化管理”模式，践行绿色低碳、优化运行、以人为本的核心理念，在白水分输站、大荔分输站设置作业区，敷设14个场站及阀室的管理，实现“集中监控、集中巡检、集中维修、统一应急指挥”，提高管道运行效率。

3.3 推动新能源与化石能源绿色低碳“耦合”发展

氢能是未来国家能源体系的重要组成部分，也是战略性新兴产业和未来产业重点发展方向。作为清洁、高效、应用场景多元的能量载体，氢能是连接传统化石能源与可再生能源的桥梁，可以有效优化能源结构，降低传统化石能源的消费量，促进能源结构转型升级。将氢气掺入现有天然气管网实现储运和利用，是解决长距离大规模低成本输送的有效手段。公司依托现有基础设施资源，以氢气掺入现有天然气管网进行“储运”和“利用”为研究对象，通过开展天然气掺氢管道输送的可行性分析、含氢输送管道相关标准规范对比、管道材料相容性试验、下游用户影响分析、关键设备影响分析、安全保障分析等方面的分析研究，攻克天然气管道掺氢输送及其应用关键技术，提出了天然气长输管道掺氢输送的关键技术及保障措施（氢气含量3%），明确天然气掺氢输送的技术可行性，为公司发展掺氢输送应用提供技术支持，为抢占陕西省氢能产业发展制高点，助力公司能源转型升级，实现高质量发展做好技术储备。

3.4 促进低碳与绿色“协调”共生

（1）探索零碳场站技术

管输行业场站能耗高，是降碳的主要场所，从场站过程绿色高效管理角度，探索管道运行的低碳化无碳化运行以及运行保障创新技术研究，以期提高其使用范围、低耗能及安全性，为公司在绿色低碳安全运行管理做好技术铺垫。

（2）分布式多能互补系统研究

面向天然气场站电、冷、热等多种用能需求，围绕燃气轮机的高温废气余热利用，充分融合可再生能源、储能、先进动力循环等多种能源供需、储存和转换形式，构建基于燃气轮机烟气余热、太阳能（光伏）和储能互补驱动的分布式多能互补系统。

（3）燃气轮机烟气余热和太阳能（光伏）驱动的系统设计优化

针对典型天然气场站安边压气站，开展由燃气轮机烟气余热和太阳能（光伏）驱动的系统设计优化与可行性研究，结合站场生产运行特性，提出匹配站场高效运行的能量管理调配策略。选定适合站场开展燃气轮机发电系统及固体氧化物电解池电解水制氢技术要素分析，提出技术路径。

（4）天然气站场水处理系统高效节能研究

针对天然气站场的水质问题及污废水排放问题，结合不同地区的差异性和天然气站场污水的特性，聚焦污水处理技术研究，采用高效的节能技术手段，降低污水处理的能耗，最终实现天然气站场水处理系统高效节能运行。

4 结语

总的来说，随着我国经济高速发展，节能减排形势十分严峻。“双碳”的发展背景下，燃气企业要多措并举，从工程设计到生产运行积极探索节能减排路径，切实推动节能减排工作的有效性。

参考文献

[1] 石仲泉．当代中国化时代化马克思主义理论的伟大创新[J]．中共党史研究，2022(06)：5-33.
[2] 范希春．中国共产党人对社会主义现代化的探索与追求[J]．中共杭州市委党校学报，2022(01)：4-20.
[3] 李金铠，刘守临，张瑾．加快新型能源体系建设，

以绿色化、低碳化、生态化推进中国式现代化[J]. 生态经济，2023，39(06)：13-17.
[4] 杨世伟. 绿色发展引领乡村振兴：内在意蕴、逻辑机理与实现路径[J]. 华东理工大学学报(社会科学版)，2020，35(04)：125-135.
[5] 付庆武，鄢杰明，王志博. 节能减排视角下黑龙江省绿色发展路径研究[J]. 统计与咨询，2019(01)：6-9.
[6] 余泳泽，邓姗姗. 我国节能减排的现状、问题与解决路径——一个文献综述[J]. 产业经济评论，2014(06)：33-43.
[7] 张希良，黄晓丹，张达，耿涌，田立新，范英，陈文颖. 碳中和目标下的能源经济转型路径与政策研究[J]. 管理世界，2022，38(01)：35-66.
[8] 王一鸣. 中国碳达峰碳中和目标下的绿色低碳转型：战略与路径[J]. 全球化，2021(06)：5-18+133.
[9] 项辉. "双碳"背景下能源领域的节能减排路径研究[J]. 产业创新研究，2022(14)：108-110.

摆臂式升降平台球罐内防腐施工技术

雷　威　江　锋　董利波　高田阳　张　凯

（中国石油天然气第一建设有限公司）

摘　要　球罐的使用年限与其防腐施工有着重要直接的联系，所以持续优化球罐防腐施工工艺是必然趋势，同时还要对施工成本进行控制。在石油炼建行业，必须对球罐内防腐进行严格的施工、检验、监测，以保证罐组正常投产使用。做好罐内防腐施工并对防腐过程质量严格把控，并最大限度节约施工成本，使其更好的发挥价值，产生更高的技术、经济效益，从而达到节能提效绿色低碳的效果。

关键词　球罐内防腐；升降平台；质量控制；降本；节能提效

1　引言

球罐内防腐与保证石油产品等油气类资源存储安全密切相关，因此，提高球罐内防腐作业效率、升级罐内防腐工艺、降低施工成本是各石油建设单位持续关注的重视问题，也是时代所倡导的节能提效绿色低碳的重要举措。

传统球形储罐内防腐施工需借助脚手架来完成，而在诸多的脚手架形式中，满堂红脚手架被广泛应用。但其巨大的脚手架搭设工程量，搭设工期长；脚手架搭设后，本就有限的空间就变得更加狭窄，对后期材料转运和施工造成影响；且异型脚手架由下至上搭设时，整体结构不稳定，操作人员高处搭设时十分危险；以上问题使得球罐内壁防腐施工造价较高、成本较大，效率、成本和安全性都难以达到施工的要求，施工效率低，也造成了能源的消耗和浪费。因此唯有降低施工成本、改进施工工艺才能在日益激烈的行业竞争中前进发展，进而有效节约能源，创造更高的效益。为加快施工速度、提升安全性能、控制施工成本，一种新型的施工方法—摆臂式升降旋转作业平台应势而生。

本文主要从工艺原理、工艺特点、质量控制、环保措施、效益分析等方面对摆臂式旋转升降平台球罐内防腐法这一高效防腐工艺做详细分析。

2　工艺原理

摆臂式球罐内壁升降平台是为了满足化工行业球形储罐设备的内壁检修、防腐而设计的新型作业平台，可对罐内无死角进行施工作业。球罐内防腐施工结合球形储罐自身特点，在摆臂式球罐内壁升降平台安装完毕、调试合格后，从罐内顶部开始，沿罐内球面从上至下进行除锈防腐作业，施工完成后进行验收，待验收合格后拆除平台。

3　施工工艺流程及操作要点

3.1　施工工艺流程

施工工艺流程如图1。

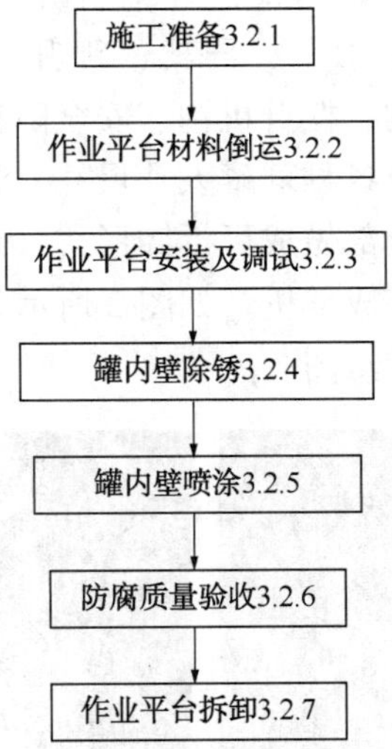

图1　施工工艺流程图

3.2　操作要点

3.2.1　施工准备

建立完善的施工组织及质保体系，对施工各专业工程师进行岗位及责任划分，权责分明。

组织调配施工机具和手段用料，按照施工进度计划调配人员，且其数量要满足施工需要，特种作业必须有相应资格证，对入场所有人员进行入场安全培训教育。

在开工前施工方案审批完成，风险危害因素辨识已完成，控制措施已制定，由专业技术负责人向参加施工的工人和各级技术管理人员进行全面的技术安全交底。

设置预制厂、仓库、现场办公室、废料地堆放点、紧急集合点等区域。对入场所有使用的检测及测量器具，应按公司质量管理要求进行管理和使用。

做好材料到货验收，各方人员签字确认；高处作业吊篮报验合格。

3.2.2　作业平台材料倒运

1）通过计算，预算平台材料数量和位置

通过实测球罐的高度及直径，计算出作业平台的立柱高度和摆臂长度，从而确定标准节长度、数量和摆臂机构铰接点位置既球心位置，同时根据摆臂长度及平台承载安全系数确定载人吊篮的大小。

2）材料倒运

平台构件材料从罐顶和罐底人孔进入，按安装顺序倒运到罐底中心，按安装位置依次摆放待安装。

3.2.3　作业平台安装及调试

摆臂式球罐内壁作业平台分为罐顶安装部分、罐顶固定部分、导架、爬升机构、导绳机构、回转机构、摆臂机构、安全防护、操作系统等。为了适应各种球罐人孔尺寸，且便于运输和搬运，产品全部做成可拆卸形式，达到现场并搬运进罐内组装成整机。如图2所示为球罐内壁作业平台结构示意图。

图2　球罐内壁作业平台结构示意图

3.2.3.1　安装要点

（1）参与设备安装和拆卸的人员必须经过专业技能交底方可上岗。

（2）设备安装前，必须确定罐顶人孔是否居中、罐内是否有障碍物等情况。需对球罐直径、罐顶人孔直径、罐底人孔直径及罐底人孔法兰到地面的垂直高度等参数进行精确测量，根据测量数值合理分配导架标准节及摆臂标准节，以免后续安装时发现配比错误重新拆装。

（3）设备安装时必须严格按照技术要求进行安装，保证设备的稳定性和结构的牢固性。

（4）设备摆臂安装时，需依次对称安装，严禁单侧摆臂超长安装后再进行另一侧的安装。

（5）本设备在安装前和拆卸后的检查中发现零部件变形、磨损、腐蚀及其他异常情况时，应由专职人员及时进行维修和更换，达到报废标准的应立即报废。

3.2.3.2　安装步骤

1）基本尺寸确定

（1）从罐顶中心法兰口位置利用重锤或专用设备进行定位，在罐底地面将罐顶口的垂直位置进行明确标示，以便保证安装后导架结构的垂直度，该位置为导架结构下底座的垂直重心位置。

（2）测量从罐底地面标记位置到罐顶中心法兰上平面的准确高度，该尺寸决定了导架的实际安装高度，尺寸必须准确。

2）平台安装

依据设备安装说明及结构模型图，依次安装辅助牵引装置、导架、爬升机构、下底座、驱动装置、摆臂、人篮及各类附件。

3.2.3.3　平台调试及运行试验

本设备安装完成后，在两侧载人篮筐内放置额定重量的沙袋进行升降调试，在罐内全部高度上做往返运行3~5次，做往返运行过程中，仔细观察设备各零部件是否有松动、是否有异响、支臂两端是否出现明显倾斜、上升和下降时通过控制手柄能否控制立即至停，是否有滑降现象、卷扬机和电控箱是否有打火冒烟等异常现象。同时必须保证每次限位开关灵敏可靠，保证支臂端面不能与罐壁发生摩擦、碰撞等干涉。完成调试后，经专人验收后方可投入使用。操作中应注意观察吊篮下方有无障碍物，应时刻注意摆臂的运行状况，如有异常应立即停止并进行检修。

3.2.4　罐内壁除锈

对球罐内壁采用喷砂除锈方式，喷砂除锈可以获得新鲜、清洁、有活性的基体表面，有效增加基体与涂层的粘结强度。

喷砂除锈作业从罐顶上极中板开始，吊篮被

拉升至最高位置，两侧吊篮施工人员以相同的速率圆周旋转进行喷砂；待第一圈区域除锈完毕后、操作人员将吊篮缓慢下降至下一圈区域，同理两侧吊篮施工人员以相同的速率圆周旋转进行喷砂；以3000立球罐为例，内直径为18米，除锈作业以0.5米宽的环形区域从上极中板、上极侧板、上极边板、赤道板、下极边板、下极侧板到下极中板的顺序进行喷砂，共计需调整下降吊篮约36次；每一圈除锈检查达到Sa3.0级合格后方可进行下一圈的除锈作业；平台操作人员随时根据施工进展，来调整吊篮的高度和位置，同时为避免吊篮在施工过程中摆动，吊篮每次下降到固定位置停留时，需采用锁死器将吊篮转轴锁死，待同圈区域施工完毕后再解锁。

对球罐内壁喷砂除锈的等级要达到设计及规范要求，即钢材表面无可见的油脂、污垢、氧化皮、铁锈和油漆涂层等附着物，任何残留的痕迹仅是点状或条纹状的轻微色斑；同时罐内壁喷砂粗糙度要达到设计及规范要求。

喷砂除锈检查合格后保证在6小时之内喷涂第一道涂料，故除锈进度需根据防腐进度来控制，既除锈完成的内壁需要在6小时内完成喷涂第一道涂料，待喷涂完成后继续下部的除锈工作。

3.2.5 罐内壁喷涂

球罐内防腐层由稀土合金（ZARE）和封闭剂构成，ZARE采用先进的电弧喷涂方法进行施工，封闭剂采用无气喷涂方式施工进行封闭。合金层需分道进行喷涂，除锈完成后6小时以内喷涂第一道ZARE合金丝，每道间隔时间以上一道表干为准，最终的漆膜厚度需达到设计及规范要求。

喷涂作业从罐顶上极中板开始，吊篮运行方式与除锈时吊篮运行方式相同，待涂料干燥后，每平米范围内随机抽查四处漆膜厚度，若出现不合格处，应复涂直至合格。

合金丝电弧喷涂注意事项：

① 作业环境要相对干燥，干净；

② 喷涂前检查喷枪枪嘴与合金丝是否匹配，确保出丝顺畅；

③ 喷枪距离罐壁约100mm左右，不要太远或太近；

④ 喷枪始终与被喷涂平面保持垂直，左右上下移动时，要注意与被涂面等距移动，避免手腕转动而成为弧形移动，以保持膜厚的均匀；

⑤ 运行速度要根据膜厚度等条件而定，过快达不到规定膜厚，过慢易超厚；

⑥ 保持送丝小车轴承流畅润滑，确保匀速送丝；

⑦ 根据送丝速度调整电流大小和风量大小；

⑧ 喷涂时，先通风，后送丝。

封孔处理是热喷涂工艺的一种后处理工序，应在热喷涂施工后紧接着进行，至迟不应超过2h，以免涂层孔隙中吸附潮气等而影响封孔效果。

封孔处理是采用粘度小、渗透性强的有机硅改性环氧树脂封闭涂料刷涂在ZARE涂层表面，将ZARE涂层的孔隙填塞封闭，达到致密无孔。

3.2.6 防腐质量验收

（1）ZARE涂层表面无杂质、气泡、孔洞、裂纹、脱皮、漏涂等现象。质量检测方式：用测厚仪测定厚度，同时外观目测。

（2）封闭剂厚度应均匀一致，符合设计要求；涂层平整光滑、颜色一致，无气泡、针孔、流淌、起皱等现象，如不符合要求，要在下道涂刷前用砂纸打磨平整，然后补喷。

检验方法：采用磁性测厚仪检测漆膜厚度，允许10%误差。外观检查：目测。

（3）附着力检测：按照GB 9286《色漆和清漆、漆膜的划格试验》或GB 1720《漆膜附着力测定法》进行涂层附着力测试。

4 工艺特点

1）安全可靠

此工艺使用的升降平台用料少、搭设简单，大大降低了材料转运及平台搭设的安全风险；防腐施工时，吊篮自身劳动保护到位，生命绳和安全带系挂牢靠无阻碍，避免了施工人员移动时重复佩戴、解除安全绳及安全带，降低了作业风险，保证作业安全。

2）工期缩短

此工艺高处作业吊篮安装简单，操作方便，工序简单，拆装时间短；防腐方式采用喷

涂，施工效率高；施工组织简单，作业面容易展开，提高施工效率。

3）成本降低

此工艺使用摆臂式球罐内壁升降平台代替传统脚手架施工，操作简便，工期缩短，施工人员

大大减少，设备租赁费用也远低于脚手架租赁费用，施工成本大大降低。

5 质量控制

施工前先向施工人员进行工艺技术交底，交代清楚质量要求和施工操作技术规程，使施工工艺的质量控制标准化、规范化、制度化。严格质量把关，对于上道工序不合格的，不能批准转交下道工序施工。

对于施工过程中发现的质量问题，应及时监督施工队纠正。对于不符合要求的，立即提出停止施工，同时向主管部门领导汇报。根据各个工序的特点，组织有施工经验的人员来完成。工艺技术员应随时检查施工班组的自检记录，发现问题及时纠正；认真记录监督检查存在的问题及处理情况。坚持落实“三检制”，加强施工过程管理，确保工程质量。

加强计量管理，组织开展计量检测工作，把计量检测用于工程质量管理和工艺过程检测中。计量仪器和工具应按要求定期校验，校验合格的贴上合格标签。

6 效益分析

针对球罐内防腐施工特点，通过对施工规划、施工方法、材料管理等关键施工步骤的改进和优化，通过施工措施的具体落实，缩短了球罐内防腐施工工期，降低了成本，施工质量和安全管理都得到了保证。

1）此工艺相较于传统搭设满堂红异型脚手架的施工方法，搭拆工作量大大降低，加快了工期，人员成本得到很好的控制。

对于 $3000m^3$ 球罐，传统满堂红异型内脚手架的搭拆耗时约 12 天，投入人工 8 人；而摆臂式球罐内壁升降平台的搭拆耗时约 3 天，投入人工 4 人；人工成本节约 40320 元。

2）平台租赁费用远低于脚手架租赁费用，材料设备费用降低；且平台搭设所用材料较少，材料罐内倒运量减少，节省施工时间。

对于 $3000m^3$ 球罐，满堂红异型内脚手架需要架杆约 6000 米，跳板 4000 块，卡扣 2000 个，租赁费约 23750 元；平台租赁费约 7800 元，成本节约 15950 元。

3）使用高处作业吊篮喷涂施工，施工人员移动方便，操作灵活，相较传统脚手架进行涂刷施工，施工效率提高很多，缩短了工期，给工程按时交工争取了宝贵时间。

采用传统脚手架，一台 $3000m^3$ 球罐内防腐综合施工周期约为 25 天，而采用摆臂式球罐内壁升降平台，一台 $3000m^3$ 球罐内防腐综合施工周期约为 13 天，工期节约 12 天。

4）平台运行更加平稳，使罐壁防腐的施工质量控制容易，避免了返工所造成的费用。平台安全性能较好，防护措施齐全，减少了安全措施费用。

7 应用实例及结论

广东石化炼化一体化项目炼油中间罐区工程球罐组Ⅰ、球罐组Ⅱ、球罐组Ⅲ共计 24 台 $3000m^3$ 球罐内防腐均采用此工艺，相较于传统施工方法，总计成本节约 135 万元，工期缩短近 3 个月，且施工过程中安全可控，质量验收一次合格率 100%。

本文较为详细阐述了摆臂式升降平台球罐内防腐工艺技术特点、流程、进步性和成本效益，同时通过实例分析对比，确定了摆臂式升降平台的高效性和节能提效的优越性，对以后球罐内壁的防腐施工具有一定的指导意义。

参 考 文 献

[1]《钢质石油储罐防腐蚀工程技术标准》GB/T 50393—2017.

[2]《涂覆涂料前钢材表面处理表面清洁度的目视评定 第 1 部分：未涂覆过的钢材表面和全面清除原有涂层后的钢材表面的锈蚀等级和处理等级》GB/T 8923.1—2011.

[3]《石油化工建设工程施工安全技术标准》GB 50484—2019.

[4]《建筑施工高处作业安全技术规范》JGJ 80—2016.

[5]《建筑施工现场环境与卫生标准》JGJ 146—2013.

石油化工安全技术与环境风险的评价要点及策略

任振林

（陕西省天然气股份有限公司）

摘　要　随着我国社会经济的迅速发展，石油化工产业占据着重要的地位。最近几年，石油化工产业也在随之而发展，在发展的过程中难免会出现一系列的环境风险，想要推动企业落实可持续发展的目标，那么就要对其进行控制。在这样的条件下，要全面落实石油化工安全技术和环境风险评价工作，以此为石油化工产业落实可持续发展的目标带来推动作用。

关键词　石油化工；安全技术；环境风险；评价要点；策略

在石油化工行业中，安全技术和环境的风险千万不能忽略，该工作不仅可以确保企业的顺利运行，还可以为落实可持续发展的目标带来推动作用。随着时代的不断进步，人们的环保意识也越来越强，但是，大部分的石油化工企业中，工作人员只顾着提升整体的经济利益，却忽视了安全技术的重要性，所以，在工作的过程中就会引发一系列的安全问题，在一定程度上影响生态环境。除此之外，也严重阻碍了石油化工行业的发展，因此，工作人员千万不能忽略石油化工安全技术生产，全面落实环境风险评价工作，为后续的二作奠定一定的基础，以此为石油化工行业落实可持续发展的目标带来推动作用。

1　石油化工安全技术和环境风险评估

石油化工原料具有一定的特殊性，主要是因为该原料易燃易爆炸，同时还有一定的毒性，在一定程度上影响着人们的生命安全，不仅如此，还会影响到四周的居民。另外，石油化工原料还有一定的危险性，一旦在工作的过程中没有对其进行评估工作，那么就会给企业造成不可估量的损失。除此之外，要严格管理石油化工企业的工作人员，同时对操作人员进行更严格的管理。想要提升他们的技术水平，就要定期对他们进行安全知识培训，一旦发生安全事故，可以采取针对性的措施对其进行处理。这样不仅可以确保工作人员的安全，还可以在一定程度上减少安全事故的发生。总的来说，在石油化工企业建设过程中，务必要重视综合性的安全风险评估，对石油化工行业的发展进行深入的分析，以此确保企业项目的安全性。

1.1　环境风险评价的含义

环境风险评价就是指在施工的过程中，对存在的安全隐患进行综合评估，同时针对各式各样的情况制定出针对性的解决措施，以此在一定程度上降低安全事故发生的几率，不仅如此，还可以避免因为环境因素而影响到整体的经济效益。另外，想要进一步确保工程项目的顺利进行，那么石油化工企业务必要落实环境风险评估工作，通过研究表明，要想有效的转换生产方式，那么就要转换指导理念，为营造出绿色的化工企业带来保障。

1.2　环境风险识别的范围与内容

想要有效识别环境风险，那么可以使用科学风险评估手段，其中主要的评估对象是生产设备、原材料以及操作人员等，务必要在生产的准备阶段进行评估，以此为后续的工作奠定基础。除此之外，还要严格的检查运输装置、施工系统以及环保措施等，如果发现有不符合规范的因素，那么就要第一时间进行停产。所以，想要营造出良好的生产环境，那么就要进一步确保生产环境以及人身安全，为顺利生产带来保障。

2　石油化工安全技术与环境风险评价发展的现状

随着我国社会经济的迅速发展，石油化工企业也在随之而发展，在发展过程中不可避免出现环境污染现象，在一定程度上影响着环境的发展，为企业落实可持续发展的目标带来一定的阻碍。想要有效解决这一问题，那么千万不能忽略环境保护工作，要在进行生产的过程中，深入的分析其中可能存在的污染问题，然后采取针对性的措施对其进行处理。除此之外，在评估风险的过程中，有一些企业还存在一系列的漏洞，缺乏一定的安全意识，因此，在后续工作的过程中，相关部门和人员要进一步完善环境风险评价标准，在这样的基础上，不仅要强化对石油化工企业的使用效果，还要对环境进行深入的分析，以此在一定程度上减小安全事故发生的几率，为人们的生命安全带来保障。另外，还不具备完善的消防管理体系。想要进一步确保石油化工企业的安全，那么务必要具备消防管理体系，如果不具备，那么就不能全面落实消防应急工作以及生产调度工作。现阶段，我国有一些石化企业已经受过二次污染，从而损失一定的人员以及财产，为企业落实可持续发展的目标带来阻碍。

3 石油化工安全技术

3.1 监测和故障诊断技术

石油化工生产是一种系统性的工作，其生产流程也有一定的繁琐性，所以生产质量会受到一定的限制。一旦引发安全事故，那么就会在一定程度上降低生产质量以及生产效率。想要有效解决这一问题，可以使用监测和故障诊断技术。其中进行故障诊断，可以对生产的实际情况有一定的了解，及时明确生产问题以及安全问题，这样就可以在第一时间采取针对性的措施对其进行解决。除此之外，随着时代的不断进步，信息技术的应用也越来越广泛，监测和故障诊断技术也逐渐被完善。在对该技术进行应用的过程中，相关工作人员务必要具备一定的水平，以此确保该工作的顺利进行，最后为企业落实可持续发展的目标带来保障。

3.2 安全仿真技术

随着我国信息技术的广泛应用，石油化工行业通过使用安全仿真技术，能够进一步落实虚拟现实。通过合理使用计算机仿真技术，能够把现实当中发生的安全事故通过虚拟化呈现出来，使用用户和虚拟环境交互，最后落实演练的预想目的。除此之外，石油化工安全仿真技术有很多的优势，其中包括可交互性、3D用户界面以及特效模拟等，该优势不仅可以把设备故障和制定的预案作用充分发挥出来，还可以第一时间对工作人员的培训做出评定，以此在一定程度上提升操作人员的安全意识。

4 石油化工安全技术与环境风险评价的策略

4.1 明确工作重心

石油化工企业在生产的过程中，接触易燃以及易爆的物品是不可避免的，所以，要在对石油化工安全技术进行环境风险评价的过程中，进一步防止安全事故的发生，确保在生产过程中的安全性。另外，想要在一定程度上降低石油化工安全技术的环境风险值，那么务必要对石油化工企业的生产工艺相关设备以及装置进行评价，其中包括生产过程的危险源识别、危险材料识别以及危险化学反应等一系列识别，对很有可能引发安全事故的因素进行评价，以此明确生产单元的危险性等级，制定出针对性的解决策略。

4.2 对安全管理制度进行完善

我国不仅有完善的危险化学品安全管理制度，还有安全操作规范制度。这样既能够进行规范生产，还能在一定程度上防止安全事故的发生。现阶段，石油化工企业在安全监督、安全技术、卫生以及消防安全等方面都具有比较健全的安全管理制度，但是想要满足现阶段的生产需求还有一定的难度，在一定程度上对企业落实可持续发展的目标带来阻碍。所以，要进一步完善现阶段的安全生产管理制度，对目前的生产情况以及后续的发展进行明确，以此制定出更加完善的生产管理制度。

4.3 增强安全生产意识

想要进一步提升工作的效率以及安全性，就要在石油化工安全技术和环境风险评价工作过程中，强化工作人员的安全生产意识。(1)工作人员要重视安全技术和环境风险评价工作，以此有助于对安全生产知识的掌握。比如，相应的管理人员可以聘请这方面的专家，对工作人员进行讲解，让其掌握规范化形式以及风险评价形式等，以此在一定程度上提升工作人员的综合素质以及技术水平。(2)可以定期对工作人员进行培训，有一些工作人员忽略了该工作的重要性，所以对学习相关知识一直持敷衍的态度，没办法发挥出培训的实际意义，最后影响安全技术和环境风险评价工作的顺利进行。想要有效解决这一问题，可以在培训完成以后，对其进行考核，只有考核过关才可以进入到工作当中，同时把考核成绩和薪资待遇挂钩，从而调动工作人员的积极性，为企业落实可持续发展的目标带来推动作用。

4.4 加强安全监督工作

因为石油化工企业可以强化安全技术和环境风险评估的效果，那么务必要完善安全监管，其中主要的方式包括：第一，具备健全的规范制度，同时对其全面落实。但是现阶段有一些石油化工企业还不具备完善的规章制度，所以想要达到预想的要求有一定的难度。想要有效解决这一问题，那么相关的管理人员就要结合实际情况，对不足之处进行完善，以此为落实的规范制度能够提升安全技术和环境风险评价工作的质量带来保障，为后续的工作奠定一定的基础。除此之外，想要进一步确保监管工作能够全面落实，就要对细节进行重视，对石油化工生产的安全隐患进行深入的分析，和实际情况相结合，对管理方式进行改善，为监管工作的效果带来保障。第二，构建健全的监管体系，可以进一步推动生产工作的进行。按照石油化生产的实际情况构建健全的监管制度，同时对其进行全面落实，从而确保监管工作的有效性。在对生产进行监管的过程中，有些工作人员常常忽略该工作。想要让他们对其进行重视，那么相应的管理人员可以设立相应的奖惩制度。一旦发现在工作过程中不按规范进行的，那么就要给予相应的惩罚，比如，扣薪或者开除等，以此在一定程度上确保监管的有效性。除此之外，对那些表现好的工作人员给予适当的奖励，以此调动他们的积极性。

4.5 合理选择分析方法以及评价方法

首先要进一步明确评价目标以及评价对象，然后选择合适的评价方法。在这个过程中要结合实际情况，验证选择方法的适应性，对生产运行、设施以及作业施工等方面进行综合考虑。(1)道化学指数法。这种方法主要是对工艺装置、物料的潜在火灾以及爆炸危险进行评价，这样就可以把化工生产过程中的危险程度直接反映出来。除此之外，还要评价火灾爆炸指数以及财产损失等。进一步明确危险的指数，采取针对性的措施对其进行解决。(2)故障类型分析法。这种方法要结合实际情况，对系统进行科学分划，深入的分析可能出现的安全事故，对其进行提前预测，采取一系列的预防措施，以此确保系统的整体安全性。(3)LEC法。这种方法就是对工作过程中的危险系数进行科学计算，在危险系数高的施工过程中使用针对性的防范措施，以此在一定程度上减少安全事故发生的几率。在具体实践的过程中，想要使结果更加完善，那么就不能使用一种评价方法，要使用多种评价方法，然后把得出的结果相结合，为评价结果的准确性带来保障。

4.6 安全事故应急预案

想要在一定程度上降低石油化工安全技术环境风险，那么就要严格管理石油化工生产系项目的劳动安全卫生，以此制定出既科学又可靠的安全事故防范措施，减小安全事故发生的几率。除此之外，站在环境保护的角度来看，在环境风险预防措施当中，石油化工生产项目的安全事故防范措施占有着重要的地位，如果想进一步提升环境风险评价的效果，那么就要和实际情况相结合，把各项生产设计资料以及石油化工所使用的安全生产技术进行对比，以此在一定程度上降低风险发生的几率。环境风险的应急预案可以有效应对可能存在的环境风险事故，同时制定出针对性的措施，把这方面内容融入到石油化工企业事故控制以及安全保障系统当中。除此之外，要在生产的准备阶段做好相应的准备工作，把各项生产资料和石油化工的规定的安全标准进行比较，一旦发现问题，那么就要第一时间采取针对性的措施进行处理，以此在一定程度上降低风险发生的几率。另外，要把安全事故的应急预案工作落实好，对计划的安排进行明确，同时相应的工作人员要和实际情况相结合，把可能出现的环境风险事故做出合理的预算，融入先进的管理模式，把石油化工的安全事故控制在标准的范围之内，以此在一定程度上确保企业的安全性，为企业落实可持续发展的目标带来推动作用。

5 结论

综上所述，随着我国社会经济的迅速发展，石油化工生产行业占领着重要的地位。因此，企业要加大发展力度，跟随时代发展的脚步使用先进的生产技术，同时对环境风险评价体系进行完善。另外，在工作的过程中，相应的工作人员务必要遵循完善的制度，加强对他们的培训力度，以此确保生产的安全性。除此之外，还要制定出完善的应急预案，这样管理人员就可以对潜在的风险进行掌握，然后第一时间采取针对性的措施进行解决。总的来说，石油化工企业务必要对安全生产技术和环境风险评价体系工作进行重视，以此为企业落实可持续发展的目标带来推动作用。

参 考 文 献

[1] 徐磊，张晓楠．论如何进行石油化工安全生产风险控制[J]．中国石油和化工标准与质量，2019，39(15)：25-26.

[2] 张玉军．石油化工安全技术与环境风险评价[J]．化工管理，2019(14)：73-74.

[3] 孙明霞，孙艳凤．浅析石油化工安全技术与环境风险评价[J]．化工管理，2019(9)：73-74.

[4] 秦旭颖，魏鹏麟，刘洁．石油化工装置的安全风险评价及技术研究[J]．中小企业管理与科技(下旬刊)，2019(01)：142-143.

[5] 吴海妹．浅析石油化工安全技术与环境风险评价[J]．化工管理，2018(4)：124-125.

储罐内防腐自动升降旋转平台应用技术

彭新凯　刘清涛　李培雄　王连巍　张　凯

（中国石油天然气第一建设有限公司）

摘　要　本文结合钢制拱顶内浮盘储罐的内防腐工程实例，介绍储罐内高处作业应用自动升降旋转平台的施工方法，能够提高储罐内受限空间作业的施工技术水平，达到规避风险、降本增效、保证质量的效果。本方法可应用于石油化工行业储罐内焊接作业、防腐作业、检修施工等。

关键词　储罐；内防腐；升降旋转平台；应用

我国近30年钢制拱顶罐浮盘大多采用铝制浮盘，厂家成品供货，现场组装。为了防止和减少石油化工企业的火灾危害，GB 50160—2008《石油化工企业设计防火标准(2018 版)》要求，单罐容积大于 $5000m^3$ 钢制储罐必须用钢制浮盘。采用搭设脚手架的方式进行拱顶罐内壁防腐是常规方法，但搭设脚手架施工工期较长，人工成本较大，尤其是在钢浮盘顶部搭设脚手架施工对钢浮盘的稳定性和承载力要求较高要进行严格计算，安全隐患较大。

1　方案设计

1.1　方案设计概述

基于降本增效、安全可靠的设计理念，结合钢制拱顶内浮盘储罐特点，储罐内部防腐分为三个区域，罐壁至罐顶为第一防腐区域，设计应用自动升降旋转平台进行防腐作业，自动升降旋转平台集电气自动化、机械化于一体，解决满罐搭设脚手架的费时方法。防腐作业利用升降旋转平台从罐顶第一圈壁板开始除锈、补漆、喷漆、检验，然后进行第二圈壁板的除锈、补漆……，依次进行施工，完成第一防腐区域施工，验收合格后，拆除自动升降旋转平台。第二防腐区域和第三防腐区域的除锈防腐分别站在内浮盘、罐底板即可满足作业条件。

1.2　自动升降旋转平台结构图

自动升降旋转平台结构图见图1。

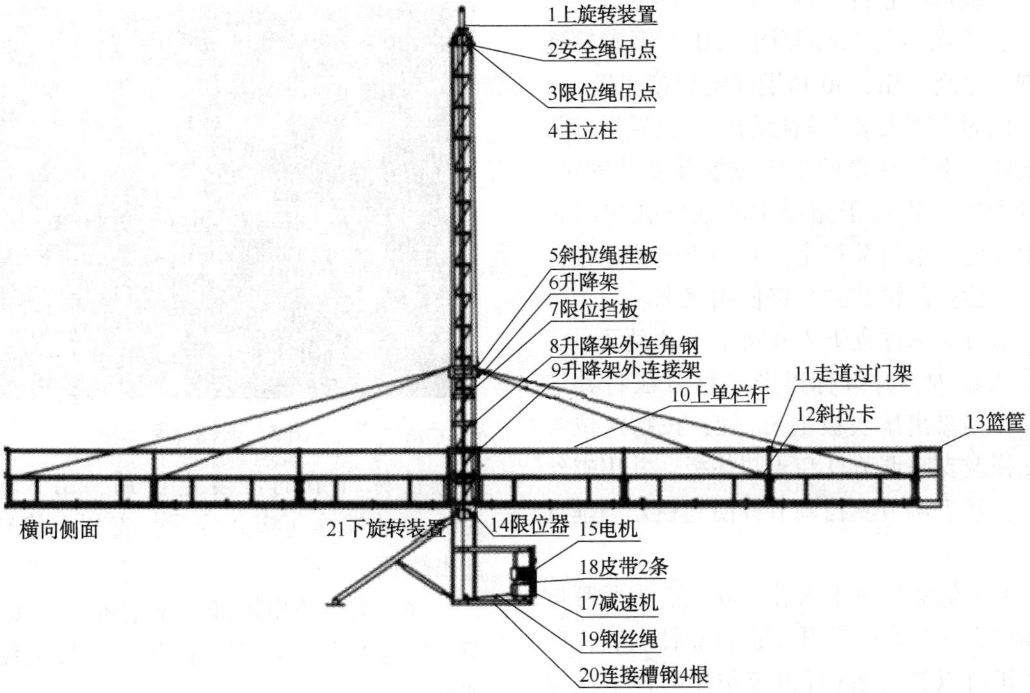

图1　自动升降旋转平台结构图

2　施工程序

2.1　施工工序图

施工工序图见图 2。

2.2　内浮盘中心开孔

为了保证旋转平台的稳定性，旋转平台下转动机构固定在罐底板上，将浮盘中心开孔，保证旋转平台立柱顺利通过，以浮盘中心为圆心，保护性开 Φ1100mm 圆孔，妥善保管钢板，待浮盘防腐完毕后恢复焊接。

2.3　自动升降旋转平台安装

（1）实测储罐的高度及直径，计算出作业旋转平台的立柱高度，提前观察确认支臂升降和旋转过程有无障碍物，安装时旋转平台立柱从中司穿过。

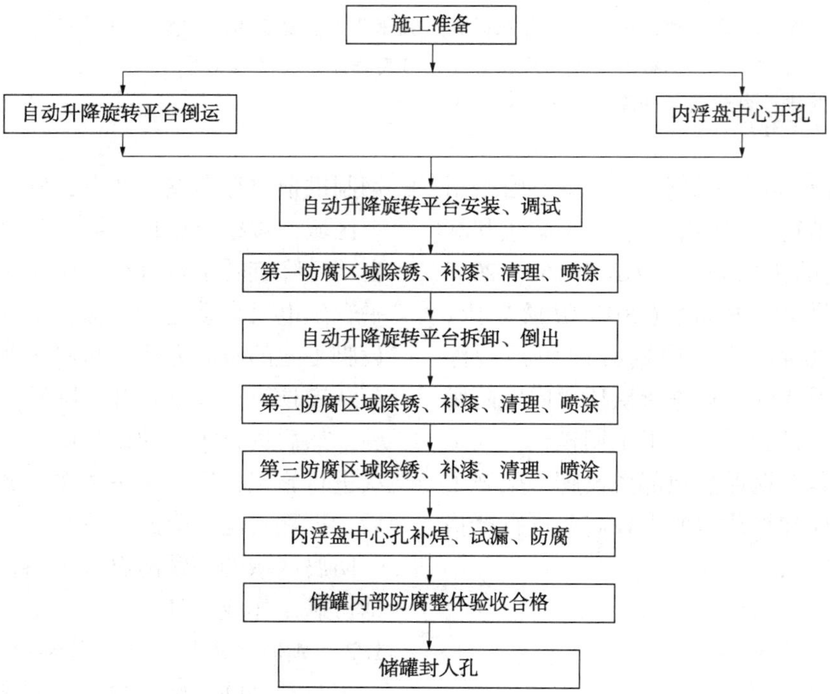

图 2　施工工序图

（2）在罐顶中心将三脚架固定，固定方式采用通气孔法兰螺栓与三脚架用∠50 角钢螺栓连接，三脚架之间采用∠50 角钢固定焊接连接。

（3）把固定架安装在储罐的中心位置后，将卷扬机放置在下转动盘的指定位置并安装固定，让卷扬机滑轮吊钩处于储罐中心通气孔中间位置，由专业电工按有关规定把卷扬机电箱连接并接通电源，检查测试达到合格使用状态。

（4）通过储罐浮盘下人孔将下转动盘及最下方立柱导入罐内，并按标准节连接方法将其连接，在下转动盘离罐底板 1.5m 处，按指定位置安装斜支腿及支腿调节杆和支腿垫板，并用螺丝连接固定，然后调节支腿调节杆使立柱处于垂直状态。

（5）通过储罐浮盘上人孔将立柱、支臂等材料导入罐内，从最高一节开始进行立柱安装，在提升卷扬机可以放入 2m 标准节位置时停下，按施工准备工作中计算好的立柱的节数及高度依次

图 3　下转动盘安装图

按立柱标准节的锥度定位后，用 8 套 M20×110mm 的螺栓连接并拧紧，直到上旋转机构头部出罐顶。

（6）缆线拉出罐外安全地带并连接 380V 电源，供电留专人看守、操作，连接电缆不得有破损。

(7) 其他人员由防腐队负责人统一指挥，把储罐作业旋转平台的其他零件都通过人孔用人工方式运到储罐内。

(8) 按第(1)条中计算好的支臂长度，依次连接，直到储罐内壁 1.5m 处按此连接方法连接载人平台，平台组装按内侧栏、外侧栏、底板组装成 1.2m×0.5m×1m 的栏体，两边同时进行安装。

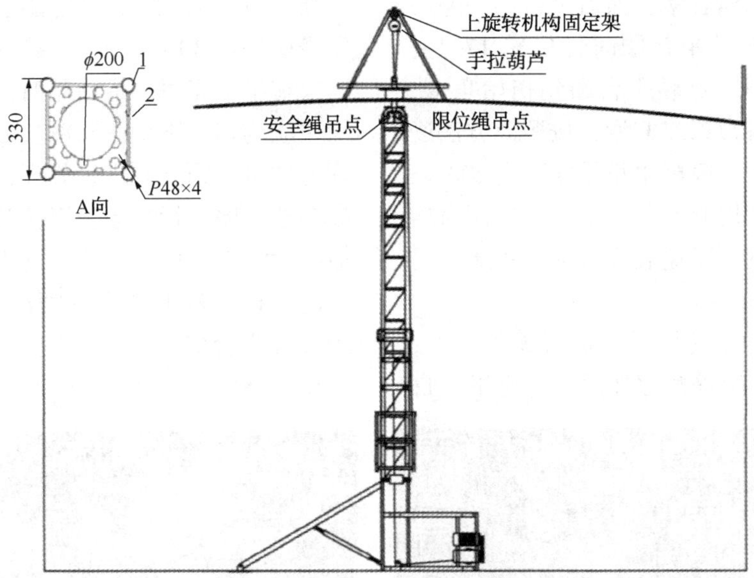

图 4　上旋转机构固定架图

2.4　自动升降旋转平台的调试

(1) 空载试验自动升降旋转平台，启动卷扬机，将旋转平台提升到离地面 5m 处，目测栏体的是否水平，支臂是否水平，如不平调节支腿调节杆及拉绳拉环调节，调整至水平。

(2) 空载在 5m 范围内升降数次，载物升降 3 次，并每次进行旋转测试，无异常情况下检查各个部件是否正常，重新紧固各连接部位螺栓。

(3) 每一圈自动升降旋转平台作业范围高度 2m 左右，共 6 圈，每一圈需要旋转 175°左右。

图 5　自动升降平台调试

2.5　储罐内部防腐

2.5.1　罐内防腐区域划分

储罐内部防腐主要分为三个区域：第一防腐区域是储罐内壁 4.5m 以上包括液位计兼导向管、量油兼导向管。第二防腐区域是罐内壁 4.5m 以下至内浮盘上表面焊缝、侧表面、浮舱隔板内构件及其他内浮顶附件。第三防腐区域是内浮盘下表面及以下壁板、单盘支柱、罐底板、旋转搅拌器、油品管道等相关附件。

储罐内部除锈采用手工除锈达到 St3 级，防腐采用手工涂刷+无气喷涂方式，罐内焊缝补漆在内浮盘升降试验合格后进行，自动升降旋转平台搭设检查合格，设置 2 套防坠器，防坠器固定点在罐顶环向 2 个对称透光孔法兰位置处。

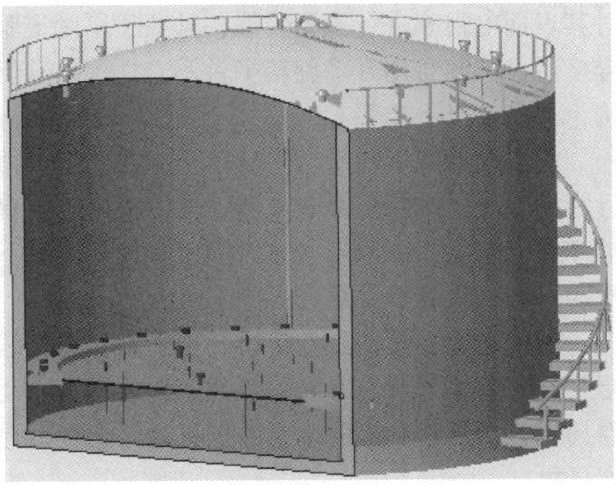

图 6　储罐结构 3D 剖视图

2.5.2　第一防腐区域除锈防腐

储罐内壁在高度 4.5m 以上需要利用旋转平

台作业刷涂+无气喷涂，焊缝、焊疤补底漆采用刷涂方法。旋转平台作业时，应 2 人对称作业，且使用收缩型防坠器，专人操作升降机。首先，对第一圈罐内焊缝及焊疤打磨除锈达到 St3 级，施工顺序是先整圈除锈合格，然后进行第一遍底漆刷涂，以此方式旋转平台顺时针旋转 175°左右，一圈刷涂完毕后，旋转平台回到初始角度，待第一遍漆表干后涂敷第二遍漆，按照此方法逐步进行，补漆处刷涂 3 遍至漆膜厚度达到 200μm 以上，共计 6 圈。采用刷涂法施工时，应用力均匀，朝同一方向涂刷，避免表面起毛，每遍方向可不同。

底漆补漆全部刷涂完毕后，进行无气喷涂，整体无气喷涂 2 遍，喷涂顺序按照从上至下，自左至右，以此均匀，每遍喷涂漆膜厚度控制在 50~60μm。喷涂过程中，应使用机械式搅拌器保证涂料混合均匀。无气喷涂设备要处于完好的工作状态，进气压力至少达到 5. 5kg/cm^2，泵压比高于 40∶1。使用适当型号的喷嘴喷枪，与施工表面保持 30~50cm 距离匀速移动。

在施工完每一道涂层时都要认真检查，每层涂层应均匀，不得有缺漏、皱纹、流挂现象。发现有质量问题立刻进行处理，如发生碰伤或破损处要按工序进行补涂，以获防腐最佳效果。第一遍喷涂漆表干后进行第二遍无气喷涂，方法和第一遍一样，从上至下，喷涂至干膜厚度不低于 300μm 为合格。

图 7　储罐内第一防腐区域除锈防腐及效果图

2. 5. 3　自动升降旋转平台拆卸

第一防腐区域施工完成并采用电阻率测试仪对其表面电阻率进行检测合格，且漆膜厚度报验合格后，拆卸自动升降旋转平台及立柱等提升机构，严格按以下步骤：

将自动升降旋转平台平稳落至内浮盘上，再行断电完毕，拆除防爆限位器，然后将旋转平台拆卸及支臂从头一节依次往中间位置拆除至上下滑动机构，将连接件全部拆除。

闭合电源，开动主卷扬机，把主钢丝绳松卸至与升降装置分开，并降落至罐底面放平，启动卷扬机将钢丝绳全部缠绕到卷扬机绳筒上，拆除卷扬机。

立柱拆除利用卷扬机从下至上拆除，拆开顶部旋转机构的固定螺栓，先拆除卷扬机架和底部转盘，拆除最下端标准节，卷扬机下放立柱至罐底，再拆除最底部标准节，依次拆完，人工方式运到储罐外面。

最后开动卷扬机把主钢丝绳松卸至罐内浮盘上，然后将钢丝绳的末端锁扣松开，开动卷扬机使钢丝绳缠绕在卷扬机绳筒上，断电拆除卷扬机。

2. 5. 4　第二防腐区域除锈防腐

自动旋转平台及立柱等提升机构拆除完毕，并倒运出罐，开始进行第二区域防腐，罐壁 4. 5m 以下，人员可以站在内浮盘上作业，故不使用旋转平台作业，对单盘内浮顶浮舱内外进行卫生清理，浮舱内隔板、顶板进行焊缝除锈，用吸尘器对浮舱里面进行清理，清理合格后进行防腐刷涂，需要刷涂 3 遍水性环氧涂料，漆膜厚度达 150μm 以上。单盘内浮顶上表面及附件焊缝进行打磨除锈合格后，进行焊缝补漆，刷涂 3 遍非碳系浅色导静电环氧涂料至漆膜厚度 200μm 以上，从中间往两边涂刷补漆，焊缝补漆合格后对罐内壁 4.5m 以下至单盘内浮顶上表面焊缝、侧表面、内浮顶附件等进行无气喷涂。手工刷涂和无气喷涂质量要求和第一防腐区域要求一致，干膜厚度不低于 300μm 为合格。

2.5.5 第三防腐区域除锈防腐

首先，对内浮盘下表面清理，打磨除锈，达到 St3 级别后，对罐底板及附件进行卫生清理，使用拖把对底板及附件整个进行清理，隐蔽位置采用抹布清理。然后，对罐底板进行焊缝及焊疤打磨除锈达 St3 级，使用吸尘器进行底板清理，最后对罐底板除锈查漏补缺，必须达到所有位置除锈合格，经验收合格后，进行焊缝底漆涂刷，刷涂 3 遍非碳系浅色导静电环氧涂料至漆膜厚度 200μm 以上，从中间往两边涂刷补漆，焊缝补漆合格后对单盘内浮顶下表面及以下壁板、单盘支柱、罐底板、旋转搅拌器、油品管道等相关附件进行无气喷涂。手工刷涂和无气喷涂质量要求和第一防腐区域要求一致，干膜厚度不低于 300μm 为合格。

图 8 罐内漆膜厚度验收

2.6 内浮盘中心孔洞封堵

以上储罐内部所有防腐作业完成后，待漆膜固化，气体检测合格，达到动火作业条件，最后进行内浮盘 Φ1100mm 立柱孔洞焊接封补，煤油试漏合格，除锈达到 St3 级，手工涂刷 6 遍至干膜厚度达到 300μm 以上。清理储罐内部卫生，封孔前验收合格，储罐封孔。

3 安全保证

自动旋转升降平台应经专业人员安装调试，并进行空载试验和 200kg 荷载试验，经确认其电气线路通畅，标识准确，各部位装置应运行灵活，动作准确，安全可靠后方可投入使用。自动旋转升降平台每天投入使用前，应进行安全联合检查并做好记录，严禁超长、超载使用，每次使用前应在 2-3m 高度下空载运行 2-3 次确认无故障后方可使用。

每次自动旋转升降平台运行只能有一个人控制，在运行前提醒作业平台上的人员确定上、下无障碍物方可运行，上作业平台工作时必须戴好安全帽，系好安全带，系挂防坠器。禁止在自动旋转升降平台内使用梯子或其他装置取得较高工作高度，操作人员在使用作业吊篮时，必须从地面进入栏内，进行高处施工作业时，不得向外攀爬和相位跳跃。

自动旋转升降平台内载荷尽量保持均匀，严禁超过额定载荷，正常施工时，工作载荷应不大于额定载荷的 80%。自动旋转升降平台在升降运行中，应保持钢丝绳竖直状态，钢丝绳不得有折弯、鼓起和油污土尘等杂物。自动旋转升降平台在使用、检查中发现故障、变形、磨损、腐蚀、损坏及异常情况时，应及时停止使用，有专职人员及时进行维修和更换零部件，经检查测定正常后方可继续使用，严禁带“病”运行。罐内受限空间作业，严格要求罐内持续气体检测，采用轴流风机强制通风措施。

4 质量检验

采用磁性测厚仪测定干膜厚度，检测点数不小于 80 个，若不合格点数不超过该部分总检测点数 5%，则应进行局部复涂直至合格；若不合格点数超过 5%，则在该部分内再次检查，检测点数与上次相同，检测位置与上次不同。再次检查时若不合格点数仍超过 5%，则该部分的防腐层厚度为不合格，应进行整体复涂直至合格。各部分检测布点应均匀，焊缝处的检测点数不得少于总检测点数的 20%。

储罐内壁采用的是非碳系浅色导静电环氧涂料，采用电阻率测试仪对其表面进行检测，检测值应小于等于 $10^{11}\,\Omega$；修补位置使用的材料与原主体防腐层相同，并做好标记，将漏电或损坏的防腐层清理干净，如漏基材应除锈至 St3 级，周围的防腐层用砂轮打毛进行修补，修补层和原防腐层搭接宽度不应小于 50mm，固化后再次进行检查，直至合格为止。

5 经济效益

现以1台30000m³储罐内防腐操作平台为例，比较两种不同搭设方式进行分析，以安全、高效、方便操作、能满足工期为原则，通过搭设时间、搭设(安装)人工费以及脚手架材料(设备)使用费等进行优化比较，两种不同搭设方式分析对比情况如下：

30000m³储罐若采用满堂红脚手架搭设作业平台，需要至少8名架子工，12名辅助作业的普工(包含监护人员)，脚手架从搭设至作业结束后拆除至少需要20天，脚手架搭设至拆除过程中人工费、材料费、管理费、折旧费、机械费等费用平均计价5.2米高度以下的脚手架每平米11.23元，5.2米以上的脚手架按照1.2米高度为一层计价每平米3.11元，各类费用合计101308.04元。

表1　30000m³储罐满堂红脚手架价格明细

序号	项目	数量	单价/元	时间(工作日)	合计/元	备注
1	脚手架(5.2m以下)	1661.06m²	11.23	20	18653.70	
2	脚手架(5.2m以上)	26576.96m²	3.11	20	82654.35	
	合计				101308.04	

30000m³罐内防腐作业平台使用自动升降旋转作业平台，该设备所有零部件均根据油罐人孔大小进行设计制造，将部件搬运到罐内后进行组装即可，安装以及拆除需要6名工人，从安装和拆除需要6天，中间防腐作业需要使用7天，旋转作业平台购买价格为13.5万元，按照设备使用年限3年计算，不减除设备报废残值；电费很少可忽略。各类费用合计16002.77元。

表2　30000m³储罐自动升降旋转作业平台价格明细

序号	项目	数量	单价/元	时间(工作日)	合计/元	备注
1	安装工	6人	400	6	14400	
2	旋转升降作业平台	1个	123.29	13	1602.77	
	合计				16002.77	

通过上面两种作业平台选择的对比，一台30000m³储罐采用自动升降旋转作业平台进行罐内防腐涂装作业时间上节约了54%，每台少用时间7天，提高了劳动效率，同时费用节省了85305.27元，大幅减低了施工成本。

6 结束语

通过利用高处自动升降旋转平台的作业方法，相比较传统搭设脚手架的施工方法，工作量大大降低，人员成本得到很好的控制。自动升降旋转平台租赁费用，远低于脚手架租赁费用，材料设备费用降低。自动升降旋转平台运行平稳，喷涂比涂刷相比较，使罐壁防腐的施工质量容易控制。利用自动升降旋转平台，将钢浮盘开孔，将其立柱安装到罐底，浮盘的稳定性得到了保证，通过与高处防坠器结合使用，高处作业风险大大降低。

化一罐区伴热蒸汽凝液回收节能探讨

段海学

（中国石油大连石化公司）

摘　要　化一罐区冬季防止管线中含水，采用蒸汽伴热线对物料管线进行伴热保温。为提高丙烯球罐备压并采用丙烯气化器用蒸汽加热。伴热线和气化器凝结水直接排放造成水资源浪费，且凝结水温度较高，可作为下游聚丙烯装置热水伴热站补充水源，具有进一步热量回收价值。针对此问题，对化一罐区蒸汽系统进行改造。将管线末端疏水阀与聚丙烯装置热水伴热站热水罐进行管线连接，对此部分凝结水进行回收利用，在节约用水的同时，可回收凝结水富余热量。

关键词　蒸汽伴热；凝结水；热水伴热站；富余热量

化一罐区冬季防冻防凝是保证安全生产的主要手段。为了防止所有冻凝事故的发生，根据装置的特点，防冻防凝工作也应按以防为主，消为辅的方针进行。一般化工厂常见的防冻防凝方法有排空、保温、伴热、循环等。对于化一罐区而言，蒸汽伴热线保温是设备、管线防冻防凝的主要方法之一。

1　伴热

就冬季防冻而言，常见的伴热介质有热水伴热、蒸汽伴热、电伴热。

（1）热水伴热适用于在操作温度不高或不能采用高温伴热介质的条件下。蒸汽伴热一般用于管内介质的操作温度小于150℃的伴热。

（2）电伴热不但适用于蒸汽伴热的各种情况而且适用于热敏性介质管道，能有效的进行温度控制，防止管道温度过热，适用于分散或远离供气点的管道或设备以及无规则外形的设备的伴热。

（3）伴热介质的选择应结合物料性质、指标要求、施工难度、运行成本等方面进行选择，并按照规范进行施工，在达到防冻、防凝目的的同时，避免出现新的问题。

2　伴热系统的日常检查和注意事项

防冻检查是冬季防冻工作的一个极其重要环节，定期进行防冻检查，可以及时发现、处理防冻过程中出现的问题，有效避免冻堵问题的进一步扩大。防冻检查主要是检查防冻、防凝工作的效果，查漏补缺，进一步完善防冻、防凝工作。主要检查内容及其方法如下：

（1）蒸汽伴热管线定期检查疏水器疏水情况，发现疏水不正常的及时进行排查处理，无法直接查看疏水情况的（如集中至疏水回收站），可用测温枪或手点触疏水阀阀体（保温时需预留出检测孔），检查一般要求温度要30℃以上或有烫热感觉为正常，有时感触的温热情况并不一定确认疏水正常，尤其针对集中至疏水回收站情况，因附近正常疏水管线导热，往往会误导检查判断。

（2）热水伴热，有水流指示计的检查水流情况，或则用测温枪、手点触电伴热带预留检查位置，检查电伴热热带温度是否正常；伴热热水管线集中回收时，也应根据经验避免因附件正常热水管线导热干扰，影响检查判断。

（3）有温度指示的电伴热不仅要定期检查温度指示值，而且还需要用测温枪或手点触电伴热带预留检查位置，以防止温度指示不准，保证电伴热热带温度正常，无温度指示的电伴热更应该检测温度。

3　蒸汽伴热冷凝水回收原理及利用

（1）蒸汽在伴热线中放出汽化潜热后，变成冷凝水，经疏水器排出。不同的管线伴热线的冷凝水通过回收管网汇集到集水槽中，返回冷凝水回收装置，这就是冷凝水回收原理。

（2）伴热蒸汽冷凝水的利用由于热网用户众多，参数不一，凝水回收问题解决不当时，会使整个供热系统供热不均匀，供热效果不良。为了节约燃料并经济而满意地供热，必须重视凝水的回收管理，进行合理的设计。凝水回收系统应尽量回收合乎质量的凝水；应充分利用凝水的热量，减少汽水冲击；应能防止管道系统渗入空气，保证凝水质量，减少系统的腐蚀，延长管道设备的寿命。

（3）蒸汽冷凝水具有含低温、热量高、水质好的特点，具有较高的利用价值，回收后可以有多种利用途径，每种用途都具有较好的经济效益。

蒸汽作为一种载热体，从锅炉里产生出来，经管网输送至用热设备（蒸汽间接加热设备），把大部分热量释放出来，气态的水蒸气变成液态的凝结水，由于凝结水水质较好，而且还含有近20%的热量，因此要设法回收。抓好凝结水回收，是抓好供热系统节能的重要一环。

4　化一罐区凝液系统改造

化一罐区将所有伴热站的凝结水进行密闭回收，可送至20万聚丙烯热水罐进行热水伴热或者直接进入五联合返公司凝液线进行回收利用。如图1所示。

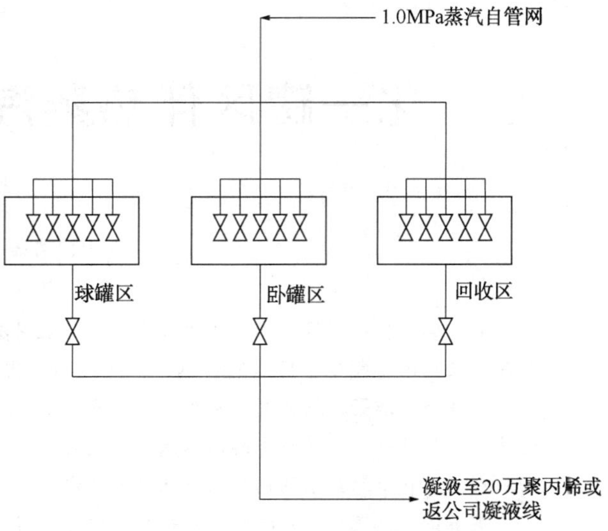

图1　化一罐区凝液线改造图

5　节约效果计算

表1为化一装置2021年至2023年（1月~4月）冬季伴热消耗蒸汽量，其余夏季时间伴热停用，忽略不计。

表1　2021年至2023年化一装置蒸汽消耗量表

项目	年份	1月	2月	3月	4月	10月	11月	12月	合计
蒸汽单位/t	2021	335	580	257	25	7	875	150	2229
	2022	300	446	160	20	5	101	200	1232
	2023	420	300	85	0	—	—	—	805

三年来消耗蒸汽量为：

$$2229+1232+805=4266\text{t}$$

若蒸汽凝结水进入余热回收系统可作为伴热循环水使用，预计入口水温90℃，出口水温50℃，因水在循环过程中的热量损失，热量回收率按照80%进行计算，根据热量计算公式：

$$Q=C_m(T_1-T_2)$$

$$C(\text{水的比热容})=4.2\times10^3\text{J/(kg·℃)}$$

$$Q=4.2\times10^3\times4266\times10^3\times(90-50)\times80\%$$
$$=5.73\times10^{11}\text{J}$$

6　结论

当前化一装置冬季伴热线及汽化器冷凝线有50条，冬季伴热线投用后收集蒸汽冷凝水，为下游聚丙烯设备管线伴热可以节约能源和合理利用蒸汽余热。

化一装置回收利用储运罐区蒸汽伴热产生的凝结水，2021年~2023年（1月~4月）可节约用水4266t，年回收富余热量5.73×10^{11}J，经济效益显著。

参 考 文 献

［1］王亚君．储运罐区凝液回收节能研究．精细与专用化学品．2017(5)：25-5.

加热炉鼓风机变频调节在蒸馏装置应用的节能效果分析

周润泽

（中国石油大连石化公司）

摘　要　石油化工行业蒸馏装置中，加热炉的氧含量指标，对整个装置的运行状态起着决定性作用，通过变频调节技术提高氧含量控制的精准度，对装置安全生产以及运行效益都有着重大的意义。本文通过介绍大连石化某蒸馏装置常减压炉鼓风机变频控制的实际应用、变频的工作原理和控制方式，及现款变频器与新一代变频器的技术对比，论述加热炉鼓风机变频调节在蒸馏装置应用的节能效果。

关键词　中压变频器；氧含量；功率单元；IGBT

本文所提及的蒸馏装置为大连石化公司1000万吨/年常减压蒸馏联合装置(以下简称“三蒸馏”)装置。2008年大连石化公司常减压炉鼓风机变频改造项目，三蒸馏装置常压炉鼓风机K1001、减压炉鼓风机K1101配电回路增上西门子中压变频器，更改回路控制逻辑，通过变频调节以满足加热炉氧含量精确控制的需求，同时也减少了电量消耗。

为了防止因变频器故障导致鼓风机异常停机，对装置生产造成波动，增设工-变频切换装置及配套工频回路，实现变频器本体发生故障时，由变频回路运行自动切换至工频运行，避免鼓风机停机造成装置加热炉熄火导致的生产波动。

1　蒸馏装置中压变频器使用情况

三蒸馏常压炉鼓风机K1001及减压炉鼓风机K1101的变频调节，有利于精准控制加热炉氧含量，提升加热炉效率，更加精准的进行温度调节，节约电能提高经济效益，降低起动时对电网的干扰，延长电机使用寿命，降低维护成本。

1.1　改善工艺

三蒸馏加热炉烟气中氧含量控制指标为(1~4)%，一般来说，正常生产时需要保证常压炉对流室烟气氧含量(2.5±1)%。设置加热炉氧含量下限是为了保证燃料在燃烧室内充分燃烧，以防止环境污染。设置加热炉氧含量上限是为了降低过剩空气系数，减少烟气流量以减少热损失，提高加热炉效率。

三蒸馏常减压炉氧含量控制逻辑基本相同。以常压炉为例，现场与氧含量相关的仪表检测点位有：

1）辐射室顶部烟气氧含量分析仪AI0201，AI0203；

2）烟气氧含量控制器AIC0202；

3）常压炉燃料气流量控制FIC0217；

4）常压炉燃烧空气流量控制FIC0214。

其中燃料气流量控制(FIC0217，主动量)与空气流量控制(FIC0214，从动量)组成具有逻辑规律的比值控制：当提高加工量时，先提高空气流量，后提高燃料气量；降低加工量时，先降低燃料气量，后降低空气量。烟气氧含量控制器(AIC0201)的输出去修正空气与燃料气比值系数K($K=K_0+AC0201$)，当氧含量高于设定值时，则AC0201输出减少，K变小，进而输出的空气流量降低，进而控制氧含量逐步降低，直到恢复到正常范围内。

三蒸馏加热炉氧含量原设计为氧含量使用鼓风机出口挡板控制，在增设变频器后可手动选择挡板控制或变频控制。鼓风机出口风道挡板为蝶阀，实际风量控制与阀开度不为线性比例，且由于直径较大，机械机构在调节过程中不可避免存在滞后问题与卡涩问题，因此使用挡板控制时加热炉氧含量波动较大。更换为变频器控制后，滞后问题得到了有效解决，氧含量控制精确度有所提高。

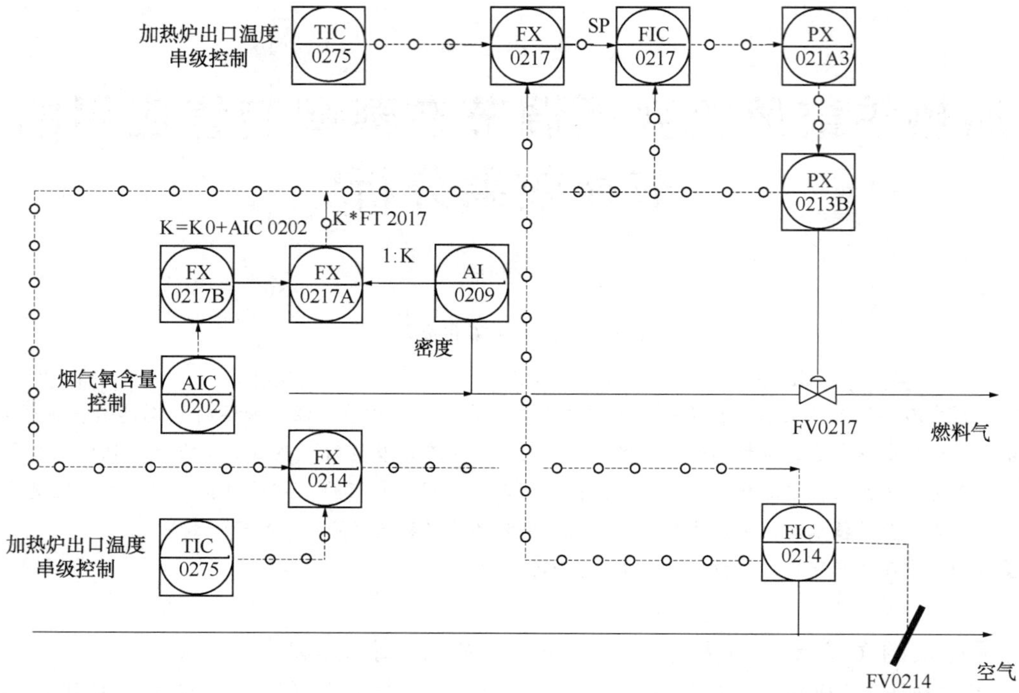

图 1　加热炉氧含量控制逻辑图

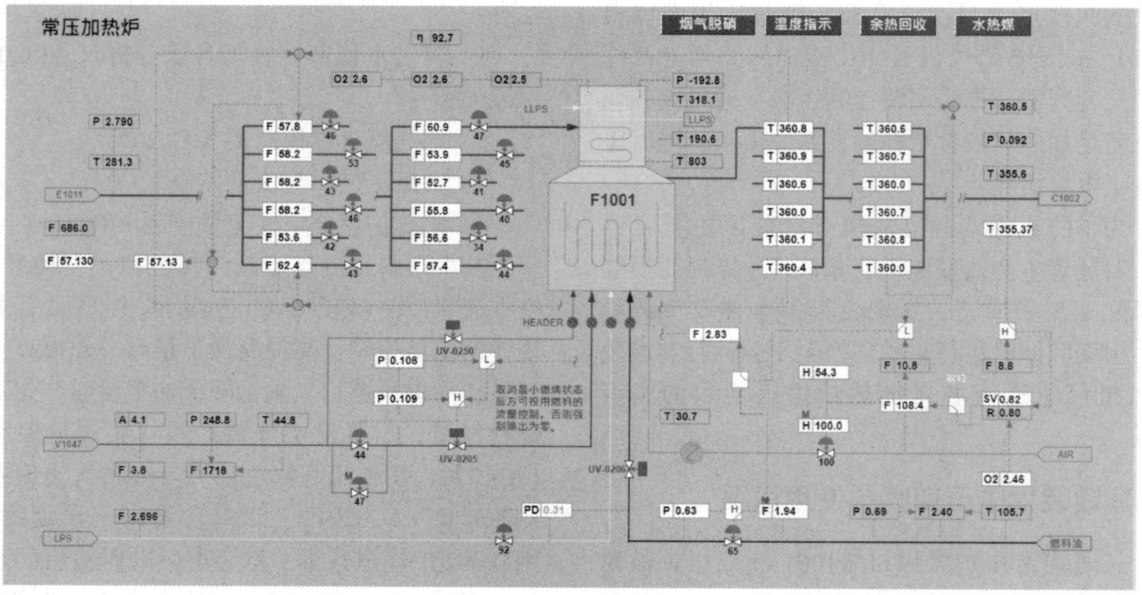

图 2　常压炉 DCS 控制图

1.2　节能增效

由于变频控制较挡板控制精确，因此自动控制时可以适当降低氧含量设定值，相当于提高了加热炉效率。

表 1　加热炉热效率表

控制方案	加工量	燃料消耗/(t/h)			烟气组成	实际热效率
		燃气	燃油	合计	O_2/%	%
变频控制	20000t/h	3. 12	2. 60	5. 71	2. 79	92. 48
挡板控制	23500t/h	4. 13	2. 66	6. 79	2. 91	92. 41

以 2021 年 10 月装置实际工况进行计算，减压炉鼓风机如果使用变频控制，在加工量 20000t/h 的状况下燃料消耗为 6. 86kgEo/t。如果使用挡板控制，在加工量 23500t/h 的状况下燃

料消耗为 7.03kgEo/t，燃料消耗增加 0.34t/h。如果使用变频控制，常、减压炉折合一年节约燃料消耗 6000 吨左右，相当于节约 2100 万元。

同时使用变频控制也直接影响鼓风机功率，降低用电成本。同样以减压炉为例，如果采用工频运行，按照运行频率 50Hz，运行电流 37.5A，功率因数 0.835，则：

$$
\begin{aligned}
\text{运行功率 } P &= \sqrt{3}\times U\times I\times\cos\phi \\
&= 1.73\times6000\times37.5\times0.835 \\
&\approx 325\text{kW}
\end{aligned}
$$

而采用变频方式运行，操作员可现场实际需求进行风机频率调整，根据现有运行数据分析，变频器平均运行频率在 35Hz，平均运行电流 12.5A，变频器输出功率因数约为 0.95，则：

$$
\begin{aligned}
\text{运行功率 } P &= \sqrt{3}\times U\times I\times\cos\phi \\
&= 1.73\times6000\times12.5\times0.95 \\
&\approx 123\text{kW}
\end{aligned}
$$

按单日运行 24 小时，节约电量为(325−123)×24＝4848kW·h，年节约电量为 4848×365＝1769520kW·h，按照公司平均电价 0.51 元/度，相当于节电 90.2 万元。如果使用变频控制常、减压炉，每年可节省电费约 180 万元。

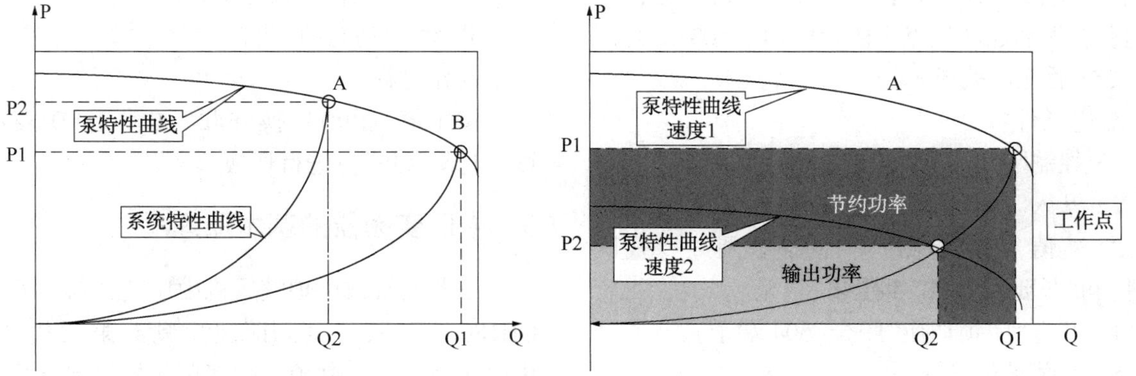

图 3　调节风门与变频调速控制风量的对比示意图

1.3　延长风机使用寿命

三蒸馏鼓风机类型为是离心式风机，电压等级为 6kV，工频状态下电机启动电流能达到 8 至 10 倍额定电流。而使用变频控制，启动过程输出电压逐渐增加，电动机工作在额定电压的机械特性上，逐渐加速实现平滑启动，降低启动电流，减少对电机和电网的冲击。

现三蒸馏加工负荷为 70%左右，变频控制在实际运行中也降低了电机转速，变相减少了机械磨损，提高了鼓风机运行寿命。

2　中压变频回路的组成及切换原理

三蒸馏中压变频回路主要由变频电源柜、变频器柜、工-变频转换柜及工频电源柜四个部分组成，接线示意图如图 4。3DL 为变频电源柜，1DL 为工-变频切换柜，2DL 为工频电源柜。

工-变频转换柜内装有金智科技生产的 MFC5102A 工业企业电源快速切换装置，用于工-变频回路的相互切换。当鼓风机处于变频运行状态时，3DL、1DL 处于合位状态，2DL 处于分位状态，当变频器发生故障或者开关发生偷跳时，切换装置自动将电动机切换到工频电源，即跳开 1DL、合上 2DL。

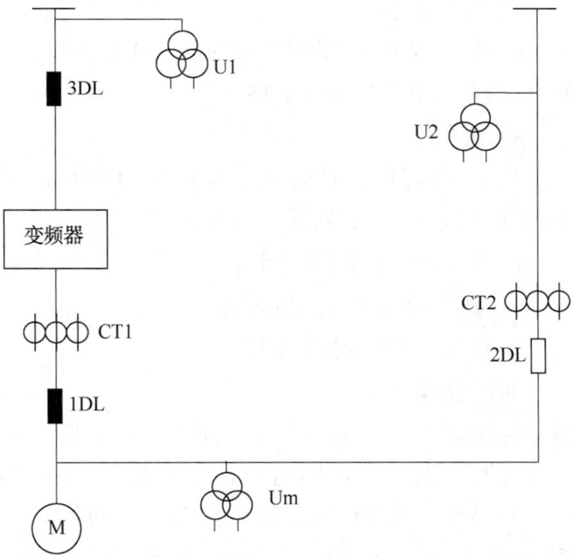

图 4　三蒸馏变频回路接线示意图

2.1　切换功能启动方式

2.1.1　手动起动

手动起动方式用于变频电源柜检修或故障后变频电源恢复时使用，由人工通过开入量起动装置的切换功能。

2.1.2　保护起动

将变频器保护接点引入到快切装置中，系统正常运行时，一旦检测保护动作，装置立即起动切换，断开变频支路，投入工频电源。

2.1.3　变位起动

当系统正常运行时，若1DL或3DL开关跳开且进线无流，则装置起动切换。

2.2　快切装置充放电逻辑

2.2.1　由变频切换至工频

充电条件：母线三相电压均大于50% Un；检后备电压控制字投入时，U2有压（大于等于“有压定值”）；1DL合、3DL合、2DL分；保护起动、手动起动接点未闭合（501、503接点）。经过25s后充电完成。

放电条件：

1）控制字“1→2切换起动”设为退出；

2）开入“保护闭锁”闭合；

3）定值“快速合闸”、“同捕合闸”、“残压合闸”和“长延时合闸”都退出；

4）开入“闭锁切换”闭合（504端子）；

5）开关跳位异常；

6）方向过流闭锁；

7）2DL在合位；

8）检后备电压控制字投入时，U2无压（即小于“有压定值”），延时15s；

起动条件：

当1→2切换起动投入、检后备电压控制字投入时U2有压，下列任一条件满足。

1）开入“保护起动”闭合；

2）1DL或3DL变位起动；

3）开入“手动起动”闭合；

动作过程：

若起动方式为1)~2)，则按定值“故障切换串联”的设定（0表示同时；1表示串联）进行切换；若起动方式为3)，则按定值“手动切换并联”的设定（0表示串联；1表示并联）进行切换。

2.2.2　由工频切换至变频

充电条件：母线三相电压均大于50% Un；检后备电压控制字投入时，U1有压（大于等于“有压定值”）；1DL分、2DL合；保护起动、手动起动接点未闭合（501、503接点）。经过25s后充电完成。

放电条件：

1）控制字“2→1切换起动”设为退出；

2）开入“保护闭锁”闭合；

3）定值“快速合闸”、“同捕合闸”、“残压合闸”和“长延时合闸”都退出；

4）开入“闭锁切换”闭合（504端子）；

5）开关跳位异常；

6）方向过流闭锁；

7）1DL在合位；

8）检后备电压控制字投入时，U1无压（即小于“有压定值”），延时15s；

起动条件：

当2→1切换起动投入、检后备电压控制字投入时U1有压，下列任一条件满足。

开入“手动起动”闭合；

动作过程：

按定值“手动切换并联”的设定（0表示串联；1表示并联）进行切换。

3　中压变频器的基本原理

三蒸馏常减压炉鼓风机中压变频器为西门子GH180罗宾康完美无谐波变频器第三代产品，由变压器柜、控制柜、功率单元柜三部分组成。

3.1　变压器柜

内部装有一个带有多绕组次级线圈的移相主电源变压器，次级绕组为18个（分为三相、每相6个），每个次级绕组仅为一个功率单元供电。

西门子高压变频器采用电压叠加方法，电机的端电压（高压）是用多个较小幅度电压叠加所产生的，而不是采用较少的大幅电压，这样的有两个独到的好处：

1）对电机绝缘的电压应力明显减小。

2）电机电流质量明显提高，谐波抑制效果显著。

3.2　控制柜

内部装有各种功能控制板，如微机板、系统接口板、模数转换板、调制器、光纤接口、通讯板等，为保证控制回路电源稳定，采用UPS电源进行供电。

控制的核心是微机板，微机板上带有闪存卡，储存所有的参数信息以及变频器的系统程序，系统接口板收集变频器输入和输出反馈信号并把它们送到模数转换板，模数转换板执行转换并把反馈信号的数字量传送到微机板，微机板计算并发送给数字调制器数值，数字调制器编译功率单元指令信息，光纤接口板发送信息，通讯板可以将其他的网络接到变频器控制中。

3.3 功率单元柜

内部装有多个相互独立的功率单元，每个功率单元的规格、参数完全相同，可以互换，每个功率单元由变压器具有不同角度相位差的次级绕组供电功率单元原理，每个单元包含一个单元控制板和一个IGBT栅板驱动板。

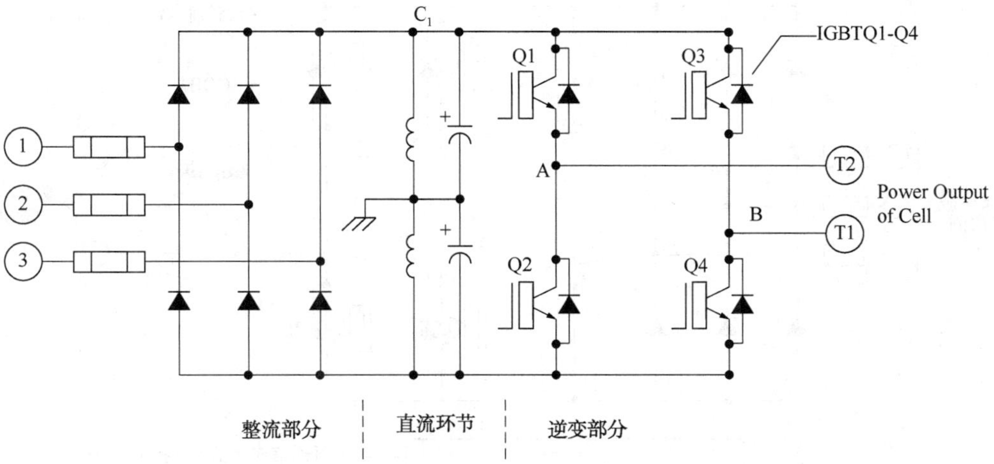

图5　典型功率单元原理图

功率单元就是简单改进的标准低压电机变频器，功率单元中的IGBT(绝缘栅双板晶体管)是高压变频器的核心。当Q1、Q2同时闭合时，电机上的电压为A点高B点低，当Q3、Q4同时闭合时，则电机上的电压为A点低B点高，这样连续不断地交替开合，在电机两端就形成了一个交变电压，也就是交流电。

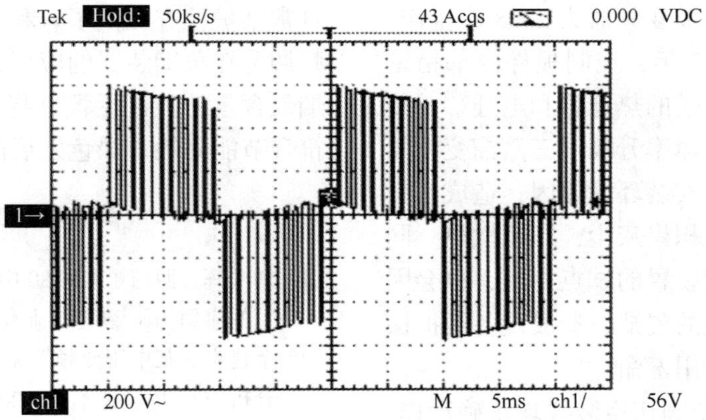

图6　功率单元输出波形图

4　新旧型号变频器技术对比

以同型号西门子GH180第五代变频器为例，对最新一代中压变频器与三蒸馏目前在用的第三代产品技术分析对比。

(1) 第五代变频器具有高质量的输出波形，输出波形接近正弦波，无需输出滤波器便能消除共模电压，同时dv/dt、脉动转矩都很小，更适合长电缆输出应用。

(2) 第五代变频器采用全绝缘外壳，提高功率单元整体绝缘能力，增加了电气安全性。

(3) 第五代变频器不使用金属紧固件，消除了使用件使用不当带来的隐患，同时优化了设备布局，简化了组装工艺，增加了产品的可靠性。

(4) 第五代变频器应用集成功率印刷电路板技术，提高了功率单元的一致性与标准化，增加了稳定性。

(5) 第五代变频器采用先进的功率单元旁路技术，当A、B、C三相中任意一相的功率单元发生单体故障时，可以做到单独旁路故障单元，其余功率单元不受影响，避免变频器故障停机。

不带功率单元旁路功能的系统任意一个功率

单元出现故障，变频器都将停止输出。为了提高系统的可靠性和可用性，带单元旁路功能是指在每一个功率单元上增加了旁路功能电路。即当某个功率单元出现故障时，可以自动检测故障并启动旁路电路，使得该单元不再投入运行。系统中单相不多于两组功率模块旁路运行，三相不多于三组模块旁路运行的情况下，能满足变频器正常输出。

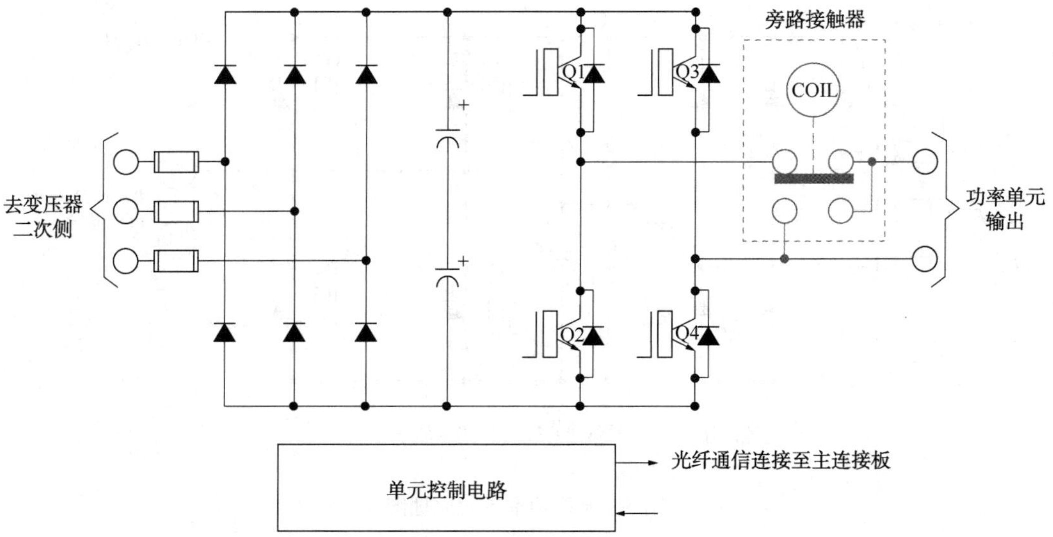

图 7　功率单元旁路电路图

2021 年前，三蒸馏减压炉鼓风机变频器未发生过设备故障，而 2021 至今，变频器共发生三起故障，均因变频器 CPU 或检测板件运算错误导致的误报警。三蒸馏变频器为 2008 年生产，设备使用年限已超过 13 年，控制板件内部精密元件长期运行发生不可逆的热迁移和电迁移，使得元件可靠性下降、故障率升高。三蒸馏变频器风道设计为外循环，因安装环境原因，造成变频器运行过程中内部大量积聚灰尘，影响散热。同时，中压变频在三蒸馏装置的试点使用，也会因维护人员相关技能水平的欠缺，造成设备维护保养不到位，从而降低使用寿命。

三次故障瞬间工-变频切换装置均正确动作，将鼓风机切换至工频运行，未造成风机停运，减少了装置生产波动，验证了切换装置的稳定性。

5　结束语

新一代变频器产品在输出性能及产品运行稳定性上都有一定程度上的升级，故障率大幅降低，而工-变频切换装置的应用，进一步提升了电源供给的容错机制，并为变频器的故障维修和日常维护检查提供了有利条件。加热炉鼓风机变频调节在蒸馏装置的应用，优化了装置加热炉排烟氧含量的控制手段，提高了加热炉运行效率，符合节能降耗、绿色发展的国家政策。

参　考　文　献

[1] 刘照辉. 西门子 GH180 中压变频器在环境除尘风机上的应用[J]. 新型工业化，2021，11(02)：22-23.

[2] 余建宏. 某中压变频器系统可靠性模型及预计案例分析[J]. 环境技术，2020，38(05)：68-73.

[3] 何丽梅，杨焜. 中压变频器的技术特性及运用[J]. 天然气与石油，2008，26(2)：27-32.

[4] 石华林，熊斌，刘作坤，等. 高压变频器功率模块相变散热研究[J]. 电工电能新技术，2021，40(6)：73-80.

储罐内防腐自动升降旋转平台的应用及降本分析

江　锋　关利章　韩廷檀　马存厚　雷　威

（中国石油天然气第一建设有限公司）

摘　要　储罐的使用年限与其防腐施工有着重要直接的联系，所以持续优化储罐防腐施工工法是必然趋势，同时还要对施工成本进行控制。在石油炼建行业，必须对储罐内防腐进行严格的施工、检验、监测，以保证罐组正常投产使用。做好储罐内防腐施工并对防腐过程质量严格把控，并最大限度节约施工成本，使其更好的发挥价值，产生更高的技术、经济效益，从而达到节能提效绿色低碳的效果。

关键词　储罐内防腐；升降旋转平台；质量控制；降本；节能提效

1　引言

经济全球化进程持续推进，石油贸易的重要性愈发突出，储罐内防腐作业与保证石油等油类资源存储安全密切相关，因此，提高储罐内防腐作业效率、升级储罐内防腐工艺、降低施工成本是各石油建设单位持续关注的重视问题，也是时代所倡导的节能提效绿色低碳的重要举措。

传统立式拱顶储罐内防腐施工需借助脚手架来完成，而在诸多的脚手架形式中，满堂红脚手架以其传统、安全、简单等优点被广泛应用。但其巨大的脚手架搭设工程量，搭设工期长；脚手架搭设后，本就有限的空间就变得更加狭窄，对后期材料转运和施工造成影响；且脚手架由下至上搭设时，整体结构不稳定，操作人员高处搭设时十分危险；以上问题使得立式储罐内壁防腐施工造价较高、成本较大，效率、成本和安全性都难以达到施工的要求，施工效率低，也造成了能源的消耗和浪费。因此唯有降低施工成本、改进施工工艺才能在日益激烈的行业竞争中前进发展，进而有效节约能源，创造更高的效益。为加快施工速度、提升安全性能、控制施工成本，一种新型的施工方法—自动升降旋转作业平台应势而生。

本文主要从工艺特点、工艺原理、质量控制、环保措施、效益分析等方面对自动升降旋转作业平台储罐内防腐法这一高效防腐工艺做详细分析。

2　工艺特点

2.1　缩短工期

传统储罐内壁防腐采取的方法为搭设脚手架，作业灵活性欠缺，搭设脚手架需运输大量材料进入罐体内部，以5000m^{3}储罐为例，运输搭设一个罐体内部的满堂红脚手架需要7天，拆除外运材料需要7天，而自动旋转升降平台运输搭设只需要3天，拆除外运需要3天，在运输、搭设、拆除过程中，旋转平台相比于传统的脚手架来说每个罐体能节约8天的工期，效率提高了57%。所以旋转平台具有的工序简单、拆装方便的优势，能高效机动地展开作业面，有效提高施工效率。

图1　自动升降旋转平台示意图

2.2 质量可控

自动升降旋转平台具有作业稳定、旋转平稳的优点，速度可控，操作空间大，有利于保证防腐作业质量。

2.3 安全可控

（1）储罐为密闭空间，进出通道口十分狭小，储罐防腐施工旋转平台用料少，减少了罐内罐外材料的运输时间及运输量，大大降低了材料运输期间的安全风险。

（2）储罐防腐施工旋转平台在罐体底部地面组装搭设，避免了传统方式中从下而上搭设脚手架这种高空作业的的风险，使得在搭设操作平台阶段更加安全。

（3）储罐防腐施工旋转平台在储罐内部所占空间较少，施工人员清扫、除锈、刷漆等施工活动十分便捷，不会产生施工设备在使用时受到操作平台影响的情况，比如移动时，设备线路与操作平台缠绕、阻碍。

（4）储罐防腐施工旋转平台所设置的安全绳可在整个施工过程中佩戴于施工人员身上，避免了施工人员在移动过程中受操作平台的阻碍、影响而重复佩戴、解除安全绳，从而提高了工作效率，降低了施工过程中人员高处坠落的安全风险。

2.4 成本降低

该工法以自动升降旋转平台代替传统脚手架，较大程度减少施工人员，同时缩短工期，且设备租赁费用也远低于脚手架租赁费用，使得施工成本大大降低。

3 工艺原理

该工艺结合拱顶储罐自身特点，在旋转平台安装完毕、调试合格后，从罐顶第一圈壁板开始除锈、防腐补漆、检验，然后进行第二圈除锈等作业，依次进行施工作业，至完成罐底第二圈壁板防腐施工后，进行验收，合格后拆除平台。底圈壁板防腐除锈在底板上完成。

4 工艺流程

4.1 自动升降旋转平台搭设

该设备分为罐顶部分和罐内部分，罐内部分由标准立柱、底座、支腿、滑动机构、牵引装置、主卷扬机、副卷扬机、电控箱、支臂、载人篮筐、防坠安全器等组成。额定最大起重量为180kg-250kg(直径越大，额定载重量越小)。为了适应各种储罐口尺寸，且便于运输和搬运，产品全部做成可拆卸形式，达到现场并搬运进储罐内后组装成整机。

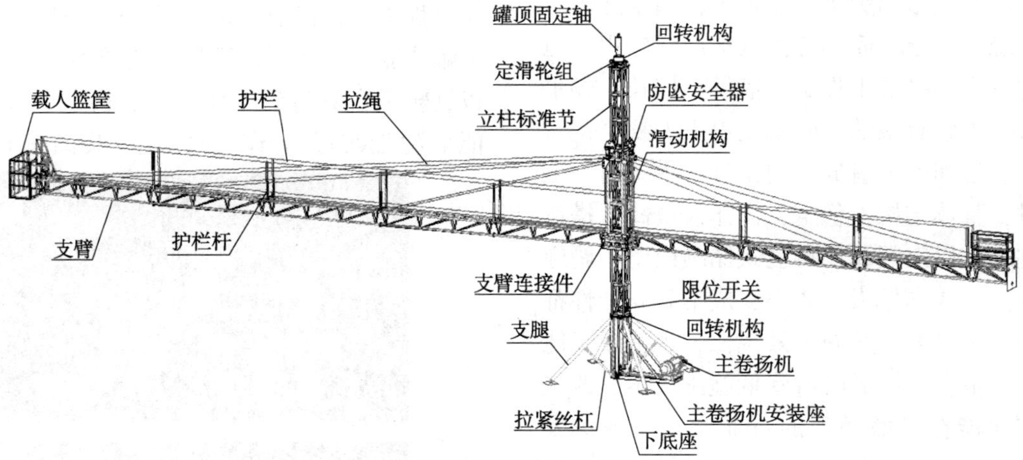

图2　自动升降旋转平台组成示意图

设备安装注意事项：

（1）在安装前需熟读《使用说明书》，并在专业技术指导人员指导下进行安装。

（2）给安装现场的罐顶和罐内分别配备对讲机，保证罐顶人员和罐内人员的协调合作。

（3）司机、安装工和操作人员必须经过设备厂家的专业培训，合格后方可施工操作，严禁非专业人员私自安装和操作设备。

（4）参加安装和操作的人员必须做到：

① 了解设备使用说明书中储罐安装过程的规定，严禁私自修改使用说明书中的安装程序。

② 了解各零部件的连接形式和连接尺寸。

③ 了解各零部件的重量及吊点形式、吊点位置。

④ 了解本设备和所用工具的性能和操作规程。

⑤ 必须遵循本设备的安装程序。

⑥ 必须安装安全保护措施。如扶梯、护栏等。

⑦ 在不了解储罐内壁气体成分是否满足安装要求之前严禁施工。

⑧ 所有连接点必须按照安装要求将螺丝压紧，并使用弹垫、平垫。

⑨ 设备安装过程中所用到的螺丝规格型号和强度均不同，安装前遵照发货清单将螺栓分类整理后再使用。

⑩ 安全前需逐个检查各零部件的完整度，防止运输和搬运过程中的碰撞造成变形或损坏而存在安全隐患。

⑪ 本设备的所有安全装置均需按规定进行装前试运行，确定所有安全装置安全可靠后方可开始安装施工。

本设备安装完成后，在两侧载人篮筐内放置额定重量的沙袋进行升降调试，在罐内全部高度上做往返运行 3~5 次，做往返运行过程中，仔细观察设备各零部件是否有松动、是否有异响、支臂两端是否出现明显倾斜、上升和下降时通过控制手柄能否控制立即至停，是否有滑降现象、卷扬机和电控箱是否有打火冒烟等异常现象。同时必须保证每次限位开关灵敏可靠，保证支臂端面不能与罐壁发生摩擦、碰撞等干涉。完成调试后，经专人验收后方可投入使用。操作中应注意观察吊篮下方有无障碍物，应时刻注意吊篮的运行状况，如有异常应立即停止并进行检修。

4.2 除锈防腐

防腐前需将壁板焊缝、原漆面破损返锈的部分进行除锈，主要采用动力工具除锈，局部无法采用动力工具部位采用人工除锈。除锈等级达到 St3 级，使其钢铁表面无油污、铁锈、无阴影条纹并露出金属本色。基体表面处理验收合格后，办理隐蔽工程记录后，采用刷涂法进行防腐补漆作业，应在 8h 内涂完第一层涂料涂装，防止表面再度生锈。

防腐前应确认所用涂料品种、规格、批号、贮存期等是否符合规定。同时要预先计算涂装面积和涂料用量，便于施工中控制涂膜厚度。涂料的配比应严格按照调配说明及要求，严禁油漆混用混装。漆膜在未完全干燥成膜固化之前，应采取保护措施，避免受到雨水和其他液体的冲洗或操作人员的误触。

壁板防腐补漆完毕验收合格后，用拖布对罐壁板进行清理，清理其表面的灰尘和附着物。顶圈壁板喷涂完毕后，采用同样的方法依次对其他壁板进行防腐施工。

4.3 质量验收

（1）涂层表面质量：所涂刷每道涂层应均匀平整、色泽一致，无明显的疏松、皱皮、流坠、针孔和气泡等；不得有漏涂和涂层脱皮现象。针孔、漏涂和脱皮现象可采用电火花检漏仪进行检测。

（2）涂层厚度：涂装遍数和各涂层厚度均应符合所指定涂料的技术要求。涂层干膜厚度不得低于规定值，也不得高于规定值，偏差为±5%。采用漆膜测厚仪对漆膜厚度进行检测，每块壁板检测点数不小于 80 个，若不合格点数不超过该部分总检测点数的 5%，则应进行局部复涂直至合格；若不合格点数超过 5%，则在该部分内再次检查，检测点数与上次相同，检测位置与上次不同。再次检查时若不合格点数仍超过 5%，则该部分的防腐层厚度为不合格，应进行整体复涂直至合格。各部分检测布点应均匀，焊缝处的检测点数不少于总检测点数的 20%。

（3）附着力：按照 GB 9286《色漆和清漆、漆膜的划格试验》或 GB 1720《漆膜附着力测定法》进行涂层附着力测试。

4.4 旋转升降平台拆除

在一切工序完成后，由上至下拆除旋转平台，拆除过程中不得碰伤已完成的漆面，做到“工完料净场地清”。

5 质量控制

施工前先向施工人员进行工艺技术交底，交代清楚质量要求和施工操作技术规程，使施工工艺的质量控制标准化、规范化、制度化。严格质量把关，对于上道工序不合格的，不能批准转交下道工序施工。对于施工过程中发现的质量问题，应及时监督施工队纠正。对于不符合要求的，立即提出停止施工，同时向主管部门领导汇报。根据各个工序的特点，组织有施工经验的人员来完成。工艺技术员应随时检查施工班组的自检记录，发现问题及时纠正；认真记录监督检查存在的问题及处理情况。坚持落实“三检制”，加强施工过程管理，确保工程质量。

6 降本分析

- 此工艺相较于传统搭设脚手架的施工方

法，工作量大大降低，加快了工期，人员成本得到很好的控制。

- 旋转平台租赁费用远低于脚手架租赁费用，材料设备费用降低。
- 旋转平台运行更加平稳，使罐壁防腐的施工质量控制容易，避免了返工所造成的费用。
- 旋转平台安全性能较好，防护措施齐全，减少了安全措施费用。

综上，自动升降旋转平台防腐施工工艺相较于传统脚手架防腐施工工艺，成本大幅降低。

7　实例分析

现以一台 30000m^3 储罐内防腐操作平台为例，比较两种不同搭设方式进行分析，以安全、高效、方便操作、能满足工期为原则，通过搭设时间、搭设(安装)人工费以及脚手架材料(设备)使用费等进行优化比较，两种不同搭设方式分析对比情况如下：

30000m^3 储罐若采用满堂红脚手架搭设作业平台，需要至少 8 名架子工，12 名辅助作业的普工(包含监护人员)，脚手架从搭设至作业结束后拆除至少需要 20 天，脚手架搭设至拆除过程中人工费、材料费、管理费、折旧费、机械费等费用平均计价 5. 2 米高度以下的脚手架每平米 11. 23 元，5. 2 米以上的脚手架按照 1. 2 米高度为一层计价每平米 3. 11 元，各类费用合计 101308. 04 元。

表 1　30000m^3 储罐满堂红脚手架价格明细

序号	项目	数量	单价/元	时间(工作日)	合计/元	备注
1	脚手架(5. 2m 以下)	1661. 06m^2	11. 23	20	18653. 70	
2	脚手架(5. 2m 以上)	26576. 96m^2	3. 11	20	82654. 35	
	合计				101308. 04	

30000m^3 罐内防腐作业平台使用自动升降旋转作业平台，该设备所有零部件均根据油罐人孔大小进行设计制造，将部件搬运到罐内后进行组装即可，安装以及拆除需要 6 名工人，从安装和拆除需要 6 天，中间防腐作业需要使用 7 天，旋转作业平台购买价格为 13. 5 万元，按照设备使用年限 3 年计算，不减除设备报废残值；电费很少可忽略。各类费用合计 16002. 77 元。

表 2　30000m^3 储罐自动升降旋转作业平台价格明细

序号	项目	数量	单价/元	时间(工作日)	合计/元	备注
1	安装工	6 人	400	6	14400	
2	旋转升降作业平台	1 个	123. 29	13	1602. 77	
	合计				16002. 77	

通过上面两种作业平台选择的对比，一台 30000m^3 储罐采用自动升降旋转作业平台进行罐内防腐涂装作业时间上节约了 54%，每台少用时间 7 天，提高了劳动效率，同时费用节省了 85305. 27 元，大幅减低了施工成本。

8　结论

本工艺关键技术已在实际工程储罐内壁防腐施工得到应用，该设备在施工过程中运行良好，对技术革新、安全、质量、经济效益等多领域有重要进步和积极意义。

本文较为详细阐述了自动升降旋转平台储罐内防腐工艺特点、流程、进步性，同时通过实例分析对比，确定了新型升降旋转平台的高效性和节能提效的优越性，对以后储罐内壁的防腐施工具有一定的指导意义。

参 考 文 献

[1]《钢质石油储罐防腐蚀工程技术标准》GB/T 50393—2017.
[2]《涂覆涂料前钢材表面处理表面清洁度的目视评定 第 1 部分：未涂覆过的钢材表面和全面清除原有涂层后的钢材表面的锈蚀等级和处理等级》GB/T 8923. 1—2011.
[3]《石油化工建设工程施工安全技术标准》GB 50484—2019.
[4]《建筑施工高处作业安全技术规范》JGJ 80—2016.
[5]《建筑施工现场环境与卫生标准》JGJ 146—2013.

基于渤海地区砂土条件的海管安全分析

梁　鹏　刘爱明　薄　昭　庞洪林　陈建玲

[中海石油(中国)有限公司天津分公司]

摘　要　安全生产关乎整个油田的正常运营，为了定性分析砂质土条件对海管的安全性影响，分别针对海管稳定性和落锚安全性进行分析。以渤海地区环境条件为基础，分别计算了不同砂质土条件下稳定性变化和落锚贯入深度。结果表明：对于海管稳定性，对于不同管径的海管，相对密度Dr越大，稳定性越差；对于落锚计算，内摩擦角越大，抵抗落锚的能力越强，且理论公式对土质特性更敏感。

关键词　安全性；海底管道；砂土土质；稳定性；落锚

自20世纪70年代我国首条海底输油管道铺设开始，迄今海底管道的建设已有40多年的历史。我国海底管道数量与种类繁多，广泛分布在各个海域，海底地形条件复杂多变。由于海底管道的服役条件较为苛刻，海底环境又较复杂，不确定因素较多，因此海底管道安全性分析显得尤为重要。影响海底管道的稳定性因素较复杂，同条管道路由区的土壤地质条件往往差别很大且无规律可寻。本文主要针对渤海地区砂质土，分析其对海底管线侧向稳定性的影响。

同时由于自然灾害、人为破坏等因素，严重影响了海底管道的安全运行，其中第三方破坏(如：船舶抛锚、拖锚，落物破坏等)是导致海底管道失效的主要形式，并且我国近海海域渔业养殖区、航道众多，海底管道与航道交叉分布，且存在非法捕鱼、采砂活动，锚击失效已成为第三方破坏的主要损伤类型。本文以霍尔锚为研究对象，以渤海地区环境条件为基础，对比分析理论公式和有限元模拟方法计算的落锚贯入深度，可以为海底管道流动安全保障提供理论依据和技术支持。

1　砂土对于海管稳定性的影响

实际工程应用中，对于操作期工况，选取10-year波+100-year流和100-year波+10-year流作为环境工况；对于临时工况，选取1-year波+10-year流和10-year波+1-year流作为环境工况。渤海地区的海管均为埋设管道，因此只需考虑临时工况组合。采用AGA Level2进行稳定性计算，使用渤海某地区的环境参数，水深$d=15$m，底层流速$v=0.6$m/s，有效波高$H_s=3.4$m，谱峰周期$T_p=8.4$s。

海底管道准静态侧向稳定性分析安全系数SF计算公式为：

$$SF=\frac{\mu[W_s-F_L(t)+F_H(t)]}{F_D(t)+F_I(t)} \tag{1}$$

式中：F_L为管道单位长度受到的流体升力；F_D为管道单位长度受到的流体拖曳力；F_I为管道单位长度的流体惯性力，F_H为管道单位长度受到的流体升力，W_s为海管单位长度水下重。

判定原则为管道在4小时风暴潮结束时百年一遇波速情况的管道稳定以及3小时追加的风暴潮结束时千年一遇波速情况的管道稳定，即侧向稳定性安全系数SF值大于1，满足稳定性要求。分别对管径$D=219.1$mm，壁厚$t=12.7$mm的海管(8寸)与管径$D=323.9$mm，壁厚$t=14.3$mm的海管(12寸)在$D_r=0.20$、0.25、0.30、0.35、0.40、0.45、0.50、0.65、0.70、0.75、0.80、0.90、1.00下进行稳定性分析。图1为砂土对稳定性影响曲线，从图中可以看出对于不同管径的海管，相对密度D_r越大，稳定性越差，说明海管在越致密的砂土条件下越不稳定；在D_r接近1的时候，SF值趋近0。

2　砂土对于海管落锚安全性的影响

2.1　规范公式计算

DNV-RP-F107规范(2010版)中针对管状物提出了相应的贯入深度公式：

$$E_p=(0.5\gamma DN_\gamma z+\gamma z^2N_q)A_p \tag{2}$$

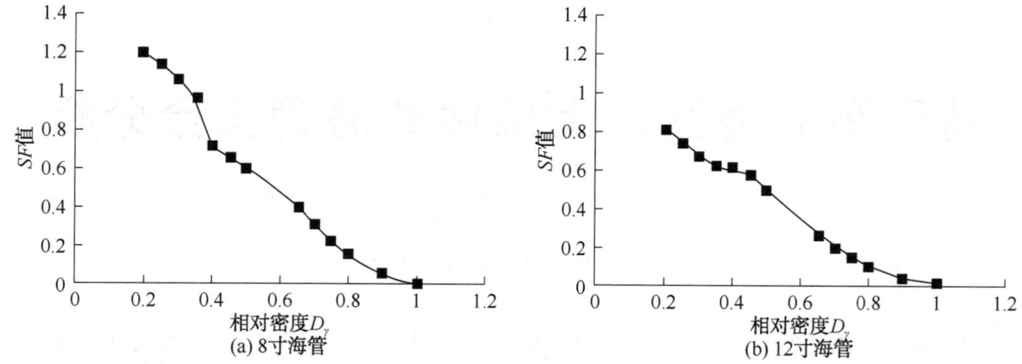

图 1　砂土对稳定性影响曲线

DNV-RP-F114 规范(2017 版)中针对管状物提出了相应的贯入深度公式：

$$E_p=(0.5\gamma DN_\gamma z+0.5\gamma z^2N_q)A_p \tag{3}$$

式中，E_p为船物的触底动能，γ 为有效土体容重，D 为落物的等效直径，A_p为落物的堵塞面积，z 为贯入深度，N_q、N_γ为承载力系数。

规范中推荐：如果回填的是碎石，承载力系数 $N_q=99$、$N_\gamma=137$。如果覆盖层是回填土，由于回填土的孔隙比较大，所以承载力较弱，回填料的阻力为碎石料阻力的 2～10%。

考虑土体摩擦角 ϕ，API RP 2GEO-岩土与基础设计规范给出砂质土体的承载力系数 N_q、N_γ：

$$N_q=e^{\pi\tan\phi}\tan\left(45°+\frac{\phi}{2}\right)^2$$

$$N_\gamma=e^{(0.18\phi-2.5)} \tag{4}$$

从图 2 和图 3 中可以看出，对于砂土土质，随着内摩擦角的增大，贯入深度依次减小。因为对于砂土，内摩擦角越大，砂质土颗粒越大，抵抗落锚的能力越强，这也能验证在人工回填时埋入砂石可以有效降低落锚深度。

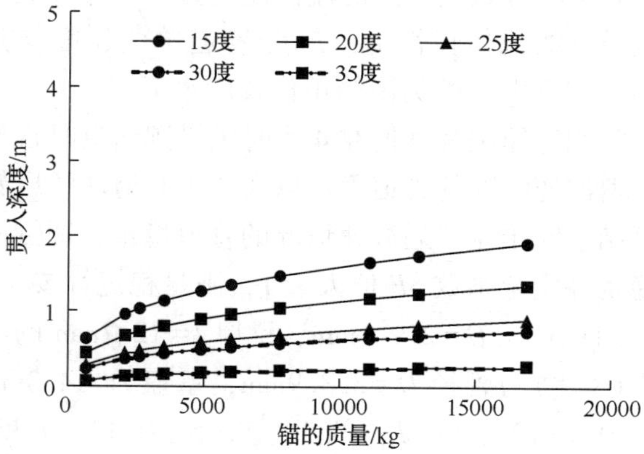

图 2　DNV-RP-F107 规范结果

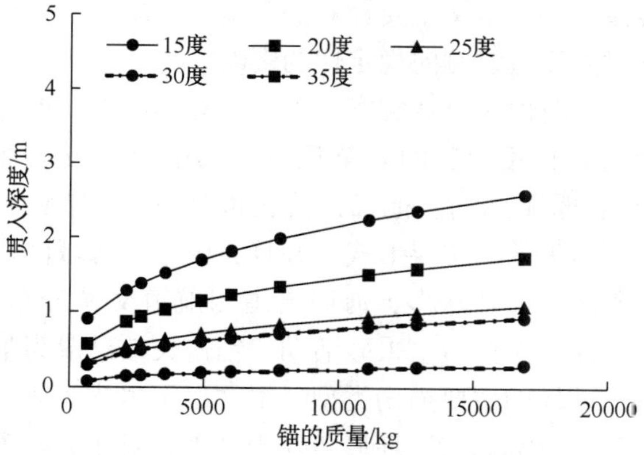

图 3　DNV-RP-F114 规范结果

2.2　有限元软件计算

基于 ABAQUS 显示动力学分析建立落物撞击管状结构物模型，与现有碰撞试验结果及上述理论公式计算结果比较，验证有限元模拟可靠性。根据《钢制海船入级规范》规定，不同吨位船舶对应不同的锚重。本次研究中根据调研常见通航船舶，选取从渔船到 30 万吨级船舶对应的配锚重量从 0.66t 到 16.9t。以霍尔锚为研究对象，由《GB/T 546—2016 霍尔锚》标准，可查询到不同质量锚的尺寸参数并计算对应挡水面积，如表 1 所示。

表 1　选取霍尔锚及其关键尺寸

名义重量/t	0.66	2.1	2.64	3.54	4.89	6	7.8	11.1	12.9	16.9
H/m	1.422	2.093	2.259	2.490	2.77	2.965	3.235	3.638	3.824	4.184
h/m	0.769	1.136	1.221	1.349	1.498	1.605	1.752	1.970	2.072	2.268

续表

名义重量/t	0.66	2.1	2.64	3.54	4.89	6	7.8	11.1	12.9	16.9
h_1/m	0.169	0.249	0.268	0.295	0.329	0.352	0.385	0.433	0.455	0.498
L/m	1.096	1.614	1.741	1.926	2.135	2.284	2.493	2.803	2.947	3.225
B_1/m	0.426	0.743	0.801	0.883	0.984	1.054	1.152	1.297	1.363	1.492
A/m²	0.467	1.199	1.395	1.701	2.101	2.407	2.872	3.635	4.017	4.812

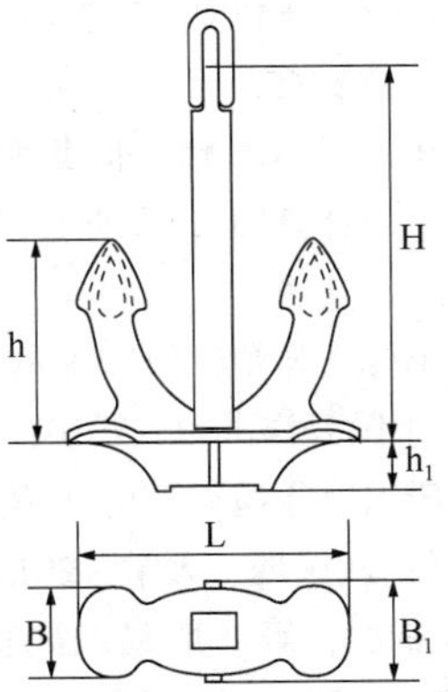

图 4　落锚模型关键参数示意图

考虑有限元边壁尺度效应等影响，分析了合理的边界处理方式以及土体建模尺寸，采用耦合的欧拉-拉格朗日方法对落锚、土体间的相互作用进行模拟。经分析，0.66t 船锚模拟贯入土体尺寸为 10m＊10m＊10m，2.1t 到 12.9t 船锚模拟贯入土体尺寸为 10m＊10m＊15m，16.9t 船锚模拟贯入土体尺寸为 14m＊10m＊15m。参考选取工程实际中土体特征值赋予材料属性，见表 2。由于应用 Mohr-Columb 模型模拟土体时粘聚力及内摩擦角不能为 0，这里取 1 代替。

表 2　土体模型参数

土体类型	密度/(kg/m³)	弹性模量/MPa	泊松比	摩擦角/°	粘聚力/KPa
砂土	1224	15	0.3	15-35	1

为保证模拟准确度，经网格收敛性分析，对小于 3.54t 落锚模拟时，土体全局网格尺寸 0.1，局部细化网格尺寸 0.05；对大于 3.54t 其余落锚工况，土体全局网格尺寸 0.2，局部细化网格尺寸 0.1。

运用有限元软件对不同砂土条件下不同锚重的贯入深度进行模拟，并将结果与理论公式进行对比，如图 5 所示。从图 5 中可以看出数值模拟的结果与理论公式结果趋势一致，即随着内摩擦角的增大，贯入深度依次减增大；随着锚重的增大，贯入深度依次增大。图 6 和图 7 分别为内摩擦角为 15°和 35°时有限元结果与理论公式结果对比图。从两图中对比发现，理论公式结果的变化幅度较大，对土质特性更敏感；内摩擦角越大（土壤颗粒越大），理论公式与有限元结果越接近。

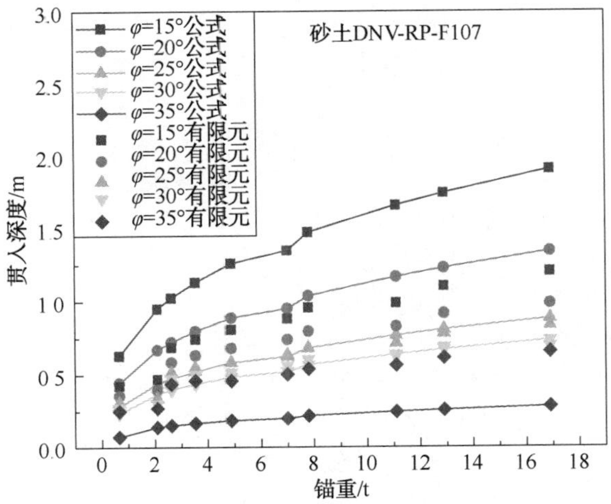

图 5　有限元结果与理论公式结果对比图

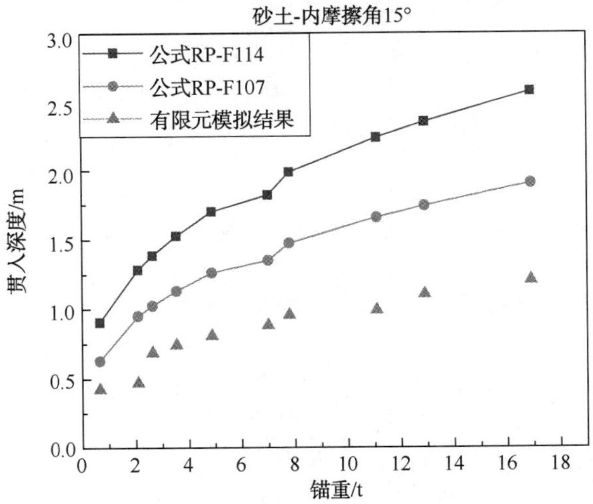

图 6　内摩擦角为 15°时对比图

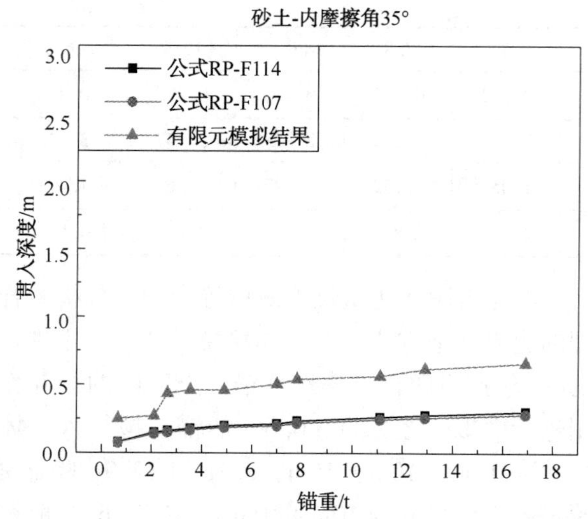

图 7　内摩擦角为 35°时对比图

3　结论

本文分别针对渤海地区砂质土条件下海管稳定性和落锚安全性进行计算。稳定性计算使用 AGA Level 2 进行计算，落锚计算使用 DNV 规范公式进行计算，同时使用有限元分析软件 ABAQUS 显示动力学分析建立落物撞击管状结构物模型，得出不同砂质土条件下落锚贯入深度。结果表明对于海管稳定性，对于不同管径的海管，相对密度 D_r 越大，稳定性越差，说明海管在越致密的砂土条件下越不稳定；对于落锚计算，内摩擦角越大，抵抗落锚的能力越强，且理论公式对土质特性更敏感。

参 考 文 献

[1] 李志刚．深水海底管道铺设技术[M]．北京：机械工业出版社，2012. 1-5.

[2] 丁鹏．海底管线安全可靠性及风险评价技术研究[D]．青岛：中国石油大学，2008.

[3] 刘晓峰，杨树耕，王晗，等．基于管土耦合作用的海底管道稳定性分析研究[J]．中国海洋平台，2016，31(4)：52-65.

[4] 李凯双，周东月，焦志斌．非线性波浪荷载作用下裸置管道波浪力计算[J]．石油工程建设，2017，43(1)：18-21.

[5] 任艳荣，刘玉标．弹塑性海床上的海底管道沉降特性分析[J]．中国海洋平台，2010，25(3)：17-20.

[6] 张磊．基于船舶应急抛锚的海底管道埋深及保护研究[D]．武汉：武汉理工大学，2013.

[7] 李东学，李亚斌，等．船锚触底贯穿量计算方法[J]．中国航海，2016，39(1)：85-87.

[8] 冯士伦，朱晓宇，等．抛锚贯入深度计算方法比较研究[J]．海洋技术学报，2020，39(2)：91-97.

[9] 刘润，汪嘉钰，别社安．船舶抛锚过程中落锚贯入深度研究[J]．天津大学学报(自然科学与工程技术版)，2020，53(5)：508-516.

[10] DNV. Risk assessment of pipeline protection：DNV-RP-F107 [S]. 2010.

[11] DNV. Pipe soil interaction for submarine：DNV-RP-F114 [S]. 2017.

[12] API . Geotechnical and Foundation Design Considerations：API RP 2GEO [S]. 2014.

[13] 中国船级社．钢制海船入级规范[S]. 2018.

[14] 中华人民共和国国家标准 GB/T 546—2016. 霍尔锚[S]. 2016.

75 万吨/年催化汽油加氢装置重汽油热量回收改造与节能分析

张俊博　刘凯希　张　雷

（中国石油大港石化公司）

摘　要　为了进一步降低汽油加氢装置能耗，通过对现有加氢工艺流程进行研究，提出新增原料油与重汽油换热器 E-100A/B 的改造方案，并对改造前后相关数据进行对比，表明选择加氢系统加热蒸汽消耗量下降，脱硫系统加热炉瓦斯用量下降，轻汽油及重汽油产品空冷电耗下降。

关键词　炼油装置；汽油加氢；节能降耗；热能回收；换热器

1　前言

炼油化工企业作为传统的能源密集型高耗产业，具有生产成本高的特点，为了减少能源浪费，提高企业经济效益，节能降耗就显得尤为重要。在炼油装置中，燃料动力等公用工程消耗通常占装置完全操作费用的比重较大，降低装置的公用工程消耗，减少燃料、电和蒸汽等的用量，对提高经济效益具有重要意义。节能降耗的途径主要有：1. 加强余热回收力度；装置对现有工艺流程情况进行用能分析，优化操作条件和物料平衡，用夹点技术优化换热网络，通过装置间的热联合达到各中间产品的热出料，提高热效率，减少热损失；2. 选择高性能换热设备，提高换热效果；3. 减少装置动力消耗，根据装置负荷情况，选择机泵适当的工作点，减少不必要的冷换设备压力损失，合理选择调节阀压降，减少机泵的动力消耗；4. 操作优化等。大港石化公司第二联合车间汽油加氢装置，为了充分回收二段加氢重汽油热量，进行能效优化，新增选择加氢进料与重汽油换热器 E-100A/B，减少现有选择加氢进料加热蒸汽消耗量，降低重汽油外送空冷电耗。

2　装置概况

该装置为 75 万吨/年催化汽油加氢脱硫装置，主要原料为催化裂化汽油和新氢，主要流程包括选择加氢、分馏、一段加氢脱硫和二段加氢脱硫等，其产品主要为轻汽油、重汽油、少量的净化燃料气及含硫气体，汽油加氢装置的部分简易流程图（如图 1 所示）。原料油自催化裂化装置进入缓冲罐 D-101，经原料泵加压后（升压至 2.8MPa）与来自管网的氢气混合，经换热器 E-101（进料与选择加氢产物换热器），E-102（进料与分馏塔底油换热器），E-103（原料与中压蒸汽换热器）换热后升温至 130℃～200℃，进入选择加氢反应器 R-101 进行二烯烃转换为单烯烃、烯烃异构化，硫醇和其他轻硫化物转化为重硫化物等反应；选择加氢反应产物经 E-101 换热后进入分馏塔 C-101，分离出轻汽油与重汽油，分馏塔底的重汽油经换热后分两路，一路进一段加氢脱硫及稳定部分，另一路与一段稳定塔底汽油混合后进入二段加氢脱硫及稳定部分，二段重汽油最后与轻汽油调和得到满足国Ⅵ排放标准的车用汽油产品。

3　重汽油的热量改造回收及能耗分析

3.1　重汽油的热量改造回收

二段重汽油出装置前需使用空冷器和循环水冷却器进行冷却，冷却前温度高达近 140℃，存在较大热量浪费；而原料油为达到反应温度，进选择加氢反应器前需使用蒸汽进行加热，针对以上两种情况，通过热量匹配优化新增选择加氢进料与二段重汽油换热器 E-100A/B，利用重汽油与选择加氢原料换热，实现节约加热蒸汽用量、降低装置空冷电耗目的，进一步降低装置能耗。换热器管层介质为选择加氢原料油，壳层为二段重汽油产品，新增选择加氢原料油控制阀，用于调节换热后温度，具体改造流程如图 2 所示。在原料换热器 E-101 前增加换热器 E-100A/B，吸收重汽油产品余热，降低产品后路冷却负荷及进料换热加热负荷。

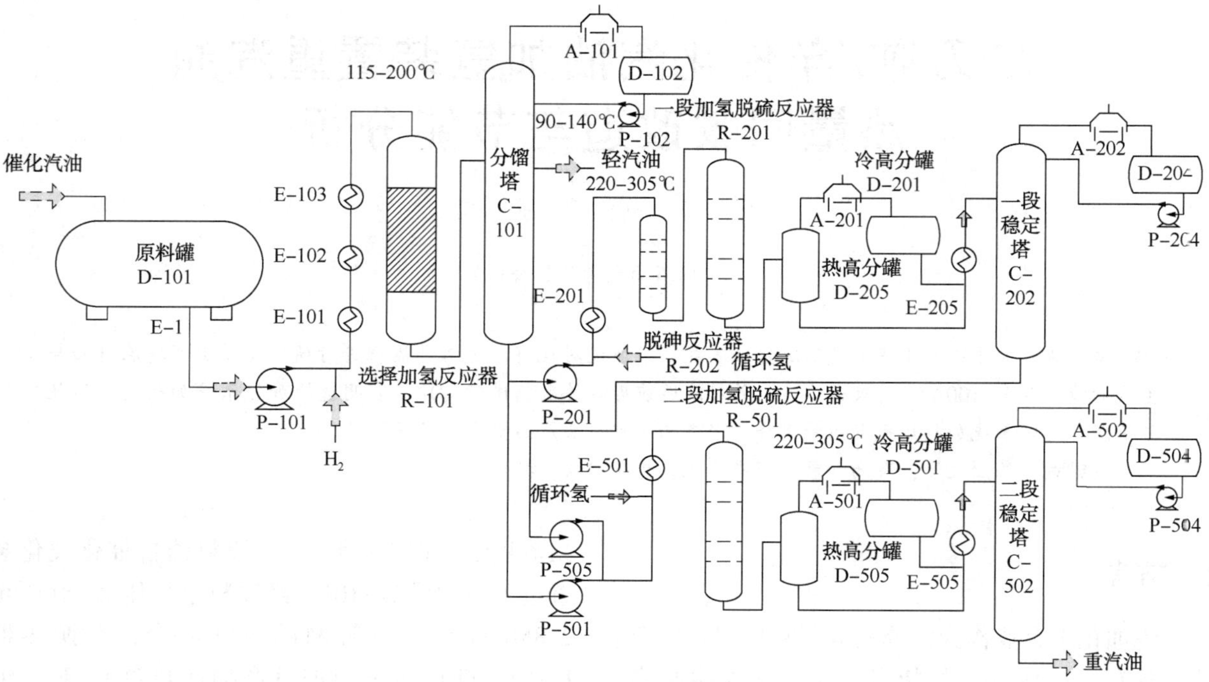

图 1　汽油加氢装置部分简易流程图

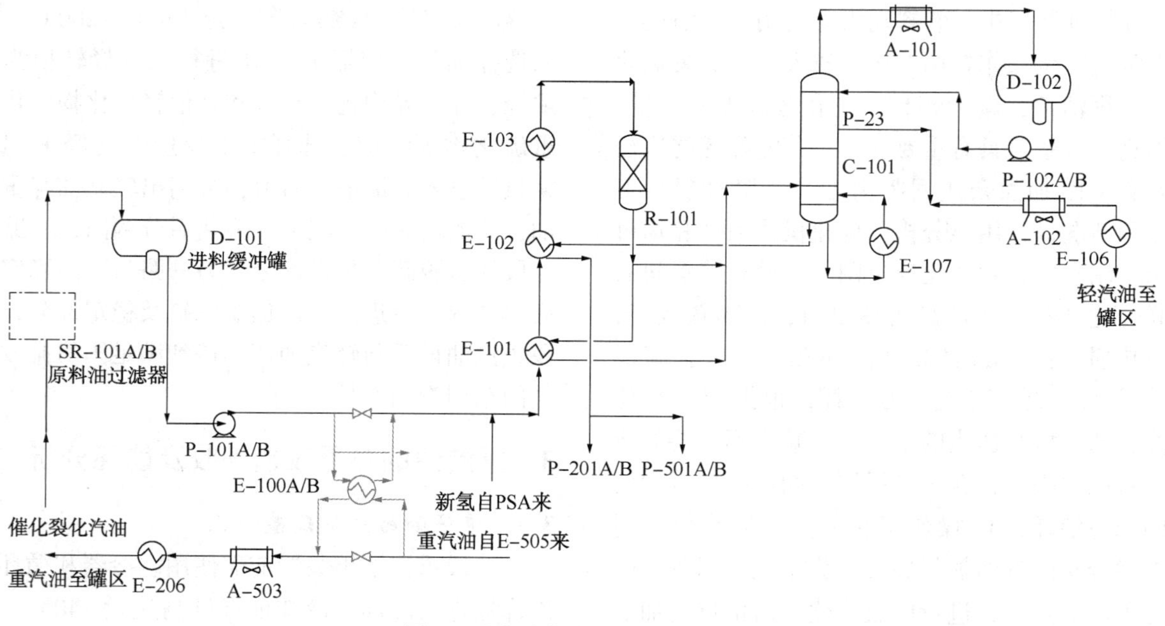

图 2　重汽油热量回收改造流程图

3.2　重汽油热量改造回收的能耗分析

对换热器 E-100A/B 投用前后的生产数据进行汇总整理，如表 1 所示。通过对比，可以发现，原料油经 E-100A/B 换热后，进 E-101 前温度较之前增加 34℃，出 E-101 后温度增加 30℃；经 E-102 换热后，温度较之前上涨了 19℃。整个换热温度的提高，使得 E-103 原料油/低压蒸汽换热器的加热负荷降低，由表 1 数据可知，选择加氢反应器入口加热蒸汽量由 5.1t/h 降至 1.3t/h，降低 3.8t/h。因节约的低压蒸汽为减压(0.4MPa)后流量，同时结合公司蒸汽管网流量变化，重新核算后节约低压蒸汽 3t/h，按照 200 元/吨的蒸汽加工成本，本项目每年可节约低压蒸汽 500 万元，项目投资回报周期仅为两个月。除此之外，回收部分热量后的重汽油产品，进入产品空冷温度降低，由表数据可知，空冷负荷由 92% 降低至 47%，达到了节电的效果。

表 1 换热器 E-100A/B 投用前后生产数据对比

位号	描述	投用前	投用后	效果
FC0205/(t/h)	处理量	71	77	6
TI0203/℃	原料油温度	61	65	4
TI0304/℃	E101 管层入口温度	61	95	34
TI0321/℃	E101 管层出口温度	73	103	30
TI0319/℃	E102 管层出口温度	106	125	19
TC0325/℃	R101 入口温度	135	135	0
TC0301/℃	E101 壳层出口温度	120	123	3
TI0318/℃	E102 壳层出口温度	113	131	18
TI0407/℃	分馏塔塔底返塔温度	157	162	5
TC1118/℃	一段加热炉出口温度	326	321	-5
TI6512/℃	重汽油产品空冷前温度	137	92	-45
FC0302/(t/h)	选择加氢反应器入口加热蒸汽流量	5. 1	1. 3	-3. 8
TC6601. OP/%	空冷变频负荷输出	92	47	-45

通过对装置进一步优化操作调整发现，在增加换热器 E-100A/B 之后，因热量仍有富裕，开大选择加氢反应器塔底与原料换热器 E-101 的跨线后，可使分馏塔进料温度增加 3℃，降低塔底蒸汽用量 0. 625t/h；新增换热流程器后，停运轻汽油、重汽油产品空冷，电耗降低 22kWh。

新增换热器 E-100A/B 之后，脱硫系统的进料温度也有所增加，带来了脱硫系统加热炉负荷降低的效果，瓦斯消耗量减少 6Nm^3/h 左右。

4 结论

汽油加氢装置通过回收重汽油热量改造，新增原料油与重汽油换热器 E-100A/B 后，可减少加热蒸汽 3t/h，同时减少分馏塔底蒸汽用量 0. 625t/h；轻汽油及重汽油空冷负荷下降，电耗降低 22kWh；装置综合能耗同比下降近 2kgEo/t，装置加工成本降低超 500 万元/年，节能效果显著。

参 考 文 献

[1] 董兴鑫 . 炼油化工装置节能降耗思路[J]. 中国石油和化工标准与质量，2022(042-009).
[2] 赵文忠，孙丽丽，李浩，等 . 炼油装置技术经济特性分析[J]. 当代石油石化，2020，28(2)：7.
[3] 代超奇 . 炼油化工企业节能降耗技术思考[J]. 化工管理，2016(26)：1.
[4]李煜，李慧 . 炼油行业能耗现状及优化技术进展[J]. 广州化工，2013，41(10)：3.
[5] 李忠宝 . 汽油加氢装置高能耗原因分析及优化措施[J]. 南方农机，2020，51(12)：1.

40000Nm³/h 制氢装置中变气余热回收改造利用

李　响　李　聪　李　爽

（中国石油大港石化公司）

摘　要　节能提效是实现石油石化企业绿色低碳发展的重要举措。为了对制氢装置中变气余热充分回收，大港石化公司第二联合车间通过对中变气换热流程进行改造，并对生产数据进行汇总整理。通过热量衡算，发现中变气的余热改造利用，可降低能耗 143.18kgEo/t，实现了热能的再利用，减少了生产成本的投入，达到了节能提效的目的。

关键词　绿色低碳；节能提效；制氢装置；流程改造；余热回收

1　前言

石油化工行业既是国民经济重要支柱，也是二氧化碳排放大户，加快绿色低碳转型是大势所趋，对我国实现“双碳”目标，具有重要意义。产业结构调整、科技创新、能效提升等都是实现绿色低碳的重要途经。能源损耗在炼油化工运营过程中较为常见，主要体现在低温位热源利用不够，物料传输过程造成能量损失，蒸汽利用效率较低三个方面。通过对节能降耗技术加以利用，降低炼油化工生产能源的消耗，对资源进行高效使用，降低生产成本，提高企业整体的经济效益，是实现健康绿色可持续发展的有效途径。炼油化工企业常见的节能降耗技术主要包括改善化工工艺流程和余热的回收利用与供热系统的配置优化。

大港石化公司第二联合车间制氢装置在锅炉上水流程由自产除氧水改为管网供应中压除氧水后，中变气热量存在大量可回收余热，为了有效利用中变气热量，通过对中变气与低温水换热器 E-115 冷路进行流程改造，将除盐水引入 E-115 冷路，取热升温后分别送至南区高温凝结水管网和动力锅炉除氧器，实现多个装置的热联合，达到节能降耗的目的。

2　装置概况

大港石化烃类蒸汽转化制氢装置规模为 40000Nm³/h，操作弹性为 60%～120%，装置主要由原料压缩升压部分；原料预热升温部分；原料精制加氢脱硫部分；水蒸气转化部分；变换反应和热回收部分；产汽系统部分；PSA 净化部分；氢平衡部分组成。制氢装置简易原则流程图如图 1 所示。

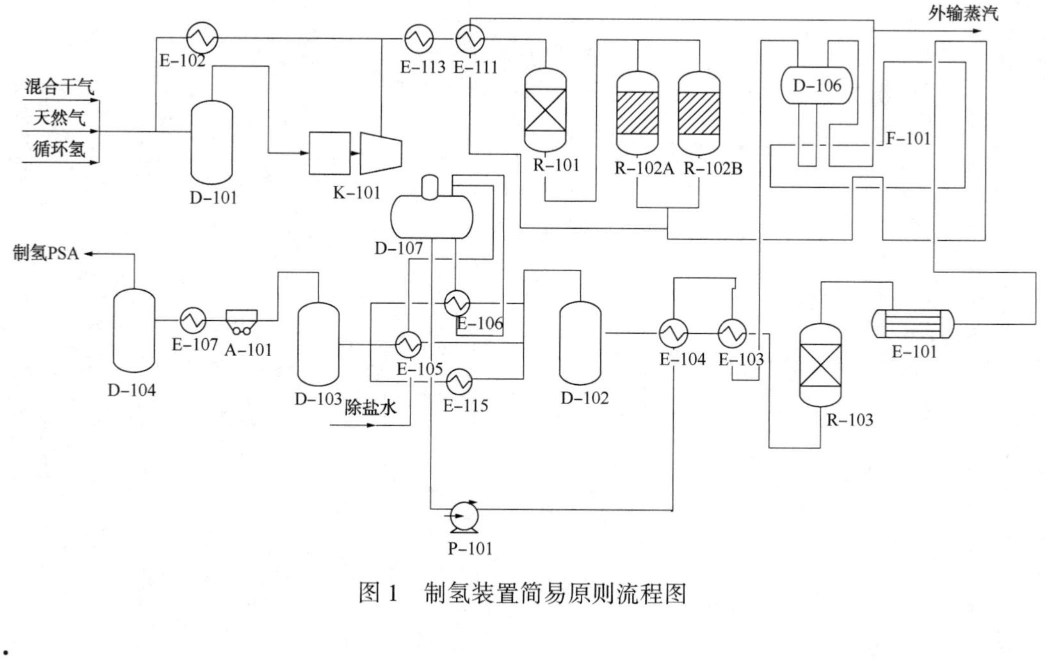

图 1　制氢装置简易原则流程图

中变气换热详细流程如图 2 所示，中变气自反应器 R-103 流出，先经过锅炉上水换热器 E-103、E-104 换热，然后分为三路流程，一路至除盐水换热器 E-105，提高除氧器上水温度；另一路至除氧器再沸器 E-106，为除氧器的运行提供热源；最后一路去中变气与低温水换热器 E-115 进行换热；最后三路汇合进入第二分水罐。

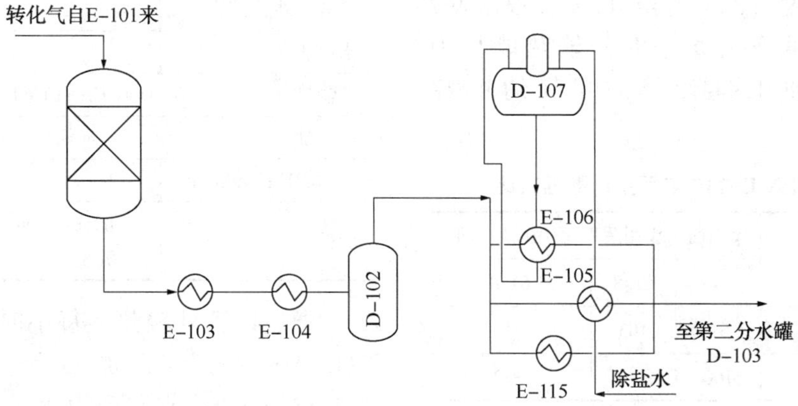

图 2　中变气换热部分流程图

3　中变气的换热改造及节能分析

3.1　中变气的换热流程改造

为了落实公司节能增效工作要求，大港石化制氢装置的锅炉上水由除氧器 D-107 自产改为中压除氧水系统管网供应。通过计算上水泵停用后节约的电能，减去公用系统除氧水管网水泵、中变气空冷器增加的电耗后，每小时可节约电耗 72. 5kWh，达到节能目的。

与此同时，由于改造后自产除氧水量大幅减少，除氧器仅为加氢裂化装置提供除氧水，使得除氧器 D-107 的加工负荷大幅降低，中变气与除盐水、除氧水换热器 E-105、E-106 负荷降低，从而出现了中变气存在大量余热的问题，也为后续降低介质温度增加了能耗。基于此，公司安排对中变气与低温水换热器 E-115 取热流程进行改造：原有取热介质为低温冷水，主要在冬季为各装置提供伴热使用，此次改造将取热介质改为除盐水，改造流程如图 3 所示。将系统除盐水引入 E-115，通过换热后分别送至南区高温凝结水管网和动力锅炉除氧器。

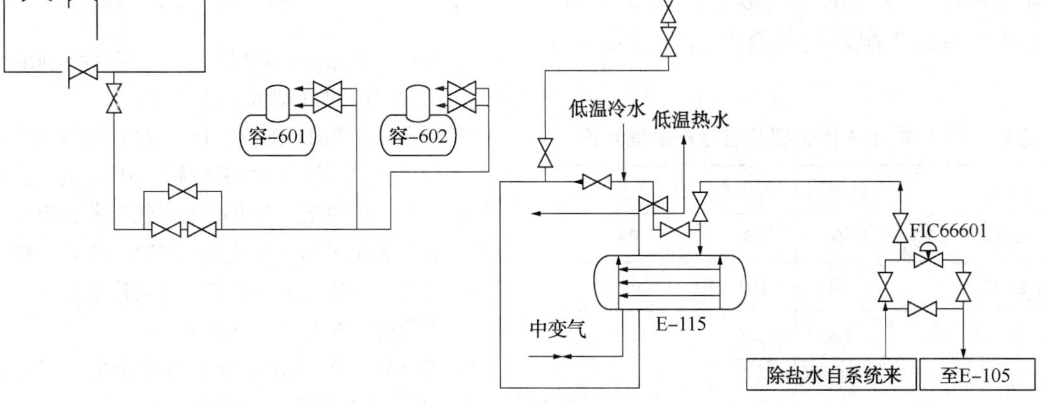

图 3　中变气换热器 E-115 改造后简易流程图

3.2 中变气换热改造的节能分析

除盐水引进 E-115 换热器后，对引入前后的生产数据进行对比，如表 1 所示。在除盐水外送流量为 61.8t/h 时，中变气温度由 160℃降至 147℃，除盐水温度由 34℃升至 103℃，根据表 2 外输热计算公式可知，每小时外输热能量为 17909MJ，按照加工量计算，可节约能耗 119.46kgEo/t。

表 1　除盐水引入 E-115 前后生产数据对比

变量	投用前	投用后	投用前后差值
外送除盐水流量/(t/h)	0	61.8	61.8
除盐水温度/℃	34	103	69
中变气换热后温度/℃	160	146	-32

表 2　除盐水引入 E-115 后外输热计算

项目	代号、公式	数值	单位
除盐水换热前温度	T1	34	℃
除盐水换热后温度	T2	103	℃
除盐水外送流量	F	61.8	t/h
水比热容	c	4.2	kJ/kg℃
外输热	Q=(T2-T1)*F*c	17909	MJ/h
产氢量	m 氢气	3.47	t/h
标油能耗换算数值		42.62	MJ/kgEo
能耗	能耗=Q/m 氢气/42.62	119.46	kgEo/t

计算依据：热量=温差*比热容*质量(质量流量)

中变气温度降至 147℃后，热量仍存在富裕，通过对装置工艺流程进行优化调整，开通相关节流阀后，E-115 除盐水量可达 73t/h，其中外送高温凝结水系统 43t/h，锅炉除氧器 30t/h。中变气冷后温度由 160℃降至 128℃，空冷负荷由 55%降至 42%。变化前后的数据如表 3 所示，并对优化调整后的工况进行外输热计算，如表 4 所示。

表 3　除盐水引入 E-115 优化调整后生产数据对比

变量	投用前	投用后	投用前后差值
外送除盐水流量/(t/h)	0	73	73
除盐水温度/℃	34	103	69
中变气换热后温度/℃	160	128	-32
空冷负荷/%	55	42	-13

表 4　除盐水引入 E-115 优化调整后外输热计算

项目	代号、公式	数值	单位
除盐水换热前温度	T1	34	℃
除盐水换热后温度	T2	103	℃
除盐水外送流量	F	73	t/h
水比热容	c	4.2	kJ/kg℃
外输热	Q=(T2-T1)*F*c	21155	MJ/h
产氢量	m 氢气	3.47	t/h
标油能耗换算数值		42.62	MJ/kgEo
能耗	能耗=Q/m 氢气/42.62	143.18	kgEo/t

通过计算外输热，每小时能够外输送热量 21155MJ，按照当前加工量计算，能耗可降低 143.18kgEo/t；节省动力锅炉除氧器自用蒸汽 2t/h 左右；空冷负荷降低后，每天可节电 56.8 度。除此之外，E-115 冷路的改造，也解决了装置第二分水罐水量过小的问题，第二分水罐液位控制阀由 17%开至 41%，扩大了液控阀的可调节区间；同时也改善了空冷出口温度，为避免空冷晃电停运后造成中变气温度高高联锁创造了更好的工况条件。

4　结论

在炼油化工工艺中，提高能源的利用率是炼化企业在节能降耗中的重要目标。大港石化公司制氢装置通过对中变气换热器的流程进行优化改造，充分利用中变气余热，实现了对系统除盐水的再加热，每小时外输送热量 21155MJ，降低能耗 143.18kgEo/t；节省动力锅炉除氧器自用蒸汽 2t/h 左右；中变气的余热回收，也降低了该装置的空冷负荷，达到了节约能源，降低生产成本的目标。

参 考 文 献

[1] 李栋．绿色低碳时代石油化工资源和能源走势探讨[J]．当代化工研究，2017(1)：2.

[2] 皮光林．我国石油化工行业绿色低碳转型面临挑战与对策[J]．石油石化绿色低碳，2023，8(3)：9-12.

[3] 李娟．炼油化工节能技术现状与发展趋势[J]．中国石油和化工标准与质量，2022(009)：042.

[4] 贾佳．炼油化工企业节能降耗技术措施探讨[J]．技术研究，2023(5)：98-100.

[5] 冯知峰．炼油企业节能降耗技术发展思路与建议[J]．化工管理，2022(9)：4.

低碳生产下的炼油企业设备节能工作研究与实践

曹望广 胡雅男 刘 霞 董 旭 刘 震

(中国石油大港石化公司)

摘 要 当前，各炼化企业在确保装置安全、平稳、长周期运行的基础上，都在低碳生产、节能降耗、提质增效上狠下功夫，大港石化设备专业结合部分装置机泵流量、扬程偏离实际，重点围绕机泵叶轮切削、叶轮摘级、更换高效机泵、电机变频调速、更换高效电机、高温设备管道保温升级改造、空冷管束清洗等方面开展节能工作，文章对大港石化2023上半年设备节能所采取的工作进行了梳理，列举了一些节能改造成功的典型案例并对其进行了较为细致的分析，可供各炼化兄弟企业开展节能工作时参考。

关键词 低碳生产；节能降耗；设备节能改造；典型案例分析

1 背景

大港石化自2020年起针对机泵流量、扬程偏离，控制阀开度较小的情况开始集中排查治理，先后采取叶轮切削、叶轮摘级、电机增设变频、更换高效机泵等手段大力开展节能工作，取得了较好的效果。2023年公司提出同比节电1500万度的目标，公司对需要改造的机泵、风机逐台制定改造方案和进度计划，经过努力，上半年累计实现名义节电能力450万度，对照公司下达的节电指标尚有一定差距，公司将持续加快设备改造进度，争取年终完成公司下达的节能指标。

2 节能概述

大港石化2023上半年节能情况简要介绍如下：

(1) 机泵节能改造32台，其中叶轮切削30台(如加氢裂化石脑油分馏塔底泵300-P-213A、重整脱C6塔回流泵0154-P-206A等)，更换高效机泵2台(三循冷水泵P-19501/3、汽柴油加氢装置高压注水泵P-102)，实现名义节电365.9万度/年。

(2) 机泵、风机变频改造7台(如公用系统锅炉烟气循环风机加变频)，实现名义节电84万度/年。

(3) 公司对空冷管束外壁进行高压清洗实现名义节电99.7万度/月。

(4) 高温部位保温整改：公司2023上半年对催化装置高温设备、管道保温进行改造，采用气凝胶、FBT等新型保温型式，节能效果明显。完成管线2947米、弯头371个、阀门及法兰207个。年名义节能约1.1万吨蒸汽(预计投资回收周期2.2年)。

3 典型案例分析

通过梳理大港石化2023年上半年已实施的部分典型节能案例，分四个方面对其简要分析如下：

3.1 叶轮切削方面

3.1.1 三联合贫抽提剂泵P-9012/B机泵切削叶轮

实施背景：机泵型号：1ZHYa40-400，机泵厂家为：沈阳格瑞德泵业有限公司，机封厂家为：日机；机封型号：CM20B-070-E058；辅助系统为PLAN11。介质：碱液；介质温度：40℃。

现场实验情况：流量控制阀FC1001为13.5t/h，FC1010为4.5t/h。

将机泵出口压力由2.1降至1.8MPa时，控制阀开度FC1001为46%；FC1010为46%。

机泵出口压力降至1.7MPa时，控制阀开度FC1001为50%；FC1010为50%。

机泵出口压力降至1.55MPa时，控制阀开度FC1001为52%；FC1010为52%。

机泵出口压力降至1.4MPa时，控制阀开度FC1001为62%；FC1010为64%。

因考虑装置检修开工时，收碱需求量较大，与工艺沟通后，机泵出口压力按1.6MPa进行叶轮切削核算，叶轮从320mm切削至最小叶轮直径285mm。

投用效果：贫抽提剂泵 P-9012/A 切至 P-9012/B，机泵正常运转后，控制阀开度 FC1001 为 54.8，FC1010 为 60%。电机电流由 98A 降低至 68A，泵出口压力由 2.14MPa 降低至 1.62Mpa 左右，在满足生产需求的情况下，达到了优化操作、确保了机泵平稳运行状态的前提下，同时达到了节约能耗的效果。

P-9012/B 叶轮切削前后数据对比表

项目	电机电流/A	泵出口压力/MPa
改造前	98	2.1
改造后	68	1.62

按照用电量计算公式：

用电量=千瓦时(kWh)=1.732 * 电压(kV) * 电流 I(A) * 功率因数 * 用电时间(小时)

贫抽提剂泵 P-9012/B 泵计算每小时节约电量为：17.6kWh(功率因数按电机铭牌所标额定功率因数 0.89 计算，电流差按 30A 计算)，计算年名义节电 15.2 万度。

P-9012/B 叶轮切削前后振动值对比表

项目	3H/(mm/s)	3V/(mm/s)
切割前	2.6	1.2
切割后	2.4	1.1

3.2 更换高效机泵方面

3.2.1 气分低温热水泵 P-110A 更换高效机泵

(1) 设备概况：电机由 710kW 变频泵更换为 250kW 工频泵，机泵厂家由浙江科尔更换为烟台龙港泵业股份有限公司；扬程由 215m 降至 75m，额定流量由 757m³/h 降至 730m³/h，介质：低温热水，温度：65℃，出口压力 0.75MPa。

气分低温热水泵 P-110A 改造前后运行参数对比表

项目	对比日期	流量/(t/h)	泵出口压力/MPa	电机平均电流/A
P-110A(旧泵)	2022.12-2023.3	630-690	0.77	29.5
P-110A(新泵)	2023.4.4	630	0.77	23

(2) 节能效果：因 A#为变频泵从 2022 年 12 月截至 2023 年 3 月，改造前平均电流 29.5A，改造后平均电流 23A，电流下降 6.5A，根据用电量计算公式：用电量=千瓦时(kWh)=1.732 * 电压(kV) * 电流 I(A) * 功率因数 * 用电时间(小时)，得出年名义节电 49.6 万度。

此次改造解决了原低温热水泵汽蚀余量不足，造成机泵振动偏大，同时汽蚀对叶轮造成损坏的问题，保证了设备长周期运行，做到了提质和增效的双丰收。

3.2.2 催化一中回流泵 P-2205/1 更换高效机泵

(1) 实施背景：旧泵型号：YH609-56/56DP，新泵型号：200×150KSM32，厂家均为嘉利特荏原泵业有限公司，辅助系统为 PLAN53A+32 不变，介质柴油，介质温度 240℃，电机额定功率 132KW。日常运行 2 开 1 备，本次改造对机泵整体更换，电机利旧，机泵由悬臂式改为双支承式。

(2) 投用效果：投用前，日常 2#和 3#并联运行，2#泵出口压力 1.45MPa，电流 146A；3#泵出口压力 1.35MPa，电流 149A；总流量 350t/h，控制阀 FC2202 开度 40%。，新泵投用后 1 台运行，出口压力 1.1MPa，电流 172A，流量 346t/h，控制阀 FC2202 开度 71%。

按照用电量计算公式：用电量=千瓦时(kWh)=1.732 * 电压(kV) * 电流 I(A) * 功率因数 * 用电时间(小时)，电机功率因数按 0.89 计算，2 台泵电流差按平均 118A 计算，计算年名义节电 59.7 万度。

分馏塔一中回流泵 P-2205/1 整体更换参数对比表

项目	电机电流/A	泵出口压力/MPa	3H/(mm/s)	3V/(mm/s)	3H/(mm/s)	3V/(mm/s)
1#(旧泵)	147	1.35	2.2	2.8	—	—
2#泵	146	1.45	1.6	2.6	—	—
3#泵	149	1.35	2.3	2.7	—	—
1#新泵投用	172	1.1	0.9	0.9	0.8	0.9

3.2.3　公用系统三循冷水泵 P-19501/3 更换高效机泵

三循原 3#冷水泵型号 SM401-450，流量 2200m^3/h，扬程 48 米，于 1996 年投用，使用年久，效率较低，不符合节能相关规定。更新后机泵型号为 KPS60-500，流量 4000m^3/h，扬程 47 米。目前 2#、3#冷水泵配合运行，对比之前开 1#、4#、5#三台冷水泵，总电流降低了 11A，按照用电量计算公式计算：

用电量=千瓦时(kWh)= 1.732 * 电压(6kV) * 电流 I(A) * 功率因数 * 用电时间(小时)

计算年名义节电 77.1 万度。同时机泵各点位振动均小于 1.5mm/s，运转状态良好，改造达到预期效果。

三循冷水泵 P-19501/3 改造前后运行参数对比表

项目	系统水压/MPa	外供水量/(m^3/h)	1#泵电流/A	2#泵电流/A	3#泵电流/A	4#泵电流/A	5#泵电流/A
1、4、5#冷水泵同时运行	0.35~0.36	7200~7300	45	—	—	45	46
2、3#冷水泵同时运行	0.37~0.38	7500 左右	—	54	71	—	—

3.2.4　第四联合车间汽柴油加氢装置注水泵 P102 换型提效改造

（1）改造背景：220 万吨/年汽柴加注水泵 0155-P-102 为立式高速泵，最佳效率点流量为 13.3m^3/h，当前流量 7.3t/h，流量偏离 47.4%，泵效率仅 33%。电机功率 90KW，造成 2/3 电机功率浪费，需要对该泵换型改造提高泵效率。

（2）改造方案：参照加氢裂化高压注水泵使用的三柱塞的泵型，新增加一台柱塞泵。

汽柴加注水泵 P-102 换型改造前后运行参数对比表

项目	流量/(t/h)	电机电流/A	出口控制阀开度	电机实际功率/kW	电机最大振动/(mm/s)	泵最大振动/(mm/s)
立式高速泵	7.3t/h	113A	28%	66.2	1.0	1.5
三柱塞泵	7.3t/h	34A	60%	18.3	2.4	2.2
对比情况	不变	-79A	+32%	-47.9	+1.4	+0.7

（3）节能效果：更换为柱塞泵后，电机实际功率下降 47.9KW，可实现年节电 40.2 万度，节电效果明显。

3.3　变频调速或更换低转速电机方面

3.3.1　第四联合车间 60 万吨/年连续重整装置四合一炉强制循环水泵 P-901A 更换低转速电机

（1）改造背景：重整余热锅炉顶标高 26.2m，加上 10 米的管道损失，实际需要扬程约为 36.2m，强制循环水泵的设计扬程为 90m，实际所需要的扬程远远低于额定扬程，通过关小出口阀，开大流量控制阀在保持流量为 210-240t/h 的情况下，经实测泵出口压力为 4.4MPa，出口阀后压力为 3.8MPa，具有很大的降压空间。

（2）改造方案：P901A 原电机型号 YBX3-315S-4WF1，转速 1490r/min，额定功率 110KW，此次改造将电机由 4 级更换为 6 级电机，转速 980r/min，以此达到降低泵扬程的目的。

重整强制循环水泵 P-901A 改造前后参数对比表

项目	叶轮直径	流量	出口压力	电机电流	最大振动	电机实际功率	节省功率
P-901A(原叶轮)	560mm	220t/h	4.4MPa	178A	1.42mm/s	100.75kW	
P-901B(切割叶轮)	460mm	220t/h	4.0MPa	107A	1.0mm/s	60.56kW	40.2kW
P-901A(低转速电机)	560mm	220t/h	3.8MPa	76A	0.56mm/s	39.8kW	60.95kW

（3）节能效果：P901A 泵采用低转速电机后，电机实际功率较改造前降低 60.95kW，年节电量为 60.95 * 8400=51.2 万度；比采用叶轮切割方案的 B 泵年节电多 17.4 万度，节电效果明显。

3.3.2　变频调速：公用系统锅炉烟气循环风机机-616 电机增加变频，节名义节电 23 万度

3.4　高温设备、管道保温改造方面

公司运行年限超过 15 年的部分老旧装置高温部位保温多处出现腐蚀、开裂、散热量大的现象，局部外壁温度超过 100℃，平均热流密度 $500W/m^2$ 以上，不但装置运行能耗大幅增加，而且极易出现因介质泄漏滴落到保温发生着火的巨大隐患。公司自 2022 年 3 月起，应用气凝胶及 FBT-X 稀土复合硅酸盐等新型保温材料，开展高温设备管道保温改造工作。截至 8 月底已完成 30000 米管道、5000 平米设备的保温改造，节约瓦斯和蒸汽效果显著并消除了设备运行隐患，预计名义节汽 10 万吨/年。

3.4.1　焦炭塔保温改造

以焦炭塔南塔保温改造为例进行说明，保温改造后，保温外壁平均热流密度由 $997W/m^2$ 降至 $300W/m^2$，降低热损率约 64%。焦炭塔南塔能耗降低 0.52kgEo/t，单塔年节费用 51 万元。对装置能耗的影响主要体现在四个方面：

（1）分馏塔热负荷增加，原料换热后温度升高，瓦斯消耗量降低，日平均节省 $910m^3$；

（2）分馏塔热负荷增加，日平均发汽量增加 1.2t；

（3）分馏塔热负荷增加，各循环回流取热量增加，低温热温差由 16℃增加至 17℃，热输出增加 0.19kgEo/t；

（4）焦炭塔上部塔壁温度由 427℃升高至 428℃，中部塔壁温度由 425℃升高至 432℃，下部塔壁温度由 398℃升高至 428℃。

3.4.2　减压过气化油罐保温改造

减压过汽化油罐操作温度为 355℃左右，保温升级前，每当遇到强降雨天气，过汽化油罐的温度就会出现大幅下降，造成介质粘度增加，机泵抽空，过汽化油流量下降，罐内液位上升，过汽化油系统出现大幅波动。公司对过汽化油罐及管线保温进行整体升级为 FBT 新型保温材料，在今年 8 月 18 日大暴雨天气条件下，过汽化油罐温度保持平稳，未见明显波动，保证了过汽化油系统的平稳运行。

4　结论

综上所述，大港石化通过实施机泵叶轮切削、摘级、更换高效机泵、电机加变频等手段消除了机泵流量、扬程偏离工况，机泵运行更加安全稳定；通过对老旧装置高温设备、管道采用气凝胶和 FBT 新型保温进行升级改造，大大降低了保温热损失，同时取得了显著的节能效果。这些手段已在公司经过实践检验，可为炼化兄弟企业直接借鉴。

参　考　文　献

[1] 曾烨．我国石化行业机泵节能技术的应用及现状[J]．化工管理，2016，(10)．

[2] 王占奎．变频调速应用百例[M]．北京：科学出版社，1999.

石油石化能源管控探索与应用

陈 雪 余绩庆 刘 博 郭 彦

(中国石油天然气股份有限公司规划总院)

摘 要 当前数字经济快速发展，“智能化”转型普获关注，传统能源行业如何应对资源约束，能源利用高效化、过程清洁低碳化、经济效益最大化等这些问题和挑战，推动企业进入“新时代”，开创“新征程”——实施数字化发展和智能化转型。中国石油节能管理部门在消化吸收国际先进管理方法的基础上，结合企业生产实际，创新提出能源管控方法和标准，推进油气田和炼化企业能源管控试点建设，利用数字化、智能化手段促进节能降耗。本文重点介绍了近几年中国石油推进能源管控的方法和成果。

关键词 能源管控；数字化；智能化；能源绩效；能源管理体系

数字化智能化转型升级是新一轮能源科技革命和产业变革的强劲动力。国务院印发的《2030年前碳达峰行动方案》中指出要全面提升节能管理能力，提高节能管理信息化水平，完善重点用能单位能耗在线监测系统，推动高耗能企业建立能源管理中心。2022年6月工信部等六部门印发的《工业能效提升行动计划》中明确要积极推动数字能效提档升级，充分发挥数字技术对工业能效提升的赋能作用，推动构建状态感知、实时分析、科学决策、精确执行的能源管控体系，加速生产方式数字化、绿色化转型。实施能源管控是促进节能降耗，提高能源利用效率和能源科学化管理水平重要手段。

1 能源管控发展历程

我们对能源管控的认知通常是基于网络、计算机等先进技术的现代化能源管理工具和平台，对企业能耗数据进行采集、存储、处理、统计、查询和分析，提供企业能源消耗计划、能耗核算及定额管理，对企业能源消耗进行监控、分析和诊断，实现能源科学有效管理及能源效率的持续改进。

能源管理在1990—2000年期间以能源数据采集和对比分析为主，实现对企业能耗数据的存储、处理、统计、查询和分析；2000—2015年期间在能源数据在线采集的基础上，实现了工艺装置及公用工程系统的优化管理。2015年以后，随着移动互联网、大数据、云计算等新一代信息技术加速迭代演进，带来全新生产管理模式，能源管理也进入重要发展阶段，逐渐向能源管控转变。各企业通过实施在线优化、先进控制，总结最佳节能实践经验，实现公用工程与生产运行之间的协同优化，给出贯穿整个生产过程的最优能源利用方案。

传统能源管理方式通常是人工统计和分析，数据获取的及时性和互通性差，对能源绩效监控不到位，缺乏能源预测模型，很多时候只能事后分析原因。企业实施能源管控，开展能源平衡、能耗分析、能源预测、能耗预警、能源优化等，为企业的能源使用、调度和管理提供及时、准确、有效的数据支撑和用能指导，从而帮助企业发现用能问题、优化用能过程、降低能源能耗、减少能源成本。

2 中国石油能源管控实践

中国石油在消化吸收国际先进管理方法的基础上，遵循“效益为本，注重实效；分类指导，突出重点；完善机制，创新驱动”的原则，开展油气田和炼化企业能源管控试点建设，建立了能源管理体系与技术深度融合的全方位闭环能源管控模式。

（1）提出了实施能源管控的基本原则，即：按照设定的能源管控等级目标实施能源管控，并基于策划—实施—检查—改进的持续完善模式，使能源管控融入企业的日常活动中。能源管控工作流程如图1所示。

（2）提出了能源管控成熟度模型：研究建立了包含计量级、监测级、分析级、优化级和智能级5个级别的能源管控成熟度模型，并提出由计量级向智能级发展的路径。

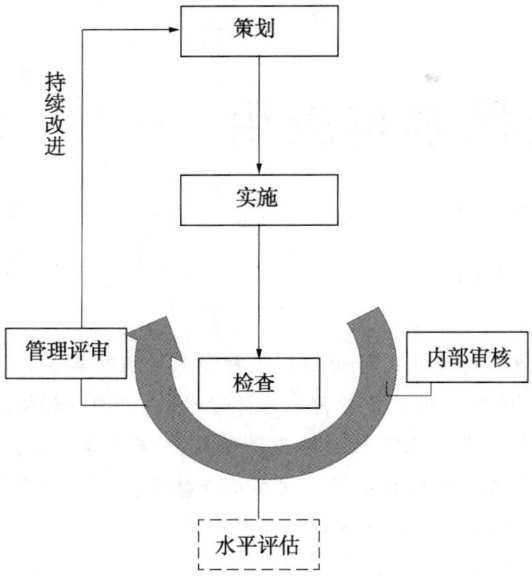

图 1　能源管控工作流程图

计量级应实现能源的有效计量，监测级应实现能耗状况的实时监测，分析级应实现能效水平的有效分析和主要用能问题的合理解决，优化级应实现能源消耗目标的科学设定和优化方案的在线计算，智能级应实现能源使用全过程的闭环优化管理。

能源管控等级的发展过程如图 2 所示。

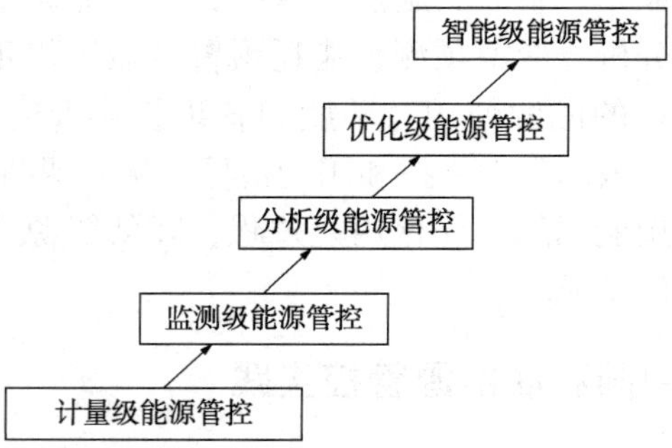

图 2　能源管控等级的发展过程图

（3）提出了能源管控单元的概念：实施能源管控并具有清晰管理界区的对象。在深入分析油气生产、炼油化工、油田技术服务等业务生产特点、用能主体、能耗结构及能源管理重点的基础上，提出油气田企业可以选取能源计量器具配备和数据远传基础好的采油（气）厂或作业区作为能源管控单元，重点针对机采系统、集输系统、处理系统、注入系统和供配电系统进行管控。炼化企业可以选取炼油化工生产过程中能耗在全厂能耗中占比较高且有较大的节能增效潜力的单元作为能源管控单元，如公用工程系统或全厂（分厂、运行部）等。数字化和自控基础好的企业鼓励建立公司级能源管控中心。

3　企业实施效果

3.1　××油田公司

1. 能源管控单元

××油田，实现目标：优化级。

2. 建设特点

开发了集机采、集输、注水各生产系统于一体的能源管控系统，实现能耗监控、异常预警、措施推送、效果评价全过程线上管控和能源闭环管理。

（1）能耗监控更加直观。以能耗数据为切入点，通过数据的实时采集、远程传输、数据计算、多样化展示，形成立体化、多维度的能耗监控。对于管理需求，可对用能单位的油气生产和能源管理进行监控；按生产系统，可针对机采、集输、注水系统进行监控；按时间维度可形成年、月、日统计报表、可视化图表；按能耗情况，可形成能耗总量、系统单耗、效率等不同角度的监控。

（2）考核管理更加科学。电、气等考核指标分解时，系统可提供相关历史数据，指标预测更加精准，考核指标可分解至各用能单位，可由年度用量细化至月度；指标考核时，系统自动将各用能单位的实际用量与计划指标对比；考核管理高效科学。

（3）对标管理更加及时。及时对比分析生产装置和设备的能效指标和相关的工艺参数，纵向对标为主，横向对标为辅。系统可自动进行对标管理，解决了传统对标周期长、实效性差等问题。利用纵向对标，可查询历史最优状态的运行参数，为生产调控提供参照，由原来经验调节转变为量化调控；利用横向对标，可筛选基层单位能效标杆，针对与标杆的差距，制订个性化能效提升对策，对基层用能单位实行个性化管理。

（4）效率评价更加精准。以实时数据为依托，对单台设备、班组和生产系统等不同层级的系统效率进行评价，提高了效率评价的准确性和实用性。

（5）闭环优化。突出管、控并重，在保障机采和掺水系统平稳运行下限的同时，增加能耗上限要求，实现能耗监控、异常预警、措施推送、效果评价全过程线上闭环管理。系统实时计算单井日耗电量、系统效率、吨液耗电，任一指标超出阈值，自动预警，依托各类优化模型，推送调平衡、加药、热洗、调参等措施，措施实施后计算节能量，完成闭环优化。

3. 运行效果。“十三五”期间，通过实施能源管控，不断精简业务流程，能源管理由“凭经验管理”向“听数据指挥”转变，管理效率不断提升。节能减排方面，吨液综合能耗逐年下降，由建设前 2015 年的 35.7kgce/t，降至 2020 年的 29.0kgce/t，年均节省能耗成本 284 万元。

3.2 ××油田公司

3.2.1 管控单元

××油田公司供汽联合站，实现目标：分析级。

3.2.2 建设特点

建设的能源管控系统有 5 大模块：计划与调度、监测与预警、能源绩效考核、综合统计分析、模拟与优化，相应实现分析级、部分模块优化级功能。

（1）能源总体管控，实现能耗数据总体展示。对供汽联合站锅炉运行情况、能耗总量、单耗及变化趋势，进行总体展示，实时掌握能耗及单耗变化趋势。

（2）计划与调度管理，实现能耗用量进度监测及锅炉调度优选。实现供汽联合站计划产汽量、用气量和用电量的实时跟踪，掌握能耗用量进度(百分比)，避免能耗总量超标。实现站内锅炉调度优选建议。

（3）监测与预警管理，实现注汽锅炉运行数据全面监测。完善了 46 台锅炉、22 台水处理软化器及 3 台外输泵现场数据采集，在原有数据采集点位的基础上新增对流段进口、出口压力、温度检测等 7 个点位，实现锅炉数据实时监测，并对热效率不达标锅炉进行提示与预警。

（4）绩效考核管理，实现锅炉热效率不达标考核。当日锅炉运行效率统计核算，对不达标锅炉进行考核，并完成节能量统计。

（5）归因分析管理，实现锅炉热效率不达标原因分析。当下锅炉不达标工况分析(过剩空气系数、排烟温度、炉管结垢、对流段结垢等方面)，提出工况优化建议，实现对标数据分析。

（6）模拟与优化管理，实现锅炉最佳工况模拟。对在用锅炉最佳运行工况优化模拟，实施工况调整，降低锅炉用能单耗。

3.2.3 运行效果

能源管控实施后，每年可节约天然气 $303.83\times10^4Nm^3$，节电 $50.05\times10^4kW\cdot h$。

3.3 ××石化公司

3.3.1 管控单元

全厂(能源管控中心)，实现目标：优化级。

3.3.2 建设特点

××石化公司建设能源管控中心，将重点装置在线模拟模型与公用工程在线优化系统集成，实现了工艺装置与公用工程系统的协同优化。

构建了包含计量系统、PHD 系统、MES 系统以及 LIMS 系统数据的能源管控数据库，开发了具备能流监控、能源平衡、能效指标管控、公用工程系统和重点装置在线优化等功能的能源管控信息平台。

（1）能源平衡管理

通过绘制蒸汽、电力、循环水、瓦斯气、除盐水、低温热水等能源介质的能流图与实时数据库连接，展现各种能源的购入、转换及消耗情况。

（2）重点能耗设备监控

对全厂的大型耗能设备，如加热炉、压缩机等设备参数进行全面监控。

（3）能源绩效参数实时监控

设置了三级能源绩效参数实时监控体系。公司级包括炼油综合能耗、能源消耗量、能源成本等 12 个参数；二级单位包括装置能耗、各能源介质消耗量等重点参数 56 个；车间包括加热炉热效率、换热温度等 300 多个参数。通过设置监控报警值，对超标指标和异常指标自动预警，便于及时开展原因分析，制定节能降耗措施。

（4）统计分析管理

能源统计分析由线下转化为线上，自动生成月、日装置用能数据、同比数据、环比数据，仅需对同比、环比变化较大的数据进行分析，进一步提高了用能分析的精准性和时效性。

（5）能源考核管理

设置能耗考核指标，系统自动提取能耗数据，进行考核结果计算。

（6）能效对标管理

可进行各种能源介质消耗对标分析，各装置能耗横向、纵向对标分析。

（7）工艺装置在线优化

建立了工艺装置在线模拟模型，通过与历史数据库和 LIMS 系统连接，能够自动提取数据和计算，实现对装置运行的在线(实时)监控。设定装置优化的目标函数和约束变量，利用模型迭代计算寻找最佳优化参数，形成开环优化方案，以达到效益最大化目标。

（8）公用工程系统在线优化

开发建立包含蒸汽系统、电力系统、燃料系统和氢气系统在内的公用工程系统在线模拟优化模型，结合企业生产约束、设备约束和常用优化需求，合理选取优化变量，自动进行优化计算，为公用工程在线优化提供优化参数值及方案建议。

3.3.3 取得效果

××石化公司通过建设能源管控中心，建立了能源管控信息平台，研发形成工艺装置与公用工程系统在线协同优化技术，培养了能源管控技术团队，提升了能源管理水平。项目实施后，2020 年××石化公司炼油综合能耗从 2019 年的 63.01kgoe/t 下降到 59.88kgoe/t，下降 4.97%。

4 结论

能源管控是企业提高能源利用效率和能源科学化管理水平的有效手段，是利用智能化、信息化等“两化融合”手段促进节能降耗的重要体现。

“十三五”期间中国石油研究制订了能源管控系列技术标准，提出计量级、监测级、分析级、优化级和智能级 5 个级别的能源管控成熟度模型，建立了能源管控实施原则、目标、管控单元选取、各等级技术要求等方法体系，制定了一套评估方法，在完善现有水平等级的基础上，使得能源管控不断向更高等级发展。

从试点建设情况看，管控单元不宜选择过大，过于庞大的管控单元例如全厂，实施难度大，资金人力投入大，如果前期没有实施基础或科技专项支撑很难在短时间内取得明显的实施进展和效果；管控单元也不宜选择过小，过小的管控单元包含的用能工艺过程不全，优化空间小，实施效果不明显。能源管理信息化和智能化是企业信息化建设中的一部分，企业应将能源管控嵌入信息化和智能化建设方案中。

信息化及其新技术的迅猛发展为石油石化行业带来深远影响，大数据分析、在线模拟、在线优化控制、智能控制等新技术的应用，改变了企业生产模式和能源管理模式，能源管控未来发展空间巨大。《“十四五”智能制造发展规划》明确提出推进智能化转型，未来工业智能化变革势不可挡，能源管理智能化是“智能炼厂”、“智能油气田”的重要组成部分，企业实施智能化转型升级，建立智能级能源管控，对全介质、全口径能源智能管控，从计划、监控、统计、绩效评价、考核全方位闭环管理，从而实现节能、节水、高效、低碳。

吉林油田地热井钻完井技术研究与探索

杨振科　李　琦　张新发

（中国石油吉林油田公司钻井工艺研究院）

摘　要　地热开发的关键是地热钻井，地热钻井主要借鉴油气井钻井技术。吉林探区拥有丰富的地热资源，详尽的地质资料和数十年的勘探开发工程技术经验积累。近期，吉林油田针对供热需求大、地热资源较好的英台厂区、石化园区开展地热资源利用新钻井的可行性研究，形成了2套地热供暖试验方案，现已通过北京总部专家的审查，处于现场施工状态。为后续地热资源产业化利用，实现绿色清洁转型发展提供了技术理论支撑。

关键词　地热井；钻完井；工程设计；先导性试验

地热能作为一种清洁可再生能源，不受季节和气候等影响，是助力“双碳”目标实现的主力军之一。2022年，国家发改委等九部门印发了《“十四五”可再生能源发展规划》要求，积极推进地热能规模化开发。目前，我国多个省、市、县均确定了“十四五”地热发展目标，掀起了进军地热能的热潮。

地热开发的关键是地热钻井，地热钻井主要借鉴油气井钻井技术，由于热储岩石地质条件，诸如岩性、埋深以及产出流体性质不同，相比于油气钻井，地热钻井条件更为苛刻，还要针对地热井特有的高温和大口径进行新技术和新设备的改进与研发。

1　国内外地热井钻井技术现状

人们将地热资源按照热流体传输方式、温度范围以及开发利用方式等分为浅层地热能、水热型地热能和干热岩型地热能三种类型。也根据资源分类形成了相应的钻完井配套技术：

1.1　中低温地热井

多采用平台方式布井，两个井一个平台，一注一采。主体采用二开井身结构、正循环钻井，在热储层位采用清水或注空气钻井，形成欠平衡钻井状态使地层水向井内连续流动，有利于保护热储层，减少对水层伤害，提高注采水量。

完井方式：一开水泥封固，二开滤水管以上部分采用油井水泥封固。

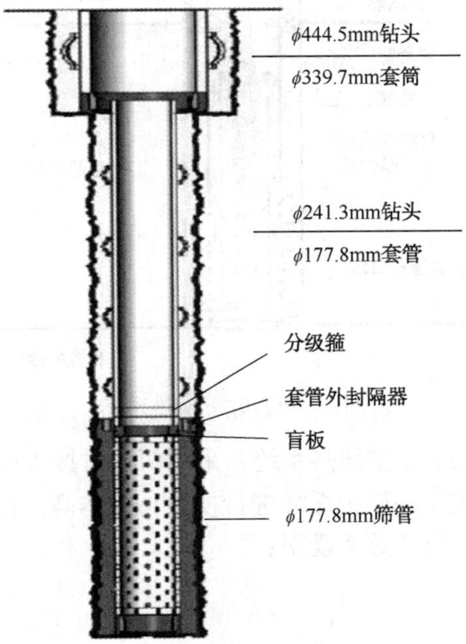

图1　典型地热井井身结构图

表1　常用滤水管参数及适用地层

类型	适用岩性	孔(缝)径	开孔密度
花管	灰岩热储	18mm	一圈12孔
绕丝筛管	砂岩热储	18mm	一圈12孔+80目筛网
割缝衬管	砂岩热储	100×0.3mm	580-600条/米

较为成功的有曹妃甸新城地热供暖项目，该项目已成为目前全国单体规模最大中深层地热供暖项目，总地热供暖面积598万平米，2018年冬季首次实现了燃煤污染物二氧化碳和粉尘“零排放”“零污染”，成为唐山地区首座“无烟城”。

1.2　干热岩地热井

干热岩地热资源具有资源量巨大、分布广

泛；无废气和其他废弃物污染；开发系统安全；热能连续性好等优势。世界上虽然有多个干热岩示范项目，但高温干热岩资源尚未进行商业化开发。研发高效 EGS（增强型地热系统）技术应用于储层温度高且供液能力不足的地层，大幅度提高循环取热功率是干热岩资源开发的突破口。

目前，EGS 系统换热方式有三种：

（1）单井换热：可以在老井基础上进行改造，不需要新钻井，成本最低，但是热效率也最低；

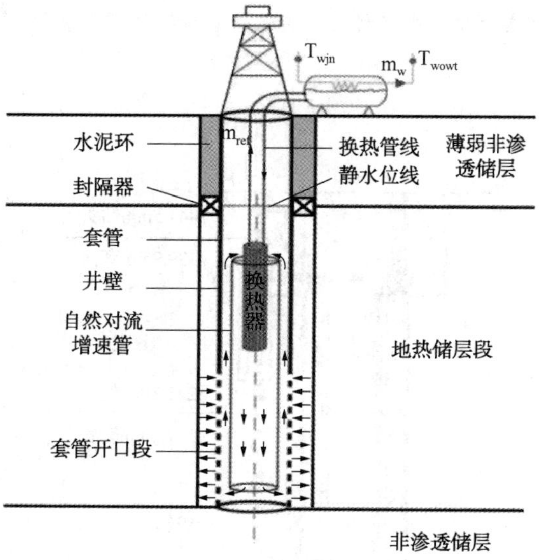

图 2　单井井下换热系统

（2）U 型地热系统：采用两井对接方式，通过介质在井筒中循环进行换热，成本高，换热面积小，换热效率受限；

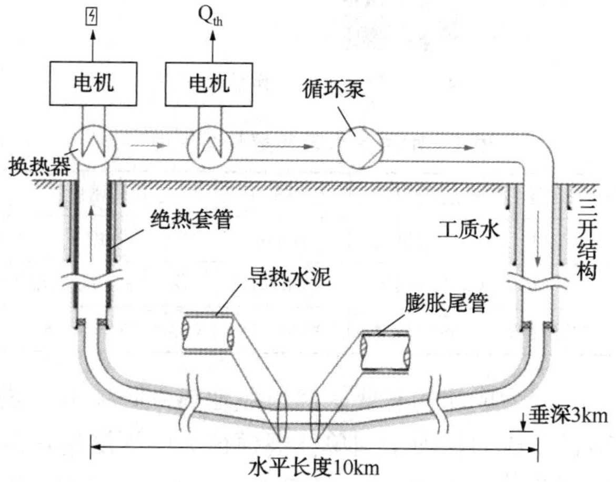

图 3　U 型井闭式地热系统

（3）多井组增强型地热系统：通过多井压裂改造循环换热，换热效率高，单井成本低。

较为成功的有海南福山凹陷花东干热岩（花东 1R 井），在 4387m 发现 185℃ 干热岩，是我国第一口具有独立知识产权的干热岩参数井；唐山马头营干热岩（M－1 井），在 3965m 发现 150℃ 干热岩，是目前京津冀第一口大于 150℃ 干热岩井；青海共和盆地干热岩，其中 GR1 井是目前国内已钻干热岩井温度最高的一口井，井底温度 236℃。

2　吉林油田地热资源现状

“十四五”以来，吉林油田在集团公司、北京总院和兄弟油田的大力支持和帮助下，开展了针对性的地热研究和不同类型的先导试验，明确了油田近中期地热发展方向：一是以废弃井改造为主的水热型地热资源内部替代，二是积极开展城市群的地热资源评价和供暖规划，以先导试验为突破点，逐步实现城区清洁供暖，为实现双碳目标提供有利支撑。

吉林探区地温梯度高（3.5～7.5℃/100m），大地热流值高，初步评价具有较大的资源潜力。但吉林油田地热资源地质条件与其他地区存在明显差异，水层物性相对较差，砂岩薄互层较多，单层最大厚度 50 米，发育多套水层。自 2021 年起，吉林油田开展了一系列先导试验，包括浅层利用（少量替电）、废弃老井井筒取热及砂岩回灌，积极推进地热开发利用进程，但在技术或应用规模上还存在一定问题，需要对具体问题具体分析，找到有效开发利用的路子。

2022 年末至今，公司决策，优先针对供热需求大、地热资源较好的英台厂区、石化园区进行地热资源利用可行性研究，形成了 2 套地热供暖试验方案。

3　吉林油田地热井钻井设计实例

3.1　英台厂区地热供暖试验钻井方案

供暖对象主要是英台采油厂厂区内公寓及公建设施，属水热型地热井，根据热负荷需求及其前期砂岩回灌试验结果，部署 3 口井，“1 采 2 灌”，平台方式开发，井口间距 8m，井底间距 400m。设计垂深 1900m，预测井底温度 70-75℃。

由于地层上下发育多套水层，定向井若采用常规“三段制”，易在上部形成低温水的快速通道，不利用换热。地质工程一体化研究，将轨道优化为“直增稳降直”五段制，可以满足采水井距需求。

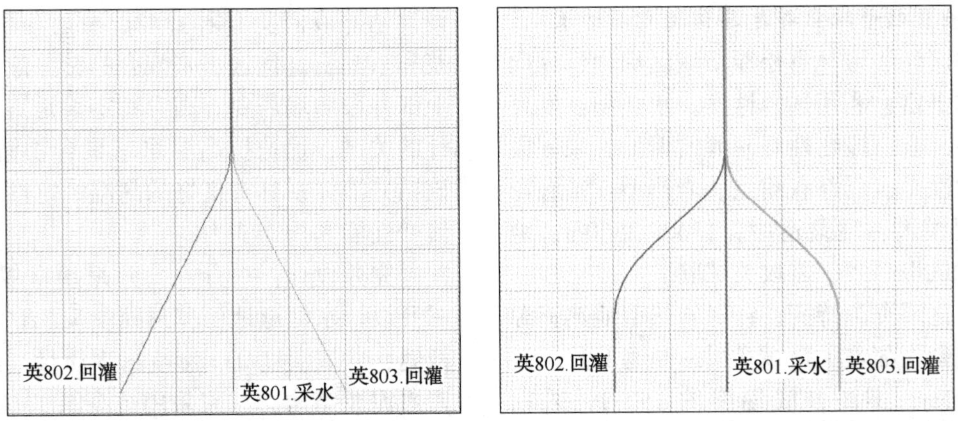

图4　井眼轨迹优化前后对比

统计前期已钻井情况、地层压力数据，个别井钻井过程中在姚家组发生渗漏。通过与北京工程院紧密结合，依据相关标准，合理设计地热井井身结构，满足采水、固完井技术要求。

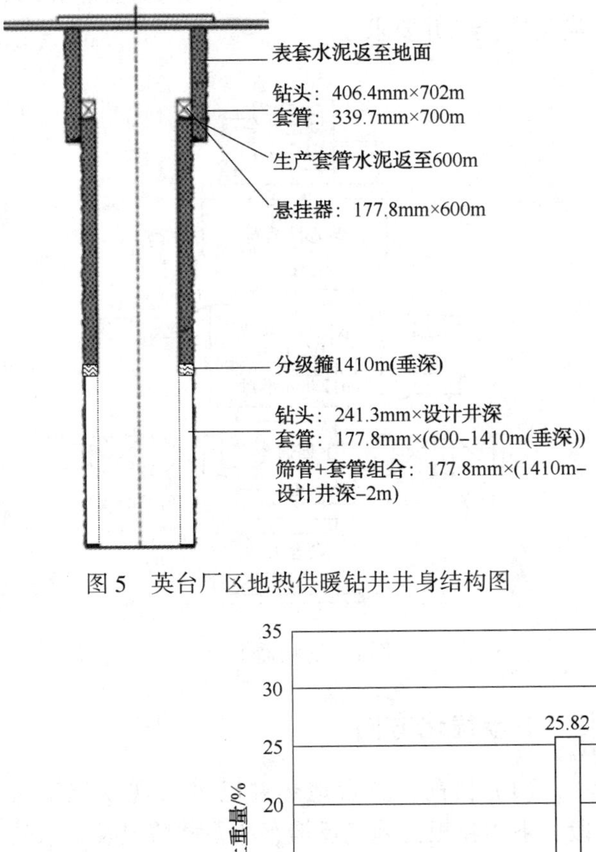

图5　英台厂区地热供暖钻井井身结构图

总体采用二开井身结构，表层339.7mm套管下至700m(采水要求留有不少于600m的能下入250mm潜水泵的泵室)，生产套管采用尾管悬挂方式，悬挂器位置600m，生产套管外径177.8mm，上部为套管，固井完井，下部主力水层段下入筛管完井(每4根筛管上接一根套管)。

钻井液体系：选用英台地区应用成熟的低成本低固相水基钻井液体系，依据水层孔渗特征，优选粒度匹配的储层保护剂，有效保护水层。

套管选型：表层套管选择Φ339.7mm×J55×9.65mm×短圆扣套管，生产套管采用177.8mm×J55×8.05mm长圆扣套管+筛管。筛管设计圆孔型全焊式梯形缠丝过滤管，公称直径7寸筛管，一般圆孔孔径ϕ20mm，每周孔数10个，每米30行。设计地热井筛管缠丝间隙0.4mm。

水泥浆体系：参考邻井固井设计及固井质量情况，具备常规密度固井条件，因此优选低成本1.90g/cm^{3}常规密度水泥浆体系固井。

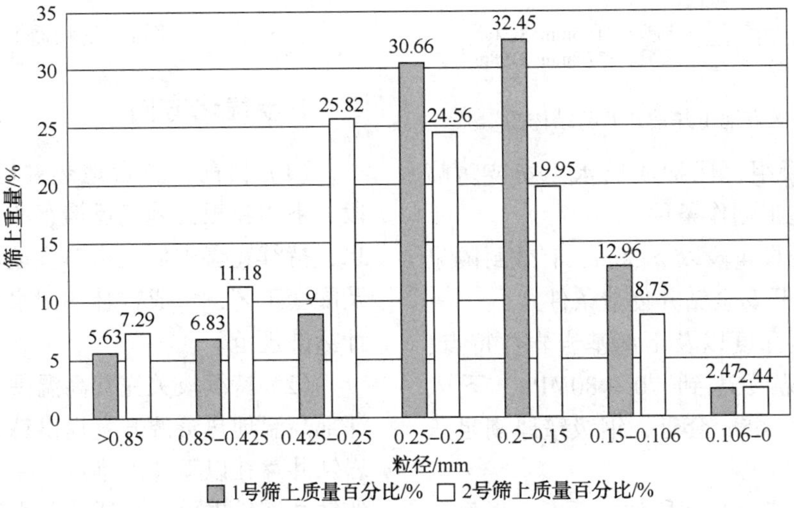

图6　出砂筛析粒度分布图

3.2 石化园岩热型地热井先导试验钻井方案

石化园区位于吉林省松原市城区周边，纵向上地热资源丰富，利用选择性多。水热型：发育两套厚水层，泉三段物性好、温度偏低，泉一段温度高但物性差，局部有甜点；岩热型：基底花岗岩发育规模大，埋藏适中，1500-2500m，地温梯度高，认识尚浅，需攻关试验。

结合石化园资源特征，针对岩热型地热资源基岩开展试验，部署1口试验井-吉地1井。设计井深3200m，推测井底温度约150℃，采用EGS方式开发。

相邻区块在2002年钻井时发生过井喷，2020年部署开发油井在泉4段多发生气侵。由此预测吉地1井上部地层井控风险高，下部地层没有实钻资料，不确定性大；基岩地层多为花岗岩，可钻性极差，严重影响钻井周期；地层温度高，钻井液、水泥易高温失效。

结合以上钻井难点，同时充分考虑地质风险和压裂、采水需求，将吉地1井升级为三级井，设计三开井身结构。

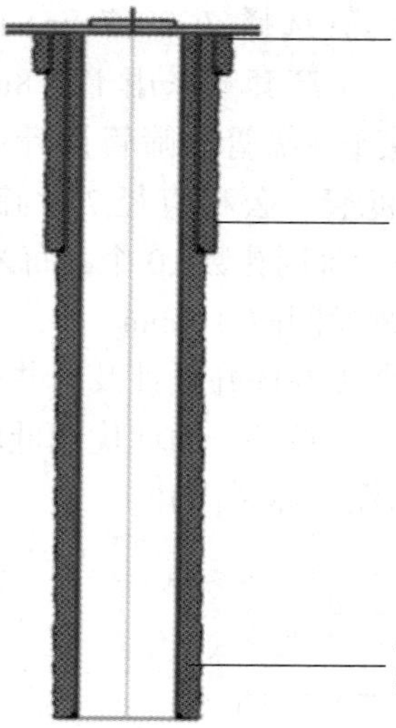

图7　石化园区吉地1井钻井井身结构图

一开封固泰康组，保护浅层水，安装防喷器，为二开安全施工创作条件。

二开套管下至泉4段以下30m，有效封隔泉4段油气层，为三开安全钻井创造条件。

三开依据压裂深度以及下部基岩岩性特点，预测井底压力规模达到70-80MPa，下入177.8mm×Q125×12.65m套管，钢级壁厚满足压裂需求。

钻井液设计：二开泉四段油气活跃，做好一次井控是关键，依据地层压力及邻井实钻情况，设计钻井液密度上限1.42g/cm^3，同时储备重泥浆和重晶石。优选水基聚合物钻井液体系，满足上部井段防塌需要。高温稳定性是三开钻井液设计的关键，优选抗高温水基聚合物钻井液体系，该钻井液体系具有良好的高温稳定性以及良好的流变性能和携岩能力。

完井设计：一开、二开采用常规固井工艺。三开设计水泥返地面，封固段长3200m，易漏失低返；井底温度高，影响封固质量。设计双凝双密水泥浆结构，首浆采用抗高温1.60g/cm^{3}低密度水泥浆体系，预防漏失；尾浆采用抗高温加砂1.90g/cm^{3}常规密度水泥浆体系，保障封固质量。

井控装备设计：依据井深及地层压力数据，设计FH54-35MPa+2FZ35-35MPa防喷器组合，完井井口与压裂级别匹配，选用406.4mm×273.05mm×177.8mm-105MPa芯轴式套管头，满足安全钻井要求。

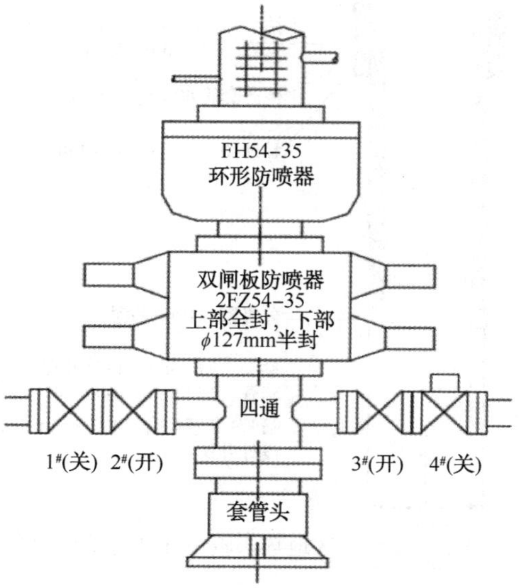

图8　防喷器组合

4　下步优化方向

（1）目前，英台地热井已进入现场施工阶段，下步将根据施工反馈、测录井情况及采水效果，持续完善中低温水热型地热井钻井技术路线及配套工艺，形成吉林油田水热型地热井钻井设计标准规范。

（2）持续攻关完善高温硬地层钻井技术，为深部高温地热资源开发提供钻井技术支持。干热岩钻井存在以下技术难点：一是温度高，高温导致钻井液易失效，普通油井水泥强度易降低，高温岩石遇水发生掉块，易发生卡钻；二是可钻性差，热储岩石多为火山岩和变质岩，坚硬、研磨性强，导致机械钻速低(1.3m/h)、钻井周期长投资成本大；下步将与科研院校联合攻关抗高温钻井液、固完井技术，优选提速工具(等壁厚螺杆-复合体高效钻头)、抗高温导向仪器。

(3) 地质工程协同优化，持续论证地热井井型，降低地热井开发投资，缩短投资回报期，实现开发效益最大化。借鉴中石油第一口U型地热井-大庆油田朝阳沟大孔径U型井朝热R3-U1井组施工经验，在地温梯度高、地热资源丰富的新民油田开展U型井试验；发挥采油厂周边老井加深及侧钻改造取热潜力，预计单井可降低投资40%以上。

5 结束语

地热是近零排放的清洁能源，依托油区资料优势、勘探开发工程技术优势，大力开展地热供暖项目建设，从而实吉林探区地热资源、地热开发效果，探索地热资源不同利用模式。不断开拓市场(外部市场供暖、油区周边供能、油田生产用能替代)，完善管理体系，形成产业规模，成为实现“双碳”目标的强大助力。

参 考 文 献

[1] 何跃文等．北美地热井高温硬岩钻井技术[J]．钻探工程，2022，49(1)：79-87.

[2] 张志勤. 欧盟地热能源技术研发及未来发展趋势[J]. 全球科技经济瞭望，2013，28(2)：21-26.

[3] 陈建兵，张斌. 定向钻井技术在咸阳地区地热井施工中的应用[J]. 地下水，2017，39(3)：37-38，89.

[4] 郑宇轩，单文军，赵长亮，蒋睿，李艳宁. 青海共和干热岩GR1井钻井工艺技术[J]. 地质与勘探，2018，54(5)：1038-1045.

[5] 秦耀军，李晓东，赵长亮，郑宇轩. 耐240℃高温钻井液在青海共和盆地高温干热岩钻探施工中的应用[J]. 地质与勘探，2019，55(5)：1302-1313.

[6] 张鹏飞，许清杰，等．中低温地热井钻完井工艺技术研究与实践应用[J]. 中国石油和化工标准与质量，2019，39(17)：232-233.

[7] 浦静怡，张晓宏，陈粤强．关中地区中深层地热钻井开发与发展趋势[J]. 山西煤炭，2020，5：108-111.

[8] 信石玉，高文金，黎爱军，等. 中低温地热钻机适应性技术方案研究[J]. 钻采工艺，2015，38(1)：79-82，5.

[9] 王磊．高温地热井钻完井关键技术研究[J]. 石化技术，2019，26(10)：171-172.

石蜡成型装置生产影响因素与节能分析

王宇池

（中国石油大庆炼化公司）

摘　要　本文先介绍了石蜡成型蜡板装置的工艺原理及工艺流程，然后对影响蜡板成型机产量的因素从原料、机械故障、外界气温、给料温度四个方面进行了分析。

关键词　石蜡成型装置工艺原理；工艺流程；原料影响；机械故障；外界气温；给料温度；

蜡板成型装置工艺原理是利用氨的低沸点(-33.4摄氏度)以及较高的汽化潜热(1379KJ/kg)，氨汽化时相变大量吸热使冷室内温度下降来将液体石蜡冷却成块状的固体石蜡。冷冻系统氨泵将高压罐内的液氨打入有冷室，吸收冷室内蜡盘子中温度在65—76℃的液蜡的热量，液氨在蛇管内蒸发变为气氨，流向低压罐，被压缩机抽回，压缩增压后输送给氨冷却器，冷却成液氨回到氨高压罐，再由氨泵打入冷室，如此循环制冷使冷室保持在7—14℃温度范围内，为蜡板成型创造低温环境。石蜡的冷却成型过程是在冷室中进行的，液蜡经定量浇注器按5kg的重量注入蜡盘，蜡盘随链条在冷室中平移16层，冷室中设蛇管蒸发器、风机、冷风在冷室内循环蜡液在蜡盘平移过程中被冷却结晶成块状固体石蜡，蜡液随蜡盘在冷室中运行时间一般为150分钟，出冷室后经翻转机构后由皮带输出，最后包装出厂。

石蜡成型装置工艺流程(以某炼厂石蜡成型装置2#成型为例)，原料蜡自罐区精泵打入到石蜡成型缓冲罐，再经石蜡换热器冷却或加热到比原料熔点高5—10℃，然后经浇注器按5kg的重量注入蜡盘，进冷室，液蜡冷却成固体石蜡，最后由翻转机构运送带送出。

冷却水箱用泵抽出打入温水换热器壳程，然后进入石蜡换热器管程，最后送到水箱循环使用，温水换热器管程水由循环水供给，流入循环水管线。

自冷室6台蒸发器来的气氨进入低压罐然后由螺杆压缩机抽出压缩进入冷凝器冷却成液氨进入高压罐，自高压罐底部用氨泵抽出打入冷室六组蒸发器，氨循环使用。工艺原则流程图见图1。

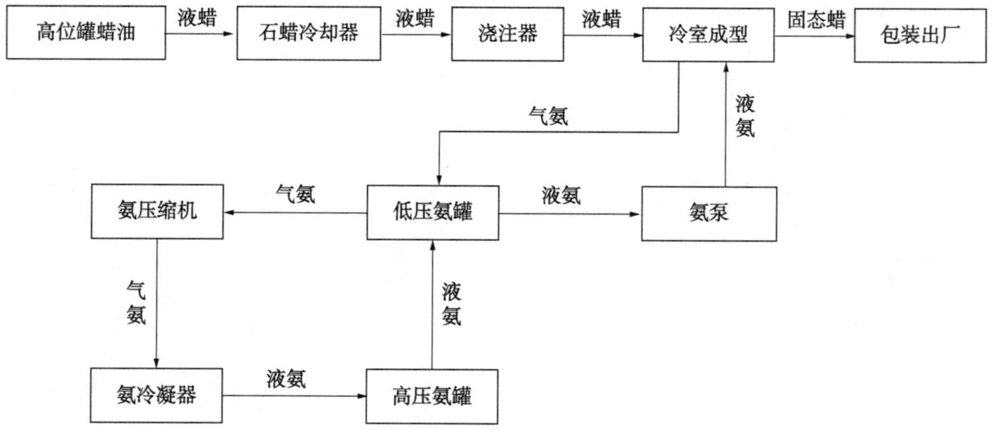

图1　工艺原则流程图

1　石蜡成型装置生产影响因素

1.1　原料影响

原料蜡油是全精炼蜡、半精炼蜡，由于这两个品种石蜡质量指标要求高，含油都控制在1%以下，脱油时必须深度加工含油才能合格。精炼石蜡在石蜡加氢精制时比色要大等于25号。这两种蜡在成型生产时，由于深度加工含油小，易于冷却凝固结晶成型，成型速度快。由于蜡板含油过小，蜡板发滞，蜡板经翻转机构翻转后，在脱膜器脱膜时不爱脱膜，增加操作人员的操作难度。而且这三种蜡太易凝固成型，在冷室停留时间稍长一些，就会将蜡板冷炸，无法包装，增加加工损失。所以在生产这三种蜡时，要控制好操作。适宜的操作条件是高油温、慢机速，所谓高油温是：油温要控制在给料温度上限；慢机速是指机速要与生产半精炼蜡时的机速一致。这样生产的这三种蜡即利于脱膜，也不会冷炸。

原料蜡油是粗石蜡，这个品种蜡含油均较高，大多在3%以上，而且没有经过石蜡加氢精制，甚至没有经过石蜡白土精制，所以蜡油中含胶质、沥青质、硫、氮、氧等杂质多，不利于冷却结晶成型。由于含油高冷却结晶时，蜡板表面渗出的油多，油在蜡板和蜡盘表面易形成真空，不利于蜡板脱膜，成型产量下降。生产这两个品种蜡时必须将蜡冷好冷透，减少油渗出量，便于成型机脱膜生产。

表 1　石蜡成型装置 2#机不同原料石蜡产量数据

生产日期(2022 年)	石蜡品种	石蜡产量/(吨/天)
11 月 1 日	58#全精炼石蜡	153.50
11 月 9 日	56#半精炼石蜡	153.50
11 月 18 日	70#粗石蜡	125.55

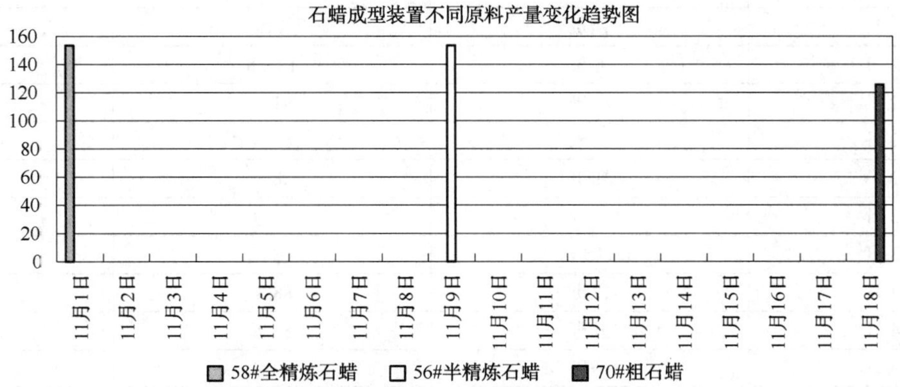

图 2　石蜡成型装置不同原料产量变化趋势图

1.2　机械故障影响

从表 2、图 3 对比中可以看出成型机故障率越高，成型机产量越低。所以成型员日常加强巡检，加强设备维护保养，将设备故障消灭在萌芽状态，缩短维修时间，保证成型机平稳运行，对提高石蜡成型装置石蜡产量起到一定的促进作用。

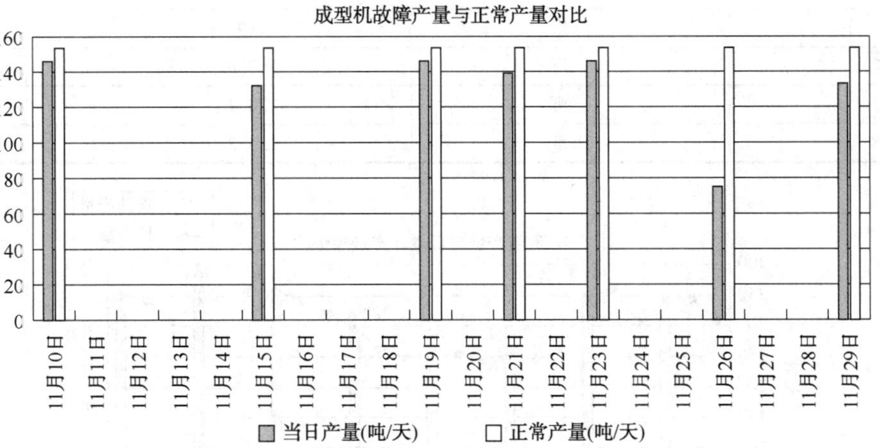

图 3　成型机故障产量与正常产量对比

表 2　成型机故障率统计

日期	故障机器	停机时间	累计时间	当日产量/(吨/天)	正常产量/(吨/天)
11 月 10 日	1#机	23：00-24：10	1 小时 10 分	146	153.50
11 月 15 日	2#机	7：20-10：50	3 小时 30 分	132	153.50

续表

日期	故障机器	停机时间	累计时间	当日产量/(吨/天)	正常产量/(吨/天)
11 月 19 日	2#机	16：00-17：15	1 小时 15 分	146	153.50
11 月 21 日	2#机	20：10-22：10	2 小时	139	153.50
11 月 23 日	2#机	23：30-0：50	1 小时 20 分	146	153.50
11 月 26 日	1#机	11：45-22：50	11 小时 05 分	75	153.50
11 月 29 日	2#机	14：45-15：30 20：35-23：00	3 小时 10 分	133	153.50

表 3　2022 年 2 月份部分生产数据

日期	班组	日产量	累计产量
2 月 20 日	四班	107.75	
2 月 20 日	五班	120.4	
2 月 21 日	一班	119	347.15
2 月 21 日	三班	106.4	
2 月 21 日	四班	126	
2 月 22 日	五班	121.8	354.2
2 月 22 日	二班	91.1	
2 月 22 日	三班	85.4	
2 月 23 日	四班	88.2	264.7
2 月 23 日	一班	85.4	
2 月 23 日	二班	88	
2 月 24 日	三班	88.2	261.6
2 月 24 日	五班	86.8	
2 月 24 日	一班	92.4	
2 月 25 日	二班	103.6	282.8
2 月 25 日	四班	112.65	
2 月 25 日	五班	119	
2 月 26 日	一班	125.15	356.8
2 月 26 日	三班	124.6	
2 月 26 日	四班	120.4	
2 月 27 日	五班	119	364
2 月 27 日	二班	107.8	
2 月 27 日	三班	120.4	
2 月 28 日	四班	123.2	351.4

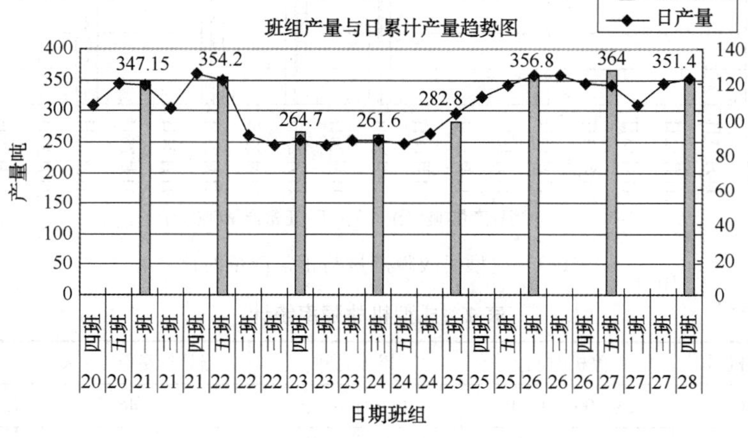

图 4　班组日产量与车间累计日产量变化趋势图

1.3 外界气温影响

从表4、图5中可以看出，石蜡成型机产量随季节气温的变化，成型石蜡产量变化很大。刨除6月份受原料不足成型机降速生产外，冬季石蜡成型装置日均产量要高出40吨/天以上。对于石蜡成型装置来说冬季是石蜡生产的旺季，如果蜡加氢精制精制产品充足，不生粗石蜡石蜡成型装置产量日均超过370吨/天以上，要比夏季日均产量高出50吨/天以上。从生产数据中也可以看出，外界气温的变化对石蜡成型装置石蜡产量影响最大。

从表5、6，图6、7中可以看出，3月份比2月份气温升高10℃左右，石蜡成型装置减产平均在10吨/天左右。

表4　2022年1—11月石蜡日均产量数据

月　　份	成型日均产量/(吨/天)	月　　份	成型日均产量/(吨/天)
1	365	7	320. 2
2	356	8	331
3	351	9	340. 25
4	342	10	362. 29
6	271. 9	11	361. 33

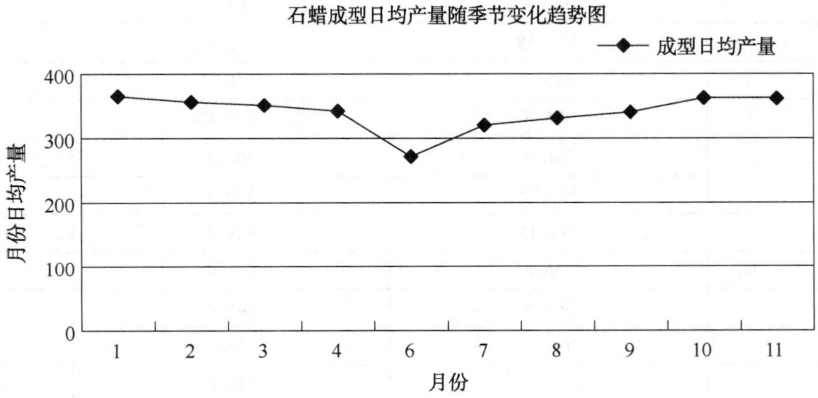

图5　石蜡成型随季节产量变化趋势图

表5　2022年2月与2022年3月气温变化对比数据

日期	2月份最低气温/℃	3月份最低气温/℃	差值/℃
14日	-18	-10	-8
15日	-20	-7	-13
16日	-21	-3	-18
17日	-20	-7	-13
18日	-13	-9	-4
19日	-12	-9	-3
20日	-11	-6	-5
21日	-14	-5	-9
22日	-21	-7	-14
23日	-23	-8	-15
24日	-22	-7	-15
25日	-21	-7	-14
26日	-20	-10	-10
27日	-17	-9	-8
28日	-16	-10	-6

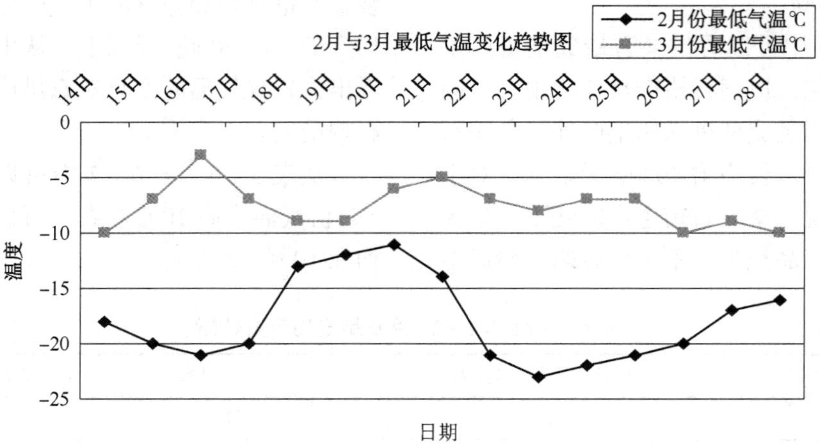

图 6　22 年 2 月与 22 年 3 月最低气温变化趋势图

表 6　2022 年 2 月与 2022 年 3 月石蜡日产量对比数据

序号	2 月份日产量/吨	3 月份日产量/吨	差值
1	364.6	355.3	9.3
2	373.8	361.2	12.6
3	351.35	362.6	-11.25
4	375.2	364	11.2
5	375.8	366.8	9
6	386.4	361.5	24.9
7	376.75	350.2	26.55
8	382.15	359.8	22.35
9	366.8	365.4	1.4
10	366.8	345.8	21
11	366.15	350	16.15
12	373.25	348.6	24.65
13	373.8	354.65	19.15
14	364	358.4	5.6

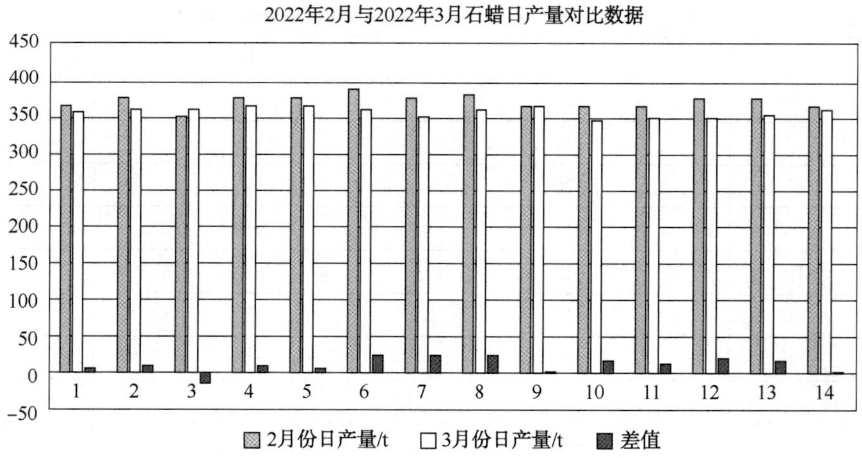

图 7　22 年 2 月与 22 年 3 月石蜡成型日产量对比柱形图

1.4　成型机给料温度对石蜡产量影响

从石蜡成型装置石蜡产量与给料温度数据和石蜡成型装置石蜡产量与给料温度变化趋势图可以清晰看出，给料温度高成型产量下降，石蜡成型是个冷却结晶的过程，给料温度高，石蜡冷却过程中吸收的热量增加，为保证石蜡成型后质量，成型机产量下降。冷冻提供的冷量在一定的外界温度条件下是固定的，不会随成型机冷室热负荷的变化而变化。二制蜡石蜡加氢精制产品换热器至今停用，造成石蜡加氢精制产品温度升高，间接影响到我车间石蜡成型装置产量。如果我车间投用石蜡冷却器，每天增加新鲜水消耗100吨左右，而且全部排入地漏，进入下水井，会增加吨油耗水，浪费水资源，增加污水厂负荷。从节能和提高成型装置产量考虑，二制蜡加氢精制产品换热器投用比较好(循环水可以重复利用)。二制蜡车间产品换热器芯子更换完毕，预计在4月中旬换热器将投用，石蜡成型装置原料温度高的问题有望在4月份中旬得到解决。从石蜡成型装置硬蜡产量与给料温度变化趋势图可以看出，由于二制蜡产品温度高，影响石蜡产量在10吨左右/天。

表7 石蜡成型装置石蜡产量与给料温度数据

序号	生产日期(2022年)	石蜡产量/(吨/天)	给料温度/℃
1	3月1日	355.3	85
2	3月3日	361.2	76
3	3月5日	362.6	75
4	3月12日	364	73
5	3月13日	366.8	72
6	3月14日	361.5	74
7	3月16日	350.2	80
8	3月17日	359.8	74
9	3月19日	365.4	75
10	3月20日	345.8	81
11	3月21日	350	82
12	3月22日	348.6	83
13	3月25日	354.65	81
14	3月27日	358.4	71

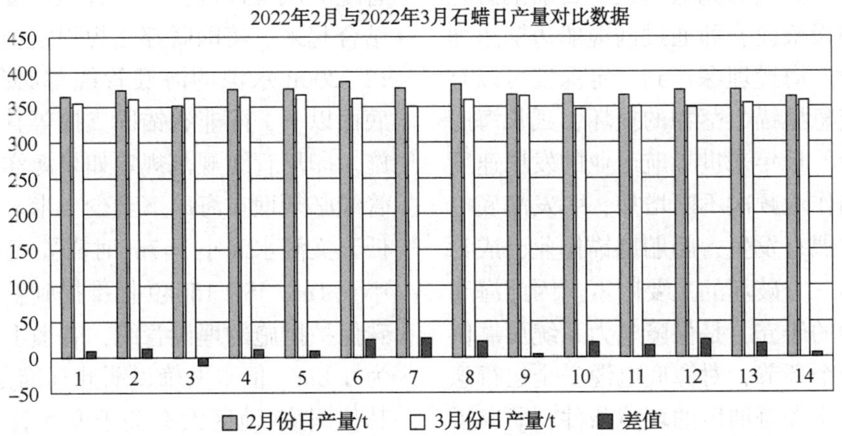

图8 石蜡成型装置石蜡产量随给料温度变化趋势图

3 结论

(1) 石蜡成型机最适宜的原料是半精炼蜡。

(2) 成型机故障率越高，成型机产量越低。成型员日常加强巡检，加强设备维护保养，将设备故障消灭在萌芽状态，缩短维修时间，保证成型机平稳运行，对提高成型装置石蜡产量起到一定的促进作用。

(3) 外界气温的变化对成型装置石蜡产量影响最大。冬季石蜡产量高，夏季石蜡产量低。

(4) 给料温度高成型产量下降，给料温度低成型产量提高。

渤海油田高压海底电缆安全性研究

邱武智　梁　鹏　崔　航　李　毅　高　健

[中海石油(中国)有限公司天津分公司]

摘　要　通过国内外海缆埋深的标准规范的分析，结合 DNV 规范分别对黏土和砂土条件下不同重量船锚贯入深度进行了计算，探讨了不同土质条件下船锚贯入深度的规律，发现渤海地区海缆常规 2 米的埋深能抵抗普通渔船抛锚造成的损伤，对于特殊区域，人工回填碎石可以有效减小船锚的贯入深度。同时提出了一种海底电缆的防锚害保护装置，解决因船舶抛锚引起的海底电缆损伤问题，以尽可能低的成本降低海底电缆被船舶抛锚发生损伤的风险。

关键词　海底电缆；应急抛锚；贯入深度；保护装置；防锚害

110kV 及其以上电压等级的高压海缆是渤海油田海上电力系统中重要的输电设备，其安全运行对渤海油田的安全生产具有非常重要的意义。海缆投入运行后，会因为各种原因而产生损伤破坏，例如：由于运行中线路过负荷导致过热受损、由于敷设环境造成海缆护层腐蚀、由于船舶应急抛锚、坠物等对海底电缆产生外部机械损伤等等。一旦海底电缆发生故障，不仅会影响油田生产，还会产生巨大的经济损失。

从 1850 年第一条海底电缆铺设至今，绝大多数的海缆破坏均为人为原因造成。目前渤海地区的海缆均为埋设敷设，即通过铺缆船边铺边埋的方式进行敷设。海缆埋深达到一定深度可以有效地防止船舶应急抛锚、落物的损坏，延长海底电缆的使用寿命。近年来世界航运业的发展速度迅速，船舶抛锚作业频次不断增加，引发海底电缆落锚损伤事故偶有发生，船舶抛锚作业已成为造成海底电缆第三方破坏的主要因素。因此海底电缆埋深安全性的研究，是保障电力系统可靠供电至关重要的一个环节，对海底电缆安全运行意义重大。本文基于渤海油田的环境条件，研究了因为船舶抛锚作业引发的海底电缆损坏，根据船锚撞击入土深度确定海底电缆的安全埋深，同时提出一种海底电缆的防锚害保护装置，解决因船舶抛锚引起的海底电缆损伤问题。

1　国内外海缆保护标准与规范

20 世纪七八十年代，国外就开展了海底管缆埋深的研究，并写入各国法规和规范，表 1 列出了国内外管缆埋深标准规范。DNV 规范认为挖沟埋设的管缆对于抵抗坠落物体的破坏有一定的积极意义，没有关于海底管缆挖埋深度和管缆覆盖厚度的明确要求。ABS 规范认为管缆挖沟的标准深度为从管缆顶端到海底的距离至少是 3 英尺(0.9144m)。对受社会环境因素影响的海底管缆的风险评价，应与管缆深度及其他保护措施结合起来。美国联邦法规规定墨西哥湾海域所有 12~200ft 水深的海底管缆都必须埋设到天然海底面以下，除非有锚固支撑等其他相应的保护措施。印尼管缆规范规定如果海洋深度小于 13 米，管缆必须埋在海床下至少 2 米。沙特阿美规定最低天文潮水深小于 7m 时需要挖沟，埋设深度不小于 1m。ISO 15649 标准提到：对于没有采取特殊保护措施的埋设管缆，管缆上的最小覆盖厚度为 0.8m，但未明确说明此标准是针对海底电缆。其他国家/地区没有关于海底管缆挖埋深度和管道覆盖厚度的明确要求。迄今为止，中国尚没有专门针对船舶航行水域海底管缆敷设埋深的施工标准，渤海地区常规区域海缆埋深为 2m，对于跨航道等特殊区域，具体情况具体分析。

表 1　国内外管缆埋深标准规范

国家/地区	相关文件	相关内容
挪威	DNV RP F107 DNV RP F111	没有关于海底管缆挖埋深度和管缆覆盖厚度的明确要求

续表

国家/地区	相关文件	相关内容
美国	ABS API 1111	挖沟的标准深度是 3ft(0.9144m)，指从管顶到平均海床间的距离。如某些情况下需要额外保护，应对危害因素进行评估以确定总挖沟深度
	联邦法规	墨西哥湾海域所有 12～200ft 水深的海底管缆都必须埋设到天然海底面以下，除非有锚固支撑等其他相应的保护措施
澳大利亚	AS 2885.4-2003	没有关于海底管缆挖埋深度和管缆覆盖厚度的明确要求
加拿大	CSA Z662-07	没有关于海底管缆挖埋深度和管缆覆盖厚度的明确要求
英国	石油管道安全法规、 海底管道命令	主要针对北海的油气管道运行与管理，偏重于管道的安全管理，且一般作原则性规定，不规定具体细则。只是指出了海底管道挖埋时需考虑的因素，并未对海底管道挖埋具体深度做出了明确规定
香港特区	环境影响 评估条例	主要规定管缆对环境的影响，避免环境污染，对海底管缆的挖埋深度，并未作明确的要求
台湾省	在台湾大陆礁层铺设维护变更海底电缆或管道之路线划定许可办法	对海底管缆埋设深度未作明确要求
日本	石油和天然气 开发安全标准	严格的管缆挖埋要求和尽可能的回填是重要的
国际标准化组织	ISO 13628-1、13628-2、3183、13623、14313、14723、15649	ISO 15649 标准提到：对于没有采取特殊保护措施的埋设管缆，管缆上的最小覆盖厚度为 0.8m，但未明确说明此标准是否针对海底电缆

2　基于船舶应急抛锚的海缆埋深研究

DNV 规范中给出了落锚贯入深度的能量法计算公式。根据能量守恒原理，落锚的冲击能量与海底底层土体吸收的能量相等，由此计算得出船锚贯入深度。

落锚的冲击能量包括锚本身的动能和其携带的附加水动能。当锚的体积较大时，附加水动能不可忽略，DNV-RP-114 规范对范中针对海洋的落管提出了相应的贯入深度公式：

$$E_p=(0.5\gamma DN_\gamma z+0.5\gamma z^2N_q)A_p \tag{1}$$

式中，E_p 为锚触底动能，单位为 kJ；γ 为土体容重，单位为 kN/m^3；D 为船锚的等效直径，单位为 m；N_a、N_v 为土体的承载力系数；A 为挡水面积，单位为 m^2。

分别针对砂土和黏土的不同特征参数进行落锚贯入深度计算。对于黏土选取为粘聚力 c 为 4kPa、6kPa、8kPa、10kPa、12kPa、14kPa 的土质进行贯入深度计算，结果如图 1 所示。从图 1 中可以看出，对于黏土土质，随着粘聚力的增大，贯入深度依次减小。因为土壤粘聚力越大，其抗剪切能力越大，抵抗落锚冲击的能力越大，因此锚的贯入深度越小。对于普通渔船对应船锚在粘聚力为 4kPa 时的贯入深度最大，为 0.884m。

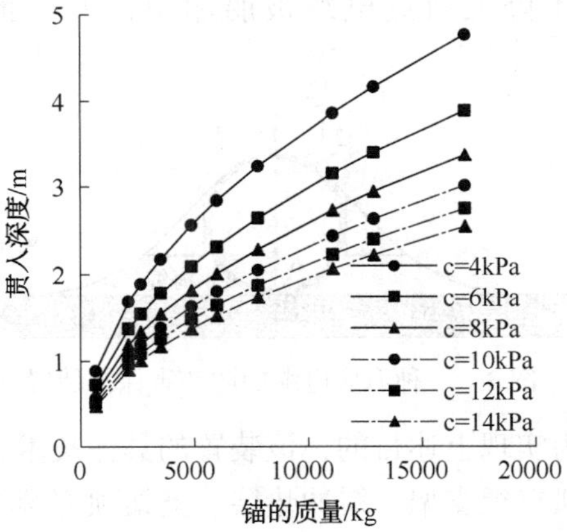

图 1　黏土土质下贯入深度对比

对于砂土选取内摩擦角为 15°、20°、25°、30°、35°的土质进行贯入深度计算，如图 2 所示。从图 2 可以看出，随着内摩擦角的增大，贯入深度依次减小。因为对于砂土，内摩擦角越大，砂质土颗粒越大，抵抗落锚的能力越强，这也能验证在人工回填时埋入砂石可以有效降低落锚深度。通过对比黏土计算结果，发现砂土土质的贯入深度明显小于黏土土质。根据黏土和砂土的计算结果，渤海地区海缆常规 2 米的埋深能抵抗普通渔船应急抛锚对海缆造成的损伤；对于通航船舶吨位较大的特殊区域，人工回填碎石可以有效减小船锚的贯入深度，从而减小对海缆的损伤。

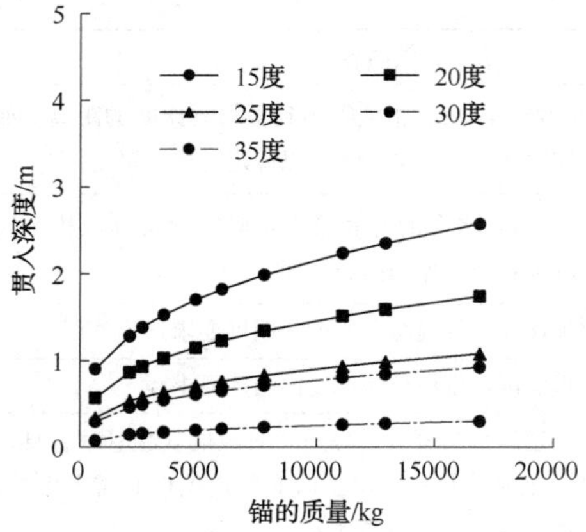

图 2　砂土土质下贯入深度对比

3　一种海底电缆的防锚害保护装置

一种海底电缆的防锚害保护装置如图 3 所示，其中 1. 弧翼板支架，2. 缓冲垫层，3. 弧翼板，4. 支架顶部螺栓孔，5. 弧翼板，6. 支架底部螺栓孔，7. 弧翼板支架。该装置可以解决因船舶抛锚引起的海底电缆损伤问题，以尽可能低的成本降低海底电缆被船舶抛锚发生损伤的风险。

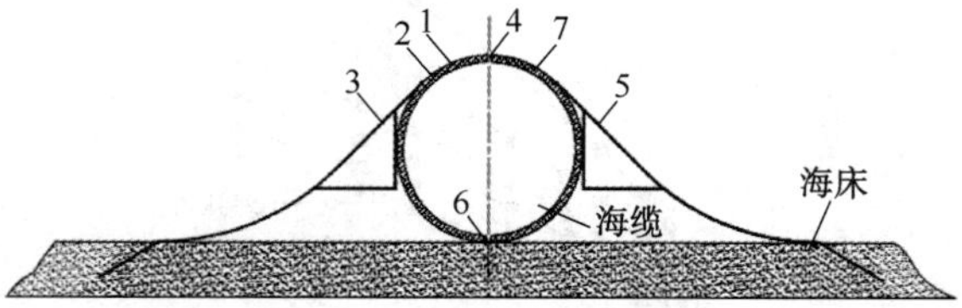

图 3　一种海底电缆的防锚害保护装置

为实现上述目的，该装置的具体技术方案如下：弧翼板支架、缓冲垫层、支架顶部螺栓、支架底部螺栓孔、弧翼板支架组成整个弧翼板支架系统，负责固定弧翼板于海底电缆上，也为弧翼板的安装提供基础与平台。弧翼板支架系统与弧翼板、纵向固定板、横向固定板组成弧翼板系统，负责在海底电缆铺设安装后，保护海底电缆免受船舶抛锚损害，可在一定程度降低海缆损伤风险。

在弧翼板支架安装时，半圆弧形弧翼板支架和弧翼板支架通过支架顶部螺栓孔和支架底部螺栓孔连接，固定在海底电缆外侧。弧翼板支架为对称半圆弧形，通过螺栓连接在 6 点方向和 12 点方向。弧翼板支架内侧材质为橡胶，与海底电缆之间垫有缓冲垫层，起到缓冲减震、保护海底电缆外侧不被刮伤和增加贴合度的作用。

弧翼板入泥深度和厚度根据海底管缆运行区域穿行船舶常用锚的重量进行调整。其计算原理为土体吸收能量大于船锚触底动能量。船锚触底动能量。

$$E_0=\frac{m_0^2 g(\rho_0^2-\rho_w^2)C_a}{A\rho_0^2\rho_w C_d}$$

式中，m_0 为锚的质量；ρ_0 为锚的密度；ρ_w 为海水密度；C_a 为附加质量系数，其数值与锚的几何特征相关；A 为船锚在受力方向上的投影面积；C_d 为拖拽系数，其数值与锚的几何特征相关。海底土体吸收能量。

$$E_p=\frac{2}{3}\gamma' N_\gamma z^3 \text{ 或者 } E_p=\frac{\sqrt{2}}{4}\gamma' S_\gamma N_\gamma z^4$$

式中：γ'为土壤单位有效重量；S_γ 为形状系数；N_γ 为土壤承载能力；z 为锚的贯入深度。通过 $E_0=E_p$ 计算得到锚的最大贯入深度，弧翼板入泥深度不应小于锚的最大贯入深度。

在弧翼板系统运行时，当有船舶在海底电缆周围抛锚时，由于弧翼板系统的材质与弧线形状，弧翼板系统首先可以吸收锚的动能，减小锚的落地速度；再者弧翼板系统可改变锚的走向，使锚的运动轨迹避开海底电缆，从而防止海底电缆受到损坏。

4　结论

本文针对高压海底电缆的安全性进行了研究，分析了国内外对于海缆埋深的标准规范，使用 DNV 规范分别对黏土和砂土条件下不同重量船锚贯入深度进行了计算，发现对于砂土，内摩擦角越大，土质颗粒越大，贯入深度越小；对于黏土，土壤粘聚力越大，抗剪切能力越大，锚的贯入深度越小。渤海地区海缆常规 2 米的埋深能抵抗普通渔船应急抛锚造成的损伤；对于通航船舶吨位较大的特殊区域，人工回填碎石可以有效减小船锚的贯入深度，从而减小对海缆的损伤。同时提出了一种海底电缆的防锚害保护装置，解决因船舶抛锚引起的海底电缆损伤问题，以尽可能低的成本降低海底电缆被船舶抛锚发生损伤的风险。

参 考 文 献

[1] 张效龙，徐家声．海缆安全影响因素评述[J]．海岸工程，2003，22(2)：1-6.

[2] 胡亚东，李勇毅．海底光缆故障调查分析[J]．邮电设计技术，2003，3：22-25.

[3] 陈小玲，叶银灿，李冬．东海国际海底光缆故障原因分析研究[J]．海洋工程，2009，27(4)：1-5.
[4] 刘学涛，张磊，郭振邦，徐慧．锚泊作业对海底管道撞击概率的研究[J]．石油工程建设，2005，12(12)：30-33.
[5] 查苗，王瑛剑，王振宇，范学满．海底光缆埋设深度的研究[J]．光纤及电缆及其应用技术，2015(2)：33-36.
[6] 袁峰，查苗，张鹏杨．海底光缆的船锚为威胁及其防护措施[J]．光纤及电缆及其应用技术，2015(6)：26-28.
[7] 王启福，李学东，宁君．船舶锚泊活动对海底管道埋深的影响[J]. 2019，38(5)：595-600.
[8] 马希钦，胡瀚誉，蔡新永，等．船舶应急抛锚计算方法研究[J]．力学季刊，2020，41(2)：353-362.
[9] 汪逸凡．海底线缆埋深指数(BPI)研究[D]．杭州：杭州电子科技大学. 2020.
[10] DNV-RP-F114. Pipe soil interaction for submarine [S]. 2017.

超稠油采出液热能综合利用发电技术研究

费　科　阮龙飞　蒋　双　李冰凝　田思畦

（中国石油新疆油田公司）

摘　要　新疆油田某作业区超稠油采出液具有高温、携汽量高的特点，随着超稠油开发模式的广泛应用，处理站热源不断增加而冷源不足，仅和锅炉软化水换热无法实现热平衡，导致大量蒸汽热能通过空冷器将热量排放至空气，此部分热能未得到有效利用，造成大量热能损失，制约了超稠油的全过程高效开发利用。通过对现场分离蒸汽携热、物性情况进行精准分析，针对余能高效利用技术进行研究，提出“温度对口、梯级利用”原则，优选出了ORC发电技术，并进行了现场验证。结果表明：ORC发电技术能对分离蒸汽的热能和压力能进行有效利用，在降低处理站热处理负荷的同时产出大量高品质冷凝水回用锅炉。该研究对新疆油田加速超稠油全过程经济、高效开发具有重要意义。

关键词　超稠油采出液；余能综合利用；ORC发电技术；节能减排

1　超稠油开发现状

1.1　超稠油开发原理

超稠油开发原理是蒸汽辅助重力泄油，是一项开发浅层超稠油及沥青的成熟技术。采用双水平井，从I井连续注入高干度蒸汽，与冷油区接触，释放汽化潜热加热原油。被加热的原油和热水向下流动，从水平生产P井中连续采出。相较于常规吞吐开发，具有采出率高、油汽比高、产量高、生产时率高的优点。

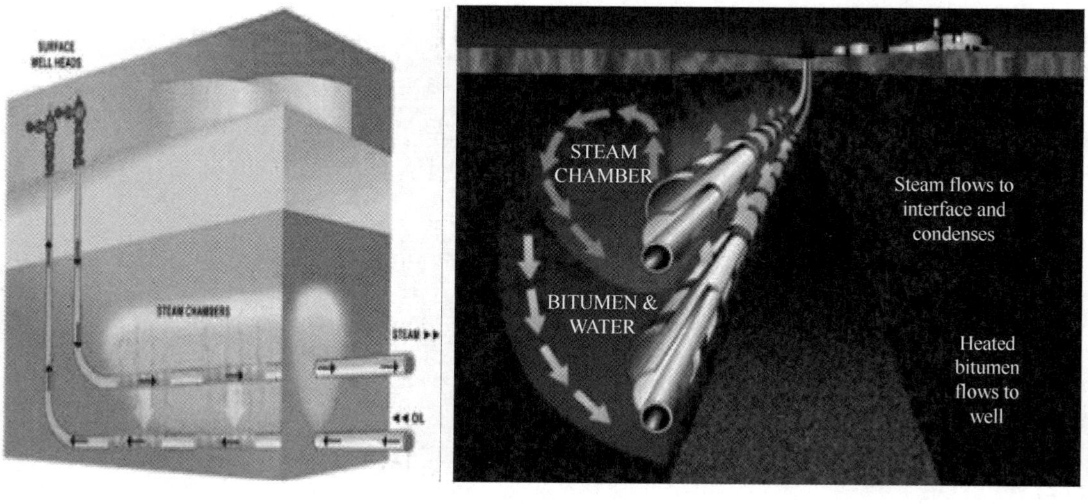

图1　开发原理示意图

1.2　配套处理技术

针对超稠油采出液温度高、携蒸汽量大的特点，已设置集中换热站进行热能回收利用。汽液分离后采用“来复管多壳程式汽水换热器+高效螺旋板换热器(油-水、水-水)”对蒸汽和采出液分别进行换热。主要处理流程为采出液依次经过旋流除砂、蒸汽分离器、预脱水、热化学脱水、电脱水，分离的水依次经过重力除油、化学除硅、混凝沉降、压力过滤。

2　余能现状分析

目前该油田超稠油采出液携带大量余热的热源介质主要为：第一，采出液油汽分离后的蒸汽，温度为165-175℃；第二，油汽分离后的的部分采出液，温度165-175℃；第三，采出液经脱水装置产生的采出水，温度150-165℃。现阶段A作业区采出液处理工艺系统中的冷源为软化水，由于软化水温度的提升受到后端注汽锅炉的柱塞泵耐温限值的要求，目前只能提升到95-105℃。并且软化水中温度较高的净化软化水的比例逐渐增高，冷源单一，冷源所平衡的热量逐渐减少，导致空冷器需要空冷的热量逐渐增加。目前随着SAGD开发规模扩大，余热资源逐渐累积，热量平衡的矛盾越发突出，单纯依靠软化水换热和空冷器空冷造成冷源不足，同时现有余热资源的利用方式没有实现真正意义上的余热利用，只是单纯的热力资源的再平衡。未来超稠油采出液中可利用热能资源丰富，处理站、密闭站年总余热负荷预计逐年上升，其中B处理站超稠油来液携带蒸汽量平均900吨/天。蒸汽热能未完全利用，剩余蒸汽400-500吨/天通过空冷器将热量换热至空气，此部分热能未得到有效利用，造成大量热能损失。

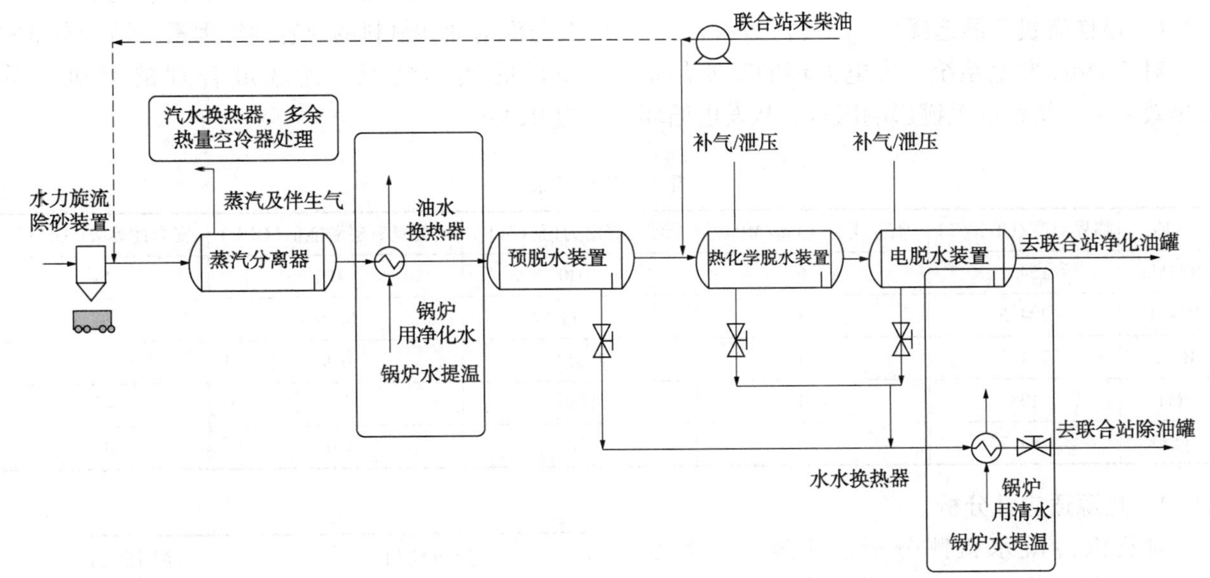

图2　超稠油配套处理技术

3　余能现状分析

3.1　工艺优选

结合余能资源品位及性质，同时为了增加油田采出液的热能利用率，确定原则为“温度对口、梯级利用”，以余压、余热综合利用方式，逐级达成余压、余热充分利用的目的。本次余能利用试验选择ORC发电技术，因其热能利用率高，风险低，投入小，预期回报高，且国内其他行业有类似项目建成。

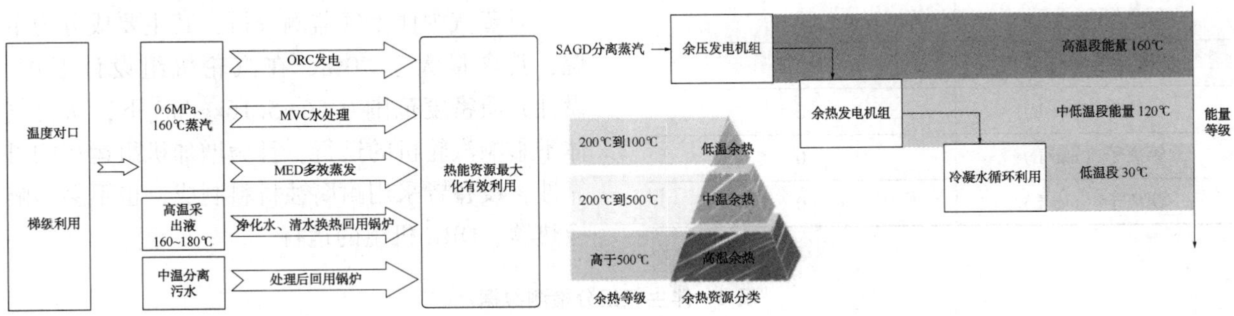

图3　余能利用原则

ORC发电技术全称为有机工质朗肯循环，利用汽轮机、低温沸点工质，将余压、热能转换为电力输出。目前ORC发电主要分为半封闭有机郎肯循环(ORC)发电、开启式有机郎肯循环(ORC)发电。根据热能利用率、使用范围及保养操作难度对比，优选利用半封闭有机郎肯循环发电技术。

表 1　ORC 技术优选

方案名称	热能利用率	使用范围	保养及操作	对比结果
半封闭有机郎肯循环(ORC)	12%-15%	国内已有成熟运用的先例已形成规模化，一次性投资小	设备集成度高构造简单，可确保介质无泄漏，无需联轴器、无需轴封、无需风扇，(膨胀机发电机同轴、同机壳，工质冷却发电机)9000 小时保养一次	符合现场实际工况，热能利用率较高
开启式有机郎肯循环(ORC)	6%-10%	试验开发阶段，投资较大	设备构造复杂，集成度不高。保养操作时间长，周期短	

3.2　适应性分析

3.2.1　最佳有机工质选择

对于 ORC 发电系统，发电循环的工质是系统热效率、经济性的关键影响因素。从发电循环工质的热力学性能、安全性环保性、化学稳定性及与润滑油和材料的兼容性等因素，结合本试验项目的实际情况，优选最合理的有机工质为 R245fa。

表 2　工质对比

工质	临界温度/(Tcr/℃)	临界压力/(Pcr/MPa)	全球变暖潜力值(GWP)	消耗臭氧层潜能值(ODP)	安全性等级(Safety)
R245fa	154.1	3.6	1030	0	A1
R141b	204.5	4.3	0.11	0.09	—
R113	214.1	3.4	1.551	0.9	—
R11	198	4.4	4750	1	—
R123	183.7	3.6	77	0.02	B1

3.2.2　热源适应性分析

对蒸汽冷凝水检测分析，其蒸汽冷凝水 CODMn 含量为 8.1mg/L，矿化度为 32mg/L，以 $CaCO_3$ 计的的硬度为 3.5mg/L，悬浮物含量为 8mg/L，pH 值为 5.9，从检测结果看该蒸汽可以满足汽轮机和 ORC 机组的运行要求。

表 3　蒸汽冷凝水检测分析

分析项目	检测数据
pH 值	5.94
碳酸根/(mg/L)	0
碳酸氢根/(mg/L)	11.75
氢氧根/(mg/L)	0
钙离子/(mg/L)	0
镁离子/(mg/L)	0
氯离子/(mg/L)	7.59
硫化物/(mg/L)	7.33
钾+钠离子/(mg/L)	40.5
矿化度/(mg/L)	32
CODMn/(mg/L)	8.14
悬浮物含量/(mg/L)	8

对蒸汽中伴生气监测分析，其主要成分为甲烷，其含量大于 70%，在汽轮机组设计温度、设计介质密度范围 0.56-5.16kg/m^3 下，所含气体不影响汽轮机的运行，且为增加机组运行的可靠性，设备皆采用耐腐蚀材料制成，也不会影响换热器、ORC 机组的运行。

表 4　伴生气组分检测数据

组分名称	气-201503064	气-201503065	气-201503072	气-201503072	气-201503073
	体积分数/%	体积分数/%	体积分数/%	体积分数/%	体积分数/%
甲烷	72.57	71.40	74.24	74.25	74.89
乙烷	1.40	1.39	1.35	1.35	1.46
丙烷	0.70	0.75	0.70	0.66	0.71
异丁烷	0.23	0.24	0.22	0.20	0.22

续表

组分名称	气-201503064	气-201503065	气-201503072	气-201503072	气-201503073
	体积分数/%	体积分数/%	体积分数/%	体积分数/%	体积分数/%
正丁烷	0.18	0.19	0.19	0.18	0.19
氧气	0.27	0.20	0.29	0.15	0.19
异戊烷	0.13	0.11	0.11	0.10	0.11
正戊烷	0.07	0.07	0.07	0.07	0.08
正己烷	0.03	0.01	0.01	0.02	0.02
正庚烷	未检出	未检出	未检出	未检出	0.01
氮气	0.72	0.63	0.81	0.57	0.57
二氧化碳	0.23	0.21	0.21	0.21	0.22

超稠油开采过程中会有一定携砂情况，循环预热阶段，采出液的携砂粒径较小，含砂粒径有接近50%分布在≤1um附近的区间。正常生产阶段，采出液的含砂量更低，同时由蒸汽分离携带出的砂粒和砂量会更低，对汽轮机和ORC发电机组的影响在可控范围内

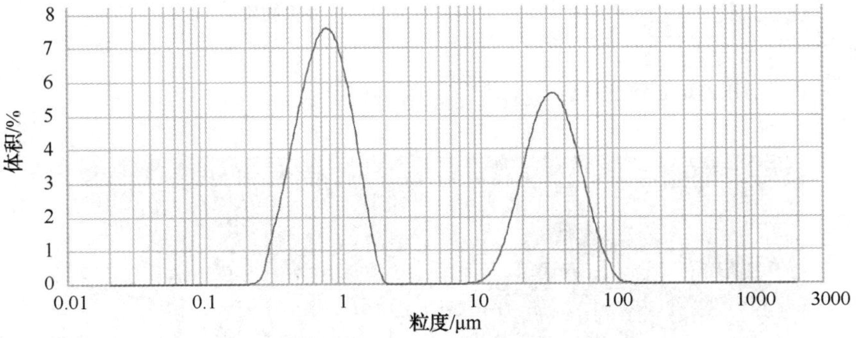

图4　携砂情况

并且针对采出液不凝气含量高、弱酸性、携砂等特性，对机组进行防砂、防油、防水、防腐蚀等措施，保障机组平稳运行。

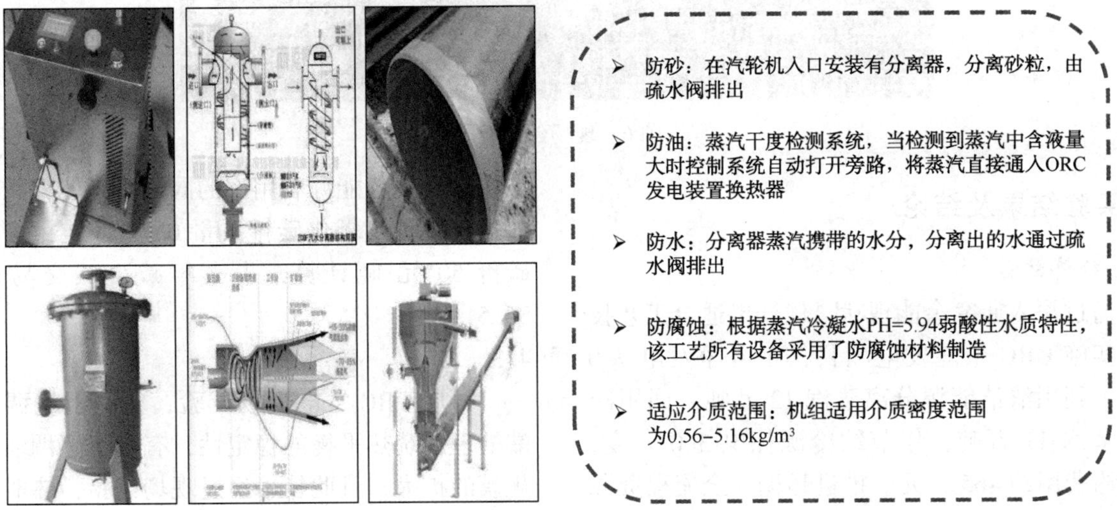

图5　现场优化措施

对产生电力进行分析。流量方面，预计蒸汽用量为300-350t/d，为处理站锅炉给水换热冷凝处理蒸汽量一半(700t/d)，因此即使生产发生正常波动，不会对发电机组产生影响。压力方面，预计蒸汽供给压力为0.2-0.6MPa，将安装稳定阀，确保蒸汽压力稳定，输出电力波动小于

1%，避免影响电力输出。温度方面，饱和蒸汽压力和温度成正相关性，压力一定时蒸汽的温度基本不变。ORC 余热发电机组所利用余热主要为饱和蒸汽的潜热，其显热对其余热发电影响可以忽略不计。

3.3 应用情况

现场实施规模 1MW，背压式汽轮机(设计 380kW)，ORC 机组(设计 620kW)，年均发电 930 万度，净发电 730 万度，实现所带线路绿电替代。现场建设汽轮机进口设置蒸汽分离器，分离蒸汽中含的沙、水、油；超稠油采出液分离出的 0.6-0.65MPa 的饱和蒸汽利用余压驱动背压式汽轮机发电；降压后的蒸汽再利用潜热驱动 ORC 机组发电；冷凝热水进入冷凝水处理系统回用锅炉，实现全流程资源有效利用。

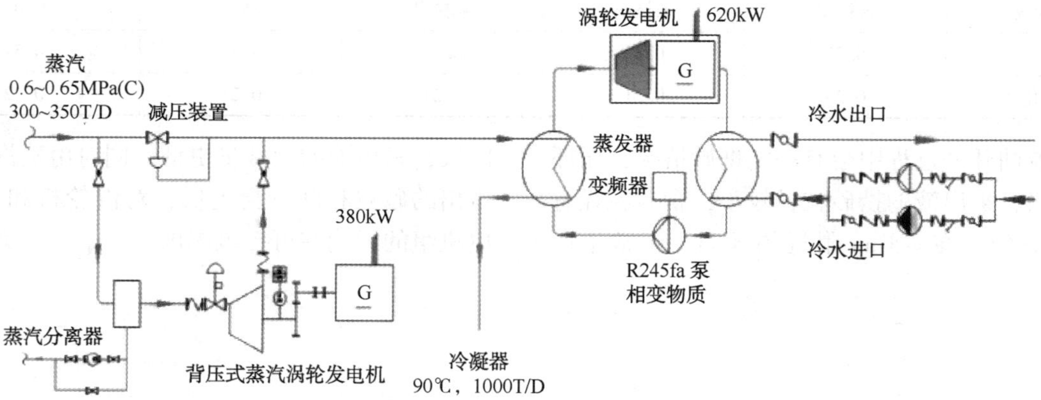

图 6 现场建设实况

4 实验结果及结论

4.1 经济效益

通过深入研究余能现状，优选出适合工艺技术，实施 ORC 余能发电项目，年可净发电 730 万度，利用清洁能源分离蒸汽 12 万吨，回用冷凝水节水 11 万吨，年节约冷源耗电 360 万度，年节约费用约 465 万元。推进超稠油全流程资源高效、高质量开发。

4.2 经济效益

ORC 余能发电工艺，对油田加速稠油开发绿色可持续发展具有重大战略意义。超稠油采出液分离蒸汽的有效利用，大幅降低了余能资源的浪费。在提高能源利用率的同时降低能耗减少排放，年减少二氧化碳排放量 0.73 万吨，按排放碳价 50 元/吨计算，未来年减少碳交易成本 36.5 万元。

4.3 结论

开展 ORC 发电现场试验，保证了超稠油后端处理系统热平衡的稳定性，有利于超稠油开发规模的扩大，且此技术经过现场试验，热能利用率高，风险低，投入小，回报高。

由于未来超稠油开发方式的优化及技术进步，开发效率提高，可能有更多的热能被留在地下，为避免未来无超稠油分离蒸汽可用，需进一步在此 ORC 发电装置的基础上研究超稠油采出液分离热水发电的现场适应性及发电效果。

参 考 文 献

[1] 王红庄，李秀峦，张忠义，等．稠油开发技术[M]．北京：石油工业出版社，2019.
[2] 张洪驰．SAGD油井产出液热能利用工艺技术研究[J]．中外能源，2011.
[3] 钱根宝，孙新革，姚玉萍，等．新疆油田超稠油SAGD开发先导区实验方案[R]．新疆油田公司，2008.
[4] 李宗强．超稠泊SAGD工艺采出液脱水研究[J]．特种油气藏，2006.
[5] 孙新革，何万军，胡筱波，等．超稠油双水平井蒸汽辅助重力泄泊不同开采阶段参数优化[J]．新疆石油地质，2012.
[6] 张洪驰．SAGD油井产出液热能利用工艺技术研究[J]．中外能源，2011.
[7] 支东明，王小军，等．准噶尔盆地典型油气田油气藏(南缘分册)[M]．北京：石油工业出版社，2018.
[8] 刘斌，杨德卿等超稠油SAGD开发中的热能综合利用[J]．石油石化节能，2017.
[9] 张雪萍，SAGD技术开采稠油的余热利用技术研究[D]．东北石油大学，2011.
[10] 刘文章，稠油注蒸汽热采工程[M]．石油工业出版社，1997.
[11] 张依，谢加才，毕研斌，等．SAGD稠油开采余热综合利用方案及其实施[J]．化工进展，2011.
[12] 王为民，吴玉国，申龙涉，等．蒸汽驱地面集输系统热能综合利用研究[J]．辽宁石油化工大学报，2008.
[13] 谭羽飞，低温余热动力回收中选择工质的热力学原则[J]．哈尔滨建筑大学学报，1995.
[14] 萧汉才，李可，余热发电工程中热力系统方案选择的研究[J]．长沙电力学院学报，2001.
[15] 杨新乐，低温余热蒸汽ORC发电系统热力性能实验研究[J]．热能动力工程，2013.
[16] 马新灵，有机朗肯循环的热力学分析[J]．郑州大学学报，2013.
[17] 李宁，有机朗肯循环与再热式循环低温热源发电系统热力性能研究[J]．工业加热，2012.

呼图壁储气库采气系统节能降耗研究

马增辉　徐长峰　王明锋　何　斌　许　鹏

（中国石油新疆油田公司）

摘　要　新疆呼图壁储气库是我国最大的天然气储气库，兼有注气和采气功能，地面注采系统节能降耗对保证储气库经济稳定运行十分重要。本文采用热力学分析结合HYSYS模拟的方法，分析了采气系统能耗现状以及关键参数之间的相互影响关系，研究了工况参数与气气换热器理论*KA*值之间的关系、乙二醇富液最佳进塔温度以及乙二醇再生塔回流比对系统经济性的影响。结果表明，可根据天然气进站压力及J-T阀背压计算气气换热器理论*KA*值，指导换热器选型，优化天然气预冷效果；对于特定工艺流程及设备，天然气流量在一定范围内波动时，存在一最佳富液进塔温度，使系统经济性最好；运行再生塔顶冷凝器可大大降低乙二醇消耗量，且存在一最佳回流比使得乙二醇消耗量较小且系统能耗较低；利用再生塔排空气体余热预热外输气，系统能耗大大降低。

关键词　储气库；节能降耗；HYSYS模拟；参数优化；工艺流程优化

地下储气库是将天然气经过压缩以后，注入枯竭的气(油)藏、地下盐穴溶腔或其他地质构造中加以储存，到消费高峰期采出以满足天然气用气市场需求的一种储气设施。储气库兼有注气和采气功能，集注站、集配站等地面主体工程运行工况与地面工艺系统不适应时，往往会造成地面工艺系统及设备出现高能耗、低效率的情况，因而储气库投产后需要根据实际运行数据及时调整运行参数或进行设备改造，在满足生产需求的同时获得较高的经济效益。储气库节能降耗的相关研究也有助于实现我国碳达峰碳中和的目标愿景。

新疆呼图壁储气库设计库容107亿方，是我国最大的天然气储气库，担负着国家能源战略储备和新疆北疆地区冬季民生用气重任。储气库地面工艺系统包括注气系统和采气系统，注气期为每年的3月中旬至10月中旬，采气期为每年的11月至次年3月。采气系统中，储气库各注采井来天然气、凝析油和水的混合物经单井注采管道高压集输至各集配站，在各集配站节流降压后经采气干线输送至集注站进行处理。集注站中来流天然气经过气液分离器、三股流换热器，进入浅冷分离器进行气液分离，气相去气气换热器预冷，并注入乙二醇防冻，然后经J-T阀节流制冷，进入低温分离器。低温分离器分离出的气相经气气换热器和三股流换热器两次复热后，经相变炉加热外输；液相进三股流换热器复热后去液烃三相分离器，分离出乙二醇富液进入乙二醇再生系统，凝析油组分进入凝析油稳定系统。采气系统中主要能耗为：乙二醇注醇泵耗能、乙二醇再生塔再沸器耗热、相变炉加热外输天然气耗热等。采气系统中J-T阀浅冷工艺影响外输气水露点、所需乙二醇注醇量及注醇泵耗能；乙二醇循环再生系统影响乙二醇消耗量及再生塔再沸器耗热；相变炉系统决定了相变炉耗热量。本文将围绕上述影响采气系统关键参数及能耗的子系统进行模拟研究。

一些学者对储气库地面工艺系统节能优化进行了研究。黄兴等利用HYSYS软件进行模拟分析，并基于BP神经网络的遗传算法求解能耗优化模型，对文96储气库采气系统脱水单元提出优化方案；文雯等建立了文96注采站地面工艺系统的能效综合评价指标体系，找到具有较大节能潜力的环节并进行了分析优化；阿衣加马力.马合莫等对呼图壁储气库注采系统进行HYSYS软件模拟分析，提出最佳注醇方案、乙二醇再生系统工艺参数以及注气优化方案。以上各位学者的研究没有针对储气库地面工艺流程关键环节建立热力学模型进行理论分析，有必要通过热力学分析和HYSYS软件模拟的方法对运行参数的相互影响关系进行综合研究，并针对多个子系统、从参数优化及工艺流程优化等多个方面提出优化方案。

呼图壁储气库2013年投入使用，地面工艺系统中部分参数偏离最优值，节能降耗潜力较大。本文根据呼图壁储气库采气系统相关参数及运行特点，通过系统能效分析、建立热力学模型及 HYSYS 模拟等方法，分析能耗情况及关键参数的相互影响关系，并针对气气换热器理论 *KA* 值、乙二醇富液最佳进塔温度、再生塔最佳回流比以及相变炉系统，从参数优化、工艺流程优化等角度提出了多种优化方案并进行论证。优化后采气系统能耗降低，乙二醇消耗量减小，系统经济性得到优化。

1 呼图壁储气库采气系统

呼图壁储气库采气系统工艺流程如图 1 所示，储气库各注采井来天然气集输至各集配站节流降压后输送至集注站进行处理。其中关键子系统为 J-T 阀浅冷工艺、乙二醇循环再生、相变炉，主要能耗环节为乙二醇注醇泵耗能、乙二醇再生塔耗热、相变炉耗热。储气库采气系统工艺流程及相关参数如图 1 所示，其中集注站具体工艺流程及关键设备如图 2 所示。

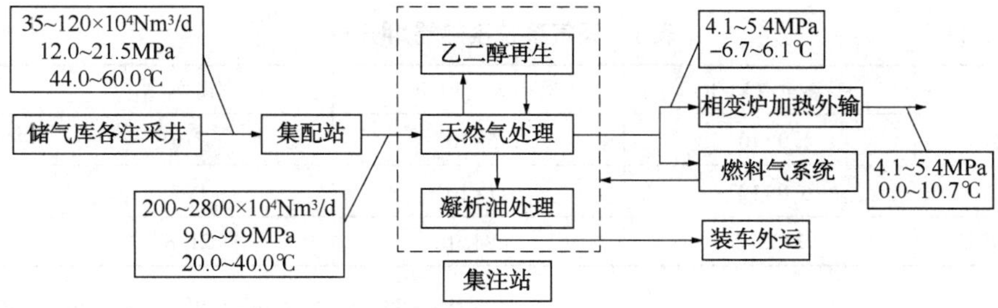

图 1 呼图壁储气库采气系统工艺流程示意图

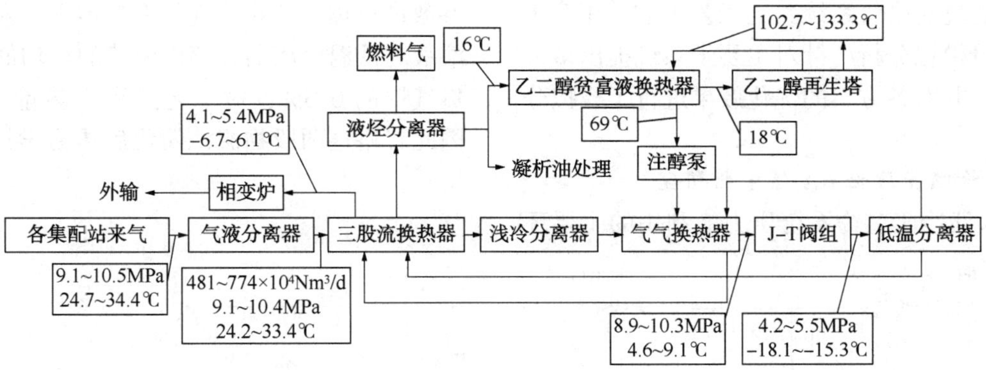

图 2 集注站具体工艺流程示意图

2 采气系统能效分析

对采气系统搭建 HYSYS 模型并进行分析，得到采气系统主要耗能为：注醇泵耗功 1.5kW、乙二醇再生塔再沸器耗热 92.8kW、相变炉耗热 483.8kW(84%)，总能耗 578.1kW。其中相变炉为系统主要耗能设备，J-T 阀浅冷工艺环节、乙二醇再生循环系统为影响乙二醇消耗量以及系统能耗的重要环节，可作为采气系统节能降耗的重点研究内容。

对采气系统换热网络进行夹点分析，得到系统用能不合理和薄弱环节以及现有换热网络存在的问题，分析结果如图 3 所示。其中，公用热主要包括乙二醇再生塔再沸器耗热和相变炉耗热，公用冷包括乙二醇贫液冷却器耗冷及再生塔排空

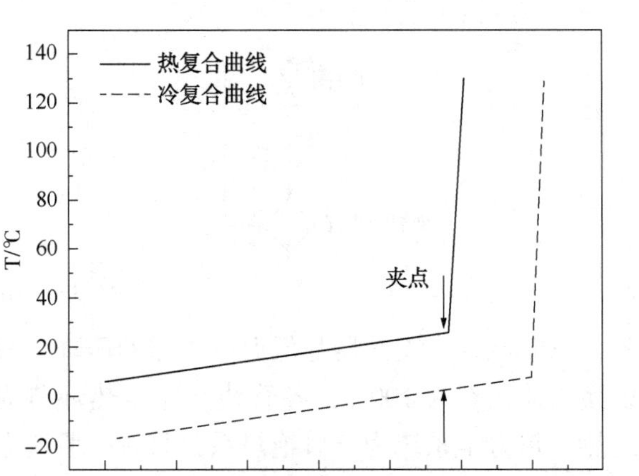

图 3 采气系统换热网络夹点分析

气体冷却耗冷。计算得到夹点处热流体温度为 25.5℃，冷流体温度为 2.7℃，加热公用工程量

为 574.0kW，冷却公用工程量为 87.1kW，理论最小加热公用工程量为 487.1kW，系统节能潜力为 86.9kW。其中系统公用工程冷却器均设置于夹点之上，气气换热器存在跨越夹点的换热过程，违反了夹点之上不应设置任何公用工程冷却器以及不应有跨越夹点的传热的换热网络设计原则，换热网络未达到最优状态，有一定的优化空间。可以通过将乙二醇贫液及再生塔排空气体作为热流与系统中温度较低的冷流进行换热，来代替夹点之上的公用工程冷却器，减小系统能耗，优化系统能量综合应用。

对采气系统中的换热器进行㶲分析，分析结果如表 1 所示，结合实际运行情况可知，气气换热器换热量较大，㶲损失占比较大，可通过热力学模型理论计算，根据实际运行参数指导选取合适 *KA* 值的换热器，优化换热效果；乙二醇贫富液换热器换热量较小，但冷热流体换热温差较大（$\Delta t_m = 78.1℃$），㶲损率较大，换热效果差，冷流出口温度低，影响再生塔再沸器负荷，可通过参数优化减小换热过程的不可逆损失。

表 1　采气系统换热器㶲分析

换热器	换热量/(kJ/h)	㶲损失/(kJ/h)	㶲损率/%	㶲损失占比/%
三股流换热器	1.9×10^6	1.5×10^5	7.9	19.7
气气换热器	6.8×10^6	6.1×10^5	9.0	80.2
乙二醇贫富液换热器	3132.0	684.0	21.8	0.1

3　优化方案与论证

本文通过对采气系统关键工艺参数及相互影响关系进行模拟分析，针对主要子系统提出多种优化方案，并对各方案的优化效果进行了模拟分析论证。

3.1　气气换热器理论 *KA* 值分析研究

J-T 阀浅冷工艺为系统压力能利用的主要环节，其中气气换热器影响天然气预冷效果。本节首先通过建立热力学模型，对气气换热器的关键参数进行理论计算。气气换热器中注入的乙二醇溶液与低温分离器分离出液体的焓均低于主流天然气焓的 0.5%，对工艺过程换热量影响较小，因此忽略这两股物流，简化后热力学模型如图 4 所示：

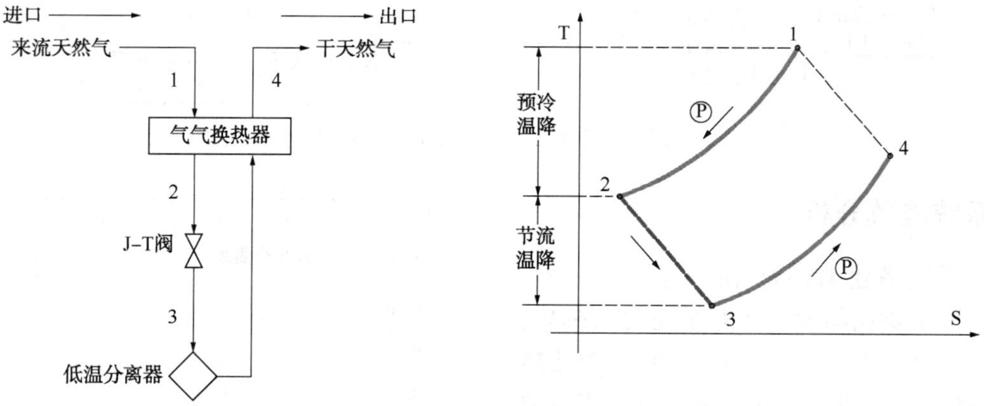

图 4　J-T 阀浅冷工艺热力学模型

忽略流程中换热器与低温分离器的压降，假设换热器效率为 100%，各管线与非换热环节为绝热。热力学系统为开口绝热系，只有一股流进流体与一股流出流体，无跨越系统边界的能流。系统为稳态系统，由热力学第一定律可知流进与流出的物流流量相同，流进物流与流出物流的比焓相同，相关热力学公式如下：

$$Q_{1-2} = (T_2 - T_1) \cdot C_{p1-2} \cdot q_m$$

$$Q_{3-4} = (T_4 - T_3) \cdot C_{p3-4} \cdot q_m$$

$$-Q_{1-2} = Q_{3-4} = K \cdot A \cdot \Delta T_m$$

$$T_2 - T_3 = D_{2-3} \cdot (P_2 - P_3)$$

$$T_1 - T_4 = D_{1-4} \cdot (P_1 - P_4)$$

整理得到：

$$KA = C_p q_m \left(\frac{T_1 - T_3}{D(P_2 - P_3)} - 1 \right) \tag{1}$$

式中，*K* 为气气换热器总换热系数；*A* 为换热器总换热面积；D 为 J-T 阀焦-汤系数。

通过该式可根据天然气进站压力 P_2 及 J-T 阀背压 P_3 计算气气换热器理论 KA 值。当前进站压力 P_2 为 8.9MPa，背压 P_3 为 4.4MPa，计算得到气气换热器 KA 值为 93.4kW/K。根据现场相关参数范围计算得到不同进站压力 P_2 和背压 P_3 时换热器 KA 值的选取范围如图 5 所示：

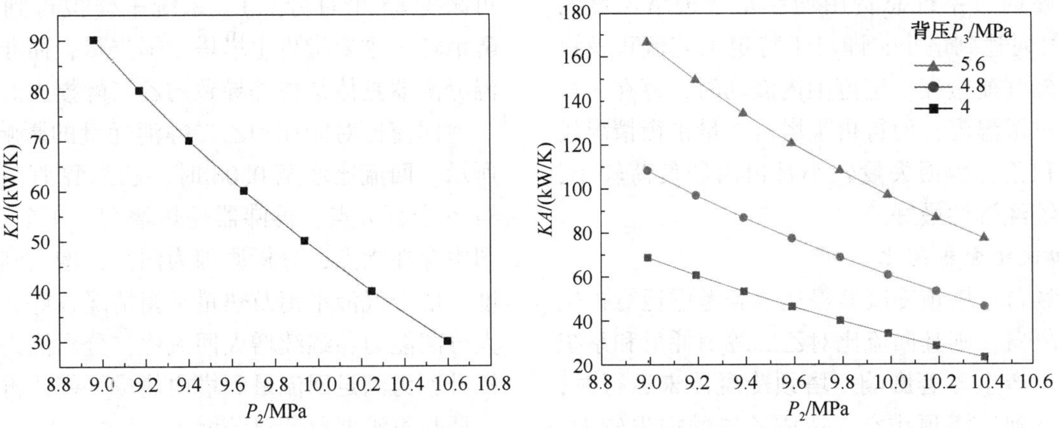

图 5　不同进站压力和背压下换热器的 KA 值

随进站压力提高，换热器理论 KA 值减小。实际进站压力为 9～10.5MPa、背压为 4～5.5MPa 时，建议选取 KA 值为 38.1～208.6kW/K 的换热器，匹配设计参数与实际工况，优化预冷效果。

3.2　乙二醇富液最佳进塔温度分析优化

乙二醇再生塔热力学模型如图 6 所示：

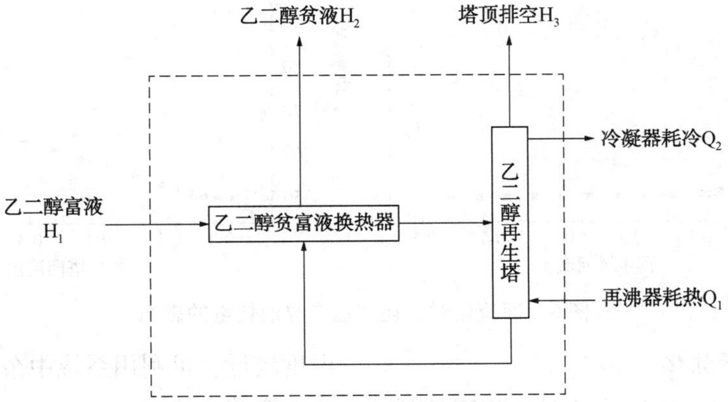

图 6　乙二醇再生塔热力学模型

富液焓值 H_1 由前面天然气处理工艺确定，冷凝器耗冷 Q_2、塔顶排空气体焓值 H_3 由贫液质量浓度(85%)要求确定，可调整的参数只有贫液焓值 H_2。提高富液进塔温度，可减小乙二醇贫液焓值 H_2，从而降低再沸器耗热 Q_1，减小系统能耗，模拟结果如图 7 所示：

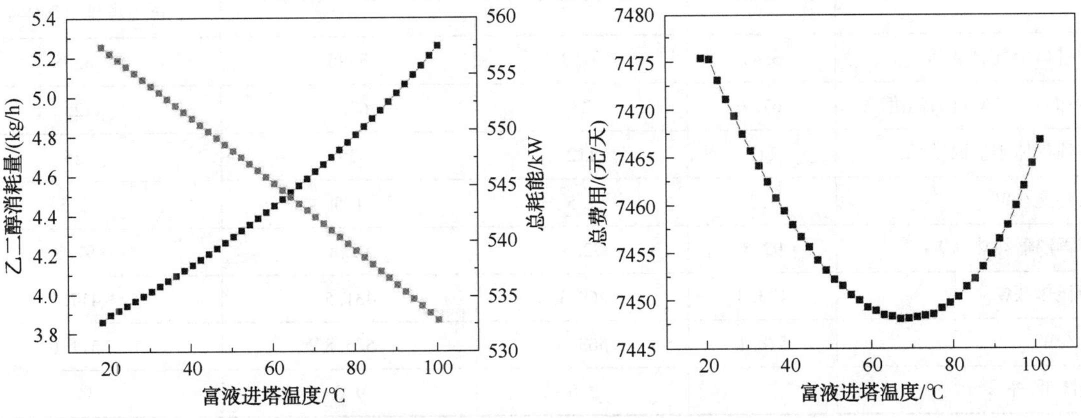

图 7　富液进塔温度对系统经济性的影响

乙二醇富液进塔温度升高1℃，乙二醇系统耗能降低约0.1个百分点(0.6kW)，乙二醇消耗量增大约0.7个百分点(0.035kg/h)。模拟发现，在不同天然气流量下，注醇量为理论所需最小注醇量时，系统总费用均在富液进塔温度为66~68℃时达到最小，即对于特定工艺流程及设备，天然气流量在一定范围内波动时，存在一最佳富液进塔温度，使得再生塔内热量平衡情况较好，塔顶乙二醇损失量较小且再沸器负荷较小，此时系统经济性最好。

3.3　回流比分析优化

现场再生塔顶冷凝器停运，若考虑运行再生塔顶冷凝器，则其回流比对乙二醇消耗量和系统能耗均会产生显著影响。塔顶冷凝器未运行时，塔内蒸汽到达塔顶排空，造成乙二醇损失较大；塔顶冷凝器运行时(设运行温度为45℃)，虽然塔能耗有所增大，但塔顶携带乙二醇的蒸汽冷凝，且随着冷凝液相回流量增大(回流比增大)，原本随排空气体损耗的乙二醇溶液冷凝后再次进入再生塔精馏，塔顶乙二醇耗量大大降低(模拟可减少85个百分点)。系统中模拟得到的乙二醇消耗量主要指再生塔塔顶损失量，而非由于低温分离器具体结构等导致的乙二醇损失。

回流比对能耗和乙二醇消耗量的影响如图8所示。回流比增至0.06时，乙二醇消耗量减小84.6个百分点，再沸器耗热增大1.4个百分点。图中存在拐点，分析原因为回流比增大到一定程度，塔内气液平衡及热量平衡情况较好，达到最大分离能力；继续增大回流比，分离能力无明显提升，为满足回流量和塔内热量平衡，再生塔冷凝器与再沸器负荷显著增大。

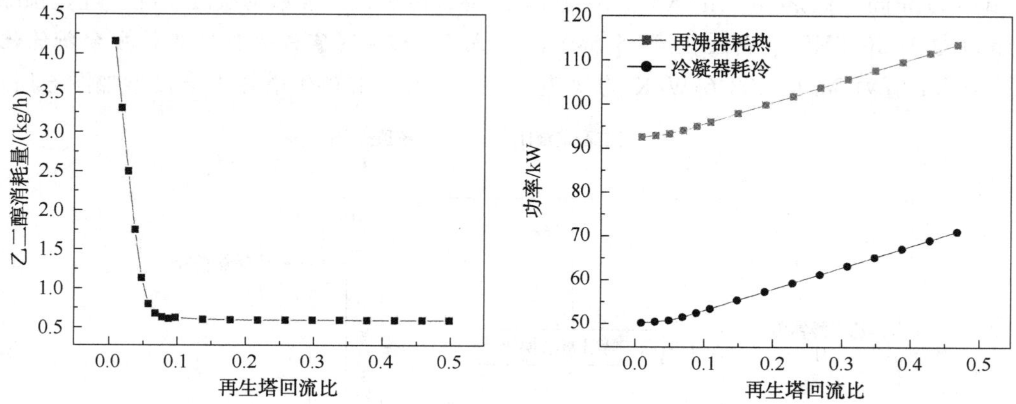

图8　回流比对能耗和乙二醇消耗量的影响

3.4　相变炉系统分析优化

天然气流量为$5.3\times10^6 Nm^3/d$时，相变炉耗热为483.8kW，占总耗能84%。外输气加热前温度较低，可利用系统中余热对其进行预热，减小相变炉耗热。

表2　相变炉系统优化前后相关参数对比表

相关参数	优化前	乙二醇贫液余热	再生塔排空气体余热	乙二醇贫液余热+再生塔排空气体余热
相变炉进口干气温度/℃	3.41	3.53	3.86	3.98
贫液冷却器乙二醇进口温度/℃	67.7	25	67.7	25
再生塔顶气体排空温度/℃	112	112	25	25
注醇泵耗能/kW	1.5	1.5	1.5	1.5
乙二醇再沸器耗热/kW	92.8	92.8	92.8	92.8
相变炉耗热/kW	483.8	469.1	431.5	417.3
总耗能/kW	578.1	563.4	525.8	511.6
总耗能降低/%	/	2.5	9.0	11.5

再生塔排空气体余热利用方案中，排空气体经过换热后温度为25℃，此时相变炉耗热由483.8kW降低至431.5kW，系统总耗能降低了9.0个百分点。

4 结论

本文根据呼图壁储气库实际运行参数和工艺特点，对采气系统主要环节进行热力学分析及模拟分析，从参数优化、工艺流程优化等角度提出多种优化方案，为储气库采气系统节能降耗优化方向、参数匹配及优化方法等提供借鉴，得到的主要结论有：

（1）可根据天然气进站压力、J-T阀背压计算气气换热器理论*KA*值，指导换热器选型，优化预冷效果；

（2）对于特定工艺流程及设备，存在最佳乙二醇富液进塔温度，使天然气流量在一定范围内波动时系统经济性最好。

（3）运行再生塔顶冷凝器可大大降低乙二醇消耗量，且存在一最佳回流比使得乙二醇消耗量较小且系统能耗较低；

（4）利用再生塔排空气体余热预热外输气，可使系统能耗降低9.0个百分点。

参 考 文 献

[1] 梁光川，田源，蒲宏斌．国内地下储气库发展现状与技术瓶颈探讨[J]．煤气与热力，2014，34(02)：1-6.

[2] Zhang J，Tan Y，Zhang T，et al. Natural gas market and underground gas storage development in China[J]. Journal of Energy Storage，2020，29：101338.

[3] 杨琴，余清秀，银小兵，周大为，熊军．枯竭气藏型地下储气库工程安全风险与预防控制措施探讨[J]．石油与天然气化工，2011，40(04)：410-412+418+327-328.

[4] 李凤华．文23储气库脱水工艺优化研究[D]．中国石油大学(华东)，2017.

[5] 阿衣加马力·马合莫，李玉星，车熠全，张赟新，韩金珂，王武昌．呼图壁储气库水合物控制方案及优化[J]．油气储运，2017，36(09)：1024-1029.

[6] 丁国生，李春，王皆明，胥红成，郑雅丽，完颜祺琪，赵艳杰．中国地下储气库现状及技术发展方向[J]．天然气工业，2015，35(11)：107-112.

[7] 陈月娥，张湘玮，徐长峰，张哲，东静波，邵克拉，林敏，左丽丽．呼图壁储气库天然气脱水工艺优化[J]．油气田地面工程，2021，40(06)：32-40.

[8] 王涛，曾树兵，张东锋．海上气田天然气露点控制工艺参数优化研究[J]．石油与天然气化工，2021，50(01)：52-57.

[9] 黄兴．文96储气库地面注采系统运行优化研究[D]．西南石油大学，2016.

[10] 文雯．文96储气库注采站地面工艺能效评价技术研究[D]．西南石油大学，2015.

[11] 阿衣加马力．马合莫．呼图壁储气库注采系统工艺运行优化研究[D]．中国石油大学(华东)，2017.

[12] 张陆军，李原，王文涛，赵磊，何佳伟，张杰．乙二醇再生与回收的再生工艺参数优化[J]．云南化工，2020，47(07)：114-116.

[13] 晁宏洲，王赤宇，马亚琴，赵建彬，董萍．乙二醇循环系统的工艺运行分析[J]．石油与天然气化工，2007(02)：110-113+84.

过热注汽锅炉烟气余热回收节能减排技术研究及应用

卢新萍　别　迪　张　磊　于　倩　汪　涛

（中国石油新疆油田公司）

摘　要　油田燃气过热蒸汽注汽锅炉的特点确定烟气冷凝技术具有应用空间，研究了红 003 井区用天然气组分及燃烧特性，分析了烟气回收显热和潜热的影响因素。根据烟气冷凝规律优化设计换热装置，采用短烟道无引风机高位冷凝装置，优化了烟风结构，稳定了炉膛压力，保证了锅炉安全燃烧效果与合理的负荷分配，避免了冬季烟囱水雾结冰。对烟气冷凝水的腐蚀性研究，提出了避免烟囱和冷凝器腐蚀的对策。针对试运行中存在的问题，优化了烟道气密性安装工艺。测试结果表明：22.5t/h 过热蒸汽锅炉平均节能率 5.6%，18t/h 过热锅炉平均节能率 2.7%，7 台锅炉年节约天然气量 454.64×$10^4$$m^3$。$CO_2$减排量 8930t/a，$SO_2$减排量 26.2kg/a，$NO_x$减排量 8.53t/a。

关键词　过热蒸汽注汽锅炉；烟气余热；冷凝；优化；效果

红 003 井区采用过热蒸汽注汽提高超稠油的采收率，但蒸汽燃用天然气单耗高，迫切需要提高燃料利用水平。以天然气为燃料的锅炉，宜采用半冷凝或者全冷凝尾部热交换装置，回收烟气中的热量。由于天然气的硫含量较低（小于 20mg/Nm^3），给水温度 10～40℃，排烟温度在 120℃左右，烟气中水蒸气体积分数达 15%～20%，其汽化潜热占锅炉燃气能耗的 20%。适用冷凝技术回收烟气余热，锅炉热效率可从 92% 提高到 100%。

1　过热蒸汽注汽锅炉特点

红 003 井区的过热蒸汽注汽锅炉是半露天式安装的卧式强制循环直流锅炉，用于超稠油开发。其整体结构如图 1 所示。

与常规湿蒸汽注汽锅炉不同点：(1) 过热注汽锅炉增加了过热段、汽水分离器和掺混器，蒸汽干度为 100%，过热度 20℃～30℃。(2) 排烟温度更低。过热段的存在，排烟温度比湿蒸汽注汽锅炉的 170℃～190℃低至 100℃～140℃。(3) 平均燃气单耗比湿蒸汽锅炉高 15m^3/t，热效率 92%。(4) 可在湿饱和状态和过热状态之间切换。

烟气冷凝技术原理：烧天然气的锅炉，烟气中水蒸汽的体积分数较高，若排烟温度低于水蒸气冷凝温度，水蒸汽便会释放出大量潜热。采用烟气冷凝余热回收技术，把排烟温度降低到 50℃～70℃，可充分回收烟气的显热和水蒸汽的潜热，锅炉热效率可提高 10%～15%，水蒸气的汽化潜热大约为燃气低热值的 11%。

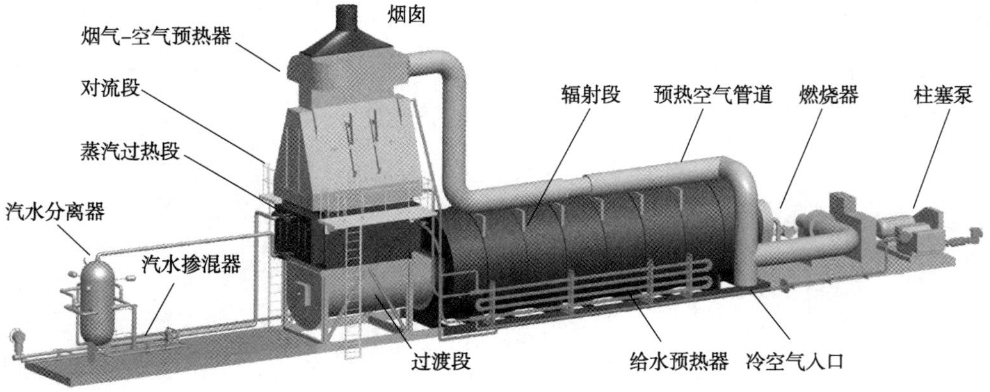

图 1　过热注汽锅炉

2 天然气燃烧特性分析

2.1 天然气组分及燃烧特性

红003井区使用天然气中甲烷体积百分数92.31%，乙烷体积百分数4.06%，发热量约35000kJ/Nm^3。101.325kPa，20℃条件下的天然气组份见表1。

表1 红003天然气组份表

成份	CH_4	C_2H_6	C_3H_8	C_4H_{10}	C_5H_{12}	C_6H_{14}	C_7H_{16}	C_8H_{18}	N_2	H_2S/(mg/m^3)
含量/%	92.31	4.06	0.92	0.4	0.14	0.15	0.04	0.03	1.43	0.34
相对密度	0.6088	高位发热量/(kJ/Nm^3)		38848.52	低位发热量/(kJ/Nm^3)		35072.68	CO_2/%		0.53
水露点/℃	-5.4	水露点压力/MPa		0.38	H_2S/(mg/Nm^3)		0.34	总硫/(mg/Nm^3)		2.88

其高位发热值与低位发热值之差为3775.84kJ/Nm^3，即为烟气中水蒸气的汽化潜热值。烟气水分带走的热量：$\Delta\eta = 11.04\%$，锅炉的极限热效率：110.766%。天然气燃烧特性计算结果见表2。

表2 天然气燃烧特性计算表

名　称	计　算	结　果
理论空气量/(Nm^3/Nm^3)	$4.76 \times \left[0.5H_2 + 0.5CO + 1.5H_2S - O_2 + \sum\left(m + \frac{n}{4}\right)C_mH_n\right]$	9.97
水蒸气理论容积/(Nm^3/Nm^3)	$0.01\left[H_2 + H_2S + \sum \frac{n}{2}C_mH_n + 120(d_g + V_0 d_a)\right]$	2.05
氮气理论容积/(Nm^3/Nm^3)	$0.79V_0+N_2$	7.89
RC2容积/(Nm^3/Nm^3)	$0.01(CO_2 + CO + \sum mC_mH_n + H_2S)$	1.07
空气过剩系数	选1.05-1.25	1.15
实际水蒸气容积/(Nm^3/Nm^3)		2.08
烟气总容积/(Nm^3/Nm^3)		12.51
干烟气量/(Nm^3/Nm^3)		10.46
干烟气分压/Pa		16038
RC2容积份额		0.09
水蒸气容积份额		0.18
烟气露点/℃	由H_2O容积份额查表	55.4
露点对应潜热/(kJ/Nm^3)		1899
低位发热量/(kJ/Nm^3)		35072.68

从表2看出，当空气过量系数为1.15时，水蒸汽占烟气的容积份额达到18%，烟气热力学平衡水露点温度为55.4℃。

2.2 烟气显热

不同烟温，不同空气过量系数的烟气的显热热焓如图2。

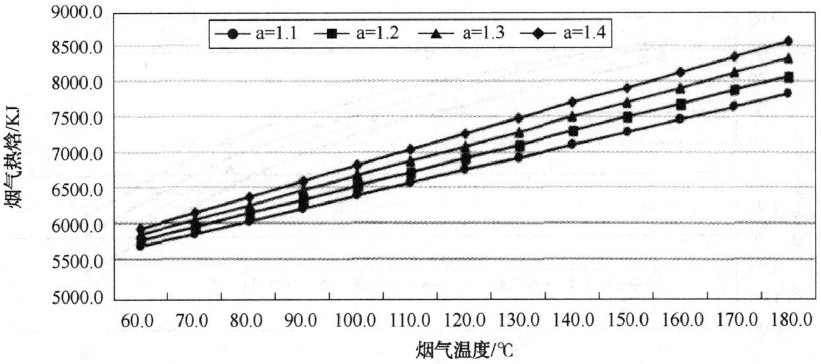

图2 烟气显热热焓

烟气温度越高，过量空气系数 α 值越高，烟气热焓值越高。因此，应合理控制烟气氧过剩量，降低烟气温度，以提高锅炉热效率。

2.2 烟气潜热

不同烟温，不同空气过量系数的烟气的潜热热焓如图 3。

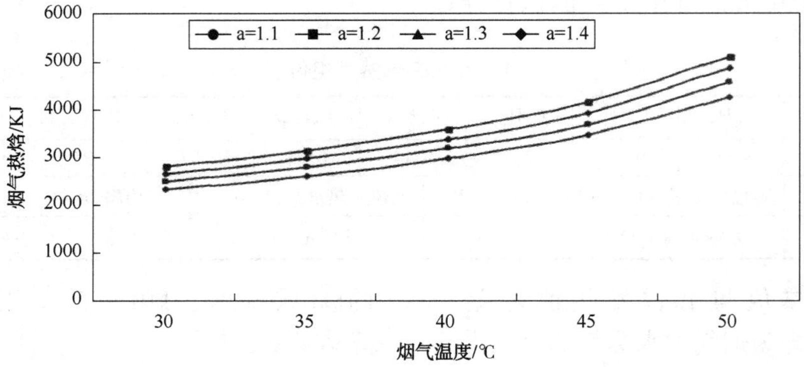

图 3 烟气潜热热焓

相同烟气温度下，空气过量系数越大，烟气的热焓值越大，排烟热损失越大。为了回收烟气中的水蒸汽潜热，必须把烟温降到露点温度以下。

3 烟气热焓回收分析

3.1 烟气显热回收

不同空气过量系数下，随着烟气温度降低，提高烟气显热冷凝热效率，如图 4。

当烟气温度在同一温度时，空气过量系数越大，提高的热效率越大，回收的热量越多，但是需增加换热面积。烟气显热回收利用中，通过对空气过剩量的控制，可以提高回收系统的效率。

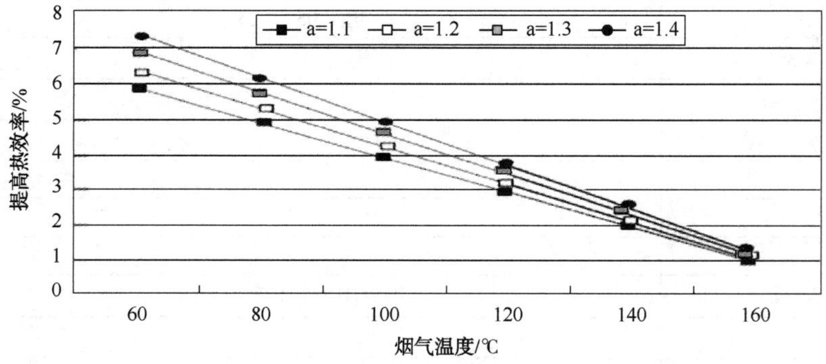

图 4 回收烟气显热提高热效率

3.2 烟气潜热回收

不同空气过量系数下，随着烟气温度降低，提高烟气潜热冷凝的热效率，如图 5。

随着烟气温度的降低，烟气冷凝换热提高的热效率增加。同一温度下，空气过量系数越小，提高的热效率越大。

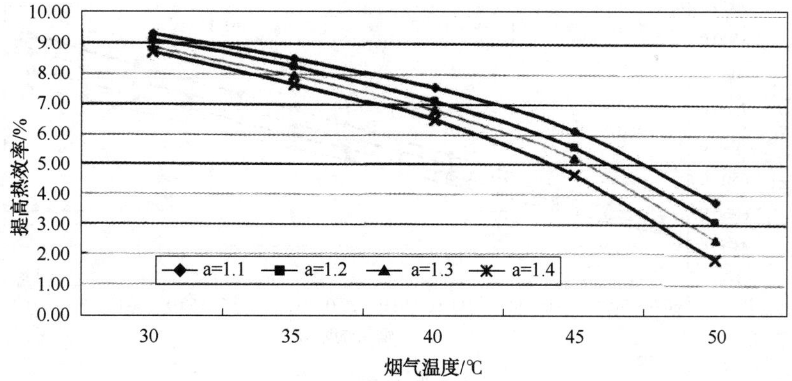

图 5 回收烟气潜热提高热效率

3.3 影响冷凝换热的因素

影响冷凝换热的因素有是平均温差、换热面积和换热系数。提高露点温度，冷凝容易发生，空气过量系数越小，烟气中的水蒸汽的露点温度越高。冷却介质的温度，冷却介质的温度越低，则平均温差越大。(2)换热面积和换热系数。冷凝换热面积的越大，换热量越大，采用翅片可增大换热面积。优化烟气侧冷凝换热效果，能提高冷凝换热系数。

排烟温度与天然气烟气利用率的关系，如图6，锅炉热效率的提高分为两个区域，烟气露点温度随着过量空气系数的增大而降低。相同过量空气系数条件下，排烟温度从100℃降至60℃时，天然气烟气利用率变化缓慢，此段主要回收烟气显热；当排烟温度由60℃降至20℃时，烟气利用率突然增大，明显变化，此段以回收烟气潜热为主。可见烟气中水蒸气的潜热大于显热。

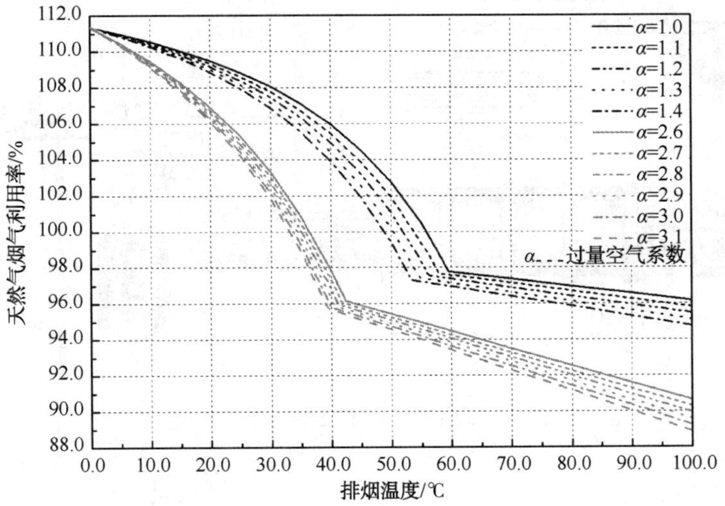

图6 排烟温度与天然气烟气利用率的关系

回收烟气显热与潜热提热效率，如图7，燃料完全燃烧，实际空气过量系数需在1.1-1.14之间。取空气过剩系数α=1.1，烟温60℃时，可提高热效率6个百分点。

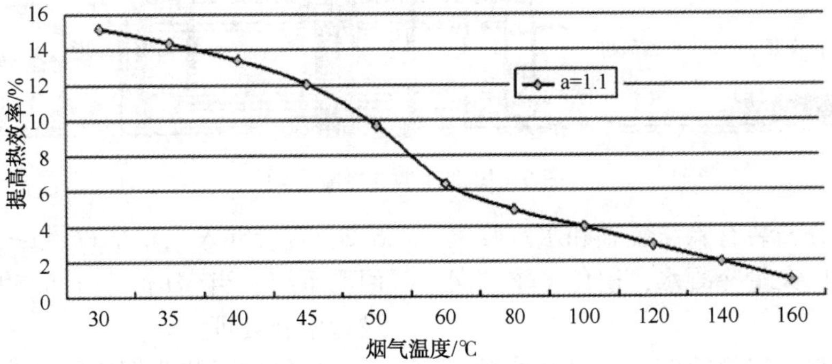

图7 回收烟气显热与潜热提热效率

4 烟气冷凝改造关键技术

过热锅炉烟气冷凝改造采取了两种形式，带引风机长烟道烟气冷凝锅炉，如图8。另一种设计为短烟道烟气冷凝锅炉，如图9。保留原烟气-空气预热装置。

4.1 烟气冷凝装置的设计与布置

二者都采用了模块化冷凝装置设计。烟气冷凝换热使用间壁式换热器，换热管采用一系列强化传热技术。换热器采用逆向对流换热，烟气流动方向与冷凝介质流向相反，提高换热效果。烟气流动方向与冷却水流动方向相同，便于冷凝水及时排出。

长烟道设计在原烟囱上用三通引出独立烟道系统，并增设11kW引风机，炉膛压力大约为400Pa~500Pa。新增烟道入口阀与原烟囱新增烟气排出阀联动工作，二者始终处于一开一关状态。当冷凝装置发生故障时，可切除冷凝装置维护，而不影响锅炉继续运行。短烟道烟气冷凝器增加的阻力损失不到100Pa，炉膛正常压力在500Pa左右，相比于长烟道设计，将低位冷凝器安装改为高位冷凝器安装，省去了引风机和高烟囱，占用空间小，且生成在传热面上的凝结水可自然排出。

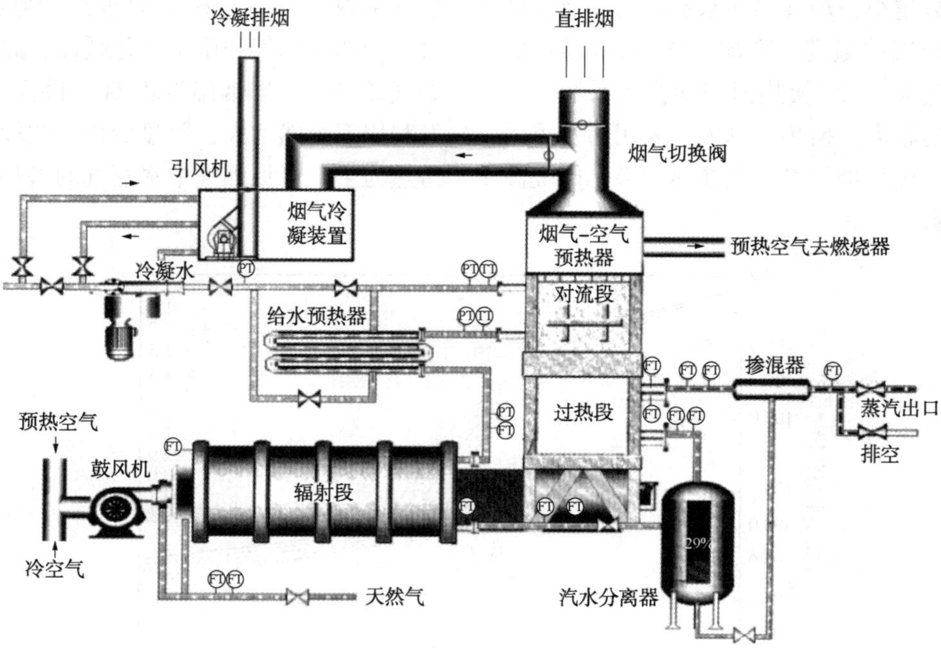

图8　带引风机长烟道烟气冷凝锅炉

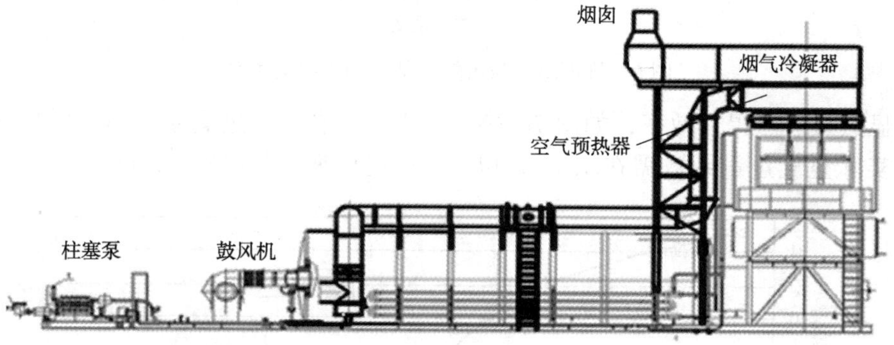

图9　短烟道烟气冷凝锅炉

在烟道后半部分安装有除沫装置和水汽收集装置，阻止烟囱排出大量冷凝水，避免冬季烟囱下四周结冰。

因烟气当中含有一定量的H_2S，烟囱采用内衬不锈钢技术，解决了锅炉烟囱的腐蚀问题。

4.2　鼓风引风协调控制技术研究

长烟道冷凝装置的引风机采用变频器控制，克服增加的烟气冷凝换热器的烟道阻力，降低并保持炉膛压力稳定。引风机与定频运转的鼓风机协调工作，保证了锅炉安全燃烧和热负荷分配的稳定性。

4.3　腐蚀与防腐技术

烟气冷凝模块在给水预热器下配有冷凝水箱，洁净天然气冷凝水的pH值一般为5.9～6.2，直接混入大量弱碱性采出液中，进入污水回用系统。当pH值小于5.5时可启动加药装置进行中和处理。

烟气冷凝装置烟气侧换热管采用碳钢覆铝技术，与普通翅片管相比，不锈钢铝翅片复合管传热性能高出2倍以上；腐蚀实验中，根据冷凝水成分配置酸液，在远比实际情况恶劣的工况下，进行腐蚀试验评定和电化学测试，材料腐蚀率仅为0.0024mm/a～0.0133mm/a。钢腐蚀率为0.079mm/a～0.257mm/a。排烟烟囱采用不锈钢内衬防腐。

4.4　方案热力参数设计优化

锅炉烟气冷凝装置优化后的设计运行参数见表3。

表 3　烟气冷凝设施设计参数

项目 单位	天然气/ (Nm³/h)	给水流量 5 (t/h)	水温			排烟温度			热效率/%
			进口/℃	出口/℃	温升/℃	投用前/℃	投用后/℃	降低/℃	
参数	1500	18	40	50	10	120~130	50~80	60	≥94

过热注汽锅炉烟气冷凝改造热力参数按照过量空气系数为 1.15 进行计算，季节分夏季和冬季两种工况，给水分清水软化水和清水软化水与油田污水混合后的掺混水，具体见表 4。

表 4　烟气冷凝改造热力计算参数

项　　目	清水软化水		清水与油田污水混掺软化水	
	夏季	冬季	夏季	冬季
燃料量/(Nm^3/h)	1750		1750	
过量空气系数	1.15		1.15	
烟气露点温度/℃	55.4		55.4	
空预器出口烟气温度/℃	110		110	
给水流量/(t/h)	20		20	
给水进口温度/℃	20	7	46	40
给水出口温度/℃	70	70	72.8	73.5
排烟温度/℃	48	44	57.1	54.1
给水温升/℃	50	63	26.8	33.5
烟气阻力(换热器)/Pa	436			
水阻(换热器)/Pa	10145			
冷凝水量/(t/h)	0.988	1.372	0.143	0.199
回收热量/kW	1174	1456	623	781
其中潜热量/kW	655	909	95.16	132
节能率/%	6.9	8.5	3.7	4.6
改造前燃气单耗/(Nm^3/h)	86		86	
改造后燃气单耗/(Nm^3/h)	80.1	78.7	82.8	82.0

5　改造效果分析

5.1　过热锅炉(22.5t/h 长烟道)改造

经西北油田节能监测中心测试，锅炉平均热效率为 98.9%，平均提高 5.18%，平均节能率为 5.6%，燃气单耗平均下降 4.82m^3/t。达到了锅炉节能技术监督管理规程(TSGG 0002—2010)的要求。以清污混掺给水为冷源介质，将排烟温度从 130℃左右降到 50℃~70℃。

5.2　过热锅炉(18t/h 短烟道)改造

西北节能中心测试锅炉反平衡热效率为：96.2%，锅炉给水烟气冷凝换热装置吸收热能占锅炉燃料供入能量的比例为 2.7%。运行参数：燃气单耗平均为 76m^3/t，平均下降 5.0m^3/t。冷凝器进出口水温差平均 25℃，蒸汽过热度在 4℃~15℃之间，冷凝器进出口烟温差平均 38℃，炉膛压力稳定在 250Pa~360Pa，火形较好无偏火，无偏烧。

5.3　过热锅炉冷凝改造后经济效益

7 台锅炉年经济效益：年节约天然气量 454.64×10^4m^3，折 6046.712tce。年节约天然气费用 429 万元。

5.4　锅炉烟气减排量

7 台锅炉年减排量：CO_2减少 8930t/a，SO_2减少 26.2kg/a，NO_x减少 8.53t/a。

参　考　文　献

[1] 管坚．锅炉节能技术监督管理规程：TSG G0002—2010[S]．北京：新华出版社，2010：3.

[2] 贾力．湿烟气冷凝换热研究[J]．北京建筑工程学院学报，2001(11)：125-126.

[3] 冯维君．燃油燃气锅炉运行与管理[M]．北京：中国劳动出版社，1997：37-40.

[4] 车德福．冷凝式锅炉及其系统[M]．北京：机械工业出版社，2002. 55-56.

[5] 胡少波，姚正华．燃气锅炉排烟冷凝热回收分析[J]．装备制造技术，2012(11)：125-126.

相变储热式集热技术在油田生产中的研究与应用

欧阳俊易 杨德保 王争光

（中国石油新疆油田公司）

摘 要 在国家为了实现双碳背景下，重油公司作为油田公司能耗大户，加快推进新能源替代工作是公司发展的重中之重。目前重油公司气量大的稀油井口采出液一般含腊量较高、凝固点低，如果温度较低，粘度将大幅增加，容易凝堵管线，影响输送；并且可能使井口回压增加，影响采出液产量。亟需开展新能源储热式集热技术攻关。开展储热+集热式光热补偿系统组合试验。不仅解决了结蜡凝管问题，同时新能源系统可通过撬装化、模块化、标准化管理适应不同的生产场景。智能补偿电加热控制系统优化，进一步使油井的伴热生产向着智能、可控的方向发展。建立“以热替热、智能补热、示范引领”的生产模式，实现井口加热新能源替代。

关键词 相变储热；光热；新能源；结蜡

1 概述

1.1 背景与现状

重油公司采油作业区气大稀油单井采出液一般含腊量较高、凝固点低，如果温度较低，粘度将大幅增加，容易凝堵管线，影响输送；并且可能使井口回压增加，影响采出液产量。目前一般使用管道电加热器对井口采出液进行全年加热，额定电功率为40-60kW。而克拉玛依处于中纬度的亚洲腹地，远离海洋，北部有高山屏障阻隔北方冷湿气流，属于典型的中温带大陆干旱荒漠性气候区。

2 适合光热技术应用的原因分析

2.1 气象条件

克拉玛依处于中纬度的亚洲腹地，远离海洋，北部有高山屏障阻隔北方冷湿气流，属于典型的中温带大陆干旱荒漠性气候区。主要气候特点是：四季分明，夏季炎热，冬季寒冷，春季升温迅速，秋季降温快；降水稀少，气候干燥；热量丰富，光照充足，无霜期长；昼夜温差大，风沙较多。克拉玛依市主要气象指标如下：

年平均气温	8.6℃
极端最高温度	42.7℃（七月）
极端最低温度	-34.3℃（一月）
年平均蒸发量	1831.4mm
年平均降雨量	142.3mm
年平均风速	1.1m/s（冬季）、4.4m/s（夏季）
年均大气压	957kPa（夏季）
年雷暴日	31.6
年均大气含氧率	14.56%
主导风向	西北风
最大冻土深度	192cm

2.2 太阳能资源

新疆太阳能资源丰富，年日照时间较长，日照百分率为60%~80%，新疆全年平均日照时数达2500小时~3550小时，全疆日照6小时以上的天数在250~325天，新疆地区年累积太阳辐射分布如图1所示（基于SolarGIS数据），大部分区域范围在800kWh/m^2~2760kWh/平方米，太阳辐射峰值出现在新疆南部喜马拉雅山脉附近，东疆和南疆东部一带太阳能资源也比较丰富，最低值出现在博州、阿尔泰和和田部分山谷地区，年总辐照度的区域分布大致是由东南向西北不均匀递减。

克拉玛依位于准噶尔盆地西部，海拔在270~500米之间，干旱少雨，地貌大部分为戈壁滩，属典型的温带大陆性气候。克拉玛依地区的年累积太阳直接辐照量空间分布如图2所示，太阳能资源在1000~1400kWh/m^{2}之间，根据《太阳能资源等级总辐射》（GB/T 31155—2014）中约年辐照量等级表(表 1)，属于光资源丰富(C 级)区域。空间分布上，太阳能资源由北向南递减，北部风城井区年累积 DNI 为 1366kWh/m²，中部重油井区年累积 DNI 在 1200kWh/m² 左右，南部采油一厂井区年累积 DNI 在 1100kWh/m² 左右。

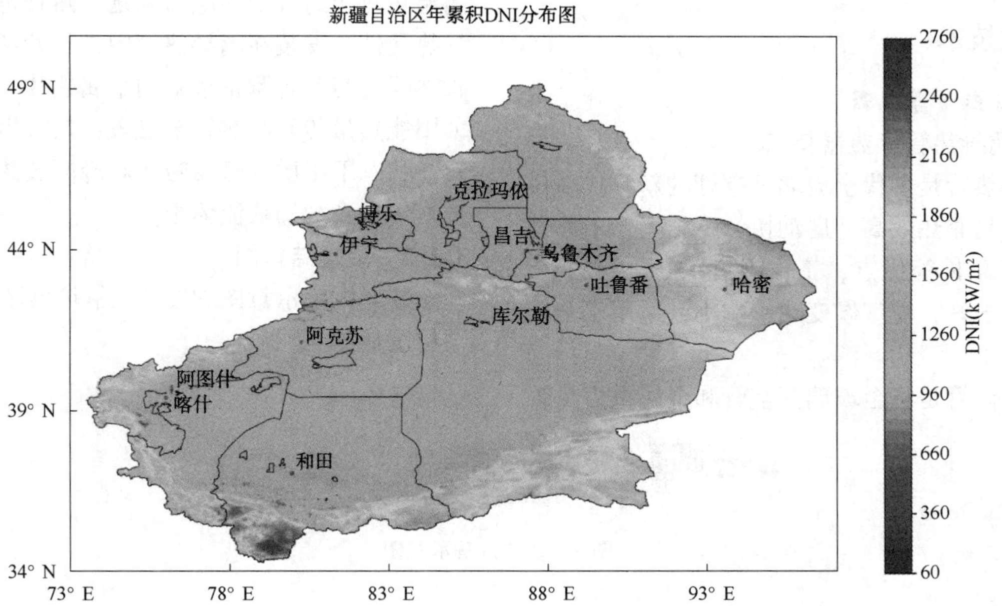

图 1　新疆自治区年累积太阳直接辐照量分布图

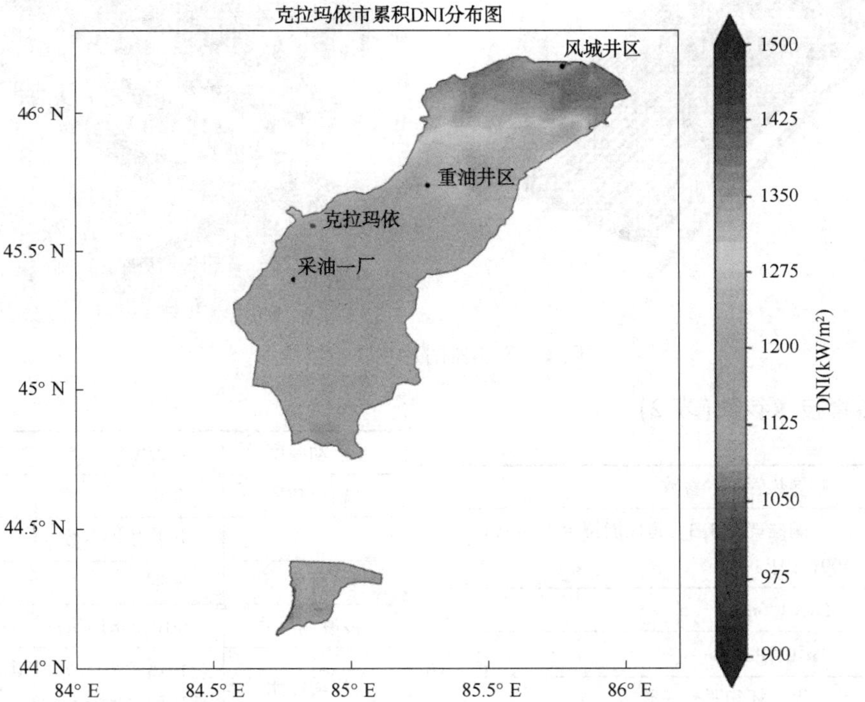

图 2　克拉玛依地区年累积太阳直接辐照量分布图

表 1　年法向直接辐射辐照量等级

等级名称	分级阈值/(kW·h/m²·a)	分级阈值/(MJ/m²·a)	等级符号
一类资源区	G≥1700	G≥6120	A
二类资源区	1400≤G<1700	5040≤G<6120	B

续表

等级名称	分级阈值/(kW·h/m²·a)	分级阈值/(MJ/m²·a)	等级符号
三类资源区	1000≤G<1400	3600≤G<5040	C
四类资源区	G<1000	G<3600	D

结合以上克拉玛依的气候条件和光热资源，本论文选取新疆北部克拉玛依区金龙井区JLHW280井进行相变储热式集热技术光热试验。

3 关键技术

3.1 超导热管集热器

3.1.1 超导热管集热器特点

超导热管是替代全玻璃真空管的新一代高科技产品。具有热效高、启动快、不结垢、不炸管和使用寿命长等优点，工作温度-50℃-420℃，抗冷热冲击好，受气候变化影响小，适用于全天候使用。

超导热管是将全玻璃真空管和金属重力热管完美结合。用铝作吸热材料，把选择性太阳能吸收膜层磁控溅射在铝吸热面上，并采用特种金属结合激光焊接技术，完美的解决了玻璃-金属中高温热热压封接中的应力问题。热管是一种高效导热元件，安装在超导热管中，热管和玻璃真空管之间有与二者紧密接触的金属翅片，将转换的太阳能热量传导给热管蒸发段，热管再利用内部真空状态下工质的蒸发吸热和冷凝放热，将这一热量传递到被加热流体中。

3.1.2 装置结构图

装置拆解示意图如图3，集热器图片及联箱结构图如图4。

图3 装置拆解示意图

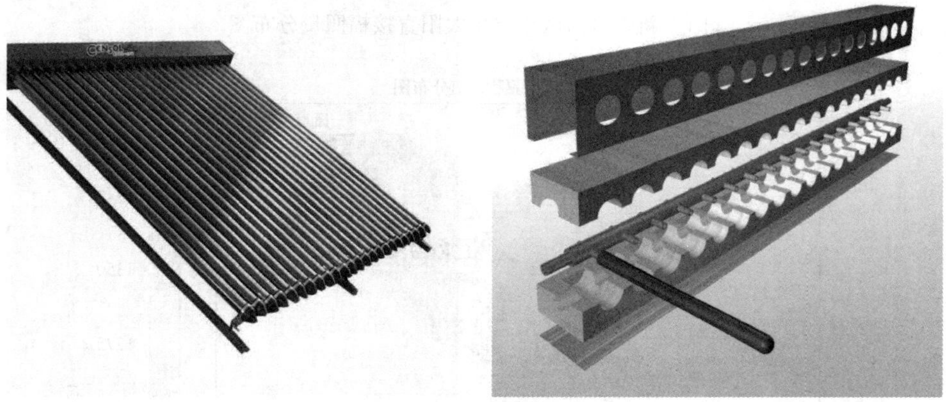

图4 集热器图片及联箱结构图

3.1.3 超导热管技术参数(表2)

1.	超导热管技术参数
材质	高硼硅玻璃3.3，其性能符合ISO 3585：1991要求；
管径、管壁厚	58，1.6mm
真空度	5×10^{-4}Pa
强度、钢度	应无损坏和明显变形
吸热材料	Aluninum
涂层	Aluninum Nitride
吸收率、发射率	$\alpha\geqslant0.94$，$\varepsilon\leqslant0.06$
抗风	30m/s
耐冻性	能耐受-50℃的低温而不损坏
抗冰雹	在直径25mm的冰雹袭击无损害
闷晒温度	250℃

续表

启动温度	≤25℃
输出功率	50W
2.	热管技术参数
材质	紫铜
冷凝端尺寸	Φ10mm×100mm
启动性能	传热管放入70℃恒温水浴，10s后，顶部达到温度应≥67℃
传热性能	传输功率：加热端≥100（w）；热阻≥0.20(℃/w)
启动时间	在正常阳光下启动时间不大于2分钟
等温性	启动后5分钟，冷凝端表面任意两点的温差不大于2℃
气温压强	$\rho\leqslant5\times10^{-3}$
耐压	能耐受0.6MPa的压力

3.1.4　超导热管集热器效率曲线

超导热管集热器效率曲线见下式：

$$\eta=0.71-2.74\left(\frac{T_m-T_a}{I}\right)$$

式中，T_m 为超导热管集热器进出口平均温度，℃；T_a 为环境温度，℃；I 为集热器表面太阳辐照强度，W/m^2。

3.2　无机相变蓄能技术

3.2.1　无机相变储能换热原理

利用无机相变材料在固液相态转变时，大量吸收或放出热量的机理，借助于多孔强化传热结构，实现热能的小温差(增大换热面积，可接近恒温)储存和释放。实现热量的跨时空传输和能量密度的恒温调节。

3.2.2　相变蓄能球

相变蓄能球是由一组塑料吹胀相变复合材料、密封材料。通过蓄/放热过程中的小温差换热，实现了热能在输送过程中的恒温调节和时空转换，储热密度达到 100KJ/L，水的热容为 4.2100KJ/L℃。把相变储能球放置在缓冲蓄热水箱内，这样可以节省空间，减小设备体积，缓冲水箱内冲防冻液和 46℃ 相变储热球。

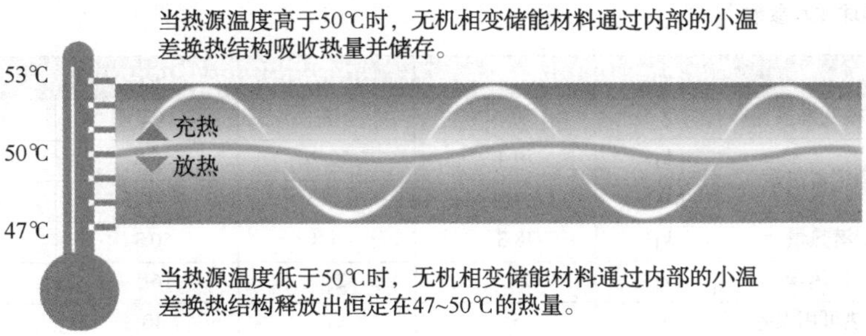

图 5　换热原理图

图 6　相变蓄能球性能优势

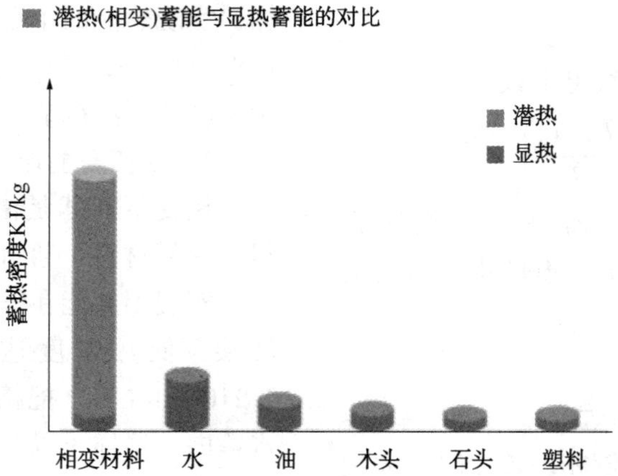

图 7　相变蓄能与显热蓄能对比

■ 相变蓄能球技术参数

序号	项目/型号	单位	ESB46-6.0	ESB48-6.0	ESB62-6.0	ESB65-6.0
1	相变温度	℃	46	48	62	65
2	额定蓄热量	kj	50.4	46.9	66.8	59.7
		kWh	0.014	0.013	0.0186	0.0166
2.1	潜热量	kj	48.3	44.8	50.3	43.6
2.2	显热量	kj	2.1	2.1	16.5	16.1
2.3	显热可用温差	℃	5	5	40	40
3	额定蓄热温度	℃	51	53	70	73
4	额定放热温度	℃	43	45	55	58
5	额定放热功率	W	1.8	1.6	2.3	2.1
6	放热时间	h	8.0	8.0	8.0	8.0
7	平均对数换热温差	℃	4	4	7	6.5
8	外形尺寸	mm	ϕ60	ϕ60	ϕ60	ϕ60
9	重量	kg	0.17	0.17	0.17	0.168
10	每立方堆放球数	个	6200	3200	6200	6200
11	每立方蓄热量	kWh	93	86	129	117

图 8　相变蓄能各型号技术对比

4　成果先进性

（1）形成适应于适用于重油公司气大稀油油井的出液保温加热体系。

（2）弥补光热集热技术固有的缺陷，配合相变储热技术使得光热集热技术能够脱离电网而全天为气大稀油油井提供稳定热源。

（3）作为重油公司首个相变储热式集热技术试验，首次通过研究 JLHW280 井在重油公司地理位置的太阳能源定量分析，从而进行储热和集热量的设计补热电加热的选择、集热阵列的布置、系统防雷接地装置的设计，具有先进性。

5　JLHW280 井供热及效果分析

5.1　供热负荷

该井设计加热功率为 40kW，额定出水温度 50℃，循环水流量为 $3.5m^3/h$。每天运行 24h，由于抽上来的原油含水、气和油，采用水浴加热，温度稳定，则每天逐时总加热负荷为：40kW * 24h = 960kWh，每年运行 365 天，年逐日总加热负荷为：960kWh * 365d = 350400kWh。

5.2　系统设计

5.2.1　超导热管集热器选型

（1）太阳能提供热负荷

每天逐时总加热负荷为 960kWh，考虑到阴雨雪天气和总投资，太阳能贡献率为 30%计算。

（2）超导热管集热器面积

超导热管集热器的布置以满足全年制热为主，安装角度为当地纬度 42°，则集热器阵列每天提供的能量按下式计算。

$$A = Q' / [f \cdot H \cdot \eta_J \cdot (1 - \eta_s)]$$

式中，Q'为热负荷，518.4MJ；A 为太阳能集热器面积；H 为倾角等于当地纬度倾斜表面上的太阳总辐射年平均日辐照量 MJ/(m^2·d)，为 20.1MJ/m^2·d)；f 为太阳能保证率，无因次；按晴好天气计算，$f=1$；η_J 为集热器全日集热效率，该地区平均白天气温为 11℃，集热器进出水温 45℃/50℃。由公式算出，全年集热器平均效率为 56.55%；η_s 为管路及储水箱热损失率，取 10%；

计算得到：A=50M2，设计采用型号为 R1-58×1800-25 的超导热管集热器，共 18 组，每组集热面积 3m^2，则总集热面积为 54M2。

（3）太阳能集热系统全年得热量

太阳能集热系统全年获得 50℃的高温热源。安装角度为当地纬度 42°，单位平米集热器全年太阳辐照强度为 1580kWh，

统计 2019—2021 三年平均高温为 13.3℃，平均低温为 5.1℃。集热器工作平均环境温度(白天) T_a = 11℃，平均太阳辐照强度 I = 692W/m^2，集热器进/出口水温为 45℃/50℃，即 T_m = 47.5℃，根据超导热管集热器效率曲线，集热效率 η = 56.55%；设管路系统热损 10%。

则 52M2 超导热管集热器全年得热量为：1580kWh * 52m2 * 56.55% * (1-10%) = 41494kWh。

5.3 现场运行效果

JLHW280 井自 8 月 24 日运行至今约 2 周的时间，该井采用相变储热光热供能+智能电加热补热控制，可有效的保证该井出液温度维持在 33-37 度，采出液压力维持在 1.2MPa 左右正常运行。

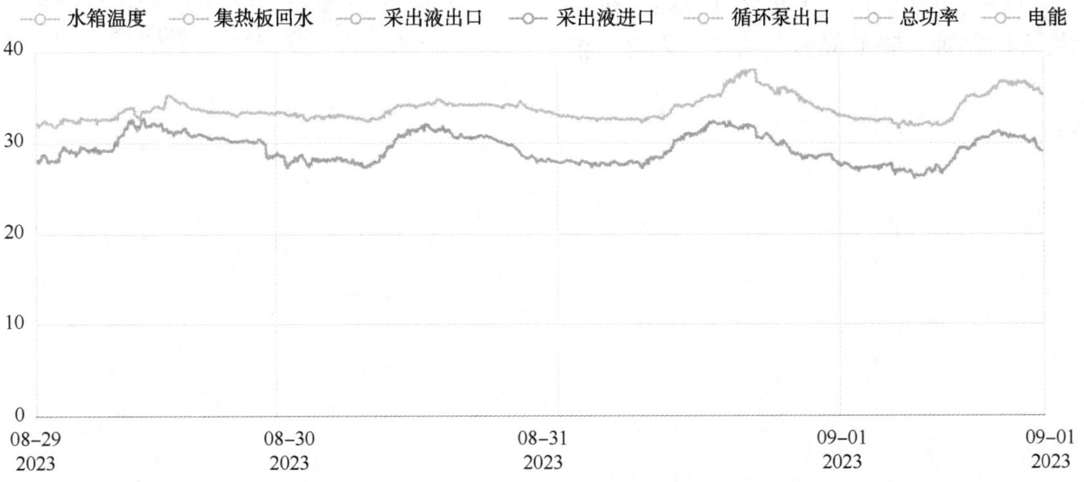

图 9 周采出液来液温度曲线和出液温度曲线对比

5.4 存在问题和改进措施

（1）由于从光热板出来和撬内循环防冻液管线均为 DN40，而储热箱内部管线为 DN25，造成流量受限，可改进为储热箱内增加一组旁通管线，这样保证换热水箱的温度和系统整体流量。

（2）换热水箱的换热盘管和流道经计算换热面积满足每天 50 方液量的要求，流道用扰流板进行优化布置。

（3）为满足夜间和白天日照不好的情况，同时满足冬季使用要求采出液达到 40℃要求，还可以增加一组 20KW 防爆管道加热器，加热循环防冻液提高水箱温度。

6 经济效益和社会效益

6.1 经济效益

根据远程监测，现场电压 412V，按照前期原来使用的电加热器运行电流计算出，原电加热器运行耗电功率为 71kW·h。使用光热储热井口加热装置后，即使 20kW 防爆管道加热器投入应用后，系统总耗电功率为 27kW。那么系统节电可达到 60%。年节电量折合费用约为 14.66 万元左右。夏季 20kW 防爆管道加热器间歇补充运行或达到不需要运行，全年运行节电率将可达到 70%以上，有望达到年节约电费 16.55 万元的程度。

6.2 社会效益

（1）节能减排，改善环境。在气大稀油井安装光热后实现太阳能的综合利用，不仅让企业达到节能减排的效果，企业还尽到改善周边环境的社会责任，增加美誉度。

（2）降低企业能耗，缓解用电紧张问题。对于生产型企业能耗问题一直存在。相变储能光热

集热技术因为以热替热，投资成本相对低，放热相对稳定，并且光热设备时间随着使用时间的延长，可大大摊低年建设成本，节约企业成本。

（3）光热设备的使用具备撬装性，当当前使用场景不需要时可转移到其他需求场地继续使用，达到降低需求场地建设成本的目的。

（4）该井运行配合智能补热电加热技术，很大程度上减少了人工操作的部分，降低了人员的劳动强度。

（5）该井运行参数通过数据远传技术实现远程监控，可实时根据出液状态和光热所能提供的热量调节电加热补热，从而调节出力，大大节约了稀油井的出温调控能力。

7 结论和认识

（1）可以使重油公司气大稀油井光热集热系统得到极大的完善，降低成本。从长远来看，相变储热技术是光热集热过程中的关键技术。储热技术的发展将弥补光热系统固有的缺陷，使得光热集热能够最大限度脱离电网而全天为用户提供热量。因此，相变储热技术的发展不仅意味着自身及光热技术的进步，也是促使世界可再生能源发展的推动力，是至关重要的。

（2）该井的运行成功，充分的试验验证了相变储热光热技术在重油公司的可靠性。如未来对该技术进行推广使用，可满足公司全部气大稀油井的出液保温的运行需求，预计可为公司节约电费约 16. 55 万元。

参 考 文 献

[1] 季杰．太阳能光热低温利用发展与研究[J]．新能源进展，2013，1(01)：7-31.

[2] 张正国，文磊，方晓明等．复合相变储热材料的研究与发展[J]．化工进展，2003(05)：462-465.

玛湖 45 光伏供能研究与试验

王争光　杨德保　欧阳俊易

（中国石油新疆油田公司）

摘　要　在国家为了实现双碳背景下，作为油田公司能耗大户，加快推进新能源替代工作是油田公司发展的重中之重。目前××公司共有电边探井 25 口，生产模式为间歇自喷生产，单井平均日产油 2.4t/d、平均含水 44.7%。边探井多处沙漠戈壁腹地，所处位置偏远且分散，玛湖 45 号井远离市区一百多公里。

为充分挖掘边探井潜力，紧抓绿色低碳转型发展机遇，亟需开展新能源建设与低效井提效融合技术攻关，油田工艺研究所计划开展边探井排液+智能间抽+分布式光伏补偿系统组合试验。通过利用光伏发电、储能一体化系统对排液设备进行供能，不仅解决了内燃机使用过程中安全环保问题，同时新能源系统可通过撬装化、模块化、标准化管理适应不同的生产场景；使用宽幅、低耗的排液工艺，能适应高粘度、高含砂、高含气、产量变化幅度较大的井的生产问题。智能间抽控制系统优化，进一步使油井的生产向着智能、可控的方向发展。三者结合，按照“独立绿电、自发自用、智能机采、示范引领”的生产模式，实现边探井的高效复产。

关键词　边探井；光伏；绿色低碳；环保

1　概述

1.1　背景与现状

××公司采油作业区单井以大电网为主供电源、燃气发电辅助、农电或柴油发电应急，各系统相互备用的方式为单井提供生产动力。燃气发电柴油发电等应急措施不适应长期生产：柴油机的冷却方式为水循环自然冷却，由于油井分散，生产管理难度大，在突发故障停机后，加上冬季天气寒冷，极易造成柴油机的水箱或机体冻裂，设备报废；在冬季或春季因为风沙大、天气寒冷，设备故障率高，停井现象经常发生，直接影响原油生产，同时也增加了生产维护成本；现场生产过程依靠人工操作，自动化程度低，安全性和可靠性不能保证；柴油贮存等带来健康和安全风险。采用柴油机供电，可靠性和安全性差，井场生产时常中断，无法满足 HSE 检查标准要求，现场人员生产生活条件艰苦；需要定时巡视和补充燃料，人力成本车辆损耗和运行费用太高，从经济效益分析不适合解决边远井的供能需求。

2　玛湖 45 光伏功能分析

2.1　现场地理位置及光能分布

本项目建设地点位于新疆维吾尔族自治区克拉玛依市油田井区，水平面辐照量约为 1355.5kWh/m^2，太阳辐射比较丰富。

下图表所述是克拉玛依地区的光能分布数据，数据来源于 SolarGIS 数据。

2.2　抽油机功率调查分析

现场选用抽油机为螺杆泵，泵功率为 22kW。

2.3　玛湖 45 转抽调查综合分析

玛湖 45 井在未转抽前为自喷生产，产液量 2-3 方/天，转抽前需进行修井作业，安装螺杆泵，使用的螺杆泵电机额定功率 22kW，运行功率约为 15kw，螺杆泵最大抽油量为 13 方/天。为满足玛湖 45 井 6-7 个月的抽油机供电，在玛湖 45 油井区域进行光伏布置，在 4 月-10 月期间可满足玛湖 45 井螺杆泵 24 小时工作，同时需保证储能电池及控制撬装房的温度在 27℃左右；在 11 月至来年 3 月的 5 个月个月期间光伏发电为撬装房内空调机组服务，确保储能电池不会因冬季温度过低导致失效。

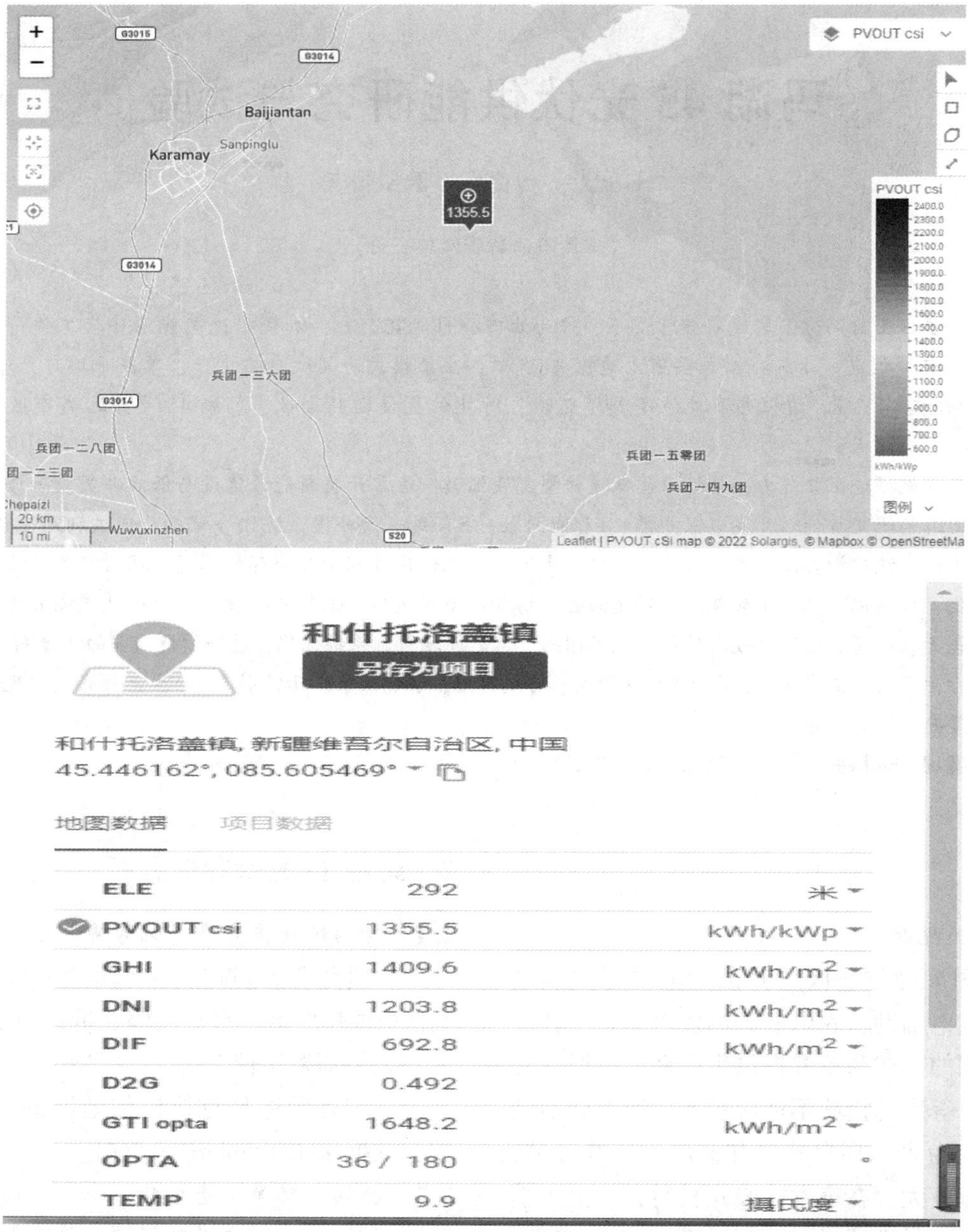

图 1　玛湖 45 井年平均光照

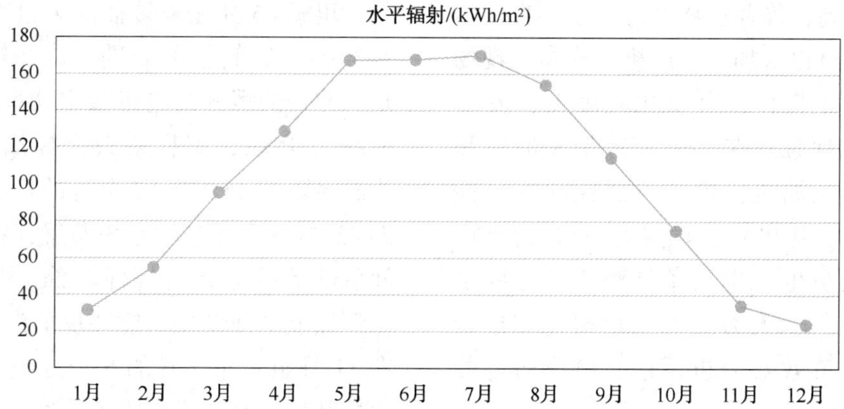

图 2　克拉玛依地区月太阳辐射变化

3 关键技术

3.1 离网光伏发电技术实现的流程

离网光伏发电技术实现的流程见图 3。

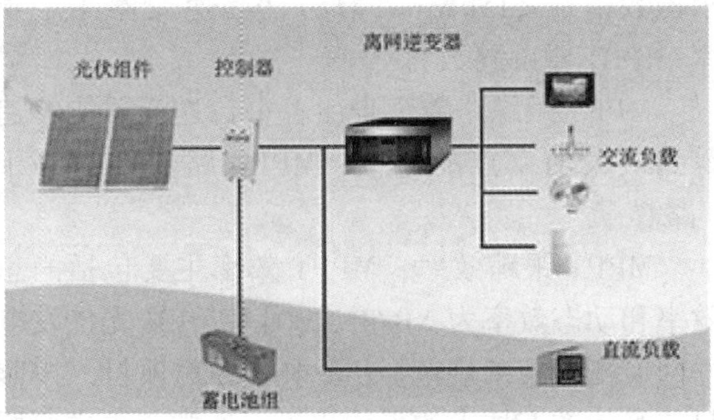

图 3

3.2 光伏设备的功率及选择

3.2.1 光伏电池的选择及容量计算

3.2.1.1 光伏电池的选择

太阳能光伏电池从其选用的材料可分为两类：体材料、薄膜材料。体材料电池具有代表性的有：硅电池(包括单晶硅 Mono-si、多晶硅 Multi-si、带状硅 Ribbon/Sheet-Si)、化合物电池(砷化镓)；薄膜电池具有代表性的有：硅基薄膜电池(非晶硅电池、微晶硅电池)、铜铟硒电池 CIS、碲化镉电池 CdTe、染料敏化电池等。

晶体硅光伏电池：单晶硅电池是最早出现、工艺最成熟的太阳能光伏电池，也是光伏组件大规模生产中效率最高的。大规模生产的单晶硅电池效率可达到 16~24%。由于受硅单晶棒形的限制，单晶硅电池须做成圆形，对光伏组件布置也有一定影响。多晶硅太阳能电池的生产工艺与单晶硅基本相同，使用了多晶硅铸锭工艺取代单晶硅硅棒生长工艺，成本低廉，工业规模生产的转换效率为 14%~19%左右，略低于单晶硅电池的水平。和单晶硅电池相比，多晶硅电池虽然效率有所降低，但是节约能源，节省硅原料，达到工艺成本和效率的平衡。

图 4　晶硅电池

非晶硅电池和薄膜光伏电池：非晶硅电池是在不同衬底上附着非晶态硅晶粒制成的，工艺简单，硅原料消耗少，衬底廉价，并且可以方便的制成薄膜，具有弱光性好，受高温影响小的特性，但非晶硅光伏组件转化效率低于晶体硅太阳能。非晶硅薄膜太阳电池是在廉价的玻璃、不锈钢或塑料衬底上附上非常薄的感光材料制成，比用料较多的晶体硅技术造价更低，其价格优势可抵消低效率的问题。目前已商业化的薄膜光伏电池材料还有：铜铟硒(CIS、CIGS)、碲化镉(CdTe)，它们的厚度只有几微米。

图 5　非晶硅和薄膜电池

太阳能电池组件是太阳能光伏发电系统的核心部件，其各项参数指标的优劣直接影响着整个光伏发电系统的发电性能。综合各种因素，考虑到单晶硅电池成熟度较高，国内外均有较大规模应用的实例，而非晶硅薄膜和聚光电池技术成熟度相对较差，国内目前尚无大规模应用实例，所以本工程拟选用单晶硅电池组件。

表征太阳能电池组件性能的各项参数有：标准测试条件下组件峰值功率、最佳工作电流、最佳工作电压、短路电流、开路电压、最大系统电压、组件效率、短路电流温度系数、开路电压温度系数、峰值功率温度系数、输出功率公差等。

单晶硅太阳能光伏组件具有电池转换效率高、稳定性好、同等容量太阳能电池组件所占面积小等优点。多晶硅转换效率低于单晶硅，但市场价格较单晶硅组件更有优势。两种组件使用寿命均能达到25年，其功率衰减均小于20%。综合考虑发电效益、厂内屋顶情况、当前市场价格、市场应用业绩及产品应用成熟度等因素，本次选用国内一线品牌480Wp单晶硅组件。

表1 480Wp单晶光伏组件技术参数表

最大输出功率 Pmax(w)	480
开路电压 Voc/V	49.28
短路电流 Isc/A	15.04
工作电压 Vmppt/V	43.56
工作电流 Imppt/A	11.02
组件转换效率/%	22.8
峰值功率温度系数/(%/℃)	-0.354
开路电压温度系数/(%/℃)	-0.266
短路电流温度系数/(A/℃)	+0.046
输出功率公差/W	0~+5W
运行温度/℃	-40~85
最大系统电压/V	DC1500
外形尺寸(长×宽×高)/mm	2155×1095×35
组件重量/kg	24

3.2.1.2 光伏电池容量的定量

玛湖45号油井进行光伏组件安装及储能装置安装，安装光伏容量115.2kW，480wp的240块光伏板。

3.2.2 离网光伏控制器的选择

MPPT跟踪指标：控制器的MPPT跟踪指标表征着其追踪光伏组串最大功率点的能力，影响组件发电量的环境原因主要有早晚阴影对下排组件遮挡、灰尘覆盖不均匀、组件衰减不一致、线缆长度导致的直流压降等。

MPPT功率密度：表征着每路MPPT管理的组件功率大小，该值越小表示精细程度越高，要求该数值应<15kW(计算方法：逆变器额定功率/MPPT跟踪路数)。

MPPT跟踪路数：表征着每台逆变器能够追踪到最大功率点的个数，MPPT路数大于等于3路。

MPPT跟踪效率：MPPT效率主要包括静态效率和动态效率为NB/T 32004—2013《光伏发电并网逆变器技术规范》中要求的必测项目，按照目前光伏逆变技术的平均水平，通常要求逆变器的MPPT静态效率不得低于99%，MPPT动态效率不低于98%。该离网控制器要根据储能电池的组装电压和光伏电站的容量设计，属于非标准定制产品，玛湖45井定制的离网控制器技术参数如下：

表2 离网控制器技术参数

型号	SC-384A200A
配用蓄电池组电压	384V
太阳能电池板额定电流	200A
太阳能电池板开路电压	<710V
太阳能电池板工作电压	<576V
太阳能电池板最大功率	76.8KW
太阳能电池板输入路数	7
显示	液晶显示 LED
浮充电压	454V
停止充电电压	462V~466V
恢复充电电压	430V~434V
太阳能与蓄电池间压降	1.5V
最大自耗电	100mA~150mA
工作温度	-30℃~60℃
相对湿度	<90%不结露
海拔高度	<3000m
噪音(1m)	<40dB
防护等级	IP20
制冷方式	强风制冷

3.2.3 储能电池的选择及容量计算

(1) 储能电池的选择

蓄电池是独立光伏发电系统中非常重要的一部分。作为储能系统的主要元件，蓄电池的寿命和稳定性对整个光伏系统有重大影响。因此，在蓄电池的选择方面，不仅要考虑工作温度范围、安全性，还要考虑循环次数、安全性和对环境的影响程度。表3是常用蓄电池各项参数的对比。

表3 常用蓄电池参数

二次电池	铅酸蓄电池	镍镉蓄电池	钴酸锂电池	锰酸锂电池	磷酸铁锂电池	三元材料电池	聚合物锂离子电池
标称电压/V	2	1.2	3.7	3.7	3.2	3.6	3.7
放电终止电压/V	1.7~1.75	0.9~1.0	2.4	2.5	2.5	2.75	2.75
重量能量密度/Wh·kg^{-1}	25~30	40~45	130~150	80~100	90~130	120~200	60~90
最佳工作温度/℃·Wh^{-1}	-40~70	-20~60	-20~60	-20~45	-40~75	-20~60	-20~70
价栓/元·Wh-1	0.7~1.0	2.2~2.8	3~3.5	2	2.5~3	3~3.5	4~5
充电时间/h	8	1.5	3~5	2~3	0.7~1.5	1~3	1~3
循环次数	300~500	400~800	500	1000	3000	3000	700~800
安全性	优	良	差	良	优	良	优

结合表3，我们可以总结出常用蓄电池的优缺点：

1）镍镉蓄电池：过氧氢氧化镍和镉化合物之活性物质作为镍镉蓄电池的极板材料，氢氧化钾等碱性水溶液是其电解液。电池体积小、使用寿命较长是它的主要优点；具有记忆效应、充电缓慢且会对环境造成污染是它的缺点。

2）钴酸锂电池：结构稳定、比容量较高、综合性能优越、无记忆效应是它的优点，其缺点是安全性较差、价格昂贵，现在主要应用于中小型号电芯。

3）锰酸锂电池：它的优点是价格低廉、安全性较好和低温性能优越，但其缺点更加明显：分解时容易产生气体，电池易发生鼓胀，使用寿命短且衰减快，高温性能较差。现在的主要用途为大中型号电芯以及动力电池方面。

4）磷酸铁锂电池：它的优点是在高温或过充条件下保持性能稳定，安全性佳、循环次数多、能够实现快速充电、无记忆效应、蓄电池重量轻且绿色无污染。而低温性能较差、体积大是磷酸铁锂电池的缺点。

5）三元材料电池：采用镍钴锰酸锂三元材料作为电池的正极材料。优点在于成本较低、安全性佳，而缺点是能量密度低、不环保会造成污染。

6）聚合物锂离子电池：优点在于塑形灵活性、质量比能量高、重量小、循环次数多、没有记忆效应、安全性好；缺点是其昂贵的成本、充电过程容易发生短路现象、过充时会发生严重的膨胀、需要增加保护线路控制环节。

7）铅酸蓄电池：铅和铅的氧化物构成普通铅酸蓄电池的极板，硫酸的水溶液作为电池的电解液。铅酸蓄电池的技术成熟，成本低，安全性高，其缺点在于使用寿命仅为三到五年，最大充放电次数1000次，单位容量体积大、重量大。影响储能铅酸蓄电池在光伏发电系统中使用寿命的影响因素主要有放电深度、放电倍率、充电倍率及使用环境，铅酸蓄电池不仅能够储存电能、平稳供电，还能瞬间大电流放电，可有效解决光伏发电时的负载启动电流问题。电压稳定、价格低廉、安全性高、工作温度广，充电时间虽然比较长，但是完全满足本项目的需要。

通过对各种蓄电池的分析比较，本文选用电压稳定、价格低廉、安全性高、工作温度广的铅酸蓄电池作为系统的电源部分，用来储存光伏电池产生的能量并在需要时向后级负载提供电能。

（2）储能电池的容量计算

技术参数：选用2v1000AH的密封型铅酸蓄电池组，共192块，储能384kwh，每块电池尺寸为475＊175＊356mm，单块电池重量56kg，连接片为镀镍覆膜铜排，总重量10.725吨。采用串联模式，电压384V。过压保护480V，过放保护电压352V。放电深度80%-85%。克拉玛依平均日照时间4.7小时，设备冬季不运行，夏季运行，所以按日照6小时计算，白天光伏电池板供电，光照不足的时间由储能电池供电。

综上所述，可计算以下参数：

根据此单井运行负荷为 15kW，则每天所需电量：15 * 24 = 360kWh

储能电池可提供电能 384 * 80% = 307kWh

储能电池可提供设备运转时间：307/15 = 20.48 小时

光伏电站每天产生的电量：115.2 * 6 * 80% = 552.96kWh

所以，该光伏电站负荷设计做出了很大余量，即使将来系统有所衰减，也能满足设备运行的要求。

4 成果先进性

（1）形成适应于适用于××公司无电边探井的光伏储能供电体系。

（2）弥补光伏发电固有的缺陷，配合储能技术使得光伏发电能够脱离电网而全天为无电边探井提供稳定电量。

（3）作为××公司首个无电边探井光伏项目，首次通过研究玛湖 45 井在××公司地理位置的太阳能源定量分析，从而进行储能电池和电站发电量的设计、离网控制器和离网逆变器的选择、光伏阵列的布置、系统防雷接地装置的设计，具有先进性。

5 玛湖 45 井供能及效果分析

5.1 施工设计

5.1.1 光伏阵列设计

本项目建设在油井周边区域，为地面形式，倾斜面上组件接收到年太阳总辐射量为 1724kWh/m^2。结合该区域内多沙尘气象条件和冬季积雪的现状，本次倾角最终选择为 40°，该倾角满足灰尘雨雪滑落要求及倾斜支架较好稳定性的角度范围。本项目采用与地面倾斜 40°的方式安装。

支架设计的结构应满足现行国家标准、规范的相关要求。钢结构支架直接承担太阳能阵列所负荷的自重、风荷载、雪荷载、温度荷载、地震力等荷载，并将以上荷载传至支架基础。支架主要是由配重，铝合金导轨，压块构成，各夹具、导轨之间通过螺栓连接形成稳定的结构体系。在各种荷载组合下，支架应满足规范对强度、刚度、稳定等各项指标要求。设计时采用 25 年一遇荷载数值作为设计依据，确保支架系统安全、稳定，支架表面除锈后做镀锌防腐处理。

本项目中光伏支架采用热镀锌钢材，通过钢螺旋桩基础进行固定。钢螺旋桩长度 1.8m，地下 1.6m，地上 0.2m，间距 3m。

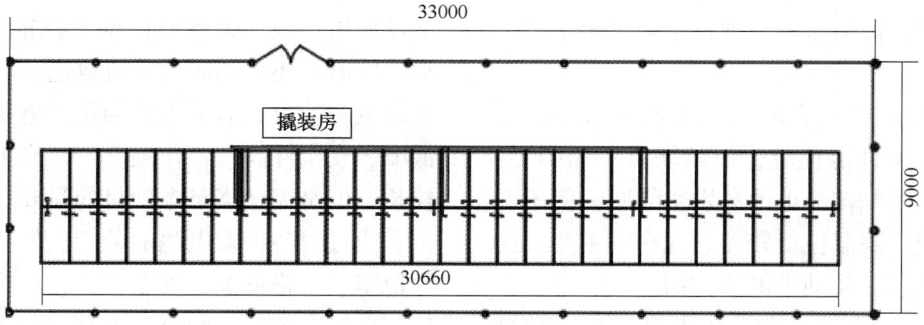

图 6 组件排布图

5.1.2 光伏组件的串、并联设计

根据设计的要求，56 块 480WP 的光伏板 14 串 4 并，一个阵列，总装机容量为 26.88kW。

4 路光伏串并联经汇流箱汇流后进入逆控一体机，逆控一体机控制密闭型铅酸蓄电池的充放电，并将直流电逆变为 50Hz380V 交流电，提供抽油机动力能源。

5.2 现场运行数果

玛湖 45 井运行至今约 3 个月的时间，该井采用光伏供能+智能间抽控制，可有效的保证该井螺杆泵抽油机 24 小时/天的正常运行，尤其是玛湖 45 井由于设计的发电及储能余量较大，即使在有连续 3 天阴天的情况下仍然能达到连续供能的目的。

6 经济效益和社会效益

6.1 经济效益

设施运行 3 个月以来，限于该井用电设备有限，每日消耗电量约 252kW · h，运行至今己累积用电 28600kW · h，累计节约电费 10868 元，完成新能源替代量 2.8 吨标准煤。共增产油量 392 吨，按照吨油单价 2000 元计算，共产生效益 784000 元。同时对比常规征地拉电缆的投产方式，可节约施工费用约 300 万元。两者结合累计经济效益近 380 万元。

6.2 社会效益

（1）能够实现节能减排，改善环境，实现太阳能的综合利用，达到节能减排的效果，对新能源替代量指标的完成提供借鉴作用。

（2）降低公司能耗，缓解用电紧张问题。光伏发电因为投资成本相对低，发电相对稳定，并且光伏发电时间随着使用时间的延长，可大大摊低年建设成本。

（3）分布式光伏系统可系统解决无电边探井电网铺设带来的征地、基建问题。同时无线远传系统可实时传输数据，大量减轻员工劳动强度。

7 结论和认识

（1）分布式光伏+储能系统可以使公司无电边探井供电系统得到极大的完善。使得光伏发电能够脱离电网而全天提供电量，同时相关技术还能消除调峰带来的影响。

（2）该井的运行成功，充分的试验验证了离网光伏技术在公司的适应性。

（3）机采设备变频器的引入能够极大地节约电能，后续相关项目可以尝试缩小装机容量，避免电能浪费。

参 考 文 献

[1] 郝世诚．光伏发电系统 MPPT 控制方法的研究[D]．天津大学，2022.

[2] 李荣洲．光伏发电与并网技术的优势及应用要点分析[J]．节能与环保，2022(07)：30-31.

SAGD 预处理站蒸汽余热回收利用技术研究与应用

王争光　商振新　丁万成　阮龙飞　杨德保

（中国石油新疆油田公司）

摘　要　××处理站采出液经一段沉降罐、毛油罐沉降脱水后，含水率≤2%的低含水原油经转油泵增压后进入相变掺热器，在相变掺热器内高温蒸汽掺入低含水原油中使原油升温，然后进入净化罐。掺热器年使用蒸汽 14435.66 吨，夏季 26.13 吨/天，冬季 35.46 吨/天。SAGD 预处理站采出液分离出的蒸汽通过降温换热后，进入 xx#站常规处理系统，蒸汽中所含余热未得到有效利用，导致热能浪费。通过对 SAGD 预处理站汽相系统进行研究，利用 SAGD 蒸汽对常规处理系统低含水原油升温，提高蒸气热能的利用率，从而达到节约能源，年创效 69.24 万元，旨在为日后 SAGD 预处理站蒸汽余热回收利用提供简要参考。

关键词　相变掺热器；蒸汽；余热利用；节约能源；原油升温

1　前言

我国工业领域的能源消耗量约占全国能源消耗总量的 70%，能源利用效率为 33%，与发达国家还有一定差距。除了生产工艺相对落后和产能结构不合理等因素以外，工业余热利用率低，能源没有得到合理利用是造成能耗偏高的重要原因。根据调查显示，我国各行业的余热总资源约占燃料消耗总量的 17%~67%，其中可回收部分占总余热资源的 60%

SAGD 预处理站于××××年××月建成投产，处理规模 3900m^3/d，蒸汽冷却能力 600t/d，采用“汽液分离+螺旋板换热+空冷”工艺，伴生气去放散火炬，工艺流程简述如下：来液经超稠油蒸汽处理器汽液分离，汽相经空冷器（汽水换热器）进行换热，冷凝水及伴生气进入凝结水罐，后进入××#站常规工艺的一段沉降罐；系统分离出的蒸汽换热冷凝，所含热能未有效利用。分离出的液相，经螺旋板换热器换热后同样进入一段沉降罐。

采出液经一段沉降罐、毛油罐沉降脱水后，含水率≤2%的低含水原油经转油泵增压后进入相变掺热器，在相变掺热器内高温蒸汽掺入低含水原油中使原油升温，然后进入净化罐。高温蒸汽由供汽一联合站××供热站锅炉提供，减压后进入相变掺热器。×××集输站掺热器年使用蒸汽 14435.66 吨，夏季 26.13 吨/天，冬季 35.46 吨/天。

2　低品位余热利用技术

2.1　工业余热利用现状

在钢铁、化工、石油和建材等行业的生产过程中，会产生大量的余热，可按照品味对其进行划分，温度高表示余热资源的可做功能力高，这也意味着能够直接利用，这种被称为高品位余热资源。与之相对，在温度低的状况下，就表示该余热资源的品位较低。工业企业在生产的过程中使用热能转换设备以及用能设备，排放出来的各种废热、废水和废气等都是低品位能源。要想对这些低品位能源加以利用，必须要采取余热回收技术，保证实现节能的最终目的。

（1）石油行业低品位余热

我国的石化行业在生产过程中会消耗大量能源和资源，同时也会产生大量的余热资源。如果不能合理利用这些热能资源，不但会影响企业的经济效益，也会造成能源和资源的浪费。为了尽可能避免这种情况的出现，石油企业通常会利用溴化锂吸收式制冷机发电和回收装置余热，以此提升总回收效益。同时，为了深入挖掘余热回收利用的内在优势，很多油田进行了一些相关的研究。如我国的大庆油田通过热泵回收采出水余热技术，实现了站内的生活采暖。与此同时，将提取采出的水中余热应用在了油水分离等方面，获得的经济效益和社会效益比较明显。在深入研究原油价格上涨和能量优化的过程中，低温余热回收利用及其开发正在逐步受到关注。

（2）钢铁行业低品位余热

钢铁行业余热主要来源于33%的焦炭、53%的烧结、34%转炉和30%加热炉的烟气，这表明钢铁行业拥有巨大的余热资源量，在实现余热回收利用方面具有相当广阔的发展潜能。

（3）水泥行业低品位余热

水泥窑当中存在着大量的余热，其中总热量的50%为窑尾一级预热器排出的废气带走的热损失和窑头冷却机废气带走的热损失。这些余热不仅能被工艺本身所利用，还能够将其应用在余热发电上。

2.2 低品位余热的利用方式

为使低温余热资源得到充分的利用，需要掌握好以下几个方面的原则：第一，对生产工艺进行尽可能的优化，保证对换热流程进行合理的组织，使工艺用能降低，从而确保生产工艺当中低温余热减少；第二，对厂区内、厂区周围的工业和民用的用电需求等进行综合考量，根据用户距离的远近和利用周期的长短等进行利用规划；第三，依据余热的品质、数量和实际的需求量，实施梯级利用，确保传热温差能够最大限度内减少；第四，对低品质余热的利用方案进行详细考虑，如耐腐蚀性、利用技术的成熟度和经济效益状况等。

（1）直接热利用

直接热利用是直接发挥换热设备的作用，通过直接进行余热资源的传递，从而保证各个工艺和环节的能耗在可控的范围内，应用热交换技术不仅不会改变余热能量的形式，还是余热回收直接高效的重要体现。基于低温余热资源具有温度较低的特点，如果要对其进行应用，必须要确保其处于恰当的环境中，这样能有效排除输送过程中的损耗，从而使利用效率达到最大化。以循环水为例，一般都是在油田采出水和高炉冲渣水中获得，能够在采暖和供热方面得到使用；锅炉产生的烟气则能够在余热空气或者给水的时候应用。目前，很多钢铁企业都推行高炉冲渣水用于居民采暖供热工程项目中。除此发挥其供暖的作用之外，首钢还将高炉冲渣水应用在海水淡化项目上，其根本目的是为了解决低温余热回收装置的运行时长问题。从电力行业来看，电力企业利用锅炉烟气余热回收装置实现了提升锅炉运行效率的目的。曹炳雷等以150℃烟气作为研究对象，对热管回收烟气低温余热的热力学性能进行了计算分析。结果表明，热管热效率31.65%、㶲效率21.56%。目前，热管换热器在电力、冶金、石化等行业的余热回收领域已得到广泛应用。

（2）制冷制热

如果直接热交换的条件得不到满足，那么还可以采取吸收式制冷或者热泵式制热的方式，使余热能量的等级得到改变，如图1所示。相关研究人员在利用电厂循环水做热泵的热源开发上取得了成功，将少量的抽气作为驱动的能源，用热泵将循环水温度提升达到95℃之后，再输送到城市供热管网。一般情况下，化工企业具备较多的制冷工艺装置，在溴化锂吸收式制冷置的作用下，将余热作为热源，制作满足生产使用的冷量，是一种低温余热合理利用的节能措施。如果化工企业本身能够利用低温余热资源，那么除了用于企业自身的生产外，还可以对其进行深层次的探索，找出正确的办法使低品位余热资源被充分利用和开发。

（3）热功切换

热功切换本质上是一种能量之间的转化，将低品位余热资源转化为机械能或者电能，然后在对其进行合理的利用。使用热功切换具有一定的前提条件，即只有在低品位余热资源采用“直接热利用”或者“制冷制热”两种方式不能解决问题的时候，才考虑这种方式。在将低品位余热资源转换为机械能的时候，需要具备合理的机械负载条件。在将低品位余热资源进一步转化为电能的时候，主要考虑输送距离的问题，由于电能的输送比较麻烦，所以通常考虑使用方式较为灵活，而不将其应用在远程输送电能方面。基于低品位余热资源本身品味较低，在进行资源开发和利用的时候，通常需要对经济效益进行对比分析，充分的考虑经济性。

2.3 低品位余热的利用开发技术

在对低品位余热资源进行利用的时候，必须要明白利用的难点，可将其归纳为4个方面的内容：其一是在大多数的低品位余热资源当中都存在带有腐蚀性的物质，由于该物质的存在，设备在长期运行的过程中，容易对其安全造成一定的威胁；其二是有些低品位的余热资源带有间歇性特征，这使得其要想连续运行基本无法实现；其三是基于低品位余热资源的品味比较低，要想在周围找到合适的供热或者供冷负荷的事情；其四是要想在发电方面利用低品味余热资源还存在很大的难点，相关技术不成熟，实际利用效率低，在对其进行利用及开发的时候，还需要借助其他的技术手段。

当下，我国面临的能源形势十分严峻，因此节能减排的重要性不可忽视。而在节能减排当中，低品位余热的利用和开发在其中扮演着重要的角色。重油公司在发展的过程中，之所以将重点放在低品位余热利用和开发上，这是因为其能够带来更好的效益和价值，能够有利于企业的可持续发展，在节能减排、生态环境保护方面贡献力量。本文从以下5个方面探究低品位余热利用和开发技术。

（1）高效热管换热技术

利用和开发低品位余热资源的时候，需要重点考虑温差小和传热面积等问题，这意味着要想满足温差较小、传热面积较大的要求，靠单纯增加钢材使用量、扩大占地面积无法使传统的换热器满足低品位余热资源的利用。为了尽可能降低传热系数、降低钢材的耗量、控制受热面积，采取以相变换热为代表的高效热管换热技术能够有效解决问题。

（2）换热器耐腐蚀或者耐磨损的技术

在对工业余热资源利用过程中，腐蚀是普遍存在的问题，这是因为烟气中大量存在酸性气体和粉尘、废水中存在氯离子等。由于腐蚀性因存在考虑，普通换热器的长期和稳定运行基本上是不可能的。而要解决好腐蚀性问题，可以采用特定的换热器材质，这样就能在确保换热器利用经济性的状况下，增强利用低品位余热的可能性。

（3）热泵及低温余热溴化锂制冷技术

热泵（图1）及低温余热溴化锂制冷技术的优点，是其能够使对低温余热的利用升级。但是其在提高能效利用效率、受热面腐蚀方面却还存在不足。因此，热泵及溴化锂制冷机技术还有待进一步提升。

（4）螺杆膨胀机发电技术

通过对螺杆膨胀剂的了解可知，其本身是一种容积式的发动机，在电机功率方面能够发挥的作用相当有限，一般情况下应用在余热资源偏少的场合。将70℃以上的热水和130℃以上的不含硫烟气作为热源，合理利用过热蒸汽、饱和蒸

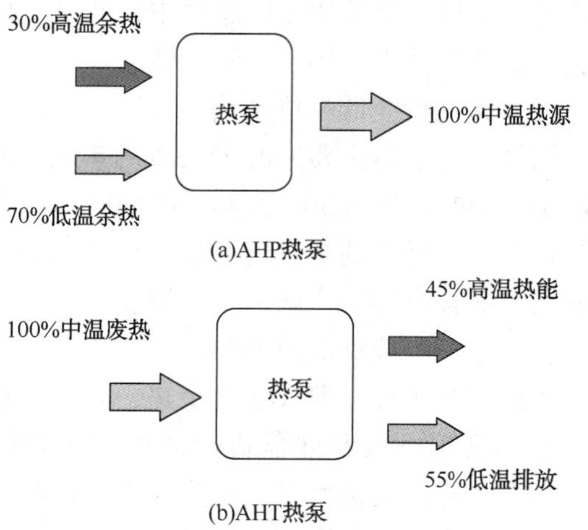

图1 AHP和AHT两类热泵

汽、热水、热液和其他热源等。现阶段我国某些企业加大了对螺杆膨胀机发电技术的研究，将探究的重点放在了对电力资源的利用、发电效率的提升和发电的经济性和效益性等方面，希望突破该方面问题的制约。目前，在国内已经有公司生产出了相关的产品。

（5）有机朗肯循环发电及其他低温发电技术

工厂当中存在的大量低品位余热温度通常在200℃，甚至100℃以下，这使得利用其进行发电的难度很大。基于这种状况，有机工质循环方案被提出。有机朗肯循环（Organic Rankine Cycle，简称ORC）技术的最大优点在于其不用水作工质，工质选择使用沸点的有机物上。通过对废气余热进行吸收、汽化，然后输送到膨胀机中膨胀做功，从而带动发电机发电。目前，有机朗肯循环发电的有机工质是正丁烷、R245fa等低温沸点有机物，其中还有一部分采用的是有机工质的混合物。目前，国际范围内都开展了对有机朗肯循环发电技术的研究，美国、德国和日本等国家都有企业在做专业的研究，而国内对这项技术的研究相对落后，不仅存在很多需要克服的关键性问题，还受到研究人员的专业性等因素的限制。

综上所诉结合公司的实际情况选择直接热利用的相变换热技术。

3 余热利用可行性论证技术

3.1 提升原油所需热量

进入××#站相变掺热器的原油含水率<2%，温度由75℃升高至92℃，温差为17℃。油量为75m^3/h，原油密度950kg/m^3。

以相变掺热器原油升温所需热量作为掺热热量计算依据。

根据资料查询，原油比热为 2.16kJ/kg.℃。根据热量计算公式，则原油升温所需要的热量为：

$$Q_{油}=c_{油}\times m_{油}\times\Delta t_{油}=2.16\text{kJ/kg}\cdot℃\times(75\text{m}^3/\text{h}\times950\text{kg/m}^3)\times17℃=2.62\times10^6\text{kJ}$$

3.2 SAGD 预处理站余热热量

SAGD 预处理站余热热量通过 SAGD 预处理站汽水换热器换热热量计算，根据 1 月份生产数据可知，汽水换热器冷源清水进口温度平均约为 18.75℃，换热后冷源出口温度约为 24.75℃，蒸汽将冷源温度提升平均约 6℃。清水量约为 100t/h，如表 1。

表 1　1 月份数据明细表

日期	汽水换热器清水进口平均温度/℃	汽水换热器清水出口平均温度/℃	清水平均提升温度/℃
1 日–7 日	19	24	5
8 日–14 日	19	25	6
15 日–21 日	18	24	6
22 日–28 日	19	26	7

以汽水换热器冷源（清水）升温所需热量作为换热热量计算依据。不考虑间壁换热效率时：

根据热量计算公式，100t/h 清水升温 6℃需要的热量为：

$$Q_{水}=c_{水}\times m_{水}\times\Delta t_{水}=4.2\text{kJ/kg}\cdot℃\times(100\times10^3)\text{kg}\times6℃=2.52\times106\text{kJ/h}$$

考虑间壁换热效率为 0.85 时：

$$Q_{水}=2.52\times106\text{kJ/h}\div0.85=2.96\times10^6\text{kJ/h}$$

热平衡计算：供热量>需热量

4 优化简化技术

4.1 新增余热利用流程

新增 1 条蒸汽管线，连接 SAGD 预处理站超稠油蒸汽处理器汽相出口管线与××#站站内掺热器蒸汽进口管线）。在原掺热器蒸汽进汽管线上加装 1 台电动阀，实现 SAGD 采出蒸汽与锅炉蒸汽通过调节平衡后同时通入掺热器，对××#站原有系统原油进行掺热提温。在 SAGD 预处理站新建蒸汽管线处增加一条放空管线，安装 1 台电动阀，与原超稠油蒸汽处理器蒸汽放空管线相连。当蒸汽压力过高或蒸汽量大导致低含水原油温度过高时实现自动调节，确保安全生产，如图 2。

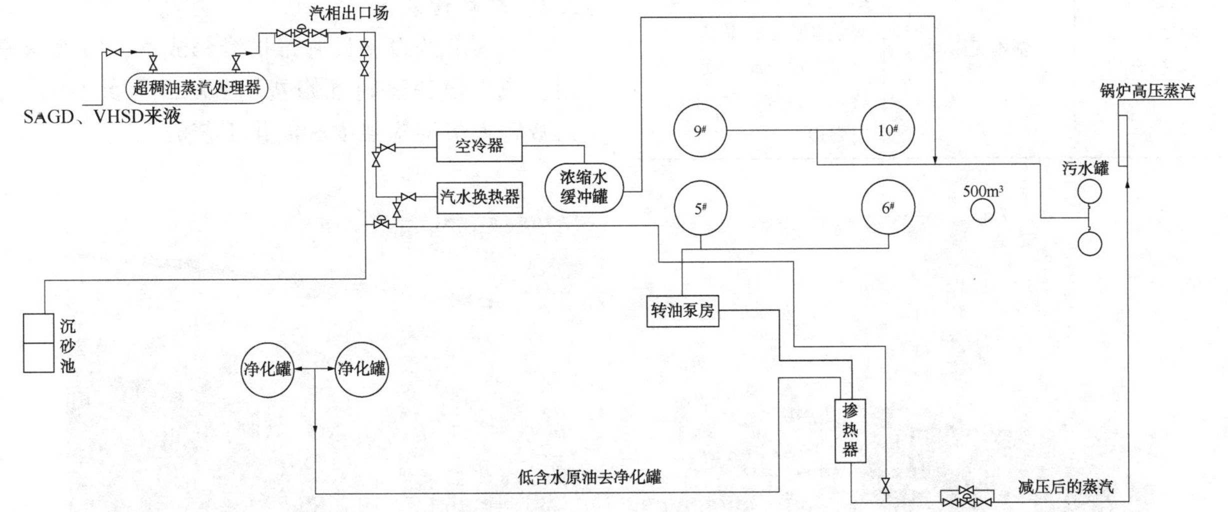

图 2　余热利用工艺改造示意图

4.2 新增+利旧余热利用流程

新增 2 条蒸汽管线。1 条连接 SAGD 预处理站超稠油蒸汽处理器汽相出口管线与凝结水缓冲罐总出水管线（提升泵后），另一条连接凝结水缓冲罐总出水管线（与一段沉降罐高出水管线连接处）与××#站站内掺热器蒸汽进口管线（高压蒸汽减压后）。通过在 SAGD 预处理站超稠油蒸汽处理器汽相出口管线上新增加一条管线与凝结水罐出口管线相连，另外在凝结水罐出口管线尾端新增管线与××#站生产蒸汽线相连，同时在原生产蒸汽管线上加装一台电动阀，实现 SAGD 采出蒸汽与锅炉蒸汽通过调节平衡后同时通入掺热器，对××#站原有系统原油进行掺热提温，如图 3。

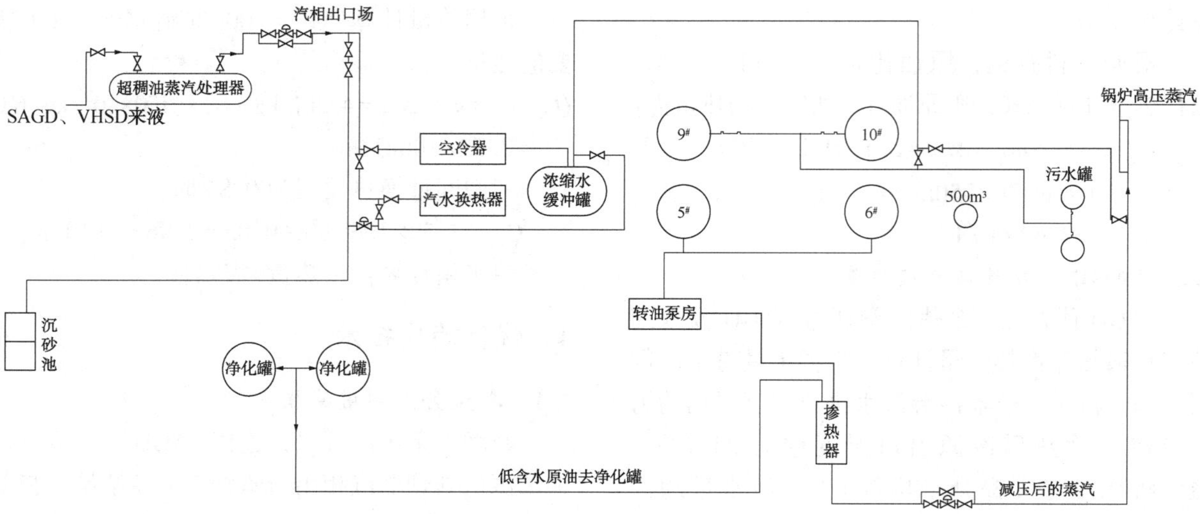

图3　余热利用工艺改造示意图

通过综合比较，建议选择方案1。

表2　1方案对比优选表

方案	方案1：新增流程	方案2：新增+利旧流程
新增管线费用	较多	较少
与系统相连的动火点	3处	5处
运行后对原系统影响	基本无影响	①因管径小存在管压高的可能，影响采油、集输系统运行平稳。 ②利用部分现有管线，原系统功能无法同时实现

5　成果推广应用情况

5.1　余热利用效果

××年××月××日开始试运行，各项参数正常，掺蒸汽量减少100%，累计节约蒸汽15638.63吨，节约电量18.29万千瓦时，累计实现清洁替代1532.59吨标煤，如图4、图5。

5.2　降本增效

极大节约设备设施维护维修成本，空冷器停用，减少设备设施维修费用69.24万元/年，极大减轻人员巡检强度和简化工艺流程。

图4　流程优化简化

图 5　注汽线压力调节阀

6　结论和认识

（1）有效解决了 SAGD 采出蒸汽余热浪费的问题，减少非生产用汽 14435.66 吨/年，减少锅炉蒸汽用量，实现清洁替代 1313.65 吨标煤/年，助力公司实现“双碳”目标，为公司清洁低碳发展做好奠基石。

（2）通过流程优化，减少空气换热器或汽水换热器使用维修成本 69.24 万元/年。

（3）通过精细优化，发挥现有工艺最大价值，挖潜利旧，最大限度节约改造费用，真正做到“事前算赢、事中干赢、事后真赢”！

参　考　文　献

[1] 王鹏．钢铁企业高炉冲渣水余热利用技术的应用[J]．资源节约与环保，2019(7)：15-17.

[2] 张进华，秦强，赵香龙，等．低品位工业余热利用技术及研究进展[J]．能源科技，2022，20(4)：86-92.

[3] 曹炳雷，陶曙明，苏福永．换热器及吸收式热泵应用于低品位余热回收过程的比较分析[J]．应用能源技术，2021(9)：6-10.

[4] 陈曦．助力“双碳”用低品位余热“温暖”城市[N]．科技日报，2022-01-04(006).6-10.

[5] 黄桂聪．基于 ORC 的船用柴油机低品位余热利用方案设计与优化研究[D]．南宁：广西大学，2021.

[6] 郭庆山．氧化铝生产系统低品位余热的资源化利用研究与应用[Z]．焦作：中铝中州铝业有限公司，2020.

稠油热注系统锅炉烟气余热再利用技术应用

戴玉良　江　波　蒋跃杰　曼苏尔·买买提

（中国石油新疆油田公司）

摘　要　为落实国家节能减排政策，本文通过对新疆油田九1~九5稠油开发区块稠油热采注汽系统锅炉在节能增效方面进行技术研究，探索锅炉烟气余热再利用节能技术措施，技术实施后降低了生产成本、减少能耗、提高了锅炉效率。

关键词　稠油热采；节能；降耗减排；提质增效

1　概述

节能环保是当今前面临的重大课题，也是经济可持续发展的关键。油田注汽锅炉是一种高压直流蒸汽锅炉，是油田进行稠油开采的关键设备，其作用是将高温、高压蒸汽注入油层，降低稠油黏度，提高采收率，是油田稠油开发不可替代的重要设备，关系到油田的安全生产运行。因高温、高压及高能耗，其安全与经济运行是企业安全生产和节能降耗的重要保障。作为稠油热采的重点耗能设备，能效水平直接影响油田生产的整体效益。近年来，在节能环保技术方面进行了大量的研究，特别是在油田注汽锅炉的节能增效技术方面做了大量的研究工作，取得了一系列成果。但是，油田注汽锅炉平均热效率与先进水平相比，仍有差距。

具体到生产应用中，油田注汽锅炉的效率与TSG 91—2021《锅炉节能环保技术规程》节能考核指标仍有一定差距，效率较低，2020~2021年对10台锅炉检测结果表明，考虑到锅炉运行的安全性和经济性，排烟温度在额定负荷下，应不高于170℃，合格率30%；空气过剩系数应不大于1.25，合格率40%；热效率不低于91%，合格率50%。因此，进一步提高油田注汽锅炉运行效率仍是非常紧迫的一个问题。

表1　锅炉检测数据表

序号	排烟温度/℃		过剩空气系数		热效率/%	
	检测数据	评价	检测数据	评价	检测数据	评价
1	196	不合格	1.61	不合格	88.03	不合格
2	187	不合格	1.23	合格	91.23	合格
3	201	不合格	1.59	不合格	87.3	不合格

续表

序号	排烟温度/℃		过剩空气系数		热效率/%	
	检测数据	评价	检测数据	评价	检测数据	评价
4	157	合格	1.17	合格	92.03	合格
5	182	不合格	1.30	不合格	91.16	合格
6	183	不合格	1.74	不合格	89.24	不合格
7	162	合格	1.19	合格	91.82	合格
8	159	合格	1.16	合格	91.4	合格
9	196	不合格	1.54	不合格	89.24	不合格
10	193	不合格	1.67	不合格	88.26	不合格

2　热注系统锅炉节能增效技术研究

为响应国家节能减排政策，在油田注汽锅炉节能增效方面进行了大量的技术研究，探索多种节能措施。主要包括以下方面：

2.1　烟气余热利用

在锅炉燃烧过程中，所有燃烧的热量不可能全部转换为水汽化变为水蒸汽的能量，其中肯定会有热量损失问题，正是这些损失热量的多少决定了一个锅炉的热效率。提高注汽锅炉热效率集中在了降低排烟热损失和散热损失上。排烟热损失又占到了两者当中的82.7%。

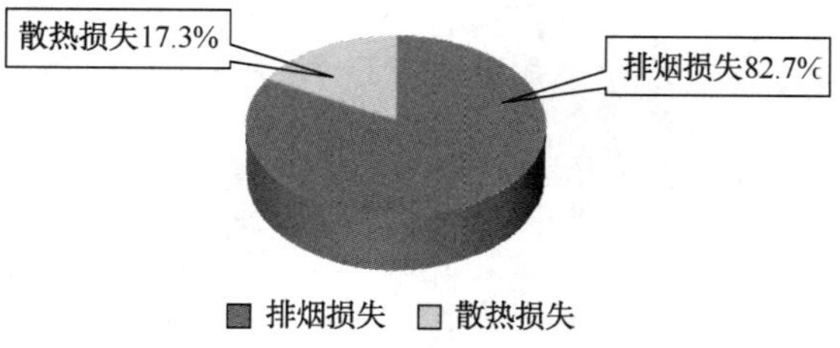

图1　油田注汽锅炉热损失分布

排烟热损失在油田注汽锅炉总热损失中占有很大比例，是影响油田注汽锅炉经济性的主要因素。排烟温度每降低12~15℃，油田注汽锅炉热效率可提高1%。增加对流段的换热面积(或加装省煤器)，更多地吸收烟气中的热量；或者利用空气预热器加热助燃空气，利用烟气余热，都可以降低排烟热损失。

在一定范围内，随着助燃空气温度增加，油田注汽锅炉热效率增大，对于直流油田注汽锅炉助燃空气每提高20℃，锅炉热效率将提高1%，采用空气预热器回收烟气热量也是非常有效的节能措施。

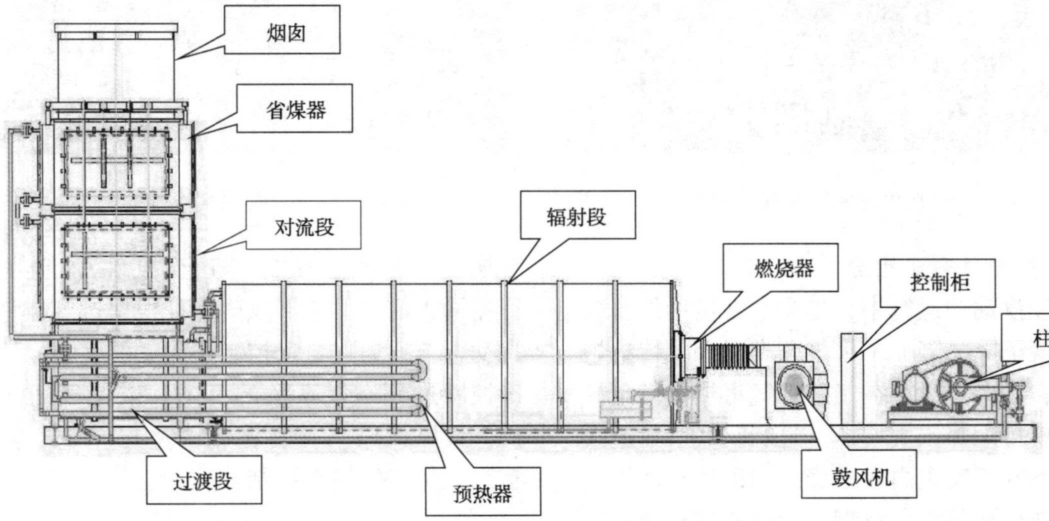

图2 油田注汽锅炉结构示意图

2.3 减少炉墙散热损失

散热损失主要取决于锅炉的保温能力，锅炉炉体工作时随着烟气的不断冲刷，烟气中的的颗粒物也会不断地和炉体内表面的保温层不断摩擦侵蚀，公司多数锅炉保温层投产至今，出现开裂、脱落和锅炉外表面壳体过热变形、密封不严、窜火窜烟现象，炉体散热损失增大。散热损失是因炉体表面温度高于环境温度，将热量散失于环境中的热损失。据检测数据，油田注汽锅炉散热损失最高可达27.9%，平均散热损失19.2%。选择新型耐火纤维、陶瓷纤维等代替耐火砖或轻质耐火混凝土作为炉衬，或在油田注汽锅炉外壁喷隔热涂料，可以明显提高油田注汽锅炉热效率。

图3 炉膛保温层腐蚀

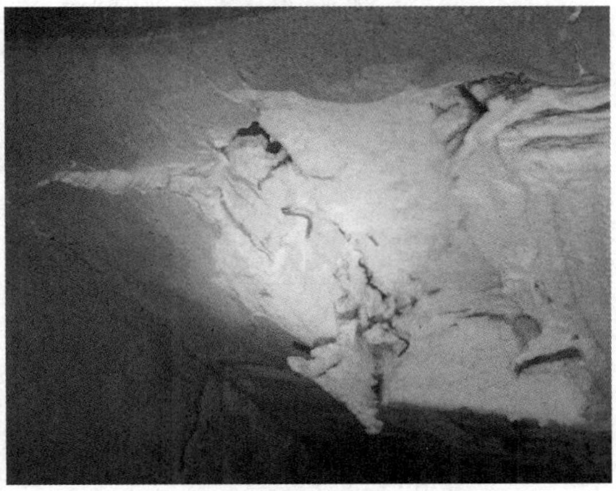

图4 炉膛顶部保温层脱落

锅炉的保温能力还可以通过炉膛内燃烧换热能力的增强来提高，高温红外反射涂料可以使炉膛内壁的热辐射(黑度)由原来的0.6左右提高到0.9左右。强化了远红外辐射加热，可以使炉膛内壁的反射力增大1.5倍，并有效减少保温层脱离、延缓积灰速度、降低炉体散热损失。HTEE—E型红外辐射涂料，耐高温、隔热保温，主要技术指标达到国家标准(GB 4653)要求。在锅炉炉衬表面喷涂厚度≥3mm，涂层经高温热处理后，形成了结构致密的壳体，实施后无脱落和裂纹现象；辐射段后墙及过渡段外表面平均温度≤70℃；辐射段前墙及筒体外表面平均温度≤60℃；锅炉过渡段人孔外表面平均温度≤80℃。

图 5　过渡段保温层修补效果图

图 6　红外反射涂料涂刷效果图

2.4　合理控制过剩空气量

油田注汽锅炉运行中，过剩空气量增加，会使燃烧温度下降，降低了火焰和高温烟气传给炉管的热量，且大量过剩空气随烟气将热量带走排入大气，使排烟热损失增加。过剩空气系数过大或过小都不利于实现高效燃烧，油田注汽锅炉过剩空气系数往往偏大。将烟气参数通过检测仪表转换后送入锅炉 PLC，来改变控制风门连杆的执行器输入信号，达到风门连杆根据过剩空气系数自动调节。通过自动控制送风量的大小，达到精确控制过剩空气系数的目的。依托现场注汽锅炉，鼓风机风门开度比例调整与变频器精细调整，三位一体精准控制。

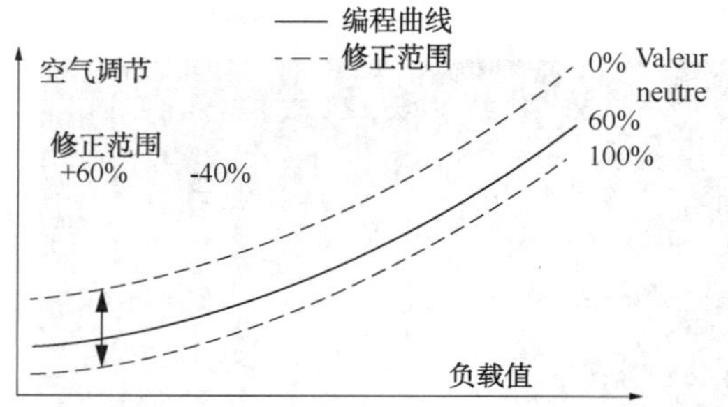

图 7　燃烧器配风调节曲线图

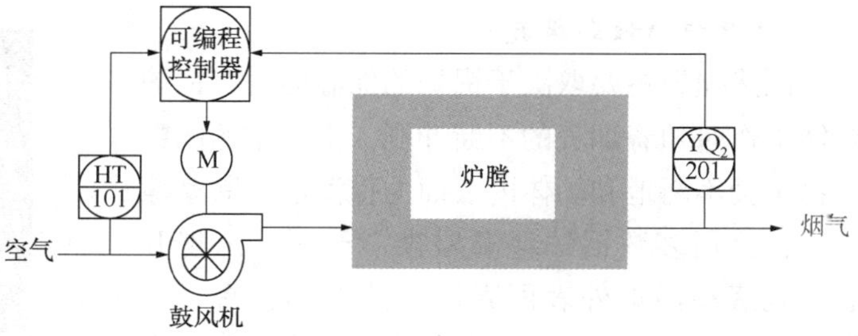

图 8　自适应装置控制逻辑图

2.5　提高注汽锅炉负荷率

在一定范围内，随着负荷率的增大，油田注汽锅炉效率呈增大趋势，在锅炉额定蒸发量下，适当提高油田注汽锅炉运行负荷率可以提高油田注汽锅炉的热效率。

具体来说，需要合理调整油田注汽锅炉的运行台数，根据注汽需求及单井注入汽量，结合各注汽锅炉的额定功率，通过热平衡计算确定各场站油田注汽锅炉的运行台数，在保证正常生产的情况下，通过减少油田注汽锅炉的运行台数，减少燃料的消耗，并提高油田注汽锅炉的整体运行效率。

2.6　提高传热效率

随着技术的进步，已经有多种传热强化技术应用于油田注汽锅炉，以提高炉内的传热效率，主要措施有：

（1）优化设计，提高对流换热系数；

（2）定期进行油田注汽锅炉炉管结垢清理，提高炉管传热效率；

（3）改善炉内流动特性，增强对流换热；

（4）在炉管表面制作陶瓷涂层薄膜，强化辐射换热，减小导热热阻，提高油田注汽锅炉炉管的传热效率；

（5）在炉壁内侧喷涂红外辐射涂料，将辐射热量反射回炉内，提高受热面的辐射吸收率。

3　结论及认识

（1）针对排烟温度，对比了烟气余热利用技术针对于此类方案可将热效率提升 4%；减少了排烟热损失。

（2）针对过量空气系数，提出了“氧含量+温度补偿”控制 2 种方式。对过量空气系数超标注汽锅炉，安装烟气含氧在线检测和“氧含量+温度补偿”，控制过量空气系数在 1.15 以下。

（3）针对锅炉保温，实施了保温层修补、红外涂料的喷涂。通过这两项可使并有效减少保温层脱离、延缓积灰速度、降低炉体散热损失，提高锅炉的热效率。

（4）针对环保政策，实施了锅炉的低氮改造。通过安装低氮燃烧器可使氮氧化物的排放达到≤50mg/m^3。

参 考 文 献

[1] 王宗明，张克舫编著．节能与能源综合利用．北京：中国石化出版社．

[2] 武占主编．油田注汽锅炉．上海交通大学出版社，2008.

加热炉完整性管理系统适应性分析

雷　茜　江　华

（大庆油田有限责任公司第一采油厂）

摘　要　第一采油厂共有加热炉474台（不含锅炉、采暖炉），主要炉型为二合一加热炉、真空炉、微正压炉、真空换热机械自除垢加热炉、高效炉、机械除垢加热炉。随着我厂数智化发展，加热炉的信息化技术也在不断完善。炉效优化和信息化的缺失，制约着检测及分析加热炉的运行工况，不利于节能降耗及安全生产管理。为此，对加热炉完整性系统运行效果开展跟踪评价及适应性分析。

关键词　加热炉；完整性系统；管理；节能；安全

1　国内外现状

油田的加热炉主要用于油气集输和油气初加工过程的掺水、热洗、外输和采暖等工艺。随着自动化程度的迅速提高，用户对控制系统的过程监控要求越来越高，人机界面的出现正好满足了用户这一需求。人机界面可以对控制系统进行全面监控，包括过程监测、报警提示、数据记录等功能，从而使控制系统变得操作人性化、过程可视化，在自动控制领域的作用日益显著。加热炉完整性管理集控系统可实现加热炉运行过程中的全自动状态检测、监测、智能诊断、数据采集与数据自动分析处理等功能，有效的预警加热炉隐患，更加经济合理的保证了加热炉在应用过程中的安全稳定运行。

目前国内外关于加热炉的应用和优化的文献较多。华北油田分公司第一采油厂高晓红、王焕智等人在《提高加热炉效率的措施研究》中论述，加热炉做为热量交换的工具，加热炉的热效率就是指在进行热量交换的过程当中，热量的利用程度的多少，热量利用程度高的加热炉优于热量利用程度低的加热炉。除了加热炉本身的性能会对加热炉热效率产生影响之外，加热炉在工作过程中也可以通过调整一些措施提高热效率。一是空气系数。过剩的空气系数对加热炉来说会增加热损失，降低加热炉的热效率。通过观察可以发现，将排烟温度控制在恒定不变的情况下，随着空气系数的增加，排烟量也会随之加大，排烟量的加大无形当中也是增加了加热炉的热损失。另一方面，过剩的空气系数还会加剧加热炉的氧化，降低加热炉的使用时间，增加氮氧化物的生成，影响环境影响空气。但是，空气系数也不能过低，过低的话容易造成燃料不完全燃烧，增加浪费，所产生的有害物质还会影响空气质量。因此，空气系数过剩、或是过少，都会影响加热炉的热效率，一定要找到一个平衡点，才能在适合的空气系数量下，使加热炉的热效率达到最高。二是排烟温度。同上所述，排烟是必经过程，无法避免，但是排烟温度的高低，关系着加热炉的热损失，将排烟温度控制在一个合适的温度，就会避免一定程度的热损失，增加加热炉的热效率。另外，排烟温度的高低还会影响漏点的腐蚀温度，这点要结合空气系数做出合理调试，否则将会影响加热炉的如常使用，减少其使用寿命。三是燃料燃烧不完全。燃料燃烧不完全不仅会影响加热炉的热效率，还会生成大量的CO、H_2等有害物质，造成空气污染。将燃料完全燃烧可以提高加热炉的热效率，还能有效降低污染。四是外壁温度损耗。加热炉外壁的保温效能也会影响加热炉的热效率，保温效能较低的加热炉，炉外壁在工作当中的热损失就会比较多，保温效能较高的加热炉，在工作当中的炉外壁热损失也会比较少。

随着经济的发展，资源和能源的消耗也迅速增长，与此同时工业生产过程造成的环境污染也日趋严重。节约能源和资源，保护环境，我国从法律法规上也进行了规范化，颁布了《节能法》、

《环保法》、《大气污染防治法》等。因此，对现有的加热炉进行节能技术改造的同时，也应注意低污染、低排放的环保要求。目前加热炉的在线监测及自动控制已逐步成为现实，更加智能化。将节能技术、低污染排放、高效运行、智能化统一完善在一台加热炉上，由此提出“绿色加热炉”的概念。岳阳长岭设备研究所有限公司李银行等人研究表明，在保证加热炉高效率的前提下，降低能耗和污染排放，是现代加热炉设计和操作的重要内容，即集低消耗(节能)、低污染(环保)、高效率和智能化为一体的“绿色加热炉”。加热炉的燃料消耗在石油生产能耗中占有非常大的比重，同时加热炉数量众多，总的烟气排放量也非常巨大。因此，如何在不进行大的投入的情况下，提升其热效率以降低加热炉能耗、减少排放和对环境的污染，进一步挖掘加热炉节能减排的潜力，是每个石化企业面临的课题。

参考中石化2019年加热炉热效率有关资料，中石化加热炉热效率加权值为92%左右，已有了较大幅度的提升。但是目前仍有一定比例的加热炉氧含量偏高、排烟温度偏高、热效率较低、污染气体排放不达标的现象。从近三年测试的581台次加热炉来看，热效率低于91%的加热炉有131台，占总台数的22%。排烟温度高于150℃的加热炉有116台，占总台数的20%。排烟氧含量高于4%的加热炉有184台，占总台数的32%。NO_x 排放超过 $100mg/m^3$ 的加热炉有276台，占总台数的47%。若对目前热效率不达标的加热炉(131台)进行挖潜提效使其达标(热效率91%)，将节省燃料费用约7193万元/a，效益非常可观。若将目前氧含量超过4%的加热炉做技术提升后使其低于4%(以现有技术水平低于4%要求并不高)，每年将少排放烟气量约为447万t，少排放NOx约为536t，少排放 CO_2 约为2.6万t。从以上热效率提升所产生的经济效益以及污染气体排放的减少量来看，加热炉仍有较大的提升潜力。

2 加热炉完整性管理系统应用情况

2.1 加热炉完整性管理系统简介

随着油气田应用的物联网技术、专家系统、模糊控制技术、智能仪表等先进技术越来越广泛，加热炉数字化建设也更加日趋专业化，油田加热炉完整性管理系统是以“互联网+”的理念为核心来管理加热炉，其核心是HIMS(Heater integrity management system)软件系统，具有模块化、窗体化、定制化、服务化、智能化等特点。可实现加热炉运行过程中的360度全自动状态监测、智能诊断、数据采集与数据自动分析处理等功能，具有优化简化生产管理中的运营成本，提高加热炉的效率，缩短维修维护的时间，有效地预警加热炉安全隐患，更经济合理地保证加热炉在应用过程中的安全稳定运行等效果。加热炉完整性管理系统还搭载了更多的加热炉安全防护、智能检测、诊断与自动优化等专利技术，其核心的HIMS系统是通过参数测量与传输、数据整理与分析、风险识别与评价、在线调整与维护、能效管控与优化等技术的集成应用，对油田加热炉实施完整性管理与服务，实现了油田加热炉全生命周期管理与工业互联网、大数据分析的充分融合，加热炉完整性管理系统应用后，可提升油田数智化建设水平，对安全生产、节能降耗起到极大的支持作用。

2.2 萨中开发区加热炉应用现状

我厂共有加热炉474台(不含锅炉、采暖炉)，主要炉型为二合一加热炉283台，真空炉81台，微正压炉73台，真空换热机械自除垢加热炉28台，高效炉7台，机械除垢加热炉2台。从下表中看出，运行1-10年加热炉共有123台，占总数的32%；11-15年加热炉共有85台，占总数的22%；16-20年加热炉共有98台，占总数的26%；20年以上加热炉共有78台，占总数的20%。夏季运行数量在350台左右，冬季运行在450台左右。三元驱加热炉136台，占总数的28.69%。总功率1221.61MW，如下表1所示。

表1 加热炉现状统计表

序号	运行年限	台数/台	占比/%
1	1-5	15	4
2	6-10	108	28
3	11-15	85	22
4	16-20	98	26
5	20年以上	78	20
合计	474	100	

2.3 加热炉生产运行中常见问题

（1）安全方面：明火设备高温运行、计量仪表不全安全联锁缺乏、设备老旧超龄服役情况普遍；

（2）生产方面：管控工作量大、岗位人员管理经验要求高、操作不规范诱发烧损率高；

（3）能耗方面：是油田的能耗大户、工况变化对能效影响大、节能需求迫切；

（4）管理方面：数量多且位置分散、管理单位无完整的上报数据、缺乏管理提效辅助系统。

2.4 加热炉完整性管理系统功能架构需求分析

2.4.1 加热炉完整性管理系统软硬件设置

加热炉完整性管理系统分为三部分，可实现运行过程中全自动状态检测、监测、智能诊断、数据采集与数据自动分析处理等功能。

（1）硬件配置：设计多个自控采集点位，包括环境温度传感器、烟气温度传感器、烟气氧含量传感器等

（2）软件配置：依次设计感知层、平台层、应用层，以算法为核心，实现站场中加热炉的安全、规范方式的精准智能调控，为场站无人值守的实现打下基础。

2.4.2 加热炉完整性管理系统主要功能概述

加热炉完整性管理系统主要功能包含“软件登录”、“首页总览”、“集中监控”、“参数预览”、“能耗统计”、“故障分析”、“运行数据”、“设备资料”、“成本管理”、“视频监控”、“报警显示”、“智慧托管”、“算法模型”等13项功能，并且可以在主页面实时监控各炉实时数据，报警信息等。可基本满足岗位员工操作需求，并且可根据需求随时切换“炉区工艺流程图”和“单炉工艺流程图”，当运行参数超过正常范围值时，显示为红色。

（1）智慧托管：通过数据跟踪并结合历史经验数据，实现智能控制功能。通过设定生产需求的生产参数等，进行加热炉完整性系统的智能管控。以求实现加热炉的平稳运行，再通过智能平稳控制做到波动范围减小，达到节能减排的目的。

（2）智能诊断：基于故障诊断库，快速识别问题及排查分析，隐患早发现，提高故障排查效率。可直观有效的针对加热炉故障，提出解决方案。

（3）能耗分析：分为“能耗分析”和“炉效分析”两个模块，可直观展示能耗曲线。

3 加热炉完整性系统评价及适应性分析

根据公司最新规定《加热炉炉效优化及信息化管理数据采集技术规定（试行）》，将逐步对我厂加热炉进行规划改造，我厂共有384台生产加热炉，已建129台，其余均在产能及数字化建设中规划建设。

3.1 通过对系统连续跟踪，从生产管理、系统功能分析、设计合理性进行了评价

系统整个运行期间运行稳定，可基本满足现场需求。在生产管理上，温度达标率升高。系统托管前后指标温度处于设定的温度范围时间占比，占比越高更有利于满足生产要求。统计8座站托管前指标温度平均达标率为42.3%，托管后达到了64.0%，提高21.7%，如图1所示；温度及燃气波动平稳。加热炉人工控制存在温度波动大且不易控制的特点。托管后燃气流量和出口温度的曲线相较托管前波动更平稳，同时通过温度过高保护，降低加热炉烧损率，如图2所示。

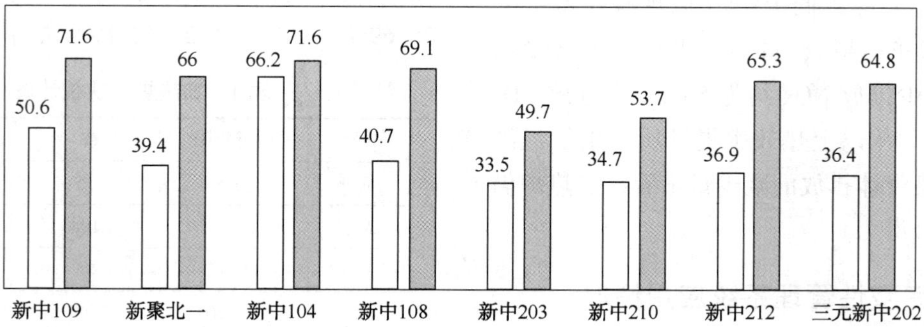

图1 各站托管前后平均达标率（%）

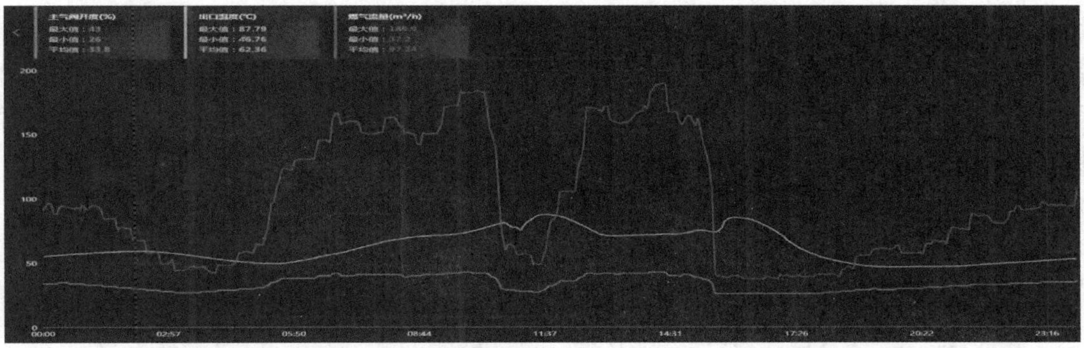

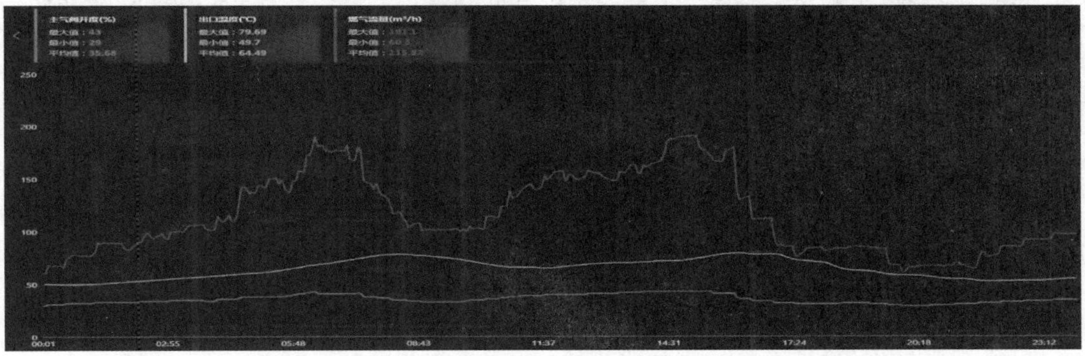

图 2　托管前后温度及燃气量对比曲线

现场实际应用表明。该系统具有故障处理专家库，可提供故障处理建议，岗位员工可参考诊断模型及加热炉操作规范，形成岗位练兵题库，提高业务能力，故障库常用诊断模型如下表 2 所示。

表 2　故障库常用诊断统计表

诊断模型	故障名称	影响后果	处理建议
参数异常识别	风门异常	风门异常影响配风，配风不合理会导致燃烧不稳定，进而影响炉效、氧含量等炉体运行评价指标	可能风门卡死，联系燃烧器维修厂家检查故障原因
	炉管温度异常	炉管温度不准影响安全运行判断，易发生安全事故	联系售后检查炉管温度是否正常，如正常应尽快联系设备维护部门，申请清淤处理
	炉体液位异常	液位不准影响正常生产，可能会导致干烧或者倒灌的现象	建议检查如下情况： 1. 液位计检修周期； 2. 液位计玻璃管(板)裂纹和破碎情况； 3. 液位计阀件固死； 4. 液位计与实际水位是否匹配； 5. 传感器通信是否正常
参数超阈值异常(燃烧时)	水介质出口温度高	水温过高会导致管道气化，泵抽空易造成气蚀影响	先手动降火，再检查托管温度设定和参数设定的温度模块，调整至合理范围内再开启智能托管控制
	介质流量过大	介质流量过大会导致加热效果不佳，影响下游生产工艺	联系上游工艺，进行阀位调整及压力控制调整
停炉安全检测异常	停炉时主(微)风门开度异常	停炉后，主(微)风门未开到最大则可能无法保证吹扫效果，导致炉膛内有残留可燃气存在的可能，存在安全风险	调整主(微)风门开度
	停炉后烟道挡板未关	停炉后烟道挡板未关不保温则可能导致炉体内温度损失，增加热量损失	调整烟道挡板开度

应用于生产加热炉效果更显著。生产加热炉与采暖炉、锅炉对比，由于功能设计、管控方式及对系统需求方向不同，因此生产炉应用效果更佳，建议采暖炉、锅炉不应用完整性系统或降低建设标准，托管前后干预次数对比如图3所示；进一步实现数智化管理。通过我厂数智化逐步完善，加热炉完整性管理系统逐步可实现作业区级管理平台，实现加热炉运行参数检测、汇总，多维度分析、周期报表生成等功能。

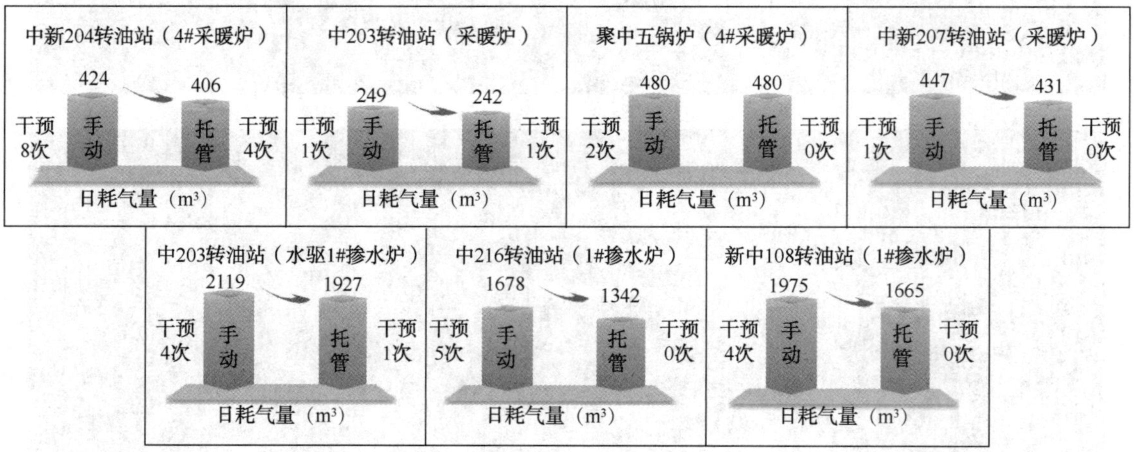

图3　生产炉与采暖炉、锅炉托管前后干预次数对比图

3.2　通过对系统数据分析总结，对现场运行工况及效果进行了评价并提出管理方法及建议

（1）根据加热炉完整性系统整体运行情况及第一采油厂加热炉管理办法，将传统的经验模式转变为智能化的管理模式的适应性，从而形成加热炉完整性管理系统在作业区管理办法。

（2）通过炉效分析功能，检测加热炉日常炉效，并根据加热炉能耗及炉效变化，提前预判加热炉运行工况，指导加热炉清淤工作，有效延长加热炉维修周期，降低加热炉烧损率。

对比分析新中204站及新中108站加热炉炉效清淤前后数据，清淤前后炉效平均增加4.94%，炉效相较日常数据出现明显下降趋势时，可进行清淤工作。

表3　转油站炉效对比表

站名	状态	炉号	清淤日期	清淤前炉效/%	清淤后炉效/%	差值
新中204转油站	托管	1#	2021-9-9	85.30	87.90	+2.60
		2#	2021-9-10	87.04	89.35	+2.31
		3#	2021-9-10	76.22	85.31	+9.09
新中108转油站	托管	1#	2022-10-29	82.70	90.00	+7.20
		5#	2022-6-10	83.08	86.61	+3.53
		6#	2022-5-16	78.99	83.88	+4.89

3.3　节能及经济效益进行评价

（1）热洗能耗评价：托管前后单位掺水量耗气，统计108站6#炉、109站2#炉、104站2#炉数据分析结果，掺水炉每台每日节气181.67m^3，单位耗气降低1.5m^3/m^3，平均温度达标率提高29.8%。

（2）掺水能耗评价：托管前后单位掺水量耗气，统计102站2#、202站1#、204站1#炉数据分析结果，掺水炉每台每日节气49m^3，单位耗气降低0.032m^3/m^3，平均温度达标率提高16.9%。

表 4　热洗时段加热炉耗气分析表

站名	状态	平均温度/℃	水量/m^3	平均达标率/%	耗气量/m^3	人工干预次数/次	单位耗气/(m^3/m^3)	效果
新中 108 转油站	托管	75	108	73.77	989	0	9.16	热洗加热炉每日节气 181.67m^3，单位耗气降低 1.5m^3/m^3，平均达标率差值为 29.8%
	未托管	76	105	32.33	1183	5	11.25	
新中 109 转油站	托管	75	124	87.68	824	0	6.64	
	未托管	77	135	45.06	1098	7	8.13	
新中 104 转油站	托管	76	131	71.60	1052	0	10.87	
	未托管	78	123	66.20	1129	12	11.78	

表 5　掺水时段加热炉耗气分析

站名	状态	平均温度/℃	水量/m^3	平均达标率/%	耗气量/m^3	人工干预次数/次	单位耗气/(m^3/m^3)	效果
新中 102 转油站	托管	47	720	80.3	1502	0	2.086	掺水加热炉每日节气 49m^3，单位耗气降低 0.032m^3/m^3，平均达标率差值为 16.9%
	未托管	46	856	60.5	1733	12	2.025	
三元新中 202 转油放水站	托管	56	1486	78.6	2247	0	1.512	
	未托管	56	1404	63.2	2259	8	1.609	
中新 204 转油站	托管	56	1344	81.6	1032	0	0.768	
	未托管	56	1334	66.2	1106	8	0.829	

（3）维修效益评价：统计该系统应用前后加热炉烧损率对比，应用前 30 个月烧损台数为 54 台，应用后烧损台数为 32 台，平均每年烧损减少 22 台，平均每年减少烧损 9 台，每年可节省加热炉维修费用约 220 万元。

4　结论

（1）生产加热炉与采暖炉、锅炉对比，由于功能设计、管控方式及两类加热炉对系统需求方向不同，因此造成现场生产加热炉应用效果更显著，因此建议采暖炉、锅炉不应用或降低完整性系统建设标准。

（2）通过连续跟踪评价，该系统运行较为稳定，托管后生产温度达标率平均提升 21%，燃气流量及温度波动更为平稳。

（3）通过对炉效分析功能，对比分析加热炉能耗及炉效变化，制定有效管理措施，指导加热炉清淤工作，有效延长加热炉维修周期，降低加热炉烧损率。

（4）该系统在我厂全部应用后预计年节气 439.49×10^4m^3，年节约用气成本 721 万元，预计年节约维修费用 810 万元。加热炉管控的工作量可减少 85%以上。

5　下一步建议

（1）部分现场原加热炉控制柜与完整性系统装置均可控制加热炉，建议今后改造项目中将控制柜整合。

（2）炉效计算需要多点位数据采集，但传感器存在一定损坏率，因此建议炉效数据点位可按实际现场要求变为选择性安装项目，并且应用后需及时维护、维修自控采集点位，保障托管功能正常运行。

关键设备对聚烯烃装置节能增效的影响

赵思琦[1]　孙长昕[2]

（1. 中国寰球工程有限公司北京分公司；2. 中国石油广东石化公司）

摘　要　在“双碳”背景下，炼化企业加快绿色转型已经迫在眉睫。以中国石油广东石化高密度聚乙烯、全密度聚乙烯以及聚丙烯三套聚烯烃装置为背景，通过深入分析“三聚”装置回收气压缩机选型、全密度聚乙烯装置挤压造粒机制造加工问题，双电机驱动行星齿轮减速箱在聚丙烯装置的应用，说明关键设备选型和制造不仅可保障聚烯烃装置“安稳长满优”运行，还可提高企业生产率和经济效益。

关键词　节能增效；聚烯烃；设计优化；迷宫压缩机；挤压造粒机

1　前言

2021年国务院发布的《2030年前碳达峰行动方案》指出，要力争2030年前实现碳达峰、2060年前实现碳中和，其中工业领域碳达峰行动是重点实施“碳达峰十大行动”之一。2022年，科技部等九部门印发的《科技支撑碳达峰碳中和实施方案（2022—2030年）》指出，工业是产生碳排放的主要领域之一，对全国整体实现碳达峰具有重要影响。在双碳背景下，中国传统炼化企业绿色低碳转型升级已经刻不容缓。为中国三大油气央企之一，中国石油计划按照“清洁替代、战略接替、绿色转型”三步走的绿色低碳转型路径，提前5年左右实现碳达峰，提前10年左右实现“近零”排放，努力建设化石能源与清洁能源全面融合发展的“低碳能源生态圈”，积极布局清洁生产和绿色低碳的商业模式。中国石油广东石化炼化一体化项目是国内一次性建设规模最大的世界级炼化项目，目前已经全面投入商业运营。本文以中国石油广东石化高密度聚乙烯（HDPE）、全密度聚乙烯（FDPE）及聚丙烯（PP）三套聚烯烃装置为背景，浅析关键设备选型、加工制造精度、驱动配置等对聚烯烃装置节能降耗、提质增效的影响。

2　关键设备对装置降耗增效的作用

2.1　“三聚”装置回收气压缩机选型

广东石化HDPE装置回收气压缩机3400-K-3201、FDPE装置回收气压缩机3500-K-5206以及PP装置3600-K-5214回收气压缩机是聚烯烃装置节能降耗的关键所在，压缩机的正常运行是装置高效低耗运行的保障。通常聚烯烃装置都会设置一台压缩机用来回收利用原料（如丙烯），是提高产品收率的重要设备，因此压缩机的正常运行是装置高效低耗运行的保障。与目前其他中国石油聚烯烃装置一样，广东石化以上三台压缩机全部由瑞士布克哈德公司供货，均采用Laby© 迷宫式密封往复压缩机，装置开车以来运行稳定。

表1　广东石化聚烯烃装置回收气压缩机选型

装置名称	设备名称及位号	数量	压缩机组型号
HDPE装置	回收气压缩机 3400-K-3201	1台	2级往复压缩机，采用迷宫式密封
FDPE装置	回收气压缩机 3500-K-5206	2台	2级往复压缩机，采用迷宫式密封
PP装置	回收气压缩机 3600-K-5214	1台	3级往复压缩机，采用迷宫式密封

回收气压缩机为往复式压缩机，按API 618标准设计、制造、试验和检验。有些专利尚会提供两种无油润滑的往复压缩机机型供用户选择，一种为卧式活塞环式往复压缩机，一种为立式迷宫往复式压缩机。由于该压缩机处理的气体中含有聚烯烃粉末，而且还可能含有具有一定硬度的催化剂固体粉末。

以聚丙烯为例，聚丙烯气体中含有大量PP

粉末及微量催化剂。若使用活塞环压缩机的话，这些粉末很容易磨损活塞环并破坏气缸镜面，会积聚在活塞环和填料环上并迅速降低其使用寿命，引起停车。普通活塞环式往复压缩机很难保证长期连续稳定运转。无接触式迷宫密封的活塞和气缸之间为迷宫密封结构，互相没有接触，允许微小颗粒由间隙中通过，不会像卧式活塞环压缩机一样，对气缸和密封元件造成磨损、破坏，可以保证压缩机在工况多变的聚丙烯工艺介质中拥有更长的使用寿命。

国内有一些研发产品，但质量不稳定，比如中沙(天津)石化某装置回收气压缩机 K-5001 由天华化工机械及自动化研究设计院设计、无锡压缩机股份有限公司制造。因厂家未充分考虑烃类气体对润滑油的影响，选用的油品类型、黏度不当，造成曲轴箱驱动侧的机械密封泄漏，机械密封动环碎裂，O 形圈变形较大，同时发现径向轴瓦有裂纹、巴氏合金有剥离现象。

考虑到以上因素，为保证该机单机连续运行 8000 小时以上，减少因压缩机故障而引起的全厂停车次数，优选进口的无油润滑立式全封闭式迷宫活塞压缩机。迷宫式压缩机采用了非接触式迷宫密封，由于活塞和气缸壁之间以及活塞杆和填充压盖之间的非接触式密封而无摩擦，即使含压缩介质中混入的杂质颗粒也不会磨损迷宫密封，运行时压缩容积部分不产生粉尘磨屑。压缩机中没有非金属密封环，因此在压缩机的整个生命周期内，运行过程中任何时候都不会有不必要的材料进入，压缩气体的纯度可以保持不变，在回收过程中不会污染原料气。

瑞士布克哈德兄弟独创的首台迷宫式压缩机在 1935 年末在苏黎世啤酒厂运行，在国内化工行业，广泛应用于聚烯烃装置回收气压缩机以及 LNG 接收站的 BOG 压缩机。回收气压缩机一般不设置备机，这对设备可靠性提出了考验。可靠性高让瑞士布克哈德公司成为各个聚烯烃装置回收气压缩机的首选的原因之一。布克哈德 Laby ©迷宫往复式压缩机不完全属于 API618 标准范围，是布克哈德专利技术。MTBF(Mean Time Between Failure)，即平均无故障工作时间，是衡量设备可靠性的指标之一。表 2 是化工常用压缩机的 MTBF 时间，由高到低排序，迷宫压缩机的 MTBF 时间是 7.8 年，是无油活塞环压缩机的 3 倍，说明迷宫压缩机可靠性更高。

表 2　主要压缩机型式的平均无故障工作时间(MTBF)

压缩机型式	平均无故障工作时间(MTBF)
离心压缩机(干净介质)	8.2 年
轴流压缩机	8.0 年
迷宫式往复压缩机,	7.8 年
喷油式螺杆压缩机	6.2 年
离心压缩机(杂质介质)	5.6 年
干式无油螺杆压缩机	4.1 年
有油润滑往复压缩机	4.0 年
无油接触式活塞环压缩机	2.8 年

综合以上分析，对比传统的无油活塞环往复压缩机，迷宫压缩机至少可在以下 4 方面为聚烯烃装置节能降耗做出贡献：

1. 降低填料泄漏的原辅料成本；
2. 避免维修而停车造成的损失；
3. 减少因维修更换易损件的费用；
4. 额外的人工成本。

针对 1、2 两点，布克哈德内部有相关数据统计：传统 API 618 压缩机的杆填料泄漏相当于平均总气体容量的 0.5%。如果泄漏发生，浪费的工艺气体量介于 900-1800 公斤/天，这取决于工厂规模和工艺。因此，假设原料价格为 800 美元/吨，Laby®迷宫压缩机确保每年节省 26 万至 52 万美元。保守估计每 24 个月内，因维修活塞环压缩机而需要停车 5 天，因为迷宫压缩机 MTBF 为 7.8 年，因此每 24 个月比活塞环压缩机多 5 天的生产时间。根据工厂规模，收入将每两年增加 350 万至 600 万美元。

按照连续 2 年运行时间计算，单台迷宫压缩机仅(1)和(2)两项就可帮助用户因减少原辅料使用、增加运行时间，总共节省约 402 万至 704 万美元，对于广东石化 3 套装置、4 台迷宫压缩机而言，2 年可节省上千万美元，经济效益非常可观。

2.2　FDPE 装置挤压造粒机加工制造问题

在高压聚乙烯(LDPE)装置中，一次压缩机和二次压缩机不仅是投资成本最高的设备，也是耗电大户，世界范围内，瑞士布克哈德在该设备有绝对的市场占有率。而在其他大部分聚烯烃装置中，投资金额最高、制造难度最复杂、耗电最多、关键等级最高的设备是挤压造粒机，其通过混炼、挤压、造粒等过程将聚合物粉料制成粒料便于运输及后序加工。

实践证明，确保装置的高负荷长周期平稳运行是降低物耗、能耗的基础和关键。挤压造粒机设备性能决定了装置最终产品的质量、性能以及产量，这些是影响装置的经济效益直接因素。挤压造粒机设备质量缺陷或者人为操作不当会造成机组运行不稳定，甚至造成整个装置长时间停车停产，经济损失严重。

因此，作为核心设备的挤压造粒机，其长周期稳定运行对聚烯烃装置起到举足轻重的作用。挤压机开车阶段反复失败不仅造成能耗物耗浪费，对各参与方人员精神压力也是很大的挑战。以国内某聚乙烯装置为例，业主连续4次组织专利商和国外专家开车团队严格按照技术资料步骤进行开车均未成功，每次开车均到拉完料熔融泵刚转起来，出现熔融泵入口压力低连锁机组停车，使开车过程连续4次功亏一篑，给现场各方人员的精神带来很大的打击。

聚烯烃粉料的混炼难度大、均匀度要求高，目前国际上应用在聚烯烃装置的双螺杆挤出机成熟的制造商有德国科倍隆公司(Coperion GmbH，简称"COPERION")，日本的神户制钢所(Kobe Steel，Ltd，简称"KSL")以及日本制钢所(The Japan Steel Works Ltd.，简称"JSW")。

根据双螺杆转向不同，挤出机分为同向旋转和反向旋转。根据螺杆啮合程度不同，挤出机分为分为完全啮合、部分啮合和非啮合。在PP装置中，一般而言，COPERION选用ZSK机型，JSW选用CMP机型，KSL选用LCM-EX机型，都是同向啮合双螺杆挤出机，为单支撑结构。在低压聚乙烯(HDPE、FDPE)中，COPERION提供与PP相同的单支撑结果的ZSK机型，同向啮合双螺杆挤出机。KSL选择LCM-H反向部分啮合双螺杆混炼机，JSW选择CIM反向非啮合双螺杆混炼机，都是双支撑结构。

通常人们认为，双支撑挤压机稳定性优于单支撑，在开车期间，单支撑结构的螺杆与机筒会有接触，从而产生磨损。以中石化茂名石化气相法FDPE装置中挤压造粒机为例，茂名石化选用某厂商制造的CMP400反向内旋双螺杆混炼机，为单支撑悬臂结构设计。单支撑反向旋转双螺杆挤出设备与之前提到的主流应用不同，在实际应用中极为少见。因其单支承设计无法根本保证螺杆末端维持水平，熔融树脂在机筒内部是往下沉的，不稳定性导致混炼机出现螺套与内衬套磨损的情况。设备解体后发现混炼机左、右螺杆出料段螺套与筒体衬套都出现不同程度磨损。后来在FDPE装置中基本不在生产该机型挤压机，而是采用双支撑设计的新产品。

广东石化FDPE装置采用某厂商制造的反向旋转的双支撑型混炼机，型号为CIM460。在设备试车过程中，发现挤出设备螺杆与机筒多处产生严重的摩擦(见图1~2)，广东石化与外方多次沟通，外方建议重新试车。重新试车过程中仍有摩擦。经过数次沟通，最终试车成功，未对装置投产造成影响。

图1　FDPE装置挤出机筒体内部磨损

图2　FDPE装置挤出机螺杆表面磨损

张宗文以双支撑挤出机为例总结的18个聚烯烃挤压造粒机组常见故障，沈彦卿以单支撑挤出机为例按照挤出机结构总结6方面安装调试问题，在这些问题都未涉及到开车过程中挤出机螺杆和筒体接触产生磨损的情况。国外资料说明，螺杆接触一般由设计错误或安装失误造成。单支撑的螺杆整个长度仅由减速机一侧的轴承支撑，筒体内部螺杆中完全填充的熔融树脂作为螺杆剩余部分的“轴承”，即筒体内部熔融树脂起到一定的承托与润滑作用，所以最大的磨损通常发生在挤出机内填充完全之前，尤其是在熔融和排放区域。但是一般料筒和螺杆之间的金属间摩擦不是磨损的主要成因，磨损主要是由腐蚀性聚合物或填料以及开停车期间造成。螺杆和筒体间金属摩擦一般是由设计错误、安装失误造成的。比如，螺杆/机筒的原材料钢质量问题，螺杆形状和机筒不匹配；设计不充分，例如压缩和间隙不起作用，如果螺杆内不能完全填充塑料或分布在螺杆上的完全填充区域设计不正确，在开车过程中则会发生由金属摩擦引起的磨损。COPERION 和 JSW 都会在同向双螺杆挤出机最后一段筒体的螺杆做特别处理，防止金属摩擦产生的磨损。这说明，无论是单支撑结构还是双支撑结构，螺杆和筒体都有可能因设计或安装错误导致金属间接触产生磨损，螺杆与筒体接触产生的磨损的决定因素不是机型本身，而是制造厂设计水平、制造加工精度等多方面原因造成。

随着近些年装置大型化的发展，目前国内外世界级的聚烯烃装置数量已经非常多，作为装置的核心设备，各个业主总结经验，覆盖各种聚烯烃产品，不同的分析角度使人们对挤压造粒机有更全面的认识，其中仅有关挤压造粒机故障的中文文献就高达 50 篇以上。吸取以往经验教训，在设备选型选商中选择可靠性高的制造厂；严格跟踪制造加工安装过程中每个步骤；运行过程中，对挤压机组的运行监控要到位，按照核心机组进行特护管理；减少挤压造粒机的非计划停车次数，延长设备稳定运行时间，降低频繁开停车对设备造成的冲击损害，减少装置能耗物耗，提高装置经济效益。

2.3 双电机驱动行星齿轮减速箱的应用

广东石化 50 万吨/年聚丙烯装置是广东石化项目“五项第一”之一——全球单线能力最大且单挤压机产能最大的 UNIPOL 聚丙烯装置。

聚丙烯装置占地面积 5.5 万平米，采用 GRACE W. R. 公司的 Unipol 气相法聚合工艺技术，利用丙烯、乙烯、氢气、氮气为主要原料。聚丙烯粒料是聚丙烯粉料与不同类型添加剂混合，经过高温（200～300℃）加热，达到熔融状态，在双螺杆挤压机和熔融齿轮泵的作用下，通过模板后由切刀进行水下造粒形成的。目前年设计生产能力为 50 万吨，小时产量为 62.5 吨，正常工况下，最高可达每小时 78.75 吨。产出的合格粒料将经过掺混系统进行均匀混合后，通过风送系统送至包装库房，经公路或铁路运出销售。可生产包含均聚、无规共聚、抗冲共聚在内的，能应用于拉丝、BOPP 膜料、热成型/挤吹、无纺布、汽车、家电、玩具等多领域的 153 个牌号产品。其中均聚牌号 57 个，年产产品 18 万吨；无规共聚牌号 42 个，年产产品 6 万吨；抗冲共聚牌号 54 个，年产产品 26 万吨。

该装置选用德国科倍隆公司（Coperion GmbH）同向双螺杆挤出机 ZSK380，主驱动包括：

（1）一台恒速电机作为主电机，功率 13000kW；

（2）一台变频调速电机作为辅助电机，功率 3500kW；

（3）一台双电机驱动的行星齿轮减速机，德国 Renk 公司生产，最大扭矩 281000Nm，输出转速可实现 225～288rpm 无级变速。

恒速电机和变速电机组合使螺杆转速调整范围宽，可以有针对性地对所加工的树脂特性优化螺杆速度，增大操作灵活性，在大型挤压机上实现了部分无级变速，从而提高能源效率，以最低的运营成本为业主提供了必要的操作灵活性和可靠性。

目前只有 COPERION 公司采用电机驱动的行星齿轮减速机，在许多规模级的 PP、PE 装置中均有应用。2004 年中石化茂名石化 HDPE 装置首次采用双电机驱动行星齿轮减速箱。国内中国石油四川石化聚丙烯装置、中国石化茂名石化聚乙烯装置挤出机均使用双电机减速箱结构。

3 结语

碳达峰被认为是一个经济体绿色低碳转型过程中的标志性事件。实现石油消费达峰将为中国实现碳中和目标奠定良好基础，但中国尚处在经济发展阶段，能源需求尚未达峰，相对于国外能源企业，中国能源企业实现双碳目标更是刻不容缓，要进一步加快转型升级的步伐。广东石化在设计初期借鉴以往项目经验，在流程和设计上进行优化，提高装置运行稳定性，保障装置长周期稳定运行，缩短牌号切换时间，从源头抓起，节能环保的同时提高产品质量、提高收益率。广东石化项目是中国石油第一个实现同步规划设计、同步建设、同步投入使用的智能工厂。生产方式向数字化转型，依托先进的数字化、智能化技术，广东石化将在节能减排、提质增效取得更多成果，促进企业高质量发展，为实现双碳目标做出贡献。

参 考 文 献

[1] 辛靖，王连英．“双碳”愿景对炼化产业的影响及其路径展望[J]．石油学报(石油加工)，2021，37(06)：1504-1510.

[2] 王泓．润滑油黏度下降引起的烃类压缩机故障分析及措施[J]．润滑与密封，2016，41(07)：143-145.

[3] 高其烈．压缩机世纪菁华续录(四)[J]．压缩机技术，1998(05)：29+32-48.

[4] Bloch H P. Looking for RCFA databases? Consider failure statistics: The data are useful but only the first step toward improving failure analysis[J]. Hydrocarbon Processing，2002(81)：35-37.

[5] 王文．高压低密度聚乙烯装置能耗分析及优化[J]．石油化工技术与经济，2015，31(06)：41-44.

[6] 巨军．聚烯烃挤压造粒机技术发展[J]．石油化工设备，2007(S1)：36-41.

[7] 张跃进，石海涛．扬子石化气相法聚乙烯装置节能降耗措施之浅析[C]．中国科学技术协会．第十届中国科协年会第 18 分会二氧化碳减排和绿色化利用与发展研讨会论文集，2008：250-252.

[8] 孙祥升．减少造粒机组开停次数，延长设备使用寿命[J]．广东化工，2016，43(01)：114-116.

[9] 吴毅．挤压机螺套与内衬套磨损分析与处理措施[J]．广东化工，2014，41(05)：132-133+127.

[10] 张宗文．煤化工聚烯烃挤压造粒机组故障分析[J]．化工设计通讯，2017，43(10)：16-18.

[11] 沈彦卿．聚丙烯装置挤压造粒机安装调试问题及建议[J]．化工管理，2022(06)：102-104.

[12] Kohlgrüber K，Bierdel M，Rust H. Plastics Compounding and Polymer Processing[M]. Carl Hanser Verlag，München，2022：131，341，399.

[13] 李文．茂名大型挤压机行星齿轮减速器输出转速验算[J]．科技通报，2013，29(06)：20-21+24.

LDPE 装置能耗高的原因分析及措施

贺平林 管东红 周 晶 马国梁 张永治

（中国石油兰州石化公司）

摘 要 找出 LDPE 装置能耗高主要原因，通过对能耗高的主要原因：电能耗消耗量大、粘壁产生装置能耗高以及装置蒸汽的消耗量大。电能损耗主要有一次压缩机进气量能力调节的损耗，过量的乙烯气体被压缩至 25MPa 左右后通过四个旁路阀返回一次压缩机入口循环压缩，造成了压缩机功率过高。其次，二次压缩机将 25MPa 的乙烯气体压缩至 265MPa 送入反应器，挤压机 G1701 进行挤压造粒，这些能耗高的设备都是利用电能驱动，通过对压缩机气缸容积的改造以及减少装置停车来减少压缩机做无用功。粘壁使反应产生的热量无法及时散出，通过降低过氧化物的的加入量，造成装置负荷低，单位时间耗能高。粘壁产生确定是乙烯自循环时间长、反应器系统置换不干净有氧存在。蒸汽的消耗主要是由于大量中、低压蒸汽的通过不完好的疏水器泄漏蒸汽造成蒸汽不能充分的利用，疏水器设备的连续性排放出现故障，使得疏水器基本上处于常开的状态。另外专人针对漏点建立专门漏点台账，对现场发现的跑、冒、滴、漏随时发现，随时记录并及时安排专人消除，暂时无法消除的漏点进行打卡子堵漏处理，并做好记录待停车检修时消除，对破损和缺失的保温及时进行恢复。采取相应的整改措施，消除粘壁提高装置负荷，使装置的能耗从 189.8kgEo/tPE 降低为目前的 186.2kgEo/tPE。取得了良好的效果。

关键词 乙烯；能耗；粘壁

中国石油兰州石化公司 LDPE 装置自 2006 年 12 月开车以来，随着时间的推移，装置越来越陈旧，现场“跑冒滴漏”现象越来越多，能耗也就相应的越来越高，尤其最近几年能耗一直居高不下。近年来全国新建的 LDPE 装置越来越多，新建的装置工艺更先进，能耗消耗越来越低，造成市场竞争越来越激烈，尤其煤化工的加入，由于煤化工的原料成本低，更加剧市场的竞争力，能耗高就会造成每吨聚乙烯的生产成本增加，降低市场的竞争力。为了在市场激烈竞争中占有一席之地，就要降低本装置的生产成本，必须要减少能量的消耗，公司相应对各装置的能耗考核指标越来越严格，LDPE 装置所有人员必须认真的探究分析装置能耗高的原因和过程，采取行之有效的措施，确保装置的能耗降低到公司下发的能耗指标范围内。

1 装置及工艺流程简介

1.1 高压聚乙烯装置简介

兰州石化公司 20 万吨/年 LDPE 装置(以下简称本装置)引进德国 Basell 公司 Lupotech TS 管式法反应器技术，以乙烯为主要原料，过氧化物为引发剂引发聚合，通过丙烯、丙醛为分子量调节剂；聚合反应是采用乙烯单点进料，过氧化物四点注入的脉冲式反应技术。

1.2 工艺流程简介

界区送来新鲜乙烯及高循循环返回未反应乙烯经一次压缩机至 25MPa 以上后进入二次压缩机再次压缩后，压力提高至 260MPa 以上，通过进入反应器预热器 R1301E1A/B 加热至 165℃以上进入管式反应器。在一区反应区经过复配氧化物引发剂聚合，温度逐渐上升；随着引发剂的消耗，反应温度又逐渐降低；一部分反应部一分未反应的熔融料和气体再次在第二至第四区反应器中分别重新注入新配不同比例过氧化物引发，再次重新引发聚合。反应放出大量的热量由夹套中流动的中、低压热水带走，熔融的聚乙烯和乙烯的混合物经过脉冲阀后，由后冷却器冷却至 230℃左右，进入高压分离器 S1401 中分离出的熔融的聚乙烯被送至挤压机中挤压造粒。由于装置转化率只有 33%左右，所以分离出未反应的大量乙烯气体重新返回至二次压缩机入口再次循环压缩。

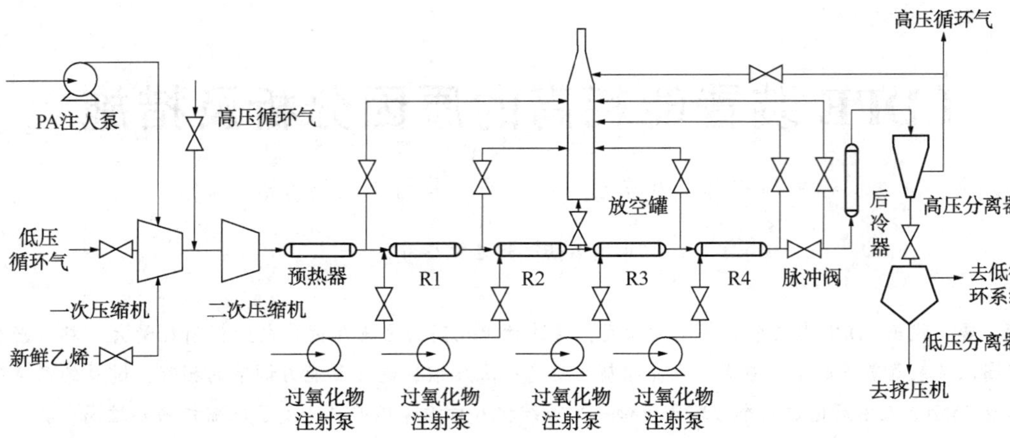

R1—第一反应区；R2—第二反应区；R3—第三反应区；R4—第四反应区；

图 1　LDPE 装置工艺流程示意图

2　能耗高的原因

LDPE 装置正常生产的反应压力 256～280MPa，温度 275～302℃，生产条件比较苛刻均处于密闭高温高压区域，也是典型的自由基聚合反应，主要由链引发、链增长、链终止和链转移等基本单元元反应组成。聚合反应在很短的时间内快速完成，并放出大量热量，每生成 1kg 聚乙烯约释放 3.350～3.765MJ 的热量。在聚合反应中，每 1%质量分数的乙烯聚合将使温度升高 12～13℃。在链引发时，需要大量的热量将乙烯的温度提高到过氧化物引发剂引发所需的温度 165℃，这就需要消耗大量的热量(高压蒸汽)来加热预热器和反应器。通常二次机出口温度在 80℃，预热器出口温度在 165℃，按照 80℃－160℃之间乙烯平均热容 15kcal/(kmol·℃)、20 万吨/年装置二次压缩机打气量 88t/h、无热损计算，每小时能耗 15＊88000÷28＊(160－80)＝3771428.571kcal，约 377 千克标油，按照 28 吨 PE/小时产率计算，可耗能 13.5kgEo/tPE。为了将反应压力升高到 256MPa，就需要一次压缩机和二次压缩机分步来提高压力。总结分析本装置历年对能耗的分析发现主要原因如下：

2.1　高聚物粘附导致撤热效率降低

聚合反应中的长链支化反应是大分子聚合物的主要来源，长链支化是大分子间的链转移的结果，形成机理如下，一个聚合物基从聚合物主链上获取一个氢原子，使它的链增长中断，这样一个聚合物基被终止，但主链上又形成了一个新的自由基，从这一中心继续聚合，就会形成一个像主链一样长的支链，导致分子量成倍增长，如果支链较多，还容易多次转移形成网状结构，最终形成流动性很差的凝胶状聚合物粘结在反应内壁上。

$$\underset{\displaystyle R''}{\underset{|}{RCHCH_2R}} + RCH_2CH_2\cdot \xrightarrow{k_{tr}} R\!-\!\underset{\displaystyle R''}{\underset{|}{\overset{\cdot}{C}}}\!-\!CH_2R + RCH_2CH_3$$

$$\underset{\cdot}{\overset{\displaystyle R''}{\overset{|}{RCCH_2R}}} + nCH_2{=}CH_2 \xrightarrow{k_p} \overset{\displaystyle R''}{\overset{|}{\underset{\displaystyle CH_2CH_2R}{\underset{|}{RCCH_2R}}}}$$

由于 LDPE 聚合反应在高温高压下进行，反应生成的聚乙烯为熔融态，熔融的聚乙烯在反应器内壁处形成滞流层，极易在反应器内壁发生粘附，称之为反应器粘壁。反应器发生粘壁就会降低了传热效率，根据传热理论 Q＝UA△T，传热系数 U 降低后，撤热量降低，使得反应产生的热量无法及时有效撤出，系统内反应温度升高，为防止温度过过高触发联锁停车，必须降低反应器内的温度就必须要减少引发剂的加入量，引发剂的减少就会减少装置的负荷，压缩机功耗不变的情况下，生产负荷的降低单位能耗也就相应的增加。导致反应器粘壁的原因较多，比如建立聚合时反应器系统置换不彻底有氧存在、乙烯在反应器中自循环时间过长、压力不变情况下聚合反应温度偏低等原因。本装置近几年来由于粘壁导致能耗高的原因如下：

2.1.1　乙烯自循环时间过长导致的粘壁

2020 年—2022 年间，本装置发生了 5 次由于触发 SP3A 停止聚合反应后，乙烯自循环时间较长导致的反应器粘壁的现象。反应器中乙烯自循环均在 3 小时以上，重新注入引发剂建立反应后发生粘壁。如图 2。

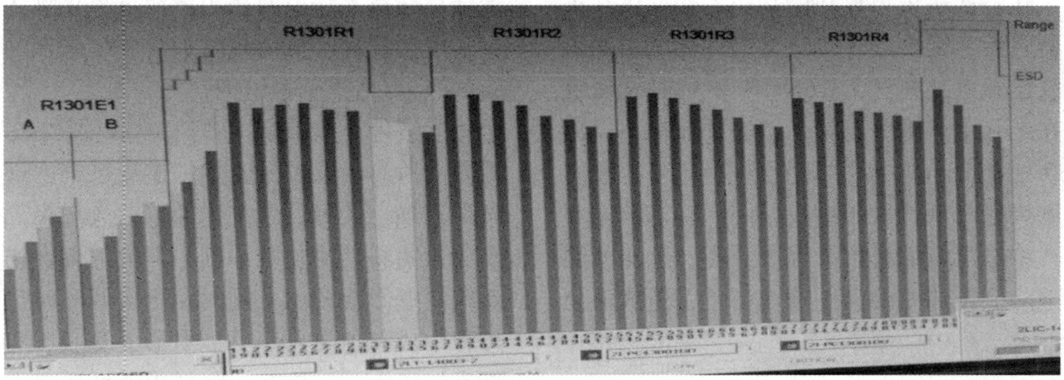

图 2 建立反应后发生粘壁图

LDPE 装置停止反应后，一次压缩机、二次压缩机正常运行，乙烯在系统内开始自循环，反应器压力自动降低至 220MPa，温度在 180～190℃。在此条件下乙烯碳碳双键断裂形成单体自由基，单体自由基加聚生成超高分子量聚乙烯；同时反应停止后反应器脉冲阀停止产生脉冲动作后由于没有压差产生冲刷作用，反应器内气体流速减缓，同时减缓夹带高温高压下自聚生成的超高分子量熔融聚乙烯流动，易在反应器壁内粘附长时造成反应器内壁结垢，降低了反应器的传热效果，重新建立聚合后反应产生的大量反应热无法及时撤出，迫使降低引发剂的加入量，装置负荷的降低造成能耗的增加。

2.1.2 反应器系统中氧含量高导致的粘壁

高压聚乙烯装置全线停车泄压后，空气中的氧气就从打开的 T 阀进入反应器或从打开的管线、设备中进入密闭反应器系统中，氧气在 180～190℃的高温条件下，与反应器内残留的聚乙烯发生氧化反应。聚乙烯氧化反应一方面使聚乙烯发生降解，另一方面使聚乙烯发生交联反应产生不熔的交联聚乙烯粘附在反应器内壁降低了反应器的传热系数。重新注入引发剂建立聚合反应后大量反应热无法及时有效撤出，为防止反应器系统内温度失控，温度超过乙烯分解临界温度，而导致热分解反应就必须减少引发剂过氧化物的加入量，造成生产负荷降低，压缩机的功耗没有降低情况下相应单位时间副产的蒸汽也减少能耗就会相应的增加。

2.2 电能损耗分析

LPDE 装置的电能损耗主要有一次压缩机 C1201（功率 4300KW）、二次压缩机 C1202（功率 18000KW）、挤压机 G1701（功率 2800KW），首先，是一次压缩机 C1201 能力调节的损耗，过量的乙烯气体被压缩至 25MPa 以上，部分乙烯通过四个旁路阀返回一次压缩机入口循环压缩，造成了压缩机功率过高；其次，二次压缩机 C1202 将 25MPa 的乙烯气体压缩至 265MPa 进入反应器，挤压机 G1701 进行挤压造粒，都是利用电能驱动大型电机能耗较高。由于本 LDPE 装置一次压缩机四段缸设计缸体容积大，界区送来新鲜乙烯、三段排出乙烯和高循循环乙烯三处混合进入四段入口的量就多，而反应器的转化率只有 33%，就会有部分乙烯气体经过各段压缩后又重新通过“四返四”和“六返四”返回到四段的入口与新鲜乙烯混合重新进行压缩。正常生产中“四返四”返回阀位达到 35%左右，“六返四”返回阀位也在 25%左右，造成一次压缩机将部分乙烯压缩做功后部分乙烯又通过返回阀返回至压缩机入口，做部分的无用功，造成一次压缩机电能消耗高，造成能耗增加。

2.3 蒸汽损耗分析

LDPE 装置所用的蒸汽主要分为三个等级：0.45MPa 的低压蒸汽、1.0MPa 的中压蒸汽和 4.0MPa 的高压蒸汽。低压蒸汽为聚合反应的副产物，作为外送产品。正常生产中，中压蒸汽也是由反应撤热副产，停车期间中压蒸汽主要是由高压蒸汽减温减压转化而来，并在系统中冷却成凝液循环使用。高压蒸汽多用于反应器的预热器、中压热水、低压热水、挤压机模头和挤压机筒体水加热。现阶段导致装置放空大量低压蒸汽和中压蒸汽的基本原因是通过疏水器蒸汽泄漏造成的。疏水器设备的间歇性排放出现故障，使得疏水器基本上处于常开的状态。这样不仅导致中低压凝液的连续输出，还会同时排出蒸汽，使得热能利用率低，导致蒸汽浪费。这种现象经常出现在实际生产中，由于是疏水器内漏且也难以立即判断。在二次机出口存在的高压乙烯气体在进入反应器之后，需要经过预热器的加热，当预热器经过高压蒸汽加热达到165℃时才可引发聚合反应。在实际生产中，乙烯在二次压缩机出口温度为85℃，但该点联锁值却达到了120℃，没有适当程度调整降低二次压缩机段间的冷却器循环水流量，将二次压缩机出口温度升高，这样就能够有效地降低预热器的高压蒸汽消耗，造成部分能耗的浪费。

3 采取的措施

3.1 防止反应器粘壁

3.1.1 严格控制反应系统内的乙烯停留时间

反应SP3A联锁后就会停止注入过氧化物后，立即停止聚合反应。乙烯在长时自循环过程中(反应器压力为220MPa，温度为180~190℃)会发生自聚，在反应器内壁上形成一层坚硬的结垢，这些结垢阻塞热量的交换严重影响反应器的换热效率，极易导致过氧化物加入量减少，降低单位时间的负荷能耗增加。因此严格控制反应停止后乙烯的自循环时间，当自循环时间超过四小时就装置全线停车。并在自循环期间根据时间补充加入不同量分子量调整剂，以降低循环过程中产生聚合物的分子量，提高聚合熔融物的流动性，降低在反应器内壁粘附几率，避免由于建立聚合后热量无法及时撤出造成过氧化物注入量减少，引起负荷降低能耗增加。

3.1.2 严格控制系统内氧气含量

装置停止聚合后应彻底从T阀处放空反应器内的所有乙烯及聚乙烯，避免系统内部存有大量聚乙烯。此时若系统内部存留大量聚乙烯，由于停止物料的流化及冲刷的消失，聚合物容易在反应器壁形成结垢，同时在下次开车时热水升温过程中或其他热作用下极易形成交联。装置泄压至大气压力前，应及时降低中、低压热水温度至110℃以下，避免氧气进入反应系统，在高温下与反应器内残留的乙烯聚合发生氧化交联反应，生成高分子量的交联物粘结在反应内壁；在装置开车准备过程中，提高装置置换次数和置换压力，氮气置换不少于5遍，乙烯置换不少于5遍，为了确保系统中氧气置换干净，每次氮气置换压力不低于5MPa，泄放压力时用反应器末尾T阀进行放空，这样置换更彻底洁净。系统置换结束后进行取样分析系统内氧含量应低于0.1%为合格。避免置换不彻底导致的反应器系统内氧气残留。若未置换完成禁止对反应器升温，避免系统中有氧气存在情况下，反应器内残留的乙烯发生交联反应，生成高分子量的交联聚乙烯粘结在反应器。

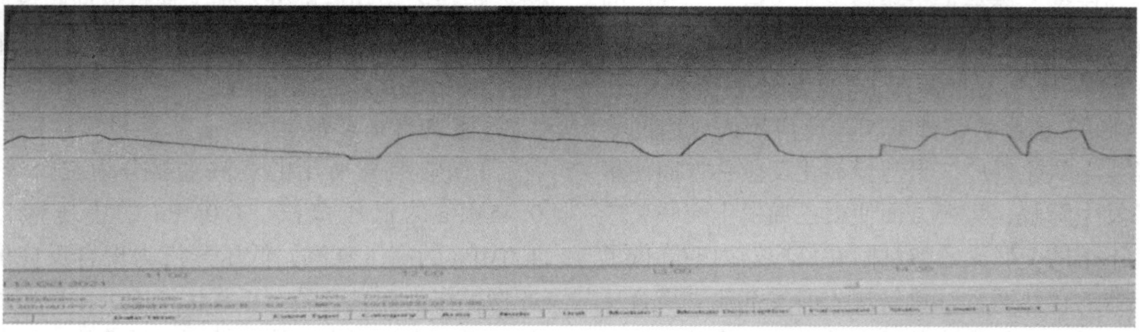

图3　LDPE装置反应器置换趋势图

3.2 降低电能损耗的措施

对于LDPE装置，电能损耗占有能耗很大比例，降低了一次压缩机C1201和二次压缩机C1202的电能消耗，也就在一定程度上降低了整个装置的电能损耗。因此，我们在日常操作中可以采取优化工艺操方法的方式减少电耗。由于每次装置建立聚合前必须先2个多小时运行两台压缩机较长时间来升高到规定的反应压力。所以，缩短超高压压缩机的升压时间，尽快建立聚合反应可减少较大的能耗，但同时需注意若升压过快容易导管线致法兰泄漏。当系统出现故障停止聚合反应时，压缩机仍需要维持循环运转，但这时候生产负荷为零，压缩机运行纯粹白白消耗大量电能，也就会导致能耗的增加，因此当需要较长时间检修时，在停工过程中，可以规定循环半小时后将反应器聚合物带空停止一次压缩机和二次压缩机，减少压缩机循环时间来达到降低电耗。装置全线停车后及时对空转的设备，如干燥器，振动筛，颗粒水泵、PK5130 输送系统风机要及时停止，待开车前 1 小时再启动节约用电。而保证整个装置的稳定运行，尽量减少开停车次数是减少电力单耗的最有效最直接的途径。并且近期针对一次机四段缸进行专项改造，根据五段缸吸入量，设计改造降低了四段缸体容积，减少四段缸中活塞截面积，在保证反应器乙烯量的情况下，减少了四、五、六段缸做工损耗。通过改造后，进气量降低，一次压缩机“四返四”的阀位控制在 20%左右，一次压缩机“六返四”阀位控制在 6%左右，返回量大幅的减少，减少一次压缩机的功率，电能消耗直接降低 400kW，能耗也得到明显降低。

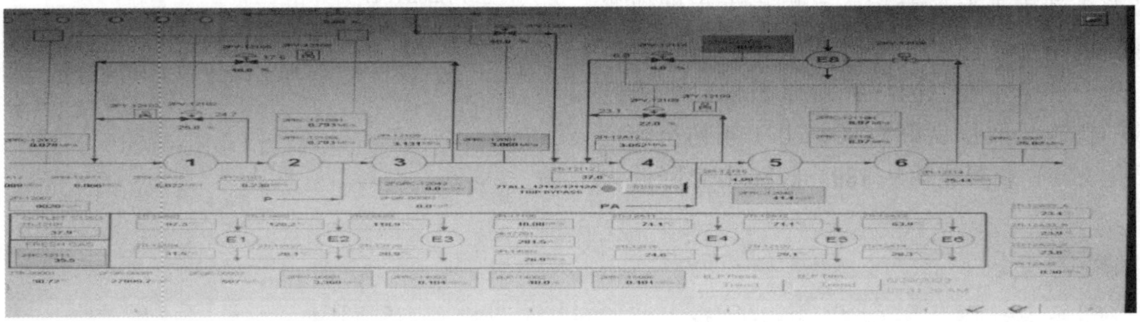

图 4　LDPE 装置四段缸改造后的返回阀开度图

此外，车间积极开发新产品，尤其是不需要启动辅助挤压机的新产品，辅助挤压机的功率在 400kW，仅次于三大机组，通过生产 LD20G，2240H，1810D 等不需要启动辅助挤压机的产品，有效的减少了辅助挤压机的电力消耗。节约了电能，提高了装置的经济效益。

3.3　降低蒸汽损耗的措施

车间抽出专人针对漏点建立专门漏点台账，对现场发现的跑、冒、滴、漏随时发现，随时记录并及时安排专人消除，暂时无法消除的漏点，联系金环堵漏公司进行打卡子堵漏处理，并做好记录待停车检修时消除，对破损和缺失的保温及时联系维保单位进行恢复。同时在工艺生产操作中避免设备超温、超压条件下工作，每年定期对安全阀进行校验，运行期间出现泄漏的安全阀要及时加以校验。装置及时购买疏水器内漏检查设备加强对疏水器的检查，更换直通的疏水器，对所使用的疏水器进行认真的性能和质量检测，对于其型号和规格进行核查，改进疏水器的安装方式，选择性能更好更节能的疏水器。还应该对多处伴热效果差的线路进行优化改造。经过改造优化，会明显降中、低蒸气消耗，从而大幅度降低装置的能耗。通过优化工艺操作条件，降低二次压缩机段间中冷器的冷媒水量，来提高二次压缩机出口温度，从而减少预热器 E1301 高压蒸汽消耗。

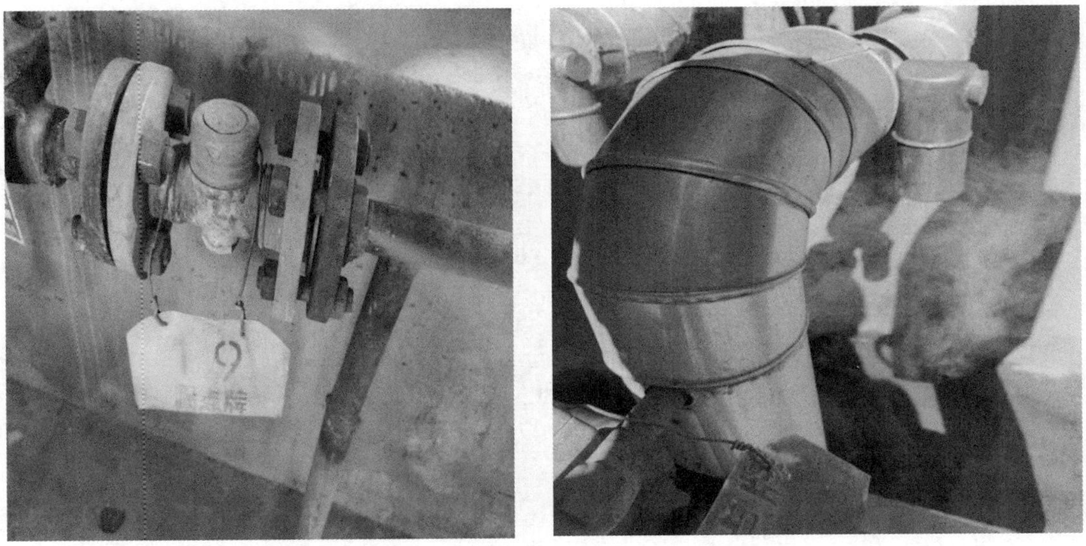

图 5　LDPE 装置现场漏点图

4 结语

对于高压聚乙烯装置来说，由于操作温度、压力均在高温高压条件下进行运行，轻微的系统条件波动若处理不好就可能导致装置能耗增加。通过对装置正常操作细节的把控要特别监控和管理，优化稳定工艺控制方法和加强设备的技改革新措施有效管控，可以最大程度地避免能耗的增加。通过对能耗高的原因进行总结分析后，确定主要原因，针对原因采取了积极有效的措施，取得良好效果。2021 年初至今兰州石化 LDPE 装置能耗从 189. 8kgEo/tPE 降低为目前的 186. 2kgEo/tPE。取得了良好的效果，降低生产成本产品的市场的竞争力得到增强。

参 考 文 献

[1] 李晓平 . 防止高压聚乙烯装置反应分解减少环境污染的对策[J]. 甘肃石油和化工 .
[2] 20 万吨/年装置高压聚乙烯操作规程[J]. 兰州石化公司 2021. 1.
[3] 洪定一 . 聚烯烃手册[M]. 北京：化学工业出版社 .
[4] 王晶，贺平林 .《LDPE 装置节能降耗分析与对策》[J].

典型快切系统引入光伏电源的几点思考

李　锋

（中国石化兰州石化榆林化工有限公司）

摘　要　近些年来大量使用的光伏发电，利用空余闲置的厂房屋顶、场地安装安装太阳能光伏发电板。不但将空余的地方利用了起来，而且也节约了用电成本。在本公司，光伏电源的接入，是在下级变电所的10KV母线Ⅱ段上接入的。这种方式，较复杂的是与变电所原10KV快切装置的配合，以及继电保护设置的配合。化工企业的生产过程连续性要求很高，因为各种方式的原因造成电源波动或者中断的，都会造成巨大损失或者危害设备安全、人身安全、环境危害等事故。引入的光伏电源之后，快切在动作时，肯定会受到相应的影响，这些影响需要加以慎重考虑，并且避免可能的风险。

关键词　光伏电源；快切；系统；配合；风险

光伏电源引入原有配电系统后，会产生一个新的供配电架构。对于保护的设置、快切的设置、以及设备安全的考虑，都要进行一个全面的考虑。保护的设置主要考虑电流方向的问题，和角度差。以及保护动作后，能否切除所有的供电电源，将故障点隔离。设备安全的考虑，是另一重要的因素，因为在一些特定情况下，可能会出现一些危害设备安全运行的因素。最重要的是电源与快切之间的配合，因为在炼油化工生产企业，由于生产的连续性要求较高，在一些故障情况下，要尽早切除故障，切除与故障点可能相连的电源。光伏电源的引入，就是需要重点考虑的对象。光伏发电的效率受制于天气的变化和季节的变化较明显，白天能够运行，夜晚自动切除。而且在阴雨天，发电效率较低。在日常运行中，也增加了运行值班人员的操作频次，增加了运行的复杂性。因此光伏与保护装置、快切装置之间的配合显得尤为重要。

这些配合需要从与电源之间的配合；电源与Pt之间的配合，光伏电源与快切之间的配合，着手分析。在分析之前首先要清楚系统的快切配置，故障启动方式，闭锁快切的行为，这些可能的动作情况。其次还要找准确保护装置和自动装置的开入、开出端子，较为复杂。本文引入一个典型的系统架构和光伏电源介入后，需要考虑的一些问题。分析快切的可能动作情况。

1　快切配置

1.1　配置快切装置的典型系统

典型的变电所进线由上级变电所的不同段分别馈本所的Ⅰ段、Ⅱ段，两段之间设置母联开关，并且由快切自动控制或手动控制动作。一般情况下，正常运行时快切装置投入，并处于自动状态。由于快切装置在投入后会自动对进线开关的位置，断路器分、合闸状态，进线电压、电流、频率等进行判断。不满足充电条件时，充电灯会亮起作为警示。

由于引入了光伏电源后，快切装置在运行时判断相应的系统参数或状态时，肯定会受到影响，需要逐个将快切的动作方式进行考虑，排查可能会造成的误动作并加以防范或者考虑其他动作方式。图1，是一个典型系统在引入快切电源之后的一次接线图。一般情况下，光伏电源接入10KV系统时，为了节省投资将在原有的Ⅰ段或Ⅱ段接入，从某一段接入光伏电源。由于光伏电源的接入，会给原供电系统提供再提供一个电源，在故障状态下或者继电保护装置的电流保护时，产生误判的可能性增大。

1.1.1　快切装置的设定

根据快切装置的设定，快切的方向为1DL与3DL、2DL与3DL之间进行互相切换，快切投入设置了手动切换和故障切换。将1DL与2DL之间的切换关闭，因为正常供电的方式下，两路电源分别供相应的母线段，母联断路器处于分断状态，1DL与2DL之间的切换会造成某一个母线段的短暂失电。因此将1DL与2DL之间的切换功能关闭。

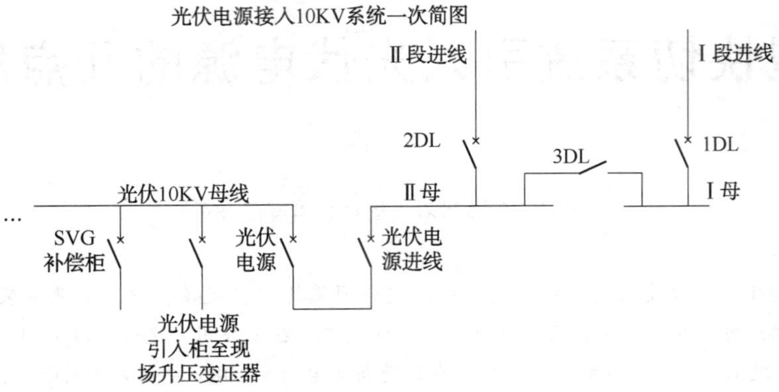

图1　典型配电系统引入光伏电源的接线方

表1　快切装置部分主要功能控制字投退设定

快切投切方式设定				
1	手动切换并联	0、1	1	投入
2	故障切换串联	0、1	1	投入
3	1→2切换起动	0、1	0	退出
4	2→1切换起动	0、1	0	退出
5	1→3切换起动	0、1	1	投入
6	2→3切换起动	0、1	1	投入
7	3→1切换起动	0、1	1	投入
8	3→2切换起动	0、1	1	投入
9	快速切换	0、1	1	投入
10	同捕切换	0、1	1	投入
11	残压切换	0、1	1	投入
12	长延时切换	0、1	1	投入
13	失压起动	0、1	1	投入
14	无流起动	0、1	0	投入
15	逆功率起动	0、1	0	根据实际设定
16	频压起动	0、1	0	根据实际设定
17	手跳不闭锁	0、1	1	手跳不闭锁
18	检后备电压	0、1	1	投入/退出

手动切换方式设置，考虑的是可以用快切进行倒闸操作。进行两路电源分别于母线断路器的切换动作。

合闸方式采用快速切换、同捕切换、残压切换、长延时切换，均开通。

切换方式开通：保护起动、失压起动、无流起动、误跳起动，以及手动起动。逆功率起动、频压启动方式，根据实际供电系统进行设定，一般在有发电机运行的10KV系统考虑将逆功率或者频压起动投入。

1.1.2　快切装置的动作和光伏电源配合的注意事项

一是在快切动作时，快切以任何方式起动切换，光伏电源不能影响快切的起动。比如在失压起动快切时，由于光伏电源的存在，光伏电源为接入段的母线会提供一个正常电压，从而导致快切采集到的母线电压失真，影响该启动方式拒绝启动。

二是电力系统在正常工作时，光伏电源不能引起快切的动作。快切的动作，是对正常供电时两条进线的不正常状态的反应，通过快切的动作，将不正常状态尽快恢复或切换至另一种运行方式以保证供电的连续运行。

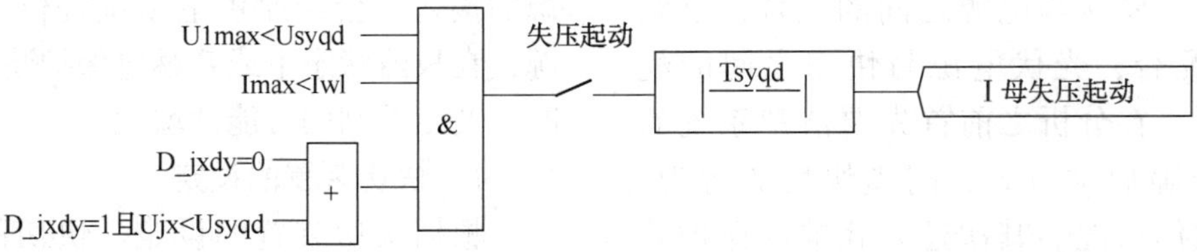

图2　失压起动逻辑图

三是光伏与继电保护的配合，不影响继电保护的动作。例如：光伏段的正常电源供电时，断路器负荷侧出现故障时，这个时候光伏的存在会提供一个助增电流，进线电源的保护设定需考虑此电流的影响。

2 各类设定下的情况分析

2.1 闭锁快切时的情况分析

此处用于闭锁的有：母联保护装置过流闭锁快切；Ⅰ/Ⅱ段进线保护装置的过流保护启动信号月以闭锁快切。考虑过流闭锁快切是因为出现了故障或者过负荷，一般情况下，Ⅰ/Ⅱ段进线保护装置判断过流会切断相应的进线同时闭锁快切。在这种情况下同时应切断光伏的进线断路器防止光伏电源向故障段或故障点继续输入故障电流。用于闭锁快切的出口，同时用于跳光伏电源的断路器，将此出口并入光伏柜子断路器的跳闸回路即可。

2.2 快切动作时的情况分析

快切动作，必然是有一条进线（Ⅰ或者Ⅱ段进线电源）出现失电，失电原因主要有：主电缆故障、上级断路器误动作、上级保护动作跳开馈线断路器等。根据快切的动作方向，由 1DL 至 3DL 或者 2DL 至 3DL 时，不管是差动起动或者是误跳启动，此时很难在瞬间判断是故障问题还是误操作问题。快切的动作是分开进线断路器 1DL 或者 2DL，同时合 3DL。为了保险起见，这时快切在分开相应段的进线断路器时，将本段上的光伏电源断路器同时分开。如果本段没有光伏电源，则只分开本段的进线断路器。快切的分断命令用于分开光伏断路器时，可通过硬接线并入光伏的跳闸回路或通过综保装置的跳闸出口达到此功能。

光伏接入母线段后，会提供电压，在有负荷的回路时也会流过电流。因此，快切中的启动方式，凡是涉及到母线最小启动电压或者无流定值的方式，均应考虑其影响。进线柜的电流互感器一般装设于断路器下侧，根据这种电流互感器的设置位置，考虑是否有影响。电压互感器装于母线，每段运行母线一般装设独立的母线 PT。电流互感器和电压互感器的装设位置是否会产生影响对于快切动作非常重要。

误跳启动，判断进线断路器的分合位置和无流定值，在误跳进线断路器后，互感器无电流，因此快切可正常启动。

失压起动，判断母线电压小于失压起动电压幅值和电流小于无流定值，因此当进线断路器分开后。母线会仍然有压，失压起动这时会受到光伏电源的影响。

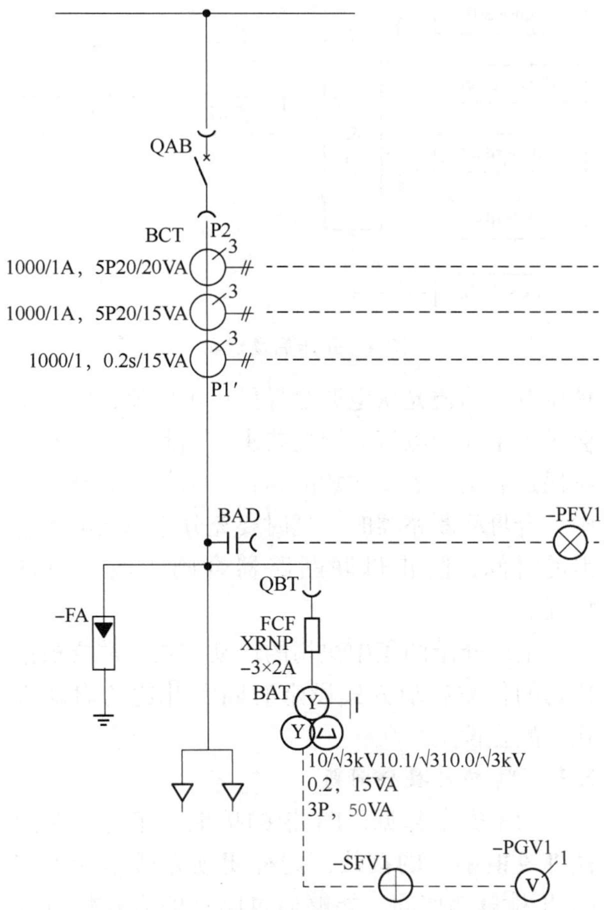

图 3 电源进线，互感器配置位置

无流启动，判断进线电流小于无流定值和故障母线频率小于无流启动频率。频率采集于母线 PT 的电压，因此无流起动会受到光伏电源的影响。

逆功率启动，分别判断三相的逆功率，相电流反向（定义从进线流向母线为电流正方向）；相电流大于 0.1A；线电压小于逆功率电压门槛；光伏电源会影响逆功率的启动。

频压启动，频压起动主要用于进线运行电流很小、甚至可能向电网送电等无流起动和逆功率起动不适合应用的场合，基本思想是当进线电源因各种原因消失后，工作负荷孤网运行，工作母线的频率会偏离工频。右图是频压启动的逻辑。因此可见光伏电源会影响频压启动。

保护启动，将线路的快速主保护接点引入到快切装置中。系统正常运行时，一旦检测到电源侧主保护动作，快切装置立即起动切换，断开故障线路，投入备用电源。因此保护启动一般不会受到光伏电源影响，只与线路的主保护动作有关，电路的主保护取决于上下侧电流互感器的保

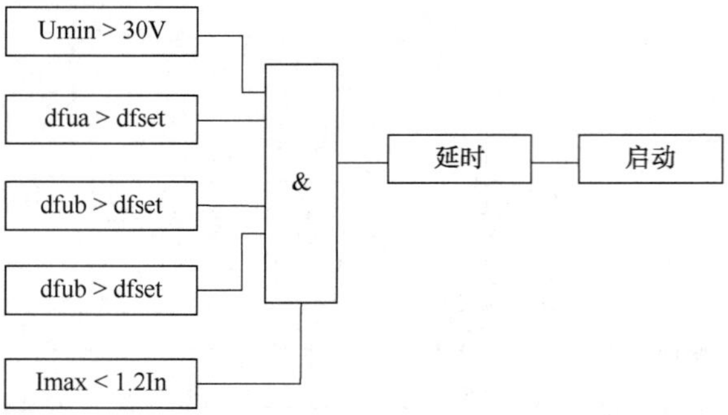

图 4　频压启动逻辑

护位置，即便光伏电源会提供一个电流，电流不会满足主保护电流方向的要求。因此，光伏不影响保护启动。需要注意的是，快切保护启动方式中，合母联断路器时，延时要充分考虑故障点息弧的时间，防止母联断路器合闸于故障点的情况。

上面介绍的集中快切的启动方式，需要根据快切的各类启动方式设定时间和开通的启动方式，配合设定

2.3　PT 柜的安全问题

为了安全起见，PT 柜的接地小车有一对闭锁进线柜小车的接线，这种闭锁方式是为了在 PT 柜检修期期间，能够通过闭锁的方式将电源柜的断路器小车闭锁，防止出现人为误操作，防止在母线检修期间将电源合闸于检修段母线，出现重大设备安全事故。

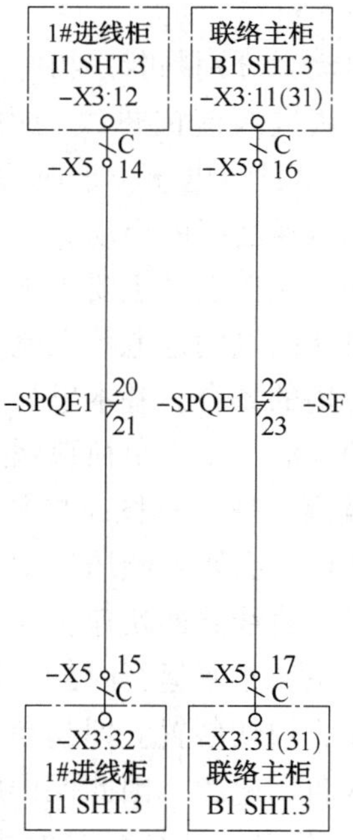

图 5　接地手车闭锁进线断路器小车的接点

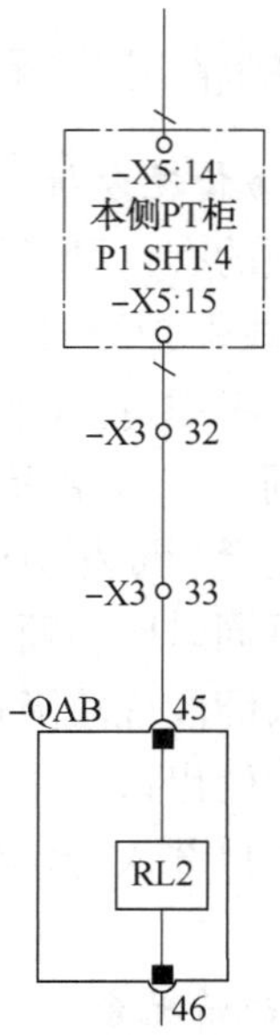

图 6　进线断路器小车来自 PT 柜的闭锁接点

光伏进线作为另一路电源。PT 柜检修期间接地手车闭锁的接点，考虑将 PT 柜接地小车的辅助接点-SPQE1 备用节点引入并接至光伏柜的断路器小车闭锁电磁铁回路，用于闭锁光伏电源进线柜断路器小车位置。这一点是基于考虑安全操作和设备安全。

2.4　光伏电源断路器与接地手车的安全

如图 7 所示：一般须将本段母线的接地手车-QTE1 闭锁，闭锁回路串联进本段电源进线

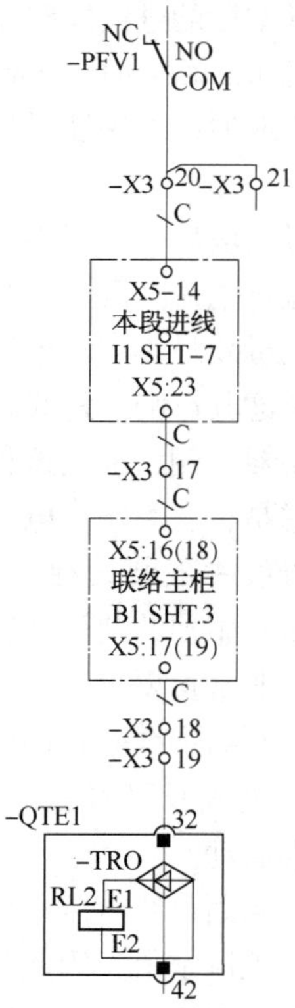

图 7　接地手车闭锁回路

柜断路器和母联断路器试验位置限位开关的辅助节点。这是对本母线段可能来电的方向进行确认，引入光伏电源后，光伏电源也会为本段母线提供电源。因此，应将光伏断路器的运行位置辅助接点也引入接地手车-QTE1 闭锁回路里。一般断路器会提供多个这类辅助节点作为备用，需将光伏进线断路器的辅助节点也串联接入接地手车的闭锁回路里。这一点也是基于安全考虑，防止误操作，保证维护电力运行安全。

2.5 主保护启动快切与断光伏电源的说明

主保护：电源进线的线缆差动保护，是保护电缆的主保护。一般为电缆或者架空线路，或者是两者的混合线路是配电的重要设备。线路差动保护，多数采用差动速断保护/比率差动保护，只需要将进线柜的差动保护跳闸出口，通过接线引入光伏电源的跳闸回路。一般来说，差动保护用于起动快切，同时此信号可以用于跳闸光伏电源进线断路器，防止光伏电源的存在对将故障点造成扩大。这种情况下，比较快速。也可以通过快切启动后，用快切的跳闸 1DL、2DL 的出口节点，同时跳光伏进线电源断路器。考虑两个断路器的跳闸回路反应时间差，还有快切装置本身的反应时间，最好采用差动保护的启动快切出口同时跳光伏进线断路器。此处应设置切换的切换方式为串联切换，目的在于保证先要将故障点切除，并保证息弧，才能合电源断路器。

2.6 光伏进线柜继电保护与上、下级保护装置设定的配合

进线柜的保护设定。一般经过配合后，保护动作延时空间不会太大。多数在 0.3-0.5S 左右，光伏进线柜的保护设定一般按照保护至光伏侧线路末端，并有一定的灵敏度。延时按照比母线或进线(母线无保护时，与进线段电源的同类保护延时配合)同类保护延时低一个时差。这样，在光伏的进线柜下侧若是还有保护装置的话，可与光伏同类保护进行配合，延时按照比光伏保护延时再低一个时差。一般来说设置两段电流保护，另一段保护设置为过电流Ⅲ断保护，如果动作延时无法配合，可取反时限保护，因为光伏侧的升压变压器可认作是系统末端。一则便于和光伏侧的相同段进行配合，另外升压变压器在送电时可以方便地躲过涌流可能造成的保护误动。

3 快切动作试验

3.1 验证动作是否准确

在条件允许的时候，最好还是做一下联动试验，验证动作是否准确，根据 2.1-2.5 的各项内容，逐个进行试验，注意在加入相应的信号，让出口动作时，在源头加信号。2.6 的试验按照综保试验的方式进行。一般来说，石油石化企业对供电要求较高，对连续性要求也较高。在大多数时间里，系统没有停下来做试验的空余时间。因此，在装置检修或建设阶段，将此联动试验，认真完整做完，为今后安全可靠运行打下良好基础。

4 结论

光伏作为新能源发电的一种，逐步走进生产生活很多地方，也必将进入更多的用电企业。考虑光伏电源与原有常规配电系统电源之间的配合以及与母联保护、快切装置的配合，还是需要慎重。通常来说，原有供电系统能够承担最大负荷，光伏电源作为补充电源，引入系统后，不能破坏系统的稳定和原有自动装置的动作，在故障时，首先考虑切出光伏电源断路器。在此原则下考虑和原有电源、快切等的配合。在设备安全方面，不能出现可能产生的威胁设备安全的因素；在系统合理化方面，不能出现破坏系统稳定结构的因素。尽量将可能的危害因素提前消除或者采取相应的应对措施。

参 考 文 献

[1] 艾德胜．以电流为判据的厂用电源快切原理及实现[J]．电力自动化设备，2006(06)：89-92.

[2] 胡延青，叶念国．“大型火力发电厂同期装置和快切装置功能的合理匹配”全国火电大机组(600MW 级)竞赛第 9 届年会论文集中国电力企业联合会，200.

[3] GBT 32900—2016 光伏发电站继电保护技术规范．

[4] GB 19964—2012 光伏发电站接入电力系统技术规定．

机械采油系统电机节能技术应用研究

李　杨　左振君　王　芳

（中国石油长庆油田公司）

摘　要　本文围低渗透油田特点，从抽油机、电机、控制系统三方面出发，对主要节能技术原理及应用效果进行分析评价，其中节能抽油机投入费用高，无法规模应用，节能电机受负载率及井况影响大，节能控制系统适用范围广，在高能耗井中效果较好。通过节能技术综合应用试验发现，节能技术叠加的效果并不理想，从经济性考虑，建议单独应用。以此为基础，建立了机械采油节能技术配套意见，指导低渗透油田高效、合理开发。

关键词　节能抽油机；节能电机；节能控制系统；综合节电率；系统效率

1　前言

长庆油田属典型低渗透油田，具油层渗透率低、含蜡量高、井况变化大的特点。目前采油方式以抽油机举升为主，存在电机功率因数低，“大马拉小车”现象突出，单井能耗高，系统效率低等问题。针对低渗透油田特点，如何优化节能技术，提高治理效果，降低开发成本，并形成一套有效、可复制的节能配套技术，对于满足油田开发及提质增效需求具有重要意义。

2　机采系统高能耗原因

2.1　单井产能低，举升效率低

陇东油田日产液小于2.0m^3的油井，平均沉没度仅54米，吨液耗电达76.3kW·h。当生产参数无优化空间后，供排关系不协调，而地面设备又因更换费用高、技术方案不合理等原因匹配性差，导致举升效率低。油井具有低产、低效、高能耗特点。

2.2　设备匹配状况差，整体能耗高

从抽油机情况看，常规游梁抽油机受结构影响，负载波动大，扭矩峰值高，拖动装置性能差，能耗高。

从电机情况看，老式三步异相电机，存在装机功率高，无功损耗大，功率因数低，耗电量多等问题，与生产现状不匹配。

从控制系统看，采用的是50Hz工频控制柜，电动机一直是额定转速，上下冲程匹配性差，造成多耗电。

3　节能技术的合理使用

抽油机是机、杆、泵组成的复杂系统，节能效果不仅取决于电机和系统本身，还取决于油井工况及生产现状，需要综合考虑多种因素，合理匹配，才能收到较好的节能效果。

3.1　节能电机配套标准

3.1.1　负载率对节能效果的影响

在对节能电机改造效果统计分析中发现，节电率随着负载率的增加而下降，电机的负载率低于20%时，节能效果好，反之效果变差（见图1）。

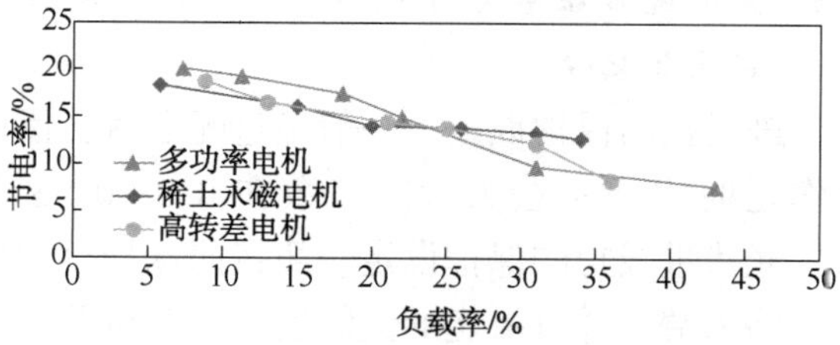

图1　电机负载率与节电率关系曲线图

3.1.2　冲次对节能效果影响

总体上节能电机都能起到节能效果，但不同类型节能电机的效果受冲次影响较大，这与电机原理及性能有关。

高冲次（$n \geq 5.0min^{-1}$）条件下：抽油杆弹性形变较大，惯性载荷及交变载荷上升，系统效率偏低。高转差电机具有软特性，能使系统实现柔性配合，提高系统效率，还能较大地减小减速机峰值扭矩，减少抽油杆脱断的几率，平均节电率16.2%。

中等冲次($3.0\leq n<5.0min^{-1}$)条件下：油杆惯性载荷不高，交变载荷影响较小，重点解决大马拉小车问题。稀土电机与多功率电机都有较好的适应性，其中稀土电机较高的功率因数，低的电量损耗，平均节电率16.4%。多功率电机能较大地降低装机功率，平均节电率17.1%。

低冲次($n<3.0min^{-1}$)条件下：抽油杆弹性形变不太大，主要是实现电机的低转速。低速电机的级数高、转速慢特点，能满足抽油机井较低冲次的调整要求，平均节电率18.0%。

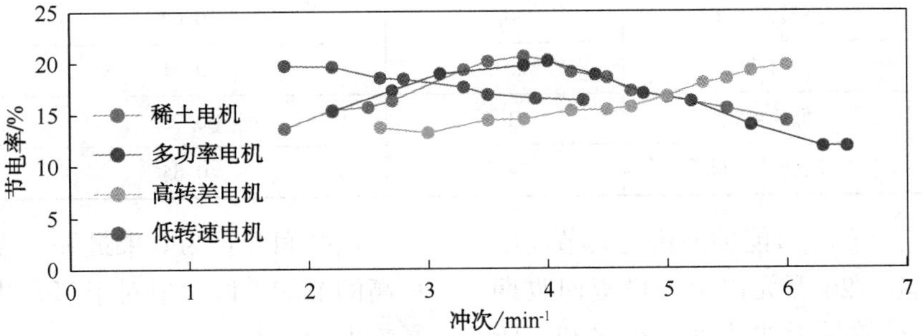

图2　各类型节能电机效果统计图(900-960米举升高度)

3.1.3　举升高度对节能效果影响

举升高度增加到一定程度，抽油杆弹性形变增大，交变载荷上升，系统效率降低。从电机类型看，稀土电机节电率呈下降趋势，而多功率电机节电率呈上升趋势(见图3)。在3-5冲次条件下，当举升高度大于1300米时，建议配套多功率电机。

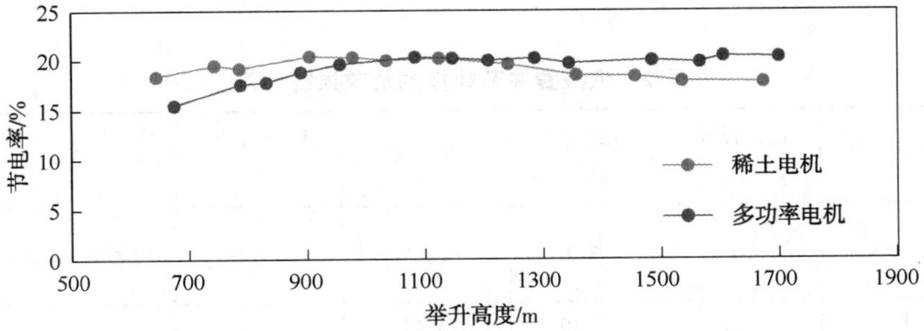

图3　举升高度对节电率的影响(冲次：$3-5min^{-1}$)

3.2　节能抽油机+节能电机匹配关系

选取井况接近的井，进行常规抽油机、常规电机、节能抽油机、节能电机相互匹配效果研究。从弯梁变距抽油机与多功率电机匹配看，吨液百米能耗随举升高度的增加，逐渐下降，其节能效果好于常规抽油机+多功率电机、弯梁变距抽油机+常规电机配套模式，但节能效果有限。

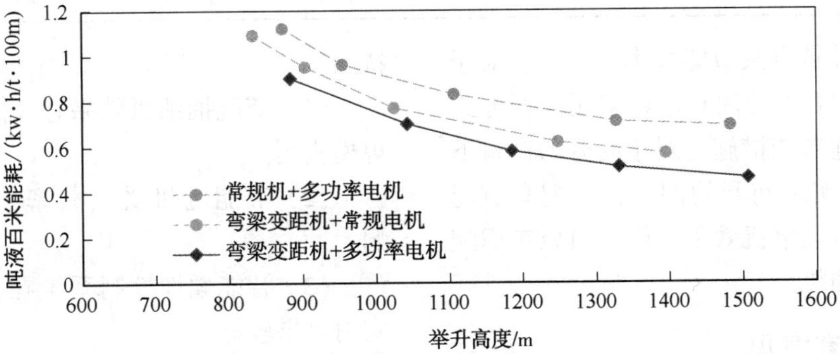

图4　节能抽油机与节能电机匹配效果图

总体看，在节能电机与节能型抽油机功能互补的情况下，最终节电率小于二者之和；而在二者不能达到功能互补的情况下，最终节电率将低于节能效果最好的设备(见表1)。

表 1 节能抽油机+节能电机匹配后节能效果统计表

游梁抽油机	电机类型	节电率/%	吨液百米能耗/(kW·h/t.100m)	地面效率/%
弯梁变距抽油机	常规	23.6	0.77	47.3
	稀土电机	31.4	0.58	53.1
	多功率电机	32.7	0.6	51.7
	高转差电机	30.1	0.62	50.2
低冲次抽油机	常规	22.3	0.71	48.2
	低速电机	21.8	0.72	48.0
	高转差电机	24.3	0.65	51.9

从综合经济性上看，节能抽油机配套节能电机成本过高，普遍在26万元以上，投资回收期长，超过30年，且效果无法达到二者之和，所以该方案不推荐。

3.3 低液量井节能配套

针对低液量(日产量≤2.0m^3)油井供排关系不协调，单井能耗高的问题，按照技术可行，产量稳定，效益优先的实施原则，对各项节能方法进行综合评价。

油井间开：为效果最好，成本最低，可行性最高的节能手段，但对于部分井存在间开后产量影响大的问题。

节能电机配套：有较好的节电率，系统效率提高明显，成本可接受，主要是使用寿命短。

节能抽油机配套：有较好的节能效果，但投入成本过高，回收期太长，从经济性上看不适用于低液量油井。

表 2 低液量井节能技术及效果统计表

分类	内容	设备投资/万元	系统效率提高值/%	节电率	投资回收期/年	优点	缺点
油井间开	停16h开8h	0	3.3	66.7%	0	无成本，经济性高	部分井间开后对产量有影响
节能电机配套	稀土电机	1.7	7.19	16.4%	2.9	提效降耗明显、投资回收期短	使用年限短3-5年
	多功率电机	1.8	4.11	17.1%	3.5		
	低转速电机	1.5	4.23	18.0%	3.7		
节能抽油机配套	低冲次游梁抽油机	26	2.1	22.4%	23.2	稳定可靠，使用年限长	成本太高、投资回收期长
	智能提捞式抽油机	24	4.7	43.2%	21.4	节电率高，效果明显	成本太高、投资回收期长

综合低产油井特点及节能技术适应性，对于间开后产量下降≤10%的油井建议采用间开方式节能，不配套其他节能措施。对于间开后产量下降>10%井，暂不实施间开的油井，以配套节能电机为主，如果节能电机效果有限，可以考虑配套智能提捞式抽油机。

4 节能技术配套意见

各种节能工艺都有适应性及优缺点，要深入了解各自的特点以及节能原理，根据现场实际情况来选择。机械采油主要的节能工艺具有以下特点：

(1) 节能抽油机效果好，但成本高，无法大规模应用。

(2) 节能电机受负载率、冲次、泵深等影响大。

(3) 智能柔性控制系统在低效高能耗井中，应用效果较好。

(4) 节能技术的叠加应用，无法达到节能效果的叠加，建议单独使用。

综合以上论述，从油井井况、生产需求、节能技术效果、综合经济性等方面考虑，以单独节能技术应用为重点，形成机械采油节能技术配套意见(见表3)，指导现场应用。

表3　机械采油节能技术配套建议表

分类	优选	井况		节能技术配套建议	节电率/%	系统效率提高/%
电机负载率≤20%	方案1	冲次≥5		高转差电机	15%~20%	3%~6%
		3≤冲次<5	泵深≥1300米	多功率电机	14%~18%	3%~5%
			泵深<1300米	稀土永磁电机	13%~17%	2%~5%
		冲次<3次		低转速电机	16%~20%	4%~6%
	方案2（条件下优先配套）	条件：系统效率≤15%，日能耗>70kW·h		优先配套智能柔性控制系统	25%~32%	4%~7%
20%<电机负载率≤30%				智能柔性控制系统	22%~30%	3%~7%
电机负载率>30%				维持运行	/	/

对于低产井推荐油井间开节能，无法实施间开的，配套相应的节能技术。对于高产的水平井，当泵深设计在造斜点以下，常规抽油泵无法满足生产需求的情况下，建议采用无基无杆采油方式(见表4)。

表4　低产井节能技术配套建议表

分类	条件	节能技术配套建议	节电率/%	系统效率提高/%
低产井（$Q \leq 2m^3/d$）	间开产量下降≤10%	间开	40%~70%	2%~5%
	间开产量下降>10%	配套节能电机	15%~28%	3%~6%
		节能电机节电率<15%时，配套智能提捞式抽油机	40%~50%	3%~5%
高产水平井（$Q \geq 30m^3/d$）	井筒故障≤2次/年	井下潜油往复泵	40%~50%	3%~5%
	井筒结蜡、腐蚀、偏磨严重	连续复合管无杆泵采油	45%~55%	3%~5%

5　结论

(1) 机械采油节能是一个非常复杂的问题，选择方案时要从抽油机类型、电动机效率、控制系统的性能、成本投入、可靠性及现场管理等方面出发，提高方案的科学性、可行性。

(2) 节能抽油机节电率高，普遍效果较好，但投资成本过高，回收期长等问题限制了其应用规模。

(3) 节能电机受负载率、油井生产参数影响较大，现场应用过程中，要根据井况及工艺适应性，合理优选机型。

(4) 智能柔性控制系统适应范围广泛，在低效高能耗井中，应用效果较好。

(5) 节能技术的叠加应用，最终节电率小于二者之和，在不能达到功能互补的情况下，最终节电率将低于节能效果最好的设备，因此没有完备的理论分析和现场应用实测数据作根据，建议单独使用。

(6) 节能技术的应用，都有条件限制，要综合考虑节能技术原理，工艺适应性，现场需求及投入成本，合理应用，才能获取最大的经济效益。

(7) 形成的机械采油节能技术配套建议，主要适用于低渗透油田的开发及管理，仅作为指导意见，不能作为技术标准，配套过程中要灵活应用。

参　考　文　献

[1] 尹喜勇等．节能降耗技术在抽油机井的应用．采油工程，2002年．

[2] 刘慧芬，变频调速技术在游梁式抽油机中的应用[J]．石油矿场机械，2004，33(5)．

[3] 白连平，杨艳，马文忠，等．关于游梁式抽油机用电动机节能的讨论[J]．石油机械，1999，27(3)．

[4] 赵之善，赵允文．论抽油机的合理拖动[J]．石油机械，1988，16(5)．

[5] 萧南平，对游梁抽油机节能问题的探讨[J]. 石油机械，1997，25(3).
[6] 张坤泉. 用超高转差率电动机抽油机的效益[J]. 石油矿场机械，1989，18(1).
[7] 白连平，杨艳，马文忠，等. 游梁式抽油机用节能电动机及其控制方法[J]. 石油机械，1998，26(3).
[8] 黄超等. 游梁式抽油机运行状况及节电机理研究[J]. 石油矿场机械，1999，28(4).
[9] 孙世明等. 抽油机耗电理论与试验研究[J]. 石汩机械，1989，17(12)：8-13.
[10] 邵荟玉等，抽油机井节能技术的评价与优化. 采油工程，2002年.
[11] 郭勤良，王群章，等. 稀土永磁同步电机在抽油机上的应用分析[J]. 石油矿场机械，2005，34(2).

降低高密度聚乙烯装置能耗分析及措施

侯昊飞

（中国石油兰州石化公司）

摘　要　本文对兰州石化17万吨/年高密度聚乙烯装置的能耗现状及存在问题进行了分析，找出了影响能耗的主要原因，并制定了相应的措施，使装置能耗得到明显降低。

关键词　装置能耗；原因分析；措施

17万吨/年高密度聚乙烯装置采用三井油化淤浆法聚合工艺，于1997年10月建成投产，年设计生产能力为7万吨；2003年6月，新上一条线，使装置年生产能力达到14万吨；2005年10月对装置新线进行了扩能改造，改造完成后装置年生产能力达到了17万吨。装置自投产以来，经过不断的技术攻关、改造，装置能耗与原设计值相比，有很大幅度进步，但受一些因素影响，装置始终未能达到同行业先进水平，为了进一步降低装置能耗，降低成本，作者从装置各关键点着手，分析并制定相应措施，以改进装置能耗。

1　影响因素

高密度聚乙烯装置经过多年的技术攻关，目前，各项公用工程实际消耗量的控制已基本接近临界值，因此，原料质量稳定、供给充足，严格工艺操作，保证装置平稳运行，保证产品质量、产量，是降低能耗主要前提。

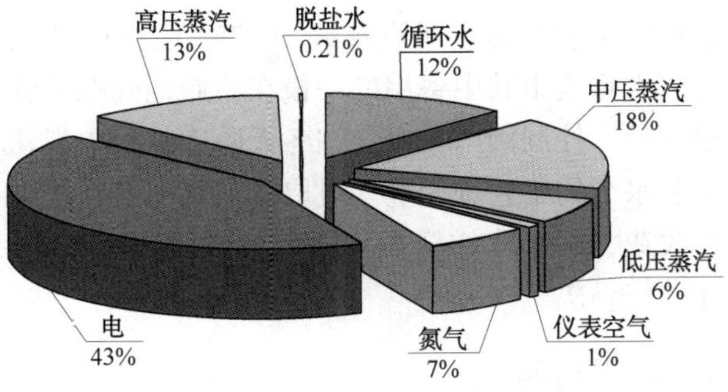

图1　装置能耗结构图

由装置能耗结构图可知，高密度聚乙烯装置的能耗结构排序依次为：电：44%；三种蒸汽：35%；循环水：13%；氮气：7%；仪表空：1%；脱盐水：0.21%。所以如能采取有效措施，降低电、蒸汽以及循环水等的消耗，分别控制好各生产单元的动力消耗，措施执行到位，是能耗降低的关键。

2　对策措施

2.1　降低用电量采取的措施：

高密度聚乙烯电能在能耗中所占比例最大：43%，但装置的正常生产又离不开设备的正常运转，故节电只能从细处入手，积少成多。主要采取了以下几点措施：

（1）单线运行、转生产牌号期间，及时关闭临时不用的大机组、不常开的备用机泵；保证装置正常稳定运行的前提下，降低大机组运行负荷（冰机、压缩机等），减少用电量。

（2）执行运行部关于生活用电的控制，根据实际情况关闭开启现场照明用灯，减少照明用电。杜绝早开晚关，长明灯现象。降低生活办公用电消耗，办公室人走灯灭电脑关。

2.2　降低蒸汽消耗采取的措施：

高压蒸汽主要用于挤压机、溶剂系统，中、低压蒸汽主要用于聚合、分离干燥系统、溶剂系统、结片等。针对以上用户，车间制定并实施了以下措施，以降低蒸汽消耗：

（1）对于挤压机的高压蒸汽，在日常操作时要根据生产情况、天气变化情况及时用手动开关截止阀来控制调节蒸汽用量。

（2）低聚物在送至结片过程中，需用蒸汽将低聚物熔融，合理控制输送次数，降低高压蒸汽耗量；如生产5000S、L5200牌号产品，低聚物隔日送一次，生产L7100M等管材料产品，低聚物每日送一次。新建低聚物液相装车系统，停运低聚物结片单元，削减了低聚物结片过程的能耗。

（3）对于溶剂系统，严格控制T-704己烷精馏塔的温度、压力参数，从而降低了D-703己烷干燥床的再生次数，也降低再生用的高压蒸汽。

（4）严格工艺操作，保证装置平稳运行，以避免因停车保温，开车升温而造成的中压蒸汽大量浪费。

（5）中压蒸汽要对低聚物系统储罐以及输送管线保温、伴热，及时根据天气变化，调整低聚物系统的蒸汽用量。

（6）根据产品工艺要求，在不同牌号产品生产阶段，及时调整蒸汽耗量。

（7）加强巡回检查，发现蒸汽、凝液漏点及时消除。

（8）对蒸汽压力严格控制在指标范围内，防止疏水器蒸汽压力发生较大波动，造成蒸汽耗量大，如将高压蒸汽压力控制在2.3-3.0MPa，中压蒸汽压力控制在0.7-1.1MPa，低压蒸汽压力控制在0.3MPa，超出范围应及时调整，杜绝蒸汽放空现象。

（9）在保证干燥器下料温度符合指标的情况下，严格控制环管加热蒸汽用量，避免环管蒸汽压力大幅波动，在操作上实现干燥器的长周期稳定运行。

（10）每天监控HV8504-2的放空阀开度，在保证低聚物系统输送畅通的条件下调整高压和中压蒸汽的压力和用量，从而减少HV8504-2放空蒸汽量：要求各化工班组将调节阀FIC8504-2阀位正常操作时不得超过10%，持续阀位高于10%一小时以上，将纳入经济责任制考核。

（11）对高压蒸汽管网疏水器进行检测调整，在满足系统加热的情况下节约高压蒸汽用量，对于高压系统系统的疏水器进行一次全面的检查确认，对于直通的疏水器进行逐步更换。目前对已检查确认的D-711罐内低聚物加热的高压直通疏水器进行更换。

（12）对中压蒸汽管网疏水器进行检测调整，在满足系统加热的情况下节约中压蒸汽用量，对于中压系统系统的疏水器进行一次全面的检查确认，对于直通的疏水器进行逐步更换。目前对已检查确认的D-712罐内低聚物加热的中压直通疏水器进行更换。

（13）对低压蒸汽管网疏水器进行检测调整，在满足系统加热的情况下节约低压蒸汽用量。对于低压系统系统的疏水器进行一次全面的检查确认，对于直通的疏水器进行逐步更换。到目前为止已更换15台直通低压疏水器。

2.3 保证设备长周期采取的措施：

（1）加强干燥器设备维护保养，通过改造M-302/M-2302汽室，降低了干燥机蒸汽加热环管的消漏频次，从设备上保证加热环管的长周期运行。

（2）在聚合釜操作管理中，对于原料气波动或在切换催化剂泵的过程中导致反应状态变差时，要求班组岗位人员精心操作监控催化剂的用量情况，避免应催化剂加入量过多导致聚合釜超温超压或反应压力突降对换热器造成的不利影响，实现聚合釜换热设备长周期运行。

2.4 其他节能措施：

（1）降低循环水耗量，每月对水冷却系统换热器温差进行检测一次，对温差小的换热器在满足生产需求的条件下进行适当调整节约循环水的用量。

（2）氮气控制方面，要求岗位人员每天监控PV324-1/PV2324-1及PV323-2/PV2323-2阀的开度，若出现放空的现象班组应及时查找原因进行处理，对放空没有进行及时控制的班组将纳入考核。对于三区C-302/C-2302尾气压缩机加强维护，保证其长周期稳定运行，避免由于压缩运行不稳定系统出现边充氮气边放空现象。

（3）降低脱盐水耗量，挤压造粒单元主要增加E401/E-2401板换的清理次数改善换热效果节约工艺水用量。另外在保证颗粒输送水温度在70℃-80℃的条件下，控制注入D-404/D-2404水箱的工艺水量。对汽提罐D-753搅拌的两根工艺水管线中其中备用的一根在检修期间在主管根部加一控制阀门，避免在冬天防冻过程中消耗工艺水节约工艺水用量。对取样淤浆压料系统进行改造，回收取样样品，降低汽提罐D-753气体操作频次。

4 效果检验

4.1 电量的消耗情况

近几年，高密度聚乙烯装置电量单耗基本维持在350kW.h/t-PE左右。因每年电量消耗与当年装置开工状况、聚乙烯产量等关系较密切，横向对比不明显，故此处效果检验不能有效体现，但相信本装置推行的节电措施还是会对电量的消耗起到一定的正向作用。

4.2 蒸汽的消耗情况

通过近三年蒸汽单耗对比，如下表1所示：经过详细制定控制措施，精心操作，蒸汽单耗在远远低于设计值的基础上仍在稳步下降。

表1　近三年蒸汽单耗统计表

单位：t/t

年份	设计值	2021 累计	2022 年累计	2023 年 1-8 月
蒸气单耗	1.008	0.712	0.711	0.662

4.3 装置节能能耗效果

高密度聚乙烯装置原设计能耗为265.148kg/t-PE，经过近几年降低能耗攻关，装置能耗在稳步下降。与2010年的187.468kg/t-PE相比，今年上半年装置能耗控制在173.727kg/t-PE，下降了13.741kg/t-PE，是设计值的约65%。说明本装置在降低能耗方面取得了较好的进步与成绩。

5　结束语

高密度聚乙烯装置运行已超过二十年，目前，设备老化较严重，同时，由于还面临为保证公司整体物料平衡，原料供给不足，装置经常单线运行、低负荷运行问题；又有为适应市场机制，不断探索转产新产品的任务。虽然我们在降低装置能耗方面取得了不错的成绩，但在严峻而又客观的形势下，我们不仅要从思想上高度重视，发挥装置的最大潜力，还要不断优化工艺，严格各项操作，不断发现问题，不断解决存在的问题，从而最大限度地确保装置长周期、低消耗稳定运行。

利用蒸汽压差发电，提高一次燃料的利用率

狄乙牛　刘　凡

(中国石油兰州石化公司)

(中国石油兰州石化公司)丙烯酸装置低压蒸汽系统由中压蒸汽直接减压建立，中压蒸汽在减温减压过程中，减压阀工作会产生大量的压差能量浪费。双螺杆膨胀发电机组作为一种节能减排的新型设备，可应用于蒸汽梯级减压过程，将减压能转化为电能。通过对现有设备设施及蒸汽流程进行改造，增设发电机组，可实现蒸汽压差发电，提高资源利用率，回收压损。

关键词　双螺杆膨胀机组；节能；压差

1　蒸汽系统运行现状及用能分析

丙烯酸及酯装置蒸汽系统包含 1.6MPa(G)、0.2MPa(G)、0.5MPa(G)三种等级管网，其中 1.6MPa(G)蒸汽主要来源为外供以及氧化反应放热发生蒸汽，其最主要用户为一台透平压缩机，正常运行期间透平进汽量约为 42.0t/h，透平尾气为 0.2MPa(G)。0.5MPa(G)蒸汽由 1.6MPa(G)蒸汽减压增湿制得，该管网用户较少。0.2MPa(G)蒸汽管网较为庞大，其主要汽源为透平尾气，其余部分由 1.6MPa(G)蒸汽减压增湿制得，减压阀工作时会产生大量的压差能量浪费。0.2MPa(G)蒸汽管网供需平衡情况如表 1 表示。

表 1　丙烯酸及酯装置 0.2MPa(G)蒸汽管网供需平衡表

项目	氧化精制/(t/h(	丁酯/(t/h)	冬季热水及伴热/(t/h)	合计需求/(t/h)	透平排汽/(t/h)	减压量 t/h
冬季全装置开工	35	18	10	63	42	21
冬季丙烯酸装置开工	35	3	10	48	42	6
夏季全装置开工	35	18	3	56	42	14
夏季丙烯酸装置开工	35	/	3	38	42	0

从表 1 可以看出，冬季全装置开工期间，减压阀工作阀位最大；夏季仅丙烯酸装置开工期间，透平排汽供给量足够，0.2MPa(G)蒸汽存在一定放空。因此，除夏季丁酯停工外，其余时间段均存在一定量的蒸汽减压，存在压力损失。

2　技术改造，增设双螺杆膨胀发电机组

2.1　现有流程改造

结合装置实际情况，将现有的 1.6MPa(G)蒸汽管线通过减压阀 PV-8014B 调节流量，经过减温增湿器 DS-8252 调节温湿度后，进入 0.2MPa(G)蒸汽管网的流程进行优化，确定增设发电机组方案。首先考虑优化改造现有蒸汽流程。将蒸汽(1.6MPa)从原减压阀前的蒸汽母管引出至双螺杆膨胀动力机，做功后的排汽(温度 133℃，压力 0.2MPa)进入 0.2MPa 蒸汽管网，通过旁路方式替代原减压增湿流程。流程优化改造如图 1 所示。

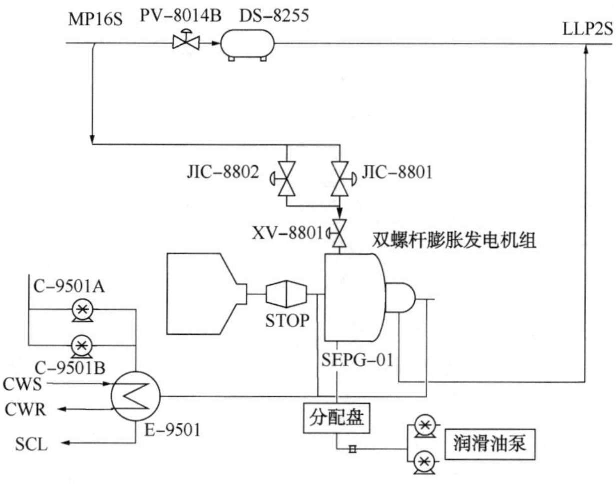

图 1　—蒸汽系统流程优化图

2.2 关键控制方案选择

机组发电负荷控制可采用两种模式，即背压、功率控制两种方式，一般选用功率控制实现发电效能最大。但结合装置实际情况，为了确保蒸汽管网运行平稳，保障空压机正常运行、减小蒸汽管网波动对各单元影响，在保留背压、功率控制两种方式的情况下，确定以背压控制为主的调节方案。发电机运行负荷一般采用背压控制模式根据蒸汽减压量同步人工调节，始终稳定排汽压力在 0.2MPa(G)，确保用户正常使用。

考虑到管网蒸汽温度可能存在波动，在螺杆进汽管路上增设减温装置，以排汽温度参数为基准，控制保证动力机进汽温度不高于 300℃，高于 300℃时温控阀自动打开，喷入中压锅炉水减温。

为了确保发电机组正常运行，且不增加额外蒸汽接入量，要求岗位加强减压调节阀阀位监控，确保减压阀位在 2-5%开度之间，保证最大蒸汽发电量，做好系统优化平衡。

根据前期蒸汽用户需求调查，结合装置运行实际，制定合理的蒸汽发电机组开机运行计划。即在保证机组自用电的前提下，减压蒸汽流量应能满足机组冲转、并网要求，方可组织机组运行，否则会造成蒸汽资源浪费或机组低效率运行，给运行维护、操作监盘带来困难。

3 运行效果及效益计算

3.1 发电情况统计

双螺杆膨胀发电机组，在不影响装置生产的基础上，回收蒸汽节流损失的能量发电，减少了企业的浪费，发出的电并入企业电网，减少了企业自耗，创造了一定经济效益；其次，双螺杆膨胀机组结构简单，维护成本相对较低，经济效益明显。增设发电机组后，发电情况如表 2 所示。

表 2 双螺杆膨胀发电机组发电情况统计

项目	冬季全装置运行	冬季丙烯酸装置运行	夏季全装置运行	夏季丙烯酸装置运行
增设发电机前	减压能损失，无发电量			
增设发电机后	每小时发电 900kWh	减压蒸汽量小，机组停机	每小时发电 230kWh	无减压蒸汽，机组停机

3.2 效益计算

发电机组自用电(连续)：12kWh/h

全年自用电量＝12kWh＊7200＝86400kWh

电价按 0.57 元/kWh 计算

全年自用电费＝8.64 万 kWh＊0.57 元/kWh
＝4.9 万元

(冬季)发电量在 900kWh 左右；夏季期间，因蒸汽减压量明显降低，发电量约 230kWh，按全年运行 7200 小时计算(冬季 3600 小时，夏季 3600 小时)，经济效益如下：

冬季发电总量 = 900kWh ＊ 3600h = 324 万 kWh

夏季发电总量 = 230kWh ＊ 3600h = 82.8 万 kWh

总发电量＝324+82.8＝406.8 万 kWh，电价按 0.57 元/kWh 计算，

发电机年效益(不计算人工成本)＝
年发电效益—年自耗成本
＝(406.8＊0.57)-4.9＝226.9 万元

4 结论

双螺杆膨胀发电机组作为一种新型的节能减排设备，具有效率高、可靠性好、自洁、环境友好型等优点，是中低温余热发电理想的动力机，其节能效果显著。发电机能够有效回收压损，缩减企业能源浪费，为企业创造良好经济效益。我国的节能产业具有极大的市场空间和发展潜力，双螺杆膨胀发电机在丙烯酸及酯装置的成功应用，强力推动了企业挖潜增效工作开展，契合国家能源优化、降耗方针策略。机组投用中实现的各项科技创新、总结的技术经验，可有效推广至国内外同类装置，乃至其他工业生产过程。

参 考 文 献

[1] 梅亦蕾．螺杆膨胀发电机组在电网运行中功率控制策略[J]．电机与控制应用，2015，42(1)：8.

[2] 李驰；余岳峰．螺杆膨胀机余热发电系统变工况优化计算与设计[A]．2012 电站自动化信息化学术和技术交流会议论文集[C]．2012 年．

系统节能技术在苯乙烯装置上的探讨与应用

高　峰

（中国石油兰州石化公司）

摘　要　系统节能技术夹点技术(Pinch technology)作为一种新节能技术，是一种基于现代节能的分析理论(Exergy analysis)，同时又充分考虑了设备状况、能量利用与回收、经济状况、系统关联多方面，本文利用夹点技术对苯乙烯装置进行分析。分析了整个苯乙烯装置的34种物流，划分了45个温区。得出了苯乙烯装置理论上可以节约热质用量52.9%，节约冷质用量66.9%。可使苯乙烯装置的总能耗从4.77×10^4kW下降到4.2×10^4kW，下降了12%，装置改造投资回收年限为0.13年，装置年节省能耗费用343.8万元。

关键词　夹点技术；苯乙烯；节能；温区划分；热通量

1　前言

夹点技术(PinchTechnology)首先是英国曼彻斯特大学BodoLinnhoff教授及其同事于70年代末在前人研究成果的基础上提出的换热网络优化设计方法，逐步发展成为化工过程能量综合技术的方法论。夹点技术是能量回收系统分析的重大突破，80年代以来夹点技术在欧洲、美国、日本等国家得到推广应用，并产生了经济效益。我国陆明亮、清华大学、高维平等对夹点技术在节能方面的应用也提出了相关的换热网络。在国内的巴陵石化、上海石化、茂名石化的芳烃、甲醛、聚酯、催化重整等装置上利用了夹点技术实现了装置的节能。

2　夹点技术对苯乙烯装置的分析

2.1　苯乙烯装置简介

苯乙烯用途极为广泛，是合成橡胶及塑料工业的重要原料之一，可以生产PS、AS、不饱和聚醋，ABS等，也是生产涂料、树脂、合成医药的重要工业原料。随着今年苯乙烯装置的技术不断成熟，解决了装置的设备腐蚀和环境污染等问题，特别是生产乙苯和苯乙烯技术以及催化剂的国有化，苯乙烯装置的改造成本大幅下降。但是苯乙烯装置的能耗居高不下，成为目前苯乙烯行业急需解决的问题。

本文以6万吨/年苯乙烯装置为例，用夹点技术对该苯乙烯装置的物流进行全面分析，找出了苯乙烯装置的节能点，并提出了改造的方案。

2.2　用能元素

该装置的用能元素有高压蒸汽、中压蒸汽、低压蒸汽、电、燃料气、循环水、空气、氮气、生活水、过滤水、净化水、软化水、冷媒。通过计量设备和调节系统由数字集成系统(DCS系统)进行计量和控制。

2.3　夹点技术的原理

给出生产过程系统中各物流的质量流量、初始温度、目标温度以及选定的最小允许传热温差ΔT_{min}后，即可确定夹点。确定夹点常用的方法有三种：作图法、问题表格算法、数学规划法。夹点具有两个特征：一是该处热、冷物流间的传热温差最小，等于ΔT_{min}；二是该处过程系统的热流量为零。夹点之上为热段，只需公用工程加热，称为热阱；夹点下方，为冷端，只需公月工程冷却，称为热源。为使过程系统能量回收最大化，应遵守三条基本原则：夹点处不能有热流量穿过；夹点上方不设冷公用工程；夹点下方不设热公用工程。

2.4　夹点技术对苯乙烯装置的分析

2.4.1　物流信息

对整个苯乙烯装置的物流进行分析，经分析共确认苯乙烯装置的物流为34种，根据公式计算出每个物流的热负荷。计算结果如下表1

$$Q=\int C_P \mathrm{d}T \tag{1}$$

式中，Q为热量，kW；C_P为热容流率，kJ/℃；dT为目标温度与初始温度的差值，℃。

表 1 装置物流信息表

编号	描述	物流名称	物流类型	初始温度/℃	目标温度/℃	热负荷/kW
1	E-103	苯	冷物流	273.15	546.3	619.25
2	E-101	苯	冷物流	273.15	546.3	507.11
3	E-101-1	乙烯	冷物流	273.15	546.3	141
4	E-104	二乙苯	冷物流	273.15	546.3	1670.6
5	E-104	苯	冷物流	273.15	546.3	468
6	E-108	非芳烃	冷物流	273.15	546.3	42
7	E-106	烃化液	冷物流	273.15	546.3	3732
8	E-27	乙苯	冷物流	273.15	546.3	570.5
9	E-123	多乙苯	冷物流	273.15	546.3	791
10	E-35	乙苯	冷物流	273.15	546.3	922
11	E-54 a/b	炉油进料	冷物流	273.15	546.3	895
12	E-55 水	15D 换热	冷物流	273.15	546.3	705.3
13	E-55 乙苯	15D 换热	冷物流	273.15	546.3	350.6
14	EA-324/323	乙苯 15A 来	冷物流	273.15	546.3	895
15	EA-301	乙苯和水	冷物流	273.15	546.3	3475
16	BA-301	A 低压蒸汽	冷物流	273.15	546.3	1205
17	BA-301-1	B 低压蒸汽	冷物流	273.15	546.3	283
18	EA-304	乙苯	冷物流	273.15	546.3	6037
19	E-77	苯乙烯	冷物流	273.15	546.3	1424
20	E-8	乙苯	冷物流	273.15	546.3	186.3
21	E-103	烃化液	热物流	273.15	546.3	-1213.8
22	E-102	乙烯	热物流	273.15	546.3	-62.6
23	E-107	苯	热物流	273.15	546.3	-1067
24	E-31	苯 26 塔出口	热物流	273.15	546.3	-320.5
25	E-36	乙苯	热物流	273.15	546.3	-471.5
26	E-38	乙苯	热物流	273.15	546.3	-211.4
27	E-124/125	乙苯二乙苯	热物流	273.15	546.3	-405.8
28	E-304~307	炉油	热物流	273.15	546.3	-23381
29	E-309	尾气	热物流	273.15	546.3	-2642
30	EA-312	尾气	热物流	273.15	546.3	-690.8
31	E-55	塔顶出料	热物流	273.15	546.3	-1058.3
32	E-56 E-57	乙苯	热物流	273.15	546.3	-38.3
33	E-78 E-79	苯乙烯	热物流	273.15	546.3	-1043
34	E-14、15	回收乙苯	热物流	273.15	546.3	-278.3

2.4.2 最优夹点温差的确定

根据夹点最优夹点温差的确定原则本装置最优夹点温度根据经验法确定，装置所属公司对物流传热的温差有相关规定，并考虑公司全装置的操作弹性，要求装置换热器的传热温差不小于12K。选择最优夹点温差 $\Delta T_{min}=12K$。

2.4.3 原始网络图

根据物流信息表中的温度变化和物流的热负荷就可以作出该系统的原始工艺流程网络图，见下图 1。

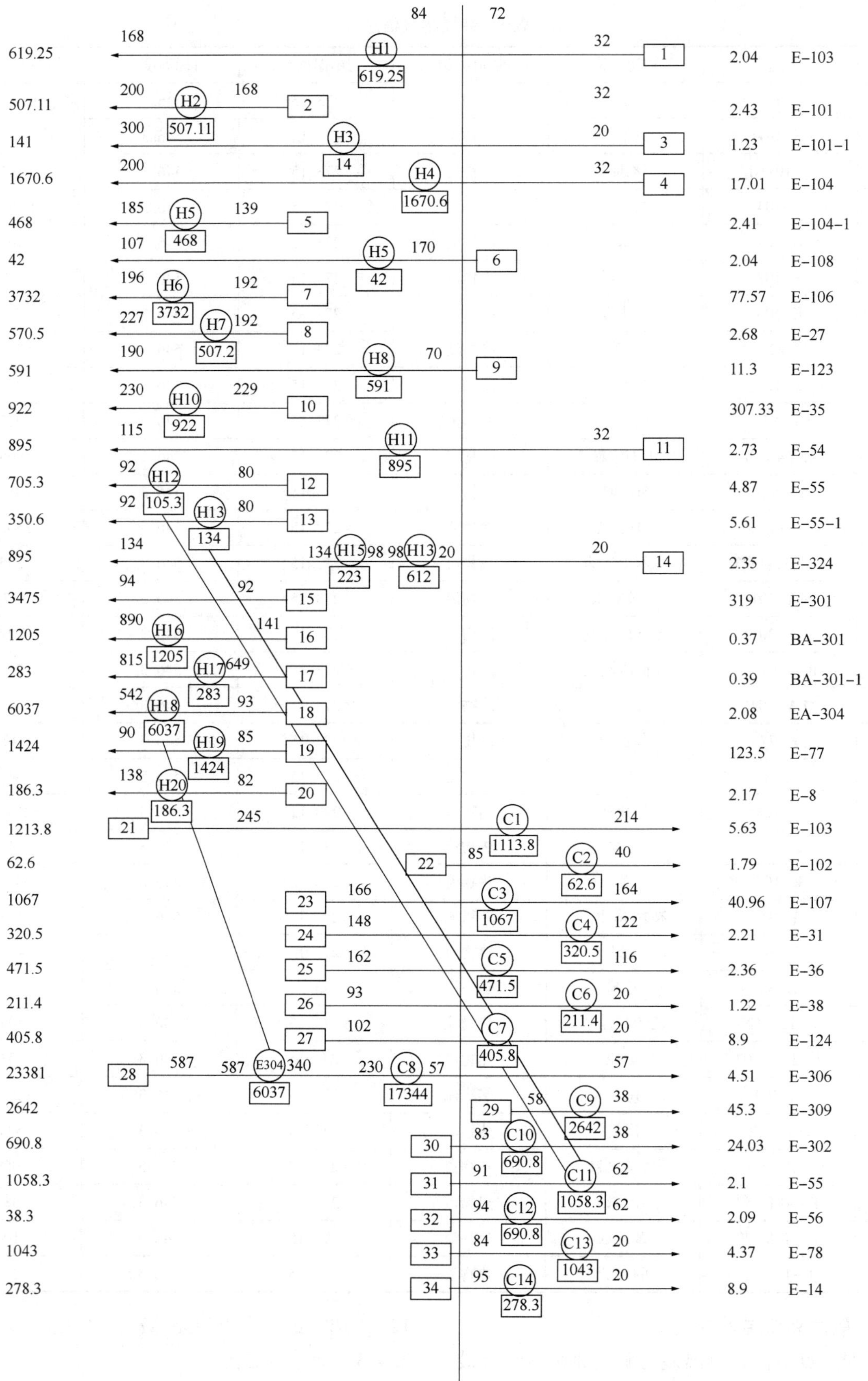
84 72
619.25 168 H1 619.25 32 1 2.04 E-103
507.11 200 H2 507.11 168 2 32 2.43 E-101
141 300 H3 14 20 3 1.23 E-101-1
1670.6 200 H4 1670.6 32 4 17.01 E-104
468 185 H5 468 139 5 2.41 E-104-1
42 107 H5 42 170 6 2.04 E-108
3732 196 H6 3732 192 7 77.57 E-106
570.5 227 H7 507.2 192 8 2.68 E-27
591 190 H8 591 70 9 11.3 E-123
922 230 H10 922 229 10 307.33 E-35
895 115 H11 895 32 11 2.73 E-54
705.3 92 H12 105.3 80 12 4.87 E-55
350.6 92 H13 134 80 13 5.61 E-55-1
895 134 134 H15 223 98 98 H13 612 20 20 14 2.35 E-324
3475 94 92 15 319 E-301
1205 890 H16 1205 141 16 0.37 BA-301
283 815 H17 283 649 17 0.39 BA-301-1
6037 542 H18 6037 93 18 2.08 EA-304
1424 90 H19 1424 85 19 123.5 E-77
186.3 138 H20 186.3 82 20 2.17 E-8
1213.8 21 245 C1 1113.8 214 5.63 E-103
62.6 22 85 C2 62.6 40 1.79 E-102
1067 23 166 C3 1067 164 40.96 E-107
320.5 24 148 C4 320.5 122 2.21 E-31
471.5 25 162 C5 471.5 116 2.36 E-36
211.4 26 93 C6 211.4 20 1.22 E-38
405.8 27 102 C7 405.8 20 8.9 E-124
23381 28 587 587 E304 6037 340 230 C8 17344 57 57 4.51 E-306
2642 29 58 C9 2642 38 45.3 E-309
690.8 30 83 C10 690.8 38 24.03 E-302
1058.3 31 91 C11 1058.3 62 2.1 E-55
38.3 32 94 C12 690.8 62 2.09 E-56
1043 33 84 C13 1043 20 4.37 E-78
278.3 34 95 C14 278.3 20 8.9 E-14

图 1　原工艺流程网络图

2.4.4 温区划分

将苯乙烯装置的34种物流中的热物流温度下降$\Delta T_{min}/2$，冷物流的温度上升$\Delta T_{min}/2$，然后对所有的冷热物流按平均温度从大到小进行排序，共划分为46个温区，详见下表2

表2 温区分布表

温区	温度/℃	温区	温度/℃
第一温区	896→821	第二温区	821→655
第三温区	655→581	第四温区	581→548
第五温区	548→239	第六温区	239→235
第七温区	235→233	第八温区	233→220
第九温区：	220→206	第十温区	206→202
第十一温区	202→198	第十二温区	198→196
第十三温区	196→191	第十四温区	191→174
第十五温区	174→170	第十六温区	170→160
第十七温区	160→156	第十八温区	156→147
第十九温区	147→145	第二十温区	145→144
第二十一温区	144→142	第二十二温区	142→140
第二十三温区	140→128	第二十四温区	128→122
第二十五温区	122→121	第二十六温区	121→113
第二十七温区	113→99	第二十八温区	99→98
第二十九温区	98→96	第三十温区	96→91
第三十一温区	91→89	第三十二温区	89→88
第三十三温区	88→87	第三十四温区	87→86
第三十五温区	86→79	第三十六温区	79→78
第三十七温区	78→77	第三十八温区	77→76
第三十九温区	76→68	第四十温区	68→63
第四十一温区	63→52	第四十二温区	52→46
第四十三温区	46→44	第四十四温区	44→38
第四十五温区	38→26		

2.4.5 热通量表

计算每个温区内的热平衡，以确定各温区所需的加热量和冷却量，计算式为

$$\Delta H_i = (\sum C_{PC} - \sum C_{PH})(T_i - T_{i+1}) \quad (2)$$

式中，ΔH_i为第i区间所需外加热量，kW；$\sum C_{PC}$，$\sum C_{PH}$分别为该温区内冷、热物流热容流率之和，kW/℃；T_i，T_{i+1}为分别为该温区的进、出口温度，℃。

通过计算可以得出装置的热通量表3。

2.4.6 节能计算

从热通量表3可以看出，采用夹点技术设计时，该系统的夹点温度是351K，整个苯乙烯装置生产所消耗的最小加热公用工程的用量是8395.45kW，所消耗的最小冷却公用工程的用量是1588.34kW。

原苯乙烯装置的实际生产消耗能耗

所需加热量为$\Delta H_{hot}=17826.76$kW。

所需冷却量为$\Delta H_{cold}=4800.7$kW。

通过以上计算可以得出装置采用夹点技术理论相对节约的公用工程的加热量和冷却量如下：

$$相对节约加热量=\frac{17826.76-8395.45}{17826.76}\times100\%$$

$$=52.9\%$$

$$相对节约冷却量=\frac{4800.7-1588.34}{4800.7}\times100\%$$

$$=66.9\%$$

表3 装置热通量表

温区	亏缺热量/kW	积累热量/kW		热通量/kW
		输入	输出	输入
温区1	27.75	0	-27.75	8395.45
温区2	126.16	-27.75	-153.91	8367.7
温区3	-306.36	-153.91	152.45	8241.54
温区4	-136.62	152.45	289.07	8547.9
温区5	-1189.65	289.07	1478.72	8684.52
温区6	1198.44	1478.72	280.28	9874.17
温区7	-15.38	280.28	295.66	8675.73
温区8	36.53	295.66	259.13	8691.11
温区9	8.68	259.13	250.45	8654.58
温区10	85.16	250.45	165.29	8645.9
温区11	395.44	165.29	-230.15	8560.74

续表

温区	亏缺热量/kW	积累热量/kW		热通量/kW
		输入	输出	输入
温区 12	59.08	-230.15	-289.23	8165.3
温区 13	149.55	-289.23	-438.78	8106.22
温区 14	542.81	-438.78	-981.59	7956.67
温区 15	127.72	-981.59	-1109.31	7413.86
温区 16	-114.4	-1109.31	-994.91	7286.14
温区 17	118.28	-994.91	-1113.19	7400.54
温区 18	266.13	-1113.19	-1379.32	7282.26
温区 19	58.4	-1379.32	-1437.72	7016.13
温区 20	26.79	-1437.72	-1464.51	6957.73
温区 21	53.5	-1464.51	-1518.01	6930.94
温区 22	62.62	-1518.01	-1580.63	6877.44
温区 23	404.04	-1580.63	-1984.67	6814.82
温区 24	202.02	-1984.67	-2186.69	6410.78
温区 25	36.4	-2186.69	-2223.09	6208.76
温区 26	307.52	-2223.09	-2530.61	6172.36
温区 27	4946.48	-2530.61	-7477.09	5864.84
温区 28	37.98	-7477.09	-7515.07	918.36
温区 29	322.96	-7515.07	-7838.03	880.38
温区 30	113.05	-7838.03	-7951.08	557.42
温区 31	58.84	-7951.08	-8009.92	444.37
温区 32	325.02	-8009.92	-8334.94	385.53
温区 33	17.13	-8334.94	-8352.07	60.51
温区 34	4.82	-8352.07	-8356.89	43.38
温区 35	33.74	-8356.89	-8390.63	38.56
温区 36	4.82	-8390.63	-8395.45	4.82
温区 37	-10.31	-8395.45	-8385.14	0
温区 38	-19.46	-8385.14	-8365.68	10.31
温区 39	-226.88	-8365.68	-8138.8	29.77
温区 40	-225.6	-8138.8	-7913.2	256.65
温区 41	-760.65	-7913.2	-7152.55	482.25
温区 42	-404.16	-7152.55	-6748.39	1242.9
温区 43	3.94	-6748.39	-6752.33	1647.06
温区 44	11.82	-6752.33	-6764.15	1643.12
温区 45	42.96	-6764.15	-6807.11	1631.3

3 结论

（1）对整个苯乙烯装置的物流应用夹点技术进行了详细的分析。

（2）将苯乙烯装置的物流分为 34 种，其中冷物流有 20 种，热物流有 14 种。

（3）将苯乙烯装置的冷热物流划分了 45 个温区，做出了物流的原始网络图。

（4）利用夹点技术分析了苯乙烯装置，根据夹点技术的设计原则，理论上可以节约加热量 52.9%，节省冷却量 66.9%。

（5）夹点技术还可以应用到其他的石油化工

等生产装置。

参 考 文 献

[1] Linnhoff B, Vredeveld DR. Pinch Technolygy Has Come of Age. Chem Eng Prog, 1984, (7): 33-44.

[2] 李有润，陈丙珍. 化工能量系统集成[J]. 化工进展，1996(3): 8-16.

[3] 陈清林，华贲. 能量系统热力学分析优化方法发展趋势[J]. 自然杂志，1999，21(6): 322-324.

[4] 张济民，夹点技术及其应用[J]. 化学工程师，2004，105(6): 45-46.

[5] 王瑾，张凤美，李明林，苯和乙烯液相烷基化生产乙苯技术的工业应用，石油炼制与化工，2002，33(9): 13-17.

[6] 冯霄，化工节能原理与技术，北京，化学工业出版社，2004.

乙烯生产过程高浓度含油废水处理技术研究与应用

罗义坤　李　斌

（中国石油兰州石化公司）

摘　要　兰州石化公司石脑油裂解制乙烯过程产生的部分高浓度含油废水，直排工污系统会对生化系统造成冲击，处理难度大。本文以该部分废水单独处理进行技术探索、研究，最终实现处理目标，具备典型性，为同类废水的经济处置提供了思路和经验。

关键词　乙烯；高含油；高 COD 浓度废水；调质；离心分离

当今全球乙烯能力中以石脑油为裂解原料的占54%。在我国，乙烯原料以石脑油、柴油和加氢尾油为主，虽然近年来新建炼厂采样其他工艺制造乙烯逐渐增多，但目前石脑油在乙烯原料中所占的比例仍在60%左右，其生产及检维修过程产生的其高含油、高 COD 废水，一直是污染治理的难点。特别是在《危险废物填埋控制标准》(GB 18598—2019)实施后，对该类废水的处理效果要求更高。

1　高浓度废水产生现状及特性分析

兰州石化公司乙烯运行一部 24 万吨/年乙烯装置以石脑油、拔头油及外购轻烃等为原料，经高温裂解生产乙烯、丙烯、碳四等产品。工业废水通过污水管网排放至自有污水处理装置处理。乙烯生产过程中会产生部分高含油废水，该类废水具有石油类含量高、COD 浓度高、水质浑浊等特点，此外还含挥发酚等有毒物质，若直接排放至工业污水系统极易对污水处理系统造成冲击，导致生化系统崩溃。因此，该类废水的处理一直是废水处理的难题。

该类废水主要来自生产运行过程中的烯烃、裂解区域初分馏单元，主要为裂解重柴油系统设备设施检修过程倒空置换、吹扫蒸煮带出的高含油废水。另外，烯烃、裂解装置 4 台除焦器定期(约半年 1 次)清理时倒空、吹扫过程产生的废水，以及重油送丙烯腈等后续装置管线送油结束后的吹扫产生的废水。废水数量根据检修、送油频次决定，每年约产生 800 至 1000 吨。

2　废水处理存在的问题

由于此类废水含油高，COD 浓度高，且油水不分层，兰州石化公司现有污水处理工艺难以直接处理，为避免直排对后续污水处理装置生化系统造成冲击，需对此类废水进行预处理，以达到污水处理装置可承接废水水质。

表 1　重油池废水监测数据　　mg/L

监测时间	监测点位＼监测项目	石油类	挥发酚	COD
2022/9/9	乙烯运行一部重油池	693	43.2	11450
2022/10/13	乙烯运行一部重油池	677	34.6	9756
2022/11/15	乙烯运行一部重油池	712	44.8	11426
2022/12/3	乙烯运行一部重油池	593	69.1	9470
2023/1/9	乙烯运行一部重油池	515	44.7	7840
2023/2/14	乙烯运行一部重油池	477	38.9	8910
2023/3/1	乙烯运行一部重油池	462	60.5	8860

3 对策及措施

3.1 对策及目标

通过对高浓度废水进行预处理，实现污泥、水、油三态分离，处理后废水水质可直排工业污水处理装置，水质达到石油类≤150mg/L、COD≤1200mg/L、6≤PH≤9，废渣满足《危险废物填埋控制标准》(GB 18598—2019)(干渣含水率≤60%)，污油含水率≤1%。

3.2 治理措施

3.2.1 工艺选择

通过对此类废水水质分析，结合水质特性，经过各方面技术比选，选定如下技术工艺路线进行试验：预处理-调质-离心除油-机械脱水。

在预处理阶段，选用填料等介质对进水进行过滤，将大颗粒杂质筛出。预处理后废水进入调制单元。在预混调质单元，废水经缓存、加药、搅拌、澄清、反应等流程后，进入离心处理单元。在调制过程，依据水质情况进行药剂调配，通过添加清洗剂、增重剂、破乳剂、混凝剂(PAC)等药剂，使污油与污泥分层，将污油通过收油口，分离部分污油至油水分离装置；调质后的污泥送至离心分离单元。在离心分离单元，进入三相离心机的污泥在离心力作用下实现油、水、泥三相分离(离心单元添加聚丙烯酰胺PAM进行絮凝)。分出的油排至油水分离器二次分离合格后外排收集，不合格则返回至预混质单元进行二次处理；分离出的固体污泥送至污泥干化机进行干化处理后排出(含油≤50mg/g，含水≤35%)；分离出的污水排至进入水处理单元，该单元采样气浮工艺，污水经气浮加药二次处理，处理出的净化水排入工业污水系统，处理出的浮渣排至预混调质单元进行二次处理。

为进一步测试治理效果，需配套预处理、调质罐、加药、泥水分离、离心除油、水处理等撬装设备，并对各单元关键参数(压力、液位、流速、转速、停留时间、水量、曝气量等)进行反复调试，同时，对药剂配比进行反复试验(絮凝剂按3‰~5‰进行配比)，以保证出渣及出水效果。

3.2.2 试验结果

从试验结果看，经处理后污水水质满足石油类≤150mg/L、COD≤1200mg/L、6≤PH≤9的治理目标，且废渣含水率≤60%，污油含水率≤1%。

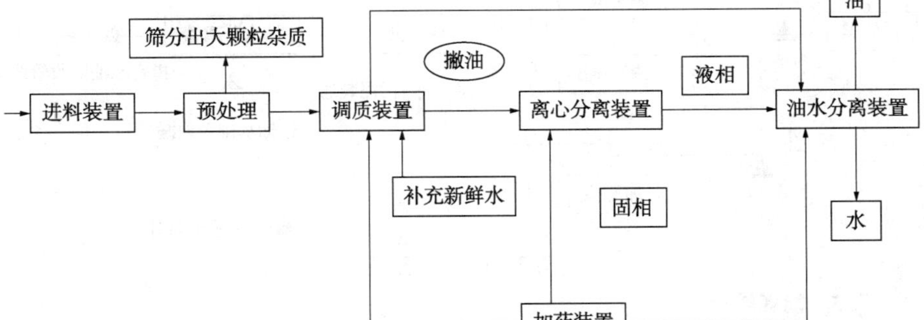

图1 高浓度废水处理工艺流程图

表2 处理后废水监测结果

监测时间	监测项目 / 监测点位	石油类	COD	pH	是否合格
2023/5/20	乙烯运行一部重油池	7.66	213	7.79	合格
2023/5/21	乙烯运行一部重油池	7.38	182	8.47	合格
2023/5/22	乙烯运行一部重油池	12.0	424	7.86	合格
2023/5/25	乙烯运行一部重油池	20.7	475	8.83	合格
2023/6/14	乙烯运行一部重油池	18.0	267	7.13	合格

表 3　处理后废渣监测结果

高浓度污水减量化干渣含水量			
检测时间	监测机构	含水率	是否合格
2023.06.05	具备检测资质第三方	40.5	合格
2023.06.27	具备检测资质第三方	40.5	合格
2023.07.04	具备检测资质第三方	39.6	合格
2023.07.13	具备检测资质第三方	32.9	合格
2023.07.20	具备检测资质第三方	35.5	合格
2023.07.26	具备检测资质第三方	36.6	合格

表 4　处理后废油监测结果

日期	污油含水率	是否合格
2023.05.29	0.9	合格
2023.06.02	0.88	合格
2023.06.05	0.92	合格
2023.06.09	0.86	合格
2023.06.12	0.94	合格
2023.06.15	0.89	合格

4　工业化应于

从试验结果看，所选工艺路线能够较好满足废水处理要求，污泥干化后符合柔性填满标准要求，污油经处理后含水率满足后续回收需要，可以进行工业化实施。

依据现场条件，对相关设备进行确定，并进一步做好现场VOCs管控，增设VOCs治理设备，确保处理过程VOCs治理合规、受控。

5　应用效果

经工业化实施后，共计处理高浓度废水1732.849吨，经检测，产生废渣、废水全部达到国家标准或内控处理要求，污油含水率低于1%，具备回收价值。

6　经济效益

处理高浓度废水产生费用1732.849吨 * 582元/吨 = 100，8518.12元，累计消耗水、电、汽所产生费用4254.72元，产生废渣全部转运至自有危废填埋场，污油进行回收处置。若交由省内唯一具备处理资质的机构进行合规处置，则处理总费用为1732.849吨 * 1920元/吨 = 332，7070.08元，此处理方案节省231，4297元。

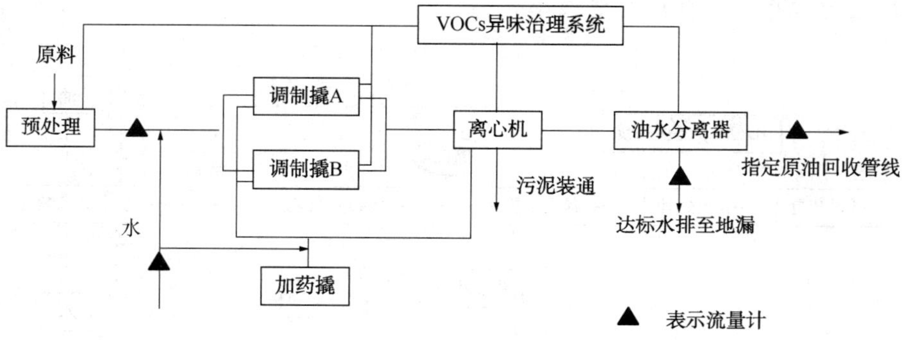

图 2　设备工艺图

表 5　能耗统计

消耗种类	消耗单位	单价(元)	累计消耗	金额(元)
新鲜水	吨	3.3	84.319	278.25
蒸汽	吨	203.56	4.685	953.67
电	kW·h	0.55	5496	3022.8
合计				4254.72

表 6　处置方式对比

处置方式	处置费用	能耗费用	总费用
本处理方案	100，8518.12	4254.72	1012772.84
交危废处理中心	332，7070.08		332，7070.08
节省费用			231，4297

参考文献

[1]《危险废物填埋控制标准》(GB 18598—2019).
[2] 潘涛，李安峰.《废水污染控制技术手册》. 北京：化学工业出版社，2012.
[3]《水质　化学需氧量的测定　重铬酸盐法》(HJ 828—2017).
[4]《水质　石油类和动植物油类的测定　红外分光光度法》(HJ 637—2018).

稠油节能低碳技术评价方法研究与应用

张 贺 范 欣 于立江 张承铭 赵 刚

（中国石油辽河油田公司）

摘 要 加热炉是油气田企业主要的耗能设备之一，针对加热炉提效的技术资金投入也呈逐年上升的趋势。针对众多的加热炉提效技术，尚无适用于现场应用的较为综合的评价体系。通过各种评价方法的对比，从加热炉改造的提效性、经济性、技术性和管理性等方面进行评价，优选了灰色关联综合评价法，筛选了各项评价要素，并对其进行赋值。通过论证，该方法适用于油气田企业加热炉提效技术的优选与评价，为今后有针对性的开展节能工作奠定了一定的理论基础。

关键词 加热炉提效；评价方法；灰色关联模型；经济运行

辽河油田稠泊比例高、开采难度大，既是能源生产大户，也是能源消耗大户，稠油产量约占总产量的60%，而能源消耗占比约75%。

由于稠油黏度大、比重大、流动性差等原因，开采和输送环节的能耗明显高于常规油田。稠油热采技术中天然气消耗量占能源消耗总量70%以上，各类设备能耗大、碳排放量大、节能低碳技术种类繁多、各类技术适用性和节能效果存在不同的差异。目前稠油区块主要能源消耗主要特点是工艺类型复杂，常规开采技术主要采用冷采、注水开发、注蒸气吞吐开发；提高采收率技术主要包括蒸汽驱、SAGD技术、化学驱、火驱技术。同时为避免原油凝固各集输环节还需要大量的加热炉、电加热等设备，天然气能消耗量占能源消耗量70%以上，各类设备耗能较大，在节能减排有很大空间。如何正确的选择节能低碳技术，根据技术特点进行有效组合发挥最大节能减碳效果是本课题重点研究内容。本课题的实施将为实现油气田企业实现“双碳”目标发挥技术指导作用，因此有必要开展稠油区块节能低碳技术进行研究，发挥出最大的节能减碳效果。

目前稠油区块节能低碳技术尚无单独的综合评价方法，不同工况、运行条件，监测结果不一致，导致评价困难。因此需要建立一套适用于现场应用的综合评价体系。

1 数学评价方法的选择

常用的数学评价方法有：层次分析法、逼近理想点TOPSIS法、专家咨询法、德尔菲法、模糊评价法、多变量综合法、灰色关联综合评价法等。

通过对目前油气田稠油区块使用的成熟可靠的低碳节能技术进行调研，综合考虑节能效果、经济效益、技术先进性、管理难易程度等因素，对技术本身的相对优劣程度进行评价。结合定量评价节能低碳技术并筛选、技术评价的影响因素较多、兼有绝对指标和相对指标、评价指标的最优值确定等四个方面的因素，选择灰色关联综合评价法。

数学评价方法的选择原则为：系统性、科学性、可比性、可测性、独立性。

2 构建评价指标体系

按照节能效果、经济性、技术性、管理难易等因素，构建了三级指标评价体系（表1）。

表1 综合评价指标体系

一级指标	二级指标	三级指标	备注
综合评价值	节能效果	节能率	绝对、正向指标
	经济性	静态投资回收期	绝对、逆向指标
	技术性	有效使用年限	绝对、正向指标
		技术水平	相对、正向指标
	管理难易	实施难度系数	相对、逆向指标
		操作维护系数	相对、逆向指标

2.1 普通指标

节能率提高百分点指报告期节能率与相应的基期节能率之差。

静态投资回收期指以项目产生的经济效益回收项目投资所需要的时间。

有效使用年限指某项技术实施后发挥作用的

时间。

2.2 技术水平

技术水平是指某项技术在国际、国内同类技术中所处的水平，技术水平评价指标见表2。

表2　技术水平评价指标

等级	企业一般	企业先进	国内先进	国内领先	国际先进
评价分值	0~2	2~4	4~6	6~8	8~10

企业一般指技术达到油气田企业的平均水平，或该项技术已逐步被其他技术替代。企业先进指技术达到油气田企业先进水平，或该技术在某个油气田企业的相同生产情况下优于其他技术，但却不一定适用于生产情况不同的其他油气田企业；或在企业刊物、地方刊物可以检索。国内先进指技术含量较高，达到国内同类技术先进水平；或该技术在国内业界得到认同，国内可以运行的厂商或者技术服务商不超过10家；或该技术在国内核心期刊可以检索，所形成的论著影响因子高于0.115(含)。国内领先表示技术含量高，达到国内同类技术领先水平；或该技术在国内业界得到首肯，国内可以运行的厂商或者技术服务商不超过3家；或该技术在SCI、EI、ISTP可以检索，所形成的论著影响因子高于0.247(含)。国际先进指技术含量非常高，效果优于同类技术，达到国际同类技术先进水平。

2.3 技术实施难度系数

实施难度系数指某项技术实施的难易程度，评价指标见表3。

表3　技术实施难度评价指标

等级	非常容易	容易	一般	困难	非常困难
评价分值	0~2	2~4	4~6	6~8	8~10

非常容易指该项技术实施时，24个工时内即可实施。容易指该技术实施时，3个工作日内可以实施。一般指该技术实施时，5个工作日以内，工作量并不大。困难指该技术实施时，10个工作日以内，工作量较大。非常困难指该技术实施时，10个工作日(含)以上，工作量非常大。

2.4 操作维护系数

操作维护系数指某种技术实施后，在生产管理、维护方面的便捷程度，主要考虑的因素有技术故障率、维护难易程度、维修维护成本、施工条件及对正常生产的影响等，评价指标见表4。

表4　操作维护评价指标

等级	非常容易	容易	一般	复杂	非常复杂
评价分值	0~2	2~4	4~6	6~8	8~10

非常容易指该技术使用时，无需维护，定期检修时间达2年(含)以上，油田生产人员即可实施现场更换保养，工作量小。容易指该技术使用时，需简单维护，定期检修时间达1年(含)以上，油田生产人员即可实施现场更换保养，具有一定工作量。一般指该技术使用时，需定期维护，定期检修时间达6个月(含)以上，需专人进行更换保养。复杂指该技术使用时，需定期维护，定期检修时间达1个月(含)以上，需厂商或技术服务商专人进行更换保养，具有一定的维修周期。非常复杂指技术使用时，短期需人工巡检，更换保养需返厂才可以实现。

3 指标关联度

3.1 构建指标矩阵

N项节能技术，每项有6个评价指标，构建指标矩阵见式(1)：

$$X=\begin{vmatrix} x_{11} & x_{12} & \cdots & x_{16} \\ x_{21} & x_{22} & \cdots & x_{26} \\ \cdots & \cdots & \cdots & \cdots \\ x_{n1} & x_{n2} & \cdots & x_{n6} \end{vmatrix} \tag{1}$$

效益型指标包括节能率提高百分点、技术寿命、技术水平，成本型指标包括静态投资回收期、技术实施难度系数、操作管理系数。

同时，需确定参考序列，即指标矩阵中的最优样本，见式(2)。最优样本序列是综合评价每项技术各指标优劣的参考标准。确定原则是效益型指标越大越优、成本型指标越小越优。

$$x_{0j}=\{x_{\max1},\ x_{\max2},\ x_{\max3},\ x_{\max4},\ x_{\max5},\ x_{\max6}\} \tag{2}$$

式中，x_{0j}为最优样本序列；$x_{\max}$为n项技术中6项评价指标的最优值。

各项指标有不同的计量单位，原始数据存在量纲和数量级的差异，各评价指标间不具可比性。因此，需对指标值进行正态标准化处理来消除量纲的影响。为了便于对各项评价指标的进行比较，对各指标进行数据规范化，采用直线型无量纲化方法，式(3)。

$$x'_{ij}=\frac{x_{ij}}{x_{0j}}\quad i=1,\ 2,\ \cdots,\ n;\ j=1,\ 2,\ \cdots,\ 6 \tag{3}$$

因此，无量纲化(数据规范化)处理后的最优参考序列变为：

$$x_{0j}=\{1,\ 1,\ 1,\ 1,\ 1,\ 1\} \tag{4}$$

3.2 指标关联度

3.2.1 关联系数

关联度是评价指标值与最优参考序列间关联性的量度，只能衡量评价指标间密切程度的相对大小，它反映了各节能技术的评价指标对于同一最优序列的“优劣”关系。为了确认各项指标的关联程度，需要确定指标值的关联系数。

第 i 项技术的指标序列可以表示为：

$$x_{ij}=\{x_{i1'},\ x_{i2'},\ \cdots,\ x_{i6'}\} \tag{5}$$

第 i 项技术各个指标与参考序列各指标对应值差值的绝对值可表示为：

$$\Delta_{ij}(i)=|x_{0j}(i)-x_{ij}(i)| \qquad i=1,\ 2,\ \cdots,\ n \tag{6}$$

$$\Delta(\min)=\min_{0\leqslant i\leqslant n}(\min_{0\leqslant j\leqslant 6}(\Delta ij)) \tag{7}$$

$$\Delta(\max)=\max_{0\leqslant i\leqslant n}(\min_{0\leqslant j\leqslant 6}(\Delta ij)) \tag{8}$$

$\Delta(\min)$和$\Delta(\max)$分别是所有 n 项技术的指标序列与参考序列的绝对差值中的最小者和最大者。

第 i 项技术的指标序列与参考序列的关联系数：

$$\xi_{ij}=\frac{\min\limits_{1\leqslant i\leqslant n}(\min\limits_{1\leqslant j\leqslant 6}|x_{0j}-x_{ij}|)+\rho\max\limits_{1\leqslant i\leqslant n}(\max\limits_{1\leqslant j\leqslant 6}|x_{0j}-x_{ij}}{|x_{0j}-x_{ij}|+\rho\max\limits_{1\leqslant i\leqslant n}(\max\limits_{1\leqslant j\leqslant 6}|x_{0j}-x_{ij}|)} \tag{9}$$

式中，ρ 为分辨系数。

3.2.2 分辨系数

分辨系数表示对关联系数的影响程度。若取值较大，说明该指标对关联系数的影响程度较小；反之亦然。为了避免干扰较大时的影响，分辨系数在干扰很大的情况下应尽量取小值以削弱干扰。各类别技术之间节能效果、经济性、技术性、管理性等相差较大，因此指标评价值不平稳，整体性较差，离散程度较大。最优参考序列是一定的，选取参考序列不存在干扰。经测算，分辨系数对各指标的影响效果是同势的。分辨系数越大，相对指标得分越高；分辨系数的大小对最优指标的影响，小于分辨系数对一般指标的影响。为了更好的筛选节能技术，提高指标差异，杜绝近似值影响评价效果，结合相关文献，参考经验值；分辨系数取 0.5。

3.3 确定指标权重

被评价指标在综合评价中所占的权重不同，有些指标对技术整体综合水平的影响较大，有些影响较小，需确定各个评价指标的权重系数，以便客观综合评价各项技术的相对优劣。该项目拟采用主观赋权法和客观赋权法相结合的方法确定权重系数。

3.3.1 专家赋权法

选择充分了解并掌握加稠油技术的进展、效果的有代表性专家，按照“客观、公正、有针对性、配置合理”的原则，对影响每种技术效果的各项因素进行赋权打分，经平均法确定节能技术评价指标体系各级指标的权重系数。

表 5 综合评价指标权重

一级指标	二级指标	权重系数	三级指标	专家赋权
综合评价值	节能效果 Ef(节能评价值)	0.35	节能率提高百分点	0.35
	经济性 Ee(指经济评价值)	0.25	静态投资回收期	0.25
	技术性 Te(技术评价值)	0.15	有效使用年限	0.10
			技术水平	0.05
	管理性 Ma(管理评价值)	0.25	实施难度系数	0.10
			操作管理系数	0.15

3.3.2 熵值法

用熵值法确定各指标权重，有效避免了评价过程中的人为因素的干扰，使评价结果更为客观、准确。熵值越小，系统无序度越低，信息的效用值越大，指标的权重越大；熵值越大，系统无序度越高，信息的效用值越小，指标的权重也越小。共 6 个指标、n 项被评价技术，第 i 个指标的熵为：

$$h_i=k\cdot\sum_{j=1}^{n}(f_{ij}\ln f_{ij}) \tag{10}$$

$$f_{ij}=r_{ij}/\sum_{j=1}^{n}r_{ij} \tag{11}$$

$$k=\frac{1}{\ln n} \tag{12}$$

f_{ij}表示系统所处的某种状态的概率。

将专家赋值法得到的主观权重和熵值法得到的客观权重进行平均，得到每项技术的各个评价指标的权重 ω_j。

4 综合评价模型

4.1 综合评价模型

建立综合评价模型：

$$E_i=\sum_{j=1}^{8}\omega_j\xi_{ij}\times 100 \tag{13}$$

E_i 为第 i 项技术的综合评价分值；ω_j 为第 j 项指标的权重系数；ξ_{ij}为第 i 项技术的第 j 项评价指标与该指标最优参考指标的关联度。

由综合评价模型计算的 E 即为各被评价技术的综合评价分值，得分越高，则技术的综合水平越高，反之则越低。

4.2 节能技术评价模型

建立节能技术评价模型：

$$E_{ef}=\sum_{j=1}^{2}\omega_j\xi_{ij}\times 100 \tag{14}$$

由评价模型计算的 E_{ef}即为各被评价技术的评价分值，得分高，则技术的节能效果越好，反之较差。

4.3 经济评价模型

建立经济评价模型：

$$E_{ec}=\sum_{j=1}^{2}\omega_j\xi_{ij}\times 100 \tag{15}$$

由经济评价模型计算的 E_{ec}即为各被评价技术的经济评价分值，得分越高，则技术的经济性越好，反之较差。

4.4 技术水平评价模型

建立技术水平评价模型：

$$E_{te}=\sum_{j=1}^{2}\omega_j\xi_{ij}\times 100 \tag{16}$$

由技术水平评价模型计算的 E_{te}即为各被评价技术的技术评价分值，得分越高，则技术的技术水平越好，反之较差。

4.5 管理评价模型

建立管理评价模型：

$$E_{me}=\sum_{j=1}^{2}\omega_j\xi_{ij}\times 100 \tag{17}$$

由管理评价模型计算的 E_{me}即为各被评价技术的管理评价分值，得分越高，则技术的管理性越好，反之较差。

5 实际应用

以辽河油田稠油区块采油技术评价应月为例，对采油系统使用的节能技术节能率、静态投资回收期、技术有效使用年限、技术水平、技术实施难易程度、技术操作管理难易程度 6 项指标进行了统计分析，建立评价数据矩阵如下：

$$X=\begin{vmatrix} x_{11} & x_{12} & \cdots & x_{16} \\ x_{21} & x_{22} & \cdots & x_{26} \\ \cdots & \cdots & \cdots & \cdots \\ x_{n1} & x_{n2} & \cdots & x_{n6} \end{vmatrix}$$

5.1 构建指标矩阵

收集采油技术原始评价数据如下：

表 6 采油系统节能技术评价指标数据表

技术名称	节能率	投资回收期	使用年限	技术水平	实施难度	操作难度
井筒保温	20	10	5	7	3	5
电加热节能控制	6	3.9	6	6	3	5
螺杆泵(直驱)	20	8	7	7	6	7
节能抽油机	8.5	9	8	6	5	7
节能电机	13.6	3	7	6	4	6
节电箱(柜/变频器)	8.6	3	5	6	3	5
功率法平衡调整技术	4.6	3.6	10	5	5	6

确定参考序列，即指标矩阵中的最优样本，取各项技术指标最优值。最优样本序列是综合评价每项技术各指标优劣的参考标准，确定原则是效益型指标越大越优、成本型指标越小越优。

$$x_{0j}=(0.2,\ 3,\ 10,\ 7,\ 3,\ 5)$$

对指标值进行正态标准化处理来消除量纲的影响。采用直线型无量纲化方法对各指标进行数据规范化。

$x_{0j}=(1,\ 1,\ 1,\ 1,\ 1,\ 1)$

表 7　采油系统技术评价指标无量纲化处理

技术名称	节能率	投资回收期	使用年限	技术水平	实施难度	操作难度
井筒保温	1.000	0.300	0.500	1.000	1.000	1.000
电加热节能控制	0.300	0.769	0.600	0.857	1.000	1.000
螺杆泵(直驱)	1.000	0.375	0.700	1.000	0.500	0.714
节能抽油机	0.425	0.333	0.800	0.857	0.600	0.714
节能电机	0.681	1.000	0.700	0.857	0.750	0.833
节电箱(柜/变频器)	0.429	1.000	0.500	0.857	1.000	1.000
功率法平衡调整技术	0.230	0.833	1.000	0.714	0.600	0.833

5.2　计算指标关联度

求指标绝对差

$$\Delta_{ij}(i)=|x_{0j}(i)-x_{ij}(i)|$$

筛选所技术的指标序列与参考序列的绝对差值中的最小者和最大者。

$$\Delta(\min)=\min_{0\leqslant i\leqslant n}(\min_{0\leqslant j\leqslant 6}(\Delta ij))=0,$$

$$\Delta(\min)=\max_{0\leqslant i\leqslant n}(\max_{0\leqslant j\leqslant 6}(\Delta ij))=0.77$$

计算关联系数如下：

表 8　采油系统技术评价指标绝对差值计算表

技术名称	节能率	投资回收期	使用年限	技术水平	实施难度	操作难度
井筒保温	0	0.700	0.500	0	0	0
电加热节能控制	0.700	0.231	0.400	0.143	0	0
螺杆泵(直驱)	0	0.625	0.300	0	0.500	0.286
节能抽油机	0.576	0.667	0.200	0.143	0.400	0.286
节能电机	0.320	0	0.300	0.143	0.250	0.167
节电箱(柜/变频器)	0.571	0	0.500	0.143	0	0
功率法平衡调整技术	0.770	0.167	0	0.286	0.400	0.167

$$\xi_{ij}=\frac{\min_{1\leqslant i\leqslant n}(\min_{1\leqslant j\leqslant 6}|x_{0j}-x_{ij}|)+\rho\max_{1\leqslant i\leqslant n}(\max_{1\leqslant j\leqslant 6}|x_{0j}-x_{ij}}{|x_{0j}-x_{ij}|+\rho\max_{1\leqslant i\leqslant n}(\max_{1\leqslant j\leqslant 6}|x_{0j}-x_{ij}|)}$$，ρ 分辨系数取 0.5。

表 9　采油系统评价指标关联系数计算表

技术名称	节能率	投资回收期	使用年限	技术水平	实施难度	操作难度
井筒保温	1.000	0.355	0.435	1.000	1.000	1.000
电加热节能控制	0.355	0.625	0.490	0.729	1.000	1.000
螺杆泵(直驱)	1.000	0.381	0.562	1.000	0.435	0.574
节能抽油机	0.401	0.366	0.658	0.729	0.490	0.574
节能电机	0.546	1.000	0.562	0.729	0.606	0.698
节电箱(柜/变频器)	0.403	1.000	0.435	0.729	1.000	1.000
功率法平衡调整技术	0.333	0.698	1.000	0.574	0.490	0.698

5.3　专家指标权重

被评价指标在综合评价中所占的权重不同，采用主观赋权法和客观赋权法相结合的方法确定权重系数。

表 10　采油系统指标权重数据表

一级指标	二级指标	权重系数	三级指标	专家赋权
综合评价值	节能性，Ef(节能评价值)	0.35	节能率	0.35
	经济性，Ee(经济评价值)	0.25	静态投资回收期	0.25
	技术性，Te(技术评价值)	0.15	有效使用年限	0.10
			技术水平	0.05
	管理性，Ma(管理评价值)	0.25	实施难度系数	0.10
			操作管理系数	0.15

5.4　熵值法确定指标权重

贡献度f_{ij}计算

技术名称	节能率	投资回收期	使用年限	技术水平	实施难度	操作难度
井筒保温	0.246	0.247	0.104	0.163	0.103	0.122
电加热节能控制	0.074	0.096	0.125	0.140	0.103	0.122
螺杆泵(直驱)	0.246	0.198	0.146	0.163	0.207	0.171
节能抽油机	0.104	0.222	0.167	0.140	0.172	0.171
节能电机	0.167	0.074	0.146	0.140	0.138	0.146
节电箱(柜/变频器)	0.106	0.074	0.104	0.140	0.103	0.122
功率法平衡调整技术	0.057	0.089	0.208	0.116	0.172	0.146

熵值法权重h_i计算

技术名称	节能率	投资回收期	使用年限	技术水平	实施难度	操作难度
井筒保温	0.177	0.177	0.121	0.152	0.121	0.132
电加热节能控制	0.099	0.116	0.134	0.141	0.121	0.132
螺杆泵(直驱)	0.177	0.165	0.144	0.152	0.168	0.155
节能抽油机	0.121	0.172	0.153	0.141	0.156	0.155
节能电机	0.154	0.099	0.144	0.141	0.140	0.145
节电箱(柜/变频器)	0.122	0.099	0.121	0.141	0.121	0.132
功率法平衡调整技术	0.084	0.111	0.168	0.129	0.156	0.145

熵值法权重系数

名称	节能率	投资回收期	使用年限	技术水平	实施难度	操作难度
分值	0.39	0.37	0.08	0.02	0.11	0.03

最终指标权重

名称	节能率	投资回收期	使用年限	技术水平	实施难度	操作难度
分值	0.37	0.31	0.09	0.035	0.105	0.09

5.5　综合评价模型计算

表 11　采油系统模型数据集计算数据表

技术名称	节能率	投资回收期	使用年限	技术水平	实施难度	操作难度
井筒保温	0.370	0.110	0.039	0.035	0.105	0.090
电加热节能控制	0.131	0.194	0.044	0.026	0.105	0.090

续表

技术名称	节能率	投资回收期	使用年限	技术水平	实施难度	操作难度
螺杆泵(直驱)	0.370	0.118	0.051	0.035	0.046	0.052
节能抽油机	0.148	0.113	0.059	0.026	0.051	0.052
节能电机	0.202	0.310	0.051	0.026	0.064	0.063
节电箱(柜/变频器)	0.149	0.310	0.039	0.026	0.105	0.090
功率法平衡调整技术	0.123	0.216	0.090	0.020	0.051	0.063

建立综合评价模型：

$$E_i = \sum_{j=1}^{8} \omega_j \xi_{ij} \times 100$$

E_i 为第 i 项技术的综合评价分值；ω_j 为第 j 项指标的权重系数；ξ_{ij} 为第 i 项技术的第 j 项评价指标与该指标最优参考指标的关联度。

表 12 采油系统节能技术综合评价表

技术名称	评价计算分值	排名
井筒保温	74.92	1
电加热节能控制	58.98	5
螺杆泵(直驱)	67.11	4
节能抽油机	44.97	7
节能电机	71.48	3
节电箱(柜/变频器)	71.87	2
功率法平衡调整技术	56.41	6

从评价结果看，井筒保温技术应用效果最好。

6 结论

（1）根据灰色关联综合评价法结合定量评价节能低碳技术并筛选、技术评价的影响因素较多、兼有绝对指标和相对指标、评价指标的最优值确定等四个方面的因素。按照节能效果、经济性、技术性、管理难易等因素，构建了三级指标评价体系。根据各项指标关联度确定指标权重，形成节能低碳技术综合评价指标。

（2）根据适合稠油区块节能低碳项目甄别各类节能技术措施优势，收集国内外油气田稠油区块节能产品、节能技术、节能工艺改造、管理类项目资料从项目原理、节能关键技术介绍、应用案例和技术综合评价得分提供技术筛选。

参 考 文 献

[1] 中国石油天然气股份有限公司．油气田加热炉能效分级测试评价：Q/SY 09003—2017[S]．北京：石油工业出版社，2017.

[2] 黄鹤楠．浅议如何搞好安全生产工作[J]．化工安全与环境，2019(6)：12-14.

[3] 黄鹤楠．构建创新型科技油田[J]．自然科学，2020(11)：217.

[4] 马强．辽河油田加热炉提效技术应用[J]．石油石化节能，2016，6(11)：26-28.

[5] 黄鹤楠．油气田加热炉分级测试与节能运行研究[J]．石油和化工节能，2020，10(6)：12-17.

[6] 马强，张蕾，黄鹤楠．加热炉排烟温度对效率影响的研究[J]．石油和化工节能，2019，9(4)：24-30.

[7] 邓聚龙．灰色系统理论教程[M]．武汉：华中理工大学出版社，1992：20-25.

留北油田地热综合利用

杜　航

（中国石油华北油田公司）

摘　要　留北油田处于高含水阶段，地热资源十分丰富，包括潜山、上第三系两套热水层。潜山油井应用塔机配合并联双作用泵举升工艺进行大排量提液诱喷，大幅提升产出液温度，地热水通过有机郎肯循环进行发电、清洗油管、处理含油污泥，尾水掺入集输干线升温，降低加热炉供热量；结合上第三系油井应用复合隔热内衬油管提升产液温度实现单井至接转站常温输送，彻底停用了站场加热炉。形成了地热资源效益发电、清洗油管、处理含油污泥、生产维温的综合利用模式。为油田地热资源规模利用提供了借鉴，具有广泛的推广价值和应用前景。

关键词　并联双作用泵；地热综合利用；地面简化优化；地热水发电

随着传统化石能源消费水平的上升以及所带来的环境问题，世界范围内掀起了新能源开发的热潮。地热能由于储量巨大、对环境的负面影响小，被各国列为重要研究开发的新能源之一。华北油田位于河北省中部，构造位置属于渤海湾盆地冀中坳馅，1975－1984年主要以潜山开发为主，80年代中后期，随着潜山油藏含水迅速上升，油田开发开始转向以第三系砂岩油藏为主。在油田开发过程中，对地热资源有了明确的地质认识：冀中坳陷热储层岩性为元古宇—古生界碳酸盐岩和中—新生界碎屑岩。地热资源包括上第三系、潜山两套热水层，其中上第三系热水资源1.57万亿方（平均地温≤90℃），相当于227亿吨标煤；潜山热水资源量为0.2万亿方（平均地温≤120℃），相当于218亿吨标煤，地热水资源量丰富。已开发的油田中，留北油田下属的留北潜山采出程度最高，潜山井已近乎全部关停、井网完善且相对集中、单井供液能力强、回注压力低，圈闭内余热面积大，余热水资源量丰富。从资源条件和节约投资角度考虑，留北油田适宜开展地热利用。依托京津冀地缘优势和华北油田资源禀赋，开展地热利用研究，对于油田绿色低碳生产、实现双碳目标具有重要意义。

1　留北油田概况

留北油田位于冀中坳陷饶阳凹陷中部，地理位置位于河北省河间市和献县交界处。含油层系为蓟县系雾迷山组、上第三系馆陶组、明化镇组，含油面积13.3km²，地质储量2986×10^4t，可采储量637.2×10^4t。共有潜山油井9口，开井5口，采用潜油电泵举升工艺生产；上第三系油井124口，开井84口；合计日产液4281t，日产油229.8t，综合含水94%；注水井27口，开井11口，日注水4052m³。地面集输系统原采用三级布站：运行联合站1座（留一联合站），接转站3座（路15、路27、路3站），计量站8座。集油工艺以三管伴热为主，生产用热主要由燃油加热炉供应，4座供热站场共有加热炉11台，年消耗燃油2000余吨。

2　地热综合利用研究

潜山油井通过并联双作用泵提液诱喷，大幅提升产出液温度，高温余热水进行发电、清洗油管、处理含油污泥，尾水随后掺入集输干线升温，结合上第三系砂岩油井应用复合隔热内衬升温、集油管线通过简短串接等实现单井至接转站的管线常温集油，继而彻底停用站场加热炉，最后将采出水回注潜山，实现可持续开发利用的目的。

2.1　潜山井提液

潜山油井生产过程中动液面逐渐上升至井口，潜油电泵停机后，地热井出现了短暂的自喷现象（自喷1~2天后停喷），表明潜山能量充足，地热井具备诱喷后持续自喷生产的可能，选择并联双作用泵配合新型塔机举升工艺进行生产。

并联双作用泵由双作用泵上部串接1台抽油泵而成，自上而下依次由空心拉杆排出阀、上单泵游动阀、上单泵固定阀、接头、双作用泵固定阀 1、游动阀 1、游动阀 2、固定阀 2 组成。

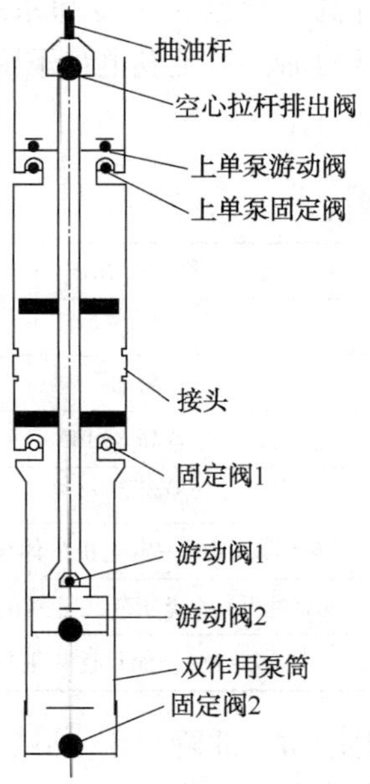

图 1 并联双作用泵结构示意图

工作时：上行程时，上单泵游动阀关闭、固定阀打开，上单泵柱塞排液，下方的双作用泵游动阀 1 开启排液，固定阀 2 开启进液，即上行程单泵排液，双作用泵一边排液、一边进液，并联双作用泵为“两排一进”；下行程时，上单泵固定阀关闭、游动阀打开，上单泵柱塞进液，下方的双作用泵固定阀 1 开启进液，游动阀 2 开启排液；即下行程单泵进液，双作用泵一边排液、一边进液，并联双作用泵为“两进一排”。

留北潜山单井日产液量在 600m³/d 左右，选用 120/70 并联双作用泵，理论排量 594m³/d，综合考虑抽油机地面传动效率、平衡度调节、并联双作用泵抽油杆“上快下慢”等因素，优选出塔式抽油机、开关磁阻电机配合生产。

塔式抽油机+并联双作用泵的启动、运行、停止——井筒内的液体流动是加速—平稳—急减速往复循环，形成每分钟 3 次以上的流量曲线以脉冲形式的循环震荡运行。在脉冲震荡、大排量抽汲共同作用下，起到了物理诱喷、解堵的效果，实现了地热井自喷生产，自喷后地热井平均液量达到 600m³/d 以上，井口温度达到了 110℃，达到了综合利用的需求。

2.2 地热水发电

调研国内外的地热发电技术，选择双循环发电技术（有机朗肯循环发电为代表）进行留北油田中低温地热资源开发利用。

有机朗肯循环（ORC）发电原理：通常由换

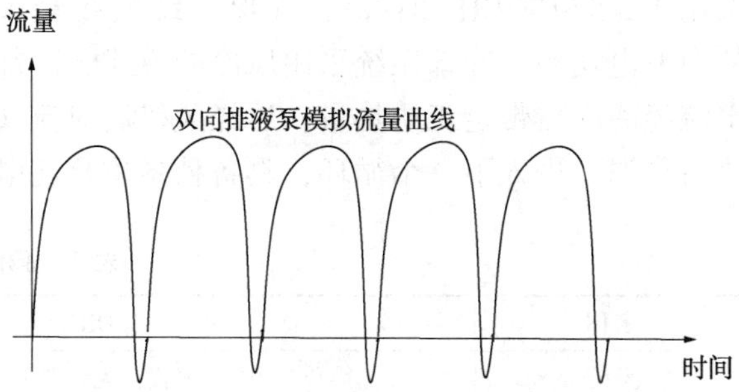

图 2 并联双作用泵配合塔式抽油机运行流量-时间曲线图

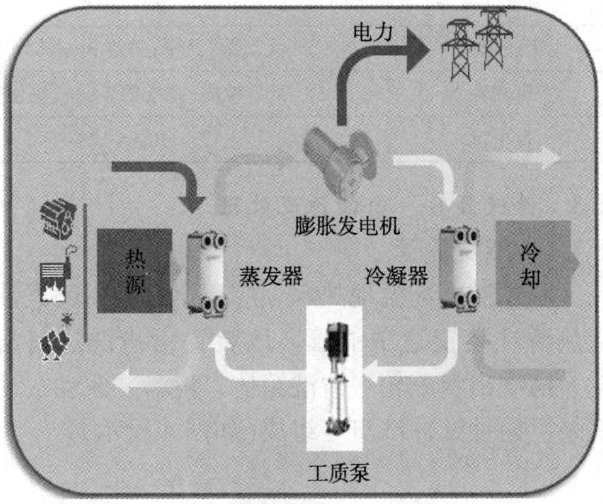

图 3 有机朗肯循环（ORC）发电系统示意图

热器、膨胀发电机、冷凝器和工质泵四大部件组成。液态有机工质通过换热器从地热流中吸收热量，产生具有一定温度和压力的有机工质蒸汽，蒸汽输送到膨胀机做功，带动发电机发电。从膨胀机中排出的工质在冷凝器中实现放热，凝结成为液态，最后通过工质泵加压重新回到换热器中吸热，如此不断的循环下去，持续输出电能。ORC 地热发电技术核心设备为膨胀机，综合考虑膨胀效率、稳定性、维护成本等特点，优选向心透平式膨胀机开展地热发电。

向心透平膨胀机是按照离心压缩机的逆原理工作，其基本结构和离心压缩机相同，工作过程相反。通过高压气体在叶轮与蜗壳内绝热膨胀，推动叶轮旋转做功。向心透平发电机组的核心部件为换热器，针对水质高腐蚀、易结垢、含气的特点特性，通过应用钛合金板材，优化几何设计流道，尽最大可能加大流量及换热，减少沉淀换热器反冲洗设计，换热器可拆洗的垫圈，在蒸发器热水入口及出口安装压力传感器，压力变化信息实时由 ORC 控制系统监控，在压差值达到一定限值后报警等手段保证换热器正常生产；工质选用 R245（$CF_3CH_2CHF_2$），确保系统获得最大的净发电功率，冷却系统采用风冷的方式，冷却水流经冷凝器带走工质热量，后经风机后对流换热后降温，进入下一个循环，具备秋冬季自耗电低、水系统维护成本低等特点，但在夏季，太阳直射加气温升高，导致系统冷却系统效率变低，散热电耗明显增加，系统发电量下降较为明显。

表 1　膨胀机性能对比表

名称	向心透平 ORC	螺杆式 ORC
系统	简单（预热器内置，无外置油分等）	复杂
膨胀机原理	速度式	容积式
噪声	噪音低 80dBA（气流连续无脉冲）	噪音高 85dBA
等熵膨胀效率	80%～90%	65%～75%
工质泄漏	无泄漏（透平-发电机一体化设计）	有泄漏（透平-发电机分体设计）
可靠性	可靠性高（系统简单，模块化生产）	可靠性低（系统复杂，定制化生产）
发电量	10%～12%	6%～8%，而且逐年下降

2.3　清洗油管、含油污泥处理

2.3.1　清洗油管

利用潜山高温地热水，应用全自动封闭式油管热清洗装置清洗油管。该装置由清洗进料滚轮、清洗出料滚轮、清洗箱体、齿盘、驱动、冲洗泵、内外壁冲洗口等组成（如图 4 所示）。

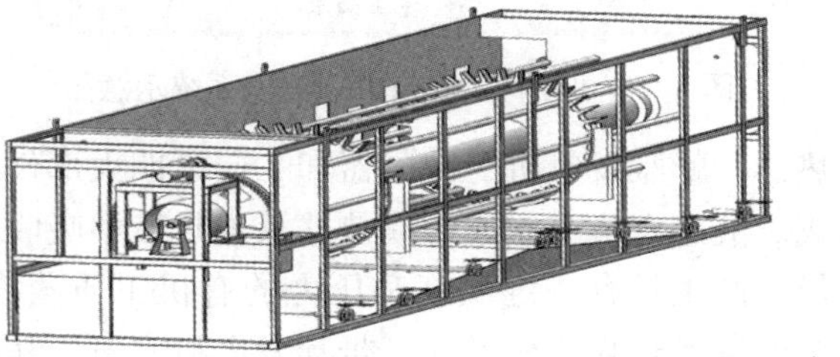

图 4　全自动封闭式油管热清洗装置图

该装置工作时油管经上料架从箱体端面进入，由驱动中心轮带动管槽齿盘，油管有序的在滑道内做圆周运动，油管间距一致，运动速度平稳，油管在水箱内受热均匀，这一过程可使油管上附着的原油融化。当油管旋转到内清洗位置，有热循环泵对油管内壁进行多次冲洗，完成后油管转换到外传输线，在箱体出口端再由外壁环形喷枪对油管外壁进行冲洗，完成后油管出箱下料。该装置采用全封闭彩钢岩棉保温箱体，保温效果好，减少无功热耗（冬季更明显）；采用了中心管槽驱动，连续进料，同步出料，全封闭运动方式，使油管受热面积均匀，运行平稳，受热时间可根据原油的性质进行控制；工作效率高，油管单机每小时能清洗 80～120 根；整机自动控制，可以进行清洗机的所有参数设定、实时观测钢管的位置、实时观测各设备的运行状态和实时参数、可以提供实时报警和处置方法。

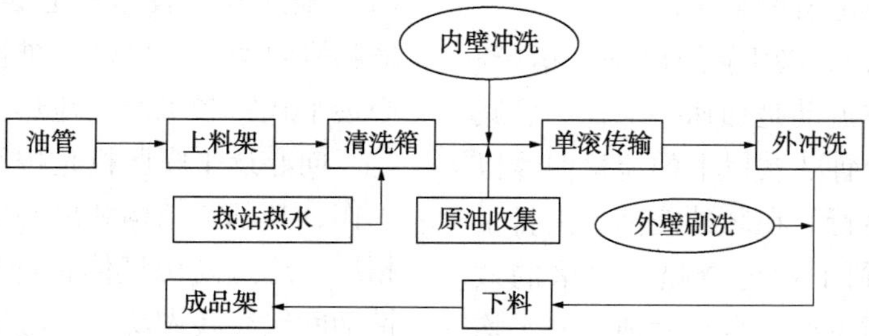

图 5　地热清洗油管流程图

2.3.2　含油污泥处理

新建留北净化点，利用地热高温采出水和絮凝剂，在物料分离平台上对干化场的砂石滤料进行加药冲洗，冲洗干净后重新回填至干化场内，实现砂石滤料重复利用，减少危废的产生；其余的油泥和站外的作业废液通过绞龙运送至进细料池，通过地热水、药剂、超声、气浮、搅拌等作用实现含油污泥流化、清洗和游离原油去除等调质过程。采用两相离心机实现固体污泥与液体的分离，通过三级清洗装置收集的液相输至 3000 方沉降罐，罐中的浮油通过收油装置输入油罐，沉降罐的底泥通过负压排泥器排至进料池。实现含油污泥中的油、水、杂质分离，油和水处理后回收至系统，含水固渣进入离心机进行减量处理，处理后的残渣含油量小于 2%，污泥减量 80%以上。

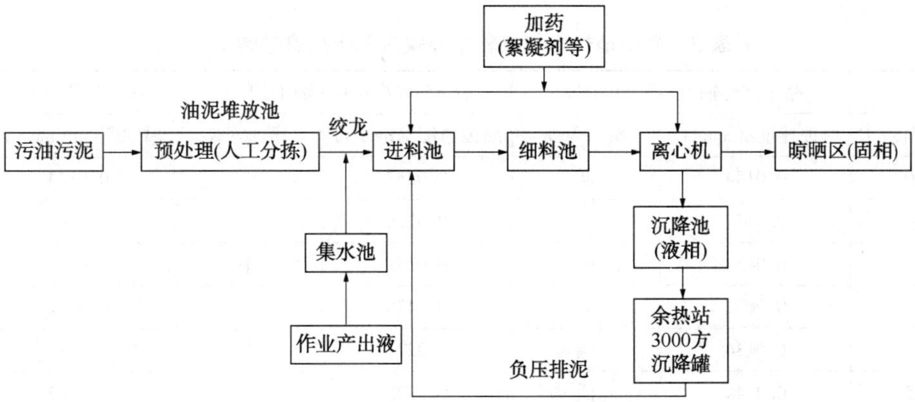

图 6 含油污泥处、作业废液处理流程图

2.4 地面工艺简化优化

2.4.1 干线掺地热水

地热水经发电、清洗油管、处理含油污泥后，尾水掺入接转站至联合站的干线，从而降低接转站加热炉供热量。需开展干线掺地热水集输，重点研究各站产液与地热水配伍后的腐蚀结垢问题。

留北油田水质分析：采出水富含 SO_4^{2-}，含量为 166.2mg/L，与富含 Ba^{2+} 的采出水容易发生 $BaSO_4$ 沉积结垢；水质偏酸性，pH 值 6.45；Ca^{2+} 含量较高，为 89.2mg/L，HCO^{3-} 含量为 709.8mg/L，温度较高压力较低时容易发生 $CaCO_3$ 沉积结垢；硫化物含量为 3.6mg/L，SRB 含量为 2.5 个/mL，矿化度和游离 CO_2 含量较高，分别为 5375mg/L 和 163.9mg/L，因此该水质存腐蚀性；Fe^{2+} 含量为 1.36mg/L，表明该系统存在一定程度的腐蚀。

依据水质情况，开展潜山地热水与路 3 站等 3 个站场外输液配伍性结垢、腐蚀试验，试验温度 40~60℃时，将留北潜山地热水分别与路 3 站、路 15 站、路 27 站外输液以 1 ∶ 0.3、1 ∶ 0.4、1 ∶ 0.5 比例配伍后，可以看出室内 $CaCO_3$ 结垢趋势随温度升高而升高(如表 2 所示)。

表 2 潜山地热水与接转站外输液配伍后结垢情况表

类别		路 3 站外输液+潜山地热水		路 15 站外输液+潜山地热水		路 27 站外输液+潜山地热水	
配伍比例	试验温度/℃	$CaCO_3$ 结垢率/%	$CaCO_3$ 沉积量/(mg/L)	$CaCO_3$ 结垢率/%	$CaCO_3$ 沉积量/(mg/L)	$CaCO_3$ 结垢率/%	$CaCO_3$ 沉积量/(mg/L)
1 ∶ 0.3	40	9.1	7.4	—	未检出	—	未检出
	45	15.2	12.4	8.82	14.8	15.5	27.2
	50	54.5	44.5	25.4	42	22.5	39.6
	60	69.7	56.9	41.2	69.2	46.5	81.6
1 ∶ 0.4	40	10.3	9.9	—	未检出	1.4	2.5
	45	17.9	17.3	11.4	19.8	17.8	32.1
	50	48.7	47	26.5	44.5	38.4	69.2
	60	65.1	69.2	45.7	79.1	52.1	93.9
1 ∶ 0.5	40	11.6	12.4	7.1	12.4	2.8	4.9
	45	18.6	19.8	21.4	37.1	27.8	49.4
	50	53.5	56.8	35.7	61.8	41.7	74.2
	60	74.4	71.7	52.2	86.5	52.5	98.9

试验温度 40~60℃时，将留北潜山地热水分别与路 3 站、路 15 站、路 27 站外输液以 1∶0.3、1∶0.4、1∶0.5 比例配伍后，可以看出，腐蚀趋势随温度升高而升高，腐蚀速率为低度腐蚀或中度腐蚀(如表 3 所示)。

表 3　潜山地热水与接转站外输液配伍后腐蚀情况表

类别		路 3 站外输液+潜山地热水		路 15 站外输液+潜山地热水		路 27 站外输液+潜山地热水	
配伍比例	试验温度/℃	腐蚀速度/(mm/a)	腐蚀等级	腐蚀速度/(mm/a)	腐蚀等级	腐蚀速度/(mm/a)	腐蚀等级
1∶0.3	40	0.0154	低	0.0257	中	0.0144	低
	45	0.0177	低	0.0276	中	0.0167	低
	50	0.0454	中	0.0351	中	0.0348	中
	60	0.0652	中	0.0478	中	0.0572	中
1∶0.4	40	0.0134	低	0.0271	中	0.0187	低
	45	0.0144	低	0.0322	中	0.0287	中
	50	0.0392	中	0.0374	中	0.0421	中
	60	0.0548	中	0.0531	中	0.0605	中
1∶0.5	40	0.0097	低	0.0391	中	0.0217	低
	45	0.0137	低	0.0417	中	0.0331	中
	50	0.0321	中	0.0461	中	0.0587	中
	60	0.0533	中	0.0545	中	0.0628	中

根据试验结果，选择应用 HCC 纤维增强复合防腐内衬技术，该技术以环氧树脂作为基体，纤维作为增强体，其他助剂综合作用，使防腐涂层材料兼具防腐、力学性能，附着力≥12MPa，简支梁冲击≥2kJ/m^2，拉伸强度≥40MPa，耐温≥120℃有效防止了腐蚀结垢给掺水、集油干线带来的危害。现场进行清蜡、除垢、内涂等步骤，管线防腐内衬后，将地热水通过接转站直接掺至干线，由地热水混合单井来液进行升温后外输，达到了降低站场加热炉供热量的目的。

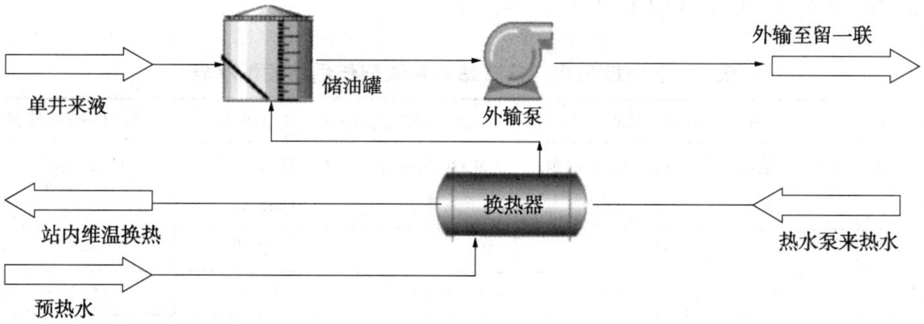

图 7　接转站掺水示意图

2.4.2　单管常温集油

干线掺入地热水后，接转站加热炉主要为单井至接转站集输提供热源，为彻底停用加热炉，需开展单管常温集油研究。由于每口油井的产液量、含水率、产液温度、输送距离、管径等参数不尽相同，部分井直接进行单管集油沿程温降、摩阻过大，无法满足回站温度、井口回压要求。该类井集输流程需采取新路由，集输管线新建路由原则：根据油井井位、产液量及井口温度等参数，本着高温井带低温井、高产液量带低产液量井的原则，确定单管集输管线路由及串联情况。管线新路由确定后，对每个井组油井原油凝点及集输参数进行测定，依据测定的参数确定井组首端井应用复合隔热内衬油管。复合隔热内衬油管通过在油管外(内)壁均匀包裹(衬)一层具有隔热保温功能、导热系数低、防水性能好的隔热材料，形成隔热保温层。充分利用地热能，应用后提升首端井井口产液温度，从而提升串接后混合液温度，实现井组常温输送。现场共应用10口井，平均每井井口产出液温度提升12.4℃，实现了单井至接转站单管常温输送。

图8　复合隔热油管

3　现场应用效果

3.1　潜山井提液情况

留北潜山提液井共应用塔式抽油机配合并联双作用泵举升工艺4井次，其中留44、留52N井机采后日产液分别为530t/d、589t/d，达到了与潜油电泵产液接近的水平，两井在机采一段时间后诱喷成功、自喷日产液分别为590t/d、1190t/d，持续自喷生产至今。留24、留32井作业区控制产液，2口井日产液合计291t，同样具备调大生产参数后同自喷生产的能力。4口井机采井较电泵生产节电率达84.23%。若考虑自喷生产，则节电效益更为可观。

表4　路27站部分井常温隔热油管应用情况

井号	阶段	日产液/(t/d)	日产油/(t/d)	含水率/%	井口温度/℃
路27-23X	应用前	16.00	1.15	92.80	28.00
	应用后	17.00	1.19	92.90	39.50
路27-24X	应用前	14.00	0.34	97.57	29.00
	应用后	15.60	0.35	97.89	39.00
路27-26X	应用前	20.00	1.30	93.50	30.00
	应用后	18.00	1.25	93.06	44.00

表5　留北潜山地热井两种提液方式对比表

序号	井号	电潜泵		塔机+并联双作用泵		吨液节电/kW·h/t^{-1}	节电率/%	诱喷后自喷日产液/t
		日产液/t	日耗电/(kW·h)	日产液/t	日耗电/(kW·h)			
1	留24	460	1100	129	83	1.75	73.09	—
2	留32	507	1058	162	51	1.77	84.91	—
3	留44	537	854	530	135	1.33	83.97	590
4	留52N	610	1354	586	65	2.11	94.94	1190
均值		529	1091.5	352	83.5	1.74	84.23	890

3.2　地热水发电

在留北地热站建设100kW发电机组，采用地热水进行发电，供水量720m^3/d，发电前进水温度105~110℃，发电后地热水温度80℃，日上网电量最高达824kW·h，吨液发电2.5kW·h，累计发电2.5×10^{4}kW·h，由于发电用热为生产系统用热一部分、未新增额外提液耗电、回注耗电，实现了效益发电。环境温度对机组上网电量影响较大，夏季当环境温度达到或超过30℃时，发电机运行效益向负效益反转，环境温度在15℃及以下，发电效果较好。

表7　地热发电效益表

机组需求热水量/(m^3/d)	机组净发电量/(kW·h/d)	回注压力/MPa	运行发电台机组需回注总电耗/(kW·h/d)	生产系统用热固定需回注/(kW·h/d)	发电导致额外回注电量/(kW·h/d)	节约电费元/天
840	824	4	1646.4	1646.4	0	304.88

3.3　清洗油管、含油污泥处理

利用高温地热水对稠油、结蜡油管进行清洗，年清洗油管10万余根，节电48.25×10^{4}kW·h；利用地热水对干化场的砂石滤料、作业废液、含油污泥进行处理，实现含油污泥减量化、无害化、资源化处理，解决了落地污油绿色环保回收的难题，年回收落地污油700t。

3.4 地面简化优化

通过干线掺地热水、隔热油管首端井升温，成功停用生产区域内加热炉，年节燃油2000余吨，年可减少碳排放6156.6吨。从根本上消除了排放物超标排放的环保风险。

表6　实施前后加热炉耗能表

站点名称	实施前			实施后		
	加热炉/台	热功率/kw	年燃油量/t	加热炉/台	热功率/kw	年燃油量/t
留一联	1	1160	136.5	0		0
	1	1160		0		0
	1	580		0		0
路15站	1	1160	964	0		0
	1	1160		0		0
	1	1630		0		0
路3站	1	1160	471.5	0	—	0
	1	700		0		0
	1	1250		0		0
路27站	1	1250	428	0		0
	1	1250		0		0
合计	11	12460	2000	0		0

4 结论与建议

（1）塔式抽油机配合并联双作用泵举升工艺相比潜油电泵大幅降低了能耗，并成功实现潜山油井诱喷生产，为潜山油藏地热资源大排量开采提供了新的经济可行的技术手段。

（2）依托地面集输系统，通过集油管线简短串接、隔热油管首端井升温、干线掺热水，取代了区域内加热炉供热，经济、社会效益显著，为油田采出液的规模利用提供了借鉴模式。

（3）依托生产系统用热，应用向心透平发电机组成功实现了中低温地热水效益发电，为油田产出液地热发电提供了宝贵的经验，针对因冷却方式造成夏季发电效益不理想的问题，发电机组冷却方式下步计划采取水冷的方式。

（4）利用地热水进行发电、油管清洗、含油污泥处理，尾水及隔热油管升温后的井液共同用于生产维温，形成了地热资源综合利用模式。

参考文献

[1] 刘均荣，于伟强，李荣强．油田地热资源开发利用技术探讨[J]．中国石油勘探，2013，18(05)：68-73.

[2] 梁宏斌，钱铮，辛守良等．冀中坳陷地热资源评价及开发利用[J]．中国石油勘探，2010，15(05)：63-68+86.

[3] 杜航，李栋，苗彦平等．大排量节能举升工艺在留北潜山地热井的应用[J]．石油工程建设，2022，48(06)：54-58.

[4] 刘斌．站外集油工艺简化优化技术研究[J]．石油规划设计，2020，31(02)：17-21+48.

[5] 闫贵堂，屈涛，陈磊．HCC纤维增强复合防腐内衬技术[J]．油气田地面工程，2013，32(04)：109-110.

[6] 朱杰人，曹先常，陈志良等．低品位热能有机朗肯循环发电技术进展[J]．低温与超导，2021，49(01)：73-80. DOI：10.16711/j.1001-7100.2021.01.012.

[7] 王建永，王江峰，王红阳等．有机朗肯循环地热发电系统工质选择[J]．工程热物理学报，2017，38(01)：11-17.

[8] 程爱国．油管高效清洗装置的研制与应用[J]．清洗世界，2009，25(09)：39-42.

[9] 宋健．油田含油污泥热洗处理技术研究[D]．东北石油大学，2015.

[10] 薛李强，苗彦平，冶维青等．高含水油井采出液地热的规模利用[J]．油气田地面工程，2022，41(05)：79-85.

油田余热资源梯级利用研究与实践

刘青松　杜　航　刘文勃　宋保林　陈振亚

（中国石油华北油田公司）

摘　要　随着油田的不断开发，进入中后期阶段油井大量含水，对于油田潜山油藏，油井含水率高并蕴含丰富的余热能。在油田已有工艺设施和生产技术条件下，对余热资源进行开发利用，满足油田生产用热需求，从而替代化石能源。通过利用余热资源进行发电、生产维温伴热、生产辅助用热等，提高余热资源综合利用率，对余热资源进行梯级利用，加快“油田”变“热田”，实现油田的绿色可持续发展。

关键词　余热资源；梯级利用；余热发电；绿色低碳；节能降耗

1　引言

油田生产需要消耗大量的化石能源，同时也产生大量的二氧化碳排放，能源消耗带来的环境问题也越来越受到重视。2020 年我国提出“二氧化碳排放力争于 2030 年前达到峰值，努力争取 2060 年前实现碳中和”。中国石油也进行了“清洁替代、战略接替、绿色转型”三步走的总体部署，面对能源和环境的双重压力，亟须大力发展清洁能源。而余热资源是一种清洁可再生的能源，中国石油各油气田公司矿权 4km 以下浅余热资源为 1.08×10^{12}tce，占我国水热型余热资源的 86%，特别是华北油田潜山余热资源储量丰富，结合潜山油藏的余热资源，充分利用余热水的有效温差，进行余热发电、生产维温伴热等，实现余热的梯级利用，达到节约能源，提高开发效益的目的。

2　潜山油藏余热资源研究

华北油田位于河北省中部，构造位置属于渤海湾盆地冀中坳馅，余热资源包括上第三系、潜山两套热水层，热水资源总量 $1.77\times10^{12}m^3$，其中上第三系热水资源 $1.57\times10^{12}m^3$（平均地温≤90℃），相当于 2.27×10^{10}tce；潜山热水资源量为 $0.2\times10^{12}m^3$（平均地温≤120℃），相当于 2.18×10^{10}tce。其中已开发的留北潜山油田，采出程度较高，潜山井已近乎全部关停、井网完善且相对集中、单井供液能力强、回注压力低，圈闭内余热面积 44.85km^2，余热水资源 $3.9\times10^8m^3$，地层平均温度 123℃，适宜开展余热资源的梯级利用。

表 1　留北潜山油田余热资源数据表

层位	雾迷山
圈闭余热面积	44.85km^2
余热水资源	$3.9\times10^8m^3$
油藏中深	3350m
原始地层压力	32.9MPa
渗透率/mD	158
孔隙度	6%
地层平均温度	123℃

3　余热资源梯级利用

根据留北潜山油田余热资源情况，通过对余热井进行大量提液，提升产出液温度，高温余热水进行发电，发电后尾水掺入集输干线，为油田生产进行维温伴热，实现余热水完全替代油田加热炉供热，余热尾水同时用于清洗油管、处理含油污泥，最后将余热水回注潜山地层，实现可持续开发利用的目的。

3.1　单井提液

为了满足留北潜山余热水液量要求，将抽油泵进行并联。综合考虑抽油机地面传动效率、平衡度调节，优选塔式抽油机配合双作业泵进行余热资源开采，适应双作用泵运行时抽油杆上冲程速度快、下冲程速度慢的特点。经大量排液后，余热水温度比提液前上升幅度较大，地层能量保持状况比较好，供液能力比较充足。

塔式抽油机+并联双作用泵的启动、运行、停止——井筒内的液体流动是加速—平稳—急减速往复循环，形成每分钟 3 次以上的流量曲线以脉冲形式的循环震荡运行。在脉冲震荡、大排量抽汲共同作用下，起到了物理诱喷、解堵的效果，实现了余热井自喷生产，自喷后余热井平均液量达到 600m^3/d 以上，井口温度达到了 110℃，达到了综合利用的需求。

同时在脉冲震荡、大排量抽汲共同作用下，起到了物理诱喷、解堵的效果，实现余热井自喷生产，自喷后余热井液量温度也达到了综合利用的需求，节约了电能。

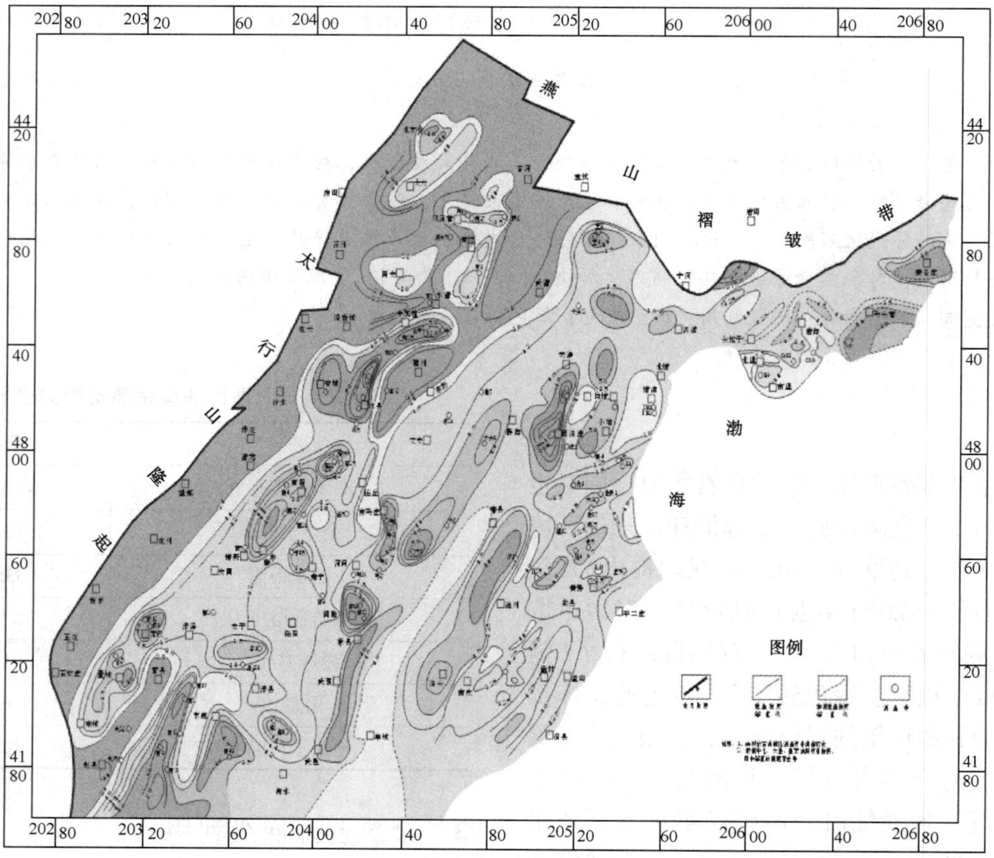

图 1　京津冀地区新生界地温梯度等值线图

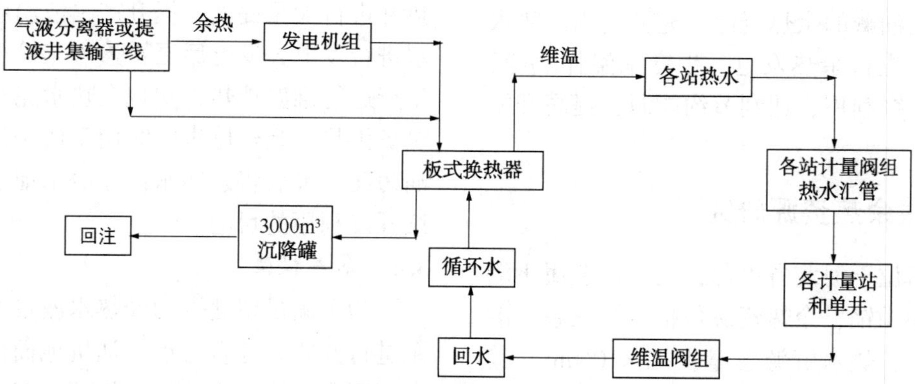

图 2　余热梯级利用流程图

3.2　余热发电

采用“先发电、后维温”的设计思路，余热水采出后经过气液分离器分离，进入发电机组进行发电。根据潜山余热水温情况，发电机组采用有机朗肯循环（ORC），以低沸点有机流体为工质，进行循环换热达到发电的目的。该发电技术具有简单灵活、稳定可靠、运行寿命长、对热源温度要求低等优点。余热流体通过蒸发器将热量传递给有机流体，然后回注到地下；有机流体吸收热量后汽化生成具有一定压力和温度的有机工质蒸汽，有机工质蒸汽进入透平机械膨胀做功，从而带动发电机发电。发电后的有机工质进入冷凝器被冷却为液体，再经工质泵加压进入蒸发器继续吸热，完成循环。

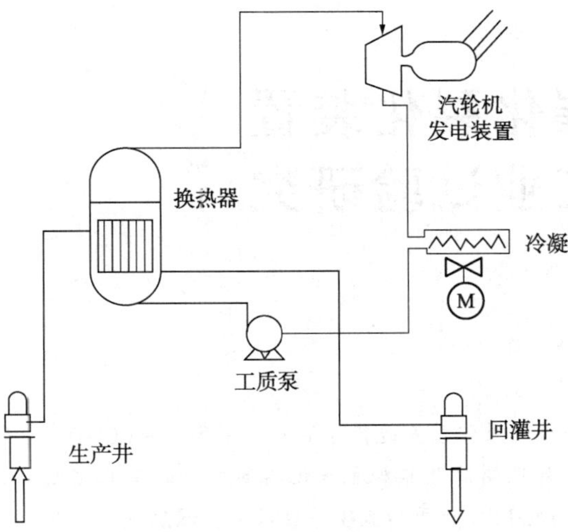

图3　有机朗肯循环(ORC)系统示意图

留北潜山油田采出水温度约为110～105℃，安装应用3台100kW的ORC涡轮发电机组，发电后余热水温度为80℃，日上网电量最高达824kWh，吨液发电量2.5kWh，实现了效益发电。

3.3　维温伴热

留北潜山油田运行4个站点，单井采用三管伴热方式生产，伴热所用维温热水的加热和循环依靠燃油热水炉、回水罐和热水泵系统。根据4个站点燃油量计算其热负荷核算所需维温水量，确保维温效果。依据下面公式计算用热负荷。

$$Q=\frac{G\times R\times 1000}{121\times 24}$$

式中，Q为热水炉冬季燃油热水炉的热负荷，kcal/h；G为热水炉的燃油量(冬季天数取121天)，t；R为燃料油热值，取8500kcal/kg。

据此计算出站点冬季和夏季的全年运行所需热量为1.354×10^7kcal/h，余热维温水利用温差取30℃(80～50℃)，则满足4座站点维温需提供80℃维温水250m^3/h。并据此选择合适换热器，优选4台波纹管换热器，换热面积190m^2/台，已达到维温伴热需求。

通过余热水维温利用从而取代四座站的11台燃油热水炉，各站已建燃油热水炉系统全部停用，年节约燃油2000t，可减少二氧化碳排放约6100t，达到了节能降耗的目的。

3.4　生产辅助用热

为充分利用余热资源，提高余热水的综合利用效率，将高温余热水引入油管厂，采用高温余热水(94℃以上)蒸煮、清洗油管，与以往高压冷清洗及电加热水清洗技术相比耗能少、清洗效率高，清洗油管更彻底，清洗后的含油污水利用回水泵输送回余热站，通过余热站配套建设的污油回收装置，实现工业“三废”零外排。目前年清洗油管能力达10万根，减少新管杆采购费用2000余万元，年节电48.25×10^4kWh，减少二氧化碳排放427t。

同时将余热水应用于污油净化点，为污油清洗化油提供足够热量，进行化油清洗，产生的油水混合物进入站内沉降罐，实现含油污泥减量化、无害化、资源化处理，年处理含油污泥约3000t，年减少用电量约13.9×10^4kWh，减少二氧化碳排放123t。

4　结论

(1) 油田余热资源储量丰富，拥有巨大的开发利用潜力，通过余热资源的梯级利用，可大大提高余热的综合利用率，有效改善油田生产的用能环境，提高绿色能源占比，实现油田的绿色可持续发展。

(2) 油田余热资源属于中深层余热水资源，适宜采用双工质余热发电技术。在确保水源水量和温度的同时，能取得一定的经济效益。

(3) 根据油田余热资源的水温和水质情况，在不影响供热的前提下可先进行发电利用，发电的回水再根据不同的温度区间进行逐级使用，实现余热资源的高效梯级利用，同时在油田可配套建设其他新能源应用模式，促进油气生产与新能源融合，逐步打造“零碳”油田。

参考文献

[1] 清华大学气候变化与可持续发展研究院．中国低碳发展战略与转型路径研究[R]．北京：清华大学气候变化与可持续发展研究院，2020.

[2] 姜曙，刘芳芳，刘媛媛，等．“地热能+”在工程实践中的综合梯级应用[J]．综合智慧能源，2022，(9).

[3] 王丽荣，陈曦，姬竟，等．油田地热资源开发利用现状及工艺技术优化探讨[J]．区域供热，2022，(4).

[4] 李健，武江元，杨震，等．地热发电技术及其关键影响因素综述[J]．热力发电，2022，3(3).

100万吨/年蜡油催化裂化装置DPC碱催化技术工业试验研究

姬　勇　郭泓桥

（中国石油乌鲁木齐石化公司炼油厂）

摘　要　通过在中国石油乌鲁木齐石化100万吨/年蜡油催化裂化装置进行原油直接制化学品(COTC)碱催化技术的工业试验，考察碱性催化剂对加氢蜡油掺炼预处理蜡油及非加氢焦化蜡油加工的工业化效果。试验结果表明：与酸催化技术相比，碱催化技术表现出高的LPG产率和低碳烯烃产率、低焦炭产率及干气产率。液化气、丙烯及丁烯+异丁烯收率分别提高2.72w%、1.57w%和1.93w%；汽油RON值提高2.32，柴油收率增加1.91%，生焦率降低0.03%。同时，通过对汽油组分分析，汽油芳烃含量明显降低，烯烃含量显著增加。柴油组分多环芳烃含量下降2.6%。油浆组分饱和烃含量略有降低，芳烃含量有所增加。

关键词　催化裂化；碱催化技术；工业试验

1　前言

在清洁能源需求日益增长，石油需求及油品消费不断下降的背景下，炼油企业亟需向化工转型已经成为不可扭转的趋势。原油蒸汽裂解、催化裂解和DPC碱催化等技术是原油直接制化学品(COTC)技术的主流工艺。其中，碱催化技术由于具有高的LPG收率、焦炭收率低、三烯(乙烯、丙烯和丁烯)和BTX(苯、甲苯、二甲苯混合物)含量高等特点得到研究者的广泛关注。本文通过在中国石油乌鲁木齐石化100万吨/年蜡油催化裂化装置采用碱催化技术加工加氢蜡油掺炼预处理蜡油及非加氢焦化蜡油，考察碱催化技术适用性和产品分布及产品收率，并对碱催化技术的发展提出技术展望。

2　试验条件及方法

本文采用中国石油乌鲁木齐石化100万吨/年蜡油催化裂化装置于2022年3月进行DPC催化剂工业试验研究。为真实、客观的评价DPC催化剂在装置运行期间的各项工艺运行条件及产品分布情况，该装置于2月28日周一10：00开始按DPC催化剂加注要求，再生器卸平衡剂5吨，一次性补加DPC催化剂3吨，后续按照方案持续加注，3月7日停止加注DPC催化剂，2月28日至3月7日共加剂18吨，DPC催化剂占系统催化剂总藏量约5%。装置于2022年3月7日11：00-3月9日11：00进行DPC催化剂工业试验标定。

2.1　原料性质

该催化裂化装置原料采用加氢蜡油掺炼预处理蜡油及非加氢焦化蜡油。具体原料性质见表1。

表1　原料油性质

项目	计量单位	空白期(2月25日至27日)	标定期(3月7日至3月9日)
硫含量	%(m/m)	0.16	0.14
运动黏度(100℃)	mm^2/s	4.51	4.06
初馏点	℃	223.80	217.50
终馏点	℃	498.00	502.00
全馏	mL	97.20	97.00
酸值	mgKOH/g	0.98	0.97
运动黏度(50℃)	mm^2/s	16.57	15.48

续表

项目	计量单位	空白期(2 月 25 日至 27 日)	标定期(3 月 7 日至 3 月 9 日)
残炭	%(m/m)	0.03	0.04
密度(20℃)	kg/m^3	882.06	886.48
氯含量	mg/kg	0.50	0.50
铁含量	mg/kg	1.40	1.40
镍含量	mg/kg	0.12	0.12
钒含量	mg/kg	0.00	0.00
钙含量	mg/kg	0.54	0.65

由表 1 可以看出，加 DPC 催化剂前后，原料重金属铁、镍、钒含量及非金属氯含量无明显变化，钙含量由 0.54mg/kg 增加至 0.65，硫含量由 0.16%(m/m)将至 0.14%(m/m)。原油密度由 882.06kg/m^3 增加至 886.48kg/m^3，残炭含量由 0.03%(m/m)增加至 0.04%(m/m)。综上所述，加 DPC 催化剂前后，原料性质有所变重，相应增加了原料的处理难度。

2.2 运行条件

为保证试验条件的客观、准确性，在装置加注 DPC 催化剂前后，工艺操作条件无明显变化，装置运行操作维持稳定。由于加注 DPC 催化剂后气体产率明显增加，工艺操作上进行了相应调整，以维持装置平稳安全运行。具体操作运行参数及工艺运行操作对比情况见表 2，表 3。

表 2 操作运行参数

时间	2.28	3.1	3.2	3.3	3.4	3.5	3.6	3.7	3.8 白	3.8 夜	3.9 白
反应温度	497	495	489	487	489	487	487	491	491	488	488
油浆回炼量	9.5	9.5	9.5	9.7	9.4	9.4	10	9.6	9.2	9.6	10.4
回炼油量	20	22	24	24	23	24	24	23	25	26	25
一密床温	669	662	664	665	661	663	663	660	660	656	657
二密床温	699	711	706	712	702	708	706	709	706	710	709
再生器氧含量	3.6	3	3.5	3	304	2.8	3	3	2.8	2.7	2.9
反应压力	163	164	164	164	163	165	165	165	164	164	165
再生器压力	167	166	166	166	166	167	167	167	167	167	168
分馏塔液相温度	347	345	340	351	348	349	347	346	352	347	348
分馏塔气相温度	353	350	345	357	353	354	352	351	356	352	354
分馏塔中部温度	233	233	233	230	230	232	235	235	233	235	237
分馏塔顶温度	115	113	114	114	114	115	114	113	113	113	114
分馏塔压力	117	116	116	119	116	116	113	112	114	111	115
稳定塔底温度	162	163	160	160	161	161	162	162	161	162	162
稳定塔压力	988	995	995	1022	1008	1014	1018	1020	1006	1020	1020

表 3 工艺运行操作对比

项目	单位	空白期(2 月 25 日至 27 日)	标定期(3 月 7 日至 3 月 9 日)
原料性质	—	非加氢焦蜡油 10%+常蜡油 90%	加氢焦蜡油 13%+常蜡油 87%
加工量	t/h	110	110
新鲜催化剂单耗	千克/吨原料	0.37	0.36
反应温度	℃	496	487
汽提段藏量	t/m^2	4.2	4.2

续表

项目	单位	空白期(2月25日至27日)	标定期(3月7日至3月9日)
一密藏量	t	14.5	14.5
二密藏量	t/m^2	0.15	0.15
原料预热温度	℃	255	255
雾化蒸汽	t/h	3.3	3.3
汽提蒸汽	t/h	2.8	2.8
反应压力	Kpa	166	165
再生压力	Kpa	168	167
吸收塔顶压力	Kpa	976	970
吸收塔顶温度	℃	39	39
解析塔顶温度	℃	51	51
解析塔顶压力	Kpa	1020	1025
解析塔底温度	℃	122	123
稳定塔顶温度	℃	58	58
稳定塔顶压力	Kpa	975	975
稳定塔底温度	℃	162	163

由上表可以看出，由于加注 DPC 催化剂后，气体产率明显增加，导致气压机运行负荷较高，影响装置安全平稳生产，因此工艺操作上进行适当调整，反应温度降低 9℃，油浆全回炼，回炼量较加剂前增加 3t/h，回炼油量较加剂前增加 5t/h，其他主要参数和操作条件基本维持稳定。

3 试验结果及分析

3.1 *产品分布及收率*

在装置加注 DPC 催化剂前后，产品分布及组成发生了明显的变化，具体数据见图 1 至图 4。

由以上统计数据可以看出，在加注 DPC 催化剂前后，液化气收率明显增加，增幅 2.72%；汽油收率大幅下降，降幅 4.70%；柴油收率大幅提升，升幅 1.91%；丙烯收率增加显著，增幅 1.57w%；丁烯+异丁烯收率大幅增加，增幅 1.93%；焦炭产率明显降低，降幅 0.04%。

出现以上产品分布变化，主要是由于 DPC 碱催化技术与酸催化技术在原料油提升管反应过程中发生的化学反应类型有明显差异。酸催化技术主要是正碳离子反应，氢转移反应及芳烃缩合反应特征较为明显，而碱催化技术是负碳离子反应，无氢转移反应与芳烃缩合反应的特征，催化裂化反应占主导地位，汽油产品进一步转化为气体产品，由此造成产品分布上的显著差异。

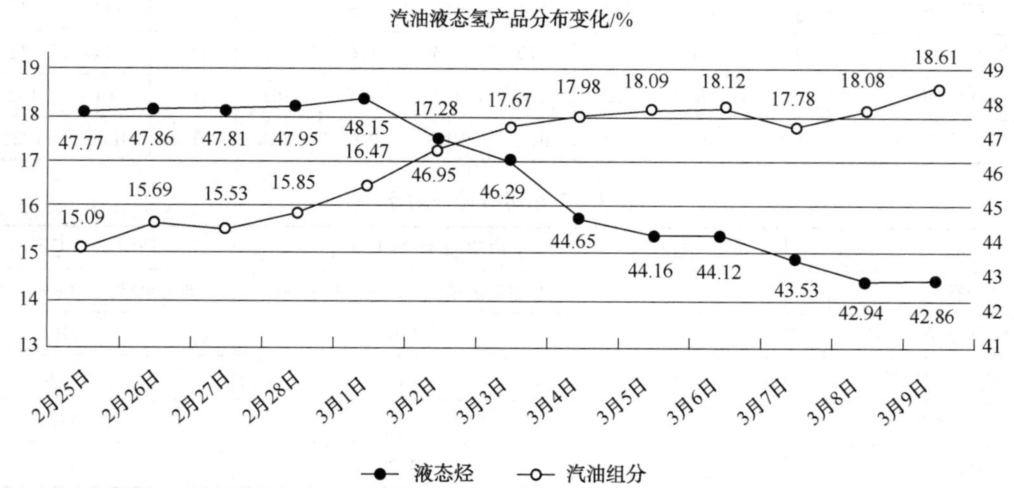

图 1 汽油及液态烃产品分布变化

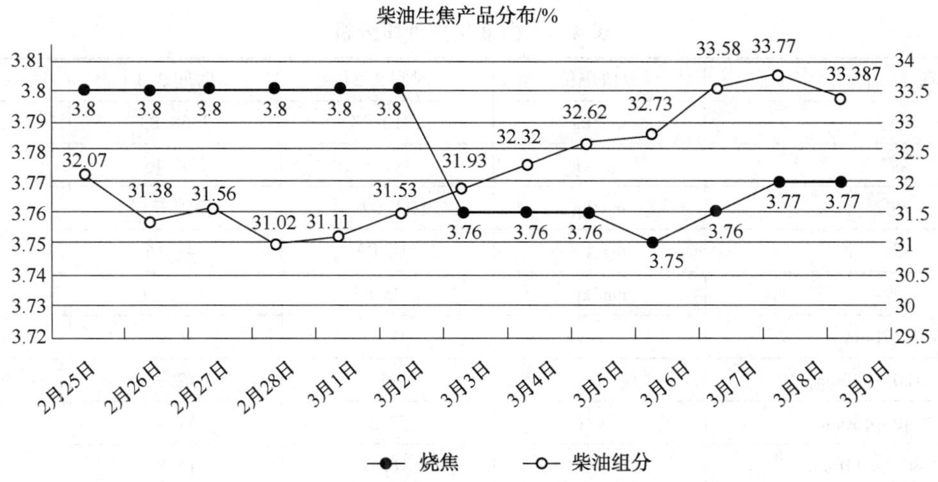

图 2　柴油和生焦变化情况

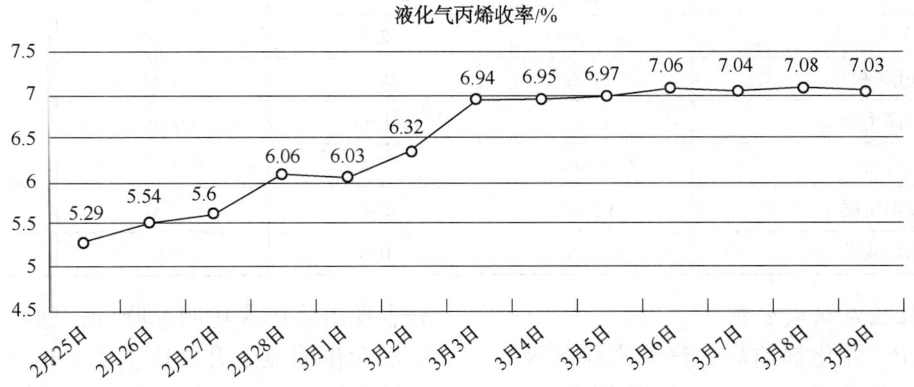

图 3　丙烯收率变化情况

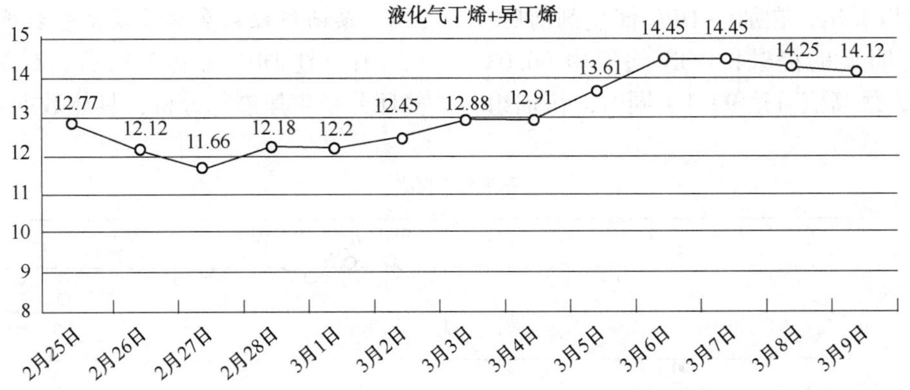

图 4　丁烯+异丁烯变化情况

3.2　平衡催化剂分析

装置加注 DPC 催化剂前后，平衡催化剂金属含量及相关理化分析见表 4。

从上表可以看出，加注 DPC 催化剂前后，催化剂粒径筛分组成<20um 由 0.6%降到 0.2%，其他粒径筛分组成无明显变化。这主要是由于 DPC 碱催化技术采用专利载体和碱性活性组分的碱催化剂，专利载体水热稳定性能好，且具有较高的比表面积和孔体积。同时，催化剂重金属含量也有显著的变化，铜含量由 11.09mg/kg 增至 135.51mg/kg；钒含量增幅明显，由 114.09mg/kg 增至 1057.15mg/kg；钙含量由 1135.03mg/kg 增加到 2491.39mg/kg。这可能主要是因为采用专利的催化剂造成相关的催化反应及烧焦发生相应的变化，导致金属含量产生变化。

表 4　平衡催化剂性质分析

项　目	数值单位	时间 2.24	时间 3.3	时间 3.10
铁	mg/kg	2310.07	2368.83	2271.25
镍	mg/kg	191.8	220.46	180.82
铜	mg/kg	11.09	12.75	135.51
钒	mg/kg	114.09	144.16	1057.15
钙	mg/kg	1135.03	1237.71	2491.39
粒级<20um	%(v/v)	0.6	0.8	0.2
粒级≥20~<40um	%(v/v)	11	12.9	11.97
粒级≥40~<80um	%(v/v)	57.3	57.4	55.5
粒级≥80~≤110um	%(v/v)	16.7	15.8	17.7
粒级>110um	%(v/v)	14.4	13.1	15.6
钠	mg/kg	2597.37	2790.5	2650.36
三氧化二铝	%(m/m)	52.31	51.28	51.15
孔体积	mL/g	0.39	0.37	0.37
沉降密度	g/mL	0.96	0.89	0.91
压降密度	g/mL	1.02	0.98	0.98
骨架密度	kg/m^3	2748	2731	2712
灼烧减量	%(m/m)	0.6	0.63	0.42

3.3　汽油辛烷值及组成分析

在加注 DPC 催化剂前后，汽油辛烷值及组成发生了明显的变化，具体分析数据见图 5，图 6。

由上图可以看出，在加注 DPC 催化剂前后，汽油辛烷值有明显的提升，RON 均值由 90.03 提高至 92.35，最高值可达 93.1。同时，汽油组分表现出芳烃含量明显降低，饱和烃略有降低，烯烃含量明显上升。这主要是由于 DPC 碱催化剂具有特殊的反应选择性，催化裂化反应占主导，无氢转移反应。

3.4　柴油馏程及多环芳烃含量分析

在加注 DPC 催化剂前后，针对柴油馏程及多环芳烃含量进行分析，具体数据见表 5，图 7。

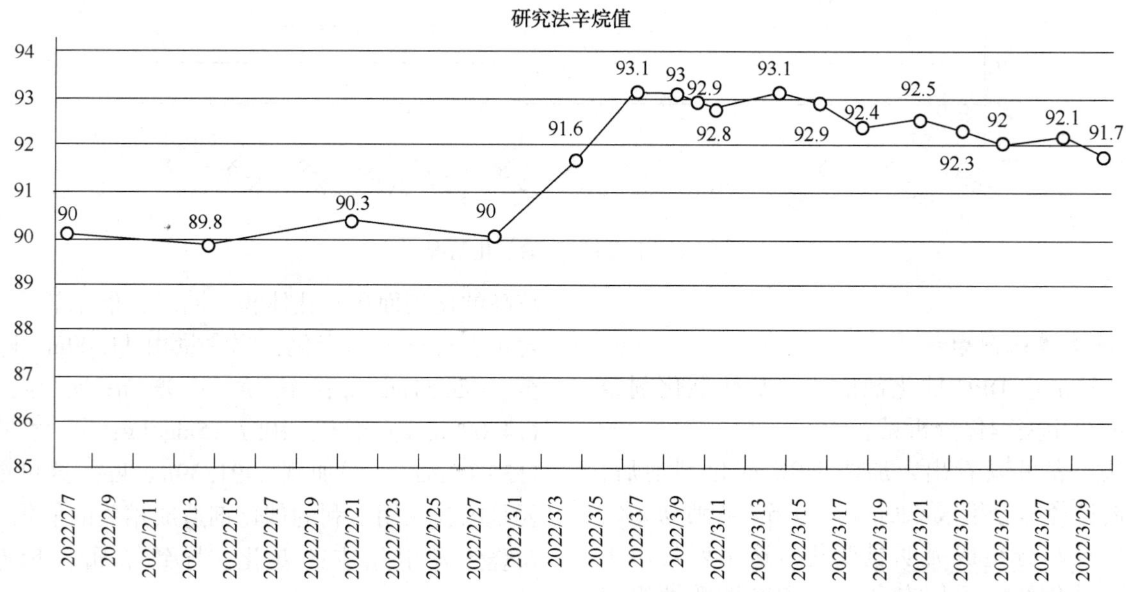

图 5　汽油辛烷值变化情况

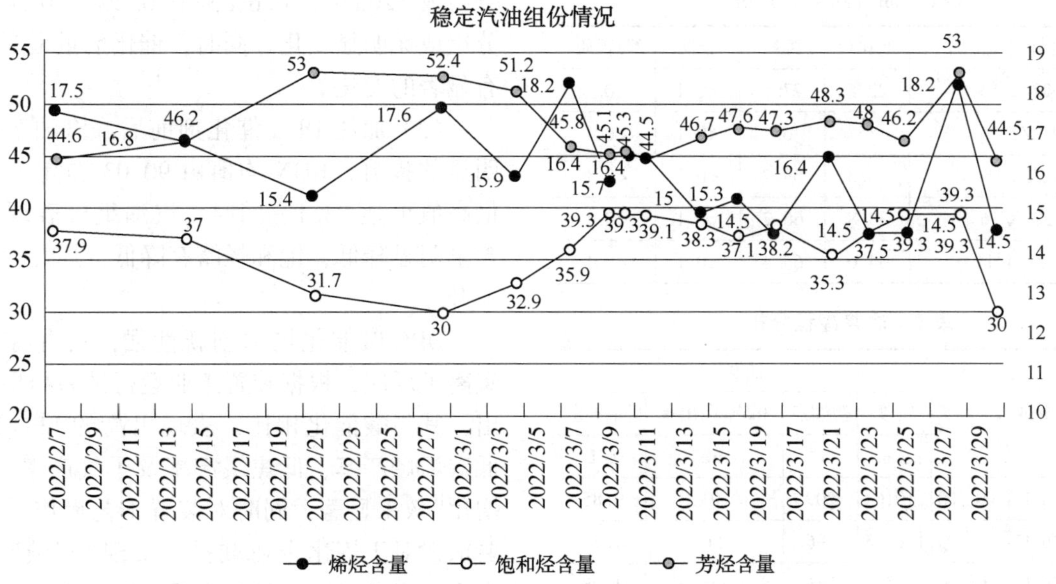

图 6　汽油组分变化情况

表 5　柴油馏程分析

	初馏点	50%馏出温度	90%馏出温度	终馏点
2-27	175	264	322	350
2-28	178	263	324	352
3-1	180	269	328	353
3-2	183	269	325	349
3-3	183	266	317	339
3-4	181	265	321	350
3-5	180	267	324	346
3-6	188	273	327	348
3-7	189	274	328	351
3-8	187	270	329	350
3-9	184	270	324	346
	183.3	268.6	324.7	348.4

由上述图表可以看出，柴油初馏点提高了 8.3℃，终馏点降低了 1.6℃，多环芳烃含量由 35.5%降低至 32.9%。这说明柴油组分相对变轻了，主要是由于采用的专利 DPC 碱催化剂具有特殊的反应选择性，其无氢转移反应和芳烃缩合反应特性，由此可能导致柴油组分多环芳烃含量相对降低，饱和分及不饱和分含量相对增加。

3.5　油浆四组分及馏程分析

在加注 DPC 碱催化剂前后，针对油浆四组分及馏程进行了采样分析，具体数据见表 6，表 7。

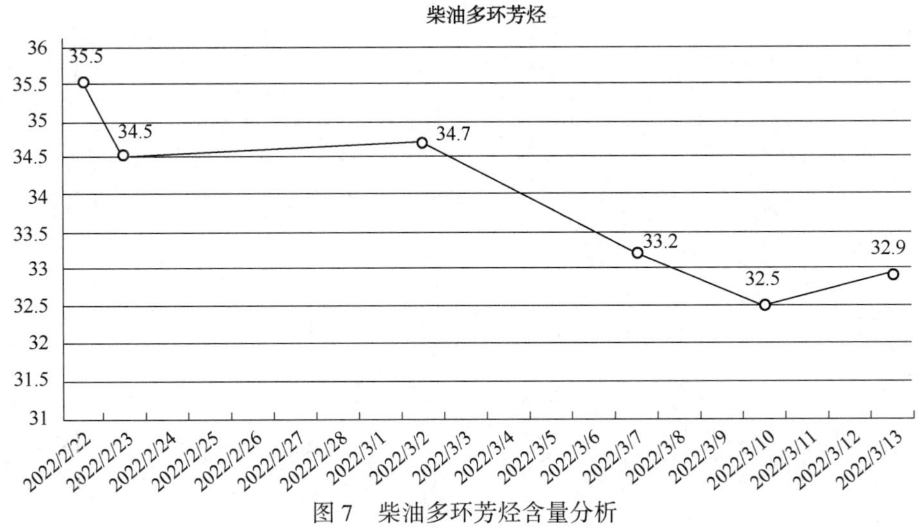

图 7　柴油多环芳烃含量分析

表 6　油浆四组分分析

采样时间	饱和烃	芳烃	胶质	沥青质
2022/2/16	22.5	77.5	<0.1	<0.1
2022/2/25	35	65	<0.1	<0.1
2022/3/1	30.3	69.7	<0.1	<0.1
2022/3/16	33.8	66.2	<0.1	<0.1
2022/4/1	34.6	65.4	<0.1	<0.1

表 7　油浆馏程分析

项目	油浆			
	密度	初馏点	365℃馏出量	固含量
	kg/m^3	℃	mL	g/L
2022-01-01 12：00：00	1016	209	9	2.85
2022-02-01 12：00：00	1011.5	196	11	1.78
2022-03-09 12：00：00	1002	246	4.5	1.98

由上表可以看出，油浆芳烃含量增加，饱和烃含量降低，同时油浆密度显著降低，由 1011.5kg/m^3 降至 1002kg/m^3，初馏点增加 50℃，365℃馏出量降低 6.5mL。由此可以看出油浆组分相对变重，但密度由于饱和烃的降低而降低了。

4　结论

（1）通过加注 DPC 催化剂前后产品分布对比，研究发现，液化气、丙烯、丁烯+异丁烯收率明显增加，柴油收率大幅提升，汽油收率及焦炭产率明显降低。

（2）加注 DPC 催化剂前后，催化剂粒径筛分组成<20um 由 0.6%降到 0.2%，其他粒径筛分组成无明显变化。同时，催化剂重金属含量也有显著的变化。

（3）加注 DPC 催化剂前后，汽油辛烷值有明显的提升，RON 均值由 90.03 提高至 92.35，最高值可达 93.1。同时，汽油组分表现出芳烃含量明显降低，饱和烃略有降低，烯烃含量明显上升。

DPC 碱催化技术创新性强，具有特有的负碳离子反应，根据装置工业运行试验结果可以看出，其与酸催化相比，表现出高的 LPG 产率和低碳烯烃产率、低焦炭产率及干气产率。“减油增化”效果显著，同时对装置工艺操作无需特殊要求，对于炼化企业减排、实现“双碳”目标具有重大意义，同时具有广泛的工业化应用前景。

参 考 文 献

[1] 吴青．原油(重油)制化学品的技术及其进展——Ⅰ．原油蒸汽裂解技术[J]．炼油技术与工程，2022，52(04)：1-10.

[2] 吴青．原油(重油)制化学品的技术及其进展——Ⅱ．重油催化裂解与 DPC 碱催化技术[J]．炼油技术与工程，2022，52(08)：1-7+15.

[3] 吴青，李滨，郭春雷，等．一种固体碱催化剂及其制备方法：113509925A[P]．2021-10-19.

[4] 吴青，臧甲忠，李滨，等．一种高活性耐水热稳定性催化剂及制备方法：113477247A[P]．2021-10-08.

低温废余热驱动制冷(<0℃)技术在石油化工领域中的应用

祝令辉[1] 熊 伟[1] 谷俊杰[1,2] 许 强[3]

(1. 安徽普泛能源技术有限公司; 2. 加拿大卡尔顿大学; 3. 中国机械工业标准化协会专家委员会)

摘 要 近年来,随着我国经济的迅速发展,及科学技术的不断进步,节能减排观念也逐步深入到了各行各业。人们普遍认识到节能减排既关乎国计民生,又关乎企业生存发展,是能源、环境和经济协调发展的客观要求。石油石化作为一个消耗巨大的产业,它所消耗的资源和由此造成的环境压力也是巨大的,在此背景下,节能减排是摆在企业面前的一个最有效减少对能源消耗、降低污染的重要途径,也是各石油石化企业得以长久健康持续发展的必经之路。

安徽普泛能源技术有限公司研究开发的"低品位热驱动多元复合工质制冷(<0℃)关键技术",采用最短路径和最高效的能量转化工艺,可以有效利用工业生产中产生的低品位废余热作为驱动能源,直接制取-47℃以上冷能,用于生产过程的低温用冷,热转化制冷效率(COP)达0.5左右,相较于电驱动制冷系统,节电效率达95%以上。各项性能指标均领先于国内外同类技术。运行实现废气零排放、不产生固体废弃物,污水排放及噪音均符合国家环保标准。该技术在石化领域的推广应用可以帮助企业有效提高能源利用效率,减少能耗成本和碳排放,有效促进企业的可持续、健康发展。

关键词 低品位废余热;制冷;石油石化;节能减排技术

1 背景

随着当前能源危机的不断加剧,能源问题已经成为制约世界,尤其是我国国民经济发展的重要关键之一。而由于发展水平的限制,当前我国最主要的能源问题集中在能源利用率偏低。例如我国总体热力发电效率仅为30%~40%,远低于50%的国际先进水平,而在占我国总能耗半数以上的化工、炼油、冶金等行业中的能源利用效率甚至只有先进国家的50%~70%。大量的低品位余热在这些过程工业中被作为余热或废热浪费掉了。这既增加了一次性能源消耗,同时又加重了环境负荷。因此,如何合理利用能源,实现能源系统和热力过程中的能量高度有效利用,尤其是在不对现有工艺进行大规模更新和改进的前提下如何合理回收利用工业废热,成为当前亟待解决的热门研究方向。在此背景下,工业和信息化部等六部委于2022年6月23日共同印发《工业能效提升行动计划》,文件指出,到2050年,能效提升是实现二氧化碳大规模减排的最主要途径,是实现碳减排最重要、最经济、最直接的路径。节能提效进一步成为绿色低碳的"第一能源"和降耗减碳的首要举措。

普泛能源研究开发的"低温热驱动多元复合工质制冷(<0℃)关键技术及装备",利用100~140℃低温热源(包括工业生产过程中低温余热的回收利用、生物质热能和地热能的梯级利用等)驱动制取温度可达-47℃的冷能,各项性能指标均先进于国内外同类技术,弥补了余热制冷的溴化锂-水系统和氨-水系统的技术不足。可大幅度减少二氧化碳排放。符合国家重点支持的"余热余能回收利用及能源梯级利用"、"节能与能效提升技术创新"、"绿色高效制冷技术"和"绿色低碳技术"。该成果原创性强,具有完全自主知识产权,核心技术和装备达到国际领先水平。荣获2020年第二十四届全国发明展览会"发明金奖"(中国发明协会)及2022年第二十三届中国专利优秀奖(国家知识产权局)。先后入选工信部"国家工业和信息化领域节能技术装备推荐目录(2022)"及"原材料工业2023二十大先进适用低碳技术"。

该项技术的全球首台/套大型低温热驱动多元复合工质制冷(<0℃)机组,成功地应用于中盐安徽红四方股份有限公司年产30万吨乙二醇生产工艺节能技改项目,安全运行近5年时间,累计节电62,500,000千瓦时,减少碳排放

62，500 吨。2020 年 9 月入选“安徽省首台套重大技术装备名单”，2022 年入选国家节能中心“第三届重点节能技术典型应用案例”。截至目前，该项技术已广泛应用于化工企业（乙二醇、联碱、纯碱）、新能源企业（多晶硅）等生产工艺余热制冷的节能降碳技术改造，火电企业的余热制冰等商业项目，节能减碳效果明显。

以广东茂名某石化企业污水汽提及重整装置应用为例，污水汽提塔中产生的净化水被塔底的重沸器加热，原料水取热后产生温度 130℃、流量 220t/h 的冷凝液，这部分净化水通过空冷器降到 100℃以后再送到四号常减压蒸馏装置和五号常减压蒸馏装置，注水使用。上述过程仍含有大量的热量未经利用，造成了能源的浪费。重整装置中 2#苯抽提工段同样存在温度 130℃、流量 327t/h 的冷凝液没有得到有效的利用。而上述两个装置内又分别存在-17℃和-2℃的用冷需求，原工艺采用电驱动压缩式制冷设备提供冷量，每年制冷机用电成本达一千三百万元以上。

通过利用安徽普泛能源技术有限公司的低品位热驱动多元复合工质制冷（<0℃）技术，利用上述蒸汽冷凝液为驱动热源“一步法”制取 2，000kW 乙二醇生产工艺的-20℃用冷，不仅解决了冷凝液热能的再利用，而且替代了传统高耗能压缩式电冰机的冷量输出，节电率 93.7%，降低了生产成本及能耗。在相同制冷量下，动设备少、噪音低、运行稳定、可靠性高、运行维护成本低，系统制冷工质无衰减。具体工艺原理及流程如下图所示：

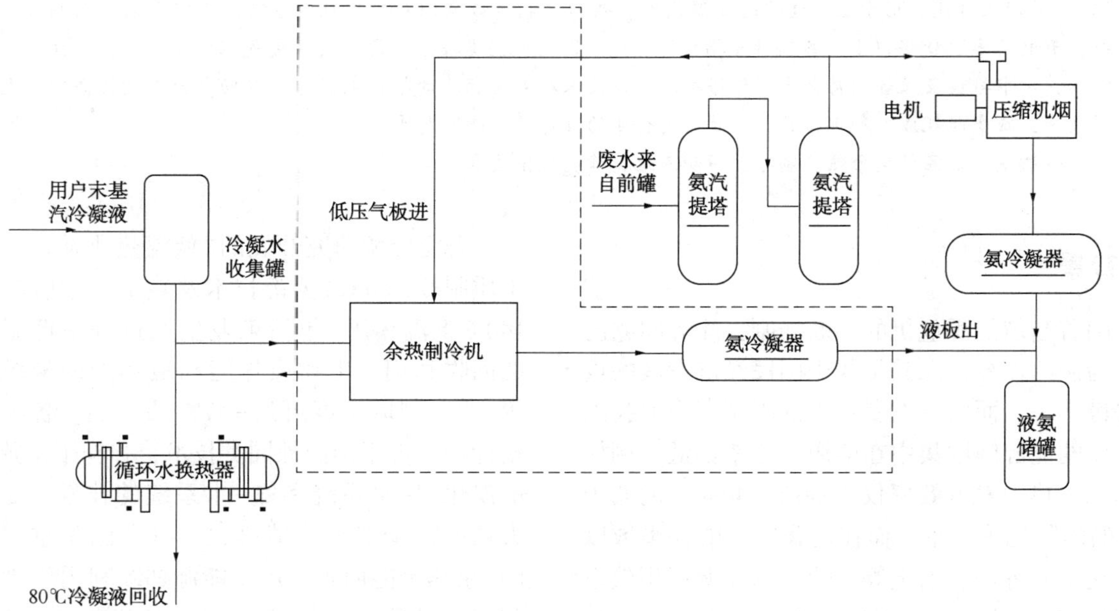

图 1　污水汽提装置余热制冷系统工艺流程

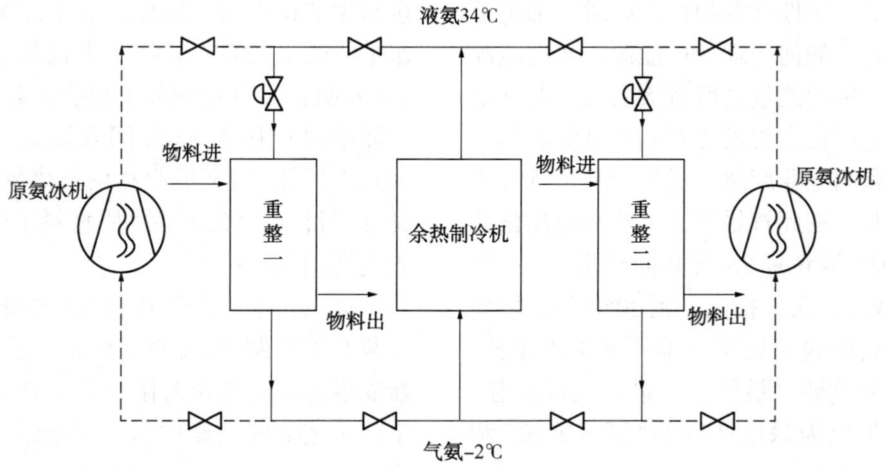

图 2　重整装置余热制冷系统工艺流程

2 技术工艺装备说明

低品位热驱动多元复合工质制冷是液体汽化制冷的一种形式，和传统压缩式制冷一样，利用液态制冷剂在低温低压下汽化以达到制冷的目的。所不同的是传统压缩式制冷是靠消耗机械功(蒸汽或电能)是热量从低温向高温转移，而热驱动制冷则是以热能作为驱动能源，通过制冷工质对的吸收/解吸循环来完成这种非自发过程的。传统的低品位驱动制冷使用的是溴化锂机组，由于工质对溶液是溴化锂-水，水作为制冷剂，限制了0℃以下制冷深度的输出。

普泛能源所采用的热驱动制冷机组使用的制冷工质为我司研制出具有自主知识产权的TC多元复合工质溶液，氨作为制冷剂，该溶液无水无油，解吸过程无需精馏分离、且具有高热导率、低比热、长周期无衰减等优良的热力学性质。

吸收式制冷循环可分为两个子循环来讨论：一个是氨循环、一个是多元溶液循环。

多元溶液循环：

从卧式吸收塔来的富氨溶液在沉降式复合再生器中被加热至沸腾状态，大量的氨气分离出来，氨气进入到冷凝器被冷凝成液氨，然后进入到蒸发器中蒸发达到制冷的目的。而沉降式复合再生器中的富氨溶液蒸发掉部分氨后变为贫氨溶液，换热之后回到卧式吸收塔，在卧式吸收塔顶部喷淋，与从蒸发器过来的氨气接触，吸收氨气，使溶液浓度不断增加，吸收过程产生的热量由冷却器带走。卧式吸收塔出来的富氨溶液又重新泵入沉降式复合再生器，完成循环过程。

氨循环：

从沉降式复合再生器出来的氨蒸汽流入水冷方式的冷凝器，氨气凝结成液体进入蒸发器，在蒸发器内蒸发。由于蒸发体积膨胀，氨气通过卧式吸收塔和蒸发器之间的管道进入卧式吸收塔，与贫氨溶液接触，氨气不断被贫氨溶液吸收。

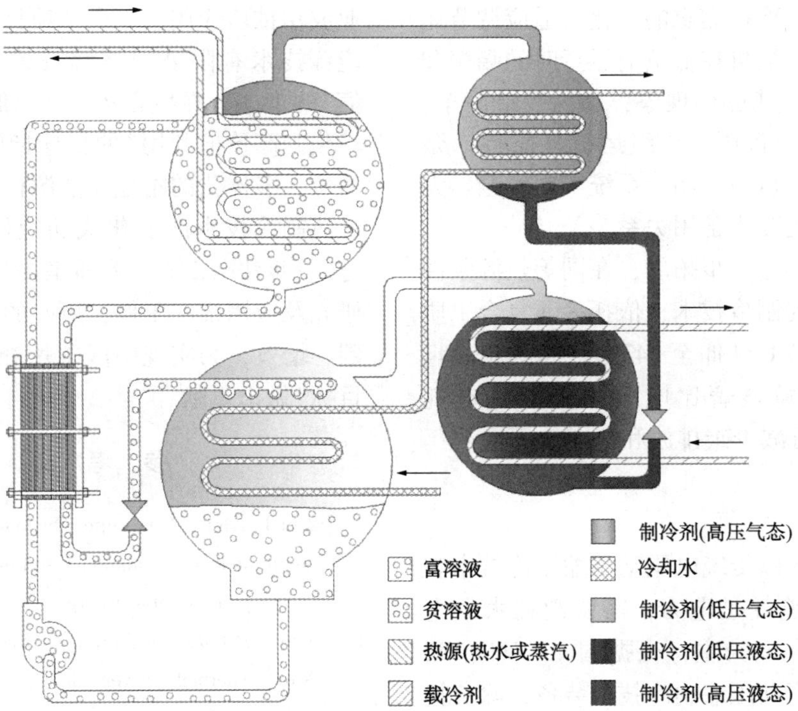

图3 吸收式制冷循环图

3 项目实施前后节能数据对比

项目改造前利用电驱式螺杆压缩机进行制冷，电耗较高。项目改造后，利用低品位热驱动多元复合工质制冷，电耗较低。在获取相同制冷量的情况下，运行电功率下降90%以上，改造后的系统在节能、减排方面有着较为出色的表现。

因项目使用的技术较新，仅在原项目基础上谨慎地进行了部分改造。通过实际运行，项目的可靠性得以证实，后续可进行全面改造。

表 1　项目实施前后运行数据对比表

序号	类　别	实施前(污水汽提/重整)	实施后(污水汽提/重整)
1	制冷形式	电驱冰机	多元复合工质制冷
2	驱动形式	电驱	冷凝液余热
3	制冷量/kW	2317.4/5600	2317.4/5600
4	载冷剂出口温度/℃	-17/-2	-17/-2
5	运行电功率/kW	1，145/1663	61.9/114.9
6	CO_2 减排量/(t/年)	22，038	
7	年节电量/(kW·h)	2，210.2 万	
8	年节标煤量/t	8，840.4	

4　技术特点及评价

低品位热驱动多元复合工质溶液无水、无油、无腐蚀、且具有高热导率、低比热，长周期运行无衰减等优良热力学特性；对比传统式余热利用，同等热源条件下，低品位热驱动多元复合工质制冷热回收利用效率为 45%~65%，热转换利用效率相对较高。

其自适应调节能力强，制冷负荷调整范围宽，可根据热源、冷量需求的变化自适应调节运行负荷，无透平压缩机在低负荷运行时的喘振和电冰机往复加、空载运行现象；工艺改造简单、与原制冷设备互为备用：机组运行只需接入余热、制冷剂管线，可与原制冷系统实现安全、无缝隙切换，可实现互为备用关系。

制冷深度得到进一步拓展，在同等热源条件下，同样为热驱动制冷技术，依托多元复合工质可将制冷温度从 7℃ 延伸至-47℃。同等制冷量下，节能减排效益显著比电驱冰机节约电耗 95%以上，同时可减少碳排放和标煤使用量。

5　结论

我国制冷技术以传统电驱动压缩制冷技术装备为主体，主要能耗是电力，需要消耗大量电能。电力结构以火电为主，根据国家“双碳”政策，企业使用电驱动压缩制冷技术装备，除负担电费成本外，还须计入间接煤耗和 CO_2 排放。

世界进入双碳时代，化石能源的使用成本进入了长周期涨价。在欧洲，2021 年以来，电价暴涨 500%，碳价达到 60 欧元/吨(折合约人民币 420 元/吨)。在中国，燃煤电价改革政策出台，对高耗能企业上不封顶，2022 年 1 月起多个地区电价上浮最高达 70%，工商电价开始进入长周期上涨，未来碳价亦将逐步上涨到 400 多元人民币。我国制冷企业面临着用电成本和碳排放成本长周期上涨的双重压力，制冷技术装备的节能改造已经提上日程。

“低温热驱动多元复合工质制冷(<0℃)关键技术及装备”，对工业过程中产生的低品位余热进行回收、利用，实现在统一装置系统中“一步式”的制取、吸收和转化。自 2020 年起，已在乙二醇、纯碱、合成氨、多晶硅等化工、新能源行业成功推广应用了十余个项目。未来，安徽普泛能源技术有限公司将继续秉承“为用户创造价值”的理念，在“探索本地化低品位能源的高效转化和高价值利用”的目标指引下，继续探索多品位、多样化的本地化能源梯级利用技术。在低温热制冷技术产业化成功应用的基础上积极推进“一步法”二氧化碳捕集提压液化技术的中试研究及应用推广工作，更好的助力企业节能、降碳、增效，为实现中国碳达峰、碳中和的“双碳目标”做出贡献。

参 考 文 献

[1] Zhu Linghui，Gu Junjie，Second law-based thermodynamic analysis of ammonia/sodiumthiocyanate absorption system，Renewable Energy，35(2010)1940-1946.

[2] Zhu Linghui，Gu Junjie. Thermodynamic Analysis of a Novel Thermal Driven RefrigerationSystem，World Academy of Science，Engineering and Technology，Vol. 56，375-380，2009.

[3] Zhu Linghui，Wang Shujun，Gu Junjie，Performance investigation of a thermal-driven refrigeration system，International Journal of Energy Research，Volume 32，Issue 10，939-949，2008.

[4] 高峰．一种可替代螺杆制冷冰机的余热制冰节能技术[J]．中国化工贸易，2017(6).

加热炉完整性管理系统适应性分析

雷 茜

（大庆油田有限责任公司第一采油厂）

摘 要 随着数智化发展，加热炉的信息化技术也在不断完善。炉效优化和信息化的缺失，制约着检测及分析加热炉的运行工况，不利于节能降耗及安全生产管理。为此，对加热炉完整性系统运行效果开展跟踪评价及适应性分析。

关键词 加热炉；完整性系统；管理；节能；安全

1 国内外现状

油田的加热炉主要用于油气集输和油气初加工过程的掺水、热洗、外输和采暖等工艺。随着自动化程度的迅速提高，用户对控制系统的过程监控要求越来越高，人机界面的出现正好满足了用户这一需求。人机界面可以对控制系统进行全面监控，包括过程监测、报警提示、数据记录等功能，从而使控制系统变得操作人性化、过程可视化，在自动控制领域的作用日益显著。加热炉完整性管理集控系统可实现加热炉运行过程中的全自动状态检测、监测、智能诊断、数据采集与数据自动分析处理等功能，有效的预警加热炉隐患，更加经济合理的保证了加热炉在应用过程中的安全稳定运行。

目前国内外关于加热炉的应用和优化的文献较多。华北油田分公司第一采油厂高晓红、王焕智等人在《提高加热炉效率的措施研究》中论述，加热炉做为热量交换的工具，加热炉的热效率就是指在进行热量交换的过程当中，热量的利用程度的多少，热量利用程度高的加热炉优于热量利用程度低的加热炉。除了加热炉本身的性能会对加热炉热效率产生影响之外，加热炉在工作过程中也可以通过调整一些措施提高热效率。一是空气系数。过剩的空气系数对加热炉来说会增加热损失，降低加热炉的热效率。通过观察可以发现，将排烟温度控制在恒定不变的情况下，随着空气系数的增加，排烟量也会随之加大，排烟量的加大无形当中也是增加了加热炉的热损失。另一方面，过剩的空气系数还会加剧加热炉的氧化，降低加热炉的使用时间，增加氮氧化物的生成，影响环境影响空气。但是，空气系数也不能过低，过低的话容易造成燃料不完全燃烧，增加浪费，所产生的有害物质还会影响空气质量。因此，空气系数过剩、或是过少，都会影响加热炉的热效率，一定要找到一个平衡点，才能在适合的空气系数量下，使加热炉的热效率达到最高。二是排烟温度。同上所述，排烟是必经过程，无法避免，但是排烟温度的高低，关系着加热炉的热损失，将排烟温度控制在一个合适的温度，就会避免一定程度的热损失，增加加热炉的热效率。另外，排烟温度的高低还会影响漏点的腐蚀温度，这点要结合空气系数做出合理调试，否则将会影响加热炉的如常使用，减少其使用寿命。三是燃料燃烧不完全。燃料燃烧不完全不仅会影响加热炉的热效率，还会生成大量的 CO、H_2等有害物质，造成空气污染。将燃料完全燃烧可以提高加热炉的热效率，还能有效降低污染。四是外壁温度损耗。加热炉外壁的保温效能也会影响加热炉的热效率，保温效能较低的加热炉，炉外壁在工作当中的热损失就会比较多，保温效能较高的加热炉，在工作当中的炉外壁热损失也会比较少。

随着经济的发展，资源和能源的消耗也迅速增长，与此同时工业生产过程造成的环境污染也日趋严重。节约能源和资源，保护环境，我国从法律法规上也进行了规范化，颁布了《节能法》、《环保法》、《大气污染防治法》等。因此，对现有的加热炉进行节能技术改造的同时，也应注意低污染、低排放的环保要求。目前加热炉的在线监测及自动控制已逐步成为现实，更加智能化。将节能技术、低污染排放、高效运行、智能化统一完善在一台加热炉上，由此提出“绿色加热炉”的概念。岳阳长岭设备研究所有限公司李银行等人研究表明，在保证加热炉高效率的前提下，降低能耗和污染排放，是现代加热炉设计和操作的重要内容，即集低消耗(节能)、低污染(环保)、高效率和智能化为一体的“绿色加热炉”。加热炉的燃料消耗在石油生产能耗中占有非常大的比重，同时加热炉数量众多，总的烟气排放量也非常巨大。因此，如何在不进行大的投入的情况下，提升其热效率以降低加热炉能耗、减少排放和对环境的污染，进一步挖掘加热炉节能减排的潜力，是每个石化企业面临的课题。

参考中石化2019年加热炉热效率有关资料，中石化加热炉热效率加权值为92%左右，已有了较大幅度的提升。但是目前仍有一定比例的加热炉氧含量偏高、排烟温度偏高、热效率较低、污染气体排放不达标的现象。从近三年测试的581台次加热炉来看，热效率低于91%的加热炉有131台，占总台数的22%。排烟温度高于150℃的加热炉有116台，占总台数的20%。排烟氧含量高于4%的加热炉有184台，占总台数的32%。NOx排放超过100mg/m^{3}的加热炉有276台，占总台数的47%。若对目前热效率不达标的加热炉(131台)进行挖潜提效使其达标(热效率91%)，将节省燃料费用约7193万元/a，效益非常可观。若将目前氧含量超过4%的加热炉做技术提升后使其低于4%(以现有技术水平低于4%要求并不高)，每年将少排放烟气量约为447万t，少排放NO_x约为536t，少排放CO_2约为2.6万t。从以上热效率提升所产生的经济效益以及污染气体排放的减少量来看，加热炉仍有较大的提升潜力。

2 加热炉完整性管理系统应用情况

2.1 加热炉应用现状

某厂共有加热炉474台，主要炉型为二合一加热炉283台，真空炉81台，微正压炉73台，真空换热机械自除垢加热炉28台，高效炉7台，机械除垢加热炉2台。从下表中看出，运行1-10年加热炉共有123台，占总数的32%；11-15年加热炉共有85台，占总数的22%；16-20年加热炉共有98台，占总数的26%；20年以上加热炉共有78台，占总数的20%。夏季运行数量在350台左右，冬季运行在450台左右。三元驱加热炉136台，占总数的28.69%。如下表1所示。

表1 加热炉现状统计表

序号	运行年限	台数/台	占比/%
1	1~5	15	4
2	6~10	108	28
3	11~15	85	22
4	16~20	98	26
5	20年以上	78	20
合计		474	100

2.2 加热炉生产运行中常见问题

(1)安全方面：明火设备高温运行、计量仪表不全安全联锁缺乏、设备老旧超龄服役情况普遍；

(2)生产方面：管控工作量大、岗位人员管理经验要求高、操作不规范诱发烧损率高；

(3)能耗方面：是油田的能耗大户、工况变化对能效影响大、节能需求迫切；

(4)管理方面：数量多且位置分散、管理单位无完整的上报数据、缺乏管理提效辅助系统。

2.3 加热炉完整性管理系统功能架构需求分析

2.3.1 加热炉完整性管理系统软硬件设置

加热炉完整性管理系统分为三部分，可实现运行过程中全自动状态检测、监测、智能诊断、数据采集与数据自动分析处理等功能。

(1)硬件配置：设计多个自控采集点位，包括环境温度传感器、烟气温度传感器、烟气氧含量传感器等

(2)软件配置：依次设计感知层、平台层、应用层，以算法为核心，实现站场中加热炉的安全、规范方式的精准智能调控，为场站无人值守的实现打下基础。

2.3.2 加热炉完整性管理系统主要功能概述

加热炉完整性管理系统主要功能包含“软件登录”、“首页总览”、“集中监控”、“参数预览”、“能耗统计”、“故障分析”、“运行数据”、“设备资料”、“成本管理”、“视频监控”、“报警显示”、“智慧托管”、“算法模型”等13项功能，并且可以在主页面实时监控各炉实时数据，报警信息等。可基本满足岗位员工操作需求，并且可根据需求随时切换“炉区工艺流

程图”和“单炉工艺流程图”，当运行参数超过正常范围值时，显示为红色。

（1）智慧托管：通过数据跟踪并结合历史经验数据，实现智能控制功能。通过设定生产需求的生产参数等，进行加热炉完整性系统的智能管控。以求实现加热炉的平稳运行，再通过智能平稳控制做到波动范围减小，达到节能减排的目的。

（2）智能诊断：基于故障诊断库，快速识别问题及排查分析，隐患早发现，提高故障排查效率。可直观有效的针对加热炉故障，提出解决方案。

（3）能耗分析：分为“能耗分析”和“炉效分析”两个模块，可直观展示能耗曲线。

3 加热炉完整性系统评价及适应性分析

3.1 通过对系统连续跟踪，从生产管理、系统功能分析、设计合理性进行了评价

系统整个运行期间运行稳定，可基本满足现场需求。在生产管理上，温度达标率升高。系统托管前后指标温度处于设定的温度范围时间占比，占比越高更有利于满足生产要求。统计 8 座站托管前指标温度平均达标率为 42.3%，托管后达到了 64.0%，提高 21.7%，如下图 1 所示；温度及燃气波动平稳。加热炉人工控制存在温度波动大且不易控制的特点。托管后燃气流量和出口温度的曲线相较托管前波动更平稳，同时通过温度过高保护，降低加热炉烧损率，如下图 2 所示。

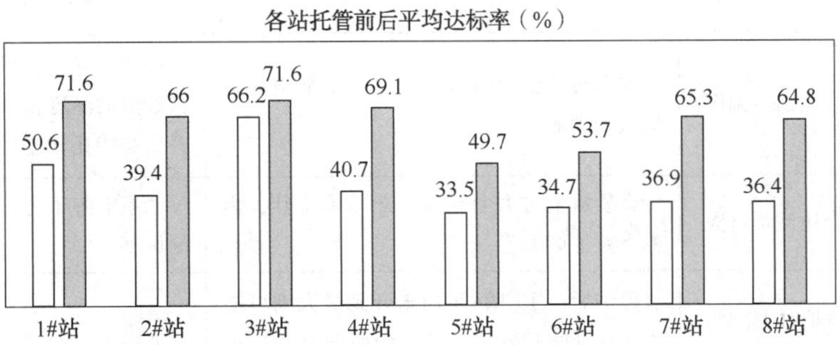

图 1 各站托管前后平均达标率(%)

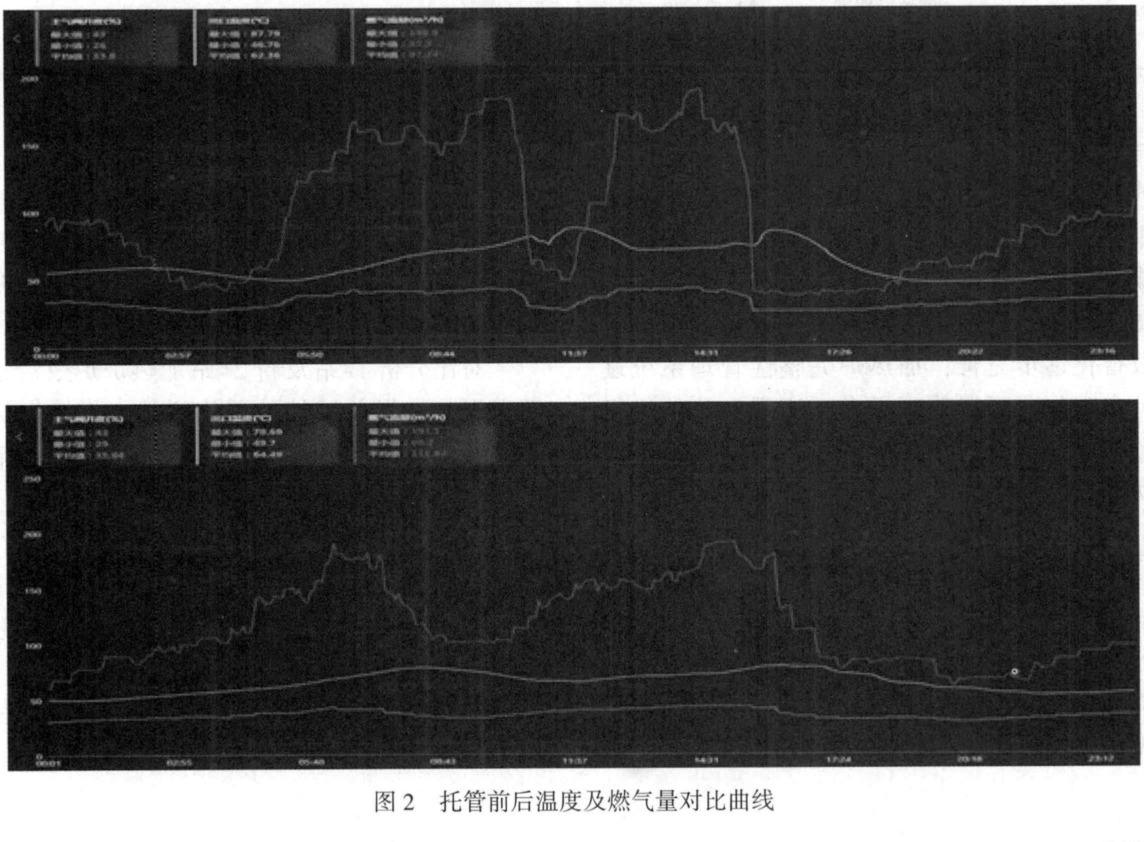

图 2 托管前后温度及燃气量对比曲线

现场实际应用表明。该系统具有故障处理专家库，可提供故障处理建议，岗位员工可参考诊断模型及加热炉操作规范，形成岗位练兵题库，提高业务能力，故障库常用诊断模型如下表2所示。

表2　故障库常用诊断统计表

诊断模型	故障名称	影响后果	处理建议
参数异常识别	风门异常	风门异常影响配风，配风不合理会导致燃烧不稳定，进而影响炉效、氧含量等炉体运行评价指标	可能风门卡死，联系燃烧器维修厂家检查故障原因
	炉管温度异常	炉管温度不准影响安全运行判断，易发生安全事故	联系售后检查炉管温度是否正常，如正常应尽快联系设备维护部门，申请清淤处理
	炉体液位异常	液位不准影响正常生产，可能会导致干烧或者倒灌的现象	建议检查如下情况： (1)液位计检修周期； (2)液位计玻璃管(板)裂纹和破碎情况； (3)液位计阀件固死； (4)液位计与实际水位是否匹配； (5)传感器通信是否正常
参数超阈值异常(燃烧时)	水介质出口温度高	水温过高会导致管道气化，泵抽空易造成气蚀影响	先手动降火，再检查托管温度设定和参数设定的温度模块，调整至合理范围内再开启智能托管控制
	介质流量过大	介质流量过大会导致加热效果不佳，影响下游生产工艺	联系上游工艺，进行阀位调整及压力控制调整
停炉安全检测异常	停炉时主(微)风门开度异常	停炉后，主(微)风门未开到最大则可能无法保证吹扫效果，导致炉膛内有残留可燃气存在的可能，存在安全风险	调整主(微)风门开度
	停炉后烟道挡板未关	停炉后烟道挡板未关不保温则可能导致炉体内温度损失，增加热量损失	调整烟道挡板开度

应用于生产加热炉效果更显著。生产加热炉与采暖炉、锅炉对比，由于功能设计、管控方式及对系统需求方向不同，因此生产炉应用效果更佳，建议采暖炉、锅炉不应用完整性系统或降低建设标准，托管前后干预次数对比如下图3所示；进一步实现数智化管理。通过我厂数智化逐步完善，加热炉完整性管理系统逐步可实现作业区级管理平台，实现加热炉运行参数检测、汇总，多维度分析、周期报表生成等功能。

3.2 通过对系统数据分析总结，对现场运行工况及效果进行了评价并提出管理方法及建议

（1）根据加热炉完整性系统整体运行情况及第一采油厂加热炉管理办法，将传统的经验模式转变为智能化的管理模式的适应性，从而形成加热炉完整性管理系统在作业区管理办法。

（2）通过炉效分析功能，检测加热炉日常炉效，并根据加热炉能耗及炉效变化，提前预判加热炉运行工况，指导加热炉清淤工作，有效延长加热炉维修周期，降低加热炉烧损率。

对比分析1#站及新2#站加热炉炉效清淤前后数据，清淤前后炉效平均增加4.94%，炉效相较日常数据出现明显下降趋势时，可进行清淤工作。

3.3 节能及经济效益进行评价

（1）热洗能耗评价：托管前后单位掺水量耗气，统计1#站6#炉、2#站2#炉、3#站2#炉数据分析结果，掺水炉每台每日节气181.67m^3，单位耗气降低1.5m^3/m^3，平均温度达标率提高29.8%。

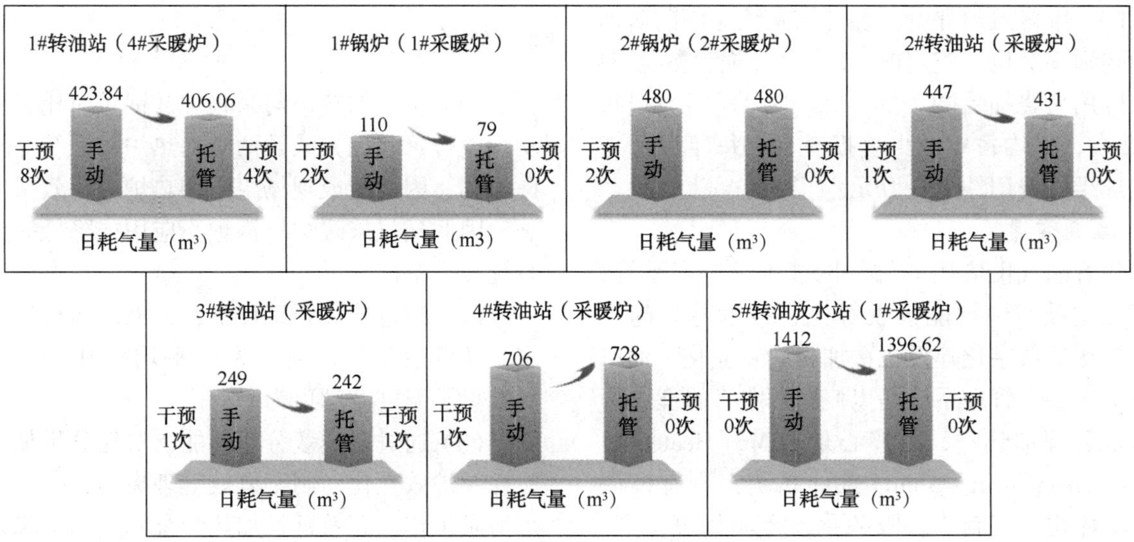

图 3　生产炉与采暖炉、锅炉托管前后干预次数对比图

表 3　转油站炉效对比表

站名	状态	炉号	清淤日期	清淤前炉效/%	清淤后炉效/%	差值
1#转油站	托管	1#	2021-9-9	85.30	87.90	+2.60
		2#	2021-9-10	87.04	89.35	+2.31
		3#	2021-9-10	76.22	85.31	+9.09
2#转油站	托管	1#	2022-10-29	82.70	90.00	+7.20
		5#	2022-6-10	83.08	86.61	+3.53
		6#	2022-5-16	78.99	83.88	+4.89

表 4　热洗时段加热炉耗气分析表

站名	状态	平均温度/℃	水量/m^3	平均达标率/%	耗气量/m^3	人工干预次数/次	单位耗气/(m^3/m^3)	效果
1#转油站	托管	75	108	73.77	989	0	9.16	热洗加热炉每日节气 181.67m^3，单位耗气降低 1.5m^3/m^3，平均达标率差值为 29.8%
	未托管	76	105	32.33	1183	5	11.25	
2#转油站	托管	75	124	87.68	824	0	6.64	
	未托管	77	135	45.06	1098	7	8.13	
3#转油站	托管	76	131	71.60	1052	0	10.87	
	未托管	78	123	66.20	1129	12	11.78	

（2）掺水能耗评价：托管前后单位掺水量耗气，统计 4#站 2#、5#站 1#、6#站 1#炉数据分析结果，掺水炉每台每日节气 49m^3，单位耗气降低 0.032m^3/m^3，平均温度达标率提高 16.9%。

表 5　掺水时段加热炉耗气分析

站名	状态	平均温度/℃	水量/m^3	平均达标率/%	耗气量/m^3	人工干预次数/次	单位耗气/(m^3/m^3)	效果
4#转油站	托管	47	720	80.3	1502	0	2.086	掺水加热炉每日节气 49m^3，单位耗气降低 0.032m^3/m^3，平均达标率差值为 16.9%
	未托管	46	856	60.5	1733	12	2.025	
5#转油站	托管	56	1486	78.6	2247	0	1.512	
	未托管	56	1404	63.2	2259	8	1.609	
6#转油站	托管	56	1344	81.6	1032	0	0.768	
	未托管	56	1334	66.2	1106	8	0.829	

（3）维修效益评价：统计该系统应用前后加热炉烧损率对比，应用前30个月烧损台数为54台，应用后烧损台数为32台，平均每年烧损减少22台，平均每年减少烧损9台，每年可节省加热炉维修费用约220万元。

3.4 应用前景

随着油气田应用的物联网技术、专家系统、模糊控制技术、智能仪表等先进技术越来越广泛，加热炉数字化建设也更加日趋专业化，油田加热炉完整性管理系统是以“互联网+”的理念为核心来管理加热炉，其核心是HIMS(Heater integrity management system)软件系统，具有模块化、窗体化、定制化、服务化、智能化等特点。可实现加热炉运行过程中的360度全自动状态监测、智能诊断、数据采集与数据自动分析处理等功能，具有优化简化生产管理中的运营成本，提高加热炉的效率，缩短维修维护的时间，有效地预警加热炉安全隐患，更经济合理地保证加热炉在应用过程中的安全稳定运行等效果。加热炉完整性管理系统还搭载了更多的加热炉安全防护、智能检测、诊断与自动优化等专利技术，其核心的HIMS系统是通过参数测量与传输、数据整理与分析、风险识别与评价、在线调整与维护、能效管控与优化等技术的集成应用，对油田加热炉实施完整性管理与服务，实现了油田加热炉全生命周期管理与工业互联网、大数据分析的充分融合，加热炉完整性管理系统应用后，可提升油田数智化建设水平，对安全生产、节能降耗起到极大的支持作用。

4 结论

（1）生产加热炉与采暖炉、锅炉对比，由于功能设计、管控方式及两类加热炉对系统需求方向不同，因此造成现场生产加热炉应用效果更显著，因此建议采暖炉、锅炉不应用或降低完整性系统建设标准。

（2）通过连续跟踪评价，该系统运行较为稳定，托管后生产温度达标率平均提升21%，燃气流量及温度波动更为平稳。

（3）通过对炉效分析功能，对比分析加热炉能耗及炉效变化，制定有效管理措施，指导加热炉清淤工作，有效延长加热炉维修周期，降低加热炉烧损率。

（4）该系统在某厂全部应用后预计年节气$439.49\times10^4m^3$，年节约用气成本721万元，预计年节约维修费用810万元。加热炉管控的工作量可减少85%以上。

5 下一步建议

（1）部分现场原加热炉控制柜与完整性系统装置均可控制加热炉，建议今后改造项目中将控制柜整合。

（2）炉效计算需要多点位数据采集，但传感器存在一定损坏率，因此建议炉效数据点位可按实际现场要求变为选择性安装项目，并且应用后需及时维护、维修自控采集点位，保障托管功能正常运行。

第二篇 绿色低碳篇

绿色低碳是高质量发展的鲜明底色，推动经济社会发展绿色化、低碳化是实现高质量发展的关键环节。近些年我国石油石化企业坚持降碳、减污、扩绿、增长协同推进，加快绿色低碳发展步伐，增强绿色低碳竞争优势，厚植绿色低碳发展技术根基，大力推进清洁生产、污染防治、节能减排，为我国实现“双碳”目标作出新的更大贡献。本篇从近年来我国石油石化行业绿色低碳和安全生产领域最新技术成果和典型范例入手，重点列举了风险感知识别、HSE 管理体系建设、风险评估感知、隐患大数据分析等技术。

絮凝剂在炼厂“三泥”干化过程中的应用研究

李开红　聂春梅　穆亦欣　李　波　刘子楠

（中石油克拉玛依石化有限责任公司）

摘　要　考察了阳离子PAM在不同浮渣掺比条件下的絮凝效果，当混合污泥中掺入浮渣时，阳离子PAM投加浓度随着浮渣掺入量的增加而增加，从脱水后上清液浊度、污泥的灰分控制和药剂成本综合来看，浮渣的掺入量应控制在30%以下，阳离子PAM投加量为100~320mg/L。在工业装置上通过调整混合污泥和浮渣的配比，精准控制阳离子PAM投加量，在保证干泥含水率的前提下，每吨干泥所消耗阳离子PAM的量可降至0.97kg/吨泥，降低了“三泥”干化过程中的药剂投加成本。

关键词　浮渣掺比；浊度；阳离子PAM；含水率；药剂成本

随着原油劣质化趋势的不断加剧，造成污水处理场进水水质恶化，COD、悬浮物、石油类等环保指标严重超标，“三泥”产量急剧增加，使原有的污泥脱水工艺难以满足现有工况的要求，造成脱水后污泥含水率高，委托处置费用高，给污水处理装置的长周期安全平稳运行造成巨大威胁。

石化企业污水处理厂排放的油泥、浮渣具有含水率高、不易沉降分离、处理成本高、毒性大等特点，如果直接排放，将会造成严重的环境污染。污泥的处置是污水处理厂的重要环节，污泥的减量化、无害化和资源化，是防止环境造成二次污染的重要措施。目前，炼化污水场的“三泥”均未进行分类处理，而是先混合后处理。混合污泥产量大，含水率高，脱水是对其处理的首要环节，可大幅减少污泥处理量，便于运输，降低处理成本。李世君等通过对炼油污水处理装置“三泥”处理单元改造及工艺优化，浮渣及活性污泥经重力浓缩、脱水后进入离心机脱水处理，并投加高效PAM絮凝剂，离心脱水后污泥含水率≤85%，消除了带式压滤机脱水污泥含水率高且不能处理浮渣的问题。刘文正考察了加药量对污泥处理效果的影响，当药剂的投放量在最小的2‰时，污泥的处理效果最好，此时脱水中含油量最低，且泥饼的产出量最高。当药剂投放过多时，多加入的药剂可能未与污泥完全反应，药剂混杂在污泥中，不仅会影响离心过程中的脱水效果，还会影响所产生的泥饼的质量。李琪蓉通过改造实现了活性污泥滤液和浮渣滤液沉降分离流程，延长沉降时间，提高了污泥离心脱水率，减少了干化污泥产生量，较改造前每年可减少“三泥”量约2500t。柳凯等以活性污泥的脱水性能为主要考察指标，分别研究了高分子聚合物预处理污泥、碱单独处理污泥、高分子聚合物-碱-超声波联合处理污泥的脱水效果，结果表明，污泥经聚丙烯酰胺—$Ca(OH)_2$-超声波联合处理后，脱水性能显著提升，有利于污泥的资源化利用。蒋秋静等考察了阳离子聚丙烯酰胺（简称阳离子PAM）在生活污水中的絮凝效果，将实验得到的最佳反应条件运用到实际污泥脱水工艺中，得到的泥饼含水率降低，提高了泥饼的含固率。

和剩余活性污泥、隔油池等工艺点产生的混合污泥相比，浮渣与水的密度差小，中间夹杂大量黏性糊状物，结构组成复杂，自然沉降性能差，浓缩难度大。若不及时调整混合污泥和浮渣的配比，将会造成药剂投加系统紊乱，增加污泥处理的成本。笔者以某装置产生的混合污泥、浮渣为原料，通过调整浮渣的掺入量，考察了阳离子PAM在不同浮渣掺比条件下的絮凝效果，优化了阳离子PAM投加浓度，并在工业装置上进行了实施。

1　试验部分

1.1　试验原料

试验过程中用到的炼厂“三泥”主要由某公司工业水装置产生的剩余活性污泥、隔油池沉泥和浮渣。试验中添加的絮凝剂为阳离子聚丙烯酰胺，分子量1400万。“三泥”基本物理性质如表1所示。

表 1 炼厂"三泥"基本物理性质

样品名称	密度/(g/mL)	含水量/%	含油量/%	固含量/%	灰分/%
剩余活性污泥	0.972	99.019	0.092	0.988	1.065
隔油池沉泥	1.024	98.715	0.599	1.221	0.44
浮渣	0.941	94.223	1.485	5.049	1.051

1.2 试验设备及分析方法

1.2.1 试验设备

HH-6A 六联同步电动搅拌器，常州中捷实验仪器制造有限公司；BSA224S-CW 电子天平，赛多利斯科学仪器有限公司；2100N 型实验室浊度仪，美国哈希公司(HACH)；VERTEX 70 红外光谱仪，德国布鲁克仪器公司。

1.2.2 样品分析方法

污泥密度：量取 1L 污泥，称出质量，用质量除以体积，即为污泥密度。

污泥含水量：采用卤素水份分析仪，取 0.5~5g 样品至铝箔皿中，样品必须平铺在铝箔皿的底部；做平行试验时两只样品的质量须接近；设置 105℃ 的温度条件烘烤，冷却至室温，取出样品，计算结果。

污泥固含量：参考 GB/T 1725—1979 中规定的方法行进。采用卤素水份分析仪，取 0.5~5g 样品至铝箔皿中，样品必须平铺在铝箔皿的底部，设置 130±2℃ 的温度条件烘烤，冷却至室温，取出样品，计算结果。

灰分：执行标准 GB/T 508—1985(1991)。

含油量(红外光谱法)：执行标准 HJ637—2012。样品预处理，称取一定量的样品，烘干、研磨后，用四氯化碳溶解洗样，不断收集四氯化碳溶液，定容后进行分析。

浊度：执行标准 HJ1075—2019。采用浊度分析仪，将完全均匀的样品缓慢倒入样品池内，至样品池的刻度线即可。持握样品池位置尽量在刻度线以上，用柔软的无尘布擦去样品池外的水和指纹。将样品池放入仪器读数。

1.3 工艺流程简介

某炼化公司工业水装置"三泥"来源主要是生化单元和高含盐处理单元。生化单元处理过程中，污水经过隔油池，重油及杂质沉降在隔油池底部，形成隔油池底泥。接着污水进入气浮池，一部分乳化油及其他小颗粒被携带到污水表面去除，形成浮渣。生化处理中，活性污泥起到了关键作用，在降解污水中有机物的同时自身繁殖，产生大量的剩余活性污泥。高含盐处理单元的原料水进入缓冲罐、破乳罐产生的污泥由罐底刮泥机收集后通过浮渣泵定期输送至现有污泥浓缩系统进行处理。生化系统产生的污泥和高含盐系统产生的污泥统称为混合污泥，这些混合污泥和气浮工艺产生的浮渣通过污泥泵输送至现有污泥干化系统进行离心脱水，污泥干化时添加一定量的絮凝剂，促进污泥和水的分离，具体工艺如图 1 所示。

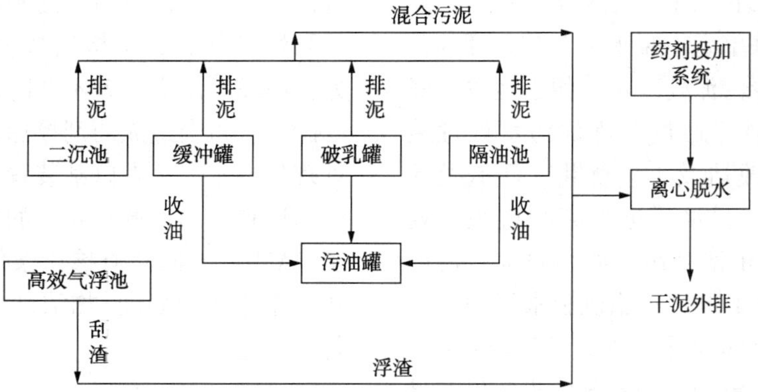

图 1 某装置污泥系统示意图

1.4 试验方法

分别取剩余活性污泥、隔油池沉泥和浮渣各 1000mL，加 1.5‰ 阳离子 PAM，加入量为 200ppm，搅拌均匀后静止沉降，按照不同时间段进行水体积记录，观测污泥的分层沉降状况，同时做空白对照。

根据现场配剂浓度，配置 5‰浓度的 PAM 溶液 1000mL，参照絮凝剂评定方法(SY/T 5796-93)，观察记录烧杯中上清液的体积、悬浮颗粒物大小，按照混合污泥和浮渣的不同配比，确定出最佳的阳离子 PAM 浓度，然后将上清液过滤出来，测试上清液的浊度。

2　结果与讨论

2.1　脱水试验

分别对剩余活性污泥、隔油池沉泥和浮渣进行脱水试验，结果如表2所示。

由表2可知，对于活性污泥而言，加剂可快速缩短污水的沉降时间，约25min左右即可完成沉降过程，析出污水占总样体积的55.6%，空白组完成完全沉降的时间大于4h。对浮渣而言，无论是否加剂，均无水析出，静置12小时后，加剂组底部有少量水析出，空白组一直无水析出。

表2　脱水试验情况

样品名称		PAM添加浓度/(mg/L)	沉降时间/min	沉降后水体积/mL	沉降后水体积占比/%	外观
活性污泥	空白	0	>240	560	56	矾花细密、不结实
	+PAM	200	25	640	64	矾花颗粒大、不结实
隔油池沉泥	空白	0	>240	480	48	矾花颗粒大、结实
	+PAM	200	45	600	60	矾花颗粒大、结实
浮渣	空白	0	不分层	—	—	无界面分层
	+PAM	200	>720	50	5	矾花粗糙、成膜状

2.2　絮凝效果评价

2.2.1　混合污泥絮凝效果评价

在实际生产运行过程中，活性污泥和隔油池污泥混匀后形成混合污泥，然后和气浮池过来的浮渣进一步掺混，接着添加一定量絮凝剂，送入离心干化系统。浮渣的掺兑量是不固定的，气浮池效果好时，几乎不产生浮渣。混合污泥和浮渣的配比量不同，消耗的药剂量也是不同的，为了确定出最佳的絮凝剂添加浓度，对阳离子PAM的絮凝效果进行了考察，结果如图2所示。

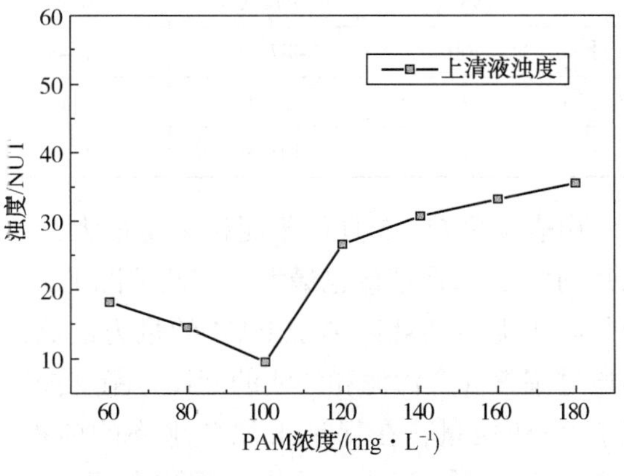

图2　不同阳离子PAM浓度下上清液浊度变化

由图2可知，当混合污泥中添加一定量的阳离子PAM絮凝沉降后，上清液的浊度随着阳离子PAM浓度的升高呈现先降低后增加的趋势。阳离子PAM是直链状聚合物，因每个分子是由十万个以上的单体聚合构成，分子链长而细，会弯曲或卷曲成不规则的曲线形状。分子链上的化学活性基团如酰胺基—$CONH_2$和羧基—COOH，和混合污泥中的微颗粒形成较大的三维网络状的絮凝物，因而阳离子PAM可以有效絮凝沉降混合污泥中的颗粒物。当阳离子PAM浓度为60~100mg/L时，絮凝剂和混合污泥中的大部分颗粒物碰撞形成了共沉淀，絮凝剂能将污泥中原有的微粒完全网络化除去，使溶液显得亮透明。但继续增加絮凝剂浓度，混合污泥的上清液浊度值变大，这是因为污泥中胶粒表明的电荷中和过量，阳离子PAM与污泥中的颗粒物形成了稳定的胶体，悬浮在了上清液中，因而絮凝效果会变差。

2.2.2　混合污泥与浮渣在不同配比下的絮凝效果评价

混合污泥和浮渣的配比量不同，消耗的药剂量也是不同的，为了进一步确定出最佳的絮凝剂添加浓度，对阳离子PAM的絮凝效果进行了考察，结果如图3所示。

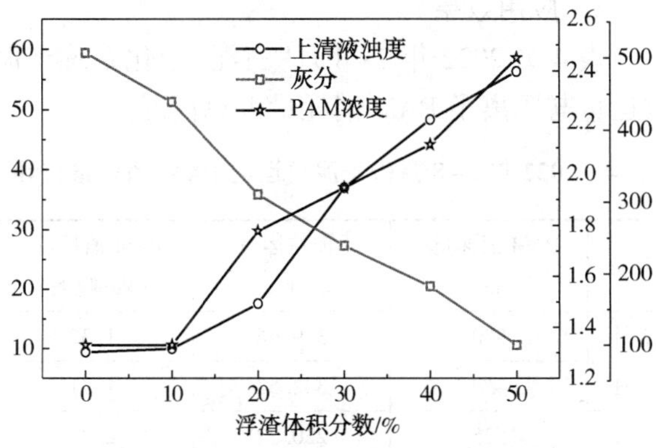

图3　不同浮渣掺入量对絮凝效果的影响

由图 3 可知，上清液浊度随着浮渣含量的增加而逐渐增大，沉降后污泥中的灰分随着浮渣量的增加而逐渐降低。随着浮渣的不断增加，需要添加的阳离子 PAM 浓度也不断升高，这是因为浮渣自身的密度较小、含油量较高、形成的颗粒悬浮物性质稳定、不易沉降。若要达到良好的絮凝效果就必须增大阳离子 PAM 的用量，但这样就会大幅度增加药剂投加成本，进而影响“三泥”处理量。综合来看，浮渣的掺入量应控制在 30%以下，阳离子 PAM 投加量为 100~320mg/L。

2.3 阳离子 PAM 在工业装置应用

2.3.1 方案实施情况

2022 年 4 月 29 日至 2022 年 5 月 30 日，某工业水“三泥”干化装置按照前面实验室小试研究的结果进行了工艺调整，装置运行情况如表 3 所示。

表 3 新工艺试运行期间相关数据统计

日期	进泥		出泥		每日加药量/kg
	含水率/%	进料量/(m^3/h)	含水率/%	每日干泥拉运量/t	
4 月 29 日	97.4	15.0	62.0	9.3	25
4 月 30 日	97.3	27.0	65.1	17.58	40
5 月 2 日	96.0	13.2	65.9	12.66	25
5 月 3 日	97.1	26.2	69.5	18.44	25
5 月 4 日	98.5	60.6	36.7	22.26	50
5 月 18 日	98.7	67.1	31.6	21.20	50
5 月 19 日	98.7	56.6	62.3	18.28	50
5 月 20 日	97.1	29.7	69.6	20.66	25
5 月 29 日	97.2	29.9	67.6	20.22	25
5 月 30 日	98.5	52.1	37.1	19.34	50

备注：5 月 19 日，公司日常监测出泥含水率为 62.9%。

从干化后污泥拉运情况看，2022 年 5 月份拉运次数明显多于其他月份，这是由于临近大检修，600 单元破乳罐、调节罐等产泥工艺点均在进行置换清理作业，使得 5 月份污泥处理量加大。由于现场产生的混合污泥量大，浮渣相对较少。因此，方案运行期间，混合污泥和浮渣的配比约为 9：1，阳离子 PAM 的投加量约为 100mg/L。在未调整混合污泥与浮渣的配比前，“三泥”脱水后的含水量为 85%，调整方案后，“三泥”脱水后的含水量约为 65%。

2.3.2 应用效果

表 4 为 2022 年 2~8 月“三泥”干化系统干泥拉运量与阳离子 PAM 消耗量汇总情况。

表 4 2022 年 2~8 月份干泥拉运与 PAM 消耗量统计

月份	PAM 消耗量/kg	干泥拉运量/t	PAM 消耗量/(kg/吨泥)
2 月	500	379.66	1.32
3 月	450	342.52	1.31
4 月	525	220.22	2.38

续表

月份	PAM 消耗量/kg	干泥拉运量/t	PAM 消耗量/(kg/吨泥)
5 月	550	566.05	0.97
6 月	700	487.76	1.44
7 月	625	296.18	2.11
8 月	775	405.86	1.91

由表 4 可知，5 月份干泥拉运量最大，相应该月的“三泥”处理量也最大，在此情况下，5 月份每吨干泥所消耗阳离子 PAM 的量为最低，说明通过调整混合污泥和浮渣的配比，精准控制阳离子 PAM 用量，在保证干泥含水率的前提下，确实可以降低“三泥”干化过程中的药剂投加成本。

3 试验结论

（1）当污泥系统中产生的浮渣较少时，可将阳离子 PAM 投加浓度调整至 100mg/L，此时絮凝效果较好。“三泥”干化过程中浮渣的掺入量应控制在 30%以下，阳离子 PAM 投加浓度根据浮渣的掺入量调整为 100~320mg/L。

（2）工业装置实施期间，浮渣量较少，将混合污泥和浮渣的配比调整为为 9：1，阳离子 PAM 的投加量约为 100mg/L。在未调整混合污泥与浮渣的配比前，“三泥”脱水后的含水量为 85%，调整方案后，“三泥”脱水后的含水量约为 65%。

（3）通过调整混合污泥和浮渣的配比，精准控制阳离子 PAM 投加量，在保证干泥含水率的前提下，每吨干泥所消耗阳离子 PAM 的量可降至 0.97kg/吨泥，降低了“三泥”干化过程中的药剂投加成本。

参考文献

[1] 王浩英，李铭，王小红．炼油厂“三泥”减量化处理的技术措施研究[J]．给水排水，2019，55(12)：77-80+85.

[2] 宋艳会，李兵，杨培君等．污水处理厂污泥减量化技术的探讨[J]．当代化工，2020，49(11)：2570-2573+2578.

[3] 韩忠明，潘勇延．现代煤化工企业的污水处理技术及应用分析[J]．化学工业与工程技术，2013，6(6)：28-32.

[4] 刘天波，李晋，陈春茂．炼化污水处理场三泥处理技术进展[J]．炼油技术与工程，2020，50(03)：60-64.

[5] 李世君．炼油污水“三泥”减量化处理技术探讨[J]．中外能源，2012，17(01)：103-107.

[6] 刘文正．炼油厂“三泥”处理技术及循环利用研究[J]．化工管理，2020(06)：106-107.

[7] 李琪蓉．炼厂“三泥”装置工艺优化探讨[J]．油气田环境保护，2021，31(06)：38-40+45.

[8] 柳凯，梁浩，黄非等．活性污泥减量及资源化新技术研究[J]．能源与节能，2021(10)：92-94.

[9] 蒋秋静．阳离子聚丙烯酰胺絮凝剂在污泥脱水工艺中的应用研究[J]．太原理工大学学报，2010，41(04)：352-355.

[10] 陈国栋．樊学油区降泥增效污水净化处理技术[D]．西安石油大学，2020.

[11] 张正安，廖义涛，郑舒婷等．絮凝剂分类及其水处理作用机理研究进展[J]．宜宾学院学报，2019，19(12)：117-120+124.

[12] 赵远．阳离子聚合物包覆 Fe_3O_4 收集普通小球藻的性能与机制研究[D]．北京林业大学，2020.

蓄热式燃烧技术在污水系统 VOCs 治理中的应用研究

袭著波　闫小东　李大维　张　颖

（中国石油哈尔滨石化公司）

摘　要　挥发性有机物（以下简称 VOCs）是一种有机污染物，是造成大气污染的复合物质之一，对人体健康会造成一定的危害，同时也给安全生产带来较大的隐患。随着我国经济的发展，VOCs 排放量不断增加，引发的雾霾以及光化学烟雾等污染事件也日益严重。本文主要阐述了 VOCs 的概念、来源、危害、石化行业 VOCs 治理相关政策及控制标准、及 VOCs 治理净化技术等，并对蓄热式燃烧技术在污水系统 VOCs 治理中的应用进行了详细阐述及比较。结果表明，蓄热式燃烧技术对于污水系统 VOCs 治理能够实现达标排放的目的，具有较好的治理效果。

关键词　蓄热式燃烧技术；污水系统；VOCs 治理；达标排放；应用研究

1　VOCs 的概念及来源

1.1　VOCs 的概念

VOCs，volatile organic compounds 的英文缩写，中文名称为挥发性有机物。VOCs 通常指常温状态下沸点在 50～260℃ 范围内的可挥发有机物，其中包括非甲烷碳氢化合物、卤代烃和含氮、硫、氧有机物数个种类。VOCs 一般具有以下特点：异味，有毒、有害、有刺激性、有致癌作用，是光化学烟雾的重要组成。

1.2　VOCs 的来源

VOCs 的来源可分为自然源和人为源两类。自然源包括植被排放、野生动物排放、森林火灾、沼泽的厌氧过程排放等。人为源包括机动车尾气排放、有机溶剂使用、各种工艺过程、石油冶炼、油气储存和运输等。人为源 VOCs 具有排放强度大、浓度高、种类多、持续时间长、波动大等特点，对环境的影响也比较大。

2　VOCs 的危害

2.1　VOCs 对环境具有重大的危害

VOCs 相当于大气氧化过程的燃料，是大气氧化性增强的关键因素，是光化学烟雾生成的主控因子。含卤素的 VOCs，在进入大气平流层后，消耗大气层中的臭氧，造成臭氧层空洞。

2.2　VOCs 对人体健康具有严重的危害

短时间、低暴露的 VOCs 接触会引起呼吸道和皮肤刺激，使人产生头痛、乏力和昏昏欲睡的感觉；更具危害性的一些 VOCs 分子具有毒性，接触高浓度的有机废气甚至会危及生命。

2.3　VOCs 给安全生产带来较大的安全隐患

基本上所有的 VOCs 均属于有机物，因此具有易燃、易爆的特性，尤其是在高温高压的生产环境中，存在较大的安全隐患。

3　VOCs 治理相关政策和标准

3.1　石化行业 VOCs 治理相关政策

VOCs 污染防治政策、规划主要包括：《重点区域大气污染防治“十二五”规划》、《关于执行大气污染特特别排放限值的公告》、《“十三五”挥发性有机物污染防治工作方案》、《打赢蓝天保卫战三年行动计划》等。

2016 年 11 月，国务院印发《“十三五”生态环境保护规划》；

2017 年 9 月，前环境保护部印发《“十三五”挥发性有机物污染防治工作方案》；

2018 年 6 月，国务院印发《打赢蓝天保卫战三年行动计划》；

2019 年 5 月，发布《挥发性有机物无组织排放控制标准》，2019 年 7 月 1 日实施；

2019 年 6 月，生态环境部印发《重点行业挥发性有机物综合治理方案》；

2020 年 6 月，生态环境部印发《2020 年挥发性有机物治理攻坚方案》；

2021 年 8 月，生态环境部印发《关于加快解决当前挥发性有机物治理突出问题的通知》。

3.2 石化行业 VOCs 控制相关标准

（1）《石油炼制工业污染物排放标准》（GB 31570—2015）中表 1 大气污染物排放限值，具体排放限值见表 1。

表 1　大气污染物排放限值

序号	装置	主要污染物	主要污染物指标/（mg/m^3）
1	新建 VOCs 装置	二氧化硫	<100
2		苯	<4
3		甲苯	<15
4		二甲苯	<20
5		非甲烷总烃	<120
6	原臭气改造装置	非甲烷总烃	<120

4　VOCs 治理净化技术

4.1　VOCs 治理净化技术类型

主要包括：吸附技术、催化燃烧技术、蓄热式热力焚烧技术、吸收技术、冷凝技术、光氧化技术、光催化技术、膜分离技术、低温等离子技术、生物技术等。

4.2　炼油企业污水系统 VOCs 治理过程中，技术路线的选择

4.2.1　炼油企业含油污水处理场 VOCs 特点

恶臭浓度较高，含有一定量的硫化氢、氨、硫醇、硫醚等；VOCs 组分较杂、浓度波动大，低浓度污水废气 VOCs 浓度从几十波动到几百 mg/m^3，高浓度 VOCs 废气浓度则可达数万 mg/m^3，且受季节及气温影响较大。

4.2.2　炼油企业含油污水处理场 VOCs 治理技术路线选择

对于低浓度尾气，治理工艺一般采用“洗涤+深度氧化+生物洗涤”组合工艺；对于高浓度尾气，治理工艺一般采用“预处理+RTO/RCO/CO”组合工艺。

5　蓄热式燃烧技术在污水系统 VOCs 治理中的应用研究

5.1　蓄热式催化焚烧技术（以下简称 RCO）在污水系统 VOCs 治理中的应用研究

2017 年为改善周边环境、控制雾霾，满足环保法律法规及《石油炼制工业污染物排放标准》（GB 31570—2015）的要求，某石化企业建设污水集输及处理系统 VOCs 减排治理项目，包括低浓度和高浓度两个系统，其中高浓度系统 VOCs 气体选择 RCO 技术路线。

5.1.1　RCO 技术的工艺原理

RCO 装置主要是利用催化剂的作用在较低温度下将有机物氧化分解。污水系统收集的废气主要成分是氮气和氧气，也含有一定量的苯、甲苯、二甲苯、硫化物、非甲烷总烃，均属于有机可燃物质。在一定的温度条件下（约 350℃），催化燃烧过程中，催化剂可降低反应活化能，同时催化剂表面具有较强的吸附作用，使反应物分子富集于催化剂表面，提高了氧化反应速率；同时借助催化剂，有机废气在较低的起燃温度下，发生无焰燃烧，废气中的有机物和氧发生氧化反应，被氧化分解为 CO_2 和 H_2O，硫化物与氧反应生成 SO_2，同时放出大量的热能，从而去除废气中的有害物质。RCO 处理装置工艺流程图见图 1。

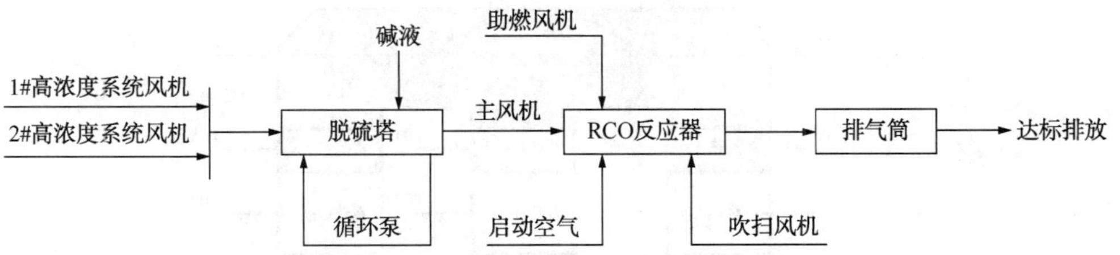

图 1　RCO 处理装置工艺流程图

5.1.2　RCO 技术在某石化企业污水系统 VOCs 治理中的应用

2018 年 RCO 装置投用后，系统运行安全平稳，非甲烷总烃去除率达到 80%以上，废气排放达到《石油炼制工业污染物排放标准》（GB 31570—2015）中的特别排放限值。非甲烷总烃排放日均值统计见图 2。

5.1.3　RCO 技术在某石化企业污水系统 VOCs 治理中的效果评价

（1）RCO 装置将蓄热床和催化床集成一体，

设计紧凑，安装方便、占地面积小；

（2）RCO 装置采用蓄热陶瓷热交换设计，热回收效率达到 95%以上，热损失约 3%~4%，可实现自身热平衡运转，无需外界补充热源，能实现无功率运行，大量节省了燃料费用，降低运行成本；

（3）连续的三床式分布，热氧化效率大于 99%；而且通过 PLC 控制程序可实现 1#、2#、3# 蓄热室的自动切换，实现废气的连续循环净化，VOCs 被完全氧化，去除效率高；

（4）在现有污水系统的运行条件下，主要污染物非甲烷总烃排放数值<120mg/m^3，满足《石油炼制工业污染物排放标准》（GB 31570—2015）要求的大气污染物排放限值。但不满足《重污染天气重点行业应急减排措施制定技术指南 2020-炼油与石油化工》中 A 级企业排放限值的要求。

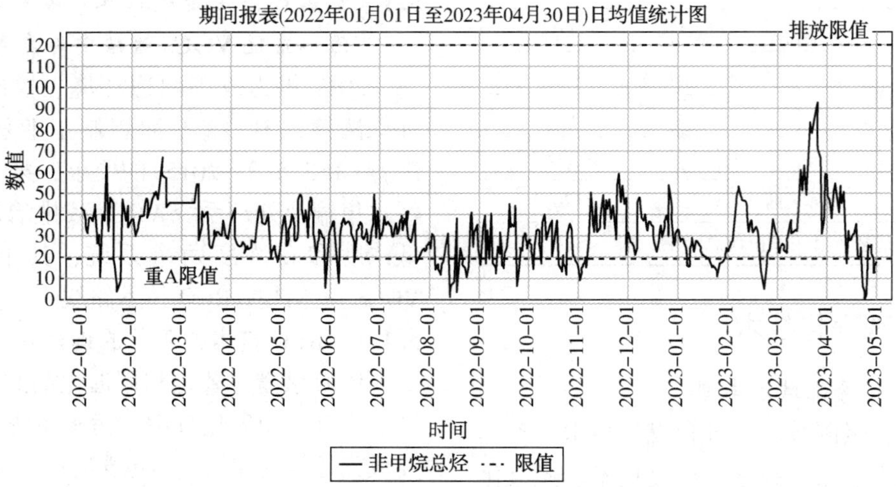

图 2　RCO 装置非甲烷总烃排放日均值统计图

5.2　蓄热式热力焚烧技术（以下简称 RTO）在污水系统 VOCs 治理中的应用研究

2023 年为满足《重污染天气重点行业应急减排措施制定技术指南 2020-炼油与石油化工》中 A 级企业排放限值的要求，某石化企业将 RCO 装置改造为 RTO 装置。

5.2.1　RTO 技术的工艺原理

此次改造采用"蓄热式燃烧炉（三室 RTO）"，RTO 装置利用陶瓷蓄热体来储存有机废气分解时产生的热量，并用陶瓷蓄热体储存的热能来预热和分解未被处理的有机废气，有机废气通过 RTO 氧化室高温区使废气中的 VOCs 成份氧化分解成为无害的 CO_2 和 H_2O，氧化温度一般在 800~850℃之间，最高达 1100℃。氧化后的高温气体热量被陶瓷蓄热体"贮存"起来用于预热新进入的有机废气，从而节省燃料，降低使用成本。工艺原理示意图见图 3。

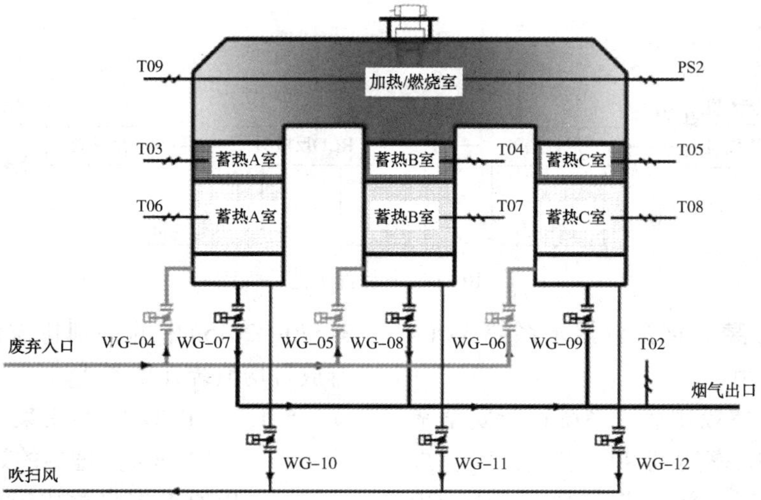

图 3　RTO 工艺原理示意图

5.2.2　RTO技术在某石化企业污水系统VOCs治理中的应用

2023年RTO装置投用后，系统运行安全平稳，气体净化率98.1%，废气排放达到《重污染天气重点行业应急减排措施制定技术指南2020-炼油与石油化工》中A级企业排放限值的要求。非甲烷总烃排放日均值统计见图4。

5.2.3　RCO/RTO技术在某石化企业污水系统VOCs治理中的效果对比

通过总结RCO/RTO技术在某石化企业污水系统VOCs治理中的应用情况，本文从净化效率、核心材料、蓄热效率、处理浓度范围、造价、非甲烷总烃排放数值等方面，对RCO/RTO技术应用效果进行对比，如图5所示。

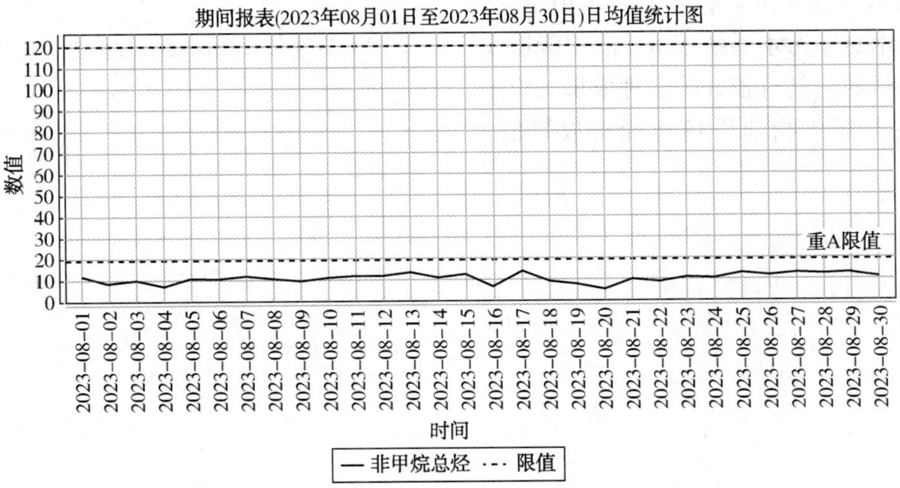

图4　RTO装置非甲烷总烃排放日均值统计图

序号	对比项	RTO	RCO
1	示意图	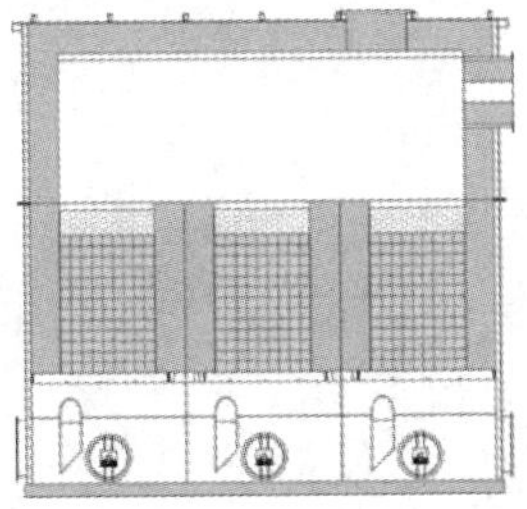	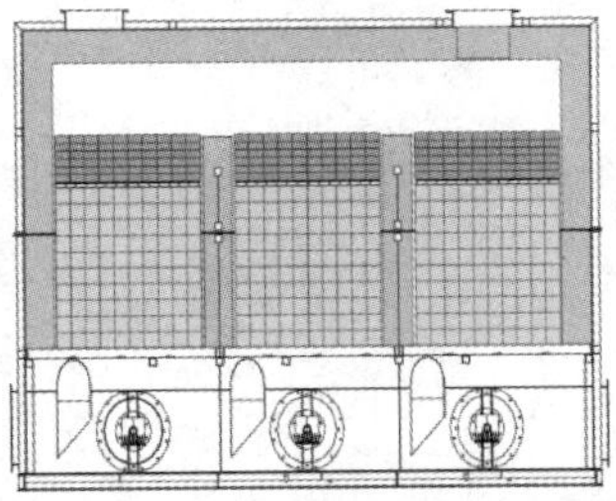
2	净化效率	≥99%，几乎无衰减	≥90%净化效率取决于催化剂，催化剂存在使用寿命净化效率在寿命后持续下降
3	核心材料	蓄热陶瓷	蓄热陶瓷+催化剂
4	更换时间	5年更换约20%	1~2年更换一个批次催化剂
5	工作温度	760~850℃	300~600℃，易聚合物质，需要提升催化反应温度至350℃
6	蓄热效率	≥95%	≥95%
7	热氧化适用性	无失活及中毒情形	含硫、磷、砷、卤素、贵金属组分使催化剂中毒，超过600℃高温催化剂失活
8	高温失活	无	超过600℃，系统停车 催化剂超过600℃，易造成失活
9	造价	RTO比RCO低，低在催化剂费用	RTO比RCO高，高在催化剂费用
10	非甲烷总烃排放日均值	非甲烷总烃排放日均值 <20mg/m³	20mg/m³<非甲烷总烃排放日均值<120mg/m³

图5　RCO/RTO技术应用效果进行对比

6 结论

挥发性有机物(以下简称 VOCs)是一种有机污染物，是造成大气污染的复合物质之一，对大气环境影响日益突出。为进一步改善环境空气质量，打好蓝天保卫战，迫切需要全面加强 VOCs 污染防治工作。本文通过总结 RCO/RTO 技术在某石化企业污水系统 VOCs 治理中的应用情况，蓄热式燃烧技术对于污水系统 VOCs 治理能够实现达标排放的目的，具有较好的治理效果。应用 RCO 技术，主要污染物非甲烷总烃排放数值<120mg/m^3，满足《石油炼制工业污染物排放标准》(GB 31570—2015)要求的大气污染物排放限值。应用 RTO 技术，主要污染物非甲烷总烃排放数值<20mg/m^3，满足《重污染天气重点行业应急减排措施制定技术指南 2020-炼油与石油化工》中 A 级企业排放限值的要求。

参 考 文 献

[1] VOCs 净化处理设施运行维护. 中国建筑工业出版社.

基于 GMS 模型的石油场地地下水污染调查

刘鑫磊[1]　杨璟轶[1]　李大露[2]　刘　翔[1]　刘俊建[2]

(1. 国家管网集团联合管道有限责任公司西部甘肃输油气分公司；2. 中国地质调查局廊坊自然资源综合调查中心)

摘　要　石油场地的石油运输、存储的过程中，泄漏等环境污染事故的发生会对地下水土壤环境造成巨大的危害，石油类污染物进入土壤环境并通过渗漏进入含水层，且短期内难以恢复，因此，构建合理高效的石油场地下水土污染调查具有重要意义。以黄土区某石油作业区为研究对象，在水文地质、环境地质调查的基础上，基于 GMS 软件模拟构建地下水流场模型和溶质运移模型的模拟结果进行调查，分析泄露过程中可能产生的泄露途径，为高风险区泄漏污染预警和防护提供技术支撑。

关键词　污染调查；地下水污染；地下水保护；溶质运移；数值模拟

石油的运输和存储易造成石油类污染物进入浅层地下水层，污染作为饮用水源的地下水系，对当地居民的生产、生活造成影响。被石油类污染的地下水中的有机物主要是各种危害性较大的芳香烃物质，具有毒性和致癌性。某些石油或者炼化区因早期对环境污染认识不足，在其开发过程中对落地石油及衍生物的处置不当，如果地质环境条件又有利于污染物迁移扩散，地下水遭受污染的风险极大。结合某石油区域的实际情况，在已知污染物性质、分布特征以及污染调查情况的基础上，运用地下水流模型对其在地下水中的运移进行分析和监测井的布置及设计。

1　研究区概况

研究区位于黄河南侧，距黄河约 0.7km。该地块总征地面积约 62 万平方千米，近 1000 亩，占地面积较大，用地性质为工业用地中的仓储用地，该石油区深沟断裂西侧的 L 石油储备所在区域，地下水属于黄河低阶地松散岩类孔隙水。含水层厚度变化由南向北、由西向东呈递减趋势，水位埋深由南向北表现为由深变浅的趋势，研究区上覆全新统冲积层，黄土状土，棕黄色，颗粒岩性以粉土为主，结构稍密，土质较为均匀，孔隙发育，含小砾石，较薄，中间夹有细砂层，很薄，在区内分布不均匀，棕黄色，饱和，松散，颗粒级配不良。

2　模型的建立与计算

2.1　地下水模型概念

以 L 市某典型石油工场地为例，收集气象、场地地质、水文地质等资料，分析水文地质条件及地下水流场特征，对源汇项、边界条件、含水层结构等进行了概化，建立了研究区水文地质概念模型。

建立地下水流模型，选择 2015 年 1 月-2015 年 12 月和 2017 年 1 月—2017 年 12 月的观测孔水位数据识别验证水流模型。在水流模型的基础上，分析水质监测数据，确定苯为典型污染因子，苯污染羽的迁移扩散对弥散度和孔隙度的响应规律较好，可以将灵敏度分析的参数初始值作为反演模型的参数值，借助溶质运移模型，设定不同的污染情境，采用试估法反演确定石油区污染源的泄漏浓度，引入平均相对误差对反演结果进行衡量。

2.2　数学模型

MODFLOW 之前作为一个独立软件，在科研、生产、环境保护、城乡发展规划、资源利用等许多行业和部门得到了广泛的应用。将 MODFLOW 集成到 GMS 软件成为其中一个模块，用来模拟地下水水流运动根据上述概化结果，研究区地下水流为非均质各项同性潜水三维非稳定流，依据地下水渗流方程及质量守恒定律，建立数学模型如下：

$$\begin{cases}\dfrac{\partial}{\partial x}\left(K_{xx}\dfrac{\partial H}{\partial x}\right)+\dfrac{\partial}{\partial y}\left(K_{yy}\dfrac{\partial H}{\partial y}\right)+\dfrac{\partial}{\partial z}\left(K_{zz}\dfrac{\partial H}{\partial z}\right)+\varepsilon=\mu_s\dfrac{\partial H}{\partial t} & (x,\ y,\ z)\in\Omega,\ t>0\\ H(x,\ y,\ z,\ t)\mid_{t=0}=H_0(x,\ y,\ z), & x,\ y,\ z\in\Omega\\ K\dfrac{\partial H}{\partial n}\Big| =\dfrac{K_1}{m_1}(H_n-H), & (x,\ y,\ z)\in B_1,\ t>0\\ K\dfrac{\partial H}{\partial n}\Big|_{(x,y,z)\in B_2}=q(x,\ y,\ z,\ t), & (x,\ y,\ z)\in B_2,\ t>0\end{cases}$$

式中：H 为地下水水头，m；Kxx，Kyy，Kzz：x，y，z 方向的渗透系数，m/d；μ_s 为含水层给水度或储水系数，第一层取重力给水度 μd，其他层选用比弹性释水(储水)系数 μs；H_0 为含水层初始水头，m；$H1$ 为各层边界水位，m/d；q_1 为含水层二类边界单位面积过水断面补给流量，m^3/d；$\varepsilon 1$ 为源汇项强度(包括开采强度等)，m^3/d；Ω 为渗流区域；$B1$ 为河流边界，第三类边界；$B2$ 为流量已知边界，第二类边界；n 为渗流区边界的单位外法线方向。

2.3 MT3DMS 模块

MT3D 在地下水领域研究污染物溶质迁移中得到普遍使用。MT3DMS 作为第二代 MT3D，经过改进其功能得到显著改善，使用功能更加全面，既可模拟地下水流系统中污染物的运移扩散过程，也可模拟污染物的生物化学反应。MT3DMS 针对溶质运动有三种求解方法。对于所有的运移条件来说，没有一种技术可以完全适用，因此，将它们结合起来可以有效解决溶质运移问题。污染物运移模型的控制方程为：

$$\partial\left(\frac{\partial C}{\partial t}k\right)=\partial\frac{\partial}{x_i}\left(\theta Dij\frac{\partial C_k}{\partial x_j}\right)-\frac{\partial}{\partial x_i}(\theta viCk)+qsC_s^k+\sum Rn$$

式中，Ck 为物质 k 的溶解浓度，ML-3；θ 为地下介质的孔隙度，无量纲；t 为时间，T；Xi 为沿 x 坐标系轴向的距离，L；Dij 为水动力弥散系数张量，L2T-1；vi 为孔隙水平均实际流速，LT-1；它与单宽流量存在如下关系：$vi=qi/\theta$；qs 为单位体积含水层流量，其值代表源和汇，T-1；C 为化学反应项，ML-3。

2.4 研究区地下水流场模拟

2.4.1 模型建立

在水文地质概念模型基础上，应用 GMS 软件中的 MODFLOW 和 MT3DMS 等模块做地下水数值模拟，研究污染物在地下水中的迁移和扩散过程，在此基础上通过 MODFLOW 建立地下水流场。检验地下水流场符合实际情况后，使用 MT3DMS 模块建立溶质运移模型并观测污染物随时间的运移路径，在符合工程实际的情况下，依次选择防渗墙和抽出处理在污染物扩散路径上设置处理措施，最终确定效率较高的方案，并通过长观孔水位拟合和地下水流场拟合实现模型识别验证。

2.4.2 参数选取

水文地质参数是表征含水层水文地质性能的主要指标，是进行各种水文地质计算必不可少的数据。根据上述含水层结构渗透系数取 Kx20 (m/d)、Ky20 (m/d)、Kz0.09 (m/d)、给水度 0.14，作为模拟区主要水文地质参数。

2.4.3 模型识别及验证

将 2015 年 12 月实测流场与模型模拟流场进行拟合，针对拟合情况，反复调试水文地质参数，使拟合流场能真实地反映场地实际情况，根据收集到的观测孔水位数据资料，选择 2015 年 1 月-2015 年 12 月为模型识别期，选择区内 5 个 (Q41、Q94、5#、1#、ZK4) 观测孔进行水位拟合，并计算 60 个水位数据的模拟水位与实测水位的绝对误差和相对误差。

从以上模型识别结果来看，地下水各长期观测孔水位的平均拟合误差小于 0.15m，说明该数值模的型可靠性较高。识别后水文地质渗透系数取 Kx20 (m/d)、Ky20 (m/d)、Kz0.09 (m/d)、给水度 0.08。为验证模型识别后的水文地质参数及数学模型的精确度，选择 2017 年 12 月实测流场与模拟流场进行拟合效果较好。验证期地下水流场拟合情况见图 1。

综上，模拟所得流场图能清晰地反映研究区内地下水分布规律，与实际观测值误差较小，同时满足水量均衡验算，模型较为合理。

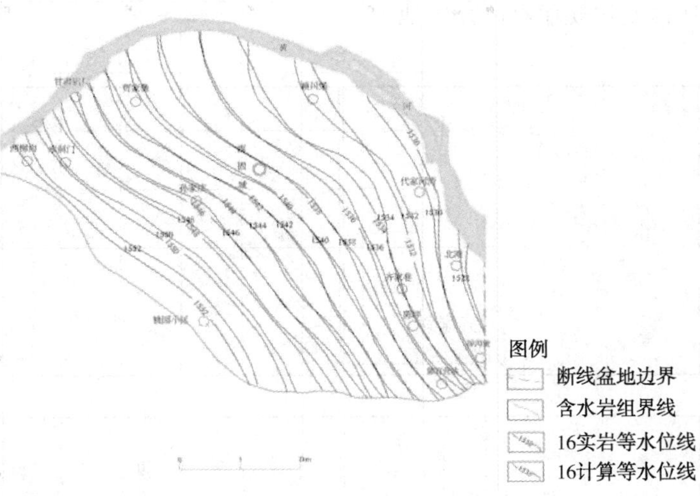

图 1　验证期地下水流场拟合效果图

3　研究区地下水污染调查

3.1　研究区污染特征

究区位于 L 市西固区，为工业聚集区，中国西部最大的石油化工基地。区内某石油化工公司于 20 世纪 50 年代投产，建有中石油 L 石化公司、L 第三毛纺厂、L 棉纺织厂、L 维尼纶厂等大中型企业，形成了以石油化工、能源、装备制造和新材料三大板块为主，集炼油、化肥和化工生产为一体，能够生产煤油、催化剂、汽油、柴油、合成橡胶、润滑油等 400 多种石化产品。污染调查取样数据显示，研究区内污染物类型主要是苯系物和氯代烃，检出率分别达到 40% 和 60%，对比饮用水卫生标准，1,2-二氯丙烷超标和苯超标，超标率为 10% 和 30%。污染调查数据显示，研究区苯污染浓度达 3mg/L，2017 年底，部分监测点污染物苯浓度在达 1mg/L，远高于地下水质量标准中的 III 类水标准，地下水污染严重。

3.2　地下水污染模拟

选择 GMS 软件中的 MT3DMS 模块进行模拟。MT3DMS 模块可以同时模拟单一组分/多种组分的污染质在含水层中的迁移过程，包括吸附、对流弥散、生物降解，使用更加便捷，功能性更强。模块中求解运移问题的方法主要有标准有限差分法，基于粒子跟踪的欧拉-拉格朗日法以及高阶有限容量 TVD 法，同时也包括了相对独立的子程序包，如 ADV、DSP、BTN 等。在地下水流模型的基础上，溶质运移模型选用 GMS 软件中的 MT3DMS 模块进行计算，得到污染羽不同时期的分布情况，见图 2。

根据污染羽的迁移扩散情况分析，污染物随地下水流运移过程中，发生了纵向和横向的弥散，而纵向弥散远大于横向弥散。随着时间的推移，污染源的中心位置也在发生迁移，且污染物浓度也发生了衰减，在第 1095d 时，污染羽发生了脱离，最先扩散到了石油区的东边界。

图 3 中，泄漏点 2 所对应的 4#监测点未在污染羽分布范围内，而 4#点的实际监测浓度也极小，几乎未检出，推测出现这种情况的原因可能是横向上 4#监测点与泄漏点的距离较远，纵向弥散度远大于横向弥散度。同时，通过弥散度的灵敏度分析也可以发现，石油区弥散度的变化对污染羽在含水层中的迁移几乎无影响，污染羽在含水层的迁移扩散主要受对流的影响，且图中泄漏点 2 的污染羽末端形状出现了东南方向的偏移，与地下水流方向是一致的，更加证实了这一观点。

4　结论

本文运用 GMS 软件中的 MODFLOW、MT3DMS 等模块对石油烃污染场地建立了地下水流场模型和溶质运移模型，模型经过调参模拟识别与研究区的实际情况拟合较好，模型反映了研究区地层的分布情况、地下水流场的特征及溶质的时空变化规律。

通过对研究区石油烃污染物的模拟研究分析可知本研究区内石油烃的污染物浓度超过总石油烃筛选值，对周围的人居环境安全会产生安全隐患，为消除石油烃污染物产生的影响需对污染区域采取治理修复措施，而本次模拟研究可以知晓污染物在时空方面的迁移变化规律对研究区地下水的靶向修复具有重要的指导意义。

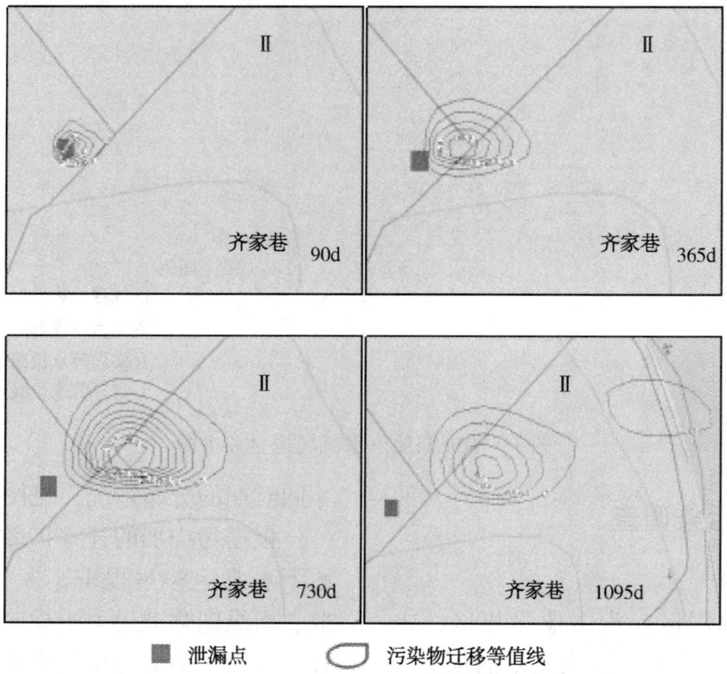

图 2　污染羽扩散范围图

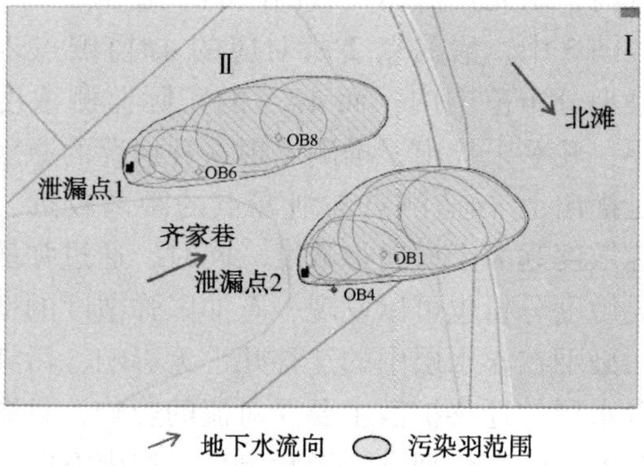

图 3　模拟期泄漏点污染羽的分布范围

参　考　文　献

[1] 崔虎群，康卫东，李文鹏，et al. 定靖油气田区地下水有机污染特征初步分析[J]. 环境化学，2016(35)：1212-1218.

[2] 曾献奎，王栋，吴吉春. 地下水流概念模型的不确定性分析[J]. 南京大学学报(自然科学)，2012(06)：746-752.

[3] 李凡，李家科，马越，et al. 地下水数值模拟研究与应用进展[J]. 水资源与水工程学报，2018，029(001)：99-104，110.(孙从军 2013 年)

[4] 杜守营，鹿帅，杜尚海. 基于 GMS 的地下水流数值模拟及参数敏感性分析[J]. 中国农村水利水电，2013(08)：77-80.

[5] 李木子. 地下水环境影响评价数值模拟中的参数敏感性分析[D]. 中国地质大学(北京)，2013.

[6] 欧阳琦，卢文喜，侯泽宇，等. 基于替代模型的地下水溶质运移不确定性分析[J]. 中国环境科学，2016，36(04)：1119-1124.

[7] 梁健，娄华君，张征. GMS 在地下水污染迁移模拟中的应用[J]. 安徽农业科学，2016，44(22)：239-241.

[8] 李龙国，刘国东，李俊，等. 基于 GMS 的油库污染物渗漏迁移过程研究[J]. 人民长江，2011，42(增刊 2)：152-154.

挥发性有机物(VOCs)泄漏检测与修复技术在典型输油站库的应用分析

刘 翔 刘鑫磊 赵玲花 孙 欢 刘俊建

(中国地质调查局廊坊自然资源综合调查中心)

摘 要 挥发性有机物(VOCs)是引发大气环境问题的重要污染物，有效控制挥发性有机物(VOCs)的排放已经成为现阶段中国大气环境治理领域中的热点问题。设备与管阀件泄漏是油品储运环节最主要的挥发性有机物(VOCs)无组织排放源。泄漏检测与修复技术(LDAR)是发现和修复设备与管阀件泄漏的一种源项控制技术。本文系统阐述了泄漏检测与修复技术，结合对国家管网集团联合管道有限责任公司西部甘肃输油气分公司企业实践经验，明确了LDAR技术是控制设备与管阀件挥发性有机物无组织泄漏的最佳适用技术，并对规范开展LDAR技术应用进行分析。

关键词 设备与管组件；挥发性有机物；泄漏检测与修复；LDAR

1 引言

石油化工行业是我国挥发性有机化合物(VOCs)主要排放行业，排放量大，且其主要的排放源来源于无组织排放。由于生产装置不断高速化运行，装置受腐蚀程度严重，其生产设备、管阀件、法兰等部件会发生大量的VOCs泄漏，且泄漏具有很大的偶然性，很难发现其中的泄漏规律，其最佳实用控制技术是泄漏检测与修复(Leak Detection and Repair，LDAR)。LDAR是一种从源头上控制石油化工行业工艺设备与管线无组织泄漏的最佳可行技术，规范实施LDAR工作可显著削减工艺设备管线泄漏环节的VOCs无组织排放。

2 VOCs泄漏检测与修复技术

2.1 VOCs泄漏检测技术

2.1.1 装置泄漏检测

LDAR技术是石油化工企业装置VOCs泄漏排放控制最有效及最普遍使用的手段，可提供泄漏监测与泄漏量计算的现场数据。LDAR技术采用固定或移动监测设备，定量检测化工企业阀门、法兰、机栗、压缩机、开口阀、密闭系统排放口、人孔等易产生VOCs泄漏处的泄漏情况，并修复超过一定浓度的泄漏检测处，从而减少物料泄漏对环境造成的污染。当前国内石油化工行业主要使用TVA-2020有毒挥发性气体分析仪，该仪器具备火焰离子化检测器(FID)和光离子化检测器(PID)2种检测器，可以快速测定VOCs浓度。

根据《挥发性有机物无组织排放控制标准》要求并结合典型场站实际情况确定检测频次为：泵、压缩机、搅拌器(机)、阀门、开口阀或开口管线、泄压设备、取样连接系统至少每6个月检测一次。法兰及其他连接件、其他密封设备至少每12个月检测一次。该连续检测模式重点以观测现场装置泄漏情况为主，到达完善装置VOCs排放监测系统的目的。

2.1.2 储罐泄漏检测

作为主要VOCs挥发源的储罐泄漏主要有3种检测方法，即直接测量法、储罐专用模型法和储罐默认排放系数法。直接测量法和储罐默认排放系数法国内石油化工企业极少使用。我国绝大多数企业拥有储罐专用模型法所需的数据，因而该方法被广泛应用于石油化工企业储罐废气排放计算。储罐专用模型法来源于美国EPA推荐的TANK软件法。TANK软件需要的数据包括储罐尺寸、结构、外观，储罐内的物料及其实际温度，储罐所处的地理位置、环境温度等，将收集的数据输人TANK软件计算，即可得到VOCs泄漏量。美国EPA建议其国内各级管理部门、咨询公司和企业采用TANK软件估算储罐无组织VOCs排放量，欧盟也已广泛使用该软件作排放量精确计算。澳大利亚在建立本地气象模型的基础上，利用TANK软件计算国家排放清单(NPI)列出的有机污染物。

2.2 LDAR技术概要

LDAR技术是利用固定或便携式检测设备，定量检测企业生产装置中阀门等易产生挥发性有机物(VOCs)泄漏的密封点，并在一定期限内采取有效措施修复泄漏点，从而对全过程物料泄漏进行控制的工作实践方法。通常，被检测的密封点包括泵、压缩机、搅拌器、阀门、泄压设备、取样连接系统、开口阀或开口管线、法兰、连接件等。

在设备与管线组件VOCs泄漏检测过程中，采用的是美国EPA METHOD 21和台湾NIEA A706.72C标准中推荐的方法，使用的仪器是便携式有毒气体分析仪，包括红外线吸收侦测器(FTIR)、光离子化侦测器(PID)及火焰离子化侦测器(FID)，其中以FID最常用。

本次检测使用的检测仪为TVA—2020型有毒挥发性气体分析仪，该仪器主要使用火焰离子化检测器(FID)。

3 LDAR的实施程序

我国颁布的《石油化工企业泄漏检测与修复工作指南》将LDAR工作流程划分为LDAR项目建立、现场检测和泄漏维修3个步骤。为了深入分析LDAR技术可行性，本研究将LDAR工作流程划分为LDAR实施范围识别、密封点定位和描述、密封点台账建立、密封点现场检测、泄漏点维修、出具报告6个步骤。泄漏维修是整个LDAR实施过程中真正实现VOCs减排的关键一环。

3.1 LDAR实施范围识别

LDAR实施范围识别的目的是确定装置中哪些工艺设备和管线中流经物料的VOCs质量分数≥10%，且存在潜在泄漏的可能。具体的工作方法一般为，通过核对和分析装置物料平衡表、装置操作规程等资料，对照工艺流程图(PFD)和设备和管道仪表图(P&ID)进行LDAR实施范围划定，并在图纸上对物料状态进行辨识。

3.2 密封点定位和描述

密封点定位和描述的主要目的是进一步识别LDAR实施范围内工艺设备与管线上的密封点，并通过一定的规则，对LDAR实施范围内的密封点进行标识和描述，从而实现密封点的准确定位，可以"按图索骥"对每个密封点进行LDAR检测和泄漏维修。密封点定位方法一般包括挂牌法、图像记录法以及挂牌与图像记录法相结合的方法。

3.3 密封点台账建立

密封点台账是后续现场检测和泄漏维修的基础。密封点台账应详细记录每个密封点的基本信息、工艺属性和设备属性，主要包括装置、区域或单元、位置、P&ID图号、位置描述、密度点类型、公称直径、物料状态、是否属于不可达点等信息。密封点台账建立时，应尽可能收集该密封点的总有机碳(TOC)质量分数以及每种VOCs的质量分数，以便于计算响应因子。

3.4 现场检测

现场检测主要包括仪器准备、检测方法优化两部分，其中，检测方法优化是研究分析的重点。

3.4.1 仪器准备

① 仪器预热：仪器预热期间应保持仪器点燃，管路、探杆连接完好。仪器预热后，将仪器设置为自动读取最大值，报警阈值设置在最低泄漏控制浓度的四分之一到二分之一。

② 流量检查：重点检查仪器采样管路的气密与流量。

③ 仪器零点与示值检查：预热完成后，反复通入零气和校准气体3次。通入零气读数平均值不应超过±10μmol/mol；通入校准气体，示值误差不应超过±10%。

3.4.2 检测方法

主要包括检查环境条件、环境本底值检测、检测位置选择等。

(1) 检测环境条件

现场检测应在仪器使用说明书规定的能正常工作的环境条件下实施。超出使用环境条件，应获得仪器制造商对使用条件的书面认可。

(2) 环境本底值检测选取

检测过程中，每套装置或单元至少每天进行一次环境本底值测试。每次测试至少取5点，测试点宜位于地面如图4所示。其中一点位于装置地面中心附近，其余四点位于四条边的中心附近。测试点距受控密封点最近不小于25cm，将5个检测值取平均值作为当日装置环境本底值；对于不规则边界的装置，可以分割成多个矩形区域分别检测，再取各矩形的平均值作为当日装置环境本底值。

在检测过程中发现受控密封点或群组附近的仪器检测值与装置环境本底值无明显变化(仪器读数低于3倍装置环境本底值)，以装置环境本底值作为该受控密封点或群组的环境本底值。

（3）检测位置优化

静密封的检测，要在确保人员安全和仪器不吸入油污、液体的前提下，采样探头尽可能靠近被测密封点密封边缘；动密封(泵轴等)检测，采样探头距轴封不超过1cm。

① 阀门

闸阀通常应检测的部位：阀杆与填料压盖之间密封；填料压盖或压板与阀盖之间密封；阀盖与阀体之间的密封；其他可能泄漏涉VOCs物料的部位。

② 泵、压缩机、搅拌器

按照动密封的检测要求对泵、压缩机或搅拌器的轴封实施检测。如果由于其构造、外壳或周围设备设施阻碍而无法完整地对轴封进行检测，则应对所有可以采样的轴封部位进行检测。

③ 泄压设备(安全阀)

直接泄放到大气的泄压设备(安全阀)，在泄放管开口的中央位置进行检测。泄放口高度超过检测人员触及范围2m以上的泄压设备(安全阀)，可选择泄放管线的排凝口检测。

④ 法兰和连接件

法兰连接：采样探头尽可能插入两法兰之间的缝隙进行检测。如果采样探头直径超过缝隙宽度，则需要将采样探头紧贴两法兰之间的缝隙，并与密封边缘垂直；连接件(螺纹接头)：采样探头同样应与密封边缘垂直，并与管线走向呈30°~60°。对于活接头，接头两侧都应检测。

⑤ 开口管线

检测开口阀门或开口管线时，采样探头应与开口末端端面(简称“端面”)垂直，在端面检测。

⑥保温或保冷密封点

检测有保温或保冷层隔离的密封点时，可对保温、保冷材料接缝或密封点暴露在保温、保冷材料之外的部位进行检测。发现疑似泄漏点，在确保安全的前提下，当轮检测中，宜通过拆卸疑似泄漏点的保温或保冷层，或其他方式，确认泄漏点。

3.5 泄漏点维修

泄漏维修是LDAR实施工作中实现VOCs减排的关键。当密封点的净检测值超过泄漏控制浓度时(≥500ppm)，表明该密封点发生泄漏。泄漏点应及时维修，首次维修不应迟于发现泄漏之日起5d内。若该泄漏点经首次维修后未修复，则应在自发现泄漏之日起15d内进行实质性维修。若泄漏点15d内维修不可行或立即维修存在安全风险或立即维修引发的VOCs排放量大于延迟修复造成的排放量时，可将该泄漏点纳入延迟维修。

3.6 LDAR报告

LDAR报告一般包括年度报告，CMA检测报告等，为公司进行LDAR项目运行的统计、管理以及排污申报提供相应的依据。

4 LDAR实施过程中常见问题及分析

结合典型站库的调查分析，对LDAR项目实施过程中存在的常见问题及问题产生的原因进行了剖析。

4.1 LDAR项目建立过程常见问题分析

（1）LDAR实施范围的漏判和误判。该问题主要为出现大范围的工艺设备与管线未被正确纳入LDAR实施范围，导致该区域的密封点未被纳入LDAR项目管控。出现该问题的原因可能是建档人员对工艺设备与管线的内部物料中VOCs含量判定有误。

（2）组件漏挂牌或未进行图像记录。该问题主要为LDAR实施范围内的个别组件漏挂牌或未进行图像记录，导致该组件所属的密封点未建档。出现该问题的原因可能为建档人员在进行排放源定位和挂牌时，将个别组件遗漏。

（3）密封点计数有误。该问题主要为未正确按照该类型组件的密封点计数规则进行密封点扩展，导致该组件所属密封点有所遗漏或。出现该问题的原因可能是建档人员对部分组件类型的密封点计数规则不熟悉，或对部分设备的内部构造不了解。

（4）密封点描述不准确。该问题主要为对密封点台账中对于该密封点的基本信息、工艺属性和设备属性的描述与现场实际不符，例如密封点类型判断有误、位置信息描述不准确等。出现该问题的原因可能是建档人员在装置现场进行密封点信息采集时，对该密封点所属信息判断不准确，或对于密封点的描述规则不熟悉。

4.2 LDAR检测与维修过程常见问题分析

(1) 泄漏点维修时间超过维修时限规定。该问题主要表现为：泄漏点的首次维修时间超过5d，或实质性维修时间超过15d。该问题产生的原因可能为泄漏点的维修工单传达不及时、维修部门未按时到装置现场开展维修和复测等。

(2) 延迟维修管理不合规。该问题主要表现为：对于经实质性维修无法修复的泄漏点未纳入延迟维修管理，或将不符合延迟维修条件的泄漏点纳入延迟维修管理。该问题产生的原因可能为企业对于延迟维修管理的理解存在偏差，或企业对于泄漏修复的管理机制不完善等。

5 检测实例分析

选择典型输油库站，通过开展LDAR工作，对设备与管线组件共计检测密封点数量11113个，具体密封点分类统计见表1。

表1 密封点统计

密封点类型	阀门	法兰	开口管线	连接件	搅拌器	泵
密封点数量	4566	4465	728	1264	60	30

本次LDAR工作实施共计检测泄漏点数量为7个，泄漏率为0.06%，根据检测维修工单，对密封点进行了维修，维修后复测全部合格，合格率为100%。

本次重点还对储罐呼吸阀进行泄漏检测，共计检测呼吸阀144个，泄漏点数为59个，泄漏率为40.97%，通过调试和维修，共计修复合格37个，修复合格率为62.71%。

6 结论

通过实施LDAR工作是实现工艺设备与管线泄漏环节VOCs减排的关键，也是避免LDAR工作流于形式的重要途径。

虽然近期国家和各省市先后出台了多项LDAR实施技术规范或工作指南对LDAR项目实施进行约束和指导，但由于LDAR法规和标准体系不完善、第三方服务机构缺乏资质管理、LDAR长效运行和监管管理机制不健全等原因，导致企业在具体LDAR项目实施过程中仍有诸多不合规的问题存在。

因此，有必要通过完善LDAR标准和技术规范体系以及建立LDAR长效运行和监督管理体系等手段，将LDAR实施工作流程和方法、LDAR实施过程质量控制、LDAR实施效果评估融合到LDAR技术应用体系之中，使企业、第三方服务机构、政府环境管理部门等利益相关方形成一个闭合循环，实现LDAR技术应用水平在循环累积中不断提高，充分发挥LDAR技术在VOCs污染减排、资源节约、安全风险防范等方面的效益。

参考文献

[1] 陈颖，叶代启，刘秀珍，等．我国工业源VOCs排放的源头追踪和行业特征研究[J]．中国环境科学，2012，32(1)：48-55.

[2] 付建平．化工装置维修工作指南[M]．北京：化学工业出版社，2012：10-29.

[3] 肖祥正．泄漏检测方法与应用[M]．北京：机械工业出版社，2010：32-61.

[4] 李凌波，刘忠生，方向晨，等．炼油厂VOC排放控制策略-设备与管阀件泄漏[J]当代石油石油化工，2013(9)：1-9.

[5] 张晖，张永波，廖程浩，等．探索建立石油化工行业“泄漏检测与维修”(LDAR)运行与监管体系[J]．中国科技成果，2016(16)：24-27.

碳排放清单核算不确定性分析

汪怡心 李佳轩

（中国石油塔里木油田公司）

摘 要 温室气体清单编制指南为有效推进节能减排措施提供了重要参考和政策支撑，但目前参考的清单较多且标准不一。在数据收集过程中存在误差、关键数据缺乏以及数据代表性不足等因素造成各清单推荐缺省值具有偏差，成为碳排放核算结果误差的主要来源。所以对碳清单的不确定性分析和识别清单不确定性至关重要。本文从计算方法的角度建立了研究排放清单不确定性的方法，对比了蒙特卡洛模拟法和拉丁超立方抽样法对不确定性因素进行模拟500次、1000次、5000次的效果，并提出采用消减技术找到具有代表性的典型数据计算南疆利民油气储运中心阿克苏管理站2022年的碳排放量，改善仅采用平均值计算不确定性条件下的碳排放量带来的误差；将依据《塔里木油田温室气体排放核算指南》计算的结果作为实际参考值，得到在不确定性条件下的碳排放量小于依据企业清单的计算结果的10%～29%，且对碳排放量不确定性影响最大的因素是天然气低位热值的结论。

关键词 排放清单；碳排放核算；不确定性分析；蒙特卡罗模拟；拉丁超立方抽样

2022年4月22日，国家发改委、国家统计局生态环境部印发了《关于加快建立统一规范的碳排放统计核算体系实施方案》的通知。《实施方案》明确了“十四五”时期全国及地方、行业企业、产品碳核算和国家温室气体清单编制等重点任务。2006年，我国先后编制了《2006IPCC国家温室气体清单指南》《省级温室气体清单编制指南(试行)》等一系列指导碳排放核算的文件。为了建立完善的碳核算制度，加快推进国家、地方、企业三级碳核算工作，2013年至2015年期间，国家发改委分又颁布了24个行业的碳核算方法与报告指南，供开展碳排放权交易等相关工作参考使用。由此，确立了我国碳排放核算的基础体系。

由此可见，碳排放清单的可靠性和准确性至关重，而建立排放清单的过程会因为数据来源不可靠、关键数据缺失、数据代表性弱、等而引入不确定性。国外机构很早就意识到排放清单不确定性分析的重要性并且开始重视相关的研究。IPCC、EPA、NARSTO等国外组织机构均有要求将不确定性分析作为清单研究报告的重要组分。IPCC在《国家温室气体清单优良做法指南和不确定性管理》中提供了专家判断法、蒙特卡罗法等统计方法对温室气体清单不确定性进行定性和定量分析。国外的排放清单不确定性分析已有了相对成熟的方法和体系，尽管近年来我国对排放清单不确定性开展了专门的研究，但是研究的数量依然较少，存在参考清单标准不一，国家级数据的排放清单与地级市级别的清单对碳排放估算结果差异大等问题，所以对国内碳排放清单的不确定性分析和识别清单不确定性至关重要。

本文采用蒙特卡洛模拟方法和拉丁超立方抽样法对不确定性因素进行1000次模拟，并通过消减技术找到具有代表性的典型数据，计算南疆利民油气储运中心阿克苏管理站的年碳排放量并将其与《塔里木油田温室气体排放核算指南》计算结果进行对比，研究不确定性对碳排放计算结果的影响。

1 清单碳排放核算方法

碳排放核算可以直接量化碳排放的数据，综合目前国内外文献和清单指南来看，IPCC指南是全世界较为通用的方法指南，指南中给出了排放因子法计算化石能源终端消费，排放因子法适用于所有种类温室气体排放量的计算，是适用范围最广、应用最为普遍的一种碳核算办法。碳排放量是排放因子和基于该排放因子下活动水平的乘积。其计算公式如下：

$$EC = A \times EF = A \times NCV \times CC \times OF \times \frac{44}{12} \qquad (1)$$

式中，E 为碳排放量，t；A 为能源活动水平，能源耗量，$10^4 Nm^3$；EF 为碳排放因子，即单位天然气耗量的碳排放量，tc/10^4Nm^3。能源(天然气)消耗量 *NCV* 为能源的低位热值，GJ/10^4Nm^3；*CC* 为能源的单位热值含碳量 tc/GJ；*OF* 为能源的碳化率，以%表示，44/12 为二氧化碳与碳的相对分子质量之比。

此外为了指导各生产单位准确核算和规范温室气体排放量，参考《中国石油天然气生产企业温室气体排放核算方法与报告指南(试行)》和《企业温室气体排放核算方法与报告指南(发电设施)》等核算指南。塔里木油田编制了适用于现场实际的企业排放清单指南《塔里木油田温室气体排放核算指南(试行)》，指南规定了石油天然气生产业务以及电力生产业务两大类型的碳排放核算要求。

根据南疆利民油气储运中心阿克苏管理站 2022 年度放空报告和《塔里木油田温室气体排放核算指南(试行)》，管理站的排放源类型为放空火炬燃烧排放以及净购入电力产生的二氧化碳，没有二氧化碳的回收以及向市网售电，不存在化石燃料燃烧活动、工艺放空以及事故放空排放(设备逃逸排放不计)。其总碳排放量计算公式如下式：

$$E = \sum_i \left[Q \times \left(CC非C \times OF \times \frac{44}{12} + VC \times 19.7 \right) \right] \tag{2}$$

式中，Q 为第 i 号火炬系统的火炬气流量，单位为 10^4Nm^3；$CC_{非C}$为火炬气中除 CO_2 外其他含碳化合物的总含碳量，tc/10^4Nm^3；V_C 为火炬气中 CO_2 的体积浓度，取值范围为 0～1，如火炬气中 CO_2 的体积浓度为 2%，则 V_C 取 0.02；19.7 为 CO_2 气体在标准状况下的密度，tc/10^4Nm^3。

《塔里木油田温室气体排放核算指南(试行)》中净购入电力产生的二氧化碳为购电量与供电 CO_2 排放因的乘积。计算公式如下式：

$$EC = AD \times EF \tag{3}$$

式中，E 为碳排放量，t；DA 为企业净购入的电力消费，单位为 kWh；EF 为供电碳排放因子，tc/kWh。

2 不确定性研究方法

2.1 排放清单及不确定性

本文将常用的清单指南特点进行了梳理和分析，如下表所示：

表 1 温室气体排放清单指南区别

指南名称	机构	适用范围	意 义
IPCC 国家指南	政府间气候变化专门委员会	国家以及地区，148 个缔约国的大部分信息	为不同国家和地区温室气体清单比较，提供核算口径基本一致的框架和方法
省级清单	中国发改委	中国试点省域	摸清省域温室气体排放状况，以落实控制温室气体排放中长期规划分解指标
企业温室气体清单指南	世界资源研究所	企业、行业	将企业温室气体排放加入会计报表，是许多行业、企业组织温室气体行动计划的基础
塔里木油田温室气体排放核算指南	油田公司"双碳双新"领导小组办公室	公司所有生产单位及配套辅助相关单位	规范各主要碳排放单位的温室气体排放量核算方法，进一步提升油田公司温室气体排放核算水平

IPCC 使用的是发达国家的数据，但中国和发达国家的煤质不同，煤含碳量差异比较明显，使用 IPCC 推荐的排放因子具有不确定性。IPCC 国家温室气体清单指南默认的排放因子库主要获取于发达国家的数据，但我国与发达国家的煤质不同，煤含碳量差异比较明显，能源和计量体系存在一定差异，不能反映国内实际情况，直接使用 IPCC 国家温室气体清单指南中提供的缺省数据，会给我国温室气体排放评估带来较大的不确定性。

省级清单是参考《IPCC 指南》相关核算方法理论编制，并在广东、湖北、天津等七个省市进行试点编制。省级温室气体清单是对省级区域内一切活动排放和吸收的温室气体相关信息的汇总清单。但中国不同省消耗的煤的品质也不完全相同，相应的碳含量和氧化率也具有差异，使月统一的排放因子开展城市排放核算时具有一定的不确定性。

目前对于城市碳排放的研究，由于编制机构的不同以及参考指南的不同，所采用的碳排放部门划分也不同，并且缺乏本地化排放因子，中国城市的碳排放估算存在很大的不确定性。在城市和区域尺度上，采用具有本地化特征的排放因子较为少见，缺乏在测试参数层面进行的系统性分析。

《塔里木油田温室气体排放核算指南》在碳排放清单的编制研究过程中，所获数据并不能像政府机构那样发布详尽的部门核算结果，例如结合塔里木油田实际情况，目前基本无火炬气含碳量检测值，只能实测火炬气组分或根据天然气检测结果提取相关数据值进行计算。

2.2 不确定性因素

进行排放清单的不确定性分析时，研究哪一个因素对不确定性影响最大非常关键。由上述可知，碳排放量核算的不确定性影响因素很多，从基础数据能源消费量的统计与统计方法等对活动水平数据的影响，到计算过程中相应的低位热值、含碳量、碳氧化率以及单位热值含碳量等数值或者碳排放因子的直接取值都会对碳排放核算造成一定的影响。

2.2.1 天然气耗量与碳含量

对于正常工况下的火炬系统，可根据流量监测系统、工程计算或类似估算方法获得报告期内火炬气流量 Q 正常火炬。管理站 2022 年度天然气放空量可根据流量监测系统进行检测。火炬气含碳量可通过天然气组分检测结果提取相关数据值后计算得到，本文认为管理站的放空火炬的天然气消耗量数值与天然气的碳含量数值准确。

2.2.2 天然气碳氧化率和低位热值以及单位热值含碳量

目前实际工程中对低位热值和碳氧化率的实测数据非常少，多用的缺省值计算碳排放量或者直接用碳排放因子缺省值计算碳排放量。陈操操，邱大庆等人根据实测值计算了北京市天然气锅炉 CO_2 排放因子，得到天然气低位热值对排放因子的影响最大，其方差贡献率达 94%，而单位热值含碳量和碳氧化率二者的方差贡献率仅占 6%。

《中国能源统计年鉴 2012》《国家发展改革委办公厅关于进一步加强万家企业能源利用状况报告工作的通知》《中国温室气体清单研究》中天然气低位热值取 398.31GJ/10^4m^3，单位热值含碳量 15.30×10^{-3}tc/GJ。《中国石油天然气生产企业温室气体排放核算方法与报告指南(试行)》《2005 中国温室气体清单研究》《省级温室气体清单指南(试行)》《中国化工生产企业温室气体排放核算方法与报告指南(试行)》中都将天然气缺省碳氧化率取值为 99%. IPCC 国家温室气体清单指南默认碳氧化率为 100%。对于各行业分部门的碳氧化率数据，许多研究采用 IPCC 的默认值 100%。《塔里木油田温室气体排放核算指南(试行)》默认值为 98%。有研究比了 IEA、CDIAC、EDGAR 和 EIA 国际四大典型碳数据库，并对中国碳排放核算进行参数级别的对比，发现气体燃料碳氧化率取值范围为 98%~99.5%。综上所述，本文将天然气碳氧化率平均值取为 99%，天然气低位热值平均值取为 398.31GJ/10^4m^3，单位热值含碳量平均值 15.30×10^{-3}tc/GJ。

2.2.3 购电量和供电碳排放因子

管理站 2022 年度购电量可根据管理站用电情况获得准确数值。目前供电碳排放因子采用数值为区域碳排放因子；塔里木油田温室气体排放核算指南(试行)》中电力供应的 CO_2 排放因子等于生产场地所属区域电网的平均供电 CO_2 排放因子，应根据主管部门的最新发布数据进行取值，最新 2012 年度中国区域电网平均 CO_2 排放因子，西北地区为 0.667kg/(kW·h)。根据相关文献和清单指南，供电区域平均碳排放因子为 0.977kg/(kW·h)。

通过上述工作对天然气的碳化率与低位热值以及单位热值含碳量这三个指标进行调研，获取能够充分反映这个三个负荷指标的特征值，比如最大值、最小值与均值的情况。最大值和最小值代表了不确定性因素分布的上限值和下限值。平均值代表了不确定性因素出现的一个平均水平，越靠近平均值，出现的概率也越大。能源系统中的不确定性因素常用三角分布，均匀分布，正态分布来描述。已知平均值，本文采用正态分布来描述不确定性因素。由不确定性理研究可知，当不确定性因素服从正太分布时，平均值为 0.1 倍的均值时，不确定性描述更为合理。综述可知天然气碳氧化率变量服从正态分布函数 $Xcc \sim (99, 9.9^2)$，天然气低位热值变量服从正态分布函数 $X_{NCV} \sim (398.31, 39.831^2)$，天然气单位热值含碳量变量服从正态分布函数 $X_{NCV} \sim (0.015, 0.0015^2)$，供电区域平均碳排放因子服从正态分布函数 $X_{EF电} \sim (0.977, 0.0977^2)$。

2.3 不确定性模型

2.3.1 蒙特卡罗模拟法

不确定性在排放源清单模型中的传播可用蒙

特卡罗模拟法分析，该法因灵活性较强在国外而得到广泛使用。应用蒙特卡罗法模拟生成场景来描述不确定性的过程主要有以下几个步骤：

步骤一：生成[0，1]均匀分布的随机序列。

步骤二：通过均匀分布的随机数序列对不确定性因素服从的概率分布函数进行采样，*pc* 为采样点 *r* ©对应概率；然后通过反函数 $F^{-1}(pc)$ 计算每种场景下采样值对应的变量值 *c*，即不确定性因素。

步骤三：统计生成的每种场景，由于是等概率抽样，每个场景发生的概率值相同。具体的模拟过程如下图所示：

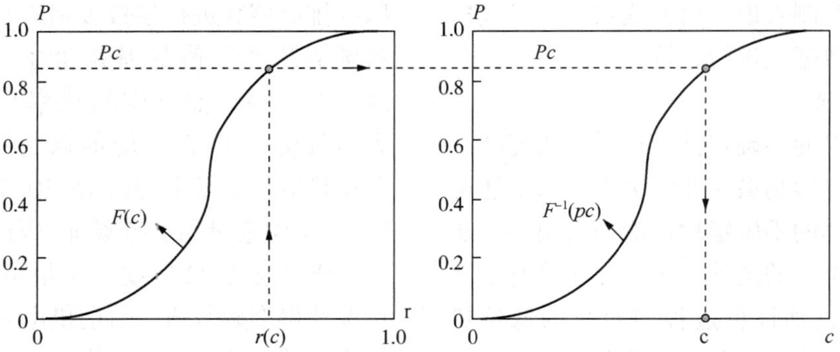

图 1　蒙特卡洛模拟示意图

由综上可知，本文用正态分布描述天然气碳氧化率，低位热值以及供电碳排放因子的不确定性。以碳氧化率为例，展示蒙特卡洛模拟的结果，对碳氧化率分别生成 100、1000、5000 个场景，则概率密度图如下图所示：

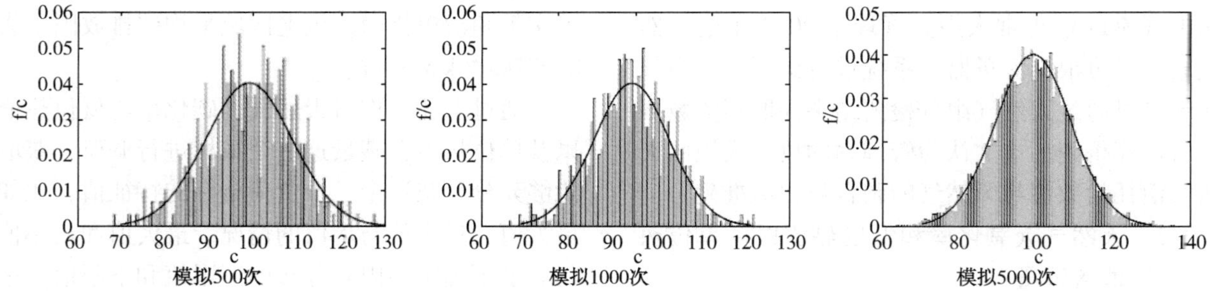

图 2　概率密度图

从上图中的条形统计图为蒙特卡洛抽样模拟得到的碳氧化率概率密度图，黑色轮廓曲线为实际碳氧化率概率密度函数曲线；可发现生成的场景越多，模拟次数越多，不确定性描述效果越好。

2.3.2　拉丁超立方抽样法

1979 年，Mckay 提出了拉丁超立方抽样方法，本文探究采用蒙特卡罗抽样和拉丁超立方抽样进行不确定性分析的区别，蒙特卡罗模拟的思路是在整个(0，1)随机采样，模拟生成不确定性变量服从的概率分布，而拉丁超立方抽样方法是将(0，1)区间均匀分成 n 份，然后在在(0，1)进行均匀采样。具体模拟生成场景的步骤如下：

步骤一：生成(0，1)均匀分布的随机序列。

步骤二：根据需要的 *n* 个场景数量将(0，1)区间等分成 *n* 个不同的子区间，第 s 个区间表示为 $\left[\frac{s-1}{n}, \frac{s}{n}\right]$(s＝1，2，3…，*n*)。

步骤三：从不同的子区间中进行随机采样并保证每个区间对应只取一个，一般取每个区间的中点值作为采样值，从每个区间采样的概率都是 $1/n$。

步骤四：根据概率分布函数的反函数，计算每个子区间采样值对应的变量值，即不确定性因素的值。

步骤五：统计生成的每种场景，由于是等概率抽样，每个场景发生的概率值相同。具体的模拟过程如下图所示：

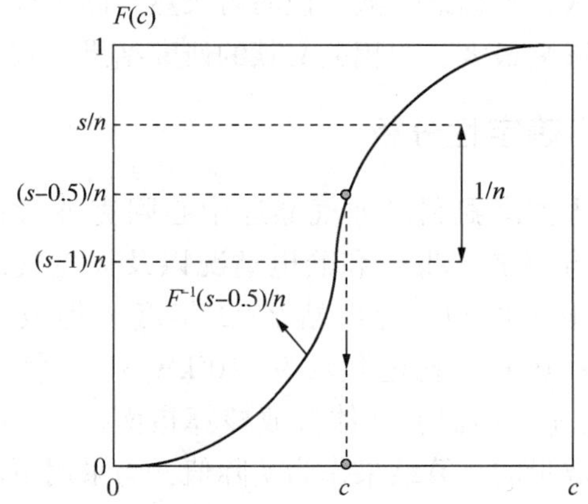

图 3 拉丁超立方抽样示意图

同样以碳氧化率为例，展示拉丁超立方抽样法的模拟结果，对碳氧化率分别生成 100、1000、5000 个场景，则概率密度图如下图所示：

从上图中的条形统计图为拉丁超立方抽样模拟得到的碳氧化率概率密度图，黑色轮廓曲线为实际碳氧化率概率密度函数曲线。采用拉丁超立方模拟的结果要优于蒙特卡洛抽样，采用拉丁超立方抽样不需要大规模的模拟。当场景数为 1000 时，采样点在(0，1)区间覆盖已经较为均匀；模拟结果已经非常接近真实的概率密度分布函数了。

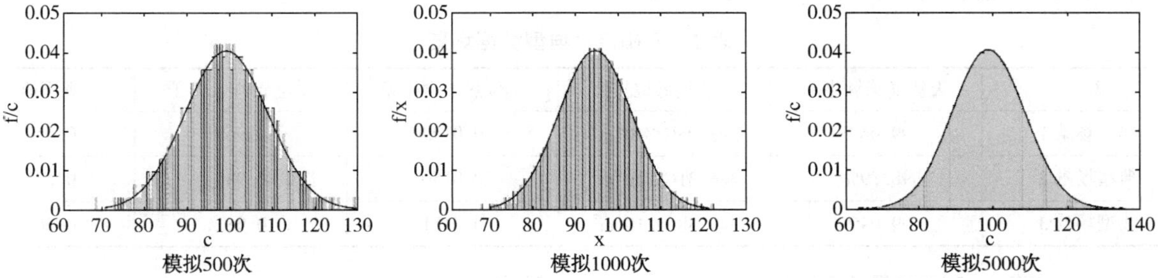

图 4 概率密度图

综上可得，本文后续采用拉丁超立方抽样模拟 1000 次的结果可以较准确的对碳排放不确定性机械能分析计算。

2. 3. 3 kmeans 聚类算法获取典型数据

无论采用蒙特卡洛模拟和拉丁超立方抽样法都需要进行大规模的模拟，不可能将每个数据都用于碳排放的计算。传统的研究方法是直接取所有模拟结果的平均值作后续计算，但平均值不一定具有代表性，且会漏掉很多不确定性信息的描述。本文采用 kmeans 聚类法，将模拟的大规模数据进行分类，取每个分类数据簇的平均值作为典型数据进行研究。

不确定性研究模型中共四个不确定性因素，天然气碳氧化率，低位热值，单位热值含碳量以及供电碳排放因子，采用拉丁超立方抽样进行模拟 1000 次后，即 1000×4 维矩阵集。本文采用轮廓系数法(Silhouette Coefficient)来找到数据集的最佳聚类数，根据轮廓系数图把数据集分为了三类，Silhouette 值越正，越接近 1，聚类效果越好；从下图可以看出数据集的所有点都在轮廓系数图的右侧，分三类的聚类效果较好，则 kmeans 聚类法最佳聚类数为 3。

k-means 聚类基本思想为：确定最佳聚类数之后，计算每个数据集场景与聚类中心的距离，

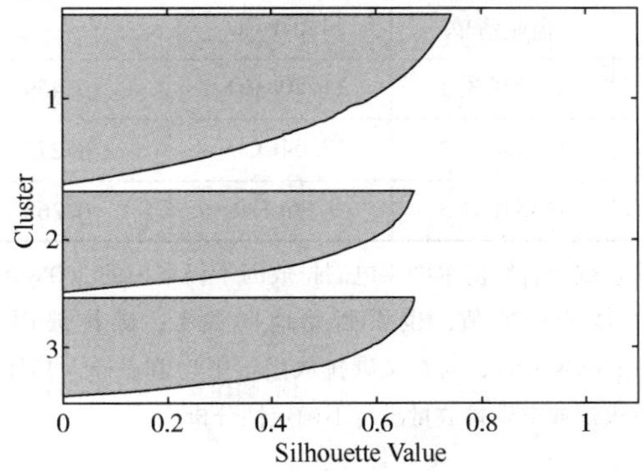

图 5 轮廓系数图

将相近的场景划分到最近的簇中；然后计算每个聚类簇中所有场景的平均值，并将其作为新的聚类中心；然后循环第二、三步，直到聚类结果不再改变，即聚类中心不再改变且聚类次数达到要求为止，然后输出聚类结果，完成典型数据集的寻找。选取各聚类簇的中心数据作为典型数据，聚类簇中所有数据概率的和作为对应典型数据的概率值。下图为 kmeans 聚类法将数据集进行分类的效果展示，黑色圆心表示每个聚类簇各自计算出的平均值：

下表为采用 kmeans 聚类法寻找到上述不确定性因素数据集中的典型数据和可能出现的概率值。从下表可以看出接近平均值数据场景的概率

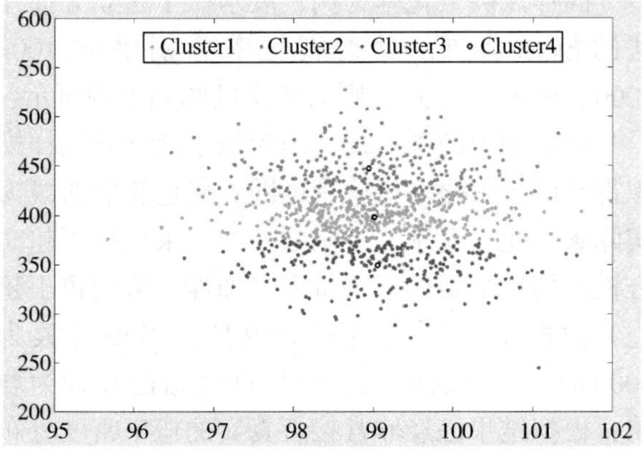

图 6　聚类效果图

越大，出现的可能性越大；且天然气低位热值波动最大，数据最分散，说明对天然气碳排放不确定性影响最大，和相关文献的研究结果一致。

3　不确定性分析

根据南疆利民油气储运中心阿克苏管理站 2022 年度放空报告和购电情况以及天然气组分检测报告可知，管理站 2022 年度火炬放空量 $0.52\times10^4m^3$，耗电量 $2.9\times10^5kW\cdot h$。将根据《塔里木油田温室气体排放核算指南(试行)》的碳排放量的计算结果作为实际值，与采用不确定性模型得到的典型数据计算碳排放量进行对比，管理站 2022 年度碳排放量如下表所示：

表 2　不确定性典型数据场景

场景	天然气碳氧化率	天然气低位热值	单位热值含碳量	供电碳排放因子	概率值
典型场景 1	99.06%	$398.05GJ/10^4m^3$	0.0149	0.969	0.459
典型场景 2	98.89%	$446.81GJ/10^4m^3$	0.0150	0.985	0.273
典型场景 3	99.04%	$349.38GJ/10^4m^3$	0.0151	0.982	0.268

表 3　碳排放量计算结果

序号	名称	放空碳排放量	概率值
1	企业清单	14.04t CO_2	—
2	典型场景 1	11.20t CO_2	0.459
3	典型场景 2	12.64t CO_2	0.273
4	典型场景 3	9.96t CO_2	0.268

注：现用省级清单中供电碳排放因子仍采用的 2005 年国家温室气体清单的值，也供西北地区参考，碳排放因子为 0.977kg/(kW·h)，与本文碳排放因子平均值一样，其计算结果只对火炬放空碳排放量进行不确定性分析。

从上表可得，三个典型场景计算的碳排放量都比根据企业清单计算的碳排放量少；典型场景 1 出现的概率最大，场景一不确定性条件下的碳排放量比根据企业清单计算的碳排放量少 20%，典型场景 2 和典型场景 3 出现的概率较少，不确定性条件下的碳排放量比根据企业清单计算的碳排放量分别少 10%和 29%。

4　结论

本研究针对现有的排放清单存在较大不确定性问题，将《塔里木油田温室气体排放核算指南(试行)》的碳排放量的计算结果作为参考值，建立了碳排放量不确定性研究方法，从计算方法的角度研究了对南疆利民油气储运中心阿克苏管理站 2022 年度碳排放量的不确定性影响。得到以下结论：

（1）影响管理站碳排放量的因素有天然气低位热值、碳氧化率以及单位热值含碳量和供电碳排放因子，其中对不确定性影响最大的是天然气低位热值。

（2）对比了拉丁超立方抽样与蒙特卡洛模拟法研究清单不确定性的优越性。发现采用拉丁超立方抽样法的结果要优于蒙特卡洛模拟，只需要较少的模拟次数就能很好的描述不确定性因素的信息。

（3）提出采用消减技术找到具有代表性的典型数据计算不确定性条件下的碳排放量，改善仅采用平均值进行计算带来的误差。

（4）以不确定性因素的平均值作为特征值进行模拟，发现越接近平均值的数据集场景的概率越大，出现的可能性越大，模拟结果可靠。在不确定性条件下计算的碳排放量比依据企业清单计算的碳排放量小 10%~29%。

参　考　文　献

[1] 任献光．加快建立统一规范的碳排放统计核算体系稳步夯实碳达峰碳中和数据基础——《关于加快建立统一规范的碳排放统计核算体系实施方案》解读一[J]．中国产经，2022(16)：4.

[2] 郑丹．碳交易标准将统一——访国家应对气候变化战略研究和国际合作中心统计考核部副主任于胜民

[J]. 中国石油石化，2015(17)：4.
[3] 朱松丽. 澳大利亚能源活动温室气体排放清单编制经验及对我国的借鉴意义[J]. 气候变化研究进展，2011，7(3)：6.
[4] 王文美，张宁，陈颖，等. 区域层面温室气体清单不确定性量化研究[J]. 城市环境与城市生态，2012，25(3)：4.
[5] 邓娜，陈广武，崔文谦，等. 城市温室气体清单编制与分析——以天津为例[J]. 天津大学学报，2013，000(007)：635-640.
[6] 丛建辉，朱婧，陈楠，等. 中国城市能源消费碳排放核算方法比较及案例分析——基于"排放因子"与"活动水平数据"选取的视角[J]. 2021(2014-3)：5-11.
[7] 张明婷. 基于碳排放因子现状研究构建企业碳排放因子计量体系[J]. 中国计量，2022(12)：3.
[8] 薛俊宁. 中国能源价格、技术进步和碳排放关系研究[D]. 山东大学.
[9] 朱汉雄. 煤炭相关二氧化碳排放量的估算与分析——以中国为例[D]. 复旦大学，2013.
[10] 陈操操，邱大庆，于凤菊，等. 北京市燃气工业锅炉 CO_2 排放因子及不确定性分析[J]. 环境科学研究，2020，33(8)：7.
[11] 李青青，苏颖，尚丽，等. 国际典型碳数据库对中国碳排放核算的对比分析[J]. 气候变化研究进展，2018，14(3)：6.
[12] 陈培培，蒋雯佳，周瑜健，等. 考虑综合能源系统中不确定性因素的建模研究[J]. 科技创新与应用，2022，12(31)：25-29.

国内外蓝碳核算方法浅析

吴翌丹[1,2]　宋莎莎[1,2]　赵建平[1,2]　张庆范[1,2]

（1. 中海油能源发展股份有限公司安全环保分公司；2. 中海油能源发展股份有限公司海上油田低碳环保重点实验室）

摘　要　海洋生态系统比陆地拥有更大的固碳优势。将海洋固碳能力与“碳中和”目标相联系需要碳汇交易作为载体，因此碳汇量核算十分关键。目前国内外对蓝碳核算展开了诸多探索，但相关核算方法仍待完善。本文系统梳理国外碳市场、国内行业及地方发布的蓝碳核算内容，综述了国内外蓝碳核算方法的研究进展，分析不同核算方法的差异，剖析蓝碳交易典型案例，从中总结我国蓝碳方法学存在的问题，并提出了相应的建议与措施。

关键词　蓝碳；核算方法；碳市场；方法学；碳交易

海洋每年从大气中吸收约20亿吨CO_2，占全球年总排放量的30%左右。蓝碳也称海洋碳汇，是一种利用海洋生物(红树林、盐沼、海草床、浮游植物、大型藻类、贝类等)及海洋活动吸收清除大气中CO_2，并将其固定在深海的过程、活动和机制。蓝碳包含滨海生态系统碳汇(红树林、盐沼和海草床)和海洋生态系统碳汇(藻类、海水贝类和浮游植物)。全球仅通过修复与恢复原有海岸带生态系统生境，预计到2030年可额外抵消8亿吨CO_2，占全球化石燃料年排放量的3%。因此，完善蓝碳生态系统碳储量核算标准，制定相应的修复措施，具有重要的理论和现实意义。

1　国内外蓝碳核算方法现状

在当前国际市场上，蓝碳交易主要集中在政府间气候变化专门委员会(IPCC)承认的四种蓝碳生态系统内，即大型海藻场、红树林、海草床和盐沼。这四种生态系统的覆盖面积不到海床的0.5%，但碳储量占海洋碳储量的50%以上。国际上成熟蓝碳方法学与相关监测核算方法大多集中在红树林、盐沼湿地，海草床基本处于空白阶段，渔业碳汇核算暂无涉及。

我国核证自愿减排量(CCER)碳市场自开启之时逐渐纳入一些国际通用的方法学，大都集中在碳汇发展成熟的领域，如电网、化石燃料消耗、农业等，无蓝碳相关方法学。以国际通用蓝碳方法学为基础，各地方政府、相关研究机构近年陆续发布蓝碳相关核算方法与标准，对有关术语、监测内容、评估方法、质量控制等做出规定。

2　蓝碳核算方法分析

在项目选择碳库内，项目碳汇量(项目温室气体清除量)通常等于项目进行前后温室气体排放量的差值(项目基线排放量与活动后排放量、泄露量之差)。在此基础上，根据不同设定范围、活动情景及不同物种生态系统等产生计算的变化。下面对国内外已有的蓝碳核算方法异同点进行浅析。

2.1　国外蓝碳核算方法

2.1.1　清洁发展机制(CDM)

CDM机制要求产生真实、长期并可测量的温室气体减排效益。CDM中已开发完成的方法学为AR-AM0014(退化红树林生境的造林和再造林，大规模)和AR-AMS0003(在湿地上实施的造林和再造林项目活动，小规模)。两种方法学均包含基准温室气体、实际温室气体净和人为温室气体的清除量，泄漏量的计算方法。在项目区生物量分布不均匀的情况下，均要求分层设置不同基线和项目情景，更精确的估算温室气体净清除量。项目中实际温室气体清除量为项目碳储变化量及项目内非CO_2温室气体排放量之差。

2.1.2　国际核证碳减排标准(VCS)

VCS机制下开发完成的蓝碳相关成熟方法学与工具较多，少数也适用于陆上森林生态系统。VM0007(REDD+方法学框架)为减少毁林和森林退化所致的排放量提供了一套模块，在VCS市场有34个项目使用该方法学完成注册，但大部分都与陆地森林相关。VM0024(构建滨海湿地方法学，仅适用于美国）中注明基准线排放通常小于或等于0。VM0033（潮汐湿地和海草床恢复方法学）中增加了一项因项目管理实施产生的有机土燃烧，从而减少净CO_2的排放量。

VCS中开发了三套潮汐湿地相关的监测估算模块工具包含VMD0050、VMD0051和VMD0052，三套工具建立了潮汐湿地修复及保护等过程对排放影响的评估程序，以及确定潮汐湿地恢复和保护的额外性的程序。

2.1.3　IPCC方法学

IPCC根据不同分辨率/准确性确定了三个等级的碳储量估算方法。

表1　IPCC碳储量估算方法

等级一	等级二	等级三
低	中	高
（1）由IPCC公布的活动数据和排放因子确定；（2）红树林、潮汐盐沼和海草床的碳密度为386Mg/ha、255Mg/ha和108Mg/ha，根据相应植被面积计算碳储量，误差达±50%～±90%	根据特定的国家/地区不同生态系统类型的平均碳储量确定	收集各生态系统/关注区域在不同时间里重复测量的关键碳储量数据来估算区域碳储量

2.1.4　联合国环境署方法学

联合国环境署发布的《蓝碳：红树林、潮滩湿地和滨海沼泽碳储量与释放因子计量方法手册》中详细描述了土壤、滨海生态系统植被碳储量的评估计算过程。

（1）土壤碳储量评估：取样柱某层样品碳含量等于土壤碳密度（容重与样品有机碳含量的乘积）与取样间隔厚度的乘积，取样柱总碳含量为各土壤层碳含量之和。

（2）滨海生态系统植被碳储量评估：将各植物/组分碳含量（生物量与碳转换系数的乘积）加和，除以采样样方面积，得出某类植物/组分碳含量。碳转换系数可通过实验测定，也可取经验值。

2.2　国内蓝碳核算方法分析

2.2.1　行业标准

（1）《海洋碳汇核算方法》（HY/T 0349—2022）

该方法涉及海洋碳汇类型较为全面，适用于核算海洋碳汇能力，规定红树林、盐沼、海草床与大型藻类的碳汇总能力、浮游植物碳汇能力以及贝类碳汇核算能力的核算方法。

（2）《养殖大型藻类和双壳贝类碳汇计量方法碳储量变化法》（HY/T 0305—2021）

该标准适用于核算所有海水养殖大型藻类碳汇，给出基于碳储量变化的养殖大型藻类碳汇计量方法。标准中规定在一个养殖期内，项目碳汇量是成体收获（项目）碳储量与投放（基线）碳储量之差，并考虑碳与CO_2的转化系数。各碳储量均通过取样抽样进行计算，投放（基线）碳储量可使用数量与生物量两种核算方式。

2.2.2　自然资源部相关技术规程

（1）《碳储量调查与评估技术规程》

该规程在一定程度上填补了我国蓝碳生态系统监测核算规程的空白，适用于我国滨海盐沼、海草床及红树林生态系统的碳储量调查与评估工作，对三种生态系统的碳储量核算流程做出规定，给出碳密度/碳储量计算方法。山东省依据《海草床生态系统碳储量调查与评估技术规程》并结合实际情况编制了《海草床碳汇项目方法学》，该方法学目前处于审批阶段。

（2）《碳汇计量监测调查与评估技术规程》

该规程适用于我国滨海盐沼、海草床及红树林生态系统碳汇计量监测，以及温室气体清单中关于三种生态系统碳汇计量的部分，并对其碳汇计量和监测方法做出要求。规程中考虑两种计量情况（始终为该生态系统及后转化为该生态系统），计量区的温室气体年净碳汇量为计量区CO_2年净碳汇量与区域CH_4年排放量之差（海草床生态系统不考虑CH_4排放）。

2.2.3　地方核算

（1）地方标准

广西壮族自治区地方标准《红树林湿地生态系统固碳能力评估技术规程》用于红树林湿地生态系统固碳能力的评估，给出沉积物固碳能力、红树植物（年生产力，不同种类含碳比率，固碳能力等）、底栖动物（次级生产力，固碳能力等）及红树林湿地生态系统总固碳能力计算方法。

《深圳市海洋碳汇核算指南》（待发布）仅适用于深圳市（含深汕特别合作区）行政区域内海洋碳汇量的核算，通过为浮游植物、底栖植物、鱼类、贝类、红树林、盐沼植物等从空气或海水中吸收储存的二氧化碳提供核算指引，确定各种类核算类型和核算方法，进行人为干预活动前后总碳汇量的计算。

(2) 地方方法学

广东省、河北省、山东省、深圳市及广西壮族自治区等地都推出了蓝碳地方方法学。与国际成熟方法学相同，规定了使用区域与核算方法的适用条件，均仅限当地使用。

《海南红树林造林/再造林碳汇项目方法学》是我国首个海南省碳普惠机制下备案的红树林碳汇项目方法学。该方法学给出湿地在不同盐度和养分情形下温室气体排放源的选择，纳入沉积物有机碳库的核算方法，给出不同类型红树林湿地的沉积物有机碳库增量的缺省值。依托该方法学进行开发的“万宁小海红树林碳汇项目”已通过专家审查。

《河北省海水养殖双壳贝类固碳项目方法学》参考了两项行业标准，该方法学中双壳贝类排泄物、生物体碎屑等沉积物的碳储量不计入项目碳储量，基线情景碳储量为河北省内海水养殖双壳贝类投放幼苗的碳储量。双壳贝类碳储量可通过成贝出海总量与单位面积成贝生物量进行核算，项目碳储量计算与基线碳储量计算需选择同种核算方法。项目碳汇量计算与行标 HY/T 0305—2021 相同。

《广东省红树林碳汇碳普惠方法学》规定了项目边界内红树林地连片面积(≥0.0667 公顷，郁闭度≥0.2)。当红树林造林项目基准值为 0 时，项目边界内红树林产生的碳汇量等于碳普惠核证减排量；采用项目边界相应红树林群落类型平均固碳水平为基准线时，需要计算红树林土壤和植被的基准与项目碳汇量。与行业标准《海洋碳汇核算方法》中红树林核算不同之处在于，同时考虑了土壤碳库和红树林自身面积与固碳能力。

深圳市地方标准《红树林保护项目碳汇方法学(试行)》中规定红树林保护活动不存在潜在泄漏。基线情景碳汇量包含红树林生态系统碳储变化量，土地利用变化及红树林生态系统自身甲烷排放造成的温室气体排放增加量。该方法学也考虑了基线情景应对气候变化社区与基线情景生物多样性的状况，并对该状况进行评估监测。

3　蓝碳案例研究

截至 2023 年 6 月 30 日，国际碳市场 CDM 中完成注册项目 7842 项，VCS 中发行 VCUs 的项目 1641 项，大部分项目集中于新能源工业、农业及林业领域，蓝碳项目开发占比较少，大部分项目处于审定和核证阶段。相较于国际碳市场的蓝碳方法学，国内现有核算方法涉及种类更加广泛，但暂无系统方法学，因此没有蓝碳项目减排量被纳入 CCER 中作为抵销量进行交易，如我国开发的首个蓝碳交易项目“湛江红树林造林”项目采用的是 CDM 机制方法学 AR-AM0014 在 VCS 碳市场上完成注册的。表 2 中列举了几项依托成熟方法学开发成功的项目。

表 2　采用国际方法学蓝碳交易案例

方法学	地点 & 项目	CO_2 减排量
AR-AM0014	广东湛江“湛江红树林造林项目”	2015—2055 年预计产生约 16 万吨减排量
AR-AMS0003	塞内加尔“海洋红树林修复项目”	2008—2038 年预计产生约 8.1 万吨减排量
VM0007	哥伦比亚“摩洛斯基约海湾蓝碳项目”	2015—2045 年预计产生约 100 万吨减排量
VM0033	巴基斯坦“Delta Blue Carbon - 1 项目”	2015—2075 年预计产生约 1.27 亿吨减排量

随着蓝碳在国际碳汇市场上的关注度增强，国内蓝碳交易也逐渐活跃，广东湛江、山东、福建泉州、厦门及广西在内的沿海地区，纷纷提出蓝碳先行方案或蓝碳交易市场，不少机构也开始在当地进行蓝碳交易，交易均未纳入 CCER 体系。表 3 为近期开展的蓝碳交易案例。

表 3　近期国内蓝碳交易案例

时间	地点	核算机构	详　情
2023/7/11	浙江省舟山市		惠及 518 户贻贝养殖渔民(2.23 万亩养殖面积)
2023/6/29	山东省青岛市	中国船级社质量认证有限公司	参照行标 HY/T 0305—2021，抵消 821.459 吨温室气体排放

续表

时间	地点	核算机构	详情
2023/6/8	浙江省苍南县	浙江省海洋科学院、自然资源部第三海洋研究所、浙江省亚热带作物研究所等	苍南县沿浦镇政府和远景(苍南)新能源就沿浦湾31.4公顷红树林碳汇签订协议，转让2016年9月1日至2026年8月31日十年碳汇总量
2023/6/3	福建省连江县		全国首张海洋渔业部门备案确认的蓝色碳票，约171.8公顷蓝色海域(减排量27456吨)
2023/4	海南省海口市	第三方专业机构	中国石油南方石油勘探开发有限责任公司向万宁市政府购买“万宁小海红树林”项目共220吨碳汇量，用于抵消第三届中国国际消费品博览会碳排放
2023/2/28	宁波市象山县	宁波海洋研究院	西沪港渔业一年的碳汇量(约2340.1吨)以106元/吨的单价、24.8万余元的总成交价竞拍成功
2022/10	浙江省沿浦镇	自然资源部第三海洋研究所	10000吨海洋渔业碳汇交易，厦门产权交易中心登记备案
2022/5/31	海南省	中环联合(北京)认证中心	预计该项目未来40年产生9万余吨碳汇量，此次交易近5年3000余吨碳汇量，交易额30余万元
2022/5/19	福建省莆田市	自然资源部第三海洋研究所	交易10840吨双壳贝类海洋渔业碳汇
2022/1/1	福建省连江县	自然资源部第三海洋研究所	交易15000吨海水养殖渔业海洋碳汇

4 目前存在的问题

科学准确地核算蓝碳经济价值，是推动蓝碳交易发展的基础性工作。2012年，国家应对气候变化主管部门发布《温室气体自愿减排交易管理暂行办法》，建立了温室气体自愿减排交易机制。为进一步完善温室气体自愿减排交易机制，生态环境部正在组织修订《温室气体自愿减排交易管理暂行办法》及相关技术规范，同时面向全社会公开征集温室气体自愿减排项目方法学建议，组织对提交的方法学建议进行评估遴选，完善自愿减排项目方法学体系。

根据国际通行规则，对可用于交易的生态系统碳汇有严格的范围限制和技术要求，目前渔业碳汇量计算的研究基础还较为薄弱，能否形成长期稳定的碳汇在科学上还存在一定的不确定性。根据国际通行的IPCC公布的有关规则，人工养殖产生的海洋生态系统碳汇不被计入我国温室气体排放清单及对全球的减排贡献。

上述分析可知，国内地方政府及相关行业已启动蓝碳核算相关标准的研究与实践，但还没形成统一的方法学国家标准，还需要更进一步的研究探索。另外，我国开展大规模的增殖放流等资源修复措施，起到很好的增汇作用。由于国内外均缺乏对渔业碳汇的核算与监测标准，因此无法对我国渔业碳汇的持有量与增加量进行有效的摸底盘查。

总之，由于受限于测度技术以及对蓝碳认知的限度，加之蓝碳是多学科交叉领域，需要不同学科之间的整合研究，建立科学有效的计量模型，如实反映碳汇的经济价值难度较大。因此，确立符合蓝碳自身特点的方法学仍面临很大挑战。

5 对于当前核算方法现状的建议

在对蓝碳相核算进行推进与制定过程中，一切都要以海洋资源保护与修复为出发点，具体建议如下：

（1）制定四大蓝碳生态系统监测核算方法国家/行业标准。借鉴已经成功在国际VCS市场完成注册的“湛江红树林造林项目”的监测体系，针对不同海域地区情况研究制定对应的定量化监测标准。目前红树林、滨海盐沼和海草床已有技术规程推出，大型海藻场相关标准缺乏，硬加强对其生态价值评估研究，形成体系文件，为后续开发提供科学依据。

（2）推出符合现状的蓝碳方法学。中国碳市场是全球配额成交量第二大市场，海洋碳汇标准体系空白，交易缺乏国家依据，可依据我国现有的标准，因地制宜分海域的编制国家核算标准形成方法学，助力摸清我国当前蓝碳规模，推动我国红树林、湿地等生态系统的修复。

（3）加强对渔业碳汇的研究，制定国家渔业碳汇统一核算监测标准，积极推动形成渔业碳汇方法学。填补国内外渔业碳汇核算监测标准的空缺，使增殖放流等举措优势可量化，助力推动我国渔业自然资源修复进程，形成简单易操作的渔业碳汇项目操作指南，构建完善有效的渔业减排增汇体系。

参 考 文 献

[1] Abram N, Adler C, Bindoff N L, et al. Summary for Policymakers. In: IPCC Special Report on the Ocean and Cryosphere in a Changing Climate[J]. 2019.

[2] Tang W J, Ye S F, Chen X C, etal. Coastal blue carbon: Concept, study method, and the application to ecological restoration [J]. Science China (Earth Sciences), 2018, 61(06): 5-14.

[3] 赵鹏，胡学东．国际蓝碳合作发展与中国的选择[J]. 海洋通报，2019，38(06)：613-619.

[4] Macreadie P I, Costa M D P, Atwood T B, etal. Blue carbon as a natural climate solution[J]. Nature Reviews Earth and Environment, 2021, 2, 826-839.

[5] 张继红，刘毅，吴文广，等．海洋渔业碳汇项目方法学探究[J]．渔业科学进展，2022，43(05)：151-159.

[6] Trumper K, Bertzky M, Dickson B, et al. The natural fix?: the role of ecosystems in climate mitigation [M]. United Nations Environment Programme, UNEP-WCMC, 2009.

[7] CDM. CDM methodology booklet[R]. Bonn: United Nations Framework Convention on Climate Change, 2020.

[8] VERRA. VM0007 REDD + Methodology framework (REDD+MF)[R/OL]. 2020.

[9] VERRA. VM0024 Methodology for coastal wetland creation, [R/OL]. 2014.

[10] VERRA. VM0033 Methodology for tidal wetland and seagrass restoration, [R/OL]. 2015.

[11] VERRA. VMD0050 Estimation of Baseline Carbon Stock Changes and Greenhouse Gas Emissions in Tidal Wetland Restoration and Conservation ProjectActivities (BL-TW) 1. 0. [R/OL]. 2020.

[12] VERRA. VMD0051 Methods for Monitoring of Carbon Stock Changes and Greenhouse Gas Emissions and Removals in Tidal Wetland Restoration and Conservation Project Activities(M-TW), v1. 0. [R/OL]. 2020.

[13] VERRA. VMD0052 Demonstration of additionality of tidal wetland restoration and conservation project activities(ADD-AM), v2. 0. [R/OL]. 2021.

[14] 联合国政府间气候变化专门委员会(IPCC). 2019 Refinement to the 2006 IPCC Guidelines for National Greenhouse Gas Inventory(IPCC2006 年国家温室气体清单指南 2019 修订版)[R]. 2019.

[15] Howard J, Hoyt S, Isensee K, et al. Coastal blue carbon: methods for assessing carbon stocks and emissions factors in mangroves, tidal salt marshes, and seagrasses[M]. Conservation International, Intergovernmental Oceanographic Commission of UNESCO, International Union for Conservation of Nature; Arlington, VA, USA, 2014.

[16] 杨宇峰，罗洪添，王庆等．大型海藻规模栽培是增加海洋碳汇和解决近海环境问题的有效途径[J]．中国科学院院刊，2021，36(03)：259-269.

污泥深度处理探讨
——以抚顺石化公司烯烃厂为例

杨　光　王雷波

（中国石油抚顺石化公司）

摘　要　污水处理过程会产生大量污泥，污泥中含有有机物、重金属、氮和磷等物质，储存、运输、处理环节皆有可能造成水、大气、土壤的污染，且处置不当还会对环境造成二次污染。对污泥深度处置，达到减量化、无害化和资源化的目标，是企业环境保护研究和发展的方向。以抚顺石化公司烯烃厂为例，分析污泥减量化取得的经济和环境效益以及存在的薄弱点，探讨污泥深度处理的必要性和可行性。

关键词　污泥；污泥干化；污泥深度处理

以抚顺石化公司烯烃厂为例，污水处理过程中会产生大量污泥，不仅处置费用高，而且有污染大气、水、土壤等环境风险，处置不当还会造成二次污染。炼化企业污泥在处置需求与政策要求的双重压力下，进行深度处理，最大程度做到减量化、无害化和资源化已迫在眉睫。

1　污泥深度处理的必要性

1.1　污泥危害性

1.1.1　污泥是污水处理过程产生的产物，是一种由有机残片、细菌菌体、无机颗粒、胶体等组成的极其复杂的非均质体。

1.1.2　污泥的特性

（1）含水率很高，可高达99%以上；

（2）有机质含量高，容易腐化变臭；

（3）颗粒较细，比重较小，很难通过沉降方式分离。

1.1.3　污泥的危害

污水中污染物绝大多数被浓缩在污泥中，长期暴露在空气中，污泥颗粒扩散到大气中，会污染空气；不妥善处理或暂存，会随着雨水等进入河流污染水体，渗入地面，会污染土壤，因此污泥的危害是多方面的，且较难防范和治理。

1.2　政策要求

1.2.1　“十三五”规划指出“污泥处理使国内环保治理的三个主攻方向之一”，明确了污泥处理目标与任务布局，建立完善了污泥稳定化与无害化的相关目标。“十四五”规划要求，不管是经济发达地区还是欠发达地区，都必须以“绿色发展”作为一系列建设的前置要求，全面促进生态环境修复，倒逼企业高质量升级发展，坚定不移走可持续发展道路，为美丽中国建设奠定基础。

1.2.2　“水十条”要求

国务院颁布的《水污染防治行动计划》（简称水十条）中明确要推进污泥处理处置，2020年底前，地级及以上城市污泥无害化处理处置率要达到90%以上。

1.2.3　水污染防治法“重水轻泥”到“油水并重”发展

《中华人民共和国水污染防治法》高度重视对污泥的处理处置，政策已经由“重水轻泥”向“油水并重”转变，加速了污泥处置资源化的进程。

综上，作为危险废物的炼化企业污泥在处置需求与政策要求的双重压力下，深度处理污泥，最大程度做到减量化、无害化和资源化已迫在眉睫。

2　烯烃厂为例进行分析

2.1　装置简介

抚顺石化公司烯烃厂主要生产装置有：80万吨/年乙烯装置、40万吨/年汽油加氢、40万吨/年苯抽提、16万吨/年丁二烯、4万吨/年丁烯、45万吨/年线性低密度聚乙烯、35万吨/年高密度聚乙烯、30万吨/年聚丙烯、20万吨/年丁苯橡胶八套装置。主要原料为直馏石脑油、加氢石脑油、减一/减顶油等。主要产品：高密度聚乙烯颗粒、低密度聚乙烯颗粒、聚丙烯颗粒、丁苯橡胶。

2.2 污泥产生情况

烯烃厂污泥主要为污水处理过程产生，一部分为污水处理场处理全厂生产、生活污水产生的污泥，主要有调节罐产生的油泥，气浮设备产生的气浮浮渣，活性污泥曝气池产生的剩余污泥以及清净下水单元产生的无机污泥；一部分为丁苯橡胶废物预处理产生的污泥即"Fenton 催化氧化—混凝沉降"处理工艺产生的污泥。

2.3 近五年污泥产生量分析

表 1　2018—2022 年污泥产生量

项目/年份	2018 年	2019 年	2020 年	2021 年	2022 年
污泥产生量/t	12007.21	20422.5	17375.45	15867.3	13663.11

从上表可以看出，烯烃厂污水处理产生的污泥量较大，离心机脱水和叠螺机脱水产生污泥含水率均在 80%左右，污泥体积大，处理量大，处理费用高，同时污泥含水率高，流动性强，增加了外运处置的困难，运输过程存在一定的遗撒风险。减少污泥量对后续的运输和处置都是有利的。

2.4 污泥减量化的有效实施

烯烃厂每年产生大量的污泥，处理这些污泥需要大量的资金，增加了企业的排污负担，同时产生的污泥会对土壤、水体、大气及人身健康造成影响，长距离运输又会带来环境风险，因此在烯烃厂内建设污泥减量化装置，不仅是企业节约排污资金，营造员工良好生活工作环境的需要，也是降低环境风险，保护周围生态环境的需要。

2.4.1 污泥减量化装置简介

烯烃厂污泥含水率在 80%左右，因此主要任务是降低湿污泥中的含水率，对湿污泥进行减量干化处理。

采用的减量技术为伞式干化技术，要求污泥中含油低于 10%，含液率不高于 90%，处理后污泥含水率低于 20%。烯烃厂污泥完全符合该技术的要求，因此采取该技术对污泥进行减量化。

伞式干燥法污泥干化装置，以厂区提供的饱和蒸汽作为热源，在伞式干燥器内，通过桨叶和壳体的双重间接换热，将湿污泥中的水分蒸发，从而降低出料污泥的含水率。湿污泥中蒸发出来的水蒸气，经冷却器撬冷凝，冷凝后产生的污水进入厂区污水系统。污泥蒸汽中的不凝气经引风机进入厂区废气处理系统。

伞式干燥法污泥干化装置处理量 2.5 吨/小时，年开工 7200 小时。装置共分 5 个系统，分别为进料系统、干化系统、出料系统、冷凝系统和公用工程系统。建筑面积 511m^2。

2.4.2 污泥减量化在实际生产过程中的经济及环境效益分析

表 2　2018—2022 年污泥产生及处置情况

项目/年份	2018 年	2019 年	2020 年	2021 年	2022 年
污泥产生量/t	12007.21	20422.5	17375.45	15867.3	13663.11
减量/t	727.93	9719.68	14500.97	9848.62	9136.72
污泥量(外运量)/t	11279.28	10702.82	2874.48	6018.68	4526.39

从上图可知，污泥外运量呈逐年递减的趋势。

（1）经济效益分析

按正常生产情况下，全年湿泥产生量 15000 吨计，干泥量为：

15000×(1-80%)÷(1-30%)=4285.7 吨

预计污泥减量：15000-4285.7=10714.3 吨

外委处置费用按照 1000 元/吨计，节省外委处置费用：10714.3 吨×1000 元/吨 = 1071.43 万元。

（2）环境效益分析

污泥减量化实施后，减少外运 357 车次(10714.3 吨÷30 吨/车=357 车)，大大降低了污泥运输过程中的环境风险，以及在运输污泥过程中挥发性气体对大气环境的影响。

3 减量化项目实施存在的薄弱点

（1）污泥干化仅仅是一种减量化的方法，处理后产生的污泥并不会改变自身的性质，其污染物仍然在污泥里，并没有得到削减和无害化。

（2）对管线的保温、耐压、耐腐蚀要求较高，设备长期运转后，容易腐蚀，检维修频次增加。

（3）污泥粉尘的点燃能量很低，当氧气、粉尘浓度达到一定量时，100 度左右的温度下，其点燃能量可以低至几个到十几个毫焦，点燃能量越大，粉尘浓度越高，及时 20~30 度的环境都存在风险。所以，从干燥器的效率看，温度越高效果越好，但是在实际操作中，要尽可能降低污泥的温度，以保证安全。

(4) 2501和2504不同来源的污泥，含水率和成分会有一定差异，在实际运行中，为保证系统的湿度平衡，部分含水率低的污泥会先暂存，不能达到产生即处置。

(5) 污泥中含有恶臭物质，干化过程中会有 H_2S 和 NH_3 产生，废气经VOCs装置处理后排放，污泥的搅拌和暂存过程中，会有少量气体逸散。

(6) 芬顿工艺产生的污泥，还有大量的铁离子和磷，如后续处置单位采用焚烧法处理，资源一定程度上未得到利用。

4 进一步优化的探讨

污泥干化是资源化利用的第一步，后续还应采月综合利用等方式进一步无害化和资源化。

4.1 干化+焚烧+热循环

污泥处理的目标就是使所有来自工业中的污染物作为原料返回到工艺中去，污染物实际上就是中间过程流失的物料。污泥干化后进行焚烧，燃烧所产生的热量循环利用到干化中去，达到热能的循环利用，且焚烧后污泥产生量及污泥中污染物还会大幅度减少，在达到标准的情况下，焚烧残渣可综合利用为建筑材料。

4.2 深度处理+综合利用

芬顿污泥，是污水深度处理工艺过程产生的，主要以铁离子为主的无机沉淀物，由于其铁离子成分较高作为废物处理，不仅仅是对资源的浪费，处理不当还会对环境造成二次污染。对其进行深度处理，

芬顿反应原理是芬顿试剂利用过氧化氢与亚铁离子反应产生强氧化能力的羟基自由基，用于氧化水中难分解的有机物，亚铁离子氧化成铁离子，有混凝作用，可以去除部分有机物。

考虑将芬顿铁泥中铁离子用浸酸等方式还原或收集铁离子用作絮凝剂等方法，对其资源再利用。

4.3 预处理+磷回收

磷是重要的难以再生的非金属矿物质，在工农业发展中具有重要的经济价值。污水处理过程中，磷元素具有单向流动的特点，不能直接被污分解消耗，而是以剩余污泥的形式排放，使得这一部分磷资源不能进行回收利用。

采用合适的技术，回收污泥中的磷，不仅可以减轻水体富营养化程度和污泥处置的二次污染问题，还可以实现磷资源的可持续利用。

5 结论

以抚顺石化公司烯烃厂为例，污水处理过程会产生大量污泥，通过污泥干化等方式，达到了减量化的目的，但只是污泥处理的第一步，在鼓励资源可持续利用的当下，通过污泥深度处理，实现持续减量，余热利用，资源回收，成为今后环境保护管理研究和完善的方向。

新国标 GB/T 18742《冷热水用聚丙烯管道系统》中的绿色低碳 PP-RCT 管材专用树脂 T4401-RCT 工业化

马进[1,2]，郭宝华[1,2]，雷军庆[1,2]，闫莉[1,2]

（1. 中国石油天然气股份公司独山子石化分公司研究院合成树脂应用研究所；2. 新疆橡塑材料实验室）

摘　要　2018 年 GB/T 18742—2017 发布，新增“一种结晶改善的无规共聚聚丙烯(PP-RCT)”树脂。本文利用凝胶渗透光谱、差示扫描量热仪、流变仪、核磁、红外、常规力学物性测试等表征技术和仪器对 PPR、同类 PP-RCT 树脂和自产 PP-RCT 树脂 T4401-RCT 的结构和性能进行了对比，在分子结构，结晶形态，力学综合性能等方面给予分析，从生产工艺、添加剂等方面进行 PP-RCT 管材专用料生产和研发做相关探讨。

关键词　PPR；PP-RCT；结晶；分子量分布；流变评测

2018 年国家颁布了《冷热水用聚丙烯管道系统总则》(GB/T 18742—2017)的中国国家标准，新标准于 2018 年 10 月 1 日起执行，本版标准中增加了一个新型树脂，明确定义为“PP-RCT：一种结晶改善的无规聚丙烯(polypropylene random copolymer with modified crystallinity)”。新国标参考德国标准 DIN8077 和北欧化工推出的高端 PP-R 树脂 RA7050(该树脂制造的管材有良好的刚韧平衡及较长的高温耐蠕变时间)，增加新型热水 PP-R 管用树脂源于普通 PP-R 的刚性、韧性和耐蠕变性与 PE 还有较大差距。新增的 PP-RCT 树脂在 70℃条件下经过 50 年的时间，预期的长期耐压强度较普通 PPR 可提高超过 50%(8760h 长期静液压试验曲线无拐点)，差示扫描量热仪(DSC)曲线上，PP-RCT 材料显示有两个熔融峰，β 晶熔融峰始终是主峰，α 晶熔融峰是次峰。北欧化工(Borealis)是第一家在市场上推出 PP-RCT 树脂(商品名称 RA7050)的公司，与普通的 PP-R 材料相比：这种材料的管材管壁可以做得更薄，可采用高的挤压速度，挤出同规格的管材用料量减少，制造商的效益提高；制造更大内径的管道，管道体积容量增大，解决了低水压供水问题。在同等压力等级下，PP-RCT 管材壁厚较同等压力等级的 PPR 管材壁厚减薄 10%~30%，此特点使该树脂具有了“绿色环保”、“低碳减排”、“减塑减碳”的概念，深受管材制造商欢迎。用其制造的管材有良好的刚韧平衡及更长的耐蠕变时间(长期静液压试验曲线无拐点)，其符合现今的“碳中和”趋势，2021 年全球“碳中和元年的开启”，PP-RCT 专用树脂借此迎来了它的市场放量。其与普通 PP-R 树脂相比，PP-RCT 树脂专用料含有大量的 β 型结晶，本特征直接赋予其优秀的综合性能。截至 2022 年国内燕山石化、大庆炼化有试产 PP-RCT 树脂，但由于较多因素没有做到连续化、规模化，国内市场、甚至国外市场 RA7050 目前形成垄断销售，售价远超普通 PPR。从发展趋势看，国内 PP-R 市场在煤化工工艺 PP-R 专用料的冲击下必将大幅拉低原有利润，PP-RCT 专用树脂将成为下一代聚丙烯管材的热点。

1　实验

1.1　主要原料

T4401，T4401H，独山子石化 55 万吨 PP 装置 234，235 线产

PP-RCT1#(RA7050)、PP-RCT2#(国产)均为国内市场采购，T4401-RCT 自研

复配添加剂均自制

1.2　主要仪器与设备

ERGOTECH 100-200 型注射机　德马格

LJ—2500 型电子拉伸试验机　意大利 Ceast

XJH—2.75 型悬臂梁冲击试验机　意大

利 Ceast

6840.00 型熔体流动速率数仪　意大利 Ceast

V2000 型 GPC　美国 Waters

RHEO-Tester2000 毛细管流变仪测试　德国 Gottfert

242c 型傅利叶红外仪　耐驰公司美国

822e 型 DSC　梅特勒-托利多德国

管材静液压实验机 Bluelene1635　德国 IPT 公司

1.3 测试方法

屈服拉伸按 GB/T 1040.2—2006 测试；悬臂梁缺口冲击按 GB/T 1843—2008 测试；熔体流动速率(MFR)按 GB/T 3682—2000 测试；弯曲模量按 GB/T 9341—2008 测试；黄色指数按 HG/T 3862—2006 测试；管材测试按 GB/T 18742.2—2017.2—2002，管系列 S3.2，公称外径 25mm。

1.4 PP-RCT 基础树脂的生产概述

无规共聚聚丙烯长周期运行生产技术：管材产品中的低分子量部分保障产品的加工性能，高分子量部分保障产品的冲击、耐环境应力、耐蠕变等使用性能。但分子量过小的低聚物在输送过程中会黏附于管壁，极易造成管道堵塞现象，不利于长周期稳定生产；过高的分子量导致熔体不易加工，并伴随有明显的口模膨胀。在生产 PP-RCT 管材专用料的过程中，催化剂确定后，需要通过调整聚合工艺参数来调整产品的分子量分布，保证产品高分子量与低分子量组分含量的平衡性，从而保证生产平稳运行以及使产品具有优异的加工性能与物理机械性能。

新版的 GB/T 18742—2017 明确指出 PP-RCT 即“结晶改善的无规共聚聚丙烯”，如何从聚合工艺和添加剂两方面对 PP-RCT 管材用专用树脂进行微观结构设计是关键：什么样的微观结构能使聚丙烯所做成的管材在内压作用下具有很长的失效时间而不破裂？研究表明聚丙烯这种长期负荷下的断裂是一种蠕变开裂，材料的黏弹行为使其在长期负荷作用下产生蠕变，即产生形变，此时如果材料内部在制作过程中存在着某种小裂纹，那么在蠕变过程中这些裂纹会慢慢扩展，并逐渐变大，形成裂纹，自量变到质变，最终导致材料快速断裂。初始的微裂纹存在于非晶相中，也在非晶相中扩展。显然，扩展快慢是和晶粒多少、大小和晶粒间联系紧密程度有关。晶粒多且尺寸较小，裂纹扩展时遭遇阻挡就会越大。而如晶粒之间有许多连接或非晶相区域少，那么裂纹扩展就更困难。晶粒间的连接可依赖于“系带分子”。所谓系带分子即一个大分子链由于其十分长，可以进入若干个晶片中，这样此大分子链就可把几个晶粒联系在一起。树脂的平均分子量愈大，系带分子就愈多。

1.5 乙烯含量及分散对 PP-RCT 的影响

管材树脂的乙烯含量主要影响基料的拉伸屈服应力、简支梁冲击强度、热变形温度等，在生产过程中要严格控制。对某段时间生产期间的乙烯含量做了连续跟踪。

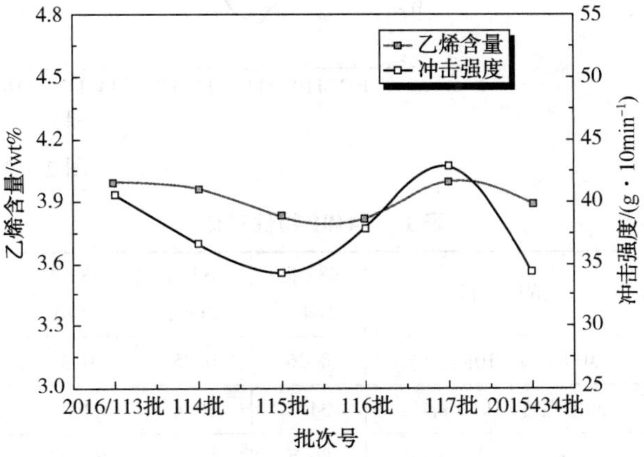

图 1　乙烯含量对 T4401 冲击强度的影响

从图 1 可看出，同一工艺条件下，使用同一种添加剂的 T4401 随着乙烯含量的增加，其简支梁冲击强度也随之上升。乙烯含量过低使产品更易结晶，T4401 刚性高，韧性差，抗低温性能也差；乙烯含量过高则生成乙烯嵌段过多，并有生成乙烯晶区的趋势，导致 T4401 的刚性差，韧性好。聚丙烯分子链中引入乙烯链段，PP 分子链的规整性降低，结晶度下降，使产品的简支梁冲击强度提高。所以在生产 T4401 时，建议乙烯含量控制在 3~5wt%范围内。乙烯含量过高导致基料刚性下降，反应器结块，挤出机下料阀卡停。

无规共聚聚丙烯是主链上无规则地分布着丙烯及其他共聚单体嵌段的共聚物。采用选定催化剂后在聚丙烯链上无规引入乙烯，改变了聚丙烯分子链中甲基有序列排列状态，分子链的柔性增加，使其抗冲击性能增加。树脂生产中既要控制好乙烯含量，也要控制好乙烯嵌入丙烯链中的排列结构。根据聚合工艺条件考察 T4401 冲击强度随乙烯分布改变而随之改变的情况。T4401 是独山子乙烯新区气相双反应器生产，用核磁 NMR 对两者共聚物序列结构进行了表征。

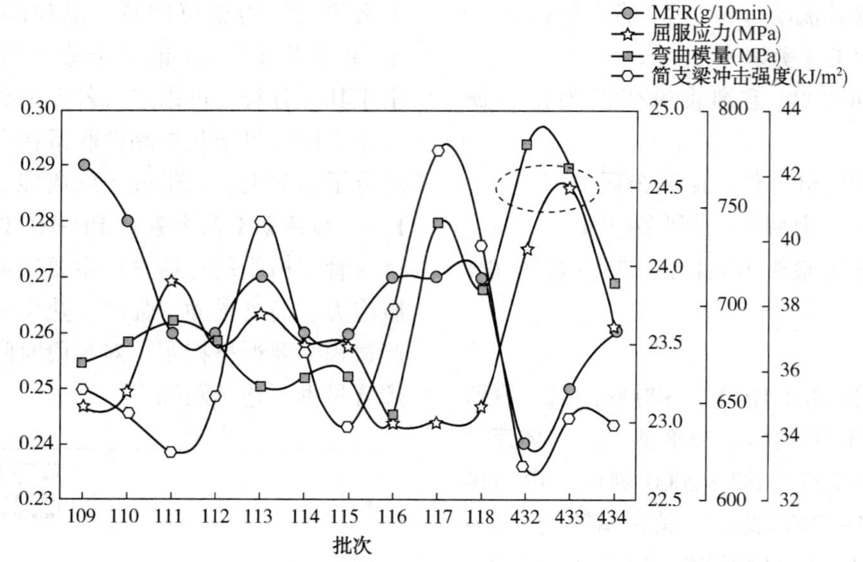

图 2　多因素关联图

表 1　T4401 物性对比

测试项目		432 批 T4401	434 批 T4401	433 批 T4401
MFR/($g\cdot 10min^{-1}$)		0.26	0.25	0.23
冲击强度/($kJ\cdot m^{-2}$)		34.3	32.4	29.4
序列分布/%	PPP	86.5	84.71	90.12
	PPE	7.7	3.03	0.46
	EPE	0.5	7.39	2.87
	PEP	5.6	3.69	3.30
	EEP	1.1	1.18	3.24
总乙烯含量/mol%		5.3	6.44	5.69
总乙烯含量/wt%		3.6	4.39	3.87

决定 PP 抗冲击性能的主要是聚丙烯链的结构．三单元结构中含 E 结点量的多少代表链段无规度的大小。PEP、EEP、PPE、EPE 这种无规则分布对 RCT 基础树脂的刚韧平衡起决定作用。无规共聚物的刚性、耐热性及熔点随着 E 含量的增加而降低，抗冲击性能则随之提高。由表 4 看出，三单元序列中 EEP、PPE 和 PEP 较少，未测出 EEE，含 E 节点的链段对树脂的韧性起作用，但 RCT 对刚性要求较高，不规则排列的含双 E 的三单元链段在 PP 晶区非晶区充当系带角色，起到刚韧平衡作用，因此选择 433 批 T4401 做 RCT 为基础树脂(图 2 画圈处)。

1.6　熔融指数(氢气)对 PP-RCT 的影响

MFR 可表征聚丙烯相对分子质量的大小。氢气作为分子量调节剂，在聚合生产期间 H2 的加入方式方法是反应器控制的关键参数。以近年生产的多批次 T4401 的 MFR 考察，MFR 对简支梁冲击强度的影响，如图 3 所示。

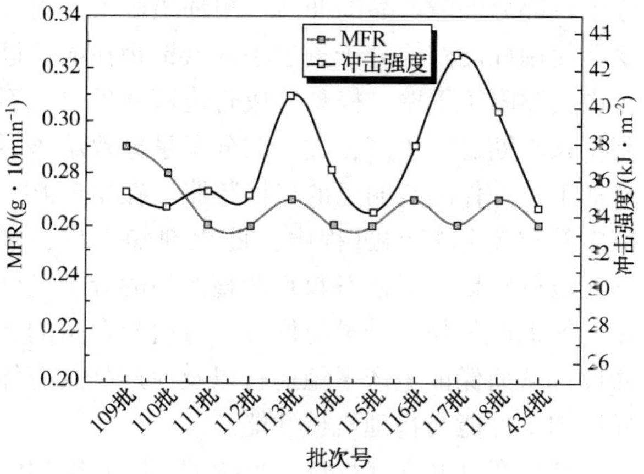

图 3　MFR 对冲击强度的影响

使用同一种添加剂，在乙烯含量控制目标值相同的情况下，由冲击强度趋势图 3 看出，MFR 在 0.26g/10min 左右的冲击强度值高于 MFR 为 0.28～0.30gg/10min 时的值。MFR 越小，聚丙烯的相对分子质量越大，相对分子质量高的产品具有较好的物理特性，机械强度高、刚性好，有利于管材挤出成型。此外，相对分子质量越大，表明分子链越长，产生于晶片间的链接分子越多，可提高管材树脂的耐环境应力开裂性能。但 MFR 过低，对挤压机切刀磨损严重；MFR 过高，降低冲击强度值，所以 T4401 的 MFR 控制在 0.24～0.28g/10min 间最佳。

建议乙烯控制在 3～5wt% 范围，乙烯含量高，T4401 冲击强度高；乙烯嵌入丙烯链段的序列结构也影响冲击强度、拉伸性能、弯曲模量、热变形温度。

1.7 工业生产关键工艺参数讨论

对于 PP-RCT 的生产而言，影响材料冲击强度的因素主要包括 PP 中的单乙烯组分(E%)含量和乙丙胶相(PE%)含量。一般情况，在丙烯链段整体聚合度不变的情况下，控制第一反应器乙烯单体接枝于大分子丙烯链段越多，对产品的冲击性能提升越明显。T4401-RCT 单乙烯组分(E%)升高明显，单丙烯组分(P%)下降明显，但其乙丙胶相含量(PE%)并未发生明显增长，表明乙烯与丙烯的节点并未增长，即与丙烯发生接枝反应的乙烯单体并未增多，则大部分升高的单乙烯组分应为乙烯单体发生自聚反应所体现出来的“假乙烯含量”。

对于乙烯与丙烯单体共存的第一反应器而言，催化剂加入量的增加会引起乙烯单体发生自聚反应，造成可接枝于大分子丙烯链段的单乙烯组分含量减少，即第一反应器聚合出的粉料中乙丙胶相含量相对较低，与在线监测一反粉料乙烯含量数据吻合。催化剂活性大量消耗与第一反应器中，在第二反应器中残余的催化剂活性不足以完成大分子丙烯链段的聚合，从而生成大量的含有接枝乙烯的小分子丙烯链段，造成总乙烯含量的升高，与在线监测总乙烯含量数据吻合。大量接枝于小分子丙烯链段上“短链乙丙胶相结构”和乙烯自聚表现出的“假乙烯含量”无法对材料的冲击性能提供正向影响，对于 PP-RCT 专用料，首先要选用合适的催化剂，以生产 T4401 工艺为基础，对两个反应器聚合工艺进行调整，挑选分子链规整性越好，易结晶，刚性高的基料生产；第二步通过改变添加剂配比调整其结晶类型和方式，完善系带结构；第三步在管材挤出生产时做恰当处理。这样达到大幅提高管材环刚度、冲击性能、耐压时间和等级的目的。

聚丙烯装置在 234 线进行试生产 PP-RCT 管材料 T4401-RCT，粉料熔融指数控制在 0.2~0.5g/10min，粒料乙烯含量控制在 2.0%~5.0%(wt)，主要工艺技术参数如下表：

表 2　反应器控制参数

条件	单位	控制指标
R2001 压力	MPa	2.1~2.5

续表

条件	单位	控制指标
R2001 温度	℃	55~80
R2001 料位	%	60~75
AL/Si	mol/mol	2(典型值)
AL/Mg	mol/mol	9(典型值)
R2001 $H_2/C_3^=$	%	0.06(理论值)
R2001 $C_2^=/C_3^=$	%	1.9(理论值)
R2001 $TOTC_2$	%	3.5~4.25(目标值)
R2501 压力	MPa	2.1~2.5
R2501 温度	℃	55~80
R2501 料位	%	60~75
R2501 $H_2/C_3^=$	%	0.06(理论值)
R2501 $C_2^=/C_3^=$	%	1.9(理论值)
R2501 $TOTC_2$	%	3.50~4.25(目标值)
粒料 MFR	g/10min	0.2~0.4

表 3　挤压造粒控制参数

参数名称	单位	参考范围
模板热油温度	℃	290~310
模板温度	℃	260~280
换网器温度	℃	260~280
齿轮泵入口压力	MPa	260~280
闸口开度	mm	115(全开)
筛网目数	目	60
切粒水温度	℃	55~65
切粒水流量	M^3/h	≥480
C2 段筒体温度	℃	180~250
C3 段筒体温度	℃	200~250
C4 段筒体温度	℃	230~250
C5 段筒体温度	℃	230~250
C6 段筒体温度	℃	230~250
C7 段筒体温度	℃	230~250

1.8 工业生产过程描述

聚丙烯装置 234 线于 2022 年 11 月 17 日按照工业化试生产方案，从某时段的 T4401 切 T4401-RCT 连续产至计划量，按计划转产 K8003 和 K9928H。生产过程中聚合调整操作过渡平稳，没有出现粉料黏壁现象，反应器工艺过程控制稳定无结块现象，挤压造粒设备运行平稳功率无波动，未出现因 MFR 较小引起的螺杆扭矩偏大停车现象，达到生产要求。转产 K8003 和 K9928H 过程，通过对 K8003 和 K9928H 的关键关键性能开展连续监测，检测关键性能无任何异常，没有发现T4401-RCT使用的添加剂(其中的β成核剂组份)存在残留效应。

2 结果分析

T4401-RCT：选取某阶段T4401粉料使用自研添加剂包，挤出造粒得到。

2.1 常规力学性能

从表4中可以看到RCT1#和T4401-RCT的常温、低温简支梁冲击强度高与其他两个样品，且保证模量前提冲击表现很好；常规力学性能对比结果表明RCT1#、T4401-RCT耐冲击、刚性及其他综合性能较好。

表4 常规力学测试结果

测试项目	RCT1#	RCT2#	T4401	T4401-RCT
MFR，2.16kg/(g/10min)	0.22	0.24	0.23	0.25
拉伸屈服应力，1A/MPa	25.3	24.4	23.1	23.2
断裂标称应变，1A/%	480	460	560	560
简支梁冲击强度/(kJ/m^2)，23℃	82	64	41	96
简支梁冲击强度/(kJ/m^2)，-20℃	3.5	2.8	2.1	3.6
弯曲模量/MPa	736	738	650	727
热变形温度/℃	76	70	60	74

2.2 DSC测试结果对比

表5 DSC测试数据

项目	熔点/℃	结晶度/%	氧化诱导期210℃/min
RCT1#	133.8/145.9	38.4	44.3
RCT2#	143.2	36.6	34.0
T4401	145.9	35.8	33.7
T4401-RCT	135.5/149.7	39.6	48.1

4种RCT原料(T4401除外)的熔融峰，RCT1#、T4401-RCT具有明显的双峰特征，RCT2#则无双峰特征。RCT1#、T4401-RCT的双熔融峰说明二者的结晶类型较普通PPR T4401明显改变，结晶度高，这种差异影响到材料的力学性能，拉伸屈服应力、弯曲模量、热变形温度和冲击性能等；RCT1#、T4401-RCT符合RCT料关键特征：差示扫描量热仪(DSC)曲线上，PP-RCT材料显示有两个熔融峰，见图4。

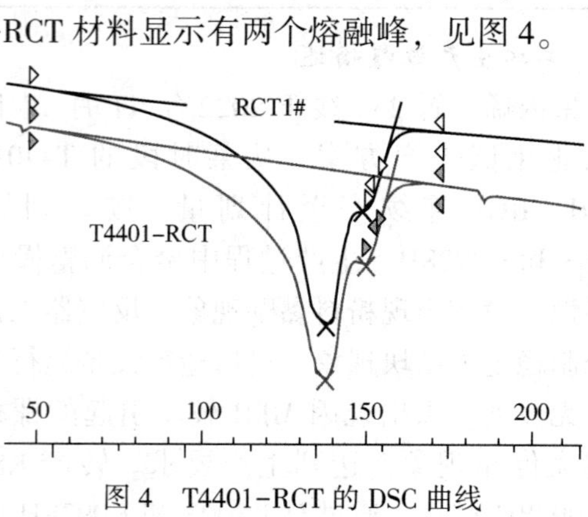

图4 T4401-RCT的DSC曲线

2.3 GPC测试结果对比

聚合物的分子量及分子量分布对其使用性能和加工性能都有很大的影响。PPR管材的机械强度、韧性以及长期耐蠕变性能都随着分子量的增大而提高，但分子量太高，又给管材及管件的加工带来困难。因此，其分子量应控制在一定的范围内才比较合适，相对分子质量大的分子链可以提高熔体强度，相对分子质量小的分子链则起到熔融润滑的作用，更利于挤出成型。分子量高可以使PPRCT专用料具有良好的物理性能，有利于管材料的挤出成型。此外，分子量越大，分子链越长，产生于晶片之间的联接分子越多，对于提高管材料之间的抗应力开裂能力有至关重要的作用，高分子链大多为折叠链的片晶结构，MW越大，系带分子越多，其抗冲击的能力越高。同时良好的分子量分布，对于后期的加工将会产生较大的影响。

表6 GPC测试数据对比

项目	Mn×10^5	Mw×10^5	D
RCT1#	1.20	5.93	4.94
RCT2#	1.39	5.71	4.10
T4401-RCT	0.91	3.62	3.98
T4401	0.92	3.69	4.01

一般来说，数均分子量对低分子量部分的分子所做的贡献较为敏感，会影响到物料固态时的

性质(如冲击强度)；重均分子量对大分子量部分的分子所做的贡献较为敏感，会影响到熔体黏度；而分子量的分布代表了聚合物试样分子量的多分散性。因此调和物料的刚性及韧性可以采取拓宽聚乙烯树脂的分子量分布的方法，从而降低高剪切速率下的熔体黏度，但分子量分布也不能无限制的增加。

由测试结果可知，数均(Mn)、重均(Mw)分子量 T4401-RCT、T4401 较小，分子量分布(D)也窄。RCT1#、RCT2#数均(Mn)、重均(Mw)分子量较大。RCT1#分子量分布(D)较宽。

对应于管材加工方面，RCT1#、RCT2#的分子量分布较宽，通常意味着其在平均分子质量一定的情况下加工性能更好，它们的分子量较大抗熔垂性可能会较好。但 T4401 和 T4401-RCT 由于拥有较低的数均分子量及重均分子量，因而熔指较高，物料流动性一般而言较好，挤出管材时也能表现出较好的易加工性(如管材挤出机负荷较低、加工温度较低、管材表面更趋于光滑平整等)等特点。

2.4 核磁测试数据分析

表 7 PPR 管材树脂核磁共振数据

项目名称		RCT1#	RCT2#	T4401	T4401-RCT
单体含量，mol,%	P	94.8	94.2	94.9	94.9
	E	5.2	5.8	5.1	5.1
共聚物的序列结构分布	PP	90.6	89.5	90.7	90.7
	PE	8.4	9.5	8.4	8.4
	EE	1.0	1.0	1.0	1.0
	PPP	86.6	85.0	86.7	86.9
	PPE	7.7	8.6	7.6	7.5
	EPE	0.5	0.6	0.6	0.7
	PEP	3.8	4.2	3.7	3.4
	EEP	1.0	1.1	1.2	1.1
	EEE	0.4	0.4	0.5	0.4
PPP 部分结构	mmmm	77.2	77.1	79.4	80.1
	mm	87.9	87.5	88.2	89.2
	mr	9.7	10.1	9.2	8.9
	rr	2.5	2.4	2.6	2.4

从表可看出，T4401 的“-E-”组分含量最高，RCT1#和 RCT2#的“-E-”组分含量较高，与其“-PE-”组分含量一致，高于 T4401 和 RCT4401。“-PE-”组分含量越高，对树脂的冲击强度贡献较大，但从力学性能测试结果来看，并未与核磁测试结果相吻合，表明“-PE-”胶相含量并不是影响树脂冲击强度的唯一因素，冲击性能还与树脂的分子量大小有密切关系。

一般而言，PPP 部分的序列规整度，即 mmmm，mm 值越高，mr，rr 值越低，说明 PP 分子链的规整性越好，分子链越易结晶，材料的刚性也就越好。由表测试数据的分析比较可以看出，RCT-T4401 和 T4401 的 mmmm，mm 值相对较高，其刚性最好，这与力学性能测试结论相一致。

原料简支梁冲击强度和刚性的均衡程度的高低对 PPRCT 管材制品简支梁冲击和静液压实验的通过率均会造成影响。对于无规共聚聚丙烯而言，影响材料冲击强度的因素主要包括 PP 中的单乙烯组分(E%)含量和乙丙胶相(PE%)含量。一般而言，在丙烯链段整体聚合度不变的情况下，控制第一反应器乙烯单体接枝于大分子丙烯链段越多，对产品的冲击性能提升越明显。T4401 单乙烯组分(E%)升高明显，单丙烯组分(P%)下降明显，但其乙丙胶相含量(PE%)并未发生明显增长，表明乙烯与丙烯的节点并未增长，即与丙烯发生接枝反应的乙烯单体并未增多，则大部分升高的单乙烯组分应为乙烯单体发生自聚反应所体现出来的“假乙烯含量”。

对于乙烯与丙烯单体共存的第一反应器而言，催化剂加入量的增加会引起乙烯单体发生自聚反应，造成可接枝于大分子丙烯链段的单乙烯组分含量减少，即第一反应器聚合出的粉料中乙丙胶相含量相对较低，与在线监测一反粉料乙烯含量数据吻合。催化剂活性大量消耗与第一反应器中，在第二反应器中残余的催化剂活性不足以完成大分子丙烯链段的聚合，从而生成大量的含有接枝乙烯的小分子丙烯链段，造成总乙烯含量的升高，与在线监测总乙烯含量数据吻合。大量接枝于小分子丙烯链段上“短链乙丙胶相结构”和乙烯自聚表现出的“假乙烯含量”无法对材料的冲击性能提供正向影响，

对于 PPRCT 专用料，首先要选用合适的催化剂，在 T4401 基础上对两个反应器聚合工艺进行调整，挑选分子链规整性越好，易结晶，刚性高的基料生产；第二步通过改变添加剂配比调整其结晶类型和方式，完善系带结构;；第三步在管材挤出生产时做恰当处理。这样完全可以达到大幅提高管材环刚度、冲击性能、耐压时间和等级的目的。

2.5 偏光分析

在 600 倍的偏光照中可以看到：图 5(b)的 T4401-RCT 里的 α 球晶很少，大量小而细碎的 β 晶呈簇状排列，规正紧密，β 晶尺寸小于 RCT1#。图 5 的(a)的 RA7050 有明显的 α 球晶与 β 晶共存，但都属于较小尺寸，排列整齐，从区域面积看 β 晶多于 α 晶。

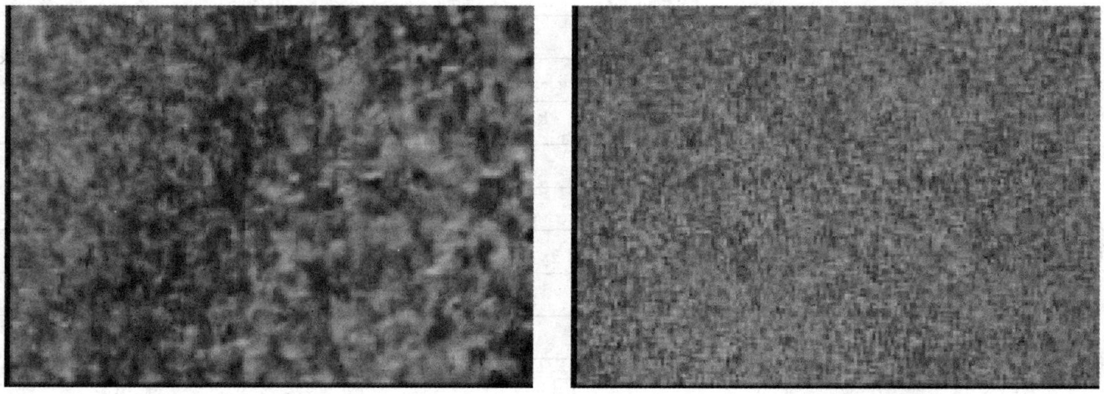

(a)RCT1#　　(b)T4401-RCT

图 5　600 倍偏光相片

2.6 哈克分析

T4401-RCT 采用优化的 T4401 抗氧剂体系。通过哈克转矩流变测试，T4401-RCT 抗热氧老化性能、加工稳定性略好于 T4401，T4401-RCT 在其复配 β 成核剂抗氧体系作用下，与 T4401 无明显差异，整体性能相当。

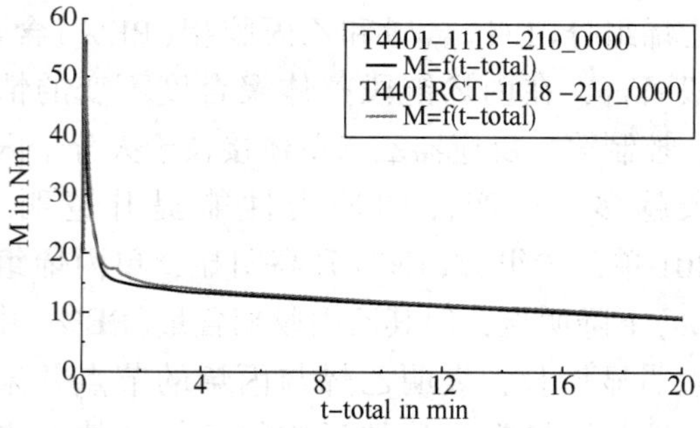

图 6　210℃转矩流变曲线

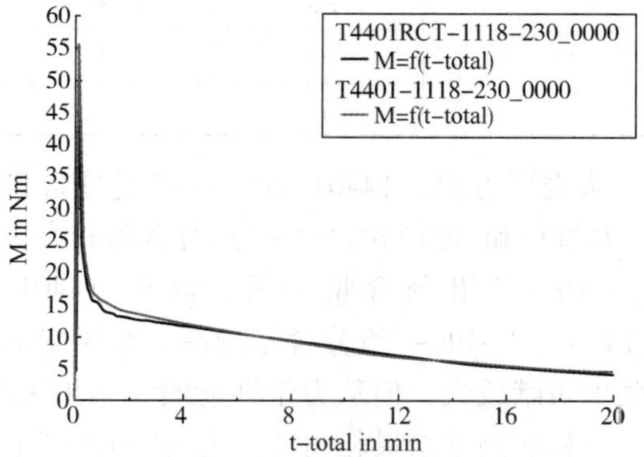

图 7　230℃转矩流变曲线

2.7 管材制备及静液压性能

使用 T4401-RCT 加工管材，管材加工过程平稳，管材制品内外表面光滑，无气泡、麻点、凹陷等缺陷。

表 8　管材加工参数

项目	加工温度/℃	牵引速度/(m/min)	主机转速/(r/min)	冷却水温度/℃	真空压力/MPa
T4401-RCT	210	3.0	110	25	-0.026~-0.022

图 8　挤管现场图

根据管材测试标准 GB/T 18742. 1—2017《冷热水用聚丙烯管道系统　第 2 部分：管材》中测试要求，对制品进行了静液压试验，结果如表 9、图 10 所示。

依照 GB/T 18742 中对 β 晶 PP-RCT 的静液压强度要求，对实验室加工的 T4401-RCT 管材样品分别进行四组静液压测试。在 20℃/15. 0MPa 与 95℃/4. 2MPa 条件下，T4401-RCT 管样破坏时间远超标准要求，静液压余量很大，管样常、高温承压性能优异。

3　结论

a）生产 PP-RCT 合适的基础树脂是关键，乙烯含量在树脂的链结构起刚韧平衡的主要作用。

表 9　PP-RCT 管材耐压测试条件和标准

测试项目	技术指标	典型值	测试标准	是否符合
静液压强度(20℃，环应力 15MPa，1h，S3. 2 标准制样)	不破裂，不渗漏	合格	GB/T 18742. 1—2017	符合
静液压强度(95℃，环应力 4. 2MPa，22h，S3. 2 标准制样)	不破裂，不渗漏	合格	GB/T 18742. 1—2017	符合

表 10　静液压性能实测数据

项目	测试温度	环应力	标准要求	破坏时间	测试结果
T4401-RCT	20℃	16. 0MPa	\	43h 韧性破坏	通过
	95℃	4. 2MPa	>22h	7000h 运行中	通过
	95℃	4. 0MPa	>165h	7000h 运行中	通过
	95℃	3. 8MPa	>1000h	7000h 运行中	通过

注：表中时间数据于 2023 年 8 月 06 日 10：00 记录。

b）PP-RCT 的基础树脂选择很关键，三单元序列中 E 含量少有利。对聚合阶段的微调，改变添加剂的组分和配比可以影响基础树脂结晶结构，进一步保证 PP-RCT 的基础树脂刚韧平衡。

c）T4401-RCT 的顺利生产需要优化生产工艺，合理安排转产顺序，保证其基础树脂稳定连续。

d）生产的 T4401-RCT 专用料力学性能测试，静液压测试完全达到或超过 GB/T 18742. 1—2017《冷热水用聚丙烯管道系统　第 2 部分：管材》中测试要求。实验数据证明：使用 T4401-RCT 专用料挤出的管材其静液压余量很大，管样常高温承压性能优异，源于管材中保有的高含量、稳定存在的聚丙烯 β 晶。

参　考　文　献

[1] 杨爱武，柏基业，等．给水用 PPR 管材专用料的研制[J]．现代塑料加工应用，2002，14(3)：5-9.
[2] GB/T 18742. 2—2017. 1，2《冷热水用聚丙烯管道系统　第 1 部分：总则，第 2 部分：管材》.
[3] 马进，林震宙，冯宏伟等．独山子 INEOS 工艺聚丙烯装置 234 线过渡料的研究[J]．上海塑料，2012，159(3)：41-45.
[4] 马进，张鹏宇，胡廷芳等．PP-RCT 专用料的开发[J]．中国塑料，2017，1759(9)：48-57.
[5] 金日光，华幼卿．高分子物理[M]．北京：化学工业出版社，2008.
[6] 赵唤群．无规共聚聚丙烯 PPR 管材专用料研制和生产．2007：2-3.
[7] 李笑喃，刘鹏波．聚丙烯熔体拉伸流变行为的研究[J]．塑料工业．2007，35(3)：46-46.

化学氧化去除土壤中石油类的实验研究

王田丽

（中石化石油工程设计有限公司）

摘　要　为考察Fenton氧化对污染土壤中原油的去除效果，以胜利油田原油污染土壤为研究对象，研究了不同改性方式、初始pH、初始含水量和不同氧化剂投加量条件下土壤含油量去除效果。结果表明：EDTA改性Fenton对土壤的含油量去除率最高，在pH为6时，去除率仍可以达到28.41%。在土壤含水率为30%条件下，石油类去除率最高，随含水量增加，去除率呈现先升高后降低的趋势。随双氧水投加量增加，含油量去除率先升高后降低，最佳双氧水(30%)和硫酸亚铁(七水硫酸亚铁)投加量分别为24%和10%。结果表明，EDTA改性Fenton可以在较高pH条件下降解土壤中的石油类，通过合理调控体系含水量可以更好的降解效果。

关键词　污染土壤；含油量；Fenton氧化；改性；含水率

石油类污染物进入土壤后通过一系列的物理化学作用分散在土壤环境中，如土壤颗粒的吸附、有机质的吸附、污染物的扩散、挥发、降解等。土壤微孔、颗粒间隙、矿物质表面、有机质都能保持一定量的石油类污染物。石油类污染物以自由相、气相、溶解相和吸附相等存在于土壤环境中，一般集中在表层土壤20cm处。但是如果污染时间较长，或者由于污染物浓度较高或者场地地下环境的异质性原因，石油类污染物也会污染深层土壤甚至地下水，必须针对石油类污染土壤进行修复，消除环境污染风险。

土壤修复技术包括气提法、热脱附、化学淋洗、氧化还原、生物修复等。化学氧化修复是处理石油类污染土壤的一个快速而有效的方法，具有普适性强、处理效果好，修复时间短的优势，而且可以进行原位修复，受场地地面建筑影响较小，可以和物理、微生物技术联合修复，具有广泛的应用前景。化学氧化修复技术关键之一为氧化剂的选择与合理应用。化学氧化修复常用氧化剂有过氧化物、高锰酸盐、过碳酸盐、臭氧和过硫酸钠等。但由于高锰酸钾氧化性较弱，且氧化过程中产生的二氧化锰沉淀容易造成土壤孔隙堵塞；臭氧对修复设备要求较高且产物毒性较大等，导致这些氧化剂的应用受到限制。Fenton氧化技术是最常见的高级氧化技术之一，其原理是过氧化氢在亚铁离子的作用下产生·OH，·OH具有极高的标准氧化还原电位(2.80V)，能破坏有机质结构，实现污染物的降解。本实验选择Fenton氧化进行实验研究，探索不同改性方式、初始pH、初始含水量和不同氧化剂投加量条件下土壤含油量去除效果。

1　实验方案

1.1　实验材料

实验土壤：取自胜利油田，土壤呈棕黑的色，较为松散，土壤质地为砂质壤土，基本性质为pH值8.5，含油量3.01%，含水量30%。

实验试剂：过氧化氢(30%，国药)，硫酸亚铁($FeS0_4-7H_20$，分析纯，天津博迪)，柠檬酸($C_6H_80_7-H_20$，国药)，EDTA-2Na，石油类标准品(C1mg/L，中国计量科学研究院)。

1.2　分析方法

1.2.1　pH的测定

pH值测定没有必要将制成干燥的土壤，直接取1g土壤样品，按照土壤和水的质量比1:10加入适量的水，混合后静置13h过滤后，取滤液用pH计测量其pH值。

1.2.2　含水率的测定

含水率的确定采用标准的重量分析方法：在105℃的条件下将样品放置13h，然后根据干燥前样品(W_1)和干燥后的样品(W_2)的重量差来确定每一种样品的含水率，参照式(1)计算。

$$C=\frac{W_1-W_2}{W_1}\times 100 \qquad (1)$$

式中，C为土壤含水量，%；W_1为干燥前样品质量，g；W_2为干燥后的样品质量，g。

1.2.3 含油量的测定

准确称取5g污泥样品 m_1 于100mL烧杯中，加入5~10g左右的无水硫酸钠或氧化镁(依据被测样品含水量确定)，搅拌均匀，放置15min待其固化。用玻璃棒搅拌固化后污泥，分散均匀后转移至100mL具塞玻璃瓶中。加入50mL汽油，盖紧瓶盖(用凡士林或其他密封)，瓶盖用皮筋固定。放入振荡器中震荡30min，震荡频率150次/min。将玻璃瓶从震荡器中取出，静置。上清液过滤后测其吸光度(波长430)，依据标曲线，查得含油量 m_0，参照式(2)计算土壤含油量 ρ，含油量去除率 x 参照式(3)计算。

$$\rho=\frac{m_0\times 50}{m_1\times 1000}\times 100 \tag{2}$$

式中，ρ 为含油量,%；m_0 为标准曲线查得的含油量，mg/mL；m_1 为污泥样品重量，g。

$$x=\frac{\rho_1-\rho_2}{\rho_1}\times 100 \tag{3}$$

式中，x 为含油量去除率,%；ρ_1 为氧化前土壤原始含油量,%；ρ_2 为氧化后土壤含油量,%。

2 结果与讨论

2.1 不同改性方式对处理效果的影响

准确称取5份各200g的土壤样品，编号分别为1-5号，配置a、b、c三种 $FeSO_4$ 溶液，a溶液是pH值为2的盐酸水溶液配置 $FeSO_4$(HCl)溶液，b溶液是饱和EDTA溶液中配置的 $FeSO_4$(EDTA)溶液，c溶液是柠檬酸(CA)与 $FeSO_4$ 摩尔比1：1的 $FeSO_4$(CA)溶液。其中1号为常规Fenton氧化，土壤加入2%的a溶液、5%的 H_2O_2，并用盐酸调节pH值为2；2号为不调pH值的EDTA改性Fenton氧化，土壤加入2%的b溶液，5%的 H_2O_2；3号为EDTA改性Fenton氧化，土壤加入2%的b溶液，5%的 H_2O_2，并用盐酸调节pH值为2；4号为不调pH值的CA改性Fenton氧化，土壤加入2%的c溶液、5%的 H_2O_2；5号为CA改性Fenton氧化，土壤加入2%的c溶液、5%的 H_2O_2，并用CA调节pH值为2。混合均匀后密封保存，反应72h，分别取样检测含油量，考察含油量去除率，结果见图1。

在 H_2O_2 氧化体系中添加 Fe^{2+} 后，能促进OH·的生成，显著提高 H_2O_2 的氧化强度，并且

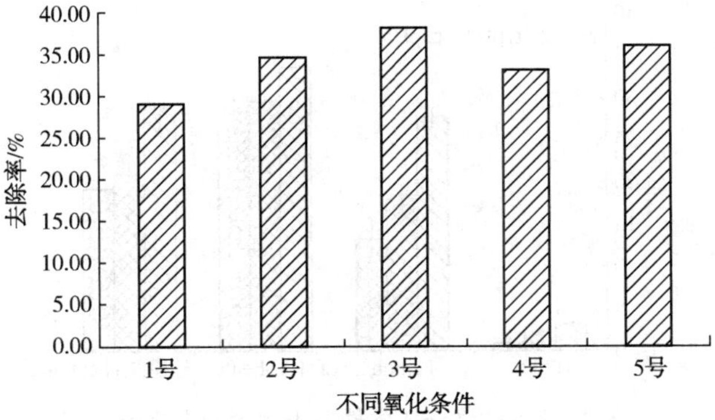

图1 不同催化方式对含油量处理效果的影响

链反应激活，生成新的自由基。但Fenton氧化过程会发生副反应，铁离子与氢氧根离子生成无定形态沉淀物，大量消耗活性铁。因此，通常通过降低体系环境的pH值或加入螯合剂，最大程度增加可利用的 Fe^{2+}。采用Fenton氧化方式，考察了利用盐酸、EDTA和柠檬酸络合剂三种方式稳定 Fe^{2+}，结果表明，3号pH为2条件下的EDTA/Fenton氧化条件下含油量的去除率最高，其次为5号pH为2条件下CA/Fenton氧化，含油量去除率分别为38.33%和36.00%；2号和4号不调pH值的EDTA/Fenton和CA/Fenton氧化的含油量去除率也较高，分别为34.66%和33.00%；1号为常规Fenton氧化含油量去除率最低，为29.00%。分析认为在酸性条件下虽然抑制了副反应的发生，尽可能提高了 Fe^{2+} 的利用率，但是仍有部分 Fe^{2+} 损失，而加入螯合剂后，通过螯合剂与铁离子的络合反应，进一步抑制了 Fe^{2+} 损失，因此第pH条件下的EDTA/Fenton和CA/Fenton氧化的含油量去除率最高。但是，过低的pH会影响土壤理化特性，基于应用的安全性及对环境的后续影响，不建议采用过低的pH值。通过对比5组实验，认为2号和4号不调pH值的EDTA/Fenton和CA/Fenton氧化即可达到较高的含油量去除率，因此，推荐2号或4号的改性氧化方式。

2.2 初始pH对土壤含油去除效果

准确称取200g土壤样品，分别投加 H_2O_2、a溶液、b溶液、c溶液，并用盐酸分别调节pH为2、4、和6，混合均匀后密封保存，反应72h，分别取样检测含油量，考察含油量去除率，结果见图2。

图2数据显示，直接投加 H_2O_2，对土壤中石油类降解率低，石油类去除率仅为1.02%~

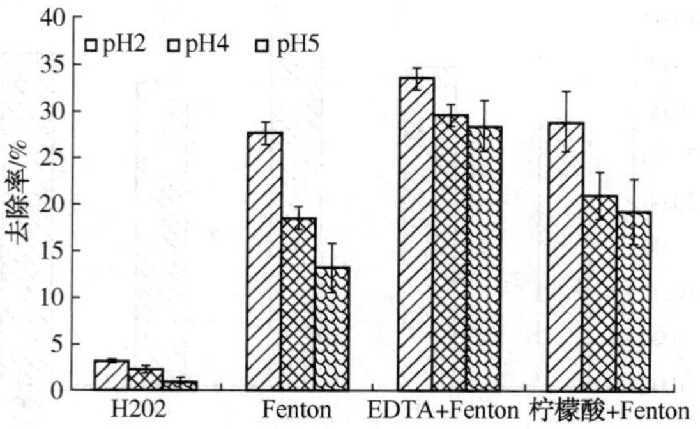

图 2 不同初始 pH 条件下土壤含油去除效果

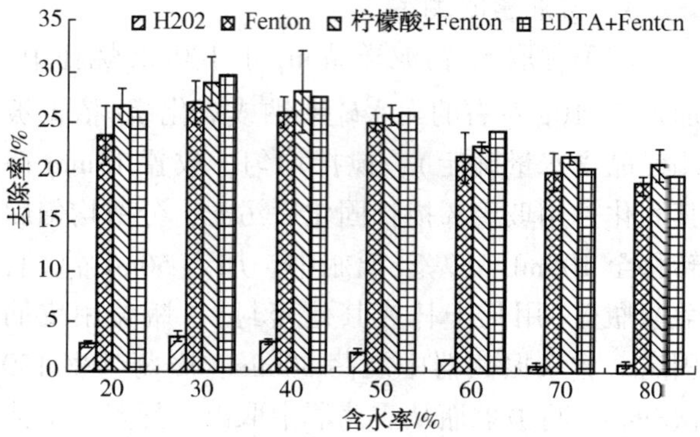

图 3 不同初始含水量条件下土壤含油量去除效果

3.13%，相比于 H_2O_2 氧化，Fenton 及改性 Fenton 对石油类的氧化降解率明显提高，去除率为 13.20%～33.52%。pH 对 H_2O_2、常规 Fenton 及 EDTA 和柠檬酸改性 Fenton 的处理效率均有明显的影响，其中常规 Fenton、EDTA/Fenton、柠檬酸/Fenton 三组对石油类的去除率随 pH 值升高呈降低的趋势，与 pH 值为 2 时相比，pH 值为 4 和 6 时，三组实验对石油类去除率分别降低 9.01%、3.96%、7.91% 和 14.35%、5.11%、9.61%，pH 值对常规 Fenton 氧化影响效果影响最明显，其次为柠檬酸/Fenton，对 EDTA/Fenton 影响最小。EDTA/Fenton 对石油类的去除率最高，且在 pH 为 6 时，去除率仍可以达到分别 28.41%。

在酸性环境下，土壤中的 SO_4^{2-} 与 H^+ 结合可形成具有腐蚀性的硫酸，从而影响土壤自身的酸碱度，同时会溶解溶解土壤中的金属，存在增加地下水中金属的浓度的风险。土壤酸碱度对土壤中养分存在的形态和有效性、土壤理化性质、微生物活动以及植物生长发育有着很大的影响。因此，在土壤氧化处理过程中，尽可能保持土壤原始 pH，降低对土壤理化性质等的影响。

2.3 初始含水量对含油量处理效果的影响

准确称取 200g 土壤样品，分别调节含水量为 20%、30%、40%、50%、60%、70% 和 80%，然后投加 H_2O_2、a 溶液、b 溶液、c 溶液，并用盐酸分别调节 pH 为 2，混合均匀后密封保存，反应 72h，分别取样检测含油量，考察含油量去除率，结果见图 3。

在相同含水率条件下，EDTA/Fenton 的氧化效率最高，CA/Fenton 和常规 Fenton 次之，H_2O_2 氧化效果最差，在相同氧化药剂添加量的条件下，随土壤原始含水量的增加，各组实验石油类去除率均呈现先升高后降低的趋势。其中，在土壤原始含水率为 30% 条件下，石油类去除率均最高，常规 Fenton、CA/Fenton 和 EDTAFenton 三组实验去除率分别为 26.89%、28.94% 和 29.54%；在土壤原始含水率 20%、40% 和 50% 条件下，石油类去除率相近，分别为 23.56%～25.87%、25.82%～27.53% 和 25.74%～27.98%，且较含水率 30% 时去除率降低幅度较小，分别为 1.02%～3.33%、2.01%～3.72% 和 0.96%～3.20%；在土壤原始含水率 60%、70% 和 80% 条件下，石油类去除率分别为 18.76%～21.54%、19.65%～24.12% 和 20.72%～22.53，此时较含水率 30% 时石油类去除率降低幅度较大，降低量分别为 5.35～8.13%、5.42%～9.89% 和 6.41%～8.22%。实验过程发现，土壤原始含水率为 30% 时，土壤外观呈湿润状态，外力搅拌后形成较黏稠的糊状，加入药剂后，由于药剂中水分的引入，黏稠度降低，呈水土充分混合的糊状，30min 内不存在分层现象；当原始含水率为 40% 和 50% 时，呈较稀的浆状，静沉 30min 会出现水土分层现象；当含水率≥60% 时，土壤有水分含量过半，非搅拌状态下 5min 内即可水土分层，说明，当含水率>40%，部分氧化剂会分散于水相。

本实验过程，投加的氧化剂改性剂均为液体，针对含水量为 60% 的原油污染土壤，加入氧化剂和催化剂后，油泥含水率进一步增加，达到 80% 以上，药剂混合均匀后，油泥呈浆糊状。此时污泥水分含量大，部分药剂分散于水分中，并未与污泥颗粒充分结合，未参与氧化反应，造成药剂浪费；特别是催化剂 Fe^{2+} 离子，若未吸附在污泥颗粒表面或内部，会导致氧化氧化效率降低。针对含水量为 20% 的低原油污染土壤，药剂加入混合均匀后，仍呈颗粒状，药剂全部分散或吸附在污泥颗粒中，一方面氧化剂和催化剂可快速充分接触，提高氧化效率，另一方面污泥颗粒中的石油类物质可充分接触药剂，提高了传质氧化效率。此外，Fenton 氧化是快速的化学氧化反应，当含水率大时，药剂若与污泥颗粒未在短时间实现充分接触反应，则随着铁离子的氧化及双氧水的分解，水分中的氧化剂也会逐渐失效。针对新鲜原油污染土壤，由于石油类物质与污泥颗粒接触较松散，易于被洗脱至水中，可在水中进行氧化降解，此时含水对含油量去除率影响可能较小。但是针对老化原油污染土壤，石油类物质不容易洗脱进入水中，此时含水率高时，会造成药剂浪费，含油量降解率低。

这也与很多研究的结论一致：过多的含水率并不能提高去除率。马浩认为："在水土比较小时，即水土比为 1∶2 时，氧化剂溶液与土壤混合后成干泥柴状态，部分土壤结成团状，不利于反应的顺利进行，故石油烃去除率较低；而水土比增到到 1：1 时，混合均匀后呈溶液状，有利氧化剂的接触，从而利于氧化土壤中总石油烃。到水土比继续增大到 2：1 或者 4：1 时，可能由于过多的水分，大大稀释了氧化剂的浓度，从而妨碍其接触，影响了去除效率的继续提高；对比不同水土比时，高浓度和低浓度污染土壤中石油烃的去除率可以发现，高浓度污染土壤中石油烃去除率均高于低浓度，且两者均在水土比为 1∶1 时，去除率达到最高。

2.4　氧化剂投加量对含油量处理效果的影响

准确称取 200g 土壤样品，分别投加不同质量分数的 $FeSO_4$ 溶液和 H_2O_2，混合均匀后密封保存，反应 72h，分别取样检测含油量，考察含油量去除率，结果见图 4。

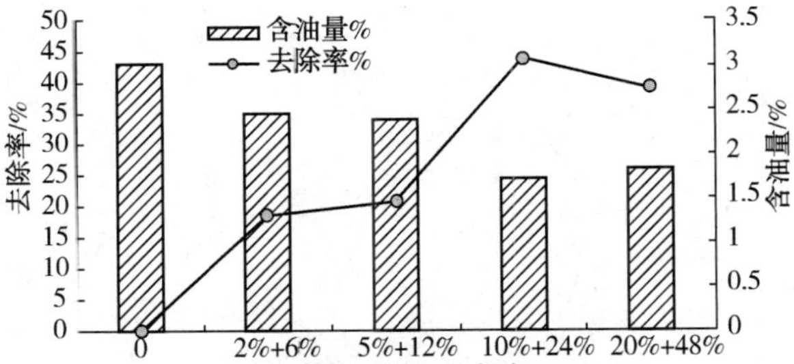

图 4　不同氧化剂投加量对土壤含油量去除效果

实验结果表明，随双氧水投加量增加，含油量去除率先升高后降低，当双氧水添加量为 24%(质量分数)时，含油量去除率最高为 45%，此时污泥含油量含量为 1.63%。随双氧水量增加到 48%，含油量降解率降低为 39%。含油量降解率先升高后降低，原因可能是初期氧化剂量不足，随氧化剂量增加，氧化效果逐渐增加；但随着双氧水和硫酸亚铁溶液的不断加入，污泥含水逐渐增加，由初期的 20%左右，增加到>50%(双氧水加量 48%)，此时污泥呈浆糊状，说明部分氧化剂存在于水中，并未参与氧化反应，因此虽然药剂量增加了，但氧化效率降低了，出现含油量降解率降低的现象。

氧化剂可与土壤中有机质反应，有研究表明随着氧化剂剂量增加，土壤有机质含量逐渐降低，土壤有机质是土壤的重要组成部分，与土壤的结构性、通气性、渗透性、吸附性和缓冲性等密切相关。土壤有机质是土壤的重要组成部分，直接影响土壤肥力及生物生存。Fenton 在氧化原油等污染物的同时，也会氧化土壤中的有机质，造成土壤肥力损失，因此，过量的氧化剂一方面会造成浪费，另一方面会增加土壤有机质氧化降解的几率。

实验土壤的含油量为 3.01%，依据污泥含油量和氧化剂的理论氧化能力，计算实验污泥含油量完全氧化时，理论双氧水添加量为 13.9%。但实验结果表明，氧化剂的需求与理论值有很大差距，原因可能有以下几方面：实验用污泥为老化原油污染土壤，含有除含油量外的其他有机组分，造成氧化剂的消耗；老化原油污染土壤石油类不易解析，稳定的吸附在污泥颗粒中，导致氧化剂渗入接触困难，氧化效率降低。若通过在清洁土中人工添加原油配置污染土，老化时间较短，污染物大多数以自由态存在于土壤间隙中，此时氧化剂需求量可能接近理论量。

3　结论

（1）考察了利用盐酸、EDTA 和柠檬酸络合剂三种方式稳定 Fe^{2+}，均可达到较好的效果，基于应用的安全性及对环境的后续影响，建议采用较高 pH 值条件下的 EDTA/Fenton 和 CA/Fenton 改性氧化。

（2）随双氧水投加量增加，含油量降解率先升高后降低，在实际工程应用中，需要充分考虑氧化剂的投加量，一方面药剂过量会造成浪费，增加不必要的经济成本，另一方面，过量的药剂不仅不能提高氧化效果，还会造成土壤理化性质改变，出现板结等问题，影响后续使用。

（3）建议 Fenton 氧化在实际应用过程，可依据氧化剂的投加量，前期通过晾晒或投加分散剂等方式，将污泥含水量控制在较低范围内，保障药剂反应的前提下（Fenton 反应在水存在的条件下进行），尽量控制药剂均匀吸附于污泥颗粒中，一般加药前污泥含水率 20%～30%，加药后含水率<50%。

参 考 文 献

[1] 詹研. 中国土壤石油污染的危害及治理对策[J]. 环境污染与防治，2008，30(03)：91-93.

[2] 张子豪. 生物改良剂对石油污染土壤理化性质和重金属的影响[D]. 吉林：吉林农业大学，2016：1-3.

[3] 李克纯，杨振水. 石油开采后的环境地质问题分析[J]. 黑龙江科技信息，2009(20)：27.

[4] 郭峰. 石油污染治理技术综述[J]. 化工管理，2021(19)：51-53.

[5] 牛明芬，殷智慧，王琦，等. 石油污染土壤清洗药剂筛选及效果评价[J]. 生态学杂志，2020，39(07)：2302-2308.

[6] 徐金兰，郭玉琴，郭阳. 低浓度双氧水提高原泩污染土壤氧化效果的实验研究[J]. 西安建筑科技大学学报(自然科学版)，2019，51(05)：743-750. DOI：10. 15986/j. 1006-7930. 2019. 05. 020.

[7] Flotron Vanina，Delteil Corine，Padellec Yann，Camel Valérie. Removal of sorbed polycyclic aromatic hydrocarbons from soil，sludge and sediment samples using the Fenton´s reagent process. [J]. Chemosphere，2005，59(10).

[8] 郑嘉如，方战强，易云强等. 基于化学氧化法修复石油烃污染土壤研究进展[J]. 环境化学，2023，42(02)：608-626.

[9] 袁壮，王雪梅，季宏兵. 化学氧化法修复石油污染土壤[J]. 应用化工，2023，52(02)：517-523.

[10] 马浩. CMC 增溶与 SPS 化学氧化联合修复石油烃污染土壤研究[D]. 重庆大学，2016.

[11] 陈昱坤，胡容，史秋萍等. 土壤理化性质对 TPH 污染土壤氧化修复的影响研究[J]. 石油与天然气化工，2022，51(06)：147-152.

CCUS-EGR 技术在老气田的应用前景

徐明星　张　杨　龙昱锦　伍虹莉　李咏洲

（中国石油西南油气田公司）

摘　要　二氧化碳是存在于天然气产品中的一种主要杂质气体，在天然气开发过程中会产生大量附属产品，在国家绿色低碳发展战略新形势下，原来的简单排放方式亟待转变，而在已开发老气田就近封存或利用二氧化碳具有距离近、基础设施相对齐全、配套技术集中等天然优势，为高效利用二氧化碳这一附属产品提供了便利条件。本文通过梳理目前碳捕集、碳利用技术路径及工业应用现状，结合天然气已开发老气田的天然优势，提出二氧化碳综合利用技术路径，为下步二氧化碳回收利用一体化集群发展提供思路。

关键词　二氧化碳；已开发老气田；工业应用

近年来碳捕获、储存和利用（CCUS）被认为是缓解气候变化的关键二氧化碳减排技术，其在研究、开发和部署方面引起了政府、工业界和学术界的极大关注，自“十二五”规划以来，中国已将这项技术纳入其未来国家碳减排战略的一部分。

根据调研，现有 CCUS 技术主要包括二氧化碳封存和利用两个途径，但由于 CCUS 需要收集零散二氧化碳进行捕捉，需要一个大规模的二氧化碳运输网络，是一个成本高昂且能源密集的过程，但目前在国内碳销售价格低，处理手段有限，进展缓慢，此外，CCUS 技术涉及的不同行业之间存在广泛而复杂的利益相关者关系，这使得难以实现广泛的合作。因此 CCUS 技术的大规模部署缺乏有效的商业模式，如何高效推进 CCUS 技术在我国发展，实现商业规模发展成为各行业绿色发展面临的问题。本文通过分析已开发的天然气老气田的特点，认为在已开发老气田就近封存或利用二氧化碳具有距离近、基础设施相对齐全、配套技术集中等天然优势，为高效利用二氧化碳这一附属产品提供了便利条件。

1　二氧化碳封存及利用现状

1.1　碳捕捉

目前二氧化碳的捕获主要可分为生物法、物理法和化学吸收法。其中生物法吸收主要通过光合作用吸收，现缺乏规模效益技术；物理吸附二氧化碳主要通过吸附剂，采用膜分离法、催化燃烧法、变压吸附法分离二氧化碳，一般认为存在造成能耗高、成本高的问题；化学吸收法是利用化学溶剂，如氨、热钾碱及有机胺等脱碳，是目前主流技术。

1.2　碳封存

（1）地质封存

地质储存二氧化碳被公认为是能在短期内迅速减少大气二氧化碳含量的有效举措，该技术主要是利用地下矿物或地质条件生产或强化有用价值产品，如生产二氧化碳衍生品或驱油驱气等。其中利用二氧化碳驱油提高提高采收率技术（CO_2-EOR 技术）已发展 40 余年，技术成熟，国内在各油田均有相关试验，但利用二氧化碳驱气（CO_2-EGR 技术）发展相对落后，在国外已开展一些注气项目初步证明在提高天然气采收率的同时可实现二氧化碳的封存，在国内在近两年也逐渐从基础研究专项注气项目评估。

（2）海洋封存

通过对二氧化碳进行压缩达到超临界状态，最终通过注入井封存到深海沉积物、海洋水柱或海底以下深部咸水层等容积体，目前该技术在日本、挪威等国已有商业项目在运维。此外有学者提出用二氧化碳置换海底水合物沉积层中甲烷的设想，并在美国阿拉斯加地区采用置换法对水合物进行了试开采，得出二氧化碳封存受天然气水合物储层中流体的流动性影响较大的相关结论，但总体处于理论研究阶段。

（3）矿物封存

是利用富含镁、钙、钾、硫等人类所需资源的天然矿物或工业废料与二氧化碳反应，将二氧化碳封存为碳酸钙或碳酸镁等固体碳酸盐实现碳固定，同时联产高附加值的化工产品。

1.3 碳利用

（1）介质利用

目前在油气行业利用二氧化碳主要集中在提升油田采收率，与天然气工业相关的主要是二氧化碳为介质，替代水基对天然气储层(页岩气、致密气及常规气等)压裂改造。已有试验证明超临界二氧化碳超强的破岩能力、极低的黏度和表面张力，能够克服水平应力差导向，易于进入微小孔隙，有利于形成复杂缝网，从而提高气井产能，且已在逐步开展相关现场试验，取得一定成效。

（2）原料利用

以二氧化碳为原料进行物理或化学转化，从而实现资源化利用。如制备合成气、二甲醚、有机酸、醇类、胺类、酯类、聚酯类以及干冰等。

2 商业化面临的挑战

通过对现有碳捕集与封存技术的相关研究以及商业应用项目的梳理，认为目前 CCS/CCUS 技术仍处于初期阶段，作为一项新兴技术其发展前景与空间仍然广阔，发展模式与未来规模值得期待。但在具体推进过程中仍存在很多问题，主要集中在投资成本、法律法规以及运行安全性等方面。

2.1 成本费用大

阻碍 CCUS 发展的一个重要因素就是投资成本费用较大，这也是企业对投资 CCUS 项目而目望而却步的重要原因。根据 IPCC(联合国政府间气候变化专门委员会)研究认为，只有当捕集和封存二氧化碳的总成本降到每吨 25~30 美元(约合人民币每吨 125~200 元)时，CCUS 才可能大规模推广。在不计算运输和封存成本，仅捕集环节，目前国外成本约每吨 11~57 美元(约合人民币 65~400 元)，我国当前成本更是高达每吨 300~900 元，具有较大的商业挖掘潜力，而解决成本问题将是捕集技术能否顺利发展的重要因素。分析 CCUS 项目全流程特点，导致其成本居高不下主要有以下原因：

（1）分布分散

各种二氧化碳捕集方法都可以有效收集二氧化碳，但都存在投资成本大的问题，尤其是在面临二氧化碳分散或浓度低，直接提高商业碳捕捉成本及技术门槛。

（2）需要运输

通常二氧化碳的产生源与其封存地多距离遥远，需要密闭拉运或管输，这个过程同时存在泄漏等安全风险，其对运输设备的抗酸性、抗压性导致成本费用增高。此外封存地的选择及建设也具较高成本，包括注入井建设、环境认证等。

（3）碳利用规模小

根据市场调研，现二氧化碳市场要求产品浓度大于 99%，且规模量小，主要为合成气及下游产品制备。在油气田领域除了驱油技术较为成熟，应用较广，其他技术尚处于研究攻关阶段，二氧化碳市场需求量小，规模利用存在不确定性，难以形成规模效益，此外在我国碳交易价格及规模低，也制约我国 CCUS 大规模示范工程的开展。

2.2 可执行法律法规框架薄弱

我国 CCUS 除了面临技术和成本阻碍以外，在法律法规方面也不完善，需要建立更加详细完善且具有可操作性的法律法规，尤其是环境侵权的责任制度在发展 CCUS 过程中也是必须解决和明确的，其次知识产权、补贴政策及碳交易规则和制度有待进一步明确。总之 CCUS 是一个长期且复杂的工程，目前在我国尚处于发展初期阶段，相关政策及制度的完善可有效促进产业的顺利发展。

3 已开发老气田的优势

以四川盆地川东地区达州市为例，该区天然气资源丰富，已探明储量达 7200 亿立方米，是全国第三大气田和“川气东送”工程的起点。2022 年产天然气 63.85 亿方，具备勘探开发、储气、管输、燃气发电、精细化工为重点的天然气全产业链，具备碳源集中、封存地近、配套实施相对完善等特点：

3.1 碳源相对集中

据 MEIC 网站数据查询 2020 年四川省排放二氧化碳 2.8 亿吨，重庆每年排放 1.5 亿吨，在达州市宣汉县境内 30km 范围内有 3 个天然气净化厂，估算年产二氧化碳 72 万吨，由于数据保密等原因未统计到该地区石化相关下游产业及电力等其他行业碳排放数据，具备就近集中进行捕集条件。

表 1　宣汉县石化厂碳排放统计表

序号	石化厂	设计日处理量（万方）	废气中 CO_2 年排放量（万吨）	废气中 CO_2 浓度/%	距 DKH 净化厂直线距离/km	说明
1	PG 净化厂	3600	56	—	29	估算满负荷状态排放
2	XH 净化厂	900	11	18-28	2	
3	DKH 净化厂	400	5	—	0	预计 2025 年投运

3.2　就近存在封存地

在宣汉县境内有多个已开发老气田，其中距离 DKH 净化厂仅 7 千米的 HLC 长兴组气藏采出程度达到 78%，处于开发后期。该气藏为构造-岩性气藏，含气面积 12.5km^2，埋深 3980m；原始地层压力为 43.255MPa，压力系数 1.09，气藏温度为 100.38℃，属常温常压气藏；流体组分以甲烷为主，甲烷含量平均 94.17%，硫化氢含量 16.44g/m^3，二氧化碳含量 56.13g/m^3，为中含硫、中含二氧化碳气藏；储层岩性以生物礁组合中礁滩相的残余颗粒云岩或具颗粒幻影的中~细晶云岩为主，平均有效厚度 42.9m，为低孔、中低渗特征的裂缝—孔隙型储层；区内盖层主要为嘉陵江组厚层石膏及致密灰岩。综合分析其盖层条件、气藏特征及碳源条件满足碳封存需求，通过回注二氧化碳一方面为气藏补能从而提高最终采收率，另一方面可实现碳封存达到减排目的。

表 2　HLC 长兴气藏二氧化碳埋存地质目标必须指标

盖层条件		断层		井下管柱		井口装置		固井质量	顶部构造高点埋深		距离敏感区域	政府政策及倾向
连续性	单层厚度			耐腐蚀性	气密封性	耐腐蚀性	气密封性					
区域盖层	大于 10	未出露	中	可实现				合格	4071	好	未涉及	支持

表 3　二氧化碳埋存地质目标推荐指标

地质储量/亿方	动态储量/亿方	地质储量采出程度/%	单井平均无阻流量/（万方/天·千米）	与碳源距离/千米	地下孔隙体积/亿方
71.9	66.32	78	18.76	7.0	0.279

3.3　天然气集输管网可改造利用

HLC 长兴组气藏地面集输管网完善，管线具备防腐及抗压能力，经简单改造后即可用于二氧化碳回注集输。

表 4　地面集输管网参数统计（部分）

管线序号	管径/mm	壁厚/mm	钢管材料	制管方式	防腐材料	保护方式	设计压力/MPa	干气/湿气	投运日期
1	273.00	10.00	20#	无缝	3PE	强制电流	8.50	湿气	2003/4/1
2	219.00	8.80	L245NCS	无缝	3PE	强制电流	8.50	湿气	2007/10/18
3	273.00	8.00	L360NB	无缝	3PE	强制电流	8.50	湿气	2005/7/20
4	219.10	8.80	L360NCS	无缝	3PE	强制电流	8.50	湿气	2012/11/28
5	168.30	12.50	L245NB	无缝	3PE	强制电流	8.80	湿气	2007/11/1
6	159.00	8.00	L245NCS	无缝	3PE	强制电流	8.50	湿气	2007/10/2

3.4　天然气井可在简单修井后利用

HLC 长兴组气藏生产井一般采用五开五完方式完井（图 1，表 5），508mm 套管下深 19m，防止地表窜漏，339.7mm 套管下至 398m，封隔上部疏松、垮塌及漏层；244.5mm 技术套管下至嘉二^{3}亚段封隔上部易垮层、漏失层以及嘉四膏盐层，为钻开嘉二^2 亚段~嘉一高压气层做好准备；177.8mm 油层套管下至长兴顶部，封隔可能出现的高压流体层；127mm 尾管悬挂至井底，射孔完成目的层；固井水泥均返出到地面，固井质量满符合《固井质量评价方法》（SY/T 6592—2004）的规定。已有老井再对井身结构完整性评价合格，或新下一层套管即可满足回注二氧化碳要求，修井成本低，可有效节约新钻回注井费用。

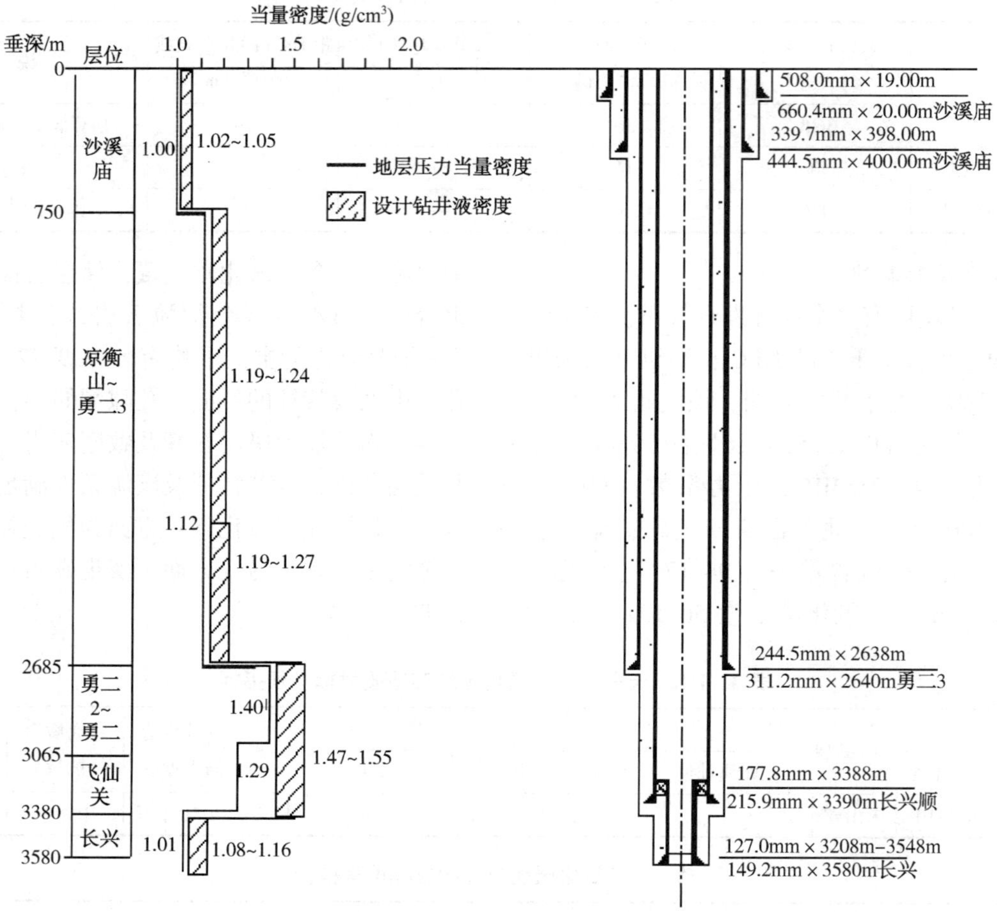

图 1　HLC 长兴气藏井身结构方案设计图

表 5　HLC 在用井身结构参数

开钻次序	钻头尺寸/mm	预计井深/m	套管尺寸/mm	套管下入	套管下入深度/m	环空水泥浆返深/m	套管钢级	备注
一开	660.4	20	508	沙溪庙	19	0	J55B	表层套管 1
二开	444.5	400	339.7	沙溪庙	398	0	J55B	表层套管 2
三开	311.2	2640	244.5	嘉二^{3}	2638	0	TP110TSB/TP95TS	技术套管
四开	215.9	3390	177.8	长兴顶	3388	0	TP95S	油层套管
五开	149.2	3580	127	长兴	3208~3578	3108	TP90TS	尾管悬挂

3.5　利于提高天然气最终采收率

根据文献调研，通过回注二氧化碳，可在一定程度提高天然气采收率，一是 CO_2 在地层中的吸附势大于 CH_4，因此可以置换储层中吸附在岩石表面的 CH_4；二是由于 CO_2 与 CH_4 具有显著密度差异，CO_2 会优先沉降在地层底部，从而抑制垂向气体混合；三是基于微观刻蚀渗流试验显示，水驱超临界 CO_2，驱替前缘均匀稳定，无明显“锥进”现象，具有抑制水侵的效果，从而延长气藏无水采气期或降低水侵影响；四是通过回注补充地层能量，可增大储层压力梯度，提高渗流速度，延长的开采期，提高天然气产量和最终采收率。

3.6　利于二氧化碳综合利用

川东地区天然气资源具有纵向多层分布特征，储层种类多样，包括常规气、致密气、页岩气等，利用二氧化碳进行储层改造、化二产品生产，但目前二氧化碳利用需要远距离运输。通过在天然气工业基地就近生产二氧化碳可有效降低运输等成本，调控区域二氧化碳整体排放，促进相关产业集群化发展，形成集二氧化碳捕集、生产、运输、利用及排放一体化的工业体系。

4　实际推广中存在的问题

4.1　缺少 CCUS-EGR 矿场试验项目

上世纪八十年代以来，德国、荷兰和澳大利亚等6个国家启动 CCUS-EGR 相关研究和矿场试验，试验对象包括砂岩和碳酸盐岩气藏，其储层普遍埋深较浅(4000m 以内)，物性较好(中高孔渗)、储层温度相对较低，气藏二氧化碳封存效果明显，注二氧化碳埋存的同时确实能够增加天然气产量，但施工成本及具体的现场施工参数不明，提高采收率效果不清。国内开展了室内试验及数值模拟研究，包括不同储层物性、注入参数等对二氧化碳提高气藏采收率影响研究，预计气藏注二氧化碳可提高采收率3%以上，但缺少 CCUS-EGR 矿场试验项目，在中石油、中石化、延长石油等企业先后开展了驱油、咸水层封存、驱煤层气等矿场实验，但未涉及气藏。

4.2　安全环保问题

二氧化碳地质储存工程能达到减排二氧化碳气体的目的，但在工程实施的过程中，二氧化碳的注入会改变储存体原理、储存体断层和地震等突发事件都会造成二氧化碳渗漏。二氧化碳地质储存为环境所带来的影响主要有：(1)诱发地震和地面变形等地质灾害；(2)二氧化碳逃逸至浅层污染淡水含水层；(3)一旦泄漏对储存场地的人类健康和生态环境造成危害等。

以 HLC 长兴组气藏为例，该气藏原始地层压力系数为1.1~1.2，目前采出程度为78%，地层压力系数为0.4~0.5，在气藏采出程度进一步增加的情况下，原有储渗体失衡风险将增大。利用已开发老气田回注二氧化碳一方面可实现已采空区能量及物质的补充，降低对储渗体的影响；另一方面已开发老气田已经过实践验证其对浅层淡水含水层的隔离性是有效的，完全可通过环境评估，同时已开发老气田具备完善的环境监测及评估机制，可最大限度将可能诱发的地质环境灾害风险概率或危害程度降到最低。

4.3　商业运行缺乏规范的制度及政策

在项目实施时如何进行有效融资也成为发展 CCS 的重要因素。已投运或建设中的 CCUS 示范项目约为40个，捕集能力300万吨/年。多以石油、煤化工、电力行业小规模的捕集驱油示范为主，缺乏大规模的多种技术组合的全流程工业化示范。碳交易市场主要功能是各电厂或水泥厂等碳排放大户碳排放指标交易，碳价格长期低迷，亟需规范的制度及政策。我国 CCUS-EGR 项目处于前期研究阶段，建议开展产融结合方式推进项目落地实施，同时需要政府给予资金及政策的支持，逐步推进 CCUS-EGR 项目商业化发展，不能因短期利益而阻碍该技术的有效性发挥。

5　结论

(1) 在国家绿色低碳发展战略新形势下，原来的简单排放方式亟待转变，但目前碳封存碳利用产业存在成本费用大，可执行法律法规框架薄弱，是 CCUS 产业商业化发展面临的重要挑战。而在现已开发老气田具备碳源相对集中、可就近封存、已有天然气集输管网及天然气井可改造利用，可有效降低产业成本，同时可实现区域二氧化碳整体排放整体调控，进而促进相关产业集群化发展，形成集二氧化碳捕集、生产、运输、利用及排放一体化的工业体系。

(2) 利用已开发老气田回注二氧化碳一方面可实现已采空区能量及物质的补充，提高已开发老气田天然气采收率，同时降低能量减少对储渗体的稳定性影响；另一方面已开发老气田已经过实践验证其对浅层淡水含水层的隔离性是有效的，完全可通过环境评估，同时已开发老气田具备完善的环境监测及评估机制，可最大限度将可能诱发的地质环境灾害风险概率或危害程度降到最低。

(3) 建议开展产融结合方式推进项目落地实施，同时需要政府给予资金及政策的支持，在捕集环节着力净化厂低成本碳捕集技术研发、运输环节加强二氧化碳管输工艺研究、封存环节强化地质封存选址目标论证、利用环节推进二氧化碳驱气提高采收率论证和二氧化碳化工、矿化利用研究，逐步推进 CCUS-EGR 项目商业化发展，不能因短期利益而阻碍该技术的有效性发挥。

参　考　文　献

[1] IEA, Technology Roadmap Carbon Capture and Storage, Organisation for Economic Development International Energy Agency, Paris, France, 2013, available at: http: // www.iea.org/publications/freepublications/publication/TechnologyRoad map CarbonCaptureandStorage. pdf.

[2] Kai Jiang, Peta Ashworth, Shiyi Zhang, Xi Liang, Yan Sun, Daniel Angus, China´s carbon capture, utilization and storage(CCUS) policy: A critical review, Renewable

and Sustainable Energy Reviews, Renewable and Sustainable Energy Reviews, Volume 119, March 2020, 109601, journal homepage: http: //www. elsevier. com/locate/rser.

[3] Kai Jiang, Peta Ashworth. The development of Carbon Capture Utilization and Storage (CCUS) research in China: A bibliometric perspective. Renewable and Sustainable Energy Reviews, Volume 138, March 2021, 110521, journal homepage: http: //www. elsevier. com/locate/rser.

[4] Rosa M. Cuéllar-Franca, Adisa Azapagic, Carbon capture, storage and utilisation technologies: A critical analysis and comparison of their life cycle environmental impacts, Journal of CO_2 Utilization 9(2015)82-102.

[5] Grazia Leonzio, Pier Ugo Foscolo, Edwin Zondervan, and. David L. Bogle, Scenario Analysis of Carbon Capture, Utilization (Particularly Producing Methane and Methanol), and Storage(CCUS) Systems.

[6] Thomas Bruhn, Henriette Naims, Barbara Olfe-Krautlein, Separating the debate on CO_2 utilisation from carbon capture and storage, Environmental Science & Policy 60(2016)38-43.

[7] 延长石油碳捕集、利用与封存全流程技术特色与工程实践，康宇龙，白艳伟，江绍静，王维波，王宏，梁凯强等，应用化工，第 49 卷第 7 期 2020 年 7 月，Vol. 49No. 7Jul. 2020，文章编号：1671-3206(2020)07-1768-04.

[8] 张泉，林进，折印楠，马骋，郝进等，我国二氧化碳地质封存潜力评价研究进展，综述专刊，2022 年第 11 期.

[9] 胡璇，加拿大碳捕集、利用与封存技术现状及中加合作的有关问题与建议，全球科技经济瞭望，第 35 卷第 2 期 2020 年 2 月，Vol. 35No. 2Feb. 2020.

[10] 王建行，赵颖颖，李佳慧，袁俊生等，二氧化碳的捕集、固定与利用的研究进展，无机盐工业，第 52 卷第 4 期 2020 年 4 月.

[11] Craig W. Hargis, Irvin A. Chen2, Martin Devenney, Miguel J. Fernandez2, Ryan J. Gilliam and Ryan P. Thatcher. Calcium Carbonate Cement: A Carbon Capture, Utilization, and Storage (CCUS) Technique. Materials 2021, 14, 2709. https: //doi. org/10. 3390/ma14112709.

[12] Lars Ingolf Eide, Melissa Batum Tim Dixon Zabia Elamin, Arne Graue Sveinung Hagen, Susan Hovorka, Bamshad Nazarian, Pal Helge Nokleby Geir Inge Olsen, Philip Ringroseand Raphael Augusto Mello Vieira. Enabling Large-Scale Carbon Capture, Utilisation, and Storage (CCUS) Using Offshore Carbon Dioxide (CO_2) Infrastructure Developments-A Review. Energies 2019, 12, 1945; doi: 10. 3390/en12101945.

[13] Vural Sander Suicmez. Feasibility study for carbon capture utilization and storage(CCUS) in the Danish North Sea. Journal of Natural Gas Science and Engineering 68 (2019)102924.

[14] 江怀友，沈平平，陈立滇，齐仁理，姚约东，吕威等，北美石油工业二氧化碳提高采收率现状研究，中国能源第 29 卷第 7 期 2007 年 7 月.

[15] 袁士义，王强，李军诗，韩海水. 注气提高采收率技术进展及前景展望[J]. 石油学报，2020，41(12)：1623-1632.

[16] 刘思哲，周进，王亮，张银宝，李甜甜，高嘉瑞等，超临界 CO_2 强化开采页岩气技术研究进展，化学工程师，2021 年第 9 期，Sum312No. 9.

[17] 贾光亮，东胜气田超临界 CO_2 复合干法压裂技术试验，重庆科技学院学报(自然科学版)第 20 卷第 2 期 2018 年 4 月.

[18] 夏玉磊，王祖文，兰建平，叶赛，刘广春等，鄂尔多斯盆地致密气二氧化碳干法加砂压裂新进展.

[19] 刘安，二氧化碳干法压裂技术的应用及优缺点，化工管理 2020 年 5 月.

[20] 周东强，王毅，王寅秋等，二氧化碳压裂技术研究进展，山东化工 2023 年第 52 卷，DOI: 10. 19319/j. cnki. issn. 1008-021x. 2023. 01. 016.

[21] 郑焰，白小丹，罗于建，杨传海，王亚男等，非常规油气二氧化碳压裂技术研究进展，工艺技术 2019 年第 17 期. 中图分类号：P618. 13；P634.

[22] 龚蔚，蒲万芬，曹建等，就地生成二氧化碳提高采收率研究，特种油气藏，第 15 卷第 6 期 2008 年 12 月，Vol. 15No. 6Dec. 2008.

[23] 郭雪飞，孙洋洲，张敏吉，兰志刚，丁一等，油气行业二氧化碳资源化利用技术途径探讨，国际石油经济 Vol. 30，No. 12022.

[24] 张乐，周福建，汪杰，孙海等，页岩气藏注二氧化碳提高采收率吸附机理的数值模拟研究，IFEDC-20182216.

[25] 一种高效 CO_2 干法压裂液体系的开发与应用，周然，宋振云，李勇，李志航，兰建平，白建文，唐冬珠等，油田化学，第 36 卷第 1 期 2019 年 3 月 25 日，Vol. 36 No. 1 25 Mar，2019. 文章编号：1000-4092(2019)01-038-05.

[26] 梅艳，王振宇. 致密储层二氧化碳加砂压裂技术研究，化学工程师，2020 年第 11 期，Sum 301 No 11，DOI：10. 16247/j. cnki. 23-1171/tq. 20201145.

[27] 梁锋，碳中和目标下碳捕集、利用与封存(CCUS)技术的发展，能源化工，第 42 卷第 5 期 2021 年 10 月，Vol. 42No. 5Oct.，2021.

[28] 韩伟刚，天然气脱除二氧化碳技术的研究，辽宁化工，第 52 卷第 3 期 2023 年 3 月，Vol. 52，No. 3 March，2023.

[29] 张家俊，李晓琼，张振涛，郝佳豪，郑平洋，于泽，杨俊玲，荆亚楠，越云凯．压缩二氧化碳储能系统研究进展[J/OL]．储能科学与技术．https：//doi. org/10. 19799/j. cnki. 2095-4239. 2023. 0005.

[30] Xiujie Tan，Banban，Wang Jie，Wei Farhad，Taghizadeh-Hesary，The role of carbon pricing in achieving energy transition in the Post-COP26 era：Evidence from China´s industrial energy conservation，Renewable and Sustainable Energy Reviews，Volume 182，August 2023，113349.

[31] Nan Wang，Keigo Akimoto Gregory F. Nemet. What went wrong Learning from three decades of carbon capture，utilization and sequestration（CCUS）pilot and demonstration projects. Energy Policy 158（2021）112546.

[32] Lin Yang，Mao Xu，Yuantao Yang Jingli Fan，Xian Zhang. Comparison of subsidy schemes for carbon capture utilization and storage（CCUS）investment based on real option approach：Evidence from China. Applied Energy 255(2019)113828.

[33] Xing，Ping Zhong，Xian Zhang，Lei Zhu. Business model design for the carbon capture utilization and storage(CCUS)project in China. Energy Policy 121(2018) 519-533.

[34] 张妍，池晓彤，康蓉等，全球 CCS 技术的研究、发展与应用动态，中外能源，第 25 卷第 4 期 2020 年 4 月．

[35] 周杨洲，邓帅，李双俊，赵力，宋春风等，碳捕集技术能效极限的模型与案例分析，化学工程，第 48 卷第 1 期 2020 年 1 月，Vol. 48No. 1Jan. 2020.

[36] 彭李晖，王建军，尤伟静，徐连三等，二氧化碳地质储存的主要环境问题及研究进展，水文地质工程地质，Vol. 40 No. 5 Sep. 2013.

[37] 邓一荣，汪永红，赵岩杰，谷培科，肖瑾，周健，李朝晖，于志强，彭平安等，碳中和背景下二氧化碳封存研究进展，地学前缘，DOI：10. 13745/j. esf. sf. 2023. 2. 70.

[38] HiwaSidiq，Robbert Amin. Impact of pore-pressure on the recovery efficiency from CO_2-methane displacement experiments [EB/OL] http：//ieeexplore. ieee. org/stamp/stamp. jsp？arnumber=5634175.

[39] 汤勇、张超、杜志敏、崔书姮、马勇新，米洪刚等，CO_2 驱提高气藏采收率及埋存实验，油气藏评价与开发，第 5 卷第 5 期 2015 年 10 月．

延长油田 CO_2 大气扩散数值模拟研究及监测点位优化

杨 康[1,2] 刘 瑛[1,2] 梁全胜[1,2] 杨 红[1,2] 沈振振[1,2]

(1. 陕西省 CO_2 封存与提高采收率重点实验室；2. 陕西延长石油(集团)有限责任公司研究院)

摘 要 由于陕北地区局部气象环境复杂，造成 CO_2 浓度扩散方向不确定性，同时延长石油地处黄土塬地貌沟壑纵横高低起伏，导致布置 CO_2 大气监测点位困难。本文基于 Fluent 软件模拟了不同泄漏情景下 CO_2 驱油与封存泄漏后在大气中扩散规律，优化监测点位布局，并开展了监测实践。结合模拟结果、陕北地区气象环境、裂缝发育方向、“注气”优势方向和近地表植被高度，确定监测点位布局：方向上为北东–南西向；平面上为距离井口下风向 15m；纵向上为采样高度选择为 50cm。CO_2 浓度大气监测点的监测结果表明并未发生泄漏。

关键词 CO_2 驱油与封存泄漏；CO_2 泄漏；CO_2 浓度大气扩散；监测点位；黄土塬地区

CCUS 技术，不仅可以将 CO_2 注入地下深部咸水层封存、枯竭油气藏和不可开采煤层，还可以用于油藏驱油，增大波及面积和提高驱替效率，进而提高采收率。经过几十年的探索与研究，CO_2 驱油技术已经成为了油藏开发过程中的重要手段。但是，由于地质条件的不确定性以及驱油现场的井筒条件的腐蚀老化，CO_2 驱油与封存存在泄漏风险。

国内外学者研究认为 CO_2 驱油与封存可能存在泄漏风险途径：井筒或井口泄漏、断层或裂缝、盖层或其他封闭带。CO_2 沿着地质泄漏通道(断层、裂缝和盖层)侵入地层水污染地层水，也会沿着工程泄漏通道(井筒或井口)泄漏至大气，大气中过高的 CO_2 浓度严重影响着动植物的生长。1986 年喀麦隆的尼奥斯湖 CO_2 泄漏事件是历史上发生的最大泄漏事件之一，这次事件对周围的人类和牲畜都造成了不可逆转的伤害。大气中的 CO_2 浓度为 0.03%~0.06%。当其浓度为 5%时，可能引起呼吸短促和头疼。浓度增加到 10%，可能引起人神志不清，头晕，严重的肌肉抽搐。当浓度增加到 30%，可能会引起人行为失控，昏迷或死亡。因此，当 CO_2 发生泄漏后，合理的监测点位可以及时发出警示，以便迅速采取响应措施，把对动植物的影响降到最低。

为了研究 CO_2 泄漏到大气中的扩散规律，众多学者开展了广泛研究。Leuning R 等人研究归纳了 CO_2 封存过程中，CO_2 泄漏到大气中的 6 种监测方法。Zhu 利用重气模型分析研究了 CO_2 运移及体积分数分布特征，并根据分布特征制定了相应的 CO_2 大气监测方案。Loh 研究发现拉格朗日大气扩散模型适用于 CO_2 地质封存泄漏，但是当空气通过源时，示踪气体浓度的富集必须大于环境浓度的 1%。樊贵县通过数值模拟的方法研究了神华 CCS 项目区缓冲罐 CO_2 泄漏在下风向的泄漏规律及区域监测设备的影响。综上，众多学者采用了不同的模型和方法研究大气中 CO_2 运移分布规律，并制定相应的 CO_2 大气监测方案。由于延长石油地处黄土塬地貌沟壑纵横高低起伏，而且陕北地区局部气象环境复杂，造成 CO_2 浓度扩散方向不确定性。一旦 CO_2 驱油与封存过程中发生泄漏，不合理的监测点位无法做出迅速响应，这会对陕北地区的动植物和脆弱的生态环境造成不可逆的伤害。目前延长油田已经开展了监测的先导性试验，由于陕北地区局部气象环境复杂，同时油田地处黄土塬地貌沟壑纵横高低起伏，大气中 CO_2 监测点位有待完善。因此，我们亟需研究 CO_2 泄漏至大气后的扩散规律，进而优化监测点位布局，以便迅速做出响应。

本文针对黄土塬地貌，基于 Fluent 软件模拟了不同风速、泄漏速度下 CO_2 驱油与封存泄漏后在大气中扩散规律。结合模拟结果和陕北地区水文环境，最终确定监测井场和点位，并且开展

CO_2 浓度在线监测。本文的研究结果可以为油气田矿场的驱油封存过程中的安全监测提供一些理论依据。

1　大气 CO_2 浓度扩散数值模拟

1.1　基本假设

（1）受限空间内的空气按作为不可压缩流体处理，呈湍流状态。

（2）空气与 CO_2 的混合气体为理想气体，遵循理想状态方程，且在流动过程中不与空气发生反应。

（3）假设温度为常温，与外界无热量交换。

（4）假设在泄漏的过程中，泄漏速度保持不变。

1.2　研究方法

运用 Fluent 软件对 CO_2 扩散问题进行模拟，首先建立物理模型，Gambit 创建网格并输出，Fluent 读入网格并检查。其次，选择求解器，同时选择求解的基本方程，确定需要的附件模型和流体的材料物性，指定边界类型及条件。最后流场初始化，进行迭代求解计算，检查并保存结果。结合模拟结果和陕北地区水文环境，最终确定监测井场和点位，并且开展 CO_2 浓度在线监测。

1.3　风速对 CO_2 浓度扩散的影响

此时假设泄漏源为地面的情况，并且泄漏速度保持 0.1m/s。如图 1 所示为风速分别为 0.6m/s、2m/s 和 7m/s 时，近地表 CO_2 云的浓度示意图。CO_2 的浓度越靠近泄漏源，CO_2 云为红色，此时 CO_2 云浓度最大。随着风速的不断增加，CO_2 云的浓度在纵向上呈现出一直缩小的趋势，但是 CO_2 云浓度在横向上的扩散距离呈现出先增大后缩小的趋势。

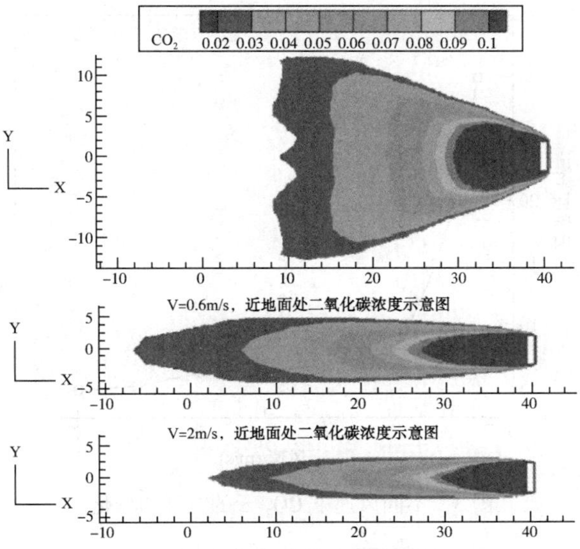

图 1　不同风速下，近地面 CO_2 云的浓度示意图

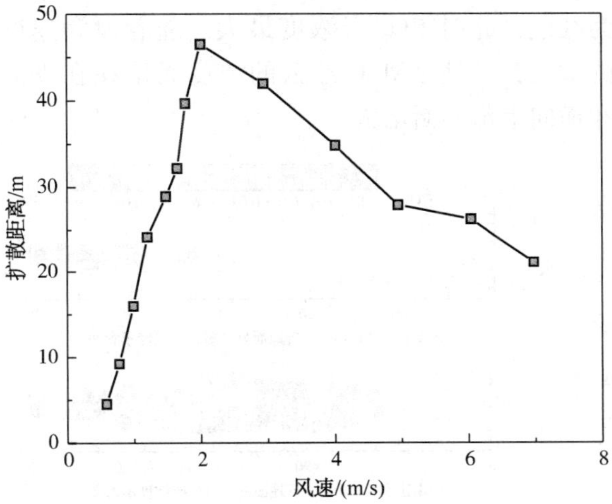

图 2　不同风速下 CO_2 云的扩散距离的变化

如图 2 所示为不同风速下 CO_2 云的扩散距离变化。随着风速的不断增加，CO_2 云的扩散距离先增大后减小。当风速为 2m/s 时，CO_2 云的扩散距离最远为 47m，浓度最大的 CO_2 云扩散距离为 15m。这可能是因为当风速小于 2m/s 时，风速对 CO_2 云的扩散距离起主导作用；当风速大于 2m/s 时，不断增大的风速会引起的湍流的增加，会加速 CO_2 与附近大气的混合。CO_2 在下风方向扩散的距离随着风速的增加而增加，但同时大气的湍流程度也在增大，湍流程度越大，CO_2 与周围大气的混合就越快，CO_2 就越容易被稀释。当风速达到 2m/s 时，风对 CO_2 的稀释作用成为影响扩散的主要因素，此时 CO_2 可达到的距离会随着风速的增大而减小。如图 3 所示为不同风速下，下风向 CO_2 云的宽度的变化。由于自然风是沿 X 轴负方向吹，风在 Z 方向的动量远远小于 X 方向，CO_2 在 Z 方向扩散时，风起到的主要作用是“稀释”，因此 CO_2 云的宽度会随着风速的增加而减小。因此，当泄漏发生时，可以通过增加风速，尽可能“稀释”CO_2，防止对附近的动植物造成伤害。

1.4　泄漏速度对 CO_2 扩散的影响

此时假设泄漏源为地面的情况，并且风速保持 2m/s。世界历史上地质封存及自然存在的 CO_2 泄漏事件统计结果表明，一般情况下 CO_2 泄漏速度的范围为 0～1m/s，因此本文泄漏速度

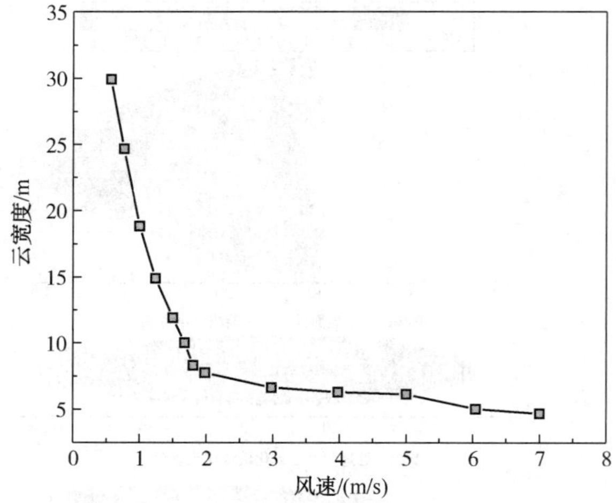

图 3　不同风速下 CO_2 云的宽度的变化

取 0 ~ 1m/s。如图 4 所示为泄漏速度分别为 0.1m/s、0.4m/s 和 1m/s 时，近地表 CO_2 云的浓度示意图。CO_2 的浓度越靠近泄漏源，CO_2 云为红色，此时 CO_2 云浓度最大。随着泄漏速度的增大，近地表处 CO_2 云的浓度无论在在纵向和横向上都不断增大。

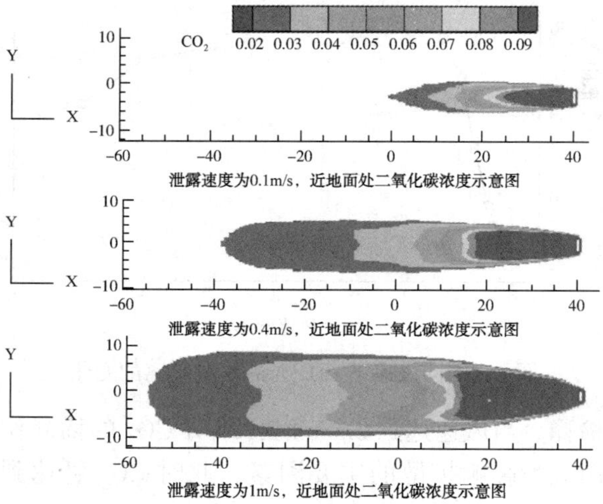

图 4　不同泄漏速度下，近地面 CO_2 云的浓度示意图

如图 5 所示为不同泄漏速度下 CO_2 云的扩散距离的变化。当泄漏速度小于 0.4m/s 时，随着泄漏速度的增加 CO_2 云的扩散距离增加的较快。当泄漏速度大于 0.4m/s 时，随着泄漏速度的增加 CO_2 云的扩散距离增加速率变缓。

如图 6 所示为不同泄漏速度下，下风向 CO_2 云宽度的变化。随着泄漏速度的不断增大，CO_2 云的宽度始终随泄漏速度线性增加。在风速一定的情况下，CO_2 随着泄漏速度的增大而增大，无论从长度上还是在宽度上都随之增加，但变化规律各不相同。泄漏速度的大小是影响 CO_2 云宽

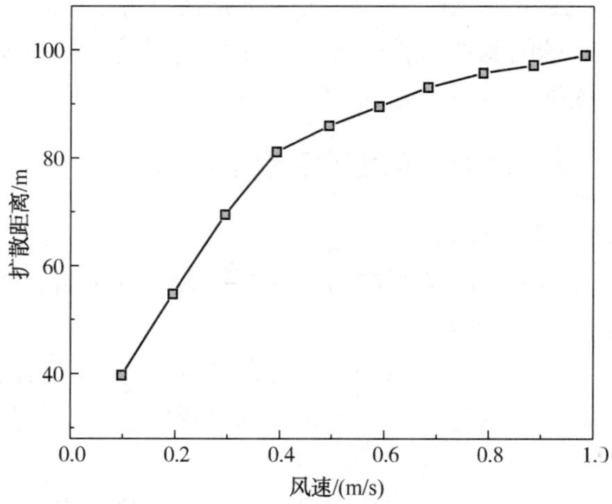

图 5　不同泄漏速度下 CO_2 云的扩散距离的变化

度和扩散距离的决定性因素。因此，当泄漏发生后我们亟需及时发现泄漏源，并控制泄漏源的泄漏速度，防止泄漏的持续扩大。

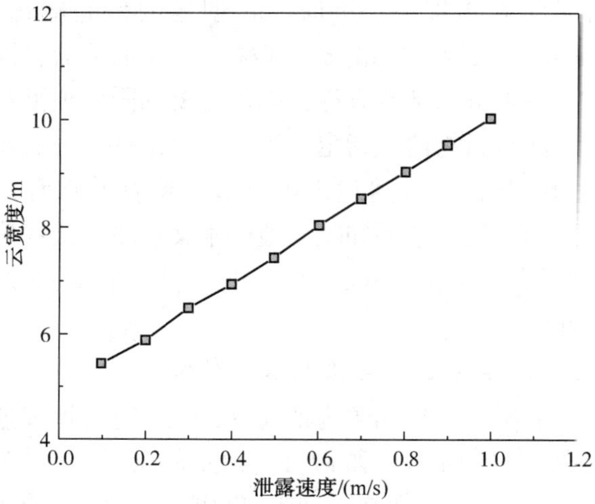

图 6　不同泄漏速度下 CO_2 云宽度的变化

2　大气 CO_2 监测点位的优化

2.1　区域地质概况

靖边乔家洼 CO_2 驱先导试验区位于陕北地区黄土高原，地表为 100~200m 厚的第四系黄土覆盖，因长期遭受雨水侵蚀切割，形成沟谷纵横，梁峁相间的地貌景观，地形条件较复杂；地面海拔 1100 ~ 1600m，地表高差约 150 ~ 250m。靖边乔家洼 CO_2 驱先导试验区的长 6 油藏埋深 1400~1600m，平均孔隙度 12.8%，原始地层压力 12.9MPa，压力系数 0.8，平均渗透率 0.75mD，属于典型的特低渗透低压油藏。乔家洼油区长 6 油藏发育了两组正交型式的构造裂缝系统，主要为东西向和南北向两组正向正交裂缝，现今的地应力方向为北东—南西向。

靖边乔家洼 CO_2 驱先导试验从 2012 年开始投入运行，共实施 5 口井 CO_2 注入试验。截至 2022 年底，累计注入液态 CO_2 约 10 万吨。CO_2 注入井区有 14 口一线油井，有 12 口井不同程度见到驱油效果。其中见效比较明显的 8 口，产量平稳的二类见效井 4 口。8 口优势见效井均处于注气井北东-南西方向。如果 CO_2 向上运移并泄漏至地表和大气，会对地下水、地表生态环境产生重大影响。

2.2 区域环境概况

根据水文环境调查显示，靖边乔家洼二氧化碳试验区历史常见风向为西北风和南风。同时，靖边县 2013—2016 年历史风速表明，该地区 94%以上的天气风力在 3 级以下，风速为 0～5.4m/s。

乔家洼油区位于黄土丘陵地区，黄土覆盖层较厚，沟壑纵横地表植被较为发育。研究区主要草本植物最大高度为 30cm、胸径 25cm，长势良好；主要类型有阿尔泰狗娃花、狗尾草、蒿草、草木犀。灌木及半灌木最大高度为 50cm、胸径 30cm，长势良好；主要类型有柠条锦鸡儿、沙柳、沙蒿等。乔木林最大高度为 15m、冠幅 6m、胸径 0.3m，长势良好；主要有小叶杨、柳树、榆树、苹果树、枣树等。由于本项目所在地特殊气候及地理环境因素的影响，人工乔木林整体长势较差。研究区的草本植物和灌木及半灌木平均总盖度达 85%。这些近地表植被高度普遍低于 50cm。

2.3 监测点位优化

靖边乔家洼注气井组分布在砂体较厚、储层物性较好的区域，砂体总体呈南北向条带状分布。这些砂体是 CO_2 注入集聚的主要层位，也是可能发生 CO_2 泄漏的潜在区域。同时截止目前已经有 8 口生产井伴生气中检测到 CO_2，并且有 5 口井由于压力升高出现油气水混合物从油套环空喷出的现象。

根据靖边乔家洼二氧化碳试验区裂缝发育方向、“注气”优势方向、CO_2 富集区和油井生产动态资料，同时兼顾监测成本的经济性，最终确定了 3 处二氧化碳浓度在线监测井场。三处监测点分别为 45543 监测井场、45544 监测井场和 45586 监测井场。

如图 7 所示为大气 CO_2 浓度监测装置在监测的示意图(用 A、B 和 C 分别 45543 监测井场、45544 监测井场和 45586 监测井场)。A 监测井场和 C 监测井场位于黄土塬地貌的沟壑处，处于地势低洼处，海拔约 500 米左右，50%以上的风向为西北风。B 监测井场位于黄土塬地貌的黄土峁，地势相对较高，海拔约 1200 米左右，60%以上的风向为南风。因此，监测点位应根据监测井场的实际气象条件布置在下风向。

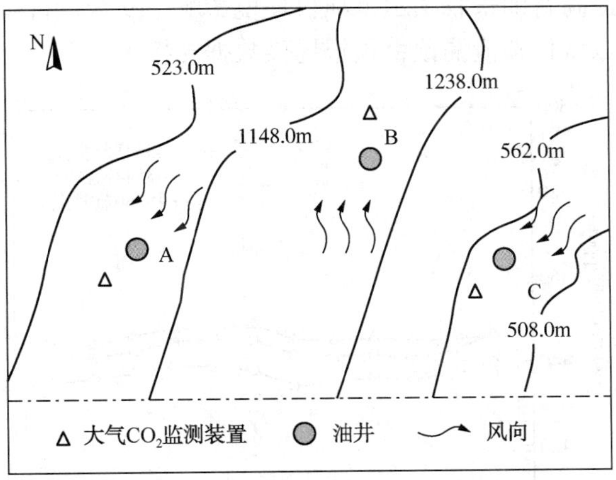

图 7　大气 CO_2 浓度监测装置井场监测示意图

结合前文的研究结论，随着风速的不断增加，CO_2 云的扩散距离先增大后减小。同时随着泄漏速度的增大，近地表处 CO_2 云的浓度无论在在纵向和横向上都不断增大。研究区的常见平均风速为 2m/s，当风速为 2m/s 时，CO_2 云的最大扩散距离为 47m，浓度最大的 CO_2 云扩散距离为 15m。因此，监测预警范围应为 47m，监测点位应根据监测井场的井口位置布置在距离井口下风向 15m 处。

由于 CO_2 密度大于空气，CO_2 容易在地势低洼区形成高浓度的高浓度 CO_2 聚集区。如果注入的 CO_2 泄漏出地表，将首先在靠近地面的位置聚集，而陕北地区的地面草本植物生长高度一般不超过 50cm。为了消除植光合作用对 CO_2 浓度监测的影响，保证数据的真实性。因此大气 CO_2 浓度监测采样高度选择在距离地表以上 50cm 处。

综合以上因素，监测点的位置选定为三个井口的下风向，距离井口 15m，采样高度选择为 50cm。井场监测装置不仅可以监测大气中的 CO_2 浓度，还可以用于监测大气温度、风速、风向等环境因素。

2.4 监测实践

针对靖边乔家洼二氧化碳注气试验区，优选

三处监测点，开展靖边乔家洼二氧化碳试验区二氧化碳浓度在线监测，获取试验区二氧化碳浓度变化数据。如图 8 所示为三个井场监测点大气 CO_2 浓度一年的变化曲线。井场监测点大气中 CO_2 浓度的平均值在 430~450ppm 之间，属于正常浓度范围。根据监测数据大气中暂未发现 CO_2 泄漏现象，为延长石油集团靖边乔家洼二氧化碳提高石油采收率示范项目环境影响、安全评价和二氧化碳泄漏预警预报提供数据支撑。

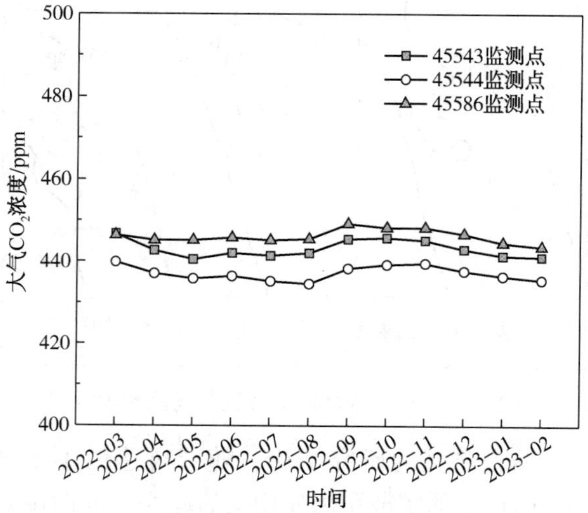

图 8　井场监测点大气 CO_2 浓度变化曲线

3　结论

（1）随着风速的不断增加，CO_2 云的浓度在纵向上呈现出一直缩小的趋势，但是 CO_2 云浓度在横向上的扩散距离呈现出先增大后缩小的趋势。随着风速的不断增加，CO_2 云的扩散距离先增大后减小。当风速为 2m/s 时，CO_2 云的扩散距离最远为 47m，浓度最大的 CO_2 云扩散距离为 15m。

（2）结合模拟结果、陕北地区气象环境、裂缝发育方向、“注气”优势方向和近地表植被高度，确定监测点位布局：方向上为北东-南西向；平面上为距离井口下风向 47m；纵向上为采样高度选择为 50cm。

（3）监测点位的大气中 CO_2 浓度的平均值在 430~450ppm 之间，属于正常浓度范围。CO_2 浓度大气监测点的监测结果表明并未发生泄漏。

参考文献

[1] 谢和平，刘涛，吴一凡，等．CO_2 的能源化利用技术进展与展望[J]．工程科学与技术，2022，54(1)：12.

[2] 张文东，唐书恒，张松航，等．基于 CCUS 的深部煤层煤层气采收及 CO_2 封存效果[J]．煤炭科学技术，2014(8)：5.

[3] Abedini A.，Torabi F.．On the CO_2，storage potential of cyclic CO_2，injection process for enhanced oil recovery[J]. Fuel，2014，124：14-27.

[4] 汶锋刚．鄂尔多斯盆地低渗透油藏 CO_2 驱实验研究——以 A 油田 M 区长 6 为例[D]．西北大学．

[5] 夏为卫，王新海，雷娟青．低渗透油藏注二氧化碳气体的井网优选研究——以松辽盆地南部 H 油田 L 油藏为例[J]．岩性油气藏，2009(04)：107-109.

[6] 李承龙．特低渗透油藏二氧化碳驱气窜影响因素及规律[J]．特种油气藏，2018，25(3)：5.

[7] 汤沐成，林千果，王昊，等．黄土塬地区 CO_2 驱油封存泄漏土壤监测体系研究[J]．安全与环境工程，2020，v. 27.

[8] 王晓桥，马登龙，夏锋社，等．封储二氧化碳泄漏监测技术的研究进展[J]．安全与环境工程，2020，27(2)：12.

[9] 朱前林，范智涵，王闯，等．CO_2 封存泄漏大气扩散规律及监测方案——以延长油田 CO_2-EOR 工程为例[J]．安全与环境学报，2018，18(4)：8.

[10] Li Q，Shi H，Yang D X. Classification of Hazard Levels of Carbon Dioxide Dispersion under a Well Blowout in a CCS Project[J]. Yantu Lixue/Rock and Soil Mechanics，2016，37(7)：2070-2078.

[11] Lu，Xue，Junjie，et al. Effects of CO_2 Leakage from CCS on the Physiological Characteristics of C4 Crops-ScienceDirect [J]. Energy Procedia，2014，63：3209-3214.

[12] Wei，Ning，Li，et al. Impacts of CO_2 leakage into shallow formations on groundwater chemistry[J]. Fuel Processing Technology，2015.

[13] Barrie J.，Brown K.，Hatcher P. R.，et al. Carbon Dioxide pipelines：a Preliminary Review of Design and Risks[J]. Greenhouse Gas control Technologies，2004，7：315-320

[14] 沈阳．基于声发射法的 CO_2 泄漏检测和定位[D]．华北电力大学(北京)．

[15] Leuning R，Etheridge D，Luhar A，et al. Atmospheric monitoring and verification technologies for CO_2 geosequestration[J]. International Journal of Greenhouse Gas Control，2008，2(3)：401-414.

[16] Loh Z，Leuning R，Zegelin S，et al. Testing Lagrangian atmospheric dispersion modelling to monitor CO_2 and CH_4 leakage from geosequestration[J]. Atmospheric Environment，2009，43(16)：2602-2611.

[17] 樊贵县. 二氧化碳地质封存大气监测系统及监测分析研究[D]. 西安科技大学, 2016. FAN Guixian. Research on CO_2 Geological Storage Atmospheric Monitoring System and Monitoring Analysis[D]. Xi' an University of Science and Technology, 2016.

[18] 任韶然, 李德祥, 张亮, 等. 地质封存过程中 CO_2 泄漏途径及风险分析[J]. 石油学报, 2014, 35(003): 591-601.

[19] 马劲风, 杨杨, 蔡博峰, 等. 不同类型二氧化碳地质封存项目的环境监测问题与监测范围[J]. 环境工程, 2018, 036(002): 10-14.

[20] 伍洋, 马欣, 李玉娥, 等. 地质封存 CO_2 泄漏对农田生态系统的影响评估及耐受阈值[J]. 农业工程学报, 2012(02): 196-205.

[21] 赵兴雷, 崔倩, 王保登, 等. CO_2 地质封存项目环境监测评估体系初步研究[J]. 环境工程, 2018, 36(2): 6.

[22] Lewicki J L, Birkholzer J, Tsang C F. Natural and industrial analogues for leakage of CO_2 from storage reservoirs: identification of features, events, and processes and lessons learned[J]. Environmental Geology, 2007, 52(3): 457.

烟气 CO_2 捕集技术及发展趋势探讨

宋 菁 陈 宇

（中国石油工程建设有限公司）

摘 要 CO_2 捕集、利用和封存作为碳减排的重要手段，是实现碳中和的必由路径之一。针对最主要的碳排放源烟气，系统梳理了国内外吸收法、吸附法、膜分离法在烟道气碳捕集领域的技术发展现状和趋势。目前工业应用以吸收法为主，但仍面临能耗和降解率高等问题，新型溶剂的开发和应用还需时间验证。吸附法和膜分离法尽管具有较大的能耗降低潜力，但受吸附材料和膜材料性能的限制，依然面临着较多的技术挑战。烟气 CO_2 捕集技术仍有很大的提升空间。

关键词 烟气；碳捕集；吸收；吸附；膜分离法

自我国提出碳达峰和碳中和的“3060”目标以来，碳减排已成为社会各界关注的焦点。二氧化碳捕集、利用与封存（CCUS）技术，可在尾端通过对二氧化碳进行回收以避免其引起大气中二氧化碳浓度的进一步升高，被认为是实现碳中和的必由路径之一，将贡献约 15% 以上的碳减排量。

二氧化碳捕集是 CCUS 的首要步骤，根据分离原理的不同，捕集技术可以分为吸收法、吸附法、膜分离法和低温精馏法四种。由于烟气中 CO_2 的浓度和压力都较低，低温精馏法基本不适用，因此，目前烟气碳捕集技术主要包括吸收法、吸附法、膜分离法三种。本文综述了吸收法、吸附法、膜分离法在烟气碳捕集领域的技术发展现状，并分析了相关技术的发展趋势。

1 技术发展现状

1.1 吸收法

复合胺是目前 CO_2 捕集工业领域应用最广泛的方法，代表性技术有壳牌康索夫高浓度复合胺溶液吸收 CO_2 工艺技术、三菱重工 KM-CDR 工艺技术、中石化南化院低分压烟气二氧化碳捕集技术、大连理工大学低浓度二氧化碳富集提纯工艺技术等，并分别成功应用于加拿大边界大坝 CCS 项目、美国 PetroNova 项目、国华锦界电厂 15×10^4t/a 碳捕集示范项目、海螺水泥 5×10^4t/a 水泥窑气碳捕集项目等。

虽然复合胺取得了广泛的工业应用，但存在再生能耗大、吸收量小、易降解、腐蚀性强、蒸汽压大、易挥发、再生温度高等缺点。因此，新型吸收剂不断被研发，具有代表性的有氨基酸盐、无机氨、离子液体、相变吸收剂等。

氨基酸盐吸收剂是一种绿色 CO_2 吸收剂，其挥发性低、抗氧化降解能力强，且来源广泛，具备替代醇胺吸收剂的潜力。但氨基酸盐相对于醇胺类吸收剂能够形成更加稳定的氨基甲酸盐，因此其再生能耗相对更高。

氨法碳捕集技术主要以阿尔斯通公司开发的冷氨法为代表，其关键技术是通过降低烟气进吸收塔的温度至 0~20℃，来减少高浓度氨水的挥发。2007 年起，阿尔斯通公司先后建立了 1.5×10^4t/a 的中试装置、10×10^4t/a 的商业示范装置等。

使用离子液体吸收 CO_2 最早起源于 1999 年，Blanchar 等发现以咪唑类为主的常规离子液体通常为物理吸收，会伴随 CO_2 吸收率较低等缺点。Bates 等合成了含有氨基官能团的功能化离子液体，吸收能力显著提高，但存在黏度大等问题。之后，非氨基酸类氨基功能化离子液体也被开发出来。美国离子工程公司在国家碳捕集中心（NCCC）和蒙斯塔德技术中心（TCM）分别进行了离子液体性能测试，实验结果表示再生能耗约 2.4GJ/tCO_2。国内中科院北京过程所、中石化南化院等单位也开展了相关研究。

相变吸收剂概念于 2006 年首次提出，按照吸收 CO_2 后分相情况可分为液-液相变吸收剂和液-固相变吸收剂。液-液相变吸收剂一般由胺、醇和水三种物质组成。2020 年 12 月，我国首套 1000t/a 相变型碳捕集装置在华能长春热电厂成功实现 72h 连续稳定运行，捕集率大于 90%，

CO_2 再生能耗不高于 2.7GJ/t。

1.2 吸附法

固体吸附技术从吸附原理上可以分为物理吸附技术和化学吸附技术。其中物理吸附主要用于天然气、煤气等带压原料气的二氧化碳脱除，化学吸附主要用于烟道气等常压原料气的二氧化碳的脱除。

吸附分离提纯技术于 1986 年实现工业化，目前工业上应用较多的是变压吸附工艺，它属于干法工艺，无腐蚀，整个过程由吸附、漂洗、降压、抽真空和加压五步组成。目前国内外均有万吨级运行装置，CO_2 捕集能耗大于 3.0GJ/t。

基于化学吸附法的燃烧后 CO_2 捕集技术正处于快速发展阶段，并有少量项目已进入工业试验阶段。目前已公开报道的化学吸附中试与工业试验项目多采用氧化钙、碱金属碳酸盐、固体胺类吸附材料来实现 CO_2 的捕集与分离。2009 年，西班牙国家煤炭研究所基于氧化钙的化学吸附，建立了一套双循环流化床装置用以捕集燃煤电厂烟气，捕集率达 90%，同时可实现 95% 的 SO_2 脱除。韩国南方电力公司已建立了燃煤烟气处理量为 35000Nm^3/h 的快速输运床连续脱碳系统，采用碳酸钾吸附材料，CO_2 捕集率为 80%。固体胺基化学吸附技术发展相对较晚，2017 年日本川崎重工建立了一套千吨级移动床固体胺吸附装置，吸附材料为介孔硅泡沫负载改性 TEPA，捕集率为 93%，纯度为 98%，综合能耗为 1.5GJ/t。

1.3 膜分离法

1981 年，美国 UOP 公司率先将乙酸纤维素膜用于油田高压烃气中 CO_2 的分离。为了解决纤维素类膜材料不耐高温、分离因子不高等缺点，逐步开发了聚酰胺类、聚砜类、聚碳酸酯、聚醚及其衍生物膜材料。目前有机膜研究主要聚焦在单体改性、聚合物和共聚物共混等方向，具有良好的应用前景，但尚处于开发阶段。

有机膜 CO_2 分离存在不耐高温、化学稳定性差等问题，无机膜材料的化学和热稳定性好，能够在高温、强酸的环境下工作，研究较多的有碳膜、分子筛膜、陶瓷膜、金属膜等。无机膜的厚度对膜材料的渗透系数及分离系数有直接影响，其研究方向主要在于如何降低膜材料的厚度。混合基质膜结合了有机膜与无机膜材料的优点，实现了分离膜材料的“刚柔并济”，具有极好的发展前景，其发展重点在于无机填充剂的选择以及制备方法的选取。受制备成本高、难以制造大面积膜、高温下安装和密封困难等因素限制，无机膜和混合基质膜仍处于实验室研究阶段。

膜的分离性能不仅取决于膜材料，还取决于膜分离工艺。膜分离过程通常是多段过程和多级过程的耦合。一级膜过程受分离因子和压力比(进料压力：渗透压力)的限制，难以同时获得较高的 CO_2 纯度和回收率。二级膜过程被认为是在产品气 CO_2 纯度和回收率较高情况下经济性较好的膜分离过程，带循环的其他膜分离过程的经济性也值得进一步研究探讨。

国际上关于烟气捕集膜技术的研究日益成熟，美国 MTR 公司的 Polaris 膜、德国 GKSS 公司的 Polyactive 膜以及天津大学的聚乙烯基胺类分离复合膜均性能优异且已实现规模化生产。美国 MTR 公司利用其自行开发出的 Polaris™ 聚合物膜建成了碳捕集二段膜过程装置，对美国威尔逊维尔电厂烟道气进行处理，捕集率约 85%，CO_2 浓度约 45%。中石化南京化工研究院有限公司、天津大学等单位共同完成了国内首套 $5\times10^4Nm^3/d$ 膜分离 CO_2 捕集工业示范研究工作，CO_2 捕集率为 81%，CO_2 浓度≥95%，能耗较传统单乙醇胺法的综合能耗降低≥35%。

2 能耗、成本及发展趋势分析

2.1 吸收法

在吸收法烟气碳捕集领域，国内外形成以胺液化学吸收法为主的捕集技术。随着捕集成本和能耗不断下降，吸收剂再生能耗降至 2.4GJ/t，CO_2 捕集成本降至 300~400 元/t。通常，这个成本对于大部分下游大规模 CO_2 利用端仍无法接受。因此，众多研究者从溶剂、工艺、设备等各角度对吸收法烟气碳捕集技术进行优化，以降低 CO_2 的捕集成本。考虑到再生能耗是捕集成本最大的部分，各种有助于降低再生能耗的新溶剂、新工艺和新设备被开发出来。

在新溶剂方面，离子液体和相变吸收剂作为最具潜力的下一代吸收剂体系，但较复合胺体系具有 0.3~1GJ/t 的再生能耗下降空间。但未考虑吸收剂黏度增大和流程复杂度增加带来的额外电力消耗。此外，吸收剂成本较复合胺也将大幅上升。综合考虑，仅依靠新型吸收剂难以将碳捕集成本降至乐观水平。在新工艺方面，在传统的吸收-换热-再生循环流程的基础上提出多种新型节能工艺，如级间冷却、富液分流、机械蒸汽再压缩(MVR)、热泵等，部分已在工业示范装置上进行了验证，具有较好的节能降耗效果。但目前对新工艺性能的评估往往只关注再生能耗的减少，而对节能工艺增加的设备投资、电力消耗以及流程复杂度增加所带来的操作不稳定等问题缺少进一步的经济性评估。

未来研发低能耗、低损耗、低成本的吸收剂及配套技术，可从以下方面开展工作：(1)降低胺吸收剂能耗水平；(2)提高胺溶剂抗降解特性；(3)研发节能工艺包；(4)研发大规模 CO_2 分离设备；(5)研发吸收剂逃逸控制技术。

2.2 吸附法

由于吸附法碳捕集技术可以避免再生过程中水的大量挥发，从而提高再生过程的热量利用效率，实现降低再生能耗的目标。目前，经过中试验证的吸附法烟气碳捕集能耗水平在 2.0GJ/t 左右，较吸收法具有明显的优势。

目前，吸附法烟气碳捕集领域的研究重点仍主要基于新型高效复合吸附剂及吸附工艺的开发，大部分还停留在吸附容量的提升方面，离真正实现工业大规模应用还有较大差距，且依然面临着较多的技术挑战，如：对于大型排放源的燃烧后捕集，还存在捕集能力或选择性较低，成本较高、动力学较慢和对水分敏感等问题。因此，在固体吸附剂技术工业化之前，还需要对固体吸附剂的性能提升和工艺设计进行更多的研究，探索新的、廉价的、能够在真实的烟气环境中可靠的、大量循环运行的高效稳定吸附剂和工艺技术，以实现经济高效的碳捕集需求。

综合来看，固体胺吸附剂是吸附法烟气碳捕集领域重要的发展方向，但目前固体胺吸附剂的强度和稳定性问题还无法满足连续运行的要求，这意味着对于固体胺吸附剂，可能需要更加复杂的原料气预处理流程，这将大大限制吸附法在烟气碳捕集领域的大规模应用。

2.3 膜分离法

相对于胺吸收，膜分离降低能耗的潜力更大，研究表明生产>99%的 CO_2，膜分离能耗相比胺吸收下降 44%。MTR 和 DOE 的报告也表明，与胺吸收工艺相比，膜工艺中 CO_2 捕集的能耗更低，可降至 1.28GJ/tCO_2。然而，由于渗透性和选择性之间的权衡以及物理老化等挑战，烟气中碳捕获仍然仅限于少数聚合物，目前还处于实验室或中试阶段，在实际商业应用中仍存在挑战。

未来，膜分离技术在本领域应用的可行性还极度依赖于大规模膜材料水平的提升。考虑到膜分离选择性低和无规模化效应的特点，未来膜分离技术主要可应用于特定场景下中小规模的烟气碳捕集需求，或与其他碳捕集工艺如吸收法相结合，用于含 CO_2 气体的初步分离。

随着膜性能提高以及膜组件和分离工艺优化，膜法 CO_2 捕集成本也将进一步降低。膜法分离 CO_2 工艺技术发展趋势如下：(1)开发可应对实际复杂工况条件下保持高性能、长周期稳定性的膜材料；(2)开发具有自主知识产权的商业化膜产品和分离工艺；(3)当对净化度要求严格时，可以考虑采用将两种或两种以上的脱碳技术相结合的耦合集成工艺，如膜分离+化学吸收法、膜分离+膜吸收、膜分离+变温吸附法等，不仅可以发挥单一脱碳技术的特点及优势，也可实现比单一脱碳技术更优化的高效分离过程。

3 行业应用场景

考虑到不同应用场景下气源中 CO_2 浓度和产品要求的差异，及各种碳捕集技术的优缺点，为不同气源 CO_2 提出适应的技术。

电力行业的 CO_2 排放源中，燃煤锅炉烟气的 CO_2 浓度为 9~15mol%，燃气锅炉烟气的 CO_2 浓度为 4~10mol%。由于烟气气体流量非常大、压力低且浓度低的“双低”特点，主要以化学吸收法为主，尽管吸附和膜分离法也已在电力行业烟气碳捕集领域实现工业示范，但目前尚不具备大规模工业应用的能力。

钢铁行业的 CO_2 排放源中，石灰窑尾气、焦炉煤气、烧结烟气、高炉煤气、转炉煤气的 CO_2 浓度分别为 10~40mol%、2~4mol%、7~10mol%、9~35mol%、15~20mol%，热风炉、连铸与轧钢等工序的烟气中 CO_2 含量分别为 23~28mol%、8~11mol%。需从气源中 CO_2 含量、气源中还原性可燃气体 H_2、CO、CH_4 含量及其下游利用，综合考虑 CO_2 捕集方式。热风炉等烟气和窑炉尾气，可采用与电力行业烟气相同的捕集方法；焦炉气一般先进行除杂，再压缩至 2~4MPa 后采用活化 MDEA 法脱除 CO_2，便于后续分别回收 CH_4 和 H_2。对于高炉煤气、转炉煤气，尤其是富氧高炉，除尘、降温后，压缩至 0.6~1.0MPa 捕集 CO_2，脱碳后的气体可以循环至高炉、转炉使用，降低焦煤比。

水泥行业的 CO_2 排放源包括碳酸盐分解和燃料燃烧产生的烟气，二者均可使用电力行业的烟气碳捕集技术。

石油化工行业的 CO_2 排放源包括加热炉烟气、催化裂化装置再生烟气、尾气焚烧炉尾气和工艺过程气体等。对于前二者，其性质与电力行业相似，碳捕集技术可以直接移植过来。焚烧炉中气体来源广泛，导致焚烧后尾气中 CO_2 含量范围宽广，碳捕集技术不确定性强，具体需视具体工况而定。脱碳工艺气体介质有合成气、变换气、天然气、催化干气、循环气等，其脱碳过程根据上下游工艺要求而进行，由于工艺通常为带压气体，因此一般选择活化 MDEA、活化热钾碱、物理化学溶剂、物理吸收法及 PSA 吸附法等，具体依据上下游工艺特点、净化要求以及工厂配套公用工程而定。

4 公司项目应用场景

工程建设公司已具备百万吨 CCUS 项目设计和 EPC 建设能力。在碳捕集方面，致力于低成本低浓度碳捕集技术的研发，取得了一定成果，相关技术已成功应用于燃煤锅炉烟气二氧化碳捕集与资源化综合利用示范项目、新疆油田火驱复杂产出气资源化利用某项目等。

燃煤锅炉烟气二氧化碳捕集与资源化综合利用示范项目中，对佳利达发电厂烟气中的 CO_2 进行捕集、压缩、干燥、液化和提纯精制，CO_2 含量为 10%，采用先进的醇胺化学吸收法进行烟气 CO_2 捕集，同时采用“分流+MVR+夹点分析”新型节能技术，再生能耗<2.4GJ/t。

拟建新疆油田火驱复杂产出气资源化利用某项目中，碳源以燃煤注汽锅炉烟气为主，CO_2 含量为 12%左右。捕集工艺采用新一代复合胺溶液低分压化学吸收体系，和传统的 MEA 工艺相比，吸收效率提高 2~3 倍，大幅度减小了主要反应设备的尺寸和药剂循环量。同时采用热泵余热回收、塔顶纤维除雾、在线电渗析脱盐等技术，大幅降低了热能消耗和药剂损耗，预计再生能耗≤2.4GJ/t。

比外，新疆油田建有大量燃煤注汽锅炉和燃气注汽锅炉，碳排放量大于 500 万吨/年，烟气碳捕集技术应用前景十分广阔。

5 结论与建议

本文系统梳理了国内外低浓度烟气吸收法研究现状，并分析了相关技术的发展趋势。相较国外技术，国内在碳捕集领域起步较晚，发展不够成熟，在示范工程方面，目前国内捕集规模较小、项目数量较少，尚不满足年碳排放量的需求。从技术方法来看，目前应用于工业捕集的溶剂以醇胺溶液吸收法为主，面临能耗和降解率高等问题，新型溶剂的开发和应用还需时间验证。吸附法和膜分离法尽管具有较大的能耗降低潜力，但受吸附材料和膜材料性能的限制，实现工业应用还有较大差距，依然面临着较多的技术挑战。

可以预见，吸收法、吸附法和膜分离法未来在烟气碳捕集领域将各有适宜的应用场景，且三种技术均还存在很大的提升空间。此外，无论哪一种方法，未来若要在烟气碳捕集领域取得更大规模的应用，还应考虑上下游的耦合，以满足产品的技术需求为前提，充分考虑碳捕集装置与上下游装置的物质和能量交换，从全流程系统优化整个过程，以最大程度地提升碳捕集的经济性，助力油田零碳工程建设。

参 考 文 献

[1] 陆建刚，张慧，陈敏东，等．无机盐活化剂-氨基酸盐基溶液捕集温室气体 CO_2[J]．燃料化学学报.2009.37(01).77-81.

[2] 牛振祺，郭印诚，林文漪，等.MEA、NaOH 与氨水喷雾捕集 CO_2 性能比较[J]．清华大学学报(自然科学版).2010.50(7).1130-1134.

[3] Blanehard L A, Hancu D, Beckman E J, et a1. Green processing using ionic liquids and CO_2 [J]. Nature. 1999. 399. 28-29.

[4] Bates E D, Mayton R D, Ntai I, Davis J H J. CO_2 Capture by a Task-Specific Ionic Liquid [J]. Am. Chem. Soc. 2002. 124(6). 926-927.

[5] Makino T, Umecky T, Kanakubo M. CO_2 absorption properties and mechanisms for 1-ethyl-3-methylimidazolium ether-function alized carboxylates [J]. Ind. Eng. Chem. Res. 2016. 55(50). 12949-12961.

[6] DOE ION FE0013303: ION Advanced Solvent CO_2 Capture Pilot Project.

[7] Hu Liang. Phase transitional absorption method [P]. US20070237695A1. 2006. 4. 7.

[8] 彭艳娇，汤谧琼．国际领先"相变型"二氧化碳捕集工业装置在华能运行成功[N]．中国电力报．2020.

[9] Ke JH，Lin ZQ，Chen XS. Monomer Adsorption-Desorption Processes [J]. Chin. Phys. Lett.. 2009. 26(5).

[10] R. W. Baker，B. Freeman，J. Kniep，Y. I. Huang，T. C. Merkel. CO_2 capture from cement plants and steel mills using membranes [J]. Ind. Eng. Chem. Res. 2018. 57. 15963-15970.

[11] IPCC. Carbon dioxide capture and storage[M]. Cambridge：United-Kingdom. 2005.

[12] 张伙荣，李正国，李征徐．石灰窑烟气 CO_2 浓度数据偏差原因分析[J]．纯碱工业．2020. 51(4). 33-35.

[13] 王兆才，刘臣，李继淦，等．烧结烟气 CO_x 的生成机理及减排措施[J]．烧结球团．2021. 46(1)：14-22.

[14] 王一坤，雷小苗，邓磊，等．可燃废气利用技术研究进展(1)：高炉煤气、转炉煤气和焦炉煤气[J]．热力发电．2014. 43(7). 1-14.

[15] 朱廷玉．中国钢铁行业 CCUS 路线图[R/OL]．北京：第一届碳中和愿景下碳捕集、利用与封存发展战略论坛．2021.

[16] 郭腾云，申金永．水泥项目的 CO_2 减排理念和相应措施[J]．河南建材．2012. 4：11-13.

[17] 中国石油工程建设有限公司新能源项目内部资料．

化学吸收法 CO_2 捕集工艺能量耦合优化探究

赵艺皓　郭　超

（中国石油工程建设有限公司）

摘　要　碳捕集、利用和封存(CCUS)技术是我国实现碳达峰、碳中和目标的基础，碳捕集是CCUS技术的基本工艺，同时也是能耗最大的环节。其中，化学吸收法 CO_2 捕集工艺是目前发展最为成熟的技术，尤其适用于石油化工、电厂等领域排放的低浓度烟气。化学吸收法具有处理量大、捕集纯度高等特点，但系统能耗较大，制约了其进一步规模化发展。合理降低化学吸收法工艺能耗、提高能量综合利用率，直接影响着CCUS技术的发展和碳减排的规模与效果。本文详细阐述了化学吸收法 CO_2 捕集工艺流程，重点分析了该工艺系统的能耗情况，并从合理设置热泵、级间冷却、富液分流、MVR节能和CCUS+新能源多能互补五个角度全面探讨了化学吸收法 CO_2 捕集工艺的能耗优化。对我国化学吸收法 CO_2 捕集工艺的发展给出了建议，为进一步推动CCUS技术的发展提供参考。

关键词　碳捕集；化学吸收；节能降耗；新能源

1　前言

随着全球气候变化带来的影响日益严重，减排降碳是目前全世界各国面临的巨大挑战。因此，很多国家已经明确提出了碳达峰、碳中和的实施路径和计划，我国碳达峰、碳中和目标分别为2030年和2060年。CO_2 捕集、利用和封存(CCUS)技术是碳达峰和碳中和的最有效手段之一，尤其在我国碳减排时间紧、强度大，化石能源占比高的国情下，更是实现“双碳”目标的兜底技术。其中，碳捕集是CCUS技术的基础工艺，对CCUS能耗和成本有着重要影响，是各国研究的重点，并已进入工程实施阶段。

碳捕集技术根据工艺顺序可分为燃烧前捕集、燃烧后捕集和富氧燃烧。其中，燃烧后捕集是最为成熟的一项技术，具有处理量大、适应性强等特点，广泛应用于石油石化烟道尾气和火电厂尾气处理。燃烧后捕集按照不同工艺分为吸收法、吸附法、膜分离法和低温分离法，燃烧后捕集各种方法特点对比如表1所示。其中，以醇胺吸收法为代表的化学吸收法是目前石油、化工行业应用最为成熟和广泛的碳捕集工艺，可高效处理含有低浓度 CO_2 的各种尾气。

表1　燃烧后捕集各种方法特点对比

捕集方法	适应范围	优　点	缺　点
化学吸收法	CO_2 含量低、分压低；净化度要求高	吸收剂吸收容量高；工艺成熟；捕集纯度高	腐蚀性强；再生能耗高
物理吸收法	较高压力和较高 CO_2 浓度的混合气	解吸能耗低；操作条件相对温和；腐蚀性小	吸收容量低；成本高；CO_2 回收率低
变压吸附法	CO_2 分压高，一般需要大于0.7MPa	能耗低；工艺简单；无污染物排放	投资高；占地面积大；效率较低
膜分离法	CO_2 浓度高的混合气体	工艺简单、操作方便；无污染；能耗低	工艺尚不成熟；原料气要求高；膜易损坏；投资高
低温分离法	CO_2 浓度高的混合气体	操作简单方便	受 CO_2 浓度影响大，处理 CO_2 浓度大于90%的气体才有经济性

2　化学吸收法捕集工艺介绍及能耗分析

以醇胺为代表的化学吸收捕集工艺是利用能与 CO_2 发生快速反应的碱性溶液对 CO_2 进行吸收，形成不稳定的盐类，然后通过改变温度等条件使盐类分解，逆向释放出 CO_2，进而将 CO_2 从混合气中分离并富集，同时吸收剂实现再生循环利用。目前，工业上普遍应用的化学吸收法 CO_2 捕集工艺流程如图 2 所示。

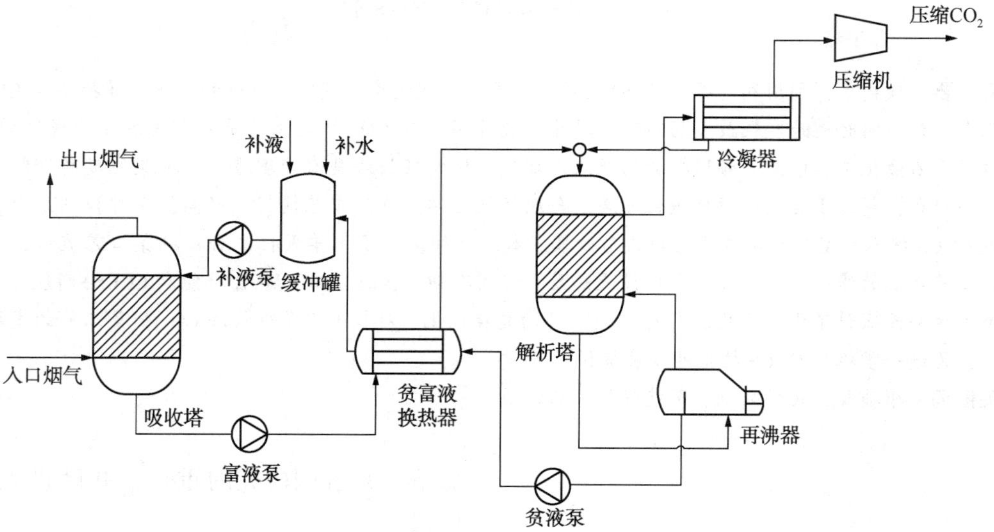

图 1　典型化学吸收法 CO_2 捕集工艺流程图

石油、化工烟气经过原料气预处理脱硫、脱硝后进入吸收塔底部，吸收剂从吸收塔顶部引进，与混合气体进行逆向接触并发生化学反应，将混合气中的 CO_2 进行吸收。除去 CO_2 的气体从吸收塔顶部排出，吸收 CO_2 后的富液从吸收塔底部流出，通过贫富液换热器进行换热升温后进入解吸塔顶部进行 CO_2 脱除解吸，解吸出的 CO_2 蒸汽从顶端进入冷凝器冷凝降温实现 CO_2 和水的分离，分离后的高纯度 CO_2 经过压缩机增压运输到下游管道。然后，含有少量 CO_2 的贫液进入再沸器进行二次分离，含少量 CO_2 的高温蒸汽从再沸器顶部送入解吸塔，并为解吸塔脱除 CO_2 提供热量；经过二次分离 CO_2 后的高温贫液从再沸器底部流进贫富液换热器，为从吸收塔底部流出的低温富液提供热量，从而完成吸收剂的再生循环。同时，由于吸收塔顶端排出的烟气和压缩的 CO_2 不可避免的带走少量水和吸收剂，为了保证工艺系统的水和吸收剂平衡，需要设置缓冲罐为系统补充水和吸收剂。

整个工艺包括：吸收过程、解吸过程、压缩过程及各种换热过程，该工艺对 CO_2 捕集效果较好，技术相对成熟，但是全工艺流程能耗较大，造成 CO_2 捕集成本较高，制约了该工艺的规模化发展。因此，通过分析各个环节的能耗情况，对化学吸收法进行工艺的优化和设备的改进是十分有必要的。下面分别对典型化学吸收法捕集工艺流程的每个环节进行能耗分析：

（1）吸收过程。

在吸收过程中，经过降温后的石油化工烟气中 CO_2 在较低的温度与化学溶剂发生反应（一般在 40℃左右），此过程为放热反应。因此，吸收过程是化学吸收捕集 CO_2 工艺中非关键用能环节。同时，由于放出的热量温度水平相对较低，难以在系统内直接得到有效利用，塔顶排出的脱除 CO_2 后的烟气所携带的热量存在浪费现象，可以通过优化工艺等方法对这部分热量进行加以利用。

（2）解吸过程。

解吸过程主要在解吸塔中完成，对塔中的富液进行加热升温（一般在 120℃左右），使得 CO_2 从富液中分离出来。该过程所需的热量由塔底再沸器的蒸汽提供，大部分蒸汽来源于外部的汽轮机提供的过热蒸汽，温度和压力一般都高于再沸器所需要的工艺要求，需要减温为满足工艺参数的饱和蒸汽，这显然存在能量高质低用现象。同时，塔顶排出的气体同样造成一部分热量损失。据统计，解吸能耗占整个工艺系统能耗的 70%～80%，是关键用能环节。塔底流出的高温贫液与低温富液通过换热后，剩余热量还存在浪费现象。因此，对解吸过程的优化与改进是实现化学吸收捕集 CO_2 工艺节能降耗的关键。

（3）压缩过程。

压缩过程是通过压缩机提升 CO_2 压力，运输到下游液化环节。压缩过程需要消耗电能，电能的消耗相比于热能的消耗较小。因此，压缩过程也是非关键用能环节。

3　化学吸收法 CO_2 捕集工艺能耗优化方案分析

目前，化学吸收法 CO_2 捕集工艺的发展制约处在于系统能耗过高，工艺过程存在诸多能量浪费现象。通过上述能耗分析，需要技术攻关化学吸收法捕集工艺的节能降耗，进一步发展 CO_2 规模化捕集的工业应用，助力实现碳达峰、碳中和的目标。降低捕集系统中热量的消耗，提高能量综合利用率，不仅要设置合理有效的换热节能工艺流程，而且还要对系统中产生低品位热量进行高效回收利用，热能的回收主要通过各种工艺物流中间的热交换获得。在 CO_2 捕集工艺过程中，吸收塔底部流出的富液、吸收塔补液等物流需要加热，而离开解析塔的贫液、塔顶排气等物流需要降温，通过设置合理的换热网和工艺流程，充分合理的将系统中的热物流和冷物流进行匹配耦合互补，实现能量的梯级利用，提高能量的综合利用率；同时，通过引进风、光、电等其他新能源，代替部分热量的消耗，多能互补，对提高化学吸收法 CO_2 捕集工艺的适用性和经济性意义重大。

3.1　利用热泵实现系统中低品位热量回收利用

热泵本质上是一种加热装置，通过消耗一小部分能量，将系统中的低品位热量输送到高温需热处，即一种将热从低温热源传递到高温热源的装置，进而实现系统能量的梯级利用。在化学吸收 CO_2 捕集工艺系统中，吸收塔塔顶的排气、解吸塔塔顶的排气和贫液都存在余热，均可通过合理设置压缩式热泵，将这些低品位热量进行回收再利用。吸收塔塔顶排出的烟气将带走 70% 以上的反应热，可在塔顶设置热泵，将这部分热量提质输送到解吸塔用于贫液的吸热再生，如图 2 所示。解吸塔塔顶排出的气体经过压缩机加压后，温度进一步提高，通过热泵将这部分热量提质输送到塔底再沸器当作蒸汽使用，将减少再沸器中蒸汽热量的消耗，如图 3 所示。吸收塔中的富液与解吸塔中的贫液在贫富液换热器充分换热后，贫液的温度仍高于吸收塔所需温度，此处同样可以设置热泵对换热后的贫液余热提质，得到的高品位热能用于解吸，如图 4 所示。通过在工艺流程合理设置热泵，将系统余热和废热进行回收与提质，从而达到降低系统能耗的目的。

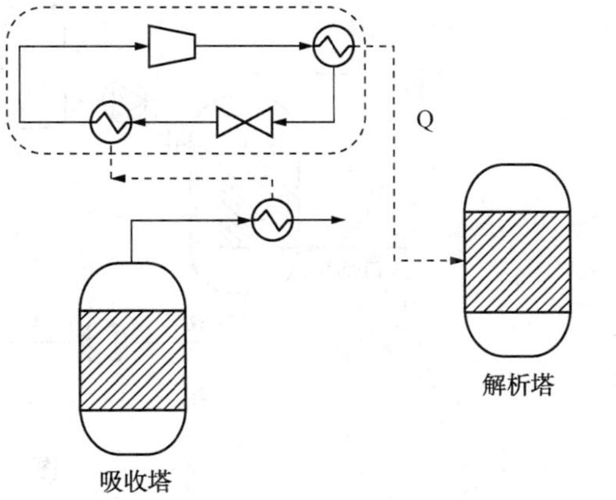

图 2　吸收塔塔顶排气热泵

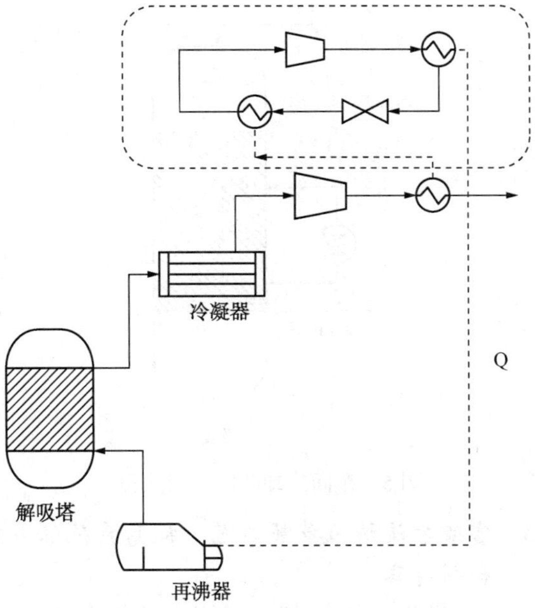

图 3　解吸塔塔顶排气热泵

3.2　吸收塔级间冷却工艺，降低系统再生能耗

吸收塔内的 CO_2 化学吸收反应是一个放热过程，随着热量堆积导致升温，如果能适当移除部分热量，可以使吸收反应保持在比较理想的温度条件件，进而促进正向放热反应。因此，可以在吸收塔引入级间冷却工艺，从吸收塔底部抽取含有 CO_2 浓度较高的贫液，将其冷却到一定温度（一般在 25℃左右），然后送回吸收塔继续进行吸收反应，从而降低了吸收塔内部的工作温度。

级间冷却工艺的设置，不仅提高了 CO_2 捕集效率，同时还可以提高吸收塔出口富液的 CO_2 载荷，降低了贫液的流量，进而降低了系统再生能耗，具体工艺流程如图 5 所示。

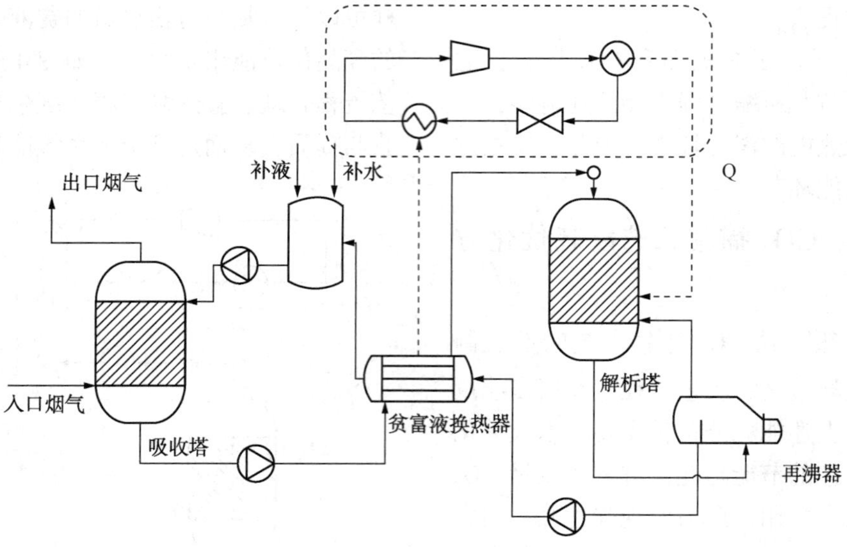

图 4　贫富液换热器热泵

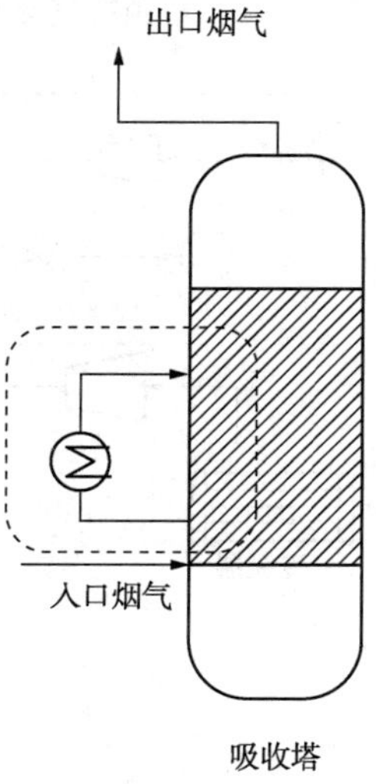

图 5　级间冷却节能工艺流程

3.3　富液分流解吸节能工艺，提高系统能量综合利用率

化学吸收法 CO_2 捕集工艺的节能降耗不仅要改善单个操作环节的能量利用，而且要注重整个系统能量的综合利用。利用分流器将吸收塔底部的富液进行分流，一部分经换热器后直接进入解析塔顶部完成部分 CO_2 脱除，初步脱除 CO_2 后的半富液经解析塔顶部返回到吸收塔中部，继续进行化学吸收反应。同时，这部分半富液温度相对较低，具有一定级间冷却的作用，进一步促进了化学吸收反应的进行。分流的另一部分富液经过贫富液换热器提高温度后，进入解吸塔底部进行充分的 CO_2 分离，实现贫液再生，经过循环进入吸收塔的顶部，开展下一个循环。由于分流后经过贫富液换热器的富液流量减小，降低了升温此部分富液温度所需要的能量，进而降低了解吸塔塔底再沸器的能耗，提高了整个工艺系统的能量综合利用率，具体工艺流程如图 6 所示。

3.4　MVR 节能工艺，促进系统能量梯级利用

MVR 节能工艺主要是利用闪蒸罐将再沸器底部的贫液进行闪蒸增压，再沸器底部的高温贫液基本为饱和状态，将其送入低压闪蒸罐，贫液经过膨胀生成一定量的蒸汽，同时贫液的温度会有所下降。将低压贫液压缩升温后接入解吸塔底部，为富液分离 CO_2 提供部分能量，促进富液进行解吸反应，可降低再沸器的能量消耗，进而降低了整个系统的能耗，实现了系统能量的梯级利用，具体工艺流程如图 7 所示。虽然此工艺增加了压缩机，需要外部提供机械能，但是设置 MVR 节能装置后的系统综合能耗是降低的。

3.5　CCUS+新能源多能互补节能工艺

在上述化学吸收法 CO_2 捕集节能工艺中，有一些环节需要外部提供额外的能量来驱动工艺的进行。例如，再沸器和系统内的各种压缩机均需要外部提供额外的动力，在工程中往往使用电能给这些设备提供能量。如果开发使用新能源为这些设备提供动力，通过合理布置换热网，使得碳捕集与风、光、电等新能源互相融合，多能互补，代替传统能源，将对整个工艺系统的节能降耗进一步优化，实现运行效益的最大化。

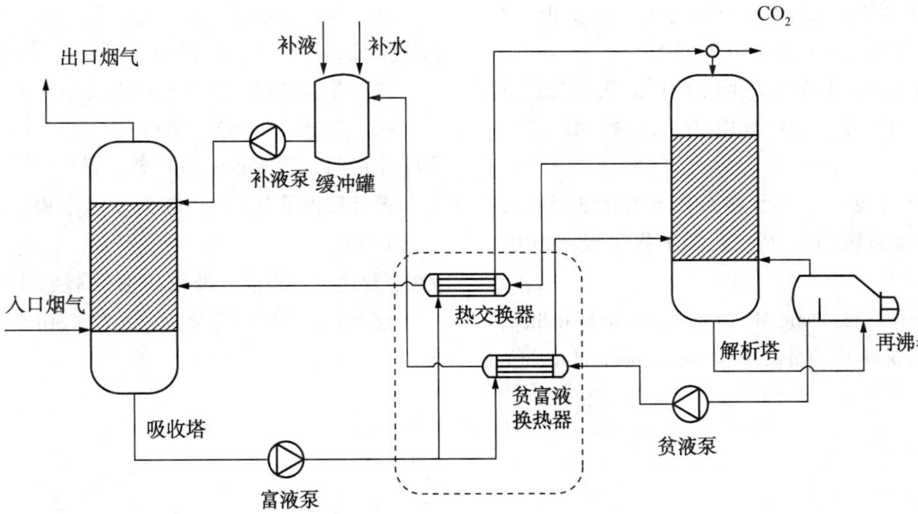

图 6　富液分流解吸节能工艺

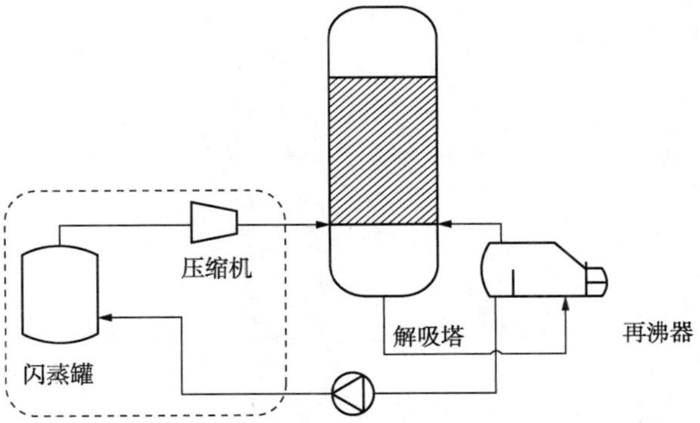

图 7　MVR 节能工艺

在工程实践中，根据项目特点、各种输入条件等实际情况，可以合理选择上述节能工艺进行有效优化与耦合，最大限度的提高系统能量综合利用率，降低能耗与成本。

4　结论与建议

化学吸收法 CO_2 捕集工艺是目前针对石油化工领域所排放的低浓度碳源最成熟的捕集技术，对其工艺的合理优化，实现整个系统的节能降耗，对实现经济高效碳减排意义重大。通过对化学吸收法 CO_2 捕集工艺的能耗分析和各种节能降耗的工艺优化探讨，可得出如下结论与建议：

（1）典型化学吸收法 CO_2 捕集工艺主要包括：吸收过程、解吸过程和压缩过程。其中，解吸过程中的再生能耗是主要用能环节。

（2）在化学吸收法 CO_2 捕集工艺的工艺优化过程中，不仅要提高单个设备和工艺环节的能量利用水平，更要将整个工艺系统的用能情况统筹优化，将系统中的热物流和冷物流进行匹配耦合互补，实现能量的梯级利用，最大限度的降低系统能耗。

通过合理设置热泵，能够回收系统的低品位余热与废热；级间冷却工艺可以促进吸收反应并提高富液的 CO_2 载荷，进而降低再生能耗；将富液进行合理分流解吸，可降低解吸塔塔底再沸器的能耗；设置 MVR 节能装置，可有效利用解吸塔贫液的高温热量；将风、光、电等新能源与碳捕集有机融合，实现多能互补。

（3）我国化学吸收 CO_2 捕集技术尚处于发展阶段，应加大技术攻关力度，最大限度降低捕集能耗与成本。同时，下一阶段应重点协同攻关 CCUS+新能源技术，尤其在我国新疆等地，风、光等新能源资源丰富，同时又是 CCUS 工程的重点发展区域，应致力于将二者有机融合，构建多能互补能源系统，可以实现能源的梯级利用，提高能源综合利用效率，最终实现能源的最合理的利用效果和效益。

参　考　文　献

[1] 鹿雯．二氧化碳捕集技术进展研究[J]．环境科学与管理，2017，42(4)：84-88.

[2] 张宇婷，王世飞，岳爱琴，等．混合胺 DETA/MDEA 吸收解吸 CO_2 的影响因素．山西农业科学，2018，46(1)：76-80.

[3] PRASADMANGALAPALLY H，NOTZ R，HOCH S，et al. Pilot plant experimental studies of post combustion CO_2 capture by reactive absorption with MEA and new solvents [J]. Energy Procedia，2009，1(1)：963-970.

[4] 张金星，黄志甲，张样，等．醇胺法捕集高炉煤气 CO_2 工艺吸收剂的优选[J]．安徽工业大学学报(自然科学版)，2021，38(2)：169-174.
[5] 刘练波，郜时旺，牛红伟．烟气 CO_2 捕集工艺过程关键问题分析[J]．中国电力，2014，47(2)：130-134.
[6] 李青，余云松，姜钧．基于热泵技术的化学吸收法二氧化碳捕集系统[J]．高校化学工程学报，2010，24(1)：29-34.
[7] Biliyok C，Lawal A，Wang M，et al. Dynamic modelling，validation and analysis of post-combustionchemical absorption CO_2 capture plant[J]. International Journal of Greenhouse Gas Control，2012，9：428-445.
[8] 周任军，孙洪，唐夏菲，等．双碳量约束下风电-碳捕集虚拟电厂低碳经济调度[J]．中国电机工程学报，2018，38(6)：1675-1683.
[9] 余晓丹，徐宪东，陈硕翼，等．综合能源系统与能源互联网简述[J]．电工技术学报，2016，31(1)：1-13.
[10] 曹建宝．多能互补与CCUS耦合利用碳减排模式分析[J]．当代石油化工，2022，30(5)：33-51.

NHD 脱碳装置工艺运行总结

王　强

(中国石油大连石化公司)

摘　要　介绍 PSA 进料气优化组成装置 NHD 脱碳工艺及下游 CO_2 吸附精馏的工艺原理及流程，针对开工以来的运行情况进行总结，提出改进措施，最终实现装置安全稳定运行。

关键词　NHD 溶液；水含量；压力；纯度

NHD 脱碳装置是以大连石化分公司制氢装置 PSA 系统入口气为原料，采用 NHD 溶剂吸附提浓的工艺技术，生产出浓度为 98%以上的 5.5 万吨/年气态二氧化碳，供后续工程公司精制二氧化碳装置作原料气使用。CO_2 吸附精馏装置，是以粗二氧化碳为原料，采用中压吸附精馏工艺技术，生产出符合国家标准的工业级、食品级液体二氧化碳。

1　工艺原理

1.1　NHD 脱碳装置

使用 NHD 溶剂吸收中变气中的二氧化碳，利用溶剂在不同压力下对二氧化碳吸附能力的差异，解析出二氧化碳产品并使溶剂再生。

NHD 溶剂是一种有机溶剂(聚乙二醇二甲醚)，其分子式为：$CH_3—O(CH_2CH_2—O)n—CH_3$，$n=2\sim8$。它对气体中二氧化碳具有较大的溶解能力，运转时溶剂耗损少，是一种较理想的物理吸收剂，脱碳时需消耗少量冷量，属低能耗的净化方法。以 CO_2 的溶解度为 100 计，各种气体在 NHD 中的相对溶解度见下表。

表 1　各种气体在 NHD 溶剂中的相对溶解度

组分	H_2	CO	CH_4	CO_2	COS	H_2S	CH_3SH	CS_2	H_2O
相对溶解度	1.3	2.6	6.7	100	233	893	2270	2400	120000

吸收原理和相平衡规律：

根据广义的酸碱理论，在聚乙二醇二甲醚溶剂的分子结构中，醚基团内的氧为硬碱性中心，而 CH_3 和 CH_2CH_2 一基团则为软酸部分，因此该溶剂对硬酸性气体(如 H_2S、CO_2)和软碱性气体(如硫酸、CS_2 和 COS)均有一定的溶解能力。

聚乙二醇二甲醚溶剂吸收 CO_2 的过程是一个物理吸收过程。对于 CO_2 在 NHD 中的溶解度，当 CO_2 分压低于 1.0MPa 时，气相压力与液相浓度基本符合亨利定律。

CO_2 在 NHD 溶剂中的溶解度随压力升高、温度降低而增大。因此，宜在高压低温下进行 CO_2 的吸收。当降低压力、升高温度时，溶液中溶解的气体解析出来，实现溶剂的再生过程。

1.2　CO_2 吸附精馏装置

利用物理的方法，用干燥剂除去原料气中的水分及油分，再利用精馏的原理，将原料气中的轻组分杂质分离出来，得到纯度为 99.6%的工业级液体二氧化碳产品。

二氧化碳原料气由界区外上游的制氢装置 PSA 进料气组成优化改造项目提供的含量为 95%的粗二氧化碳气体首先进入缓冲罐经过缓冲分水后送入干燥器中干燥。干燥后的原料气经二氧化碳冷却器冷却、预冷器预冷、液化器液化后进入精馏塔提纯，最后在塔底得到符合要求的工业级液体二氧化碳产品。

2　工艺方案

2.1　NHD 脱碳装置

为向炼油装置供应氢气，大连石化分公司设有制氢装置，发生变换气 150000Nm^3/h 以上，压力为 2.5MPa(G)，温度为 40℃，主要含氢气 71.23%、二氧化碳 21.73%，去 PSA 系统分离出氢气。用 NHD 脱碳工艺从制氢变换气中抽提气态二氧化碳，浓度大于 98%，然后去后续工程公司的吸附精馏系统，进一步精制成高纯度液态工业级二氧化碳产品。

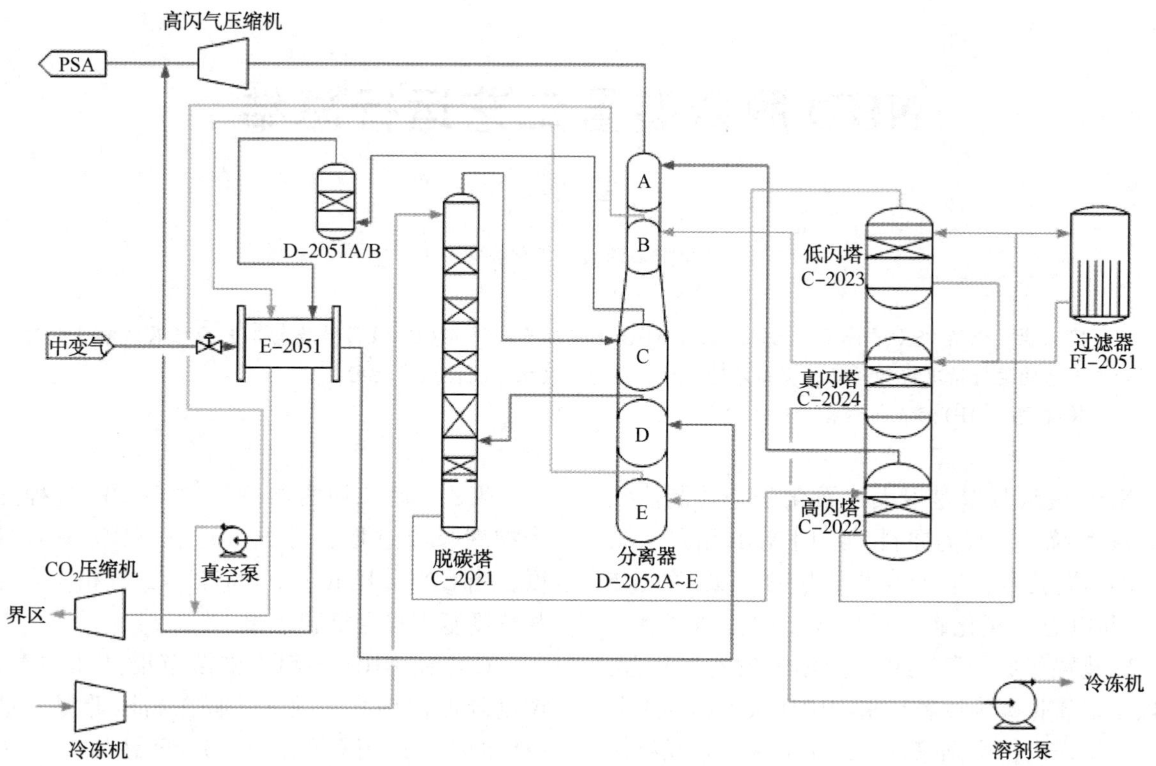

图 1　NHD 脱碳系统工艺流程

考虑到 NHD 脱碳装置的目的是提取二氧化碳，无需追求脱碳后轻组分气体中二氧化碳的净化度。因此，NHD 脱碳系统控制脱碳气存留二氧化碳指标仅为 5%，这样取消了原有传统工艺中的气提塔、鼓风机、空气过滤器、空气冷却器。因而杜绝空气进入系统，减少了水分、热量和灰尘的带入。所以取消了溶液脱水装置，减少脱碳所需冷量。流程大大缩短，设备大大减少。

又考虑到装置现场面积限制，三个闪蒸槽为组合的立式，并上下重叠，合并成一个闪蒸塔。五个分离器也上下重叠，设计成一个分离塔，这样可以节约用地。

NHD 脱碳系统利用原料气的压力，用 NHD 溶剂吸收二氧化碳，再通过三级降压闪蒸解吸二氧化碳，不需要再用其他措施，就可以达到从原料气中抽提二氧化碳、而又不损失轻组分气体的目的。

2.2　CO_2 吸附精馏装置

2.2.1　干燥吸附系统

制氢装置 PSA 进料气组成优化改造项目提供的粗二氧化碳气体通过管道输送到界区内，在压力约为 2.30MPa 进入缓冲罐，经过稳压、冷却、分水后，一部分水从缓冲罐底部由人工定期排出。原料气从缓冲罐上部引出，首先进入干燥器。干燥器设计为两个同样大小体积的圆柱形容器，每个干燥器内都装有相同型号同等重量的干燥剂，一用一备。在某一时间内，原料气进入某一干燥器中，在压力作用下，油、水分等杂质被干燥器内的干燥剂吸附，初步干燥净化的二氧化碳气体从干燥器底部引出，进入二氧化碳冷却器中，用循环水对其冷却降温。

2.2.2　冷冻液化系统

二氧化碳气体经过二氧化碳冷却器冷却后，进入预冷器进行预冷，预冷器的冷量来自精馏塔顶的残气排放。净化后的二氧化碳气体，经预冷器冷却降温后送入液化器中，在压力和温度的作用下被液化。

二氧化碳在液化器中液化的冷量是由本装置内的辅助系统——氨制冷系统提供的。制冷系统设计为两台螺杆式压缩机，一用一备，制冷剂为液态氨。

2.2.3　精馏储存系统

被液化的液体二氧化碳送入精馏塔中进一步提纯。经过干燥、液化的二氧化碳，还含有部分轻组分杂质，则需要在精馏塔中分离出来。含有少量轻组分杂质的液体二氧化碳进入精馏塔底部，经塔底再沸器加热后，轻组分杂质气化以气态形式逸出，同时有少量液态二氧化碳被气化，塔底再沸器所用的热源是由制冷系统中的气氨提供，气氨经热交换后被液化引入塔顶冷凝器中。塔顶冷凝器所用的冷量是由制冷系统中的液态氨提供，气相馏份升至塔顶冷凝器中降温冷凝，液相馏份继续在精馏塔内进行提纯操作，更多地回收被气化的二氧化碳，分离出的轻组分气体夹杂少量二氧化碳气体由塔顶的气相口排出，回收后的二氧化碳流入塔底。塔底得到纯度为 99. 6%以上的液体二氧化碳，达到工业级产品标准，经过节流降压到 2. 10MPa，经化验分析合格后，作为工业产品送到二氧化碳工业产品储罐中储存。

根据需要，工业液态二氧化碳通过充装线经屏蔽泵输送至槽车。

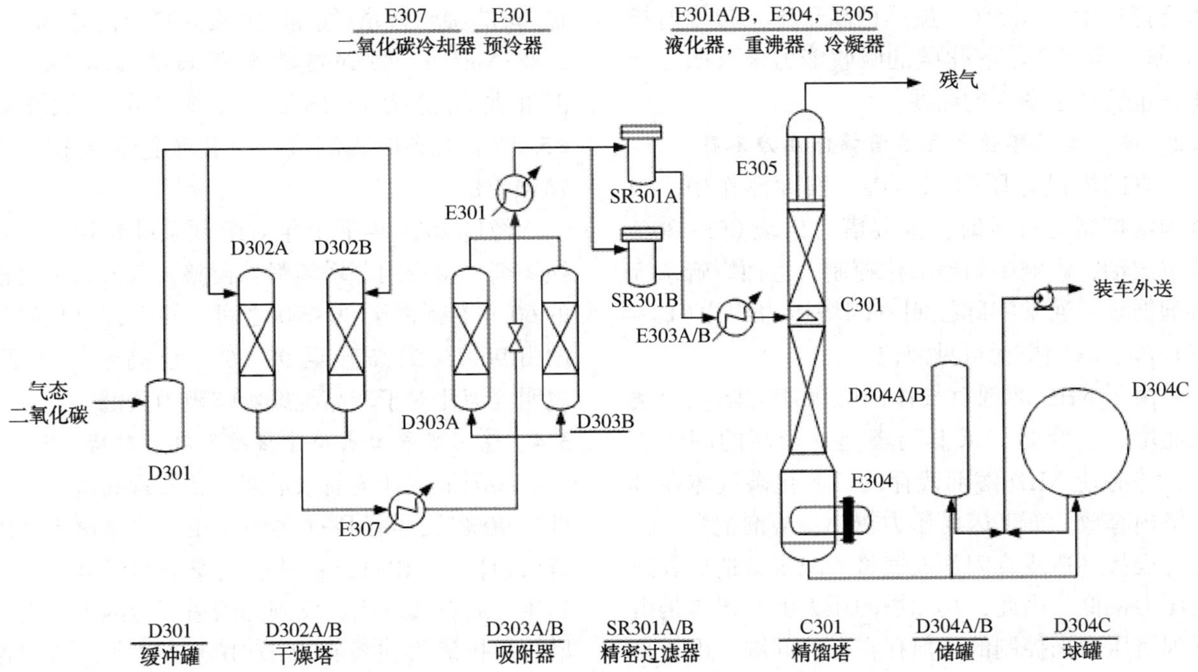

图 2 CO_2 吸附精馏系统工艺流程

3 运行情况与改进对策

NHD 脱碳装置于 2013 年 3 月 13 日首次开工，至今已运行 9 年有余。期间经历了 3 次停工消缺及数次的开停工，出现了诸多问题，但同时也积累了宝贵的经验。

3.1 中变气带水情况分析

NHD 溶剂具有很强的吸收水蒸汽的能力，因此，NHD 溶液中有一定的含水量。

图 3 显示了溶液含水量与二氧化碳溶解度的关系。图中显示，二氧化碳在含水量小于 5%(重量)的 NHD 溶液中的溶解度十分接近，影响不大。

设计中变气进料水含量为 0. 22mole%，满负荷进料 20000Nm^3/h，计算可知在满负荷情况下，中变气带水量为 0. 04t/h。

实际生产中中变气带水情况体现较为明显，在 20%约 6000Nm^3/h 的低负荷条件下，中变气

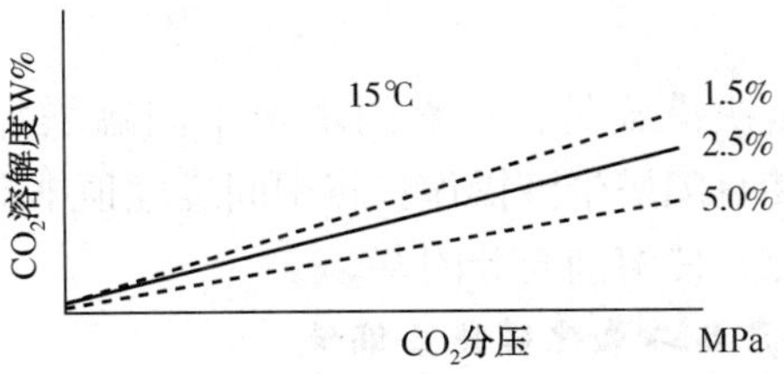

图 3 溶液含水量对溶解度的影响

带水主要体现在进料气流控阀 U 型组立处。由于中变气系统循环动力为 PSA 与脱碳塔前后压差实现，因此流控阀出口 U 型液柱所造成的压力不可忽视。在中变气投用初期就因为该处存水，出现了中变气无法提量的情况，在导淋切水完毕后，中变气提量效果明显增强。

在 50%负荷约 10000Nm^3/h 进料以上运行时，受循环动力增大的影响，流控阀处带水量不再明显，液态水在大流量中变气的推动下进入 D2052D，长时间积累产生液面通过仪表信号传送至 DCS，得到有效的监控。

中变气带水对 NHD 溶剂影响效果明显，2012 年 5 月开工前，装置对系统内溶剂进行采样分析，水含量为 1.7%(工艺卡片要求≯7%)。首次运行停工后，再次对溶剂进行水含量分析，水含量>2%。

工艺包指出，在无生产较大波动的情况下，本装置溶剂水含量将在 3%左右以后处于进出平衡状态。从目前的采样成绩看，溶剂中水含量基本维持在 4%~4.5%，虽然稍高于工艺包中所指的 3%，但对于二氧化碳的吸收能力未有明显变化，也验证了图 3 的曲线。

3.2　低、真闪塔设计压力与操作压力不符

真闪塔设计压力-22kPa，实际操作中，当真闪塔控制为负压时，真闪塔会出现 0%~30%液位波动，影响中间罐液位控制，进而影响系统溶剂循环。通常实际控制真闪塔压力约为(10~15)kPa，真闪塔无可见液位。

由于 NHD 溶剂对气体的吸附能力随压力增加而增大，因此如果低闪塔建立较高的闪蒸压力，势必使 NHD 溶剂残存的二氧化碳气体在真闪塔内释放。而低闪塔压力较小，溶剂饱和度降低，也势必造成真闪释放气量的减少，造成真闪塔压力偏低。因此，真闪塔的压力就其根本是由低闪塔压力来控制的。但存在一些问题，由于真闪塔微正压操作，溶剂中必然吸附一些二氧化碳气体，在中间罐内闪蒸并带出微量溶剂直排大气。

解决措施是，在真闪塔至中间罐增加管道泵，使真闪塔带液操作；将中间罐罐顶排空阀直径扩充，使溶剂充分闪蒸。

3.3　产品二氧化碳纯度偏低

设计二氧化碳产品气纯度 98.28%，自开工至 2021 年 5 月份，实际最优的产品纯度为 96.1%，与设计相比，产品纯度偏低。原因为，真闪塔无法负压操作，真闪气量不足；高闪气压缩机抽力不足，高闪塔闪蒸不充分，部分氢气、甲烷未得到及时分离而被带入低闪塔、真闪塔中，产品二氧化碳中甲烷含量达到 2.0%，高于设计值 0.83%，影响产品二氧化碳纯度。

在一定的吸收温度、压力和生产规模下，气液比的大小会影响到脱碳净化度、脱碳塔填料高度、脱碳塔塔径和回收二氧化碳的纯度。一般说，气液比增大(增加原料气气量)，则脱碳净化度变差；脱碳塔填料高度增高，则回收二氧化碳的纯度提高。经综合考虑本项目的工况条件，选择的脱碳塔气液比是 92.9，进塔气 20883Nm^3/h，脱碳贫液循环量为 224.7m^3/h。溶液脱碳能力是 16.6，脱碳气含二氧化碳<5.0%，脱碳塔底溶液二氧化碳饱和度控制在 70~85%。

经过 2021 年下半年对溶剂泵叶轮切削、置换溶剂、检查闪蒸塔填料等调整，气液比由之前的 60 左右提高至 80~90 之间，外送二氧化碳纯度由 96.1%最高升至 98.5%，已高于设计值，说明气液比对于产品纯度影响极为关键。

3.4　高闪塔管内出口管线排气孔的封堵

高闪塔在开工前水运期间，发现高闪塔液位低于 90%后，高闪塔 0.6MPa 压力快速窜入低闪塔(设计 0.2MPa)，容易造成安全阀起跳和设备超压。后查阅图纸，发现高闪塔、低闪塔和真闪塔管内排液管线各存有 DN100 排气孔，造成循环无法建立。

后经改造，对三个排气孔进行封堵，水运及溶剂循环均正常。

3.5　溶剂循环流量控制阀 FV2954 问题

在溶剂循环过程中，发现 FV2954 存在压差问题。当时使用低压氮气将脱碳塔压力充压至 0.6MPa，加上现场塔高 42m，可以确定 FV2954 阀后压力为 0.9MPa 左右。在开泵初期溶剂泵出口压力大于 4.0MPa。当时在提降量过程出现阀门卡涩，FV2954 无法满足调节要求。后经查设备资料，发现 FV2954 设计前后压差为 2.9MPa。

表 2　FV2954 阀工况

序号	工况	阀前最高压力	阀后最低压力	运行最大压差	设计最大压差
1	正常生产	4.5	2.85	1.65	2.9
2	极端情况 1	4.5	0.5+0.5(液柱位差)	3.50	2.9
3	极端情况 2	0	2.85	-2.85	2.9

3.5.1　正常生产条件下

调节阀开阀后，溶剂泵出口压力逐步降低，实际操作压差应低于 1.65MPa。如果 FV2954 可以满足 2.9MPa 的最高设计压差，那么该调节阀完全满足溶剂提降负荷以及开停泵的控制要求。

3.5.2　极端情况 1

制氢装置紧急停工情况下，中变气压力会在 10min 之内，将系统压力由 2.4MPa 降至 0.5MPa 以下，如果二氧化碳装置进料气来自该制氢单元，则脱碳塔压力（FV2954 阀后压力）将降低，此时调节阀前后压差将达到 3.5MPa，调节阀失效，并且溶剂泵在内操无紧急停泵按钮。此种情况下，易对冷冻机或者溶剂泵造成冲击，损坏设备发生事故。

改进措施为溶剂泵叶轮切削，在 180t/h 的溶剂循环量下，泵出口压力由 3.8MPa 降低至 3.4MPa，减小 FV2954 前后压差；在操作台增加溶剂泵远程停泵按钮。

3.5.3　极端情况 2

溶剂泵故障停泵条件下，阀前压力瞬间为 0，此时调节阀阀门前后压差 2.85MPa，接近 2.9MPa 的最大压差设计值，如果此时 FV2954 控制失效导致无法关闭，脱碳塔内的中变气（78%氢气含量）将倒窜至中间罐 D2053（常压罐），导致设备超压、溶剂跑损，并最终使中变气直排大气，造成事故。因此在正常生产过程中，溶剂泵返回线严禁打开。

4　小结

综上所述，NHD 脱碳装置通过采取系列措施，在生产负荷保持不变或者稍有增加的情况下，有效提高了产品二氧化碳纯度、降低了装置运行风险，进一步验证脱碳装置工艺优化方案可行，保证装置“安稳长优”运行。

参　考　文　献

[1] 朱之明，马明杰 . NHD 脱碳装置工艺运行总结[J]. 工艺与设备，2021(21)：120-121.

[2] 林民鸿 . NHD 气体净化技术理论与实践(上)[J]. 化肥工业，2000(04)：17-21.

成品油销售单位绿色企业创建工作实践与探索

陆天星　陶鸿炜

（中国石油河北销售公司）

摘　要　近年来，在国家"双碳"目标及1+N政策体系的指引下，公司持续推进绿色企业创建工作，取得了一定的效果。本文总结了全面贯彻落实党中央、国务院《关于完整准确全面贯彻新发展理念，做好碳达峰碳中和工作的意见》及中国石油集团总体部署要求，大力推进绿色企业创建工作的各项措施，对绿色企业创建工作及节能低碳发展有借鉴意义。

关键词　绿色企业；创建；实践、思考、"双碳"

1　绿色企业创建顺应时代潮流

企业主动开展绿色变革，充分把握、利用"双碳"目标等机遇有利于在新的竞争环境中生存和不断开展。构建绿色企业文化基石并在此根底上实施绿色发展战略，是新时代企业提升竞争优势的重要途径，是中央企业应该担当的社会责任和政治使命。按照"2030碳达峰、2060碳中和"要求，河北省陆续出台措施，不断推进天然气、充换电、加氢等清洁能源建设，可以此为契机围绕雄安新区建设及地方政府号召，大力推进公司转型发展。

2　创建措施

2.1　专项方案推进绿色企业创建工作

公司党委高度重视，坚决贯彻中央绿色转型发等工作部署，按照集团公司"创新、资源、市场、国际化、绿色低碳"战略体系及"清洁替代、战略接替、绿色转型"三步走总体部署，研究通过了绿色企业创建工作方案，成立了公司主要领导为组长的工作领导小组，坚持每月调度检查各单位节能节水、绿色服务、大气污染防治等方面工作措施落实情况及自评结果，扎实推进B级目标实现。

2.2　制定碳达峰实施方案科学布局节能降碳

聚焦着力优化调整产业结构和能源结构，加快新型电力系统构建和绿色低碳技术研发和推广应用等总体要求，公司组织制定《河北销售碳达峰实施方案》结合实际，科学谋划发展方式向"油气非电氢"综合性能源公司转型，突出以节能降碳促进公司高质量发展。

2.3　注重目标管理强化责任考核

一是完成各年度任务指标；承接上级公司能源消耗、温室气体排放总量、节水量、VOCs排放量控制指标，作为节能降碳工作的重要目标。

二是注重目标管理；公司将节能量、节水量等目标纳入各单位领导人员经营业绩考核体系，逐级分解落实，实行严考核硬兑现。

2.4　夯实绿色产品和服务基础

清洁能源供应方面。公司始终将产品质量作为经营红线，严格管控；自建化验室具备CNAS认证，销售油品全部经过质量检测，按时完成了乙醇汽油置换工作；确保不发生质量事故及投诉事件。绿色非油商品采购方面。非油商品采购渠道清晰，建成质量管理体系，积极上架销售具有绿色认证的商品，向消费者提供可降解的购物袋；所有加油站均销售油品清净剂、车用尿素等清洁产品。清洁高效服务方面。加油站现场环境清洁，能够为消费者提供便利店、卫生间、热水间、洗车、保养、快修等服务，并提供多种移动支付方式。积极响应属地政府号召，减少VOCs排放，开展夜间卸油、加油送礼活动，引导市民夜间加油。

2.5　实施清洁能源替代

全面实施电代煤、电代油等工程。公司于2016年开始陆续淘汰燃煤锅炉、燃油锅炉。大力推进光伏发电项目，公司已建成十余座加站光伏发电项目，可用于自用及外输。

2.6　持续应用落实污染防治措施

实施防渗及油气回收改造，2019 年加油站全部完成防渗改造、油气回收改造，油库安装完成油气回收系统。采用浮盘高效密封技术，完成 2 座油库完成浮盘高效密封改造，VOCs 排放量持续降低。所属油库均完成三级防护改造，污染防治能力持续提高。围绕废气管控三要点不断规范各环节管理，有效降低了储罐挥发损失、装载挥发损失、流经设备动静密封点泄漏损失。

2.7　打好蓝天、碧水、净土污染防治攻坚战

强化大气污染防治，对含挥发性有机物物料的储存、转移和输送、设备与管线组件泄漏、敞开液面逸散以及工艺过程等五类排放源实施管控，强化油气回收运行监管，严格扬尘防治“六个百分之百”管控。公司投资组建了 VOCs 检测中心，强化自行监测能力。

深化水污染防治，做好渗漏监测，突出临海、临湖、临河、临井加油站地下渗漏监测和突发事件处置，强化油库污水处理装置运行管理，完成土壤及地下水环境调查工作，未发现问题。

严格固体废物污染防治，规范危险废物收集、贮存、运输、处置等全过程管理，所有危险废物依法委托有资质第三方处理，依法取得处置联单，并对废物处置情况进行监督，坚决杜绝非法转移、倾倒、处置危险废物等行为。

深入开展环境隐患排查治理，完善环境隐患排查制度，每年开展环境风险评估，落实隐患分级管理，完善环境隐患排查动态评价数据库。健全环境风险防范体系，每三年组织开展环境应急能力评估，定期开展环境预案修订备案，完善应急物资储备。

2.8　严格节能节水管理

公司制定了《节能节水操作手册》，通过定期检查和数据统计分析积极推进分时段照明、空调启停用、生产经营及办公区域节能降耗改造等用水、用电、用油、用气措施落实落地，不断完善公司能耗管理体系。同时，积极推进减污降碳、废旧物资回收利用、油品损耗管控等工作。细化洗车水循环利用，完成节水管理实施升级改造，实现水循环利用。

2.9　严格实施排污许可管理

公司各加油站、油库均按照要求取得《排污许可证》，定期开展证后监测，废气、废水、噪声等监测指标合格。聘请专业机构开展检测工作，储油库、加油站严于国家标准频次开展自测。组织管理人员等开展专业能力提升培训，全员均达标。

2.10　推进绿色物流管理

与承运方重新协商签订补充合同，推进绿色物流建设，新增运输车辆绿色物流要求；承运重型柴油车辆均使用车用尿素降低污染物排放措施。合理安排加油站进油时段，夏季（6–9 月）夜间配送比例达 85%。修订完善卸油作业规范，装载、运输、接卸过程实现油气密闭管控。卸油密封装置及组合式带泵鹤管研发应用。针对铁路罐车卸油期间油气挥发问题，公司所属全资子公司河北中油研发了铁路卸油密封装置，已经取得专利并投入使用。

2.11　深入开展绿色文化宣传工作

充分利用“一网两微三号”六个宣传平台，整合所属各单位媒体资源，建立媒体矩阵；充分利用新媒体宣传绿色企业创建、节能节水等活动，拍摄制作宣传片获得“银河杯”低碳能源影视作品大奖。组织实施绿色企业创建工作答题，提升文化氛围；积极参与“我为碳中和种棵树”公益活动，开展互联共建；并在公司内部 APP 铁人先锋党建平台上常态化宣传，吸引广大员工和公众广泛参与，募集植树造林资金。

3　绿色企业创建的探索

首先是要深化党建落实责任。严格党建主体责任，将党建工作与绿色企业创建工作相互融合，互促互进，推动“双碳”工作走在前列。其次是深化领导管理意识。抓好领导干部关键少数，通过领导干部带动绿色企业创建工作，引导员工响应、支持并积极参与绿企创建工作，只有全员参与的绿色企业才能将创建工作措施落实、落地、落细。再次是统筹部署同步推进。应将绿色企业创建工作融入公司生产经营，统筹做好规划部署；要与业务工作同步开展，不能脱离生产经营。最后是健全完善激励机制。抓好绿色企业创建激励机制建设，本身就是绿色企业创建工作的一部分，好的激励机制可以助力绿色企业创建工作顺利开展，反之则不利于工作开展。

4 结语

绿色企业创建工作是习近平新时代中国特色社会主义建设的大势所趋，做好绿色企业创建工作要强化组织领导，从管理基础做起，锚定双碳总目标，优化绿色产品结构，夯实绿色服务基础，加大清洁能源替代等资金保障力度，持续开发应用污染防治新技术，打好蓝天碧水净土污染防治攻坚战，做实节能节水工作，不断推进绿色物流管理，完善考核机制，最终形成有企业特色的绿色文化。

参考文献

[1]《生态文明体制改革总体方案》，生态环境部官网．
[2]《关于加快推动生活方式绿色化的实施意见》，生态环境部官网．

浅谈电解水制氢技术工业化应用研究

袁国翠　温泽见

（中石化中原石油工程设计有限公司）

摘　要　氢能作为一种可储、可电、可燃烧的清洁能源，从长远来看，可以在高碳排放的工业和电力等领域替代煤炭、天然气等化石燃料，特别是在交通领域，氢能燃料电池在替代燃料与零排放方面具有无可比拟的优势，是世界能源转型的一个重大战略方向。中原油田地处京津冀大气污染传输通道“2+26”城市范围内，环保形势非常严峻，亟待改善能源结构、降低污染物排放，对绿氢项目的建设，地理位置得天独厚，需求十分迫切。本文在目前制氢技术基础上结合中原油田现状进行电解水制氢技术工业化应用研究。

关键词　中原油田；碳达峰；质子交换膜制氢；碱性电解水制氢

1　制氢工艺技术现状

氢能作为二次能源具有来源多元化、终端零排放等优点，在维护能源安全、保护大气环境、推动产业升级等方面具有重要意义。近几年，国内氢能和燃料电池汽车“热度”不断攀升，各级政府积极制定相关战略规划、技术标准、补贴政策等，推动了氢能产业的稳步发展。

氢气按照生产来源，只有使用可再生能源电解水得到的氢气是零排放的，也被称为“绿氢”或“可再生氢”；以化石能源为原料，通过蒸汽甲烷重整（SMR）或自热重整（ATR）等方法制造的氢气成本较低，但是碳强度较高，被称为“灰氢”或“化石燃料氢”。在甲烷蒸汽重整与自热重整制氢过程中增加碳捕捉和储存环节，以焦炉煤气、氯碱尾气、丙烷脱氢为代表的工业副产物提纯制氢，可以降低碳排放量，但无法消除所有碳排量，这样制出的氢气被称为“蓝氢”。尽管氢气的燃烧本身不产生二氧化碳，但是，纯氢在自然中并不独立存在。根据国际能源署的数据，全球目前的氢气产量中，近 99% 的氢气制造仍然高度依赖天然气和煤等化石燃料，其中来自天然气的氢气产量占到 76%。

我国工业年产量氢气量约 4075 万吨，其中煤制氢占 58.9%，焦炭和兰炭副产氢占 20%，天然气和干气制氢占 16.3%，氯碱和其他副产氢占 3.1%，甲醇制氢占 1.7%。

表 1　不同制氢技术路线对比

技术路线		优势	劣势	能源效率/%	氢气价格/（元/kg）	二氧化碳排放量/（$kgCO_2/kgH_2$）	备注
化石能源制氢	煤制氢	产量高、成本低、技术成熟	工艺流程复杂、碳排放量高	≤83	6.8~12	25~30	主要来源
	天然气制氢			≤63	7.5~25	10~12	
工业副产气制氢		成本低、来源广、回收过程碳排放低	建设地点受原料供应限制；提纯工艺复杂	60~80	13~15	<5	氯碱工业、焦炉煤气副产氢资源丰富
电解水制氢	常规电力	运行稳定氢气纯度高	能耗高、制氢成本高	45~55	20~38	25~30	
	可再生电力					0	
生物质制氢		环保产量高	技术不成熟，产品纯度低	40~50	9~16	0	
太阳能电解水制氢		无污染零排放	技术不成熟，转化率低	10~14	≤35	0	

2 氢能发展趋势

（1）绿色可持续发展的理念为氢能产业发展指明方向

2020年9月，习近平总书记在第75届联合国大会提出我国2030年前碳达峰、2060年前碳中和目标，同年12月在气候雄心峰会进一步宣布提升国家自主贡献的一系列新举措。

碳排放受经济发展、产业结构、能源使用、技术水平等诸多因素影响，根源是化石能源的大量开发使用。根据多种模型推导，我国国土范围内的植被，每年所能吸纳的二氧化碳只有10亿吨。目前我国化石能源一次能源比重为85%，产生的碳排放约为每年98亿吨，占全社会碳排放总量的近90%。大力发展“绿氢”是碳中和的战略选择。

我国的碳税方案早已完成设计，经过了数轮讨论、修改和完善，“十四五”期间出台的概率很大。一旦实施，即便每吨二氧化碳征收20元碳税，对排碳企业也会形成较大压力，倒逼企业节能减排，主动开发利用可再生能源。

“十四五”是碳达峰的关键期、窗口期。2021年3月，中央财经委员会第九次会议强调，要构建清洁碳安全高效的能源体系，控制化石能源总量，着力提高利用效能，实施可再生能源替代行动，深化电力体制改革，构建以新能源为主体的新型电力系统。重点行业领域要实施减污降碳行动，工业领域要推进绿色制造，建筑领域要提升节能标准，交通领域要加快形成绿色低碳运输方式。同时，要推动绿色低碳技术实现重大突破，加快推广应用减污降碳技术，完善有利于绿色低碳发展的财税、价格、金融、土地、政府采购等政策。

2）不论“灰氢”或“蓝氢”，最终将被“绿氢”替代

现有技术水平和产业规模情况下，“绿氢”的生产成本高于灰氢、蓝氢。但“绿氢”有着更大发展潜力。生产过程中二氧化碳零产生、零排放；能源耦合性，与上游过剩的可再生能源电能直接耦合；生产消费灵活性，能在应用终端直接生产，减少储运、运输成本。基于质子交换膜技术的电解制氢系统能够以高能量密度和运行效率生产高品质氢气，碱性电解液电解制氢已工业化。在技术进步、市场规模化、政策指引和企业社会责任意识的多重推动作用下，“绿氢”制备的固定和非固定成本均有望下降，使“绿氢”能赶超“灰氢”的经济优势。预计到2030年，中国“绿氢”市场规模将增长近30倍。

绿氢可以助力交通、化工、钢铁、石化等多领域深度脱碳，2022年3月国家发改委发布的《氢能产业发展中长期规划（2021-2035年）》提到，氢能正逐步成为全球能源转型发展的载体之一，氢能是未来国家能源体系的重要组成部分，是用能终端实现绿色低碳转型的重要载体，是战略性新兴产业和未来产业终点发展方向，规划明确提到2025年可再生能源制氢量达到10~20万吨/年，2035年可再生能源制氢在终端能源消费中的比重明显提升，对能源绿色转型发展起到重要支撑作用。

国内氢能产业尚处于市场导入阶段，除部分气体公司外，市场化供氢渠道有限。结合不同技术路线制氢的产能、经济性以及碳排放情况，不同地区须依据其资源禀赋进行选择。在氢能市场发展初期，氢气作为燃料增量有限，工业副产制氢因成本较低，且接近消费市场，将成为有效供氢主体，部分地区可探索开展可再生能源电解制氢项目示范。发展中期，煤制氢配合CCS技术，可再生能源电解水制氢将成为有效供氢主体，积极推动生物制氢和太阳能光催化分解水制氢等技术示范，氢气实现长距离大规模输运。发展远期，中国能源结构从传统化石能源为主转向以可再生能源为主的多元格局，可再生能源电解水制氢将成为有效供氢主体，煤制氢配合CCS技术、生物制氢和太阳能光催化分解水制氢等技术成为有效补充，整体氢能供给充裕，并可实现千万吨级绿色氢气出口。

“灰氢不可取，蓝氢可以用，废氢再利用，绿氢是方向。”工业和信息化部原部长、中国工业经济联合会会长李毅中在2021年中国绿色氢能发展大会上，强调了以绿氢为制氢发展方向的重要性。目前绿氢制取技术有水电解制氢、太阳能光解制氢、生物质制氢等方式。生物质制氢以及太阳能光解制氢技术，目前均在研发、试验阶段，并没有大规模应用到实际中。

3 濮阳市氢量市场需求

中原油田地处濮阳市，根据郑汴洛濮氢走廊规划建设工作方案，加氢站数量达到100座以

上。根据濮阳市需氢现状，需氢量为 2900kg/d，到 2025 年，需氢量为 8400kg/d(其余 11 座加氢站按 500kg/d 考虑)，合计为 $3900Nm^3/h$。

中原油田出台《"十四五"新能源发展规划修正及 2022-2024 年三年滚动计划》，计划到"十四五"末，建成总制氢规模为 $7000Nm^3/h$ 的电解水制氢工厂 3 座，其中，天然气重整制氢为 $600Nm^3/h$，"绿氢"制造规模为 $6500Nm^3/h$：已建《兆瓦级可再生电力电解水制氢示范工程》为 $500Nm^3/h$，本次新建电解水制氢为 $3000Nm^3/h$，后期再建电解水制氢装置 $3000Nm^3/h$，建成中国石化豫北地区"绿氢"供应中心。

4　濮阳市制氢技术工业应用研究

4.1　制氢技术路线研究

制氢技术路线目前主要有：化石能源制氢、工业副产气制氢、电解水制氢、生物质制氢与太阳能电解水制氢等。

化石能源制氢称为"灰氢"或"蓝氢"，无法消除碳排量。生物质制氢与太阳能电解水制氢目前技术应用还不成熟，产品纯度低，氢转化率较低。电解水制氢技术是一种应用广泛、技术成熟、工艺简单、制取的氢气和氧气纯度高的制氢技术，已相当成熟，具有工艺流程简单、制氢过程环保、氢气纯度高等特点，因此阳市制氢技术路线选择电解水制氢，目前电解水制氢技术主要有碱性、固体氧化物以及质子交换膜三种制氢技术。

(1) 质子交换膜电解水制氢技术

1) 技术原理

质子交换膜电解也称聚合物薄膜电解(Proton Exchange Membrane)，它将传统碱性电解槽中的隔膜和电解质替换为全氟磺酸型质子交换膜。PEM 的基本原理示意图如图 1。质子交换膜电解槽主要是由槽体、阴阳极板、电源和质子交换膜组成。质子交换膜的两侧是催化剂构成的多孔电极，它的导电原理是靠氢离子的定向移动来实现的，而氢离子的移动是依靠固定在膜网络上的磺酸根离子来实现的。膜电极组(Membrane Electrode Assembly，MEA)是 PEM 电解槽运行过程中电能转换为化学能的场所，是 PEM 电解池的"心脏"，由质子交换膜以及分布两侧的由催化剂构成的多孔电极组成。

PEM 电解纯水制氢反应遵循如下反应过程：

① 水电解和氧气析出：水分子($2H_2O$)在正极发生水解反应，受电场和催化剂的共同作用分裂成质子($4H^+$)、电子($4e^-$)和气态氧(O_2)；

② 质子交换：$4H^+$质子被吸入含有磺酸基化合物的 PEM 固体质子交换膜内，在电势差的影响下通过固体质子交换膜到达负极；

③ 电子传导：正极水解反应产生的 $4e^-$电子通过外部电路传导至负极；

④ 氢气析出：$4H^+$在负极与 $4e^-$发生反应，析出氢气($2H_2$)。

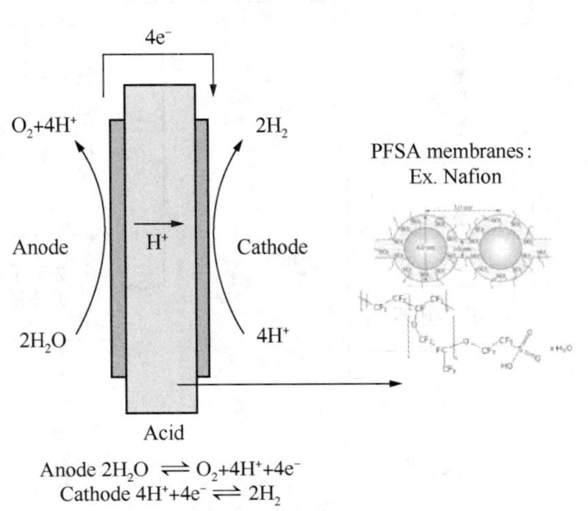

图 1　PEM 基本原理示意图

2) 技术工艺流程

质子交换膜电解工艺流程见图 2。

3) 国内外工业化应用

国内 MW 级制氢应用较少，目前在建项目为中原油田油气加工技术服务中心为 2.5MW PEM 电解水制氢；

三峡集团乌兰察布"源网荷储"技术研发试验基地，远期规划建设 50 万吨/年绿电制氢。近期为 10 万吨/年绿电制氢(含 1195MW 风电、850MW 光伏发电、400km 输氢管线)等，将大幅提高清洁能源消纳水平，提升地区电力电网尖峰负荷保障能力，搜索电网侧储能和绿色电力直供等新模式，促进电力系统"源网荷"协调发展。系统设计运行时间为 12h/d，采用 10 个 $50m^3$ 的 3MPa 低压储罐储存，储存时间约 4d。

加拿大魁北克省 20MW PEM 电解水制氢项目；加拿大贝坎库尔 20MW 项目，液化后供给工业用户，实测直流电耗为 $4.3kWh/Nm^3$H2，系统交流总电耗为 $4.8kWh/Nm^3H_2$，包含水处理、水精制、氢气纯化、冷却水系统、冷冻水、氮气系统及压缩空气系统；该项目采用24h连续运行，氢气液化后，根据市场情况，由管束车拉运，站内液氢储存时间为1~2d。

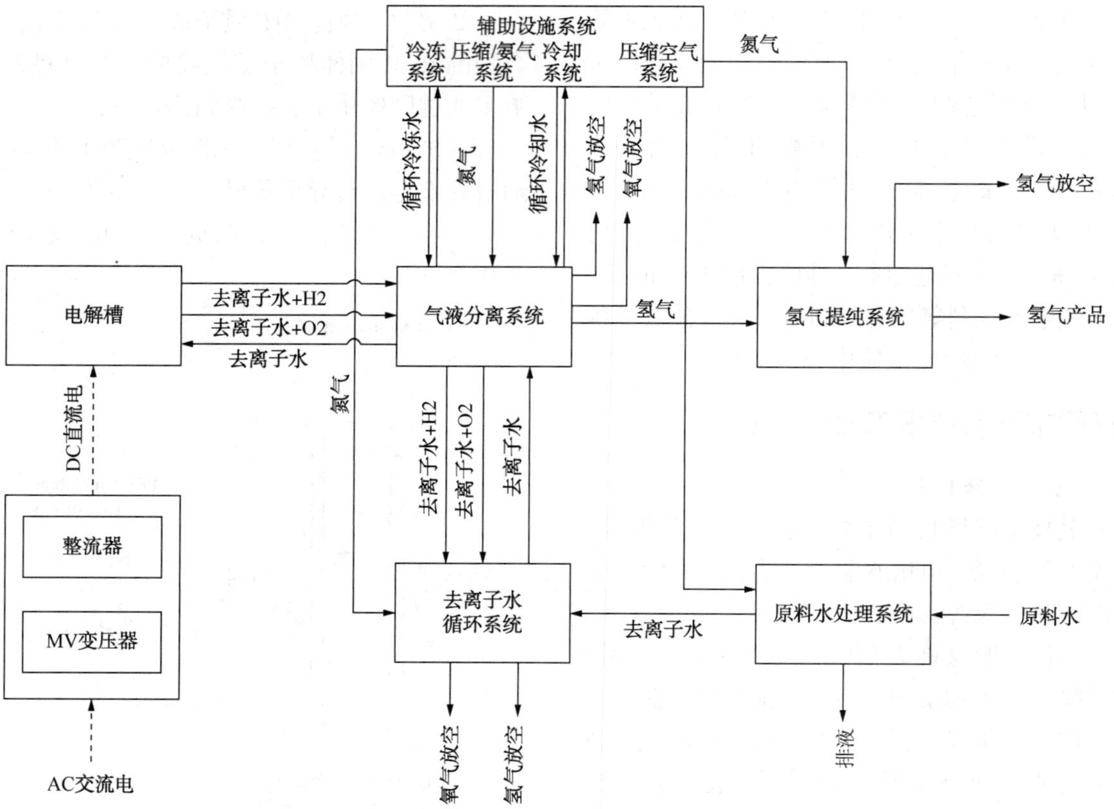

图2 质子交换膜电解工艺流程

欧洲丹麦HyBalance 1.25MW PEM电解水制氢项目，用于交通及工业领域，24h运行，根据下游客户用氢需求，快速进行负载调节，实现柔性生产，现场无人值守，远程控制。采用20MPa管束车拉运，50%通过管道外输，用于工业用户，50%存储拉运，用于交通领域。

（2）碱性电解水制氢技术

1）技术原理

碱性电解水技术采用非金属催化剂，以KOH溶液为电解液，在外部电流作用下，水分子的氢氧键在阴极被打断，得到H^+和OH^-，而H^+得到外部电子后生成H原子，进而产生H_2；而OH^-离子则迁移至阳极区，每两个OH^-离子中有一个O^{2-}被外部电路夺走两个电子，生成氧原子和水分子。

电解槽阴、阳两极的反应式分别为：

阴极：$2H_2O+2e^- \longrightarrow H_2+2OH^-$

阳极：$2OH^- \longrightarrow 1/2O_2+H_2O+2e^-$

由于浓度梯度的存在，OH^-离子的迁移需要额外的能量克服迁移阻力，且由于迁移程的限制，碱性电解水制氢工艺需要较高的过电位。另外，由于电解液电导率的限制，其工作电流密度相对较低。

碱性电解槽通常采用KOH溶液（25~30wt%）作为电解液，在电解过程中不消耗碱液，碱液只起到离子转化的作用。碱性电解槽的基本原理示意图如图3所示，其主要由电解槽、阴极板、阳极板、隔膜、电解液组成。极板一般采用合金制成，比如Ni-Cr-Fe合金，Ni-Co-V合金等，电解KOH溶液，产生氢气和氧气。电解槽的隔膜主要是石棉布，主要作用是分割氢气和氧气。

碱性电解水采用非贵金属催化剂，工作温度一般为85~95℃，成本相对较低。自1789年被发现后，碱式电解水已经成为最成熟的制氢技术，其装机容量可达兆瓦级，是目前市面上使用最多分布最广的制氢技术。

2）技术工艺流程

碱性电解水制氢工艺流程图见图4。

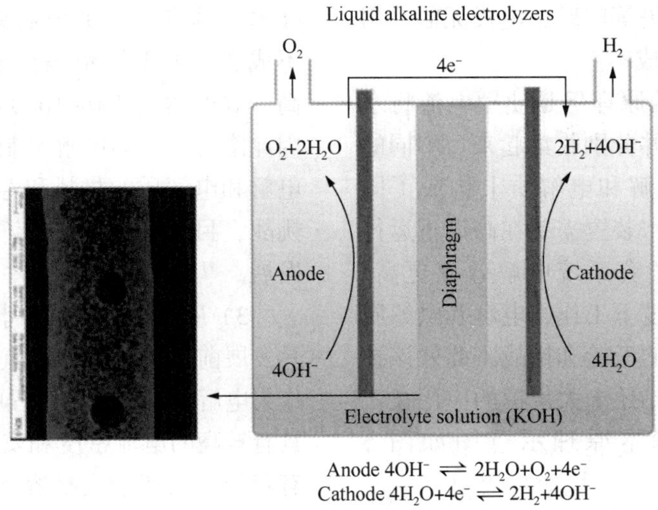

图 3　碱性电解槽的基本原理示意图

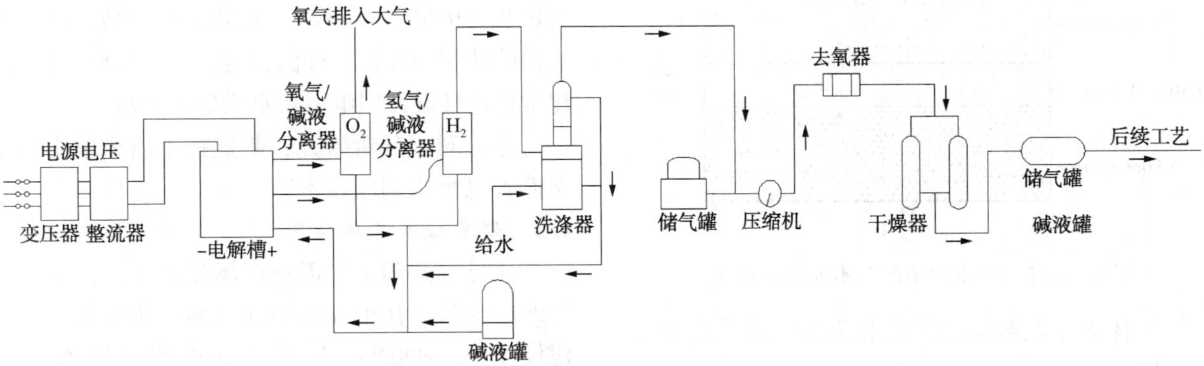

图 4　碱性电解水制氢工艺流程图

3）工业化应用

目前，国内华能、华电、大唐国际、中电投和国电等 5 大电力公司、30 余家电子行业、50 多家石化行业采用碱性电解水技术，碱性电解水技术在国内已得到广泛应用。

1）宁夏宁东基地国家级太阳能电解水制氢综合示范项目，2019 年-2022 年建设，新建 30 套 5MW 碱性电解水制氢设备，生产的绿氢加入煤化工生产流程，替代部分煤制氢，用于甲醇的制造；

2）中石化新疆库车光伏制绿氢项目，主要建设 1188.5MW 光伏发电、2 万吨/年电解水制氢，共新建 52 套 5MW 碱性电解水制氢设备，一期为 300MW 光伏发电及 2 万吨/年电解水制氢及配套系统，生产的绿氢供应塔河炼化，替代原有的天然气制氢模式。

3）内蒙古鄂尔多斯风电光伏制氢项目，建设 332MW 光伏发电、455MW 陆上风电、3 万吨/年电解水制氢及输变电、储氢和输氢等配套系统。

（3）固体氧化物电解水制氢技术

1）技术原理

固体氧化物电解槽（Solid Oxide Electrolyzer Cell，SOEC）是韩国能源研究所，开发出来的一套效率更高的水电解系统。但这套系统需要在高温下运行，其运行时所发生的电极/电解质、电极/双极板和双极板/电解质等许多界面反应导致材料的稳定性难以保证，从而制约了 SOEC 电解水技术的商业化进程，目前仍处于实验室研发阶段。

固体氧化物中间（核心）为致密固体氧化物电解质，首选萤石结构的稳定氧化锆 ZrO_2，如 Y_2O_3/ZrO_2（YSZ），高温时具有良好氧离子导电性和高稳定性，价格昂贵。两侧为多孔电极（阳极和阴极），此外还有封装材料。

固体氧化物电解槽操作温度高（YSZ 为 700~1000℃），能加快电极反应速率，显著降低电极极化电压，实现高效率高通量制备 SOEC 全固态结构。气体产物易分离，能避免液态电解质蒸发、腐蚀和电解液流失等问题，电极无需采用 Pt 等贵金属，大幅降低成本。

SOEC 电解水技术的原理仍是使用电流将水分子电解成氢气和氧气并分别收集起来。不同的是，这套电解系统在电解和电解质上构成了固态。这套固体氧化电解水装置需要在高温下运行（700～1000℃），因此整套系统电解效率更高。但是电解槽在较高的温度下工作，电解和电解质的材料和寿命均是较大的考验和挑战，此外该技术目前还在实验室阶段，还未大规模的应用在工程实际中。SOEC 的基本原理示意图如图 5 所示。

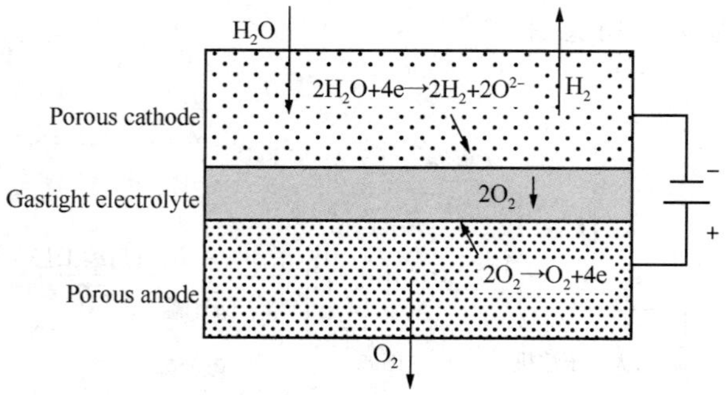

图 5　固体氧化电解槽的基本原理示意图

固体氧化电解槽的阴极和阳极反应分别为：

阴极：$H_2O+2e^- \longrightarrow H_2+O^{2-}$

阳极：$O^{2-} \longrightarrow 2e^-+1/2O_2$

2）工艺流程

水以蒸汽的形式进入电解槽，在负极被分解为 H^+ 和 O^{2-}，H^+ 得到电子生成 H_2，而 O^{2-} 则通过电解质 ZrO_2 到达外部的阳极，生成 O_2。电解质的主要作用为选择性地使氧离子或质子透过但防止氧气和氢气的透过，因此，一般要求电解质致密且具有高的离子电导率。

3）工业化应用

固体氧化物电解水技术目前还于实验室开发阶段，暂无工程实例。

（4）工艺技术对比研究

对三种电解水制氢技术的优缺点进行研究分析如下。

1）碱性电解水技术是发展时间最长、技术最为成熟的技术，运行寿命可达 20 年。与其他电解水制氢技术相比，具有操作简单、成本低的优点。而因为以下不足，该技术的使用受到较大的限制。

2）固体氧化电解水技术是一种新型电解水技术，具有较高的电解效率（90%以上），但尚不成熟。由于使用该技术电解制氢工作温度较高，温度达到 700～1000℃，制造工艺比较复杂，因此降低了高温电解水制氢的综合效率，以及对电解和电解质的材料和寿命均存在较大的考验和挑战，目前仅在实验室和通过小型示范规模发展。

3）质子交换膜电解水技术被誉为制氢领域极具发展前景的水电解制氢技术之一，它利用纯水作为电解液，在电解过程中不添加任何化学药品，具有较高的电流密度和安全性；磺酸质子交换膜有着较高的离子交换容量和良好的气体阻隔性，用作电解槽的隔膜材料，可以有效的隔离氢气和氧气的混合，使产生的气体纯度提高，氢气纯度可达 99.9995%，且无腐蚀作用；电解效率高，电解槽的使用寿命长，性能稳定，并且电解损耗小，化学稳定性好；但电解水水质要求更高。

进行对比分析研究，制氢技术路线采用质子交换膜电解水制氢技术。

4.2　制氢技术工业应用

通过对濮阳市氢能的市场需求分析，结合中原油田现状，在中原油田油气加工技术服务中心建设 1 套 3000Nm³/h 质子交换膜电解水制氢工艺。

（1）制氢标准

制氢产生的氢气满足《质子交换膜燃料电池汽车用燃料　氢气》（GB/T 37244—2018）中燃料氢气的技术指标，同时满足加氢站用氢要求，因此，氢气质量参数详见表 2。

表 2　制氢工艺技术参数

名称	单位	参数
产气量	Nm^3/h	3000
纯度	%	≥99.99%
压力	MPa	1.6

（2）制氢工艺流程

质子交换膜制氢工艺主要包含原料水系统、PEM 电解水制氢系统、储运系统、空氮系统、冷却循环水系统等部分组成，工艺流程见图 6。

5　结论及建议

（1）结论

中原油田油气加工技术服务中心 3000Nm³/h

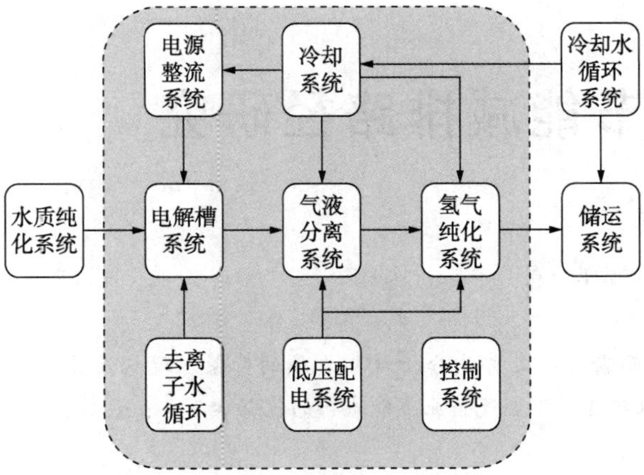

图 6 质子交换膜制氢工艺流程

可再生电力电解水制氢扩能项目符合国家碳中和的目标和行业发展的方向，符合中石化“第一大氢能公司”的愿景目标，符合能源结构改善、降低污染物排放的要求，对于推动氢能源的开发利用以及新能源的技术迭代具有重要意义，建议尽快实施。

（2）建议

1）在工业化应用时对站场进行统筹考虑，充分利用已有资源，避免不必要的重复性减少，节省工程投资，缩短施工周期，提高经济效益。

2）可根据工艺组成部分，结合“五化”要求，对质子交换膜制氢进行模块化橇装化设计，缩短施工周期，提高施工质量与效率。

3）为促使经济效益最大化，建议为质子交换膜制氢工艺用电设施配套风电或光伏发电。

参 考 文 献

[1] 徐进，丁显等，电解水制氢厂站经济性分析 . 储能科学与技术 2022 年 11 卷第 7 期：2374-2385.

[2] 俞红梅，邵志刚等，电解水制氢技术研究进展与发展建议 . 中国工程科学 2021 年 23 卷第 2 期：146-152.

[3] 丁显，冯涛等，风电光伏波动性电源对电解水制氢电解槽影响的研究进展 . 储能科学与技术 2022 年 11 卷第 10 期：3275-3284.

双碳背景下燃气企业节能减排路径研究

高京卫

（陕西省天然气股份有限公司）

摘　要　低碳经济视域下，节能减排的重要性不言而喻。本文首先分析双碳发展的背景、现状及意义；其次，立足陕西省天然气股份有限公司，客观描述双碳背景下燃气企业节能减排的优势和劣势；最后，对燃气企业节能减排路径进行研究，针对性提出建议对策。

关键词　双碳；燃气；天然气；节能减排；路径

中国是最大的能源消费国和碳排放国，解决能源短缺、降低碳排放，同时要保证经济稳定发展成为当下的重点工作之一。现阶段，我国石油化工企业的发展非常迅速，虽然其在很大程度上促进了我国的经济增长，但是却对生态环境造成了比较严重的创伤。因此，节能减排工作成为当下燃气企业的重点之一。

1　双碳发展的背景和现状

全球变暖和生态环境的不断恶化，已影响到人类的生存和发展，而化石燃料的燃烧，是造成温室效应的“罪魁祸首”。在此背景下，习总书记向全世界宣布了中国“双碳”目标，也彰显了在能源发展和环境治理方面的大国担当。

1.1　能源消费结构转变，燃气产业前景广阔。

中国的能源消费结构中，煤炭占比非常大、而天然气占比较小，2006 年以后，中国已经成为世界二氧化碳第一排放大国。2019 年，中国的碳排放总量已经超过美国和欧盟的总和，并且还未达峰，我国能源消费结构亟需进一步优化。双碳目标的提出，倒逼我国能源发展向低碳转型，而天然气作为清洁低碳的化石能源，将成为实现“碳达峰”“碳中和”目标的过程中重要的能源之一，能源比重将快速增加，消费市场将处于稳健增长期，对燃气行业发展产生积极的影响，这也是国家高质量发展的必然要求。

陕西省天然气资源丰富，是全国天然气富产地之一，2021 年全省天然气产量稳居全国前列，规模以上工业天然气产量 294. 13 亿立方米，天然气市场需求也实现了快速增长，消费约 128 亿立方米，同比增长 9. 6%，为陕西能源低碳转型提供了良好的发展基础。随着居民生活水平的不断提升、城镇化和工业化的稳定推进，以及省内天然气干支线管网设施建设加速及管网向周边省际的延伸，天然气消费市场空间进一步扩大，在“铁腕治霾”“大西安”发展规划等政策加持下，我省燃气产业将迎来一个难得的战略机遇期，前景广阔。

1.2　推动双碳战略实施，影响重大意义深远

做好碳达峰碳中和工作，不仅有利于集团公司的绿色高质量发展，且对我国实现高质量发展、全面建设社会主义现代化强国具有重大意义。一是强国发展方面，做好碳达峰碳中和工作，将加快形成绿色经济新动能和可持续新增长，显著提升经济社会发展质量效益，为我国全面建设社会主义现代化强国提供强大动力。二是生态文明方面，大力实施节能减排，全面推进清洁生产，加快形成绿色生产生活方式，助推生态环境质量改善由量变到质变的变革，不断促进生态文明建设取得新成就。三是能源保障方面，目前我国不少领域能源利用效率与国际先进水平相比还存在较大差距，而做好碳达峰碳中和工作，坚持先立后破，以提高能源利用率为前提构建现代能源体系，是增强能源供应的稳定性、安全性、可持续性，以及维护能源安全的重要保障。四是战略地位方面，中国作为世界上最大的发展中国家，积极参与全球气候治理，成为全球生态文明建设的重要参与者、贡献者、引领者，为进一步构建人类命运共同体、共建清洁美丽世界作出巨大贡献，展现了推动构建人类命运共同体的大国担当，提升了国际地位。

2 双碳发展下燃气企业面临的优势与劣势

碳中和背景下，燃气企业面临的机遇与挑战并存，如何系统总结所属优势、科学分析面临挑战、找准发展的发力点突破点，是推动集团公司高质量发展的迫切需要。

2.1 优势显著

双碳目标下，集团公司在打赢双碳目标这场硬仗中极具竞争优势，为双碳目标的实现提供有力保障。

（1）发展空间较大。

延长集团业务目前覆盖油气勘探开发、煤油气综合化工等六大板块，从延长集团“十三五”期间各板块投资占比情况来看，石油勘探开发和煤油气综合化工两大板块占比约51%，天然气勘探开发占比约16%，由此可见，天然气的利用有较大发展空间，燃气业务未来仍是转型发展的主业。

（2）产业链优势。

借助延长石油集团全产业链一体化的优势，形成“多点多气源供给、管网全省覆盖”的供气格局，有效降低了煤炭等能源的利用。

（3）技术支撑。

公司聚焦双碳目标，围绕氢能源利用、甲烷排控、降能降耗等诸多方面联合攻关，加大科研攻坚力度，集智攻关破解卡脖子技术，加强科技项目攻关及成果转化应用，释放工作效能，有利推动双碳目标的实现。

（4）人才保障。

公司始终注重围绕核心产业，强化培养培训，多层次培养人才，形成一支数量充足、专业齐全、结构合理、素质优良的天然气技术、管理人才队伍，推进企业实现跨越式发展。

2.2 挑战突出

在推动双碳目标实现的进程中，仍存在掣肘问题，制约公司高质量发展。

（1）天然气仍是碳排放管理的重点。

燃气虽属于清洁能源，但其燃烧同样产生大量的二氧化碳，这是温室效应的主要物质之一，是地球升温麻烦的主要制造者之一。在双碳控行动的大形势下，我国今后的能源消费总体趋势必然是大力使用电能和氢能，抑制使用化石能源，其中必然包括抑制使用天然气。尤其是部分国家已实行征税、开办碳排放权交易、碳排放量配额管理和排放上限逐年降低机制等方式，限制天然气的使用。不难推断，我们国家将天然气纳入碳排放管理也将是未来发展的趋势。

（2）燃气安全发展难以保障。

燃气产业在飞速发展的同时，由于其易燃易爆性，呈“易发多发”态势，事故发生率仍然较高，风险和隐患依然存在，安全形势严峻，尤其是2021年湖北十堰“6·13”重大燃气爆炸事故、沈阳“10·21”燃气爆炸事故等引起了高度关注，社会影响恶劣，对政治稳定、经济发展、社会安定等造成的影响越来越难以预测和控制。

（3）优质市场趋于饱和。

从公司发展状况看，公司管网设施纵贯南北、延伸东西、已覆盖陕西省大部分地区，天然气管道“市市通”比例100%，“县县通”比例超过80%，省会城市、直辖市以及重点地级市、县等优质市场趋于饱和，只有乡镇地区还存在一些待开发市场，经济效益低下，公司面临发展瓶颈。

（4）或将存在价格劣势。

近十几年来，我国大力发展水电、光伏、风电、核电等，已经奏响了“以电去气”的前奏曲，尤其是氢能的发展，也对天然气带来一定威胁。一旦日后按照欧美的控碳路径前行，采取征收碳税等措施抑制天然气的使用，势必提高用气成本及用气价格，燃气企业将面临着严峻考验。

3 燃气企业节能减排路径研究

在“十四五”能源改革、数字化发展背景下，集团公司发展定位为“国内领先的清洁能源综合服务商”，从储、输、销、用、产、服五大业务板块入手，打造陕西省的千亿级天然气上市国企。整体规划非常全面，任务量很大，但如何突出重点、有效推进需要进一步研究。

3.1 强化顶层设计，探索科学管理新维度

重新整合企业组织管理资源，制定双碳排控下的企业发展战略，是实现绿色高质量的支撑基础。一是完善组织机构，适时成立“双碳”研究中心或新能源发展工作专班，并确定有实力的新能源开发企业为“链主企业”，构建完整的新能源产业链体系。二是确定发展战略，对原有战略规划进行调整，融合碳排双控和新能源发展等相关内容，做好具有前瞻性的发展战略、规划和计划。三是培育新型人才，公司现有燃气技术成

熟、人才充沛，但双碳研究及新能源方面的研究力度不够、人才储备不足，因此，要大力引进和培养相关技术及人才，顺应能源发展大势要求。四是做好财务支持，保证新业务发展与新课题研究的资金需要，同时，作为上市公司，要有效利用资本市场，以市场化运作为手段，推动公司高质量发展。

3.2 凝练发展需求，赋予内生外化新动能

当前，延长石油集团增资扩股燃气集团，打通了全省天然气上、中、下游产供储销全产业链，为公司转型升级、加快发展注入新的活力。一是发挥协同优势。充分发挥延长集团内外部协同优势，加快整合燃气上中下游全产业链业务，做大、做强燃气产业，最终实现燃气集团功能定位目标。二是抢占多方气源。加大上游气源点配置、抢占下游市场，实施“走出去、引进来”战略，增加上游资源点配置，提升竞争力。三是优化管网布局。加快推进与国家管网公司的合作或并购，早日融入全国“一张网”的发展格局，并推动长输管道和互联互通重点工程建设，进一步完善全省一张网的管道布局。同时，针对人口不足经济规模，或天然气预期消费量不达要求的小城镇，要谨慎对待新增管道气项目，避免增加碳税、降低电价及光伏发展等直接影响到项目的经济效益和投资回收。若是承担民生保供的项目，则要在“补贴”上做足文章，确保项目的经济效益。四是做大城燃业务。深耕区域市场，探索布局乡村气化市场，积极开拓增值业务，实现由供应商向服务商转型。同时，要推动企业兼并重组，充分发挥延长石油集团在涉气产业领域所形成的全产业链优势，以及在城镇燃气领域所形成的资金、技术、管理及干部人才队伍等方面的优势，在城镇燃气“规范化”管理提升期和“规模化”整合并购期到来之前，抢抓机遇期和窗口期，通过兼并重组方式，优化燃气资源配置，推动公司高质量发展。五是储气调峰建设。持续加大储气调峰设施建设力度，多管齐下补齐调峰能力短板。以 LNG 工厂、地下储气库等为主，以气田调峰、可中断供应和可替代能源等调节手段为补充，加快推进多层次储气调峰体系建设，形成与用气规模、管网规模、用户数量相匹配的储气调峰体系，满足任何情况下的安全平稳供气。

3.3 超前谋划部署，研判转型升级新方向

要对接市场需求，挖掘公司潜力，大力拓展天然气市场，去变革、去开拓，审视传统燃气业务，积极进入新领域，更好地应对“双碳”战略下的机遇和挑战。一是拓展氢能源。以供给侧和需求侧为出发点，重点布局新能源产业链应用领域，如布局氢能利用。目前压缩氢气与液态、固态和有机液体储氢技术相对成熟，但氢能的储运和加注产业化整体滞后，仍有较大发展空间。二是创新分布式燃气能源。目前多数分布式天然气示范项目市场经济效益并不理想，在后来居上的分布式光伏及控碳政策的双重影响下，分布式燃气发展面临挑战。因此，要重新定位分布式燃气能源项目，以天然气分布式能源为基础，尝试构建集加气、加氢、充换电桩等于一体的综合交通能源站，扩大燃气综合利用，成为功能较全的“加能站”。三是介入垃圾处理及其发电业务。垃圾处理和发电+与燃气企业业务属于“近亲”，在技术上已经成熟，商业应用也早已拉开序幕，是国家鼓励、社会需要的新发展方向之一。IPCC 报告研究成果表明，等量甲烷燃烧后产生的二氧化碳温室效应比等量甲烷不燃烧而直接排放到空气中所产生的温室效应低 21 倍。因此，大力发展垃圾处理及发电业务，减少沼气直接排放，不仅具有良好的社会经济效益，而且有利于实现双碳控目标。四是推动数智化转型发展。将数智化发展列为公司的重要发展战略，通过工业互联网、数字孪生等技术，以场站无人化、智能化为切入点，大幅减少企业运营成本，并大力推进技术研发与节能改造，深入开展减少燃除、甲烷减排、天然气脱碳等工作，实现企业安全高效管理。同时，建立完善以“企-政”数据互通的数据流通体系，推动数据要素高效流通。五是积极参与碳交易。作为能源企业，要积极参与碳排放事务，通过参与碳交易，熟悉全国乃至全球主要国家和地区的碳减排、碳交易情况，为日后碳排放配额、碳交易事务管理以及人才培养奠定基础。同时，通过代理一些燃气消费大户或节能减排大户进行碳交易和配额管理，为实现双碳目标做出贡献。六是加强交流合作。要加大国内、国际燃气行业交流与合作，深度参与全球能源治理，以更高水平的对外开放打造行业竞争优势，并发挥上市公司平台优势，积极探索开展天然气贸易，实现产业发展和金融支持相结合，为全球可持续发展提供中国智慧。

参 考 文 献

[1] 韩中合，祁超，刘明浩．十三五规划“节能减排”目标实现路径研究[J]．干旱区资源与环境，2018，32(03)：23-27.

[2] 窦守花，闫卫林．石油化工企业节能减排的现状及对策[J]．当代化工研究，2021(08)：95-96.

[3] 张雯娴．温室效应治理与温室气体检测问题探析[J]．能源研究与利用，2014(05)：32-37.

[4] 罗琼．习近平关于碳达峰碳中和重要论述：逻辑理路、价值意蕴与践行路径[J]．治理现代化研究，2022，38(04)：5-13.

[5] 黄晟，王静宇，郭沛，李振宇．碳中和目标下能源结构优化的近期策略与远期展望[J]．化工进展，2022，41(11)：5695-5708.

[6] 王一鸣．中国碳达峰碳中和目标下的绿色低碳转型：战略与路径[J]．全球化，2021(06)：5-18+133.

CCUS-EOR 技术应用探讨

赵艺皓　沈全锋　郭　超

（中国石油工程建设有限公司）

摘　要　随着全球气候变暖的日益严重，碳捕集、利用和封存（CCUS）技术是目前世界各国公认的最具有潜力的减碳技术。CO_2 埋存是 CCUS 技术的最后一道也是最重要的环节，其中，地质利用是目前所有封存中最为成熟的技术。CO_2 能否有效、经济和安全地大量地质埋存，直接影响着 CCUS 技术的发展和碳减排的规模和效果。本文重点分析了地质利用中二氧化碳驱油（CCUS-EOR）的机理及注采地面工程技术，为进一步推动 CCUS 技术的发展提供参考。

关键词　碳捕集；利用和封存（CCUS）；碳减排；地质利用；二氧化碳驱油（CCUS-EOR）

1　前言

随着温室气体的急剧增长，气候变暖已经成为全球性重大问题，引发了旱灾、水灾、冰川消融和海平面升高等一系列环境问题，对人类生活和可持续发展产生了不可估量的威胁，其中尤以化石燃料产生的二氧化碳巨量排放影响最为严重。2021 年全球大气 CO_2 浓度达到 415ppm 的历史新高，中国 CO_2 排放量超过 119 亿吨，占全球总量的 33%，位居全球之首，减少温室气体排放和稳定全球气温势在必行且面临着巨大压力和挑战。近几年，全球二氧化碳排放和增长速度情况如图 1 所示，虽然碳排放增长速度近年来有所减缓并趋于平稳，但是碳排放总量持续增高。

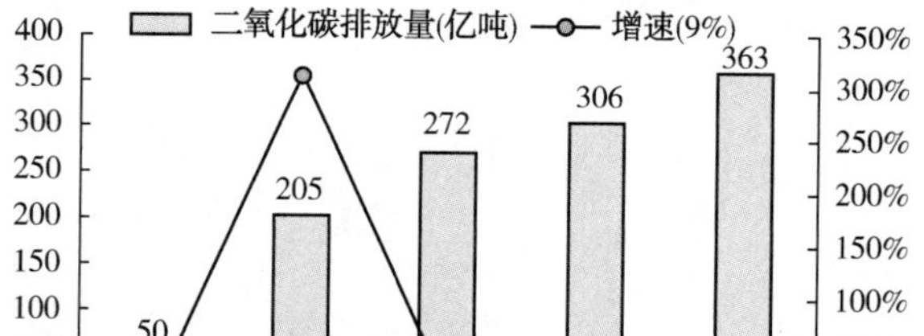

图 1　1980—2021 年全球 CO_2 排放量及增速情况

二氧化碳捕集、利用和封存（CCUS）低碳技术，作为一项重要的碳减排技术，在我国碳减排时间紧、强度大，化石能源占比高的国情下，发挥着不可或缺的重要作用，且逐渐被世界各国公认为是最具潜力的碳减排技术。其中，CO_2 的地质利用与封存是 CCUS 技术中的关键环节，选择合理的埋存技术和埋存场所对实现“双碳”目标起着至关重要的作用。地质利用与埋存具有封存潜力大、安全性高和操作性强等特点，是当今 CO_2 封存的主要手段。笔者系统阐述 CCUS-EOR 地面工程技术及其注采工艺、CO_2 的埋存分类、埋存机理、埋存风险及应对措施，为进一步发展 CO_2 地质利用与埋存技术和扩大应用规模提供了借鉴和参考。

2　CO_2 地质利用技术（CCUS-EOR）

CO_2 注入枯竭油藏后，不仅实现 CO_2 的埋存，还能起到进一步驱油作用，提高采收率，即目前广泛应用的二氧化碳驱油（CCUS-EOR）技术。CO_2 被注入到油藏中，不断与地层中的原油和地层水发生接触并溶于其中，形成溶解气埋存，使原油体积发生膨胀，黏度降低，流动性增强，更容易被采出，其原理如图 2 所示。

CCUS-EOR 技术具有碳埋存减排社会效益与驱油经济效益兼得的优势。据研究，我国适合 CO_2 驱油地质储量近 200 亿吨，可以增加原油产量超过 20 亿吨，埋存 CO_2 超过 100 亿吨。截止到 2019 年末，我国累积注入 500×10^4t CO_2 用于驱油，提高采收率幅度为 3.0%～15.0%，平均约为 7.4%。

2.1　CCUS-EOR 技术的分类

根据驱替方式不同，CO_2 驱油可分为混相驱、非混相驱和近混相驱三类。实现注入的 CO_2 与原油混相的最小压力称为最小混相压力（MMP）。结合我国实际情况，若油藏地层压力比 MMP 高 1MPa 以上，称为混相驱；若油藏地层压力比 MMP 低 1MPa 以内，称为近混相驱；若油藏地层压力比 MMP 低 1MPa 以上，称为非混相驱；若油藏地层压力低于 MMP 的 75%以上，考虑到注入性差、气窜严重等原因，不建议实施 CO_2 驱油。

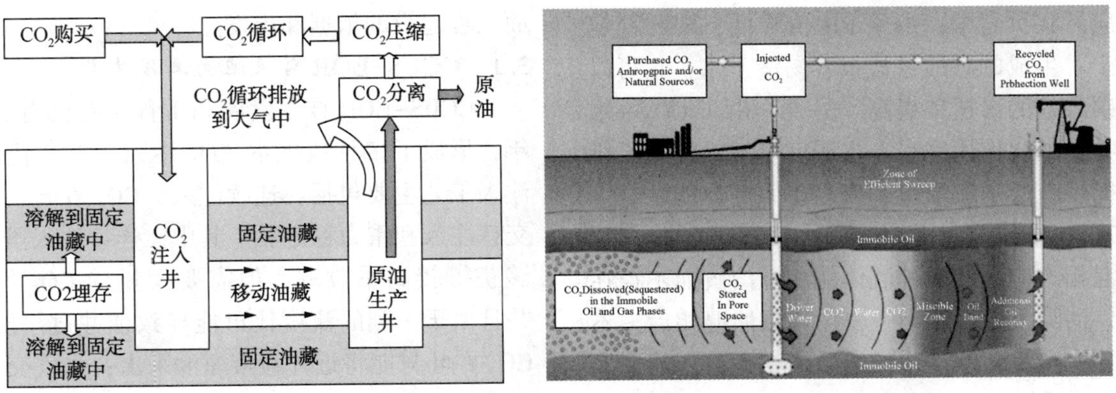

图 2　CCUS-EOR 地面工程技术

目前，国内应用最多的为混相驱油和非混相驱油。混相驱油主要依靠混相效应，CO_2 与原油相间传质后形成的混合油带具有良好的流动性，能够有效提高 CO_2 波及体积和驱油效率。非混相驱则通过提高驱油效率和恢复储层能量来提升驱替效果，CO_2 通过引起原油体积膨胀、降低界面张力和萃取轻质组分提高驱油效率，通过溶解膨胀原油，恢复储层能量。工程应用中，根据油藏情况和原油性质来选择 CO_2 驱油方式，筛选标准如表 1 所示。

表 1　CO_2 驱油筛选准则

驱油类型	原油相对密度	油藏深度/m	原油黏度/mPa·s
CO_2 混相驱	<0.825	>762	<10
	0.865~0.825	>853	<10
	0.887~0.865	>1006	<10
	0.922~0.887	>1219	<10
CO_2 非混相驱	0.92~0.98	>549	<600

2.2　CCUS-EOR 驱油提高采收率机理

CO_2 驱油提高采收率机理主要包括如下几个方面：

2.2.1　降低原油黏度

CO_2 与原油有很好的互溶性，能够降低原油黏度至原黏度的 0.1 倍甚至 0.01 倍。原油初始黏度越高，降黏后的黏度差越大，相当于增加了原油的流动性，进而提高原油的采收率。在同一温度条件下，压力升高时，CO_2 溶解度升高，降黏作用随之提高。但是，若压力超过饱和压力时，黏度反而上升。

2.2.2　降低油水界面张力

残余油饱和度随油水界面张力的降低而减小。CO_2 极易溶解于原油，其在油中溶解度比在水中的溶解度大 3~9 倍。在驱油过程中，大量的 CO_2 与轻烃混合，可大幅度的降低油水界面张力，减少残余油饱和度，从而提高原油采收率。

2.2.3　膨胀作用

在一定压力条件下，原油中注入 CO_2 可以使原油体积膨胀 28%~50%。CO_2 溶于原油后会使其体积膨胀，增加其弹性，促进原油在多孔介质中流动，同时，还减少了流动过程中的流动阻力和毛管阻力。

2.2.4　溶解气驱作用

由于 CO_2 在原油中的溶解度较大，在注入过程中，一部分 CO_2 溶于原油，随着注入压力上升，溶解的 CO_2 量越来越多，当油藏停止注入 CO_2 时，随着生产的进行，油藏压力降低，油藏原油中的 CO_2 就会从原油中分离出来，为溶解气驱提供能量。即使停注，油藏中的 CO_2 气体仍然可以驱替油藏中的原油，而且，一部分 CO_2 像残余气一样圈闭在油藏中，进一步增加采出油量，从而达到提高原油采收率的目的。因此，CO_2 的溶解量与提高采收率为正相关。

2.2.5　改善流度比

因大量注入的 CO_2 在原油和水中的溶解，地层水碳酸化，导致原油流度增加，而水的流度降低，进而原油和水的流度趋于接近，使水的驱油能力提高，也进一步扩大了水驱的波及面积，从而显著提高了驱油效率。

2.2.6 提高渗透率和酸化解堵作用

CO_2—水的混合物略带酸性并与地层基质发生反应。在页岩中，由于PH值降低，碳酸稳定了黏土。生成的碳酸氢盐很容易溶于水，它可以导致碳酸盐的渗透率提高。另外，由于CO_2—水混合物的酸化作用，在一定程度上解除储层无机垢堵塞，疏通油流通道，恢复单井的产能。

2.2.7 混相效应

混相效应是指两种流体能相互溶解而不存在界面，消除了界面张力。CO_2与原油混相后，不仅能萃取和汽化原油中的轻质烃，而且还能形成CO_2和轻质烃混合的油带。油带移动是最有效的驱油过程，可使采收率达到90%以上。

3 CO_2注采地面工程技术

CCUS-EOR技术要根据油藏具体特征及油藏的地质开发特点，对油藏地层井网的布置和注采等工程进行合理设计，并在工程实践中不断优化调整。其中，注采工艺是CO_2驱油技术的关键组成环节，起着承上启下的重要作用，是完成油藏驱油工程成功的保证，也是CCUS-EOR地面工程建设的依据和出发点。

3.1 CCUS-EOR注采地面工程技术

CCUS-EOR技术发展和工程实践已有30余年，形成了多种成熟的CO_2注入工艺，传统的注入工艺主要包括：连续注入、CO_2吞吐、水气交替注入和重力稳定驱。其中，连续注入虽然能够获得较高采收率，但需要大量的CO_2气源，并且由于不利的流度比可能导致油井过早气窜；CO_2吞吐只能将近井地带原油采出；水气交替注入将注水和注气两种工艺相互结合，更好地控制CO_2的注入量，提高了采收率，但是在特低渗透油藏中的注入能力受到限制；重力稳定驱替对油藏倾角和注入速度要求均较为严格，适用范围较小。各种CO_2注入工艺的特点如表2所示。

表2 各种注入方式优缺点对比

注入方式	优　点	缺　点	影响因素
连续注入	驱油效率高；混相压力小	CO_2用量大；CO_2突破早，波及面积小	注入速度；CO_2用量；地层渗透率和饱和度
CO_2吞吐	资本投入少；较高的CO_2利用率；可以在小断块油藏使用	采收率小	注入速度；周期注入量；应井时间等
水气交替注入	改善了流度比，提高了波及系数；CO_2用量少，换油率高	可能造成水屏蔽和CO_2旁通包油；腐蚀问题	非均质性；润湿性；注入相关参数；渗透率；流体性质等
重力稳定驱	较高的采收率	CO_2用量大；油藏需要具有大的倾角	注入速度；油藏倾角的大小

随着CCUS-EOR技术的发展，通过将上述各种注入工艺的改良、优化和组合，CO_2注采地面工程技术也在不断发展和进步，进一步提高CO_2驱油的效率。下面详细介绍几种常用的新兴注采工程技术。

（1）CO_2分层注入工艺技术

在向油藏注入CO_2技术中，主要有分层注入和笼统注入两种方式。由于部分油藏层间的非均质性比较强，笼统注入方式会引起层间压力不均，造成纵向的油层吸气不均匀，最终导致CO_2的波及体积达不到预期效果。分层注入工艺技术能够避免笼统注入的弊端，但需要在注入前对注气井及井下布置进行优化设计，才能实现地面和井下的分层注入。在工艺设计上还需要重点考虑注气井口的结构、注气管柱尺寸的大小和优选。

（2）高效举升工艺技术

驱油过程中，CO_2一旦突破，采油井内CO_2含量和层间的气油比会瞬间升高。不仅会造成采收率降低，同时对常规的抽油机工艺提出了更高的要求。如果抽油机工艺在高气油比环境中的适应较差，则无法保证正常的生产。高套压、高气油比举升技术的应用能够很好地应对CO_2气窜、层间的气压升高等问题，保证原油的采收效率。对于高气油比的油藏和油井，在泵下安装气液分离器，采收过程中将气液进行分离，降低进入抽油泵的气体含量，有效维持原油的正常生产。同时，结合气举阀的辅助抽取，从而达到控制套内压力、提高举升效率的目的。

（3）周期注气工艺技术

周期注气是近年来提出的一种新的注气方式，它结合了目前常用的连续注气、水气交替和 CO_2 吞吐 3 种注入方法的特点。该工艺首先注入一个周期的 CO_2，然后关井浸泡一段时间，CO_2 在浸泡期间溶解到原油中，增大原油体积，降低黏度，待浸泡期结束后，开井继续注入 CO_2，即两个注入周期中间加入一个关井浸泡时间段。周期注气加强了注入气与原油的传质作用，充分利用了 CO_2 的驱油机理，并较好控制了流度比。因此，对于特低渗透油藏，周期注气是较合适的注入方式。

3.2 CCUS-EOR 注采地面工程技术的关键工艺

注采地面工程技术包含很多重要工艺技术，其中对注采效果影响较大的关键工艺包括：CO_2 脱水和除尘处理、CO_2 注气压缩机的选择和 CO_2 注气管道腐蚀控制。

（1）CO_2 脱水、除尘处理

由于天然气中 CO_2 含量较高，最高可达到 70%，且气井采出水中含有少量氯离子，有较强的腐蚀性，容易对下游的注气压缩机、高压注气管道及注气井口造成腐蚀。根据 API 规范要求，注气压缩机为满足运行工况要求，各级气缸主要采用球墨铸铁和低碳合金钢，无法采用强度较低的不锈钢，因此压缩机对于入口气体的腐蚀性有相应的要求，在高含 CO_2 的工况下，建议运行介质的露点控制在-10℃左右。因此，应采取先脱水后注气处理工艺。高含 CO_2 天然气脱水方法主要有甘醇吸收法和固体吸附法。

（2）CO_2 注气压缩机的选择

注气压缩机根据具体工况，合理选择压缩机，主要参数包括：驱动方式，压缩机级数及压比，压缩机功率，工艺系统材料，气体流速和工艺介质温度。

（3）CO_2 集输管道腐蚀控制

CO_2 集输管道的类型一般分为均匀腐蚀和局部腐蚀，局部腐蚀以点蚀为主。

合理选择管道材质是控制管道内腐蚀的主要方法。CCUS-EOR 集输管道 CO_2 含量高，腐蚀严重，从安全性考虑，不推荐采用碳钢。碳钢本身耐蚀性较差，虽可通过添加缓蚀剂来经济、有效地达到降低腐蚀目的，但对于一些苛刻腐蚀环境，其安全可靠性不易得到保证。耐腐蚀钢安全可靠，操作维护简单方便，后期运行维护费用极少，缺点是一次性投资大。双金属复合管是以碳素钢管或低合金钢管为基材，采用机械复合法或冶金复合法在其内表面覆衬一定厚度的不锈钢、钛合金、镍合金、铜、铝等耐蚀合金钢管加工而成的新型内衬防腐金属管，可有效降低管道内腐蚀，常被用于 CO_2 集输管道。

加注缓蚀剂是管道内壁防腐蚀的有效措施之一，具有一次性投资少，见效快的优点，但采用缓蚀剂防腐蚀需要严格科学的管理和不断的后期投入。注入缓蚀剂的起始浓度要保证能够在整个管道系统金属内表面形成有效缓蚀膜，当缓蚀膜被井流物冲刷而剥落后，要能及时不断提供足够浓度缓蚀剂来修补缓蚀膜以保证安全。

CO_2 集输管道在控制腐蚀的同时，还要加强腐蚀监控。在管道适当位置设置腐蚀监测点，采用挂片进行腐蚀监测，腐蚀挂片暴露在介质中一段时间后，应取出进行评价，进行监测整个暴露周期内的平均和局部腐蚀，获取腐蚀形态的信息，评定管道和设备的腐蚀情况及加注缓蚀剂的效果。

4 结论

CCUS 技术在实现国家“双碳”目标的过程中发挥着不可或缺的重要作用，CO_2 的地质利用与封存又是 CCUS 的重要环节。针对枯竭油藏埋存，CCUS-EOR 技术可以实现增油与封存的“双赢”，是当今我国石油公司重点研究的方向，并力争更广泛的工业推广。我国具有巨大的油气田、适宜采用 CO_2 地质利用，提高油气采收率，加大相关理论研究，对 CCUS 技术的发展意义重大。

参 考 文 献

［1］姜睿．国内外 CCUS 项目现状分析及展望［J］．专论与综述，2022，22(4)：1-4.

［2］Global CCS Institute. Global Status of CCS Report2020［R］. Global CCS Institute，2020.

［3］IRENA. Global renewables outlook：Energy transformation2050（Edition 2020）［R］. International Re-newable Energy Agency，Abu Dhabi，2020.

［4］IPCC. Global warming of 1.5℃. An IPCC special report on the impacts of global warming of 1.5℃ above pre-industrial levels and related global greenhouse gas emission path ways，in the context of strengthening the global re-

sponse to the threat of climate change, sustainable development, and efforts to eradicate poverty[R]. World Meteorological Organization, Geneva, Switzerland. 2018.
[5] 廖黎明，王静．松辽盆地二氧化碳地质埋存研究[J]. 四川地质学报，2012，32(3)：268-271.
[6]李士伦，张正卿，冉新权等．注气提高石油采收率技术[M]. 四川科学技术出版社，2011.
[7] 王高峰，秦积舜，孙伟善．碳捕集、利用与封存案例分析及产业发展建议[M]. 北京：化学工业出版社，2020：16-18.
[8] 刘忠运，李莉娜．CO_2 驱油机理及应用现状[J]. 技术创新，2009，10：36-38.
[9] 李士伦，张正卿，冉新权等．注气提高石油采收率技术[M]. 成都：四川科学技术出版社，2001：8-10.
[10] 张谦伟，刘霜．低渗透油藏二氧化碳混相与近混相驱替规律研究[J]. 当代化工，2017，46(2)：274-276.
[11] Malcolm D, Scott M, Akanni S. New approach to CO_2 flood: soak alternating gas[J]. SPE70023, 2001.
[12] 高嘉．油藏二氧化碳驱油提高采收率及埋存技术[J]. 中国石油石化，2017(5)：35-36.
[13] 刘世东，王璞，高勇．油藏二氧化碳驱油提高采收率及埋存技术[J]. 科学管理，2021(12)：164-165.
[14] 廖翰农，丁志勇，廖翰明，郭甲俊，陈立国．CO_2-EOR 驱油技术实际应用浅析[J]. 技术研究．2019(8)：68-71.

基于 NSGA-II 算法与 TOPSIS 决策的天然气站场分布式能源系统多目标优化

高甲艳　黄呈帅　罗志鹏　梁　健　杨亚欣

（陕西省天然气股份有限公司）

摘　要　本文以陕西省天然气股份有限公司某压气站燃驱压缩机机组为研究对象，构建系统的热力学、经济学和环境学评价模型，选取能量效率、㶲效率、余热回收效率、年花费、单位 CO_2 排放等作为评价指标，分别得到系统中各运行参数对系统热力学性能、经济学性能和环境学性能的影响规律，并充分考虑多参数的相互制约关系，对系统开展多目标优化分析，使得系统的热力学性能、经济学性能和环境学性能同时达到最优，对于推进系统的工业应用及节能减排具有重要意义。

关键词　NSGA-II 算法；TOPSIS 决策；天然气站场；分布式能源；多目标优化

我国气田以中小型气田为主，且大多数气田集中在中西部盆地地区，而天然气消费地主要在东部沿海、长三角等工业和人口密集地区，因此需要对天然气进行长距离输送以实现资源的调用，目前管道运输是天然气长距离运输的主要途径之一。干线管道输送天然气压力一般在 10~12MPa，为了保证天然气的长距离持续输送，每间隔 100~400 公里需要有一座压气站来给天然气加压。目前国内长输管道压缩机组选型从功率来看呈现大功率机组为主，小功率机组为辅的特点，从驱动方式来看，通过燃气轮机驱动的压缩机组占到 60%，而通过电驱动的压缩机组占比约 25%，未来电驱动压缩机比例会有所扩大，但压气站压缩机组配置仍将以燃气轮机驱动的压缩机机组为主。

在燃驱压缩机机组的工作过程中，天然气作为机组的输入能源，只有约 35% 的输入能量被用于驱动压缩机做功，其余约有 30% 的输入能量随废气排出，25% 的输入能量被发动机冷却水带走，通过机身散发等其他损失约占 10% 左右，因此大量由天然气产生的能量被浪费，并因此产生的严重的热污染问题。另一方面，天然气场站内的用电只能依靠柴油（燃气）发电机或外电来提供，采暖则需要依靠燃气热水锅炉提供。因此，天然气场站面临的问题一方面来自燃驱压缩机机组余能的浪费，另一方面来自于需要额外购买化石能源或电能来保证场站内的生产工作与日常生活等需求。无论在新建油气站场，还是现有运行的燃驱天然气站场，将燃驱压缩机机组的高品位烟气回收利用，既能在低能耗状态下解决站场的各方面的用能需求，又能大幅度的降低站场对环境的污染。

多能互补系统的特点之一是接入高比例的可再生能源，然而可再生能源的波动性和不稳定性给系统供能稳定性带来更大的挑战。储能作为多能互补系统的核心环节和关键技术，可以有效解决系统中可再生能源接入引起的波动问题，提高风、光等可再生能源的消纳，同时还能参与削峰填谷，实现峰谷套利，提高系统的积极性。此外，氢气作为一种新的零碳能源载体，具有能量密度大、来源广、无污染等诸多优点，成为风、光等可再生能源大规模综合绿色开发储存、利用的优选方案之一。通过电解水制氢将风、光等可再生能源转化为氢能，并将氢气作为清洁和高能的燃料融入现有的燃气供应网络，不仅可以实现电力到燃气的互补转化，又可以实现氢能的直接高效利用。特别是随着燃料电池等高效清洁技术的发展，风、光发电制氢为燃料电池提供清洁的氢燃料，可形成真正意义上的绿色能源转型。随着目前多能互补系统多能耦合技术的不断提升与“源-网-荷-储”一体化的不断加深，发展冷热电联产、储能、制氢等多种能源类型协同的多能互补系统更能满足当前能源转型的需求。

面向天然气场站电、冷、热等多种用能需求，围绕燃气轮机的高温废气余热利用，充分融合可再生能源、储能、余电余能制氢、先进动力循环等多种能源供需、储存和转换形式，构建基于燃气轮机烟气余热、太阳能(光伏)、风电和储能互补驱动等多种形式的分布式多能互补系统；实现对天然气场站燃气轮机烟气余热和太阳能的高效互补集成利用，在满足用户侧冷、热、电负荷需求的基础上，提高天然气场站的综合能源利用率。本研究可实现天然气场站能源高效互补集成梯级利用，为提高天然气场站的综合能源利用效率提供理论和技术支撑，对推动企业低碳节能发展、优化改善我国能源结构、实现“双碳”目标具有重要意义。

1 优化模型的建立

本文以陕西省天然气股份有限公司某压气站燃驱压缩机机组为研究对象，以实现场站的燃驱压缩机机组烟气余热为目标，使用常规热平衡法，利用系统热量输出和热量输入平衡的原理，揭示能量在数量上的转换和利用情况，计算出系统的能量效率(热效率)；使用REFPROP数据库，采用MATLAB调用REFPROP热物性参数进行数值模拟计算；并选取能量效率、㶲效率、余热回收效率、年花费、单位CO_2排放等作为评价指标。

1.1 燃气轮机

燃气轮机是一种以空气为工质，辅以燃料内燃的连续回转、叶轮式热能动力机械。在燃驱式压缩机机组中，燃气轮机机组是决定机组安全、高效、稳定运行的关键性因素。燃气轮机的主要构成部件为压气机、燃烧室和透平机。压气机的作用是提高工质的工作压力，燃烧室通过将燃料的化学能转化为工质的热能，进一步提升工质的温度，高温高压的工质在透平机中膨胀，将工质的热能转化为机械功。燃气轮机的工作流程如下：空气从进气室进入压气机，经过压缩后的高压空气与燃料被引入到燃烧室，燃烧室内的空气与燃料混合并燃烧，燃烧产生的烟气进入透平机中膨胀做功。

1.2 余热锅炉

在热力系统中，余热锅炉作为连接顶部燃气轮机循环和底部蒸汽朗肯循环的中间设备，在运行过程中完成汽水吸热和烟气放热两个过程。余热锅炉的实质是由多个换热器组成，在各个换热器中，汽水状态发生相应变化。

1.3 换热器

换热器内部冷热流体均采用逆流形式进行换热，采用一维分布参数法建立换热器的稳态热力学模型。沿流体流动方向，将换热器划分为N个微元，在每个微元内，遵循守恒定律建立控制方程。

1.4 蒸汽轮机

蒸汽轮机在理想情况下是过热的水蒸汽在其内部等熵膨胀，但是在实际运行过程中为熵增过程，因此蒸汽轮机存在等熵效率。

1.5 压缩空气储能机组

压缩空气储能系统在运行过程中主要包括压缩过程、储气过程和透平膨胀发电过程。

1.6 溴化锂吸收式制冷机组

在溴化锂吸收式制冷循环中，吸收剂采用的是溴化锂溶液，制冷剂采用的是水。其中，水作为制冷剂有很多优点，汽化潜热大、无毒无味、价廉易得等，但其只能用于制取0℃以上的冷水。而溴化锂溶液作为吸收剂对人体和环境无害，有很强的吸收水蒸气的能力，沸腾时产生的蒸汽中没有溴化锂成分。但溴化锂溶液极易结晶，在温度很低或浓度很高时需要注意。

1.7 固体氧化物电解池电解水制氢

平板式固体氧化物电解池(SOEC)中间层为致密的电解质，上下两侧分别为燃料电极(阴极)和空气电极(阳极)，由电解质和电极组成的部分也被称为PEN。当直流电源通入，燃料极侧的水分子扩散至“燃料极-电解质-氢气/水蒸气混合气”三相界线处分解，生成附态的H和O，H两两结合为H_2，扩散出燃料极；O捕获2个电子形成O^{2-}，通过电解质扩散到空气极与电解质界面，O^{2-}发生氧化，携带的2个电子流向外电路完成电流回路，O两两结合成O2扩散出空气极。

2 多目标优化方法

2.1 多目标优化算法

通过对系统的热力学、经济学和环境学敏感性分析，可以分别得到系统中各运行参数对系统热力学性能、经济学性能和环境学性能的影响规律，然而在系统的实际优化过程中，通常会存在多个相互制约的设计目标，并且在现实问题中无法使得所有设计目标同时达到最优值，即通常无法使得能量系统的热力学性能、经济学性能和环境学性能同时达到最优，这时，对系统开展多目标优化分析，从而得到各运行参数的取值解集以尽可能满足所有设计目标，对于推进系统的工业应用具有重要意义。

本文提在热力学方面，希望系统的㶲效率最大，从而说明系统的热力学性能最好；在经济学方面，希望系统的年花费最小，说明系统的经济学性能优异；在环境学方面，希望系统的单位 CO_2 排放最小，说明系统的环境效益最优。因此，选取系统的㶲效率、年花费和单位 CO_2 排放作为多目标优化的三个目标函数，通过采用带精英策略的非支配解排序遗传算法（NSGA-II），使得系统的综合效益最优。

2.2 目标函数

对本项目提出的系统进行多目标优化分析时，在热力学方面，希望系统的㶲效率最大，从而说明系统的热力学性能最好；在经济学方面，希望系统的年花费最小，说明系统的经济学性能优异；在环境学方面，希望系统的单位 CO_2 排放最小，说明系统的环境效益最优。因此，选取系统的㶲效率、年花费和单位 CO_2 排放作为多目标优化的三个目标函数，通过多目标优化手段使得系统的综合效益最优。

2.3 设计参数和约束条件

在多目标优化过程中，系统的设计参数与设计约束是多目标优化的核心部分。在本系统中，决策变量为：压缩空气储能系统释能功率、压缩空气储能系统储能压力、压缩空气储能系统储能释能压力比、压缩空气储能系统压缩机效率、压缩空气储能系统透平效率、溴化锂吸收式制冷循环蒸汽发生器温度、溴化锂吸收式制冷循环冷凝温度、溴化锂吸收式制冷循环蒸发温度和制热器热水温度，对应的决策变量分布范围如表 1 所示。

表 1 决策变量参数范围

参 数	下限	上限
CAES 释能功率/kW	500	1000
CAES 储能压力/bar	6	10
CAES 储能释能压力比	1.5	2
CAES 压缩机效率	0.8	0.9
CAES 透平效率	0.8	0.9
ARC 蒸汽发生器温度/℃	80	90
ARC 冷凝温度/℃	35	40
ARC 蒸发温度/℃	5	7
制热器热水温度/℃	50	80

2.4 TOPSIS 决策

C. L. Hwang 和 K. Yoon 在 1981 年首次提出了 Technique for Order Preference by Similarity to an Ideal Solution 法（简称 TOPSIS 法），TOPSIS 法根据有限个评价对象与理想化目标的接近程度进行排序的方法，是在现有的对象中进行相对优劣的评价。TOPSIS 法是一种逼近于理想解的排序法，该方法只要求各效用函数具有单调递增（或递减）性即可，因此 TOPSIS 法是多目标决策分析中一种常用的有效方法。基本决策过程是：首先得到归一化后的原始数据矩阵；然后采用余弦法找出有限方案中的最优方案和最劣方案；最终计算各评价对象与最优方案、最劣方案的相对距离，获得相对接近程度，以此作为评价依据，若评价对象最靠近最优解同时又最远离最劣解，则为最优方案；否则不为最优解。其中最优解的各指标值都达到各评价指标的最优值。最劣解的各指标值都达到各评价指标的最差值。

3 优化结果与讨论

3.1 单目标优化

根据表 1 中的决策变量范围，首先对系统开展单目标优化，即分别针对系统的热力学性能、经济学性能和环境学性能为优化目标，采用 NSGA-II 算法对系统进行多目标优化，结果为：系统的最高㶲效率为 34%，最低年花费为 5680.41k $，最低单位 CO_2 排放为 240.18kg/MWh。

3.2 多目标优化

（1）目标函数：系统㶲效率和系统年花费

从图 1 中可以看出，随着系统㶲效率的升高，系统的年花费成本逐渐升高，以系统㶲效率 33.66% 为分界，当系统㶲效率小于 33.66% 时，随着系统㶲效率的升高，系统的单位能量成本小幅升高，而当系统㶲效率高于 33.66% 时，系统的单位能量成本随着系统㶲效率的升高而大幅升高，这是因为，在一定范围内提升系统㶲效率（即当系统㶲效率小于 33.66% 时），仅需购置价格小幅升高的设备即可完成设备热力学性能的提升，从而提升系统㶲效率，当对系统热力学性能提出较高要求时(即系统㶲效率大于33.66%)，需要购置极为昂贵的设备来提升设备的运行性能，进而提高系统的热力学性能。根据TOPSIS决策，B点达到了系统的热力学性能最优值，即D为系统的最优工况点，对应系统㶲效率为33.69%，系统年花费为5725.19k＄。

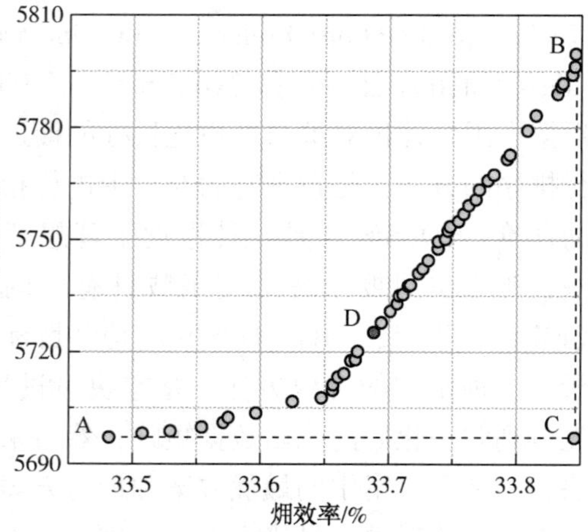

图1　以热力学性能和经济学性能为目标函数的Pareto最优前沿解集

(2)目标函数：系统㶲效率和系统单位CO_2排放

从图2中可以看出，系统的㶲效率和单位CO_2排放呈现正相关趋势，即随着系统㶲效率的升高，系统的单位CO_2排放逐渐升高，这是因为随着系统系统规模的升高，系统的能量利用率逐渐升高，同时导致系统的燃料流量逐渐升高，系统的单位CO_2排放逐渐升高。根据TOPSIS决策，D为系统的最优工况点，对应系统㶲效率为33.80%，系统单位CO_2排放为241.59kg/MWh。

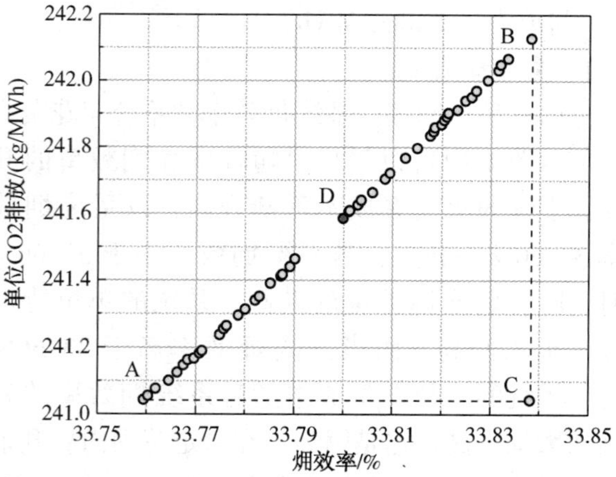

图2　以热力学性能和环境学性能为目标函数的Pareto最优前沿解集

(3)目标函数：系统年花费和系统单位CO_2排放

从图3中可以看出，随着系统年花费的升高，系统单位CO_2排放逐渐降低，以系统年花费5697.43k＄为分界，当系统年花费小于5697.43k＄时，随着系统年花费的升高，系统的系统单位CO_2排放大幅降低，而当系统年花费高于5697.43k＄时，系统单位CO_2排放随着系统年花费的升高而小幅降低，这是因为，在一定范围内提升年花费，仅需购置价格小幅升高的设备即可提升系统的输出能量，从而降低系统单位CO_2排放，当对系统环境性能提出较高要求时，需要购置价格昂贵的设备来提升系统的热力性能，同时系统的燃料购置费用也因为系统规模的升高，也会进一步升高。根据TOPSIS决策，D为系统的最优工况点，系统年花费为5731.15k＄，系统单位CO_2排放为242.62kg/MWh。

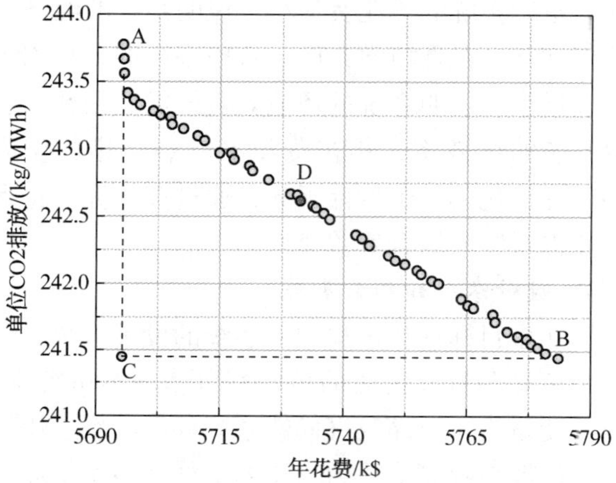

图3　以经济学性能和环境学性能为目标函数的Pareto最优前沿解集

(4)目标函数：系统㶲效率、系统年花费和系统单位CO_2排放

从图4可以看出，系统最大㶲效率为33.87%，对应年花费为5818.67k＄，系统单位CO_2排放为242.60kg/MWh；系统最小年花费为5699.32k＄，对应㶲效率为33.37%，系统单位CO_2排放为244.67kg/MWh；系统最低系统单位CO_2排放为241.27kg/MWh，对应㶲效率为33.75%，年花费为5827.70k＄。根据TOPSIS法选取的最优点对应㶲效率为33.64%，对应年花费为5749.10k＄，系统单位CO_2排放为243.44kg/MWh。

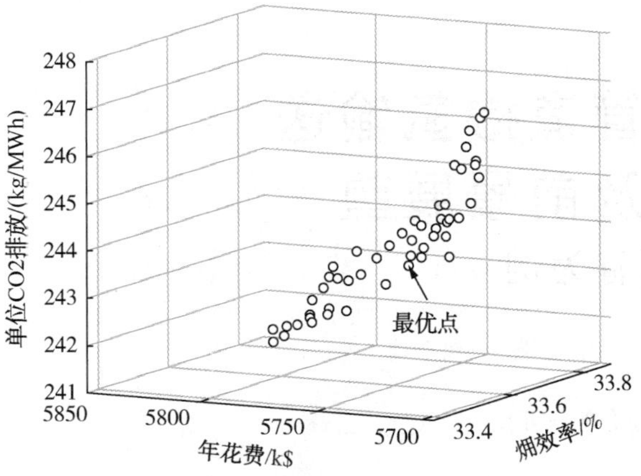

图 4　以热力学性能、经济学性能和环境学性能为目标函数的 Pareto 最优前沿解集

4　结论

本文以陕西省天然气股份有限公司某压气站燃驱压缩机机组为研究对象，以实现场站的燃驱压缩机机组烟气余热为目标，通过耦合光伏、储能、制氢等先进能源动力系统，建立了基于天然气场站的分布式多能互补能量系统的稳态仿真计算模型，构建了系统的热力学、经济学和环境学评价模型，研究了系统在不同设计参数下的热力学性能(性能指标：系统总输出功量、系统总制冷量、系统总供热量、系统天然气消耗量、系统总能量输出、系统总能量输入、系统能量效率和系统㶲效率)、经济学性能(性能指标：系统年花费)和环境学性能(性能指标：单位 CO_2 排放)的运行特征；并确定系统的最高㶲效率为 34%，最低年花费为 5680.41k \$，最小单位 CO_2 排放为 240.18kg/MWh。

参　考　文　献

[1] 吴卫霞．试析天然气长距离管道输送过程中的降本增效措施[J]．化工管理，2021(33)：193-194.

[2] 吴长春，张孔明．天然气的运输方式及其特点[J]．油气储运，2003(09)：39-43+63-67.

[3] 徐铁军．天然气管道压缩机组及其在国内的应用与发展[J]．油气储运，2011，30(05)：321-326+313.

[4] 程林，张靖，黄仁乐，等．基于多能互补的综合能源系统多场景规划案例分析[J]．电力自动化设备，2017，37(06)：282-287.

[5] 李争，张蕊，孙鹤旭，等．可再生能源多能互补制-储-运氢关键技术综述[J]．电工技术学报，2021，36(03)：446-462.

[6] 孟翔宇，陈铭韵，顾阿伦，等．“双碳”目标下中国氢能发展战略[J]．天然气工业，2022，42(04)：156-179.

[7] 张沈习，王丹阳，程浩忠，等．双碳目标下低碳综合能源系统规划关键技术及挑战[J]．电力系统自动化，2022，46(08)：189-207.

[8] 曲增杰，赵丽妮．程氏循环，天然气分布式能源的新选择[J]．通信电源技术，2012，29(04)：70-72.

[9] 侯磊，王子驰，李营超，等．压缩空气储能系统分析及多目标优化[J]．储能科学与技术，2021，10(01)：379-384.

天然气绿色低碳管道掺氢输送技术发展现状及前景展望
——以陕西省为例

鬲新鹏 任 哲 张灏雯 陈 燕 李 萌

（陕西省天然气股份有限公司）

摘 要 天然气管道掺氢输送技术是将氢气以一定比例掺入天然气中，利用天然气管道或管网进行输送的技术，是实现氢气大规模、长距离输送的有效方式。介绍了国内天然气掺氢技术的发展现状，梳理了相关示范项目及技术标准和规范。分析了陕西省天然气掺氢输送技术的发展基础和政策规划情况，提出技术主要研究方向。结合陕西省天然气“全省一张网”战略，提出陕西省天然气掺氢输送技术发展建议：加强科技政策引导，开展核心技术攻关；积极开展实验研究和项目示范；推动标准体系建设，促进产业规范化健康发展；积极探索氢原料的升级应用，扩大氢能应用场景和范围；建立联合研究平台，加强产学研用一体化推进。

关键词 天然气掺氢输送；氢气储运；长输管道；政策规划

1 背景及意义

人类对氢能应用自200年前就产生了兴趣，世界上许多国家和地区广泛开展了氢能研究。随着经济和社会发展，由于人们对减少空气污染、减少对能源依赖、降低 CO_2 排放、缓解全球气候变化、实现可再生电能储存等方面愈加重视，氢能作为一种清洁、高效、安全、可持续的新能源逐渐被重视起来，成为人类的战略能源发展方向之一。

氢能作为清洁、高效、应用场景多元的能量载体，是连接传统化石能源与可再生能源的桥梁，成为当前能源产业发展的重要领域。氢能是未来国家能源体系的重要组成部分，也是战略性新兴产业和未来产业重点发展方向。发展氢能，可以有效优化能源结构，降低传统化石能源的消费量，促进能源结构转型升级。将有效减少碳排放并降低环境污染，支持实现碳达峰、碳中和目标。以氢能为要素之一，构建清洁低碳、安全高效的现代能源体系，是落实能源安全新战略、推进能源革命的重要依托，对于新时期能源转型发展具有重要意义。

现阶段氢能产业化的最大瓶颈在储运环节，突破储运瓶颈是氢能产业规模化发展的必要条件。将氢气以一定比例掺入天然气中，然后利用天然气管道或管网进行输送，是实现氢气大规模输送的有效方式。中国西部地区氢能消费市场有限，又缺乏低成本的运输方式，限制了氢能的应用场景。唯有天然气掺氢输送能较好地解决当前氢能产业初期面临的产销地域不匹配、储运成本高、市场不成熟等问题，是目前技术条件下实现氢气低成本、长距离运输的可行方式。打造以“绿电+绿氢”为核心的西部清洁能源基地，必须加快推进天然气管道氢气掺输的实现，保障绿氢生产的后路畅通。

天然气掺氢技术可充分利用已有成熟天然气基础设施，有利于实现氢能长距离、低成本输运和大规模储存，有利于降低燃气终端碳排放强度，实现“氢进万家”，有利于缓解天然气供应压力，保障国家能源安全。天然气掺氢技术是氢能与天然气融合发展的纽带，对实现能源碳中和具有重大意义。

2 国内外天然气掺氢输送技术发展现状

2.1 国外天然气掺氢输送技术发展现状

从国际看，全球主要发达国家高度重视氢能产业发展，欧盟、德国、法国、美国等发达国家和地区均发布了氢能战略，认为天然气管道掺氢输送、将天然气基础设施改造为氢能基础设施是打破氢能运输瓶颈、促进氢能经济发展的重要举措。目前，全球氢能基础设施建设明显提速，区域性供氢网络正在加速形成。

2.2 我国天然气掺氢输送技术发展现状

从国内看，氢能产业已迈入商业化培育期，部分区域燃料电池汽车示范及氢能基础设施建设初具规模，已形成京津冀、珠三角、长三角等氢能先行发展区。国家及大部分省份发布了地方氢能产业规划，提出将天然气掺氢技术作为氢能储运及终端应用领域的突破口。开展掺氢天然气管道及输送关键设备安全可靠性、经济性、适应性和完整性评价，探索输气管道掺氢输送等高效输氢方式，开展掺氢天然气管道试点示范，逐步构建低成本、多元化的氢能储运体系。

我国天然气掺氢示范项目起步较晚，但发展速度较快，目前国内处于运行阶段的示范性项目有2个：辽宁省朝阳市天然气掺氢示范项目，氢源为电解水制氢，掺氢比例为10%，实现了制氢、储运、掺混、利用全链条验证；张家口鸿华清洁能源科技有限公司开展“天然气掺氢关键技术研发及应用示范”项目研究及示范工作，预计输氢量440万立方米/年。处于施工阶段的掺氢示范性项目有3个，处于设计、可研、规划阶段的示范性项目有9个。

3 陕西省天然气掺氢输送技术发展现状

陕西省氢能产业处于发展初期，虽然具有基础资源和应用场景等优势，但相比国际国内先进水平还存在一定差距，机遇和挑战并存。一是氢能产业链仍不健全，在储运、加注、燃料电池等环节急需补链强链；二是基础设施建设滞后，缺乏基础设施总体规划和管理政策；三是发展氢能的市场活力不强，以企业为主体的发展模式有待建立。

3.1 发展基础

3.1.1 氢气资源丰富

陕西省全省化工副产氢超200万吨/年，高品质副产氢约20万吨/年。预计至“十四五”末，全省风电、光伏发电装机将达到6000万千瓦左右，绿氢潜在产能约8万吨/年，可为氢能产业发展及天然气掺氢输送技术发展提供丰富的资源保障。

3.1.2 产业发展需要

陕西氢能源产业分布不均。陕北地区拥有丰富的风光电和副产氢资源，而大规模用氢需求则是经济发达及人口密集的关中地区。氢能产业发展需要大规模长距离低成本输送。

3.1.3 基础设施完备

陕西省经过长期建设，目前已拥有天然气长输管道总长度约7000公里，其中陕西省天然气股份有限公司建设运营4030公里。实现了全省绝大部分地区双管道供给、关中区域环网运行的天然气长输管道格局，形成了全省“一张网”的绿色资源输配网络，为天然气掺氢输运技术应用提供了较为完善的基础设施。

3.1.4 科教实力雄厚

全省拥有近百所高校，各类科研院所近千家；西安交通大学、西北工业大学等院校在光催化制氢、电解水制氢、先进储氢材料、固态储氢领域、掺氢输送等具有较强研发实力；中国石油集团管材研究所在气态储氢材料领域形成了完整的技术体系；延长石油集团、陕煤化集团组建了专业的技术研发工程中心，可为氢能产业发展提供强大科研支撑。陕西天然气股份有限公司积极开展在役管道掺氢输送的课题研究。

3.2 政策规划

陕西省出台的《陕西省“十四五”氢能产业发展规划》、《陕西省氢能产业发展三年行动方案(2022-2024年)》、《陕西省促进氢能产业发展的若干政策措施》等政策和规划，在重点任务中明确了聚焦技术创新，强化内生动力，加大核心技术攻关，开展在役燃气管道掺氢等技术研发和应用示范。提出统筹应用示范，构筑产业生态，探索氢原料在天然气掺烧等领域的应用。支持陕煤集团、延长石油等开展绿氢化工、氢能炼钢及天然气管道掺氢应用示范。支持陕西燃气集团开展管道输氢等氢能储运示范项目建设。

4 陕西省天然气掺氢输送技术发展前景

4.1 主要研究方向

我国在内的多个国家均已开展了掺氢天然气管道输送的可行性研究，但目前仍不具备大规模推广的条件，其中的关键问题是如何确定合适的掺氢比并明确不同掺氢比条件下天然气输送系统的安全性问题，包括掺氢天然气与管材的相容性、掺氢对天然气终端用户的互换性、掺氢天然气管道输送的风险性、安全性和可靠性，以及相关标准和规范。结合天然气掺氢输送技术现状，应在以下掺氢输送及配套关键技术方面积极开展研究。

掺氢对天然气终端用户的互换性研究。研究掺氢天然气对管道、关键输送设施设备、下游终端用户以及输配系统整体的影响规律，明确不同制约条件下陕西省现役天然气管道和管网的掺氢比，制定天然气管道输送掺氢比的确定准则。

掺氢天然气储运工艺技术研究。开展掺氢天然气管道输送相应配套设施设备、输送工艺、掺混氢工艺、氢分离工艺等的研究，制定掺氢天然气管道输送技术、风险评估和可靠性评价等相关标准和规范，建立掺氢天然气管道安全运行技术体系。

掺氢天然气储运安全技术研究。研究不同掺氢比下天然气管道的氢脆、气体泄漏、积聚、燃烧和爆炸等安全事故特征和演化规律，探究实际掺氢天然气环境下的氢脆问题，明确掺氢比对管道安全事故带来的一系列影响，发展掺氢天然气管道泄漏在线智能监测技术和应急修复技术。

掺氢天然气管道与用户综合评价技术研究。综合研究掺氢天然气管道输送过程中掺氢环节、输送环节和用户环节的关键技术问题，确定多层次、多环节相耦合的综合评价指标，形成掺氢天然气管道与下游用户的综合评价体系。

在役天然气管道掺氢环境下服役性能实物研究。针对在役天然气管道掺氢输送需求，开展管道和装备材料掺氢环境适用性、掺氢管道失效后果与防护、管道掺氢环境服役实物试验研究，获得不同比例掺氢气体(5vol%、10vol%、20vol%)对不同钢级管材与焊缝、管件材料的性能影响规律，掌握掺氢输送管道事故演化规律及危害并提出安全防护措施，形成管道材料安全评价技术与掺氢管道实物试验技术，建立掺氢管道材料性能数据库，明确在役天然气管道掺氢输送适用性。

天然气管道掺氢输送应用示范工程。选择场景将氢气掺入现有天然气管网储运和利用，全面验证氢气"制氢-掺混-储运-利用"关键技术的应用示范，为天然气掺氢技术的推广应用提供理论和数据支撑支撑。

4.2 预期效益

天然气混合氢气管输一直是国内外氢气储运和规模化利用的重要研究方向，对促进氢能产业发展具有重要意义。在天然气进口量持续上升的大背景下，采用可再生能源制得的氢气替代部分天然气，有利于降低对进口天然气的依存度，保障我国能源安全；同时，充分利用现有的天然气主干管网和庞大的支线管网进行掺氢运输，不仅可降低氢气制备、运输成本，还能有效推进可再生能源和储能业务的发展。此外，氢气掺入天然气管道中能有效降低燃烧污染物排放量，改善大气环境，可促进企业绿色转型减碳增效。

5 结论及建议

天然气掺氢输送技术作为氢能储运环节的重要解决方案之一，在长距离、大规模、安全高效输氢方面具有较大优势，对陕西省乃至全国氢能产业快速发展有着更加重要的意义。但现阶段仍存在安全隐患不明晰、改造成本高、短期效益低、标准规范缺乏、企业参与度不高等问题。为促进天然气掺氢输送技术的发展，按照"政策支持—技术研究—实验示范/标准制定—推广应用"的思路，结合陕西省天然气"全省一张网"战略，提出以下建议：

一是加强科技政策引导，开展核心技术攻关。目前天然气掺氢输送面临的最大问题是掺混输送的安全性和可靠性研究不足。建议在省级科技攻关项目规划中加强引导，鼓励对掺氢后管道相容性、氢脆机理等关键核心技术开展研究，全面评估利用现有天然气管道输送掺氢天然气的风险及控制措施，建立掺氢天然气管道输送的完整技术管理体系。

二是积极开展实验研究和项目示范，完善掺氢天然气管材的力学性能基础数据库。目前缺乏掺氢天然气条件的管材力学性能基础数据库，对不同掺氢比的管材和其他关键输送设备的典型材料力学性能劣化规律研究不足。建议进一步加强实验研究和试验示范，明确不同材料的掺氢比与管道压力等之间的定量关系。陕西省天然气股份有限公司等油气管输企业可结合支线管网基础设施、管道运维经验、市场用户等一体化优势，开展探索管道掺氢的实验研究和应用示范，在氢能储运"卡脖子"技术攻关中发挥优势作用。

三是推动标准体系建设，促进产业规范化健康发展。目前由于管道建设、改造、设计和施工及管道运营的安全规范等标准规范的缺乏，严重制约了天然气管道掺氢输送技术的发展。建议各行业通力合作，从团体标准开始，逐步形成适应天然气管道现状的掺氢输送标准体系，引导产业健康、有序发展。

四是缺乏相应基础设施整体布局。例如加氢

站、输氢管道、工业副产氢纯化系统等支撑设施严重不足，氢能全产业链体系上下游难以形成有效联动，尚未健全。应加快基础设施建设政策出台，统筹推进氢能基础设施布局，依托项目示范，推动相关基础设施建设，构建产业生态。

五是积极探索氢原料的升级应用，扩大氢能应用场景和范围。用氢端需求关注方向过于单一，主要集中在氢燃料电池及其交通方面，目前成熟度偏低，规模不大。而氢能作为能源载体，在传统能源密集型产业及新型氢能应用场景中，需求尚未的到全面开发。应积极探索氢原料的升级应用，扩大氢能应用场景和范围。

六是建立联合研究平台，加强产学研用一体化推进。建立天然气管输企业、装备制造企业、高等院校、科研机构和终端用户的省级联合研究平台，加大核心技术攻关，推动关键技术转化，促进掺氢输送“产学研用”一体化推进。

参 考 文 献

[1] 氢能行业发展[J]. 能源与环境，2019(04)：108.
[2] 王赓，郑津洋，蒋利军，等．中国氢能发展的思考[J]. 科技导报，2017，35(22)：105-110.
[3] 杨勇平．氢能，现代能源体系新密码[J]. 新华文摘，2022(15)：144-145.
[4] 刘玮，万燕鸣，熊亚林，等．“双碳”目标下我国低碳清洁氢能进展与展望[J]. 储能科学与技术，2022，11(02)：635-642.
[5] 何雅玲，李印实．氢能技术科技前沿与挑战[J]. 科学通报，2022，67(19)：2113-2114.
[6] 王祝堂．氢能经济时代降临[J]. 轻合金加工技术，2021，49(05)：71.
[7] 张全斌，周琼芳．基于“碳中和”的氢能应用场景与发展趋势展望[J]. 中国能源，2021，43(07)：81-88.
[8] 鲁宇，张大弛，韩思雨，等．高渗透率可再生能源情景下氢能发展分析[J]. 湖北电力，2021，45(01)：53-59.
[9] 李志军，刘京京，陈爱琴，等．浅谈可再生能源转化为氨氢能源体系的耦合性[J]. 上海节能，2022(10)：1303-1308.
[10] 李浩东．日本“氢能社会”建设经验及对我国的启示[J]. 日本研究，2021(4)：10.
[11] 刘磊．浅析氢能产业对国家和地区能源供给的保障作用[J]. 北方经济，2021(4)：4.
[12] 孟翔宇，陈铭韵，顾阿伦，等．“双碳”目标下中国氢能发展战略[J]. 天然气工业，2022，42(04)：156-179.
[13] 曹勇，程诺，罗大清．能源转型大势下的氢能产业新角色[J]. 石油石化绿色低碳，2022，7(01)：1-5.
[14] 王刚．双碳战略下的氢能源[J]. 石油化工建设，2022，44(3)：5.
[15] 中国氢能联盟．中国氢能源及燃料电池产业白皮书[R/OL]. (2019-06-29)[2022-11-16]. http://h2cn.org.cn/publicati/215.html.
[16] 国家发改委．氢能产业发展中长期规划(2021-2035年)[J]. 稀土信息，2022(4)：26-32.
[17] 国家能源局．能源碳达峰碳中和标准化提升行动计划[Z]. 2022-10-09.
[18] 刘强，田晰慧．探索氢能汽车产业的电力服务[J]. 大众用电，2022(1)：2.
[19] 陕西省发展与改革委员会．陕西省“十四五”氢能产业发展规划[Z]. 2022-07-19.
[20] 陕西省发展与改革委员会．陕西省氢能产业发展三年行动方案(2022-2024年)[Z]. 2022-07-19.
[21] 陕西省发展与改革委员会．陕西省促进氢能产业发展的若干政策措施[Z].

低碳节能技术在石油石化工业中的应用

李　易　苏伟明

（中国石油集团长城钻探工程有限公司录井公司）

摘　要　随着我国经济的快速发展和能源需求的不断增长，对环境的影响越来越大。为了保护人类赖以生存的自然资源，减少二氧化碳排放量，降低能源消耗，促进可持续发展，石油石化企业都开始采取各种措施应对气候变化问题。本文主要研究了低碳节能技术在石油石化工业中应用的情况，并分析了该领域的现状、存在的问题以及解决方法。通过对国内外相关文献的研究，结合实际工程案例进行分析，得出结论：低碳节能技术是实现石油石化行业绿色发展的重要途径。并提出了相应的建议，为进一步推广低碳节能技术的应用提供参考。本课题所做的工作如下：首先对石油石化工业减碳降耗的必要性及意义；其次阐述了石油石化行业的特点与现状；接着从节能减排的角度出发，详细论述了低碳节能技术在石油石化行业中的应用情况，包括降低能耗、提高效率、减少污染物排放、提高产品竞争力等；最后总结了本文的主要内容，并提出今后需要加强的地方。

关键词　石油石化工业；减碳；节能；应用

1　绪论

1.1　研究背景及意义

随着全球气候变化的加剧和能源危机的不断加深，低碳节能已经成为了当今世界各国政府和社会各界的共同关注焦点。而在石油石化行业中，由于其高能耗、高排放的特点，成为了碳排放的重要来源之一。因此，如何实现低碳节能的技术应用成为当前石油石化行业的重要研究方向。

1.2　国内外研究现状

随着全球气候变化的加剧，各国政府和企业都开始重视环境保护问题。而油气行业作为能源行业的重要组成部分，其对环境的影响也越来越大。因此，如何实现低碳节能已经成为了当前石油石化工业面临的重要课题之一。在国外，美国、欧洲等地区已经开始实施相关政策，鼓励企业采用环保技术进行生产。例如，美国的 EPA（环境保护署）制定了一系列排放标准，要求企业必须达到一定的排放水平才能获得许可证；欧盟则通过制定相应的法规和补贴措施，引导企业使用更加环保的技术设备。而在国内，虽然我国已经出台了一些相关的法律法规和政策支持，但是由于缺乏有效的监管机制以及企业的自主意识不足等因素，碳减排的效果并不理想。目前，国内外学者对于低碳节能技术的研究主要集中在以下几个方面：一是提高炼化过程的效率，降低能耗；二是优化产品结构，减少尾气排放量；三是利用新能源替代传统燃料，如天然气、太阳能等。此外，还有一些新兴技术也在不断涌现出来，如生物质乙醇、氢气等。总之，低碳节能技术的应用不仅可以减轻环境压力，还可以为企业带来更多的经济效益。

而且近年来，我国政府加大了环保力度，提出了一系列相关政策措施，如《大气污染防治法》、《水污染防治法》等法规文件的出台，以及实施绿色 GDP 核算制度等一系列举措，旨在促进经济可持续发展和社会进步。同时，国内科研机构也在积极开展相关的研究工作。例如，中国石油化工大学、华东理工大学等高校的研究团队已经取得了一些研究成果，包括新型催化剂的设计与开发、高效清洁燃烧技术的应用等方面。在国外，欧美国家也是关注碳排放问题的主要地区。美国通过制定《清洁空气法案》等法律法规，加强了企业的环保意识；欧洲则采取了一系列减排措施，如限制汽车尾气排放量、推广新能源车辆等等。此外，国际组织还推出了许多关于碳排放量的标准体系，如 ISO14000、GHGProtocol 等。这些成果为石油石化工业提供了重要的参考依据，同时也推动着该领域的技术创新和发展。

1.3　研究内容

本研究旨在探究低碳节能技术在石油石化工

业中应用的可行性和效果。首先对石油石化工业减碳降耗的必要性进行论述，通过分析石油石化企业的特点及对环境造成的影响，明确了减碳降耗的必要性及其带来的好处。随后通过查阅大量文献与调研，从降低能耗、提高效率、减少污染物排放、提高产品竞争力方面详细介绍了国内外石油石化企业所采取的低碳节能措施。最后得出低碳节能技术是实现石油石化行业绿色发展的重要途径，并提出对行业、国家的希望。

2　石油石化工业低碳节能的必要性

2.1　石油石化工业的特点

石油石化工业是国民经济的重要组成部分，其生产和消费对整个社会经济的发展有着重要的影响。然而，随着能源危机的不断加剧以及环境污染问题的日益突出，石油石化行业的发展也面临着诸多挑战。因此，为了实现可持续发展的目标，提高石油石化行业效率并降低能耗成为当前亟待解决的问题之一。

石油石化工业的特点石油石化工业主要包括炼油、化工、塑料、橡胶、燃料等多个领域。其中，炼油是最为典型的石油石化产业之一，它主要负责原油的加工转化成成品油和其他化学品的过程。而化工则是指各种有机化合物的合成过程，包括制备各种化学药品、农药、染料、涂料等等。塑料、橡胶和燃料也是石油石化工业中非常重要的一部分。这些领域的特点如下。

（1）资源密集型特征石油石化工业是一个资源密集型的产业，其原料主要是原油和天然气。由于石油石化产品的需求量大且价格高昂，使得石油石化企业需要大量的资金投入才能够满足市场需求。同时，由于石油石化产品具有广泛的应用范围和较高的附加值，所以石油石化企业的利润空间也比较广阔。但是，由于石油储量有限、开采成本较高等因素的影响，石油石化行业的未来发展前景并不乐观。

（2）能源消耗量大石油石化工业是一种高度能量密集型的产业。因为石油石化产品的制造过程中需要大量能源来进行加热、压缩、反应等一系列复杂的工艺操作，这就导致了石油石化行业的能源消耗量非常大。目前，全球石油石化行业的总能耗占世界能源消耗总量的比例已经超过了50%以上。

（3）环保压力加大石油石化工业是一个相对比较落后的技术水平和环境保护意识薄弱的产业。由于石油石化产品的生产过程会产生大量的废气、废水、固体废弃物等多种污染物，而且这些污染物往往难以处理或回收利用。此外，石油石化企业的生产设备和设施也会产生一定的噪声污染。因此，石油石化行业的环保问题已经成为一个不容忽视的问题。

2.2　石油石化工业的对环境的影响

随着经济的发展和人民生活水平的提高，石油石化行业已经成为了国民经济的重要组成部分。然而，石油石化行业的生产过程也带来了一系列的问题，其中最大的问题就是对环境造成的影响。首先，石油石化行业的生产过程中会产生大量的废水和废气。这些废物中含有有害物质如重金属、有机溶剂等，会对土壤、水源和大气造成污染。此外，石油石化行业的废弃物处理也是一个难题。由于废弃物含有大量有毒化学品，因此需要进行特殊的处理方法才能将其妥善处置。其次，石油石化行业的能源消耗量也非常高。石油石化企业通常采用的是高温高压的方法来加工原油，这不仅会浪费大量的能量，还会产生大量的温室气体排放。最后，石油石化行业的生产过程也会导致土地资源的过度开发和破坏。例如，开采油田的过程中可能会对周围的生态环境造成不可逆转的损害。综上所述，石油石化行业的发展与环境保护之间存在着矛盾关系。为了实现可持续发展的目标，必须采取有效的措施降低石油石化行业的环境影响。

2.3　石油石化工业减碳降耗的意义

2.3.1　提高经济效益

通过采用低碳节能技术，可以实现资源节约型生产模式，从而达到节能降耗的目的。同时，由于低成本、高效率的特点，这些技术也可以为企业带来更多的利润空间。此外，低碳节能技术还可以帮助企业优化产品结构，提升产品的竞争力和市场占有率。

2.3.2　保护环境

低碳节能技术能够有效地控制企业的废气、废水排放量，减少二氧化碳和其他有害气体的释放。这不仅有利于环境保护，还能够缓解大气污染问题带来的负面影响。另外，低碳节能技术也能够促进产业升级和转型升级，推动经济发展向绿色方向迈进。

2.3.3 激励创新

新兴产业发展和科技创新石油石化工业的发展离不开新技术的应用。节能降耗不仅是一种环保理念和行为方式，更是一种创新思维和实践方法。通过开展节能降耗工作的实践，可以激发企业的研发能力和创造力，推动新能源、新材料、新装备等领域的快速发展。

2.3.4 提升公众形象

石油石化工业作为国家支柱产业之一，承担着巨大的社会责任和公共形象。通过实施节能降耗的工作，可以增强企业的社会责任感和公信度，树立良好的品牌形象。综上所述，石油石化工业节能降减量的重要性和必要性不容忽视。

3 低碳节能技术在石油石化工业中的应用及案例

随着全球气候变化的日益严重，各国政府和企业都开始重视环保问题。而在石油石化行业中，由于其高能耗的特点，对环境的影响尤为显著。因此，如何实现低碳节能已经成为了石油石化行业的重要议题之一。通过查阅大量文献与调研国内外石油石化企业所采取的低碳节能措施，本章依据其产生的主要效果做出较为详细的介绍。

3.1 降低能耗

（1）废热回收利用：利用废热回收技术，将高温废热转化为热能或电能，用于供热、供电或其他工艺需求，减少能源消耗。例如，在炼油过程中，可以采用蒸汽回用技术来回收和再利用生产过程产生的蒸汽。同时，也可以通过优化流程设计和改进设备结构来提高能量利用率。

（2）节能设备和技术：引入节能设备和技术，如高效节能的压缩机、泵、风机等，用于替代能耗较高的设备。通过这些设备的应用，可以降低能源消耗，提高能源利用效率。

（3）能源节约管理：建立完善的能源节约管理体系，通过制定能源消耗指标、能源管理制度等，加强对能源消耗的监测和控制，推动企业实施能源节约措施，减少能源消耗。例如，可以通过开展能源使用培训、推广节能意识等方式，引导员工自觉参与到节能工作中去。

（4）油气资源勘探和开发技术：通过先进的勘探和开发技术，提高油气资源的开采效率，减少能源消耗和碳排放。例如，采用三维成像技术进行地质探测和评价，可以更加准确地确定地下储层的位置和规模；利用智能化钻井系统实现高效率的钻进工作，降低了钻井成本和环境污染风险。

3.2 提高效率

（1）高效炼油和化工工艺：通过改进炼油和化工工艺，提高生产效率，减少能源消耗和碳排放。例如，采用先进的催化剂和反应器技术，可以实现更加高效的化学反应过程，从而降低能量消耗和 CO_2 排放量。同时，还可以优化设备运行参数和流程设计，进一步提升生产效率，同时实现降低能耗和排放。

（2）能源管理系统：建立科学的能源管理系统，通过监测和分析能源消耗情况，制定合理的节能措施和管理策略，实现能源的有效利用。例如，可以通过安装智能传感器和监控软件，实时监测各工序的能源消耗情况，并结合历史数据进行预测和预警，及时调整操作方案和控制策略，以最大限度地提高石油石化企业的能源使用效率。

（3）低碳炼油技术：通过改进炼油工艺，降低能源消耗和碳排放，提高炼油效率。例如，采用新型催化剂和反应器技术，可以实现更加高效的化学反应过程，从而降低能源消耗和 CO_2 排放量。

（4）智能化管理技术：利用大数据、物联网等技术，实现对能源消耗、碳排放等数据的实时监测和管理，优化能源利用效率。例如，通过搭建智能化的能源管理平台，将各类能源数据集中起来进行分析和处理，为企业提供决策支持，帮助企业更好地掌握能源资源状况和趋势变化，制定相应的节能减排计划和措施。

3.3 减少污染物排放

（1）CO_2 捕集、利用和封存（CCUS）技术：通过捕集工业生产中产生的二氧化碳，将其储存或利用，减少大气中的温室气体排放。目前，国内外已经有一些大型企业的 CCUS 项目投入运营，如美国的 BP 公司在美国科罗拉多州的 Woodford 油田实施了一项 CCUS 项目。该项目使用了一种名为 EOR（EnhancedOil Recovery）的技术，通过注入 CO_2 来促进油藏的增产。该项目已经成功实现了 CO_2 捕集和利用的目标。

（2）废热回收利用：利用废热回收技术，将高温废热转化为热能或电能，用于供热、供电或其他工艺需求，减少能源消耗。例如，中国石化的炼化厂采用的是废热发电系统，将工厂内部的各种废热进行集中收集和处理后，再利用其余热为电厂提供动力。该方案不仅可以降低企业对化石燃料的需求量，还可以提高能源利用效率。

（3）循环利用和废弃物处理：推动废弃物资源化利用和循环经济。石油石化工业中产生的废弃物，如废热、废水、废气等，可以通过合理的处理和利用，实现能源的回收和再利用，减少能源浪费和环境污染。例如，美国ShellOil公司的HoustonRefinery采用了一个叫做MethanolFuel Cell（MFC）的装置，将废气作为原料，经过一系列的转化过程得到甲醇燃料。甲醇可以用于替代汽油和其他燃料，具有较高的能量密度和环保性。国内也有相关应用例子，如山东泰山化工集团的烟台炼油厂，采用了一种名为“氢解”的工艺，将废水中的有机质转化为天然气和液态烃类产品。这些废弃物资源的循环利用和处理方式能够有效减轻企业的环境负担和节约能源成本。

（4）温室气体排放监测和管理技术：利用先进的监测技术和管理系统，实时监控企业的温室气体排放情况，并采取相应的措施控制排放量。例如，英国BP公司在全球范围内建立了一套完整的温室气体排放监测体系，包括了从生产到销售的所有环节。该公司还制定了一系列的减排目标和计划，以确保其业务符合全球气候变化协议的要求。国内则有诸如上海石化、中国石油等大型企业也相继开展了类似的工作。

3.4 提高石油企业及产品竞争力

（1）成本降低：低碳节能技术可以降低能源消耗和生产成本。通过优化工艺、改进设备和提高能源利用效率，可以减少能源采购和运营成本。降低生产成本可以使企业在市场竞争中更具价格优势。例如，在国外，一些大型石油公司已经采用了低碳节能技术来降低其生产成本并提升其市场份额。像采用高效的加热器和冷却系统，可以在相同的温度下使用更少的能量，从而降低生产成本并增加利润。

（2）环境友好：低碳节能技术有助于减少碳排放和环境污染。低碳石油石化产品对环境友好，符合国内外对环保产品的需求。在环保意识不断增强的背景下，具备较低碳足迹和环境风险的产品更受消费者青睐。例如，在国外，一些大型石油公司已经开始推出低碳汽油和柴油产品以满足国内市场的环保需求。这些产品具有低硫、低氮、低挥发性等特点，能够有效减少尾气污染物的排放量。同时国内有些企业采用先进的废水处理技术和废弃物回收利用技术可以有效减少企业的碳排放量。同时，采用低耗能、低污染的技术也可以减少企业的环境影响。

（3）品牌形象提升：低碳节能技术的应用可以提升企业的品牌形象和社会声誉。积极采用低碳节能技术，表明企业对环境保护和可持续发展的承诺，增强消费者对企业的信任和好感。这有助于提高产品的市场认可度和竞争力。例如，国外的一些知名石油公司都已开始推广低碳石油石化产品，并在广告宣传上强调了其环保特性。特别是在中国市场上，低碳节能已经成为一种趋势，越来越多的企业也开始关注这一问题。因此，采用低碳节能技术不仅有利于企业的经济效益，也有利于企业的社会责任感和品牌形象。

（4）满足政策要求：低碳节能技术符合国家和地方政策的要求。随着全球对气候变化和环境保护的关注不断增强，许多国家和地区都出台了相关的政策和法规，鼓励和支持企业采用低碳节能技术。在石油石化工业中，企业积极应对政策要求，采用低碳节能技术，可以获得政府的支持和奖励，进一步提升企业的竞争力。由于低碳产品在市场上的需求也在增长。通过提供低碳节能的产品，企业可以满足消费者对环保产品的需求，开拓绿色市场，拓宽销售渠道，增加市场份额。

综上所述，低碳节能技术的应用对于石油石化工业来说是非常重要的，它可以帮助企业降低能源消耗、减少污染物排放、提升资源利用率以及保护环境。同时，随着政策法规的不断完善和科技的发展，低碳节能技术也将会越来越多地被广泛运用。

4 结论

本文主要探讨了低碳节能技术在石油石化工业中应用的可行性和效果。通过对相关文献的研究，我们发现低碳节能技术是一种高效且环保的技术手段，可以有效地降低企业的能源消耗和排放量，提高生产效率并减少环境污染。同时，该技术还可以为企业带来经济效益和社会责任感。因此，低碳节能技术是实现石油石化行业绿色发展的重要途径。在我们研究过程中，我们还发现了一些问题和挑战。例如，碳减排政策法规不完善、技术成本高昂等问题需要进一步解决。此外，还需要加强与政府部门、科研机构以及行业协会之间的合作交流，共同推进低碳节能技术的应用和发展。总之，本研究表明低碳节能技术是一项具有广阔前景的技术方案，对于实现我国能源结构调整的目标和推动产业升级发展具有重要的意义。因此，我们建议相关部门加大力度推广和应用低碳节能技术，以促进经济发展的同时保护生态环境。最后，感谢在低碳节能相关领域专家学者在改善环境、提高石油石化企业竞争力上所做研究与努力，他让我们人类社会变得更加美好。

参考文献

[1] 田涛．石油石化企业应对气候变化的战略探讨[J]．石油石化绿色低碳，2019，4(01)：17-21.

[2] 郑丹．碳排放：从300亿吨减到0——专访国家发改委能源研究所气候首席专家、研究员姜克隽[J]．中国石油石化，2018(02)：17-19+16.

[3] 覃国军．石油石化企业面临的低碳发展挑战和机遇[J]．油气田环境保护，2010，20(01)：1-4+60.

[4] 焦鸣．推进石油石化行业应对气候变化[N]．中国矿业报，2009-03-10(A04).

[5] 郑闳，宁彬．加强节能减排应对气候变化[N]．中国石化报，2009-03-13(001).

[6] 单群．“双碳”形势下石油石化行业发展路径[J]．技术与市场，2022，29(07)：143-144.

[7] 宋铁君．中国石油石化行业碳排放波动与低碳策略研究[D]．东北石油大学，2012.

[8] 郑寿春，王一辉．基于低碳经济的石油工业发展对策[J]．西南石油大学学报(社会科学版)，2011，13(04)：28-33+8-9.

[9] 何祚云．低碳发展方式对我国石油石化行业的影响分析[J]．石油石化节能与减排，2011，1(02)：1-6.

[10] 张福琴，边钢月，边思颖．我国石化行业节能减排分析与展望[J]．石油科技论坛，2010，29(04)：9-13+79.

[11] Jo G W, Gwon D G, Dong I J, et al. Estimation Technique of Volatile Hazardous Air Pollutants(HAPs) Emitted from Petroleum Industrial Process/Equipment [J]. Journal of Environmental Science International, 2004, 13(7).

[12] 赵云，张文君．面向资源和环境的石油化工技术创新与展望[J]．化工管理，2017(20)：110.

[13] Sh N E, N H N. Phycoremediation of Phenol Polluted Petro-Industrial Effluents and Its Techno-Economic Values as a Win-Win Process for a Green Environment, Sustainable Energy and Bioproducts. [J]. Journal of applied microbiology, 2021, 131(4).

[14] Environmental Pollution; New Environmental Pollution Study Findings Reported from Wageningen University and Research (Effects of salinity on the treatment of synthetic petroleum-industry wastewater in pilot vertical flow constructed wetlands under simulated hot arid...)[J]. Energy Weekly News, 2020.

[15] Handbook of Pollution Prevention and Cleaner Production Vol. 1: Best Practices in the Petroleum Industry [M]. Elsevier Inc.: 2009-01-01.

[16] 汪忠德．低碳时代的石化企业发展路径[J]．中国石化，2010(09)：20-21.

[17] 金三林．“后危机”时代中国经济趋势与石油石化企业发展[J]．中国石油和化工经济分析，2010(02)：18-21.

[18] Jim S. Environmental issues facing the oil industry [J]. Energy Policy, 1992, 20(10).

CO_2 驱油站场放空系统设计及扩散分析

张亚庆　刘　欣　杜廷召　窦维敏　王金波

（中国石油工程建设有限公司华北分公司）

摘　要　随着双碳目标的提出和碳捕集与封存呼声与需求的不断提高，CCUS 技术及应用的发展势不可挡。CO_2 驱油工艺是现阶段经济性最好的 CCUS 技术，但技术难度较高尤其是国内外相关设计技术规范对于 CO_2 放空系统的指导尚显不足。基于 CO_2 的相态特点，结合放空工艺、扩散影响范围等要点问题探讨。研究表明，放空系统应考虑低温影响避免干冰冻堵，并应根据职业卫生要求等适当考虑 CO_2 放空安全防护距离。该研究成果可为 CO_2 驱油站场放空系统的设计提供相关重要参考和借鉴。

关键词　碳驱油；超临界 CO_2；放空；安全

在 2020 年的 9 月和 12 月，习近平主席在联合国大会上和气候雄心峰会上向世界承诺中国将提高应对气候变化的国家自主贡献度，这对进一步支撑碳捕集提出了根本要求。CO_2 的捕集和封存（Carbon Capture and Storage，CCS）技术将在向低碳经济过渡的过程中发挥重要作用，CO_2 驱油工艺是现阶段经济性最好的 CCUS 技术，但技术难度较高。在规范方面，主要有 DNVGL、ASME 和国内《CO_2 驱油田注入及采出系统设计规范》ST/T 7440—2019 及《二氧化碳输送管道工程设计规范》SH/T 3202—2018 等可供参考，但也存在放空条文要求过于概要的问题。为此，有必要结合 CO_2 的介质特征和相态特点，充分考虑 CO_2 驱油站场的注入压力高、降压后温降过大的特点，开展 CO_2 放空工艺、扩散影响范围等问题的探讨，以期更好地为 CO_2 驱油站场的放空系统设计提供参考与借鉴。

1　CO_2 基本性质

CO_2 流体分为纯 CO_2 和含杂质 CO_2 两类，介质的物理性质受 CO_2 含量和杂质含量而存在差异。纯 CO_2 无色、无味、不易燃、无毒，但由于其密度大于空气，因此具有较大的泄漏后窒息风险。CO_2 在 −56.6℃ 和 0.518MPa 处存在一个三相点，在三相点，CO_2 气、液、固态三相可共存。CO_2 的临界压力和温度分别为 7.38MPag 和 31.1℃。一般情况下，CO_2 的相态会随着压力和温度的变化而改变，在不同条件下呈固态、液态、气态、超临界状态，或在其三相点以三种相态存在。

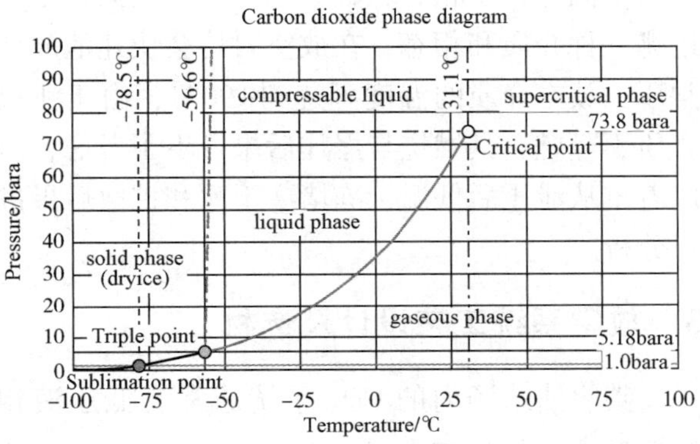

图 1　CO_2 相态包络线图

在标准大气压力和温度下，CO_2 呈气态。当压力和温度在蒸汽-液体线之上和固体-液体线之下时，相图中出现密相。通常当温度低于临界温度时，认为 CO_2 处于液态或密相；当温度高于临界温度时，认为 CO_2 处于气态或超临界相态。当 CO_2 处于临界温度以上时，当压力降至低于临界压力时，CO_2 从超临界状态变为气体，肉眼观察上无明显相变。在适宜的压力和温度组合下，CO_2 可能变为俗称为“干冰”的固体状态。

在热力学方面，CO_2 泄压（或节流）后呈现正焦汤效应，采用 HYSYS 模拟纯 CO_2 可知，超临界状态的 CO_2（10MPa、20℃）绝热泄压至常压时，温度约为 −90℃。进一步地，对多组压力、温度下的超临界 CO_2 进行绝热泄压模拟，泄压至常压时，其温度基本为 −90℃。

由此可见，在 CO_2 泄放情况下，应仔细分析系统和管材可能承受的低温，同时放空介质在低温低压下存在形成冰堵甚至干冰的情况，这也在设计放空系统时进行考虑与规避。

2 碳驱油站场放空特点

碳驱油站场通常设置 CO_2 储存及注入系统、转油系统或原油处理系统、伴生气处理系统等工艺系统，其中 CO_2 储存及注入系统、伴生气处理系统涉及大量 CO_2 放空的工况。CO_2 注入介质通常要求注入介质中 CO_2 含量≥95%，伴生气中 CO_2 含量因油藏类别、开采阶段等不同会有部分差异，但均会涉及到高浓度 CO_2 介质的放空，根据放空点位置有时涉及到高浓度 CO_2 湿气放空工况。

此外，由于 CO_2 与原油实现混相的压力较高，使得碳驱油站场的 CO_2 注入压力也较高，通常在 20～35MPa 之间，注入相态根据 CO_2 气源的不同存在密相和超临界态两种。但无论是上述哪一种介质和相态，在放空时均会快速泄放至常压，放空介质的温度可达到-90℃，由于泄放介质不可燃，其燃烧与爆炸后果可不予考虑，但应着重从泄压后低温、冻堵、干冰和扩散后果进行分析。

3 放空系统工艺设计及选材

碳驱油站场内的 CO_2 系统通常有低压液相储运系统、伴生气处理系统，高压 CO_2 注入系统，由于高压放空可能会形成干冰，低压放空可能会因为伴生气中含水导致冻堵，因此建议高低压放空总管、放空立管均分别设置，将放空互相影响降至最低。

由于 CO_2 注入管道通常选择普通碳钢或 Q345E 低温碳钢，满足正常运行下的操作温度要求，但其低温韧性能力有限。然而，在管道投产运行后，必然面临计划放空或临时放空工况。从前述可知，注入系统的 CO_2 从高压降压至接近常压时，介质温度低至-90℃的问题，这极有可能引起碳钢材质脆性断裂，所以建议放空系统采用 304L 或 316L 的耐低温不锈钢。

4 放空系统安全距离

由于 50183 中无针对不可燃气体的放空要求，因此针对 CO_2 具有较强的窒息性和较大的密度，主要考虑泄放介质对周围地面附近人员的窒息危害。对于 CO_2 的扩散浓度，考虑参考《工作场所有害因素职业接触限值第 1 部分》(GBZ 2.1—2019)中推荐的 9000mg/m³ 的要求，扩算为 PPM 为 4917。

按照常规天然气放空管道 15m 的高度、0.5Mach 泄放量考虑，利用 FLARESIM 对低温 CO_2 泄放后的扩散效果进行模拟，结果如下：

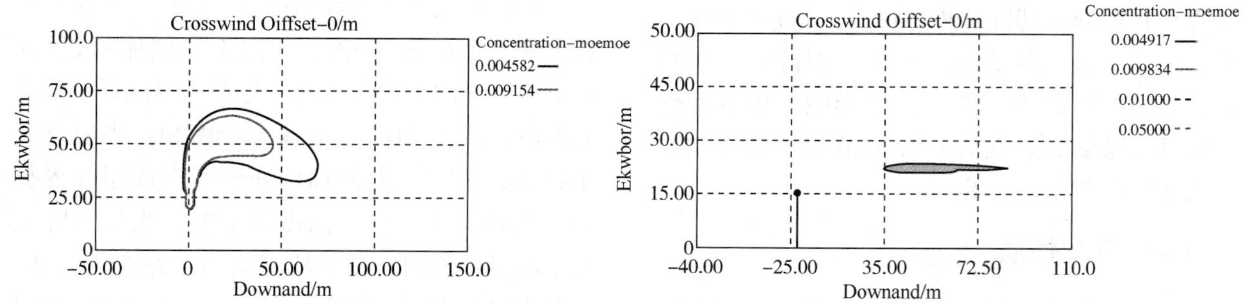

图 2 风速 1.8m/s 及 20m/s 时的 CO_2 放散后果

由图可见，按照 15m 高度设置的放空立管，在低风速(1.8m/s)下具有明显的介质下坠趋势，但由于受泄放动能的影响，近地面附近的 CO_2 浓度处于安全范围；在高风速(10m/s)时下坠趋势不明显，但扩散范围更大，近地面附近的 CO_2 浓度处于安全范围。

以华北油田碳驱油项目为例，最大放空规模 $30\times10^4Nm^3/d$ 及现场气象条件(年平均风速 1.8m/s，历史最大风速 20.6m/s)，计算二氧化碳浓度小于 9000mg/m³(4917ppm)及 18000mg/m³(9834ppm)的防护半径。模拟计算结果为：最大风速情况下下风向的 9000mg/m³ 防护半径约 100m，18000mg/m³ 防护半径约 32m；最小风速情况下下风向的 9000mg/m³ 防护半径约 20m，18000mg/m³ 防护半径约 16m。

5 结论和建议

本文基于 CO_2 的相态特点，结合工程项目关注点，重点开展了放空工艺、低温控制等问题的探讨，得出以下结论和建议：

（1）CO_2 管道放空系统应合理考虑泄放工艺，避免放空系统形成干冰或温度突破材料许用范围；

（2）通过后果模拟可知，CO_2 站场的放空立管与人员密集区的间距应适当增大，边界限制可参考《工作场所有害因素职业接触限值第 1 部分》(GBZ 2.1—2019) 中推荐的 9000mg/m^3 的要求，以免在低风速下发生 CO_2 聚集问题。

参 考 文 献

[1] 杜磊，湛哲，徐发龙，等．大规模管道长输 C02 技术发展现状[J]．油气储运，2010，29(2)：86-89，92.

[2] 吴瑕，李长俊，贾文龙．二氧化碳的管道输送工艺[J]．油气田地面工程，2010，29(9)：52-53.

[3] 饶兵，肖红亮，李景明，等．二氧化碳捕集、利用与封存研究进展[J]．应用化工，2018，47(3)：589-592.

[4] 叶健，杨精伟．液态二氧化碳输送管道的设计要点[J]．油气田地面工程，2010，29(4)：37-38.

[5] 刘建武．二氧化碳输送管道工程设计的关键问题[J]．油气储运，2014，33(4)：369-373.

[6] 赵青，李玉星．杂质对管道输送 CO_2 相特性的影响规律[J]．油气储运，2014，33(7)：734-739，743.

[7] 李昕．二氧化碳输送管道关键技术研究现状[J]．油气储运，2013，32(4)：343-348.

[8] 赵青，李玉星，李顺丽．超临界二氧化碳管道杂质对节流温降的影响[J]．石油学报，2016，37(1)：111-116.

[9] 王世刚，孙锐艳，张浩男，等．二氧化碳管道输送技术研究及应用[J]．油气田地面工程，2013(11)：84-85，86.

[10] 孙锐艳，王宪中，马晓红，等．黑 59 区块二氧化碳驱地面工程技术[J]．油气田地面工程，2012，31(2)：37-38.

丛山丘陵地区长输管道水工保护技术

赵帅帅　韩廷檀　张　凯　郭　杰　董　博

（中国石油天然气第一建设有限公司）

摘　要　某天然气管道工程项目管线施工主要集中在丛山丘陵地区，该区域地形起伏大，地表植被茂密，冲沟发育。管道沿线地貌复杂，各类水害、地质灾害存在突发性和不确定性，本文分析了几种常见的管道受损现象及原因，结合项目建设施工，提出了一些常见的水工保护措施，有效的防止了管道沿线水土流失，有效保护及恢复了当地生态环境，收到了良好的效果，对后继工程具有借鉴意义。

关键词　丛山丘陵；地貌复杂；水工保护；施工；生态环境

丛山丘陵地区长输管道的建设活动中不可避免地将对沿线山体、河道、地表地貌等造成严重的扰动，并降低原水土保持功能，从而加剧水土流失并对周边地域造成危害，严重危及管道安全。

根据管道沿线地形、地貌特点，管道敷设类型等特点，管道敷设主要分为管道顺坡敷设、管道横坡敷设、管道穿河沟道、管道穿越水域（鱼塘、水库等）、管道穿农田地（田地坎、水渠）敷设。通过采取科学、有效的水工保护措施，对管道、地形及地貌起到一定的保护作用。

1　管道顺坡敷设

管道通过坡面时，管道与等高线交叉的敷设方式。此类敷设方式在陆良支线天然气管道项目中具有一定代表性，主要多发生在山地、丘陵和沟壑地区。

1.1　破坏机理

在管道顺坡敷设条件下，由于管沟填土均为压实土回填，因此在降雨所形成的坡面汇水顺管沟的冲刷作用下，管沟内回填土极易顺管沟流失。

1.2　防护方案策划

① 管沟防护：浆砌石截水墙、混凝土截水墙、草袋土截水墙；②护角防护：草袋护坡、干砌石护坡、浆砌石护坡；③护面防护：喷浆护面、草袋护面、干砌石护面、浆砌石护面。

其中，截水墙斜向间距如表1所示。

表1　截水墙斜向间距

管沟沟底（纵向坡度°）	截水墙斜向间距/m
5~8	15~20
8~15	12~15
15~25	10~12
25及以上	10

注：管沟沟底纵向坡度大时，截水墙斜向间距去最小值。

浆砌石护坡适用于边坡比1：2~1：1的易风化岩石或土质边坡的坡脚防护；干砌石护坡适用于边坡坡比1：2.5~1：1.25的土（石）质辺坡以及周期性浸水的河滩、水库或台地边缘的边坡；草袋护坡适用于土质地区的地坎恢复和元冲刷下切作用的软土地区的岸坡防护，且边坡比不宜陡于1：1。

1.3　防护技术实施

① 截水墙两侧应嵌入管沟两壁0.2m~0.5m；②土质地基时，截水墙嵌入沟底不小于0.2m；③截水墙基地应位置于管沟沟底，顶面宜与源自然地面平齐，农田地段截水墙顶面与地面保留0.3m~0.5m的耕种层厚度。浆砌石载水墙如图1所示，混凝土截水墙如图2所示。

图1　浆砌石截水墙

图 2 混凝土截水墙

2 管道横坡敷设

管道横坡敷设是管道通过坡面时，管道基本平行于等高线的一种敷设方式。

2.1 破坏机理

① 管道横坡敷设时，即使在管沟沟底纵坡较少的条件下，由于上部坡面汇水面积较大，较容易在管沟内形成集中回流冲刷；②管道以浅挖埋深的方式进行横坡敷设，往往表现在削方边坡已经或潜在出现滑塌迹象，继续开挖管沟会加大边坡出现地质灾害事故概率。

2.2 防护方案策划

① 为减少坡面汇水冲刷对管沟回填土的影响，通常设置截排水渠、护面、截水墙等措施进行防护疏导；②当坡体削方后出现垮塌，为防止垮塌进一步加剧，往往在坡体上部进行坡面防护处理。坡面防护主要水工保护形式：挡土墙，护坡等。

2.3 防护技术实施

① 挡土墙基础最小深度：较完整的坚硬岩石层 300mm，一般岩石(砂页岩等)600mm，松散岩石(千枚岩等)、砂夹砾石层等其他土质 1000mm；②砌体基槽开挖时应预留 100mm ~ 200mm 厚钎探后找平，基础须置于稳定土层中，修建在基本岩层或砂石类土地基上的挡土墙，应清除表面的风化层；如岩层为纵向斜坡，须把岩石打成阶梯以便于稳定；③墙体地基应置于中密的砂土、碎(卵)石土和基岩上，严禁放在未经处理的回填土和新冲淤层上，超挖部分按设计要求进行处理；④挡土墙基础应从管沟下做起，基础下的管沟比普通线路段的管沟两边各宽 0.5m；⑤及主体为水泥砂浆砌块石，采用块石砌筑大面朝下，座浆法砌筑，表面应勾缝；⑥结构主体较大时，采用分段砌筑，分段位置设在沉降缝或伸缩缝处，两相邻工作段的砌筑高差不得超过 2m，石砌体的第一皮及转角、交接和洞口处，用较大的石材砌筑，第一皮石材必须座浆且大面朝下，砌体分层砌筑，砌筑时双面挂线，每 3 ~ 4 皮为一个分层高度，每个分层高度找平一次，砌体每日砌筑高度不大于 1.2m。浆砌石挡土墙如图 3 所示。

图 3 浆砌石挡土墙

3 管道穿河沟道敷设

管道穿河沟道是以开挖地埋的敷设方式穿过河沟道。

3.1 破坏机理

当管道与河流、沟道交叉敷设时，不可避免地会受到水流冲刷侵蚀的影响。而水流冲刷作用主要表现两个方面，即河流沟岸的垮塌后退和河沟床的下切作用。这种穿越工程主要存在两个方面问题：①当河流河床持续冲刷下切时，原来埋设在河床下面的管道有可能裸露悬空；②河岸的侵蚀后退使岸坡爬升段的管道裸露破坏。

3.2 防护方案策划

管道穿河沟道防护工程，按其设防的位置可分为岸坡防护(简称护岸)和河沟床下切冲刷防护(简称护底)。护岸防护：①宜用于容许流速为 5m/s 浆砌石挡墙式护岸；②宜用于容许流速为 4m/s 浆砌石坡式护岸；③宜用于容许流速为 4m/s 的易受水流冲刷且防护工程基础不易开挖的石笼护岸；④宜用于容许流速 2m/s 的干砌石坡式护岸；⑤宜用于容许流速小于 1.2m/s 的季节性水流冲刷且适宜植被生长的草袋植物护岸。护底防护：干砌石过水面、浆砌石过水面、石笼护底、混凝土浇筑稳管、防冲墙。

3.3 防护技术实施

① 过水面底部距离管顶不应少于 0.3m，顶

部不宜高于原河、沟床面；②过水面的长度应覆盖管道穿越段长度且嵌入两侧河沟岸，过水面的的宽度不宜小于管沟上口宽度；③防冲墙宜设置于管道穿越段下游5m~10m范围内，当河床纵坡较陡时，取小值。防冲墙走向应与水流方向、两岸垂直，防冲墙顶面不宜高于原河、沟床面。④防冲墙两端宜嵌入原始岸坡各0.5m以上，墙顶厚度不小于0.4m；⑤具有整体式结构的地下防冲墙每隔10m~15m设伸缩缝一道。

4　管道穿水域

管道穿越水域主要是指管线穿越水库、鱼塘等水域地段。

4.1　破坏机理

由于季节性的清淤，管道所经的鱼塘、水库经常造成管道无法满足设计埋深。有些清淤工程会采用机械加工，造成管道外防腐层破坏，严重威胁管道的安全。另外，扰动后的岸堤如不进行防护处理，会造成岸边的垮塌和不必要的经济损失。

4.2　防护方案策划

针对水岸、鱼塘等下方的管顶覆土变浅的问题，主要以硬化水域底面的措施为主。通常的防护方案有混凝土覆盖层、混凝土连续配重块、硬护面等。对于岸堤的防护主要以采用护岸的形式进行加固。

4.3　防护技术实施

① 在施工现场受限条件下，混凝土配重块的预制通常采用从预制场运输到施工现场的方式，在运输过程中不可避免的对块体造成损坏，严重时还会出现裂纹、破损等现象，施工前应对其外观和整体质量进行检查，确保施工质量。②混凝土配重块属于刚性构筑物，在压放施工过程中容易对管道外防腐层造成破坏，一般采用绝缘胶板或胶皮包裹的方式对管道进行保护。③混凝土配重块强度等级不宜低于C25。④混凝土配重块应根据当地水文、地质等情况，按照现行国家标准《油气输送管道穿越工程设计规范》GB 50423的规定计算混凝土配重块的间距、单块重量等参数。防止施工过程中，间距过长，起不到稳管作用，严重时会造成漂管等事故；间距过短，因地基承载力问题会直接影响管道安全。

5　管道穿越农田地

管道穿越农田地是指管道敷设于坡面水田、旱田等梯田地段。

5.1　破坏机理

管道在穿越坡面农田地段时，管道一般会随坡面的起伏而变化，同时管道开挖会对田坎造成深层扰动，加之降雨和农田灌溉水的冲刷，因此该地段的管沟回填土易受到水力冲蚀。若不对管沟及田埂采取防护措施，会导致管顶覆土流失，严重时会造成管道裸露，甚至悬空。

此外，对于在施工工程中破坏的灌溉水渠，若不及时进行恢复，灌溉冲刷也会给管道造成安全隐患。

5.2　防护方案策划

① 对于施工破坏的高度小于0.8m的田坎、地坎，应及时按原结构形式恢复。②对于高度为0.8m及以上或有特殊要求的田坎、地坎，应依据农田的利用类型和地方要求，选取堡坎措施。③堡坎主要形式包括浆砌石堡坎、干砌石堡坎、草袋堡坎。浆砌石堡坎是用于田坎恢复；干破石堡坎适用于石料丰富的石方山区坡台地的地坎恢复；草袋堡坎适用于黄土等一般土质地区地坎的恢复。④位于坡台地的田坎、地坎的堡坎设计，还应采取增设截水墙或加大堡坎基础埋深等防止堡坎基础淘蚀的措施。

5.3　防护技术实施

① 各砌层砌筑时先砌外圈定位行列，然后砌筑里层，外层与里层砌块相互搭接、交错连成整体，不能有瞎缝、空洞现象，禁止采用先堆石再灌缝的做法。层间砌石上下错缝，每2m设拉结石、丁结石且交错设置。②石砌体的灰缝厚度要求：砌体间灰缝厚度20~30mm，砌体砂浆饱满度大于80%，外露灰缝厚度不得大于40mm。③砌筑上层砌块时，应避免振动下层，严禁在已砌筑好的砌体上抛掷、滚动、翻转和敲击石块。砂浆初凝后，如移动已砌筑的石块，须将原砂浆清理干净，重新铺浆砌筑。④浆砌石砌体勾缝做到保持砌合的自然缝，采用凸缝，缝宽40mm、厚度5~8mm。勾缝采用1∶2~1∶2.5的水泥砂浆，勾缝与砌体黏结牢固，密实光洁，横、竖缝交接平整，清晰美观。浆砌石堡坎如图4所示。

图4　浆砌石堡坎

6　实施效果

本工程通过结合地形、地貌、水文特点，制定出科学、经济、有效的水工保护措施。长输管道安全投产运行三年后，通过对长输管道沿线调查，发现管道无明显冲刷破坏、无明显水土流失、泥石流等地质灾害发生，保护了生态环境，实现了设计策划的目标，取得了良好效果。

7　结束语

水工保护作为长输管道不可缺少的一部分，对于管道的保护以及环境保护日渐突出，其水工保护方式的选取，施工质量的好坏，直接影响到今后管线安全运行及维护。总之，每种管道敷设方式都有各自的侵蚀机理，现场实施水工保护时应了解不同的机理，根据不同的特点进行方案实施。另外，要善于观察周边地形，要根据周边整体情况，确定水工保护措施，杜绝只观察一点而不观察全面做法。

参 考 文 献

[1] 于博，武志明，庞丽娟．水工保护在管道建设中的实践[J]．油气田环境保护，2012，(03)．
[2] 郭坚，王令．浅析长输管道水工保护施工[J]．商，2012(8)．

硫磺回收装置碳减排、碳中和研究

贾天宇

（中国石油大连石化公司）

摘　要　随着中国“碳达峰”“碳中和”重大战略目标的提出，加快石油化工城市的低碳转型发展势在必行，这对于石油化工城市而言既是重要机遇也是极大挑战。本文主要对硫磺装置能够进行碳减排、碳中和工作的可行性研究，进一步推进硫磺装置碳减排、碳中和工作的开展。

关键词　硫磺回收；碳减排；碳中和

1　引言

能源安全是关系国家经济社会发展的全局性、战略性问题，对国家繁荣发展、人民生活改善、社会长治久安至关重要。以习近平同志为核心的党中央高度重视能源安全问题，强调要推动能源消费革命、供给革命、技术革命、体制革命，全方位加强国际合作，实现开放条件下的能源安全，为我国能源产业发展提供了根本遵循。中国已向国际社会作出力争2030年前实现碳达峰、2060年前实现碳中和的郑重承诺。《中共中央国务院关于完整准确全面贯彻新发展理念做好碳达峰碳中和工作的意见》明确提出，要加快构建清洁低碳安全高效能源体系。能源企业必须坚定不移树立起绿色低碳发展的鲜明导向，在维护国家能源安全的同时，努力成为能效“领跑者”。

面对目前的绿色低碳发展的方向，硫磺装置作为石化行业气体排放主要装置，目前需要在碳减排、碳中和方面寻求改进方向，响应中央号召，实现绿色低碳生产目标。该文章针对中国石油大连石化公司27万吨/年硫磺回收装置设计及运行情况，对该装置碳减排、碳中和开展研究，为装置向绿色低碳发展指明方向。

2　加强原料预处理

硫磺回收装置原料为溶剂再生装置和酸性水汽提装置产生的酸性气，其主要组分为H_2S、NH_3、CO_2和烃类，其中受工艺处理条件限制，酸性气中的烃类和CO_2大部分最后通过焚烧炉烟气排至大气。因此实现硫磺装置碳减排、碳中和首要任务需要从原料入手，降低酸性气中的烃类和CO_2。

2.1　提高溶剂闪蒸罐闪蒸烃效果

上游富溶剂进入溶剂再生装置后，首先进入闪蒸罐进行预处理，脱除富液中的烃类。影响富液闪蒸烃效率的重要因素包括：闪蒸界面、停留时间、闪蒸温度、闪蒸压力和入罐形式等。

通过对国内外脱硫装置闪蒸罐及工艺条件进行调查比较，可以看出，为了保证既有足够的闪蒸界面，又有充分的停留时间，通常都是用卧式闪蒸罐。富液具有较高的入罐温度，较低的闪蒸压力，在进入闪蒸罐时进行喷淋，其闪蒸效率越高，更有利于富液中烃类的闪蒸。

表1　国外脱硫装置闪蒸罐及工艺条件比较

项　目	德国格罗辛克	日本挥发油公司	大连石化
闪蒸罐形式	卧式	卧式	立式
溶液停留时间/min	2	4	1.5~2
闪蒸界面/[m^2/(100m^3/h)]	约3.5	5~6	1.7
闪蒸压力/MPa	0.07	0.025	0.03
溶液入塔温度/℃	72	60~70	65
溶液入塔形式	喷淋	喷淋	未喷淋
闪蒸效率/%	75~80	90	65~70

2.2　降低胺液对CO_2的选择吸收性。

大连石化公司溶剂再生装置所采用的脱硫胺液主要组成为MDEA(甲基-二乙醇胺)，其为叔胺，在H_2S和CO_2共存时，尽管对H_2S和CO_2具有一定的选择吸收性，但是依然需要合理的设计条件以提供吸收过程具有选择性的物质基础。这里需要研究吸收塔的性能，合理的设计能否保证在对H_2S吸收基础上，进一步降低胺液对CO_2

的吸收性。

利用HYSYS软件模拟目前装置吸收塔操作条件、塔径、塔盘数等。通过计算得到该塔内各塔盘上气相中的H_2S和CO_2的浓度数据。根据这些数据绘制曲线图，可以了解塔内每层塔盘的H_2S和CO_2的含量，如图1。

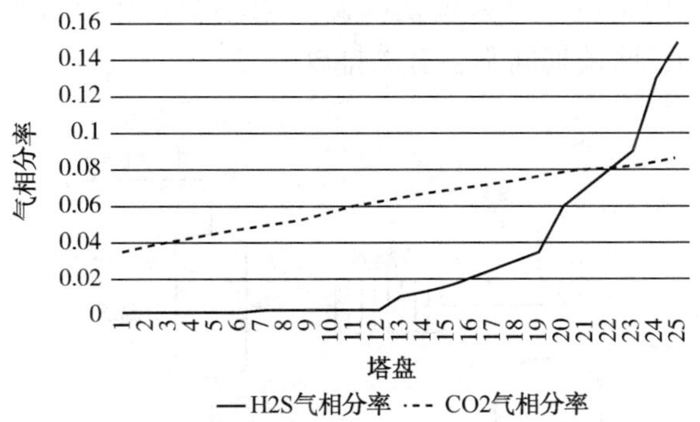

图1　吸收塔内气相组分的浓度分布

从图1可以看出，CO_2的吸收沿吸收塔自下而上基本以一定的速率进行吸收。而对于H_2S，胺液基本在吸收塔中下部就完成了吸收，在吸收塔上部胺液吸收硫化氢的能力趋于饱和，H_2S气相分率在12层塔盘后逐渐增加。MDEA的选择吸收性，优先吸收H_2S，而在吸收塔上部。其吸收H_2S基本达到平衡，所以在塔上部MDEA更多的是对CO_2的吸收。通过对塔计算，可以得出对于胺液吸收塔的设计，根据其操作工况设计最佳的塔盘数，使胺液充分吸收H_2S，同时减少CO_2的吸收。减少胺液对CO_2的吸收，可以进一步降低酸性气原料中CO_2含量。

3　工艺优化

3.1　尾气处理取消加热炉

大连石化公司27万吨/年硫磺回收装置采用常规RAR尾气处理工艺，尾气通过加热炉加热，使之达到加氢反应器入口温度300℃左右。加热炉热源由炼厂瓦斯气提供，瓦斯气除含有H_2、C_1、C_2外，还含有大量的C_3、C_4甚至C_5，目前装置瓦斯消耗量约为400m^3/h。

如图2所示，取消原加热炉，采用硫磺装置自产的饱和中压蒸汽和过热中压蒸汽加热的两步加热的方式，经过换热的中压蒸汽并入1.0MPa蒸汽管网。

通过计算将30000m^3/h过程气由130℃加热至280℃，需要的热负荷：

$$Q = W/3600 * Cp2 * (T1-T2)$$

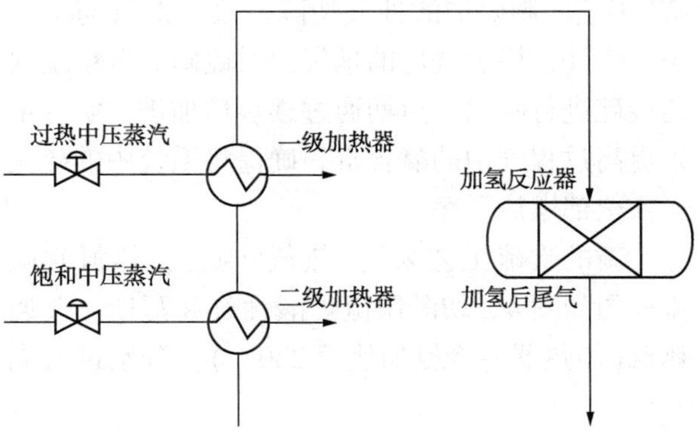

图2　蒸汽加热工艺

$$= 287000/3600 * 7.76 * 150$$

$$= 92796KW$$

过程气经过两次换热，通过计算，所需饱和中压蒸汽和过热中压蒸汽流量约11t和8t。目前中压蒸汽管网情况能够满足尾气加热所需中压蒸汽量。该工艺优化，可以有效减少硫磺加热炉碳排放，每年减少碳排放约2163吨。

3.2　焚烧炉外排烟气采用相变吸收剂捕集CO_2

硫磺尾气焚烧炉燃烧器的瓦斯和尾气组分进行反应，利用瓦斯燃烧产生的热量，将尾气中的H_2S全部转化为SO_2排至大气，同时瓦斯燃烧产生大量的CO_2，其主要反应如下：

$$H_2S + 1.5O_2 \longrightarrow SO_2 + H_2O$$

$$C_n + 1.5O_2 \longrightarrow CO_2$$

焚烧炉外排烟气中的CO_2，可通过相变吸收剂捕集工艺脱除，从而减少外排CO_2含量。在相变系统的解吸过程中，富含CO_2的相通过分相器分离，通过热交换器加热到一定温度后送入解吸塔，解吸后的富相和原贫CO_2相混合，送回吸收塔进行循环利用，具体工艺流程如图3。

相变吸收剂的反应机理：主要基于亲脂性胺构建，其吸收富液具有低临界温度的特征，再生温度可降低至80℃甚至更低。相变吸收剂中亲脂性胺分子中烷基和氨基具有水溶性差异，并且受温度影响显著。氨基为亲水性基团，在低温时氨基与水分子形成氢键，亲脂性胺则可溶于水中。当温度升高到某一临界值，氨基与水间的氢键断裂，此时烷基的疏水性使胺分子发生自聚，与水分离，从而发生液-液分相。随着碳减排、碳中和工作开展，该CO_2吸收技术会被越发重视。

3.3　采用"热氮吹硫"新工艺

目前装置停工吹硫还是采用传统的"瓦斯吹

硫”工艺，制硫炉酸性气切除，改瓦斯气与空气当量燃烧，用燃烧后的烟气，对硫磺装置系统内的残硫进行吹扫。后期通过逐步增加进炉空气量来提高过程气中的氧含量，确保将系统中的硫化亚铁全部燃烧干净。

新的吹硫工艺采用“热氮吹硫”，热氮吹硫流程图如图4。切断制硫炉酸性气和瓦斯，改通热氮(加热器将冷氮加热至230℃)，分别进入克劳斯单元余热锅炉后部、一级反应器入口、二级反应器入口，对系统中的残硫吹扫。同时对于系统中的硫化亚铁采取炉头注入空气，逐步提高吹硫气体氧含量的办法将其全部燃烧。热氮吹硫新工艺利用氮气(惰性气体)不易发生化学反应的原理进行吹硫。与传统“瓦斯吹硫”工艺相比，无副反应，对系统及吹硫效果不会产生其他影响，吹硫期间不会有碳排放。

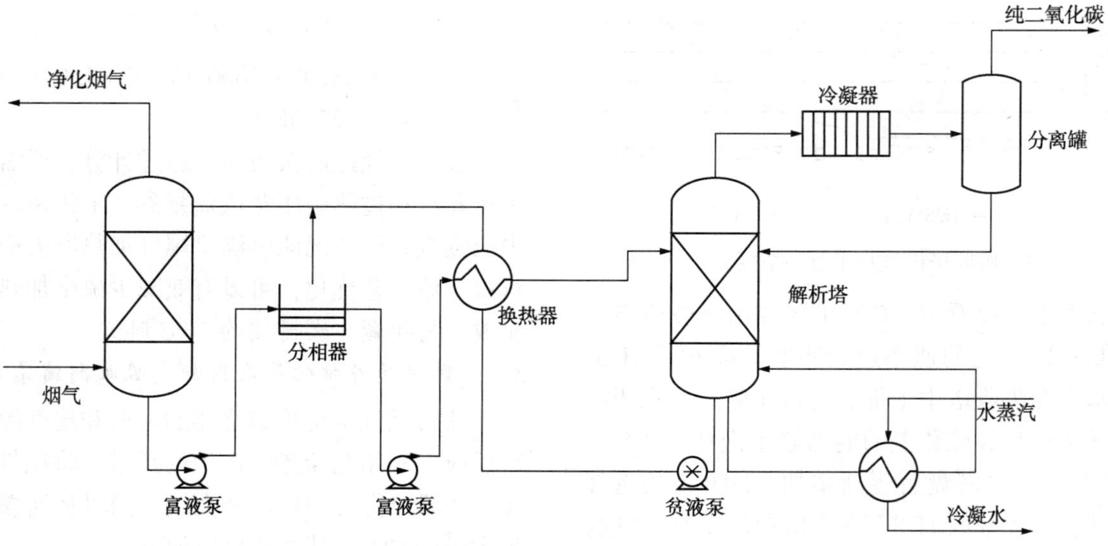

图3　相变吸收剂捕集 CO_2 的工艺流程图

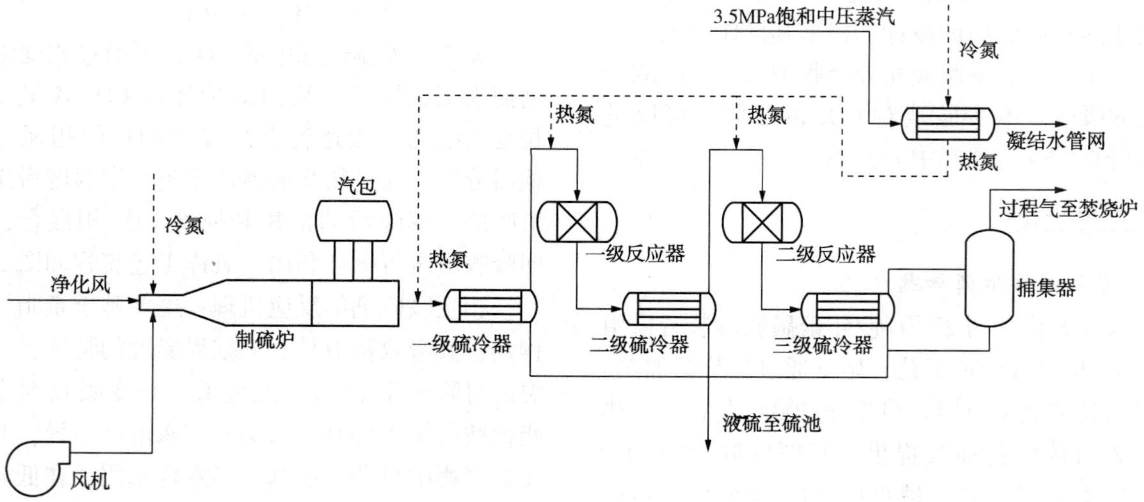

图4　热氮吹硫流程图

4　其他方法

4.1　采用清洁燃料

硫磺酸性气火炬目前采用炼厂瓦斯气作为伴烧燃料气，瓦斯燃烧产生的碳排放每年约900吨。用氢气代替瓦斯，可以有效减少碳排放。新能源的利用是未来炼化企业低碳和绿色发展的重点，将以新能源为基础制造的绿氢在炼化工艺中应用可以大大降低碳排放。

4.2　节能降耗

4.2.1　制硫炉风机的控制方式

以往设计的制硫炉风机进燃烧炉供风量的调节手段是通过放空一部分空气来控制，排出空气愈多，能量浪费越大。采用优化的调节手段是在满足风机出口压力稳定的前提下，根据制硫炉的风量，调节风机入口控制阀满足风机负荷调节。风机在较低负荷运行情况下，当接近风机的喘振点时，开启风机出口放空阀，确保风机不发生喘振，将风机入口流量作为风机喘振点的监测点。减少多余空气的放空，可有效降低能量浪费。

4.2.2 凝结水代替部分除氧水

硫磺装置内的废热锅炉和液硫冷却器都需要除氧水，除氧水量是根据装置负荷所决定的，可调性不大。为了降低除氧水消耗量，可采取以下措施：a) 利用装置自产的凝结水代替部分除氧水；b) 低温段的三级硫磺冷凝冷却器产生的0.2MPa 低低压蒸汽经空冷器冷凝，通过泵输入三级液硫冷却器内循环使用。

5 结束语

本文从原料、工艺、清洁燃料和节能几个方向对硫磺装置可采取的碳减排、碳中和工作进行了研究。溶剂再生单元选择适宜的设计条件，可进一步减少硫磺原料中烃和 CO_2 含量。再通过对硫磺装置工艺优化，选择清洁燃料，同时采取有效的节能降耗措施，能够有效推动硫磺装置碳减排、碳平衡工作的发展。

参 考 文 献

[1] 李正西. 炼油厂制硫原料气降低烃含量的预处理技术[J]. 炼油设计，2019 第 48 卷.

[2] 康丽娜，尚会建，郑学明. CO_2 的捕集封存技术进展及在我国的应用前景[J]. 化工进展，2010，29(S1)：24-27.

第五联合车间火炬减少碳排放管控措施

王　刚　周纬武　隋广鑫　金超东　黄　磊

（中国石油大连石化公司）

摘　要　大连石化公司有四支在用的火炬，分别隶属于储运二车间气体火炬区域及第五联合车间化二装置、化三装置。火炬用于燃烧各装置正常工况及异常工况排放的烃类、氢气等组分，是各装置重要的安全保证措施。异常工况是装置生产异常时排放的烃类，具有排放时间和排放量不可预测的特点。减少火炬正常工况下的排放量，对减少碳排放和热力型 NOx 的产生有着重要意义。

关键词　火炬；碳排放；正常工况；异常排放；管控措施

第五联合车间内有两支高架式火炬，分别隶属于7万吨/年聚丙烯装置和20万吨/年聚丙烯装置，以下简称化二火炬和化三火炬。化二火炬为原5万吨/年聚丙烯装置火炬，于1991年投用，火炬高度约83米，最大燃烧气体量为50t/h～60t/h；化三火炬为原7万吨/年聚丙烯装置火炬，于1999年投用，火炬高度80米，最大燃烧气体量为126t/h。两支火炬均可用于燃烧异常排放时的烃类及化一装置丙烯尾气压缩机排放的不凝气和PSA尾气。两支火炬均分别设置了两套长明灯和点火筒，点火筒将长明灯引燃后遂熄灭，正常工作时，两支长明灯同时燃烧，互为冗余。

2021年及2022年，大连石化公司的在用的4支火炬（储运二车间2支，五联合车间2支）共排放了663.6万 m^3 烃类。排除装置开停工及异常排放等，2021年五联合的两支火炬共排放了全公司84.72%的烃类，2022年正常工况排放量占全公司86.48%。火炬燃烧除了排放 CO_2 外，还会导致热力型 NO_x 的产生。五联合两套聚丙烯装置正常工况的排放量，远大于大连石化公司其他37套生产装置的排放量总和，减少聚丙烯装置正常工况下的火炬排放，意义重大。

表1　大连石化公司2021年～2022年火炬排放情况

年份	火炬	正常工况	异常工况
2022年	储运二火炬	124218	2510914
	化二火炬	54150	40483
	化三火炬	634313	142269

续表

年份	火炬	正常工况	异常工况
2021年	储运二火炬	90618	2273038
	化二火炬	78048	56
	化三火炬	591993	95593
合计	—	1573340	5062353

注：表格中数据单位为 m^3。

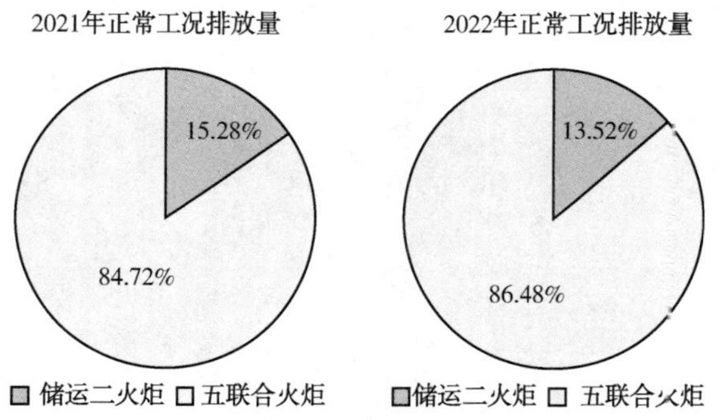

图1　2021年及2022年大连石化公司火炬正常工况排放量对比

1　火炬流程

化二、化三火炬流程基本类似，从聚合装置来的烃先排放至分液罐V1001/V101，经分液后，从分液罐顶部经168线（化二）或200线（化三）至化一装置气柜，化一尾气压缩机M601压缩并回收其中的大部分丙烯后，不能回收的部分及PSA装置的氢气尾气合称为不凝气，不凝气可分别或同时进入两支火炬进行燃烧。

两支火炬之间设有跨线，可以单独使用，也切换使用。日常状态，化二火炬长明灯熄灭，处于备用状态，化一、化二、化三装置合用化三装置火炬。正常工况下，火炬分液罐及水封罐之间设有切断阀，阀门处于常闭状态，有利于化一装置回收丙烯；当发生异常情况，火炬切断阀由DCS远程打开，火炬气直接突破水封进行燃烧。2020年6月，依据最新《石油炼制工业污染物排放标准》要求，两支火炬分别增上了火炬气及不凝气超声波质量流量计，用于监测火炬气及不凝气的流量，并于同年10月投用。

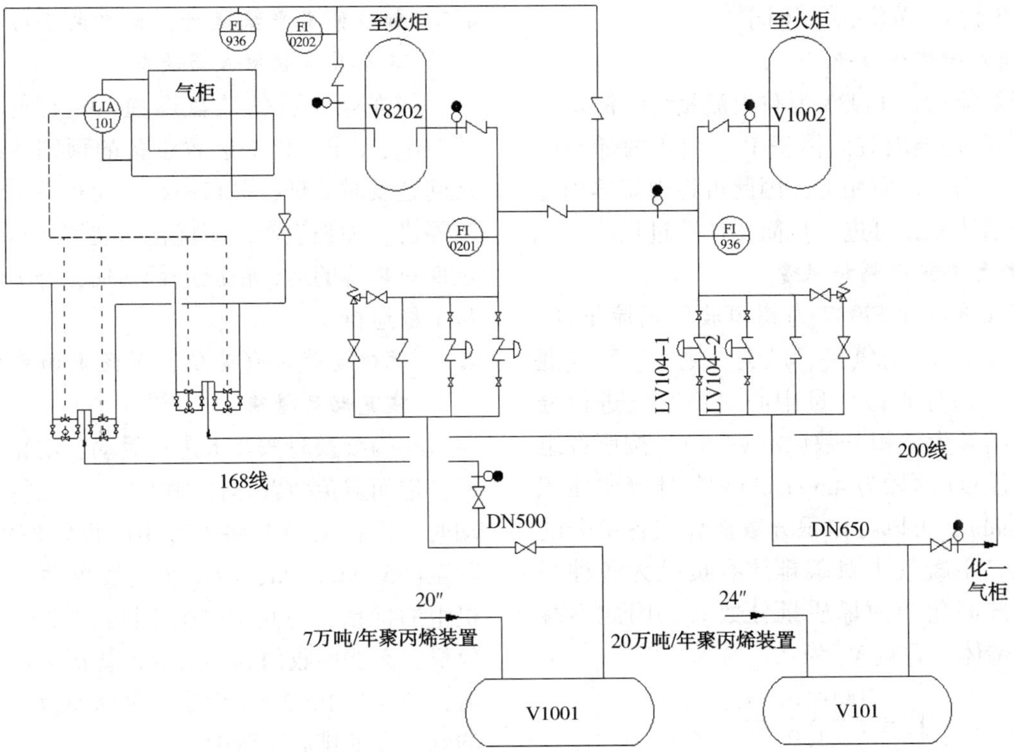

图2 第五联合车间火炬流程示意图

2 火炬气燃烧分类

按照火炬气来源分，火炬燃烧的物质共有七种：(1)化三装置开停工或异常情况下经主火炬线直接排至火炬的丙烯；(2)经化一装置压缩回收后经不凝气线排放的不凝气；(3)火炬长明灯和点火筒燃烧的丙烷；(4)每周二中班装置试验火炬电打火，经火炬主管线燃烧的丙烯及冬季极寒天气防冻“烧火炬”需要燃烧的丙烯；(5)化一异常时经不凝气线直接排放的丙烯或丙烷；(6)化二开停工时经不凝气管线排至化三火炬的丙烯；(7)化一PSA装置提纯H_2后的尾气(主要为H_2)。其中第7种燃烧只产生少量热力型NO_x，不产生CO_2。

(1)按照异常及正常工况进行分类，火炬燃烧的七种物质中1、5、6属于异常排放燃烧，2、3、4、7属于正常燃烧。

(2)按照集团公司QHSE统计环境排放统计平台要求，火炬燃烧分两种工况：丙烷及炼厂干气。按此要求，火炬燃烧的六种物质中3为丙烷燃烧，1、2、4、5、6、7为炼厂干气燃烧。

(3)按照火炬燃烧物输送途径，火炬分两种工况。1、化三装置异常工况及周二试验切断阀、冬季极寒天气“烧火炬”，经FI936测量后直接排放至火炬燃烧的烃类，主要成分为丙烯，在进行排放量核算时，此部分物质按照纯丙烯进行核算。2、经化一不凝气管线至火炬的排放物，成分比较复杂，主要包括不凝气、化一异常排放的丙烯、化二开停工排放及氢气。每月由质检计量中心对不凝气的组成进行分析，装置依据分析结果对不凝气中的烃类部分进行统计，剔除不相关的氮气、氧气等，剩余部分即为可燃烧的烃类及氢气部分。

3 火炬碳排放量计算

聚丙烯装置火炬碳排放量的计算是一个复杂的过程。火炬碳排放来源有经火炬线排放的丙烯(流量位号为FI936)，经不凝气线排放的烃类与氢气的混合物(流量位号为FI937)，以及长明灯燃烧的丙烷(流量位号为FI933)。

3.1 主火炬线丙烯排放量

主火炬线流量计 FI936 为超声波质量流量计，测量的月流量 m_1 为纯丙烯的质量，(单位 kg，下同)，可按照快捷计算公式 $V_1 = \frac{1000 \times 42 \times m_1}{22.4}$ 算出纯丙烯的体积数 V_1(单位 m^3，下同)。

3.2 长明灯丙烷排放量

长明灯流量计 FI933 为孔板流量计，测量的月流量 V_2 既是纯丙烷的体积 V_2。由于丙烯与丙烷分子量相当，性质相近，因此可将丙烷体积近似等于丙烯体积，可进一步简化计算过程。

3.3 不凝气中纯丙烯排放量

不凝气流量计 FI937 为超声波质量流量计，测量的月流量 m_3 为氢气、烃类、氮气、氧气混合的质量。每月质检计量中心对不凝气进行分析，测量结果为体积分数(%(v/v))。按照各组分的摩尔质量(丙烯为 42g/mol)和气体摩尔体积(22.4L/mol)，可以将体积分数换算成各组分的质量分数。不凝气中对碳排放有贡献为各种烃类，可全部简化为丙烯质量分数 a_3，因此不凝气中的丙烯体积含量 V_3 为

$$V_3 = \frac{1000 \times m_3 \times a_3}{1.9}$$

3.4 月度总碳排放量 $m_{总}$

每月火炬燃烧的丙烯总量 $\sum V = V_1 + V_2 + V_3$。按照经验值，火炬燃烧时，丙烯转换成 CO_2 的效率为 98%，每一万 m^3 丙烯燃烧产生 CO_2 的为 16.07t，因此每月火炬碳排放总量

$$m_{总} = \frac{\sum V \times 98\% \times 16.07}{12 \times 10000}$$

4 减少火炬排放措施

4.1 提高丙烯回收效率，减少不凝气中的烃含量

由于周二试验切断阀和冬季极寒天气“烧火炬”的排放时间都有相对严格的时间，不能随意减少，由上章节“2.3”可知，减少不凝气中的烃含量，可有效减少火炬碳排放。

化一装置负责五联合两套聚丙烯装置排放的丙烯回收任务。聚丙烯装置产生的尾气，经丙烯压缩机升压和冷凝，成为液相丙烯进入膜分离系统，回收的液相丙烯经气分装置再次提纯后可再次返回生产装置用于生产，无法回收的轻组分及超负荷无法回收的丙烯进行排放系统，成为不凝气的一部分。因此，化一装置必须要严格控制膜分离的效率，定期对膜分离系统进行检查维修，确保膜分离系统始终高效运行，减少丙烯排入不凝气系统中造成浪费。

4.2 加强装置平稳运行，减少装置的非计划停工及异常切排放的次数

加强操作员的监盘巡检，执行好“手指口述”相关要求，做好装置设备的预知性维修，发现问题及时处理，关口前移，避免造成装置的故障停机。加强生产组织优化、装置运行优化，并定期对装置的运行情况进行评估，努力实现高质量平稳运行。

4.3 优化生产过程管控，制定更加严格的小闪线晃动的措施

小闪线及时按要求进行晃动，防止小闪线堵塞，进而避免装置非计划停工。在进行小闪线晃动时，内操要及时将 PIC3101 设定值由 100kPa 降至(85~90)kPa，减少小闪线晃动时对 PK301 机组的扰动，防止 PK301 因压力波动造成连锁停机，无法回收丙烯和造成设备损坏。晃动完毕后，及时将 PIC3101 设定值改回原值，最大程度的减少丙烯排放至管网。

5 应急排放时各装置联动配合及火炬控制方案

5.1 化三装置遇突发情况(PK301 停、XV3101 切排放)

(1) 化三装置人员短时间内无法到达火炬蝶阀，化三内操需立即通知化一装置及车间调度。在化三人员到达火炬蝶阀前，由化一装置控制管网压力：化一装置外操第一时间赶到气柜阀组，全开 DN200 线排火炬阀旁通阀以降低管网压力，开阀的同时化三内操调整火炬蒸汽做好消烟。

(2) 化三装置人员到达火炬蝶阀后，由化三装置控制管网压力：根据管网压力适当开启火炬旁路手阀，再通过化一阀组旁路阀控制进行合理匹配，使火炬管网压力控制在(15~20)kPa。

(3) 若化一及化三人员均未到位，火炬管网压力已经超过 20kPa，内操有打开切断阀 LV1041/1042 的自主权。防止系统压力突然释放，导致的火炬黑烟不可控。

(4) 化一装置根据气柜高度变化情况，及时调整进 DN200 线阀组进气柜阀门开度保证气柜

高度相对稳定。

（5）若化三火炬控制能力不足，需要向化二火炬分量控制，由装置及时联系车间调度，将不凝气由化三火炬切换至化二火炬。

5.2 化三装置有计划进行PK301压缩机维修等需进行较大排放

（1）车间调度在维修前提前通知化二装置投用火炬，并协调将不凝气线由化三装置火炬转至化二装置火炬。

（2）化一装置通过逐渐全部打开DN200线排火炬阀旁通，向化二装置火炬进行分流排放，化二装置组织配合做好蒸汽消烟控制，同时化一装置调整进气柜阀门开度保证压缩机运行正常和气柜高度稳定。

（3）化三装置通过火炬蝶阀旁通控制火炬管网压力在（15~20）kPa，并做好蒸汽消烟。

6 总结

五联合车间的两支火炬正常工况的排放量占大连石化公司正常工况排放总量约85%，比其他37套生产装置的排放量总和还多。通过优化生产过程，提升丙烯回收效率，减少生产波动，可减少聚丙烯装置正常工况下的火炬排放量，可有效提高能源利用效率、减少温室气体的排放、减缓全球变暖的速度并保护自然资源、符合越来越严格的环保政策，对促进可持续发展意义重大。

自动分输技术在天然气场站中的应用

陈　磊　刘少斌　项行鸿　李亚娟　韩　耕

（陕西省天然气股份有限公司）

摘　要　为解决天然气输气场站日指标量精准控制需要大量人工干预的问题，针对不同的用户供气需求，基于站控系统程序，采用不均匀系数法，到量停输法、恒压控制法和剩余平均法4种不同的智能分输逻辑，基于瞬时流量监控、电动调节阀开度监控、实现了天然气输气场站日指标量的精准控制。运行结果表明：采用智能分输技术，用户日指标量与实际完成量偏差控制在0.5%以内。结论认为，智能分输改造提高了输气场站的生产效率和自动化、智能化管理水平。

关键词　天然气管道；输气场站；站控系统；智能分输；设备监测

本天然气输气场站站控系统主要为AB公司ControlLogix系列。主要工艺流程采用电动执行机构驱动阀门进行控制，原设计为人工值守方式，目前可以在站控室操作站实现远程控制操作完成主要流程。

天然气公司主控和备控中心是燃气运行指挥和控制中心，调控中心SCADA系统是一个分布式的、基于客户机/服务器的系统。公司SCADA系统的主调度控制中心设在西安，同时在汉中设置有备控中心。主、备控中心分别配置2台冗余配置的实时服务器CMX和2台冗余配置的历史服务器XIS组成客户机/服务器的热/备结构。其中2台冗余实时服务器CMX用做管道系统的实时服务器，2台冗余历史服务器XIS用做管道系统的历史服务器，互为冗余的RISC服务器强大的处理能力保证了实时数据处理的及时性和准确性。

目前现状及生产运行过程中存在的问题。一方面根据天然气公司逐步推广无人化场站技术要求，另一方面现有场站的工艺控制模式已不适应无人化场站的需求。由于站场存在有人操作不规范等因素，站场智能分输功能的实现能够最大限度避免违章作业和疲劳作业带来的事故隐患，同时降低人员在危险环境作业时长，减少人身伤害事故发生概率。分析产生问题的原因。原有控制模式虽然能够实现远程工艺控制。但是工艺控制操作流程仍然由人工完成，存在不同人员操作水平差异大，操作随意，缺乏工艺操作过程前置安全审核，操作过程审核及失败回溯等安全机制。由于人为因素导致的安全隐患较多，人为操作因素导致设备故障、损耗较大。同时无法满足工艺操作标准化、生产安全标准化的要求。为更好的进行分输流量压力控制，提高系统的可靠性和稳定性，针对每一个分输用户，设置独立的PLC控制器，结合流量、压力等参数，对输气管路进行压力调节或限流控制。

通过设计文件要求及本次现场调研的结果，本次分输站智能化改造，下游用户和支路统计情况如表1所示：

表1　下游用户和支路情况

分公司名称	场站名称	用户名称	支路数量
天然气公司	天然气分输站	下游用户A	2
		下游用户B	2

分输站工艺流程图如图1所示：

本天然气分输站共有下游用户A和下游用户B两个用户，每个用户各有两路计量和两路调压，计量和调压直接连接。各个用户的计量调压支路入口和出口都有可以远程控制的电动阀门，具备计量调压支路自动切换条件。

分输站流量计参数包括压力、温度、体积流量、流速、标况体积累积量、当前和前一小时标况体积量、当日和前一天标况体积流量等等已通过Modbus通信模块采集到PLC中。

分输站站控系统设置有两台站控机，每台站控机安装有AB公司RsviewSE上位机组态软件，两台站控机相互独立。下位机采用AB公司Logix5000系列热备冗余PLC，CPU型号为：1756-L71。通远站还设置有1套调压控制系统，有独立调压柜，调压控制器为西门子S7-1200PLC。

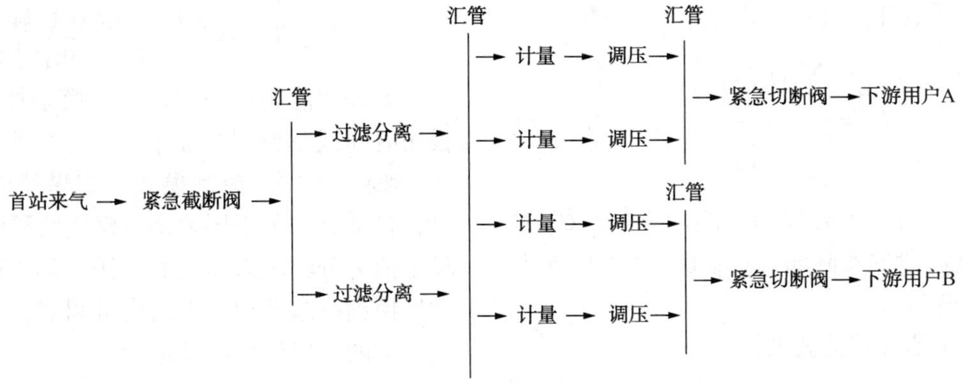

图 1　输气场站工艺流程图

1　用户用气特点分析

根据用户特点和历史供气规律，用户可分为以下 6 种类型：

a）具名用户：用气波峰波谷较为明显，用户量随时间波动较大，通常夜间为用气低谷。需要保证最低供气压力；

b）综合性用户：通常同时包含工业用户和民用用户。有一定的基础用气，在此基础上存在用气量的波动。

c）一般工业用户：用气较为稳定，时段性不明显；

d）不可中断工业用户：用气压力要求较高，产生波动可能造成严重后果，如炼化厂、电厂、玻璃厂等；

e）CNG 加气站等间歇性供气用户：不定时用气，没有可利用管存，用气期间要求压力平稳；

f）间歇性供气用户：管存容量大，或有多方起源，以间断方式进行供气。

我们截取近一周日从 8：00 到第二天 8：00 每半个小时的输气量，如图 2 所示：

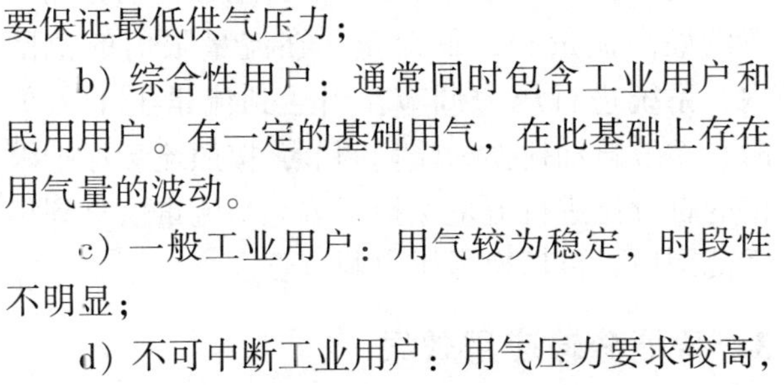

图 2　输气场站输气量统计

从图中我们可以看出，该用户的用气规律不是很规律，每半个小时的用气量并不稳定，我们将近一周每半个小时的输气量加在一起生成如图 3 所示：

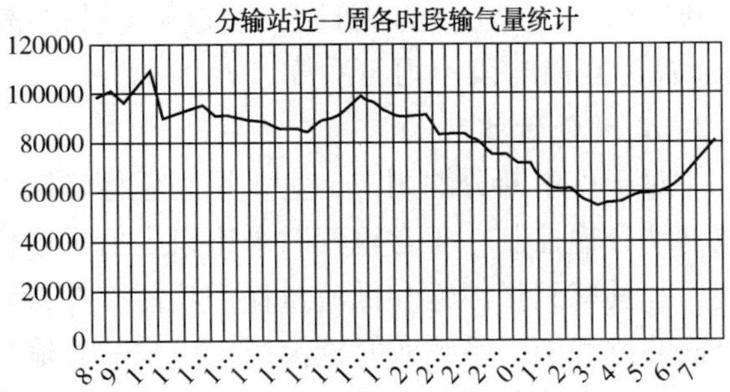

图 3　输气场站每半小时输气量

仔细分析下游用户 A 的用气规律后我们发现下游用户 A 属于上述 6 种类型的综合性用户，包括工业用户和民用用户。工业用户用气比较平均，但周末由于停产等原因，用气量较小。

2　自动分输方式

针对以上 6 种不同的用户供气需求，可以采用不均匀系数法，到量停输法、恒压控制法和剩余平均法等 4 中不同的自动分输方法，实现日指定量的精准控制。同时各种控制方法可以自由切换，部分控制方法也可以组合使用，例如恒压+剩余平均法等等。

2.1　不均匀系数法

不论不均匀系数法是否投用，每天 8 点整都计算一次不均匀系数。将每天划分为 48 个时段，根据过去 30 天的用气规律，计算当天个时段所占总输量的不均匀系数，则当前时段的输气设定值即为：日指定分输量 * 当前时段的不均匀系数。每个输气时段完成后，由于误差的存在，系统需要根据剩余供气计划量和当前时段不均匀系数占剩余时段不均匀系数和的比例重新计算当前时段的输气设定值。

不均匀系数计算公式如式 1：

$$X_{wt} = \frac{\sum_{i=1}^{m} Q_h[i]}{\sum_{i=1}^{m} Q_d[i]} \quad (1)$$

式中，X_{wt}为每个时段的不均匀系数；Q_h 为过去 M 天此时段的实际输气量；Q_d 为过去 M 天每天的总输气量。

流量设定值计算公式如式：

$$Q_{set} = (Q_a - Q_{utn}) \frac{X_{wt}[i]}{\sum_{j=i}^{n} X_{wt}[j]} \quad (2)$$

式中，Q_{set}为当前时段输气量设定值；Q_a为日指定输气量；Q_{utn}为当日已完成输气累积量；$X_{wt}[i]$为当前时段不均匀系数。

2.2 到量停输法

对于可中断分输用户，宜采用到量停输法实现自动分输控制，正常输气时采用设定值恒压供气，并具有到量停输和低流量保护功能。在自动分输的过程中，系统实时检测当前用户的总输气量，当完成输气量到达日指定量的 95%时发出高报警，达到日指定量的百分比停输值或者输差停输值时，发出日指定量完成报警，并根据“允许停输”标志位，确定是否停输，如果标志位位 1，则关闭分输用户（关闭完成后发出报警），如标志位为 0 则保持最低分输压力供气。

2.3 恒压控制法

对于稳定供气的不可中断用户，自动分输宜采用恒压控制模式，即压力 PID 控制，正常输气时采用分输压力设定值恒压供气，具体控制逻辑如下：

所有支路的前后球阀均保持全开，主用和备用支路均采用压力控制，主用支路根据压力设定值进行压力 PID 调节，备用支路根据主用支路工况流量变化追随调节。这样既能最大限度的保证两条支路供气能力的平衡，又能最大限度的减小两条支路同时进行 PID 调节时相互间的影响。

2.4 剩余平均法

剩余平均法适用于用户各时段用气比较均匀，且无压力限制的用户。

剩余平均法本质上属于不均匀系数法在所有系数都相同时的一个特例。剩余平均法就是将剩余供气量平均分配到剩余供气时间内，每个时段的流量设定值计算方法如下：

$$Q(\text{瞬时流量}) = \frac{(\text{日指定量}-\text{已输气量})}{\text{剩余小时时间}}$$

如果使能剩余平均自动切换条件（到达自动投用时间或达到设定值百分比），此时即为“恒压+剩余平均法”控制模式。如果使能条件不满足，自动分输采用压力调节模式恒压供气，压力设定值为分输压力设定值；任一条件满足后，自动切换到剩余平均法进行流量调节，从而保证尽量精准的完成计划量设定。

2.5 压力保护和流量保护

在流量调节模式下，根据自动分输设置的最低分输压力和最高分输压力，在压力限值范围内，系统进行流量调节，当达到压力上下限值时，系统自动切换为压力调节，按照压力保护限值的百分比进行压力保护调节，当压力恢复到正常范围后，再切换为流量调节。

同样，在压力调节模式下，增加自动分输设置的最高流量和最低流量，在流量限值的范围内，系统进行压力调节，当达到流量上下限值时，系统自动切换为流量调节，按照流量保护限值的百分比进行流量保护调节，当流量恢复到正常范围后，再切换为压力调节。

3 智能分输应用效果

本分输站属于天然气公司管辖的关中地区的一个重要场站，主要向下游用户 A 供气。高峰用气量达到 $65\times10^4 m^3/d$。未实现自动分输前由人工进行日指定量控制，原调压系统只能实现压力调节、且压力调节无流量保护，如果压力设定值与实际压力差值较大，流量经常会超限运行。波动大且耗费大量人力。自动分输改造完成后，下游用户 A 可以采用恒压法、不均匀系数法、剩余平均法等三种自动分输方法，且可以实现恒压+剩余平均法组合使用的模式。同时根据实际需要，在夏季供气低峰时可辅以到量停输逻辑，保证每日计划量准确完成。

自动分输功能实施后，在用户日指标量能完成的情况下，用户日指标量与实际完成量偏差均在 0.5%以内，说明自动分输能够实现精准的日指标量控制，而且控制过程不需要人为操作，减少了人工控制造成的偏差和人工控制的工作量，提高了效率。

同时自动分输功能实现后，为公司后期实现

场站无人值守提供了必要条件，将原来场站值班人员解放出来，投入到设备和线路的检修和维护工作中，真正实现减人增效。自动分输技术与集中远控相结合，为调控中心实现一级调度和分公司实现区域集中监视和调控管理提供了条件。自动分输控制逻辑能够在保障用户供气安全的情况下自动完成当天的输气任务并满足用户对分输压力和流量的要求，解放了人力，提高了控制的精度，有较高的参考价值和应用价值，可以大范围的推广和使用。

参考文献

[1] Xue C, Ming L I, Peng Y. Test Technology Research on ESD System of Gas Transmission Station[J]. Oil-Gas Field Surface Engineering, 2019.

[2] Xianghong Z. Application Analysis of Pressure Pipeline On-line Testing for the Natural Gas Transmission Station [J]. Guangdong Chemical Industry, 2019.

[3] Gao P, Li W, Sun Y, et al. Risk assessment for gas transmission station based on cloud model based multilevel Bayesian network from the perspective of multi-flow intersecting theory[J]. Process Safety and Environmental Protection, 2022, 159: 887-898.

[4] Qing-Lin B, Pei-Shan Z, Lin-Jiang Z, et al. Design of Information Management System for Urban Natural Gas SCADA System[J]. Automation & Instrumentation, 2009.

[5] Alsanad A H, Alqattan H A. Application of SCADA system Case Study of 132/11KV Substation [J]. IOSR journal of electrical and electronics engineering, 2022 (1): 17.

[6] Kermani M, Adelmanesh B, Shirdare E, et al. Intelligent energy management based on SCADA system in a real Microgrid for smart building applications[J]. Renewable Energy, 2021, 171.

[7] Liu J H, Padrigalan K, Lee R M. Development of Auxiliary SCADA System for Wind Farm Operation Based on Open Platform Communication [J]. Journal of the Chinese Society of Mechanical Engineers, Series C: Transactions of the Chinese Society of Mechanical Engineers, 2022(1): 43.

[8] Kermani M, Adelmanesh B, Shirdare E, et al. Intelligent Energy Management based on SCADA system in a real Microgrid for Smart Building Applications[J]. Renewable Energy, 2021, 171(1).

[9] Li X, Penmetsa P, Liu J, et al. Severity of emergency natural gas distribution pipeline incidents: Application of an integrated spatio-temporal approach fused with text mining[J]. Journal of loss prevention in the process industries, 2021(69-): 69.

[10] 吴斌．天然气输气场站 SCADA 系统的设计与实现[D]．山东大学[2023-07-07]．DOI: 10.7666/d.y1793245.

[11] 梁怿，彭太翀，李明耀．输气站场无人化自动分输技术在西气东输工程的实现[J]．天然气工业，2019，39(11)：112-116.

[12] 田久颂．面向长期稳定运行的天然气分输站场优化控制方法研究[D]．中国石油大学(华东)，2019. DOI: 10.27644/d.cnki.gsydu.2019.001221.

沿海地区建筑工程白蚁防治技术

杨亚楠　刘清涛　李培雄　任锋锋　韩廷檀

（中国石油天然气第一建设有限公司）

摘　要　当今世界能源格局正在经历新一轮变革调整，世界能源消费结构进一步向低碳化、绿色化、多元化方向发展，国内部分大型炼化基地多建设在沿海地区。韩非子的《喻老篇》中写道“千里之堤，以蝼蚁之穴溃”，白蚁对建筑工程危害极大，沿海地区气候也非常适合白蚁生存，该地区属于我国白蚁危害的严重地区。本文结合某沿海地区炼化装置机柜间和变电站建筑为例，从白蚁危害、防治方法、施工工艺方面对白蚁防治进行简单论述。

关键词　建筑；白蚁；危害；防治；药剂

1　前言

随着经济的飞速发展，越来越多的行业进行升级化建设，我国南部沿海地区处于边缘热带及亚热带气候区给各行业带来机遇的同时，也给我们建设行业带来新的挑战，该地域气候常年较热，雨水充足空气湿度较大，导致一些喜热耐湿的昆虫繁衍迅速，比如对房屋建筑、河堤和水库堤坝农林作物、塑料电缆和交通通讯设备、图书、档案、纸张、布匹、丝绸等纤维物质具有危害的世界性重要害虫之一白蚁（termite），在我国南部沿海地区繁衍严重，在建筑过程中对白蚁的绿色防治是重中之重。

2　白蚁防治的概述

2.1　白蚁的简介

白蚁是喜温性的昆虫，最适气温为 25 - 30℃，最低致死温度是 - 3℃。虫体含水量约 79%，除木栖性白蚁与土壤不直接发生任何关系外，土木栖白蚁和土栖性白蚁跟土壤的关系都极为密切，特别土栖性白蚁，无土不成巢，离开土就生存不了。

2.2　白蚁的危害

白蚁危害具有隐蔽性、广泛性和严重性的特点。白蚁长期生活在黑暗环境中，过着隐蔽生活，物体受到白蚁危害，表面形似完好，里面千疮百孔，一旦被人发现，损失已是相当严重。白蚁的危害涉及到人们的衣、食、住、行、用等国民经济的方方面面，我国每年因白蚁危害而引起的直接经济损失达 15 亿人民币。

白蚁的分泌物——蚁酸，具有强烈的腐蚀性，会对施工建筑的钢筋混凝土、多种金属器件和各种电线电缆、塑料制品进行腐蚀破坏（图 1）。

图 1　白蚁侵蚀建筑物图

2.3　白蚁防治总体要求

（1）白蚁防治理念是从环境保护出发，在施工过程中始终以预防为主、防治结合、综合治理为方针。

（2）为减少白蚁生存环境，室内应保持地面干燥、空气流通，且拥有一个良好的室内外排水系统。

（3）在对拥有卫生间、饮水机，水管等多水源的机柜间进行施工时应采用实心墙体结构，并时常进行清洁消杀处理。

（4）在对拥有多层的建筑结构——变电站进行施工时不能将地面楼梯作封闭间使用，防治给白蚁制造生存空间。

（5）机柜间与变电站的屋面需要做全面的防水处理和便捷的排水系统，从根本上阻断白蚁的的生活环境生成。

（6）变电站底层的电缆间所有电缆应使用不锈钢等防腐防锈防虫蛀的材料做支撑架支撑悬空，不得随意摆放地面。

（7）电缆沟内的电缆在敷设时应将沟内的杂物清理干净，减少保持干燥，并定期进行消杀处理。

（8）机柜间与变电站应采取密闭性管理，采购的门、窗、通风管等与外界直接相连的设施密闭性能要较好，以达到对白蚁飞入室内繁衍起到隔绝作用。

2.4 白蚁防治的方法

目前对白蚁的防治主要有物理屏障法防治、化学防治、生物防治、生态防治等方法。

物理防治是利用人工、器械和光、热、电、声、波等物理能来防治白蚁的方法。例如：挖巢法、诱杀法（灯光诱杀有翅成虫、食饵诱）、热杀法、建砂粒屏障阻止白蚁穿越、生物物理学在白蚁防治中的应用（高频和微波灭蚁、放射性同位素示综、利用声频探巢、利用电阻率探巢、用探地雷达探测白蚁巢），由于物理防治操作繁琐，效果缓慢，经济成本过高。因此，目前在建筑行业应用较少，但因其符合环境防治观念将成为未来白蚁防治的主要研究方向之一。

化学防治是利用一种化学药剂，通过一定的方法，直接接触白蚁虫体，或者处理栖息、孳生场所、危害对象，使白蚁因接触或吞食药剂而中毒死亡，或者因此而产生忌避作用而不能侵入危害。它的特点是见效快、效率高，使用方法多且简便，受区域性的限制小。但是化学药剂具有很强的毒性，对环境和人体存在严重威胁。随着环保意识的提升及《POPs 公约》的颁布，迫使化学防治将向低污染、低毒性、低残留的方向发展。

生物防治是以自然界存在的种间斗争和白蚁与真菌的关系为基础，利用白蚁的天敌来防治白蚁和利用真菌指示物找巢的方法。但是，在治理周期过长，不适宜在建筑行业进行白蚁防治。

生态防治是在建筑物开工前、施工中、竣工后交付使用的长时间内，根据防治白蚁的要求，采取各项必要的措施或开展各项活动，创造不利于白蚁滋生的环境，使建筑物免遭白蚁危害的一类防治方法。

根据广东省发布的《新建房屋白蚁预防技术规程》，本建筑工程的白蚁防治选用化学防治和生态防治两种方法在施工过程中对白蚁进行预防和治理。该种治理符合目前最主流的防治理念——有害生物综合治理（IPM），即以简单的技术方法利用大自然的调控能力降低了治理白蚁的经济成本，又能提升对环境和人体的保护，更加多元环保可持续发展的对白蚁防治。在施工过程中对白蚁采用化学药剂进行防治，需要明确使用哪种药物、浓度多少、药量多少的化学药剂，采取什么样的施药方法才能有效的对白蚁进行防治。

3 化学药剂选用及管理

3.1 选用原则

为了保障在不对环境及内部操作员的人身造成影响的情况下，在对化学药剂的选用时应遵守高效、低毒、高残效、低污染的红线原则。

3.2 选用要求

（1）在对机柜间与变电站进行白蚁防治时所采用的化学药剂其毒性、理化性质、适用范围、使用浓度、剂量、有效年限等必须与白蚁防治规定相统一。

（2）机柜间与变电站等土层及墙体结构的化学药剂应采用化学性能比较稳定、残留有效期长、高效率且低毒性、难易燃烧与爆炸，驱逐灭杀效果显著和干燥后不（或难）溶于水，不（或难）挥发。

（3）在防治过程中的化学药剂不能是不合格产品，需要采购有明确的产品标志、产品说明书，合格证和有资质的专业机构复检报告等资料证明的化学药剂，由专业施工队伍使用。

（4）不能随意使用未经鉴定或认证的新型化学药剂。多种不同类型的化学药剂进行复合，混合和搭配使用时，应考虑到化学药剂的兼容性，杜绝不同种类的化学药剂产生不良的物理或化学反应，危害环境及人体健康。

(5) 随着国家的发展，一些国家性或者地方性的法律法规可能会产生变动，导致一些化学药剂在某一地域禁止使用，所以在化学药剂的选用上应充分考虑当地政府的相关规定。

3.3 药剂选用

对白蚁防治时选用的化学药剂应满足下列规定(表 1)。

表 1 常用的土层与墙体处理药物及用量表

类型	药剂名称	商品名称	剂型	常用浓度/%	有效年限
有机氯	氯丹 (Chlordane)	—	50%	1~2	15
拟除虫菊酯	溴氰菊酯 (deltamethrin)	克蚁灵、卡登 (Kordon)	25%	0.06	>5
		溴氰菊酯 (deltamethrin)	2.5%	0.01	>5
	联苯菊酯 (bifenthrin)	Biflex TC	5%、10% 乳油	0.06~0.12	>10
	氯菊酯 (permcthrin)	Dragnet TC 二氯苯醚菊酯	36.8% 乳油	0.50~0.8	>5
	氯氰菊酯 (cypermethrin)	Prevail FT	24.8% 乳剂、泡沫剂、10% 乳油	0.25~0.5	>8
	S-氰戊菊酯 (esfenvalerate)	白蚁灵 (Sumialfa5FL)	5%胶悬剂	0.8	>5
	氟硅菊酯 (silafluofen)	硅白灵 (Silonen)	5%乳剂	0.2~0.25	7~8
氨基甲酸酯	仲丁威 (fenobucarb)	白捕特(Baktop) 巴沙(Bassa)	15%微胶囊	0.15	>5
苯基吡唑类	氟虫腈 (fipronil)	锐劲特(Regent) Termidor	2.5%乳油	0.01	>6
氯化烟碱类	吡虫啉 (imidacloprid)	吡虫啉、咪蚜胺、Premise75	2%、5%乳油 10%	0.05~0.10	>5
有机磷	毒死蜱 TC	毒死蜱乳油、白蚁清	40%、48% 乳油	1~2	7~12
	辛硫磷 (Phoxin)	辛硫磷 (Phoxin)	18%、50% 乳油	1	>12

根据当地地质与规定要求，本炼化装置机柜间、变电站建筑工程选用毒死蜱 TC 这一化学药剂对白蚁进行防治处理，效果良好。

3.4 药剂管理

化学药剂在运输及贮存过程中应通风、防爆、防火，化学药剂在装卸和运输过程中应该轻拿轻放、严禁撞击，拖拉和倾倒，防治化学药剂撒漏，危害人员人身健康及对环境造成破坏。在化学药剂使用前后，要对盛药容器进行反复检查确保其无损坏，封闭口可以严丝合缝，避免化学药剂泄漏。使用结束后，应该对废水，废渣和废容器进行集中处理，不能随意遗弃，造成环境污染源。化学药剂的运输过程中要符合化学品运输规范，严禁人货混载。

4　化学防治白蚁防治施工工艺

4.1　施工要求

（1）参与或直接进行白蚁防治的施工人员必须是经过相关部门考核，拥有其颁发的专业技能证。

（2）在进行施工前应以现场实际情况和设计院图纸进行专项施工方案编制，其中需要含有施工计划、机械器具需求计划、化学药剂的种类选用和剂量与浓度的要求、施工范围规定，技术与安全措施和质量验收标准等方面。

（3）施工单位应该设置专人进行对白蚁防治单位和现场施工进行协调，安排合理的施工计划，避免双方由于沟通不及时造成各自施工延误，既影响施工进度有影响施工质量。

（4）施工前应该对施工所需的化学药剂，施工器具和劳动保护用品准备充分，不能造成中途长时间停止，影响防治效果。在施工结束后需要将剩余药物、器具、废弃残液进行集中记录处理，不得遗弃在施工现场，以免造成其他施工人员中毒，产生意外。

（5）在建筑工程施工完成后，所有进行过化学药剂的部位不得直接裸露在外，避免工人误触，造成中毒产生意外。

4.2　施工防护措施

（1）在化学药剂的配置与喷洒过程中，尤其在室内施工时，施工人员必须穿戴棉质工作服，戴上合格的安全帽、护目镜、抗渗的胶质手套和防毒性能好口罩，并且扣好在领口及袖子处的扣子，在室外施工时应选择合适的天气，避免大风和下雨天施工，以顺风打、隔行打、退步打、来回换手打、用长杆喷雾器打等方法进行施工。

（2）施工人员必须有作业资质，且不能是患有皮肤病、有禁忌症状、“三期”妇女等。

（3）施工前需要检查施工器具，保证其使用性能良好。不得使用质量差和存在故障的器具，以免施工过程中发生化学药剂泄漏事件。

（4）如果在施工过程中与化学药剂发生以下接触，应及时处理，避免发生意外。皮肤接触处理方式：立刻离开施工现场用肥皂进行清洗。工作服接触处理方式：立刻离开施工现场并更换工作服。中毒处理方式：立即送医院诊治。

（5）在施工过程中施工人员每次作业不能超过2个小时，每天工作不得超过5个小时在施工过程中严禁吸烟和饮食，在施工结束后及时换下施工工作服，并用肥皂彻底清洗手、脸、手臂。

（6）施工结束后，施工器具及时清洗，盛药空瓶及容器集中处理不得遗弃，未使用完的药剂做好标记运回仓库妥善保管。

（7）施工区域没有干燥前没有穿戴保护措施的不得进入，对已进进行化学药剂喷洒处理的部位进行安装和抹灰时需要佩戴口罩和防渗胶手套。

4.3　地下土层防蚁施工

4.3.1　化学药剂配置

（1）机柜间与变电站的基础做好以后，回填土回填以前，对其四周及内部残留的木模板，木桩、树根等废弃物进行清洁处理并喷洒化学药剂进行处理，浓度为1%，药剂5L/m^2。

（2）水稳层以下均应设置毒土层，而毒土层的化学屏障分为水平化学屏障设置（简称水平屏障）和竖向化学屏障设置（简称竖向屏障），机柜间及变电站的化学屏障如图2所示。

电缆沟的的化学屏障如图3所示。

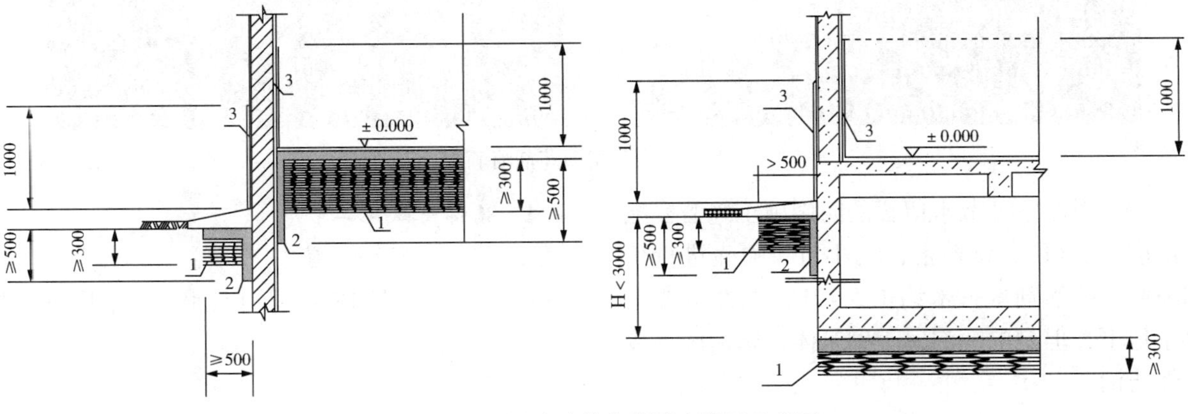

图2　地下土层及墙体化学屏障设置示意图

1—水平屏障；2—竖向屏障；3—首层墙体处理

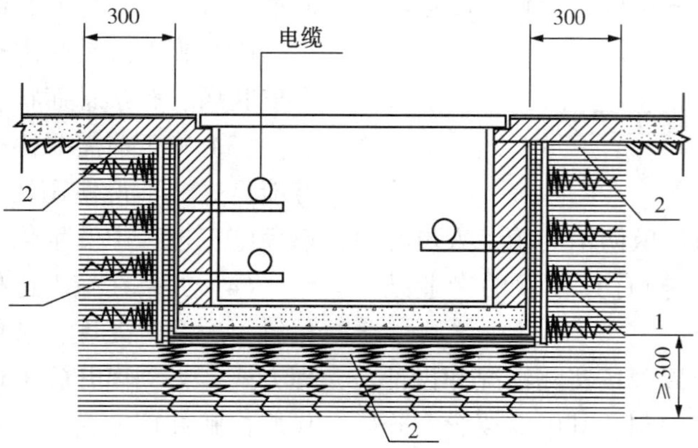

图3 电缆沟内外两侧及底部毒土处理示意图

1—水平屏障；2—竖向屏障

对于室内的地下毒土选取浓度为1%的化学药剂，喷洒剂量3L/m²，对于室外的地下毒土选取浓度为1%的化学药剂，喷洒剂量为5L/m²，渗透有效深度300mm，对电缆沟的毒土配比与室内用量一致。

4.3.2 施工过程

（1）在对机柜间与变电站进行回填施工完成后，安排进行地坪或散水浇筑前，及时组织防白蚁施工。由于化学药剂存在挥发性，在化学药剂喷洒后挥发浓度会4小时内达到最高，当超过24小时后药剂将会挥发过度导致效果减弱。因此，在化学药剂喷洒后为使防治效果达到最优化，需在化学药剂喷洒4小时后至24小时内对地坪或散水施工完毕，阻止药剂的持续性挥发。

（2）化学药剂的施工方法有喷粉、喷洒、压注、熏蒸、压烟、涂刷、浸渍、食诱药杀法、跟踪激素诱杀法、毒饵诱杀、建毒土带、浸种浸苗、浇灌、灌含药泥浆、防蚁药带包等多种方法，考虑到选用的化学药剂和现场因素，一般以喷洒方法使用最多。

（3）在防蚁药剂覆盖的区域从内向外开始使用泵压式喷雾机进行化学药剂喷洒，喷洒幅度控制在1.5m~2m范围，室外施工时药剂覆盖宽度应大于散水宽度（散水宽度不小于0.5m），确保土层充分吸收药剂，施工区域至少喷洒两到三遍，每遍喷洒结束后方可进行下一遍喷洒。具体施工如图4所示。

图4 水稳层面药剂喷洒

（4）对于室外散水留置的防裂施工缝需要配置浓度为2%的化学药剂，用小口径喷壶进行药剂喷灌，喷灌剂量每米约1.5~2L，虽然电缆沟处于地下，但是电缆沟属于砌筑体，防治施工按墙体防治。

4.4 墙体防蚁施工

4.4.1 化学药剂配置

（1）对于墙体处理时应该满足下列规定（表2）。

表 2 墙体防蚁处理规定

楼层	处理高度/m	药液浓度/%	使用剂量/(L/m^2)	处理方法
地下室和首层	1.00	2	1.50	泵压式喷雾器自上而下、重复二到三遍喷洒
二层及以上	0.50	2	1.50	
电缆沟	内外两侧及底部	2	1.50	泵压式喷雾器重复二到三遍喷洒

注：二层及以上墙体处理时所有的外墙面均应做防蚁处理。

(2) 对进入机柜间与变电站的各种管道入口应对其向外延伸 2m 范围内选用浓度 1%的化学药剂进行喷洒，喷洒剂量为 1.5L/m²，对于两者预留的变形缝(伸缩缝、沉降缝、防震缝)应在在±00 处沿缝向下灌注浓度为 2%的化学药剂，喷洒剂量每米为 1.5-2L。

(3) 对机柜间与变电站的门窗部分应在安装之前采用浓度 1%，剂量为 1.5L/m² 的药剂喷洒两次，对于洗手间应在墙壁四周 1m 以下部位，浓度 1%，剂量为 1.5L/m²。

4.4.2 施工过程

(1) 在对墙体进行防治施工前，需要对土建结构施工和白蚁防治施工制定合理的施工计划。从上向下，从内至外，先二层后一层的顺序，分区块进行白蚁防治，保证在白蚁防治结束 4 小时后至 24 小时内将下一道工序(抹灰)施工完成，这样既可以保证化学药剂效果最大化，也可以对喷洒过化学药剂的墙体起到隔绝作用，减少人员误触发生中毒事件的发生。

(2) 由于在对墙体施工时需要围绕墙体进行，泵压式喷雾机移动不便。因此，采用背负式电动式喷雾机进行施工，喷头与墙体表面保持 150~300mm 距离匀速移动，保证药剂全覆盖。

(3) 在每次施工的区域需要从一角开始，以 0.5m 左右的喷洒幅度喷洒两到三遍，且每遍喷洒结束后方可进行下一遍喷洒。由于喷雾机喷头喷洒面积较大，对于两者预留的变形缝(伸缩缝、沉降缝、防震缝)已经不能适用。故需选用小口径的喷壶对变形缝进行喷灌，具体墙体药剂喷洒施工如图 5 所示。

图 5 墙体药剂喷洒图

5 结论

通过以沿海地区炼化一体化工程机柜间、变电站建筑单项白蚁防治的方法选用、药剂选用、施工过程控制等方面论述总结，此防白蚁方法操作简单、安全可靠、效果良好、环保可靠，且经济投入少、药剂持续时间长，有效延长了建筑物的使用寿命周期。

参 考 文 献

[1] DBJ/T 15-26—2000《广东省新建房屋白蚁预防技术规程》.
[2] SJG 081-99《深圳市房屋建筑白蚁预防工程技术规程》.
[3]《城市房屋白蚁防治管理规定》(1999 年 10 月 15 日建设部令第 72 号发布，2004 年 7 月 20 日根据《建设部关于修改<城市房屋白蚁防治管理规定>的决定》修正).

炼厂烧焦尾气碱洗工艺及施工技术

康帅帅　冯乔林　高贯动　范　斌　李大勇

（中国石油天然气第一建设有限公司）

摘　要　本文以某炼厂乙烯装置加氢单元为例，针对该单元催化剂再生烧焦产生的烧焦气，阐述一种高效环保的烧焦气处理工艺。即采用碱洗脱硫法对烧焦气进行处理，采取碱洗喷淋塔并升级为双层循环喷淋，增强碱洗法对烧焦气的处理效果。碱液脱硫后，净化尾气中的 SO_2 浓度≤20mg/Nm^3，满足排放标准。本文重点描述本方法涉及的工艺原理及流程、施工方法及要点、操作及维护说明等，对今后同类型的循环碱洗脱硫工艺具有一定的参考、借鉴意义。

关键词　烧焦气；碱洗；脱硫；工艺；施工

1　引言

随着社会不断进步发展，环境污染问题逐步成为主要的社会矛盾，所以在焦化工业生产过程中，烧焦气的有效处理是一项至关重要的任务。为了实现这一目标，需严格执行相关环保要求，采用环境友好的工艺技术方案，采取切实有效的“三废”治理措施。循环碱洗脱硫工艺应运而生，以达到保护环境的目的。

2　概述

某炼厂乙烯装置加氢单元的催化剂再生烧焦产生的烧焦气，如果直接通过乙烯裂解炉排放，将导致尾气中的 SO_2 浓度偏高，不能满足环保要求。因此采用循环碱洗法脱除 SO_2、SO_3 等，使尾气排放达标。本项目采用国内外先进、成熟、稳妥可靠的工艺技术及设备，充分依托现有的公用工程及辅助设施，最大限度地节约工程投资。本项目主要包括脱硫塔、换热器、循环液泵、碱液泵、相关的管道、仪表等。

3　工艺原理

脱硫工艺技术是以 NaOH 为脱硫剂的湿法脱硫技术。脱硫机理与其他脱硫剂的湿法脱硫机理相似，都是碱性物质与二氧化硫溶于水生成的亚硫酸溶液进行酸碱中和反应，并通过调节氢氧化钠的加入量来调节循环浆液的 PH 值。首先，烧焦气中的二氧化硫与水接触，生成亚硫酸：

$$SO_2+H_2O \rightarrow H_2SO_3$$

然后，亚硫酸与 NaOH 反应生成 Na_2SO_3，Na_2SO_3 与 H_2SO_3 进一步反应生成 $NaHSO_3$，$NaHSO_3$ 又与 NaOH 反应加速生成亚硫酸钠；生成的亚硫酸钠一部分作为吸收剂循环使用，一部分排放至污水处理单元。

$$H_2SO_3+2NaOH \longrightarrow Na_2SO_3+2H_2O$$

$$Na_2SO_3+H_2SO_3 \longrightarrow 2NaHSO_3$$

$$NaHSO_3+NaOH \longrightarrow Na_2SO_3+H_2O$$

尾气脱硫塔塔釜的 PH 值通过 NaOH 注入量来控制，最佳在 7.0 左右。

4　工艺流程

该炼厂乙烯装置加氢单元产生的 400℃ 烧焦气首先经过烧焦气净化气换热器与从尾气脱硫塔顶部排出的净化尾气换热后进入到烧焦气冷却器，用大量的循环水冷却，降温至 60~130℃。

尾气脱硫塔前设有入口段，烧焦气在进入尾气脱硫塔前，先进入入口段；入口段设有急冷喷嘴，急冷喷嘴喷淋形成水雾，将整个入口段横截面用水雾封住，烧焦气与水雾同向，水雾吸收气体热量汽化，烧焦气在此过程中降温，同时一部分 SO_2 被洗涤吸收下来。

被冷却的饱和烟气经水平入口段进入到尾气脱硫塔，烟气在分布板导流作用下向上进入一级吸收区，烟气上升与吸收喷嘴喷下的液滴接触，在此区域形成气液充分混合的高效吸收区，SO_2 溶于喷淋液并与喷淋液中的碱洗物质反应而被脱除。

废气经一级吸收区洗涤净化后，进入二级吸收区域。二级循环由喷淋层组成，废气与喷淋层循环喷淋液逆流接触，进一步脱除废气中的 SO_2。经过两级循环脱硫，可实现 99%以上的脱硫效率。工艺流程图见图 1。

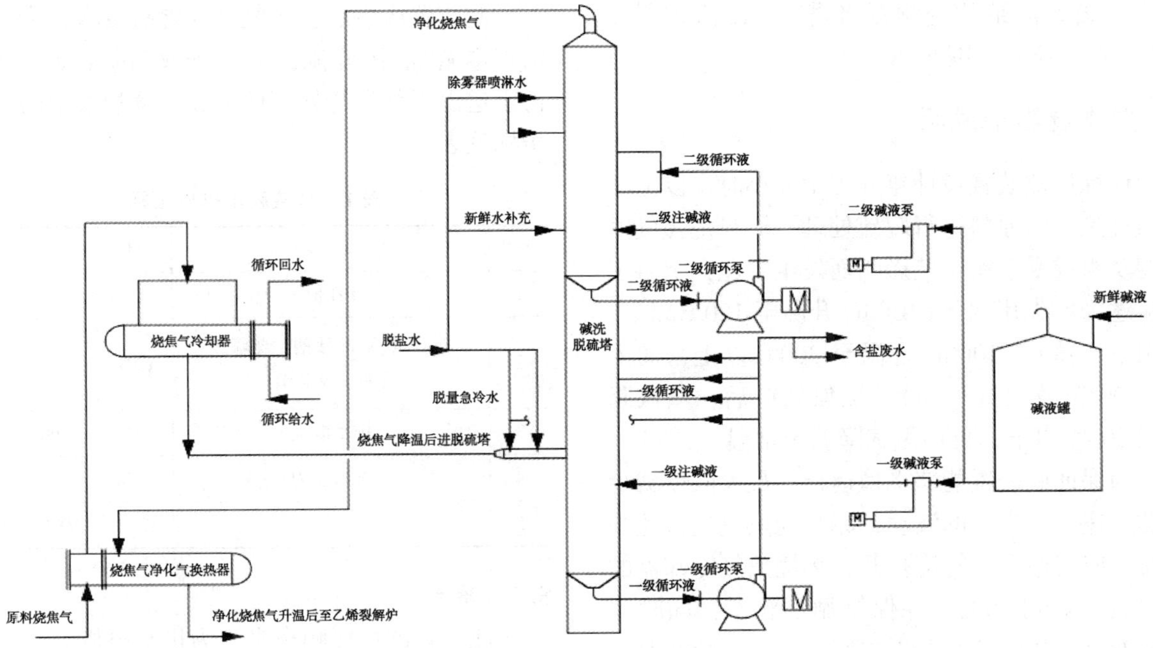

图 1　碱洗脱硫法工艺流程图

烧焦气经过吸收区竖直向上，烧焦气的流动夹带小液滴；在吸收区上方设有二级除雾器，烧焦气夹带的液滴经过除雾器时被除去，减少了气体带水及对周围装置的影响。为防止除雾器上盐类、颗粒物粘附，在一级除雾器、二级除雾器共设有两层冲洗水；根据运行情况冲洗水开启进行冲洗。除雾后的净化尾气，与烧焦气在烧焦气净化气换热器中换热后温度上升至 130℃，送至乙烯裂解炉监测排放。

急冷喷淋浆液及一级循环喷淋浆液由同一塔底循环泵提供，另有少部分浆液外排。二级循环喷淋单独设泵。尾气脱硫塔塔釜液位过高时由外管排放至界外。

5　工艺特点

（1）采用空塔喷淋，全塔压降小；

（2）吸收剂为普通碱性物质，花费较低；

（3）开停工工况下一级碱液泵可增大流量，能够适应主装置的不同工况。

（4）碱洗喷淋塔采用二级喷淋，可提高脱硫质量，确保净化尾气达标排放；

（5）进口烧焦气与净化尾气换热，可降低用于进口烧焦气降温的水消耗，也将外排净化尾气温度提升至 130℃以上消除白烟。

6　施工方法及要点

此装置施工主要涉及到基础结构施工、设备施工、工艺管道施工、电气及仪表等专业施工内容。基础结构施工为碱洗脱硫塔、碱液罐、一二级循环液泵、一二级碱液泵基础及两台换热器框架结构施工；设备施工主要为以上设备的就位安装工作；工艺管道施工主要为烧焦气、净化尾气、碱液、一二级循环液等物料的配管工作；电气及仪表专业施工内容涉及装置动力供电、照明、接地、自动化控制等。

施工重点为烧焦气、碱液、一二级循环液工艺管道施工及两级循环系统 PH 值自动化控制施工。

根据该炼厂设计院提供的管道材料选用及等级规定与施工图纸，烧焦气管道采用 ASTM A335 GR. P11 无缝管，该管材具有优异的耐高温性能，且有良好的抗腐蚀性，可以满足烧焦尾气高温、酸腐蚀性强的要求。碱液及一二级循环液介质具有强碱腐蚀性，工艺管道材质选用 ASTM A106-B CAUSTIC，焊接接头进行热处理消氢，以达到抗碱腐蚀的目的。

碱洗脱硫塔塔釜 PH 值控制由一级循环泵出口的管线上的 PH 值分析仪、碱液流量计及一级碱液泵的变频器将塔釜 PH 值控制在 7.0 左右，控制范围 6~8。二级循环系统 PH 值控制由二级循环泵出口的管线上的 PH 值分析仪、碱液流量计及二级碱液泵的变频器将塔釜 PH 值控制在 7.0 左右，控制范围 6~8。

7　操作及维护说明

该炼厂此装置设计年开工 100 小时，以上游高温烧焦气为原料进行脱硫处理，原料烧焦气的温度及组成受上游工艺影响而发生变化，上游工艺简述为：先用氮气(10t/h)升温至 180℃以上，改用中压蒸汽(10t/h)升温至 300℃以上，通入空气烧焦(最大量 1t/h)，烧焦结束后，蒸汽降温至 200℃以下，再用氮气降温至常温。

为保证此装置能够平稳运行，最大限度减少温度急速变化产生的波动，原料烧焦气进入此装置前，应将循环水管道打开，将烧焦气冷却器的管程温度降到 30℃，并保持循环状态，同时注满碱液罐，让脱硫塔在未进原料烧焦气的情况下运行 1 个小时以上，在将原料烧焦气切入此装置管道时应缓慢开启阀门进行暖管，暖管时，应检查管道的热位移，当有异常时，应及时进行处理。

当装置结束脱硫反应并降至常温后，应保持通氮 1 小时以上，关断碱液罐的进液阀，将罐内剩余碱液全部打入脱硫塔内进行循环，脱硫塔需空转 1 小时以上再将塔内的含盐废水外排至指定地点，在脱硫塔排空前打开脱盐水管线上的关断阀，将脱盐水注至脱硫塔的操作液位循环 2 个小时以上，当两台 PH 值分析仪测量液相的 PH 值在 6.5~7.5 之间时，将塔内残液排空，通入氮气进行吹扫，吹扫 2 个小时以后关闭本装置的全部阀门，形成氮封环境。

由于此装置间歇时间较长，所以每次运行前需提前 1 个月对其中的换热器、机泵、自控设备等进行检查，避免生产时出现故障。当系统因检修而接触大气后，应及时进行氮气吹扫及封闭。由于间歇操作对设备、设施的腐蚀较大，应定期进行氮气吹扫。

8　建设项目主要污染源及治理措施

8.1　废气排放

此装置产生的主要废气为净化尾气。烧焦气经过碱洗脱硫后送至乙烯裂解炉排放，主要污染物为 SO_2，排放浓度不得超过 $20mg/Nm^3$，经锅炉烟气在线监测系统检测合格后排放。

8.2　废水排放

此装置产生的主要废水为含盐废水，废水的治理遵循“清污分流，分类排放”的原则。含盐污水送出界外另行处理后排放。含盐废水的排放指标见表 1。

表 1　含盐废水排放指标

序号	项目	单位	数值
1	PH 值		6~8
2	盐含量(亚硫酸钠、亚硫酸氢钠、硫酸钠)	Wt%	5~10
3	排水温度	℃	60~70
4	排水压力	MPa	0.4
5	COD	Mg/L	6000~8000

8.3　噪声

此装置的主要噪声来源为机泵电机。

噪声控制主要措施：选用低噪声设备，如机泵电机均选用低噪声的防爆电机。对大于 30kW 的电机进行针对性降噪治理。

9　结语

本文描述的脱硫工艺采用了碱洗塔二级喷淋，能够充分处理烧焦气中的 SO_2，并设置两台泵升级工艺流程为循环喷淋，确保处理方法高效节能。且工艺流程简单，工艺物料较易获得，达到了绿色环保的目的，可为今后类似的烧焦气处理提供借鉴参考。

参　考　文　献

[1] 王登海，张文超，蔺海川，等. 碱液脱硫在天然气净化厂的应用[J]. 石油与天然气化工，2023，52(03)：9-15.

[2] 史晓明，张聪玲，李文军. 碱液脱硫系统在液化气脱硫中的应用[J]. 石化技术，2016，23(11)：27-28.

制氢站氢气充装系统分析研究

张利媛　杜廷召　张亚庆　申会兵

（中国石油工程建设有限公司华北分公司）

摘　要　目前制氢站氢气主要通过长管拖车外运的形式向外输送，即氢气通过压缩机增压后，高压灌装进长管拖车，然后通过长管拖车外送至各用氢点，其充装系统主要指从压缩机至长管拖车之间的流程。本文结合实际项目设置对不同的氢气充装方案进行分析研究。

关键词　氢气；充装系统；充装方案

在进行氢气充装系统设计时，不同的建设单位有不同的要求，某项目设计时采用的是压缩机与充氢柱1对1的充装流程，而另一个项目设计时，建设单位要求压缩机出口汇成一根总管输送至充装区进行充装。通过调研，目前已建站场确实存在以上两种设置方式，简称方案一和方案二：

方案一：氢气充装总管方案。压缩机出口通过汇管接至充装区汇流排，给长管拖车充氢。

方案二：氢气充氢柱1对1方案。压缩机与充氢柱1对1，为增加操作灵活性，每两台压缩机出口进行联通，互为备用。

本文将结合具体项目的情况，对两个充装方案进行详细的对比说明。

1　氢气充装总管方案

据调研，某公司制氢站（建于2018、2019年左右）设计规模为3000Nm^3/h，制氢站压缩机及充装柱设置如下：4台800Nm^3/h压缩机，压缩机出口通过汇管输送至充装区。

图1为压缩机的PLC画面，可见压缩机入口和出口均为一根汇管，入口汇管和出口汇管之间有一个回流阀，回流调节阀能够满足一台压缩机的全回流流量，排气压力高时，通过回流卸压；进气压力低时，通过回流补压。

《氢气站设计规范》（GB 50177）第4.0.7中规定，氢气压缩机的进气管与排气管之间设旁通管。目前有些项目是在是采用的氢气压缩机设备橇内流程，压缩机出口和压缩机入口之间均设置有旁通，橇外没再设置回流调节阀。

充装区，汇管与充装车位之间分为4组，其中2组各含2个充氢柱，2组各含3个充氢柱。实际生产时，会等即将充满的车充满后，再开启新到车辆所连充氢柱的阀门，防止新到车辆压力低导致在即将充满车辆充不上。

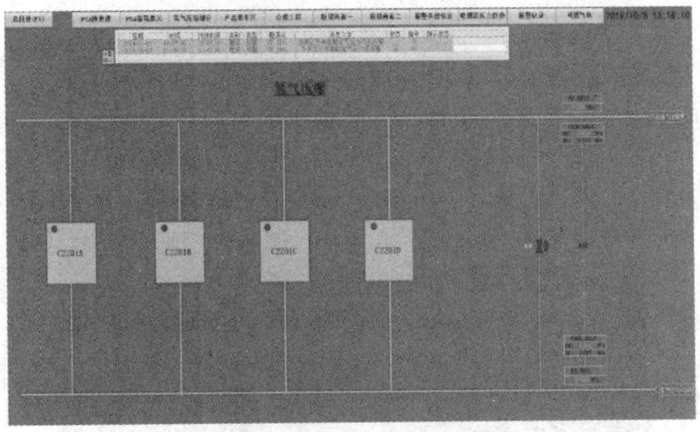

图1　压缩机的PLC画面

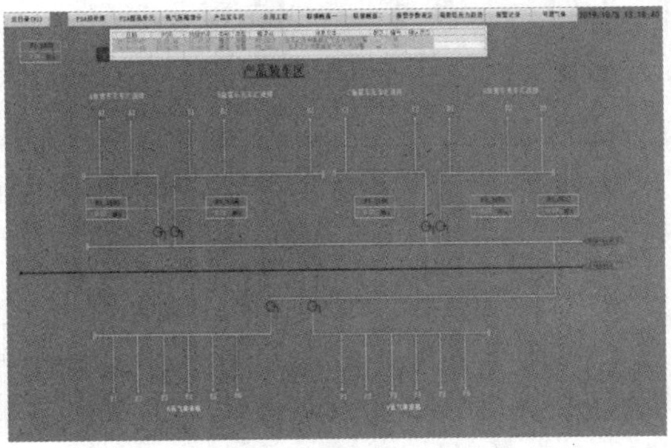

图2　氢气充装PLC画面示意图

（实际生产时，当氢气产量大，充装量大时，备用车最好在同一组上，最小时，一车一车充，对于车辆停靠位置要求不严格）

图3为1辆车充满，2辆车在充、2辆车待充的状态，充装总管压力为14.1MPa。

图4为灌装汇流排阀组，功能相当于1个充氢柱，但阀组设置比充氢柱简单，阀组上无计量装置。

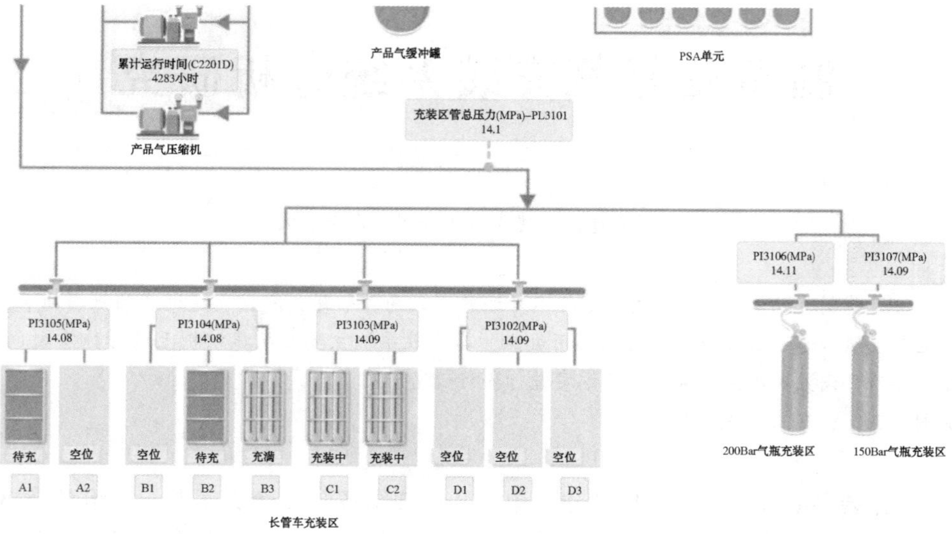

图3　氢气充装 PLC 画面示意图

图4　氢气充装汇流排

该项目计量设置在各压缩机入口，结算计量通过长管拖车上的车载温度和压力(充装前、后)进行校算(图5、图6)。

图5　氢气充装区全景

图6　氢气充装区现场监控实景照片

2　氢气充氢柱1对1方案

压缩机与充氢柱1对1，为增加操作灵活性，每两台压缩机出口进行联通，互为备用(图7)。

充氢柱可采用单枪单计量、双枪单计量、或双枪双计量。通过调研，目前市面上单枪单计量应用较少，多为双枪单计量或双枪双计量。目前已知的，除了第一章提到的项目，其他项目氢气充装区均采用的充氢柱，且压缩机与充氢柱一对一。

压缩机与充氢柱一对一的充装流程，操作更加灵活。当A车与A充氢柱连接充装时，B车可以与B充氢柱进行连接等准备工作，A车充满后，可以直接切换至B车充装。且结算计量通过充氢柱流量计计量结果进行，计量更加便捷、准确性更高(图8)。

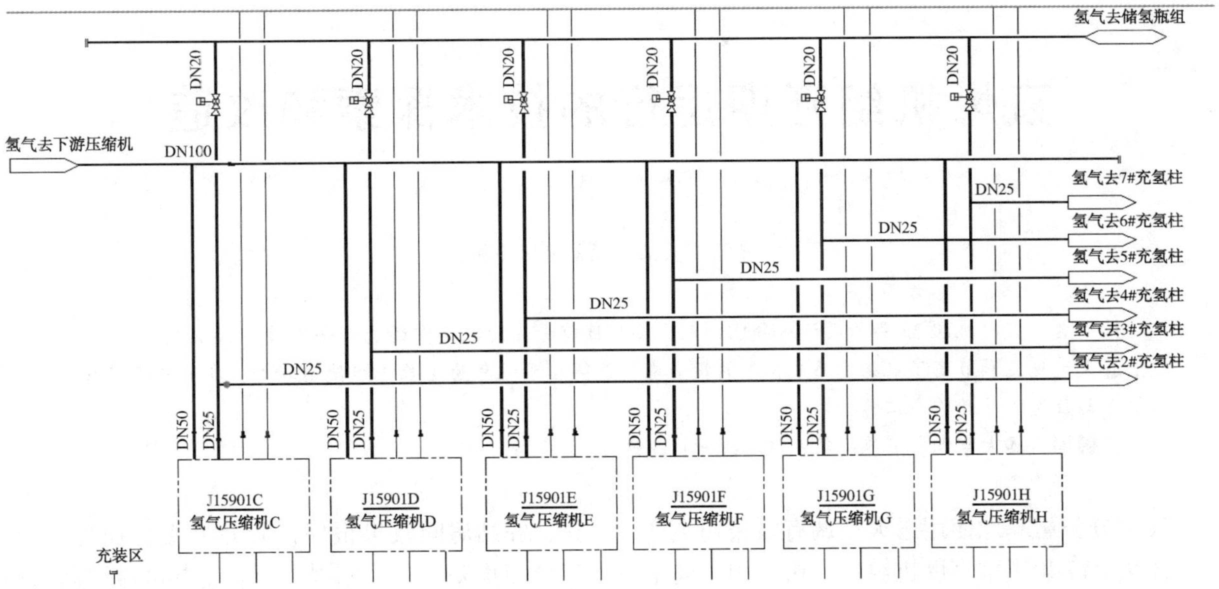

图 7　氢气 1 对 1 充装流程

图 8　一对一充装流程效果图

3　结论

以上主要为两种氢气充装方法在实际生产中的设置，本节对两种充装方案的优缺点进行对比（表 1）。

以上两种方案，各有优缺点，若能够合理调度，可推荐方案一，但最终充装车位的数量及分组设置方案，需要结合调度运行情况综合确定；若站场平稳满负荷运行，可推荐方案二，车辆可随到随充，不受其他车辆充装情况的影响，运行更加灵活。如果从现场整体美观、运行便捷的角度考虑，推荐采取方案二，减少人为操作、计算失误率。

表 1　两种充装方案的优缺点对比

项目	方案一：氢气充装汇流排	方案二：一对一充氢柱
优点	（1）压缩机与充装区之间通过汇管连接，管线数量较少； （2）在充装需求量较小时，可以减少压缩机的切换启停； （3）投资相对较低；	（1）外形美观，充装柜内设置有泄漏检测报警装置，发现泄漏，可及时发现； （2）充装运行模式较为灵活，对调试要求不高，车辆可随到随充，不影响其他车辆充装。
缺点	（1）阀组全部暴露在外，不够美观； （2）对充装区的运行、调度要求较高，以避免新到车辆影响在充车辆的充装。	（1）投资相对较高； （2）当充装需求较小时，不同的停车位，需要启用不同的压缩机，容易造成压缩机的频繁启停，影响隔膜压缩机的寿命；若打回流而不停机则会造成运行的高能耗。

直燃机组延期运行的技术探索和改造

柳丽颖　段磊涛　武　超　刘雨昕

（陕西省天然气股份有限公司）

摘　要　直燃机组25年的设计寿命已到期，按照目前管理情况至少还能安全平稳运行7至10年甚至更长，大大延迟和节省了机组更替或换型的投资费用。得益于近年为延长机组使用寿命，在节能降耗和技术探索与改造方面的许多工作。

关键词　远大空调；节能降耗；技术探索；改造

汉中分公司基地使用远大空调有限公司生产的一体化BYZ40Ⅷ型直燃机组，一机三用，向基地供暖、制冷并提供全年卫生热水。1997年在股份公司后勤服务中心安装运行，2013年6月移至分公司基地投运。按照厂家25年的设计寿命，机组已达到设计生命周期。经技术评估，给出还能安全平稳运行7至10年的结论。主要在于近年为延长机组使用寿命，执行严格的维保程序外，还进行了节能环保、减耗调查方面的技术探索和改造。

1　对机组改换的比对进行研究和分析

如果溴化锂为热媒的直燃机组达到寿命周期需要更换，是继续选择这种非电空调的迭代产品还是另有别的更优更节能的方式？进行调查研究，编写《远大直燃机组与海信日立多联机空调经济对比分析》的论文报告，为后续工作提供了参考数据和选择依据。主要从当前较主流的电空调中选择海信日立多联机空调机组，和用天然气的直燃机组在能耗、人力成本、运行维护费用、前期投入和折旧五个方面进行分别计算综合分析。电空调运行维护费用低，设备购买费用较直燃机更少，但电能消耗大，替代后无法提供卫生热水。直燃机组设备费用高，前期投入高，维护运行成本也高，但能耗非常低，如果延期继续使用，高昂的机组购买费用节省下来足以弥补其他方面的劣势。最后提出建议：力争延长直燃机运行寿命，降低折旧率、节省费用，如果不能延期需要更换则选择电空调比较经济。

2　对空调效果差异大进行原因研究分析

空调制冷、供暖效果在不同的地方差别明显，驿站房间效果很好，而办公楼特别是二楼、三楼却很差。分析原因主要是公共区域房间采用的单层玻璃幕墙和门窗达不到保温要求，造成能量的快速散失。而像驿站宿舍、办公一楼阴面房间保温效果相对较好。另一方面，直燃机功率为40万大卡/小时（465kW），匹配供能面积3000平米左右。按照每平米制冷功率200W计算，公司基地保守估算3000平米面积总需约600kW功率机组，甚显吃力，且办公楼为负荷末端有热量损失和流量减弱。经考查调研，内墙采用100mm聚苯板厚内保温薄抹灰保温系统、屋顶采用100mm挤塑板加双层防水外保温系统改造后能达到理想的保温效果，但预算资金额达到108万之多，需继续寻求更经济的改造方案。

3　更换、清洗机组铜管，保养和清洗空调末端，实现节支增效

汉中地区地下水水质硬度较高，虽然对空调水进行软化处理，但在不断的换热、变相、再生过程中，还会产生杂质和铜管结垢现象。1毫米厚的水垢将导致主机多消耗20%-30%的能源，垢下腐蚀会造成铜管穿孔，机组真空度降低，严重的会造成机组报废。换季保养期间打开端盖进行检查，测量铜管壁厚，检查结垢情况，分别对变薄的卫生热水铜管和空调水铜管各25根进行更换，防止穿孔造成设备事故。对高温发生器铜管和冷凝器、吸收器铜管进行化学清洗作业，消除了设备内附着的垢块。对基地房间110套空调末端进行了专业的清菌灭藻，风机盘管及风口进行清洗，保证水路、风路畅通，提高了换热效率。根据远大空调有限公司每年出具的能耗调查表，进行以上工作后年平方米燃耗由

158.67kWh 略降为 156.85kWh，年平方米综合费用（元/m^2 年）由原来的 61.70 元降为 45.09 元，节能降耗效果显现。

4 增加联网联机功能，加强机组运行数据提取、分析和监控

远大空调有限公司成立监控中心，通过联网可以实时监控机组运行状况。对于电气升级后的机组，联网还是存在问题，机房没有直接接入的可用网络。在机组控制柜安装联网转换器，机房安装大功率无线网桥，网桥用于桥接基地宿舍楼无线网络，该网桥由 POE 电源通过网线供电，通过网线接入无线路由器，再由路由器输出到直燃机 PLC 网络通讯模块，该网桥设备需通过 POE 电源，输出接入电脑（或由路由器输出至电脑）进行网络调试及维护，从而达到 PLC 网络通讯模块直燃机的数据采集、传输、远大调控中心远程监控的目的，同时直燃机房可达到无线网络全面覆盖。整套设备布局在直燃机房，不影响机房美观。联网后由远大"专家系统"自动对机组运行数据、设置参数等分析而预知故障隐患，立即通知服务工程师或用户采取相应预防措施，使机组受到双重监护。其间，通过联网功能处理了冷水温度指示误差大、报警消除无法解锁等一些问题，在机组安全管理上提升了一个台阶。

5 攻关卫生热水管线堵塞问题，通过技术改造完美解决

基地后勤生活使用机组制备的卫生热水，一段时间后各个房间热水陆续出现变小、断流现象。从热水末端疏通排水出现大量粉状、片状垢渣，热水水箱内壁亦有结垢现象。热水管线类似于人体血管，管壁、水箱的垢片脱落后随着水流在管线内游走，在变径、接头、花洒处形成聚集、堵塞。热水属于二次换热，在设计、施工时没有考虑对进水的软化处理。若采用水处理机构的浸泡、酸洗再疏通管线的方案，费用很高、耗费时间而且堵塞在末端的垢渣浸泡不到位。畅通后若加装水处理装置，需要考虑安装位置、处理量（热水流量在换热时量大而供水时量小）等诸多问题。采取人工疏通方案，从由高到低流向的支管线在每层楼的管道立井上开出作业孔，在变径处断开管线，接上软管疏排立管内堵塞的垢渣加装等径球阀连接，以便以后问题排查和处理，再在每个房间逐个拆除混水阀疏通末端和滤网，最后对热水水箱内壁进行除垢和清洗。在热水水箱进水处原有一只过滤罐，抽出滤芯改为同等过滤效果的滤网，留出空间放入硅磷晶药剂颗粒。硅磷晶主要成分为硅、磷化合物，无毒且微量溶解于水，价格便宜、消耗较少，可以非常有效地防止热水系统水垢产生和保持系统水质清澈。本次管线疏通和水质阻垢方案实施后，效果明显，再无管线堵塞和肉眼可观察的结垢现象，大大节省了整改费用和时间，技术研究和探索的效果得以体现。

6 签订维保服务合同，从更专业的角度呵护、养护机组

溴化锂空调属于吸收式制冷设备，冷媒安全环保，但机组物理变化过程复杂，对设备质量、运维技术的要求很高，90%的元件、材料按照远大标准特制和专供。和厂家签订年服务合同，让专业的人干专业的事情，我们再进行学习和提升。每年四次的例行换季保养对机组全面体检，进行机组精调、溶液分析、真空保养、药剂补充、老化到期部件更换……全年水质管理实行空调水软化、冷却水检测、水质化验、树脂补充、物理清洗、杀菌阻垢等工作。在专业技术的支持和精心的呵护下，机组安全可靠，运行平稳。

7 以延长机组寿命为前提，依技术力量和厂家支持为依托，发挥创新思维，进行节能降耗和技术改进工作

溴化锂溶液在不断的对流、换热过程中夹带的杂质，对溶液泵和吸收泵会产生影响，严重的会造成溶液中毒。作为号称"机组血液"的溴化锂溶液，购买费用就达 15 万元左右（每吨 7.8 万元、约需 2 吨）。花费 3 万元购买、安装的溶液再生器能在线进行过滤和再生，安装简单、不需人工专门操作，在机组运行过程中就可完成溶液清洁工作，保证寿命周期内不再更换新的溶液，节省了一笔成本费用。

高低温溶液进行热交换的交换器，原来采用管式换热后剩余温差 18-30℃，更换为波纹交错式板片交换器后剩余温差仅 3-6℃，减少了能源的极大浪费。

机房采用可燃气体报警联动轴流风机启动排风的联锁系统，测试发现可燃气体报警探头不灵敏，显示误差大，技术改造为 MSA 的 DF8500 检

测器，由二线制改为三线制，提高了测量精度和灵敏度。

机房照明原来使用普通高压自镇流汞灯，光线不充足还有点亮延迟，改为海洋王防爆LED灯管后亮度增加，用电功率反而下降。将机房隔壁房间改设为值班室，安装防火门，配置硬件设施，使人员与机器安全隔离，劳动条件得以改善。将燃烧机烟气氮氧化物排放纳入环境监测范围，每年进行环境监测，确保达到大气污染物排放标准，后期计划将燃烧机进行低氮改造，进一步降低氮氧化物的排放。

总之，在直燃机组运行管理中，像照顾家人一样精心维护它，主动学习医术掌握技术，为它看诊祛病延长寿命。同时积极参与相关单位组织的培训、研讨，重点在机组节能管理、低氮改造、输配认证、环境体系、质量体系方面了解前沿技术，为机组更替做好调研和准备。

烟气在线监测系统施工技术

王　卓　夏明新　董　博　朱　琦　苟明跃

(中国石油天然气第一建设有限公司)

摘　要　空气质量是当今社会人们普遍关注的问题，烟气在线监测系统的应用，对环境空气质量能够起到重要的保障作用。本文以某石化加热炉增加在线监测设施项目为例，介绍了烟气在线监测系统仪表安装调试的方法步骤。

关键词　空气质量；在线监测系统；烟气；安装；调试

中国石油某石化厂加热炉增加在线监测设施项目，是在全厂范围内安装烟气在线监测系统(简称 CEMS)，安装地点包括炼油区 7 个加热炉烟囱、乙烯装置 8 个裂解炉烟囱，共计 15 套。

每套 CEMS 由气态污染物(NOX、SO_2、O_2、湿度)监测子系统、颗粒物监测子系统、烟气排放参数(流量、温度、压力、粉尘)测量子系统、数据采集与处理系统及环保数据采集传送系统等组成。

气态污染物监测子系统采用光谱分析仪测量烟气中的 NOX、SO_2、湿度等气体含量。该子系统由采样探头、采样预处理单元和分析仪组成。采样防爆探头直接安装在烟道上，采样预处理单元和分析仪安装在分析小屋中，减少烟道附近的维护量。采用氧化锆氧含量分析仪测量烟气中氧气的浓度。

颗粒物监测子系统采用激光粉尘仪测量烟气中粉尘的浓度。

烟气排放参数测量子系统包括烟气温度、压力和流量的测量。数据采集与处理子系统由数据采集与处理单元、在线监测系统监测软件构成。在线监测系统监测软件汇总所有的气体浓度信息和工作状态信息，具有生成报表、存储数据、查询历史记录等功能，便于对装置工艺实施调整，达到节能提效、控制排放的效果。

1　烟气在线监测系统的安装

CEMS 安装工作包含以下几部分：机柜间 DCS 机柜安装、分析小屋安装、主电缆敷设、分析小屋至监测点槽盒及风管安装、分支电缆及采样管敷设、测点分析仪及配套设施安装。

1.1　机柜间 DCS 机柜安装

(1) 由于在原有机柜间作业，为防止损坏地板，用钢管及吊带，将机柜抬至图纸安装位置，机柜落地时 R/F 面方向与其他原有机柜保持一致，调整机柜使其与同排其他机柜对齐。

(2) 从室外配电箱引一根临时电源线进入机柜间，在新机柜与原基础螺栓连接位置用钻机钻孔，之后用螺栓固定机柜。钻孔前前在火花溅落范围内加铺保护垫，确保风险可控。

(3) 在确定盘柜的水平、垂直度与规范相符后(垂直度允许误差 1.5mm/m，水平度允许误差 1mm/m)，进行新增机柜与相邻原有机柜的连接，连接过程中时刻观察水平仪的指示状态，确保连接完成后机柜平稳无倾斜。

(4) 使用接地线，将机柜保护接地、工作接地端子分别连接至机柜间对应接地汇流排上。

(5) 机柜接地完成后将 2 路 UPS 电、1 路市电电源电缆从 220V 电源分配柜敷设至新增机柜，然后进行新增机柜与原系统的盘间电缆敷设，敷设后依图纸进行接线。

1.2　分析小屋安装

分析小屋根据结构专业图纸进行现场定位。由于本项目仪表专业图纸中分析小屋方向仅为示意方向，分析小屋就位时需根据实际情况考虑小屋朝向。从小屋向外敷设的设施有采样管、分支电缆、主电缆 3 个部分，每个装置以小屋为参考点观察此 3 个部分的敷设去向，依电缆槽盒安装量最小最简洁的原则选取小屋朝向。如向各个方向就位小屋电缆槽盒施工量相近，为尽可能缩短采样延迟时间，应选取采样管路径最短的就位方案。

1.3 主电缆敷设

电缆在敷设之前在电缆盘上进行绝缘测试。将兆欧表电压选定在规定的电缆电压等级上或者遵照生产厂家和设计的要求，测试合格标准为绝缘电阻不小于 5MΩ，测试完成之后，将电缆存放于安全处，避免机械损伤，电缆两端应加帽或密封以防潮。

本项目从机柜间至分析小屋附近的主电缆在原有仪表槽盒中敷设。主电缆有本安信号电缆、非本安信号电缆、220V 电源电缆三种类型，每种类型应选择各自对应的槽盒敷设，三种类型中任何两种不能混放。

1.4 分析小屋至监测点槽盒及风管安装

分析小屋至监测点槽盒及风管安装在钢结构框架上，钢结构框架需先在预制场分段组装，在钢结构框架地面组装阶段开始前，依结构专业图纸，参照分析小屋与监测点相对位置，在框架俯视图上选取适当位置作为槽盒及风管竖直爬升安装位置。对钢结构框架地面组装人员进行技术交底，要求每段框架在地面组装姿态满足安装槽盒及风管的一侧处于地面或侧面的低处。每段框架组装完成后，安装槽盒及风管。

结构专业在现场完成分段钢结构框架的连接工作后，对框架与框架间槽盒及风管进行连接。槽盒使用连接片进行连接，风管使用活接头进行连接。其中风管连接是难度较大的一步，施工人员在各段框架上给风管定位时要尽可能精确，稍有偏差就会导致框架与框架间风管错位连接失败。

由于烟囱监测点平台高度较大(最高超过80m)，钢结构平台顶与烟囱监测点平台存在明显的晃动位移，此时槽盒及风管无法用常规方式连接。因此，钢结构平台顶与烟囱平台两侧槽盒采用断配方式施工，两侧风管使用软管作为中间过渡。

1.5 分支电缆及采样管敷设

分支电缆在敷设之前进行绝缘测试，方法和主电缆相同。

采样管敷设长度一般不超过 70m，其长度越大采样延迟时间越长，超过 70m 时不能保证环保验收合格。本项目由于各装置场地原因多数烟囱采样管长度超过 70m，最长 93m。为满足验收要求，分析小屋换用了更大功率的采样泵，使采样延迟时间满足规范要求。

采样管由于自带伴热带，投用后表皮温度在80℃左右，不能和电缆接触，敷设时与分支电缆放在槽盒隔板的不同侧。

采样管内部的伴热电阻并不是均匀分布的，环绕电阻带(有效加热部分)和直线电阻带(无效加热部分)各以 1m 长度交替排列。采样管与现场仪表及小屋内分析柜连接部位要求含环绕电阻带，因此敷设时两端至少有 1m 余量用于可能的损耗。

1.6 测点分析仪及配套设施安装

(1) 烟囱开孔及套管安装

每个烟囱需开 5 个孔，分别用于安装 1 个采样探头法兰，1 个粉尘仪法兰，1 个流速仪(流速仪为温度、压力、流量一体化仪表)法兰，2 个手工检测法兰。其中采样探头法兰要求有15°~20°的倾斜角度，其他法兰水平安装。

对于乙烯装置钢烟囱，直接将分析仪厂家提供的仪表法兰套管焊接在烟囱开孔上，安装图如图 1 所示。

乙烯开孔施工如图 2 所示。

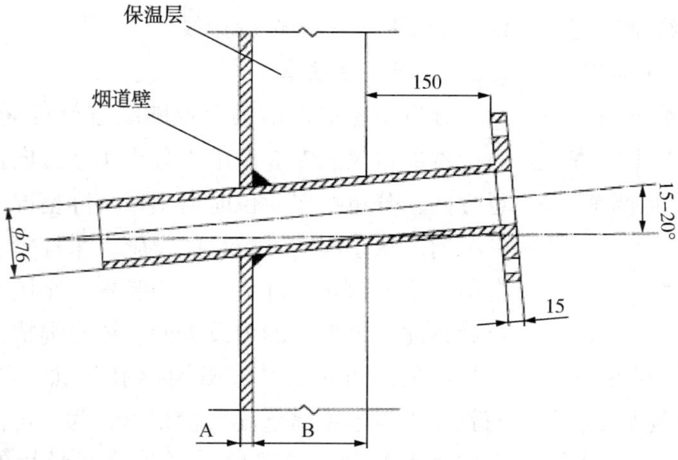

图 1 钢烟囱开孔安装图

图 2 乙烯开孔施工画面

对于炼油区水泥烟囱，需要制作工艺法兰套管，埋入烟囱并在法兰套管与烟囱缝隙间填埋水泥，待水泥凝固后再将分析仪厂家提供的仪表法兰套管与工艺法兰进行连接。安装图如图3所示。

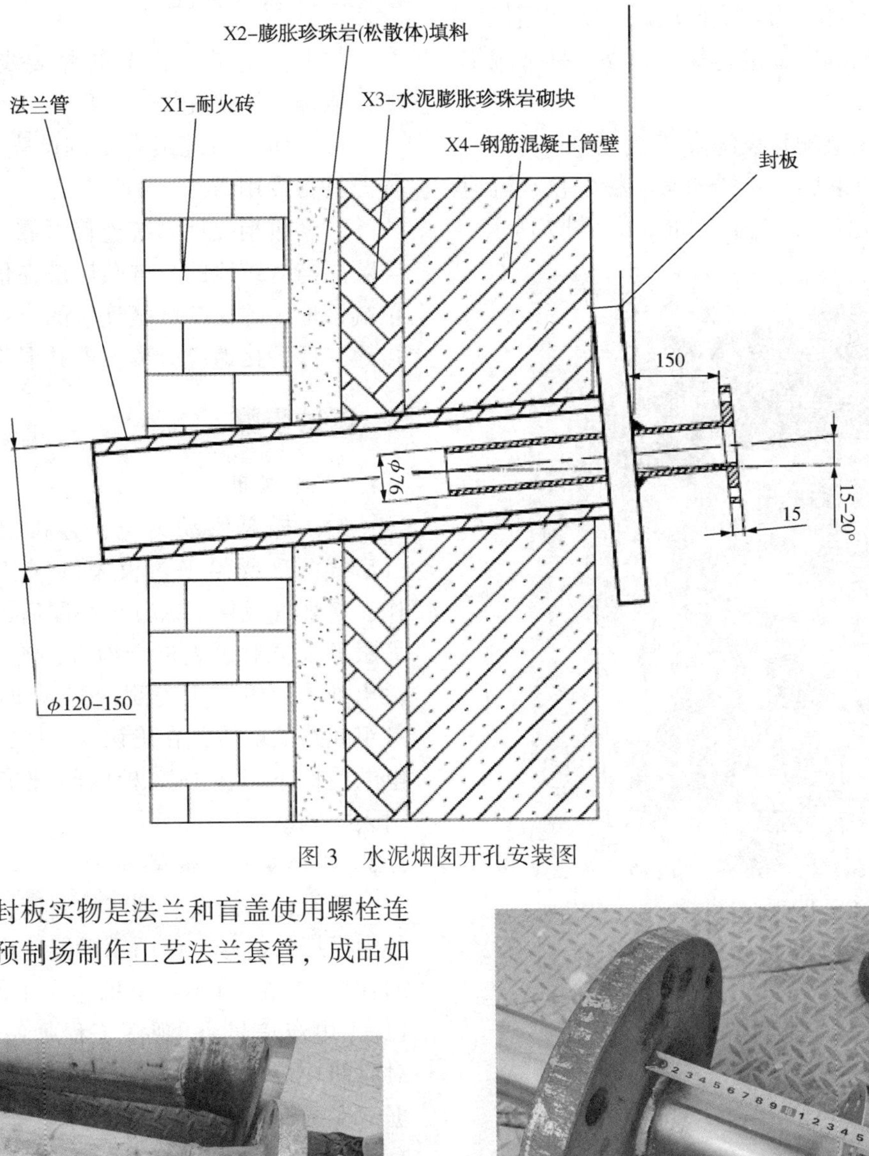

图3　水泥烟囱开孔安装图

图中所示封板实物是法兰和盲盖使用螺栓连接的组合。在预制场制作工艺法兰套管，成品如图4所示。

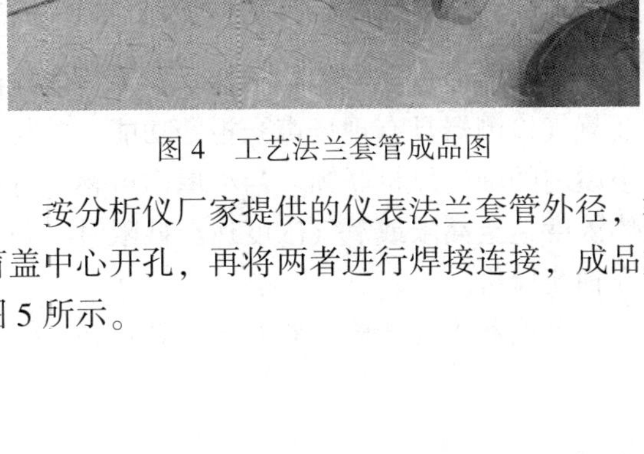

图4　工艺法兰套管成品图

按分析仪厂家提供的仪表法兰套管外径，在盲盖中心开孔，再将两者进行焊接连接，成品如图5所示。

图5　仪表法兰套管与盲盖焊接成品图

为满足套管安装后仪表法兰的螺栓孔布局形式与图纸一致，先规定工艺法兰套管安装时的螺栓孔布局形式，此时盲盖螺栓孔布局随之固定，仪表法兰套管与盲盖焊接时相对角都即可固定。

按分析仪安装要求，封板与仪表法兰距离不能超过15cm，由于图3所示封板实际是法兰和盲盖使用螺栓连接的组合，封板与烟囱壁间需要留出 10cm 的距离来拧螺母，无法实现封板紧贴烟囱壁，仪表法兰与烟囱壁距离过远影响仪表正常使用。仪表法兰与烟囱壁距离不能过远的原理是此距离越远，其散热越严重，温度过低会使分析仪测量结果失真。为解决此问题，需使用保温棉将封板整体至烟囱壁进行保温包裹，外部用铝皮保护。

（2）分析仪及配套设施安装

套管安装结束后，采样探头、粉尘仪、流速仪用螺栓固定在仪表法兰上，如图 6、图 7 所示。

图 6　粉尘仪(上)与采样探头(下)实物图

图 7　流速仪实物图

将反吹柜固定在距离三个仪表距离尽可能短且不妨碍检维修的位置。由反吹柜向三个仪表敷设仪表风管，其中采样探头敷设 Φ6mm 不锈钢管，粉尘仪、流速仪敷设 Φ6mm 软管。

2　调试前准备工作

（1）主电缆、分支电缆接线完成，校线完毕，取样管连接完毕；

（2）DCS 系统组态及调试完毕，现场电源、气源具备投用条件；

（3）机柜接地系统连接可靠；屏蔽电缆的总屏蔽层与对绞线的分屏蔽层应在信号流入侧进行单端接地，并保持屏蔽连接的全程连续性；屏蔽接地与保护接地应分离，严禁混用。

3　调试步骤

3.1　仪表投用

给采样泵供动力电，分析仪表供 UPS 电，开启气源球阀给平台仪表供气。采样泵正常工作，将烟气成功引入分析小屋后，分析仪厂家现场服务人员对仪表进行检查，确保其显示正常，输出准确。用万用表测量接入机柜间 DCS 柜的各组线路的电压，在确认仪表线路电压正常无强电的前提下，在 DCS 柜内闭合接入开关，信号引入控制室。

3.2　模拟量回路调试

氮氧化物浓度、烟气的温度、压力等信号信号为模拟量信号，使用手操器从现场加仪表量程的 0%、50%、100% 模拟信号（即 4mA，8mA，12mA 电流信号），观察工程师站画面上是否有对应的 0%、50%、100%量程变化，并将测得数据记在调试表格内。

3.3　数字量回路调试

分析系统采样、吹扫、维护、报警等信号为数字量信号，从现场进行闭合、断开操作，观察工程师站画面上是否有对应的状态改变，并将测得结果记在调试表格内。

3.4　联锁功能调试

分析小屋内可燃气体检测器、有毒气体检测器及氧气检测器具有现场声光报警功能，并与分析小屋内的轴流风机联锁，当小屋内可燃、有毒气体浓度达至高限或氧气浓度达至低限时，联锁打开轴流风机。

用遥控器将气体检测器调至仿真状态，将仿

真气体浓度调至报警点，观察声光报警是否正常启动；继续将仿真气体浓度调至联锁点，观察轴流风机是否正常启动。试验完毕将仪表调回工作模式。

4 结论

某石化厂加热炉增加在线监测设施项目仪表专业施工内容包含分析小屋、监测点平台仪表、控制室三个主要组成部分。通过监测点平台仪表测量烟气的温度、压力、流量、粉尘含量，分析小屋仪表测量烟气氮氧化物浓度、二氧化硫浓度、氧含量，控制室监控仪表测量数据及分析系统运行状态，实现烟气在线监测，便于对装置工艺实施调整，达到节能提效、控制排放的效果。本文对此类烟气在线监测系统仪表施工的主要工序及需注意的问题进行了概括。

参 考 文 献

[1] CEMS在应用中存在的问题及解决办法[J]. 肖瑞岗. 电力技术. 2009(09).

[2] 提高CEMS测量可靠性的方法[J]. 姜波. 资源节约与环保. 2014(09).

[3] 燃煤电厂烟气超低排放CEMS选型与设计探讨[J]. 田野. 电力科技与环保. 2017(03).

气田接替开发管网系统优化研究

徐思源　陈由旺　朱英如　魏江东　尤元鹏

（中国石油规划总院）

摘　要　国内气田老区块进入开发中后期阶段，产量下降与接替开发新建区块的接入，使得集输管网系统效率降低，运行能耗升高。考虑气田接替开发的特性以及节能高效运行的需要，提出气田集输管网优化模型，模型以能耗最低为目标的运行优化兼顾以建设与运行费用最小为目标的布局优化。考虑气田管网模型大规模、非线性的问题，基于交替方向乘子法，对集输管网进行优化求解。结果表明，本优化算法对于较大规模的气田集输管网接替开发优化具有较好的优化求解效果。

关键词　气田集输管网；节能；优化方法；交替方向乘子法

1　前言

气田集输管网具有规模大、系统网络复杂、运行参数量大、规律性差等特点。随着气田老区块进入开发中后期，地层压力和产量下降，需要增压开采。此外，周边接替开发的新区块需要接入骨架管网和处理系统，造成气田集输系统不平衡、站场负荷率、设备运行效率降低的问题。需对集输系统进行布局调整和运行参数优化，以实现节能低碳生产。

国内外对于气田集输管网优化研究多受限于较大规模非线性模型求解困难的问题。相关学者多采用分段线性化的方法对模型进行线性化处理，或运用目前发展较为成熟的启发式算法对模型进行求解。但是都无法保证求解结果的最优和稳定。因此本文提出一种基于交替方向乘子法（Alternating Direction Method of Multiplier，以下称 ADMM 算法）的优化求解方法。

2　数学模型

本模型考虑的集输管网接替开发优化主要包括：已建管网的运行优化和待建管网的布局优化，待建管网的布局优化包括：管网拓扑结构优化和增压优化。

2.1　运行优化模型

（1）目标函数：目标函数为系统内压缩机运行总功率最小。

（2）约束条件：

约束条件主要包括流量约束、压力约束和压缩机约束。

流量约束中考虑了部分节点的定流量约束和全部节点的流量守恒约束，同时利用大 M 法和二元变量确定整个管网的流向约束，以及确定管道连接方向性的管段-流量约束；

压力约束首先对非线性压力进行线性化处理，之后对集输管网全部节点确定基于线性化后的压力上下限约束，同时也对全部管段的压降构建了管段压降约束，气体在管道内流动时引起的压力的损失，即为管道两端节点压力平方差，摩阻公式计算采用的是 panhandle b 公式；

压缩机约束运用大 M 法进行处理，引入确定流向和分段断点的两个二元变量用以确定压缩机的压比，构建基于压比、流量、可变指数和绝热指数的约束。

2.2　拓扑结构优化模型

（1）目标函数：目标函数为管道建设费用最小。

（2）约束条件：

约束条件主要包括节点流量约束、流向约束、压力约束和管道建设约束。

节点流量约束：包括集气站、处理厂和中间节点在内的所有各种节点均需要满足质量守恒约束，流向约束用于确定管网内气体流向。

节点压力约束：对于部分压力为要求定值的节点，引入定压力节点二元变量，以大 M 法进行约束表达。其他节点设定压力上下限约束，全部管段的压降设定管道压降约束，对于新建管道的管道压降，由于需要考虑不同管径选型，所以需要在此引入管径二元变量，运用大 M 法使得约束仅对选定管径条件下存在压降约束作用。

管道建设约束：设置管道连接二元变量和管径选择二元变量，以大 M 法确定节点间是否新建管道以及新建管道的规格。

2.3 增压优化模型

增压优化主要针对新建区块，在拓扑结构确定后由增压优化确定增压站位置与增压站的运行情况。

（1）目标函数：

增压优化的目标函数为增压站建设费用与运行费用之和最小。其中对于增压站是否建设需要引入是否建设增压站二元变量。

（2）约束条件：

约束条件主要包括流量约束、压力约束和压缩机约束。

增压优化的约束条件与运行优化的约束条件相似，但是在管网开发整体求解时，由于管网内的流量流动方向已经根据拓扑结构优化确定，所以可以将流向和流量作为已知参数，求解增压位置与增压压比、压力。主要区别在于增压优化的压缩机约束中需要额外考虑目标函数中的是否建设增压站二元变量，用以约束节点间是否需要增压以及增压位置的选择。

3 求解方法

气田集输管网接替开发优化需要将已建成的管网与待建管网进行整体优化，由于新建管网与已建管网之间通过管道相连接，其中一部分的变化会影响整个管网的运行状态。而在实际情况中，区块中的管线会呈现明显的以净化厂为中心的分块，这种特性就使得在求解的过程中可以利用这种分区块的特性进行求解。

3.1 交替方向乘子法（ADMM 算法）

交替方向乘子法（以下简称为 ADMM 算法）是一种求解具有可分离的凸优化问题的重要算法，结合了对偶分解法和增广拉格朗日乘子法，保证了算法的分离性和求解过程中收敛性，求解速度较快。算法采用将原有问题分解再结合的求解方式，即将原问题分解为若干个子问题，子问题的求解相对简单，对子问题先进行求解，再将所有子问题的解不断迭代求解得到原问题的全局解。

3.2 基于 ADMM 算法的气田集输优化模型

由上述 3.1 部分的介绍可以改写气田接替开发优化模型为各个子问题的交替方向乘子法模型，将整个气田集输管网拆分为若干个子管网，各个子管网以连接点互相连接，将拉格朗日乘子项和惩罚项引入目标函数中，其子问题的目标函数可以表示为：

运行优化：

$$\min totCWZ = \sum_{i,\ j \in AC} W_{i,\ j} + \sum_{k \in CPZ} \left(\lambda_k (deltaqi_k - Qavg_k) + \frac{\rho_k}{2} (deltaqi_k - Qavg_k)^2 \right) \tag{1}$$

约束同运行优化模型。

对于上式(1) $W_{i,j}$ 为节点 i 和节点 j 之间的压缩机功率，$k \in CPZ$ 表示属于子模型与其他模型的连接点集合，λ_k 为各连接点的拉格朗日乘子，ρ_k 为惩罚项，$Qavg_k$ 为各子区块对应连接点的全局变量其值需要根据迭代进程不断更新，$deltaqi_k$ 为与之相应的局部变量。

拓扑结构优化不需要进行 ADMM 变换，增压优化子问题的 ADMM 变换为：

$$\min totCW = \sum_{i,\ j \in AC} W_{i,\ j}\, cost_{operation} + \sum_{i,\ j \in AC} Y_{i,\ j}\, cost_{sta} + \sum_{k \in CPZ} \left(\lambda_k (deltaqi_k - Qavg_k) + \frac{\rho_k}{2} (deltaqi_k - Qavg_k)^2 \right) \tag{2}$$

约束与上一章节增压优化模型相同。

对于上述各子模型拉格朗日乘子需要在迭代过程中更新，其迭代计算式如下：

对于子模型中的拉格朗日乘子：

$$\lambda_k^{r+1} = \lambda_k^{r+1} + \frac{\rho_k^r}{2} (deltaqi_k^r - deltaqi_{kB}^{r+1}),$$
$$kB \in CPB,\ k \in CPZ \tag{3}$$

其收敛标准具体形式则可以表示为：

$$\varepsilon = max\{x_r,\ y_r\}$$
$$x_r = \| deltaqi_{k1}^r - deltaqi_{k2}^r \|$$
$$y_r = \| deltaqi_{k2}^r - deltaqi_{k1}^{r-1} \| \tag{4}$$

3.3 基于 ADMM 算法的气田集输优化模型求解方法

对于气田的接替开发优化而言，由于需要对新区块进行拓扑结构优化与增压优化，对老区块进行运行优化，而二者之间还通过管道相互连接，其参数互相影响各自的优化结果，所以需要对于气田整体进行优化。

综合文章之前叙述的方法，基于运行优化模型、增压优化模型和拓扑结构优化，考虑其求解方法对于气田集输管网接替开发优化指定了一套针对此类问题的基于交替方向乘子法的整体迭代优化求解方法。求解方法的迭代思路如图 1 所示。

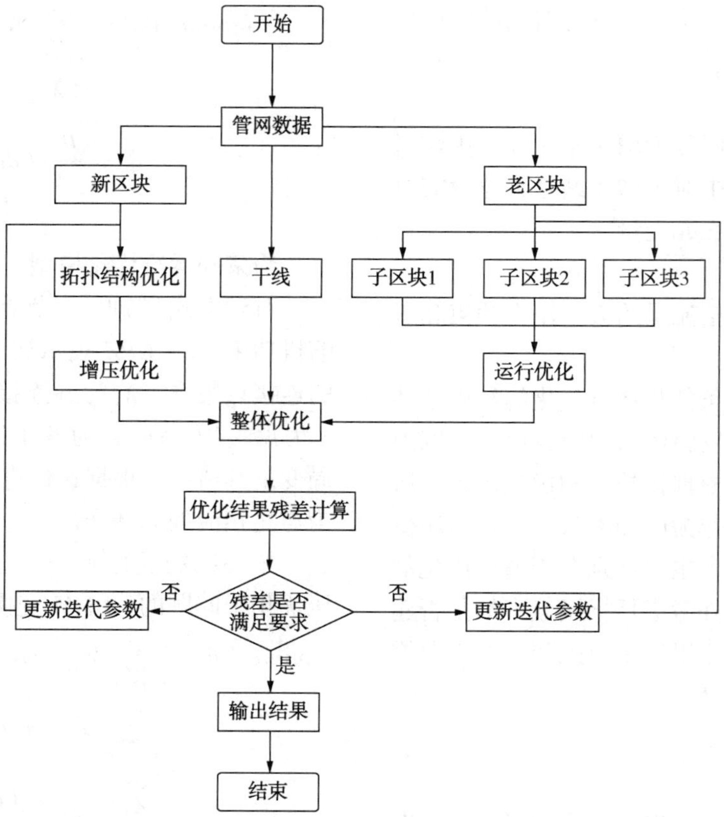

图 1　集输管网优化迭代求解流程图

在对整体进行气田管网接替开发优化迭代计算时，以交替方向乘子法作为整体求解方法，其原理已经详细阐述，此方法以各老区块的各子区块和新建设区块作为子模型，通过不断迭代各子模型及连接点的参数进行优化求解，使得各子模型的连接点数据耦合，以此实现整体优化求解。

4　算例分析

4.1　算例基本情况

算例以某气田的集输管网作为优化对象验证本文提出的求解方法的可行性，同时验证本文交替方向乘子法用于求解大规模气田管网问题的可行性。算例原始数据为包括 360 个节点和 446 个管段，按照文章上述的算例处理方法，将其处理为一个干线管网算例和六个支线管网子算例。

算例中的管网拆分为子管网的原则是：综合考虑现场的分区管理以净化厂及其所连接的管网进行分区，其中对于成环管网单独划分为子管网、干线管网单独构建为子管网。

算例中的北区作为新开发的区块，干线已经建设完成，周边的集气站需要接入干线，气田集输管网整体布局情况及其余子区块的拆分情况如图 2 所示。

4.2　算例求解结果

本算例的求解通过 Python 编程，子模型求解调用 gurobi 求解器，整体求解迭代采用文章前部分介绍的交替方向乘子法（ADMM），通过不断迭代得到可行的优化方案，其结果如下：

算例迭代 500 次后，结果收敛且最大偏差值小于 0.5，结果被认为可接受(图 3)。

北区算例作为新接入管网的区块，与其他需要优化的区块不同，程序中需要对其进行拓扑结构优化和增压优化，优化后的拓扑结构如图 4。

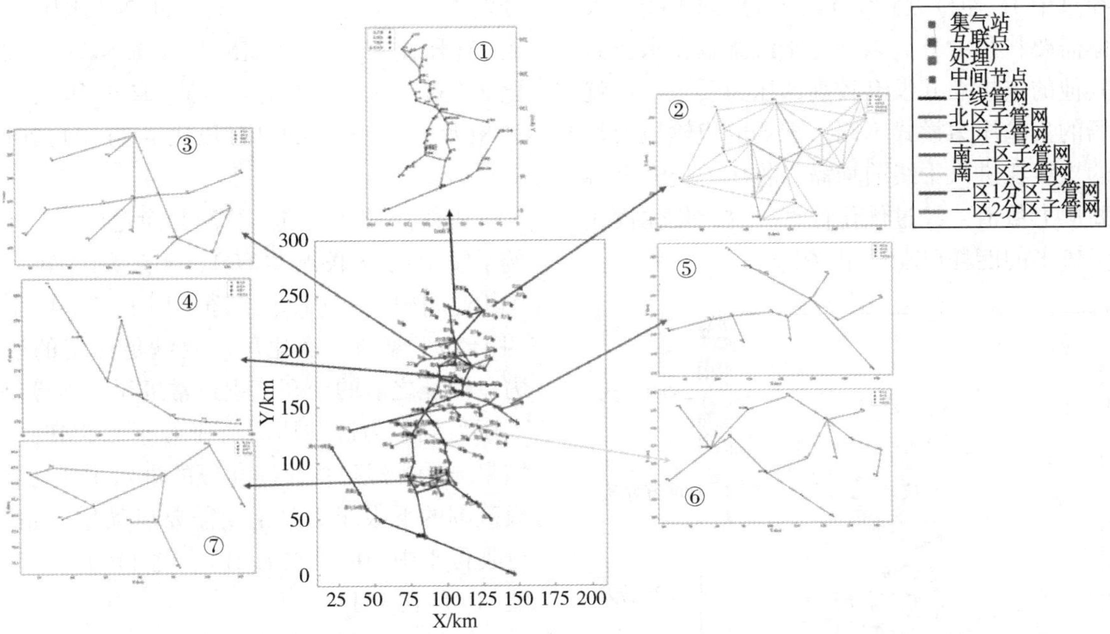

图 2　气田集输管网拆分子管网示意图

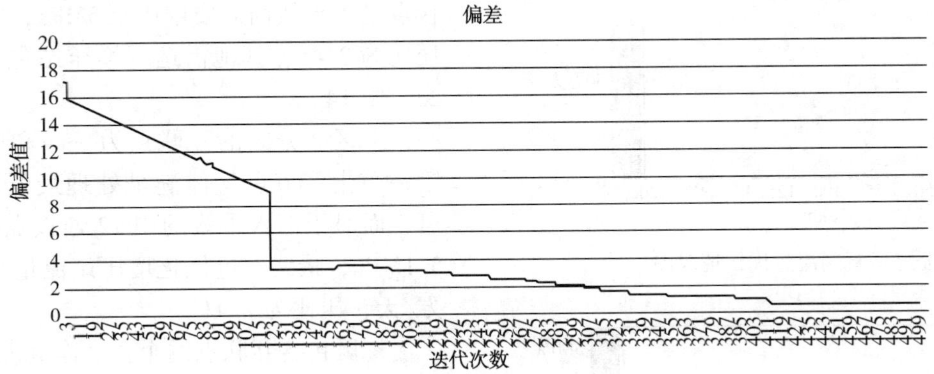

图 3　优化迭代过程偏差值变化

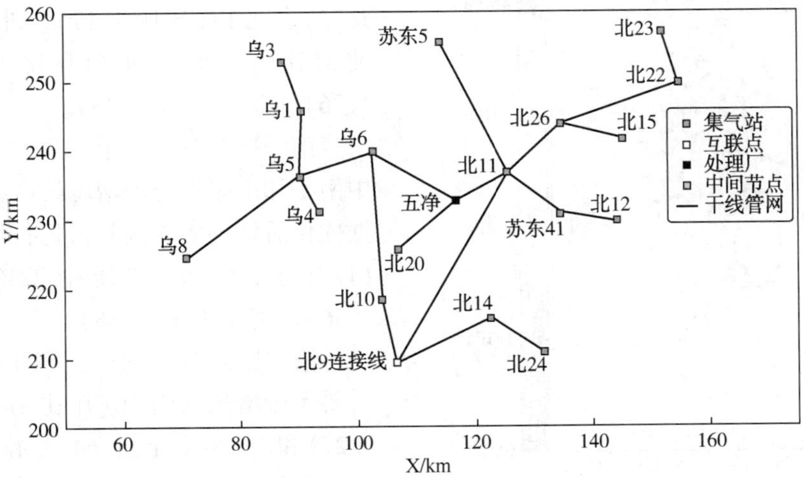

图 4　北区管网拓扑结构图

经过优化，新建区块(北区)需新建 14 条管道，运行增压站 10 个。老区块共分为 6 个子区块，共需运行增压站 22 个，共涉及互联点 22 个，互联点为各子区块迭代的交互数据点，为整体收敛提供方向。从一区的 1 分区和 2 分区两个小区块的优化结果可以看出，由于干线的压力影响，经过中15连接点和中12连接点向干线注入的气体需要将压力升高以满足干线集输要求，而对于其他的连接点并没有较高的压力要求，这就与现场的集输压力模式不同。现场的集输压力是所有的支线在进入干线前均需要将压力提升至特定较高压力数值，经过优化计算，这种集输模式会浪费较多的能耗(图5、图6)。

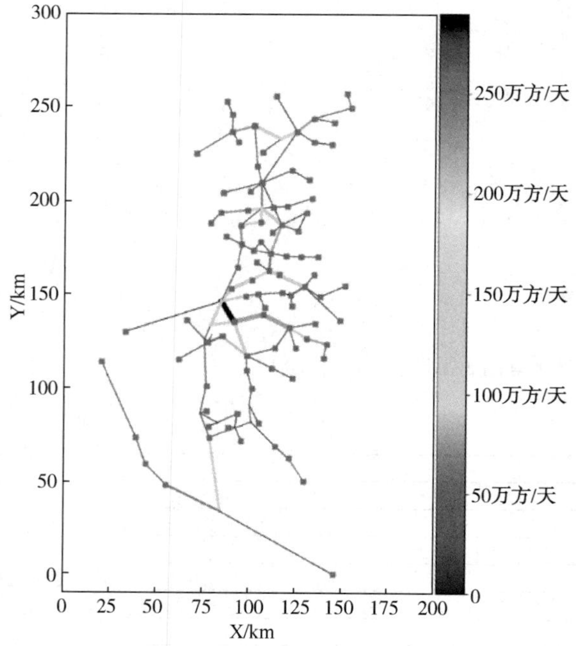

图5　管网流量优化情况图

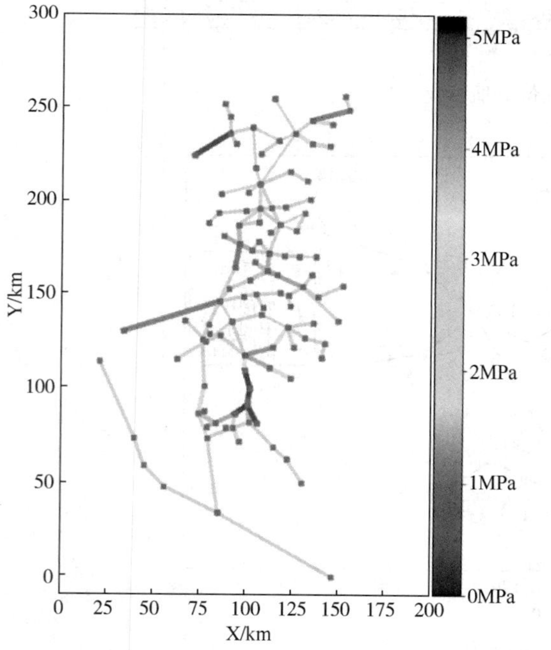

图6　管网压力优化情况图

各子管网的详细情况如下：

北区管网经过优化后，需运行增压站10个，分别为苏东41(压比1.96)、北26(压比2.42)、北23(压比1.35)、北15(压比1.54)、北22(压比2.35)、北12(压比1.51)、乌5(压比2.02)、乌8(压比2.88)、北14(压比1.3)、北20(压比1.1)。

干线涉及互联点、管网与净化厂。对于本算例干线上的互联点共有11个，为二净、北3、中15、中13、中12、一净、南1、南4、南48、四1#和王家庄。净化厂需要满足一定的进站压力以保证之后的处理流程正常进行，本算例将这一压力设置为进站压力大于等于2.5MPa，最终结果显示，经过优化净化厂的进站压力均满足约束范围的下限压力。干线需要启动增压站3个，分别位于中10(压比1.21)、北11(压比1.1)和北10(压比1.11)。

一区1分区的互联点为中15和中13，互联点与干线连接，优化结果显示气体经由中15连接点进去干线前需要增压至5MPa，中15增压站压比为2.45，其他需运行增压站包括中18、中23、中14。

一区2分区的互联点为一净和中12，对于第一净化厂节点气体满足处理最低压力要求即可，而对于汇入干线的中12连接点需要增压至5.1MPa，最终经过优化增压站流量为158.03万方/天，压比为2.41。

二区包含互联点两个：二净和北3。与一区优化结果不同，二区两个连接点均不需要增压，二区需要运行增压站7个，包括：北21(压比1.72)、北18(压比1.17)、北19(压比1.19)、北3(压比1.28)、北6(压比1.29)、北7(压比1.26)和北9(压比1.33)。

南一区互联点三个，南1、南4和南48，其中南1和南4需经由增压站增压后接入干线。根据优化后结果南二区共需运行增压站4个，南1(压比1.3)、南2(压比2.18)、南17(压比2.56)、南4(压比2.88)。

南二区互联点两个：四1#和王家庄，其中需要运行增压站南10(压比1.38)、南11(压比1.27)和南15(压比1.64)。南二分区优化求解结果与其他区块不同，部分管段流量为0，这是因为南二分区的一个连接点位于干线上的截断阀处，截断阀的开关状态会影响管网的运行状态，部分管段是处于备用状态，在计算时所有阀门默认处于全开状态。

5 结论

基于ADMM算法对气田集输管网优化进行求解，经过算例求解测试，在求解大规模管网时求解效果稳定。利用拆分的处理方法，相较于其他非线性求解算法在理论效果而言，也可用于超大规模气田管网的模型稳定求解。

本文对国内老气田开发过程中因地层压力下降，气井产量下降，站场内的设备运行与区块生产不能有效匹配的现场问题进行研究。针对气田管网接替开发模式建立针对性的整体优化模型，模型中考虑了新区块布局优化以及老区块的运行优化，构建了综合考虑建设费用和压缩机运行费用最小为目标函数的优化模型，考虑管道约束、增压站约束、压力约束、流量约束等约束条件，并提出非线性模型处理方法，建立一套气田接替开发管网系统优化模型。

其中对于气田中新开发的区块，整合管网拓扑结构优化模型与增压优化模型，对其进行一体化优化求解。形成针对新区块的求解程序模块，并将其考虑到气田区块集输管网的整体中进行整体迭代优化求解。对于模型中由于管网规模较大和约束非线性而产生的求解难的问题，开发针对性的交替方向乘子法优化求解算法，经过对于算例实际算例数据的模型构建与求解，验证了模型与求解算法的可靠性与可行性。算例求解结果中，管网压力分布均匀合理，给出了最优情况下的增压站运行情况，求解稳定。

6 建议

由于本模型提出的求解方法核心在于管网结构的拆解，目前还是基于主观判断对管网进行拆解，这一部分还可以继续优化，可考虑如聚类等方法，实现更加具有科学依据的管网拆解。管网的拆解也很大程度上决定了求解的效果与求解速度，求解迭代过程中较大的子管网求解时间更长，子管网的规模与求解速度也会对整体的求解效果形成较大影响，所以拆解子管网的科学性还可以进一步考虑以优化整个求解过程。

此外，本文的研究主要针对于较大规模的气田集输管网的优化求解，对于其中涉及到的模拟部分还未做精细模拟。较大规模下的管网模拟也是一项较为有挑战的研究，后续会继续推进研究，将优化与仿真模拟进行综合考虑，开发更适合气田集输的整体优化方法。

参 考 文 献

[1] Geiler B, Morsi A, Schewe L, et al. Solving Highly Detailed Gas Transport MINLPs: Block Separability and Penalty Alternating Direction Methods [J]. Informs Journal on Computing, 2016, 30(2): 309-323.

[2] Martin A, Mller M, Moritz S. Mixed Integer Models for the Stationary Case of Gas Network Optimization [J]. Mathematical Programming, 2006, 105 (2 - 3): 563-582.

[3] Fugenschuh A, Hiller B, Humpola J, et al. Gas network topology optition for upcoming market requirements [C]//2011 8th International Confce on the European Energy Market(EEM). 0.

[4] Simpson A, Murphy L, Dandy G. Pipe NetworkOptimisation Using GeneAlgorithms[C]//1993.

[5] Gessler J. Pipe Network Optimization by Enumeration [J]. Applied Mechs & Materials, 1985, 150(January): 8-11.

[6] 刘恩斌，彭善碧，李长俊，等. 基于遗传算法的天然气集输管网参数优化设计[J]. 管道技术与设备，2004，25(4)：1-3. DOI：10. 3969/j. issn. 1004-9614. 2004. 04. 001.

[7] Boyd S, Parikh N, Chu E, et al. Distributed Optimization and Statistical Learning via the Alternating Direction Method of Multipliers[J]. Foundations & Trends in Machine Learning, 2010, 3(1): 1-122.

[8] 喻西崇，冯叔初，李玉星. 优化集输管网系统的有效方法[J]. 中国海上油气(工程)，2000，12(3)：4. DOI：10. 3969/j. issn. 1673-1506. 2000. 03. 008.

绿色数据中心建设技术探索与实践

朱路平　高广亮　曹士炳　李康生　伏智钰

（中国石油集团东方地球物理勘探有限责任公司）

摘　要　随着数据中心爆炸式增长，其运行能源利用率直接影响了其运行成本的高低。本文以数据中心电能使用效率（PUE）为依据指标，以东方物探公司科技园区数据中心为例，通过与国内先进数据中心比较，总结了目前以应用的一些绿色数据中心建设技术（统一冷水制冷、冷通道封闭、谐波治理），以及应用效果。同时，还介绍了一些数据中心节能的发展趋势和新技术，包括列间空调+冷热通道封闭、水冷机柜、直供电技术、双路供电技术。

关键词　数据中心；节能；PUE；冷热通道；双路供电

1　引言

随着全社会互联网、云计算、智能计算等业务的蓬勃发展，近两年全球超大规模数据中心成爆炸式增长，伴随而来的是数据中心的运营面临着成本上涨的挑战，因为数据中心是能源消耗大户，能源效率的提高可以在诸多方面对数据中心年度营业费用上产生重大影响。

电能使用效率（PUE），即数据中心所有相关配套设备的总运行能耗与IT设备的能耗的比值。这个值越接近1，说明数据中心的能源利用率越高，也就是越绿色。

国家发改委2021年发布的《关于严格能效约束推动重点领域节能降碳的若干意见》中提出：新建大型、超大型数据中心电能利用效率不超过1.3。到2025年，数据中心电能利用效率普遍不超过1.5。

数据中心的总能耗包括IT设备能耗、制冷能耗、供电损耗、照明能耗以及其他能耗，由于照明能耗和其他能耗总量都很小，因此各数据中心一般都在制冷和供电两方面进行研究，以降低这两方面的能耗来提高电能利用率。

运维工程师总结了国内大型数据中心的特点以供参考。阿里数据港张北数据中心，采用分布式电源储能技术、市电直供技术和机械制冷和自然风冷的精确控制转换技术，全年的PUE值在1.25以下。

百度云计算（阳泉）中心，采用市电+高压直流（HVDC）离线架构供电，冷却模式分为机械制冷、预冷和自然冷却三种模式，制冷末端采用预制冷却装置（OCU）、风墙冷却技术（AHU），并配合高温服务器的使用，年均PUE值在1.1左右。

亚马逊宁夏中卫云数据中心采用风墙冷却技术和机械制冷相结合的制冷模式，市电和高效离线UPS相结合的供电模式，年平均PUE值也在1.1左右。

2　数据中心节能技术研究及应用

2.1　直冷模式

东方物探公司研究院数据中心最初的制冷模式都是直冷模式，也就是传统的单机制冷模式，每台空调自成为一个单独制冷单元，都配有压缩机、冷凝器、蒸发器等关键制冷部件，室外散热采用风冷模式（图1）。这种传统的机房制冷模式的特点是：单机运行，无论室外气温如何，对机房的制冷完全靠压缩机的运行来实现，冬季制冷能耗比夏季略低，但仍在同一水平线上。

以研究院原机房（原五号院机房）为例，表1统计了2014、2015以及2016年搬迁之前的机房用电情况，可以看出每年的年度PUE值都在1.9以上。

2.2　统一冷水制冷模式

机房搬到科技园区以后，由于前期的规划设计，机房制冷采用统一冷水制冷模式，由冷冻站统一提供冷水，再由水泵供到机房的每一台机房精密空调内，用于对机房进行制冷。

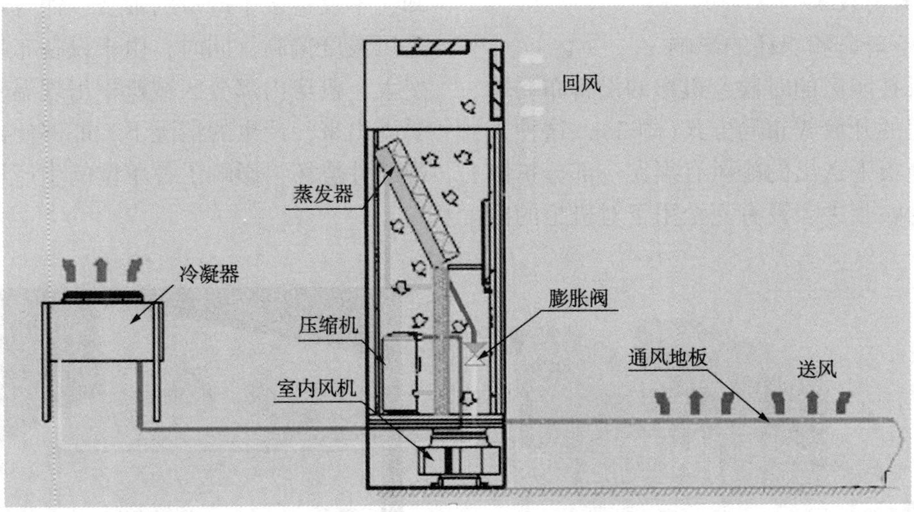

图 1　直冷模式空调运行原理图

表 1　原五号院机房用电统计

年度	计算机(度)	UPS 损耗(度)	空调(度)	照明(度)	分摊(度)	合计(度)	PUE
2014 年	7919939	879993	5669149	427279	322805	15219165	1.92
2015 年	7136956	792996	5165503	430756	599661	14125872	1.97
2016 年 1-10	5911070	656786	4547340	323871		11439067	1.93

这种统一的冷水制冷模式，根据室外的气温不同，又分为三种不同的制冷模式。

2.2.1　夏季制冷模式

当室外气温达到 18 度以上时开启夏季制冷模式，这种制冷模式下，机房制冷所需的冷水完全由冷水机组提供，冷水供到机房精密空调内用于机房制冷，冷水吸收热量后再回到冷水机组，重新被吸热制冷。而外循环冷水机组产生的热水，则通过冷却塔进行散热，再回到冷水机组进行吸热。

2.2.2　冬季制冷模式

当室外气温低于 5 度时，采用冬季制冷模式，在这种模式下，冷水机组关闭，机房所需冷水由板式换热器换热提供，而外部循环则由冷却塔利用室外冷源提供温度为 5 度的冷水，与机房冷水进行换热。这个循环过程中，充分利用外界自然冷源，使能耗最大的冷水机组处在关闭状态，因此，此时为最佳节能模式。

2.2.3　预冷制冷模式

当室外气温在 5 度至 18 度之间时，则采用预冷制冷模式，在这种制冷模式下，机房回水(内循环)先由板式换热器进行预冷，再由冷水机组进行低负荷制冷，达到机房制冷要求。而外循环则是冷却塔提供的冷水先在板式换热器进行吸热，为机房回水预冷，再到冷水机组进行吸热，带走冷水机组产生的热量。在这种制冷模式下，冷水机组可以在低负荷运行过程中，提供足够的冷源，因此也处于节能模式制冷状态。

那么这种统一冷水制冷模式的节能效果如何呢，表 2 显示的是 2014 年—2017 年全年的设备能耗统计(注：2017 年机房制冷模式为冷水制冷模式)，从表中可以看出，2017 年科技园区数据中心的 PUE 值降低到了 1.60 左右。

表 2　2014—2017 设备能耗统计

年度	计算机(度)	UPS 损耗(度)	空调(度)	照明(度)	分摊(度)	合计(度)	PUE
2014 年	7919939	879993	5669149	427279	322805	15219165	1.92
2015 年	7136956	792996	5165503	430756	599661	14125872	1.97
2016 年 1-10	5911070	656786	4547340	323871		11439067	1.93
2017 年	7685157	668274	3403491	496491	668274	12321687	1.60

2.3 冷通道封闭技术

2.3.1 对设备寿命和能耗的影响

刚搬到科技园区的时候，机房的设备布局采用的是原机房的开放式布局方式(图 2)，这种布局方式使得地板下送出的冷风有很大一部分扩散的到了周围的空气中，没有完全用于对机柜的冷却，不仅造成了冷量的浪费，而且造成机柜前的进风温度偏高，同时，由于设备布局密度比以往变大，机房内部分区域机柜出现温度过高的问题暴露出来，严重的情况下，能够使部分计算机内部配件烧坏，影响了各单位的生产运行。

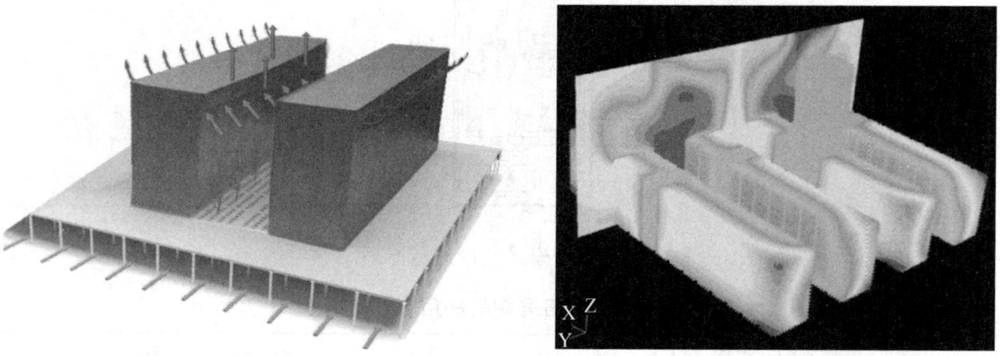

图 2　开放式布局机房(示意图、模拟图)

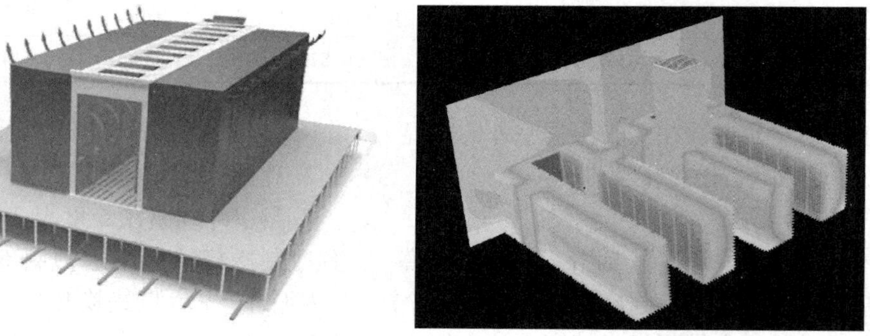

图 3　冷通道封闭(示意图、模拟图)

运维工程师统计得到了连续五周新增故障节点的情况，如图 4 所示：平均每周新增故障节点 36 个。

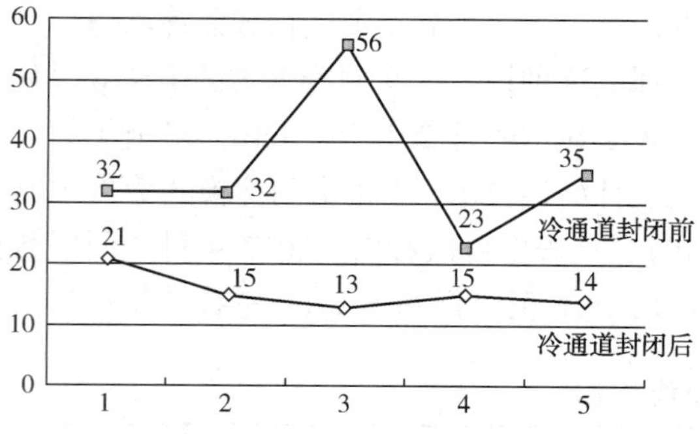

图 4　冷通道封闭前后，新增故障节点统计

针对这种情况，机房运维工程师设计并安装了冷通道封闭系统(图 3)，使地板送出的冷风不能向周围空间扩散，而是完全用于对机柜进行冷却。不仅降低了计算机内部温度，延长使用寿命，同时节约了大量制冷能耗。

表 3 统计的冷通道封闭后一年(2018 年)的机房运行能耗情况，与前几年的运行能耗对比可以看出，机房采用冷通道封闭后，其运行的 PUE 值由 1.60 降低到了 1.50。

同时，由于冷风完全用于对计算机设备的冷却，使计算机内部温度明显降低，计算机设备的故障率也有了明显降低。封闭后每周新增故障节点情况又进行了 5 周的统计，并与冷通道封闭前进行了对比，如图 4 所示，平均每周新增故障节点 16 个，比封闭前平均减少 20 个。

2.3.2 对环境湿度的影响

在冷通道封闭之后，运维工程师发现在冷通道内环境湿度有了明显的升高，尤其是在夏季，最高时已经达到了 90%，已经严重的超出了机房的标准湿度范围(35%～70%)。针对这一新产生的问题，运维工程师详细研究了空气的焓湿图(图 5)，根据东方物探公司的企业标准(Q/SY

BGP・K1010—2013）规定，机房内温度范围为20~26度，湿度范围为35%~70%，在焓湿图中显示出来就是红色区域，也就是说该区域的点能够满足机房的环境要求。

表3　2014—2018设备能耗统计

年度	计算机（度）	UPS损耗（度）	空调（度）	照明（度）	分摊（度）	合计（度）	PUE
2014年	7919939	879993	5669149	427279	322805	15219165	1.92
2015年	7136956	792996	5165503	430756	599661	14125872	1.97
2016年1-10	5911070	656786	4547340	323871		11439067	1.93
2017年	7685157	668274	3403491	496491	68274	12321687	1.60
2018年	8837360	768466	3361672	488291	66365	13522754	1.50

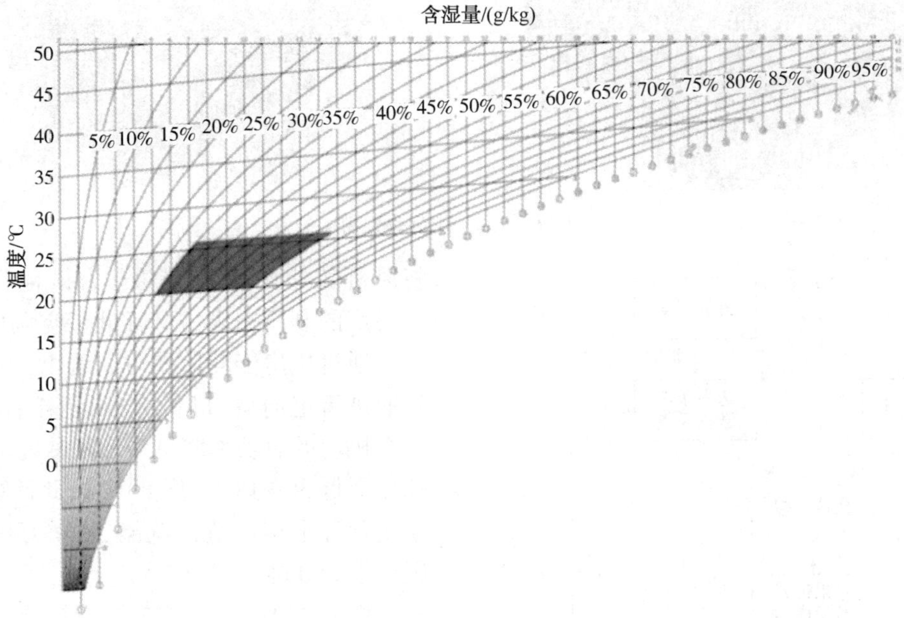

图5　空气焓湿图

将冷通道封闭之后，由于阻止了与周围热空气的混合，使得通道内的空气温度降低，而含湿量不变，使得空气的相对湿度升高。在公式中表示出来，就是温度降低使得饱和含湿量降低，进而使空气相对湿度升高。

针对这种情况，经过反复研究测试，将空调的送风温度提高到23度，也就是相应的提高了空气的饱和含湿量，同时将机房的供水温度从15度降低到12度，以增大对空气的除湿量，降低含湿量，最终使冷通道内的相对湿度达到标准范围以内。

2.3.3　对消防的影响

冷通道封闭后，在机柜密闭的环境下，消防不达标，一旦冷通道内发生火灾，消防喷淋系统将不能对冷通道内灭火。

针对冷通道封闭以后的消防问题，我们设计了冷通道顶部活动天窗（图6），将活动天窗的控制系统接入机房消防系统的有源信号线，使得活动天窗的开合能够与机房消防系统实现消防联动，一旦机房发生火灾时，在消防系统进行喷淋灭火之前，会将冷通道顶部的所有天窗自动打开，以使得消防气体能够喷淋到冷通道内进行灭火。

2.4　空调机外余压精细化调节

机房内精密空调风机都是通过自带的温度传感器，检测空调的回风温度，根据回风温度与内部设置温度的温差来调节空调风机转速，基本上是线性调节，数据中心机房内常常出现温度场不均匀，使空调系统高负荷长时间运行的状况，导致不必要的能源浪费。

运维工程师根据数据中心机房结构、设备布置情况，建立物理模型，再将所有计算机设备的用电负荷、散热风速、空调冷水温度、流量等参数作为边界条件，通过 CFD 数值模拟软件，模拟出机房的温度分布云图和气流矢量图。再将最终的数值模拟数据代入到已建立好的数学模型中，得出目前情况下最优风机转速，进而对空调风机进行相应的自动调节。风机转速调节后，会对前面模拟所需要的边界条件产生影响，进而会产生新的模拟云图和模拟数据，又会使风机的最优转速进行相应的调节。形成一套自循环的反复迭代系统(图 7)。

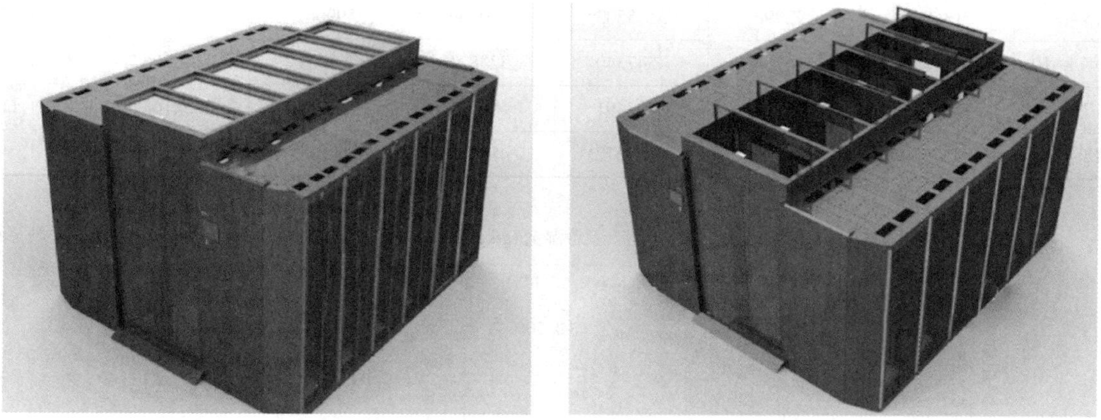

图 6　冷通道活动天窗

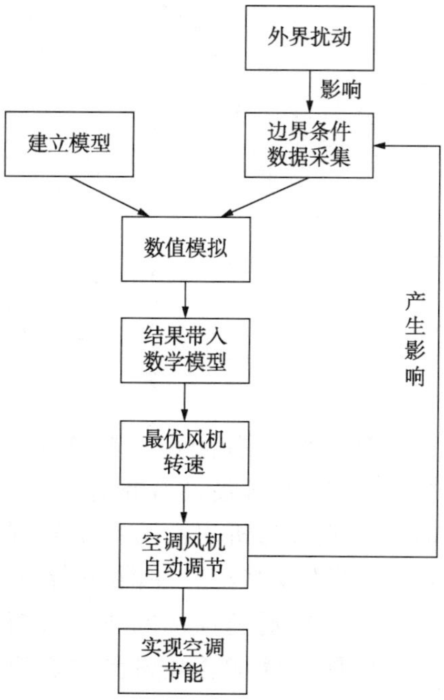

图 7　机外余压精细化调节流程图

当计算机由于计算项目变化而发生用电负荷变化，或由于室外气温情况造成供水温度发生波动时，数值模拟软件也会实时的对边界条件进行相应的调整，模拟出新的结果数据，形成新的的调节和迭代。使整个环境的散热系统、制冷系统、气流组织系统都趋近于一个最优状态，实现数据中心节能最大化。

该调节技术在高性能计算中心两个机房进行调节测试，机房正常负载下(500kW～550kW)，将风机转速调节到 75%，为最佳状态，既保证了机房的制冷需求，又降低了空调风机能耗。

通过机房能耗监控可以看出，在对空调风机转速进行定向调节后，空调能耗有了明显降低，两个机房的总功率降低了 60kW 左右，月环比能耗比降低 30%以上(图 8)。按此计算，两个机房模块预计全年可节约电能 53.4 万度，折合减少碳排放 650 吨。

根据 2021 年、2022 年能耗统计情况，并与之前能耗对比(表 4)，可以看出，两年时间应用空调机外余压精细化调节技术后，高性能计算中心 PUE 值降低到了 1.46。

3　未来技术的发展趋势

在未来的绿色数据中心建设中，务必要向更新的技术进行转变，从而取得更加明显的新成果。下面主要介绍一下未来数据中心建设中应用的技术和能取得的成果。

3.1　列间空调+冷热通道封闭技术

传统的机房设备布局为计算机设备和空调设备分开布置(图 9)，一般要有 2～3 米的距离，空调送出的冷风通过地板下空间送到机柜进风口处用于机柜制冷，这种布局方式使得冷风的送出和热风的回流都需要经过比较长的空间距离，在这种情况下，即使做了冷通道，在空气流通过程中，依然会出现扩散损失和温度损失。

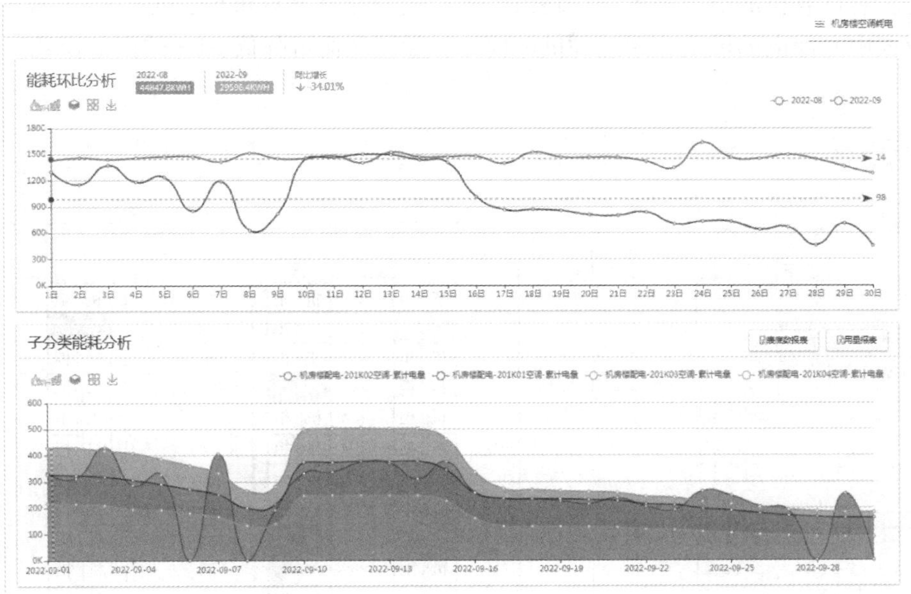

图 8　机外余压精细化调节技术应用后的空调能耗趋势

表 4　2014—2022 设备能耗统计

年度	计算机(度)	UPS 损耗(度)	空调(度)	照明(度)	分摊(度)	合计(度)	PUE
2014 年	7919939	879993	5669149	427279	322805	15219165	1.92
2015 年	7136956	792996	5165503	430756	599661	14125872	1.97
2016 年 1-10	5911070	656786	4547340	323871		11439067	1.93
2017 年	7685157	668274	3403491	496491	68274	12321687	1.60
2018 年	8837360	768466	3361672	488291	66365	13522754	1.50
2019 年	8972561	784725	3437457	452283	69273	13716299	1.50
2020 年	10606344	912373	4187224	427182	67514	16200638	1.49
2021 年	15313580	1024463	5974941	436225	68765	23817974	1.47
2022 年	17618672	1124596	6797208	432154	66475	26039105	1.46

研究表明，冷源(空调)和热源(机柜)距离越近，冷热交换过程中的损失就越少。由此列间空调的方案就应运而生了(图 10)。该方案的特点就是在一条冷通道内，不只有机柜，其中还布置了列间空调、配电柜、加湿器以及各种监控设施。一些小型的机房内甚至可以将 UPS 和电池柜一并布置进冷通道内，形成一个冷热空气自循环的密闭系统，从而实现更小的扩散和更高效率的冷热传递效果。

3.2　水冷机柜

列间空调+冷热通道封闭的制冷模式针对常规负载的计算设备，能够达到很好的制冷效果，但是一旦机柜负载增大到 20kW 以上，甚至 30kW 时(GPU 机柜)，那么这种制冷模式就不能满足机柜制冷需求了。于是就出现了水冷机柜，水冷机柜自带水冷盘管换热器，是一个整体密封的结构，其内部的冷热空气形成独立循环，如图 11所示，机柜的内部气流在 IT 服务器和和冷水盘管之间进行循环流动，被 IT 服务器加热的高温气流经机柜后部的导流风机进入冷水盘管冷却，经冷水盘管冷却后的低温气流再被送到 IT 服务器前端进风口处，用于服务器的散热冷却。

3.3　双路供电技术

在数据中心建设之初，会在两个不同的变电站分别引入一路电力，两路电力经过多次变压和分配后，同时供入到每一台机柜的每一个服务器里，而每一个服务器都必须拥有双电源，任何一路电源都能独立满足服务器的用电需求。这种供电方式形成了双路电源的互补机制，一旦其中一路电源出现闪变或者停电的情况，另外一路电源完全能够保证所有计算机的供电需求。双路供电大大降低了数据中心停电的风险，用这种供电模式为计算节点供电，可以大大减少 UPS 的使用量，从而可降低 UPS 的供电损耗。

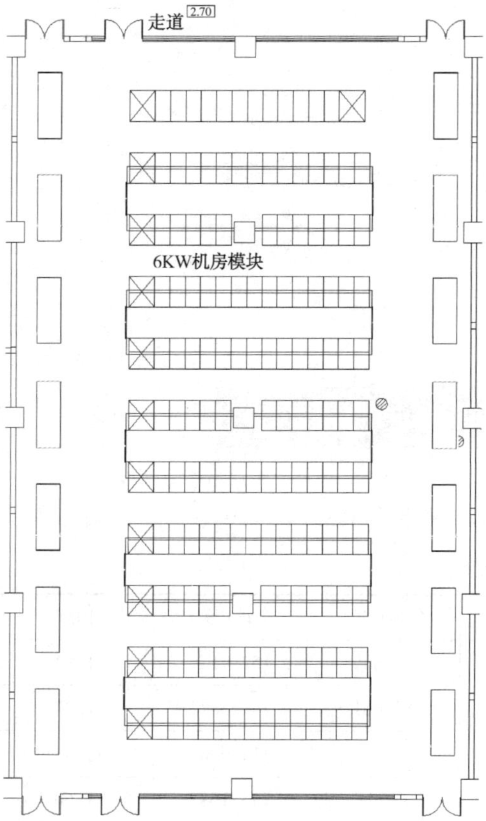

图 9　传统机房设备布局

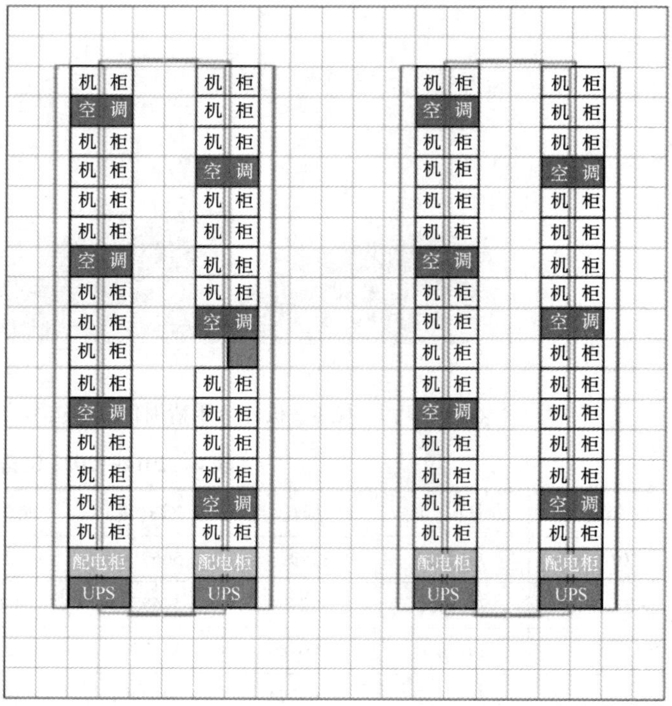

图 10　列间空调+冷热通道封闭设备布局

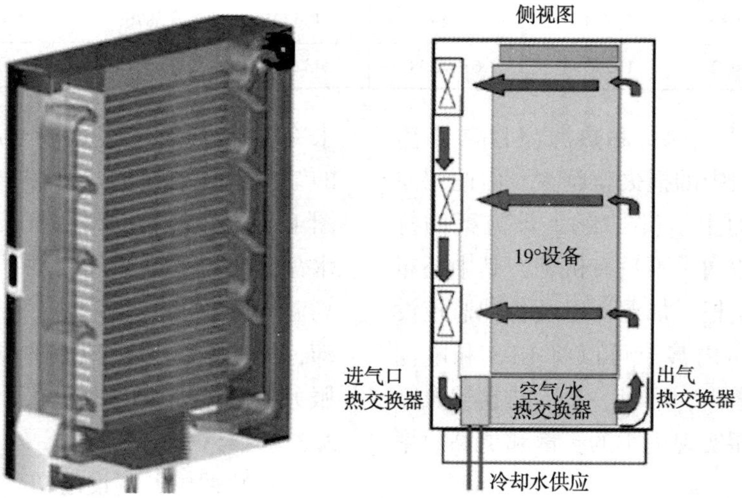

图 11　水冷机柜气流示意图

4　结论

通过以上多方面技术的探索和实践，可得出以下结论：

（1）在统一冷水制冷模式下，机房运行 PUE 值比直冷模式大幅度降低，由 1.9 以上降低到 1.6 左右；

（2）冷通道封闭后，机房运行的 PUE 值由封闭前的 1.60 降低到了 1.50，同时设备故障率也有了明显的下降；

（3）机房空调机外余压精细化调节技术，使机房空调的功率降低了约 60kW，全年预计可节约电能 53.4 万度，直接降低经济成本 54.3 万元（以一度电一块钱为例），折合减少碳排放 650 吨，PUE 值降低到了 1.46。

（4）未来科技园区数据中心的节能发展趋势，可在列间空调、水冷机柜、机房直供电、双路供电技术等方面进行深入研究。

参 考 文 献

[1] 柏晨，王念春，卓青. 绿色数据中心的供电运行控制和能量管理[J/OL]. 电源学报：1-13[2019-07-14].

[2] 张兴，过增元. 绿色数据中心的全生命周期建设[J]. 信息技术与标准化，2018(10)：13-14.

[3] 于江涛. 绿色节能设计在数据中心规划中的应用[J/OL]. 电子技术与软件工程，2019(13)：153-154[2019-07-14].

催化装置烟气脱硫系统结垢原因及应对措施

吴　寰

（中国石油天然气股份有限公司大庆炼化分公司）

摘　要　随着环保形式日益严峻，生产单位环保装置的长周期稳定运行显得尤为重要，催化裂化装置产生的再生烟气进入烟气脱硫系统进行处理，烟气脱硫系统主要由烟气洗涤系统和废液处理系统两部分所组成。装置投产至今先后出现了氧化罐单元结垢，外排污水线结垢和滤清模块抽出管线结垢的问题，通过对各结垢部位进行原因分析，分别采取了闭路循环酸洗、高压水通球、降低 pH 值等操作调整进行处理，均达到了预期效果，并采取了相应的预防措施，使装置平稳运行。

关键词　催化裂化；烟气脱硫；PTU；结垢

催化裂化装置的污染源主要是再生器烧焦时产生的烟气，本装置使用 EDV 湿法洗涤技术对烟气进行脱硫脱尘，该系统主要由烟气洗涤系统和废液处理系统（PTU）两部分所组成。

本装置烟气洗涤系统于 2014 年投产，其主要设备是烟气洗涤塔，洗涤塔内部沿烟气流动方向依次为急冷区、吸收区、滤清模块、水珠分离器和烟囱。自投产运行至今，先后出现了氧化罐单元结垢，外排污水线结垢和滤清模块抽出管线结垢的问题。

1　氧化罐单元结垢

1.1　现象

PTU 系统进水量超过 20t/h 或滤清池返回清液流量增加时，出现了氧化罐放空冒水，氧化风机出口压力升高的现象。

2018 年 4 月，对氧化罐工艺管线逐个拆开检查后发现，第一台氧化罐出口至第二台氧化罐入口的管线内壁主要为软垢，且未将管线内壁完全覆盖，用手指即可将垢剥离管线内壁。第二台氧化罐出口之后的管线结垢现象逐渐严重，拆下管线后发现结垢厚度在 5mm ~ 10mm（见图 1、图 2），且为质地坚硬的硬垢不易清理，需用撬棍和大锤敲击才能从管壁脱落。

1.2　原因分析

将垢块放入烧杯中，分别加入热水、稀硫酸、碱液及稀盐酸进行实验，发现垢块只在稀盐酸中有明显发泡溶解，且盐酸浓度越高，溶解速度越快，可推测结垢物质主要为碳酸钙。对垢样的元素组成进行分析，数据见表 1。

图 1　氧化罐工艺管线弯头截面

图 2　氧化罐工艺管线垢块

从表 1 可看出，氧元素占比 51.3%，钙元素占比 33.3%，碳元素占比 7.63%，可进一步判断结垢的主要成分为碳酸钙。

表 1　垢样元素组成

元素组成	O	Ca	C	Al	Si	Mg	S	Na	Fe
w%	51.30	33.33	7.63	2.59	1.57	0.92	0.75	0.44	0.33
元素组成	Ce	La	Sr	Ni	Mn	Ba	P	K	Sb
w%	0.22	0.19	0.18	0.15	0.10	0.09	0.08	0.01	0.01

进入烟气脱硫塔的烟气含有 SO_2 和 CO_2。SO_2 通过注入碱液进行吸收，当碱过量时生成亚硫酸钠，当碱液量不足时生成亚硫酸氢钠，生成的亚硫酸钠和亚硫酸氢钠随塔底浆液进入 PTU 系统的氧化罐单元进行曝气，与 O_2 氧化生成硫酸钠，以降低外排污水中的 COD，反应方程式如下：

$$SO_2+NaOH \longrightarrow NaHSO_3$$

$$NaHSO_3+NaOH \longrightarrow Na_2SO_3+H_2O$$

$$Na_2SO_3+1/2O_2 \longrightarrow Na_2SO_4$$

$$NaHSO_3+1/2O_2+NaOH \longrightarrow Na_2SO_4+H_2O$$

催化烟气中 CO_2 的体积含量在 12%~16%之间，烟气在烟气脱硫塔内吸收洗涤时，部分 CO_2 也会被吸收到循环浆液中。当注碱量过多 pH 值升高时，CO_2 也会过量吸收至浆液中被携带至 PTU 系统的澄清器。根据碳酸水溶液理论，溶液中溶解的 $H_2CO_3^*$ 包含气态 CO_2 和液态 H_2CO_3，在 101.325kPa 和 25℃ 的条件下，$H_2CO_3^*$ 浓度的 99%以上是以气态 CO_2 的形式存在于溶液中。当气液两相的 CO_2 分压不一致时，溶液中的 CO_2 与空气中的 CO_2 会互相交换。

澄清器中的污水液溢流入氧化罐曝气时，O_2 和水中亚硫酸钠和亚硫酸氢钠发生氧化反应生成硫酸钠，当水中的大部分亚硫酸钠和亚硫酸氢钠被消耗后，多余的 O_2 会进入到氧化罐的气相空间中，因气相空间的 CO_2 含量较水中溶解的 CO_2 低，且进入气相空间的 O_2 会进一步降低气相空间中 CO_2 的分压，CO_2 会向气相空间中释放，且氧化生成的硫酸钠在水溶液中也呈弱碱性，使污水的 pH 值上升。从生产操作中的实际情况看，氧化罐中污水的 pH 值也是逐渐升高的。

本装置烟气脱硫塔补水 Ca^{2+} 浓度在 60mg/L~80mg/L，是烟气脱硫系统 Ca^{2+} 的主要来源，因烟气脱硫塔的补水有一半以上随净化烟气携带至大气中，Ca^{2+} 会进一步在剩余的循环浆液中富集。进入氧化罐前的清液 Ca^{2+} 浓度在 250mg/L~320mg/L。

$CaCO_3$ 溶液中的 9 种成分为 H^+、OH^-、HCO_3^-、CO_3^{2-}、Ca^{2+}、$CaHCO_3^+$、$CaOH^+$、$H_2CO_3^*$ 和 $CaCO_3^0$。这 9 种成分不是独立的，而是满足一系列的化学平衡关系。结垢倾向随着 pH 值的增大而增大，pH 值升高也会使结垢的诱导期缩短。相同 pH 值的条件下，结垢倾向随着总钙浓度的增大而增大。

由图 3 可看出水中三类碳酸在平衡时的浓度与 pH 值的对应关系。在低 pH 值范围内，水中只有 H_2CO_3 和 CO_2，在高 pH 值范围内水中只有 CO_3^{2-}，pH 值在中性时 HCO_3^- 浓度最高。污水的 pH 值较高时就会产生碳酸钙结垢，所以将污水的 pH 值控制在 8.0 以下，可降低 CO_3^{2-} 与 Ca^{2+} 反应生成碳酸钙的倾向。

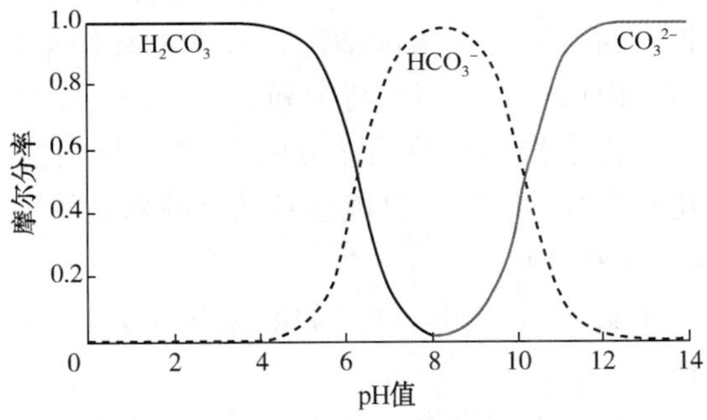

图 3　HCO_3^- 和 CO_3^{2-} 浓度与 pH 值关系

从实际生产操作看，装置的三台串联的氧化罐长时间处于 pH 值逐渐升高的状态，污水溢流入第一台氧化罐时 pH 值在 6.8~7.0 之间，经过第三个氧化罐后 pH 值最高时可升至 8.5~8.7 之间，但第二台氧化罐之前结垢现象并不严重，说明进入第二台氧化罐的污水中亚硫酸钠和亚硫酸氢钠已大幅降低，曝气后氧气处于过剩状态，改变了氧化罐内气相空间的分压，使污水中溶解的 CO_2 向气相空间释放，进而污水 pH 值升高，$CaCO_3$溶解度降低后逐渐析出在管线内壁上，结垢随着装置运行时间延长而逐渐变厚，氧化罐内污水流通截面积减小，前路进罐的污水无法及时向下游管线排出，使氧化罐内液位升高最终从氧化罐的放空喷出。

1.3 处理方法

早期的处理方式是逐个拆下氧化罐单元的工艺管线、弯头、短接，将管壁内垢块敲下清理，长管段更换，并将氧化罐内壁的结垢敲下清理。氧化罐系统自第一次切除清理后，每 1~2 年都需再次进行清理。该处理方法的缺点是至少需要 7 个工作日施工时间，且需将污水流经的全部设备、管线仔细清理检查才能保证施工后的投用效果。

采用酸洗处理碳酸钙结垢可以明显降低工作量，缩短施工时间。因盐酸对不锈钢管线有明显的腐蚀作用，使用酸洗除垢时，需更换为既能和碳酸钙反应又对不锈钢管线不产生剧烈腐蚀的酸种。将垢块提供给酸洗技术人员进行实验，5%的硝酸对垢块有明显的溶解作用，反应速度较快，最终决定使用浓度 5%的硝酸对氧化罐单元进行酸洗。

作业时，将氧化罐系统切除后留出进、出法兰接口，一端与酸洗泵连接，另一端接回至酸槽（即酸洗泵入口），形成闭路酸洗循环。在酸槽内配制完 5%的硝酸后，启泵循环 3~4 小时即可将管壁的结垢彻底溶解清除。酸洗循环结束后，在酸槽内加入固体碱进行中和，废液最终随 PTU 系统外排水排出。使用该方法 1~2 天即可完成氧化罐系统的除垢，且能达到较好的除垢效果。

1.4 预防措施

在实际生产中，可以由以下三方面进行调整：

一是防止氧化罐过量鼓风。在保证外排污水 COD 合格的前提下，氧化风机由原来的二开一备改为一开二备，防止外排污水 COD 质量过剩，氧化罐出口 pH 值升高幅度过大，进而导致 Ca^{2+} 析出结垢。需要注意的是，催化裂化装置烟气中氧含量降低时，一方面会影响进入氧化罐污水的 COD，另一方面较低的氧含量会使烟气中二氧化硫含量上升，烟气脱硫塔内生成的亚硫酸钠、亚硫酸氢钠也会增加，进而增加了氧化罐的负荷。当氧化罐的 pH 值升高幅度降低时，说明曝气的过剩量也相应减少，此时应注意监控污水的 COD，防止超标。

二是降低污水的氧化级数。将三台串联投用的氧化罐改为一开二备或二开一备，减少污水在氧化罐内的停留时间，也可防止氧化罐出口的污水 pH 值升高幅度过大。另外，从拆装的检查结果看，明显的结垢出现在第二台氧化罐之后，减少氧化罐运行台数也可减少拆装清理的工作量。

三是适当降低氧化罐来水的 pH 值。在满足脱硫塔工艺操作的前提下，适当减少注碱量，控制烟气脱硫塔 pH 值 6.5~7.0 之间，呈弱酸性，可降低氧化罐出口 pH 值，从而减少结垢。需要注意的是，在弱碱性条件下，亚硫酸钠、亚硫酸氢钠氧化速度较快，在中性和弱酸性条件下氧化速度较慢，且在相同 pH 值的条件下，亚硫酸钠的氧化速度比亚硫酸氢钠略快。当 pH 值过低时，溶液中亚硫酸钠（因水解而显碱性）逐渐减少，亚硫酸氢钠（因电离强于水解而显酸性）逐渐上升，使氧化罐内曝气效果变差，导致净化污水 COD 升高。

实施后，既可减缓氧化罐系统结垢，也实现了装置的节能降耗。同时，因切除的氧化罐不再需要监控 pH 值，pH 值探针不需维护，也降低了运行成本。

2 外排污水管线结垢

2.1 现象

2018 年 4 月，PTU 外排污水的最大流量逐渐由 30t/h 下降至 20t/h，外排污水泵出口压力由 0.7MPa 逐渐上涨至 0.8MPa，无法满足正常生产操作要求。将管线切割检查，发现管线内壁结垢厚度在 5mm~8mm。与氧化罐结垢不同的是，管线内壁大部分为软垢（见图 4），用手指可以直接抠下，但质地较粘，从外部用大锤锤击无法震下垢块。

图 4 PTU 外送线工艺管线截面

2.2 原因分析

外排水管线的结垢机理与氧化罐结垢机理类

似，但由于外排水管线由泵将污水送出，而氧化罐系统内污水依靠静压流通，且外排水管线为DN80管线，氧化罐系统管线为DN100，排外水管线流速比氧化罐管线高。

一方面，结垢的碳酸钙晶核在污水中形成后，晶粒尺寸不大时会由于水分子撞击而被撞离管线壁面。当晶粒尺度较大时，晶粒与壁面间的附着力才可能大于水分子撞击力，晶粒才可能稳定地被吸附在壁面上。另一方面，在pH值相同的情况下，流速较快的管线结垢的诱导期延长。所以外排水线管壁内沉积作用没有氧化罐管线严重。

2.3 处理方法

充分考虑更换工艺管线的施工难度和成本后，决定采取高压水通球的方式疏通外排污水线，球体见图5。

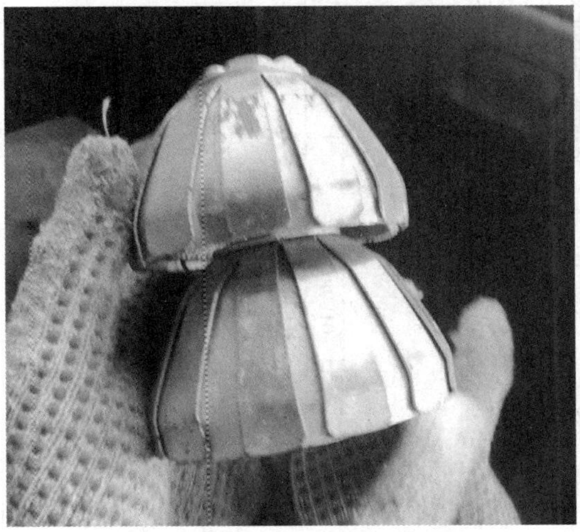

图5　通球球体

将球的尖端由泵出口法兰塞入，将高压水泵与管线法兰连接后，启动高压水泵(最大压力可达10MPa)。球体上的翅片伞冒结构，在高压水的作用下向前移动，因伞冒两端为较尖锐翅片，在球的移动过程中，会将管线内壁的垢皮整体刮下并随水流带走。在管线弯头或缩径处，伞冒结构又可通过收缩而通过。在管线另一端，用特制三通法兰短接与外排水管线法兰连接，见图6。

特制三通法兰一端用于接球，施工人员通过球的撞击声来判断球是否已到达三通处；另外一端，将高压水泵打入管线的水及夹带的垢皮回收至施工队伍的槽车中，防止因大量垢皮冲下，影响下游装置。

疏通后，外排污水线流量由原20t/h提高至

图6　特制接球及排水三通

30t/h，泵出口压力由0.8MPa下降至0.7MPa。

2.4 预防措施

在实际生产中，可以由以下两方面进行调整：

一是适当降低外排水pH值。因氧化罐是外排水线的上游，还需通过降低氧化罐系统pH值来实现。所以预防PTU系统结垢，氧化罐系统需将pH值控制在8.0以下，不宜过高。

二是控制外排污水的悬浮物含量。保持斜坡沉降器的运行正常，将外排污水悬浮物含量控制在控制指标以内，减少管线内壁的催化剂粉尘沉积。

3　烟气脱硫塔滤清模块抽出管线结垢

3.1 现象

2021年7月，烟气脱硫塔滤清模块液位因仪表变送器损坏指示失灵，8月进行更换后投用后发现，液位由正常时的72%~75%下降至25%，远低于正常控制范围。滤清模块泵电流和泵出口压力呈逐渐下降趋势。

3.2 原因分析

如图7所示，经现场检查确认，测量液位的引压点均为通畅状态。利用连通器原理，将下引压点处的导淋接透明胶管，将胶管内的液体高度换算为液位后，与仪表测量液位基本一致，说明仪表测量的上、下引压点压差是真实的。

滤清模块浆液中Ca^{2+}浓度在100mg/L~250mg，滤清模块补水Ca^{2+}浓度60mg/L~80mg/L且pH值为7.5。根据以上现象判断，塔滤清液抽出管线存在结垢限流情况，管线内径减小后，液体因流速所产生的压降升高，上、下引压点测量到的压差降低，使液位的测量显示值较真实液

位低。因入口管线结垢滤清模块循环流量降低，使泵电流降低，出口压力降低，同类装置也出现过类似现象，也是因碳酸钙的结垢引起。因滤清模块的 pH 值控制在 7~7.5，结垢倾向没有氧化罐和外排污水线严重，所以出现结垢现象的时间较前两者晚。

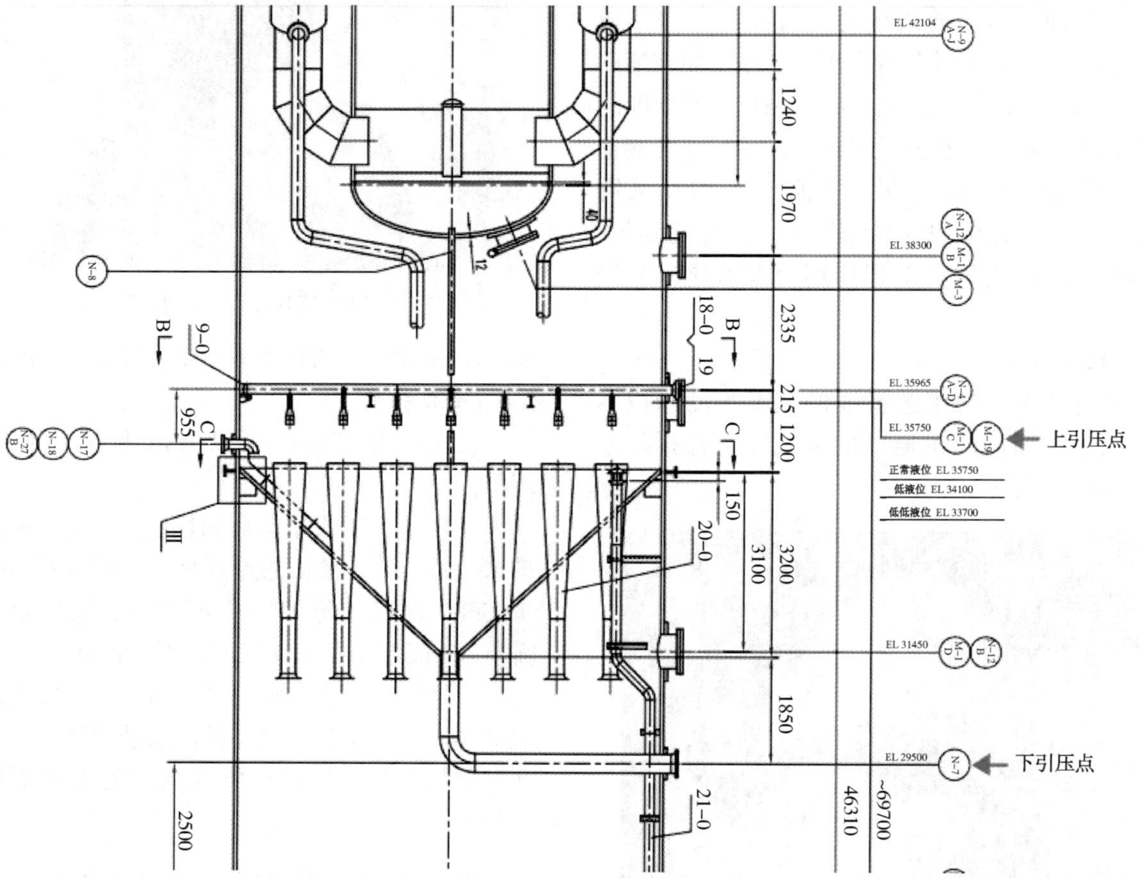

图 7　滤清模块液位引压点图示

3.3　处理方法

关闭补水罐回用的少量 PTU 外排污水（Ca^{2+} 浓度 130mg/L~320mg，pH 值 8~8.5）和汽包排污水（pH 值 9~11）；在保持净化烟气的 SO_2 浓度合格的前提下，停滤清模块注碱，降低塔底注碱量使塔底 pH 值降低至 6 或更低，使滤清模块浆液呈弱酸性。

采用以上操作后，滤清模块液位呈缓慢上升趋势。随着液位的上涨，适当提高塔底 pH 值，防止烟气脱硫塔长时间在弱酸性环境下运行，发生塔内件的腐蚀。10 个月后，滤清模块液位逐渐上涨至 70%。

3.4　预防措施

在实际生产中，可以由以下三方面进行调整：

一是停止滤清模块的注碱，塔底 pH 值控制在 6.5~7 之间，滤清模块 pH 值低控，提高浆液中 Ca^{2+} 的溶解度预防结垢。

二是降低滤清模块补水中的 Ca^{2+} 浓度，停止回用 Ca^{2+} 浓度高的水源，适当回用 Ca^{2+} 浓度低的汽包排污水和净化水。

三是监控滤清模块泵的电流、泵出口压力、液位的变化趋势，在管线结垢的初期及时发现并处理。

4　结论

（1）催化裂化装置的烟气脱硫系统，因补入的新鲜水中 Ca^{2+} 浓度在 60mg/L~80mg/L，且有一半以上的水被净化烟气携带至大气中，使 Ca^{2+} 在烟气脱硫系统内富集，当污水的 pH 值升高使 Ca^{2+} 溶解度降低时，就会发生结垢。

（2）氧化罐单元在曝气过量时，过剩的 O_2 会扩散到氧化罐的气相空间中，使气相空间的 CO_2 分压降低，水中溶解的 CO_2 向气相空间释放，污水 pH 值升高，$CaCO_3$ 溶解度降低后逐渐析出发生结垢。酸洗可快速清除结垢。通过降低污水的 pH 值、减少过量曝气和氧化级数可有效预防氧化罐单元结垢。

(3) 外排污水线因流速较氧化罐单元管线高，结垢质地较软，可以通过高压水通球进行清理。通过降低外排污水的 pH 值、悬浮物含量可延缓管线的结垢。

(4) 因补入的新鲜水直接进入滤清模块，长时间在弱碱性条件下运行时 Ca^{2+} 也会缓慢析出附着在管线内壁上，当积累到一定程度时会出现滤清模块液位降低，滤清模块泵电流下降、出口压力降低的现象。通过降低滤清模块的 pH 值，改善补水质量，可有效预防滤清模块系统的结垢。

参 考 文 献

[1] 陈俊武，许友好. 催化裂化工艺与工程[M]. 3 版. 北京：中国石化出版社，2015：933-934.

[2] 龚望欣. 催化裂化烟气脱硫除尘脱硝技术问答[M]. 北京：中国石化出版社，2015：70-73.

[3] 李宁. 催化裂化烟气脱硫脱硝装置废水 COD 超标原因分析及应对措施[J]. 石油炼制与化工，2021，52(1)：126-129.

[4] 陈闪，鲁维轩，陈克念等. 3. 5Mt/a 重油催化裂化装置烟气脱硫外排污水的 COD 控制[J]. 化工技术与开发，2022，51(5)：67-69.

[5] 徐敬，李杰. CO_2 释放对碳酸钙过饱和溶液析晶过程的影响[J]. 同济大学学报，2004，32(9)：1173-1177.

[6] 邢晓凯，马重芳，陈永昌. 溶液 pH 值对碳酸钙结垢的影响[J]. 石油化工设备，2004，33(5)：11-13.

[7] 胡敏. 硫磺回收装置钠法烟气脱硫若干问题探析[J]. 炼油技术与工程，2021，51(10)：1-5.

[8] 汪昊，刘金海，熊明林. 塔河油田污水系统碳酸钙垢除垢实验研究[J]. 中小企业管理与科技，2021，(9)：176-178.

[9] 史焱，詹先成，吕太平等. 抗氧剂亚硫酸钠、亚硫酸氢钠及焦亚硫酸钠氧化反应速率常数的测定[J]. 化学学报，2006，64(6)：496-500.

[10] 詹庆丽，马璇，艾明等. 净化污水 COD 分析和应对措施[J]. 工业生产，2020，(6)：15-17.

[11] 李广兵，方健，徐敬等. 水垢成垢诱导期机理研究[J]. 同济大学学报，2000，28(5)：555-559.

[12] 俞仁明. 中国石化催化裂化技术交流会论文集[C]. 北京：中国石化出版社，2018：464-468.

“节点仪”与“可控震源”应用能效分析

黄 腾 陈 成 何友才 彭文秋

（中国石油集团东方地球物理勘探有限责任公司西南物探分公司）

摘 要 绿色低碳创新是科技革命和产业变革的重要方向，是最富生机、最有前途的重要领域，是人类社会可持续发展的重要支撑。为全面贯彻落实党的二十大精神和习近平总书记生态文明建设重要思想及绿色低碳高质量发展等系列指示精神，石油物探行业大力推行绿色勘探成果“节点仪”、“可控震源”的运用，在地震采集项目中实现了节能提效、绿色低碳，充分发挥了科技创新在推动绿色低碳发展中的关键作用。

关键词 石油物探；绿色勘探；科技降碳；安全降碳；节点仪；可控震源；节能提效；绿色低碳

1 前言

习近平总书记在第七十五届联合国大会一般性辩论上，首次明确提出2030年前碳达峰和2060年前碳中和的目标承诺，在之后系列重要会议上又一再重申，表明不断增强推进“双碳”工作的决心与信心。近年来，集团公司全面贯彻落实习近平生态文明思想，坚持在“保护中开发、在开发中保护、环保优先”的原则，以“双碳”目标为引领加快布局清洁生产和绿色发展，明确将绿色低碳纳入集团公司发展战略，7次召开集团公司新能源材料事业发展领导小组会议，进一步明确“清洁替代、战略接替、绿色转型”三步走的总体部署，集中优势力量向绿色低碳领域进军。

石油物探行业积极响应集团公司绿色低碳和三步走的发展战略部署，着力落实“双碳计划”，加大可控震源、节点仪等绿色勘探成果应用，持续推进“绿色企业”及示范队创建工作。“可控震源高效采集技术”和“节点地震勘探技术”入选自然资源部发布的《矿产资源节约和综合利用先进适用技术目录(2022年版)》。本文结合四川盆地物探施工作业实际，对节点仪、可控震源与传统井炮、有线采集施工能耗进行对比，为物探作业开展能效对标提供可参考的依据。

2 可控震源施工

早在国家“十二五”的863计划中，石油物探行业就提出了高精度可控震源技术的概念，2015年成功研制出事件上第一台高精度可控震源EV-56。高精度可控震源的出现开启了点激发采集技术进行深部探测的勘探技术，石油物探行业迎来了“高精度油气勘探时代”。2022年10月，EV-56高精度可控震源作为国家科技部推荐参展的中国石油唯一技术装备，在“奋进新时代”主题成就展的室外展区精彩亮相。作为中国石油2021年度“十大科技创新成果”之一，EV-56高精度可控震源继参加国家“十三五”科技创新成就展之后，又一次获得了在国家平台展示的难得机遇与殊荣。

可控震源(见图1)作为目前地震勘探主要激发源之一，是一种机械震源，靠安装在特种汽车上的振动器连续冲击地面而产生地震波动的，又称为连续振动震源。可控震源振动的连续时间和频率的变化范围可以人为控制，与常规井炮相比不仅具有施工效率高、成本低的优点，在能耗方面也有显著的降低。作为高效、安全、环保的勘探装备，可控震源引领着陆上绿色勘探的未来。目前，只有中国、美国、法国可以自主完成可控震源的设计与制造。

3 节点仪运用

eSeis国产节点仪器(见图2)为国产无线陆地节点采集系统，具有轻便、灵活、灵敏度高、稳定适应性强、操作简单、性价比高等优势和特点。eSeis陆上节点地震仪具有完全自主知识产权，达到了国际领先水平并实现产业化，与“EV56高精度可控震源”一同作为标志性成果入选国家“十三五”科技创新成果展。eSeis由于采用GPS信息定位和无线信息接收存储和发送地震激发信息，降低了采用传统仪器大小线施工所带来的安全风险，规避了绕道、掉排列的质量风险，更适合大规模集约式采集方式施工，施工效率更高。

图 1 可控震源施工现场图

图 2 节点仪埋置现场图

近年来，四川盆地地震勘探项目炮道密度逐年攀升，勘探区域逐渐由盆中丘陵向盆周高陡区域延伸，加之传统有线采集设备存在设备相对老旧、故障率偏高、受地形限制等问题制约着高效采集，因此节点仪使用率逐年上升。

4 能效对比

4.1 可控震源与传统井炮施工对比

地震采集作业中井炮施工包括测量、钻井、下药、采集四大主要工序。而可控震源施工只有测量及采集两大工序，从工序数量上由四个降到两个，施工涉及的车辆、材料及人员各种能耗大大降低。下面以 10 万个激发点为基数，从四大工序角度来分析两种施工的能耗情况。

(1) 测量

井炮点位在确保安全、环保的前提下，按就近偏移原则优选物理点，涉及到无障碍、小型障碍、大型障碍、陡崖等各种复杂地表，同时，由于井炮对各种障碍物安全距离大，点位偏移距离大，造成井炮点位施测效率较低。目前川渝地区炮点单个测量组平均日效为 57.43 个/天。而可控震源点位，在川渝地区基本都在铺装道路上施测，障碍少，且安全距离小，施工效率高，单个测量组平均日效为 130 个/天。按照 10 万个点位计算，井炮需要配置 42 个组，每三个组配置 1 台车，每天消耗柴油 12 升，共需要 42 天，消耗柴油 7056 升。可控震源只需要配置 33 个组，共 23 天，消耗柴油 3036 升。两种施工对比见表 1。

表 1 井炮与可控震源测量能耗对比表

类型	川渝地区测量平均日效/(个/天)	10 万个点位柴油消耗/升
井炮	57.43	7056
可控震源	130	3036
差值	72.57	4020

(2) 钻井

目前川渝地区使用钻机主要分为水钻及空气钻机两大类，见表 2。

表 2 钻机分类统计表

序号	类型	单组日效/口	平均油耗/(口/升)	备注
1	水钻	3.5	4	油料为柴油
2	空气钻机	4	15	油料为汽油

根据 2022 年可控震源项目区域岩性，按照水钻 70%，空气钻机 30% 计算，水钻井位为 7 万口，空气钻机为 3 万口。由于钻机还涉及搬迁、人员转运，需要配置车辆，按照每 100 口井转运一次，柴油消耗 20 升计算，共消耗 20000 升柴油，累计柴油消耗 300000 升，汽油 450000 升。

（3）下药

民爆品管理环节包括入库、存储、出库、工地运输、工地发放、包下药、爆破、废哑炮处置、销毁。下药人员按照“1+5+2+N”（1个单元长配备5个下药组、2台民爆车、N辆载人车）的模式建立下药作业单元，爆破人员按照“1+10+N”（1个单元长配备10个爆炸组、N辆载人车）的模式建立爆破作业单元，见图3。

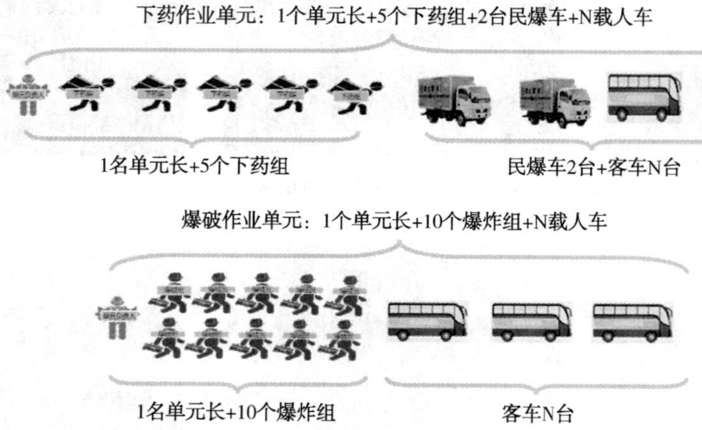

图3　包下药环节作业模式图

1台民爆车准载炸药984公斤，每日平均行驶150公里（百公里油耗13升），每日油耗19.5升，炸药运输油耗0.01981升/公斤。由此可算，炸药运输油耗15848升，按照雷管车与炸药车1∶3配置，雷管运输消耗5282升。1台工程车准载2个下药组（单个组炸药消耗约224公斤），每日平均行驶120公里（百公里油耗12升），每日油耗14.4升，下药组转运油耗0.03214升/公斤，总的油耗25712升。1台皮卡车准载1个放炮组（消耗炸药360公斤），每日平均行驶40公里（百公里油耗10升），每日油耗4升，放炮组运输油耗0.01111升/公斤，算得油耗8888升。综合累计，以10万炮计算下药工序汽油油耗55730升。

（4）采集

井炮采集由炮班完成，常规配置按3人每组，每3组1台车计算。按照目前常规三维日效1000炮计算，每天需要最低20个炮班计算，需要60人，7辆车，每辆车单日油耗按柴油15L计算，完成10万炮共需100天，共计需要柴油10500升。

可控震源常规配置为每组4人，2台警戒车以及2台可控震源。同样按照日效1000炮计算，需配置4个组，共16人，8台车及8台可控震源。警戒车平均日消耗柴油20升，每日消耗柴油共计160升。可控震源每天工作8小时，每台每天消耗柴油200升，每日消耗柴油共计3200升，8台车及8台可控震源每日累计消耗柴油3360升。10万炮日均完成1000个点，需要100天。柴油消耗累计336000升。两种施工对比见表3。

表3　井炮与可控震源采集能耗对比表

类型	柴油消耗/升
井炮	10500
可控震源	336000
差值	−32550

（5）综合对比

以10万个激发点为基数，综合四大工序的总体情况，按照汽、柴油折标煤系数（见表4）折算后，井炮与可控震源施工的能耗情况对比如下表5。以标煤换算两种油料后，通过综合对比计算，井炮施工模式下四大工序所需能耗比可控震源施工多出约1.4倍。由此可见，可控震源施工相较石油物探行业传统的井炮施工模式而言更加“绿色低碳”。

表4　能源折标准煤换算

能源名称	折标准煤系数
汽油	1.4714千克标准煤/千克
柴油	1.4571千克标准煤/千克

表5　井炮与可控震源综合能耗对比表

类型	汽油消耗/吨	柴油消耗/吨	合计/（吨标煤）
井炮	373.23	234.36	890.66
可控震源	0	250.21	364.58
差值	373.23	−15.85	526.08

4.2 节点仪采集与有线检波器采集对比

节点仪使用比例逐年提高，与传统的有线设备相比，不仅具有施工效率高的优点，在人车成本、安全环保风险和能耗方面均有显著的降低。

(1) 工作效率

如果采用传统有线设备(电缆线和检波器组合)布设，除了电缆线布设要根据实际地形条件而定，遇到过公路、水域或高陡地段需要很长的时间。普通检波器从到位到埋置好一般需要8分钟，节点仪只需要5分钟，平均埋置时间节约了3分钟，时效提升38%。

从设备的重量上分析，传统的一根电缆线(附带4道单点检波器)总质量约为17.6kg；4道节点仪总质量约为4.4kg，从负重上减轻了13.2kg，减重约75%。传统有线设备使用的电瓶一般是80-100AH，一个电瓶重量在20-30公斤，一名员工一次只能搬运两个电瓶，而单个节点仪是1.1公斤，一名员工一次可以搬运20个节点仪。

综合对比，在物探项目采集设备中，节点仪埋置不仅受地形环境因素影响小，而且埋置时间短、重量轻、易搬运，见表6。

表6 节点仪采集与有线检波器采集工作效率对比

设备型号	重量对比		个人负重数量情况	埋置时间及便捷性对比	故障率对比
	大线	检波器			
有线设备	15kg/根	0.65kg/个	17.5kg/人	8分钟	高
节点仪	1.1kg/个		20.2kg/人	5分钟	无

(2) 人车成本

在用工方面，按传统有线设备搬埋8道/人，电源站2个/人的标准计算，2022年项目施工期间日均搬埋2801道，需要设备搬埋350人，电源站44人，共计394人；节点仪搬埋20道/人，需要140人，节约210人，节约64.47%的用工量。

在车辆方面，按传统有线设备搬埋48道/台的标准计算，2022项目施工期间日均搬埋2801道，需要车辆58台，节点仪搬埋88道/台，需要32台，节约26台，节约44.83%的用车量。对比数据见表7。

表7 节点仪采集与有线检波器采集人车成本对比分析

设备型号	季节工用量	车辆用量	日均搬埋	项目总量			
				日均用工	节约比例	日均用车	节约比例
有线	8道/人	48道/台	2801道	394人	64.47%	58台	44.83%
节点仪	20道/人	88道/台		140人		32台	

(3) 安全环保

排列布设时，如果采用传统有线设备在跨越障碍(如公路、水域、陡崖)，布设路线必须顺测线通过，根据作业环境的变化，施工人员可能面对车辆伤害、淹溺、高处坠落、摔伤等安全风险。例如在野外排列布设频率很高的过公路作业，除了要成立专门的过公路布设小组，面临车辆警戒、人员公路临边作业等风险，还要面临极端天气(大雨、暴风)、车辆超高和人为破坏等安全隐患。

排列布设时，如果采用节点仪，消除了在过公路、水域和陡崖等高风险作业环境进行电缆线布设环节，人员可以绕过障碍区域，减少了人员在危险区域的暴露频次，大力提升了本质安全。

交通运输方面，由于采用节点仪进行排列布设，相对于采用传统有线设备减少44.83%的用车量，降低了交通运输的安全风险。

环保方面，传统有线设备使用的铅酸蓄电瓶属于危险固体废物，在购买、搬运、使用和处置等各环节，如果操作不当容易造成较大的污染和环境破坏。另外，节点仪布设相对传统有线设备，消除了电缆线对林区植被和农作物的破坏，提升了绿色勘探效果。

(4) 能耗

若按照每日收摆2801道设备计算，每日使用节点仪可减少车辆使用26台，每台车日均行驶 150 公里，车辆平均油耗 14 升/100 公里，每个生产日将节约车辆燃油 546 升。每日 2801 道 428 设备需使用 88 个铅酸蓄电池，充满一个电瓶需用电 1.09 度(使用 3 天需充电)平均每天耗电 31.97 度。充满一个节点仪需用电 0.26 度(使用 20 天需充电)平均每天耗电 36.41 度。能耗对比数据见表 8。

表 8　采集设备每日能耗对比表

类型	柴油消耗/升	耗电量/(千瓦时)	折标/吨标煤	节约比例
节点仪	672	36.41	0.8368	34.44%
传统有线设备	1218	31.97	1.2763	
差值	-546	4.44	-0.4395	—

5　总结与展望

石油物探行业在目前的环保节能工作中，通过不断推进可控震源、节点仪器等绿色勘探成果在地震采集项目中的大范围使用，做到了科技降碳、安全降碳、节能提效，绿色企业创建有条不紊。

“节能提效高水平引领，绿色低碳高质量发展”，科技创新是实现能源绿色低碳发展的第一动力。习近平总书记强调，要以绿色低碳为方向，分类推动技术创新、产业创新、商业模式创新，并同其他领域高新技术紧密结合，把能源技术及其关联产业培育成带动我国产业升级的新增长点。

中国石油集团董事长戴厚良提出，当前，绿色能源技术创新已成为新一轮科技革命和产业革命的关键所在。能源行业应充分发挥自身优势，以技术创新为突破口，把创新和发展的主动权牢牢掌握在自己手中。加快自主创新步伐，关键是要围绕能源有效开发、能源清洁化、能源利用三大领域，加大关键共性技术、前沿引领技术、现代工程技术等攻关力度，推广示范应用，推进成果转化，推动能源行业绿色低碳发展。

在党中央的部署下，在集团公司的引领下，石油物探行业将发扬已有的科技创新优势，从节能提效、绿色低碳的角度再出发，攻克未来更多的技术难关，牢握发展与创新的主动权，探寻绿色勘探更多的可能。

参 考 文 献

[1] 邹才能，李煜婷，王珊珊，陈明卓，苏春梅. 绿色低碳　走出一条高质量发展的“石油路径”[N]. 中国石油报，2022-01-11(003).
[2] 宋晓伟. EV-56 高精度可控震源技术[J]. 物探装备，2023，33(01)：21-24.
[3] 戴厚良. 推动绿色低碳发展　增强能源安全保障能力[J]. 北京石油管理干部学院学报，2022，29(01)：10-13.

乙腈法丁二烯抽提装置无废无异味绿色生产方案

侯建斌　王晋鑫

（中国石油化工股份有限公司镇海炼化分公司）

摘　要　三废的产生伴随着化工装置整个生命周期。乙腈法丁二烯抽提装置日常生产过程中会产生废气、废水、固废等物质，有效管理三废是化工生产装置必须面对的课题，也是化工装置全寿命周期管理中极其重要的组成部分，必须利用科学技术不断追求，力争实现无废无异味绿色生产。

关键词　乙腈法；丁二烯抽提；无废无异味；绿色生产；生产方案

镇海炼化1#丁二烯抽提装置以乙烯裂解装置提供的混合碳四（C_4）为原料，用乙腈作为溶剂，采用两级萃取精馏，分别除去丁烷、丁烯等难溶组分和乙烯基乙炔等易溶组分，得到的粗丁二烯经水洗脱除溶剂后，再采用两级普通精馏分别脱除甲基乙炔、水和1,2-丁二烯，2-顺丁烯，碳五等物质，最终得到聚合级1,3-丁二烯产品送产品罐区外售。在装置运行期间会产生一定量三废，有间歇性产生、有连续产生、有周期性产生。

本文分析镇海炼化1#丁二烯抽提装置三废性质、排放量，通过科技攻关、综合利用等措施采用不同的治理技术方案，本着品位提升、公司平台大优化、功能用途开发等原则，装置三废实现减量排放、无害化排放或零排放。

1　装置概况

1.1　装置相关介绍

镇海炼化1#丁二烯抽提装置为100万吨/年乙烯工程的配套装置之一，采用中国石化工程建设公司与中石化燕山分公司联合开发的乙腈法抽提技术。设计规模为16万吨/年，处理混合C_4原料33.28万吨/年，主产品丁二烯16.74万吨/年，副产品抽余碳四14.46万吨/年。设计负荷范围为70~110%。本装置由工艺单元和辅助设施组成，其中工艺单元包括萃取精馏单元、丁二烯精制单元和溶剂回收单元，辅助设施包括溶剂缓冲、化学品添加、碳四回收、尾气分离、安全泄放系统、蒸汽和凝液系统及废水池系统。装置于2009年12月8日中交，2010年4月8日投料试车一次成功。目前已运行至第四个运行周期的第五个运行年。

1.2　三废排放情况

本装置三废排放具体情况如表2~表4所示。

1.2.1　三废排放表

表1　装置物料投入产出一览表

序号	指标名称	单位	正常值(设计值)	备注
1	混合碳四原料(原料)	t/h	41.60	33.28万吨/年
2	丁二烯(产出)	t/h	21.04	16.74万吨/年
3	抽余碳四(产出)	t/h	17.32	14.46万吨/年
4	液化燃料气(产出)	t/h	2.99	2.39万吨/年
5	丙炔气(产出)	t/h	0.25	0.2万吨/年

表2　废气排放表

序号	名称	排放	正常量	最大量	最大量	处理方法
1	低压尾气	间断	0	1000kg/h	氮气，微量乙腈	去火炬系统
2	丙炔气	连续	250	500kg/h	1,3-BD86wt%，丙炔13wt %	返回乙烯装置的裂解气压缩机二段入口
3	开停车和事故排放	间断	0	126t/h	C_4烃类	去火炬系统

表 3　废渣/液排放表

序号	排放位置	排放	正常量	最大量	组成	处理方法
1	残液加热器	间断	0.04t/h	—	甲苯 10.3wt%，TBC74.3wt%，顺丁烯-2 9.8wt%，1，2-BD3.3wt%	危废
2	液化燃料贮罐	连续	2.99t/h	4.5t/h	二聚物 0.64wt%，1，3-BD 6.9wt%，顺丁烯-2 19.7wt%，1-丁烯 15.29wt%，异丁烯 23.89wt%，乙烯基乙炔 15.89wt%，乙基乙炔 2.6wt%	液化燃料

表 4　生产污水水量、水质排放表

序号	排放位置	排放	正常量	最大量	组成	处理方法	去处方法
1	溶剂回收塔釜废水	工艺污水	连续	32t/h	40%	C_5：3ppm，乙腈：77ppm，二聚物：26ppm	去污水处理厂
2	设备检修初次洗涤水	生产废水	大修	—	70%	乙腈 0.5wt%，微量烃，经溶剂回收塔处理后乙腈含量<100mg/kg	去污水处理厂

1.2.2　装置三废产生位置图

乙腈法丁二烯抽提装置原则流程图及三废产生位置图见图 1。

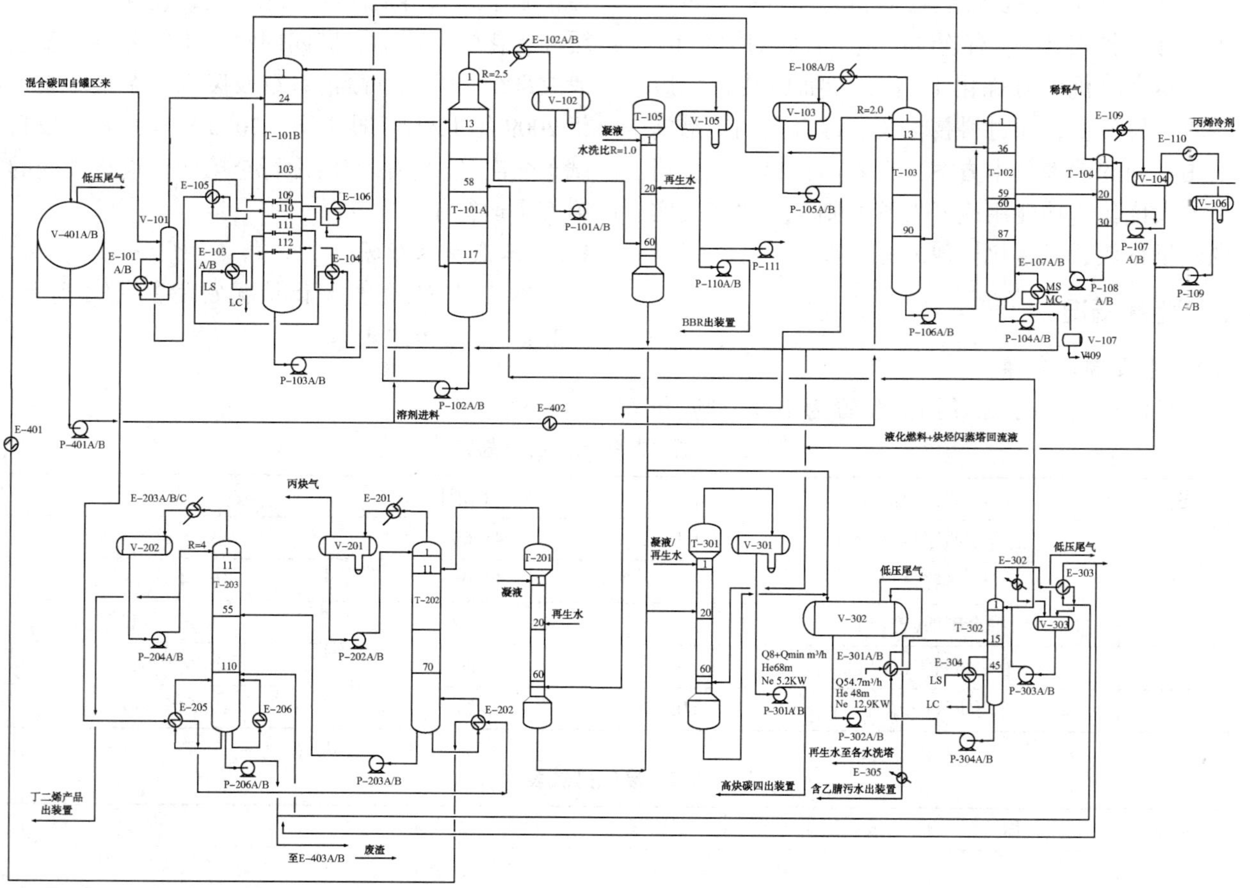

图 1　乙腈法丁二烯抽提装置原则流程图及三废产生位置图

2 三废处置方案

2.1 正常生产期间处置方案

2.1.1 废气处置方案

1. 低压尾气

乙腈法丁二烯抽提装置低压尾气主要成分是氮气，含少量乙腈。目前国内同类装置处理办法一般为输送至动力中心进行焚烧或者直接排放至火炬系统，利用焚烧技术、密闭排放的方法达到清洁生产的目的。

2. 丙炔气

丙炔气来自于脱轻塔塔顶，组成为90wt%左右1,3-丁二烯，10wt%左右丙炔。国内主流处理方式为返回乙烯装置裂解气压缩机二段入口，回收再利用此部分物料，做到资源利用最大化的同时也保证了清洁生产的要求。除此以外，有部分石化公司将丙炔气排至火炬或返乙烯装置燃料炉作燃料，此种处理方案虽然也不会造成有害物的排放，但是经济效益低下，不利于装置的降本增效。

3. 在线分析尾气

正常生产期间在线仪表尾气和设备检修也是废气产生的一种来源(分析小屋尾气排放量10L/min，组成：氮气：85~90%，碳四尾气：10~15%)，原始设计为分析尾气就地高点排放，现场异味难易控制。目前装置通过增设一套增压设备(镇海炼化首批项目)将这部分废气密闭排放至火炬进行再处理。

2.1.2 废渣/液处置方案

1. C_4炔烃

C_4炔烃主要产自乙腈法丁二烯抽提装置汽提塔侧线采出部位，经过闪蒸与溶剂分离再经过一级水洗后作为C_4炔烃外送。原始设计该物料作为液化燃料气外卖，价格较低且下游厂家作为燃料使用间接导致燃烧排放污染转移。

(1) C_4炔烃增产丁二烯路线

该项目采用中国石油化工股份有限公司镇海炼化分公司、中国石化工程建设有限公司和中国石油化工股份有限公司北京化工研究院燕山分院联合开发的非贵金属催化剂用于C_4炔烃选择加氢增产丁二烯技术，将低价值的丁二烯抽提装置副产的富炔尾气经非贵金属催化剂选择性加氢后制丁二烯，增产高价值的丁二烯和丁烯等产品。

本单元以C_4炔烃为原料，与氢气按一定比例混合后进入装有非贵金属催化剂的固定床反应器，尾气中的炔烃(乙烯基乙炔、1-丁炔)生成1,3-丁二烯和1-丁烯。不饱和烃类的加氢活性随着其不饱和程度的增加而提高。炔烃、双烯烃、烯烃在催化剂活性位上的相对吸附速率是：炔烃>双烯烃>烯烃，因此炔烃选择加氢过程中的关键控制步骤是炔烃键的加氢而不是双键的加氢反应，使C_4馏分中的乙基乙炔(EA)和乙烯基乙炔(VA)适度加氢生成相应的二烯烃，而不要求深度加氢(避免丁二烯进一步加氢生成烯烃与烷烃)，否则会引起目的产品1,3-丁二烯的收率下降。

表5 装置物料投入产出一览表

序号	指标名称	单位	正常值	备注
1	碳四原料(原料)	kg/h	1800	1.44万吨/年
2	氢气(原料)	kg/h	34.5	276吨/年
3	产品碳四(产品)	kg/h	1652	1.2216万吨/年
4	原料罐顶不凝气(产品)	kg/h	103	0.0824万吨/年
5	重组分(产品)	kg/h	79.5	0.0636万吨/年

表6 C_4炔烃原料与加氢碳四产品组成情况

组分	单位	原料典型值	产品典型值
丙烯	%(wt)	0	0.01
丙烷	%(wt)	0	0
异丁烷	%(wt)	2.34	3.12
正丁烷	%(wt)	7.28	9.21

续表

组分	单位	原料典型值	产品典型值
反丁烯	%(wt)	6.49	7.28
正丁烯	%(wt)	20.48	26.76
异丁烯	%(wt)	28.47	31.9
顺丁烯	%(wt)	3.67	4.79

续表

组分	单位	原料典型值	产品典型值
1,2-丁二烯	%(wt)	0.06	0.04
1,3-丁二烯	%(wt)	2.92	10.43
乙烯基乙炔	%(wt)	22.98	4.64
乙基乙炔	%(wt)	5.24	1.77
C5 及以上	%(wt)	0.07	0.04

该加氢工艺产品中有效组成 69.09wt%。乙烯基乙炔转化率 80.16%，满足设计要求乙烯基乙炔转化率≮80%；1,3-丁二烯选择性 40.84%，满足设计要求 1,3-丁二烯选择性≮35%。非贵金属催化剂在丁二烯尾气选择性加氢制丁二烯工业化应用成功。

（2）C_4炔烃增产丁烯-1 路线

采用中国石油化工股份有限公司北京化工研究院(以下简称北化院)开发的丁二烯尾气选择加氢技术，以 C_4炔烃为原料进行选择加氢，将其中的炔烃、二烯烃选择加氢成为丁烯-1，产物作为 MTBE/丁烯-1 装置原料，不仅可提高碳四的附加值，拓宽生产 MTBE/丁稀-1 原料的来源，增加 MTBE 和丁烯-1 产量，降低生产成本，而且还可以有效提高生产的安全性和环保，是提升企业经济效益的有效途径。

本单元以 C_4炔烃为原料，与氢气按一定比例混合后在装有贵金属催化剂的两段固定床反应器中进行炔烃、二烯烃与氢气生成 1-丁烯的选择加氢反应，流程见图 2。

表 7　C_4炔烃原料与加氢碳四产品组成情况

组分	单位	原料典型值	产品典型值
丙烯	%(wt)	<0.01	<0.01
丙烷	%(wt)	<0.01	<0.01
异丁烷	%(wt)	2.58	2.93
正丁烷	%(wt)	7.398	12.54
反丁烯	%(wt)	6.31	12.5
正丁烯	%(wt)	21.43	35.16
异丁烯	%(wt)	29.032	30.06
顺丁烯	%(wt)	3.514	6.73
1,2-丁二烯	%(wt)	0.066	—
1,3-丁二烯	%(wt)	3.108	33.5
乙烯基乙炔	%(wt)	22.542	3
乙基乙炔	%(wt)	3.934	4
C5 及以上	%(wt)	0.068	0.06
乙腈	mL/m^3	9.67	—
一氧化碳	mL/m^3	<1	—
二氧化碳	mL/m^3	<5	—
二聚物(以 4-乙烯基环已烯计)	mg/kg	9265.5	—

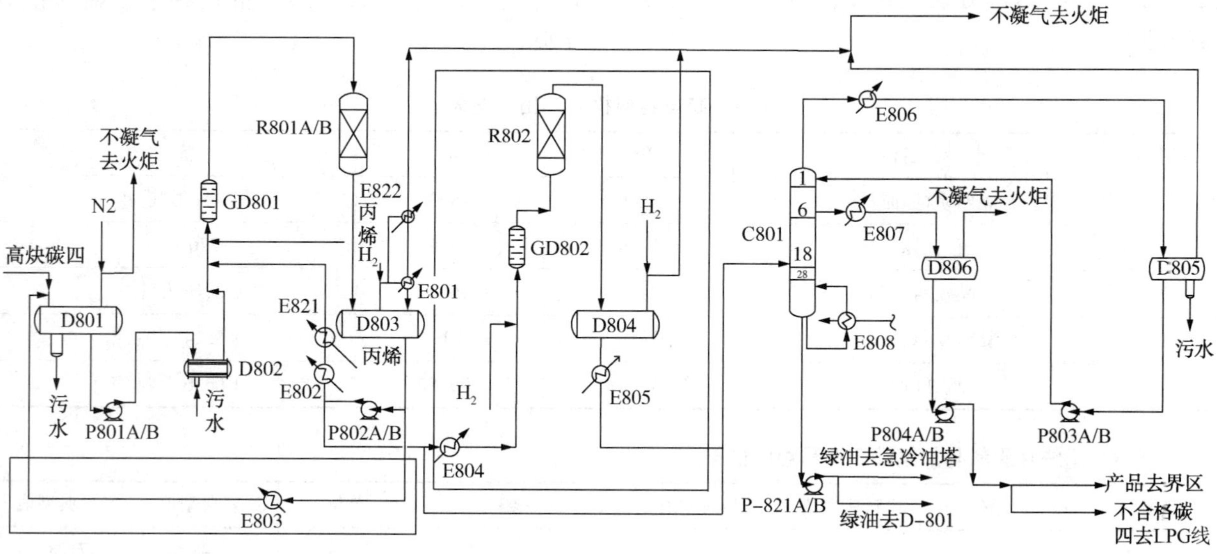

备注：虚线内流程为产丁烯-1流程

图 2　C_4炔烃加氢原则流程图

该加氢工艺产品中有效组成 65.22wt%。催化剂丁烯-1 选择性平均是 42.69%，能够满足设计要求丁烯-1 选择性≮40%的要求；反应器异丁烯损失平均是 4.13%，达到催化剂技术附件要求的≯5%的技术指标。项目首次工业化应用成功。

2. 液化燃料气/废残液

镇海炼化分公司1#丁二烯抽提装置废渣/液主要排放自液化燃料贮罐以及残液加热器。装置产生的残液经残液加热器加热后，轻组分去液化燃料贮罐，重组分作为危废处理。

该装置燃料气目前有两种处理方案，一种是燃料气直送罐区装车后作为燃料气外卖，每吨价格在2000元左右，贮存、运输成本较高，总体经济效益偏低。另一个处理方案是作为5#动力中心的燃料，此种方案的优势是可以省去车辆运输的成本以及降低甲烷氢的消耗，由于甲烷氢作为燃料成本较高，采用低价值的丁二烯燃料气代替甲烷氢既能解决燃料气环保处理的问题又能带来一定的经济效益，所以第二种方案是公司目前作为燃料气处理的最优方式。

残液加热器中剩余的残液主要为废TBC加上少部分甲苯等重组分，1#丁二烯抽提装置目前的处理方式为作为危废外卖至有资质的厂家处理。考虑可以通过公司内部资源优化进行综合利用，送至废液焚烧炉作为液体燃料焚烧，减少废残液出厂。据调查处理每吨含废残液需6000元左右，装置每年产生废残液60吨左右，相比做危废处理可为公司节约生产费用36万元/年。

2.1.3 废水处置方案

装置内废水主要有两部分，一是工艺生产污水；二是装置污水池初期雨水和生产污水。初期雨水与生产污水严格遵守清污分流操作，本文主要介绍工艺生产污水优化。

乙腈法丁二烯抽提装置工艺生产污水主要产自装置溶剂回收塔塔釜，正常工况下该污水中乙腈含量<10mg/kg，可以作为装置抽余油水洗塔/丁二烯水洗塔二次水、炔烃水洗塔一次水。通过提高抽余油水洗塔/丁二烯水洗塔二次水使用量工艺生产污水回用率可以达到45%左右(设计30%)。这样既能减少污水外排，还能将多余装置凝液外送出装置供工厂使用。

2.2 停开工期间处置方案

2.2.1 废气处置

停开工期间无组织排放废气主要在系统化学清洗环节产生。管线设备吹扫会产生一定量废气，此废气主要成分为蒸汽和少量烃。经调研结果看，几乎所有装置都将这部分废气排至火炬系统，不存在露天排放的情况，能够达到安全环保的要求。在停开工期间装置化学清洗过程也会产生一些无组织排放尾气，主要来源为化学清洗槽挥发的药剂与循环液将系统残余烃类带出。目前尾气处理方法都是露天排放，与清洁生产的要求有一定差距。2023年镇海炼化分公司1#丁二烯抽提装置计划停工检修，针对化学清洗过程产生的尾气，该装置计划优化化学清洗流程。用化学清洗机泵将塔釜液直接送至塔顶回流，化学清洗水槽只作为补水备用，循环期间塔釜补充适量氮气，塔顶回流罐放火炬线适当开，将系统尾气排至火炬系统。待火炬气采样分析合格后再改为外循环。

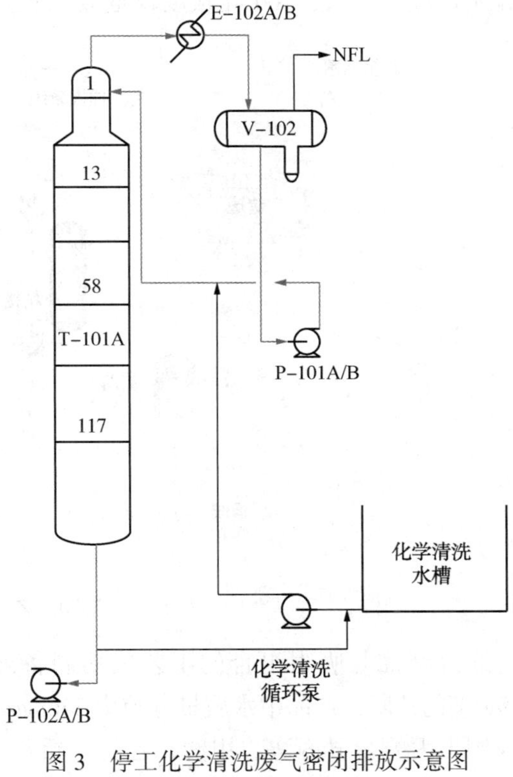

图3 停工化学清洗废气密闭排放示意图

2.2.2 废液/废渣处置方案

1. 废液处置-大修退出乙腈

乙腈法丁二烯抽提装置停开工期间废乙腈的处理一直是装置安全环保领域的头等大事。乙腈溶剂中乙醇、丙酮等杂质无法通过装置本身再生系统进行脱除，工艺包商认为乙腈中乙醇等杂质对萃取选择性有影响，对长周期运行不利，需通过大修期间进行处理。镇海炼化1#丁二烯抽提装置2018年装置停工期间废乙腈组成如下：乙醇含量1.7wt%，丙酮含量0.88wt%，异丙醇含量0.37wt%，其他杂质0.16wt%；(2)2022年装置运行第五年，乙醇含量1.8wt%(平均每年上涨

0.45wt%)，丙酮含量0.39wt%，其他0.04wt%。

装置停工退出乙腈量约700吨，2014年乙腈处理方式为外委有资质厂家进行出厂再生(再生后乙腈品质与新鲜乙腈一样)，2018年大修废乙腈处理方式为全部报废更换新鲜乙腈。调研中沙天津废乙腈作危废，开工全部使用新乙腈；宝来做法与中沙天津2016年相同，废乙腈低价外卖(预计费用可外卖5000元/吨)，抵扣新乙腈采购费用；吉林大修乙腈全部换新。

目前对装置停工退出乙腈采用外委再生与报废处置为主流方案。外委再生回收率为65wt%左右且对再生厂家的危废排放资质非常严格的要求，可能存在依法合规处置风险。报废处置相对来说生产成本较大，700吨报废仅危废处置费用(不含运输费等)约300万元，新鲜乙腈600吨采购费用约1000万元。每次大修采取外委再生和报废更换方案都不是长久之计。

2021年镇海炼化与上海化工研究院有限公司合作开发了乙腈在线净化技术。通过闪蒸，初步去除易聚合不饱和烃与高沸点杂质；常压精馏塔A顶去除低沸点杂质(主要去除丙酮、乙醇等)；常压精馏B去除高沸点杂质；利用二级吸附，进一步脱除乙腈中的水分，使乙腈含量进一步上升至99.9wt%以上；最后利用减压精馏，将从常压精馏塔A侧线流出的水含量较高流股，在减压条件下越过"乙腈-水"体系共沸点，使乙腈在塔顶富集，从而回收乙腈。

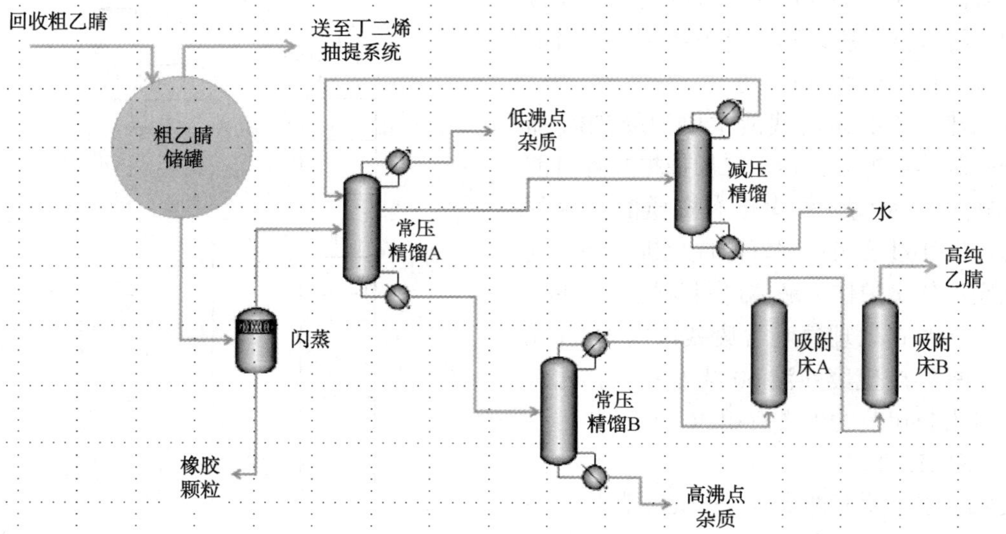

图4　乙腈在线净化技术示意图

通过精馏与吸附组合的工艺成功制备纯度99.9wt%的乙腈，产品中水质量分数为346mg/kg，未检测出丙酮、异丙醇、甲醇、乙醇、重组分、其他烃等杂质。乙腈回收率可达88.6%。通过乙腈在线净化技术可以实现乙腈的在线处置，该技术可以连续运行，确保乙腈中杂质含量稳定；也可以间歇运行，对系统乙腈进行彻底再生。

2. 废液处置-大修低浓度乙腈水

装置停工后萃取系统会进行两次水清洗，系统中残余的乙腈会被水洗下来。产生约300吨含量2wt%乙腈水。因乙腈有毒且为高COD贡献物，该股水污水处理场无法接收。常规做法为停工期间安排储罐暂存，装置开工正常后返回装置溶剂再生塔处理。

3. 废渣处置-检修清理聚合物

装置大修期间对各塔塔盘、过滤器等拆清清理，或多或少会清出一些聚合物。这些聚合物需要外委固废厂家处理。通过三个运行周期管理，从目前装置各过滤器拆清频次与拆清情况看，装置聚合受控度较高。

降低系统聚合物措施：

(1)一次高质量的大修，开工前高质量的化学清洗(含水清洗与二乙基羟胺清洗)；

(2)氧含量控制，行业内建议系统氧含量≯50ml/m³，镇海炼化大修按≯20ml/m³控制，日常生产按≯5ml/m³控制；

(3)做好系统死区识别管理，避免死区聚合；

(4)严格控制阻聚剂的加注，使用效果显著的阻聚剂。

表 8　典型过滤器各周期拆清频次统计表

项目	第一周期	第二周期	第三周期	本周期
贫溶剂泵出口过滤器拆清频次	19	29	9	0

通过几个周期到技术提升与管理措施，目前丁二烯抽提装置聚合物逐步减少，降低了危废的产生量。

2.2.3　废水处置方案

停工废水主要来自于装置最后一遍水洗水与化学清洗污水。最后一遍水洗水约 100 吨可以直接作为后续化学清洗水使用。装置化学清洗范围停工阶段对 T-101A/B、T-102、T-103、T-104、T-202、T-203 及相关联管线、回流罐、冷凝器、再沸器、V-401A/B 及溶剂循环系统等进行化学清洗，清洗方式采用蒸煮；开工阶段对 T-101A/B、T-102、T-103、T-104、T-201、T-202、T-203 及相关联管线、回流罐、冷凝器、再沸器、V-401A/B 及溶剂循环系统等进行化学清洗及钝化，清洗方式为酸洗阶段采用淋洗，钝化阶段采用满塔洗。

停开工期间可以根据系统交出交回顺序将一萃系统清洗液与二萃系统共用，精馏系统清洗液与溶剂贮罐共用，实现化学清洗污水外排最大限度减量(减排量 40wt%)。另外化学清洗技术交流阶段要与污水处理厂进行沟通，尽可能选取低 COD 贡献化学品作为化学清洗药剂。

表 10　化学清洗优化前后污水外排量对比表

停工优化前排放量	停工优化后排放量	开工优化前排放量	开工优化后排放量
2000m^3	1000m^3	8000m^3	5000m^3

3　结论

随着国家的高速发展和社会的持续进步，资源、能源和经济发展的深层次矛盾对化工行业提出了更高的要求，使得化工装置三废排放从末端治理过渡到源头控制，即清洁生产。通过对乙腈法丁二烯抽提装置整个运行周期三废的产生分析，匹配各种有效的减排零排措施与方案，基本可实现装置无废无异味绿色生产。

参　考　文　献

[1] 沈广彬. 乙腈法丁二烯装置生产优化[J]. 辽宁化工. 2020(11).

[2] 蒋兴华. 溶剂中水含量对生产影响的研究[J]. 化工管理. 2014(5): 187-188.

[3] 姜涛，孙培志，李海周. 提高碳四催化加氢选择性的措施[J]. 乙烯工业. 2005，17(4): 56-59.

[4] 张丽，朱一华，刘芝燕，林森，余金鹏. 丁二烯抽提装置粗乙腈制备高纯乙腈研究[J]. 现代化工. 2022(04).

挥发性有机物密封点泄漏控制措施探索

张强强

（中国石油天然气股份有限公司西北销售长沙分公司）

摘　要　随着社会对空气质量和环境问题的关注持续升温，国家政府部门对有关环境污染的要求也日益严格，挥发性有机物管控已成为成品油库最为突出的生态环境保护问题。挥发性有机物管控难点主要为无组织排放环节，而设备动静密封点泄漏是成品油库挥发性有机物排放的重要源项。本文主要阐述了长沙油库通过LDAR（泄漏检测与修复技术）对库区设备动静密封点进行系统排查、统计，开展周期检测并对同一区域、同类设施的设备动静密封采取多种修复措施，进而探索有效的泄漏控制措施。通过探索找到了切实可行的的方法，减排效果显著，为有效降低挥发性有机物无组织排放量提供了一定的借鉴作用。

关键词　挥发性有机物；动静密封点；泄漏率；控制措施

挥发性有机化合物（volatile organic compounds）简写为VOCs，本文所述挥发性有机物主要为非甲烷总烃。大气中的挥发性有机物主要源于人类活动，石化行业是挥发性有机物的重要排放来源。就成品油库而言，挥发性有机物主要排放源为设备、管线、阀门、法兰等密封泄漏无组织排放。泄漏检测与修复（LDAR）是控制密封点无组织排放的重要手段，主要通过对潜在泄漏点进行检测，及时发现泄漏部位，并进行修复或替换，进而实现降低泄漏排放的目的。油库中密封点泄漏通常难以用肉眼观察和嗅觉判断，只能通过专业仪器进行检测。密封点泄漏存在安全风险、物料损失持续和环境污染的多重问题，因此探索切实有效地挥发性有机物控制措施势在必行。本文主要利用普育科技EXPEC-3100型挥发性有机物检测仪，通过PID检测方法对动静密封点修复前后泄漏率进行检测，验证修复措施的可行性，进而找出有效降低泄漏点的控制措施。

1　项目实施技术流程

泄漏检测和修复是指对工业生产全过程物料泄漏进行控制的系统工程。利用相关检测仪器对产生VOCs泄漏的密封点进行检测，定量检测或检查企业各类生产装置，如阀门、法兰、连接件等。在一定期限内修复个别泄漏的密封点，减少物料在生产、储存过程中泄漏损失，减少泄漏废气对环境产生的污染。

1.1　周期检测与修复流程

首先开展现场调查、资料收集并建档，根据工艺流程、介质类型、现场情况和检测能力等因素，选定修复试验区域，制定泄漏检测方案，开展周期性现场检测，针对检测结果，拟定不同修复方案并验证修复结果。选定最优修复方案并对采集数据进行分析，统计并评估所测密封点的泄漏减排排量，逐步推广全库所有密封点开展修复工作。

1.2　密封点泄漏排放速率计算

核算密封点排放速率的方法主要有实测法、相关方程法、筛选范围法和平均排放系数法，本次项目采用相关方程法进行计算。参照《石化行业VOCs污染源排查工作指南（环办［2015］104号）》规定，明确了默认零值排放速率、限定排放速率和相关方程。当密封点的净检测值小于1时，用默认零值排放速率作为该密封点的排放速率。净检测值在两者之间，采用相关方程计算该密封点的排放速率，详见表1。

$$
e_{TOC}=\begin{cases} e_0 & (0\leqslant SV\leqslant 1) \\ e_p & (SV\geqslant 50000) \\ e_f & (1\leqslant SV<50000) \end{cases}
$$

式中，e_{TOC}为密封点的TOC排放速率，kg/h；SV为修正后净检测值，μmol/mol；e_0为密封点i的默认零值排放速率，kg/h；e_p为密封点i的限定排放速率，kg/h；e_f为密封点i的相关方程核算排放速率，kg/h。

表 1　石油化工设备组件的设备泄漏率

设备类型(所有物质类型)	默认零值排放速率(kg/h/排放源)	限定排放速率(kg/h/排放源)	相关方程 b (kg/h/排放源)
		>50000umol/mol	
轻液体泵	7.50E-06	0.62	1.90E-05×$SV^{0.824}$
重液体泵	7.50E-06	0.62	1.90E-05×$SV^{0.824}$
压缩机	7.50E-06	0.62	1.90E-05×$SV^{0.824}$
搅拌器	7.50E-06	0.62	1.90E-05×$SV^{0.824}$
气体阀门	6.60E-07	0.11	1.87E-06×$SV^{0.873}$
液体阀门	4.90E-07	0.15	6.41E-06×$SV^{0.797}$
法兰或连接件	6.10E-07	0.22	3.05E-06×$SV^{0.885}$
开口阀或开口管线	2.0E-06	0.079	2.20E-06×$SV^{0.704}$
其他	4.0E-06	0.11	1.36E-05×$SV^{0.589}$

注：表 1 中涉及的 kg/h/排放源=每个排放源每小时的 TOC 排放量(kg)。

a：美国环保署，1995b 报告的数据。对于密封式的采样点，如果采样瓶连在采样口，则使用“连接件”的排放系数；如果采样瓶未与采样口连接，则使用“开口阀或开口管线”的排放系数。

b：SV 是检测设备测得的净检测值(SV，μmol/mol)

2　项目实施过程

2.1　试验密封点选取

经现场调查、资料收集，采用普育科技 EX-PEC-3100 型挥发性有机物检测仪及配套防爆手持终端、谱育科技 LDAR 综合管理系统完成建档，长沙油库共有动静密封点 3695 个。

表 2　长沙油库密封点数量统计表

序号	装置名称	密封点数量	不可达数量	可达数量
1	公路发油区	1923	0	1923
2	输油泵棚	358	0	358
3	储罐区	1001	0	1001
4	扫舱罐	54	0	54
5	去栈桥	63	0	63
6	油气回收装置	313	17	296
7	合计	3712	17	3695

其中：汽油密封点占比：61.8%，柴油密封点占比 38.2%。按密封点类型分：法兰占比 46.04%，连接件(螺纹连接)占比 29.39%，阀门占比 20.15%，泄压设备(安全阀)占比 1.6%，泵(轴封)占比 0.75%，开口阀或开口管线占比 0.7%，其他占比 1.81%。

本次项目选取公路发油区汽油密封点作为试验样本，共计 1213 个密封点。

2.2　试验修复方式选择

结合历年 LDAR(泄漏检测与修复)工作开展经验及同行业常见做法，常用修复措施有：紧固螺栓、更换接头、用生料带缠绕重装紧固、关闭阀门、更换或加工密封面修理、拧紧压盖或增加换填料，本次项目新探索修复措施为硅酮密封胶封堵、防水胶带+硅酮密封胶缠绕方式，两种方式分别应用于不同类型密封点的修复。

2.3　现场泄漏检测

按 LDAR 技术要求可能泄漏的组件主要包括泵、压缩机、搅拌器、阀门、泄压设备、连接件、法兰、开口阀或开口管线、其他等 10 大类。初次检测过程在设备装置现场采集了密封点信息，共计采集 1213 个密封点数据，详见表 3。

表 3　密封点检测泄漏数据范围统计表

设备组件	SV≤1	1<SV≤50000	SV≥50000	组件数
法兰	10	393	0	413
阀门	7	161	1	169
连接件(螺纹连接)	15	555	6	576
开口阀或开口管线	2	11	0	13
泵(轴封)	14	0	0	14
其他	5	23	0	28

2.4　修复措施选择

结合长沙油库实际，对发油岛所有密封点分

两次采取不同修复措施进行修复，进而判定修复效果。首先通过初检后采取常规修复措施：紧固螺栓、用生料带缠绕重装紧固、拧紧压盖或更换填料或密封圈方式进行修复，开展复检验证修复效果。最后采取硅酮密封胶封堵、防水胶带+硅酮密封胶缠绕方式进行二次修复，并进行再次复检，进而验证新措施密封效果。

2.5 修复结果验证

通过两次不同方法的修复，公路发油岛密封点挥发性有机物排放速率得到显著降低，具体结果详见表4。

表4　第一次修复后排放检测数据范围统计表

设备组件	SV≤1	1<SV≤50000	SV≥50000	组件数
法兰	32	371	0	413
阀门	43	125	1	169
连接件（螺纹连接）	56	518	2	576
开口阀或开口管线	7	6	0	13
泵(轴封)	14	0	0	14
其他	9	19	0	28

表5　第二次修复后排放检测数据范围统计表

设备组件	SV≤1	1<SV≤50000	SV≥50000	组件数
法兰	408	5	0	413
阀门	163	3	0	169
连接件（螺纹连接）	565	11	0	576
开口阀或开口管线	13	0	0	13
泵(轴封)	14	0	0	14
其他	26	2	0	28

3 检测结果排放量测算

3.1 修复前泄漏评估

初次检测数据季度排放量测算见表6。

3.2 首次修复后泄漏评估

首次修复后检测数据季度排放量测算见表7。

3.3 第二次修复后泄漏评估

二次修复后检测数据季度排放量测算见表8。

表6　初次检测数据季度排放量测算

操作时间		24hd 共 92d，操作时数 2208h(2022/06/21—2022/09/21)					
组件类型		法兰	阀门	连接件（螺纹连接）	开口阀或开口管线	泵(轴封)	其他
介质类型		轻质液体	轻质液体	轻质液体	轻质液体	轻质液体	轻质液体
数量统计		413	169	576	13	14	28
仪器检测	SV≤1 数量	10	7	15	2	14	5
	1<SV≤50000 数量	393	161	555	11	0	23
	SV≥50000 数量	0	1	6	0	0	0
排放量合计/(kg/h)		0.038225	0.173325	1.373983	0.000384	0.000105	0.003153
季度总排放量：1.58918kg							

表7　首次修复后检测数据季度排放量测算

操作时间	24hd 共 92d，操作时数 2208h(2022/06/21—2022/09/21)					
组件类型	法兰	阀门	连接件（螺纹连接）	开口阀或开口管线	泵(轴封)	其他
介质类型	轻质液体	轻质液体	轻质液体	轻质液体	轻质液体	轻质液体
数量统计	413	169	576	13	14	28

续表

操作时间		24hd 共 92d，操作时数 2208h(2022/06/21—2022/09/21)					
仪器检测	SV≤1 数量	32	43	56	7	14	9
	1<SV≤50000 数量	371	125	518	6	0	19
	SV≥50000 数量	0	1	2	0	0	0
排放量合计(kg/h)		0.036099	0.168128	0.490410	0.000221	0.000105	0.002624
季度总排放量：0.697587kg							

表 8 二次修复后检测数据季度排放量测算

操作时间		24hd 共 92d，操作时数 2208h(2022/06/21—2022/09/21)					
组件类型		法兰	阀门	连接件 (螺纹连接)	开口阀或 开口管线	泵(轴封)	其他
介质类型		轻质液体	轻质液体	轻质液体	轻质液体	轻质液体	轻质液体
数量统计		413	169	576	13	14	28
仪器检测	SV≤1 数量	408	163	565	13	14	26
	1<SV≤50000 数量	5	3	11	0	0	2
	SV≥50000 数量	0	0	0	0	0	0
排放量合计(kg/h)		0.000735	0.000514	0.001414	0.000026	0.000105	0.000376
季度总排放量：0.0031719kg							

从修复结果来看，1213 个密封点中，有 1150 个排放速率大于 1，首次修复后仍有 1042 个密封点在此区间，数量降低数量降低 9.39%，其中超标排放密封点从 7 个降低至 3 个，未修复原因主要为阀门法兰锈蚀、连接件属设备本体薄弱部位，无法有效拆解紧固。二次修复后，排放速率大于 1 的密封点数量降低至 21 个，对超标排放无法修复的 3 个点位进行了有效修复。

4 结论

综上所述，本次共选定 1213 个密封点进行了现场检测、两次修复和两次复检，其中首次检测共发现泄漏率大于 1 的密封点 1150 个(含超标点位 7 个)，季度总排放量为 1.58918kg。首次修复对泄漏率较大的密封点修复效果明显，对泄漏率较低密封点修复效果较差，且无法在保障正常生产运行及设备完好性的情况下对 3 个超标排放点的修复，修复方法存在一定的局限性，但季度排放量降低至 0.697587kg，同比降低 56.1%。二次修复基本对约 98.3%的密封点效果较为显著，修复后泄漏率大于 1 的密封点仅剩余 21 个且无超标点位，季度排放量为 0.0031719kg，较首次修复降低 99.5%。由此可知，本次研究硅酮密封胶封堵、防水胶带+硅酮密封胶缠绕方式对密封点泄漏修复效果显著。该方法的推广应用将显著提高油库对挥发性有机物的精细化管控能力，有效降低密封点挥发性有机物逸散损失带来的安全风险、环境污染和数量损耗。

参 考 文 献

[1] 张晓，周斌，孙洁，等. LDAR 技术在农药厂的应用[J]. 浙江化工，2016，47(4)：7-10.
[2] 朱亮，高少华，丁德武，等. LDAR 技术在化工装置泄漏损失评估中的应用[J]. 工业安全与环保，2014，40(8)：31-34.
[3] 王功换，松林. 关于石化行业生产后过程加强实施 LDAR 的思考[J]. 中国环保产业，2014，23(5)：12-16.
[4] 邹斌，丁德武，朱胜杰，等. 石化企业设备密封点泄漏检测技术研究[J]. 中国安全生产科学技术，2011，7(12)：192-196.
[5] 环境保护部.《石化行业 VOCs 污染源排查工作指南》. 环办[2015]104 号，2015-11-18.

锚定双碳目标，加快转型发展，全力推进吉林油田绿色低碳建设

李生阳

（中国石油吉林油田公司）

摘　要　立足我国新发展阶段，吉林油田公司积极贯彻新发展理念，以“保障国家能源安全、提质增效价值创造”为导向，把原油、天然气、新能源“三分天下”作为公司高质量发展和扭亏脱困的重要解决方案，在加大油气资源勘探开发和增储上产力度的同时，全面落实国家碳达峰碳中和战略部署，实施“清洁替代、战略接替、绿色转型”三步走总体部署，推进构建“三分天下”新格局，吉林油田锚定年度任务目标，着力油气与新能源融合规模发展，不断拓展外供绿能新业务，全力推进绿色低碳新型吉林油田建设，助推“双碳”目标的实现。

关键词　天然气；碳达峰；碳中和；绿色转型；油气与新能源融合；“双碳”目标；吉林油田

碳达峰、碳中和无疑是目前能源行业最热的词之一。目前我国已全面进入建设社会主义现代化国家新阶段，国家提出“双碳”目标，展现了我国积极实施应对气侯变化的战略决心。新目标下，油气行业更要与时俱进，拿出抓铁有痕的劲头，科学分析发展机遇，合理研判各种挑战，要系统考虑、整体谋划、综合施策。推动目标如期实现，是一场影响深远的社会经济全面改革。

中国石油天然气集团有限公司（简称中国石油）积极贯彻落实国家“双碳”战略，将“绿色低碳”纳入公司发展战略，把新能源纳入主营业务，组织制定新能源新业务发展专项规划，明确了“清洁替代、战略接替、绿色转型”三步走总体部署，2025年新能源产能比重达到7%，2035年实现新能源新业务与油、气业务三分天下，2050年地热、清洁电力、氢能占比50%左右，引领中国石油向“油气热电氢”综合性能源公司转型发展。

自“双碳”目标提出以来，吉林油田公司按照中国石油“清洁替代、战略接替、绿色转型”三步走战略部署，积极推进绿色转型。2021年3月，中国石油董事长戴厚良到吉林地区石油石化企业调研时，为吉林油田谋划了原油、天然气、新能源“三分天下”新发展布局；同年5月，中国石油将“吉林绿色协同发展示范基地”列入新能源六大基地。吉林油田全面开启了新能源业务发展新征程。

1　吉林油田绿色低碳发展基础条件和优势

吉林油田生产出第一桶“零碳原油”，是集团公司深入贯彻习近平生态文明思想，充分利用吉林油田绿色低碳发展得天独厚的优势，在“减碳、用碳、替碳、埋碳”全面发力奔跑，坚决扛起绿色发展使命担当的又一生动实践。

1.1　油田资源和基础设施条件优越

在风能、光能、地热资源方面，吉林油田处于吉林省“陆上风光三峡”核心区。其矿权区内的风、光、地热等地面地下资源丰富。其中，风力发电年等效满负荷发电达3000小时以上，光伏年等效满负荷发电达1500小时以上。在CCUS方面，吉林油田具备混相驱条件的吉林大情字井油田上下叠置，发展CCUS项目实现二氧化碳驱油与埋存的地理优势和资源优势非常明显。吉林油田发展新能源业务有着“先跑一步”的经验优势和团队优势。吉林油田历经30年持续攻关，在国内率先打通了CCUS全流程，积累了具有国际领先水平的用碳和埋碳技术。早在2018年，吉林油田便建成了吉林省首家、中国石油首座分布式光伏电站——吉林油田红岗15兆瓦分布式光伏电站，积累了丰富的光伏电站运维管理经验。近年来，吉林油田像抓油气产量一样，抢前抓早着力发展新能源业务，做强做优做大CCUS业务，建成了中国石油首个风电项目。

1.2 油田具有清洁电力消纳优势

2021年落实70万千瓦指标，其中15万千瓦自消纳项目、55万千瓦上网风电项目；2022年落实130万千瓦指标，是吉化120万吨乙烯工程配套绿电项目。15万千瓦项目已建成发电、55万千瓦项目施工前准备、130万千瓦正在开展前期论证，全部建成年发电能力54亿千瓦时(115万吨标油)(图1)。

图1 分光发电指标文件及现场指挥部

1.3 油田具有“风光气储氢”融合发展优势

随着碳中和及能源转型研究的深入，天然气的桥梁作用和替代能源的定位逐渐明朗，天然气与新能源融合发展优势明显。吉林油田具有地域及风光资源的优势，关键吉林地区是俄气进口的重要通道，在气田及输气管道周边发展气电调峰，通过燃气轮机灵活的调节能力和快速启停能力，可实现风光气储多能互补，保障外送电力的可靠性。目前长岭-双坨子25万千瓦“风光气储氢”一体化先导试验和松原300万+绿色氢氨醇一体化基地建设两个项目均已经完成可研编制报板块审查。

1.4 油田发展新能源具有地企合作优势

吉林具有良好的地企合作关系，建立了高层次、专业化的地企合作组织领导机制，全方位、常态化的沟通协调机制，项目化、菜单式的合作清单机制，主动出击，争取指标落地。在风光发电方面，相关主要领导多次带队与省能源局、松原市、白城市、吉林石化等政府和企业对接，达成共识，通过企地协作、上下游合作和产业延伸等办法，彻底解决消纳和上网难题。在地热供暖方面，积极做好外部供暖市场储备，与松原经济开发区、镇赉县签订地热供暖协议，现已超额、超前完成了100万平方米年度目标，为新能源发展营造了协同有力的合作环境。

1.5 油田发展新能源符合国家政策要求

国家发改委、国家能源局2022年印发《关于完善能源绿色低碳转型体制机制和政策措施的意见》，提出完善油气与地热能，以及风能、太阳能等能源资源协同开发机制，鼓励油气企业利用自有建设用地发展可再生能源和建设分布式能源设施，在油气田区域内建设多能融合的区域供能系统。《“十四五”可再生能源发展规划》提出，在油气矿区及周边地区，积极推进风电分散式开发，优先利用油气矿区建设光伏电站；在新能源资源富集地区合理布局一批天然气调峰电站，充分提升系统调节能力。

2 吉林油田绿色发展规划和路径

年初以来，吉林油田锚定“三分天下”战略布局，围绕本质扭亏中心目标，按照“三年一盘棋”总体部署，以油气与新能源融合发展为基础，积极推进对内清洁替代，不断拓展对外供能，加快构建“油气热电氢”绿色产业结构和低碳能源供应体系，争做吉林绿色协同发展的主导者、企业绿色低碳转型的引领者。形成“35513”新能源战略部署，明确了新能源业务发展方向和实施路径。

2.1 发展规划

吉林油田为进一步抢抓国家“双碳”机遇，深入贯彻落实国家能源局及集团公司要求部署，积极完成“十四五”规划中期评估及2024—2026年滚动计划编制工作。总结成绩认识，重新评估发展形势和技术可行性，不断调整完善规划，使其更具适应性、操作性及落地性。同时，因地制宜，结合各单位区域特点和主导技术攻关应用情况，为各油气生产单位量身打造低碳生产新模式，并同步试验，融合推进，尽快分批次实现化石燃料清零。

2.2　实施路径

完善顶层设计，绘就“35513”发展蓝图。“35513”：即通过建设千万千瓦级风光发电、五百万吨级CCUS碳埋存、百万吨标煤级清洁热利用“三大工程”，推进自消纳绿电比例、油气商品率、系统保障能力、创效能力和创新能力“五项提升”，打造绿色低碳开采、多能高效互补、能源清洁供应、二氧化碳埋存驱油和多元合作发展“五大示范”，建成吉林绿色协同发展示范基地，实现能源生产由单一油气向多元融合、能源消耗由高碳排放向低碳零碳、能源产品由低附加值向高附加值“三大转变”，努力成为吉林绿色协同发展的主导者，企业绿色低碳转型的引领者。

3　重点开展的工作及取得效果

按照加速绿色转型、实现新能源效益发展的工作要求，吉林油田成立以公司首席技术专家为组长的新能源融合发展专班，公司主要领导定期听取业务进展并进行工作部署，亲自带队与地方政府及相关主管部门进行沟通，全力推动清洁电力指标获取和项目建设，新能源业务实现高速发展。

3.1　落实绿电指标，实现绿电业务快速起步

指标获取方面：已累计获取风光发电指标200万千瓦，按照“十四五”600万千瓦规划部署，积极开展长岭25万千瓦“风光气储氢”一体化先导试验、松原绿色氢氨醇一体化基地等项目论证，争取后续项目落地。项目建设方面：15万千瓦自消纳风光发电项目投产并网，项目含光伏7.1万千瓦、风电7.8万千瓦，主要利用油田废弃井站场及井场周边空地建设，建设地点分散在8个油气单位，年可发电3.6亿度，所发绿电全部并入油田电网，年可节约成本1.4亿元；2022年12月26日，项目首台风机，也是中国石油首台风机—吉林油田北湖风电场C2风机正式并网发电；2023年3月，项目主体全部投产并网，截至7月底，日最高发电突破196万度，全年累计发电1.5亿度，节约用电成本约0.6亿元。55万千瓦昂格风电项目即将开工建设，项目规划容量55万千瓦，建设6.25MW风机88台，计划2024年6月全部并网，将建成中国石油首个大型集中式风电项目，预计年发电能力16.3亿度。130万千瓦风光发电项目，作为吉林石化转型工程配套绿电项目，按照与吉林石化项目同步建设、同步投产要求，正全面组织推进。

3.2　推进融合发展，开展化石燃料清零

对公司所有油气场站生产现状、用能现状和可利用清洁能源资源进行全面梳理，结合各区块资源条件，以前期工程实践、科研攻关、先导试验取得的认识为依托，采取余热、地热、光热、井筒热、风电直热等不同技术组合，因地制宜打造新能源融合发展新地面模式，全面推进化石燃料清零。今年，按照成熟技术快速推广、新型技术示范引领原则，余热利用全面推广，启动实施11座站场；地热利用有序推进，3项先导试验取得阶段成果，筛选出Ⅰ类水热型可替代场站，明确了潜力资源区，同步开展厂区地热供暖试验，为后期拓展地热供暖外部市场积累技术和建设经验；综合能源利用技术路线初步形成，推进新立Ⅲ区块、新北区块2个示范区建设，其中新立Ⅲ区块位于查干湖旅游区内，采用光热+空气源+井筒取热+风光发电+CO_2注入，今年8月已全面建成投产，初步实现区块内绿电全部中和和零碳生产，打造工业旅游景点。

3.3　吉林油田CCUS低碳产业链初现雏形。

吉林石化至吉林油田CO_2超临界输送管道项目全面启动，将建成国内输量最大、距离最长的CO_2输送管道，形成横贯吉林省东西的骨架管网，为推进吉林碳网建设，争当吉林碳链“链长”，实现用碳、收碳、售碳创效，打下坚实基础。

3.4　推进增值创效，碳资产开发取得突破

2022年，15万千瓦风光发电项目碳资产成功开发，正式进入履约期。该项目也是中国石油第一个新能源领域碳资产开发项目，全额交割预计可创效近亿元。8个余热利用项目打包开发碳资产，已在德国环境署完成预注册，开发成德国UER项目。

3.5　科技引领创新驱动，培育转型发展新动能

坚持科技是第一生产力、创新是第一动力，加大投资力度，系统性推进“新能源融合发展科技工程”和“油气田站场清洁能源替代攻关与示范”两大项目13个课题32个专题研究，解决制约转型发展瓶颈、卡点和堵点问题，明确各年度

重点攻关技术，完成项目中期检查，达到预期目标(图2)。

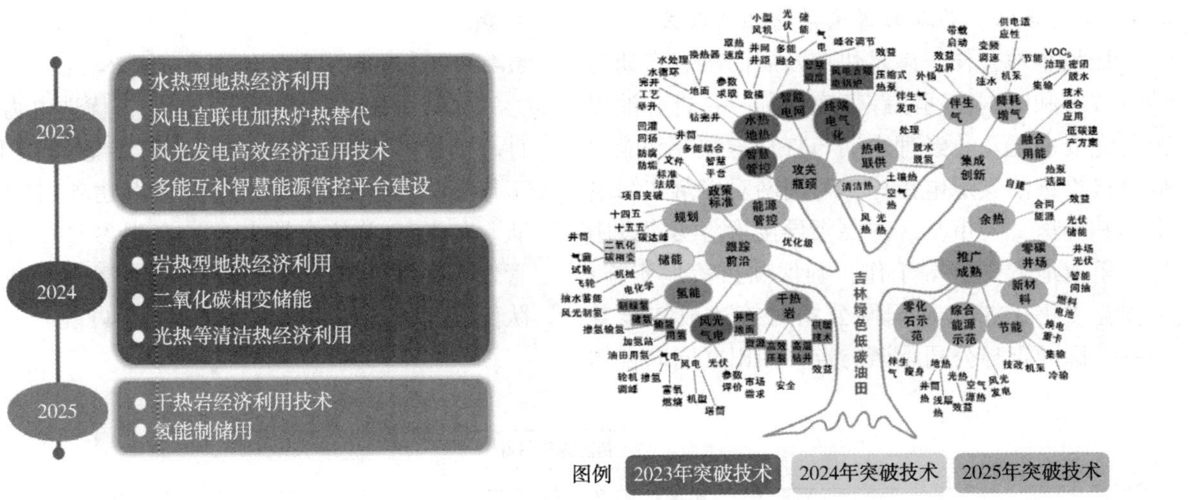

图2　2023—2025年实施突破技术应用

4　吉林油田绿色发展的经验分享

吉林油田打造独具特色的新能源业务管理体系，通过加强企地及相关领域的协同合作，加快重点项目建设，开展科研技术攻关，打造新能源发展生态圈，牢牢抓住新能源规模化发展的窗口期，持续优化产业布局，规划实施千万千瓦级风光发电、五百万吨级CCUS碳埋存、百万吨标煤级清洁热利用“三大工程”。一方面继续深挖内部自消纳、清洁替代、终端电气化潜力，另一方面谋划指标获取、绿电外送、气电调峰与储气库一体化建设，推动企地双方协同发展。同时，以大情字井“CCUS+”增效示范区为引领，实施绿电、地热、余热、光热高效互补利用，协同数字化转型、智能化发展，打造负碳油田绿色开发新模式。

4.1　打造新能源发展“吉林模式”

吉林油田通过持续优化新能源管理层级、建立技术产业支撑体系、创新发展管理模式，打造了独具特色的新能源业务管理体系，成立由公司领导任组长的工作专班，形成了新能源事业部统筹管理，各机关处室和专业部门分工负责，技术部门支持，实施主体负责建设的齐抓共管模式，对标对表，抓好落实，提高新能源项目运行效率和实施效益。通过实施“35513”新能源战略部署，为核心的新能源发展“吉林模式”(图3)。

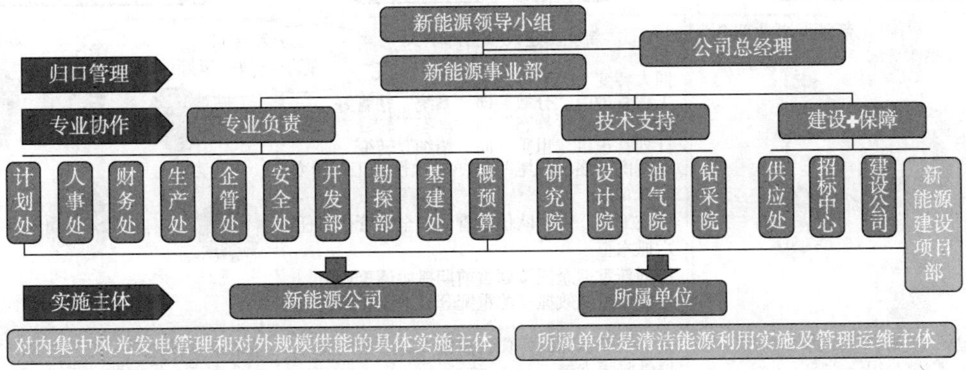

图3　吉林油田新能源管理组织架构

4.2　多措并举提升技术保障能力

参与外部科研学——参与规划总院科研课题、提供实验场地，实现研究中学习、应用中提高；开展联合设计学——油田设计院与中油管道、中油工程签订框架协议，通过联合设计提升设计能力；邀请专家咨询学——邀请集团、总院、国网专家到油田现场对可研咨询把关，提高方案编制水平；外派院校脱产学——优选30名大学毕业生，到东北电力大学开展为期一年的脱产学习，储备了人才。

4.3　强化合作，为新能源发展增添新动力

加强企地合作，满足快速发展需求。定期与地方政府和国网沟通跟踪落实指标——吉林油田公司党委书记及总经理定期与吉林省领导和能源局对接推进落实绿电指标，与国网对接落实绿电上网和外送，与市县区主要领导接洽落实建设用地，争取地方支持等工作，确保项目落地实施；公司党委书记带队与国网公司对接达成初步共识——国网吉林公司承诺与吉林油田共同向吉林省申请燃机+新能源配套指标落地，利用扎鲁特-鲁固直流剩余空间，实现绿电外送，达到双赢。

4.4　抽调专业人员，组建管理团队

充分利用公司内部人力资源，优选电力、设计、建设、物资、监理、财务等专业经验丰富，工作能力强，认真负责的员工组建项目管理团队。与EPC单位合署办公，全程参与项目建设管理，磨练队伍，积累经验，在实践中完成人才队伍培养，支持后续项目建设(图4)。

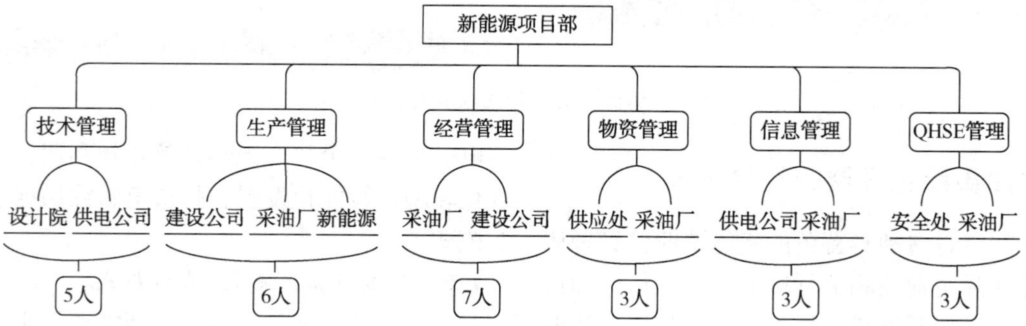

图4　新能源项目部组织机构

5　思考与建议

发展新能源既是新时代油气企业高质量发展的必然选择，也是加快建立安全低碳清洁能源体系的现实需要，更是减少碳排放、实现碳达峰碳中和的重要举措。

5.1　以制度理念创新强化业务管理

围绕新能源业务效益发展，对标国内先进，制定规章制度、规范业务流程，搭建管理、建设、运行三大架构，明确职责，以三大核心理念为指导，助力新能源业务发展行稳致远(图5)。

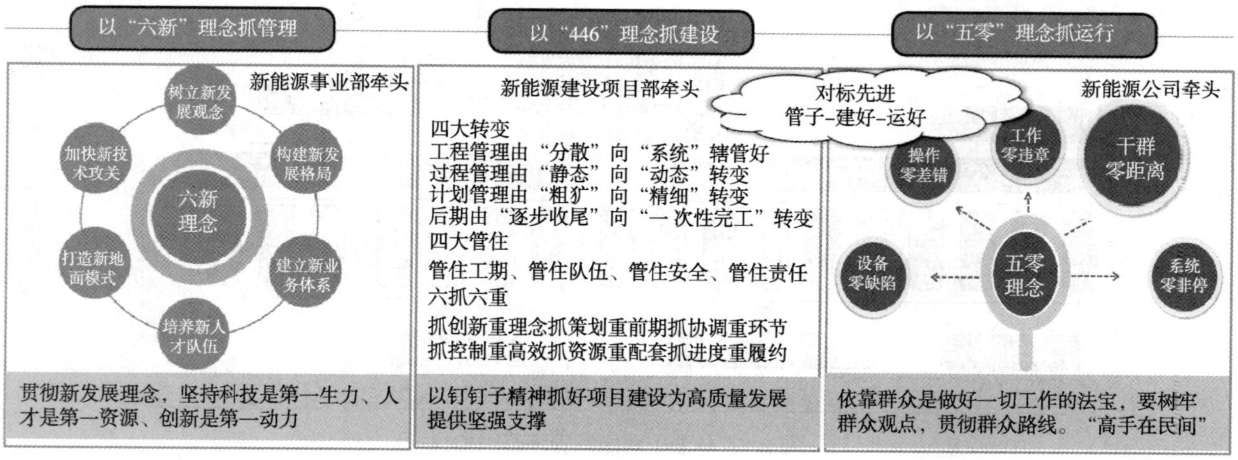

图5　强化业务管理

5.2　以考核激励制度推进指标落地

制定替代化石燃料和保障发电量考核奖励方案，发挥激励导向作用，充分调动生产单位和员工的积极性和创造性，加快推进化石能源消耗清零、提高自消纳项目发电量(图6)。

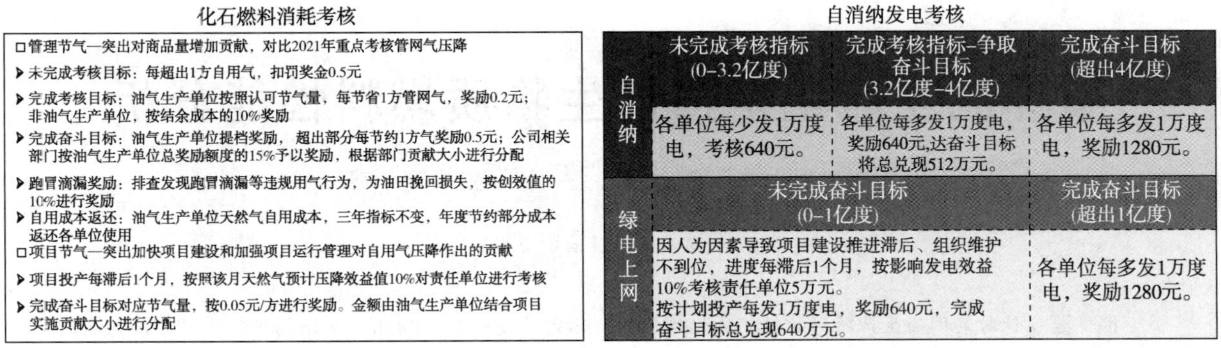

图6　激励考核措施

5.3　外拓市场，实现战略合作发展共赢

内外并举是绿色转型发展的必由之路。依托广西新能源联合工作专班，密切关注广西新能源产业规划政策动态，并与地方政府主管部门积极沟通，确保储备项目顺利落地。积极拓展开发渠道，继续扩大战略“朋友圈”，寻找一切与其他资源方的合作机会。进一步加强与中国华能集团有限公司、中国中车集团有限公司等驻桂能源强企的往来，深入交流探讨，开展务实合作。高水平组织吉林油田新能源项目建设工作，超前谋划项目核准，加快落实土地预审、安全环保评价、压覆矿产、鸟类调查等专题收资及招标委托工作，为项目顺利获批及开工建设打好基础。

5.4　固本强基，激发内生动力发展活力

体制机制是推动产业发展的重要保障。健全完善相关管理规定和实施细则，突出合规性、系统性、时效性、适用性，构建系统完备、科学规范、运行有效的新能源规章制度体系，为新能源发展提供制度支撑。持续打造人才梯队，通过搭建新能源核心人才库、精准开展业务培训等方式，优先培养核心人才，重点培养骨干人才，抓紧培养紧缺人才，超前培养后备人才。推行“双序列”管理模式，探索新能源业务人才发展和激励机制，为吸引人才、激发活力创造更优越的政策环境。抓好管理提升，组织油田各基层单位明确新能源机构，健全工作机制，优化管理流程，促进新能源全产业协同发展，切实提升核心竞争力。在已建15万千万的风光发电项目基础上，加强经验总结，探索形成具吉林油田特色的新能源管理模式。

参　考　文　献

[1] 邹才能，熊波，薛华庆，等. 新能源在碳中和中的地位与作用[J]. 石油勘探与开发，2021.
[2] 戴厚良，苏义脑，刘吉臻，等. 碳中和目标下我国能源发展战略思考[J]. 石油科技论坛，2022.
[3] 潘家华. 碳中和：需要颠覆性技术创新和发展范式转型[J]. 三峡大学学报(人文社会科学版)，2022.
[4] 王利宁，苏义脑，陆亚晨，等. 实现碳中和目标的路径与对策[J]. 石油科技论坛，2022.
[5] 匡立春，于建宁，张福东，等. 加快科技创新　推进中国石油新能源业务高质量发展[J]. 石油科技论坛，2020.
[6] 吴谋远，康煜，范旭强，等. “双碳”背景下我国油气企业绿色转型研究与实践[J]. 石油科技论坛，2022.
[7] 庞志庆，刘夕梦，汪艳勇，等. “双碳”目标下大庆油田绿色低碳发展实践与思考[J]. 石油科技论坛，2023.

循环流化床锅炉掺烧生物质燃料性能分析

于　淼　周吉伟　赵建华　朱　特　田生湖　费　科

（中国石油新疆油田公司）

摘　要　针对某稠油生产所用的循环流化床锅炉，额定蒸发量为130t/h，结合锅炉特点，开展煤掺烧生物质燃料实验，生物质掺烧比为5%，10%，20%，25%，30%，35%，40%，45%，50%。实验过程中对锅炉能效，燃料特性，安全环保参数监测，对比了纯煤和不同比例掺烧两种方式。实验结果表明：掺烧生物质燃料后，蒸汽过热度略有降低，排烟温度随掺烧生物质燃料比例的增加而增加，热效率降低，灰量与渣量均明显降低，排烟NOX和SO2降低，烟尘升高。锅炉稳定运行，年减排二氧化碳约4.51吨。积灰结渣，结焦无明显变化。在不改变锅炉设备结构的情况下，掺烧生物质燃料是减碳的可行方案。

关键词　循环流化床锅炉；生物质掺烧；减碳

在当前“碳达峰、碳中和”的时代背景下，煤炭燃烧产生的污染物和二氧化碳需要进一步的降低，迫切需要我国火电向低碳方向发展。而对于我国稠油生产，亟需抓住稠油注汽系统能耗占比高的主要矛盾，分阶段重点推进稠油清洁替代工作。

生物质能是可再生能源，可实现全周期碳循环，在替代化石能源方面具有巨大发展前景。但由于生物质热值低，含水量较高，直接燃烧会降低锅炉燃烧效率，因此生物质燃料与煤掺烧，是一种可实现减碳目的的生产方式。研究表明，直接将生物质燃料与煤混合后投入炉膛燃烧，不需要对原锅炉进行设备改造。

按照中石油集团公司新能源业务发展，达到“十四五”末停用原煤的要求，为充分利用燃煤循环流化床锅炉资产价值，在不改变目前稠油生产主体工艺和设备结构的情况下，结合现锅炉特点、生物质资源情况，开展循环流化床锅炉生物质燃料掺烧试验，可快速实现稠油清洁生产、减碳减排的目的，可促进锅炉测燃料灵活性。

流化床锅炉的燃烧系统具备物料再循环功能，燃料适应性广，可以满足热值在1200~6500大卡之间的不同类型燃料，包括泥煤、褐煤、烟煤、无烟煤、贫煤、煤矸石、木屑等，是本次生物质燃料掺烧试验的设备基础。

1　循环流化床锅炉基本概况

1.1　锅炉设计参数

该稠油生产所需蒸汽来自循环流化床锅炉，该锅炉是由太原锅炉厂设计制造，负责常规吞吐、蒸汽驱、SAGD开发的注汽任务，环流化床锅炉的稳定运行为稠油生产提供重要保证。该锅炉设计年产蒸汽80万吨、消耗原煤11万吨、二氧化碳排放17.9万吨，循设流化床锅炉设计参数如表1所示。

表1　循环流化床锅炉设计参数

项目名称	设计参数
锅炉型号	TG-130/9.81-M
燃烧方式	循环流化床
额定蒸发量	130t/h
锅炉热效率	90.0%
额定蒸汽压力	9.81MPa
额定蒸汽温度	332℃
排烟温度	≤140℃
脱硝方式	SNCR（选择性非催化还原）脱硝系统
NOx	<100mg/Nm³
脱硫方式	炉外半干法+炉内干法
SO2	<50mg/Nm³
锅炉燃料	新疆当地烟煤（禾丰县徐矿烟煤）
耗煤量	400t/d
输煤廊角度	45°

1.2　生物质燃料物性情况

生物质燃料与煤相比，挥发分含量高、碳含量少、灰分含量低，易燃烧、燃尽。碱金属元素（K、Na）含量高，易引起锅炉受热面积灰、结焦、腐蚀。目前各生物质企业产品主要是松木、秸秆和杂木生物质颗粒，如图 1 所示。

图 1　杂木生物质颗粒

由于杂木生物质燃料的发热量接近现用煤，含硫量低，掺烧时对锅炉的影响最小，压制成柱状满足流化床锅炉对物料粒径（≤10mm）的要求，适用于现有上料系统，因此本次掺烧试验选用杂木的生物质颗粒作为生物质燃料。杂木生物质燃料特性如表 2 所示。

表 2　杂木生物质燃料工业分析结果

Mar	Mad	Sar	Aar	Far	Vdaf	Qnet，ar MJ/kg
5.09	3.01	0.06	6.04	16.15	74.80	17.10

2　实验过程

2.1　实验进度安排

试验共分为两个阶段，第一阶段掺烧生物质燃料量从 5%增加到 30%，历时 19 天，第二阶段掺烧生物质燃料量从 35%增加到 50%，历时 6 天，实际消耗生物质燃料 2020 吨，如表 3 所示。

表 3　实验进度安排及生物质燃料掺烧量

掺烧比例/%	运行时间/d	生物质燃料掺烧量/t
5	3	52
10	3	104
20	7	484
25	3	259
30	3	311
35	1	109
40	2	250
45	1	140
50	2	312
总计	25	2020

2.2　过程风险控制

对实验过程中可能出现风险点制定相应的防范措施。由于生物质吸水，会造成煤仓粘壁、板结，实验中定期检查清理；对于掺烧生物质燃料会造成的积灰和结焦的风险，实验中控制炉温在 800~850℃；生物质燃料的加入对于烟气排放带来不确定性，因此实验中加强对脱硫脱硝环保设备的检测；生物质燃料挥发分含量较高，燃烧速度快，会使排烟温度升高，实验中确保除尘器入口温度不大于 150℃；生物质燃料燃烧后的灰渣较少，成循环物料减少，通过提高床层厚度，降低床温来防止物料循环短路；对于尾部二次燃烧，通过优化配风，控制炉膛出口烟温和及时吹灰来解决，同时可以保证锅炉热效率满足要求；做好生物质防雨雪，防水防火，确保生物质储存不发生变质及粘连；原工艺流程中，煤从进站到入炉过程超过 24h，经生物质燃料吸水性实验对比，该生物质燃料在 6 小时内，不会发生破碎、粘壁，因此工艺改造采取在中间煤仓出口位置加装生物质燃料上料系统，并控制炉前煤仓料位，如图 2 所示，该位置可实现 6h 内生物质燃料的入炉燃烧。

3　实验结果

3.1　运行情况

本次试验期间锅炉按照蒸汽需求，负荷需保持在 95t/h 左右。试验期间锅炉负荷稳定在 90~100t/h 略有上升，注汽压力在 5.8~6.2MPa，过热度在 15 ~ 22℃ 略有下降，热负荷 66.1 ~ 70.3MW，锅炉在试验期间运行平稳，运行参数如表 4 所示，其中排烟温度随着掺烧比例的增加略有上升，灰渣含碳量上升，排烟热损失和固体不完全燃烧热损失均呈上升趋势，因而导致热效率有小幅降低。

3.2　固体产物变化

生物质燃料掺烧比例不断增加，灰、渣量均明显降低，灰渣比明显增大，如图 3 所示。生物质燃料燃烧后的固体产物主要以灰的形式存在，渣量较少，随着掺烧比例增大，灰渣中铁、镁、铝等金属含量基本稳定，钾、钙元素含量呈上升趋势，如图 4 所示，但随灰量减少钾元素总量略有下降。

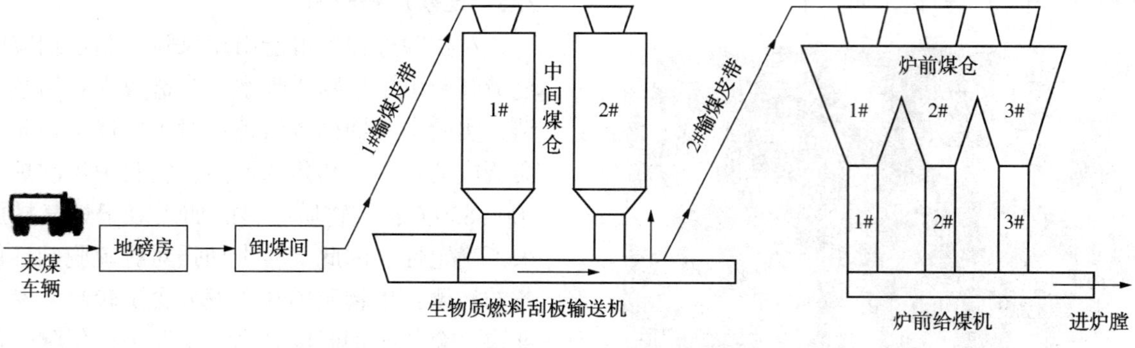

图 2　生物质燃料掺烧工艺改造流程图

表 4　锅炉运行参数

锅炉控制参数	0%	5%	10%	20%	25%	30%	35%	40%	45%	50%
锅炉热负荷/MW	63.9	66.1	66	68.2	65.9	68		70.3		69.6
锅炉蒸发量/(t/h)	91	94	94	97	94	97		100		99
排烟温度/℃	115	119	110	116	121	125	123	126	125	125
锅炉床温/℃	811	832	818	822	831	807	815	812	815	813
一次风量/(m^3/h)	74633	74833	75038	74816	73809	73224	73541	73845	72408	72384
二次风量/(m^3/h)	26019	26817	27314	26690	28490	30400	32420	31869	32145	32360
床料压差/Pa	6544	6645	6660	6804	6822	6891	6936	6951	7021	7078
热效率/%	87.8	86.8	86.9	85.4	86.4	85.2	84.9	84.5	83.9	84.1
排烟热损失/%	7.0	8.5	8.7	10.3	9.0	9.4	9.6	9.9	10.0	11.0
固体未完全燃烧热损失/%	3.0	2.5	2.7	2.3	2.9	3.6	3.6	3.8	4.2	3.0

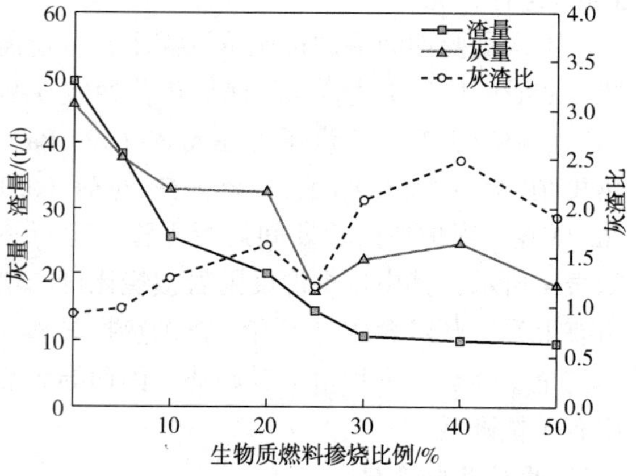

图 3　渣量、灰量的变化

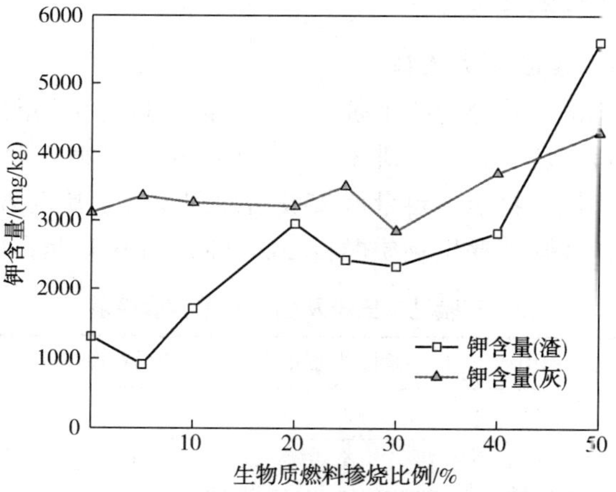

图 4　灰渣中钾含量的变化

3.3　污染物排放

实验过程中对 NOX 和二氧化硫排放量进行监测，总体来看，在实验期间随着掺烧生物质燃料比例的增加，两者都有减小的趋势，氨水和石灰石用量也减少。NOX 排放量最低 38mg/Nm^3，最高 67.3mg/Nm^3，如图 5 所示。二氧化硫排放量最低 2.35mg/Nm^3，最高 8.1mg/Nm^3，如图 6 所示。

3.4　积灰结焦情况

对比掺烧前后锅炉受热面如蒸发管束、过热器、省煤器、空预器的积灰、粘结、结焦情况，无明显变化，管束上都为松软易清理浮灰，整个掺烧实验过程中未出现实验前预想的受热面管束表面粘结、结焦情况。如图 7 给出了省煤器管束积灰情况对比，图 8 给出了过热器管束积灰情况对比。

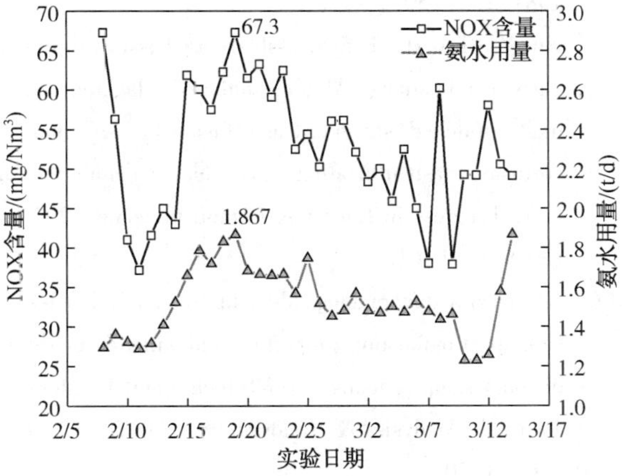

图 5 NOX 排放量和氨水用量

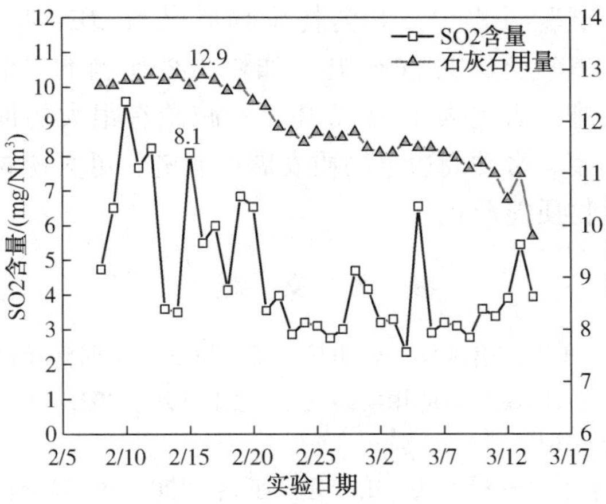

图 6 SO2 排放量和氨水用量

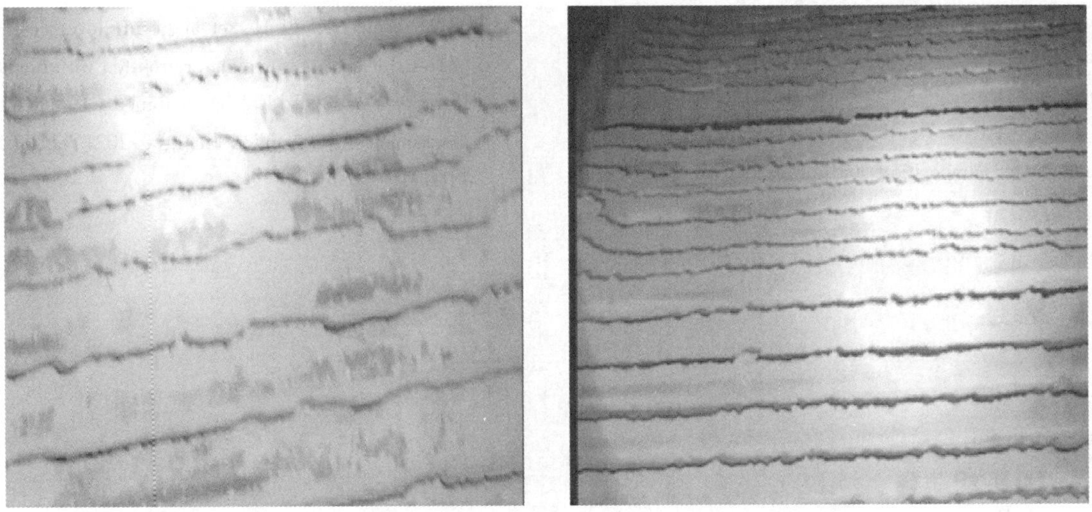

图 7 省煤器管束积灰实验前后对比

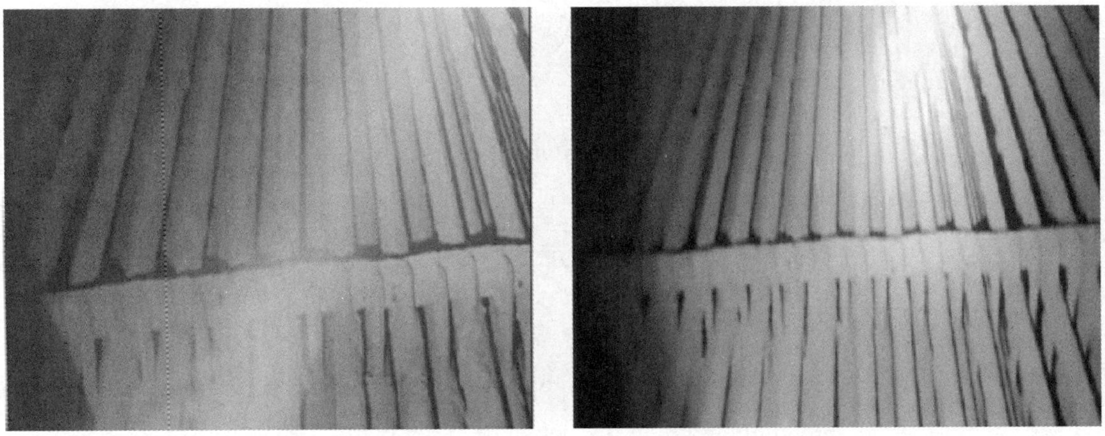

图 8 过热器管束积灰实验前后对比

4 结论

对燃煤注汽生产稠油锅炉进行首次掺烧生物质燃料实验，获得了阶段性实验成果。锅炉生物质燃料掺烧比例从 5% 逐步增加到 50%，实验过程工况稳定，蒸汽品质良好，污染物排放满足环保要求。

该实验对循环流化床锅炉本体未做改造，验证了掺烧生物质燃料的可行性与稳定性，与现有的电热、光热等其他清洁能源生产稠油方面具有较大优势。

试验过程中，共消耗生物质燃料 2020 吨，减排二氧化碳共 2686 吨。如在 30%比例下，全年减排二氧化碳 4.51 万吨。对减碳有很大的促进作用。带动周边生物质发展产业链，可实现农林生物质能源化。

参 考 文 献

[1] 朱士春，赵彦女，张伊鲜，等. 油田污水回注及回注泵耐蚀材料应用实践[J]. 化工管理，2022(20)：54-64.

[2] 袁家海教授团队，田梦媛，王杨. “30·60”双碳目标下“十四五”煤电发展目标与政策建议[J]. 世界环境，2021(4)：29-32.

[3] Demirbas A. Combustion characteristics of different biomass fuels[J]. Progress in Energy and Combustion Science，2004.

[4] A S VV，A C G V，B V S V. Advantages and disadvantages of composition and properties of biomass in comparison with coal：An overview[J]. Fuel，2015，158：330-350.

[5] Niu Y，Tan H，Hui S. Ash-related issues during biomass combustion：Alkali - induced slagging，silicate melt - induced slagging (ash fusion)，agglomeration，corrosion，ash utilization，and related countermeasures [J]. Progress in Energy & Combustionence，2016，52 (FEB.)：1-61.

[6] Kandasamy Jayaraman，Mustafa Versan Kok，Iskender Gokalp. Combustion properties and kinetics of different biomass samples using TG-MS technique[J]. Journal of Thermal Analysis & Calorimetry，2017，127 (2)：1361-1370.

[7] 黄进，夏涛，郑化. 生物质化工与生物质材料[M]. 化学工业出版社，2009.

[8] Li J，Wang R，Li H，et al. Unit-level cost-benefit analysisfor coal power plants retrofitted with biomass co-firing at a national level by combined GIS and life cycle assessment[J]. Applied Energy，2021，285(5651)：116494.

页岩油压裂返排液处理技术研究与应用

冯小刚[1] 王 涛[1] 宋多培[1] 贾玉庭[1] 武 斌[1]

（中国石油新疆油田公司）

摘 要 页岩油采用工厂化大型压裂作业，压裂液用量平均在41000m^3/井次，加砂量平均在3800m^3/井次。返排液无去向，直接影响页岩油后续开发进度。如直接回注，将严重损害储层渗透率，影响油田采收率；如直接进入污水系统，将对整个处理系统造成冲击，无法保证处理后水质达标。通过开展页岩油压裂返排液处理技术研究及储层渗透率损失率动态研究，优选出催化氧化–混凝沉降–过滤污水处理工艺技术，使处理后的压裂返排液实现地层回注，解决了压裂返排液处理瓶颈，有力推动了页岩油的持续开发。

关键词 页岩油；返排液；处理技术；循环利用

压裂返排液含有大量胍胶、丙烯酰胺等高分子物质，具有高COD值、高稳定性、高粘度的特点，导致含油、悬浮物严重超标，常规工艺难以处理。目前国内外针对页岩油压裂返排液的处理技术有：热蒸馏技术、混凝沉淀+过滤+水质软化技术、絮凝及SSF技术、电絮凝法、反渗透处理技术等，但均存在处理规模小、处理成本高等问题，无法满足页岩油压裂返排液处理后循环利用的要求，需进一步开展技术研究，找到经济有效的压裂返排液处理技术。

1 压裂返排液处理难点

1.1 回注储层为低渗、强水敏，对水质要求高

回注储层为低渗、强水敏，水质指标高，悬浮物和含油达标难度大，注水水质标准见表1。

从表1可以看出：回注储层的渗透率70md，含油执行A1标准，悬浮物执行A2标准。

1.2 直接利用返排液进行复配实验，无法配制出符合标准的压裂液。

压裂返排液水质全分析见表2。

通过页岩油压裂返排液水质全分析可知，压裂返排液影响复配的指标有硼离子、悬浮物、含有和三相细菌。

1.3 返排液成分复杂，常规处理工艺难降解

对压裂返排液样做水质各项指标分析化验，化验结果见表3。

返排液含油、悬浮物、细菌超标严重，达不到回注指标要求；返排液中富含胍胶等有机高分子物质，COD值高，并含有大量粘土、岩屑颗粒，乳状液稳定性强，常规工艺难以降解；HCO_3^-含量较高（2600~3700mg/L），有潜在碳酸盐结垢趋势。

1.4 返排液与注入水配伍性差，对储层伤害性大

为了解压裂返排液对储层的伤害程度，室内开展了压裂返排液和注入水不同混合比例对地层岩心渗透率损失率的对比实验，实验情况见表4。

渗透率损害率在53.9%~72.89%之间，经分析认为处理液中还原性物质（Fe^{2+}等、有机质）、聚合物是渗透率损害的主要原因。

表1 回注层注水水质标准

项目	注水水质指标
含油/(mg/L)	≤5.0
悬浮物/(mg/L)	≤2.0(未经过滤要求≤20)
悬浮物颗粒直径中值，μm	≤6.0
腐蚀率，mm/a	≤0.076
TGB，个/mL	≤n×10^2

续表

项目	注水水质指标
SRB，个/mL	≤25.0
FeB，个/mL	≤n×10^2
硫化氢含量/(mg/L)	≤2.0
溶解氧含量/(mg/L)	≤0.10

注：1<*n*<10。

表 2 压裂返排液水质全分析

序号	指标	单位	1#返排液	Q/SY 02012—2016《返排液用于配制压裂酸化工作液推荐水质指标》
1	样品描述	—	黄色、油味、不透明、大量絮状物沉淀	
2	硼含量	mg/L	3600	≤5
3	总硬度	—	5.56	≤1000
4	悬浮物	mg/L	178.89	≤30
5	含油	mg/L	87.57	<50
6	TGB	个/ml	25000	<1×10^4
7	SRB	个/ml	1300	<25
8	FB	个/ml	60000	<1×10^4

表 3 吉 7 井区压裂返排液水质指标数据表

项　目	取样地点											
	28 井	172	32 井		001 井	003 井	005 井		007		万方池	
含油/(mg/L)	385.6	563.2	5.2	589.5	246.1	201.2	329.7	176.6	283.5	139.5	289.3	311.1
悬浮物/(mg/L)	215.2	242.86	308	336.4	121.0	99.8	182.6	101.5	152.3	88.0	100.8	122.6
硫化物/(mg/L)	未检出	未检出	未检出	未检出	未检出	未检出	未检出	未检出	未检出	未检出	未检出	未检出
COD/(mg/L)	13021.6	12263.9	17137	15956.3	7365.9	6876.1	8023.3	7266.2	8000.0	6956.4	6785.3	6834.4
粘度/(mPa·s)	1.56	1.43	1.99	1.64	1.38	1.36	2.19	1.48	2.06	1.34	1.49	1.52
TGB/(个/mL)	6×10^3	2.5×10^5	6.0×10^5	2.5×10^5	2.5×10^3	2.5×10^3	6×10^3	6×10^3	2.5×10^5	2.5×10^5	2.5×10^4	2.5×10^4
SRB/(个/mL)	6×10^2	6.0×10^5	6.0×10^5	6.0×10^5	6×10^2	2.5×10^2	6×10^2	2.5×10^2	2.5×10^5	6.0×10^5	6.0×10^3	2.5×10^3
FeB/(个/mL)	60	25	6.0×10^2	6.0×10^3	25	6	6	60	25.0	130	2.5×10^3	6.0×10^2

表 4 地层水与返排液按 3∶7、5∶5、7∶3 比例的混合的岩心伤害对比实验(50℃下)

注入水和返排液比例	井号	岩样编号	驱替液名称	Pv 倍数	压差	流量	渗透率	渗透率损害率/%
3∶7	009	R2011-0063	地层水	3.99	0.0416	1.026	20.2717	61.4
			混合液	11.918	0.132	1.026	7.8241	
		R2011-0665	地层水	4.21	0.0387	1.008	23.2368	64.52
			混合液	10.708	0.1328	1.002	8.2437	
5∶5	008	1-M1	地层水	2.693	0.0641	1.002	16.0578	72.89
			混合液	10.431	0.2849	1.002	4.3536	
		1-M4	地层水	4.687	0.0649	1.008	15.7	71.07
			混合液	10.533	0.272	1.014	4.6	

续表

注入水和返排液比例	井号	岩样编号	驱替液名称	Pv 倍数	压差	流量	渗透率	渗透率损害率/%
7∶3	009	R2011-0666	地层水	4.099	0.0189	1.002	45.5875	53.9
			混合液	13.282	0.0473	1.002	21.0165	
		R2011-0671	地层水	3.19	0.0118	1.002	74.4202	61.65
			混合液	10.589	0.0355	1.002	28.5382	

2 处理技术研究

2.1 技术研究思路

返排液中的有机高分子物质和悬浮物及油滴形成了稳定的乳状液，需要先投加反相破乳剂先使其破乳，使胶体脱稳，再加入催化氧化剂降解聚合物，最后加入净水剂、助凝剂，使絮团紧密结合，从而达到将高分子物质、油、悬浮物一并除去的目的，保证处理后的污水满足回注要求。

2.2 药剂体系筛选

通过对常规净水药剂体系、固体氧化药剂体系、臭氧氧化药剂体系、催化氧化+常规净水药剂体进行室内效果评价实验：催化氧化+常规净水药剂体系，处理效果显著，沉降快、水色清，能够满足压裂返排液处理需求。具体情况见表5。

表5　不同药剂体系压裂返排液净化处理效果

药剂体系名称	加药量/(mg/L)	处理后 SS/(mg/L)	备注
空白	—	315	
常规净水药剂体系	净水剂：1000/2000/3000/4000	326/323/312/334	处理效果差。
固体氧化药剂体系	固体氧化剂+氧化型净水剂：100+500/200+500/200+600	45.1/43.4/16	效果显著，但氧化剂自身极不稳定，易发生潮解降低药剂氧化效率。
臭氧氧化药剂体系	臭氧浓度/时间：1000/15min，1000/30min，1000/60min	328/329/330	处理效果差。
催化氧化+常规净水药剂体系	催化剂+常规净水剂：1+500，2+1000，5+1250，8+1250	76.6，42.5，18.7，17.4	处理效果显著，催化剂有氧化作用，且化学性质相对稳定，便于储存。

说明：1. kW-03 为常规净水药剂；

2. 在各药剂体系实验中，助凝剂为同一药剂，加药量均为 200mg/L。

经药剂体系筛选，确定催化氧化+常规净水药剂体系作为压裂返排液处理的药剂体系

2.3 处理工艺确定

通过药剂体系筛选，催化氧化+常规净水药剂体系处理效果最好，确定返排液处理工艺为催化氧化-混凝沉降-过滤工艺，工艺流程图如图1所示。

2.4 药剂浓度优化

（1）水质净化药剂体系

按照不同浓度对助凝剂、净水剂、反相破乳剂进行室内效果评价实验，结果表明：当助凝剂、净水剂、反相破乳剂、催化剂加药浓度分别为 300mg/L、1250mg/L、100mg/L、5mg/L 时，悬浮物含量较低且趋于平稳。具体情况见表6。

（2）水质稳定药剂体系

按照不同浓度对杀菌剂、缓蚀剂、阻垢剂进行室内效果评价实验，实验结果表明：当杀菌剂加药量为 100mg/L 时，SRB 和 FeB 为 0 个/mL，TGB 为 25 个/mL，杀菌效果好；缓蚀剂加药量为 80mg/L 时，腐蚀率为 0.0097mm/a<0.076mm/a；阻垢剂加药量为 50mg/L，失钙率趋于平稳，为 2.49%，阻垢率为 75%。故杀菌剂、缓蚀剂、阻垢剂的最佳加药量分别为 100mg/L、80mg/L、50mg/L。

（3）硼掩蔽技术

通过试验确定碱的浓度为 0.1%～0.15%，pH 为 7.5～8，返排液经过酸碱法，可以配制出可挑挂的冻胶压裂液（表7）。

3.5 水质处理效果

按照药剂浓度优化结果进行投加，并及时进行水质监测。结果表明：处理后压裂返排液的水质均达到注水水质指标要求。具体情况见表8。

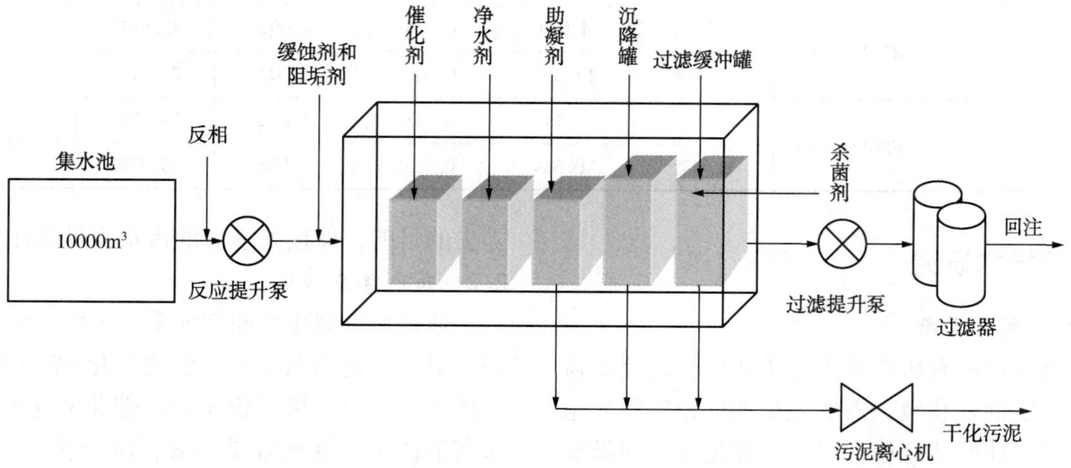

图1　页岩油压裂返排液处理工艺流程示意图

表6　助凝剂浓度筛选情况统计表

药剂名称	加药浓度/(mg/L)	悬浮物含量/(mg/L)	合理加药浓度/(mg/L)	备注
助凝剂	100/200/300/400	77.8/57.5/52.3/51	300	助凝剂浓度为300mg/L时，水色清，絮大实、沉降快，悬浮物趋于平稳，含量为52.3mg/L
净水剂	500/800/1250/1550	49.5/46.3/27.5/24.5	1250	净水剂浓度为1250mg/L时，悬浮物含量趁于平稳，悬浮物含量27.5mg/L
反相破乳剂	50/100/150	48/18/18.6	100	反相破乳剂浓度为100mg/L，悬浮物含量趁于平稳，为18.3mg/L
催化剂	2/5/10/15	22/15/13/12	5	催化剂浓度为5mg/L，悬浮物含量趋于平稳，为15mg/L

注：原水样含油量为289.3mg/L，悬浮物含量为100.8mg/L。

表7　配制冻胶实验数据

实验序号	碱/%	溶液/PH	成胶时间/s	表观粘度/(mPa·s)	挑挂性能
1	0.05	7	35	39	可挑挂，不均一
2	0.1	7.5	30	42	可挑挂
3	0.15	8	25	55	可挑挂
4	0.2	9	20	60	可挑挂
5	0.25	10	25	85	可挑挂
6	0.4	11	25	90	可挑挂

表8　压裂返排液处理水质监测表

监测点	监测项目					
	含油/(mg/L)	悬浮物/(mg/L)	SRB/(个/mL)	TGB/(个/mL)	FeB/(个/mL)	腐蚀率/(mm/a)
二级过滤器出口	0.88~4.07	3.2~4.4	0~25	0~600	0~130	0.0063
水质指标	≤5	≤8	≤25	≤n×10³	≤n×10³	≤0.076

3　循环利用可行性研究

3.1　静态配伍性研究

将处理后压裂返排液和注入水分别按 1∶5、2∶4、3∶3、4∶2、5∶1 比例混合进行室内静态配伍性评价实验（常温：23℃，地层温度：80℃）。实验结果表明：在地层温度下失钙率为零，静态配伍性良好。

3.2　动态配伍性研究

本次实验按照 SY/T 5358—2010《储层敏感性流动实验评价方法》标准进行室内渗透率损失率评价实验。

（1）岩样准备

选取回注储层天然岩心样品 10 块，测定岩样长度、直径、干重、空气渗透率、湿重后，岩样抽空饱和后浸泡 40 小时以上，计算孔隙体积。

（2）流体配置及处理

实验工作液分别为：压裂返排液和地层水按 3∶7、7∶3、5∶5、4∶6、6∶4 比例配比的混合液；对以上工作液分别测定在常温下的粘度、密度。测定情况见表 9。

表 9　工作液基本参数表

项目	地层水	返排液	注入水	混合液（3∶7）	混合液（7∶3）	混合液（5∶5）	混合液（4∶6）	混合液（6∶4）
密度/(g/cm^3)	1.0064	1.0059	1.0004	1.0014	1.0034	1.0024	1.0019	1.0034
粘度/(mPa·s)	0.9964	1.0681	1.0117	1.0233	1.0657	1.0552	1.0474	1.0610

（3）岩心流动实验

先用饱和地层水测地层水渗透率，再注入 10~15pv 的混合水测混合液渗透率，用两种渗透率降评价处理后返排液对岩心的渗透率损失率。

测试结果表明：降解前不同比例混合液聚合物含量在 58~110mg/L；岩心渗透率降在 53.9%~72.9%，对储层伤害大。降解后，返排液聚合物含量由 58~110mg/L 降解到 17~45mg/L，岩心渗透率降控制在 25.9%~32.16%，对储层伤害程度小，能够达到回注要求。

（4）压裂液性能评价

A. 耐温耐剪切能力

实验结果：温度 100℃，剪切速率 $170s^{-1}$，剪切 60min 过程中，复配压裂液与清水配制压裂液粘度保持均在 200mPa·s 以上，复配压裂液具有优良的耐剪切性能。

B. 破胶性能

实验结果：复配压裂液的破胶时间为 40min，破胶液残渣含量为 234mg/L，破胶液粘度为 3.8mPa·s，三项指标能够满足标准要求(表 10)。

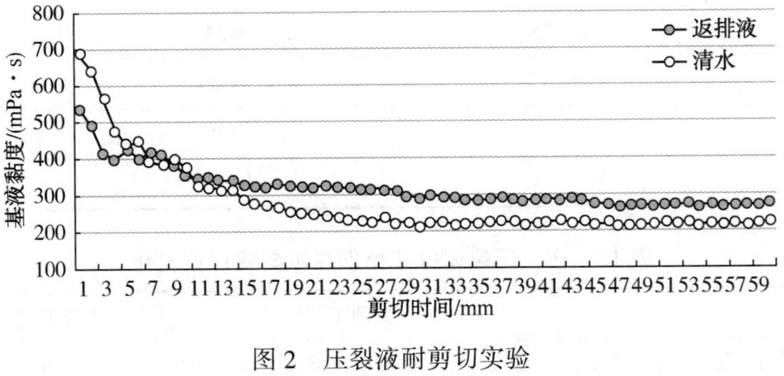

图 2　压裂液耐剪切实验

表 10　压裂液破胶性能评价表

样品	胍胶质量分数/%	破胶时间/min	残渣含量/(mg/L)	破胶液粘度/(mPa·s)
标准	—	≤720	≤600	≤5
返排液复配	0.4%	40	234	3.8
清水	0.4%	35	168	2.9

C. 破胶后表界面张力

实验结果：复配压裂液彻底破胶后测定破胶液的表面张力 26mN/m，破胶液与煤油的界面张力为 0.92mN/m，均达到标准要求值。

D. 悬砂性能

实验结果：选用的支撑剂为陶粒和石英砂，加量为 20%，与清水配制的胍胶冻胶相比，复配冻胶压裂液同样具有良好的静态悬砂性能(图 3)。

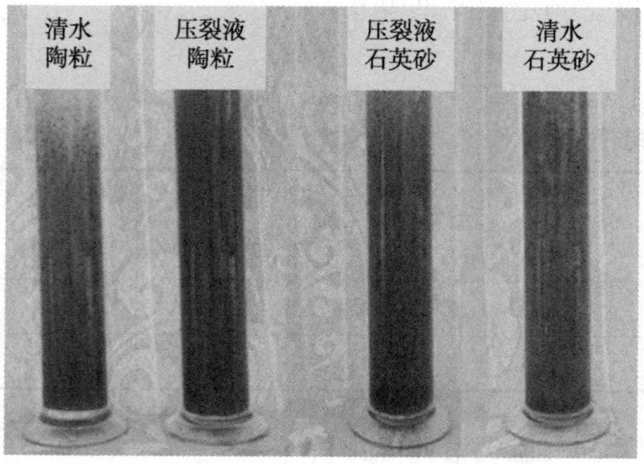

图 3　静态悬砂性能评价

4　现场应用

2019 年利用页岩油返排液配制压裂液在吉 7 井区共实施压裂 9 口井。累计配液 1845m^3，平均携砂比 27%。总液量 49348m^3，其中使用返排液 46778m^3，总砂量 3500m^3，按设计完成压裂施工作业。现场利用返排液进行交联、耐温和破胶实验，检测硼浓度、胍胶液粘度、交联时间、冻胶状态符合施工要求，说明室内确定的水质调节和压裂配方可靠。实时在混配车测液口检测基液粘度，在混砂车测液口检测压裂液挑挂性和悬砂性，均满足施工要求。

5　效益评价

5.1　经济效益评价

压裂返排液处理成本见表 11。

处理压裂返排液共计 26002m^3，按照处理水量和消耗药剂费用，返排液处理成本为：318699.9÷26002＝12.26 元/m^3。

吉 7 页岩油返排液处理成本低于同行业水平，经济效益好(见表 12)。

表 11　压裂返排液处理成本

药剂名称	药剂量(吨)	单价(元/吨)	费用合计(元/月)
杀菌剂	3.95	13871	54790.45
反向破乳剂	4	11407	45628
助凝剂	40.5	2134	86427
净水剂	29	2700	78300
缓蚀剂	2.625	8730	22916.25
阻垢剂	2.525	8827	22288.175
催化剂	0.4	15000	6000
助沉剂	2	1175	2350
合计			318699.9

表 12　吉 7 压裂返排液处理成本与同行业对比

		处理工艺	处理规模/(m^3/d)	处理成本/(元/m^3)
美国	Woodford 气田压裂返排液	臭氧、超声波和电沉淀高级氧化技术	400	75
	Barnett 页岩油气藏的压裂返排液处理	热蒸馏技术	400	50
	哈利波顿 CleanWave 移动水处理	电絮凝法	190	40
	FracPure 技术	反渗透处理技术	200	70
国内	大庆 SSF 技术	絮凝及 SSF 技术	400	25
	长庆油田	混凝沉淀+过滤+水质软化	300	20
	吉 7 页岩油返排液	催化氧化+混凝沉淀+过滤	500	10.18

5.2 社会效益

（1）页岩油压裂返排液的循环利用，实现返排液达标复配，节约了清水资源；

（2）页岩油压裂返排液的循环利用，消除了返排液对周围自然环境的环保压力；

（3）页岩油压裂返排液的循环利用，解决了返排液处理瓶颈，有力推动了吉木萨尔页岩油大规模开发。

6 结论

（1）返排液采用催化氧化—絮凝沉降—过滤处理工艺，能实现返排液回注而不污染地层，不仅做到了100%的返排液处理回用，还大大减少了整个油气区对清水的消耗量，符合国家绿色环保减排的大政方针。

（2）通过开展返排液处理技术研究，确定了返排液处理的药剂体系、处理工艺和具体的药剂浓度，药剂成本为12.26元/m^3。较国外处理成本低70%，较国内处理成本低40%左右。

（3）返排液回注消除了污水对周围环境的环保压力，年节省污液拉运成本265.98万元，其环境效益、社会效益较为显著，为后续页岩油大规模开发铺平了道路。

参考文献

[1] 唐丽. 新疆油田采出水处理现状综述[J]. 新疆石油天然气，2012(1)：101-108.

[2] 严志虎. 压裂返排液处理技术研究与应用进展[J]. 油田化学，2015，32(3)：444-447.

[3] 汪卫东，油气田压裂返排液处理技术现状及发展趋势[J]. 油气田地面工程，2016，35(10)：1-5.

[4] 陆争光，油气田压裂返排液处理技术探讨[J]. 环境科学与管理，2016，41(5)：104-107.

[5] 刘文士. 美国页岩气压裂返排液处理技术现状及启示[J]. 天然气工业，2013，33(12)：158-162.

[6] 杜贵君. 油田压裂返排液处理技术实验研究[J]. 油气田环境保护，2012，22(4)：55-57.

[7] 李兰. 油气田压裂返排液治理技术研究现状[J]. 环境工程，2014，29(4)：54-56.

[8] 韩卓. 非常规压裂返排液回注处理实验研究[J]. 石油与天然气化工，2014，1(4)：108-112.

油田净化污水改质解决回注水平衡应用

吴迪华 聂 松 马大文

（中国石油新疆油田公司）

摘 要 作业区 A 转油站外输水日均转输 C 区块 1600 方，B 池日均富裕水量约 4400~5000 方（大池空高 0.5 米），日常生产主要通过喷淋蒸发和阶段性压裂用水来缓解 210 池水平衡矛盾，但仍不满足水平衡需求。随着下半年 C 区块就地分水工艺单元投产，水平衡矛盾进一步凸显。作业区筛选 D 区块为主要转输注水区块，C 区与 D 区分别为氯化钙和碳酸氢钠水型，相互混合易生产大量结垢，亟须对两地不同水型混合回注及 D 区块注水能力进行评价和部署。作业区技术人员针对上述问题，利用 ScaleChem 软件，通过对不同区块氯化钙和碳酸氢钠水型对比、水质稳定性、水质配伍性评价研究，提出了水型改质转输替换清水的处理工艺方法，结合作业区以碳酸钙结垢为主的实际情况，筛选有机磷酸盐类、咪唑啉类药剂作为改质剂并进行复配，通过控制化学平衡减小化学反应推动力，实现两种不同水型达到化学平衡条件，结垢消失，水质稳定，配伍性符合回注规范要求，且可任意比例混合，满足了 A 区块的净化污水改质后侵蚀性二氧化碳>1mg/L，腐蚀速率<0.076mm/a 的指标要求，解决水平衡矛盾及部分压裂用水需求，畅通后路。在油田净化污水改质回注和其他区块稀油集输系统优化领域具有较高的推广应用价值。

关键词 水平衡矛盾；配伍性评价；稳定性评价；改质剂

作业区目前稀油注水区块分别为 C 区、D 区、E 区，产水量日均 3000~7000 方，注水日均消耗 1500~2000 方，压裂配液部分用水日均 500~700 方，注水缺口 33%~61%，富裕的采出水不能 100%完全回用，长期采用外排净化水和阶段性压裂用水方式来缓解部分水平衡压力，经地质分析综合考虑，计划将 A 区块的净化污水一并转输至 C 区块，但生产运行中主要受三个技术难题方面影响：第一，A 区净化水与 C 区地层水配伍性差（表 1），易产生大量碳酸钙结垢，亟需调整两种水型中离子的化学平衡，提高自身的水质稳定性；第二，A 区净化污水转输 C 区日均 2000 方水量条件受限，需分三个阶段对 A 区净化水外输系统进行工艺改造；第三，C 区注水能力受限，随着就地分水工艺投产，注水矛盾进一步凸显，需调整和筛选注水井，畅通后路。2022 年为缓解稀油水平衡压力，保障顺利上产，亟须分阶段通过新建配套处理单元、老区工艺优化改造等措施，实现 A 区外输净化污水改质提量输至 C 区块，解决作业区水平衡矛盾。

表 1 A 区块和 C 区块水型对比

指标/取样点	C 回注清水	C 回注清水	A 净化水	C 综合采出液	E 区块采出液	D 区块采出液
取样日期	2022. 3	2001. 2. 14	2022. 3	2022. 3	2022. 3	2022. 4
PH	9. 18	9. 00	7. 72	7. 94	7. 74	7. 63
HCO_3^-/(mg/L)	79. 63	97. 51	498. 5	610. 2	895. 85	475. 96
Cl^-/(mg/L)	358. 41	330. 54	8948. 3	2077. 1	2039. 2	2649. 40
Ca^{2+}/(mg/L)	6. 47	4. 07	1611	65. 1	42. 46	80. 03
Mg^{2+}/(mg/L)	0. 94	1. 85	112. 48	3. 98	7. 85	4. 55
$SO_4{}^{2-}$/(mg/L)	639. 53	493. 20	92. 2	19. 23	18. 69	20. 30
Na^{++K+}/(mg/L)	571. 7	484. 53	4778. 8	1717. 9	1605. 9	1807. 45
TDS/(mg/L)	1664. 5	1369. 89	17721	4888. 21	4610. 12	5037. 69
水型	碳酸氢钠型	碳酸氢钠型	氯化钙型	碳酸氢钠型	碳酸氢钠型	碳酸氢钠型

1　净化污水和清水水质的评价及配伍性实验

1.1　A 区块和 C 区块水质稳定性评价

为保证后期注水稳定，对注水水质的要求，除考虑主要的含油量、悬浮固体含量、细菌含量达标外，还应重点考虑注水水质的结垢。为此，利用 ScaleChem 软件结垢预测，分别对 A 净化污水、C 清水、C 采出水的水质稳定性评价结果。(如图 1～图 4 所示)

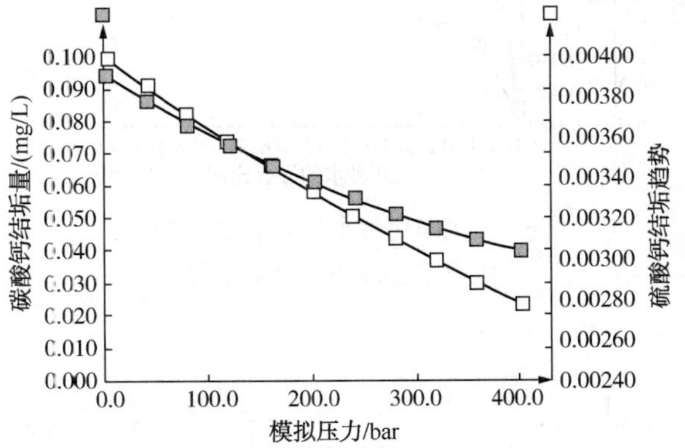

图 1　C 区清水在 25℃，1～400bar 下的结垢趋势

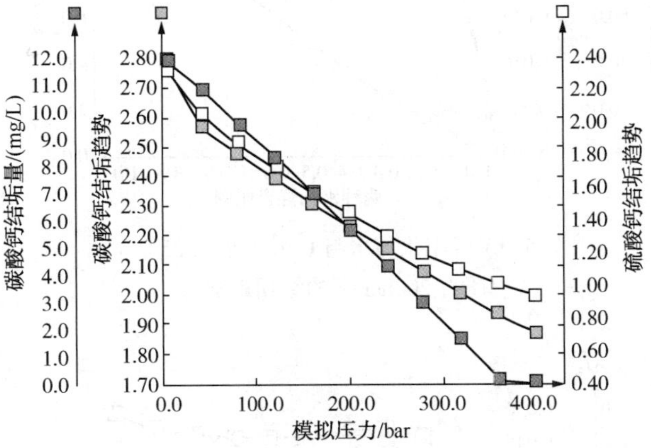

图 2　C 区采出水(污水)在 25℃，1～400bar 下的结垢势

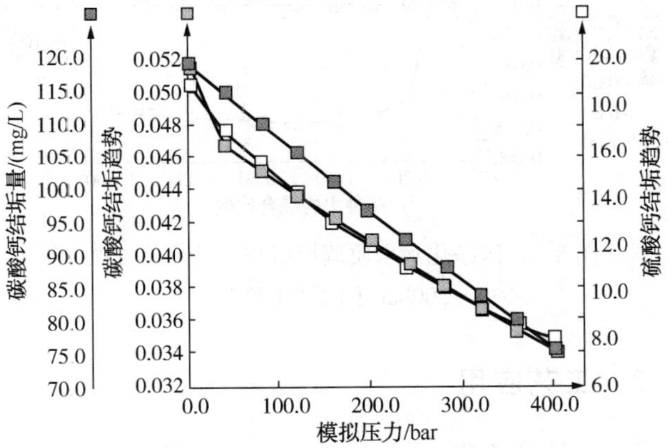

图 3　A 区净化污水在温度 25℃，1～400bar 下的结垢趋势

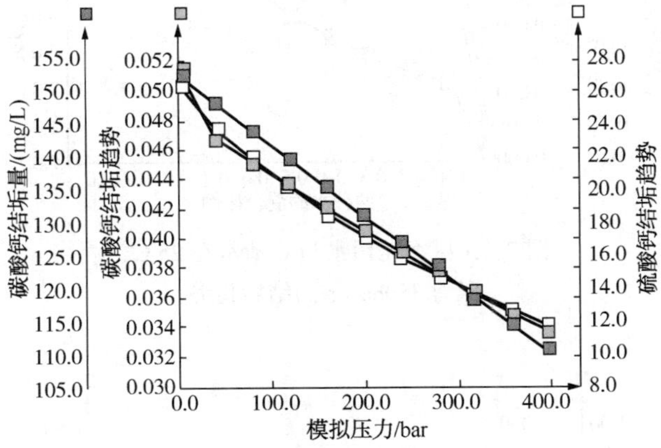

图 4　A 区净化污水在温度 45℃，1～400bar 下的结垢趋势

由图 1～图 3ScaleChem 软件结垢预测可以得出，C 区采出水产生少量的酸钙结垢，A 区净化污水稳定性差，与油层水相混易产生沉淀，易产生大量的碳酸钙结垢，且随着温度的升高，结垢量增加。

1.2　A 净化水改质前与 C 采出水配伍性评价

考虑将 A 区净化水转输至 C 区块注入水，利用 ScaleChem 结垢预测与评估软件，分别对 C 区清水与 C 区采出水、A 区净化污水与 C 区采出水、A 区净化污水与 C 区清水进行了配伍性评价。(如图 5～图 7 所示)

测算结果表明：A 净化污水不论是与 C 清水还是地层水配伍性差，易形成大量碳酸钙结垢，且随着温度的升高、压力的降低，结垢量增加，主要原因是 A 净化污水自身的水质稳定性差，易产生大量结垢，且随温度、压力变化，结垢趋势明显，水质不配伍，C 区块为碳酸氢钠型水型，A 区块为氯化钙型水型。

1.3　A 净化污水改质后与 C 采出水配伍性评价

通过加入水质调控剂，调整 A 采出水中各离子之间的化学平衡，避免碳酸根与钙离子结合，减缓结垢趋势，提高自身的水质稳定性，改变两种水型自身的水质稳定性，碳酸钙结垢消失。最终实现水质稳定性得到了明显改善，满足回注 C 区块注水指标要求(如图 8～图 9 所示)。

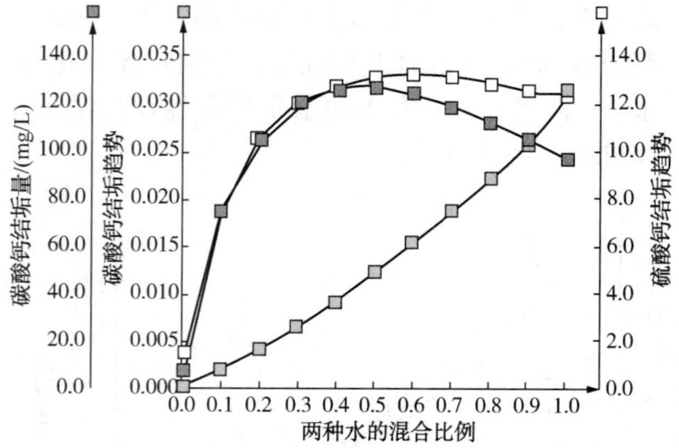

图 5　A 区净化污水与 C 采出水在 25℃，压力 200bar 下的结垢趋势

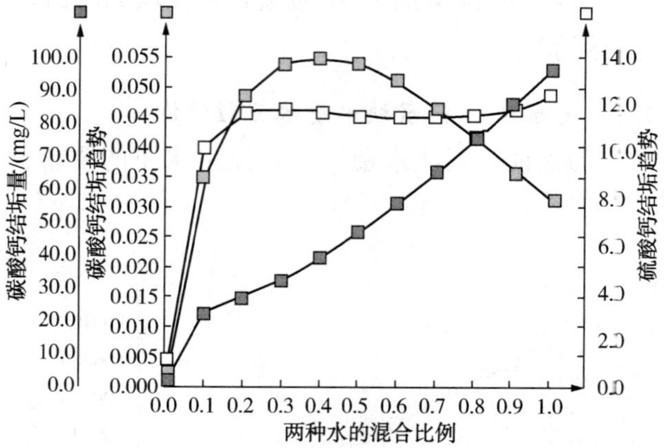

图 6　A 区净化污水与 C 清水在 25℃，压力 200bar 下的结垢趋势

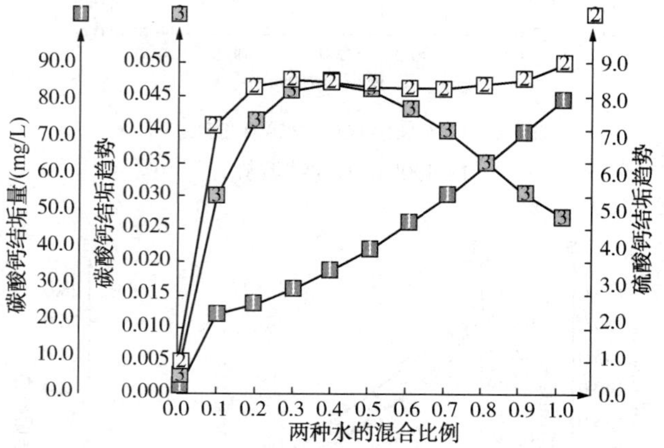

图 7　A 区净化污水与 C 清水在 25℃，压力 350bar 下的结垢趋势

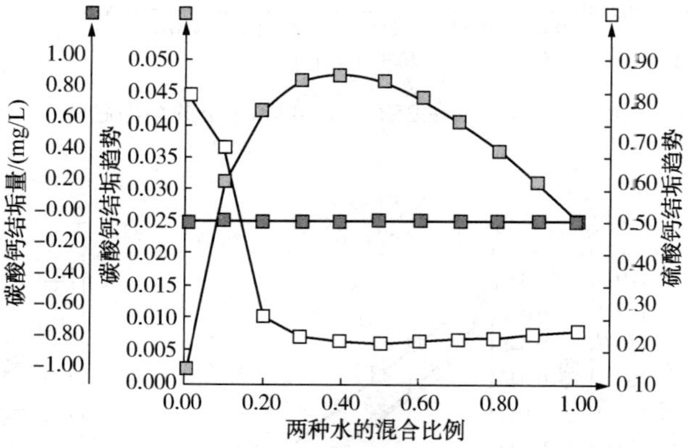

图 8　A 区净化水水质调控后与 C 清水在 25℃，200bar 下的结垢趋势

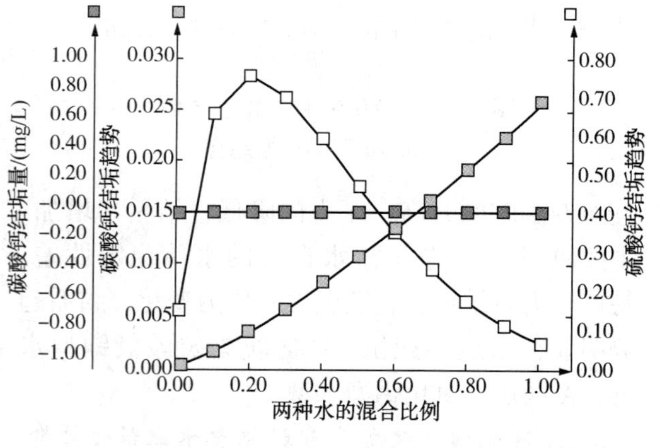

图 9　A 区净化水水质调控后与 C 采出水在 25℃，200bar 下的结垢趋势

测算结果表明：通过对 A 净化污水使用化学平衡调整后，碳酸钙结垢消失，且相互之间可以以任意比例混合，不会产生结垢问题，可以完全配伍。

2　工艺应用

2.1　现场工艺

结合室内实验评价结果、现场实际情况踏勘，本着注水水质稳定、经济有效的原则，以实现全自动化为理念，在 C 清水增压站，利旧加药罐，通过新增自动化加药泵、管线和流量计，投加注水水质调控剂，对 A 净化水进行水质调控处理(如图 10 所示)。

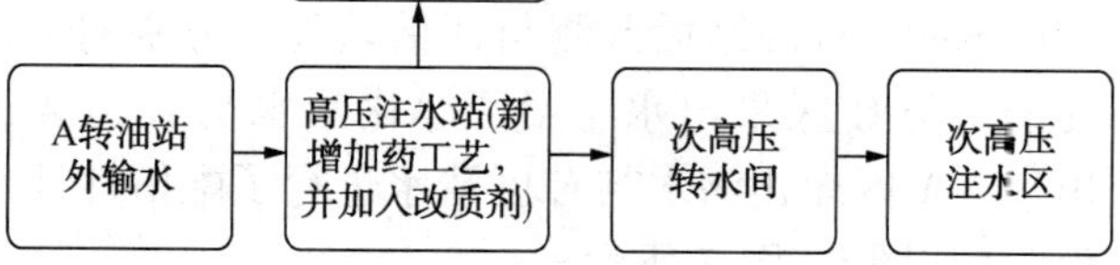

图 10　改质加药工艺流程

主流程：A 净化水管输→C 高压注水站储水

罐(400m^3×2 座)→增压泵→各注水区块。

加药流程：储药罐 3 座并联→新增 2 座加药泵→流量计→外输增压管线→水质监控仪器→注水区块。

2.2 改质后效果

A 净化水为 CaCl2 型水，与 C 区水($NaHCO_3$ 型水)不配伍，存在碳酸钙结垢趋势，同时伴有腐蚀现象(点蚀)。现场筛选并使用有机膦酸盐和咪唑啉类药剂进行复配，通过控制化学平衡减小化学反应推动力，解决结垢问题，并使结垢消失，且可任意比例混合，满足侵蚀性二氧化碳>1mg/L，腐蚀速率<0.076mm/a 的要求(如表 2 所示)。

表 2 改质前后指标对比

类别	药剂加量/(mg/L)	侵蚀性 CO_2/(mg/L)	腐蚀速率，mm/a	改质效果
改质前	0	-18	0.087	结垢腐蚀并存，点蚀
药剂调整	350	-0.6	0.073	轻微结垢
改质后	400	30	0.054	达标
改质后	450	75	0.043	达标

3 结论

本次 A 区净化水改质回注 C 区，完成 C 区退清水的生产规划，实现稀油水资源化利用，具有良好的广泛推广价值。从以上工艺研究应用和不同区块配伍性分析，得出如下结论：

(1) 通过对不同区块水型的水质稳定性、配伍性进行评价，加入改质剂后，碳酸钙结垢消失，满足任意比例掺混，实现侵蚀性二氧化碳>1mg/L，腐蚀速率<0.076mm/a 的指标要求。

(2) 通过不同区块的水型改质并替换清水，解决水平衡矛盾，畅通后路。

(3) 作业区下半年在 C 区块上产，预计压裂用水量 33 万方，通过 A 区外输净化水改质转输，可解决部分压裂用水需求，最终实现一水两用的效果。

参 考 文 献

[1] 朱士春，赵彦女，张伊鲜，余静. 油田污水回注及回注泵耐蚀材料应用实践[J]. 化工管理，2022(20)：54-64.

[2] 黄卫红，邹俊刚，黄继红，杨金华，朱红艳. 红山嘴油田稠油污水回注效果跟踪评价[J]. 油气田环境保护，2021，31(04)：49-53.

[3] 淇祥. 文南油田回注污水净化达标处理工艺[J]. 内蒙古石油化工，2003(S1)：166-168.

[4] 王键吉，张庆芝，卢雁，张筱英，孙文玉. 用混合净化剂从油田污水中浮选分离油类及杂质的研究[J]. 工业水处理，1985(01)：29-33.

[5] 周晶. 油田注水和污水处理的设计分析[J]. 中国石油和化工标准与量，2021，41(24)：119-120.

[6] 刘小兵，汪益宁，刘兵. 大港油田污水资源化利用技术及评价[J]. 油气田地面工程，2015，34(11)：76-78.

[7] 张佳平，王慧屏，高燕. 油田污水处理技术现状及发展趋势[J]. 中国石油和化工标准与量，2012，32(03)：65.

[8] 孙春亮. 油田回注污水处理技术研究[J]. 中国石油和化工标准与质量，2017，37(16)：183-184.

[9] 曹怀山，姜红，谭云贤，王磊. 胜利油田回注污水处理技术现状及发展趋势[J]. 油田化学，2009，26(02)：218-221+226.

[10] 王洪松，龚秋红，韩玮男，宋晓俊，杨洋，陈勇. 塔中油田污水处理和回注工艺技术[J]. 石油石化节能，2013，3(10)：45-47.

[11] 李胜伟，毛天聪，王中武，邢廷瑞. 陆梁油田污水水质达标处理技术[J]. 油气田地面工程，2014，33(04)：42-43.

[12] 肖荣鸽，周加犬，易冬蕊，姚培芬. 油田污水回注系统防腐蚀结垢工艺改造[J]. 腐蚀与防护，2013，34(02)：147-150.

[13] 梁伟，赵修太，韩有祥，邱广敏. 油田含聚污水处理与利用方法技术探讨[J]. 工业水处理，2010，30(10)：1-5.

[14] 马晓金，刘芳，屈撑囤，周学军. 长庆油田庆二联采油污水回注处理研究[J]. 西安石油大学学报(自然科学版)，2010，25(04)：66-70+112.

[15] 王德山，黄敏，李芳田，罗丽，张新丽. 广利油田污水改性研究[J]. 油田化学，2004(02)：154-158+190.

锅炉烟气注入稠油井增油及埋碳技术的研究与应用

费 科 蒋 双 陈德山 李冰凝 玛依拉·吾斯曼

（中国石油新疆油田公司）

摘 要 伴随着国家“碳减排，碳中和”战略的提出，低碳产油、低碳增油对于油田来说越发重要。针对燃煤循环流化床注汽锅炉运行过程中产生大量含二氧化碳烟气的排放，为探索适合本油田的烟道气利用的方法及技术，为此开展稠油注烟道气改善开发效果及碳埋存先导研究试验，将燃煤循环流化床注汽锅炉运行过程中所产生的烟气进行净化处理，然后将其注入稠油生产井中，利用烟气中二氧化碳与氮气的协同增油机理，进行烟气辅助稠油开采，不仅能够实现烟气辅助采油后增油同时减少蒸汽用量，实现节能作用，又能大幅减少烟气内二氧化碳排放甚至零排放，实现碳埋存，最终达到烟气利用的增油与减碳的双赢。

关键词 燃煤循环流化床注汽锅炉；烟道气；烟道气驱油；碳埋存

风城油田稠油开采主要以注蒸汽开发方式为主，但稠油粘度高、油藏储层非均质性强，油层层薄互状，平均油层厚度低，渗透率低，致使油藏开发难度大，能耗大、油汽比低。由于注汽过程中井筒的热损失以及油藏内蒸汽的超覆分布，使得单纯通过注蒸汽进行增产存在诸多限制，可行的方式是在注蒸汽的同时混注一定量的非凝析气来改变油藏中流体的分布特征，增强蒸汽的热作用效率，改善注蒸汽的开发效果。烟道气是工业生产过程中所排放的具有大量热量的工业废气。烟道气的回收再利用主要体现在两个方面：一是充分利用烟道气所含有的气体成分，其中 N_2 体积分数 80%，CO_2 体积分数 10 到 15%；二是利用烟道气中的大量工业废热。将烟道气注入油藏开展强化蒸汽驱，主要是利用了 N_2 膨胀作用维持压力、N_2 上移隔热保温和 CO_2 溶解降黏进一步提高流体流动能力的双重作用，达到进一步提高热采开发效果的目的。因此，在目前“双碳”时代背景下及油田体质增效的需要，亟需进行烟气利用的相关试验研究。

1 烟道气基本情况

1.1 烟道气来源

A 油田主要由燃气锅炉及燃煤锅炉供给蒸汽，其中 1 台燃煤循环流化床年消原煤 10 万吨左右，年排放烟气约 8 亿方，量大且连续，能充分满足试验需求，因此，选取此燃煤流化床作为烟气注入稠油井增油及埋碳试验研究的烟道气来源。

循环流化床锅炉主要配套设施包括水汽系统、上煤燃烧系统、灰渣循环系统、热控系统、烟气净化处理系统等。煤通过给煤机进入燃烧室循环燃烧，加热水冷壁和蒸发管束中的水，产生的蒸汽回到汽包，经过汽水分离后输出过热蒸汽；锅炉烟气经分离器分离和脱硝后，进烟道冷却至 130℃ 左右后进行预除尘，再通过脱硫塔和电袋除尘器进行烟气净化，最终烟气达标外排。

1.2 烟道气成分

烟道气是天然气、原油或煤炭等有机物在完全燃烧后生成的产物，一般其中 N_2 含量 80% 至 85%、CO_2 含量 10% 至 15% 及少量杂质，本次试验用燃煤流化床烟气成分经测量，CO_2 含量在 10% 左右，N_2 含量在 73% 左右，考虑布袋除尘器漏风的影响，CO_2 含量占比可能略低于实际百分比。

表 1 在用燃气、燃煤流化床烟气组分测试结果

组分	燃气烟道气	燃煤烟道气
N_2	73%~74%	76%~77%
CO_2	7.4%~7.7%	9.2%~12.8%
H_2O	14.60%	6.20%
O_2	4.45%	4.40%
CO	200~300ppm	50ppm
SO_2	—	420ppm
NO_x	60~70ppm	420ppm

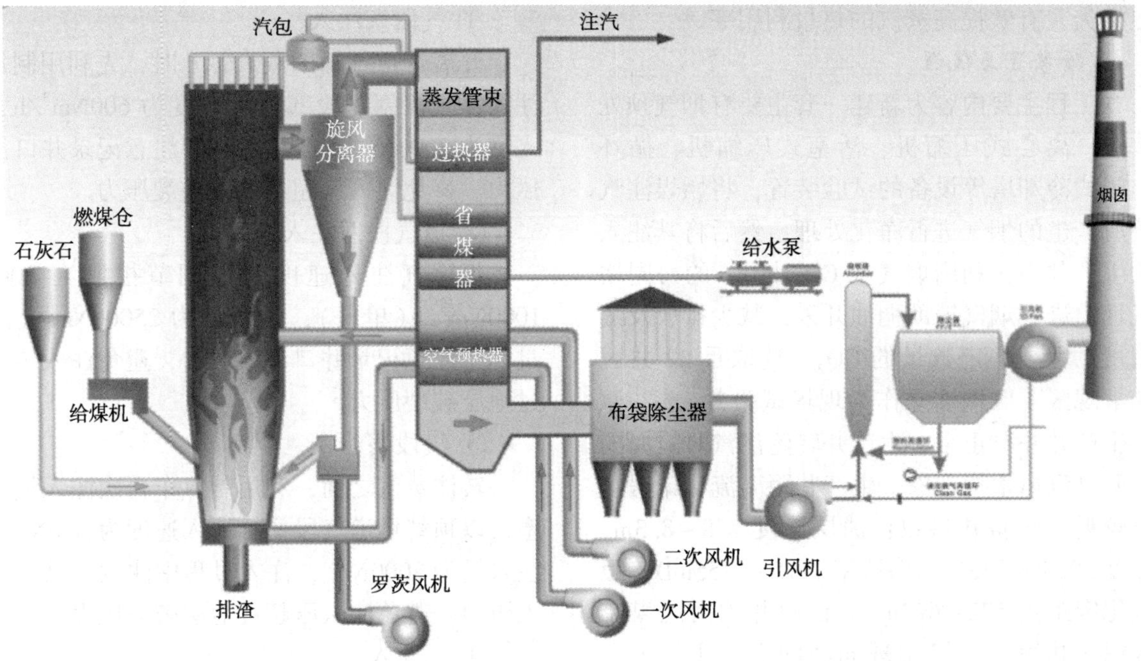

图 1　在用燃煤流化床流程图

2　烟道气注入试验

2.1　试验原理

烟道气辅助蒸汽热采具有独特的驱油优势。

一是气、热协同降粘作用。烟道气辅助蒸汽驱具有气、热混合降粘作用，这是其主要的驱油机理。蒸汽作为热的有效载体，注入油层之后，使地层原油温度升高，粘度降低。根据室内试验结果，地层原油粘度随着温度的升高逐渐降低，降低幅度先快后慢，当温度达到一定值之后，地层原油粘度降低幅度很小，基本趋向一个定值。因此，驱替温度并不是越高越好。如某油田原始地层原油粘度为 50mPa·s(45℃)，温度升高至 90℃时，原油粘度变为 30mPa·s，至 130℃时为 20mPa·s，至 200℃时为 16mPa·s。另外 CO_2 在原油中具有极强的溶解能力，室内试验表明，CO_2 在原油中溶解能力为甲烷的 5 至 8 倍，N_2 的溶解能力虽然没有 CO_2 强，但也具有一定的溶解性。这两种气体溶解进原油后使原油粘度进一步降低。

二是气、热协同膨胀作用。蒸汽携带的热量不仅能降粘而且能使原油受热膨胀，体积增加，同时砂岩基质颗粒受热膨胀，孔隙空间缩小，两者共同作用使部分原油排挤出孔隙，这是复合热载体中蒸汽传热造成的膨胀驱油机理。正如上述所说，CO_2、N_2 气体溶解到原油中后，原油体积膨胀，膨胀能使油排出孔隙。

三是抽提作用。烟道气中 CO_2 含量虽然较低，但是对提高采收率具有重要的意义。国内外大量的室内试验及现场试验证明，CO_2 对原油中的轻质组分具有抽提作用，能够从地层原油中萃取轻质组分，形成轻质组分聚集带，降低驱替前缘的原油粘度和驱替阻力。在室内烟道气辅助蒸汽驱替试验过程中，随驱替过程的变化，采出原油颜色由深黑逐渐变浅，然后变为深红色，最后变为浅黄色甚至无色，烟道气驱替过程中萃取作用较为明显。通过室内驱替试验对比，在其他参数相同时，烟道气辅助蒸汽驱比纯 N_2 辅助蒸汽驱采收率要高 3 至 5 个百分点，而且随着烟道气中 CO_2 含量的增加，采收率也不断升高。这足以证明 CO_2 萃取作用对烟道气驱采收率的重大贡献。

四是 N_2 补充地层能量形成弹性驱替。N_2 的压缩性较弱，溶解性也较弱，而且在烟道气中含量较大，因此烟道气能够有效的补充地层能量，使储层保持较高的压力，一方面使原油保持在饱和压力之上，两一方面使更多的烟道气溶解于原油，更好的发挥降粘、膨胀作用。由于 N_2 压缩性很小，具有很强的弹性能，注入储层之后，随着储层压力的降低，不断膨胀并能保持较高的压力，能够形成有效的弹性驱替。；五是 N_2 导热性低于岩石，有保温的作用。N_2 逐渐扩散至油层上部，形成保温层，减少蒸汽热量与盖层之间的散热损失，有效提高蒸汽的热量利用率。

2.2　试验装置与流程

本工程主要内容为新建一套主要有烟气预处理装置、离心式压缩机、活塞式压缩机、循环泵、闭式冷却塔等设备的试验装置，将燃煤注汽锅炉所产生的烟气进行净化处理，然后将其注入稠油生产井中，利用烟气中 CO_2 与 N_2 的协同增油机理，进行烟气辅助稠油开采，减少排放及蒸汽用量，埋存一定数量的 CO_2。选取重 32 井区稠油常规区 4 口稠油井作为现场试验井(选井原则：生产井井况正常、生产井转轮注汽时对周围井无明显汽窜干扰现象、生产井距离流化床锅炉距离较近，试验井参数：油层厚度 7.8～8.3m，孔隙度 30.5%～33%，渗透率 1115～1755mD，距离流化床距离 572～693m)。试验井均由燃煤流化床锅炉供蒸汽，可实现同注同焖，注气压力(井口压力)控制在 5.5MPa 以下，采用 3000Nm^3 N_2 前置段塞+2.5 万 Nm^3 烟道气+3000Nm^3 N_2 后置段塞的方式，然后注蒸汽。

水平井注入方式为油管伴注，即烟道气与蒸汽段塞式注入，烟道气段塞注入前后加注氮气段塞以顶替前置蒸汽段塞、隔绝烟气防止腐蚀。注入过程中注意记录注气(汽)压力变化，以便及时调整注入参数。

① 气段塞注入

开展烟道气辅助蒸汽吞吐时，先利用制氮车注入氮气段塞，段塞注入速度为 600Nm^3/h，注入量为 3000Nm^3，注入过程中注意记录井口注入压力，避免注入压超过地层破裂压力。

② 道气段塞注入

烟道气注入速度通过调节控制在 800 至 1000Nm^3/h(单井)，注入量为 25000Nm^3，注入过程中注意记录井口注入压力，避免注入压力超过地层破裂压力。

③ 气段塞注入

转注蒸汽之前，利用制氮车再次注入氮气段塞，以顶替烟道气段塞，注入速度为 600Nm^3/h，注入量为 3000Nm^3，注入过程中注意记录井口注入压力，避免注入压超过地层破裂压力。

④ 汽注入

蒸汽由燃煤注汽锅炉供应，周期注入量为 1500 吨。

⑤ 焖井：根据油套压情况，焖井 3～5d 后根据压力情况放喷。

⑥ 喷：参考以往蒸汽吞吐过程中放喷过程进行放喷生产。

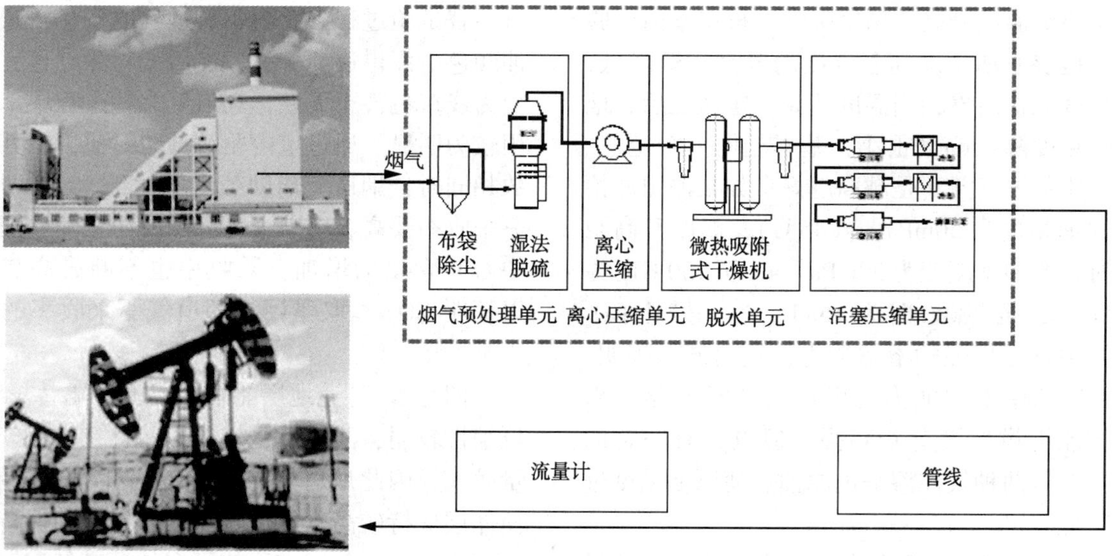

图 2　试验流程图

3　试验结果分析

常规蒸汽采油转烟道气辅助采油后，瞬时产油量大幅增加，含水率明显降低，提高了该阶段的才出程度。这说明蒸汽中添加烟道气后有助于改善蒸汽驱的开发效果，大幅度降低含水率，使产油量有了明显的增加。烟道气的注入有利于促进蒸汽前缘继续向生产井推进，增加原油产量，降低含水率；烟道气的存在进一步加剧蒸汽超覆现象，一方面有利于动用顶部的剩余油及降低残余油饱和度，烟道气为非凝析气体而聚集于油藏顶部而降低顶部热损失。另一方面蒸汽的冷凝水主要是在油层底部运移，有利于动用底部的剩余油。且烟道气中 CO_2 埋入地层可实现二氧化碳埋存，减少碳排放。

参 考 文 献

[1] 彭通曙，郑爱萍，刘洪恩，等. 疆浅层稠油油藏氮气辅助蒸汽吞吐提高采收率研究与应用[J]. 新疆石油天然气，2009，5(3)：45-47.

[2] 孙国明，刘永建，赵法军，等. 低渗透油田蒸汽复合驱实验研究[J]. 大庆石油地质与开发，2007，26(5)：64-67.

[3] 李峰，张凤山，丁建民，等. 稠油吞吐井注烟道气提高采收率技术试验[J]. 石油钻采工艺，2001，23(1)：67-68.

[4] 付美龙，熊帆，张凤山，等. 二氧化碳和氮气及烟道气吞吐采油物理模拟实验[J]. 油气地质与采收率，2010，17(1)：68-73.

石西油田油气处理系统能耗分析与绿色低碳研究

申　亮　邢博文　蒲　良　徐先照

（中国石油新疆油田公司）

摘　要　坚持节能优先方针，绿色发展与高效发展将成为我国能源体系建设的未来方向。提高能源利用率、做好节能降耗工作，对解决能源问题有着十分重要的意义。降低原油脱水和天然气处理的能耗是油气处理系统发展的方向，本文统计分析了石西油田油气处理系统的能耗情况，并列举了相关的节能措施，进而降低系统能耗，向绿色低碳方向发展。

关键词　石西油田；油气处理系统；节能降耗；绿色；低碳

1　油气处理系统国内外现状

油气处理地面系统是油田地面工程的核心，目前油气处理系统存在的问题可概括为“两高”，即：能耗高和油气损耗高。能耗高指油气水处理能耗较高，油气损耗高指油气处理过程中损耗偏高。而油气处理的能源消耗费用占加工成本的30%左右，油气处理系统的碳排放量则占油田生产系统的80%左右。随着油田推动绿色低碳转型发展，油气处理系统要坚持走低投入、低消耗、低排放、高效率的节能发展之路。

2　石西油田油气处理系统概况

石西油田油气处理系统分为油系统、气系统、采出水系统和辅助系统。油系统始建投产于1997年11月份，于2021年11月完成原油密闭和稳定系统的改造，由沉降罐分离脱水改造为游离水脱除器脱水，改造后规模为180万吨/天；气系统于1998年10月建成投产两套独立的50万方/天的处理装置，处理能力100万方/天。2018年5月更新两台电驱原料气压缩机，2018年7月更新一台电驱丙烷压缩机；采出水处理系统处理设计量为2600m^3/年；辅助系统包含消防系统、供热系统和仪表风系统。

2.1　油系统沉降罐分离脱水与游离水脱除器脱水能耗对比

游离水脱除器脱水采用“高效聚结游离水脱除器+相变加热炉+高效聚结热化学脱水器”脱水工艺，新增耗电设备合计功率约1300kW，正常运行增加耗电负荷约700kW（图1）。

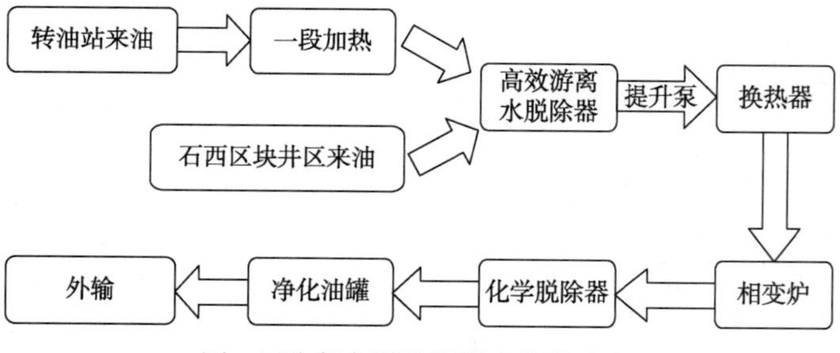

图1　游离水脱除器脱水简化流程

沉降罐分离脱水的交油方式为静态交油，即产品油交出前要打入净化油罐沉降48小时后再交出，同时还要保证交油温度（根据相关标准冬季交油温度>50℃，夏季交油温度>45℃），因此造成了大量的热量损失。游离水脱除器脱水的交油方式为动态交油，即产品油过原稳塔之后，直接经净化油罐动态交出，出塔温度基本为交油温度，减少了热量的损失。为了回收能量，压缩机出口换热器冷却介质采用油系统的含水原油，既能降低压缩机出口的气相温度，又可以将油系统的含水原油进行预热，降低原油处理系统相变加热炉的负荷，提高能量的利用率。

油系统游离水脱除器脱水与沉降罐分离脱水能耗数据对比及原因分析（表1）。

表 1　2021 年和 2022 年油系统能耗数据对比

	游离水脱除器脱水 2022 年耗电量	游离水脱除器水 2022 年耗气量	沉降罐分离脱水 2021 年耗电量	沉降罐分离脱水 2021 年耗气量
年耗能	50 万/kW · h	400 万方	80 万/kW · h	370 万方
费用	22 万元	460 万元	35.2 万元	425.5 万元
换算燃烧标煤	6.15 万千克	440 万千克	9.84 万千克	407 万千克
碳排放	155.9 吨	11440 吨	255.8 吨	10582 吨
能耗费用合计	游离水脱除器脱水	482 万元	沉降罐分离脱水	460.7 万元
碳排放合计	游离水脱除器脱水	11595.9 吨	沉降罐分离脱水	10837.8 吨
闪蒸出原料气	328.5 万方		109.5 万方	

虽然能耗指标略有上升，但是原稳密闭改造使作业区集输密闭率达到了 80%，原油稳定率达到了 100%。并且新增的原稳塔可以利用负压闪蒸技术，将原油中的原料气蒸出，比沉降罐分离脱水每天可多蒸出 6000 方原料气，输进气系统进行再次处理，增加了效益。

2.2 电驱压缩机与气驱压缩机耗能对比

对电驱压缩机和气驱压缩机进行了能耗检测，并对比(表 2)。

表 2　电驱与气驱压缩机年能耗数据对比

机组	电驱原料气压缩机组		电驱丙烷压缩机组		气驱原料气压缩机组		气驱丙烷压缩机组	
设备	原料气压缩机	空冷器机泵等	丙烷压缩机	空冷器机泵等	原料气压缩机	空冷器机泵等	丙烷压缩机	空冷器机泵等
耗能	800 万 kW · h	44.7 万 kW · h	389 万 kW · h	36.8 万 kW · h	285 万方	70.1kW · h	133 万方	56.9kW · h
费用	352 万元	19.7 万元	171.2 万元	16.2 万元	327.8 万元	30.8 万元	153 万元	25 万元
换算燃烧标煤	98.4 万千克	5.5 万千克	47.8 万千克	4.5 万千克	313.5 万千克	8.6 万千克	146.3 万千克	7 万千克
碳排放	2558.4 吨	143 吨	1242.8 吨	117 吨	8151 吨	22.4 吨	3803.8 吨	182 吨
机组	电驱原料气压缩机组		电驱丙烷压缩机组		气驱原料气压缩机组		气驱丙烷压缩机组	
能耗费用合计	371.7 万元		187.4 万元		358.6 万元		178 万元	
机组	电驱原料气压缩机组		电驱丙烷压缩机组		气驱原料气压缩机组		气驱丙烷压缩机组	
碳排放合计	2701.4 吨		1359.8 吨		8173.4 吨		3985.8 吨	

电驱压缩机与气驱压缩机在满足流程的情况下，电驱原料气压缩机一年耗电电费比气驱原料气压缩机耗气费用多 3.5%，但是 CO_2 排放减少 66.9%；电驱丙烷压缩机一年耗电电费比气驱丙烷压缩机耗气费用多 5%，但是 CO_2 排放减少 66.3%。

3　能耗统计与分析

3.1 基本能耗情况统计与能耗成本对比

经查相关数据，整理出 2022 年油气处理系统能耗统计表并与公司平均能耗成本进行对比(表 3)。

表 3　2022 年系统能耗数据级能耗成本数据对比

系统	合计功率	每年耗电	每年耗气	相当于标煤燃烧量	CO_2 排放
气系统	25286kW	2560 万 kW · h	970 万 m^3	1381.9 万 kg	35929.4 吨
油系统	7573kW	50 万 kW · h	400 万 m^3	446.2 万 kg	11595.9 吨
采出水系统	838.5kW	150 万 kW · h	0	18.5 万 kg	481 吨
辅助系统	9750kW	10 万 kW · h	165 万 m^3	182.7 万 kg	4750.2 吨

续表

系统	合计功率	每年耗电	每年耗气	相当于标煤燃烧量	CO_2排放
全系统合计	43447.5kW	2850万kW·h	1535万m^3	2029.4万kg	52764.4吨
指标	单位	成本	新疆油田公司平均值		对标结果
注水单耗	千瓦时/吨	5.11	6.66		优于公司平均值
集输单耗	千克标煤/吨	12.83	16.03		优于公司平均值
天然气处理单耗	千克标煤/万立方米	491.77	340.14		低于公司平均值

对系统内全部耗能设备进行统计，按照耗能功率统计出图2、图3。

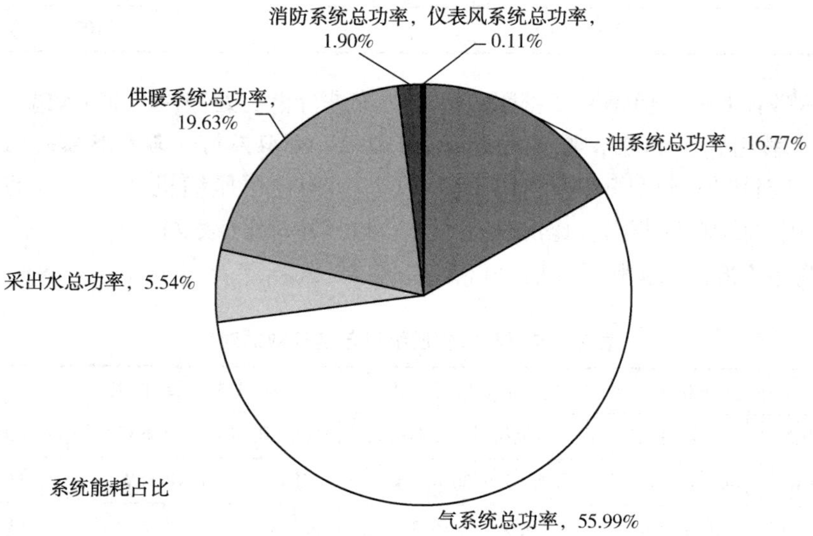

图2 系统能耗占比

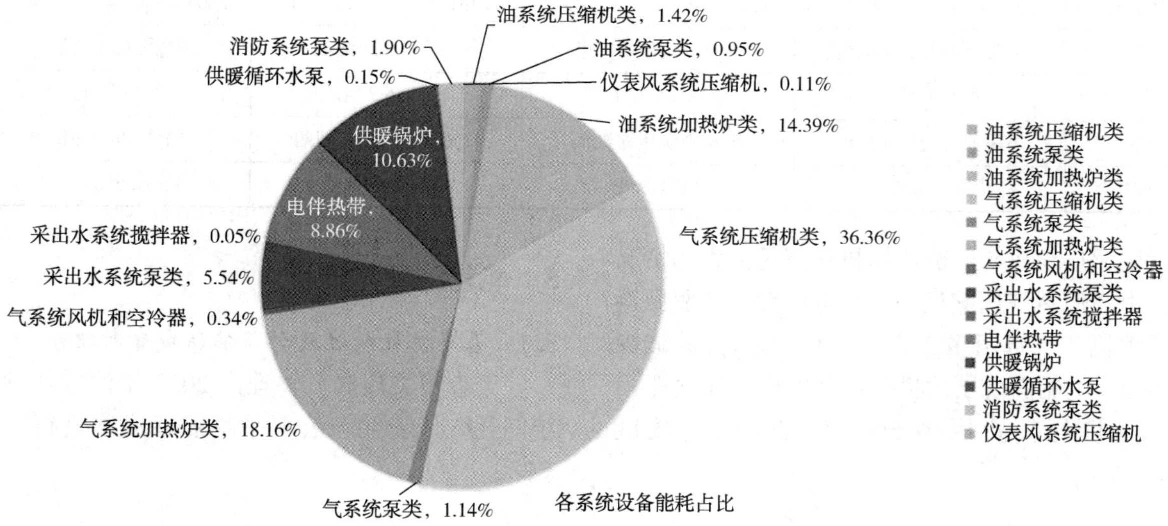

图3 各系统设备能耗占比

图中可直观地观察到系统中各部分耗能的占比情况和系统各设备能耗的占比情况。气系统能耗占全系统能耗的56%左右，占比最高。供暖锅炉和电伴热带的能耗一共占比20%左右，但是这两类设备只有在冬天时才会投用。油系统能耗占比有16%，其中主要是由于5台加热炉的耗能较高，泵类的耗能仅占1.4%。消防系统能耗占比少，且消防系统只有在定期消防演习和检查时才投用。

3.2 节能分析

（1）油系统耗能与环境温度、产量关系统计分析

按月份统计 2022 年油系统的耗电和耗气情况，并与 2022 年各月份的环境温度和产量进行对比，从中分析出耗能情况与环境温度和产量的关系（图 4~图 7）。

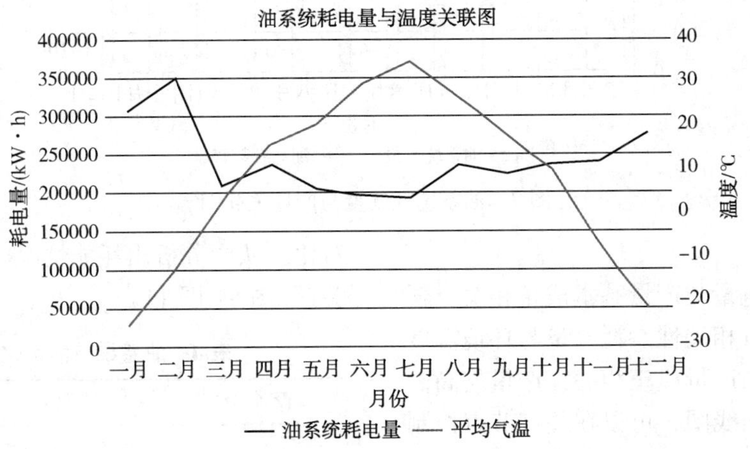

图 4　油系统耗电量与温度关联图

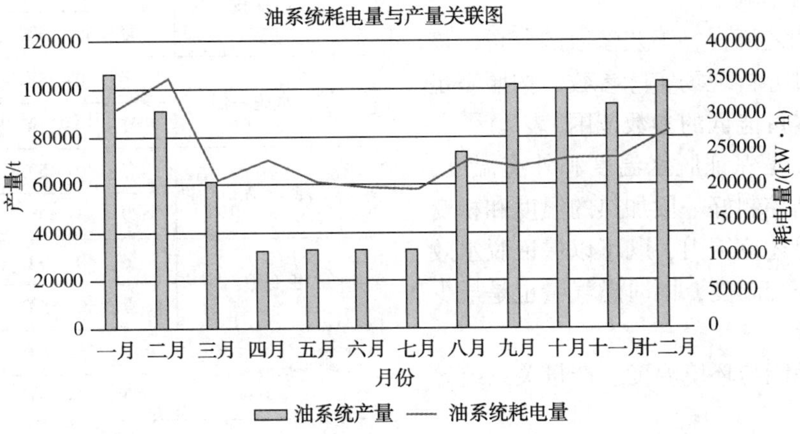

图 5　油系统耗电量与产量关联图

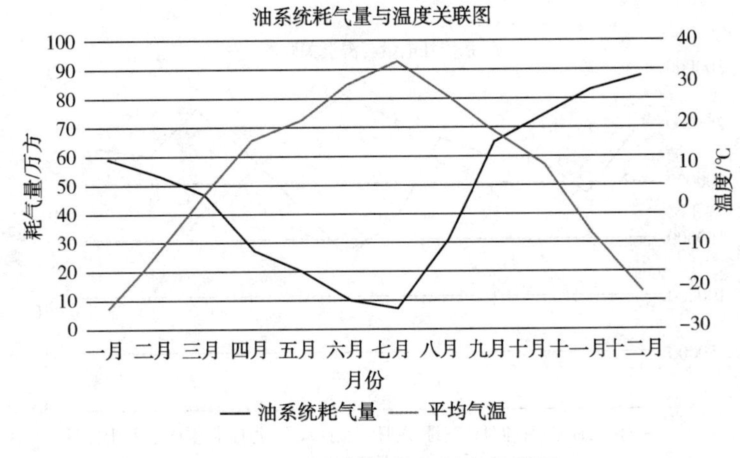

图 6　油系统耗气量与温度关联图

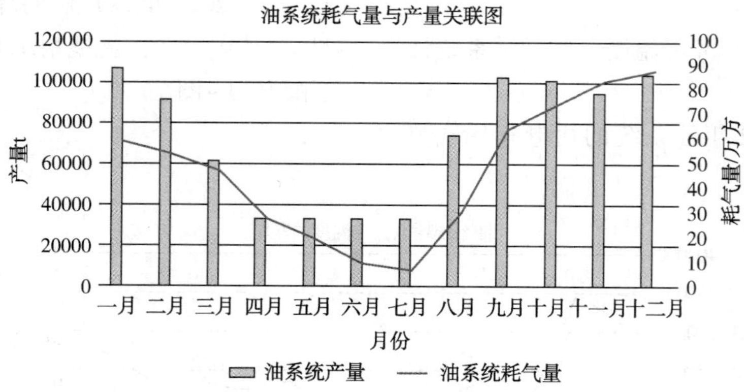

图7　油系统耗气量与产量关联图

油系统分析：

(1) 油系统耗电量与产量基本成正相关，耗电量与环境温度没有相关性。耗气量与环境温度成负相关，耗气量与产量成正相关，产量越高。

(2) 通过分析曲线图，可以在关键节点控制好温度来控制耗电和耗气量：使冬季的峰值尽量降低；维持夏季的低谷；控制春季降低的斜率增大，秋季上升的斜率减小。

通过对现场工艺流程、工艺参数的分析，该运行参数表是经过分析现场实际参数，按照满足生产要求且能耗尽可能低的参数范围(表4)。

原油处理主要是保证脱水温度和外交温度，在冬季和夏季分别控制好一段加热的温度和相变炉加热的温度在上述范围内，既可以保证脱水效果，也可以达到外交温度，同时燃气量也是最少的，从而节约能源。

(2) 气系统耗能与环境温度、产量关系统计分析

按月份统计2022年气系统的耗电和耗气情况，并与2022年各月份的环境温度和产量进行对比，从中分析出耗能情况与环境温度和产量的关系(图8~图11)。

表4　油系统节能优化后工艺参数

设备名称	温度	备注
管汇出口温度	冬：23~30℃	
	夏：25~35℃	
一段加热	冬：55~60℃	脱水关键节点，控制温度
	夏：50~55℃	
游离水脱除器	冬：30~35℃	
	夏：20~25℃	
换热器	冬：40~45℃	
	夏：35~40℃	
相变炉	冬：60~65℃	脱水关键节点，控制温度
	夏：50~55℃	
热化学脱除器	冬：55~58℃	
	夏：45~58℃	
外输	冬：50~52℃	
	夏：43~45℃	

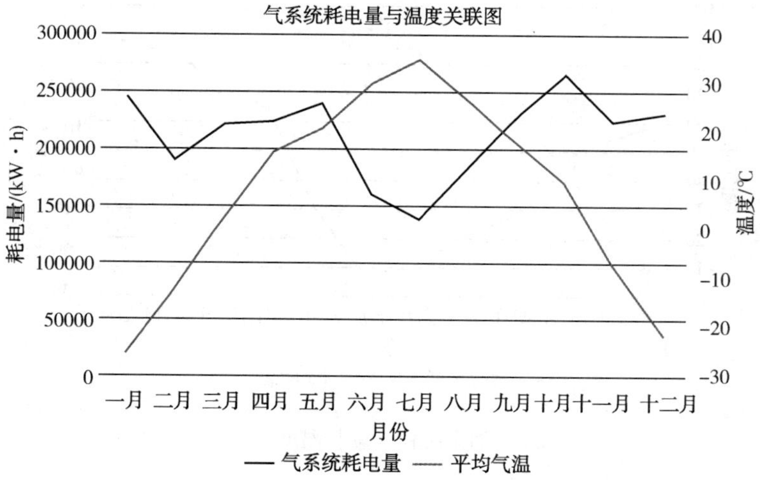

图8　气系统耗电量与温度关联图

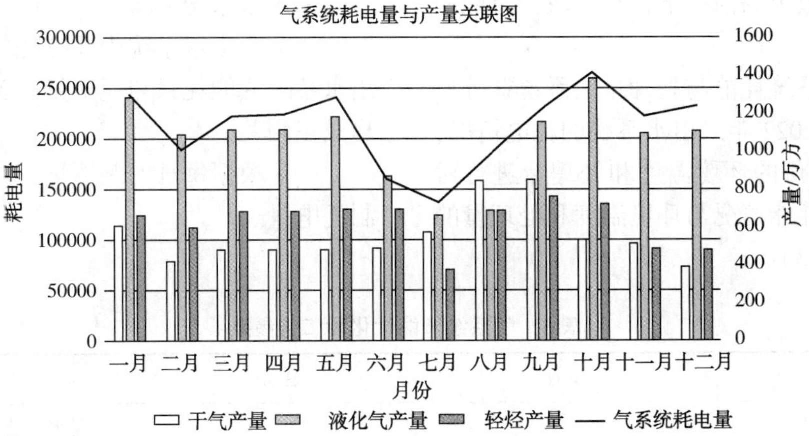

图 9　气系统耗电量与产量关联图

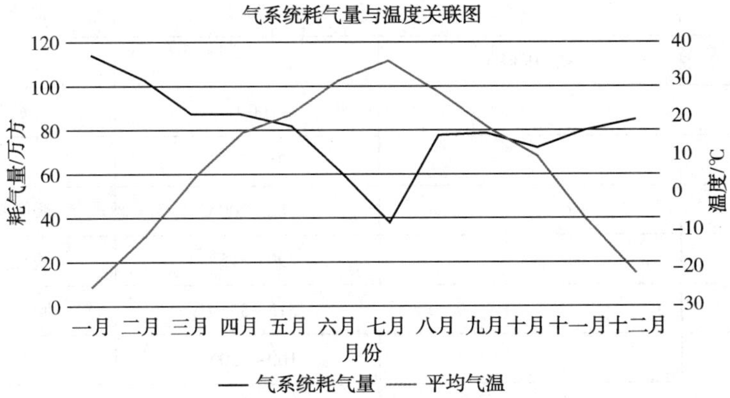

图 10　气系统耗气量与温度关联图

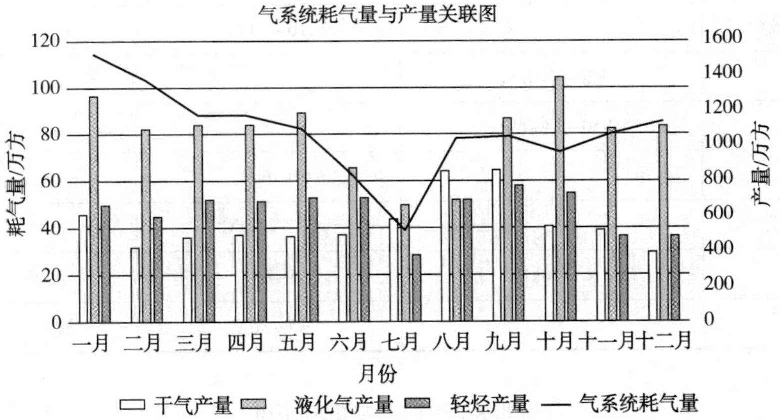

图 11　气系统耗气量与产量关联图

气系统分析：

(1) 耗电量与产量成正相关；耗气量与温度成负相关，与产量成正相关。

(2) 通过分析曲线图，在关键节点控制耗电和耗气量：冬季的峰值尽量降低；维持夏季的低谷；控制春季降低的斜率增大，秋季上升的斜率减小。

通过对现场工艺流程、工艺参数的分析，该运行参数表是经过分析现场实际参数，按照满足生产要求且能耗尽可能低的参数范围(表 5)。

天然气处理的关键是脱水和分离效果，将水从原料气中脱出，将不同的组分从原料气中分离出来。要保证脱水效果，就要控制好盐浴炉、导热油炉的温度和再生气量；要保证产品的分离效果，则需要通过控制丙烷制冷的温度和节流阀后气体的温度来提高分离效果。以上工艺参数是在保证脱水和分离效果的前提下，相对较为节能的工艺参数。

(3) 采出水系统耗能与处理量关系统计分析

按月份统计2022年采出水系统的耗电情况，并与2022年各月份的环境温度和处理量进行对比，从中分析出耗能情况与环境温度和处理量的关系(图12、图13)。

采出水系统分析：

(1) 采出水系统中没有耗气的设备，因此采出水系统的能耗只与耗电量有关。耗电量与外输量成正相关。

(2) 根据每日的配注量，调节泵的频率，控制耗电量。

表5　气系统节能优化后工艺参数

设备名称	压力	温度	备注
原料气总管压力			脱水关键节点，控制温度
原料气一级压缩机	<1200kPa		
一级空冷		50℃	脱烃关键节点，控制温度
原料气二级压缩机	<3700kPa		
二级空冷		60℃	脱烃关键节点，控制温度
吸附塔		35~55℃	
低温位导热油炉		180~200℃	脱烃关键节点，控制温度
高温位导热油炉		290~315℃	脱烃关键节点，控制温度
盐浴炉		315~335℃	脱水关键节点，控制温度
导热油炉		160~180℃	脱水关键节点，控制温度
气体精馏塔	2800~3500kPa	−55~−70℃	
脱乙烷塔塔顶		−30~30℃	
脱乙烷塔塔底重沸器		10~40℃	
脱乙烷塔	320~440kPa		
脱丁烷塔	850~1300kPa		
脱丁烷塔塔顶		50~60℃	
脱丁烷塔塔底重沸器		130~140℃	
再生气空冷器	<1700kPa	55~60℃	
丙烷空冷		−5~30℃	脱烃关键节点，控制温度

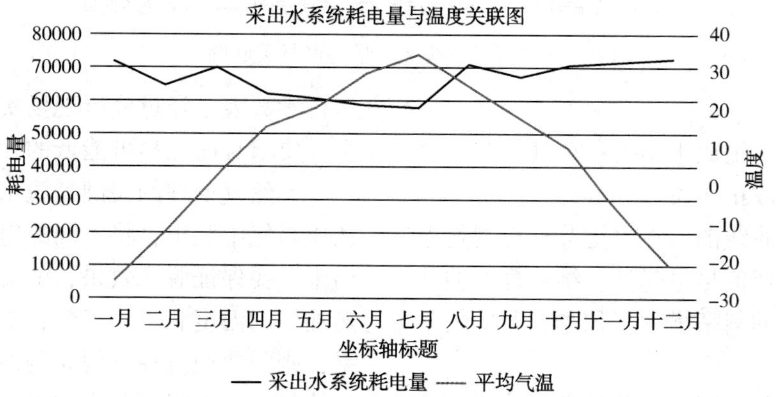

图12　采出水系统耗电量与温度关联图

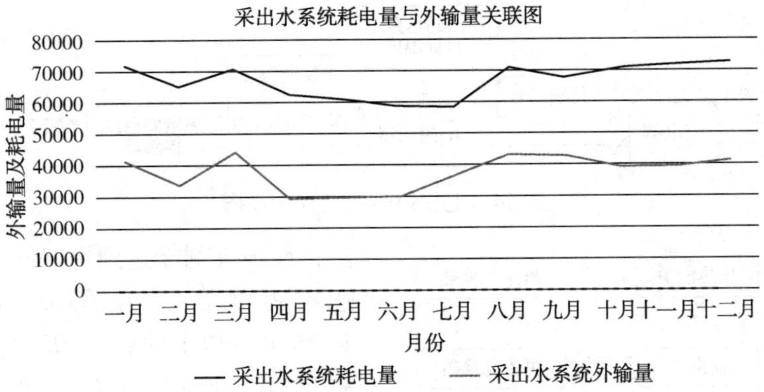

图13 采出水系统耗电量与处理量关联图

4 绿色低碳研究

4.1 装置电伴热的间歇加热的研究

电伴热具有装置简单，发热均匀，控温准确，节约水资源、无环境污染，热交换效率高，设计、安装、维护工作量小等突出优点。系统内共计132处电伴热带，大约共4000米。使用的电伴热带均为自控式电伴热带，额定电压为220V，额定电流为40A。实现对电伴热带的间歇启停控制，尽可能的减少热量的浪费。

现在站内电伴热带在冬季都是常开状态，再加上有保温层的保温，所以管线温度相对较高。根据现场经验估计，统计出电伴热带间歇加热节能统计表如下：（该分析只是将电伴热带都统一化做出的估算，每段电热带的情况都不一样，具体情况要根据该电伴热带的实际位置、作用和流动介质等来估算开关时间）(表6)。

表6 电伴热带间歇加热节能统计表

月份	最低气温/℃	间歇控制时间/h	节省电能/kW·h	节约电费/万元	换算标煤/万kg	减少碳排放t
11月	-15	开启2个小时 关闭2个小时	5.75万	2.53	0.71	18.46
12月	-25	开启3个小时 关闭1个小时	2.96万	1.3	0.36	9.49
1月	-31	24小时运行	0	0	0	0
2月	-17	开启2个小时 关闭2个小时	5.37万	2.36	0.66	6.13
3月	-5	开启1个小时 关闭3个小时	8.92万	3.93	1.10	10.15
汇总		共关闭1440小时	23万	10.12	2.83	73.6

但是通过人为控制又增加很多工作量。于是可以将每段电伴热带加装PID自动控制系统。组成有PID控制器、继电器、热电偶温度传感器。提前设定好PID控制器的目标温度，热电偶温度传感器将管道的温度传回PID控制器后，当温度达到时，传输信号给继电器，切断电伴热带开关；当温度过低时，传输信号给继电器，打开电伴热带开关，从而实现自动控制(图14)。

4.2 气系统夏季一、二号装置共用导热油炉的研究

一号装置的流程是采用导热油炉对导热油进行加热，在再生气换热器中与再生气进行换热，二号装置的流程则是用盐浴炉对再生气进行加热。夏季环境温度高，考虑将一、二号装置的流程合并，即再生气都使用一号装置的流程，通过与导热油换热来提高温度。这样就可以停掉二号装置的盐浴炉来实现节能减排(图15)。

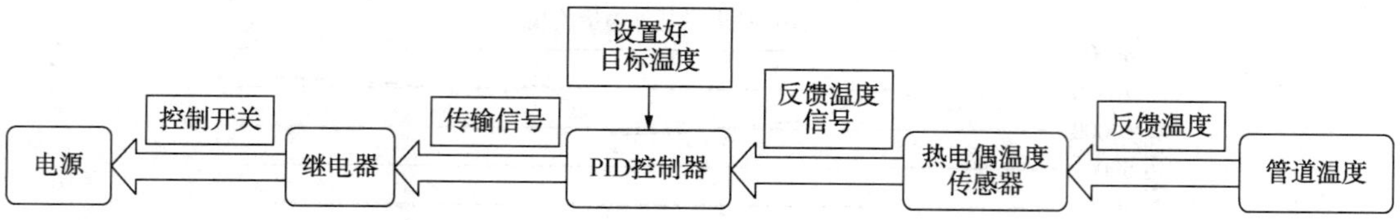

图 14　电伴热带自动控制简图

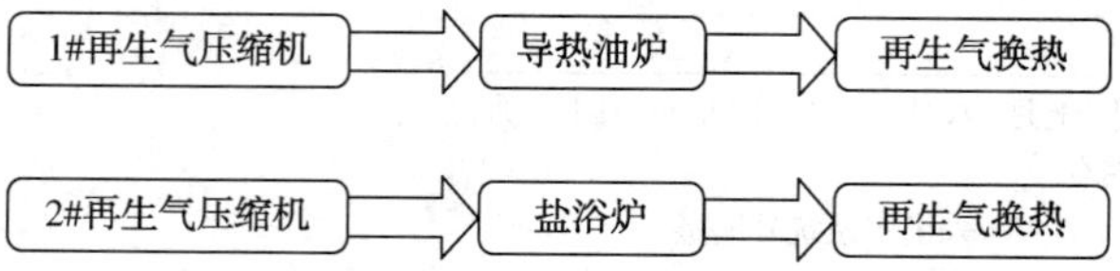

图 15　一、二号装置再生气加热部分简化流程图

利用 Hysys 软件模拟一号装置再生气的不同气量，所需提高的温度(表 7)。

表 7　模拟一号装置不同进气量的所需热量

气量	所需热量
8 万方/天	77.9 万千焦/小时
9 万方/天	87.6 万千焦/小时
10 万方/天	97.4 万千焦/小时
12 万方/天	116.8 万千焦/小时

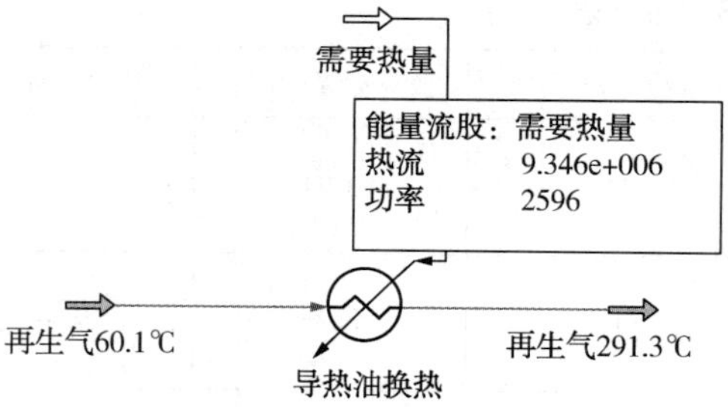

图 16　Hysys 软件模拟(部分)

已知导热油炉每小时约耗气 100 方，效率约为 87%，换热器换热效率按 50%计算，则导热油经过导热油炉加热后，再经换热器，可以提供的热量约有 100 万千焦热量。因此，当每天气量小于 10 万方时，1、2 号装置可以共用流程。

如果后期气量递减启用该方案，一年可节省耗气 29.3 万方气，节省 33.7 万元，相当于减少燃烧 322t 标煤的热量，减少排放 837.4t CO_2。

4.3　油系统夏季停用一段加热炉的研究

油系统一段加热炉的作用是给含水原油加热，使破乳剂能达到更好的效果，一般油温需要达到 30 度左右。夏季环境温度高，环境温度达到 35 度及以上的有 30 天左右。当环境温度达到 35 度时，此时的油温也会保持在 30~32 度左右。因此在夏季环境温度达到 35 度的时候，即可停掉一段加热炉。一年大约可减少耗气量 10 万方，节约燃气费 11.5 万元，换算标煤减少 11 万吨，减少碳排放 28.6 万吨

4.4　错峰用电研究

现阶段造成电力供应紧张的主要原因是高峰负荷过高，电网峰谷负荷差很大，在高峰时受电源供应、电网输送能力的限制造成用电高峰期间的电力供应缺口。采取错峰用电：一是降低了高峰用电负荷，保障电网在高峰时期的安全运行；二是通过错峰用电将高峰负荷部分转移到低谷时期，使周期性波动的电网负荷变得更为均衡，有利于提高发供电设备的利用率，减少发供电设备的建设投入，优化电力资源配置；三是通过错峰用电，将提高电力供应整体的效率与效益，节约能源，最终降低用电成本，对用电企业、对社会经济发展都有重大的意义。

经研究发现，系统内螺杆排泥泵、排污泵、机油泵、防冻液泵等非常开且启用时段较为自由的设备可在电力低峰时段运行；采出水系统中污泥浓缩罐去废液池的污泥泵和去调储罐的反洗泵也可以在电力低峰时段运行。

根据其他城市错峰用电施行计划，一般错峰用电低峰时段为夜间 8 个小时，低峰时段用电费用约为正常电费的 50%。如果实行错峰用电，以上设备可在夜间开启，预计每年可节省电费 20 万元。

4.5　绿色低碳研究汇总

绿色低碳研究汇总见表 8。

表 8　绿色低碳研究汇总

绿色低碳研究	减少耗气量/m^3	减少耗电量/kW·h	减少费用/元	换算标煤/t	减少碳排放/t
电伴热带间歇加热	0	23 万	10.12 万	28.3	73.6
气系统一、二号装置共用导热油炉	29.3 万	0	33.7 万	322	837.4

续表

绿色低碳研究	减少耗气量/m^3	减少耗电量/kW·h	减少费用/元	换算标煤/t	减少碳排放/t
油系统夏季停用一段加热炉	10万	0	11.5万	11	28.6
错峰用电	0	0	20万	0	0
汇总	39.3万	23万	75.32万	361.3	939.6
已采取措施	减少耗气量 m^3	减少耗电量	减少费用	换算标煤 t	减少碳排放 t
油系统改造	+30万	-30万	+22.7万	+293.6	+763.4
气系统压缩机气改电	-3372.6万	+1544万	-3199万	-3519.1	-91295.3

5 相关建议及后续工作

(1) 实际践行绿色低碳观念，将节能降耗落实到现场生产中。在日常生产和工作中，要具备节能降耗的意识，将节能从生产中的一点一滴做起。

(2) 精确计量，精准分析，及时发现问题。在统计分析的过程中，发现站内相关计量仪表不全，后期应将此类仪表补全，可以做到能够精确计量中心内的能耗情况。另外，上述部分低碳研究仍处于估算阶段，后续应采用其他方法，能精确地计算出相关数据。

(3) 制定相关管理规定，将节能降耗系统化、长期化。调动全员的积极性，将节能降耗的观念深入人心。同时制定科学规范的考核管理体系，把节能工作当做常态化管理，长期的运行和执行下去。

参 考 文 献

[1] 王利华. 油气集输系统节能探讨[J]. 经营管理者, 2010, (21).
[2] 沙力妮. 油气田节能评估项目耗能设备计算方法分析[J]. 石油石化节能, 2021, (11-6).
[3] 雷英. 天然气处理厂节能减排对低碳经济的推动作用[J]. 石油与天然气化工, 2011, (40-4).

海外油气业务 ESG 环境信息披露指标优化研究

赵成斌　杨意峰　田慧颖　于佳禾

(中国石油天然气勘探开发公司)

摘　要　ESG 于 2004 年在联合国倡导下首次被提出，近年来逐渐受到各国政府和监管部门重视。文章主要围绕国内外 ESG 信息披露相关标准指引，结合油气行业关注的重要环境问题，提出各类型海外企业(有控股权、等权联合管理与小股东参股企业)的 ESG 环境管理信息披露推荐指标体系，为满足海外企业各利益相关方持续增长的知情需求做好工作准备，并为海外油气业务环境风险的有效管控提供支撑。

关键词　ESG；环境绩效；信息披露；海外油气业务；环境管理

1　ESG 概念的提出与信息披露概况

2004 年，在联合国倡导下 ESG 概念首次被提出。近年来，ESG 逐渐受到各国政府和监管部门重视。ESG 是 Environment(环境)、Social(社会)和 Governance(治理)的缩写。ESG 体系是关于表示环境、社会和治理的一套具体标准，包含了 ESG 信息披露、ESG 评估评级、ESG 投资指引三个维度(见图 1)。其中，ESG 信息披露居于 ESG 体系的核心，完善的信息披露制度是开展 ESG 评价和 ESG 投资的信息依据。从企业层面看来，将 ESG 体系融入企业的管理运营不仅能体现企业的社会责任感，更大作用是帮助企业抵御外界经营环境快速变化带来的风险。尤其是在落实"双碳"目标和应对国际气候变化挑战的大背景下，ESG 将有效助力企业生产经营活动中节能减排、降碳减污、资源利用等环境绩效的达成。

目前，国内外常见的 ESG 信息披露标准指引主要由政府监管部门、国际组织、行业机构发布。同时，在交易所层面，各国证券监管部门也逐步形成了自己的 ESG 向欧盟向披露标准和要求，当前信息披露原则主要有强制+自愿披露、强制披露、自愿披露三种。

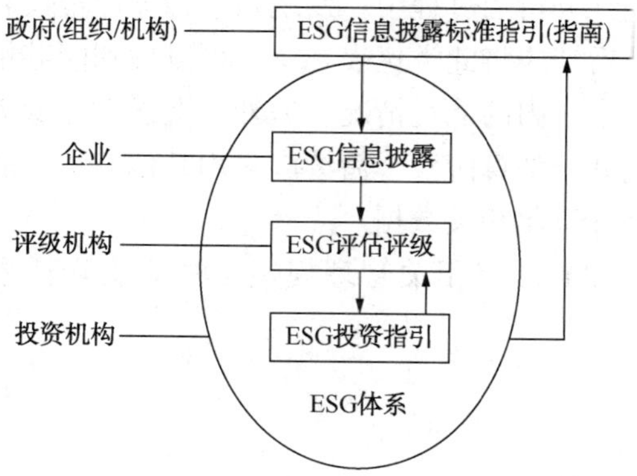

图 1　ESG 体系示意

1.1　国际主要 ESG 信息披露标准指引

目前，已有多个国际组织和机构、主要国家发布了 ESG 信息披露相关标准指引，见表 1。其中，国际上广泛使用的 ESG 框架是联合国责任投资原则(PRI)和全球报告倡议组织的可持续发展报告指引(GRI)。

表 1　主要国际组织和机构、国家发布的 ESG 信息披露相关标准指引

国际组织/国家	标准指引	ESG 信息披露侧重点
国际可持续准则理事会(ISSB)	国际财务报告可持续披露准则	可持续发展风险和机遇监控，风险管理方法与目标；气候披露相关风险与机遇信息
联合国责任投资原则机构(UN PRI)	联合国责任投资原则(PRI)	环境、社会和治理因素对投资价值的影响
全球报告倡议组织(GRI)	可持续发展报告指引	可持续发展绩效表现
国际标准化组织(ISO)	ISO26000 社会责任指引	生产实践活动中的社会责任
可持续发展会计委员会(SASB)	可持续会计准则	影响财务问题的可持续发展

续表

国际组织/国家	标准指引	ESG信息披露侧重点
全球环境信息研究中心(CDP)	CDP碳披露项目框架	气候变化、森林、水资源
气候相关财务信息披露工作组(TCFD)	TCFD四要素气候信息披露框架	气候变化对上市公司财务影响
气候披露标准委员会(CDSB)	环境与气候变化披露框架	环境议题
欧盟《企业可持续性报告指令》(CSRD)	CSRD企业可持续性报告指令	环境保护
美国证监会(SEC)	上市公司气候数据披露标准草案	温室气体排放和气候变化相关风险信息

1.2 我国ESG信息披露标准指引

我国ESG体系发展还处于起步阶段，企业信息披露环境和数据基础较薄弱，ESG信息披露标准仍以政府监管部门引导为主，见表2。在信息披露范围方面，我国与其他国家和地区一样，对企业环境指标要求相对严格，而在社会和公司治理指标方面，企业可以选择性披露相关信息。在披露标准方面，我国没有对ESG报告的披露标准和格式作出明确规定，仅对报告内必须披露的内容作了相关要求。

表2 我国部分监管部门及组织发布的ESG信息披露相关标准指引

组织/部门	标准指引	时间
生态环境部	《关于加快推进企业环境行为评价工作的意见》	2005年
	《企业环境行为评价技术指南》	2005年
	《企业环境信息依法披露管理办法》	2022年2月
中国证监会	《上市公司治理准则》	2002年(2018年修订)
	《上市公司投资者关系管理工作指引》	2022年5月
上海证券交易所	《关于加强上市公司社会责任承担工作的通知》	2008年
中国证券投资基金业协会	《绿色投资指引(试行)》	2018年
香港联合交易所	《环境、社会和治理指引》	2012年
国资委	《提高央企控股上市公司质量工作方案》	2022年5月
中国企业改革与发展研究会	《企业ESG披露指南》(T/CERDS 2—2022)	2022年4月

2 海外油气业务ESG环境管理信息披露优化研究

中油国际公司是中国石油集团公司负责海外石油天然气勘探开发、炼油化工、管道运营、LNG业务等全产业链归口管理的专业公司，在全球30个国家管理和运营着85个油气合作项目。经过30年的艰苦创业和快速发展，中国石油海外业务建立了较为完备、符合国际通行惯例的环境管理体系，主要通过环境绩效月报、年报的方式，面向海外有控股权的单位进行环境管理数据收集与环境管理监督监管。然而，随着全球可持续发展的不断深化以及对油气行业环境、社会、治理等方面社会责任信息的日益关注，中油国际公司有必要结合当前国内外ESG信息披露要求，基于公司整体发展愿景与长期目标，进一步完善既有环境绩效体系内容，在目前主要关注有控股权单位的基础上，同时兼顾等权联合管理与小股东单位，以实现对各类型海外单位的有效环境管理，并为规范的环境管理信息披露做好工作准备。

2.1 ESG环境管理信息披露指标体系研究思路

国际石油工业环境保护协会(IPIECA)和美国石油协会(API)在高度契合全球报告倡议组织(GRI)《可持续发展报告指南》的一般性报告框架的前提下，结合油气业务生产经营特点，于2005年4月共同推出了《石油与天然气行业可持续发展报告指南》(Oil and Gas Industry Guidance on Voluntary Sustainability Reporting，简称《指南》)。本次研究以《指南》为重要参考依据，对中油国际公司环境管理信息披露指标进行了初步的探索研究。

（1）指标体系筛选原则

结合油气行业关注的重要环境问题，主要基于如下原则识别拟纳入统计的环境绩效指标：

① 清晰、可信地呈现环境绩效表现；

② 基于可被证明或验证真实性的信息；

③ 采用获得公认的计算方法获得；

④ 符合公开的行业标准和国际规范。

（2）指标体系筛选

《指南》总体包括21个可持续发展事项（包括公司治理、气候变化与能源、环境、健康安全、社会5大方面），并具体分为42个绩效指标。本次研究主要围绕环境管理相关的“气候变化与能源”与“环境”事项，进行了指标的识别与筛选。具体见表3。

表3 油气行业通常使用的环境绩效指标

序号	类别	具体事项	对应指标	指标要素性质
1	气候变化与能源	气候策略和风险	气候治理与策略	定性
2			气候风险与机会	定性
3		技术	低碳技术	定性
4		排放	温室气体排放	定量
5		能源消耗	甲烷排放	定性/定量
6		放空燃烧	能源消耗	定性/定量
7			放空废气	定性/定量
8	环境	水	新鲜水	定量
9			废水排放	定性/定量
10		生物多样性	生物多样性政策与策略	定性
11			生物多样性保护的保护区和优先区	定性/定量
12		废气	废气排放	定性/定量
13		泄漏	环境泄漏	定性/定量
14		物料管理	物料管理	定性/定量
15		退役	退役	定性/定量

（3）指标统计边界

参照国际石油工业环境保护协会（IPIECA）和全球报告倡议组织（GRI）的温室气体排放统计原则，环境绩效指标通常涉及三种统计边界（参见表4）：

① 运营边界

该统计方式只考虑有控股权企业对环境的影响，不论在运营实体中所占股比大或小，所有的环境影响都被计入绩效指标中。通常如下资产被纳入运营边界的统计范围：

——公司是运营实体的作业者，包括独立作业者、其他公司的承包作业者，或合资公司的作业者；

——运营实体为等权联合管理项目，由合资伙伴进行作业，但公司可以做合资公司的管理/作业决策。

② 资产边界（或股权边界）

该统计方式涵盖有控股权与非控股权企业的环境影响，环境绩效指标的核算会根据说占股比进行折算。通常温室气体排放相关的数据会涉及资产边界统计方式。

③ 总部层面

一般涉及体系、政策、程序方面的指标。

2.2 海外油气业务ESG环境管理信息披露推荐指标体系

基于前述分析，并调研国际知名油公司的可持续年报、ESG披露数据，结合中油国际公司海外业务面临的主要环境问题，形成海外油气业务ESG环境管理信息披露推荐指标体系，参见表5。

表4　环境绩效指标及通常对应的统计边界

序号	类别	对应指标	运营边界	资产边界	总部层面
1	气候变化与能源	气候治理与策略			√
2		气候风险与机会			√
3		低碳技术			√
4		温室气体排放	√	√	
5		甲烷排放	√	√	
6		能源消耗	√		
7		放空废气	√		
8	环境	新鲜水	√		
9		废水排放	√		
10		生物多样性政策与策略			√
11		生物多样性保护区与优先区	√		
12		废气排放	√		
13		环境泄漏	√		
14		物料管理	√		
15		退役	√		

表5　海外油气业务ESG环境管理信息披露推荐指标体系

类别	指标	单位	不同类型企业的必要环境绩效指标		
温室气体排放	温室气体排放(范围1、范围2)	百万吨 CO_2 当量	√	√	√
	范围1二氧化碳排放量	百万吨 CO_2 当量	√	√	√
	范围1甲烷排放量	百万吨	√	√	√
	可持续温室气体排放减少量	百万吨 CO_2 当量	√	√	√
	火炬燃烧量	百万吨	√	√	√
	温室气体排放强度	吨 CO_2/原油当量桶	√	√	—
	总能源消耗量	千兆焦耳	√	√	√
	能耗强度	千兆焦耳/吨油气产量	√	√	—
	能源使用效率	生产/消耗损失	√	√	—
泄漏	B严重泄漏事件	起数	√	√	—
	大于42加仑的漏油事件(被控制、涉及水、涉及陆地)	起数	√	—	—
	漏油量(未清理、清理、其他)	吨	√	√	—
	化学品泄漏物质	—	√	—	—
	化学品泄漏次数	起数	√	—	—
	化学品泄漏量	吨	√	√	—
水	总淡水取水量，以及细分的饮用水、淡水(河流、湖泊、含水层)	百万立方米	√	√	√
	再生循环利用水处理量	百万立方米	√	—	—
	工业用水和蒸汽取用量	百万立方米	√	—	—
	在水资源紧张或短缺地区的总淡水采水量	%	√	√	√

续表

类别	指标	单位	不同类型企业的必要环境绩效指标		
水	淡水取用强度	吨取水量/吨生产量	√	√	—
	淡水消耗量	百万立方米	√	√	√
	淡水消耗强度	吨取水量/吨生产量	√	—	—
	总采出水量(包括细分类别：排放、回注、蒸发)	百万吨	√	√	—
	以泥浆和岩屑排放的石油	吨	√	√	√
	钻井用化学品	吨			
	除钻井用化学品	吨			
	排放水中含油量	吨	√	√	√
	排放水中碳氢化合物	毫克/升			
废气	总废气排放量	千吨	√	√	√
	氮氧化物	千吨	√	√	√
	硫氧化物	千吨	√	√	√
	非甲烷总烃	千吨	√	√	√
	甲烷类	千吨	√	√	√
废物	危险废物(不含深井产生)总量、场外回收量、处理量	湿吨	√	√	√
	非危险废物总量、场外回收量、处置量	湿吨	√	√	√
其他	环境保护投入	美元	√	√	—
	环境违规事件	起数	√	—	—
	环境违规罚款	美元	√	—	—
	环境污染事件	起数	√	—	—
	公众环保投诉事件	起数	√	—	—
	第三方验证 ISO14001 运营场地	%	√	—	—
	国际保护区域 20km 内作业场地	个数	√	—	—

3　海外油气业务 ESG 环境管理信息披露建议

2023 年 6 月，国际可持续准则理事会(以下简称“ISSB”)发布了《国际财务报告可持续披露准则第 1 号——可持续相关财务信息披露一般要求》及《国际财务报告可持续披露准则第 2 号——气候相关披露》，两份准则生效日期为 2024 年 1 月 1 日。这两份准则的发布，旨在要求运营企业披露可持续发展及气候变化相关的风险和机遇，并指导运营企业如何披露这些信息，帮助财务报告使用者(相关方)做出向运营企业提供资源的决策，意味着 ISSB 为 ESG 信息披露提供了一个统一标准。在全球日益关注运营企业绿色低碳发展与 ESG 信息披露的大背景下，海外油气业务环境管理应当积极行动，对标与国际主流 ESG 信息披露要求的差异，梳理内部管理体系及制度，完善环境管理信息披露指标体系，以适应各利益相关方持续增长的知情需求，保护和提升负责任国际石油公司形象。

参 考 文 献

[1] 黄世忠. 支撑 ESG 的三大理论支柱[J]. 财会月刊，2021(19)：3-10.

[2] 欧盟碳边境调节机制背景下我国企业 ESG 信息披露机制思考[J]. 中国能源，2022，(08)：47-54.

[3] 陈宁，孙飞. 国内外 ESG 体系发展比较和我国构建 ESG 体系的建议[J]. 发展研究，2019，(03)：59-64.

[4] 邓建平，白宇昕. 域外 ESG 信息披露制度的回顾及启示[J/OL]. 财会月刊：1-6，2022-06-08.

“双碳”目标下大庆喇嘛甸油田低碳示范园区建设实践与探索

李兴国　阚宝春　张建军　李　晶

（大庆油田有限责任公司）

摘　要　在国家“双碳”战略，中国石油“清洁替代、战略接替、绿色转型”及大庆油田公司全力打造千万千瓦级新能源基地的背景下，喇嘛甸油田结合特高含水开发及整装油田典型的代表性，利用有利的资源优势，全力探索建设喇北北块低碳示范区，以全面能源调查为基础，明确将灰电及天然气作为替代目标，提出了先节能降碳、再清洁替碳的整体规划思路，并结合油田用热的特点，提出了油田余热、地热、光热及电热多热能互补的整体部署，根据油田中部地区管网密度大，周边可利用土地多的特点，以最大发电量、最小弃电量为目标，对风光发电建设布局、规模等进行整体优化，最终实现区域的多能互补、供用能平衡及超高替代率，预期取得较好的社会及经济效益，具有可复制、可推广的重要意义，迈出了油田的绿色低碳转型最重要的一步。

关键词　低碳示范区；节能瘦身；清洁替代；新能源

1　引言

2020年9月22日，习近平总书记在第七十五届联合国大会上作出“中国将提高国家自主贡献力度，采取更加有力的政策和措施，二氧化碳排放力争于2030年前达到峰值，努力争取2060年前实现碳中和”。党的二十大报告提出“深入推进能源革命，加强煤炭清洁高效利用，加大油气资源勘探开发和增储上产力度，加快规划建设新型能源体系”[1]。2021年4月，中国石油提出“双碳”目标硬约束为导向的低碳转型发展路径，坚持“清洁替代、战略接替、绿色转型”三步走战略，力争2050年左右实现“近零”排放。大庆油田提出坚决构建清洁高效的能源体系，打造千万千瓦级新能源基地，2035年形成油、气、新能源“三足鼎力”发展格局。喇嘛甸油田是典型老区油田，位于大庆长垣最北端，是大庆油田最先进入特高含水开发的油田，根据预测，“十四五”期间，喇嘛甸油田能耗呈增长趋势，至2025年碳排放总量将达到174万吨，较“十三五”增长8.75%，结合“双碳”目标及急迫转型的需求，将全面开展新能源技术应用，实现老区高耗能采油厂向绿色能源发展的转型。

2　示范区特点

2020年底，通过综合对比大庆长垣老区及外围油田各独立的区块，根据喇嘛甸具备的可示范区、可推广特点，最终确定在喇嘛甸油田北北块开展低碳示范区建设，

2.1　油田节能瘦身工作基本完善

喇嘛甸油田全域已完成了“油藏、采油、地面”三大系统立体化和系统优化，节能瘦身主体工作基本完成，通过近十年系统化的节能工作，区块吨液单耗指标、注水单耗指标、机采举升单耗指标均处于大庆油田前列。

2.2　油田所在区域具有良好的新能源开发资源条件

喇北北块位于油田最北端，靠近油田边部，油田站场、管网密度相对小，油区边界清晰空旷，且具有良好的风、光、余热、地热和自有土地资源，区块毗邻老虎山生态园区，花草树木林立，具备开展植物碳汇条件。

2.3　围绕零碳排放管理具备一定组织管理基础

喇北北块一直是喇嘛甸油田节能示范区块，节能考评体系、配套组织机构完善，全员节能意识较高，“十三五”期间，累计节电12750万千瓦时、节约天然气3657万方。

2.4　油田生产系统具有代表性和推广能力

目前油田开发处于开发水聚并存阶段，机采系统多种机采方式优化组合，地面系统涵盖了从注入到采出的油田全部工艺类型，是典型的整装

油田，主流的集输系统掺水低温集输工艺，在长垣老区油田具有一定的代表性。

3　低碳示范区整体优化部署

3.1　确定清洁替代目标

为确定新能源工作的开展方向及替代目标，结合油田生产数据库，对全厂693座站库，逐站、逐台设备、逐项能耗参数、指标开展现场调查，落实能耗数据30余万条，全面摸清用能底数。根据调查，喇北北块2022年区域消耗总电量3.14亿千瓦时，消耗天然气4324万立方米，全年碳排放量为35.59万吨，其中天然气燃烧排放量9.35万吨，占比26.27%，购入电力排放量25.22万吨，占比70.86%，其他(逃逸)1.02万吨，占比2.87%。天然气燃烧及电力消耗为主要碳排放源，两者占比97.13%。根据能耗调查结果，减少碳排放主要是减少天然气及实施绿电替代，低碳示范区建设主要围绕用热及用电替代展开，实现区域低碳目标。

3.2　低碳示范区部署优化

3.2.1　总体思路

结合油田当前能耗情况及用能特点，示范区新能源建设的核心是“节能降碳、清洁替碳”，其中节能降碳，开展持续的对生产用能节能瘦身，以区域优化为基础、立体节能为途径、精细管理为手段，降低基础用能量和碳排放量，再进行清洁替碳，利用新能源为主的清洁能源替代传统化石能源，实现生产用能的清洁替代，进一步实现碳减排，最后再通过负碳技术吸收或埋存二氧化碳，达到“零碳”生产目标。

3.2.2　节能降碳部署优化

(1) 实施工艺流程再造

“十三五”期间，通过应用“三优一简(布局、规模、参数优化及工艺简化)”技术，将系统优化与产能建设、老油田改造项目统筹考虑，在新增油水井542口的情况下，通过实施大区域多系统的综合优化技术措施，形成了集中建站、建大站的系统布局，区域整体核减转油站、脱水站4座，各系统负荷率均得到有效提升，油气分离转液系统负荷率提升18.8%，脱水系统负荷率提升12.37%，注水系统负荷率提升1.03%，污水处理系统负荷率提升了6.7%，站场布局趋于合理，生产单耗达到了大庆油田较高水平，为继续深入系统优化，结合新能源建设实施工艺流程再造。

考虑常规双管掺水加热流程，工艺管网多，流程复杂，天然气消耗量大，为继续深化优化简化，结合新能源绿电的优势，优化部署实施集输系统工艺流程再造，规划在喇501转油站应用电加热取消常规燃气加热，通过绿电的接入，在井筒及井口的实施电加热，取消原站内的燃气加热炉，核减输送热水的掺水、热洗泵设施，实现单管集输。简化流程后，结合数字化实现无人值守，最终打造无人、无烟站库全新油田生产新模式，通过优化，单站年可实现节电471万千瓦时，节气305万立方米，节约运行费用758万元。

(2) 实施立体化节能

持续深化立体节能，通过将油藏、采油、地面工程等系统的能耗节点及节能管理进行统筹考虑，系统配套，实施整体优化，实现产量、效率、能耗控制和综合效益最大化。油藏系统根据无效循环识别成果，通过细分注水、周期注水、油井堵水等手段，区域可控制无效注入及采出$118.8\times10^4m^3$，可实现年节电202×10^4kWh，节气$18.5\times10^4m^3$，机采系统应用新型节能抽油机，智能间抽配电箱等技术，年可节电197×10^4kWh，地面系统进行能耗设施、运行参数优化，更新高能耗设施等，可实现年气节$287\times10^4m^3$，节电72.4×10^4kWh。

3.2.3　清洁替碳部署优化

结合油田用能的特点，以消耗电能及消耗天然气为主，通过“风、光、热、储、氢”多能互补，最大限度提高清洁电能及热能替代率。

(1) 清洁热能替代

油田热能涉及天然气主要消耗设备为各类工艺加热、采暖及伴热加热炉，综合考虑站库的用热负荷、供热半径等，采用余热、地热、光热及电热等清洁热能，替代天然气燃烧供热，逐步实现燃气加热炉的全部替代。

① 油田余热利用

喇嘛甸油田日产污水41万方，按10℃温差，可提取污水余热262MW，蕴含着丰富的污水余热，将油田采出水作为余热热源，利用热泵技术提取热量，可替代油田生产用热及采暖用热。喇嘛甸油田注水管网为环状管网，注水站位于污水站末端，且水量波动较大，因此热泵站选址首选污水源稳定的污水站，以污水站为中心，向周边辐射，为辐射区域内的转油站、脱水站、注入站等热用户供热，节省天然气的消耗、减少碳排放量。热泵站规模根据本区域内的可利用的含油污水量或可替代的用热负荷确定，按照目前电泵压缩式热泵的出口温度（70℃）确定替代掺水炉加热、脱水炉和采暖伴热锅炉，热洗用污水由于温度需求高（80℃），采用阶梯二次提温方式供热。通过优化，示范区选择余热利用总规模为43.5MW，共建设热泵站4座，替代18座站库的39台加热炉，预计年节约天然气2474万立方米，节约标煤3.29万吨，减排二氧化碳8.55万吨。

② 地热利用

喇嘛甸油田地热资源丰富，处于地热资源I类、II类区交界处，经初步估算单井产能大于500m³/d，井口温度55～60℃。有中浅层地热水、人工造缝取热和中深层地热能三种类型，资源总规模1.79亿吨标煤。利用区域内探井林深4井进行地热开发，减少钻井投资，设计取热井段为0～3280m，地热井功率0.46MW，通过优化井下隔热管、下入深度及管道材质等，实现地热井同轴换热，采用"取热不取水"的方式，实现地热有效利用，井口温度50℃，热水进入热泵站，新建0.6MW热泵，为周边站库站库供热。

③ 光热及电热利用

热泵站的覆盖范围半径在1.5km内，针对于余热无法覆盖的独立站场，采用光热加电热的方式进行热能替代，最大限度利用绿色能源，最终全部取代常规燃气加热炉，实现站场的无烟生产。

光热供热具有不连续性，更适用于间歇性供热的场景，因此光热优化选择油田热水点（白天用热）及污水滤罐反冲洗水加热。现场试验证明，将滤后水加热后，对滤罐冲洗可有效延长滤料的使用周期，有效去除滤料中含油及悬浮物等，因此规划部署1座污水站提温反冲洗工艺，通过日间使用光热集热系统，与污水站内的反冲洗水罐进行热交换，当温度达到反冲洗水温的需求，可开始对滤罐进行冲洗，替代站内反冲洗加热炉。对于连续性供热场所，使用电热与光热相互协同供热的方式，保证站库的用热需求。电加热炉具有环保、清洁、无污染等优势，结合示范区绿电的建设，通过风机、光伏等绿电方式为电加热炉供电，可实现多热能互补融合，最大程度降低碳排放。

（2）清洁电能替代

喇北北块区域位于喇嘛甸油田边部，油田土地具有中部管网密度大，土地零散，资源紧张，周边管网较少，空地相对较多，且远离生产区域特点，能够满足风光发电建设用地要求。清洁电能替代充分利用油田土地的特点，通过风光发电设施优化部署，全力构建新型电力系统，提高清洁电能替代率。

① 通过建立风光日夜间及四季发电量曲线，进行模拟分析，按弃电最小，发电量最大原则，匹配风光发电规模。风光发电受时段的影响，发电不均衡，如晚上无法进行光伏发电，为使风光发电平稳，根据不同时段风光发电的出力情况，搭建了典型风光发电负荷容量曲线，得出发电最平稳的发电比例，研究确定"风+光"最佳配比为6：4（图1）。

② 结合开发规划，考虑新增用电负荷，预测变电所负荷情况，按最大发电量、最小弃电量设计风光发电规模，就地消纳全部风光发电量，所发绿电依托35kV、6kV变电所，按照电网容量、电压及负荷逐级进行分层布置，优化接入380V、6kV等不同电压等级，接入点全部为负荷端，不向国网返送电。

③ 优化风光发电布局

一是风力发电

按照满足发电量大，尾流影响小的原则，风机采用集中建设，节约土地，规划利用喇北北块西北侧土地（油田用地），建设风力发电设施。同步考虑风机拟建位于机场净空范围内，依据相关管理办法，按允许净空最大高度选择风机，同时从经济型考虑，风机越大，机组越少，占地及投资越少，经多组方案比选，优化采用不同的的单机功率为5.0MW、6.25MW的机组，满足合理的风机布置要求。

二是光伏发电

光伏站内面积大（2万平方米/兆瓦），油田土地资源紧张，因此光伏发电布局选址分布于油田东西环路两侧，管网及井网密度均较小，同时规划光伏与油田管线设施实施"双避让"原则，采用浅埋基础，解决管线占压，施工破坏管线等问题。同时考虑光伏组串阵组件数量优化，并采用卡扣固定，方便安装及拆卸，各子阵之间、阵列之间预留距离，方便通行及管线维护，光伏所发绿电接入已建35kV变电所，实现就地自消纳。

通过风、光、热设施的整体布局优化，新能源设施整体布局上形成了外侧先风机、后光伏、内侧热能综合利用的布局，实现了清洁能源的多能互补，实现最大发电装机规模；实现了供用能匹配，按用电负荷匹配发电能力，实现绿电全部自消纳，不向国家电网返送电；实现了超高替代率，示范区清洁能源替代比例高达56%以上。

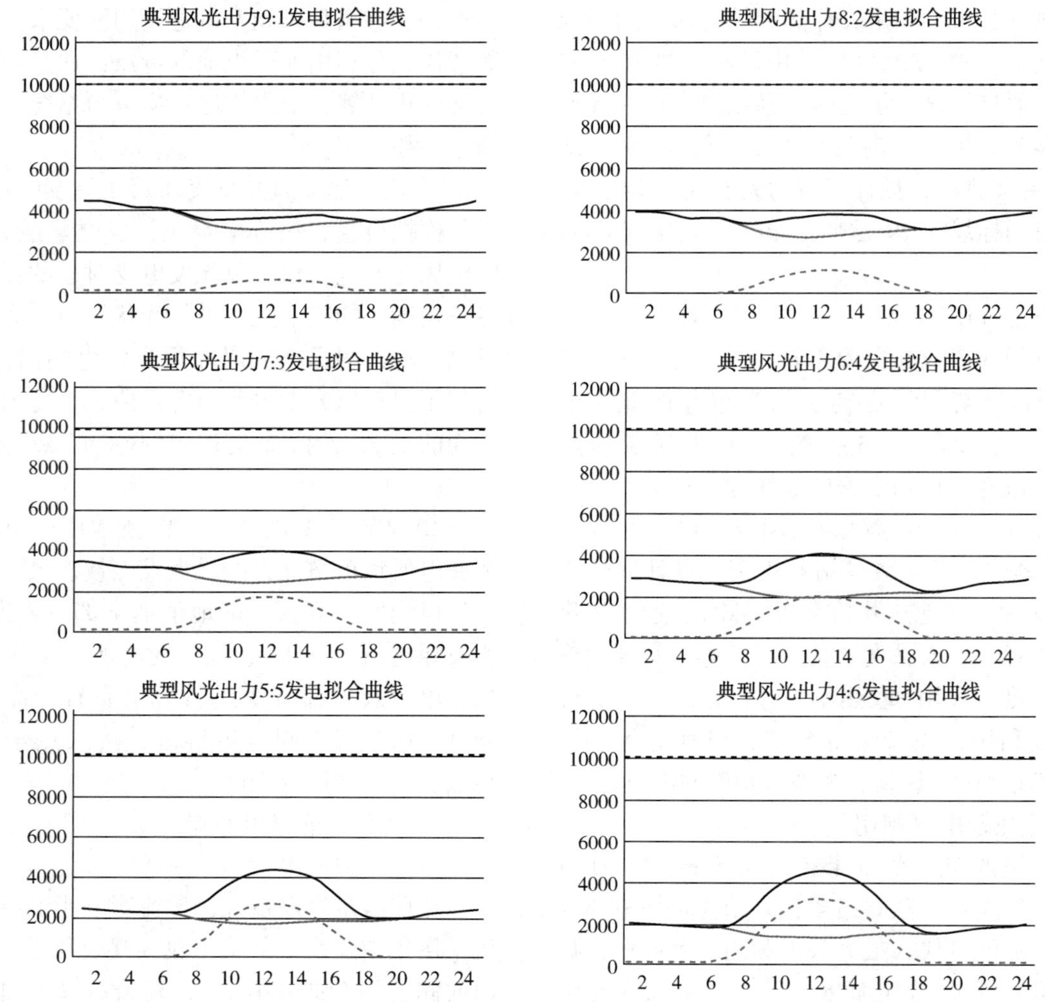

图1　不同容量配比风光出力对比

（4）新能源技术应用试验

油田新能源产业发展迅猛，部分新能源技术基础比较薄弱，技术体系仍待完善，在示范区全力规划部署六基地+一园区+一基地建设，通过试验基地、示范基地、实证基地的建设，将新能源技术与现有生产工艺深化融合，全力开展油田先导性的储能、制氢、微电网、能源管控技术研究，为新能源技术提供现场验证，为规模化应用提供技术支持，为油田输出新能源的技术体系、管理体系和人才体系。

① 电储热应用试验

为提高区域风光发电消纳能力，作为电力储能设施的补充，规划在污油站部署固体电蓄热储热设施，通过开展电储热的技术及经济适应性分析、电储热介质的优选试验、电储热工艺优化试验等，验证电储热技术用于回收部分弃电为油田站场供热的可行性。

② 智能交流微电网试验

规划部署单站变电所区域智能微电网试验工程，继续提高油田绿电渗透率，减少对电网的依赖，通过研究非稳态变工况供电控制技术、综合能量管理系统深化应用等，融合"源、网、荷、储"功能，由智能微电网管理系统进行统一管理，将"源随荷动"转向"源荷互动"，催生油田用能新业态。

③ 开展制氢试验

在天然气处理站开展绿电制氢先导性试验，降低弃电率，解决储能调峰问题，进一步探索绿电制绿氢系统适配性，优化部署设计规模，采用碱性电解水制氢，氢气掺入油田返输天然气管网，掺混比例为 1.8%~5.9%，为油田氢能基地提供经验及技术支撑。

④ 开展能源管控中心建设能源”为主体的智慧能源系统，对全厂用能、供能实施在线监管、预警、动态评价及碳资产等全过程管理，推送优化方案，智能分析、指挥新能源系统运行，实现能源管控全面感知、深度互联、协同共享和智能应用，形成生产能源闭环管理及新能源碳资产的管理模式，助力油田实现“双碳”宏伟蓝图。

3.3 预期效果及愿景

低碳示范区预计 2025 年将全面建成，预计节约标煤量 21.6 万吨，减碳量 55.8 万吨，全厂清洁能源替代率将达到 46.4%。同时随着新能源的不断深化应用，至 2030 年，全厂新能源开发总量达到 30 万吨标煤，年减排量达到 74 万吨，清洁能源替代率超过 60%，率先建成绿树、鲜花、草苇相映，风机、光伏、油井、无烟站库连结成片，人与自然和谐相融的中石油体量最大的绿色低碳采油厂，率先实现绿色低碳转型。

4 结论

一是喇嘛甸油田是大庆油田含水最高的油田，注采规模大、能耗高，油田工艺类型齐全，且节能降耗工作效果显著，建建低碳示范区具有可复制、可推广的重要意义。

二是低碳示范区的低碳路径以碳的控制和利用为基本指导，从“节能降碳”、“清洁替碳”两条路径逐步发展，通过节能降碳，将新能源与传统能源融合发展，提高化石能源应用能效，通过清洁替碳，探索风、光、热、储、氢等新应用场景，降低碳排放总量。

三是通过打造新能源“试验基地、示范基地、实证基地”，将寻求与新能源相匹配的更先进的技术体系，更合理的管理模式，让发展、技术、管理“一体两翼”，为喇嘛甸油田高质量发展注入新元素、新动能。

四是大庆油田以喇嘛甸油田低碳示范区建设为契机，迈出了新能源建设重要的一步。通过不断探索与实践，加快推动能源变革，转型绿色低碳，最终实现净零排放。

参 考 文 献

[1] 王坤，李永新，刘伟，等. 我国碳达峰碳中和图景与典型国家能源转型过程的对比分析与经验启示[J]. 能源技术与管理，2023，48(4)：1-6.

[2] 高菊桦. 建立“立体节能”管理模式有效降低油田能源消耗[J]. 数字石油和化工，2009，(5)：35-37.

[3] 陈昱杉，李琦，郑博，等. 基于风光氢储一体化系统的容量配置优化及经济评价[J]油气储运，2023，42(7)：763-773.

[4] 齐广明，何晓茹. 直接换热式热泵系统在采油污水余热利用中的实践探讨[J]. 中国石油和化工标准与质量. 2022，42(14)：87-89.

[5] 王贵玲，杨轩，马凌，等. 地热能供热技术的应用现状及发展趋势[J]. 华电技术，2021，43(11)：15-23.

[6] 薛道荣，岳建芝，韩成. “光热+”清洁能源系统太阳能节能减排量计算方法分析[J]. 中国建筑金属结构，2022，(09)：29-30。

[7] 葛维春，刘闯，王艺博. 电网大规模电储热单元优化调度模型研究[J]. 电网分析与研究，2019，47(4)：32-37.

[8] 张政林，张惠娟，孙文治等. 含混合储能的微电网能量优化管理[J]. 科学技术与工程，2022，22(25)：11054-11056.

[9] 陈梦萍，任建兴，李芳芹. 风光互补与电解水制氢系统负荷的协调稳定运行[J]. 太阳能学报，2023，44(3)：763-77.

[10] 蒋维东，油田能源管控建设实践[J]. 石油石化节能，2023，13(8)：80-84.

强化信息化智能化管控，促进测井行业民爆物品、放射源库安全绿色健康发展

王海东　陈茂柯　赵志恒　伍玉平　徐培刚

（中国石油集团测井有限公司）

摘　要　石油测井（含射孔）工作中会使用放射性源、射孔弹药等危险物品，中国石油测井公司历来都以放射源，射孔民爆物品为安全管控的重中之重。近年来，该公司结合放射源、民爆物品管理与运行现状，提出基于信息化建设民爆物品信息管理系统，智能化仓储放射源库系统的改造思路和建设方向。本文重点介绍了中国石油测井公司关于射孔民爆物品信息化管理，放射源库智能仓储系统及自动化改造的相关成果，对加强射孔民爆物品和放射源管控及健康环保工作也有着重要的意义，同时为行业内射孔民爆物品、放射源库房在新形势下的安全管理提供了重要的借鉴和思路。

关键词　测井；射孔；放射源；民爆物品；绿色健康

在油气勘探开发中，测井射孔是不可或缺的重要工艺技术，在测井射孔作业中会使用两类危险物品，一是油气井射孔作业使用的射孔弹、电雷管和导爆索等民爆物品，二是放射性测井使用的放射源。石油射孔属于特种爆破作业，根据相关部门统计梳理的近十年来20起涉及民爆物品的重特大事故中，发现均是因为违反相关安全生产规定和操作规范而造成的，带来了数百人伤亡和数十亿元的经济损失。测井放射源的危害重点在于核辐射，即放射性物质以波或者微粒形式发射出能量，对人体神经系统、心血管系统、生殖系统等造成极大的伤害，同时如果发生放射源失控事故，就会造成对大气、土壤和地下水的污染，因此放射源辐射具有无色无味，看不见摸不着的隐形特点。

无论是射孔民爆物品还是测井放射源，都是属于非常重要的管控对象，在安全上务必做到万无一失。基于上述放射源和民爆物品的危险性、重要性和实际特点，中国石油测井公司以民爆物品全生命周期有效管控为目标，开发了国内首套射孔民爆物品信息化管理系统，并首次以标准形式确定了射孔器材数字化系统管理的安全技术标准。同时，为了在放射源库房大大减少人员接触放射源的时间，提高领取、退换放射源的时效，建成了国内首套智能化放射源库仓储系统。

1　射孔民爆物品信息系统与应用

1.1　射孔民爆物品管理难点

中国石油集团测井有限公司具备油气井射孔资质队伍427支，作业区域覆盖国内全部油气田以及伊拉克、阿尔及利亚、阿塞拜疆等10余个国际油气服务市场，年均开展野外爆破施工作业近2万井次，使用油气射孔弹350余万发、电雷管10万余枚及其他民爆品，民爆器材安全管理管理环节多（图1），面临“点多、面广、环节多、战线长”的局面。

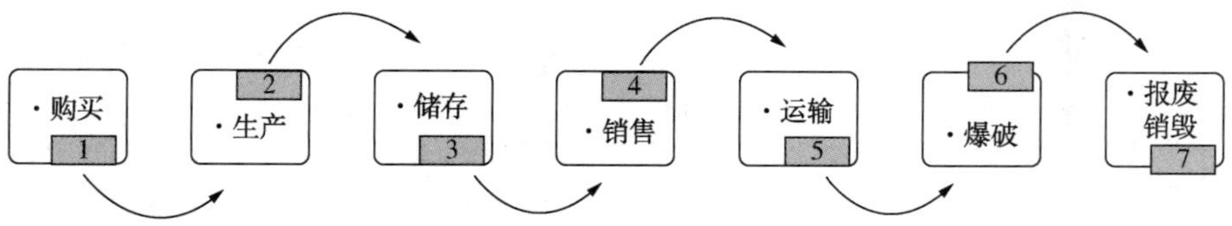

图1　射孔民爆器材流转环节

在实际射孔作业过程中，专用的民爆器材具有流转环节冗长、使用品种繁多、工作环境恶劣、起爆条件复杂等特点，具体管理难点为三个方面。一是现场监管难度较大；现场安全监管主要依靠检查和视频监控等方式，无法及时发现和制止不安全行为。二是信息管理方式落后；填报

纸质台账，工作量大且存在数据真实性偏差的可能，如漏填、错填和改数据等，另外数据信息传递较为滞后，需要手动填报，填写完成后再检查才能得到数据。三是信息壁垒情况突出；多个单位间信息传递主要是电话、传真等传统方式，存在信息来源可能出现偏差、信息容量小、信息反馈慢等问题。缺乏统一的信息共享平台，各单位间无法及时获取和分享生产安全动态，导致管理决策缺乏统一协调，无法形成管理合力。

为此，中油测井公司积极借助信息化手段推动民爆品管理数字转型，基于射孔器材类型特点和施工工艺的实际情况，开发了民爆器材信息化管理系统并率先在川渝地区投入现场应用，实现了民爆器材全流程管理数据实时上报、动态实时监控，异常实时预警等功能，显著提升了射孔民爆器材本质安全管理的水平。

1.2 射孔民爆信息系统及运行

民爆信息系统基于 B/S 架构的数据交互方式，利用信息化网络、智能化设备和工作流引擎技术，确保满足民爆品流转数据采集和交互的安全性需求，同时对设备以及安全装置等进行信息化管理，整合形成全方位信息化安全管理方案。同时，以油气井爆破作业生产流程为主线，以民爆物品流向监管为核心，全面覆盖民爆品生产、存储、运输和使用等环节，将国家、行业以及企业的安全管理要求注入程序，通过固化流程和合规校验的方式确保油气井爆破作业全程均满足安全生产需要。

1.2.1 建立射孔器材生产信息标准数据

建立了射孔弹二维码贴标生产线，将公安丹灵系统条形码转换为二维码，通过 APP 软件扫描，实现了单发射孔弹精准识别、录入和整箱射孔弹的快速读码，为每发射孔弹建立独立的数字身份，实现每发射孔弹全生命周期追溯管理，如图 2 所示。

图 2 贴有数字二维码的射孔弹

将参与射孔施工的所有涉爆人员信息、民爆运输车辆和民爆物品存储库房等关键要素，全部集成在射孔生产流程各环节中并编译录入信息系统，建立完备的基础数据库，如图 3。目前已在西南分公司 400 名爆破作业人员信息，42 台专用民爆物品运输车辆信息，19 个民爆品库房信息以及管理范围内全部近 50 万条民爆品基础信息，全部实现数字化。

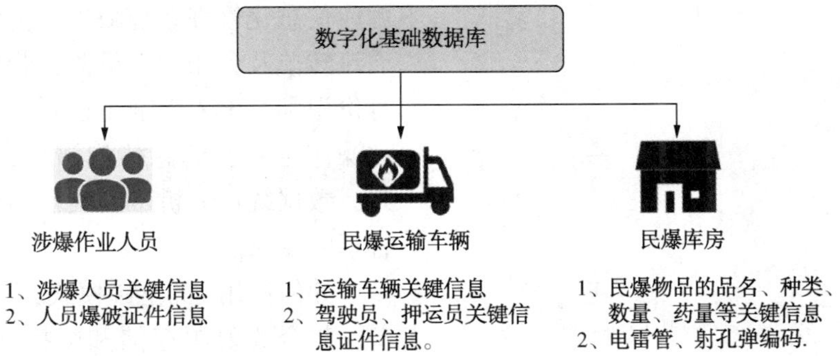

图 3 涉爆信息基础数据库

1.2.2 实际作业运行流程及功能介绍

信息系统通过集成 APP 在信息终端(如 Ipad 防爆终端)上进行操作，操作前自动引导现场人员提前断开网络，否则无法进行下步工作。待完成数据录入与采集后，选择非涉爆区域打开网络自动上传数据。射孔作业全过程的基本流程如下：

(1) 接受射孔任务并申请。根据施工设计输入射孔数据，系统自动排列并选择在数据库中的射孔器材型号和数量，提交领取、使用和运输申请。待上级部门逐级检查后，在系统完成审批并签字确认，同时自动将申请流转至施工所在区域的库房，提升了审批效率。

（2）民爆器材库房领取与发放。作业人员和车辆前往民爆库房，库房保管人员根据系统中申请单基本信息进行核对后陆续发放，完成后交接人员进行人脸扫码识别并在系统中完成确认，并自动形成后台交接记录数据。民爆器材的流转与信息唯一授权，可有效预防篡改。

（3）民爆器材运输监管。信息系统整合了运输车辆定位监控功能，在系统后台中通过数字地图能够实时监控运输的基本信息，包括运输的人员信息，运输的数量、类型及对应的编码，目前的运输位置和行驶速度等，实现民爆器材全时全域动态监控。

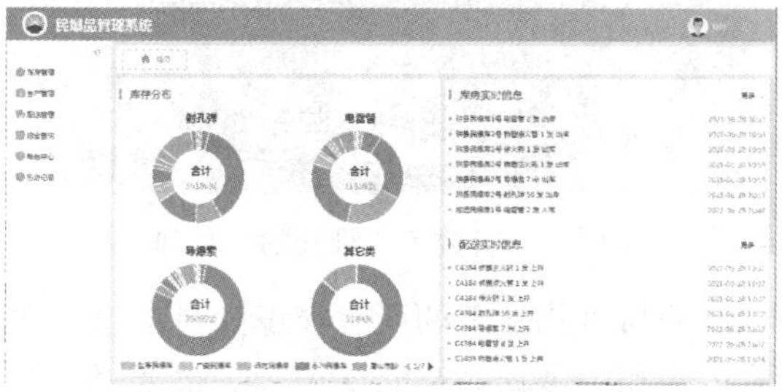

图 4　库房与配送监控信息

（4）现场交接与确认。运输车辆行驶至作业现场后进行交接，交接时仍采用系统中录入的人脸扫码进行识别，可有效杜绝违规交接，对现场人员任何偏离标准的行为立即予以识别、纠正、拒绝并记录，有效预防了人员违章和误操作行为的发生。现场交接后自动生成的数字化信息，如图 5 所示。

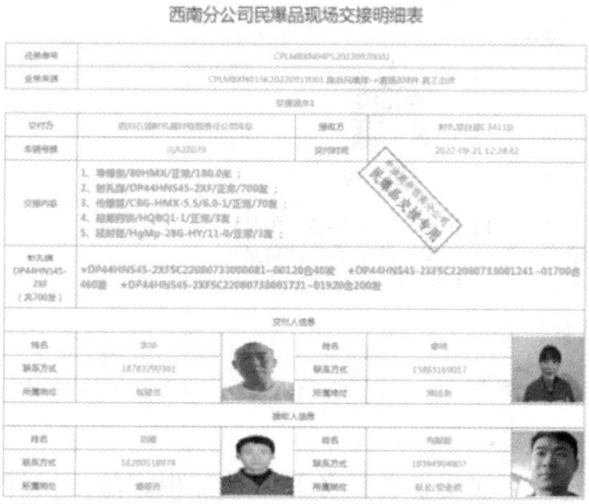

图 5　现场交接记录信息

（5）现场装配与使用。作业人员按在系统中按照实际装配依次在交接的数据编码中选取实际装配的型号、数量及对应的编码，实现在射孔器中找到每一个射孔弹的具体位置。射孔作业完成后，检查并在系统中录入发射情况，并自动生成本次作业射孔器材使用的相关信息。

1.3　射孔民爆信息系统应用

2022 全年，民爆信息系统已经上线并与 EISC 融合，实现了民爆物品库房、射孔作业现场民爆物品交接的无纸化。中油测井西南分公司目前在川渝地区 27 支射孔作业队，20 个民爆物品库房，累计监控射孔作业施工近 2000 井次，发起民爆器材领用申请 720 次，退库申请 160 次，流转射孔弹 35 万余发，电雷管 4.5 万发。该信息化管理系统为作射孔业队伍提供民爆物品配送与运输万余次，有效地监管了射孔民爆物品从生产、领取、运输、发放、使用和退还等全流程的监控和追溯，提高了安全监管的效能。

2　放射源库房智能仓储管理系统与应用

2.1　传统放射源库的特点

传统的放射源库房（以测井公司西南分公司为例），在库房放射源流转、借还源流程、人员接触与工作时间和信息化管控等方面都存在弊端和难点，主要表现为以下几个方面。一是借还源操作流程复杂；使用行吊结合长柄工具进行放射源的人工存取，人工劳动强度大，作业人员在操作中存在受伤的风险。二是作业人员工作时间长；操作人员在放射源库内长时间近距离接触放射源，存在辐照水平超标的安全风险。三是放射源库信息化管理系统缺失；仍利用规章制度、纸质流转单及台账、人员监督管理的方式，放射源身份识别、出入库剂量检测全部依赖作业人员手动操作记录，信息传递滞后，数据容易出现偏差，数据统计分析难度大，不满足放射源精细化管理的要求。

如何利用互联网+模式，采用先进自动化设备，整合放射源存储和交接环节的各类管理信息，实现自动化操作、信息化管理、实时监控和预警功能的放射源智能管理系统尤为重要。

2.2　智能化放射源库建设及成果

测井公司基于互联网环境下的放射源智能仓储管理系统，以放射源流转监管为核心，以生产自动化运行为主线，利用信息网络和自动化设备，结合自主开发的智能化仓储管理软件，实现放射源出入库自动化、身份识别及剂量检测标准化、数据记录传递信息化及安全管理制度流程化，并与EISC系统融合，数据实现传递、共享、互通、预警等功能。放射源库整体建设情况见图6所示，仓储管理系统包括四个子系统，具体如下。

（1）自动识别及检测系统。该系统实现对每枚放射源精准化的电子身份识别；同时结合放射源流转单，自动匹配识别出需要出入库的放射源信息；依托在线式辐射检测实时检测出入库放射源的辐射剂量信息等。

（2）放射源存储系统。建设智能化放射源坑用于放置测井源，严格按照放射源存储管理要求设计智能刻度源存储柜，见图7。

（3）放射源载运系统。实现放射源的出入库自动化抓取、运输。使用自动化机器人、高强度地轨、精密转运平台等措施，结合放射源存储系统对每枚源的精准定位，实现无需人工进库操作即可对出入库放射源的精准抓取及搬运（图8）。

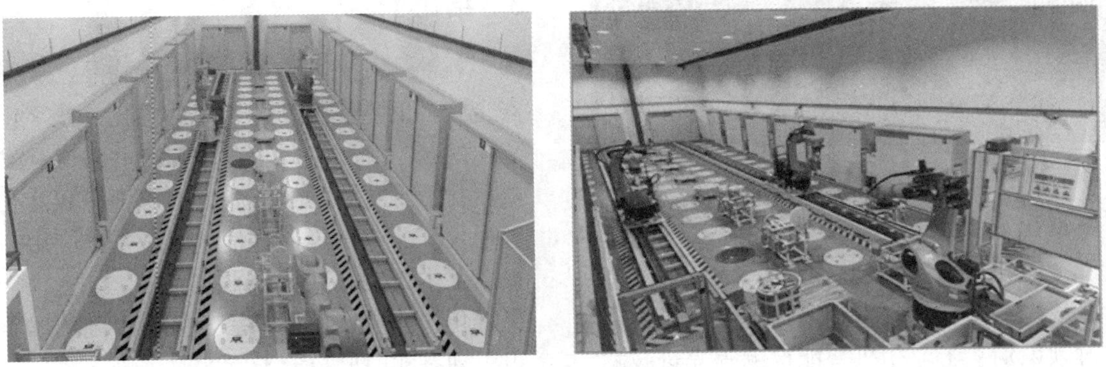

图6　智能化放射源库

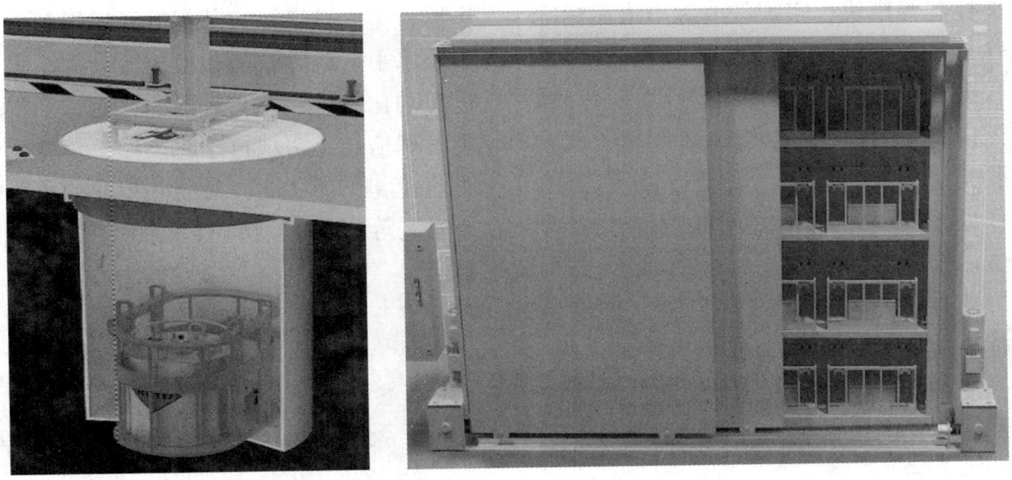

图7　放射源坑与立体屏蔽仓

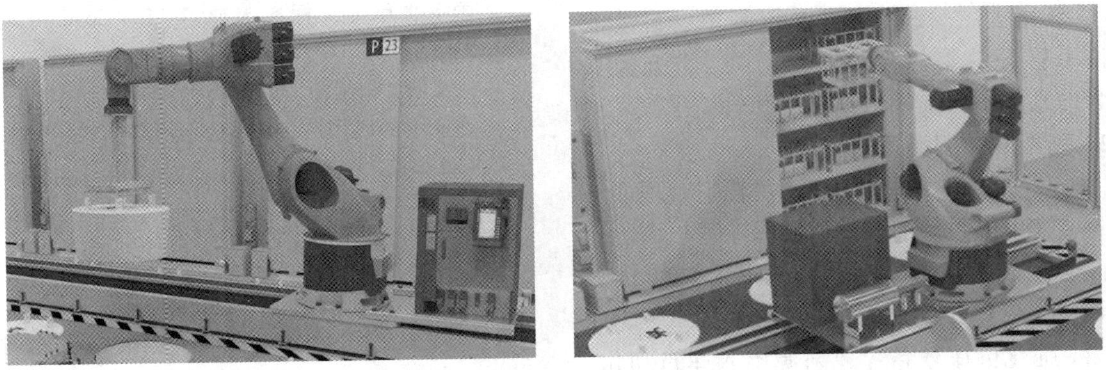

图8　放射源罐抓取与运载

（4）智能控制系统。包含所有设备的电气控制集成及系统操作控制，确保系统每个单一设备之间的精准配合，完善操控系统实现与生产流转信息等的对接，库房管理人员可在值班室人机界面上简单操作，即可实现所需放射源的出入库（图9）。

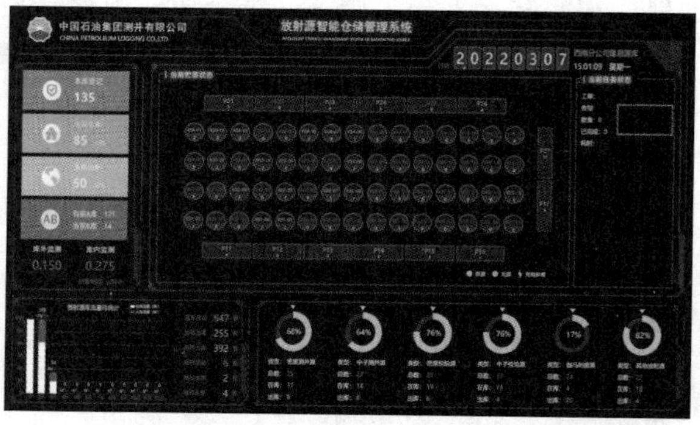

图9　放射源仓储管理系统

2.3　智能化放射源库特点及效益

2.3.1　智能化放射源库特点

（1）无人化，智能化。采用工业机器人、RFID射频识别、工业相机智能检测等先进技术，融合放射源出入库管理、身份识别及剂量监测、机器人智能控制等模块，实现放射源出入库标准化、无人化、智能化。

（2）程序化、安全化。将安全管理流程、操作规程嵌入设备控制程序，包含系统制单、双人操控、人脸验证、实时监控、安全连锁等功能，避免了操作过程中因人为原因导致的安全生产事故事件发生。

（3）屏蔽化，自动化。创新定制立体屏蔽柜，包括标准化弱源放置框、屏蔽柜控制系统，具备自动开启/闭合、柜内放射源放置位置实时检测功能，专业化的设计确保屏蔽效果满足国家标准要求。

（4）监控化，信息化。智能仓储管理系统与EISC系统完美融合，实现“系统制单、自动流转、许可管理、监督检查、数据共享”五大功能，为信息化平台提供数据支撑和管控手段。

2.3.2　智能化放射源库效益

（1）树立品牌效益。生态环境辐射管理部门行业内多家单位数次前来放射源库参观、调研和指导，现已成为川渝地区“核与辐射一体化管理”示范企业。

（2）强化健康效益：放射源出入库自动化、安全管理流程标准化、数据记录信息化等功能，极大地降低了作业人员劳动强度及接触放射源时间，每年库管员减少接触放射源760余小时，职工健康效益显著提升。

（3）实现安全效益：智能源库可大大降低人工劳动强度，减少人员处于辐射环境中时间等安全风险，目前已形成标准化智能源库建设规范，可在测井行业内所有涉及放射源使用的单位内进行推广。截止目前，西南分公司智能源库已稳定运行380余天，收发放射源2425枚，提还源效率较以往提高了5倍，生产效率大幅提升。

3　结论

石油测井射孔作业中，民爆物品，放射源是安全管控的重点，基于当前信息化，数字化和智能化的技术和发展要求，中油测井公司开发了民爆器材信息化管理系统和放射源库房智能仓储管理系统。通过民爆器材信息管理系统应用，不断提高了生产现场民爆器材管理标准化、规范化、合规化，实现了民爆物品全流程管理数据实时上报、动态实时监控，异常实时预警，率先在国内油气井爆破行业，实现同步、动态、精准管控民爆器材流向信息，显著提升了民爆器材安全管理本质水平。同时智能化放射源仓储系统，采用先进自动化设备，整合放射源存储和交接环节的各类管理信息，实现自动化操作、信息化管理、实时监控和预警功能，对测井行业绿色、安全、健康发展等方面具有重要的推广应用价值和借鉴意义。

参考文献

[1] GB 6722—2014，爆破安全规程[S]. 北京：中国标准出版社，2014.

[2] 尚振华. 射孔作业存在的安全风险及预防措施. 中国石油和化工标准与质量[J]. 2016(036)024：73-75.

[3] 宋义涵，宋延拓. 风险管理在高温高压油气井射孔作业中的应用. 中国安全生产科学技术[J]. 2014(Z2)042：180-184.

油田悬浮污泥减量化技术优选及应用效果

王　峰

（大庆油田有限责任公司）

摘　要　为有效控制悬浮污泥工艺日常排泥产生的含油污泥量，在总结现有含油污泥减量化和资源化处理技术优缺点的基础上，针对悬浮污泥工艺排泥特点，选取了“除油+脱水+干化”试验工艺，并优选了“搅拌氧化除油+叠螺机脱水+电化学干化除油”的工艺组合技术进行试验，通过室内实验和现场试验，优化出最佳的处理工艺参数为：过氧化氢加药量 16mg/L、搅拌速度 160r/min、搅拌时间 10min，可实现降低处理成本，处理后的污泥含油量小于等于 0.3%的排放指标。

关键词　悬浮污泥；减量化处理；除油；脱水；干化

1　前言

大庆某油田含油污泥主要来源于悬浮污泥处理工艺排泥、容器清淤、沉降罐排泥、污水回收池清淤、废压裂液池产生的污泥、老化油处理产生的污泥等。悬浮污泥处理工艺核心是通过形成的悬浮污泥层过滤污水，该工艺需要定期进行排泥。悬浮污泥处理工艺产生的污泥相对来说比较特殊，主要由悬浮物、硫化物、聚合氯化钙、聚合氯化铝铁、类膨润土以及阴离子聚丙烯酰胺等物质组成，目前每天可产生 10~20t 左右的含油污泥，产生的含油污泥含水率为 60%~80%、含油量为 8%~15%，由于无有效处理技术，导致该工艺排出的污泥大量堆积。随着国家对环保要求的越来越严格，含油污泥无害化、减量化、资源化处理技术将成为污泥处理技术发展的必然趋势。

2　悬浮污泥减量化处理工艺技术优选

国内外现有含油污泥减量化和资源化处理的技术种类有：重力及机械脱水技术、生物处理技术、污泥焚烧技术、污泥热解技术、污泥热洗工艺、污泥回注工艺、溶剂萃取法等。考虑污泥热洗、机械脱水等技术的优缺点，结合国内外污泥脱水和处理技术，确定悬浮污泥处理试验工艺为：“除油+脱水+干化”三个工艺单元。

结合国内外污泥除油、脱水和干化技术，优选适合采油七厂悬浮污泥处理工艺排泥的减量化技术种类，通过开展室内试验除油、脱水、干化等技术，优选确定出处理效果好、成本低的工艺组合。

2.1　除油技术

在除油技术上，开展了低温热洗、微生物、电化学生物耦合、焚烧、热解技术研究。

结合处理结果、处理成本、操作、处理周期及现场实际情况，进行综合分析(详见表 1)，最终选取化学药剂混合搅拌除油方式，这是将低温热洗与化学除油相结合，去掉了低温热洗过程中的加热过程，采用化学氧化剂进行除油方式，以搅拌混合方式提高反应效率，达到除油目的的同时，尽可能的降低运行陈本，降低操作难度。

表 1　多种除油工艺比较

工艺	含油量去除率/%	处理成本/(元/m^3)	操作简易	处理周期
低温热洗工艺	60~65	200	简单	短
生物处理工艺	60~65	100	简单	非常长
生物耦合技术	80~90	120	一般	非常长
焚烧技术	>90%	800	难	长
热解技术	>90%	600	难	长
化学除油	20~60%	150	简单	短

2.2　脱水技术

在脱水技术上，开展了离心机脱水、压滤机脱水效率研究。综合考虑操作运行，以及设备占地面积等问题，结合研究中药剂的筛选和种类，将脱水设备选为叠螺机器。

2.3　干化技术

在干化技术上，开展了电化学、太阳能、天然气、炉窑烟气余热干化工艺研究。经过对比，发现电化学干化法具有无二次污染，占地面积较小，操作简单，脱水率高，成本低等特点，此外，电化学还具有氧化除油作用，因此，在干化过程中选择电化学干化(表2)。

表2　不同干化方式对比

工艺	干化效率/%	占用场地	处理时间	操作简易
电化学干化	脱水率：70~80%	小	短	简单
太阳能干化	不稳定	极大	长	简单
天然气干化	含水率>20%	一般	短	复杂
炉窑烟气余热污泥干化法	含水率<40%	一般	一般	复杂

3　悬浮污泥减量化处理工艺现场试验

现场试验装置由加药除油混合罐、叠螺机、电化学干化设备及加药装置4个部分组成，总占地面积为15m²，设备运行电压为220V，设备运行功率2.75kw，工作压力0.4MPa。

图1　加药除油混合罐

图2　叠螺机

图3　电化学干化设备

3.1　试验工艺流程

(1) 将污泥浓缩罐中污泥加入加药除油混合罐中，加入化学除油药剂(氧化剂和助凝剂)，进行搅拌，然后进行静沉；

(2) 将静沉后底部污泥导入叠螺机脱水，污泥放出后将剩下含油污水随污水管线进入污水回收池。

(3) 叠螺机脱水后的污泥放入电化学干化设备中，通电调节电压进行干化，叠螺机排水也随排污管线进入污水回收池。

(4) 污水回收池中污水污泥经回收泵再进入污泥浓缩罐，试验工艺流程见图4。

3.2　试验工艺参数优化

由于悬浮污泥含水率、含油量较高，从提高处理效能、缩短处理时间、降低成本、减少不境污染等因素，进行综合考虑，通过室内试验和现场试验，优化处理工艺技术参数，确定处理成本较低的处理工艺技术。

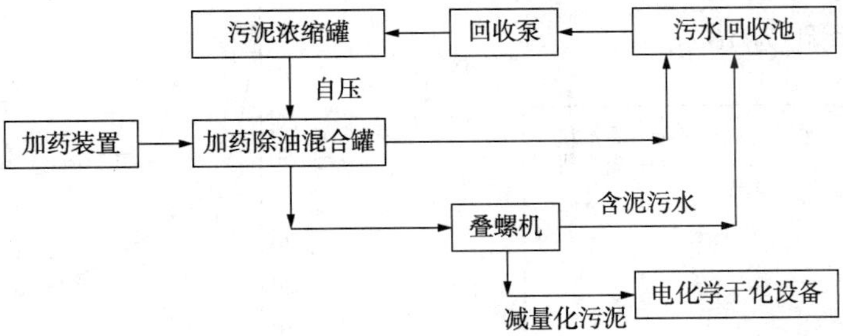

图 4　试验工艺流程示意图

3.2.1　除油工艺参数优选

开展了不同除油剂及不同浓度除油药剂对含油污泥含油量去除效果试验(如图 5)，确定双氧水为除油剂，加药浓度为 16mg/L；开展了除油药剂作用下搅拌转速对含油污泥含油量去除效果试验(如图 6)，确定搅拌转速为 160r/min。

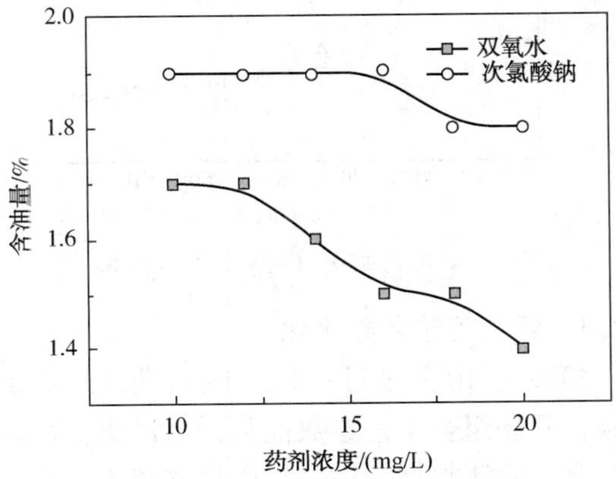

图 5　不同除油剂对污泥含油量去除的影响

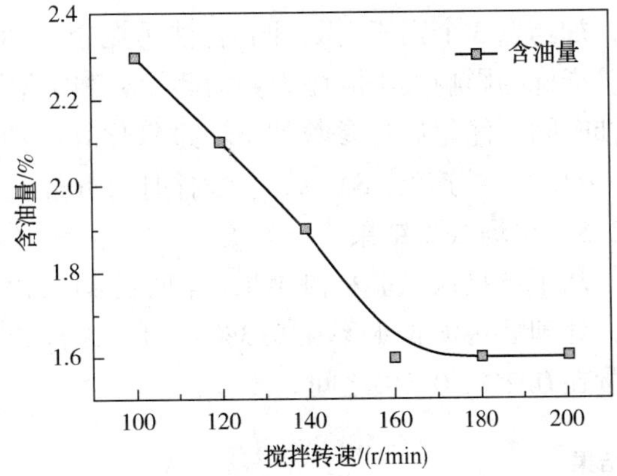

图 6　除油药剂作用下搅拌转速对含油污泥含油量去除的影响

开展了除油药剂作用下搅拌时间对含油污泥含油量去除效果试验(如图 7)，确定现场搅拌时间为 40min；开展了混合除油剂对含油量去除效果试验(如图 8)。

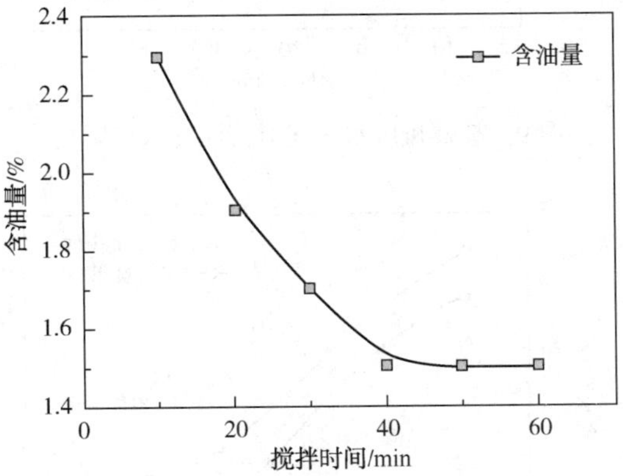

图 7　除油药剂作用下搅拌时间对含油污泥含油量去除影响

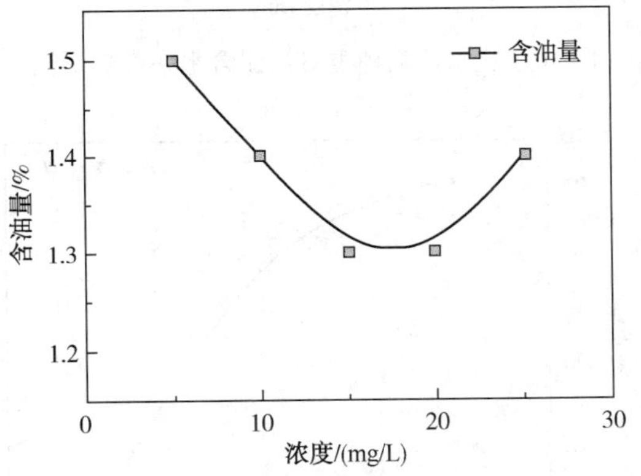

图 8　混合除油剂对含油量去除影响

3.2.2　脱水工艺参数优选

开展了叠螺机脱水时间对污泥含水率去除效果试验(如图 9)，确定脱水时间为 20min；开展了脱水药剂种类及用量对污泥含水率去除效果试验(如图 10)，确定脱水药剂为聚合氯化铝，最佳药剂用量为 1500mg/L。

3.2.3　干化工艺参数优选

开展了电化学干化设备电压对污泥干化效果试验(如图 11)，确定电化学电压为 60V；开展了电化学干化设备干化时间对污泥干化效果试验(如图 12)，确定干化时间为 5 天以上；开展了电化学干化设备电极板距离对污泥干化效果试验(如图13)，确定极板间距为10cm。

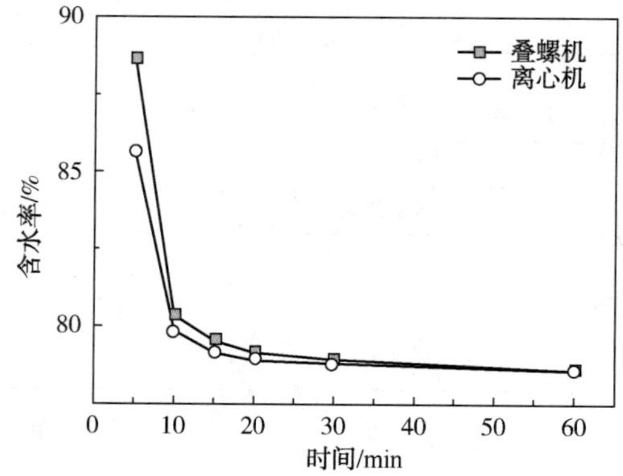

图9　叠螺机脱水时间对污泥含水率影响

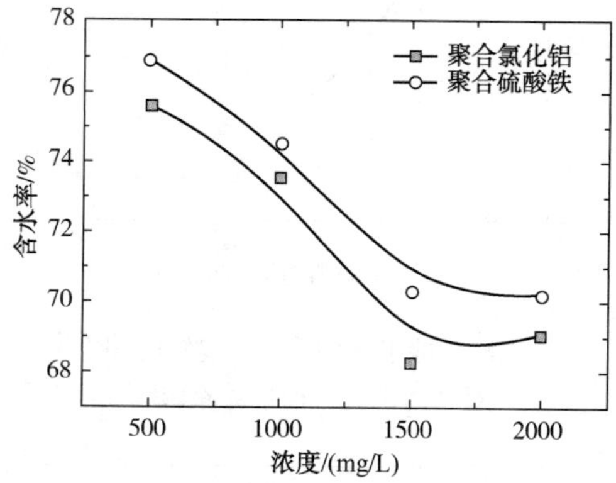

图10　脱水药剂种类对污泥含水率影响研究

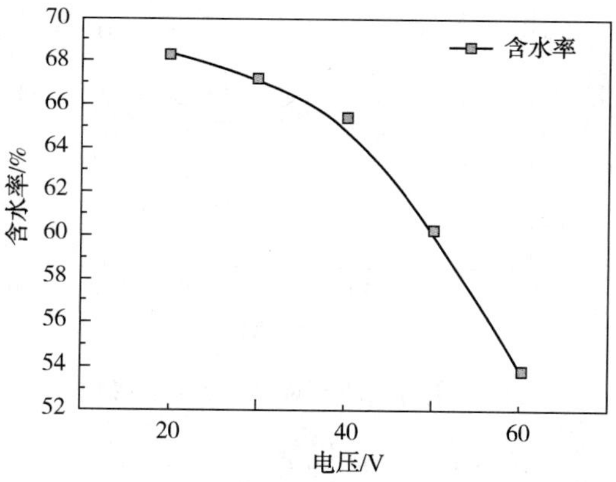

图11　电压对污泥含水率影响

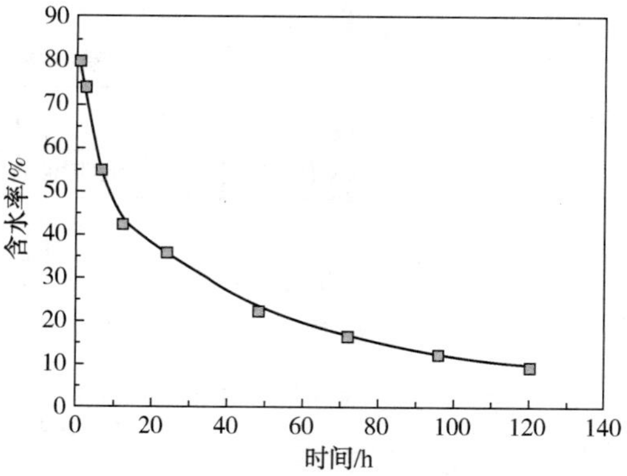

图12　干化时间对污泥含水率影响

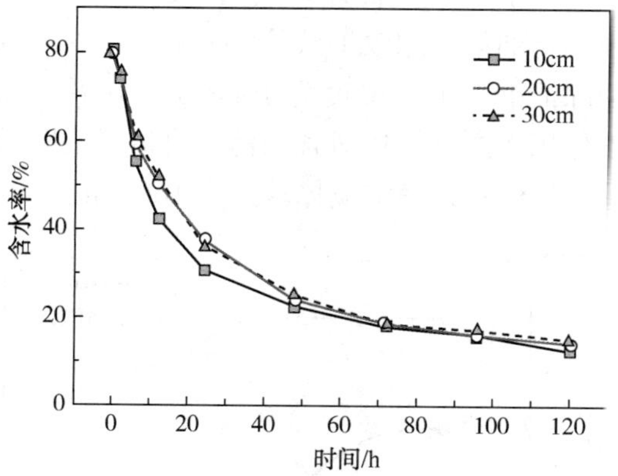

图13　电极板距离对污泥干化效率影响

3.2.4　组合工艺参数优化

2019年10月8日–11月18日期间通过正交试验，开展组合工艺参数优化，通过调整每段工艺组合，检测数据，进一步优化整套工艺的处理参数(表3)。

通过分析极差，可知除油搅拌速度、搅拌时间、加药量3个因素对处理后含油污泥中含油率实验指标的影响大小顺序为：加药量>搅拌速度>搅拌时间。优化后各参数如下：过氧化氢加药量16mg/L、搅拌速度160r/min、搅拌时间10min。

3.2.5　现场试验结果

从不同批次试验检测结果(详见表4)可以看出，处理后污泥含水率在9.3%~9.8%之间，含油量在0.2%~0.3%之间。

表3　正交试验结果

编　号	因　素			污泥含油量/%
	搅拌速度/(r/min)	搅拌时间/min	过氧化氢药量/(mg/L)	
1	100	10	8	8.14
2	100	20	10	6.07
3	100	40	16	3.01
4	120	10	12	5.17

续表

编号	因素：搅拌速度/(r/min)	因素：搅拌时间/min	因素：过氧化氢药量/(mg/L)	污泥含油量/%
5	120	20	16	2.37
6	120	40	8	7.05
7	160	10	16	1.94
8	160	20	8	4.94
9	160	40	12	3.31

表 4　现场试验结果

试验次数		样品名称	含油量/%	含水率/%	电化学上部样品：含油量/%	电化学上部样品：含水率/%	电化学下部样品：含油量/%	电化学下部样品：含水率/%	温度/℃	pH	沉降系数	硫化物/(mg/L)	毒性
第一次		污泥样品	12.7	89.5					23.4	7.6	0.8	6.3	
第一次		加除油剂样品	1.3	96.1					23.4	7.5	0.7		
第一次		叠螺机	2.4	73.6					23.4	7.5	0.7		
第一次	电化学处理段	2h	2.2	72.7	2.2	70.7	2.1	73.2	51.3	7.6			
第一次	电化学处理段	4h	2.0	63.2	2.0	61.5	2.0	63.2	50.2	7.6			
第一次	电化学处理段	8h	1.8	54.7	1.8	54.7	1.8	54.7	50.3	7.5			
第一次	电化学处理段	24h	1.6	30.9	1.6	29.1	1.6	31.5	49.3	7.6			
第一次	电化学处理段	2d	1.4	24.6	1.4	23.2	1.3	25.4	38.7	7.5			
第一次	电化学处理段	3d	1.2	13.5	1.2	11.3	1.2	14.1	31.5	7.5			
第一次	电化学处理段	5d	0.8	10.2	0.8	10.8	0.8	11.9	29.1	7.6			
第一次	电化学处理段	6d	0.5	10.5	0.5	10.9	0.5	10.8	28.6	7.6			
第一次	电化学处理段	7d	0.3	9.7	0.3	9.5	0.3	9.8	28.5	7.5	0.6	<0.01	无
第二次		污泥样品	13.7	93.1					23.8	7.6	0.7	5.6	
第二次		加除油剂样品	1.9	96.5					23.8	7.6	0.6		
第二次		叠螺机	2.2	72.8					23.8	7.6	0.6		
第二次	电化学处理段	2h	2.3	71.7	2.3	70.6	2.2	72.2	50.9	7.6			
第二次	电化学处理段	4h	1.9	62.8	1.9	61.7	1.9	63.5	49.4	7.5			
第二次	电化学处理段	8h	1.7	54.1	1.7	52.9	1.7	54.5	49.1	7.5			
第二次	电化学处理段	24h	1.5	31.3	1.5	30.3	1.5	32.2	49.3	7.6			
第二次	电化学处理段	2d	1.3	24.2	1.3	23.6	1.3	25.1	38.9	7.6			
第二次	电化学处理段	3d	1.0	19.4	1.1	18.2	1.0	19.8	31.8	7.5			
第二次	电化学处理段	5d	0.7	12.8	0.7	11.4	0.7	12.3	29.4	7.5			
第二次	电化学处理段	6d	0.5	11.3	0.5	10.8	0.5	11.9	28.6	7.7			
第二次	电化学处理段	7d	0.2	9.8	0.2	9.5	0.2	9.9	28.2	7.5	0.5	<0.01	无
第三次		污泥样品	13.4	88.6					23.4	7.7	0.8	6.8	
第三次		加除油剂样品	1.7	97.5					23.4	7.6	0.7		
第三次		叠螺机	2.4	74.6					23.4	7.6	0.7		

续表

试验次数		样品名称	含油量/%	含水率/%	电化学上部样品		电化学下部样品		温度/℃	pH	沉降系数	硫化物/(mg/L)	毒性
					含油量/%	含水率/%	含油量/%	含水率/%					
第三次	电化学处理段	2h	2.2	73.4	2.3	71.4	2.2	74.5	51.3	7.5			
		4h	1.9	63.5	1.9	62.9	1.8	65.1	50.2	7.6			
		8h	1.7	52.2	1.7	52.2	1.7	52.2	48.5	7.5			
		24h	1.4	31.5	1.4	30.4	1.3	33.1	49.3	7.6			
		2d	1.3	23.9	1.4	23.2	1.3	24.7	38.8	7.6			
		3d	1.1	18.7	1.1	18.3	1.0	19.5	31.2	7.6			
		5d	0.7	12.9	0.7	12.2	0.7	12.3	29.1	7.6			
		6d	0.4	10.1	0.5	10.6	0.4	11.6	28.6	7.5			
		7d	0.2	9.8	0.3	9.3	0.2	10.0	28.1	7.5	0.6	<0.01	无

从电导率的变化图也可以看出，随着时间的延长电导率逐渐减小，表明随着污泥中水分的减少，污泥导电性能下降(图 14、图 15)。

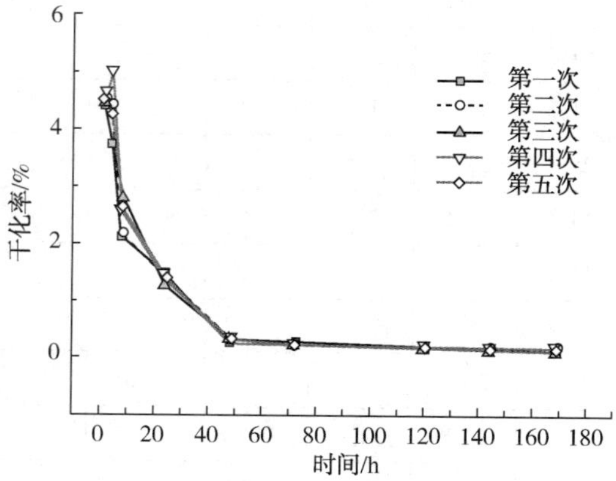

图 14　不同批次试验干化率变化图

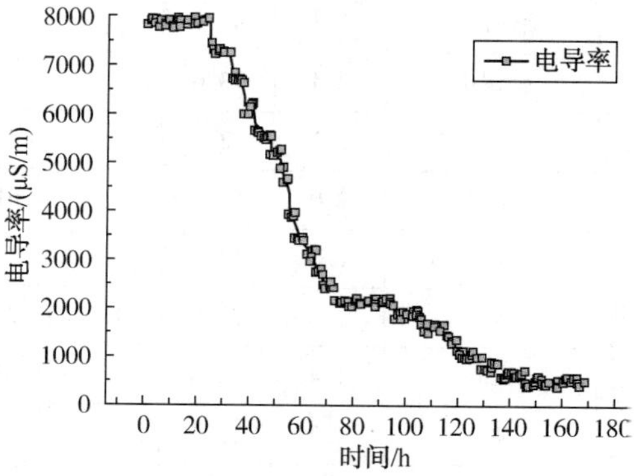

图 15　电导率的变化

经组合工艺处理后的悬浮污泥重金属含量如表 5 所示，Al 和 Ca 以及 Fe 的含量较高，主要原因是药剂中含有较多的 Al 和 Ca 以及 Fe，Cr、Cu、Cd 等为污泥中本身含有的成分，其含量均低于指标要求。

表 5　污泥处理后金属组成成分分析

检测指标	第一次	第二次	第三次	第四次	第五次	指标
Zn	0.1863	0.1313	0.1588	0.1883	0.1208	<4
Ag	<0.001	<0.001	<0.001	<0.001	<0.001	
Al	33.358	35.755	34.369	34.573	34.373	
As	0.01693	0.01013	0.01822	0.01378	0.01974	<0.075
B	0.01882	0.01649	0.01931	0.01782	0.01706	
Ca	13.23	12.96	13.16	12.83	12.73	
Cd	<0.001	<0.001	<0.001	<0.001	<0.001	
Cr	0.02805	0.02616	0.01911	0.02388	0.02228	<1
Cu	0.01617	0.02736	0.05144	0.04582	0.02945	<1.5
Fe	12.594	13.415	12.182	12.874	12.881	
Hg	<0.001	0.00113	<0.001	<0.001	<0.001	<0.025

处理后的含油污泥满足黑龙江省《油田含油污泥综合利用污染控制标准》要求。

4　效益分析

该技术在实现环境治理和防止污染的同时，还可以取得一定的经济效益。由于可将含油污泥中相当量的原油回收，按照悬浮污泥平均含油量13.26%、每天产生10t悬浮污泥计算，将其处理到含油2%以下，那么至少每天可回收污油1.326t，该措施年可创效达14.5万元。

按照GB 4284—1984《农用污泥中污染物控制标准》，处理后的污泥含油量≤0.3%，可在大田、园林和花卉地上使用，为全油田含油污泥无害化、资源化利用提供了借鉴。

5　结论及认识

（1）优选出“搅拌氧化除油+叠螺机脱水+电化学干化除油”的工艺组合技术，可实现电化学干化后污泥含水率低于10%，含油量达到2%以下的技术指标。

（2）通过室内实验和现场试验，优化出最佳的处理工艺参数：过氧化氢加药量16mg/L、搅拌速度160r/min、搅拌时间10min，可实现降低处理成本，处理后的污泥含油量≤0.3%。

参 考 文 献

[1] 马士平. 应用悬浮污泥过滤技术处理含油污水[J]. 油气田地面工程，2012，2：11-12.

[2] 匡少平，吴信荣. 含油污泥的无害化处理与资源化利用[M]. 北京：化学工业出版社，2008.

[3] 吴奇，汤林，王立坤，等. 油气田污水污泥处理关键技术[M]. 北京：石油工业出版社，2017.

[4] 陈忠喜，魏利. 油田含油污泥处理技术及工艺应用研究[M]. 北京：科学出版社，2012.

[5] 白冬锐，张涛，詹雨雨，等. 含油污泥处理技术进展[J]. 环境工程，2020，8：207-212.

[6] 候影飞，黄朝琦，秦志文，等. 含油污泥处理技术研究进展[J]. 当代化工，2020，3：631-637.

[7] 兴跃，王万福，张晓飞，等. 含油污泥资源化技术进展[J]. 油气田环境保护，2012，20(2)：43-45.

中国石油海外油气业务温室气体排放核算准则研究

赵成斌[1]　杨意峰[1]　田慧颖[1]　王佳琪[2]　于佳禾[1]

(1. 中国石油天然气勘探开发公司；2. Da leel Petroleum LLC)

摘　要　对于像中国石油在全球 30 多个国家开展海外投资业务的国际化企业来说，不仅需要深入了解不同层面的温室气体(GHG)排放核算标准，更要分析资源国当前运行的碳市场，为未来可能需要的温室气体减排做好准备。通过对部分资源国的核算准则进行对标，我们发现 IPCC 指南在各国开展温室气体核算中得到了有效的运用和实践，其在全球范围内应用并从而推进减排是切实可行的。其次，我们认为阿曼、哈萨克斯坦和中国在温室气体管理和应对气候变化方面已经制定了相对完善的监管框架，现阶段适用的监管工具和市场机制被认为是促进温室气体减排的充分途径。最后，我们建议海外投资业务应根据具体运营情况和当地要求，完善海外业务碳管控标准，引领碳排放管控话语权，以实现未来可持续和碳中和管理。

关键词　IPCC；指南；阿曼；哈萨克斯坦；中国；温室气体核算标准

1　介绍

2015 年，196 个国家在 COP21 上通过了《巴黎协定》，其目标是“将本世纪全球气温上升幅度限制在较工业化前水平远低于 2℃的水平，并努力将气温上升进一步限制在 1.5℃以内”。为了实现这一目标，中国承诺在 2030 年之前达到排放峰值，并在 2060 年之前实现碳中和。中国石油天然气集团公司(CNPC)作为石油和天然气气候倡议(OGCI)成员公司之一，旨在实现碳中和更新的目标包括到 2025 年将甲烷排放强度降低至远低于 0.2%，到 2025 年将上游作业的碳强度降低至每桶油当量 17.0 千克二氧化碳当量。此外，中油国际作为中国石油天然气集团公司的专业公司在全球 30 个国家管理和运营 87 个单位，并在美洲、非洲、中东、俄罗斯和亚洲建立了 5 个油气合作区。由于各项目所在地、石油合同、股权结构、运营管理方式存在差异，所在国家和地区的环境管理要求不同，随着可持续发展、低碳转型、温室气体减排等理念成为全球共识，资源国对环境保护的要求越来越严格，排放法规也日趋收紧。

然而，目前尚无统一的温室气体排放核算方法可供所有海外单位开展核算工作。俄罗斯、哈萨克斯坦、巴西、澳大利亚、加拿大、泰国、印度尼西亚、越南、阿联酋和阿曼的项目需要遵循当地政府的核算要求及方法。但其他海外项目，例如苏丹、秘鲁、委内瑞拉和乍得，其政府没有明确的温室气体核算标准，需要应用中国石油天然气生产企业温室气体排放核算方法与报告指南。因此，不仅需要深入了解温室气体排放核算标准水平，还需要了解温室气体排放核算的标准水平。分析了 CNODC 海外投资地点范围内当前运行的碳市场。

该研究旨在通过国际、国家和企业层面的多个层面对核算准则进行基准比较，以更好地了解其异同以及 CNODC 在不同地区和国家的油气投资的适用性。基于明确的方法和透明的流程，在全球范围内核算不同管理级别的温室气体清单是合理可行的。因此，CNODC 海外投资项目预计未来将根据具体运营情况和当地要求启动温室气体管理并建立温室气体清单，以实现可持续和碳中和管理。

2　选定国家的监管框架

2.1　阿曼

阿曼苏丹国与气候变化相关的控制和管理主要根据第(20/2016)号部长决定的《气候事务管理条例》，该规定以一系列环境保护和污染防治法律、各项国际公约为基础，与联合国气候变化框架公约(UNFCCC)相关的《京都议定书》及其框架下的清洁发展机制目标的实施。规定能源和工业、工业垃圾填埋和废水、食品和冷藏、畜禽饲养等领域内的项目、设施或属于该项目和设施的作业区域的业主应取得温室气体排放许可证并每 2 至 3 年向气候事务局提交一份温室气体排放年度报告[1]。许可证费用从100阿曼里亚尔(OMR)到1000阿曼里亚尔(OMR)不等，具体取决于行业和基准排放量。任何违反该规定的行为，例如许可证更新或报告交付过程中的任何延误，都将导致20OMR至500OMR的行政罚款，但不影响任何其他法律规定的更严厉处罚[2]。该条例进一步列出了符合2006年IPCC《国家温室气体清单指南》(以下简称"IPCC指南")的温室气体种类和核算范围，以及需要办理许可证手续的设施和项目。

虽然排放交易体系(ETS)正在讨论和预期中，但现阶段国内尚无任何现成的方案或详细计划。

2.2 哈萨克斯坦

哈萨克斯坦共和国高度重视温室气体管理。温室气体排放和限制已作为哈萨克斯坦共和国环境法典的一个特定章节进行规范。二氧化碳(CO_2)、甲烷(CH_4)、一氧化二氮(N_2O)、氢氟碳化合物(HFC)、全氟化碳(PFC)、六氟化硫(SF_6)等温室气体，以及经授权环保机构确定的其他物质也适用此规定。该法典指出哈萨克斯坦共和国的目标是到2030年12月31日，将碳平衡比1990年的碳平衡减少至少15%。已经设计并系统地实施了一套措施来规范温室气体排放[3]和国家层面的清除量，主要包括碳预算、碳配额、碳单位交易制度等。碳预算是指国家规定的所有对象在一个碳预算期内二氧化碳排放的最大允许量。碳预算期自2021年起连续5个历年确定，并呈现下降趋势，比基准年至少下降1.5%。哈萨克斯坦根据总碳预算制定温室气体排放配额国家配额分配计划，确定在配额对象之间分配的碳配额单位总数以及碳配额单位储备量。配额对象单位/设施为每年温室气体排放量超过2万吨CO_2的设施，分配体系涵盖电力、石油天然气、采矿、冶金、化工以及水泥、石灰、石膏等行业和制造业的砖块生产。如果收到的碳配额与实际排放量存在差异，配额主体有权出售/购买碳单位、额外的碳配额和(或)抵消单位，这将在碳单位交易系统中发生。

碳单位、碳配额单位和抵消单位可以直接通过买卖协议进行交易，价格不低于交易日碳配额单位和抵消单位的商品交易所价格水平，或者由交易者确定。在没有商品交易价格的情况下，碳配额单位或抵消单位的最新可用报价。交易体系由一级碳市场和二级碳市场组成。在一级碳市场中，碳单位交易系统运营者将《全国温室气体排放配额分配方案》相关储备类别中的碳配额以拍卖方式出售给碳市场主体。在二级碳市场上，主体直接或通过商品交易所买卖碳单位[4]。该守则还规定了上述碳预算、配额分配和交易的登记、分配、赎回、验证和核查等细节。

2.3 中国

随着中国社会的发展，碳管理的监管框架一直在多个层面上建立和发展。《中华人民共和国大气防治法及大气污染防治法》(2018年)等国家环境相关法律不断强调采取计划和措施控制或逐步减少包括温室气体在内的大气污染。国家发改委提出，要跨地区共同努力，协调控制颗粒物、二氧化硫、氮氧化物、挥发性化合物、氨等大气污染和温室气体。[5] 并发布《温室气体自愿减排交易管理办法》，鼓励和规范中国核证减排量(CCER)项目的认证和运营。自2021年2月起，中华人民共和国生态环境部发布的《碳排放权交易管理办法(试行)》开始实施。该办法规范了碳配额的分配和退还，碳排放权的登记、交易、结算以及碳市场的核查和监管等活动。中国全国碳市场自2017年底启动，覆盖发电行业年排放二氧化碳当量超过2.6万吨的主体。

3 资源国家的核算和报告指南

3.1 阿曼

阿曼政府没有制定针对特定国家的核算方法，环境和气候事务部(现为环境和气候事务司)接受IPCC指南作为企业温室气体排放核算和报告的主要参考。其他基于IPCC的广泛认可的工业会计指南也有效，例如美国石油协会的API温室气体报告指南文件。

---

[1] 气候事务管理条例第(20/2016)号部长决定，P6，2016年3月29日。

[2] 阿曼苏丹国环境和气候事务部。第(20/2016)号部长决定《气候事务管理条例》。2016. P8-9。

[3] 哈萨克斯坦共和国，哈萨克斯坦共和国环境法典。2021. P173。

[4] 哈萨克斯坦共和国，哈萨克斯坦共和国环境法典。2021. P180，第299条。

[5] 中华人民共和国全国人民代表大会。《中华人民共和国大气防治法和大气污染防治法》。2018年10月26日。中华人民共和国生态环境部作品。https://www.mee.gov.cn/ywgz/fgbz/fl/201811/t20181113_673567.shtml

2006年IPCC国家温室气体清单指南第2卷-能源适用于上游石油和天然气开采。核算范围涵盖实体组织和运营范围内的所有设施和活动，排放类型分为燃料燃烧和无组织排放。完整的排放估算应包括核算主体确定和提供的所有燃料和所有来源类别的排放，并估算同一来源类别的CO_2、CH_4和N_2O排放量。燃料燃烧包括燃料开采或能源生产行业燃烧的燃料的排放，可进一步分为固定燃烧和移动燃烧。在石油和天然气开采中，这些可能涉及用于压缩气体和发电的发动机或涡轮机中的燃料使用，以及加热器和锅炉中的燃料使用、火炬和焚烧炉中的燃烧以及油轮或卡车的运输。无组织排放包括从燃料的提取、加工、储存和运输到最终使用点的所有有意和无意的排放，在石油和天然气系统中包括但不限于设备泄漏、蒸发和闪燃损失、放空、火炬、焚烧和意外释放。

IPCC指南还根据不同的数据精度提出了三层计算方法。一般来说，每种温室气体的排放量是通过将燃料消耗/逃逸部分乘以相应的排放因子来计算的。方法1基于活动数据和默认/平均排放因子，而方法2指特定国家/地区的排放因子；方法3使用更详细的、特定于技术的排放因子，并使用可用的模型和设施级排放数据。

阿曼将CO_2、CH_4、N_2O、HFC、PFC和SF_6六种温室气体列为重点报告温室气体。而在石油和天然气生产中，报告仅涵盖CO_2、CH_4和N_2O，并附有原始数据和计算结果。如果IPCC指南中没有足够的数据默认/平均因子，则鼓励在公司或设施层面实际测量数据。排放源报告为固定燃烧、移动燃烧、火炬和逸散排放。提交的报告还需要涵盖所采取的气候减缓和适应措施。

3.2 哈萨克斯坦

哈萨克斯坦根据IPCC指南制定了方法学指南，并明确指出，由于在国家或设施层面获取数据与严肃的科学研究相关，而该国尚未开展此类研究，因此所有计算均应根据第1级方法进行。核算范围涵盖石油和天然气整体系统，包括从井口到交付点的石油产品生产、收集、加工或净化以及向市场交付所需的所有基础设施。CO_2、CH_4和N_2O的排放量按固定燃烧、移动燃烧和无组织排放进行分类和报告。报告需在线提交，附有原始数据和计算结果。

3.3 中国

中国也根据IPCC指南制定了相应的方法指南，国家发展和改革委员会发布了《中国石油天然气生产温室气体排放核算方法与报告指南》（试行，以下简称中国指南）。结合中国省级温室气体清单指南和国家级燃料净热值（NCV）、碳氧化因子等数据。

核算范围与IPCC指南一致，排放源类别更加详细。核算和报告的温室气体主要包括燃料燃烧CO_2排放、火炬燃烧CO_2和CH_4排放、CO_2和CH_4工艺放空排放、CH_4无组织排放、CO_2和CH_4回收量、净购电和发电产生的CO_2排放。在实践中，一些实体也报告了N_2O的排放量。在方法论方面，中国的指南提供了国家特定的NCV和碳氧化因子、某些设施的无组织排放因子，这使得数据更加精确。同时，还鼓励温室气体核算和报告主体首先应用实际监测数据，而不是计算数据。

报告提交通过线上和线下方式进行，并附有原始数据、计算和其他必要证据，包括但不限于监测记录和购电收据。

4 各国核算和报告比较

总体而言，阿曼、哈萨克斯坦和中国在温室气体核算和报告方面拥有相同的方法基础，即IPCC指南。尽管阿曼没有颁布任何法规来明确IPCC指南作为温室气体核算和报告的官方方法，但它在业界得到了广泛讨论、认可和使用。尽管如此，各国在计算方法选择、排放分类和报告方面确实存在差异。首先，哈萨克斯坦采用第1级方法进行核算，而中国则提供国家和行业的参考排放因子，并促进实体使用实际监测数据以提高准确性。此外，在阿曼，实体可以根据工具和数据的可用性更加灵活地选择方法。应用更详细的因素和数据；可以实现更好的估计准确性和更少的不确定性。然而，不同的因子与每种方法的不同一起应用可能会导致数据结果的，不确定性以及不同国家甚至不同行业之间碳排放数据比较的困难。其次，核算和报告中的排放分类有所不同。哈萨克斯坦的排放源有固定燃烧、移动燃烧和无组织排放3种。根据这一总体分类，阿曼计算火炬排放量，并分别计算购买电力和热力的间接排放量。中国进一步将其分为CO_2和CH_4两种气体，并分别统计回收量和排放量。第三，阿曼要求报告范围 1-3 内的 3 种主要温室气体：二氧化碳、甲烷和氧化亚氮，❶ 而实际上，实体识别和计算范围 3 排放量可能具有挑战性。哈萨克斯坦将所有 3 种气体纳入范围 1 排放范围内。中国指南仅要求核算范围 1 和范围 2 内的 CO_2 和 CH_4。虽 N_2O 排放量与 CO_2 和 CH_4 相比并不那么显着，但考虑到整个行业甚至国家的总量，它仍然会对估计和影响产生影响。

5 结论

综上所述，阿曼、哈萨克斯坦和中国在温室气体管理和应对气候变化方面建立和发展了运作良好的监管框架。碳预算和碳配额等监管工具以及市场机制被认为是现阶段促进温室气体减排的常用且充分的途径。此外，IPCC 指南在各国得到了充分利用和实践，为各级单位开展温室气体核算奠定了科学、坚实、灵活的基础。因此，在明确数据来源和方法的基础上，对全球范围内的温室气体排放进行核算和比较是合理可行的，将进一步促进集体控制、减缓和减少排放。

6 建议

中国石油海外油气业务在全球五大洲 30 个国家管理并运营着 80 多个油气合作项目，不同国家、地区的环保法律、法规、标准不尽相同且处在动态变化中，不仅需要识别环境管理风险，同时更要进一步完善碳排放管理，满足可持续发展的海外油气业务发展需求，才能更好的实现环境合规管理。因此建议中国石油海外投资业务应积极跟踪研究国际标准，完善中国石油海外业务碳管控相关标准，积极参与资源国碳管控标准制定，引领和掌握海外业务碳排放量核算与碳排放管控话语权。此外，还鼓励项目基于每年上报的碳排放数据建立清晰的月度记录，以确保排放源和作业活动的完整性、方法和测量的一致性、数据来源的透明度。

参 考 文 献

[1] 气候事务管理条例第(20/2016)号部长决定，P6，2016 年 3 月.

[2] 阿曼苏丹国环境和气候事务部. 第(20/2016)号部长决定《气候事务管理条例》. 2016 年.

[3] 哈萨克斯坦共和国，哈萨克斯坦共和国环境法典. 2021 年.

[4] 哈萨克斯坦共和国，哈萨克斯坦共和国环境法典，第 299 条，2021 年.

[5] 中华人民共和国全国人民代表大会. 中华人民共和国大气防治法和大气污染防治法. 2018 年 10 月 26 日. 中华人民共和国生态环境部作品. https://www.mee.gov.cn/ywgz/fgbz/fl/201811/t20181113_673567.shtml

[6] 中华人民共和国国家发展和改革委员会. 温室气体自愿减排交易管理办法. 2012 年.

❶ 根据现有指南，企业温室气体排放报告通常将运营边界分为 3 个"范围"，范围 1 代表直接排放，范围 2 代表能源消耗的间接排放，范围 3 代表其他间接排放。

古龙页岩油注 CO_2 补能提采技术实验研究

邓　森[1,2,3]　刘　勇[1,2,3]　张　江[1,2,3]　郭天娇[1,2,3]　徐　全[1,2,3]

（1. 多资源协同陆相页岩油绿色开采全国重点实验室；2. 大庆油田有限责任公司；
3. 黑龙江省油层物理与渗流力学重点实验室）

摘　要　根据饱和页岩 T_2 谱特征，将页岩孔隙分为小孔、中大孔和页理缝，对页岩油开展 CO_2 驱替和吞吐实验，研究排采速度、成熟度、吞吐压力对采出程度的影响。结果表明：页岩油快速排采采出程度高出缓慢排采 7.43 百分点，但地层压降过快会引起较强的应力敏感，实际生产过程中需要优化排采速度；高成熟度页岩采出程度高出低成熟度页岩 11.13 百分点，优选有利甜点进行开发是节能提效的有效方法；吞吐压力接近地层破裂压力时，可以大幅度提高页岩油采收率。

关键词　CO_2 驱替；CO_2 吞吐；排采速度；吞吐压力；核磁共振

大多数非常规储层开采初期地层压力衰竭较快，油气产量快速递减，产量停滞在较低水平，一次采油生产期间的石油开采量估计为原始石油的 5%至 10%，地下非常规油气资源储量巨大，亟需行之有效的提高采收率方法。研究表明非常规储层注气可以有效提高原油采收率，由于 CO_2 在原油中扩散速度快，增能降黏作用明显，并且能够动用页岩纳米级孔隙中的页岩油，因此注 CO_2 成为页岩油提高采收率最有前景的措施之一。

国外学者利用鹰滩、巴肯等页岩储层的岩心进行室内注气物理模拟实验，考察 CO_2 对页岩油的驱油效果。结果表明，CO_2 很容易溶解在页岩油中，使原油膨胀并降低其黏度，并且与页岩油的混相压力低，混相状态能明显提高页岩油采收率，在 CO_2 吞吐过程中，巴肯组中段岩心在 24h 内采收率高达 95%，采收率提高速度高于其他气体介质，吞吐可以使页岩油采收率提高 33%~85%。国内学者主要以准噶尔盆地吉木萨尔、鄂尔多斯盆地长 7 储层、渤海湾盆地济阳坳陷等页岩油储层为研究对象，采用核磁共振、CT 扫描、电镜扫描等实验技术，研究裂缝、闷井时间、注气压力等因素对页岩油 CO_2 吞吐驱油效果的影响，准噶尔盆地吉木萨尔页岩油在吞吐压力 10MPa、温度 90℃条件下采收率可达到约 41%，鄂尔多斯盆地延长组长 7 段储层页岩油在吞吐压力 9MPa、温度 50℃条件下采收率可达到 44.7%，但缺乏页岩成熟度和页岩油排采速度对 CO_2 吞吐驱油效果的影响研究。

古龙页岩油资源储量巨大，以纳米级孔隙为主，是纯页岩型页岩油，储集空间主要为黏土矿物粒间孔和页理缝，古龙页岩油作为全新的资源类型，国内外尚无可直接复制套用的现成地质理论和开发技术。本文基于低磁场核磁共振实验方法，根据核磁共振 T_2 谱的特征给出古龙页岩小孔、中大孔和页理缝的划分界限，并给出核磁共振 T_2 值与孔喉半径的转换系数，分析排采速度、页岩成熟度和吞吐压力对页岩油动用效果的影响，为古龙页岩油注气开发提供理论支撑。

1　实验设计

1.1　*实验材料*

实验岩心为古龙页岩岩心，取样层位为青一段，岩性主要为灰黑色纹层状页岩，有效孔隙度为 6.10%~7.42%，主要用于开展 CO_2 吞吐和 CO_2 驱替实验，实验用油采用古龙地面脱气页岩油，CO_2 与页岩油最小混相压力为 20.73MPa，远低于原始地层压力 36MPa（表 1）。

表 1　岩心基础参数

样号	长度/cm	直径/cm	干质量/g	岩性
13	5.98	2.50	75.931	页岩
14	2.00	2.50	25.390	页岩
15	5.18	2.50	63.069	页岩
18	2.15	2.50	27.305	页岩
61	3.63	2.50	47.358	页岩
141	3.58	2.50	44.551	页岩

续表

样号	长度/cm	直径/cm	干质量/g	岩性
177	3.31	2.50	41.234	页岩
3	7.55	2.50	95.294	页岩
1	7.57	2.50	95.222	页岩
161	8.71	2.50	99.160	致密砂岩

1.2 实验设备

核磁共振实验采用苏州纽迈生产的MacroMR12-150H-I低磁场核磁共振岩样分析仪，磁场强度为0.3±0.05T，仪器主频为12.75MHz；高压压汞实验采用AutoPore Ⅳ 9505孔隙分析仪，孔隙直径测量范围为0.004~6μm，最大进汞压力为228MPa；CO_2 驱替实验所用岩心夹持器最大驱替压力为70MPa，最高温度为150℃；吞吐实验采用高温高压耐 CO_2 吞吐实验装置，主体为高温高压耐 CO_2 反应釜，容积为125mL，最大吞吐压力为70MPa，最高吞吐温度为150℃。

1.3 实验步骤

CO_2 驱替实验步骤：将恒温箱温度设置为100℃，回压设置为22MPa，稍微高于 CO_2 与页岩油的混相压力，注入速度为0.1mL/min，直至岩心不再产油时停止实验；取出岩心，测量岩心的质量。

CO_2 吞吐实验步骤：①将页岩岩心放在高温高压 CO_2 反应釜中，对反应釜抽真空后，将 CO_2 注入反应釜，吞吐温度设置为100℃，并设置一定的吞吐压力、闷井时间和排采速度；②吞吐结束后，缓慢降低反应釜压力，将岩心从反应釜中拿出，测量岩心的质量和核磁共振 T_2 谱；③每个新的吞吐轮次开始之前均需要对反应釜进行抽真空，确保反应釜内没有残余的空气。

2 实验结果与分析

2.1 饱和页岩 T_2 谱分析

2.1.1 核磁共振 T_2 值与孔喉半径转换系数

页岩孔隙流体 T_2 谱能够反映页岩孔隙结构，并且与孔隙大小呈正比，孔隙越大，弛豫时间越长，反之，则越小，岩心 T_2 值与孔径转换系数与岩性有关，不同区块不同井层的岩心转换系数差异很大，压汞毛细管力曲线和氮气吸附曲线可以反映岩石孔隙结构分布，因此可以将核磁共振与压汞实验和氮气吸附实验相结合，将 T_2 弛豫时间分布转换为孔喉半径分布，其转换公式为

$$T_2=\frac{1}{\rho}\frac{V}{S}=\frac{r}{\rho F_s}=\frac{r}{C} \tag{1}$$

式中，ρ 为岩石的横向表面弛豫强度，mm/s；S 为孔隙的表面积，μm^2；V 为孔隙的体积，μm^3；r 为孔喉半径，μm；F_s 为几何形状因子；C 为转换系数，μm/ms。

根据页岩高压压汞实验[图1(a)]、氮气吸附实验[图1(b)]，核磁共振实验[图1(c)]，采用相关系数法将核磁共振 T_2 值转换得到的孔径分布频率曲线与氮气吸附实验和高压压汞实验得到的孔径分布频率曲线进行拟合，拟合得到的转换系数为30.05nm/ms，见图1(d)。

从高压压汞实验结果和氮气吸附实验结果可知，页岩孔径主要分布范围为1~1000nm，对渗透率有主要贡献的孔隙主要为160~1000nm的孔隙，实验结果显示压汞和氮气吸附并没有将孔径大于1000nm以上的孔隙展示出来，但是核磁共振 T_2 谱测试结果显示，在页岩中孔径大于1000nm的孔隙是存在的，这也证实了压汞和氮气吸附在表征页岩孔隙结构方面存在一定的局限性。

2.1.2 饱和页岩 T_2 谱特征

古龙饱和页岩 T_2 谱状态主要为三峰状态[图2(a)]，饱和页岩 T_2 谱峰个数、大小及位置可反映页岩孔隙结构特征，CT扫描实验结果表明[图2(b)]，页岩至少发育3种孔隙类型，小孔、中大孔和页理缝，图中红色为孔隙，灰色为黏土、石英、长石等矿物，青色为含铁碳酸盐岩，黄色为黄铁矿。

核磁共振 T_2 谱显示：页岩 T_2 谱波谷的位置位于 T_2=1ms(30.05nm)和 T_2=33ms(991.65nm)附近，干岩样中的残余油主要分布在小于1ms(30.05nm)的孔隙当中，长期放置的干岩样一般只剩下小孔隙中的页岩油，中大孔隙或者页理缝中的页岩油一般都已经损失掉。因此根据IUPAC(国际理论(化学)与应用化学联合会)的孔隙分类方法，并根据古龙页岩油的核磁共振 T_2 谱形态特征，将小于1ms(30.05nm)的孔隙划分为小孔隙，[1，33]ms的孔隙划分为中大孔隙，大于33ms(991.65nm)的孔隙划分为页理缝。

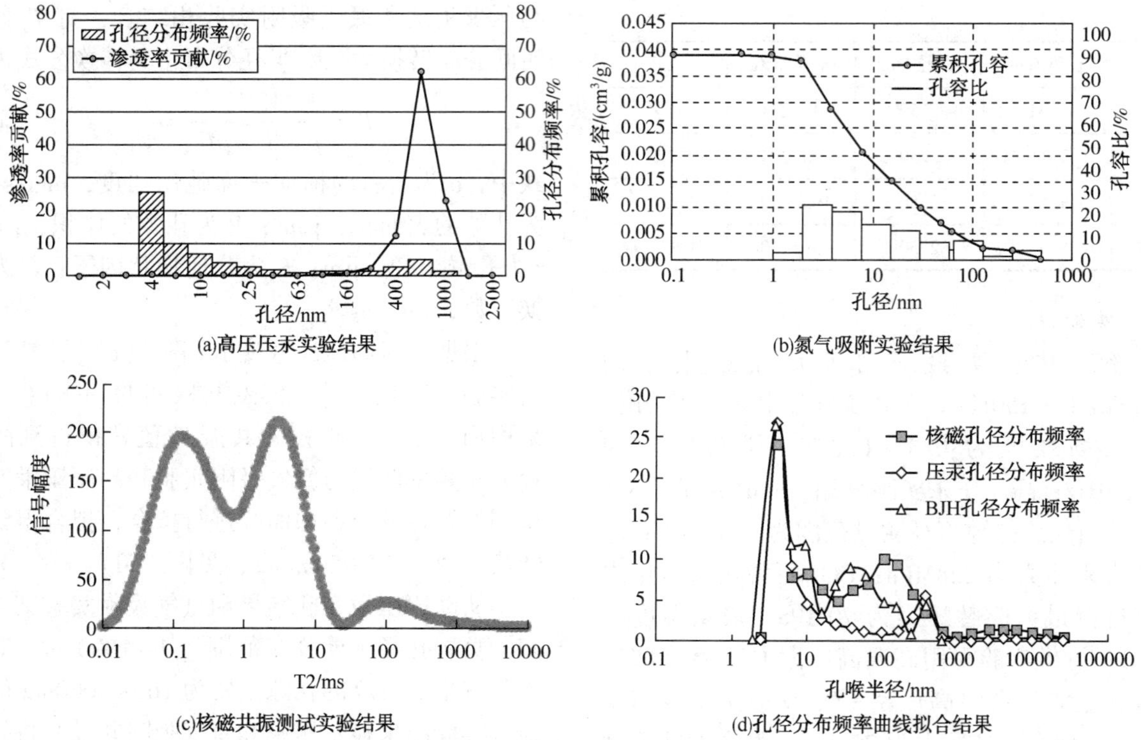

(a)高压压汞实验结果 (b)氮气吸附实验结果

(c)核磁共振测试实验结果 (d)孔径分布频率曲线拟合结果

图 1 核磁共振 T_2值与孔喉半径转换结果

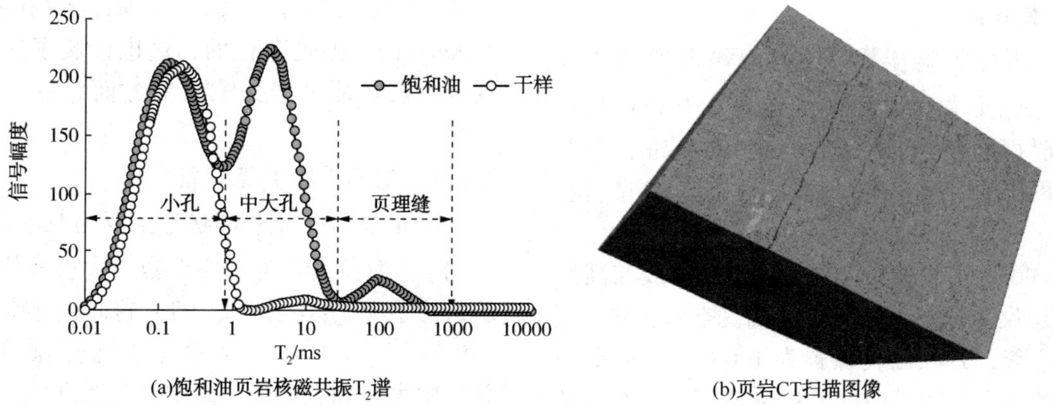

(a)饱和油页岩核磁共振T_2谱 (b)页岩CT扫描图像

图 2 岩心核磁共振 T_2谱及 CT 扫描图像

2.2 CO_2驱驱油效果分析

将饱和油后的页岩和致密砂岩分别放在岩心夹持器中进行驱替，驱替实验结果表明：经过CO_2驱替以后，致密砂岩中页岩油采出程度达到87.77%，页岩中页岩油平均采出程度仅有45.75%，致密砂岩中页岩油采出程度高出页岩42.02百分点(见表2)。

对古龙页岩和致密砂岩从压汞孔隙结构进行统计分析发现，古龙页岩油储层半径均值、孔、渗分布峰位都与致密砂岩油层相差近一个数量级，曲线形态上显示古龙页岩油毛管压力曲线更偏于右上方，表明其储层排驱压力高，进汞饱和度低，微观孔喉尺度更小，渗流阻力更大，这是页岩和致密砂岩采出程度差异大的重要原因之一(见表3)。

表 2 页岩油 CO_2 驱替参数表

岩心编号	直径/cm	长度/cm	干重/g	湿重/g	驱后重量/g	饱和油/g	驱出油/g	采出程度/%
161	2.5	8.71	99.160	103.494	99.690	4.334	3.804	87.77
3	2.5	7.55	95.294	97.155	96.246	1.861	0.909	48.84
1	2.5	7.57	95.222	97.088	96.292	1.866	0.796	42.66

表 3　古龙页岩与致密砂岩孔隙结构对比

储层类别	样品数量	平均渗透率/mD	平均孔隙度/%	孔隙分布		渗透率分布		半径均值/μm	最大进汞饱和度/%	排驱压力/MPa
				峰位/μm	峰值/%	峰位/μm	峰值/%			
页岩	16	0.127	4.14	0.018	15.535	0.033	56.871	0.014	56.630	15.849
致密砂岩 1	15	0.413	10.94	0.324	18.952	0.468	47.202	0.206	82.507	3.405
致密砂岩 2	10	0.889	11.53	0.361	20.170	0.632	49.336	0.291	83.674	1.009

2.3　CO_2 吞吐采出程度影响因素分析

2.3.1　排采速度

设定两种排采速度，缓慢排采和快速排采：①缓慢排采：反应釜出口端压力 20 分钟内由 41MPa 降至 0MPa，压降速度为 2.05MPa/min；②快速排采：反应釜出口端压力 5 分钟内由 41MPa 降至 0MPa，压降速度为 8.20MPa/min。两组实验吞吐压力均为 41MPa，对 13 号岩样和 15 号岩样开展一个周期的吞吐实验，13 号岩样为快速排采，15 号岩样为缓慢排采，吞吐结束后，快速排采 T_2 截止值达到 1.7028ms（图 3），采出程度达到 35.60%，缓慢排采 T_2 截止值只有 3.4093ms（图 4），采出程度只有 28.17%。13 号岩样小孔、中大孔和页理缝中页岩油的采出程度分别为 7.26%、70.22% 和 72.47%，15 号岩样小孔、中大孔和页理缝中页岩油的采出程度分别为 4.91%、55.89% 和 57.75%。两种排采速度条件下，中大孔和页理缝中的页岩油采出程度相当，小孔采出程度最低，提高小孔中页岩油采出程度是提高页岩油采收率的关键。

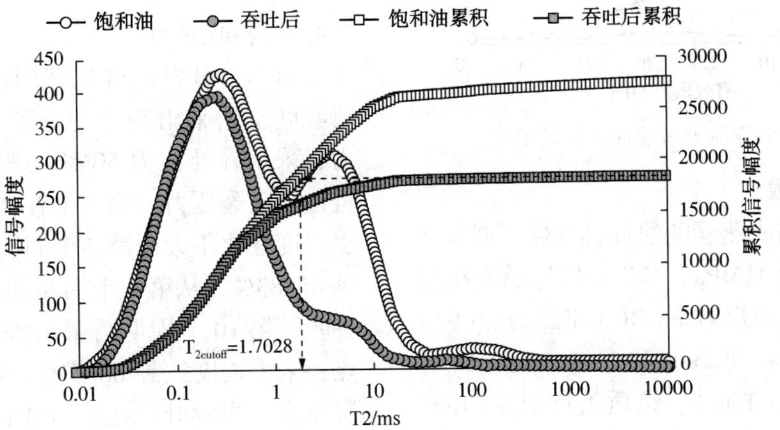

图 3　13 号岩心吞吐前后 T_2 谱变化

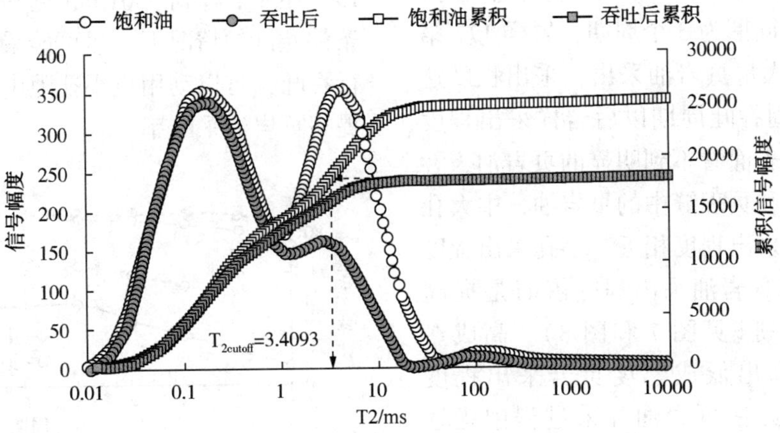

图 4　15 号岩心吞吐前后 T_2 谱变化

由于古龙页岩储层应力敏感性强，地层压降过快会大幅降低渗透率，并不可恢复(见图5和图6)，因此在实际页岩油生产过程中需要协调快速降压见油与应力敏感的矛盾，合理优化排采速度。

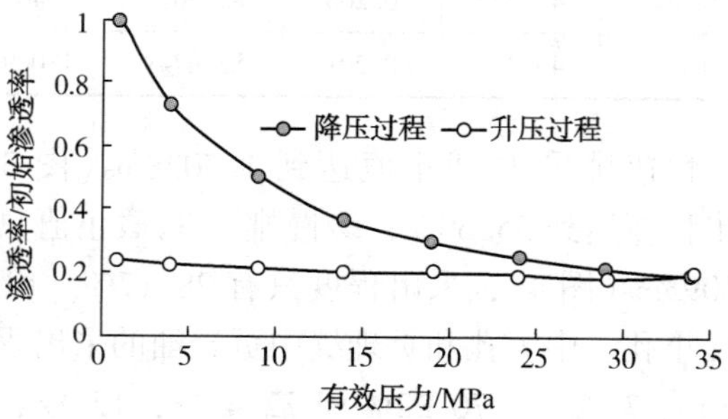

图5 14号岩样应力敏感性评价结果

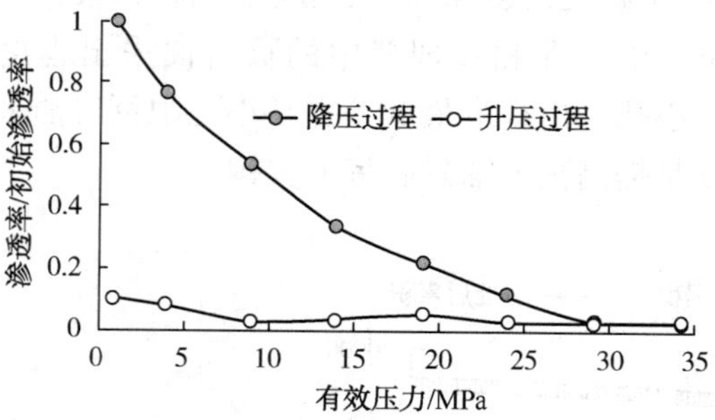

图6 18号岩样应力敏感性评价结果

2.3.2 页岩成熟度

选取两种不同成熟程度的页岩岩样开展吞吐实验，吞吐压力为41MPa，177号岩样总有机碳含量(TOC)、镜质组反射率(RO)和游离烃(S1)含量分别为2.523%、1.34%和2.42mg/g，61号岩样总有机碳含量(TOC)、镜质组反射率(RO)和游离烃(S1)含量分别为0.780%、0.87%和1.59mg/g，177号岩样成熟度高于61号岩样。两种岩样的吞吐实验结果见图7-图8，两种不同类型岩心最优吞吐周期为3个周期，岩样177第1吞吐周期表面有大量页岩油采出，采出程度达到43.00%，第3周吞吐周期以后岩样采出程度无明显变化，岩样表面看不到明显的页岩油，吞吐主要动用中大孔和页理缝中的页岩油，中大孔和页理缝中页岩油采出程度相近，小孔采出程度最小，提高小孔中页岩油采出程度依旧是提高页岩油采收率的关键(见图7和图8)。高成熟度页岩采出程度高出低成熟度页岩采出程度11.13百分点，因此在页岩油开采过程中优选有利甜点进行开发是古龙页岩油节能提效的一种有效方法。

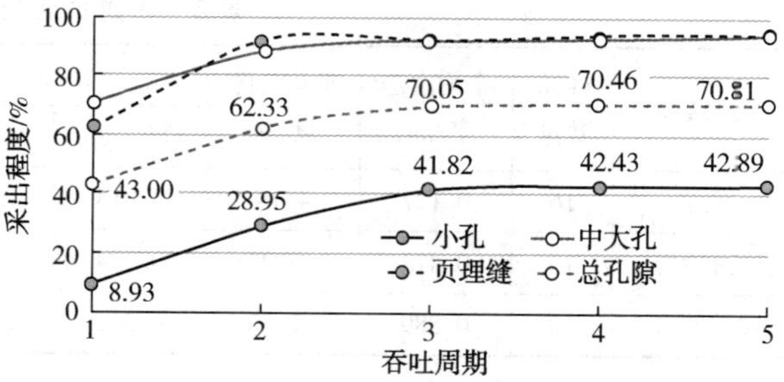

图7 177号岩样不同吞吐周期采出程度变化

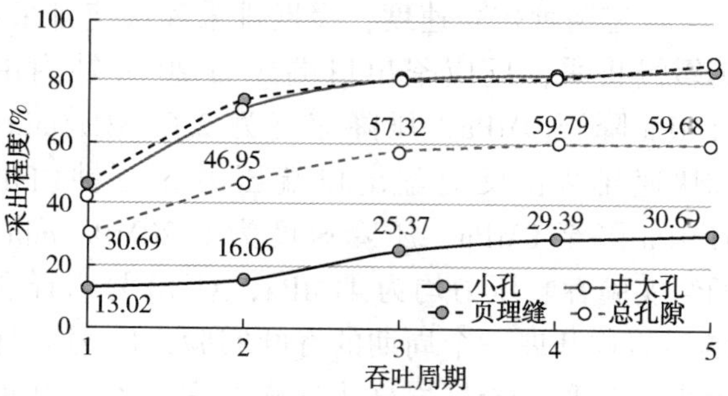

图8 61号岩样不同吞吐周期采出程度变化

2.3.3 吞吐压力

对141号岩样首先采用地层压力36MPa进行吞吐，当采出程度变化不大时，升高吞吐压力，采用吞吐压力50MPa进行吞吐，此压力接近地层破裂压力。第5个吞吐周期以后总孔隙采出程度变化不大，第7个周期吞吐后采出程度达到65.83%，从第8个周期开始采用50MPa进行吞吐，第10个周期后采出程度提高14.21百分点，采出程度达到80.01%(见图9)。相比于地层压力，当吞吐压力为50MPa时，可以使小孔采出程度提高25.55百分点，T_2截止值由0.2274ms下降到0.1499ms，动用孔隙下限由13.67nm下降到9.01nm(见图10)。因此在开采条件允许的情况下，尽可能采用高的吞吐压力进行吞吐，可以动用更小孔隙中的页岩油，大幅度提高页岩油采收率。

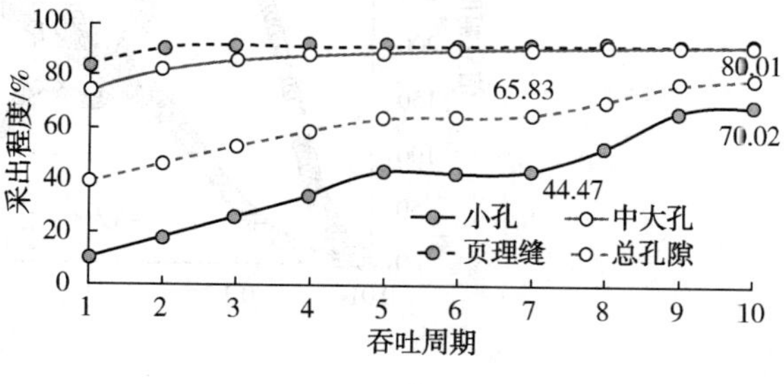

图9 141号岩样不同吞吐周期采出程度变化

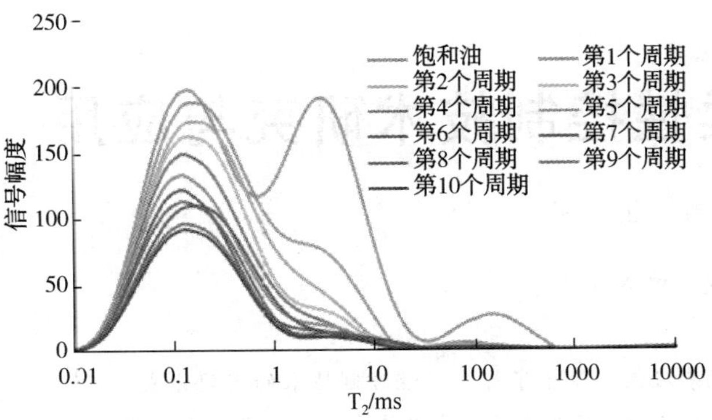

图 10 141 号岩样不同吞吐周期 T_2 谱变化

3 结论

（1）古龙饱和油页岩 T_2 谱为三峰状态，发育 3 种孔隙类型，小孔（小于 30.05nm）、中大孔（30.05nm ~ 991.65nm）和页理缝（大于 991.65nm），页岩油在致密砂岩中采出程度高出页岩中采出程度 42.02 百分点，页岩微观孔喉尺度更小，渗流阻力更大，是页岩和致密砂岩采出程度差异大的重要原因。

（2）排采速度会对吞吐驱油效果产生影响，快速排采采出程度高出缓慢排采采出程度 7.43 百分点，两种排采速度条件下，中大孔和页理缝中的页岩油采出程度相当，小孔采出程度最低，提高小孔中页岩油采出程度是提高页岩油采收率的关键，但地层压降过快会引起较强的应力敏感，并且不可恢复，因此，在实际生产过程中需要合理优化排采速度。

（3）高成熟度页岩采出程度高出低成熟度页岩采出程度 11.13 百分点，在开采过程中优选有利甜点进行开发是古龙页岩油节能提效的一种有效方法；在条件允许的情况下尽可能采用高的吞吐压力进行吞吐，高的吞吐压力可以动用更小孔隙中的页岩油，大幅度提高页岩油采收率。

参 考 文 献

[1] B Jia, J Tsau, R Barati. A review of the current progress of CO_2 injection EOR and carbon storage in shale oil reservoirs[J]. Fuel, 2019, 236: 404-427.

[2] J Sheng. Critical review of field EOR projects in shale and tight reservoirs[J]. Journal of Petroleum Science and Engineering, 2017, 159: 654-665.

[3] 刘合，陶嘉平，孟思炜，等. 页岩油藏 CO_2 提高采收率技术现状及展望[J]. 中国石油勘探，2022，27（1）：127-134

[4] DAlfarge, M Wei, B Bai. Factors affecting CO_2-EOR in shale oil reservoirs: numerical simulation study and pilot test [J]. Energy and Fuels, 2017, 31: 8462-8480.

[5] TAOW, SHENG J. Compositional modelling of the diffusion effect on EOR process in fractured shale-oil reservoirs by gasflooding [J]. Journal of Canadian Petroleum Technology, 2015, 54(2): 143-147.

[6] L Lei, J Sheng, YSu, S Zhan. Further investigation of effect of injection pressure and imbibition water on CO_2 huff-n-puff performance in liquid-rich shale reservoir [J]. Energy Fuels, 2018, 32: 5789-5798.

[7] DAlfarge, M Wei, rB Bai, Factors affecting CO_2-EOR in shale oil reservoirs: numerical simulation study and pilot tests, Energy and Fuels, 2017, 31: 8462-8480.

[8] 郎东江，伦增珉，吕成远，等. 页岩油注二氧化碳提高采收率影响因素核磁共振实验[J]. 石油勘探与开发，2021，48（3）：603-612.

[9] 黄兴，李响，张益，等. 页岩油储集层二氧化碳吞吐纳米孔隙原油微观动用特征[J]. 石油勘探与开发，2022，49（3）：557-564.

[10] 王子强，葛洪魁，郭慧英，等. 准噶尔盆地吉木萨尔页岩油不同温压 CO_2 吞吐下可动性实验研究[J]. 石油实验地质，2022，44（6）：1092-1099.

[11] 陈江，高宇，陈沥，等. 页岩油 CO_2 非混相吞吐与埋存实验及影响因素[J]. 大庆石油地质与开发，2023，42（2）：143-151.

[12] 何文渊，崔宝文，王凤兰，等. 松辽盆地古龙凹陷白垩系青山口组储集空间与油态研究[J]. 地质论评，2022，68（2）：693-741.

[13] 孙龙德，刘合，何文渊，等. 大庆古龙页岩油重大科学问题与研究路径探析[J]. 石油勘探与开发，2021，48（3）：453-463.

[14] 何文渊，蒙启安，张金友. 松辽盆地古龙页岩油富集主控因素及分类评价[J]. 大庆石油地质与开发，2021，40（5）：1-12.

[15] 阙洪培，雷卞军. 核磁共振 T_2 谱法估算毛管压力曲线综述[J]. 西南石油学院学报，2003，25（6）：4.

[16] 李斌会，邓森，刘勇，等. 松辽盆地古龙页岩油储层可动流体饱和度测定方法[J]. 大庆石油地质与开发，2022，41（3）：130-138.

低渗透油田抽油机智能柔性控制技术研究与应用

李　杨　左振君　王　芳

（中国石油长庆油田公司）

摘　要　在对抽油机举升系统节能技术的分析研究基础上，论述了智能柔性控制技术的实现方式、技术核心和技术特点，并通过412口井的现场试验发现，与工频状况对比，平均单井系统效率提高了1.55%，抽油泵效提高4.2%，综合节电率高达24.1%，节能效果突出。同时，结合工艺适应性及单井生产特征，明确了该技术在冲次调整空间受限、间歇出液及电机负载率≤30%的井中较为适用，并对经济效益进行了评价，预测投资回收期为1.7年。

关键词　智能柔性控制；四象限变频技术；冲次自动调整；综合节电率

长庆油田属低渗透油田，具有典型的渗透率低、储量丰度低、单井产能低特点，采油方式以抽油机举升为主，存在生产参数下调空间有限，电机功率因数低，“大马拉小车”，机采系统能耗高等问题。在当今低油价环境下，如何优选节能技术，降低开发成本，对于满足油田开发及降本增效需求具有重要意义。

1　机械采油节能技术概述

抽油机是机、杆、泵组成的复杂系统，节能效果不仅取决于电机和系统本身，还取决于油井工况及生产现状，目前节能技术主要从节能电机配套、无功补偿、生产参数优化、抽油机平衡度调整、变频控制系统改造、降低运行载荷等方面做工作，但低渗透油田典型的低液量生产特征，使常规的节能改造技术发挥受限，突出表现为吨液能耗高，系统效率低。针对此类问题，在对抽油机举升系统整体分析研究中发现，电机运行状态、电能再利用情况以及与之匹配的生产管理模式中存在着较大的交互影响，为更好提高抽油机举升效率和降低能耗，从机采控制系统出发，通过数据采集分析及集成应用形成了抽油机智能柔性控制技术，实现“低产井不低效”开发。

2　抽油机井智能柔性控制技术简介

2.1　技术实现方式

智能柔性控制技术是通过对常规数字化抽油机的控制柜进行四项改造，实现电机负载、电参、示功图及油井供液能力的自动采集与分析，进而调整电机转速，降低电机的峰值，使抽油机在合理的低冲次下运行，提高机采系统效率，减少能耗。

技术一：四象限变频技术。采用IGBT功率模块做整流桥，用高速度DSP产生PWM控制脉冲，可以实现能量的双向流动，将电动机产生的能量回馈到电网，同时可以调整输入电网的功率因数，消除对电网的谐波污染。与普通变频器相比（见图1），电流波形始终保持很好的正弦度（见图2），输入电流的总畸变率小于5%，做到绿色节能无污染，使抽油机稳定在变频状态。

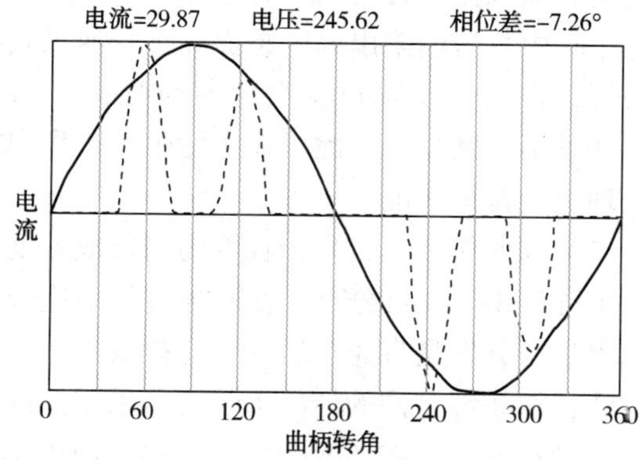

图1　普通变频器典型六脉整流曲线

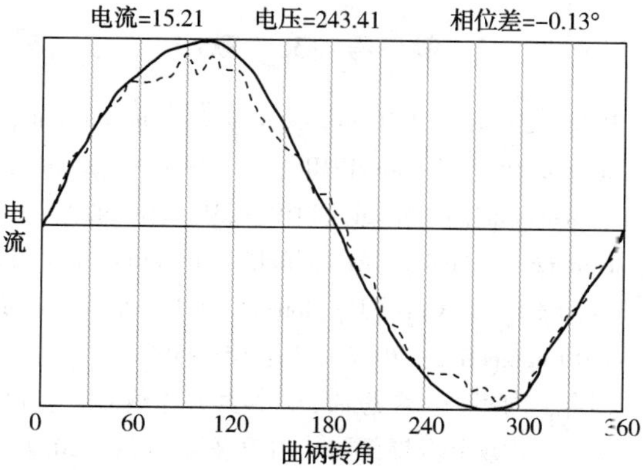

图2　四象限变频器电流曲线（接近正弦波）

技术二：变频调速技术。应用“最优效益循环冲次规划方法”(见图3)，在求得准确的有效冲程的基础上根据油井的实际供液能力，动态调整抽油机的冲次，当抽油机冲次≤N1以下时，虽然抽油泵充满度最高，但此时供液能力大于排液能力，油井产液能力未有效发挥，所以机采系统处于“亏损区”；当抽油机冲次≥N3时，抽油机冲次过高，抽油泵充满度下降较大，此时供液能力小于排液能力，虽然油井产液能力得到有效发挥，但造成了能耗浪费，所以机采系统处于“亏损区”；当抽油机冲次在N1与N3之间时，油井供排关系达到一定协调，机采系统处于“盈利区”，但只有冲次在N_2时，才能在最低能耗条件下，使抽油泵保持最高充满度，此时供排关系达到最协调状态。“最优效益循环冲次规划方法”就是通过数据采集与分析找到供排关系最协调状态，在N_2冲次运行，提高抽油机井系统效率，降低能耗。

技术三：轻驱动技术。在工频运行时，抽油机对电机而言是一个变化非常快的负载，为了保证最大的负载要求，电网一律按最重的负载状态供电，导致电机的励磁电流增大，能耗较高，发热量大，这就是重驱动模式。

四象限驱动器能够高速监测电机负载率变化，并根据负载的需求以及电机的特性来动态地调整电机的励磁电压，重载时高电压“重驱动”、轻载时低电压“轻驱动”，在保证设备正常运行的前提下，大幅减少励磁电流，降低电机的能耗(图4)。

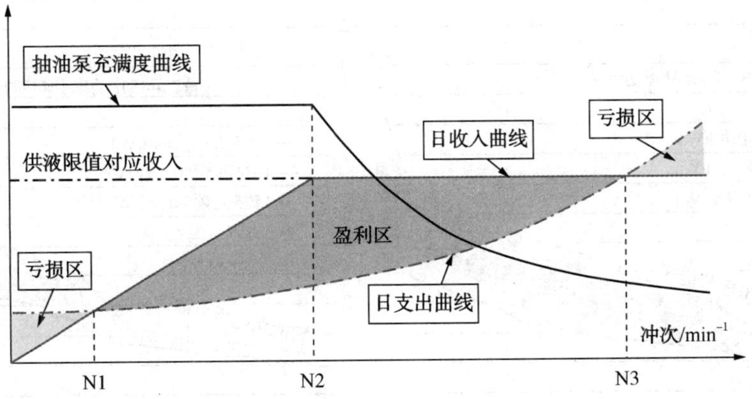

图3 最优效益循环冲次规划方法示意图

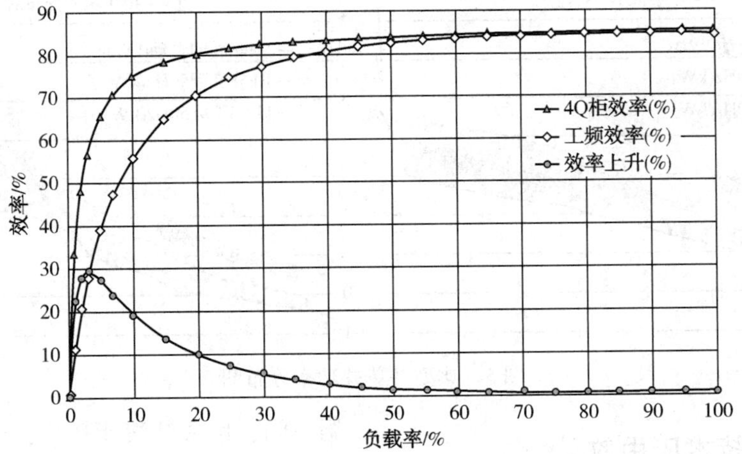

图4 驱动柜节能模式与电机直接应用效率对比

经严格测试证明在低负载率(负载率<35%)的条件下，应用“轻驱动”节能模式最高可提高电机效率20%以上。

技术四：智能柔性驱动技术。主要通过WellView系列RTU实现，经高精度的三相标准源校对，可以按设定的时间间隔，高速度(每秒25组)、高精度(0.2%级)、以逐点同步的方式测试电能参数和示功图曲线，并自带电能参数特征识别系统，调整变频器驱动参数，降低电机的峰值载荷、降低抽油机的动载、进一步减少能耗。

2.2 各技术对节能量的影响

在应用每种技术的情况下，测试一段时间（5~10分钟）的电参曲线，将有功功率从小到大排序，画出有功功率的分布曲线后进行对比（见图5）。从实测结果看，整体上冲次自动调整节能效果较好，占节能量的73.2%，“智能柔性驱动”+“轻驱动”技术，在高功率电机（见图5董79-41、董81-39）和上下冲程抽油机负载变化较大的井（见图5董80-44、董80-40）中节能效果突出。

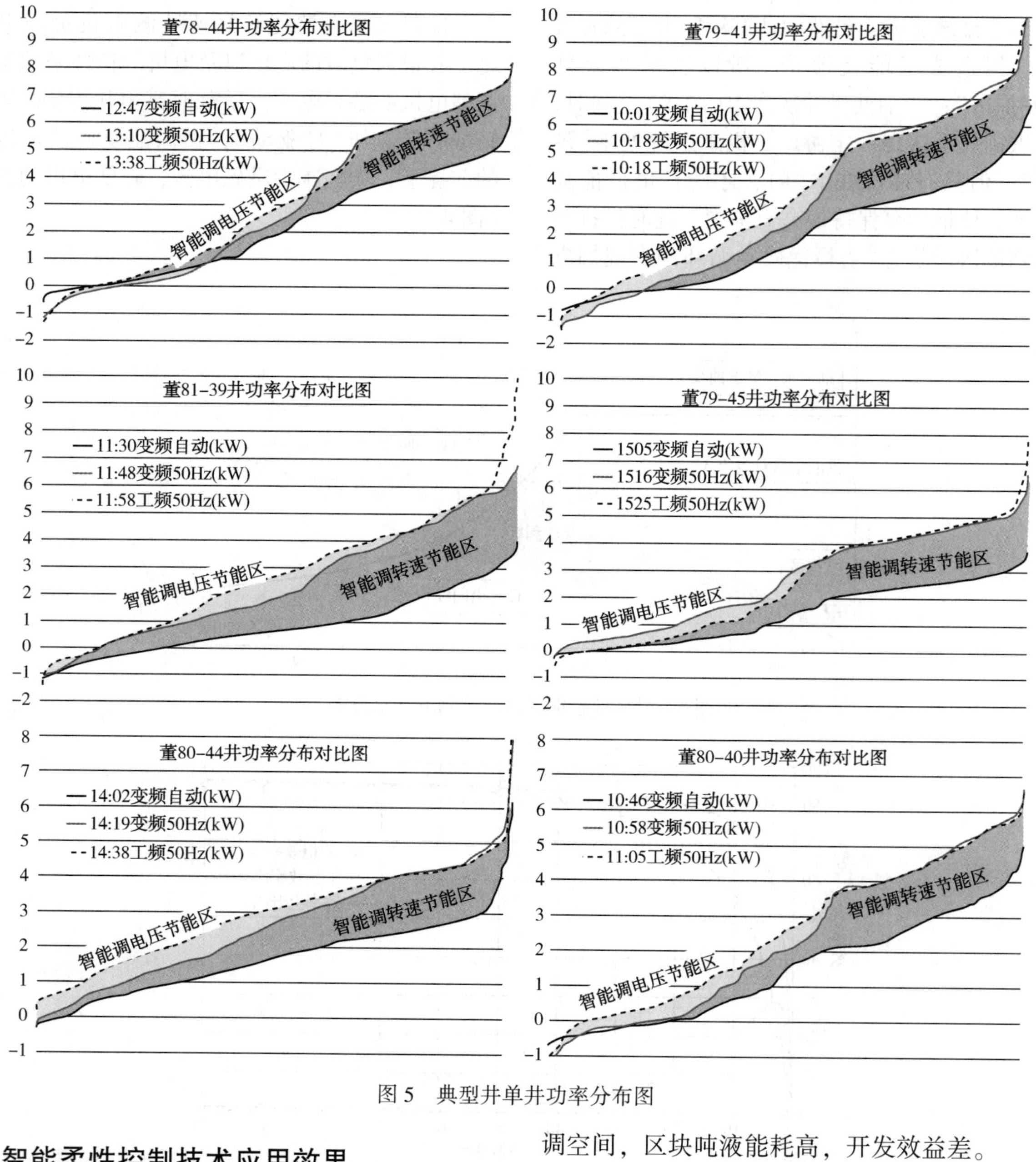

图5　典型井单井功率分布图

3 智能柔性控制技术应用效果

3.1 总体实施效果

陇东油田的董志和白马南区块，属于典型的超低渗透油藏，平均单井日产液量1.3m^3，抽油泵效仅29.5%，系统效率17.2%，单井日能耗71.2kW·h，从机采方式上看，生产参数已无下调空间，区块吨液能耗高，开发效益差。

2019年应用抽油机智能柔性控制技术，对412口井机采举升系统进行改造，与改造前的工频状态对比，系统效率提高了1.55%，抽油泵效提高4.2%，日耗电量减少1826kW·h，综合节电率为24.1%（见表1）。

表1 抽油机智能柔性控制技术应用效果统计表

班站	开井数	状态	日耗电/(kW·h)	输入功率/kW	无功功率/(kVar)	系统效率/%
董二转	80口	工频	4872	180	714	16.3
		变频	4300	142	56	18.5
		对比	-572	-38	-658	2.2
董一增	62口	工频	3551	144	534	16.1
		变频	3370	125	13	17.3
		对比	-181	-19	-521	1.2
董一转	75口	工频	5009	191	805	16.1
		变频	4714	154	-3	18.1
		对比	-295	-37	-808	2
宁102	18口	工频	1028	29	130	21.9
		变频	981	25	-1	23.9
		对比	-47	-4	-131	2
西八转	57口	工频	2043	93	481	14.2
		变频	1683	74	-2	15.8
		对比	-360	-19	-483	1.7
西七转	98口	工频	5612	223	731	20.2
		变频	5226	217	49	20.6
		对比	-386	-6.6	-682	0.4
合计	412口	工频	22489	881	3446	17.3
		变频	20663	755	111	18.8
		对比	-1826	-126	-3335	1.5

3.2 单井效果分析

以董63-33井为例(见图6)，变频状态和工频状态相比基本消除了无功，变频50Hz和工频相比冲次基本没变化，但平均有功从3.18kW降到3.15kW，最大电流从25.2A降到22.1A，同冲次情况下有功节能0.8%，再考虑无功消除的综合节能为14.5%。

结合供液的实际需求进一步调低冲次到40Hz和30Hz，平均有功降到2.76kW、2.07kW，最大电流降到17.5A和12.5A，有功节能达13.1%和34.8%，综合节能为20.9%和43.8%，峰值功率和电流也大大降低，减少了对电网和抽油机的冲击。

从示功图对比看，董63-33井在2.4米冲程、4.8次/分冲次的工频状况条件下运行，示功图显示严重供液不足，且管柱机械振动较大，最大负载38.01KN，最小负载19.93KN，光杆功率1.97kW(见图7)。

在变频状况运行下，冲次可以降到2.03次/分，最大负载35.37KN，最小负载16.68KN，光杆功率1.04kW(见图8)。

从两种工况对比看，变频状况下，示功图充满程度明显变化，且低冲次运行振动载荷较小，上行载荷下降较大，光杆功率显著下降，节能效果明显。

3.3 经济效益评价

抽油机智能柔性控制技术改造成本2.31万/口，按节电率按照24.1%计算，单井年节约费用1.386万，投资回收期1.7年。

3.4 节能技术对比及适应性分析

3.4.1 节能技术对比

与机械采油井实施的主体节能改造项目对比，抽油机智能柔性控制技术具有较好的性价比，且通过对电网电机控制柜的一体化改造，实现抽油机运行状态的全面监控和调整，机采效率提升明显(表2)。

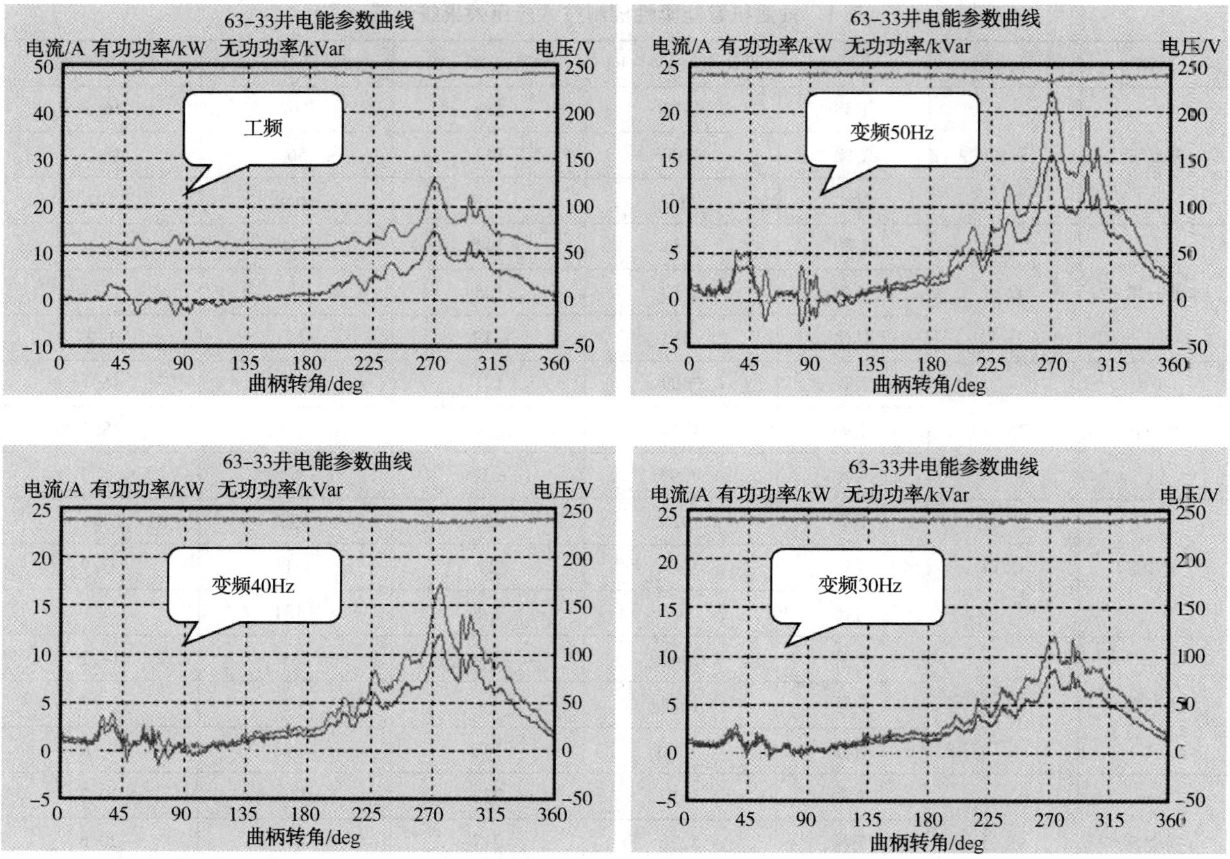

图 6　董 63-33 井工频与变频状况下电参曲线对比图

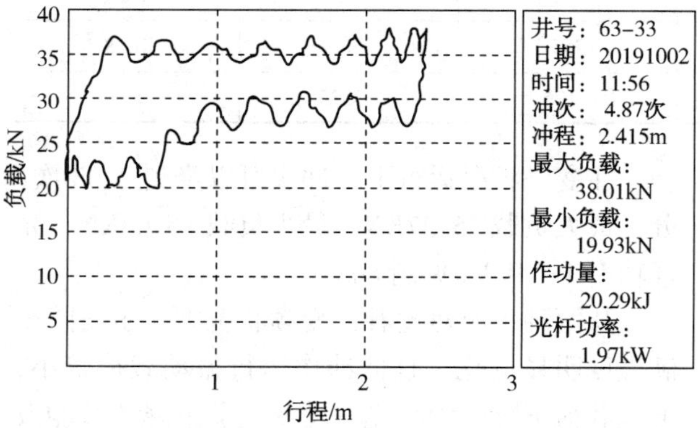

图 7　董 63-33 井工频条件下示功图

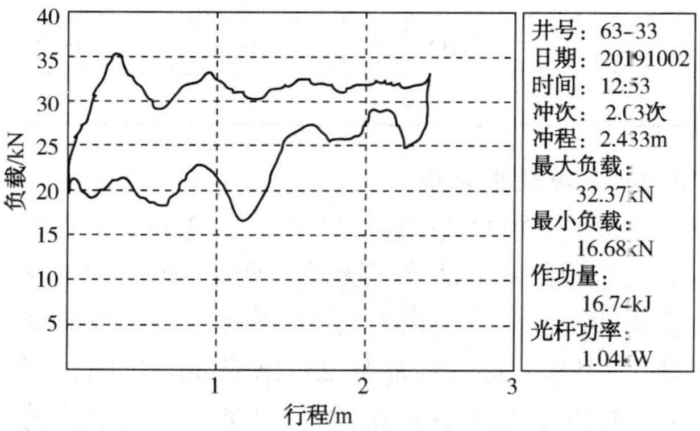

图 8　董 63-33 井变频条件下示功图

表 2　机械采油井主体节能技术对比表

分类	单价（万元/口）	改造内容	实现功能	节电率	综合性价比
节能电机技术（稀土/双功率/高转差）	2	更换节能电机	降低电机功率、提高电机功率因数	20.2%	一般
数字化抽油机改造项目	7.5	更换弯梁变距抽油机尾平衡、电机及控制柜	实现自动调整平衡和自动调参功能；	27.6%	一般
抽油机智能柔性控制技术	2.3	更换系统效率远程监测控制柜利用现有普通电机更换为变频电机	实现抽油机电能自动计量、示功图的自动测试、抽油机系统效率的自动分析、抽油机冲次的自动分析与调整	24.1%	较好

3.4.2 技术适应性分析

抽油机智能柔性控制技术具有五项技术优势：①专有变频技术自动跟踪电机的负载来调整电，可减少电机发热；②自动频率跟踪技术，可消除电能反送，能效更高且谐波减少，可调整电机的软硬特性，让普通电机具有高转差电机的性能；③通过分析监测数据，确定油井供液能力，动态调整冲次，保持最佳运行参数，从源头上降低能耗，提高效率；④具有自动平衡调整功能，给出专业的平衡调整建议，或自动控制抽油机调平衡，使抽油机处在最节能和最安全的状态，也可以减少抽油机的能耗；⑤变频技术实现了软起动并消除了无功功率，对供电线路和变压器容量的需求降到原来的50%以下，可减少供电设备投资。

综上所述，合理的低冲次条件下运行，是提高机采效率和降低能耗的关键，智能柔性控制技术在冲次调整空间受限、间歇出液及电机负载率≤30%的井中较为适用，具有较好的节能效果。

4 结论

（1）抽油机智能柔性控制技术通过四项核心技术的应用，具备生产参数自动调整，倒发电返送电网，电机软启动，消除无功功率等功能，经现场试验，平均单井系统效率提高了1.55%，抽油泵效提高4.2%，综合节电率为24.1%，节能效果突出。

（2）现场应用中发现，“变频调速”技术具备的冲次自动调整功能节能效果最好，占节能量的73.2%，“智能柔性驱动”+“轻驱动”技术，在高功率电机和上下冲程抽油机负载变化较大的井中节能效果突出。

（3）从抽油机智能柔性控制技术改造后运行情况看，不仅节能效果好，而且整个机械采油系统运行更加顺畅，突出表现在最大载荷下降，机械振动载荷变小，示功图变得更加饱满，电机功率因数提高。

（4）从经济效益看，抽油机智能柔性控制技术改造成本2.31万/口，单井年节约费用1.386万，投资回收期1.7年，初期投入偏大，对于冲次无下调整空间、间歇出液及电机负载率≤30%的井中较为适用。

（5）械采油节能是一个复杂的问题，涉及的技术类型及改造方式较多，要从抽油机类型、电机效率、控制系统性能、成本投入、可靠性及现场管理等方面多出发，才能取得较好的效益效果。

参 考 文 献

[1] 刘京，张胜林，黄红星．游梁式抽油机柔性运行节能技术应用研究[J]．石油石化节能，2013(4)：23-25.

[2] 于海山．基于降低机采单耗的抽油机柔性运行技术研究与应用[J]．油气藏评价与开发，2015，5(2)：53-56.

[3] 姜民政，王慧，高源．变速驱动抽油机井参数变化规律研究[J]．石油矿场机械，2010，39(10)：4-7.

[4] 程明，刘家畅．浅谈变频技术在油田抽油机上的应用．[J]．变频技术应用，2011，6(1)：94-114.

[5] 张再祥，闫伟．抽油机井柔性自动调参装置应用效果浅析．[J]．石油石化节能，2011，26(4)：34-35.

[6] 张敬．变频调速技术在油田的应用现状及前景分析[J]．江汉石油科技，2006，02(2)：48-52.

[7] 魏延富，陈祥光，孙大奎．SURF抽油机运行优化控制技术节能测试研究．[J]．石油石化节能，2012，27(4)：4-5.

[8] 吴强．抽油机井远程监测系统的研究．[D]．重庆大学，2010.

[9] 侯志欣，李厚磊．游梁式抽油机井电动机发电状态分析及治理方法探讨．[J]．采油工程，2013，21(3)：29-32.

[10] 宋涛．抽油机工况下电机效率理论分析及实验研究[D]．西安理工大学，2007.

高效聚结除油器+旋流溶气气浮组合污水处理工艺在电脱盐切水处理中的应用

史　伟[1]　郭富斌[1]　简小文[2]

（1. 中国石油锦西石化分公司；2. 深圳科力迩科技有限公司）

摘　要　为了更好的满足环保要求，降低含油污水对下级污水处理装置的压力，锦西石化公司南、北蒸馏装置切水增加一套高效聚结除油器+旋流溶气气浮装置。经过8个月的设备运行，该套装置展现良好的除油能力，电脱盐污水含油量从小于100000mg/L降至100mg/L以下，平均出水含油量为71.5mg/L，有效降低蒸馏装置外排污水的含油浓度，并有效回收分离出来的原油，同时达到污泥减量化的效果。

关键词　聚结除油器；旋流溶气气浮；含油量；污泥减量化

锦西石化公司两套常减压装置，其中南蒸馏主要加工辽河原油，北蒸馏主要加工大庆原油，近年来随着原油劣质化以及装置带炼污油性质复杂，特别是南蒸馏电脱盐运行效果不稳定，脱水含油合格率低，且其污染物浓度高，电脱盐污水正常情况下含油类在200～10000mg/L，非正常情况下含油量可达10%以上(体积比)，甚至高达50%，其COD平均达到5000mg/L以上，严重冲击后续污水处理系统。因此，迫切需要通过技术攻关，对污水处理流程与工艺集成创新，实现脱盐污水的油、水、泥分离，确保污水外排达标。

1　电脱盐污水处理现状及问题

1.1　现有设施存在的问题

污水处理场设三间粗隔油池(单间容积200m³，实际水深2.0m)专门处理南蒸馏电脱盐污水。南蒸馏电脱盐切水排入粗隔油池后利用自然上浮法分离、去除

含油废水中可浮性油，水面浮油通过刮油设施和集油管导入集油井，污水进入下游处理，池底泥则定期清理。

在电脱盐污水含油大幅波动时，粗隔油池抗冲击能力差，出水含油量达到1200mg/L以上，后续均质、浮选池运行压力大，甚至造成外排污水不达标。此外隔油池回收的可浮性污油含水量达到90%，后续脱水困难。

1.2　南蒸馏电脱盐污水的特点及处理难点

南蒸馏加工辽河原油为主，掺炼部分进口原油，也混炼部分全厂装置检修污油、污水处理厂回收等重污油等，属于高酸低硫原油。辽河油田是我国最大的稠油、高凝油产地，原油开采大部分采用蒸汽吞吐、蒸汽驱等技术，同时辅助压裂、酸化等增产措施，导致油品成分复杂多变，原油粘度高，比重大，乳化严重，杂质含量高，且含少量聚合物、表活剂等。经电脱盐处理后，大部分悬浮杂质进入到污水中，给污水处理带来较高难度。

（1）辽河原油比重达到0.962，密度与水接近，沉降分离困难。

（2）电脱盐运行不稳定，污水波动大，含油最高可达50%，常规处理设备难以适应。

（3）污水中含硫化物、挥发酚、VOC等，存在一定的安全和环保风险。

（4）污水含油包含浮油(d>100μm)、分散油(d=10～100μm)、乳化油(d=0.1～10μm)以及溶解油等所有种类，且带有悬浮物及泥沙。单一水处理工艺或设备难以达到理想效果。

1.3　现有的主要除油工艺技术

目前污水除油技术的处理工艺主要有重力式、压力式、浮选式和旋流式处理工艺。(1)传统重力式处理工艺有大罐沉降，主要依靠油与水的密度差形成自然沉降，对于来水油比重大、乳化严重的情况，大罐沉降效果差，出水远达不到要求；多为半封闭，硫化物、挥发酚，VOC等气体外泄，存在安全和环保隐患；占地面积大，能耗(伴热)、土地和基建成本高；自动化程度低，收油困难，需定时人工清罐，操作难度大，

存在安全和环保隐患。(2)压力式聚结除油是近几年发展较快的技术，通过聚结填料将含油污水中小油滴聚结成大油滴，增加污油上升速度，实现油水的分离，但对来水要求较高，水量水质稳定、悬浮较低的含油污水处理效果更好。(3)浮选式除油工艺在石油石化里面使用较多的为浮选池式处理工艺，池体占地面积大，浮选采用的气泡粒径较大，对乳化油含量高的污水处理效果差。(4)旋流式处理工艺一般为水力旋流器，对乳化态、比重高的油滴处理效果不佳；无法适应含油高且波动剧烈工况，出水带油且不稳定；易结蜡、结垢，旋流管很容易堵塞；出油口含水率高，排油量大，二次处理费用高。

3 本项目除油处理工艺

针对含油污水含油量超标问题，电脱盐污水处理采用以“高效聚结压力除油器+旋流溶气气浮装置(CDFU)”为核心技术的油水分离撬块装置对污水进行处理，装置分离效率高、不加化学药剂、设备紧凑占地少、采用密闭带压全自动运行。图1为原工艺路线，图2为改造后工艺路线(高效聚结除油器+CDFU替换隔油池)。

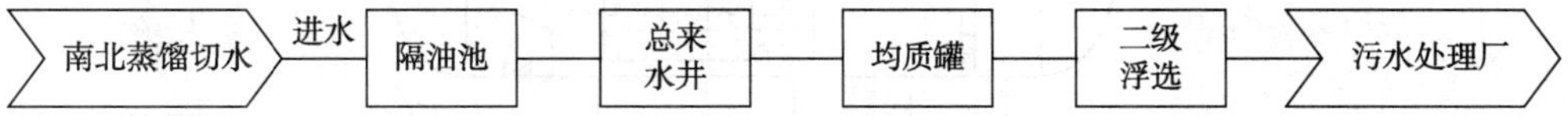

图1 改造前工艺流程简图

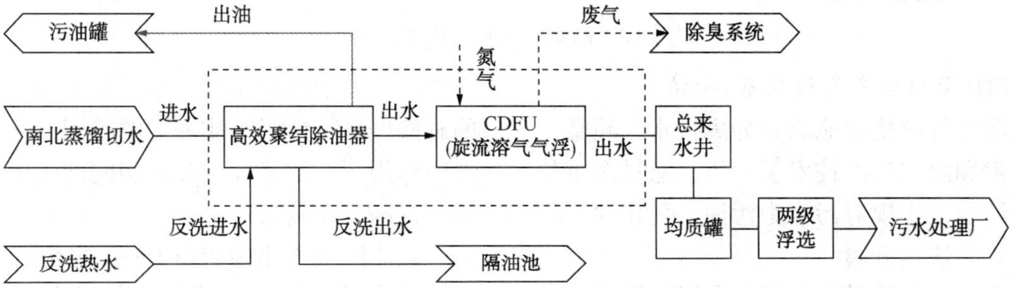

图2 改造后工艺流程简图(虚线框内为新增的高效聚结除油器+CDFU撬装设备)

南北蒸馏切水先经进入高效聚结除油器，污油水经入口旋流分离装置的离心力作用，游离油被聚结并进行初步较快分离，分散油再经过聚结填料作用进行进一步快速聚结，聚结成大油滴，大部分游离油、分散油被快速分离聚集于集油包，排至污油罐，高效聚结除油器出水进入CDFU。

CDFU进一步除油、除悬浮物，小粒径分散油和乳化油在CDFU罐体内在旋流的作用下，迅速被溶气产生的超微气泡粘附、破乳、集聚后上浮到气浮罐体上部经内筒排油口排出，达标后的出水至总来水井提升至均质罐，整个气浮过程只需3~5min，可实现即时处理、持续稳定处理。

3.1 高效聚结除油器介绍

高效聚结除油器采用粗粒化原理、浅池原理和CFD仿真工具优化罐体内部空间和结构，实现油滴或悬浮物在水中快速集聚、聚结、上浮(或下沉)和分离。

1）全流场CFD优化设计

通过计算机模拟优化分离器内部流场，使内部流态快速保持稳定，维持层流状态，避免出现短路流、循环流，合理布置油水分界面，保证油水较快分离，尽量减少相互间的影响，防止分离油被带入到水相空间。

2）特殊设计入口装置

① 入口旋流分离装置，并能够对浮油进行初步较快分离。

② 快速分离浮油，够减轻下游聚结内件或填料的负担，防止内件或填料堵塞，保证油水能够高效分离。

③ 入口旋流装置能够快速消减入口动能，均匀布置流场，达到稳定流态的效果。

④ 配置多孔板，进一步稳定流态，另外能够阻隔大粒径的悬浮物，使泥沙等不影响聚结内件和填料。

3）高效聚结填料

初分离区和主分离区分别填充不同规格的波纹聚结填料，比表面积大，分离效率高，多级聚结填料对不同粒径的小油滴逐级聚结长大至可沉降分离的大油滴；在流动相提供动能的条件下，含油污水中的小油滴会在波纹填料的凹面处形成旋涡，相互碰撞，致使液膜破裂，小油滴之间相互聚集，并聚结形成大油滴，然后从罐体顶部集油包排出，高效聚结除油器的排油通过油水界位控制。另外特殊的波纹填料使得沙粒在填料流道上处于流态化，使沙粒能够顺利通过填料，落入分离器底部，保证填料分离效果稳定，防止堵塞。

4）特殊设计冲沙系统

相对于传统聚结除油，该除油器罐体设置有高效冲砂排淤装置，防止填料堵塞、设备淤者，保证设备的处理效果。

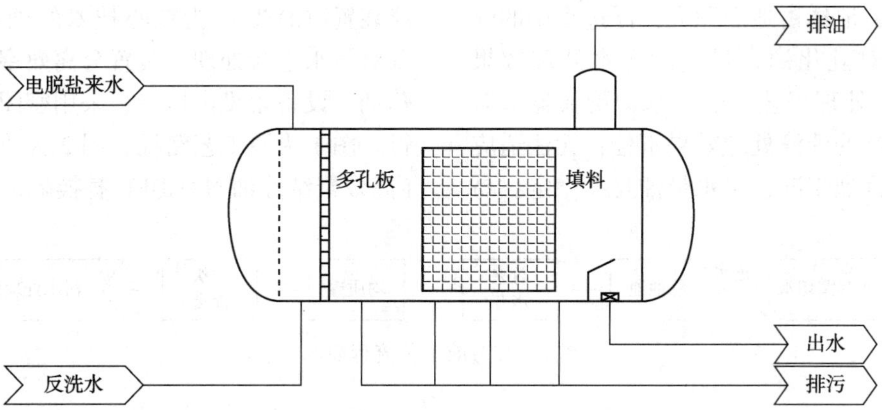

图 3　高效聚结除油器示意图

3.2　CDFU（旋流溶气气浮设备）介绍

旋流溶气气浮集旋流离心分离技术、超微气泡发生技术和溶气气浮技术于一体，通过多重技术的有机结合，实现对污水中污油、乳化油、悬浮物等高效、快速分离。

旋流溶气气浮通过高效溶气泵以及特殊的微气泡发生、释放装置，使微气泡粒径更小，粒径达到 5~30μm。乳化油粒径为 0.5~25μm，在同一粒径范围下，微气泡能更好的捕捉乳化油，达到纯物理破乳的效果；结合旋流离心技术，有利于微气泡和油滴的相互作用，提高微气泡与油滴的碰撞概率，由于介质密度的不同，在旋流离心力的作用下，加速气泡和油滴向旋流中间区域聚结，提高气浮效果。

旋流溶气气浮装置（CDFU）与传统旋流气浮相比具有较为明显的优势：集成多种技术为一体，除油率>90%，SS 去除率>85%；无需添加化学药剂，纯物理破乳，无含油污泥产生；停留时间短，占地面积小；设备密闭运行，尾气排放统一处理，现场无异味（图 4）。

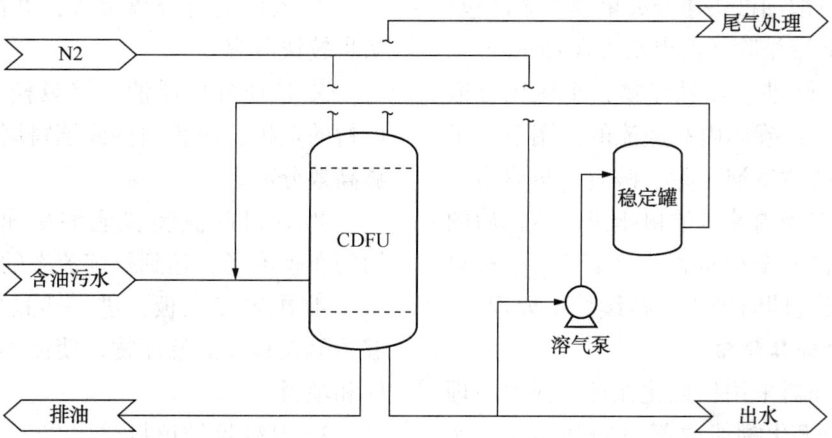

图 4　CDFU 示意图

4　项目运行情况

该套装置投用至今运行 8 个月，装置处理出水稳定达标，达到预期设计目的。装置出水效果见图 5。

图 5 是不同工况下含有污水经高效聚结除油器+CDFU 处理后的水质情况，由图可见，装置处理效果稳定，即使在冲击工况下装置也能达到

良好的油水分离效果。

由于来水含油量、悬浮物较高，无法检测具体项目数据，正常工况来水含油量小于 10%，冲击工况时，来水静置分层，目测含油量大于 20%，对比高效聚结除油器+CDFU 装置投用后出水与隔油池出水的效果，出水石油类平均值由投用前的 678.4mg/L 降低至 70.9mg/L，平均降低了 607.5mg/L，下降了 89.6%；出水 COD 平均值由投用前的 4586mg/L 降低至 3313mg/L，平均降低了 391.43mg/L，下降了 32.7%。水质变化趋势见图 6、图 7。新增改造后的高效聚结除油器+CDFU 出水石油类含量平均 70.9mg/L，达到石油类小于 100mg/L 的技术指标要求。对比原工艺，新增高效聚结除油器+CDFU 装置对电脱盐污水石油类、COD 有较大的去除效果。

(a)正常工况进出口水样　　(b)冲击工况进出口水样

图 5　装置进出水水质情况

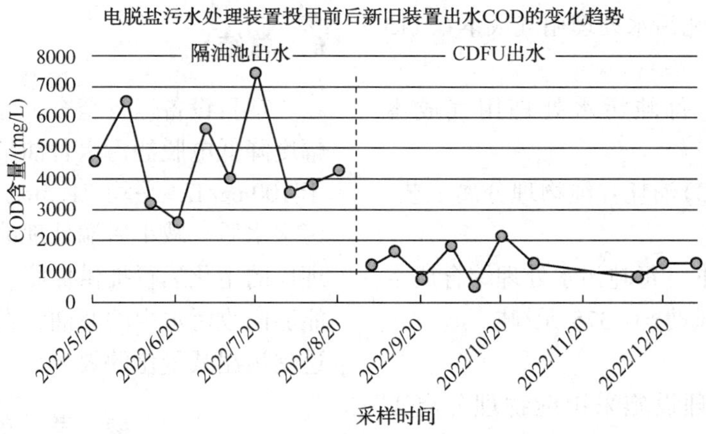

图 6　电脱盐污水处理装置投用前后隔油池与除油器+CDFU 出水 COD 的对比

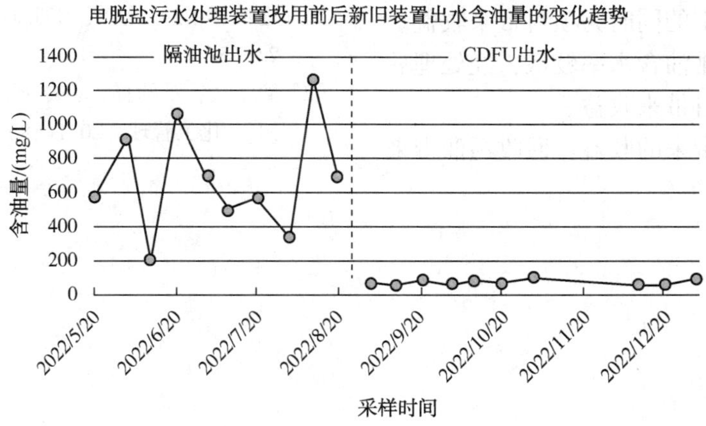

图 7　电脱盐污水处理装置投用前后隔油池与除油器+CDFU 出水含油量的对比

对比高效聚结除油器+CDFU 装置投用前后对后端均质罐污水含油量的影响，均质罐平均含油量由投用前的 274.8mg/L 降低至 81.1mg/L，平均降低至 193.7mg/L，下降了 70.5%。含油量趋势见图 8，从图中可知，装置投用后后端均质罐污水含油量明显降低，减小后端二级浮选池的压力，保证污水进污水处理厂含油量小于 30mg/L、COD 小于 600mg/L 的标准。

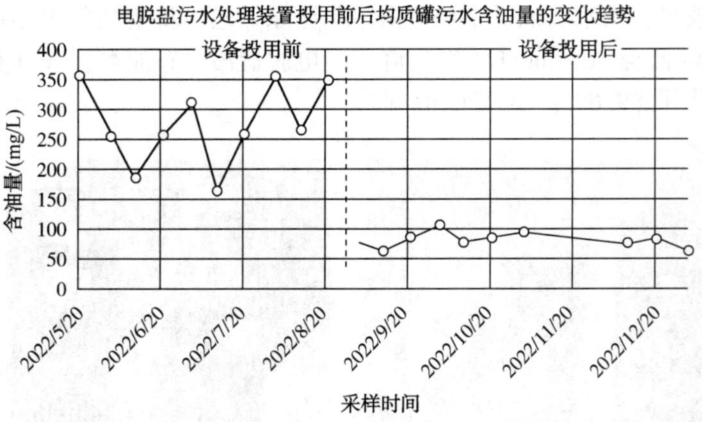

图 8　电脱盐污水处理装置投用后对均质罐污水含油量的影响

5　经济效益核算

5.1　成本核算

① 电费：每吨污水处理用电成本 0.24 元/吨

② 氮气消耗：每吨污水处理用气成本 0.115 元/吨

③ 工业风消耗：每吨污水处理用气成本 0.02 元/吨

④ 化学药剂(PAC)消耗：纯物理分离工艺，无化学药剂消耗。

吨水处理综合成本：每吨污水处理综合成本=电费+氮气费+工业风费=0.375 元/吨。

5.2　收益核算

电脱盐切水预处理设施采用纯物理分离工艺，不加入任何化学药剂，通过高效聚结+旋流气浮技术，回收脱水带出的原油，减少污油泥量的产生，降低运行成本的同时为项目带来收益。

高效聚结除油器排油含水率较低，经处理后可以进行回炼，为项目带来收益。

装置投用后每年带来的收益：回收污油带来的收益 1576.8 万元，原油按 5000 元/吨计，全年节约污油泥危废处理费，按 2000 元每吨计约为 630.72 万元；每年节约的药剂费为 16.2 万元。

即全年环保收益总计为 2223.72 万元

6　总结

项目设备运行至今，处理效果良好，能够大幅度降低电脱盐污水含油量，保证出水含油量小于 100mg/L，平均 71.5mg/L，较大程度的改善污水水质，减小后端处理的压力，为下级污水处理厂的生化运行提供保障。另外高效聚结除油器能够回收污水中的原油，在增加项目收益的同时达到污泥减量化的效果。

参　考　文　献

[1] 李莹，陆斌，魏玉莲，等. 大港油田采出水除油处理技术[J]. 油气田地面工程，2004(10)：22-23+28.

[2] 简小文，石勋祥，曾立辉. 电脱盐污水处理新进展[J]. 化工管理，2021(18)：109-110.

以分子炼油为导向的短流程技术研究和实施应用

郭林超

（中石油乌鲁木齐石化分公司）

摘　要　为进一步降低石油炼制过程中的综合能耗，中石油乌鲁木齐石化分公司炼油厂以分子炼油为导向，深入研究短流程加工技术。通过对60万吨/年汽油改质装置凝缩油、150万吨/年蜡油加氢装置反冲洗污油、600万吨/年常减压装置减一线油、C_4异构化单元产品异构C_4、重整装置含硫液化气的加工流程进行分子指纹识别、加工流程优化调整，2022年乌鲁木齐石化公司的炼油综合能耗同比降低了2.45kg＊标油/吨，取得了较好的成果。

关键词　分子炼油；短流程；综合能耗

分子炼油是从分子水平来认识石油的加工过程，通过准确预测产品性质来优化工艺和加工流程，提升每个分子的内在价值。

短流程加工是指在石油炼制的过程中，通过各种优化手段，缩短各产品的加工流程。通过对各组分油进行分子指纹识别（油品分析和分子表征）、分子靶向跟踪、分子加工流程优化，制定出“短流程”技术方案并实施应用，从而达到节能降耗和解决生产瓶颈问题的目的。2022年炼油厂首次利用分子炼油理念，研究处多项“短流程”技术方案并实施应用，取得了较好的成绩。

1　60万吨/年汽油改质装置凝缩油改至重催装置吸收稳定单元

460万吨/年汽油改质装置凝缩油主要组分是C_4和C_5，因组分中含有C_4需送吸收稳定单元进行回收，现阶段凝缩油送120万吨/年焦化装置吸收稳定单元作为原料。

5对凝缩油进行分子指纹识别（见表1），通过单体烃分析可以看出，60万吨/年汽油改质装置凝缩油中的烯烃含量大于19.01%（m/m），活性烯烃为9.5%（m/m），与轻汽油醚化装置或烷基化装置的原料组分较为接近。

进行分子流程走向跟踪发现，60万吨/年汽油改质装置凝缩油进入120万吨/年焦化装置吸收稳定单元后，C_5组分进入焦化汽油组分，随后进入200万吨/年柴油加氢装置加氢饱和，所生产的粗石脑油进入重整装置预加氢单元，最后在C102进行分离成产品重整石脑油。可以看出，凝缩油进入焦化装置吸收稳定单元后，占用了120万吨/年焦化装置吸收稳定单元、200万吨/年柴油加氢装置、重整装置预加氢装置的能耗，同时增加了拔头油（即重整石脑油）的产量。拔头油的边际效益远低于汽油的边际效益。

表1　油品分析表

分析项目	单位	凝缩油
1-丁烯	%（m/m）	5.28
反-2-丁烯+顺-2-丁烯	%（m/m）	4.53
1-戊烯	%（m/m）	0.00
2-甲基-1-丁烯	%（m/m）	2.14
反-2-戊烯+顺-2-戊烯	%（m/m）	1.10
2-甲基-2-丁烯	%（m/m）	5.06
2-甲基-1-戊烯	%（m/m）	0.00
2-甲基-2-戊烯	%（m/m）	1.20
异戊烷	%（m/m）	8.03
正戊烷	%（m/m）	4.72
二烯烃	%（m/m）	0.00

若60万吨/年汽油改质装置凝缩油改进重催装置吸收稳定单元，凝缩油中C_5组分随稳定汽油进入轻汽油醚化装置参与醚化反应，可增加汽油辛烷值，且加工流程较短。

通过分子跟踪及流程研究，制定了“短流程”加工方案：60万吨/年汽油改质装置凝缩油，从焦化装置吸收稳定单元改至重催装置吸收稳定单元，具体流程简图如图1所示。

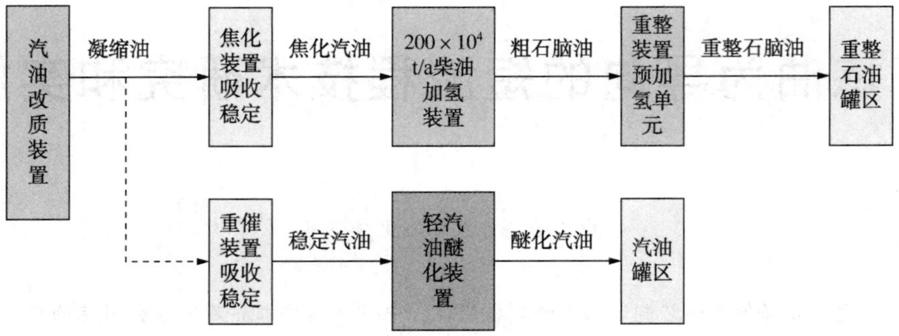

图1 凝缩油加工流程图

凝缩油原流程走向为：凝缩油→焦化装置吸收稳定→焦化汽油进柴油加氢装置→石脑油→重整预加氢单元→重整石脑油进罐区。

流程优化后，流程走向优化调整为：凝缩油→重催装置吸收稳定→稳定汽油进醚化装置醚化反应→醚化产品汽油至罐区调和。

实施效果：通过方案实施，重整石脑油减产0.8t/h，醚化汽油组分增加0.8t/h，凝缩油中的C_5加工流程缩短，不再占用120万吨/年焦化装置吸收稳定单元、200万吨/年柴油加氢装置、重整装置预加氢装置的加工能耗。

2 150万吨/年蜡油加氢装置反冲洗污油改至催化原料

150万吨/年蜡油加氢装置反冲洗污油由自动反冲洗过滤器SR101所产，自动反冲洗过滤器SR101反冲洗时，污油间歇送600万吨/年常减压装置作为原料，每次外送15t/h，外送10~20min。

对反冲洗污油进行分子指纹识别（见表2），其馏程、残炭、密度等指标均能满足重催装置的进料要求。

对识别出的反冲洗污油组分进行流程走向跟踪，150万吨/年蜡油加氢装置反冲洗污油为蜡油组分，进入三常原料线，经过常压塔和减压塔的加工，再送至150万吨/年蜡油加氢装置，形成了重复加工，占用了600万吨/年常减压装置及150万吨/年蜡油加氢装置的能源消耗。

通过分子跟踪及流程研究，制定了“短流程”加工方案：150万吨/年蜡油加氢装置新增反冲洗污油与产品蜡油线的跨线，反冲洗污油走跨线进产品蜡油线，混合进入建南油品罐区，建南油品罐区将混合蜡油供重催装置作为原料，具体见图2。

表2 油品分析表

样品判定	单位	反冲洗污油
初馏点	℃	233
10%馏出温度	℃	342
30%馏出温度	℃	370
50%馏出温度	℃	401
90%馏出温度	℃	468
终馏点	℃	504
全馏	mL	97
残炭	%(m/m)	0.03
密度(20℃)	kg/m^3	883
硫含量	%(m/m)	0.22
氮含量	mg/kg	2233.143

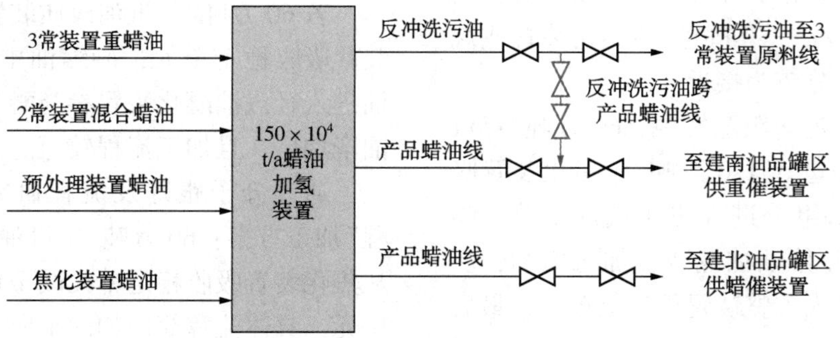

图2 反冲洗污油流程图

实施效果：通过实施，150万蜡油加氢装置/180万柴油改质装置反冲洗污油→进600万常减压原料线再次加工，此“长流程”停止，同时解决了600万吨/年常减压原料线振动问题。总电耗减少10kW/h、蒸汽减少0.5t/h、燃料气减少0.1t/h。

3 600万吨/年常减压装置减一线油直供柴油加氢类装置

600万吨/年常减压装置减一线油现阶段进入蜡油组分进入油品罐区，再由油品罐区供150万吨/年蜡油加氢装置。

对减一线油进行分子指纹识别(见表3)，其油品分析见下表，从分析可以看出减一线油为柴油组分。

表3 油品分析表

样品判定	计量单位	减一线油
初馏点	℃	251
50%馏出温度	℃	290
终馏点	℃	342
闪点(闭口)	℃	114.5
密度(20℃)	kg/m^3	856

进行分子流程走向跟踪，发现600万吨/年常减压装置减一线外送至油品罐区，再由油品罐区送至150万吨/年蜡油加氢装置，占用了油品罐区的能耗。600万吨/年常减压装置减一线经过蜡油加氢后送催化装置加工，催化装置反应生产FCC稳定汽油和催化柴油，催化柴油送200万吨/年柴油加氢装置(或180万吨/年柴油改质装置)加工，存在加工流程长的情况，且催化柴油芳烃含量和烯烃含量高，会增加柴油加氢装置的氢气消耗，且不利于催化剂的长周期运行。

通过分子跟踪及流程研究，制定了“短流程”加工方案：600万吨/年常减压装置减一线油全部热供至200万吨/年柴油加氢装置或180万吨/年柴油改质装置，具体见图3。

原流程为：600万吨/年常减压装置减一线油→油品罐区→150万吨/年蜡油加氢装置→催化装置→200万吨/年柴油加氢装置或180万吨/年柴油改质装置。

通过优化，600万吨/年常减压装置减一线油全部热供至200万吨/年柴油加氢装置或180万柴油改质装置，缩短了加工流程，不再占用油品罐区、150万吨/年蜡油加氢装置、催化装置的能耗消耗，且全部实现了热供。

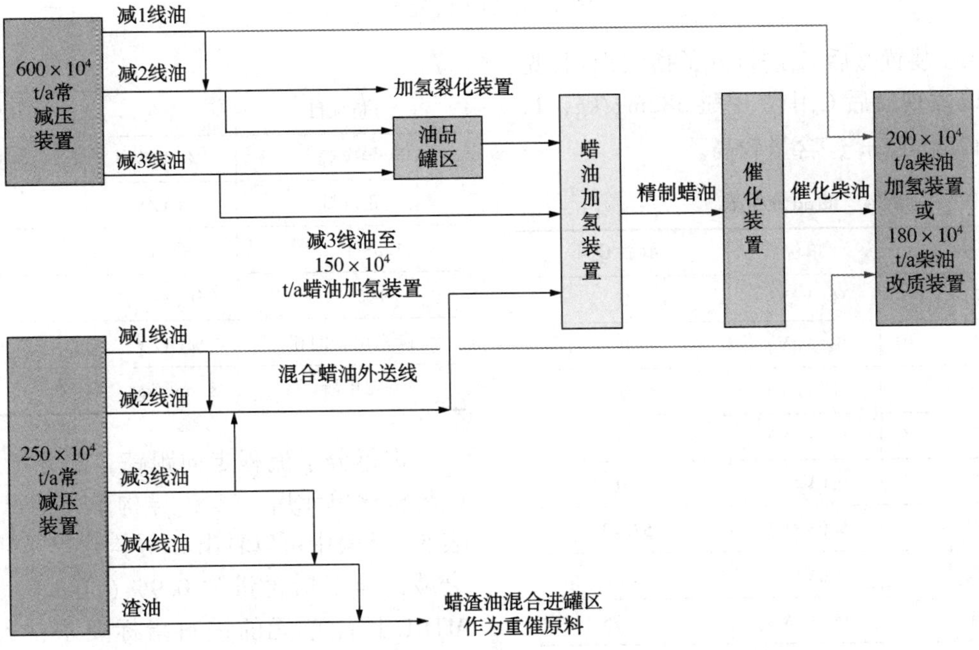

图3 常减压蜡油流程图

4　C_4异构化单元产品异构 C_4改进烷基化装置

8万吨/年甲基叔丁基醚(MTBE)装置以混合C_4和甲醇为原料，采用混相床—催化蒸馏深度转化合成甲基树丁基醚(MTBE)，其辛烷值高，是理想的高辛烷值汽油的调和组分，在生产高辛烷值无铅汽油中将起关键的作用。装置由原料系统、混相反应系统、催化蒸馏系统、甲醇萃取和回收系统构成，另外装置还自带甲醇储存罐区。

2015年11月40万吨/年醚化装置新增C_4异构化单元投产，装置生产出异构化碳四产品，随着乌石化炼油厂原油加工能力的提升、MTBE装置的原料供应量的提升，2017年MTBE装置装置新增扩能单元顺利投产，扩能单元接收异构化碳四单元异构化碳四原料增产MTBE产品。

2019年20万吨/年烷基化装置试车运行，烷基化装置是以来自MTBE装置的未反应C_4、加氢裂化装置的液化气、轻烃分离装置的液化气为原料，主要利用液化气中的C_4烯烃和异丁烷，在浓硫酸催化剂的作用下，C_4烯烃与异丁烷反应生成烷基化油；反应的副产品为正丁烷和丙烷。烷基化装置运行以来，装置C_4及C_5烯烃进料中的杂质中的二甲醚及二丁烯含量超高，造成烷基化装置酸耗增加，烷基化油产品干点升高及硫含量上升等问题，严重影响烷基化装置的高负荷运行，同时酸耗高也制约C_5烯烃原料的加工，烷基化加工C_5烯烃具有增产汽油和降低汽油烯烃的优势无法充分发挥。具体流程见图4。

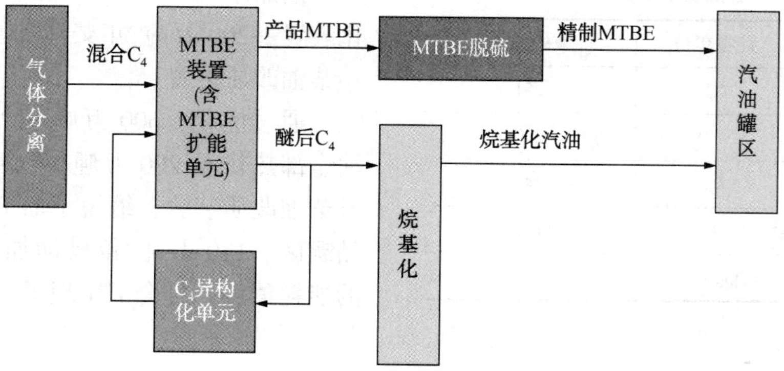

图4　C_4加工流程图

对MTBE装置醚后C_4进行分子指纹识别(见表4)。可以发现醚后C_4中二甲醚382mg/kg，1，3-丁二烯1254mL/m^3，含量较高。

表4　油品分析表

分析项目	单位	醚后 C_4
甲烷	%(V/V)	0
乙烷	%(V/V)	0
乙烯	%(V/V)	0
丙烷	%(V/V)	2.6
丙烯	%(V/V)	1.02
异丁烷	%(V/V)	52.13
正丁烷	%(V/V)	8.14
反丁烯	%(V/V)	12.75
丁烯	%(V/V)	13.85
异丁烯	%(V/V)	0.44
顺丁烯	%(V/V)	7.91

续表

分析项目	单位	醚后 C_4
异戊烷	%(V/V)	0.01
正戊烷	%(V/V)	0
1.3-丁二烯	mL/m^3	1254
丙烷+丙烯	%(V/V)	3.62
碳六组分的和	%(V/V)	0.02
二甲醚	mg/kg	382

进行分子流程走向跟踪，部分醚后C_4进入C_4异构化单元后，其C_4异构单元的产品分布见表5，从表中可以看出C_4异构化单元催化剂活性衰减，异丁烯含量为0.9%(m/m)，无法满足MTBE扩能单元的进料指标要求，≮10%(m/m)，同时可以发现醚后C_4经过异构化催化剂后，二甲醚24mg/kg，1,3-丁二烯60mL/m^3，有明显的降低。若将异构C_4改进烷基化装置，将会对烷基化装置的反应进料起到明显的改善。

表5　油品分析表

样品判定	计量单位	C_4异构化产品
丙烷	%(m/m)	1.03
丙烯	%(m/m)	0.5
异丁烷	%(m/m)	42.19
异丁烯	%(m/m)	0.9
反丁烯	%(m/m)	18.49
二甲醚	(mL/m^3)	24
甲烷	%(V/V)	0
乙烷	%(V/V)	0
乙烯	%(V/V)	0.01
正丁烷	%(V/V)	11.32
丁烯	%(V/V)	8.54
顺丁烯	%(V/V)	12.85
异戊烷	%(V/V)	0.5
正戊烷	%(V/V)	0
1,3-丁二烯	(mL/m^3)	60
丙烷+丙烯	%(V/V)	1.53
碳六组分的和	%(V/V)	0.56

醚后C_4经过异构化加工后送至MTBE扩能单元，异丁烯含量过低相当于此部分异构化产品在MTBE装置扩能单元空转，占用了MTBE扩能单元的运转机泵、反应器、塔的能耗。

通过分子跟踪及流程研究，制定了“短流程”加工方案：C_4异构化单元产品异构C_4改进烷基化装置，MTBE扩能单元停工，具体流程优化见图5。

原流程为：部分醚后碳四→C_4异构化单元→MTBE扩能单元→MTBE产品。通过流程优化调整后，部分醚后碳四→C_4异构化单元→烷基化装置→烷基化汽油，同时MTBE扩能单元停工。

实施效果：MTBE扩能单元停用后，异构碳四改进烷基化装置，MTBE装置综合能耗从175kg＊标油/t降低至133kg＊标油/t，实现了节能降耗。同时烷基化装置原料中二甲醚含量下降原料性质得到改善，装置酸耗得到有效降低。

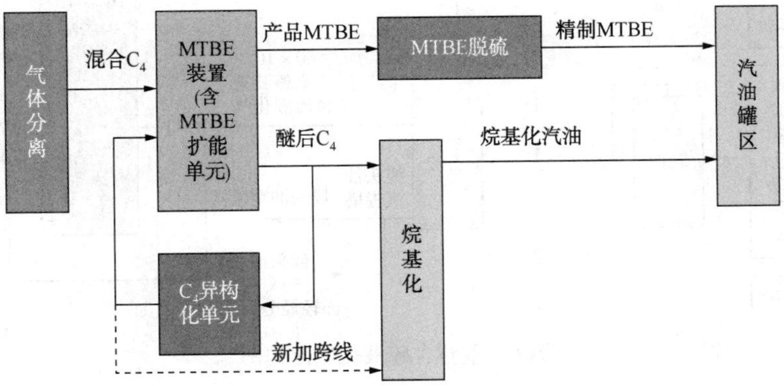

图5　C_4加工流程图

5　重整含硫液化气改进重催装置液化气脱硫单元

60万吨/年连续重整装置C102顶所产的含硫液化气、100万吨/年连续重整装置所产的C2102顶所产的含硫液化气，均送至160万吨/年轻烃回收单元，经过吸收稳定后，产出合格的液化气（$C_2<3\%(V/V)$，$C_5<1\%(V/V)$），送至重催装置液化气脱硫单元脱H_2S。

56对重整装置含硫液化气进行分子指纹识别（见表6），可发现重整装置含硫液化气中的C_2及C_5指标均满足重催装置液化气脱硫单元的进料要求。

表6　油品分析表

分析项目	单位	100万吨/年重整含硫液化气	60万吨/年重整含硫液化气
氢气	%(V/V)	0	0.63
甲烷	%(V/V)	0.33	0.69
碳二	%(V/V)	1.43	1.63
丙烷	%(V/V)	13.69	10.15
丙烯	%(V/V)	0	0
异丁烷	%(V/V)	37.68	24.72
正丁烷	%(V/V)	46.87	61.15
丁烯+异丁烯	%(V/V)	0	0

续表

分析项目	单位	100万吨/年重整含硫液化气	60万吨/年重整含硫液化气
反丁烯	%(V/V)	0	0
顺丁烯	%(V/V)	0	0
异戊烷	%(V/V)	0	0.03
正戊烷	%(V/V)	0	0
碳五含量	%(V/V)	0	0.03

通过流程跟踪发现，重整装置含硫液化气进入160万吨/年轻烃回收单元加工，占用了160万吨/年轻烃回收单元的能耗，不利于160万吨/年轻烃回收单元的能耗降低。

59通过分子跟踪及流程研究，制定了“短流程”加工方案：新加跨线，重整含硫液化气走跨线改进重催装置液化气脱硫单元，具体流程见图6。

重整装置含硫液化气原流程走向为：100万吨/年重整装置含硫液化气/60万吨/年重整含硫液化气→160万吨/年轻烃回收单元→重催液化气脱硫单元。流程优化后，流程走向为：100万吨/年重整装置含硫液化气/60万吨/年重整含硫液化气，走跨线直接进重催液化气脱硫单元，可减少重复加工，降低160万轻烃回收单元综合能耗。

实施效果：通过方案实施，160万吨/年轻烃回收单元电耗降低5kW/h、蒸汽减少1.5t/h。

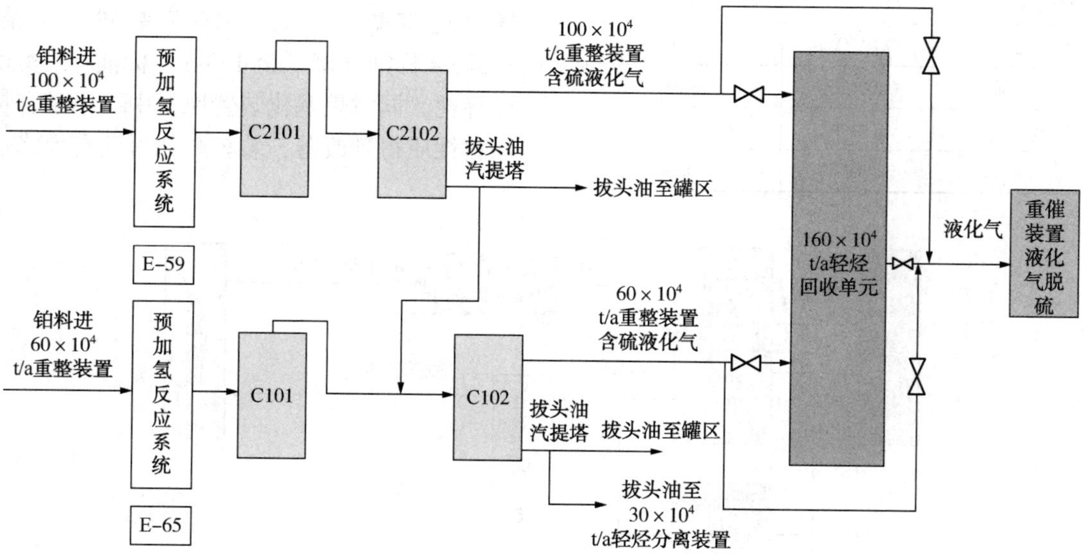

图6　重整含硫液化气流程图

6　总结

分子炼油理论的“短流程”技术重点在于流程优化，2022年炼油厂充分对各“分子”进行研究，制定了以上“短流程”加工方案并实施，进一步优化炼化加工链条，实现了综合能耗的有效降低。“短流程”加工方案包括：60万吨/年汽油改质装置凝缩油改至重催装置吸收稳定单元、150万吨/年蜡油加氢装置反冲洗污油改至催化原料、600万吨/年常减压装置减一线油直供柴油加氢装置、C_4异构化单元产品异构C_4改进烷基化装置、重整含硫液化气改进重催装置液化气脱硫单元。

通过优化调整后，总加工成本明显降低，主要技术经济指标同比改进提升明显：炼油综合能耗累计同比降低2.45kg标油/吨；单因耗能累计同比降低0.28kg标油/吨。

参　考　文　献

[1] 张海桐，王广炜，薛炳刚，等. 对分子炼油技术的认识和实践[J]. 化学工业，2016，34(4)：16-23.
[2] 吕美谊. 分子炼油技术的认识和趋势前瞻[J]. 中国经贸，2018(22)：118-119.
[3] 李宇龙，刘维康，等. 分子炼油技术展望[J]. 广东化工，2014，41(6)：111.
[4] 董大清. 国外清洁柴油加氢催化剂技术进展[J]. 化工科技市场，2010. 7：01-05
[5] 刘艳伟，赵书娟，李彬，等. 用“分子炼油理念”指导石脑油加工优化[J]. 炼油技术与工程，2014，44(8)：21-24.

基于 TRIZ 理论的汽油加氢工艺改进

郭林超

（中石油乌鲁木齐石化分公司）

摘　要　汽油加氢装置在汽油升级阶段出现难题：辛烷值损失过大，芳构化反应不足、加氢裂化反应过大。为解决此难题，通过利用 TRIZ 理论的九屏幕法，在空间轴和时间轴上找资源，并进行可行性分析，提出了改进方案。通过改进方案的实施，汽油硫含量降低至 9.6mg/kg，烯烃含量降低至 16.1%（V/V），芳烃含量增长 1.2 个单位，辛烷值减少 0.4 个单位，产品重汽油液收仍保持在 98%以上，工艺改进效果显著。

关键词　TRIZ 理论；汽油加氢；工艺改进

随着环保意识的不断加强，近年来世界各国纷纷制定日益严格的汽车尾气排放标准和燃油质量标准，车用汽油质量标准从国Ⅲ标准升级至国ⅥB 标准，其升级的主要变化是硫含量从 150mg/kg 降低至 10mg/kg 以内，烯烃含量从 30%（体积分数）降低至 15%（体积分数）。

我国车用汽油中催化裂化汽油占 75%以上，催化裂化汽油是高硫、高烯烃汽油，因此催化裂化汽油脱硫、将烯烃、保辛烷值成为我国清洁汽油生产技术亟待解决的关键问题。为实现汽油质量升级，国内开发了诸多汽油加氢技术，包括：OCT-M 技术、PHG-M 技术、GARDES 技术、Prime-G^{+}技术等。

然而，各汽油加氢技术均不可避免遇到同一个难题：汽油烯烃组分是汽油辛烷值的重要组分，在汽油烯烃加氢饱和为饱和烃的同时，出现汽油辛烷值损失，烯烃饱和深度越高，辛烷值损失越大。

1　乌石化汽油加氢采用的技术及问题分析

1.1　催化裂化汽油加工流程

催化裂化汽油进入切割塔，分割为轻汽油和重汽油，轻汽油进入汽油醚化装置，重汽油进入汽油加氢装置，汽油醚化装置产品醚化汽油和汽油加氢装置产品重汽油在罐区混合（图 1）。

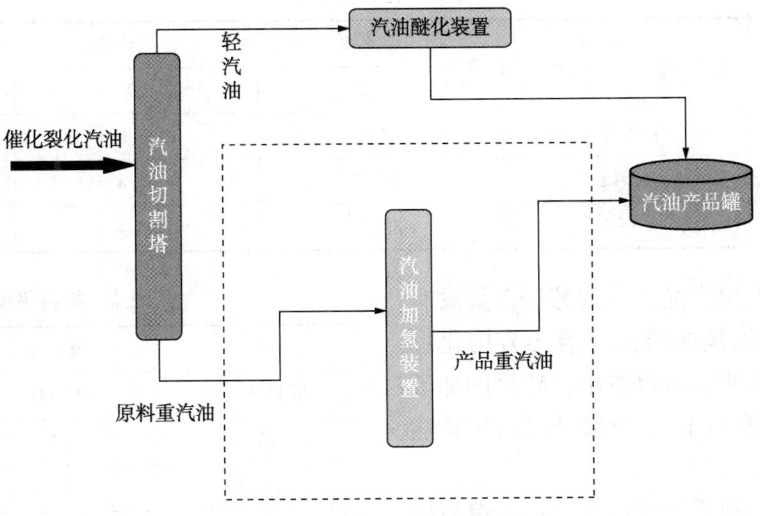

图 1　汽油加工流程示意图

1.2　汽油加氢装置工艺流程及技术

乌鲁木齐石化公司汽油加氢装置是由中国寰球公司新疆分公司设计的 3.0MPa 级重汽油加氢改质装置，设计能力 40 万吨/年。主要设备有压缩机、反应器、加热炉、机泵等。装置采用中国石油化工研究院与抚顺石化公司联合开发的“PHG-M 催化汽油加氢脱硫降烯烃组合工艺技术”。

工作原理分为两部分：

PHG 加氢精制反应器：在一定的温度、压力、氢油比和空速条件下，原料油、氢气通过反应器内催化剂床层，在加氢催化剂的作用下，把油品中所含的硫、氮、氧等非烃类化合物转化成为相应的烃类及易于除去的硫化氢、氨和水，同时进行烯烃饱和反应。

M 加氢改质反应器：低辛烷值的长链烃分子裂解为高辛烷值的碳五、碳六短链烃分子(加氢裂化反应)，正构烷烃的异构化；烷烃分子的芳构化。

工艺流程为：

原料重汽油进入原料缓冲罐(D-1102)，通过进料泵(P-1101)升压至 3.3MPa，同氢气混合后与经换热至至 210℃，进入 D 反应器(R-1101)进行选择性加氢反应，加氢反应产物进加热炉加热至 350℃ 后，进入 M 反应器进(R-1102)进行加氢改质反应，反应产物经换热冷却后进入高压分离器(D-1103)。在高压分离器(D-1103)中进行气、油、水三相分离。分离出的油相经换热进入稳定塔，稳定塔塔顶出干气及凝缩油、塔底为产品重汽油。具体见图 2。

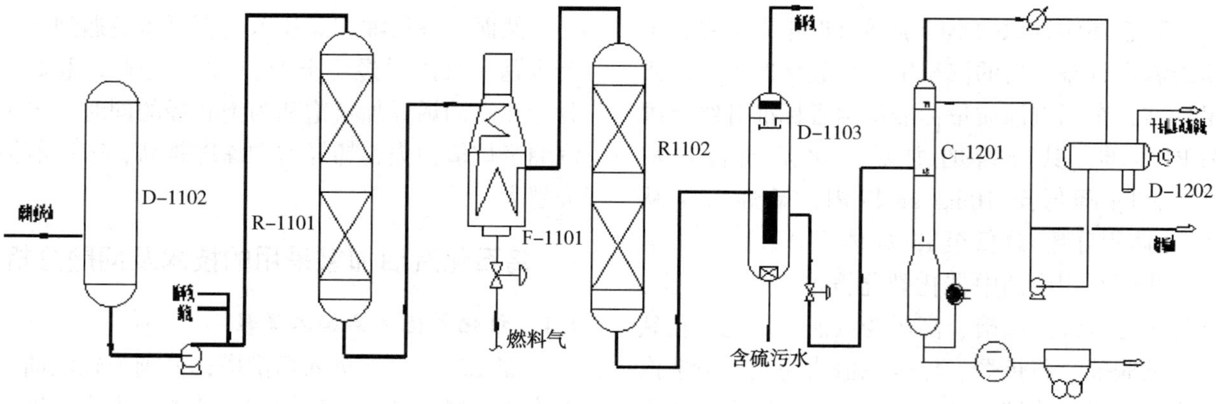

图 2　汽油加氢装置原则流程图

1.3　问题分析

装置投料试车后，在车用汽油国Ⅳ阶段，产品汽油硫含量为 47.4mg/kg，烯烃为 26.6%(V/V)，辛烷值降低 2.1 个单位，带来较大的损失。

表 1　化验分析表

项目	单位	原料汽油	产品汽油	降低值
芳烃含量	%(V/V)	27.2	27	0.2
烯烃含量	%(V/V)	37.8	26.6	11.2
硫含量	mg/kg	205.5	47.4	158.1
辛烷值(RON)	—	88.5	86.4	2.1

从表 1 也可以看出产品汽油的芳烃含量没有得到增长，说明 M 加氢改质反应器无芳构化反应，无改质作用。从表 2 可以看出，M 反的加氢裂化反应较为严重，干气和液态烃产量达到 3.7%。

从化验分析及物料平衡可以看出：辛烷值损失过大，加氢改质反应中芳构化反应不足、加氢裂化反应过大。为解决上述问题，需以反应器为中心，进行工艺改进。

表 2　物料平衡表

项目	流量/t	组成/(wt%)
原料重汽油	47.60	
新氢	0.23	
原料总计	47.83	
产品重汽油	46.06	96.3
干气	0.53	1.1
液态烃	1.24	2.6
总计	47.83	100

2 工艺改进及讨论

2.1 工艺改进

以装置反应器为中心，采用《创新思维与TRIZ 创新方法》中九屏幕法在空间轴和时间轴上找资源。以反应器为例，在空间轴上，它的子系统是反应器内的催化剂，超系统是整个汽油加氢装置。以催化剂为例，在时间轴上，它的过去式是未活化的催化剂，未来式是已活化的催化剂。最终定位到如图 2 所示的 9 个部分，再对 3 个重点部分(两个反应器、原料、已活化催化剂)进行深层次分析，并对重点部分提出相对应的 6 个解决方案，如表 3 所示。

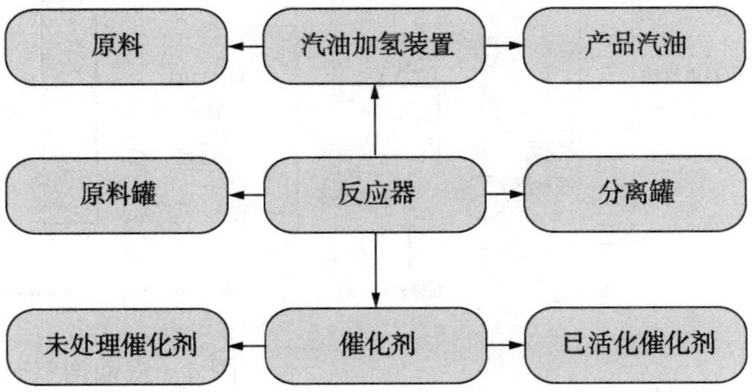

图 3 九屏幕找资源

表 3 技改方案可行性分析

资源	方案	可行性分析
已活化催化剂	方案 1：M 加氢改质催化剂进行液氨钝化，降低裂化活性。	装置无液氨储罐，且注氨会降低 PHG 加氢精制催化剂的活性，增加空冷等设备的腐蚀。
	方案 2：M 加氢改质反应器进行升温，使催化剂高温积碳钝化，降低裂化活性。	时间较长，约 7~14 天左右，不会对 PHG 加氢精制反应造成影响。
反应器	方案 3：PHG 加氢精制反应器和 M 加氢改质反应并联。	M 加氢改质反应中脱硫效果差，无法保证产品汽油硫含量合格。
	方案 4：PHG 加氢精制反应器和 M 加氢改质反应保持串联，但工艺流程进行改进调整，调整为原料油先经过 M 加氢改质反应器，再经过 PHG 加氢精制反应器	可利用原料中的大分子烯烃，进行加氢裂化和芳烃构反应，实现原料油的辛烷值增长，再进行加氢精制反应。 本方案工艺改造量小，投资低，约 30 万左右。
原料	方案 5：增加原料量，提高反应空速，减缓 PHG 加氢精制反应。	PHG 加氢精制反应减缓后，辛烷值损失减少，但硫含量无法脱除至指标范围内。
	方案 6：改变原料性质，利用闲置单元(芳烃抽提)，将原料油再次切割为中汽油、抽余油、富芳烃油。中汽油和抽余油中烯烃含量高，属于富烯烃组分，进入汽油加氢装置，富芳烃油烯烃含量低、芳烃含量高进入新建的 PHG 加氢精制单元。	富烯烃组分经过 M-PHG 反应系统，可充分利用大分子烯烃，进行加氢裂化和芳烃构反应。 富芳烃组分中烯烃含量低(4%(V/V)以内)，进行 PHG 深度加氢脱硫。 此工艺优化需增开芳烃抽提单元，增加加工成本 280 元/吨，新建 PHG 加氢精制单元，投资较大，预计投资达到 3000 万左右。

对 6 个解决方案进行可行性分析，初步采纳方案 2 和方案 4。

方案 2：M 加氢改质反应器进行升温，使催化剂高温积碳钝化，降低裂化活性。该方案主要作用是降低加氢裂化活性，减少产品中的干气和轻烃收率，提高装置液收。该方案不会对 PHG 加氢精制反应造成影响，具有可行性，但需经过高温维持 7~14 天。

方案 4：工艺流程进行改进调整，调整为原料油先经过 M 加氢改质反应器，再经过 PHG 加氢精制反应器。调整后的流程见图 4。原料汽油进入汽油加氢装置，首先在 M 加氢改质反应器(R-1102)进行加氢改质反应，然后进入 PHG 加氢精制反应器(R-1101)进行加氢精制反应。

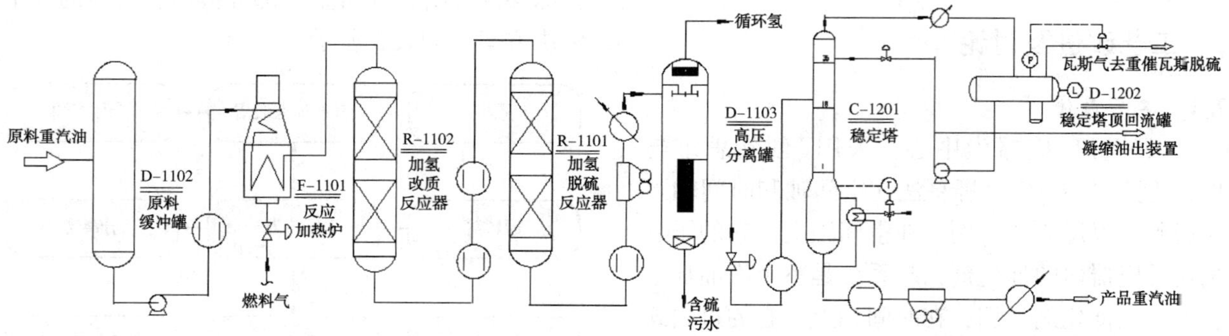

图4　汽油加氢装置工艺改进原则流程图

2.2　工艺改进效果

根据分析情况，执行方案2和方案4。方案2：M加氢改质反应器进行升温至380℃，使催化剂高温积碳钝化，持续12天时间，观察M反应器内的催化剂无温升，出现温降，钝化结束。

方案4：M反应器内催化剂钝化结束后，装置进行停工处理，对装置工艺流程就优化调整，调整为原料油先经过M加氢改质反应器，再经过PHG加氢精制反应器。调整后按开工步骤进行开工，开工步骤为：氮气气密、氢气气密、引原料汽油建立循环、升温调整操作、出合格产品。

通过上述两个方案的执行，在国Ⅳ车用汽油生产阶段，芳烃含量增加2.6个单位。产品硫含量降低至44.6mg/kg，辛烷值增加0.4个单位，产品汽油收率提高至98%以上，取得较好的成果。具体见表4化验分析表和表5物料平衡表。

表4　化验分析表

项目	单位	原料汽油	产品汽油	变化值
芳烃含量	%(V/V)	27.2	29.8	+2.6
烯烃含量	%(V/V)	35.8	19.2	-16.6
硫含量	mg/kg	212	44.6	-167.4
辛烷值(RON)	—	88.4	88.9	+0.4

表5　物料平衡表

项目		流量/(t/h)	组成/(wt%)
进料	原料重汽油	47	99.58
	新氢	0.2	0.42
	总计	47.2	100
出料	产品重汽油	46.286	98.1
	干气	0.43	0.91
	液态烃	0.484	1.03
	总计	47.2	100

在国Ⅴ车用汽油生产阶段，汽油硫含量需降低至10mg/kg以内，烯烃含量降低至24%(V/V)以内。在国ⅥA车用汽油生产阶段，汽油硫含量需降低至10mg/kg以内，烯烃含量降低至18%(V/V)以内。

此阶段，对汽油加氢装置的PHG反应器进行提温，同时保持M反应器温度不变。产品重汽油硫含量降低至9.6mg/kg，烯烃含量降低至16.1%(V/V)，芳烃含量增长1.2个单位，辛烷值减少0.4个单位，产品重汽油液收仍保持在98%以上(表6)。

表 6　化验分析表

项目	单位	原料汽油	产品汽油	变化值
芳烃含量	%(V/V)	27.3	28.7	+1.4
烯烃含量	%(V/V)	34.9	16.1	-18.8
硫含量	mg/kg	202	9.6	-192.4
辛烷值(RON)	—	88.5	88.1	-0.4

6　工艺改进总结

乌鲁木齐石化公司汽油加氢装置在开工初期，出现辛烷值损失过大，加氢改质反应器中芳构化反应不足、加氢裂化反应过大的问题。为解决上述问题，利用 TRIZ 理论找到问题的关键点，通过可行性分析，提出了改进方案：M 加氢改质反应器进行升温，使催化剂高温积碳钝化，降低裂化活性；对工艺流程进行改进调整，调整为原料油先经过 M 加氢改质反应器，再经过 PHG 加氢精制反应器。

通过工艺改进方案的实施，取得了较好的效果，在车用汽油国Ⅳ阶段，汽油辛烷值从减少 2.1 个单位提升为增加 0.4 个单位，芳烃含量从减少 0.2 个单位提升为增加 2.6 个单位，产品汽油收率从 96.3% 提升至 98.1%。在车用汽油国Ⅴ和国ⅥA 生产阶段，汽油硫含量降低至 9.6mg/kg，烯烃含量降低至 16.1%(V/V)，芳烃含量增长 1.2 个单位，辛烷值减少 0.4 个单位，产品重汽油液收仍保持在 98%以上。

运行结果表明，本工艺改进效果显著，对汽油加氢工艺技术的发展具有重要推动作用。

参　考　文　献

[1] 董大清. 国外清洁柴油加氢催化剂技术进展[J]. 化工科技市场，2010. 7：01-05.

[2] 沈银杰，苏枫. TRIZ 理论在含油污泥干化工艺改进中的应用[J]. 技术与市场，2019，26：5-6.

油田采出水处理系统干化场的改进与应用

马文娟　李　栋　苗彦平　朱治国　杜　航

（中国石油华北油田分公司）

摘　要　由于生产需求，油田采出水处理系统中的干化场需要接收超设计标准的污水，造成干化场过滤能力不足，导致地下池中含油量超标，造成水系统运行不正常；且干化场未完全密封、未对内部废气进行收集。因此，在干化场的大罐底排污进口处设置预处理沉淀池、在干化场液面处设计安装半沉式阻油浮漂、在溢流口附近加装"U"型管式隔油槽、在干化场布水管的横向来水方向进行均匀开孔、干化场每层砂石滤料下部铺设与本层砂石滤料粒径相同大小的网格栅栏，确保了干化场该节点的出水水质稳定达标，实现了砂石滤料清洗后循环利用，达到了提质增效的目的。针对干化场产生的有机挥发物，对现有干化场进行整体封闭改造，池体密闭且保持微负压状态，并通过一体化净化处理设备进行处理，确保了干化场有组织排放气体的达标。

关键词　干化场；阻油；砂石滤料；VOCs；密闭

干化场处理采出水的主流技术为自然沉降和渗透过滤，大体积干化场增加自然沉降时间因为安全环保问题，已逐渐不具备市场。油田采出水处理系统中干化场的设计标准为过滤器反冲洗水、大罐底排污等，实际生产过程中钻井泥浆上清液、试油及作业洗井液、压裂返排液等作业产出液均回收至各作业区所辖水处理站干化场（污水池）。作业产出液成份不稳定，其中油泥沙、药剂残渣成份比例较高，且进液时间段比较集中，顺时排量大。干化场底部铺有砂石滤料，用来过滤采出水，过滤能力不足时，来液直接从高出口溢流向地下池中，导致地下池中含油量大幅超标，严重冲击水处理系统运行，增加了地下池清理与干化场滤料更换频次，干化场、污水池清污作业属于受限空间，存在较大安全风险，且更换下来的含油砂石作为危废处理费用高，造成生产经营成本增加。因此，对干化场进行重新设计改造是很有必要的。

第三采油厂宁一站、河一站等场站 11 座干化场现有的封闭系统均存在不同程度的密闭缺陷、未对内部废气进行收集，未安装 VOCs 治理设施，等同于无组织排放，不符合《陆上石油天然气开采工业大气污染物排放标准》法规要求。需要处理的综合废气主要来源是干化场微生物厌氧发酵产生的废气，废气异味较大，废气中含氨气、二氧化硫、甲硫醇等臭气，臭气浓度超标。这类废气长期吸收将对人体神经系统、造血功能带来严重危害，对厂区及周边的大气环境造成污染，给员工及周边民众的身体健康带来重大危害。

1　干化场污水处理系统结构改造

干化场的水处理流程为：过滤器反冲洗水、大罐底排污、外来液等进入干化场过滤后，进入地下池，通过泵抽至沉降罐，依次进入过滤器、注水罐、注水泵。通过现场调研表明：站场采出水处理量与干化场的体积比为 30∶1~25∶1、干化场与地下池的体积比为 1∶0.5~1∶1 时，干化场的处理效果最佳。

1.1　预处理沉淀池设计

在干化场的大罐底排污进口处设置预处理沉淀池，作为站外来液卸入点，并对油田污水进行加药沉淀预处理，拉运作业废液的罐车体积一般不超过 25 方，加药沉淀后的上清液约占 3/4，直接排至干化场；底泥与浑浊液体约占 1/4，排至预处理沉淀池；预处理沉淀池的体积为 5-10 方，基本可以满足各水处理站场的生产需求。

1.2　池体阻油设计

在干化场液面处利用油水密度差设计安装半沉式阻油浮漂，浮漂的密度大于油的密度、小于水的密度，使其在水面上的油污在同一液面一起上下浮动，并且浮漂的横向宽度=浮漂轨道的宽度，采用两道隔网作为浮漂轨道（如图 1 所示），浮漂设置在浮漂轨道里，浮漂轨道上挂装挡板

（如图 3 所示），具有缓冲稳定水流泥砂的作用。在溢流口附近的溢流池安装距离池底部 20cm 处安装隔油挡板，将溢流池外壁降低 10cm，利用“U”型管的原理，形成“U”型管式隔油槽（如图 5 所示）。

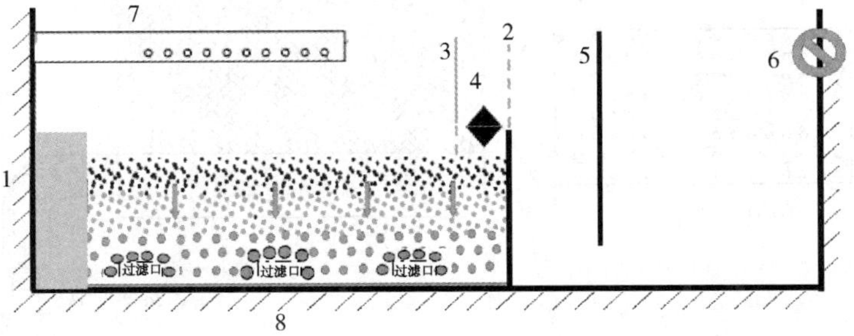

图 1　油田污水处理系统干化场设计示意图

1—砂石滤料，自上而下分别为石英砂、细砂石、粗粒石、鹅卵石；2—浮漂轨道；3—浮漂轨道上挂装的挡板；4—浮漂；5—“U”型管式隔油槽的隔油挡板；6—溢流口；7—布水管；8—过滤口

1.3　砂石滤料循环使用

干化场的砂石滤料总共四层，自上而下每层砂石滤料分别为石英砂、细砂石、粗粒石、鹅卵石（如图 1 所示），各层滤料的厚度均小于等于干化场深度的 1/8；每层滤料下部铺设与本层滤料粒径相同大小的网格栅栏，方便砂石滤料清洗回收利用，砂石滤料的回收利用不包含石英砂。石英砂由于液体冲刷和每年的含油污泥清理，造成到滤料更换时最上层石英砂的剩余不足 1/4，且石英砂颗粒粒径小，清洗、筛选难度极大，因此不考虑回收再利用。

1.4　布水管配液设计

布水管设置于干化场中央位置，用于油田污水进入干化场，为使从干化场布水管来液的流速低于布水管内液流的速度，减小布水管循环流，避免流动死区，对布水管进行优化设计，在布水管的横向来水方向进行均匀开孔（如图 7 所示）。通过实际操作证明，对于一般长 8m 以内的布水管，其配液管的开孔总面积一般 2 倍于汇管的横截面积（如公式 1 所示），开孔总个数为汇管横截面积与单孔面积的比值（如公式 2 所示）时，管内液流速度对于干化场的油水沉降分离来说效果比较好。以进口汇管管径 Φ114mm 为例，两侧均匀分布开 Φ32mm 的布液孔，布液孔之间的间距为 100mm，通过计算，每侧开孔 11 个，共计开孔 22 个（如图 3 所示）。

$$S_{孔} \cdot n_{孔} = 2S_{汇} \tag{1}$$

$$n_{孔} = \frac{2S_{汇}}{S_{孔}} \tag{2}$$

式中，$S_{孔}$ 为单孔面积，mm^2；$n_{孔}$ 为布液孔眼个数；$S_{汇}$ 为汇管横截面积，mm^2。

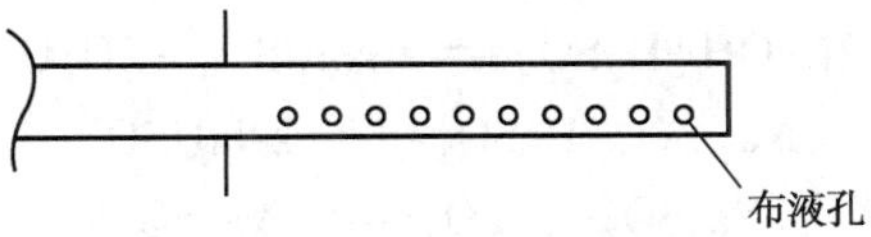

图 2　布液孔设计图

排水管设置于干化场底部且均匀分布，下部连接至地下池，排水管与最下层砂石滤料之间铺设网格栅栏，用于阻隔滤料渗透封堵水管。

2　干化场收气系统改造

针对石油行业的特殊性及对系统净化的高要求性，采用组合式集成型的净化处理方式进行干化场有机挥发物处理，包含六个步骤：油气分离→化学处理→清水净化处理→生物滴滤净化处理→活性炭吸附。

2.1　油气分离

干化场内的有机挥发物经风机作用后，气源收集至组合式集成型的净化处理设备，含油成分的气体首先经过油气分离段（如图 3 所示），在设备内多孔吸附油气分离填料结构的作用下，将油气成分物理分解为液相及气相两种形式，大部分气体内的大部分的油污成分分离出来。油液收集后就近排入干化场，残余的含有少量油成分的油气进入下一段进行净化处理。

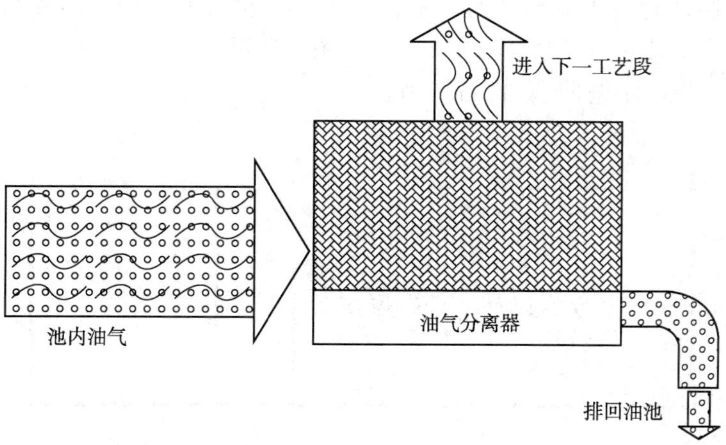

图 3　油气分离示意图

2.2　化学处理

利用二氧化硫、氨气、甲硫醇等有机挥发物成分与钠碱等化学药液发生不可逆的化学反应，生成新的无臭物质（如图 4 所示），以达到脱硫成分的目的。化学处理段是以钠碱为药剂，该工艺段反应简单，适应性好，药效率高，其主要机理具体反应如下：

$$SO_2+H_2O = H_2SO_3 \quad (3)$$

$$2NaOH+H_2SO_3 = Na_2SO_3+2H_2O \quad (4)$$

$$Na_2SO_3+H_2SO_3 = 2NaHSO_3 \quad (5)$$

$$Na_2SO_3+1/2O_2 = Na_2SO_4 \quad (6)$$

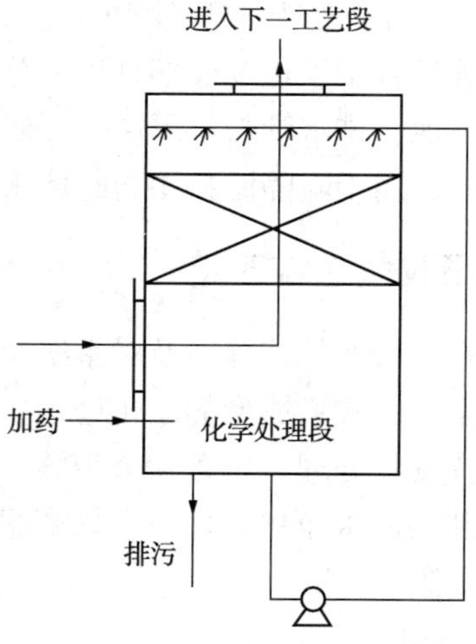

图 4　化学处理段示意图

系统启动吸收剂采用 NaOH，主要作为系统的中和药剂，不会在设备内壁、管道、除雾器通道产生晶体而发生结垢现象。吸收后的溶液可循环使用，并根据实际情况增加或降低碱成分的浓度。

2.3　清水净化处理

针对前阶段未被处理的易溶于水的有机挥发物同水接触并溶于水中，含油成分经过清水洗涤，达到深层净化，前段未充分反应的含碱气得到稀释净化，以保证后阶段生物滴滤段菌种的生存环境。此阶段在前阶段工艺处理作用下，净化压力较小，清洗液可循环使用；同时此段作为对后续工艺处理段的保障段，需根据实际情况定期更换循环液，如遇极端特殊情况，则考虑清水直供、清洗液直排的方式。

2.4　生物滴滤净化处理

生物滴滤净化处理是将特质填料充填到滤池中后，通过挂膜，使其表面形成一定厚度的生物膜，把具有净化能力的各种优势菌群固定。残留气体通过填料空间，恶臭成分被截留并分解。此阶段不设置喷淋，前端工艺水汽可保证填料的湿润，为生物新陈代谢和繁衍提供有利条件，同时做到节水节能；起到阻挡水气、脱水的作用，减少后续活性炭吸附段水气压力，避免过量水气进入活性炭吸附段后，造成活性炭吸附能力差，寿命降低，更换投入增加（图 5）。

2.5　活性炭吸附

此工艺阶段使用的填料为活性炭填料。活性炭将有机原料在隔绝空气的条件下加热，以减少非碳成分，然后与气体反应，表面被侵蚀，产生微孔发达的结构。由于活化的过程是一个微观过程，大量的分子碳化物表面侵蚀是点状侵蚀，所以造成了活性炭表面具有无数细小孔隙。活性炭表面的微孔直径大多在 2~50nm 之间，即使是少量的活性炭，也有巨大的表面积，每克活性炭的表面积为 500~1500m^2。

作为整套系统的保障处理阶段，在气源个别成分浓度严重超标、前段工艺流程无法完成彻底净化的情况下，对经前段处理后的气体进行保障层次的深度处理，使得系统净化的气体在上述特殊情况下，最终实现达标排放的目的。

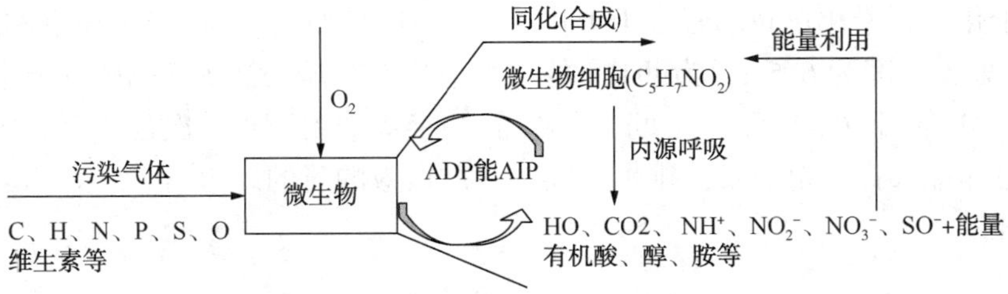

图 5　微生物滴滤净化处理示意图

2.6　池体封闭改造

目前现场封闭盖板多为水泥盖板，与池体平台存在缝隙，且缝隙较大，封闭盖板两侧端各有两个纱网透气口，存在池内臭气外溢情况，因此采用玻璃钢组合式弧型封闭盖板(如图 6 所示)，全部使用不锈钢螺栓连接组合成型，在不影响整体结构的情况下，为方便对池内油污的清理，可单块、单跨独立拆卸，同时方便安装。为满足现场检修及清污要求，在封闭盖板顶部及侧面设置检修口(如图 7、图 8 所示)。可根据现场情况，随时打开和关闭，在设备运行情况下，能保证池体密闭且保持微负压状态。

图 6　组合式封闭盖板示意图

图 7　检修口关闭状态

图 8　检修口开启状态

3　现场应用

3.1　宁一站干化场污水处理系统结构改造使用情况

2022 年以宁一站为试点进行污水处理系统结构改造，原干化场内底部铺有砂石滤料，干化场底部只有中央出有一根横向排水管，用来渗漏过滤污水，过滤能力不足时，从高处溢流口经常向地下池中进油，导致污水池中含油量超标，超标后清污作业每年为 4～5 次，清污成本在 8 万元左右，污水池清污作业属于受限空间，存在较大安全风险。

干化场大小为 8.0＊4.0＊1.6m，在干化场的大罐底排污进口出设置 2.5＊2.5＊1.6m 的预处理沉淀池，采用 8.0＊0.8m 的两道隔网作为浮漂轨道，采用空心不锈钢球作为浮漂，可使浮漂在其中间随同污水液面作直上直下的浮动，采用 0.4m 高的铁皮悬挂在浮漂轨道上部，形成半沉式阻油浮漂；在溢流口附近的溢流池安装距离池底部 20cm 处安装隔油挡板，将溢流池外壁降低 10cm，形成“U”型管式隔油槽，阻油率达到 100%；在每层滤料下部铺设与本层滤料粒径相同大小的网格栅栏，砂石滤料清理出来就地用注水罐里的高温采出水进行清洗，洗干净后按照粒径大小依次填入干化场；干化场布水管位于干化场中央位置2.0m处，长度为6.5m，为Φ114的管线，两侧均匀分布开Φ32孔，孔间距为100mm；干化场底部排水管均匀分布，排水管间隔1.5米依次排开。

改造后的一年多内干化场该节点的出水水质均稳定达标，含油量≦50mg/L，悬浮物含量≦30mg/L(如表1所示)，干化场的清理周期由7个月1次延长至2年1次，干化场底部砂石滤料更换周期由两年一次延长至6年一次，达到了提质增效的目的。

表1　改造后干化场出水水质数据表

日期	干化场出水水质/(mg/L)		日期	干化场出水水质/(mg/L)	
	悬浮固体含量	含油量		悬浮固体含量	含油量
2022.03	23.3	38.5	2022.11	25.8	41.5
2022.04	23.2	39.6	2022.12	22.4	42.6
2022.05	22.3	32.5	2023.01	25.3	46.1
2022.06	20.5	39.8	2023.02	14.8	40.2
2022.07	18.5	45.4	2023.03	15.6	48.6
2022.08	18.8	37.7	2023.04	18.9	40.2
2022.09	19.6	39.5	2023.05	26.8	38.9
202210	20.9	42.7	2023.06	27.8	42.6
2022.11	21.5	45.5	2023.07	23.4	48.1

3.2　宁一站干化场收气系统改造使用情况

为减少系统设备占地面积，降低现场施工成本，设备采用集成式一体化净化方式，可满足站内设备整体运输到试验现场，一体卸车就位，大大降低现场站内施工成本，缩短项目工期。为使设备美观，排气筒部分以路灯状形式设置，设太阳能吸收板，为烟囱顶端照明供电，减少作业区电力供应(图8)。

图8　宁一站干化场收气系统示意图

干化池VOCS治理设备出口废气排放指标满足环保需要(如表2所示)，达到《陆上石油天然气开采工业大气污染物排放标准》要求。

表2　宁一站干化池VOCS治理设备进出口废气排放指标表

监测指标	进口废气实测值	出口废气实测值	规范要求排放值
氨气	6.1kg/h	0.000408	≤4.9kg/h
硫化氢	0.57kg/h	0.00028	≤0.33kg/h
臭气浓度	4866(无量纲)	692	≤2000(无量纲)
非甲烷总烃	184mg/m^3	3	<120mg/m^3

4　结论

(1)与现有的油田干化场同类技术相比，即使大流量污水通过干化场，也可以完全避免油污溢流至地下池，避免水系统污染，保证了干化场出水水质稳定达标，含油量≦50mg/L，悬浮物含量≦30mg/L。

(2)此次干化场内部结构改造，增加了干化场的污水处理能力，减少了循环处理污水工作量，延长了干化场的清理周期，由7个月1次延长至2年1次；延长了干化场底部滤料更换周期，实现了砂石滤料清洗后循环利用，砂石滤料每2年清洗1次、更换量大幅降低，解决了更换后的砂石滤料危废处理难题，达到了提质增效的目的。

（3）宁一站干化场进行VOCs废气收集、治理，并进行整体封闭改造，实现完全密闭，确保了干化池有组织排放气体的达标。

参 考 文 献

[1] 安虎平，赵海阔，陈永志．过滤反冲洗水沉降特性的测定与研究[J]．大众科技，2009(01)：96-98.

[2] 周娟，张海玲，邱奇．油田挥发性有机物的来源及控制措施[J]．油气田环境保护，2017，27(06)：27-28.

[3] 油田典型石油污染源分析及其对生态影响评价[1] 苑丹丹．油田典型石油污染源分析及其对生态影响评价[D]．东北石油大学，2012.

[4] 马文娟．小断块油田油水简易分离技术研究与应用[J]．油气田地面工程，2023，42(04)：20-25.

[5] 吴悦．油田联合站挥发性有机物精细化治理技术研究[C]//中国环境科学学会．中国环境科学学会2022年科学技术年会论文集(一)．

[6] 杨瑞，张翻．含油废水处理技术进展[J]．当代化工，2018，47(08)：1695-1697.

[7] 邱辉，班辉．含聚污水处理组合工艺运行方式研究[J]．油气田地面工程，2001(04)：26-27.

[8] 王明明．油气田VOCs污染源分析及管控对策[J]．化工设计通讯，2020，46(03)：38-39.

[9] 严海琴．关于高效混合技术的研究及应用[M]．北京：铁道部专业设计院标准化，1987.

[10] 章峰，金嗣红，徐震．移动冲洗罩滤池的改造[J]．给水排水，2005(08)：45-47.

胜利油区钻井过程绿色环保关键技术实践

宋　华　刘均一　刘　滨　麻地辉　夏　晔

（中石化胜利石油工程有限公司）

摘　要　精准聚焦胜利油区钻井过程环保关键技术难题，以“减量化、无害化、资源化”为目标，在环保型水基钻井液、钻井液固相控制与固液分离一体化装备、水基钻井液净化再利用技术、钻屑与钻井废液的无害化处理与资源化利用技术等方面取得了重要进展，创新了覆盖“源头控制、过程减量、末端治理”的钻井过程环保关键技术，实现了规模化应用，为保障胜利油区的绿色低碳开发提供了技术支撑，同时也为我国陆上油气田的绿色低碳开发提供了有益借鉴。

关键词　胜利油区；钻井工程；环境保护；废弃物；减量化；资源化

胜利油区主要开发区块广泛分布于中国最广阔、最年轻的湿地生态系统黄河三角洲，生态环境敏感脆弱。随着胜利油区的密集滚动勘探开发，钻井废弃物总量急剧增加，且成分复杂、毒性高，极易对油区土壤、水体环境产生不可逆损害。前期胜利油区钻井废弃物污染控制集中于末端治理，废弃物资源化利用程度低、处置成本高，未从根本上解决钻井废弃物的环保治理难题。其中，在钻井污染源头控制方面，现场钻井液体系难以满足胜利油区上部松软造浆地层的废弃物减量化、中下部高温易塌地层的钻井液绿色无毒等环保要求；在废弃物过程减量方面，常规随钻不落地处理装备的固液分离效率低、分离液相无法回用，且独立于现场固控系统之外，现场装备配置多、占地面积大；在废弃物末端治理方面，现场废弃物普遍采用固化埋存处理，存在固化强度低、重金属浸出污染等环保风险。

面对胜利油区绿色、低碳、可持续发展的战略要求，精准聚焦胜利油区钻井过程环保关键技术难题，研发了钻井污染源头控制、全井段钻井废弃物随钻过程减量化、钻井废弃物末端无害化处理与资源化利用等环保关键技术及装备，创新了覆盖“源头控制、过程减量、末端治理”的钻井过程环保关键技术，实现了技术集成与规模应用，支撑了胜利油区的绿色低碳开发，同时也为我国陆上油气田的绿色低碳开发提供了有益借鉴。

1　钻井污染源头控制技术

针对常用水基钻井液体系的生物毒性与重金属超标，难以满足钻井液绿色无毒、废弃物减量化要求等难题，设计、开发了环保降滤失剂、环保润滑剂等系列环保处理剂，构建了减量化强抑制钻井液、抗高温环保型水基钻井液等2套环保钻井液体系，抗温最高达180℃，生物毒性EC_{50}值>50000mg/L，为油气钻井污染源头控制提供了理论、技术、产品支撑。

1.1　上部地层减量化强抑制水基钻井液体系

胜利油区上部地层快速钻进中钻屑产生量大、泥质含量高、造浆强烈，若钻井液的抑制性能不足，极易造成钻具泥包、井眼缩径、起下钻困难等复杂情况，也增大了小循环钻井作业的钻井液快速固液分离难度，需要排放大量废弃钻井液，难以满足钻井废弃物的随钻减量要求。

以高效全絮凝剂EFLO为核心处理剂，构建了适合于上部地层快速钻进的减量化强抑制钻井液体系SLRF，抗温达120℃，生物毒性EC_{50}值>50000mg/L，基本配方为：0.5%氯化钙盐水+4%膨润土+1%全絮凝剂EFLO+1%羧甲基纤维素LV-CMC+3%水基润滑剂+1%超细钙。利用全絮凝剂、氯化钙的协同强抑制和强絮凝作用，在黏土侵入达10%的情况下，SLRF钻井液仍然保持良好的流变性能。

减量化强抑制钻井液体系SLRF已成为胜利油区上部地层快速钻进的标准化钻井液体系，可有效地抑制上部地层造浆，避免钻头泥包、井眼缩径等复杂情况，同时有利于钻井液快速固液分离，分离后液相可直接回用，避免产生额外的废弃钻井液，从源头上实现了钻井废弃物减量。

表 1　SLRF 钻井液流变滤失性能评价结果

实验条件	密度/(g/cm³)	AV/mPa·s	PV/mPa·s	YP/Pa	Gel/(Pa/Pa)	FL_{API}/mL	FL_{HTHP}/mL	pH
常温	1.04	35.0	22.0	13.0	8/10	3.0	—	9.0
120℃/16h	1.04	30.5	20.5	10.0	7/9	2.8	6.8	9.0
+10%黏土	1.05	40.5	25.0	15.5	9/12	3.2	—	8.5

1.2　中下部地层抗高温环保型水基钻井液体系

胜利油区沙河街组及以下地层具有埋藏深、温度高、硬脆性泥页岩发育等特点，为避免井壁坍塌、卡钻等复杂情况，需要加入沥青类、磺化树脂类等抗高温防塌处理剂，导致钻井液有毒、难降解，极易造成不可逆的土壤、水体环境污染。

因此，基于环保处理剂的有利分子结构特征，设计、开发了环保降滤失剂、环保润滑剂等8种环保处理剂，抗高温180℃，抗饱和盐水，生物毒性EC_{50}值>50000mg/L，为抗高温环保型水基钻井液体系构建提供物质保障。进一步构建了抗高温环保型水基钻井液体系SLHB，基本配方为：4%膨润土浆+0.2%环保增粘剂+1.8%环保降滤失剂+3%环保防塌剂+2%环保抑制剂+2%纳米封堵剂+2.5%环保润滑剂+6%氯化钠+5%氯化钾，抗温由120℃提高到180℃，热滚前后钻井液流变、滤失性能稳定，高温高压滤失量仅为7.8mL；替代了磺化树脂类、沥青类及磺酸盐类等常规抗高温防塌处理剂，生物毒性EC_{50}值由10000mg/L提高到50000mg/L以上，铬Cr、铅Pb、镉Cd等重金属含量满足国家标准。

目前抗高温环保型水基钻井液体系已在胜利油区、胜利西部探区规模化推广216口井，现场应用最高温度183℃，钻井液流变、滤失性能稳定，可有效地封堵硬脆性页岩的微裂缝与纳米裂隙，现场钻井施工顺利，未发生与井壁稳定相关的复杂情况，电测一次成功率100%，，在保证钻井液工程性能指标大幅提升的基础上，实现了绿色无毒。

表 2　SLHB 钻井液流变滤失性能评价结果

实验条件	密度/(g/cm³)	AV/mPa·s	PV/mPa·s	YP/Pa	Gel/(Pa/Pa)	FL_{API}/mL	FL_{HTHP}/mL	pH
常温	1.5	51.5	36.0	15.5	5.0/9.5	2.8	—	9.0
180℃/16h	1.5	38.5	28.0	10.5	4.0/6.5	2.8	7.8	9.0

2　全井段钻井废弃物随钻过程减量化技术与装备

针对常规钻井液不落地处理装备固液分离效率低、分离液相无法回用，且独立于现场固控系统之外、占地面积大、劳动强度高等难题，研发了钻井液高效固液分离成套装备，首次形成了钻井液固相控制与固液分离一体化技术，现场占地面积节约30%以上，实现了“全井筒、全排量”条件下钻井废弃物的随钻过程减量，废弃物随钻减量50%以上，配浆清水节省45%以上，解决了安全快速钻井基础上的钻井废弃物随钻减量化难题。

2.1　钻井液高效固液分离成套装备

基于振动与离心组合的物理分离方法，研发了“模块化、标准化”的钻井液高效固液分离成套装备(见图1)，处理能力由120m³/h提高至200m³/h，处理后钻屑平均含液量由70%降低至40%，在不使用破胶剂破坏钻井液胶体稳定性的情况下，即可实现钻井废弃物脱液干化、液相重复利用。

其中，钻井液高效固液分离成套装备主要包括振动干燥处理、离心分离处理、快速沉降处理、应急贮存、钻屑收集输送等5个模块，其中振动干燥处理模块、离心分离处理模块是钻井液高效固液分离成套装备的核心。现场钻井施工过程中，井筒返出的钻井液首先进入振动干燥处理模块，其核心设备是“三联五网”的振动筛与干燥筛，采用平动椭圆振动轨迹与专用条缝干燥筛网(60~360目)，振动强度大、透筛与排砂速度快、固液分离效率高，可在全排量条件下完成钻井液固液分离与固相脱液干燥。经过除砂除泥一体机后，钻井液进入离心分离处理模块，其核心设备是可调节转速（0～3200r/min）的变频离心机，钻井液低密度劣质固相（D_{50}粒径为3～5μm）清除率达90%以上，显著地提高了钻井液固相控制水平，有利于钻井液性能调控。

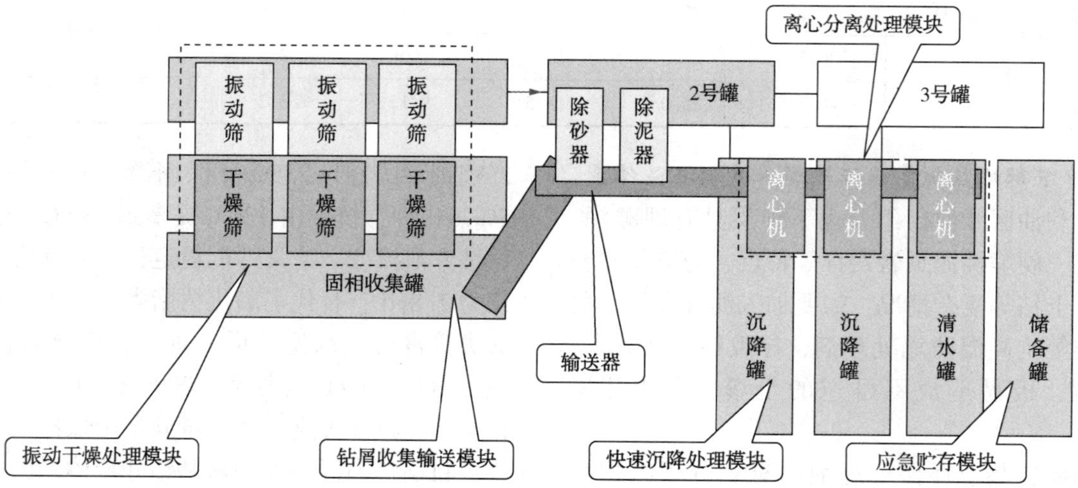

图1　钻井液高效固液分离成套装备

2.2　钻井液固相控制与固液分离一体化技术与装备

目前现场常用的板框压滤等钻井液固液分离装备，都需要加入破胶剂破坏钻井液胶体稳定性后，才能实现固液分离，存在固液分离效率低、分离液相无法回用等问题。此外，钻井液固液分离装备独立于现场固控系统之外，设备配置多、占地面积大、劳动强度高。

针对上述技术难题，在钻井液高效固液分离成套装备研发基础上，通过固控设备组合升级、固液分离参数优化等，首次形成了钻井液固相控制与固液分离一体化技术，实现了钻井液固相控制与不落地的工艺技术一体化、设备配套一体化、设备管理一体化及人员配置一体化，现场占地面积节约30%以上，钻井废弃物随钻减量50%以上，分离液相全部回用，配浆清水节省45%以上，实现了“全井筒、全排量”条件下钻井废弃物随钻过程减量（图2）。

图2　钻井液固相控制与固液分离一体化装备

3　钻井废弃物末端无害化处理与资源化利用技术

针对钻井废弃物成分复杂、资源化利用程度低、无害化处置成本高等难题，首创了基于选择性絮凝剂的水基钻井液净化再利用技术，实现了胜利油区钻井液回收再利用“全覆盖”；集成创新了钻屑无害化处理与资源化利用技术，废弃物无害率达100%，处理成本降低30%以上，突破了钻井废弃物低成本处理处置技术瓶颈，打造了钻井废弃物无害化处理与资源化利用技术链条。

3.1　基于选择性絮凝剂的钻井液净化再利用技术

由于常规固控设备难以有效清除亚微米（<2μm）劣质固相，完钻后水基钻井液的亚微米劣质固相含量普遍大于15%，钻井液粘度切力偏高、滤失性能恶化，显著影响机械钻速与储层保护效果，导致钻井液回收再利用率小于50%，大幅增加了钻井废弃物总量与处置成本。目前国内外未见亚微米劣质固相的选择性絮凝剂，部分水解聚丙烯胺等高分子有机絮凝剂同时絮凝清除劣质固相与有用固相（膨润土与重晶石等），不具备选择性絮凝作用；硫酸亚铁、聚合氯化铝等无机絮凝剂极易破坏钻井液的胶体稳定性，难以满足钻井液重复利用性能要求。

基于带电吸附官能团的比例与类型、分子链伸展度、分子量等优化研究，开发了一种基于“静电中和、选择吸附”的亚微米劣质固相选择性絮凝剂 SFLO，具有良好的钻井液配伍性能，不会对钻井液性能产生不利影响。首创了基于选择性絮凝剂的钻井液净化再利用技术，可通过静电中和、选择吸附、架桥网捕、改变颗粒电性等作用，提高亚微米劣质固相的清除效率，并尽可能地降低对膨润土和重晶石等有用固相的絮凝作用，满足钻井液净化再利用性能要求。分析图 3 可知，现场钻井液样品的亚微米(<2μm)劣质固相含量达 31.76%，加入浓度为 0.8%的选择性絮凝剂 SFLO 后，采用高速离心(2000~3000r/min)辅助处理后，亚微米劣质固相清除率最高可达 91.69%。

目前已在胜利油区建成了河口、孤东、东安、滨南等 10 座钻井液回收处理站，开发了钻井液回收再利用网络调剂管理平台，钻井液回收再利用率达 100%，实现了胜利工区钻井液回收再利用“全覆盖”，大幅减少了钻井废弃物数量，降低了废弃物处置成本。

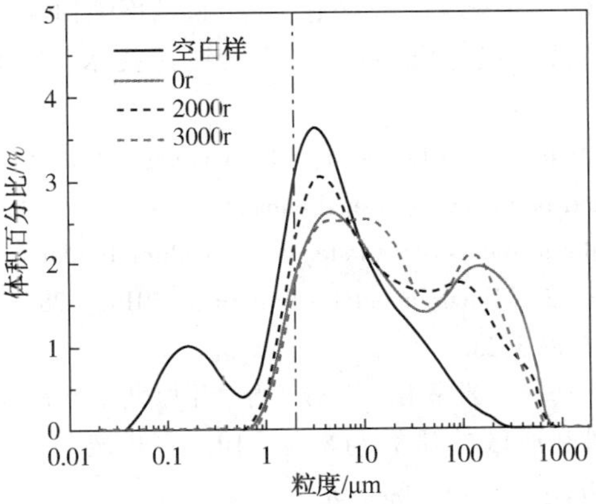

图 3　絮凝作用前后钻井液粒径分布曲线

3.2　水基钻屑资源化利用集成技术

前期由于缺少合法依规的处理处置途径，胜利油区水基钻屑以集中存放处置为主，资源化利用程度低、处置成本高。按照《土壤环境质量 建设用地土壤污染风险管控标准》(GB 36600—2018)、《绿化种植土壤》(CJ T 340—2016)等国家或行业标准，基于“分层处理、经济处置”原则，形成了水基钻屑资源化利用集成技术，上部地层钻屑经过干化处理后直接用于井场或通井路铺垫；中下部地层钻屑经过低成本无害化处置后，用于绿植用土或路基土，解决了由于缺少处理处置途径而造成的资源化利用程度低、处置成本高的问题。先后在胜利油区建成了“黄大铁路路基土”为代表的水基钻屑资源化利用工程示范区，水基钻屑资源化利用量累计达 $13.2\times10^4m^3$，打造了水基钻屑资源化利用技术链条，实现了“变废为宝”。

绿植用土

黄大铁路路基土

图 4　水基钻屑资源化利用工程示范

3.3　油基钻屑原位减量化技术

“十四五”以来，胜利油田页岩油的勘探开发力度持续提升，预计到“十四五”末，建成胜利油田济阳陆相断陷湖盆页岩油国家级示范区。油基钻井液现场施工过程中，不断产生混杂着钻井液、地层流体等复杂构成的油基钻屑，以水平井段 2500m 页岩油井为例，单井累计可产生油基钻屑 600t 以上，含油量达 8%~20%，被列入国家危险废物名录(HW-08)。前期胜利油区油基钻屑以统一收集、集中焚烧等末端无害化处置为主，存在钻屑总量大、处置成本高、资源化程度低、监管难度大等问题，对页岩油的绿色开发、清洁生产提出了新挑战。

针对上述技术难题，创新研发了“模块化、撬装化”的油基钻屑原位减量化装备，主要包括高效分离模块、液相净化模块、收集输送模块、应急贮存模块等。井筒返出夹杂钻屑的钻井液，经振动筛初步分离或离心机净化后产生的含油废弃物，进入高效分离处理模块，通过离心甩干，快速高效完成固液分离；分离出的油基钻井液进入液相净化处理模块，有效地清除含油液相中劣质固相，满足钻井液重复利用性能要求。

油基钻屑原位减量化装备已在胜利济阳页岩油国家级示范区示范应用23口井，在不改变钻井液固相控制工艺流程的前提下，即可与现场固相控制设备进行无缝衔接，装备处理能力提升至60t/h，一套装备可同时满足“井工厂”两部钻机的油基钻屑处理需求，处理后钻屑含油量降至6%以下，回收的油基钻井液（$\leqslant 1.3g/cm^3$）可进入循环系统重复利用，或配制储备重浆或堵漏浆，实现油基钻屑井场原位减量化处理，以及油基钻井液的回收利用。

图5　油基钻屑原位减量化装备

4　结论与认识

（1）钻井液污染源头控制方面，开发了8种抗高温环保处理剂，构建了抗高温环保型水基钻井液体系，抗温180℃，生物毒性EC_{50}值>50000mg/L。

（2）废弃物过程减量方面，首次形成了钻井液固相控制与固液分离一体化技术与装备，现场占地面积节约30%以上，处理能力达$200m^3/h$，废弃物随钻减量50%以上。

（3）废弃物末端治理方面，首创了基于选择性絮凝剂的钻井液净化再利用技术，集成创新了钻屑无害化处理与资源化利用技术，处理成本降低30%以上。

（4）创新了覆盖“源头控制、过程减量、末端治理”的钻井过程绿色环保关键技术，形成了陆上油气田绿色开发的钻井环保新模式，可为我国陆上油气田的绿色低碳开发提供了有益借鉴。

参　考　文　献

[1] 黄贤斌，蒋官澄，万伟，等. 含油钻屑微乳状液除油剂的研制及机理[J]. 石油学报，2016，37(6)：815-820.

[2] CUIZhisong，LUAN Xiao，LI Shujun，et al. Genotoxicity detection of oil-containing drill cuttings by comet assay based on a demersal marine fish mugilogobius chulae [J]. Ecotoxicology and Environmental Safety，2021，208：111665.

[3] 蔡利山. 石油钻井废弃物环境污染特征的分析与评价[J]. 西部探矿工程，2003，81(2)：54-57.

[4] HUANG Weian，LEI Ming，LI Gongrang，et al. Surface coating on solidified water-based drilling waste materials and its mechanism for resource reuse [J]. Journal of Chemical Technology and Biotechnology，2020，95(8)：2149-2158.

[5] 韩来聚，李公让. 胜利油区钻井环保技术进展及发展方向[J]. 石油钻探技术，2019，47(3)：89-94.

[6] 许毓，邓皓，孟国维，等. 钻井液环保性能评价与分析方法研究[J]. 油气田环境保护，2007，17(1)：43-46.

[7] 于雷，张敬辉，李公让，等. 低活度强抑制封堵钻井液研究与应用[J]. 石油钻探技术，2018，46(1)：44-48.

[8] LIUJunyi，GUO Baoyu，LI Gongrang，et al. Synthesis and performance of environmental-friendly starch-based filtrate reducers for water-based drilling fluids[J]. Fresenius Environmental Bulletin，2019，28(7)：5618-5623.

[9] 刘均一，郭保雨，王勇，等. 环保型水基钻井液在胜利油区的研究与应用[J]. 钻井液与完井液，2020，37(1)：64-70.

[10] 徐云龙，徐堆，张晓明，等. 钻井液不落地技术在白鹭湖井工厂的应用[J]. 钻井液与完井液，2016，33(6)：63-67.

[11] 周佰刚，马孟磊，杨暕暕，等. 废弃水基钻井液不落地高效处理技术研究[J]. 钻采工艺，2021，44(3)：108-111.

[12] 董怀荣，李宗清，郭振. 胜利油区钻井液不落地处理工艺研究[J]. 西部探矿工程，2017，29(11)：50-51.

[13] 李新亮，蒋官澄，彭双磊，等. 长链烷烃季铵盐DODMAC对钻井液中劣质固相的絮凝作用[J]. 油田化学，2017，34(3)：397-401.

[14] 蒋官澄，李新亮，彭双磊，等. 一种亚微米固相絮凝剂的合成及性能评价[J]. 钻井液与完井液，2017，34(4)：15-19.

[15] 付韶波，马跃岳，长涛. 油基钻屑无害化处理和资源化利用研究进展[J]. 应用化工，2021，50(8)：2207-2214.

废弃水基钻井固废复合固化处理技术研究

巩亚明　宋　华　刘　滨　吴　宁

（中石化胜利石油工程有限公司）

摘　要　在石油勘探和开采过程中，会产生大量的钻井固体废弃物（简称钻井固废）这些钻井固废是指钻井过程中无法直接回收利用的钻井液和岩屑，主要来源有：被更换的不适于钻井工程和地质要求的钻井液；在钻井过程中，因钻井液体系转换而替换掉的部分性能不合格的钻井液；完井时井筒内替出的钻井液；由钻井液循环系统跑、冒、滴、漏而排出的钻井液；岩屑。这些钻井固废如处置不当会对地下水和地表水产生不良影响，并危害周围生态环境，甚至可能造成环境污染事故。

关键词　钻井固废；钻井液；固化；钻屑

1　前言

在石油勘探和开采过程中，会产生大量的钻井固体废弃物（简称钻井固废）这些钻井固废是指钻井过程中无法直接回收利用的钻井液和岩屑，主要来源有：被更换的不适于钻井工程和地质要求的钻井液；在钻井过程中，因钻井液体系转换而替换掉的部分性能不合格的钻井液；完井时井筒内替出的钻井液；由钻井液循环系统跑、冒、滴、漏而排出的钻井液；岩屑。这些钻井固废如处置不当会对地下水和地表水产生不良影响，并危害周围生态环境，甚至可能造成环境污染事故。

据统计，胜利油田单井产生钻屑和废弃钻井液量约为800m^3，每年油气田开采产生的钻井固体废物约为1200×800m^3，钻井固体废物量极为庞大。

随着《“无废城市”建设试点工作方案》、《中华人民共和国固体废物污染环境防治法》的修订及中国石化集团胜利石油管理局有限公司Q/SH1020_ 2803—2020《水基钻井固废综合利用监测评价技术规范》的实施，对钻井固体废物的处置提出了更高的要求。通过对胜利油田某区块钻井现场钻井液体系组成、钻井固体废物及浓度进行分析，解析钻井固体废物的污染特征，总结钻井固体废物处理处置技术的优缺点，以期为钻井固体废物的无害化处理和资源化利用技术应用与发展提供支撑。

2　水基钻井固体废物污染分析

2.1　钻井液组成

废弃钻井液是一种极为复杂的分散体系，它以粘土和水为基础，具有胶体和悬浮体的性质，其颗粒粒径一般在10–2～2 μm之间，因此具有相当的稳定性。另外，由于钻井工作的需要，钻井液中还添加有大量的化学外加剂，从而使得粘土颗粒更加分散、稳定。

由于钻井液原材料和处理剂的品种繁多，为了研究和使用方便，目前主要有两种分类方法（图1、图2）：

按组成分类
- 无机处理剂
  - 氯化物
  - 硫酸盐、碳酸盐、硅酸盐等
  - 碱类
  - 混合金属层状氢氧化物(正电胶)类等
- 钻井液原材料
- 表面活性剂
- 有机处理剂
  - 天然有机物产品
  - 天然改性产品
  - 有机合成化合物

图1　按组成分类

按作用或功能分类
- 降滤失剂(Filtration Reducer)
- 增黏剂(Viscosifier)
- 乳化剂(Emulsifier)，使油水乳化产生乳状液
- 页岩抑制剂(Shale Inhibitor)
- 堵漏剂(Lost Circulation Material)
- 降黏剂(Thinner)，又称稀释剂
- 缓蚀剂(Corrosion Inhibitor)
- 黏土类(Clay)
- 润滑剂(Lubricant)
- 加重剂(Weighting Agent)
- 杀菌剂(Bactericide)
- 消泡剂(Defoamer)
- 泡沫剂(Foaming Agent)
- 絮凝剂(Flocculant)
- 解卡剂(Pipe–Freeing Agent)
- 其他类(Otbers)

图2　按作用或功能分类

这16类处理剂所起的作用各不相同，但在配制和使用钻井液时，并不同时使用这些处理剂，而仅仅根据需要使用其中的几种。另外，有时一种处理剂在钻井液中同时具有几种作用，例如，有的降失水剂同时兼有增粘合或降粘合作用，絮凝剂同时兼有增粘剂的作用等。

2.2 污染物分析

由于钻井深度和地质条件的不同，所选用泥浆体系及泥浆材料会有所差别，因此，钻井废弃物中的主要污染物质也会有所不同。在胜利油田基本上采用的是聚合物水基泥浆体系，主要成分有土粉、FA367、FA368、XY27、XY28、PPL、LS-2、Na2CO3、NaOH、KOH、K-PAM、FRH等，少数采用聚磺体系（磺化褐煤、磺化丹宁、磺化酚醛树脂）。一般而言，钻井废弃物的有害成分随着井深的增加，地层复杂化而增多，除含有常见的腐植酸、木质素、纤维素、各类高聚物外，还含有无机盐、表面活性剂、芳环类化合物等。表1、表2、表3分别列出了国内部分地区钻井废水和废弃液中有害物质成分的室内检测结果。

按照水和废水监测分析方法，测得部分钻井废液有毒、有害成分见表4和表5。

表1　钻井废水中有害物质（重金属）含量

地区	井号	金属离子浓度/（mg/L）					
		Tcr	Cr^{6+}	Pb	Cd	As	Cu
江苏	1	15.82	1.17	0.77	0.18	0.048	0.13
	2	19.45	K	2.14	0.016	0.027	0.41
	3	10.32	K	1.23	0.03	0.053	0.35
东北	1	0.10	0.034	0.20	0.07	0.11	0.52
	2	0.088	0.034	0.50	0.06	0.19	0.38
四川	1	1.92	K	K	0.097	0.023	0.71
	2	0.84	K	K	0.041	0.14	0.89
	3	24.10	K	K	0.22	0.26	1.03
辽河	1	12.75	K	1.05	D	1.08	D
	2	11.85	K	2.33	D	D	D
胜利	1	17.41	K	4.47	0.092	0.10	2.42
国家标准（GB 8978—1996）		1.50	0.50	1.00	0.10	0.50	1.00

注：K-未检出，D-未测定

表2　钻井废水中污染物含量

地区	井号	COD	氯化物	石油类	挥发酚	硫化物	SS	pH
江苏	1	821.1	267	34.6	D	D	400	8.5
	2	2060	68	17.9	D	D	700	8.0
	3	2732	104	118	D	D	800	8.4
东北	1	40100	1670	9200	0.058	0.21	2000	8.3
	2	22900	132	47200	0.046	0.067	280	8.0
四川	1	57100	474	88200	0.0078	0.0043	220	8.5
	2	215	37	59.2	K	K	40	8.0
	3	15200	576	82100	0.0032	0.0032	120	8.0
辽河	1	429.5	D	D	D	D	D	D
	2	2306.8	D	D	D	D	D	D
胜利	1	2732	104.0	118.0	D	D	D	D
国家标准（GB 8978—1996）		200	80	10	2.0	2.0	80	6~9

注：K-未检出，D-未测定

表 3　钻井废液（污泥中）重金属含量　　单位：mg/kg

地区	井号	重金属离子					
		Tcr	Cr^{6+}	Pb	Cd	As	Cu
江苏	1	73.62	0.5	18.76	0.53	0.051	0.25
	2	37.51	0.07	20.34	1.42	0.04	1.72
	3	23.07	K	17.24	1.37	0.028	0.87
东北	1	120.37	0.173	53.47	0.86	0.63	5.87
	2	67.32	0.021	72.82	0.47	0.027	1.89
四川	1	52.6	K	12.4	0.092	0.031	3.46
	2	38.1	K	9.77	0.18	K	0.88
	3	205	K	10.9	0.73	0.37	0.46
胜利	1	29.4	1.15	0.11	0.25	0.072	1.14
	2	13.85	K	2.4	0.10	0.045	0.68
	1	17.4	K	4.47	0.092	0.10	0.42
国家标准（GB 4284—2018）A 级污泥		500	—	300	3	30	500

注：K-未检出

表 4　钻井泥浆材料浸出液监测结果

名称项目	磺甲基酚醛树脂	膨润土	裂隙型油层保护剂	重晶石粉
pH 值	11.19	7.57	10.28	7.55
Cu	0.469	0.064	0.075	未检出
Pb	2.157	未检出	未检出	未检出
Zn	0.380	未检出	未检出	未检出
Cd	0.129	未检出	未检出	未检出
Ti	6.856	0.403	2.453	0.219
Mn	1.182	未检出	未检出	未检出
Cr^{6+}		未检出		未检出
TCr		未检出		未检出

注：除 pH 外，检测项目的单位为 mg/L。

表 5　某油田钻井液浸出液有毒有害成分分析结果　　单位：mg/L

样品 / 井号	总 Cr	Cd	Pb	pH	COD	石油类	悬浮物
X1	0.0005	0.007	0.021	9.91	14500	30.4	3699
204	0.002	0.009	0.009	9.55	15800	10.2	3895
208	0.001	0.009	0.011	9.63	25500	121.4	5123
国标（GB 8978—1996）	1.5	0.1	1.0	6~9	100	5	70

从以上分析结果可以看出，钻井废弃物危害环境的主要成分是：各类聚合物、重金属离子、盐类等改性物质。主要污染指标是：色度、COD、悬浮物、重金属等。其中各类聚合物是造

成钻井废液COD值高的一个主要原因，各种深色添加剂如磺化类物质是造成钻井废液呈黑褐色，色度高的重要原因，也是钻井废弃物难以达标外排的原因之一。

3　水基钻井固废无害化处理技术研究

解决钻井固废的污染问题已成为石油工业环境保护的重要研究课题之一。目前，国际化油气公司都在寻求安全的和造价低廉的实现零污染排放的策略。根据回收再利用和排放方式及目的的不同，国内外对钻井废泥浆的处理有许多种技术和方法，也有各自的特点和适用范围。

3.1　封闭掩埋法

为最原始的钻井固废处置方法之一，即在加入化学处理剂后通过离心或压滤进行固液脱水分离，并回收含聚合物的液相，重复使用；脱水后可大大缩小废物体积，分离出的固相(泥渣)转移到储存坑池内，储存坑设有防渗衬里，可防止废泥浆中有害成分的渗透而造成地下水和地表土壤的污染。但该方法施工成本较高，且会占用大量土地资源，一旦储存坑体收到破坏，很容易导致污染物随地下水流出。

3.2　焚烧法

焚烧技术就是一种将钻井废弃物在高温下烧结，利用高温来破坏有机物质的结构，去除钻井废弃物中的多余水分，燃烧从而破坏甚至消耗废弃物中的石油类物质的处理废弃物的方法。其优点是能降低废弃物体积。由于在高温下进行，废弃物转化为玻璃态物体，重金属离子不能渗出，石油类物质结构被破坏。其缺点是需要继续处理高温下产生的残渣，而且排放的气体易污染环境，降低空气质量，成本高，因而使用的较少。

3.3　生物降解技术

微生物具有极强的代谢多样性特征，可操作性强，节省能源，不破坏土壤理化性质，其降解废弃物潜力大，具有分解快、成本低、降解彻底，能够实现废弃物资源化利用等优势。通过添加生物酶、稻草、麦秆等腐殖质，能促进土壤微生物的活动，其微生物在土壤中能分解有机质、矿物质、固定氮素。土壤的组成、性质及性能具有促进微生物活动的作用，因此微生物与土壤两者具有协同促进作用，两者联合有利于促进提高降解污染物的能力，有利于微生物将钻井固废中的复杂有机物一部分转化成腐殖质组分，一部分降解为简单的无机物甚至CO_2和H_2O，从而使钻井固废中的污染物得到去除，达到无害化处置、资源化利用的目的。

近年来，已有较多学者对生物降解技术进行探索和研究，但是因为不同地域钻井泥浆的威分差异巨大，细菌始终无法具备普遍适用性，加之该技术修复周期长，条件控制较为苛刻，尤其是对湿度和温度要求较严格，菌群适应难度大、成本较高，所以难以广泛推广应用。

3.4　土地耕作法

将废弃泥浆按一定比例与土壤混合，充分地稀释其中的有害物，如盐类，有效地降解有机物，这些方法在加拿大和英国使用较广泛，主要适用于淡水基废泥浆的处理，同时要求开阔平坦的土地，便于机械化耕作。对于含氯离子很高或公害成分很高(COD、BOD等)的废弃钻井液，土地耕作法要求足够高的稀释比例，工程量大、不经济，对于生物毒性很大的废弃钻井液，则根本不能用这种方法处理。

3.5　环空回注法

环空回注就是一种先将废弃钻井液经过简单处理，再重新回注到井内的处理钻井废弃物的方法。该法的关键是选择合适的安全地层，一般指压裂梯度较低且周围不渗透的地层。也可将废钻井液注入井眼球形空间或不渗透地层间的盐水层。其优点是处理较简单、及时，而且将废弃钻井液直接泵入到井眼环形空间或安全的地层，消除了其对地面环境或海底水体的影响。其缺点是没有处理重金属离子、无机盐和石油类污染物，而且由于它要使用的设备功率大、能耗大、污染空气。最主要的是环空回注过程中，若设计的方案不准确，可能导致钻井废弃液的泄漏，污染环境。此方法虽然有可以考虑的可行性，但因为具有潜在的污染威胁，很多国家限制或禁止使用此法。

3.6　MTC(Mud To Cement)技术

MTC技术即泥浆转化为水泥浆技术。该技术采用的是潜在水化材料的原理，它在钻井液中预先添加了矿渣粉、分散剂等物质，待固井时再在激活剂作用下使其转化为配伍性优良的水泥浆，可减少絮凝，能显著提高顶替效率及固井质量。由于大多数水基泥浆是不能再利用的，MTC技术实现了泥浆的再回收利用，因此其成本显得非常低廉，但这种方法的使用范围较窄，对不同的钻井液体系要预先筛选配方，操作施工较困难。

3.7　固化法

钻井固废的固化处理是当前采用最多的方法之一。根据所用材料的种类，可分为水泥基固化、石灰基固化、水玻璃基固化和复合固化等许多种方法。采用固结技术处理钻井废泥浆具有材料运输量少、施工速度高、同时具有经济、效果好、处理量大等优点，还可利用废泥浆的固结修筑井场和道路以及压制类似粘土砖的砌筑材料，是油田环境保护和工业废弃物处理技术中的一条有效的技术途径。笔者调研国内外的资料，发现国外对废弃泥浆往往先进行固结处置，然后再进行后期利用处理，其中，以美国、日本为主的国家，早在几十年以前就开始进行废弃泥浆的处理技术研究了，其中收效显著的是日本秩父小野田株式会社，在几十年的研究时间内，已经利用废弃泥浆研究开发出十几种工业、建筑固结材料。其种类和用途见表6所示。

表6　日本秩父小野田株式会社固结材的种类和用途

种类	适用土质	特点及应用
固结材10	一般软土 有机质土	普通土质(泥浆、粘性土、有机质土)等的路面、路基及深层处理
固结材12	亚粘土 填土	水泥石灰复合型固结材料，适用于日本关东亚粘质土、建筑填土处理
固结材20	高有机质土 淤泥	适用于高有机质土和淤泥(河川、港湾、湖泊)的固结处理
固结材25	高量有机物土 高含水淤泥	对高含量有机物土及高含水淤泥的固结处理效果极佳
固结材28	淤泥(强度抑制型)	可确保早期强度，控制长期强度，适用再开挖工程
固结材29	海底回填地基 (超迟硬型)	可有效控制初期强度，其长期强度与使用普通水泥相同
固结材30	超软地基 (速硬型)	对于高含水的封闭排泥及挖掘泥土固结30分钟后，可作为堆土材料再次利用

总之，对钻井废弃物进行处理和处置有许多不同的方法，尽管每种方法都需要耗资，但通过慎重地选用适合于特定钻井泥浆的适用技术，可以达到降低钻井作业成本的目的。各种方法的中心思路都是设法使钻井废弃物的体积得到压缩从而使废弃物的总处理费用大幅度降低。其中以采用固结技术处置应用最受重视，各国投入研究的力量和资金也最多，也是本课题研究的重点。

4　钻井固废复合固化处理技术研究

4.1　固化钻井废泥浆的作用机理

固结钻井废泥浆是利用水泥基固结材的胶结性能，同时在激发剂的作用下，利用了废泥浆及工业废渣中某些活性物质(如 Al_2O_3、SiO_2 等)的潜在胶结性能。添加粉煤灰等瘠性材料还可以改善粘土类泥浆过大的塑性，而使固结拌合料便于压实和提高密实度。与水泥土的原理相似，随着添加量的不同，固结废泥浆可以形成固结力学性能有很大差异的土料，但是，一经固结就从根本上改变了固结钻井废泥浆的性质，成为具有水泥石特征的材料，这是因为在固结材和促凝剂的复合作用下体系中生成了具有水硬性特征的物质。详细固化钻井废泥浆的作用机理如下：

4.1.1　水化作用

固化剂加入钻井固废中后，首先，固化剂本身进行水解和水化反应：

$$2(3CaO \cdot Al_2O_3)+6H_2O \longrightarrow 3CaO \cdot 2SiO_2 \cdot 2H_2O+3Ca(OH)_2$$

$$2(2CaO\cdot Al_2O_3)+4H_2O\longrightarrow 3CaO\cdot 2SiO_2\cdot 3H_2O+3Ca(OH)_2$$

$$3CaO\cdot Al_2O_3+6H_2O\longrightarrow 3CaO\cdot Al_2O_3\cdot 6H_2O$$

$$4CaO\cdot Al_2O_3\cdot Fe2O3+2Ca(OH)_2+10H_2O\longrightarrow 3CaO\cdot Al_2O_3\cdot 6H_2O+3CaO\cdot Fe2O3\cdot 6H_2O$$

$$3MSO_4+3CaO\cdot Al_2O_3+32H_2O\longrightarrow 3CaO\cdot Al_2O_3\cdot 3MSO_4\cdot 32H_2O$$

上述反应所生成的各种水化物可继续硬化并在钻井固废中形成水泥石骨架，所生成的 $Ca(OH)_2$ 进一步与钻井固废发生各种反应。

4.1.2 固化剂自身水解和水化反应

由于钻井固废中硫酸盐含量较多，可加速固化剂水化反应，早期生成较多的钙矾石。在钙矾石生成的同时，$Ca(OH)_2$ 不断溶解，可继续促进反应进行。随着水化过程的进行，部分 $Ca(OH)_2$ 晶体和C-S-H凝胶体充填在钙矾石晶体中间，这种结晶网状束缚土颗粒间的移动，加固和改善了固化物的结构，使得强度进一步提高。其反应方式按下式进行：

$$3(CaO\cdot Al_2O_3)+3MSO_4+32H_2O\longrightarrow 3CaO\cdot Al_2O_3\cdot 3MSO_4\cdot 32H_2O$$

$$4CaO\cdot Al_2O_3\cdot Fe2O3+6MSO_4+2Ca(OH)_2+62H_2O$$

$$\longrightarrow 3CaO\cdot Al_2O_3\cdot 3MSO_4\cdot 32H_2O+3CaO\cdot Fe2O3\cdot 3MSO_4\cdot 32H_2O$$

$$3CaO\cdot SiO_2+nH_2O\longrightarrow xCaO\cdot SiO_2\cdot yH_2O+(3-x)Ca(OH)_2$$

4.1.3 固化剂和钻井固废之间的反应

钻井固废中含有较多的酸性结晶和胶态氧化物——SiO_2 和 Al_2O_3 等，这些胶态氧化物中有一部分具有活性。固废中的粘土具有高度的分散性和表面性，所以粘土-固化材-水混合以后，固化剂为粘土矿物表面所吸附，在常温常压下与粘土中活性组分缓慢的发生化合反应，生成稳定的结晶物质。其反应式如下：

$$SiO_2+mCa(OH)_2+xH_2O\longrightarrow mCaO\cdot SiO_2\cdot nH_2O$$

$$Al_2O_3+mCa(OH)_2+xH_2O\longrightarrow mCaO\cdot Al_2O_3\cdot nH_2O$$

4.1.4 离子交换作用

根据土壤胶体化学的概念，土壤胶体颗粒一般带负电，具有吸附多种阳离子的能力，如吸附 Ca^{2+}、Mg^{2+}、K^+、Na^+、H^+ 等，吸附的阳离子还能与土壤溶液里的阳离子发生交换。因此，当土壤中掺入固化剂和水后，其外部吸附于土中的低价阳离子如 K^+、Na^+ 等，被固化剂中溶出的 Ca^{2+} 等较高价阳离子所置换（如下式），使粘土颗粒外围结合水膜减薄，土粒间距减小，分子引力增强，形成团粒结构，促进土壤胶体凝结和水稳性的形成。

$$\text{土颗粒}\begin{matrix}\diagup Na^+\\ \diagdown K^+\end{matrix}+Ca^{2+}\longrightarrow \text{土颗粒}-Ca^{2+}+Na+(\text{或 }K+)$$

盐基交换的结果，使大量土颗粒形成较大的土粒而存在。随着水化反应不断进行，析出的 Ca^{2+} 超过交换需要量，与土料中 SiO_2、Al_2O_3 进行化学反应，生成不溶于水的稳定结晶矿物

$$SiO_2+Al_2O_3+Ca(OH)_2+nH_2O\longrightarrow CaO\cdot SiO_2\cdot (n+1)H_2O+CaO\cdot Al_2O_3\cdot (n+1)H_2O$$

这些重新结合的微晶化合物，依靠比较强的化学键结合，构成结晶网状结构，增加了土的强度和水稳性。

4.1.5 离子激发作用

激发固化剂和土壤中的 Ca^{2+}、Al^{3+} 等具有潜在活性的离子，从而使固化结构物的强度和耐久性提高。生成的钙矾石矿物具有微膨胀和补偿收缩的作用，对改善水泥稳定土的收缩开裂缺点大为有利。钙矾石又称水泥杆菌，具有针状晶体结构并含有30～32个分子的结晶水，可较多的吸收泥浆中的水分，钙矾石在结构中不与空气接触，不进行碳酸化作用，是一个稳定性较高的矿物，大大增强了固化泥浆的结构强度。随着水化过程的进行，部分 $Ca(OH)_2$ 晶体和C-S-H凝胶

体充填在钙矾石晶体中间，这种结晶网状束缚土颗粒间的移动，加固和改善了固化物的结构，使得强度进一步提高。

4.2 固化剂技术指标

固化剂性能因其要固结的钻井固废所包含的砂、土的特性不同而采用的固化剂材料品种和掺量有所差异。以固结细粉黄土为例，固化剂的技术指标如表7。

表7 固化剂物理化学性能指标

项目		指标
外观		浅灰色粉状固体
密度/(g/cm^3)		2.7~2.9
细度(0.08mm筛筛余)/%		≤8
凝结时间	初凝/min	≥45
	终凝/h	≤12

固化剂为灰色粉状固体，是以水泥熟料为母材，添加各种有效组分，以及激发性外加剂，经一定的生产工艺配制而成，比表面积大于3000cm^2/g。主要化学成分如表8。

表8 固化剂主要化学组份

化学成分	CaO	SO3	Al_2O_3	其他
含量(%)	59	5.8	7.5	4.7

实验发现，固化剂中添加的激活剂溶液的初始pH值在矿渣溶解和促进水化产物的形成上起着重要作用。然而，固化剂的进一步水化则由激活剂中的阴离子(或阴离子团)以及从矿渣中溶解的Ca^{2+}来控制。对于以矿渣等工业废料为主成分的固化剂，其水化和硬化阶段过程可通过研究简化为矿渣的解体、水化、聚合三个步骤，这三个步骤分别对早期强度、结构密度、后期强度及耐久性等起作用，而且对于碱度的要求是由强到弱的。也就是说，矿渣的早期充分激发所要求的高碱度和后期强度发展及耐久性所要求的低碱度是一对矛盾，需要很好的兼顾起来。

5 复合固化处理指标设计

5.1 固化处理指标设计

复合固化剂为无机粉末状材料，利用工业矿渣等废料和粘土的共激发后具有的胶凝特性，使钻井废泥浆固结为具有一定强度的无毒、无污染，成本低廉和施工便利的工程材料。通过钻井固废固化剂配比实验(见表9)，确定了固化物设计指标如下：

凝结时间：初凝≥1小时；终凝<24小时(依需要可调)

抗压强度(28d)：0.5~1.5MPa；

抗冻标号：D10；固化剂掺量：10~30%；

耐久性：15~40年，且抗碱类腐蚀；

无侧限抗压强度R28≥1.5MPa。

表9 实验室固结废泥浆试样配比

材料 \ 试样	1#		2#		3#(现场样)	
固结材	13%	91g	13%	91g	13%	91g
促凝剂	—	—	5%	35g	5%	35g
粉煤灰	30%	210g	30%	210g	30%	210g
废泥浆(干基)	57%	399g	52%	364g	52%	364g
水	可调	10ml	可调	10	—	—
合计	100%	710g	100%	710	100%	700g

注：成型试样为$\phi 5 \times 5$mm土工标准样，每个试样重205g，则试样的湿容重为205/98.125=2.09g/cm^3。

5.2 击实试验

为了确定典型钻井废泥浆的压实特性，对固化后的复合固结料做了击实试验，击实曲线如图3所示，可见其最佳含水量=17%，最大干密度=1.56g/cm^3。

5.3 抗干湿和抗冻融等耐久性试验

本实验检测了不同配比制作的试件的抗干湿性能和抗冻融性能。同时也为了检验废泥浆固结材的耐久性能，我们根据美国材料与试验规范(ASTM)颁布的相关检验方法和标准，对在标准条件下成型和养护的试样进行了干湿循环和冻融循环等耐久性实验，二者的试验结果如表 10 所示。

从以上泥浆固结体的冻融实验可见，根据土力学相关标准，经过 12 次冻融循环及 12 次干湿循环后，其重量损失最大仅 5.14%，均小于 10%的标准要求，说明固结材对废泥浆的固结效果很好，可以满足耐久性的要求。同时说明，固结土的重量损失与固结材的掺量成反比，与土的含水量成正比。

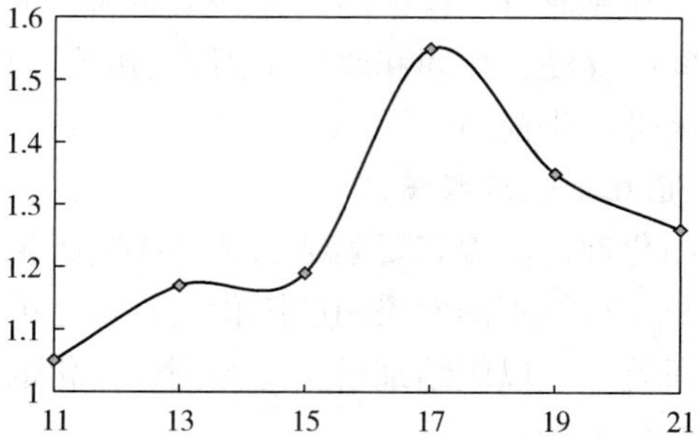

图 3　固化物击实实验曲线

表 10　泥浆固结体的冻融实验结果

编号	湿容重/(g/cm³)	初始烘干重/g	校正烘干重/g		重量损失/%	
			12 次冻融循环后	12 次干湿循环后	12 次冻融循环后	12 次干湿循环后
L_1	1.48	134.2	127.3	128.7	5.14	4.09
L_2	1.48	134.6	129.7	130.5	3.64	3.05
L_3	1.49	135.5	139.5	129.9	2.95	4.13
L_4	1.50	136.2	130.0	129.8	4.55	4.70

5.4　固化材掺量与强度的关系

通过图 4 对不同掺量固结材对粉煤灰、钻井废泥浆体系固结强度比较可见：随着掺量的增加，固化强度基本呈线性上升趋势。

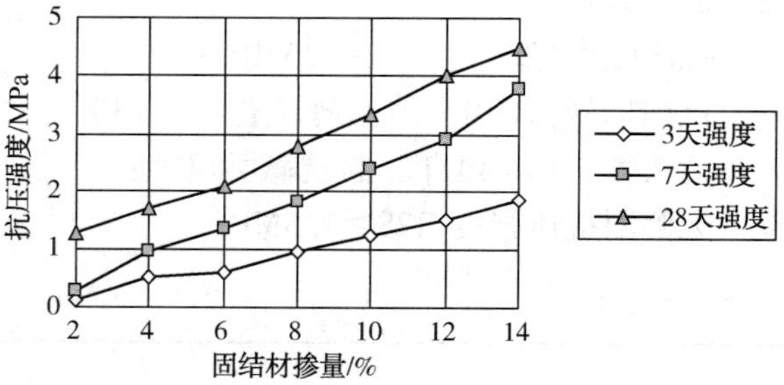

图 4　固化材掺量与试件强度的关系

6　固化处理工艺及工程应用

6.1　固化处理工艺

6.1.1　钻井固废预处理

由于钻井现场排出的废弃泥浆普遍具有含水率高、直接加入固化剂需用量大的特点，因此需要对现场回收的钻井固废进行脱水减量化预处理。常见的钻井废弃泥浆脱水处理方法包括浓缩、自然干化、真空吸附、离心分离、机械压滤等方式，不同的处理方法的脱水效果差别很大，且对后续固结处理效果影响较大，目前常用的脱水方式见表 11。

表 11　钻井泥浆常用脱水方式

脱水方式	脱水装置	脱水后含水率/%	脱水后状态
浓缩法	重力、气浮和离心浓缩	95~97	近似糊状
自然干化法	自然干化场、晒砂场	70~80	泥饼状
真空吸滤法	真空转鼓、真空转盘	60~80	泥饼状
压滤法	板框压滤机	45~80	泥饼状
滚压带法	滚压带式压滤机	78~86	泥饼状
离心法	离心机	80~85	泥饼状

目前，胜利油田常用的机械脱水方式采用板框压滤，对于水基钻井泥浆具有设备简单、易操作、效率高、脱水效果好等优点。

6.1.2　钻井固废固化处理

脱水处理后的钻井固废，根据钻井固废性质的不同，配制不同性能比例的固化剂材料，采用拌合设备进行均匀搅拌，搅拌后需要利用静压设备进行压实，让固化剂与钻井固废进行充分作用，将污染物彻底固结并封闭在固化物中，经过自然养护达到一定抗压强度后，即可作为不同的工程材料使用，实现钻井固废的资源化利用，其工艺流程见图5。

6.2 固化处理的工程应用及环保效果评价

根据上述研究结果，对胜利油田某74－23井产生的废弃钻井泥浆进行回收，并在第三方集中处理场站进行了脱水和固化处理，该井泥浆量约1200m³，应用复合固化剂140吨，利用水稳站设备进行拌合处理，静压设备进行压实，自然养护28天后对固化物抗压强度进行检测，其抗压强度为1.52MPa，达到固化物技术指标设计要求。随后分别处理前后的钻井废弃泥浆和泥浆固化物进行浸出液环保指标检测，检测结果见表12。

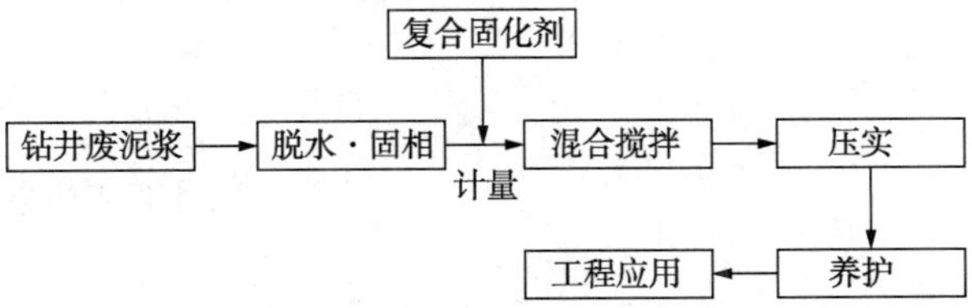

图5　固化处理工艺流程

表12　固体废物处理前后环保指标检测

	PH值	色度	石油类	COD	六价铬	铅	镉	挥发酚	硫化物
标准值/(mg/L)	6~9	80	10	150	0.5	1.0	0.1	0.5	1.0
处理前	8.61	3000	797	162.6	0.012	1.06	—	—	—
处理后	8.92	10.54	9.07	52.04	0.081	—	—	—	—

结果表明：固化处理后的泥浆抗压强度(28d)一般为0.5~1.5MPa，可用于铺设简易道路或修建井场用。另外，污染物指标全部符合《污水排放标准》(GB 8978—1996)所规定的二级标准要求。

7　复合固化处理结论及建议

本文通过对水基钻井固废进行污染物分析和无害化处理技术研究，综合分析了复合固化处理技术的作用机理、固化剂技术指标，并以固化物的抗压强度、抗干湿和抗冻融耐久性为主要控制指标，研究分析了复合固化剂中固化材料掺量与强度的固化效果影响。得出了以下结论：

(1) 随着固化材掺量的增加，固化强度基本呈线性上升趋势。

(2) 复合固化剂用量范围是10~30%。

(3) 固化物抗压强度(28d)一般可达到1.5MPa。

(4) 固化物浸出液的COD、色度、pH值、石油类、六价铬等主要污染物可达国家《污水综合排放标准》(GB 8978—1996)的二级排放标准，能有效固结钻井废弃泥浆中的有害物质，确定该复合固化剂在钻井废弃泥浆处理中的可行性。

国内目前处理后的钻井固体废物仍以路基土使用为主，利用价值低。在胜利油田，作为国家大宗固体废物资源化综合利用的骨干企业之一的天正浚源环保科技有限公司经过多年的探索与试验，将处理后的钻井固体废物作为盐碱地的土壤改良剂，用以种植棉花、树木等植物；将处理后的钻井固体废物除了作为路基土使用外，还用成型设备对钻屑和废泥浆分别进行固化处理，制成砌(砖)等建材产品，部分用于铺路基土，可满足当地的井场及公路基土匮乏的需求；将干化后的钻井固体废物与生产岩棉的生产线相结合，作为陶粒和岩棉的生产用原材料，进一步提高了钻井固体废物的资源化利用价值，使钻井固体废物的资源化途径呈现多元化，其综合利用具有较好的发展前景。但由于石油天然气开采一般处于地广人稀的地域，对砌砖、免烧砖、水泥等资源化产品需求量较小，运输成本也较高，其推广应用受到阻碍。此外，钻井固体废物作为改良剂及种植植物使用时，还需进一步跟踪评价其对生态环境的影响；对于钻井固体废物用于路基填料，具有消耗量大、成本低等优点，具有较好的应用前景。因此在末端上，可加大对钻井固体废物作为路基材料资源化技术的研究力度，有效降低钻井固体废物的贮存量。

参考文献

[1] 韩桂梅，周长波，方刚，等. 天然气开采钻井固体废物处理处置及资源化技术的应用现状与展望[J]. 环境工程技术学报，2021，11(3)：582-590.

[2] 丁新龙，许海彬，冯士明. 滩海道路建设新材料新技术的开发应用《油气田地面工程》；2000.

砂岩孔隙导电模型研究历程与展望

吴　伟

（中国石油集团测井有限公司）

摘　要　砂岩孔隙导电模型研究是储层地球物理参数定量评价的基础。随着砂岩的研究逐渐由常规砂岩向复杂孔隙结构、高含泥质砂岩方向转变，其导电模型的研究也在不断深化。本文在详细调研自阿尔奇（Archie）公式提出以来国内外学者在砂岩孔隙导电模型研究方面获取的具有代表意义的重要成果基础上，按照研究层次的递进关系，将砂岩孔隙导电模型的研究分为纯砂岩导电模型、泥质砂岩导电模型、泥质砂岩三孔隙导电模型、泥质砂岩混合导电模型4个阶段。对各阶段所建立模型的基本原理进行了探讨，并对其合理性、局限性及在实际应用中的优缺点进行了阐述。重点针对目前发展阶段，即复杂孔隙结构泥质砂岩混合导电模型的研究现状，阐述已有的研究成果及存在的问题，以期为砂岩孔隙导电模型的进一步研究提供参考。

关键词　砂岩；复杂孔隙结构；定量评价；导电模型；研究历程

砂岩孔隙导电模型用来描述岩石孔隙的含水饱和度与岩石电阻率之间的关系，是电法测井计算储层含油气饱和度的基础。自1942年阿尔奇首次提出纯砂岩导电模型至今，已有80余年历史。随着勘探领域的深化，砂岩的研究逐渐由常规砂岩向泥质砂岩、复杂孔隙结构泥质砂岩等方向转变，学者针对不同时期的储层研究对象，提出了诸多砂岩孔隙的导电模型。其中有些模型随着认识的进步，发现其本身存在理论上的缺陷，未能从整体上搞清岩石的导电机理，只是通过简单地改进来解释岩电图版中出现的弯曲现象，造成模型不具有普适性；有些模型过于强化了理论研究，引入了较多的新参数，而这些参数本身的获取或停留在理论层面，导致模型在应用中缺乏实践基础，限制了模型的应用。

本文根据砂岩孔隙的导电模型研究进展，将其历程划分为纯砂岩导电模型、泥质砂岩导电模型、泥质砂岩三孔隙导电模型、泥质砂岩混合导电模型4个研究阶段。纯砂岩研究阶段的模型即阿尔奇公式，不能解释储层含泥质时，岩石电阻率与地层水电阻率呈非线性关系的现象。泥质砂岩研究阶段的模型以W-S模型和双水模型为代表，不能解释油气进入岩石复杂孔隙系统后，泥质砂岩电阻率增大指数与含水饱和度呈非线性关系的现象。泥质砂岩三孔隙研究阶段的导电模型认识到部分饱和水岩石复杂的导电机理，但始终无法清楚描述微孔隙、自由孔隙和黏土孔隙之间复杂的导电关系。泥质砂岩混合导电研究阶段的模型能够描述岩石中三种孔隙之间的复杂导电关系，更加趋近于地层实际情况，得到普遍认可，但模型的理论—实验—实践仍存在不足之处，需进一步研究完善。

针对理论上和实际生产中对既能够全面地描述岩石复杂导电机理，又能够广泛地应用到实际中的导电模型的迫切需求，本文根据国内外已有研究结果，系统阐述了砂岩孔隙导电模型的研究历程，分析了各个阶段所建模型的方法原理及其在实际应用过程中的优势和不足。重点讨论了现阶段泥质砂岩混合导电模型的研究进展，总结了研究的重点问题和潜在的注意事项，以期为砂岩孔隙导电模型的进一步深入研究提供资料借鉴。

1　纯砂岩导电模型研究阶段

Archie（1942）首次建立了纯砂岩孔隙的导电模型，认为饱含水岩石电阻率Ro与所含地层水电阻率Rw的比值，即地层因素F，与岩石孔隙度φ呈反比的指数关系；部分含水岩石电阻率Rt与饱含水岩石电阻率Ro的比值，即电阻率增大系数I，与岩石含水饱和度Sw呈反比的指数关系

$$F=\frac{R_o}{R_w}=\frac{C_w}{C_o}=\frac{a}{\phi^m} \tag{1}$$

$$I=\frac{R_t}{R_o}=\frac{C_o}{C_t}=\frac{b}{S_w^n} \tag{2}$$

式中、Ro、Rw、Rt 分别为饱含水岩石电阻率、地层水电阻率和部分含水岩石电阻率；Co、Cw、Ct 分别为与 Ro、RW、Rt 对应的电导率；φ 为岩石孔隙度；m 为胶结指数；n 为饱和度指数；a、b 为与岩性有关的系数；Sw 为岩石含水饱和度。

纯砂岩的孔隙导电模型建立了岩石电阻率和含水饱和度的关系，是岩石孔隙导电模型研究的开端，奠定了油气层测井定量解释的基础。

由式(1)变形，得

$$C_o=\frac{1}{F}C_w=\frac{\phi^m}{a}C_w \tag{3}$$

对于特定的岩石，ϕ 和 m 是确定的。因此式(3)可知，饱含水岩石电导率 Co 与地层水电导率 Cw 呈线性关系。但人们在后来实践中发现，当砂岩含有泥质时，Co-Cw 的关系出现弯曲现象，且泥质含量增高时，岩石电导率 Co 通常会变大，说明泥质可以提高岩石的导电性。因此，引入了泥质附加导电性的概念。

2 泥质砂岩导电模型研究阶段

2.1 Vsh 型模型

Vsh 型模型的研究主要集中在六十年代以前，其主要从泥质含量及泥质分布形式的角度出发，研究如何表达泥质附加导电对岩石电阻率的影响。

Potnode(1950)将考虑泥质附加导电的模型表达为

$$C_o=\frac{1}{F}C_w+C_{sh} \tag{4}$$

式中，Csh 为泥质电导率。

式(4)认为饱含水岩石电导率 Co 与地层水电导率 Cw 及泥质电导率 Csh 之和呈线性关系。但后来人们对泥质砂岩的 Co-Cw 弯曲现象的实验分析表明，泥质对岩石电导率的影响本身还与地层水电导率有关，在 Cw 很低时，Csh 随 Cw 增大而增加，当 Cw 达到某一数值后，随 Cw 增大，Csh 趋于不变。因此，式(4)缺乏理论和实践基础，是早期提出的一种经验表达形式。

Dewitte(1950)考虑泥质的体积含量 Vsh 对电导率的影响，建立模型如下

$$C_o=\frac{1}{F}\left(\frac{\phi C_w+V_{sh}C_{sh}}{\phi+V_{sh}}\right) \tag{5}$$

模型假设泥质存在于地层孔隙水中，作为一种导电路径与孔隙水并联形成岩石的导电模型。该模型较理想化，其无法详细描述单个孔隙中分散的泥质与孔隙水的导电路径，也无法详细描述多个泥质—孔隙水系统的导电路径。人们在后来的实践中发现，该模型也模拟不出 Co-Cw 的弯曲现象，模型的理论和实践基础不足。

Poupon(1954)同样假设泥质存在于地层孔隙水中，但认为泥质砂岩的电阻是泥质与孔隙水的串联

$$C_o=\frac{(1-V_{sh})C_w}{F}+V_{sh}C_{sh} \tag{6}$$

该模型和 Dewitte(1950)建立的模型类似，将复杂的导电路径理想化成简单的并联或串联，理论和实践基础不足。

Wyllie(1954)提出了一种较复杂的泥质砂岩混合电阻导电模型

$$C_o=\frac{1}{F}C_w+\frac{C_{sh}}{a}+\frac{C_{sh}C_w}{b\,C_{sh}+c\,C_w} \tag{7}$$

式中，a、b、c 为系数。

模型将岩石的电阻等效为泥质的电阻、地层水的电阻、泥质与地层水串联形成的电阻三者串联。该模型更加贴近真实情况，具体描述了泥质与地层水的导电关系，还能模拟 Co-Cw 的弯曲现象。但式中 3 个系数的准确获取困难，限制了模型的应用。

Dewitte(1957)认为泥质对电导率的影响可以用一个综合变量 α 表示

$$C_o=\frac{1}{F}(C_w+\alpha) \tag{8}$$

Simandoux(1963)将砂和粘土均匀混合，实验测量后认为泥质附加导电的影响是泥质体积 Vsh 的影响，与其他因素无关

$$C_0=\frac{1}{F}C_w+V_{sh}C_{sh} \tag{9}$$

该模型与 Poupon(1954)假设的条件一样，模型的形式、存在的问题也一致。

以上泥质砂岩导电模型从泥质含量及泥质分布形式的角度出发，研究了泥质附加导电对岩石电阻率的影响，统称为 Vsh 型。但实际上泥质的影响是非常复杂的，这与地层水矿化度、泥质中粘土的成分，甚至粘土成分的分布形式都有关系，并不能通过加上某种泥质校正项就能得到一个通用模型。因此 Vsh 型模型对岩石导电机理的研究并没有得到深化，其中某些模型尽管可以实

践得到 Co-Cw 的弯曲现象，但无法从理论上阐明不同 Cw 值对 Co-Cw 影响不一样的关系。

为了解释在 Cw 很低时，Csh 随 Cw 增大而增加，当 Cw 达到某一数值后，随 Cw 增大，Csh 趋于不变这一现象，Poupon（1971）对 Vsh 型的导电模型做了改进

$$\sqrt{C_o}=\sqrt{\frac{C_w}{F}}+V_{sh}\sqrt{C_{sh}} \tag{10}$$

该模型形式上与 Simandoux（1963）提出的模型是一致的，但采用开根号的方法，从表面上达到 Co-Cw 关系弯曲的效果。在实践过程中，模型在印度尼西亚地区使用效果较好，故也称印度尼西亚公式。

2.1 Qv 型模型

Qv 是指岩石的阳离子交换容量。Qv 型模型主要从泥质砂岩电解质溶液的电化学特性来研究岩石的导电性。该类型模型在 Vsh 型模型研究的中后期占据了主导地位，它相对于 Vsh 型模型来说，研究较深入且有一定的理论基础，因此获得广泛的关注。

Hill 和 Millburn（1956）首次根据粘土矿物具有阳离子交换能力这一特性，研究了泥质砂岩的导电性和电化学电位，为后来一系列基于 Qv 的导电模型研究奠定了基础。其对大量关于泥质砂岩的电导率和电化学电位的实验数据拟合得到：

$$C_o=\left(\frac{100}{C_w}\right)^{-b\log(100/C_w)}\frac{1}{F}C_w \tag{11}$$

Waxman 和 Smitts（1968）根据 Hill 的实验数据和他们自已的测试结果，提出了一种考虑粘土阳离子交换能力的模型，即 W-S 模型。他们认为，粘土具有较高的阳离子交换能力，这是因为其表面带负电，为了达到电平衡，它必然要吸引一部分电解质阳离子到其表面上。在外电场的作用下，交换阳离子也参与了导电，这就相当于在电解液电导的基础上附加了一个阳离子交换电导，因而提高了泥质砂岩的导电能力。经过研究，他们认为岩石的导电形式可以表示为

$$C_o=\frac{1}{F}(C_w+B\,Q_v) \tag{12}$$

式中，B 为交换阳离子的当量电导率，其经验值由 25℃对钠离子得出

$$B=3.83(1-0.83\,e^{-0.5C_w}) \tag{13}$$

由于 W-S 模型既有实验根据，又有理论基础，因此被广泛地应用。但在使用过程中人们注意到，根据 Co-Cw 曲线推算的 Qv 值比实际阳离子交换能力测量得到 Qv 值小得多，Qv 的取值精度存在问题。

Clavier（1977）研究发现，W-S 模型没有考虑到泥质砂岩的孔隙水其实分为两部分不同的水，即靠近粘土表面的粘土水，及远离粘土表面的自由水，这两种水的导电性并不一样。基于此研究，双水模型被提出

$$C_o=\frac{1}{F_0}[(1-\alpha\,V_qQ_v)C_w+\beta\,Q_v] \tag{14}$$

式中，Vq 为 Qv 等于 1mmol/cm^3 时粘土水占据的孔隙体积，由下式计算

$$V_q=1/[2.853+0.019T(℃)] \tag{15}$$

α 为系数，当地层水的矿化度较高时取值为 1；β 为粘土水中补偿钠离子的等效电导率，由下式计算

$$\beta=0.0857T(℃)-0.143 \tag{16}$$

和 W-S 模型相比较，双水模型具有更牢固的理论基础，同时它解决了 W-S 模型 Co-Cw 曲线推算的 Qv 值比实际阳离子交换能力测量得到 Qv 值小得多的问题，模型系数也有确定的计算式。尽管如此，双水模型中 Qv 的获得依然比较困难，到目前为止，尚没有在现场直接测量这一关键参数的测井仪器，只能通过岩心测定阳离子交换能力获取。

虽然 Qv 不易获取，但是 W-S 模型和双水模型在各大油田得到了广泛地应用。然而，人们在随后的研究中发现，有一些泥质砂岩，甚至某些较纯净的砂岩地层，当其孔隙结构较为复杂时，I-Sw 曲线也出现了弯曲，这种现象用以上的导电模型难以做出合理的解释。为此，人们针对复杂孔隙结构泥质砂岩开展了更为深入的导电机理研究。

3 泥质砂岩三孔隙导电模型研究阶段

Swanson（1985）在研究具有大量粗糙表面的岩石时发现，微孔隙对岩石电阻率有着很大的影响。粗糙的孔隙表面大大提高了岩石的比面，导致孔隙分布复杂化，Wanson 推测复杂的孔隙分布是导致 I-Sw 交会关系出现弯曲原因。Swanson 还指出，在含水饱和度较低时，尤其是在低矿化度条件下，由于 W-S 模型在建立时没有考虑到微小孔隙中毛细管水和粘土水的分离程度，所以就没有能正确地解释由 I-Sw 关系确定的饱和度

指数 n 偏离实验数据的现象。他认为，岩石的导电系统除孔隙水、粘土附加导电外，还有微孔隙形成的第三类单独的导电路径。这一研究使人们进一步意识到微孔隙在电阻率中起的作用。

Worthington(1985)也对微孔隙对电阻的影响开展了研究，他认为，在微孔隙岩石中，复杂孔隙导电路径的电曲折度及表面导电效应使得由电阻增大率确定 Sw 时的误差增大，饱和度指数 n 受孔隙大小、孔隙尺寸分布等因素的综合影响。

Crane(1990)进一步指出，实际上在多孔隙系统中，随着饱和度减小，岩石的导电从一种主要传寻途径到另一种不同的传导途径的变迁，将导致 I-Sw 中的弯曲现象。由此我们可以看到，由于岩石本身孔隙系统的复杂性，用一种导电路径或导电机理去解释其导电性是不够的，多种导电途经有时会并存于岩石中的大孔隙、微孔隙、粗糙表面、导电矿物等，过分地简化这一过程必然会导致解释上的偏差。

以上研究表明，岩石孔隙的结构特征对电阻率起着很重要的作用，孔隙结构的复杂性可以由多种因素造成，即使是泥质很少的岩石或纯砂岩，也可能会出现复杂的导电现象。因此，岩石的导电特性可分为阿尔奇型和非阿尔奇型。阿尔奇型的岩石没有粘土和微孔隙空间，孔隙以粒间孔为主，Co-Cw 和 I-Sw 呈线性关系。非阿尔奇型的岩石的电性特点主要受复杂孔隙结构的控制，其中常见的岩石为具有复杂泥质结构的岩石、有复杂孔隙类型的岩石、含有微孔隙或导电颗粒的岩石等。实际上，阿尔奇公式的地层因素 F 已经考虑了孔隙结构的影响，只不过它是一种较为简单的形式，在后续的研究中才被人们所认识。

Herrick(1993)提出，既然泥质砂岩可以靠粒间孔隙导电、阳离子交换导电，也可以由微孔隙网络导电，因此可以把这三种机理进行综合，用一个通用模型来描述岩石的导电机理，其形式为

$$C_o=\frac{\phi^m}{F_o}(C_w+B\,Q_v)(1-V_{sh})+V_{sh}C_{sh} \quad (17)$$

由阿尔奇公式(1)、(2)，结合式(17)，部分含水泥质砂岩的电导率可写为

$$C_t=\phi^m S_w^2(C_w+\frac{B\,Q_v}{S_w})(1-V_{sh})+V_{sh}C_{sh} \quad (18)$$

尽管该模型考虑了多种导电机制，但是更加详细的分析并没有深入，同样也面临无法通过测井资料直接获取 Qv 的问题，因此推广应用受限。

Brown(1986)提出了另一种建立导电模型的思路。他认为，QV 的增大一方面提高了泥质砂岩的电导率，另一方面，泥质的增多又使得孔隙流体的导电路径复杂化，导致整体电导率降低的趋势。单纯的运用三种导电机理求和的方式，无法准确描述各分量对岩石电导率的贡献。要完整地考虑泥质的两方面作用，必须对粒间孔隙导电和粘土的导电分开处理，这种导电模型的原理与 Herrick(1993)提出的模型是相通的。

为了解释 I-Sw 中的弯曲现象，Argaud (1989)认为，I-Sw 中的弯曲可以看做是两段或多段组成的。初始段的变化对应着大孔隙的饱和，后一部分对应着另外的微孔隙的饱和，这两段在某一临界饱和度 Sw1 处相交，对于每一个饱和度范围段，可以给出不同的导电模型

$$C_{t1}=\phi^m S_w^n(C_w+C_e)\text{当}S_{w1}<S_w<1\text{时} \quad (19)$$

$$C_{t2}=\phi^m S_w^n+\phi^m S_{w1}^n C_e\text{当}S_w<S_{w1}\text{时} \quad (20)$$

式中，Ce 为与粘土有关的附加导电，这类似于 W-S 模型中的 BQv 项。

鉴于岩石导电性由有多导电介质引起，Crane(1990)根据实验的观察和多种讨论，提出更具有一般意义的扩展模型，形式为

$$C_t=\sum C_i \quad (21)$$

式中，Ci 为造成岩石导电的各传导介质分量的电导率，它们可以来自大孔隙、微孔隙、导电矿物以及含粘土水。因此，基于各分量的总电导率可以表示为

$$C_t=(\phi_f^{mf}S_{wf}^{nf}+\phi_i^{mi}S_{wi}^{ni}+\phi_s^{ms}S_{ws}^{ns})C_w+C_r \quad (22)$$

式中右边括号内三项分别为大孔隙、微孔隙及粘土水的导电作用形式，右边最后一项为导电矿物的导电作用形式。

上述大量实验和理论研究结果表明，泥质砂岩导电因素除了包括自由孔隙水和粘土水之外，还应包括微毛细管孔隙的束缚水，极少数情况下还应该考虑导电矿物的影响。可见微孔隙与自由水孔隙在导电路径上并不相同，微孔隙需要单独考虑，自由孔隙、微孔隙和粘土孔隙这三种孔隙共同作用，构成岩石的导电系统。

曾文冲(1991)发现，测井解释模型得到的含水饱和度中其实含有两种在渗流特性上不同的水，一种为可动的水，即自由孔隙水，另一种为

不可动水，即微孔隙水。但是在常用的解释模型当中，并没有对这两种孔隙水进行区分，这就会出现模型解释为油水同层的地层，但在实际试油中却只出油而不出水，但当对地层进行压裂改造后，又会油水同出，显然常用解释模型不能解释这种现象。根据这一认识，他提出了可动水模型，从渗流特性上将可动水和不可动水进行区别。

结合上述的实验和理论研究结果，李舟波和莫修文(1998)认为自由孔隙水和微孔隙水在导电路径上的差异与渗流特性上的差异是一致的，根据这一认识提出了三水模型。该模型充分考虑了自由水、微毛细管孔隙水和粘土水对电导率的贡献。其表达式为

$$C_t = \phi_f^{mf} S_{wf}^{nf} C_w + \phi_i^{mi} C_{wi} + \phi_c^{mc} C_{wc} \quad (23)$$

从以上的分析，可以看出随着勘探对象的复杂化，人们的认识也得到了逐渐深化。从纯砂岩到泥质砂岩，再到复杂孔隙结构的泥质砂岩，模型所考虑的因素越来越多，从最初的仅考虑自由孔隙水导电到考虑自由孔隙水和黏土水的导电，再到考虑自由孔隙水、微孔隙水和黏土水的三种孔隙水导电。上述讨论的考虑三种孔隙水导电因素的各种模型，均是基于岩石的体积模型推导出来的经验公式，因此其数学表达形式具有一定的相似性，物理意义也比较直观，基本上都认为这三种导电因素在岩石导电过程中为并联的导电关系，极个别的还考虑为串联的导电关系。但对于具有复杂孔隙结构的岩石来说，采用这两种导电关系来描述都显得过于简单，而且也都无法在实验中得到验证。因此要建立新的泥质砂岩导电模型，必须深入分析并搞清三种导电因素的导电机理及相互之间的关系，否则后续建立出的模型将带有很多的主观性。

4 泥质砂岩混合导电模型研究阶段

三种孔隙的相互交错而形成了泥质砂岩复杂的孔隙结构，这种复杂的孔隙结构导致了岩石的复杂导电特性。在电场的作用下，岩石中电流的流动将沿着最短路径进行传导，这样三种孔隙之间将互为对方的导电路径，不同的孔隙结构将又导致三种孔隙之间不同的导电路径。可见三种孔隙之间的导电关系是极其复杂的，简单的并联关系、串联关系以及附加关系均不能描述这种复杂的导电关系。

为了能够描述岩石中三种孔隙之间的复杂导电关系，人们引入了混合物理论。混合物理论认为，物理特性相同的 n 个元素 Xi，并且其相对体积为 Vi，那么由这 n 个元素所构成的混合物的物理特性 X 可表示如下形式(Lichtenecker and Rother，1936)

$$X = \left[\sum_{i=1}^{n} V_i X_i^k\right]^{\frac{1}{K}}, \quad \sum_{i=1}^{n} V_i = 1 \quad (24)$$

上式可以发现，对于物理特性相同的元素，只要知道每个元素的含量及其物理特性，就能通过混合理论来描述所有元素所构成的混合物的物理特性，而不用去详细考虑所有元素之间在表现整个混合物的物理特性时的关系。这种特性恰恰能够描述岩石中三种孔隙之间的这种复杂的导电关系，因此可以应用混合理论来表述这种复杂的导电关系。

岩石是一种多孔介质，除了含有组成岩石的骨架外，还含有流体。对于其中的流体，根据前面的分析，可以将其分为三部分：自由孔隙流体、微毛细管孔隙流体和黏土孔隙流体。整个岩石的导电就是通过岩石的骨架、自由孔隙流体、微毛细管孔隙流体和黏土孔隙流体这四部分的混合来导电的，根据上述的混合理论，并取 M=1/K，可以得到饱和水情况下的泥质砂岩混合导电模型方程，形式如下：

$$C_o = \left[\phi_f C_w^{\frac{1}{M}} + \phi_i C_w^{\frac{1}{M}} + \phi_c (r Q_V)^{\frac{1}{M}} + V_m C_m^{\frac{1}{M}}\right]^M \quad (25)$$

式中，φf、φi、φc 和 Vm 分别为自由孔隙水孔隙度、微毛细管孔隙水孔隙度、黏土孔隙水孔隙度和岩石骨架体积，显然 φf+φi+φc+Vm=1；Cw 为自由孔隙水和微毛细管孔隙水的电导率，这两部分孔隙中的水的电导率是相同的，而黏土孔隙水是通过附加阳离子交换导电的，因此其导电能力大小与黏土孔隙中可交换阳离子容量 Qv 成正比；γ 为交换阳离子的等效电导率，它是与黏土孔隙水中交换阳离子的分布特性密切相关的一个参数；Cm 为岩石骨架的电导率；M 则为该模型的混合指数，它是用来表征岩石中各种导电因素在整个岩石导电中的贡献的大小分配。

显然当岩石骨架含有导电矿物，且导电矿物的电导率和含量已知时，上述模型也能描述这种情况。但通常情况下，岩石的骨架是不导电的，即岩石骨架的电导率 Cm 为零，且自由孔隙水和微毛细管孔隙水的电导率是一样的，因此上式可

变为如下形式：

$$C_o=[(\phi_f+\phi_i)C_w^{\frac{1}{M}}+\phi_c(rQ_V)^{\frac{1}{M}}]^M \quad (26)$$

针对含油气储层，当油气进入岩石后，油气将驱替自由孔隙中的水而占据自由孔隙，但油气不能进入到微毛细管孔隙中，更不能进入到黏土孔隙中去，为此只需考虑油气进入对自由孔隙中流体的电导率的影响。对于自由孔隙中的流体，由于油气进入后，这部分流体将由水和油气这两部分组成，由于水和油气的混合受各种因素的影响而形态千变万化，难以具体描述各部分的导电贡献，为此对自由孔隙中流体的电导率需要再次采用浧合理论。根据混合理论，并取 N＝1/K，可以得到自由孔隙中流体的电导率：

$$C_{wf}=[S_{wf}C_w^{\frac{1}{N}}+(1-S_{wf})C_{oil}^{\frac{1}{N}}]^N \quad (27)$$

式中，Swf 为自由孔隙流体中水的饱和度，Coil 为自由孔隙流体中油气的电导率，N 为混合指数。

众所周知，油气的电导率为零，这样上式就变为：

$$C_{wf}=S_{wf}^N C_w \quad (28)$$

将该式代入式(26)，便可以得到部分含水泥质砂岩混合导电模型的饱和度方程，其形式如下：

$$C_t=[\phi_f(S_{wf}^N C_w)^{\frac{1}{M}}+\phi_i C_w^{\frac{1}{M}}+\phi_c(rQ_V)^{\frac{1}{M}}]^M \quad (29)$$

$$S_w=\frac{S_{wf}+\phi_i+\phi_c}{\phi_t} \quad (30)$$

通过以上的分析，可以发现混合理论的引入简化了导电模型在考虑各种导电因素之间的导电关系时的表达式，但是对各种导电因素之间的复杂导电关系的描述能力却没有改变，而且采用混合理论建立的模型还能够描述骨架导电这种现象，因此该模型是一个通用的导电模型。

由于 M 是表征岩石中各种导电因素之间对整个岩石导电贡献大小的关系，因此对于某一块确定的岩石，其混合指数 M 是确定的。当岩石为纯砂岩时，式(26)变为：

$$C_o=\phi_t^M C_w \quad (31)$$

即方程变成了阿尔奇公式的形式，可见 M 的值与这时岩石的胶结指数 m 值是一致的。

当岩石为纯泥岩时，方程则变为：

$$C_o=\phi_t^M rQ_V \quad (32)$$

这时的方程与双水模型在纯泥岩情况下得到的表达式是相类似的，只不过对应的阳离子等效电导率 γ 的表达式不一致而已，因此 M 的值与这时岩石的胶结指数 m 值也是一致的。也就是说，混合导电模型满足纯岩石的边界条件，即当岩石中只有一种导电因素的时候，采用混合理论的导电模型对岩石导电的描述能力与常用的导电模型对岩石导电能力的描述能力是一致的，但是，当岩石中含有两个以上导电因素的时候，采用混合理论的导电模型对岩石导电的描述要比没有采用混合理论的导电模型对岩石导电的描述要更全面，它们之间的差别在于表达形式不一致，而不在于混合指数 M 与对应的胶结指数物理意义以及大小是否一致。

由此可见，胶结指数 m 是可以用混合理论来解释的，阿尔奇公式也可以直接从混合理论推导出来，因为其中的胶结指数 m 与混合理论中的混合指数 M 的物理意义和大小都是一致的。但是后来发展的模型只是在阿尔奇公式上进行简单的改进，比如采用混合溶液电导率来代入阿尔奇公式中以表征泥质砂岩的导电特性，而其中的混合溶液电导率也只是两种导电因素的简单权重累加，并没有真正地从根本上改进阿尔奇公式，后来的人也都默认了这样的处理方式，因此造成了目前很多模型对胶结指数 m 的误用。对于混合指数 N，也可以得到同样的结论，即混合指数 N 和度指数 n，两者无论是在物理意义上还是在数值大小上都是一致的。

5 结论与展望

5.1 结论

（1）纯砂岩导电模型研究阶段：当时的实验数据表明岩石电阻率与地层水电阻率，及岩石电阻率增大指数与含水饱和度均成反比指数关系，阿尔奇公式满足了这一要求，获得了广泛的应用。但在随后对泥质砂岩的岩电实验中，发现岩石电阻率与地层水电阻率并不成完全线性关系，即 Co-Cw 弯曲现象，阿尔奇公式解释不了这种现象。

（2）泥质砂岩导电模型研究阶段：为了解释 Co-Cw 的弯曲现象，学者提出了许多泥质砂岩模型，这些模型可分为 Vsh 模型以及 Qv 模型。其中，W-S 模型和双水模型既有理论基础又能解释 Co-Cw 的弯曲现象，为此得到了广泛的应用。但后来人们对复杂孔隙结构的泥质砂岩进行岩电实验时，发现岩石电阻率增大指数与含水饱和度的关系也不是完全的指数关系，即 I-Sw 弯曲现象。也就是说当油气进入到一定程度时饱和度指数会发生变化，泥质砂岩模型并没有油气进入这一因素，因此并不能用来解释这种现象。

（3）泥质砂岩三孔隙导电模型研究阶段：为了解释 Co-Cw 弯曲现象及油气进入造成的 I-Sw 弯曲现象，人们提出了泥质砂岩三孔隙导电模型。该模型在描述部分饱和水岩石导电机理时，认为当油气进入岩石后油气只能进入自由孔隙而不能进入微孔隙，将自由孔隙与微孔隙分开进行处理，从而能够解释岩石电阻率增大指数与含水饱和度 I—Sw 关系并不是完全的指数关系。泥质砂岩混合导电模型在解释泥质砂岩地层导电特性方面明显优于 W-S 模型和双水模型，而且由于模型并未引入新的参数，从而使其不仅具有坚实的理论基础，而且还有很强的实用价值。三孔隙模型发现了油气对岩石导电机理的影响，但始终无法描述清楚三种孔隙之间复杂的导电关系，实际上无论模型采用并联、串联还是附加项，均不能描述这种复杂的导电关系。

（4）泥质砂岩混合导电模型研究阶段：为了能够描述岩石中三种孔隙之间的复杂导电关系，人们引入了混合物理论。通过混合理论来描述岩石骨架、自由孔隙流体、微毛细管孔隙流体和黏土孔隙流体所构成的混合物的混合导电特性，而不用去详细考虑所有导电元素之间在表现整个混合物的导电特性时的关系，从而简化了导电模型在考虑各种导电因素之间的导电关系时的表达式。由混合理论建立的混合导电模型可以推导出纯砂岩的阿尔奇公式，可以推导出泥质砂岩的 W-S 模型简化式，也可以考虑岩石骨架的导电能力，并且对各种导电因素之间的复杂导电关系的描述能力却没有改变，因此该模型是现阶段的通用导电模型。

5.2 展望

泥质砂岩导电模型的发展是随着人们的认识而发展的。从章节 5.1 可以看到，各个阶段提出的新模型都是为了解释上一个阶段模型实践中发现的问题，这本质上只是一个必要条件，而不是充分条件。由此可见，泥质砂岩混合导电模型的研究成果也是必要条件，因为它只要满足既可以解释 Co-Cw 弯曲现象及 I-Sw 弯曲现象，也具备描述复杂孔隙结构泥质砂岩导电关系的能力这两个条件，模型就可以被现阶段认可并广泛应用。从发现问题到解决问题的研究思路来讲是没有问题的，但为了得到更加严谨的导电模型，还需要进一步加深模型的理论研究，从基础理论上探讨模型中的混合指数与岩石内在的胶结指数之间的关系，从大量不同样本实验中验证复杂孔隙结构的岩电关系，从测井解释评价实例中检查模型的适用性，降低研究过程中的主观性，以理论-实验-实践相结合的手段对复杂孔隙结构泥质砂岩混合导电模型进行深入研究。

参 考 文 献

[1] Archie，1942，“The Electrical Resistivity Lcgasan Aidin Determining Some Reservoir Characteristics”，Trans. AIME，Vol. 146，P. 54.

[2] Patnode，H. W.，Wyllie，M. R. J.，1950，“The Presence of Conductivity Solids in Reservoir Rock as a Factor in Electric Log Interpretation”. Trans. AIME 189，47-52.

[3] Dewitte，L.，1950，“Relations Between Resistivities and Fluid Contents of Porous Rocks”. Oil & Gas J. 49，24 August 120-132.

[4] Poupon，A.，Loy，M. E.，Tixier，M. P.，1954，“A Contribution to Electric Log Interpretation in Shaly Sands”. Trans. AIME 201，138-145.

[5] Wyllie，M. R. J.，Southwick，P. F.，1954，“An Experimental Investigation ofthe S. P. and Resistivity Phenomena in Dirty Sands”. Trans. AIME 201，43-56.

[6] A. J. Dewitte.，1957“，Saturation and porosity from eleectric logs in shaly sands”. Oil & Gas J. 55，4 March 89-93，15 April 115-121.

[7] Simandoux，P.，1963，“ Dielectric measurements on Porous Media：Application to the Measurement of water Saturation：Study of the Behaviour of Argillaceous Formations ”. Shaly Sand Reprint Volume，SPWLA，pp IV 97-124.

[8] Poupon. A，Leveaux. J，1971，“Evaluation of water saturations in shaly formations”，12th SPWLA，pp IV 81-95.

[9] Hill，H. J.，Milburn，J. J.，1956，“Effect of Clay and Water Salinity on Electrochemical Behavıou of Reservoir Rocks”. Trans. AIME 207，65-72.

[10] Waxman，M. H.，Smits，L. J. M.，1968，“ Electrical Conductivities in Oil - bearing Shaly Sands ”. Soc. Pet. Eng. SPE 1683.

[11] Clavier，C.，Coates，G.，Dumanoir，J. 1977，“ Theoretical and Experimental Basis for theDual-Water

Model for Interpretation of Shaly Sands". SPE, Paper No. 6859.

[12] Swanson, B. F., 1985, "Microporosity in Reservoir Rocks - Its Measurement and Influence on Electrical Resistivity", 26th SPWLA, F.

[13] Worthington, P. F et al, 1985, "Influence of Microporosity upon the evalation of hydrocarbon Staturation". SPE 14296.

[14] S. D. Crane, 1990, "Impacts of Microporosity, Rough Pore Surface and Conductive Minerals on Saturation Calculations form Electric Measurements: An Extended Archie's 'Law'", 31th SPWLA, AA.

[15] D. C. Herrick, 1993, "Electrical Efficiency: A Pore-Geometric Model for the Electrical Properties of Rocks", 34th SPWLA, HH.

[16] G.A. Brown, 1986, "A Mathematical Comparison of Common Saturation Equations", 27th SPWLA, T.

[17] Argaud, 1989, "Formation Factor and Resistivity Index of Heterogeneous Media". SPWLA 12th Annual International Formation Evaluation Symposium.

[18] S.D. Crane, 1990, "Impacts ofMicroporosity, Rough Pore Surface and Conductive Minerals on Saturation Calculations form Electric Measurements: An Extended Archie's 'Law'", 31th SPWLA, AA.

[19] 曾文冲，油气储集层测井评价新技术，石油工业出版社，北京，1991.

[20] Li Zhoubo, Mo Xiuwen, 1999, "Study on electric property of shaly sand and its interpretationmethod" Joural of Geoscientific Research in Northeast Asia, Vol. 2, No. 1, 110~114.

[21] Lichtenecker. K, Rother. K, 1936, "Die Herleitung des logaritmishen Mischungsgesetzen als algemeinen Prinzipen der statonaren Stromung", Phys. Zetshr. Bd. 32(H. 6), 256-260.

基于双碳目标下新能源分布式光伏项目全过程开发建设的研究与实践

曹　刚

（中石油渭南煤层气管输有限责任公司）

摘　要　随着国家“双碳”目标的提出，新能源分布式光伏行业发展迅速，特别是屋顶光伏因具有“因地制宜、清洁高效、分散布局、就近利用”的优势以及国家出台各项有利政策的支持，其成为各大企业进军光伏行业的重要吸引点和关注点。本文重点围绕屋顶分布式光伏特有的开发优势和成本，从项目开发方向、资源对接、现场踏勘等九个方面详细论述全过程开发建设与管理，且从七个方面分析分布式光伏存在的问题和解决措施，具有实际指导意义。

关键词　分布式光伏；新型电力；项目建设；过程开发；安全分析

1　分布式光伏的现状及发展趋势

我国分布式光伏发展主要经历三个阶段，第一阶段是理念形成和示范工程探索阶段(2009年—2012年)，以光伏政策、光伏组件、光伏示范为主要内容的探索进行开展；第二阶段为全面推广阶段(2012年—2014年)，随着市场机制体制不断完善，分布式光伏进入快速发展阶段，从政策、技术、运行模式等达到较为成熟的行业规范和效益；第三阶段为市场多元化推动阶段(2014年至今)，随着分布式光伏发电商业模式的成熟，分布式光伏发电呈现爆发式增长，国家能源局发布2022年光伏发电建设运行情况，2022年新增并网容量8740.8万千瓦，同比增长59%。分布式光伏装机5111.4万千瓦，同比增长75%，占比58%；而分布式光伏中户用(屋)光伏装机达到2524.6万千瓦，在全部新增装机中占比近30%。

2　分布式光伏全过程开发与建设

分布式光伏建设分为项目策划与决策、项目准备、项目实施、项目竣工与验收四个阶段。整个过程简单分为前期和建设两阶段。“前期”以项目完成备案和取得并网批复为标志；“建设”以项目竣工为标志。分布式光伏开发与建设与传统的地面工程有相似之处，但又有所区别，如在项目开发模式、商业运行、并网投产、资料验收等，需要单独研究。整个项目开发与建设，如图1所示。

2.1　开发方向

2021年6月20日，国家能源局综合司下发《关于报送整县(市、区)屋顶分布式光伏开发试点方案的通知》，文件明确要求：试点县(市、区)党政机关建筑屋顶总面积可安装光伏发电的比例不低于50%；学校、医院、村委会等公共建筑屋顶总面积可安装光伏发电比例不低于40%”工商业厂房屋顶总面积可安装光伏发电比例不低于30%；农村居民屋顶总面积可安装光伏发电比例不低于20%。此后多个省、自治区、直辖市迅速响应，纷纷下发文件鼓励当地市县申报整县区域屋顶分布式光伏开发试点。

分布式光伏相比集中式光伏无论在项目审批备案、合规手续办理、并网批复等方面均有优点，流程相对简易，建设周期短、投资少等特点，为当前市场光伏开发的热点行业，本文重点论述屋顶分布式光伏项目全过程开发建设与实践。

2.2　资源对接

分布式光伏项目开发，针对招标项目：项目开发人员或投资者需及时关注当地政府招标公告，深入了解业主需求，结合自身资质、业绩等，编制投标文件，初步分析项目的可行性。

非招标项目：项目开发人员需拜访当地发改、住建部门和国家电网了解当地新能源光伏政策，重点对光伏指标、补贴优惠等详细了解，对项目备案、并网审批等程序清楚，从而更好的在项目决策和可行性研究阶段，对项目进行总体把控。

根据《国家能源局关于2019年风电、光伏发电项目建设有关事项的通知》，工商业分布式光伏项目是就地开发、就近利用且单点并网装机容量小于6兆瓦的户用光伏以外的各类分布式光伏发电项目，采用自发自用、余电上网模式的屋顶分布式光伏项目应满足上述要求，即装机容量应小于6兆瓦的项目由当地设区的市级政府审批。因此，较集中式光伏而言，分布式光伏在流程审批、资金投资、项目管理等方面具有更快捷、灵活的优点。

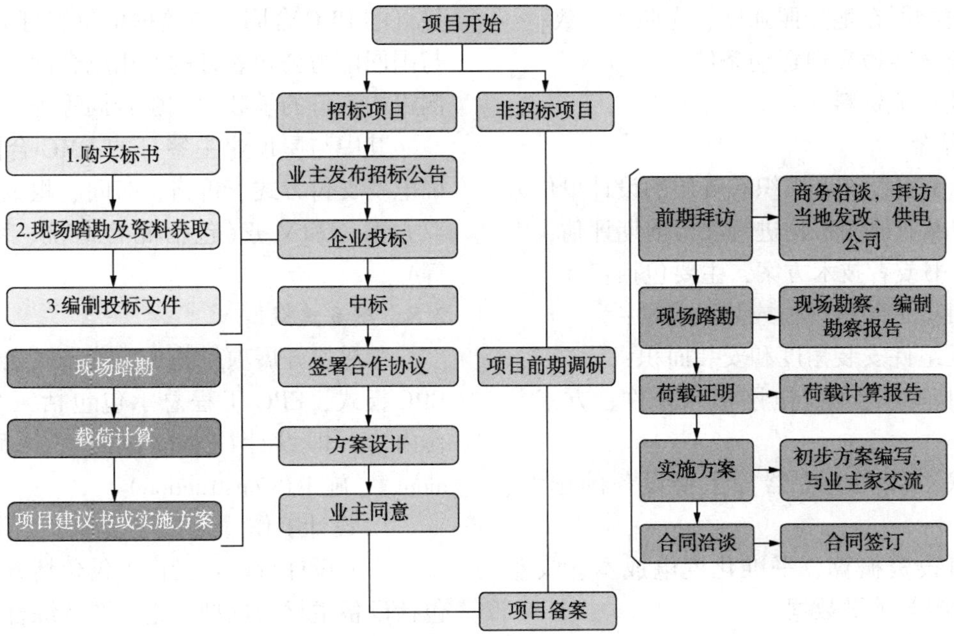

图1

2.3 现场踏勘

详细深入现场实际，对光伏组件安装的建筑物屋顶的结构、朝向、周边遮挡、所有权等进行了解摸排，具体包括：

1. 企业或自然人基本情况：了解企业或自然人身份信息、生产经营等内容；

2. 房屋产权信息：核实屋顶产权归属及年限，该项内容对于后期项目建设、运维非常关键；

3. 屋顶（屋面）基本情况：查看屋面类型、新旧程度、平整度、安装角度、防水、风机、烟囱等；

4. 结构情况：查看建筑物内部结构、墙体、施工图纸，初步了解承载力情况，必要时需找第三方检测机构进行承载力试验的核算；

5. 用电负荷情况：了解实际用电负荷情况，分布式光伏一般采用自发自用，余电上网或全额消纳方式；

6. 变压器情况：严格按照变压器位置、容量和配比进行设置；

7. 周边建筑情况：观察拟安装光伏建筑的周边有无高达建筑物或其他可能遮挡光伏的情况；

8. 周边污染情况：建筑物周边有无产生粉尘或污染气体等企业，避免影响光伏组件清洁度，导致发电率降低或造成光伏面板的损坏；

9. 周边其他情况：是否为人群密集区或中大型小区，避免影响市区整体规划、市容市貌及造成部分光污染等情况。

通过详细了解，形成记录或调研报告，作为项目决策或可研设计重要的参考内容。

2.4 资料收集

在现场勘察的基础上，完成以下资料的收集，主要包括：

1. 国家及地方政府相关部门对分布式光伏的政策、文件，特别明确是否有补贴优惠；

2. 拟安装光伏建筑物的产权证明、建设年限、使用用途等；

3. 建筑物建筑设计图纸、施工图纸及整个平面图；

4. 现场电气图纸、电气接线图及高低压电缆走向图及变压器容量、位置；

5. 建筑物的承载力、屋面是否存在影响组件安装的其他实物、建筑物高度、屋面倾斜度等等；

6. 日常用电负荷、电费清单，确定采用电费消纳方式；

7. 建筑物所在地光照强度、光照小时数；

8. 建筑物周边交通运输条件；

9. 其他相关资料。

2.5 项目评估

建设单位或投资者组织有资质的设计单位人员或第三方专业检测机构进行项目前期评估，编制项目建议书或者技术方案，主要包括：

1. 项目拟定装机规模或装机容量；

2. 光伏组件安装角度和安装面积；

3. 项目消纳比例、电网接入条件、方式及位置；

4. 光伏组件和逆变器等主要设备的选型、技术标准；

5. 项目投资概算、平准化度电成本、收益率、回收年限等关键数据；

6. 自用比例及日常用电价格、方式等；

7. 项目所在地光照小时数、光照强度；

8. 建筑物屋面承载力以及雪荷载、风荷载等关键数据或者报告；

9. 评估需明确双方或三方合作模式，通常采用能源合管理模式。

2.6 项目启动

1. 公司注册

分布式光伏项目的开发，通常当地政府要求投资企业在当地注册成立新公司。投资者也可通过协商谈判，其他方式进行项目开发，如采用BOT、BOO模式。

2. 项目备案及并网批复

根据国家能源局下发的文件要求，鼓励企业开展分布式光伏建设，各地发改、电网公司积极配合项目备案、并网。分布式光伏备案所需资料：

（1）《项目备案表》；

（2）企业基本情况介绍；

（3）项目名称、装机规模、建设地点、建设内容；

（4）施工期限、竣工时间、投资总额、现场照片；

（5）委托设计单位资质及许可材料；

（6）法人及委托人身份证明材料；

（7）与项目相关的政策。

2.7 合同签订

合同签订主要包括与业主签订的EMC合同、与设计单位签订的可行性研究合同、与施工单位签订的EPC合同、与监理单位签订的监理合同、与国网电力公司签订的发用电合同、与第三方检测机构签订的承载力试验合同等等。

其中与屋顶业主签订的EMC合同，主要明确电费支付方式、价格、时间、租金等等，明确双方责任和义务（包括配合清洗、维护维修等等）。

2.8 项目建设

为尽快开展项目施工，分布式光伏通常采用EPC模式，EPC工程总承包包括三个阶段的工作内容，即设计（Engineering）、采购（Procurement）、施工（Construction）。

1. 设计工作

（1）设计阶段：设计不仅包括方案设计，还包括设备主材的选型、施工图及综合布置详图设计，以及施工与采购规划在内的所有与工程的设计、计划相关的工作。

（2）方案设计主要研究工程方案，确定技术原则。包括编制工艺流程图、总布置图、工艺设计及系统技术规定等。

（3）详细设计主要是施工图及综合布置详图的设计、设备技术规定和施工技术规定。在设备订货、工程分包和施工验收工作中涉及的工程设计方面的问题以及施工过程中的设计修改也属于详细设计的范畴。

施工与采购规划主要包括确定施工方案、进行工程费用估算、编制进度计划和采购计划，建立施工管理组织系统以及取得建设许可证等工作。

2. 采购工作

采购阶段，采购工作包括设备采购、设计分包以及施工分包等工作内容。其中有大量的对分包合同的评标、签订合同以及执行合同的工作。与我国建筑企业的采购部门相比，工作内容广泛，工作步骤也较复杂。

3. 施工工作

施工管理阶段，除了工程总承包商必须负责

的工程总体进度控制、品质保证、安全控制外，还要负责组织整个工程的服务体系(如现场的水平、垂直运输、临时电、水、场地管理、环保措施、保安等)的建立和维护。

4. EPC工程总承包的特点

(1) 在EPC模式下，业主只要大致说明一下投资意图和要求，其余工作均由EPC承包单位来完成；

(2) 承包商承担设计风险、自然力风险、不可预见的困难等大部分风险；

(3) 在EPC模式下，一般采用总价合同；

(4) 通常所有材料与工程设备均由EPC承包单位来采购；

(5) 在EPC标准合同条件中规定由承包商负责全部设计，并承担工程全部责任，故业主无需过多地干预承包商的工作；

(6) EPC合同条件的基本出发点是业主参与工程管理工作很少，因承包商已承担了工程建设的大部分风险，业主只需对里程碑节点进行验收。

2.9 项目投产验收

分布式光伏项目施工完成之后，有投资者提前准备并网验收相关资料，向国家电网公司申请并网验收。国家电网公司验收一般分为资料审核、现场勘察、计量设备安装调试、合同签订、合闸并网发电五个步骤。

1. 资料审核

投资者按照国家电网要求，需提供以下资料：

(1) 并网验收申请表；

(2) 项目备案确认书；

(3) 项目电网接入方案；

(4) 企业营业执照、法人委托书、经办人身份证复印件；

(5) 项目设计单位资质、施工图纸、光伏组件等主要设备的合格证、现场照片；

(6) 光伏安装具体位置、装机规模及消纳方式。

2. 现场勘查

国家电网公司营业销售部门联合计量、生产运行等部门前往现场进行实地勘察，勘察内容主要包括：

(1) 核实装机规模、装机位置、接入方式等是否与上报内容一致；

(2) 查看光伏组件、逆变器等关键设备规格型号，断路器、手动刀闸等符合方案要求；

(3) 与设备连接的电缆、高低压配电系统连接是否可靠，满足电气安装规范；

(4) 测试光伏阵列、逆变器等关键设备的接地是否满足规范要求，一般要求接地4Ω以下；

(5) 发现现场不满足验收规范的，要求及时整改。

3. 计量设备安装调试

国家电网公司人员现场勘察合格之后，安装计量表、互感器等设备，经调试合格，满足并网要求。

4. 合同签订

现场验收、调试全部合格后，组织合同签订工作。分布式光伏合同注意事项，主要包括电价、签订期限、结算周期等，一般为制式合同。

5. 合闸并网

双方合同签订之后，国家电网公司安排人员进行现场启动逆变器、合闸并网，正式发电。

3 分布式光伏存在问题及分析

分布式光伏发电项目属于新能源范畴，依据《关于印发分布式光伏发电项目管理暂行办法的通知》(国能新能〔2013〕433号)文件，要求分布式光伏项目：免除发电业务许可、规划选址、土地预审、水土保持、环境影响评价、节能评估及社会风险评估等支持性文件。但在分布式光伏项目实施过程中，还存在以下风险，进行分析：

3.1 安全间距的安全分析

电站设计充分考虑周边建筑物、高压电线、防火防爆场所等安全距离，如天然气集输场站屋顶光伏，工艺装置区离10KV以下户外变压器、配电间安全间距为10m。

3.2 结构设计的安全分析

利用在已建好的混凝土屋面上布置太阳能电池组件支架，根据《建筑抗震设计规范》(GB 50011—2010(2016年版))的规定，原各类厂房抗震设防类别、建筑结构安全等级、框架抗震等级根据各类厂房的现状进行确定。

3.3 设计条件的分析

1. 结构设计使用年限：50年(分布式光伏寿命为25年)。

2. 抗震设防：抗震设防烈度为7度，设计基本地震加速度值为0.15g，第二组。

3. 荷载取值有关参数：风荷载：基本风压0.35kN/m^2(50年一遇)；雪荷载：基本雪压0.25kN/m^2(50年一遇)。根据《建筑结构荷载规范》(GB 50009—2012)的相关规定进行确定，太阳能光伏板荷载为0.15kN/m^2，因此满足要求。

4. 屋面光伏结构设计：光伏阵列支架一般采用钢结构，每个支架单元由4榀框架和2根次梁组成，前立柱、后立柱、主梁组成一榀框架。支柱与屋顶预埋件采用焊接，主梁、次梁之间均采用螺栓连接。

5. 地面光伏支架设计：地面光伏支架为偏心支撑框架和抗弯框架体系的钢结构，并呈东西对称布局，高度为一般为2.5m。结构主要构件拟采用H型钢和矩形钢管，材质Q235B。钢柱与钢梁、钢梁与钢梁通过垫板、螺栓及焊缝等方式连接。

3.4 设备设施相关安全分析

1. 总体布置危险性分析

若光伏板布置不合理将造成太阳能资源利用不合理、线路损耗及结构工程量增加；光伏板间距优化程度不合理，也可能会产生因阴影遮挡导致发电量减少或过大间距造成土地资源浪费，导致电站经济效益降低。

2. 施工过程安全分析

施工总平面布置中，场内道路，当光伏板布置不合理时，会影响施工、运行、检修的道路通畅，同时可能会增加电缆穿路的工程量，也会由于车辆通行碾压，影响电站运行管理和机电线路的安全。

3. 光伏电站选择场地地形较平坦，地表水排泄通畅，原则上不会存在泥石流、滑坡等不良地质现象。

4. 主要建(构)筑物及生产设备分析

支架及地基基础缺陷，场区地基土对混凝土结构、钢筋混凝土中的钢筋、钢结构均具有微腐蚀性，采取相应的防腐措施。地面支架基础，拟采用C30混凝土(配筋)浇筑，地下为70cm，地面以上为30cm混凝土支柱，满足地基要求。

3.5 电气系统分析

互感器：若在制造过程中绝缘体(环氧树脂)存在气泡或绝缘材料不纯，经过一定时间的运行，绝缘不断下降，可能存在电缆破裂的风险。一般采用符合规范要求的产品，且提供合格证书等证明类文件。

继电保护系统：若继电保护装置存在设计、制造、调试等环节存在问题，可能存在设备损坏、停电等风险。一般采用经过符合规范要求的继电设备，且提供合格证书等证明类文件。

电缆：若电缆制造时存在隐患，将会引起电缆相间或相对地击穿短路；过电压使电缆击穿短路。安装不当、电缆敷设时曲率半径过小，可能导致绝缘损坏引发电站停电的风险。

3.6 生产过程中主要危险因素

1. 火灾危险性分析

建(构)筑物火灾：严格按照消防安全管理要求，光伏项目现场需配备符合规范要求的干粉灭火器和二氧化碳灭火器。

电气设备火灾：除设备缺陷、安装不当等设计和施工方面的原因外，电气设备过热和火花或电弧是引发火灾事故的直接原因，可能导致火灾风险。严格按照消防安全管理规定，设立符合要求的灭火器材，同时编制施工方案、应急预案及所有施工人员的安全入厂培训，重点对现场专职安全员进行灭火器、应急程序等进行培训，经考核合格，方可入厂。

2. 物体打击危险性分析

在生产作业中，使用手动工具操作或手工装配工件时，由于工具有缺陷、用力不当打偏、脱手坠落等原因引发的物体打击。严格按照施工方案和培训要求，针对物体打击进行危害因素辨识，并制定相应的管控措施。

3. 机械伤害危险性分析

电站在运行期间设备检修、维护时，使用各种机械设备，有发生机械伤害的可能，造成机械伤害的原因有：设备运行时部件飞出；设备安装、维修、维护不当，导致设备的安全性能不佳；设备检修期间设备误动作；工作场所环境不良；违反操作规程；设备自身存在故障。针对机械伤害风险，进行作业过程中的风险辨识，制定对应的管控措施，并进行现场专职监护。

4. 电伤害危险性分析

触电事故：作业人员在电站运行过程中因安全防护装置缺陷、作业工具不良、违章作业或设备绝缘状况不好、故障、作业环境不良、维护管理不善等，可能发生触电与电气火灾的风险，严格按照应急预案和施工方案进行处置。

5. 其他安全分析

分布式光伏发电项目还需考虑是否涉及自然

保护区、风景名胜区、饮用水源地保护区等重要环境敏感区。工程建设不会损毁地表植被，破坏陆生动物生境，导致地表裸露，产生水土流失；施工期将产生施工设备噪声影响，施工扬尘和少量生产生活污水，运行期产生清洗废水影响。这些影响均可采取相应的环境保护措施将其降低到较小程度。

3.7 设备安全设计防范措施

1. 开关遮断容量要依据电力中心调度提供的短路阻抗值计算短路电流选择。

2. 对电站土壤电阻率进行测量，根据测量结果，确定接地体，考虑是否采用降阻剂等措施，再敷设人工接地网。

3. 加强真空断路器的管理维护工作，当断路器达到一定的操作和动作次数后，可能引起传动机构的疲劳、变形、断裂等问题。因此，应及时对真空断路器进行维护，定期进行真空度的检验。

4. 严格按有关规定对新购光伏设备进行验收，确保改进措施落实在设备制造、安装、试验阶段，投产时不遗留同类型问题。

5. 控制器、交流配电柜的设备的金属框架必须接地；交流配电柜送电出口处须安装避雷装置。

6. 配电线路在低压架空配电线路的电源端应安装剩余电流动作保护装置。

参 考 文 献

[1]《国家发改委 财政部 国家能源局关于2018年光伏发电有关事项的通知》(发改能源〔2018〕823号)
[2]《屋顶分布式光伏项目开发指导手册》
[3]《村级光伏帮扶电站专业运维手册》(农业农村部、国家能源局国家乡村振兴局)
[4]《分布式光伏项目国企开发模式及风险研究》(董霞威、马长啸、黄海等)
[5] 国家能源局综合司下发《关于报送整县(市、区)屋顶分布式光伏开发试点方案的通知》

原油生产过程碳足迹核算研究

田　涛[1]　尹　迪[2]　罗　艺[2]　马　坤[2]　白凌云[1]　李志刚[3]

(1. 中国石化节能技术服务中心；2. 中国石化胜利油田分公司；3. 石化盈科信息技术有限责任公司)

摘　要　油气生产行业是重要的资源开采领域，提出原油生产过程的碳足迹核算方法对推动石化行业及其下游产业碳足迹评价、完善全产业链核算具有重要意义。本文以原油开采与生产过程的注水井、油井、集输管线和联合站构成的基本单元流程为基础，分析了注水环节、机械采油环节的物料投入与产出情况，及其不同生产环节之间的物料连接关系，提出了原油生产过程碳足迹核算方法。采用某油田采油厂数据，计算其碳足迹为154.090 $kgCO_2/t$，对比了集输环节水分配碳排放的不同方法对碳足迹结果的影响。

关键词　碳足迹；原油；驱油物；采出液；机械采油；集输

1　引言

“双碳”目标的提出对石油化工行业形成巨大挑战；在此背景下，越来越多的石油公司绘制了碳中和路线图，制定了碳中和战略路径，开展碳足迹核算是碳中和目标的重要措施。作为一项评价产品或服务生命周期内直接和间接温室气体排放总量的指标，碳足迹日益受到社会各界的高度重视，众多学者开展了石化产品碳足迹研究。田涛等依据 PAS2050 提出了以总流程为基础、以工艺装置为单元、以质量分配为规则的石化产品碳足迹评价方法，并研究己内酰胺、聚丙烯、航煤、对二甲苯等产品碳足迹；孙潇磊研究了沥青产品碳足迹，以某企业生产的沥青产品为评价对象，计算沥青产品碳足迹为 2. 9575t CO_2/t；王陶等研究了汽油、柴油等产品碳足迹，上述研究侧重于炼化生产环节，对上游原料生产过程碳足迹评价研究较少。原油作为石化工业的重要原材料，其碳足迹数据存在于各类数据库中，但该数据是针对行业的整体数据，包括 BP、Total、Shell 等公司在可持续报告评估其能源产品平均碳强度，也是基于公司整体的数据，对具体企业进行原油碳足迹评价的核算方法目前尚未有相关报道。油气生产行业作为资源开采领域，提出原油生产过程的碳足迹核算方法对推动石化行业及其下游产业碳足迹评价、完善全产业链核算具有重要意义。

另一方面，能源结构调整对“双碳”目标实现具有举足轻重的作用，尤其在保障国家能源安全的前提下，合理布局新型能源体系的建设，在可再生能源尚未成为主体能源时，有选择、分步骤地统筹安排不同品种化石能源的退出；石油、天然气作为相对清洁低碳的能源品种，在替代煤炭和稳产保供方面发挥重要作用，为统筹“双碳”目标的实现和保障能源安全提供必要支撑。同时，产品作为经济体系中连接生产侧和消费端的中间纽带，评价其碳足迹数据对于引导石油石化行业供、需两端的低碳转型具有重要作用。尤其近年来我国油气生产行业持续加大投入力度，2022 年时隔 6 年之后，中国原油生产重回 2 亿吨，表 1 列出了我国主要油田油气产量。

目前，原油作为石油化工行业的主要原料尚未有碳足迹核算的标准和研究，我国原油产量70%来自已经进入高含水和高采出程度开发阶段的老油田，地下油水关系复杂，研究注水原油开采过程的碳足迹核算方法对评价我国原油产品碳足迹具有重要意义。

2　碳足迹核算方法

2.1　油气田开发与采油工艺

油气田的开发过程一般包括勘探、产能建设和采油等三个阶段。勘探和产能建设(包括石油工程和地面工程)属于固定资产的投资过程、且其碳排放量较小，通过在碳足迹评价不予考虑；原油碳足迹主要涉及油气开采过程。根据油层能量补充和人工注入介质的不同，采油方式可分为一次、二次及三次采油。一次采油是仅依靠天然能量来开采原油，其采收率一般仅为 10% ~ 20%；二次采油通过向油层中注水或注气(汽)，不断补充地层岩石和流体弹性能量，其采收率一般为30%~40%；三次采油是通过注入流体或热量，改善油、气、水及岩石之间的性能，用这种物理、化学方法来驱替油层中的剩余油，其采收率一般为50%~70%。原油注水开发包括注水、油藏和举升3个系统，油藏是注水开发过程的重要环节，关联着注水和举升系统。在油田开发过程中，原油中的含水量不断增大，需要投入较多的能耗进行原油的脱水工艺，这个过程往往在联合站的集输系统完成，其过程如图1所示。

表1　2021年我国主要油气产量

序号	所属企业	油田	原油产量/万吨	天然气产量/亿 m^3	油气当量/万吨
1	中国石油	长庆油田	2570	506.5	6501.55
2		大庆油田	3003	55.4	3438
3		塔里木油田	736	323	3310
4		西南油气田	6.8	376	3000
5		新疆油田	1442	38.4	1748
6		辽河油田	933.2	8.4	1000.18
7		青海油田	235	60	713
8		华北油田	443	22.4	622
9		大港油田	401	6.3	451.1
10		吉林油田	417	10.8	503
11		浙江油田	2.3	18.4	149
12		吐哈油田	139	3.01	163
13		冀东油田	105	2.7	126.5
14		玉门油田	69	0.4	72.2
15		南方勘探	32	1	40
16		小计	10531.27	1432.39	21837.5
17	中国石化	胜利油田	2340.25	8.03	2386
18		西北油田	680	32.6	940
19		江汉油田	115.7	73.37	700.3
20		西南石油局	—	84.01	669.4
21		中原油田	116.49	60.08	595.1
22		华北石油局	—	50.01	398.5
23		华东石油局	46.7	17.84	225
24		河南油田	114.51	0.69	120
25		江苏油田	106.2	—	106.2
26		上海石油局	16.5	8.9	87.4
27		小计	3536.35	335.53	6227.9
28	中国海油	渤海油田	3175	34.8	3450
29		南海东部油田	1457.1	68.2	2000
30		南海西部油田	515	87.5	700.3
31		中联公司	—	42.7	340
32		小计	5147.1	233.2	6490.3

续表

序号	所属企业	油田	原油产量/万吨	天然气产量/亿 m^3	油气当量/万吨
33	延长石油	延长油田	1148	—	1148
34		延长油气勘探	—	75.6	617
35		小计	1148	75.6	1765
36	总计	20362.72	2076.7	36320.7	

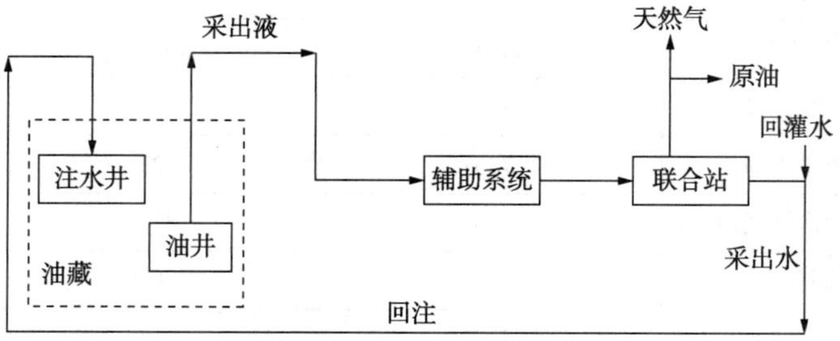

图1　注水采油工艺示意图

（1）注水是油田开发过程中向地层补充能量、提高油田采收率的重要手段之一，注水系统主要由电机、注水泵、管网、配水间、增注泵、配水阀组、注水井等构成，其中注水泵和管网导致的能量损失是注水环节碳排放的重要来源。应用采出水作为注水可以降低注水环节的水耗。对于稠油的开采通常需要注蒸汽进行热力开采，所用蒸汽多是利用油田半生气生产，因此，注气环节也会产生碳排放。

（2）机械采油是对不能自喷的油井，依靠人工从地面向井内补充能量，从而将原油举升到地面的采油方法。目前以游梁式抽油机深井泵的应用最为广泛，主要由抽油机、抽油杆和抽油泵组成。

（3）油气集输主要在联合站内完成，联合站是油田原油集输和处理的中枢，通常设有输油、脱水、污水处理、化验、变电、锅炉等生产设施，承担原油脱水(净化油含水 0.5%)、原油稳定、原油储存外运、污水处理、公用工程等功能，进行商品原油的外输。油井采出液输送到联合站的方式包括管道和汽车运输等方式，在单个油井采出液(单拉井)配置拉油点，主要承担尚未建成至联合站集输管线区域井场的拉油任务，采用罐车拉运；各拉油点由地面罐、加热炉、装车鹤管等构成。油田采出水输送至联合站经脱水处理，达标后回注地下。

（4）辅助生产系统，包括修井作业、办公及供配电等环节。

油田企业的采油厂会设立管理矿区维护油井和注水井生产，设立油气集输管理中心负责采油厂联合站和油气集输生产，单个联合站通常会对多达几十口油井采出液进行集中处理，因此，由注水井、油井、集输管线和联合站构成的注入、机械采油和集输环节是原油开采与生产的基本单元流程，在该单元流程内不同碳排放源的生产功能具有一定组合性，而不同采油厂作为在不同区块进行油气生产的组织机构其功能具有相似性，因此按照不同功能的碳排放源进行碳足迹评价体现了产品获取过程的碳排放代价。

2.2　碳足迹核算方法

碳足迹评价的对象是以获取单位功能产品所产生的碳排放量，对原油生产过程，其功能单位为生产单位重量原油，碳排放包括原料带入排放、能源消耗排放以及工艺排放，对于原油生产过程其碳足迹核算可按以下过程进行。

（1）构建单元流程

碳足迹评价以客户(销售至下游油库)获取的产品为追溯起点，建立原油的单元流程，包括注水、机械采油、油气集输、污水处理等过程，如图 1 所示。

其生产过程包括：驱油物(注水、注气、注 CO_2)注入环节，注水是以水为介质通过高压泵将水注入地层，补充油藏能量；机械采油环节以潜油电泵、螺杆泵、抽油机为举升设施完成地层油气水的举升；辅助生产系统的碳排放较小，主要由修井作业、办公等环节产生，其投入和产出可以看作是维持原油的生产；集输环节则是将油井采出液输送至联合站并进行油气水分离、处理和外输。

（2）物料平衡

物料平衡是指原料到产品转化过程的平衡关系，对于原油生产过程，油气集输和油水分离过程的物料平衡关系较为明确，但注水和机采环节需要做一定处理。

油气生产作为资源开采行业虽然具有生产上的连续性，但与一般流程工业又存在较大差异。一是高含水油田生产过程存在大量采出水、注入水的循环，注水环节的原料投入为水（包括采出水、新鲜水等），该环节的产出则为注入地层的水，水作为注入环节的原料由地面经注水泵注入地下，即完成该环节的生产。这与流程工业中，所处理物料存在显著工艺变化有所不同，注入水的工艺变化是其次的，其主要的变化是实现地面到地层的空间转移。二是机械采油环节生产作用的对象是自然界的地层油藏，而产出物则是包含油气水混合物的采出液，机采环节将地层油气水混合物举升到地面，其投入的原料是地层的油气水混合物，其产出是地面井口的油气水混合物，机械采油过程实现油气水混合物由地层到地面的空间转移。三是驱油物注入环节所注入的驱油物与机采环节的原料并非完全平衡与对应。虽然油田生产过程会通过注水、注蒸汽、注聚合物、注CO_2等措施促进原油的开采，但实际注入的水和各种驱油物与地层水和油藏的关系极为复杂，注入环节的产出——即注入地层的各种驱油物与机采环节的原料投入——地层油气水混合物并未有明确的物料上的投入-产出连接关系，需要做出一定处理。由于油田生产过程注入驱油物的作用是维持和补充地层压力，促进原油在地层的流动，其效果是实现压力由注水泵到油井的传递，因此注入水和地层水是机采环节的重要作用对象；另一方面，我国目前大部分油田的含水率超过70%，部分达到90%以上，虽然驱油物作为补充地层能量和改善油藏条件的介质并未构成产品的主体，但机采环节在举升地层油水混合物的能耗中，采出水所占比例较大。因此基于上述情况，将原油产量与注入水量作为机采环节的原料投入量，采出液作为机采环节的产出，由此构建不同生产环节的物料连接关系。

（3）排放清单

原油生产过程的碳排放包括原料排放、辅助材料排放、能源消耗排放以及工艺排放，即：

原油碳足迹=原料排放+辅助材料排放+能源消耗排放+工艺排放

原料排放和辅助材料排放是指原料或辅助材料获取过程产生的碳排放，对原油生产而言即为注入油井的各种驱油物获取过程的排放，对数量较小同时缺乏数据的聚合物等，可暂时忽略。目前，虽然有各种数据库公布了部分原料和辅助材料的碳排放因子，但这些数据多属于行业级数据，对具有企业而言依然无法获取具体材料的具体排放数据，应用行业平均数据计算具体企业数据，精细度和准确度并不完全匹配，因此现阶段进行组织盘查基础上的碳足迹评价是较为可行的方法。

能源消耗排放是指原油生产过程中采油泵的电耗、输油管线保温、输油泵电耗等产生的碳排放，可按照能源消耗量与能源介质的碳排放因子计算。

（4）、排放分配

碳足迹评价需要对单元过程的碳排放在共生产品之间分配，其中集输环节产出原油、伴生气和采出水，其碳排放为输油泵和处理设施消耗电力，可按照质量分配原则对碳排放量进行分配。

3 应用案例

某油田某采油厂年生产原油167.5万吨，生产天然气10231万立方米，年注水量2665.7万m3，能源消耗约合6.8万吨标煤/年，油气生产过程包括驱油物注入、油气举升，油气集输、油气处理和污水处理，以该采油厂原油生产过程为例，计算其碳足迹。

3.1 构建单元流程

该采油厂下设8个管理区、1个油气集输管理中心，共有7座联合站，生产运行油井2.4万口、注水井1.1万口，原油生产单元流程如图2所示。

图2中，将该厂所有注水井、油井、联合站归并为一个生产单元，其中联合站是该采油厂原油产品最终的流出环节，同时也是采出液的重要处理环节。

3.2 物料平衡

该采油厂各生产环节物料平衡数据可以由主要生产统计计算，如表2所示。

表2中，机采环节的采出水由该环节的采出液量与原油和天然气产量差值计算，机采环节原

料包括原油、天然气和注水，注水排放因子由注水环节的碳排放计算，而原油和天然气作为油藏自然资源，其排放因子为0。另外，对比机采环节采出水量和注水环节注水量，其相差94.5万吨即为注入地层而未被采出的水。

3.3 排放清单

该采油厂各生产环节碳排放量可以由能源消耗与相应排放因子计算，结果如表3所示。

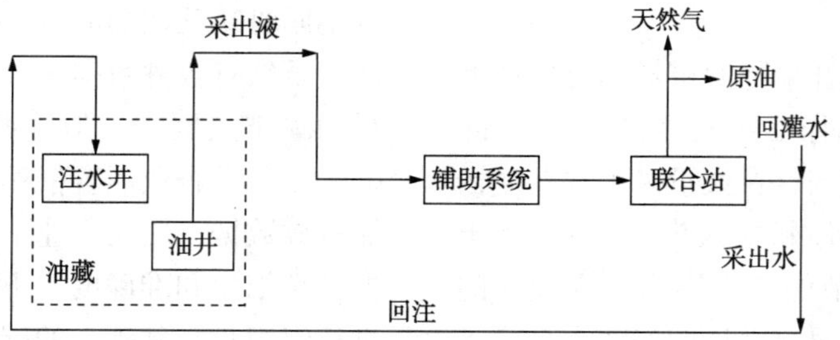

图2　原油生产基本单元流程

表2　原油生产环节物料平衡

生产环节	入方/t		出方/t	
驱油物注入	采出水	26656790	注水量	26656790
	注蒸汽量	1001	注蒸汽量	1001
机采环节	采出水	25711327	采出液	27468051
	原油	1675200		
	天然气	81524		
辅助环节	采出液	27468051	采出液	27468051
集输环节	采出液	27468051	原油	1675200
			采出水	25792851
			天然气	81524

表3　原油生产环节碳排放

生产环节	能源介质	单位	耗能量	碳排放量/t
注汽系统	天然气	万方	7.0	151.3
	合计	tce	9.1	151.3
集输系统	天然气	万方	707.42	15294.4
	电	万千瓦时	1368.0	7797.6
	合计	万 tce	1.09	23092.0
机采系统	电	万千瓦时	26538.0	151266.6
注水系统	电	万千瓦时	15555.0	88663.5
作业、办公及辅助系统	柴油	万吨	0.0113	356.0
	汽油	万吨	0.0193	590.6
	天然气	万方	184.43	3987.4
	电	万千瓦时	908.0	5175.6
	热力	万 tce	0.16	559.9
	合计	万 tce	0.56	10669.4
合计		万 tce	6.83	273842.8

由表3可知，该采油厂该年份合计消耗能源6.8万吨标煤，碳排放量为27.38万吨，

3.4 计算碳足迹

由上述碳排放和物料平衡数据可以计算原油生产过程碳足迹，如表4所示。

由表4可以看出，驱油物注入环节、机采环节和辅助系统环节碳足迹均小于10kgCO$_2$/t，主要原因在于这些生产环节的输出物——产品(完成工业生产)包含大量水，其产量大于两千万吨，因此碳足迹并不大，但在集输环节，采出液中的水被分离，产品仅包括原油和天然气，因此其碳足迹出现较大增加，达到154.090 kgCO$_2$/t，其碳足迹结果如图3所示。

表4 原油生产过程碳足迹

生产环节	产品	产量/万吨	碳足迹/kgCO$_2$/t
驱油物注入	注入水	2665.78	3.332
机采环节	采出液	2746.81	8.626
辅助系统环节	采出液	2746.81	9.014
集输环节	原油、天然气	175.67	154.090

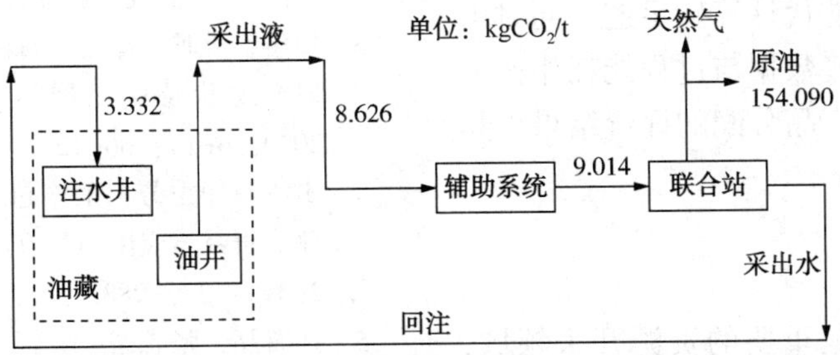

图3 原油生产过程碳足迹结果图(水不作为集输环节产品)

由图3可知，在高含水油田的原油生产过程中，注入水会在注水井→油藏→油井→集输→采出水→注水井的过程中循环往复，对于联合站的油气水分离过程，如果考虑水作为该过程产品，则需要分配该过程的碳排放，并且该碳排放会作为注入环节的原料排放，由此方法计算的原油碳足迹需要对注入水和产出水进行迭代计算，其收敛的结果如表5和图4所示。

表5 原油生产过程碳足迹

生产环节	产品	产量/万吨	碳足迹/kg CO$_2$/t
驱油物注入	注入水	2665.78	157.422
机采环节	采出液	2746.81	152.861
辅助系统环节	采出液	2746.81	153.249
集输环节	原油、天然气	175.67	154.090

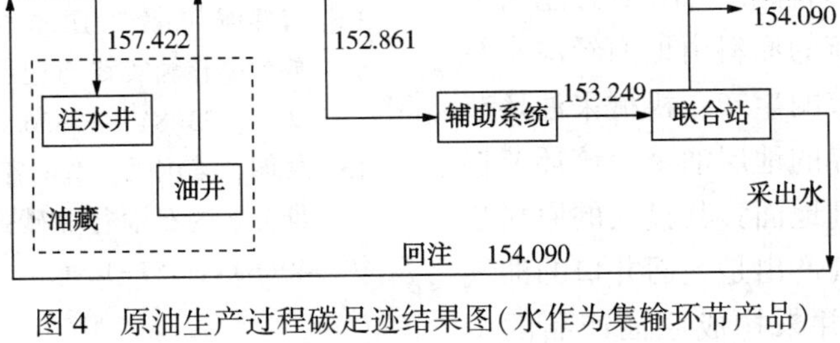

图4 原油生产过程碳足迹结果图(水作为集输环节产品)

由图4可知，机采环节碳足迹要小于注水环节，这主要是由于考虑水作为注入环节输入物的

碳足迹后，对于注入地层而未开采出来的水(合计94.5万吨)，存在原料损失，由此使得机采环节的采出液碳足迹降低，但该方法与集输环节水不分配碳排放是一致的，两种方法计算的原油产品碳足迹均为 154.090kg CO_2/t。但由该采油厂的碳排放量 273842.8 吨与油气产量计算的单位油气碳排放强度为 155.883kg CO_2/t，与碳足迹略有所不同，这主要是由于注入水携带的碳足迹注入地层后未分配到原油产品所致，实际对原油生产的基本单元流程而言，注入地层而未被采出的水是该流程的产品，因此注入水未采出会导致注水环节电能消耗的无效损失。

由上述两种方法可知，水是否作为集输环节产品参与过程碳排放分配，对最终计算的油气产品碳足迹并无影响，但水作为集输环节产品参与过程碳排放分配时需要迭代计算碳足迹，同时由此计算的过程物流碳足迹数据与过程能耗相比相差较大，因此水不作为产品分配的评价结果更具有体现性。

4 结论及建议

(1) 油气生产行业是重要的资源开采领域，提出原油生产过程的碳足迹核算方法对推动石化行业及其下游产业碳足迹评价、完善全产业链核算具有重要意义；同时，产品作为经济体系中连接生产侧和消费端的中间纽带，评价其碳足迹数据对于引导石油石化行业供、需两端的低碳转型具有重要作用。

(2) 对含水油田而言，由注水井、油井、集输管线和联合站构成的注入、机械采油和集输环节是原油开采与生产的基本单元流程，在该单元流程内不同碳排放源的生产功能具有组合性，以此进行碳足迹评价体现了产品获取过程的碳排放代价。

(3) 高含水油田生产过程存在大量采出水、注入水的循环，注水环节的原料投入为水(包括采出水、新鲜水等)，该环节的产出则为注入地层的水，水作为注入环节的原料由地面经注水泵注入地下，即完成该环节的生产；机械采油环节生产作用的对象是自然界的地层油藏，该环节将地层油气水混合物举升到地面，其投入的原料是地层的油气水混合物，其产出是地面井口的油气水混合物；虽然驱油物并未构成原油产品的主体，但机采环节在举升地层油水混合物的能耗中，采出水所占比例较大，因此可将原油与注入水作为机采环节的原料投入，采出液作为机采环节的产出，由此构建不同生产环节的物料连接关系。

(4) 计算某油田某采油厂碳足迹为 154.090kg CO_2/t，对于集输环节水是否进行碳排放分配对该结果并无影响，但不同分配方法对各生产环节碳足迹会有较大差别。

参 考 文 献

[1] 田涛，韦桃平，王北星. 石化产品全生命周期碳足迹评价研究[J]. 石油石化绿色低碳，2016，1(2)：12-18.

[2] 田涛，朱明璋，姜晔. 石化产品碳足迹评价研究与实践[J]. 油气与新能源，2022，5(34)：100-108.

[3] 田涛，姜晔，李远. 石油化工行业产品碳足迹评价研究现状及应用展望[J]. 石油石化绿色低碳，2020，6(1)：66-72.

[4] 田涛、任秀芳、王连超. 常减压装置全产品碳足迹评价研究与应用[J]. 石油学报(石油加工)，2023，2(39)：279-288.

[5] 孙潇磊，张志智，尹泽群. 沥青产品的碳足迹研究[J]. 石油炼制与化工，2017，48(12)：88-92.

[6] 王陶，张志智，孙潇磊. 炼化企业汽油及柴油生产阶段碳排放分析[J]. 现代化工，2020，40(10)：234-241

[7] 王陶，张志智，孙潇磊. 汽油产品碳足迹研究[J]. 当代化工，2020，49(7)：1428-1436.

[8] 陈洪波，杨来. “双碳”目标和能源安全下中国油气资源开发利用的战略选择[J].

[9] 郈绍献，赵伟，李振泉. 油田注水开发系统能耗整体优化方法[J]. 油气地质与采收率，2019，5(26)：103-106.

[10] 邹昌明，马金喜，黄岩. 渤海边际油田开发碳排放影响[J]. 中国海洋平台，2019，34(2)：54-58.

[11] 何江川，廖广志，王正茂关于二次开发与三次采油关系的探讨[J]. 西南石油大学学报(自然科学版)2011，33(3)：96-100.

[12] 梁桂海，雷钧，王海军，等. 长庆油田温室气体排放数据核算实践与应用[J]. 石油工业技术监督，2017，33(8)：34-36.

[13] 吴明，姜国强，贾冯睿，等. 基于物质流和生命周期分析的石油行业碳排放[J]. 资源科学，2018，40(6)：1287-1296.

原油发电机组烟气余热利用技术在 FPSO 的应用研究

秦小刚　杨风允　王文祥　吕　东　燕夏婧

（中海油研究总院有限责任公司）

摘　要　原油发电机组运行过程中会排放大量高温的烟气，以南海某新建 10 万吨级 FPSO 为例，首次在设计阶段开展了原油发电机组烟气余热利用技术研究，分析了原油发电机组烟气余热利用方案的技术可行性、经济性及碳减排量。案例分析表明，新建 FPSO 通过利用原油发电机组烟气余热加热热介质油，可以部分取代热介质锅炉，在降低热介质锅炉配置规格的同时，减少热介质锅炉的原油消耗，实现节能减排、减少温室气体排放。为其它相关船舶或平台项目原油发电机组烟气余热利用系统的设计提供借鉴。

关键词　浮式生产储油轮；原油发电机组；烟气；余热利用；节能减排

热站是海上浮式生产储卸油装置（FPSO）必不可少的关键设备之一，用于满足上部设施工艺处理流程和船体各舱室加热维温的需求，工程上通常采用直燃式锅炉或者余热回收装置来提供热介质。当平台未设置透平发电机组时，通常采用直燃式锅炉作为热站。

南海某新建 10 万吨级 FPSO 由于自产气量较少，配置 4 台原油发电机组为油田设施提供正常的生产、生活用电。同时热介质锅炉通过燃烧自产原油加热热介质油。原油发电机组排放大量的高温烟气，烟气温度能够达到 350℃左右，通常直接排放的方式尾气余热没有得到回收利用，造成资源的浪费。本项目首次在设计阶段开展新建 FPSO 原油发电机组烟气余热利用技术应用研究，通过利用原油发电机组烟气余热加热热介质油，可以部分取代热介质锅炉，在降低热介质锅炉配置规格的同时，减少热介质锅炉的原油消耗，实现节能减排、减少温室气体排放。

1　余热回收装置设计基础

1.1　FPSO 热负荷需求

新建 FPSO 的热负荷需求组成包括上部设施工艺处理流程热负荷和船体本身各舱室的加热维温负荷两部分，其中上部设施的工艺处理流程热负荷以生产加热器需求为主，FPSO 船体本身各舱室的加热维温负荷又分为正常生产工况下的冬夏季舱室维温负荷、洗舱时海水舱的加热工况负荷等。表 1 列出了南海某新建 FPSO 典型工况下的逐年热负荷需求情况。

表 1　南海某新建 FPSO 逐年热负荷需求情况

年份	冬季正常生产/kW	夏季正常生产/kW	冬季洗舱工况/kW	夏季洗舱工况/kW
2023	7843	5294	10339	7287
2024	11758	9209	14254	11202
2025	10442	7893	12938	9886
2026	9394	6845	11890	8838
2027	8832	6283	11328	8276
2028	8552	6003	11048	7996
2029	8314	5765	10810	7758
2030	8164	5615	10660	7608
2031	8053	5504	10549	7497

续表

年份	冬季正常生产/kW	夏季正常生产/kW	冬季洗舱工况/kW	夏季洗舱工况/kW
2032	7950	5401	10446	7394
2033	7909	5360	10405	7353
2034	7943	5394	10439	7387
2035	7891	5342	10387	7335
2036	7850	5301	10346	7294
2037	7817	5268	10313	7261
2038	7788	5239	10284	7232

注：正常生产工况热负荷包含上部设施的工艺处理流程热负荷和船体部分的舱室保温热负荷。

1.2 FPSO电负荷需求

新建FPSO的电负荷需求包括正常生产、正常生产和修井、正常生产和钻井、正常生产和外输、外输和修井及外输和钻井工况，其中正常生产为主要工况，正常生产和修井、正常生产和钻井、正常生产和外输、外输和修井及外输和钻井工况为间歇工况，主要典型工况的逐年用电负荷需求如表2所示。根据项目逐年电负荷需求情况，在新建FPSO上配置4台原油发电机组，单台机组现场功率5.5MW。正常生产工况下，4台发电机组中的3台并联运行，1台备用。

表2　南海某新建FPSO逐年电负荷情况

年份	正常生产			外输+钻井		
	电负荷/kW	运行台数	负荷率	电负荷/kW	运行台数	负荷率
2023	7215	3	43.72%	14147	3	85.74%
2024	7532	3	45.65%	14464	3	87.66%
2025	9084	3	55.05%	16016	4	72.80%
2026	9937	3	60.22%	16869	4	76.68%
2027	10497	3	63.62%	17429	4	79.22%
2028	10717	3	64.95%	17649	4	80.22%
2029	10805	3	65.48%	13850	3	83.94%
2030	10875	3	65.91%	17807	4	80.94%
2031	10885	3	65.97%	13930	3	84.42%
2032	10885	3	65.97%	17817	4	80.98%
2033	10885	3	65.97%	13930	3	84.42%
2034	10644	3	64.51%	17576	4	79.89%
2035	10679	3	64.72%	13724	3	83.17%
2036	10679	3	64.72%	17611	4	80.05%
2037	10679	3	64.72%	13724	3	83.17%
2038	10679	3	64.72%	13724	3	83.17%

1.3 余热回收装置配置

为了充分利用原油发电机组的烟气余热，同时保证系统控制和操作简单，余热回收装置的数量与原油发电机组的数量保持一致，新建FPSO配置4台原油发电机组烟气余热回收装置。

余热回收装置的型式按筒体布置可以分为卧式和立式两种，卧式余热回收装置将来自热介质循环泵的热介质油从余热回收装置上部以低温送入高温废气包围的盘管中继续流动，热介质油在余热回收装置的对流段被高温烟气加热后，从下部(高温段)送出，供给热用户使用。立式余热回收装置盘管围绕同一个中心紧紧盘绕在一起，这些同轴心盘管是安装在一个气密的壳体内。进出口盘管是连接到余热回收装置出口的集合管上，内部盘管的数量多少取决于余热回收的功率。内部盘管是相互紧紧盘绕在一起并且用焊接法紧固的，两部分之间的间隙选择是以利于烟气通过时有很高的速度并且使压降保持在容许范围内。高速的烟气使得从烟气到热介质油有一个很好的传热率，同时能够保持盘管加热表面的清洁。根据余热回收装置摆放位置以及排气烟道设计方式的区别，新建FPSO余热回收装置选择立式方案，将余热回收装置直接安装在主机排烟道消音器后面，节省占用面积和支撑结构的重量。

2 余热回收装置选型

2.1 可利用余热计算

原油发电机组可利用余热量取决于发电机组功率、排烟温度、排烟量、烟气组分、余热回收装置烟气出口温度等因素，原油发电机组烟气可利用余热量估算如下。

（1）确定烟气参数

根据原油发电机组燃料油物性参数等条件，由原油发电机组厂家提供在不同负荷率下的机组烟气参数，包括烟气温度、烟气流量等。表3为某原油发电机组厂家提供的机组不同负荷率下的烟气参数。

表3 原油发电机组烟气参数

机组功率/kW	5500	4950	4400	3850	3300	2750
负荷率/%	100	90	80	70	60	50
烟气温度/℃	315	316	318	331	345	362
烟气流量/(kg/h)	42768	39366	35680	31693	27504	23193

（2）烟气焓值

单一组分气体的焓值与温度有关，在已知烟气组分和温度的条件下，可查得原油发电机组尾气中不同组分气体的焓值，并根据其所占的比例可估算混合气体不同温度下的焓值。基于混合气体的焓值以及流量即可估算原油发电机组烟气所携带的热值。

（3）烟气出口温度取值

余热回收装置烟气出口温度的取值主要考虑两个因素，其一为防止余热回收装置烟道结露腐蚀，取值一般应不小于150℃；其二取值越小，可供利用的热功率越大，但随着温差的增加，余热回收装置的热交换面积增大，导致余热回收装置的尺寸、重量增加，同时对于主机背压的影响增加。作为综合考虑，本项目新建FPSO原油主机烟气余热回收装置排烟温度取180℃。

（4）可利用热量计算

单台原油发电机组尾气回收热量计算方法为：

$$Q=q\times C_p\times(T_{入}-T_{出})\times\eta \quad (1)$$

式中，Q 为单台原油发电机组烟气回收热量，kW；q 为烟气质量流量，kg/s；C_p 为定压比热容，kJ/(kg·k)；$T_{入}$ 为余热回收装置入口烟气温度，℃；$T_{出}$ 为余热回收装置出口烟气温度，℃；η 为余热回收效率，考虑烟气的旁通泄露量。

结合表3进行计算，负荷率取80%，主机烟气量约为9.91kg/s，定压比热容取1.2kJ/(kg·k)，余热回收装置入口烟气温度318℃，余热回收装置出口温度考虑烃露点腐蚀设计为180℃，余热回收效率按0.9计算，单台原油发电机组烟气余热回收装置回收热量按照1.5MW选型。

2.2 热电匹配核算

当原油发电机组的运行工况确定以后，原油发电机组烟气总量以及烟气的焓值便能确定，并由此计算余热回收装置所能够回收的有效利用热量，将其与FPSO需求的热负荷进行比较就能判断通过余热回收装置获得的热量能否满足需求。若回收的热负荷小于FPSO所需的热负荷时，还需要设置热介质锅炉来满足热负荷需求。

表4列出了新建FPSO逐年需求电负荷和热负荷的匹配计算结果，从表中可以看出通过利用原油发电机组烟气余热加热热介质油，可以部分取代热介质锅炉，有效降低热介质锅炉配置规格。结合本项目新建FPSO热负荷需求，在原油发电机组烟气余热利用基础上，还需配置2台8MW的热介质锅炉，与余热回收装置并联运行共同为FPSO供热。

表 4　南海某新建 FPSO 逐年热电匹配运行工况表

年份	电站运行情况			余热回收运行情况		热介质锅炉运行情况					
	正常生产			可回收热量		正常生产(冬季)			正常生产(夏季)		
	电负荷/kW	运行台数	负荷率	运行台数	热负荷/kW	热负荷/kW	运行台数	负荷率	热负荷/kW	运行台数	负有率
2023	11102	3	67.28%	3	4214	3629	1	45.37%	2400	1	30.00%
2024	11419	3	69.20%	3	4250	7508	1	93.85%	6059	1	75.74%
2025	9084	3	55.05%	3	3985	6457	1	80.71%	3908	1	48.85%
2026	9937	3	60.22%	3	4082	5312	1	66.39%	2763	1	34.53%
2027	10497	3	63.62%	3	4146	4686	1	58.58%	2400	1	30.00%
2028	10717	3	64.95%	3	4170	4382	1	54.78%	2400	1	30.00%
2029	10805	3	65.48%	3	4180	4134	1	51.67%	2400	1	30.00%
2030	10875	3	65.91%	3	4188	3976	1	49.69%	2400	1	30.0%
2031	10885	3	65.97%	3	4189	3864	1	48.30%	2400	1	30.00%
2032	10885	3	65.97%	3	4189	3761	1	47.01%	2400	1	30.00%
2033	10885	3	65.97%	3	4189	3720	1	46.50%	2400	1	30.00%
2034	10644	3	64.51%	3	4162	3781	1	47.26%	2400	1	30.00%
2035	10679	3	64.72%	3	4166	3725	1	46.56%	2400	1	30.00%
2036	10679	3	64.72%	3	4166	3684	1	46.05%	2400	1	30.00%
2037	10679	3	64.72%	3	4166	3651	1	45.63%	2400	1	30.00%
2038	10679	3	64.72%	3	4166	3622	1	45.27%	2400	1	30.00%

3　余热回收装置设计特殊点

本项目首次在设计阶段开展原油发电机组烟气余热利用技术应用研究，设计过程中面临很多新问题，经过分析并采用特殊设计最终将其解决，为原油发电机组烟气余热回收装置在新建 FPSO 的应用提供了保障。主要问题及解决方式如下：

3.1　与原油发电机组系统的匹配

（1）原油发电机组系统背压要求

原油发电机组的排气背压对其输出功率有很大影响，因此余热回收装置的烟道阻力要限定在原油发电机组排气背压的允许范围内。通常原油发电机组厂家所能允许的压降值约为 3kPa，本项目在设计阶段结合余热回收装置布置校核了原油发电机组系统背压，经校核新增余热回收装置后系统背压可以满足要求。

（2）与原油发电机组系统匹配性与兼容性

余热回收装置应采用烟气挡板阀设计，通过同步调节件的开度可调节余热锅炉的进出口烟量，进而调节余热锅炉的供热量。烟气挡板装置需按余热锅炉和原油发电机组的运行状态。如遇某台原油发电机组进行维修或其它工况下，原油发电机组的运行负荷率过高时，烟气量会大大增加，此时应通过烟气挡板阀自动调节旁通阀开度，将部分烟气旁通，这样既确保了原油发电机组的安全运行，也可充分利用原油发电机组的烟气余热。

3.2　与热介质锅炉系统的匹配

新建 FPSO 余热回收装置与热介质锅炉系统采取并联运行，系统流程图如图 1 所示，余热回收装置与热介质锅炉的运行原则是在同时满足余热利用的条件下，最大限度实现新建 FPSO 原油发电机组尾气的余热回收利用。

3.3　燃料的特殊性

原油发电机组烟气余热回收装置相较燃气透平发电机组，余热回收装置受热面存在烟碳玷污问题，长时间运行之后会造成盘管管路堵塞。因此在设计中一方面通过采用光管设计保障加热表面的清洁，另外设计提供了高压淡水清洗设备，定期通过水蒸汽喷雾式清洗吹扫。

3.4 消防安全

结合原油发电机组尾气余热回收装置的结构特点及可燃介质的成分分析，余热回收装置炉膛上部是开放式的，七氟丙烷、惰性气体等灭火系统对保护处所的密封性要求很高，因此选用固定式 CO_2 灭火系统进行保护。

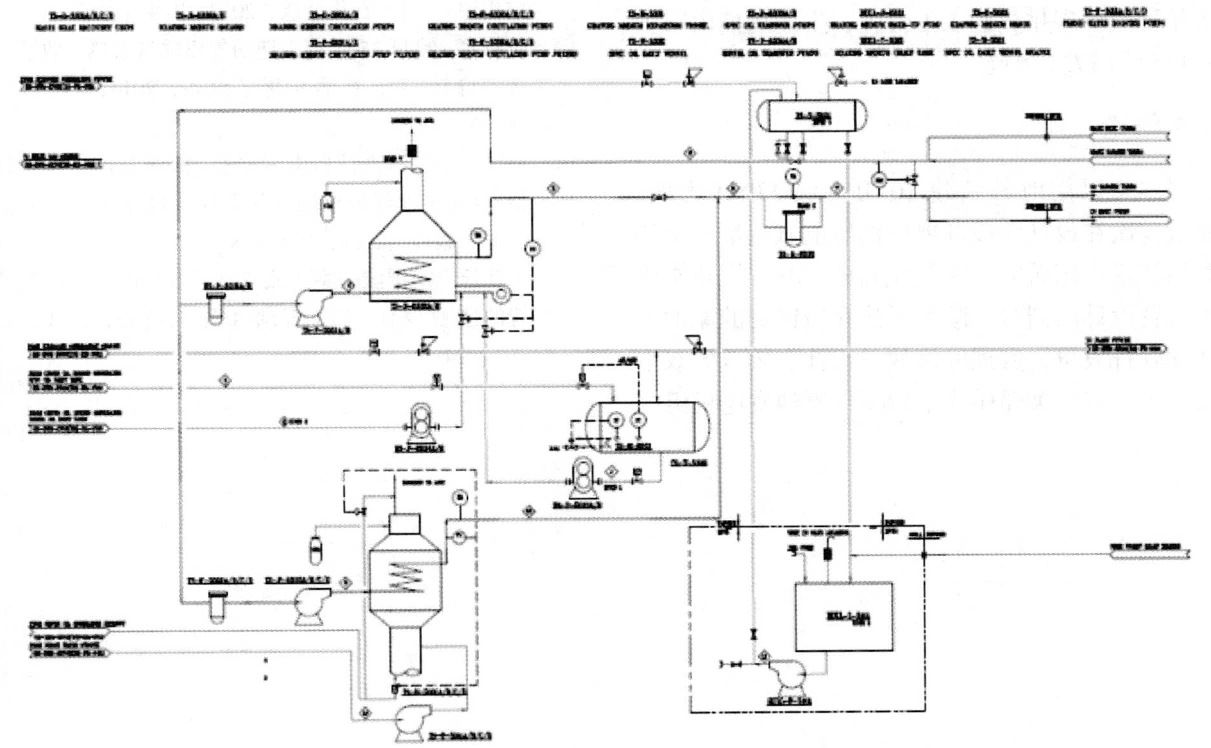

图 1 南海某新建 FPSO 热介质系统流程图

4 经济性及碳减排量评价

4.1 经济效益评价

新建 FPSO 采用原油发电机组烟气余热回收后，可以部分取代热介质锅炉，在降低热介质锅炉配置规格的同时，减少热介质锅炉的原油消耗。结合原油发电机组的运行工况，余热回收装置逐年可回收的热量如表 4 所示，日减少消耗原油为 $11m_3/d$，生产周期内共减少原油消耗 6.3 万方。以 50 美元/桶的原油价格计算，节省原油的燃料费用约 1.29 亿元人民币。

4.2 碳减排量评价

新建 FPSO 采用原油发电机组烟气余热回收后，可以减少热介质锅炉的原油消耗。碳排放量计算方法如下：

（1）温室气体及全球变暖潜势

大气层中自然存在的和由于人类活动产生的能够吸收和散发由地球表面、大气层和云层所产生的、波长在红外光谱内的辐射波的气态成分，包括二氧化碳、甲烷、氧化亚氮、氢氟碳化物、全氟碳化物和六氟化物。各种温室气体对地球变暖的影响不同，其中 100 年时间迟钝甲烷和氧化亚氮的全球变暖潜势分别为 21 和 310，即 1 吨甲烷和氧化亚氮分别相当于 21 吨和 310 吨二氧化碳的增温能力。

（2）碳减排量计算

余热回收装置节省的原油消防带来的碳减排量可按下式计算：

$$M_{CO_2}=AD\times Q\times EF\times 0.98\times 44/12 \quad (2)$$

式中，M_{CO_2}为原油 CO_2 排放量，t；AD 为原油用量，kg/s；Q 为原油低热值，TJ/kgce；EF 为原油单位热值含碳量，20.1 吨碳/TJ；0.98 为原油碳氧化率。

$$M_{CH_4}=AD\times Q\times EF_{CH_4}\times 10-3 \quad (3)$$

式中，M_{CH_4}为原油 CH_4 排放量，t；EF_{CH_4}为原油 CH_4 排放因子，3kg/TJ。

$$M_{N_2O}=AD\times Q\times EF_{N_2O}\times 10-3 \quad (4)$$

式中，M_{CH4}为原油 N_2O 排放量，t；EF_{N_2O}为原油 N_2O 排放因子，0.6kg/TJ。

$$M_{CO_2}e=M_{CO_2}+M_{CH_4}\times 21+M_{N_2O}\times 310 \quad (5)$$

式中，$M_{CO_2}e$ 为温室气体(GHG)排放量，t；M_{CO_2} 为 CO_2 排放量，t；M_{CH_4} 为 CH_4 排放量，t；M_{N_2O} 为 N_2O 排放量，t。

结合表 4 余热回收装置逐年可回收的热量，每年可减少碳排放约 1.1 万吨，生产周期内减少碳排放约 17.1 万吨。

5 结论

本文以南海某新建 10 万吨级 FPSO 为例，通过首次在设计阶段开展原油发电机组烟气余热利用技术应用研究，在优化新建 FPSO 热介质锅炉配置设计的同时，降低了热介质锅炉的原油消耗和碳排放量，实现经济效益与社会效益的双丰收，为其它相关船舶或平台项目原油发电机组烟气余热利用系统的设计提供借鉴。

参 考 文 献

[1] 杜佳，南海 FPSO 台风工况热负荷分析及优化.

[2] 陈可营，曾斌，何达. 余热回收装置在海上油田的应用[J]. 石油石化节能，2017，7(4)：46-48.

[3] 贺相军. 锦州 25-1 南二期油气田项目余热回收装置选型设计[J]. 石油和化工设备，2014，17(11)：35-37.

[4] 海洋石油工程设计指南编委会. 海洋石油工程设计指南(海上油气田机械设备设计)[M]. 北京：石油工业出版社，2011，159-178.

[5] 于邦廷，刘维滨，秦小刚等. 深水气田余热回收装置的选型设计[J]. 石油和化工设备，2020，23(9)：34-37.